VMware vSphere 6.7 虚拟化架构实战指南

何坤源 著

人民邮电出版社
北京

图书在版编目（CIP）数据

VMware vSphere 6.7虚拟化架构实战指南 / 何坤源著. -- 北京 : 人民邮电出版社, 2019.12
ISBN 978-7-115-52130-9

Ⅰ. ①V… Ⅱ. ①何… Ⅲ. ①虚拟处理机－指南 Ⅳ. ①TP338-62

中国版本图书馆CIP数据核字(2019)第211496号

内 容 提 要

本书针对 VMware vSphere 6.7 虚拟化架构在生产环境中的实际应用需求，分 9 章详细介绍在生产环境中应如何部署 VMware vSphere 6.7。全书以实战操作为主，理论讲解为辅，通过搭建各种物理环境，详细介绍如何在企业生产环境中快速部署网络和存储，同时针对 VMware vSphere 的特点给出专业的解决方案。通过阅读本书，读者可以迅速提高自己的实际动手能力。

本书语言通俗易懂，介绍的方法具有极强的可操作性，不仅适用于 VMware vSphere 6.7 虚拟化架构管理人员阅读，也适合给其他虚拟化平台管理人员作参考之用。

◆ 著　　　何坤源
责任编辑　王峰松
责任印制　焦志炜

◆ 人民邮电出版社出版发行　　北京市丰台区成寿寺路 11 号
邮编　100164　　电子邮件　315@ptpress.com.cn
网址　http://www.ptpress.com.cn
固安县铭成印刷有限公司印刷

◆ 开本：787×1092　1/16
印张：36.25　　　　2019 年 12 月第 1 版
字数：868 千字　　　2024 年 7 月河北第 8 次印刷

定价：128.00 元

读者服务热线：(010) 81055410　印装质量热线：(010) 81055316
反盗版热线：(010) 81055315
广告经营许可证：京东市监广登字20170147号

前 言

作为云计算、大数据等技术的底层应用，服务器虚拟化是不可替代的。虽然近些年Docker、Kubernetes 等容器技术被大规模使用，但并不能说它们可以取代虚拟化，特别是服务器虚拟化。

在企业级虚拟化市场上，VMware 公司占据着较高的市场地位。据 VMware 公司 2019 年 3 月公布的数据，VMware 公司 2019 财年总收入为 89.7 亿美元，同比增长 14%，其中许可收入为 37.9 亿美元，同比增长 18%。同时 VMware 公司在 Gartner 公司的《超融合基础设施魔力象限》报告中被评为业界标杆，在前瞻性与执行力两个维度上都被认定为领导者。

从产品线维度看，VMware 公司具有完整的软件定义数据中心的产品线，涵盖基本的服务器虚拟化软件 vSphere、软件定义存储 vSAN、软件定义网络 NSX 到云平台 vCAT 等。经过不断探索改进，VMware vSphere 6.7 作为一套具有成熟的虚拟化解决方案的软件，可通过整合数据中心服务器、灵活配置资源等方式降低运营成本，同时还可在不增加成本的情况下为用户提供高可用性、灾难恢复等高级特性。

本书一共分为 9 章，作者采用循序渐进的方式带领读者学习如何在企业中部署 VMware vSphere 6.7 虚拟化架构以及 vSAN 6.7 软件定义存储，希望本书能够让 IT 从业人员在虚拟化的部署方面得到一定的指引或参考。

本书涉及的知识点很多，由于作者水平有限，书中难免有不妥之处，还望读者批评指正。有关本书的任何问题、意见和建议，可以发邮件到 heky@vip.sina.com 与作者联系、交流，也可与本书编辑（wangfengsong@ptpress.com.cn）联系。

以下是作者的技术交流平台账号。

技术交流 QQ：44222798。

技术交流 QQ 群：240222381。

何坤源

2019 年 5 月

资源与支持

本书由异步社区出品，社区（https://www.epubit.com/）为您提供相关资源和后续服务。

配套资源

本书提供如下资源：

- 书中彩图文件。

要获得以上配套资源，请在异步社区本书页面中单击配套资源，跳转到下载界面，按提示进行操作即可。注意：为保证购书读者的权益，该操作会给出相关提示，要求输入提取码进行验证。

提交勘误

作者和编辑尽最大努力来确保书中内容的准确性，但难免会存在疏漏。欢迎您将发现的问题反馈给我们，帮助我们提升图书的质量。

当您发现错误时，请登录异步社区，按书名搜索，进入本书页面，单击“提交勘误”，输入勘误信息，单击“提交”按钮即可，如下图所示。本书的作者和编辑会对您提交的勘误进行审核，确认并接受后，您将获赠异步社区的 100 积分。积分可用于在异步社区兑换优惠券、样书或奖品。

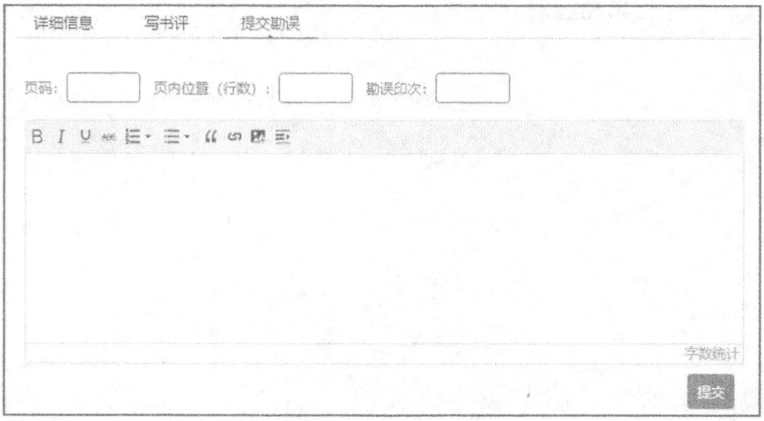

扫码关注本书

扫描下方二维码，您将会在异步社区微信服务号中看到本书信息及相关的服务提示。

与我们联系

我们的联系邮箱是 contact@epubit.com.cn。

如果您对本书有任何疑问或建议，请您发邮件给我们，并请在邮件标题中注明本书书名，以便我们更高效地做出反馈。

如果您有兴趣出版图书、录制教学视频，或者参与图书翻译、技术审校等工作，可以发邮件给我们；有意出版图书的作者也可以到异步社区在线提交投稿（直接访问 www.epubit.com/selfpublish/submission 即可）。

如果您是学校、培训机构或企业用户，想批量购买本书或异步社区出版的其他图书，也可以发邮件给我们。

如果您在网上发现有针对异步社区出品图书的各种形式的盗版行为，包括对图书全部或部分内容的非授权传播，请您将怀疑有侵权行为的链接发邮件给我们。您的这一举动是对作者权益的保护，也是我们持续为您提供有价值的内容的动力之源。

关于异步社区和异步图书

"异步社区"是人民邮电出版社旗下 IT 专业图书社区，致力于出版精品 IT 技术图书和相关学习产品，为作译者提供优质出版服务。异步社区创办于 2015 年 8 月，提供大量精品 IT 技术图书和电子书，以及高品质技术文章和视频课程。更多详情请访问异步社区官网 https://www.epubit.com。

"异步图书"是由异步社区编辑团队策划出版的精品 IT 专业图书的品牌，依托于人民邮电出版社近 30 年的计算机图书出版积累和专业编辑团队，相关图书在封面上印有异步图书的 LOGO。异步图书的出版领域包括软件开发、大数据、人工智能、软件测试、前端、网络技术等。

异步社区

微信服务号

目　录

第 1 章　VMware vSphere 6.7 介绍

2018 年 4 月 17 日，VMware 公司官网提供了 VMware vSphere 6.7 版本的下载，根据官方文档，版本的升级主要是为了配合软件定义存储架构 Virtual SAN 6.7 的发布。与 VMware vSphere 6.5 相比较，VMware vSphere 6.7 整体来说有不少的更新。本章介绍 VMware vSphere 6.7 的新特性以及在本书的实战环境中使用的物理设备。

本章要点

- VMware vSphere 6.7 新特性介绍
- 物理设备及拓扑介绍
- 虚拟化平台及其他系统介绍

1.1　VMware vSphere 6.7 新特性介绍

VMware vSphere 是业界领先的虚拟化和云计算平台，该平台高效、安全，适用于混合云。它通过提供简单高效的规模化管理、顺畅的混合云体验、全面的内置安全性以及通用的应用平台，加快了企业数字化转型进程。因此，使用它，用户可以获得一个具有增强的应用性能，并可作为任何云计算基础的可扩展的安全基础架构。

1.1.1　VMware vSphere 6.7 增加的特性

VMware vSphere 6.7 是 2016 年发布的 VMware vSphere 6.5 的升级版本，除继承优化 VMware vSphere 6.5 的功能外，新增加的主要功能特性如下。

1．VMware vCenter Server Appliance 链接模式

使用嵌入的 Platform Services Controller 支持 VMware vCenter Server Appliance 的链接模式，最多可链接 15 个 vCenter Server Appliance 而不需要负载均衡，极大地简化安装和升级过程。

2．跨 vCenter Server 加密 vMotion

支持跨 vCenter Server 加密 vMotion，为虚拟机提供来自 UI 和 API 的实时和冷迁移支持。

3．VMware vCenter Server Appliance Back Up Scheduler

规划了 VMware vCenter Server Appliance 备份，保留了备份的控制编号，为 VMware vCenter Server Appliance 的备份和恢复提供完整的 REST API 接口。

4．改进 HTML5 客户端

VMware vSphere 6.5 提供了 HTML 5 客户端功能，但仅限于部分功能。VMware vSphere

6.7 客户端增加了更多功能，可以轻松管理众多组件，比如 VMware NSX、vSAN、vSphere Update Manager 和第三方组件。

5．支持 4K 原生存储

存储行业正朝着高级格式驱动器的方向发展，以便为服务器提供大容量存储服务，4K 原生存储已经在生产环境中被逐渐使用，VMware vSphere 6.7 支持 4K 原生存储，以实现规模化性能提升。

6．支持 Windows 操作系统基于虚拟化的安全性

VMware vSphere 6.7 支持 Windows 10 和 Windows Server 2016 提供的客户机内部安全保护。

7．支持可信平台模块 TPM 2.0 以及虚拟 TPM

使用 TPM 2.0 进行远程主机认证，增强了 hypervisor 和客户机的安全性。

8．增强对 NVIDIA GRID vGPU 支持

支持针对 vGPU 的挂起和恢复功能，以改善主机生命周期，管理并减少对终端用户的中断。

9．VM 级 EVC

为特定虚拟机而不是主机集群精细启用 EVC，提高了虚拟机在集群之外的移动性，并具有向后兼容性。

以上介绍了 VMware vSphere 6.7 新增的主要功能，用户可以访问 VMware 官方网站查看更多功能细节。

1.1.2　VMware vSphere 6.7 各子版本功能特性

针对企业的不同应用，VMware vSphere 6.7 分为 3 个子版本，每个子版本具有不同功能特性。当然每个子版本的价格也是不同的，用户可以根据企业的实际情况进行选择。每个子版本具有的功能如表 1-1-1 所示。

表 1-1-1　VMware vSphere 6.7 各子版本功能特性

产品功能特性	vSphere Standard	vSphere Enterprise Plus	vSphere with Operations Management Enterprise Plus
服务器虚拟化	支持	支持	支持
支持虚拟机存储	支持	支持	支持
API 和策略驱动型存储功能	支持	支持	支持
支持 4K 原生存储	支持	支持	支持
单次引导	支持	支持	支持
快速启动	支持	支持	支持
实时迁移工作负载	跨虚拟交换机	跨 vCenter/远距离/跨云	跨 vCenter/远距离/跨云
保护虚拟机和数据	支持	支持	支持
支持 TPM 2.0	支持	支持	支持
虚拟 TPM	支持	支持	支持

续表

产品功能特性	vSphere Standard	vSphere Enterprise Plus	vSphere with Operations Management Enterprise Plus
FIPS 140-2 合规性	支持	支持	支持
支持 MSFT VBS	支持	支持	支持
确保系统正常运行时间	支持	支持	支持
共享数据中心资源	支持	支持	支持
FT（Fault Tolerance）功能	2 个虚拟 CPU	4 个虚拟 CPU	8 个虚拟 CPU
vCenter 混合链接模式	支持	支持	支持
VM 级 EVC	支持	支持	支持
即时复制	支持	支持	支持
虚拟级别加密		支持	支持
集中式网络管理		支持	支持
负载均衡		支持	支持
快速部署和调配		支持	支持
虚拟机加速图形		支持	支持
vSphere 持久内存		支持	支持
容量优化			支持

1.1.3 VMware vSphere 各版本支持的硬件及虚拟机对比

VMware vSphere 各个版本除了有不同的功能外，它们对硬件及虚拟机的支持也是有区别的，VMware vSphere 各版本支持的硬件及虚拟机的对比如表 1-1-2 所示。

表 1-1-2　　VMware vSphere 各版本支持的硬件及虚拟机对比

硬件及虚拟机	VMware vSphere 各版本最大支持			
	5.5	6.0	6.5	6.7
Host per Cluster	32	64	64	64
VMs per Cluster	4000	8000	8000	8000
CPUs per Host	320	480	576	768
RAM per Host	4TB	12TB	12TB	16TB
VMs per Host	512	1024	1024	1024
vCPUs per VM	64	128	128	128
vRAM per VM	1TB	4TB	6TB	6TB

1.2　物理设备及拓扑介绍

为保证实战操作更具参考价值和可重复性，同时在最大程度上还原企业生产环境中的真实应用，作者在本书中全部使用物理设备来构建实战环境。

1.2.1　实战环境中的物理设备配置

实战环境中，用户可使用多台物理服务器安装 VMware ESXi 6.7，使用 DELL MD3620f 构建 FC 存储系统，使用 Open-E 系统构建 IP SAN 存储（iSCSI 存储），并配上 Cisco Nexus 数据中心系列交换机。所使用设备的详细配置如表 1-2-1 所示。

表 1-2-1　实战环境硬件配置

设备名称	CPU 型号	内存	硬盘	备注
ESXi07-ESXi11 服务器	Xeon L5640×2	64GB	64GB SSD + 128GB SSD	用于 vSAN 全闪存环境
ESXi12-ESXi15 服务器	Xeon L5640×2	64GB		QLOGIC QLE2460 4GB HBA 卡
FC 存储系统	DELL MD3620f	4GB（缓存）	双 RAID 控制器 10K 600GB×10	
iSCSI 存储服务器	Xeon L5420×2	8GB	1TB SATA×4	Open-E 系统
Cisco Nexus 交换机	Cisco MDS 交换机/Cisco Nexus N5K、N2K 交换机			

1.2.2　实战环境拓扑

由于本书的实战环境使用了大量的物理设备，因此整体的架构比较复杂（整体拓扑见图 1-2-1）。

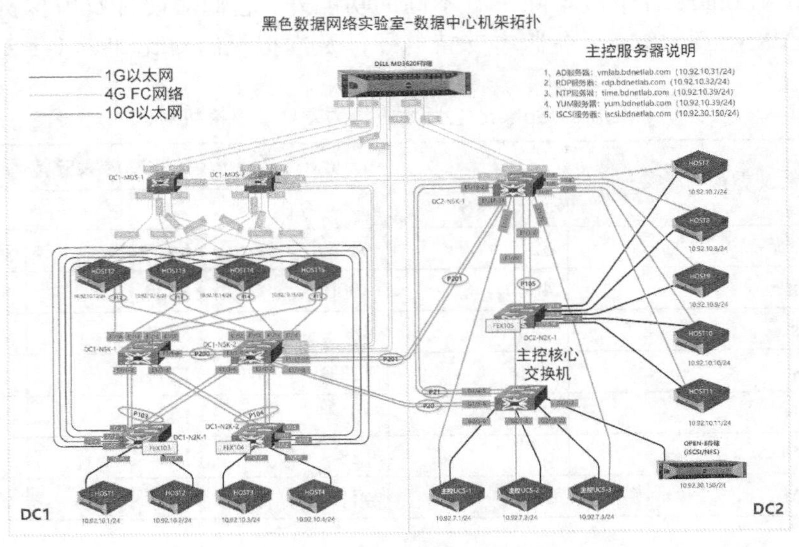

图 1-2-1　实战环境设备拓扑

1.3 虚拟化平台及其他系统介绍

1.3.1 虚拟化平台介绍

本书的实战操作使用的虚拟化平台是 VMware 最新发布的 VMware vSphere 6.7。

1.3.2 其他系统介绍

在企业生产环境中，除了使用 VMware vSphere 虚拟化平台外，还会使用多种系统，比如常见的有 DNS（Domain Name System）。在本书实战环境中，作者使用 Windows 2008 R2 构建 AD、DNS 服务器，用于提供活动目录以及 DNS 服务。

存储部分除主要使用的 DELL MD3620f 外，还使用 Open-E 构建企业级 DIY 存储，用于提供 FC SAN、iSCSI 等存储服务。

1.4 本章小结

本章介绍了 VMware vSphere 6.7 新增的功能、各版本所具有的功能特性以及实战环境中的物理设备配置以及拓扑。需要说明的是，对于有条件的用户，可以亲自动手实验。对于没有条件的用户，可以使用 VMware Workstation 模拟器模拟部分操作。作者建议用户仔细阅读本书操作部分的内容，以便能够提高自己的实际动手能力。

第 2 章　全新部署以及升级 ESXi 6.7

2018 年 4 月，VMware 发布了 vSphere 6.7 服务器虚拟化解决方案，包括 ESXi 6.7 和 vCenter Server 6.7 等产品，同时发布了软件定义存储产品 Virtual SAN 6.7。这是继 2016 年发布 VMware vSphere 6.5 之后的一次较大版本升级。本章将介绍如何在物理服务器上全新部署 VMware ESXi 6.7 以及如何将 ESXi 6.0、ESXi 6.5 主机升级到 ESXi 6.7 主机。

本章要点

- 全新部署 VMware ESXi 6.7
- 升级其他版本至 ESXi 6.7

2.1　全新部署 VMware ESXi 6.7

2.1.1　部署 ESXi 6.7 系统要求

目前市面上主流服务器的 CPU、内存、硬盘、网卡等均支持 VMware ESXi 6.7，需要注意的是使用兼容机可能会出现无法安装的情况。VMware 官方推荐的硬件标准如下。

1. 处理器

需要说明的是 ESXi 6.7 对 CPU 提出了新的要求，Intel Xeon 55××以及 56××系列还可以部署，但在部署过程中会提示 CPU 不支持某些特性，推荐使用 Intel E5 2×××系列 CPU 部署 ESXi 6.7 系统。Intel Xeon 53××以及 54××系列 CPU 已经不支持部署 ESXi 6.7 系统。

2. 内存

ESXi 6.7 要求物理服务器具有 6GB 或以上内存。由于虚拟机使用的内存越来越多，推荐生产环境所用内存至少 64GB，这样才能满足虚拟机的正常运行。

3. 网卡

ESXi 6.7 要求物理服务器至少具有 2 个吉比特（俗称千兆）网卡，对于使用 Virtual SAN 软件定义存储的环境，推荐使用传输速率在 10Gbit/s 以上的网卡。

4. 存储适配器

可以是 SCSI 适配器、光纤通道适配器、聚合的网络适配器、iSCSI 适配器或内部 RAID 控制器。

5. 硬盘

ESXi 6.7 支持主流的 SATA 硬盘、SAS 硬盘、SSD 硬盘安装，同时也支持 SD 卡、U 盘等非硬盘介质安装。需要注意的是，使用 USB 设备和 SD 设备安装容易对 I/O 产生影响，因为安装程序不会在这些设备上创建暂存分区。

对于硬件方面的详细要求，可以参考 VMware 官方网站《VMware 兼容性指南》。

2.1.2 在物理服务器上全新部署 ESXi 6.7 系统

用户可以在 VMware 官方网站下载 VMware vSphere 6.7 评估版（可使用 60 天，具备完整功能）。下载好相关文件后，就可以开始部署 VMware ESXi 6.7。本小节实战操作将使用 DELL 远程管理卡安装 VMware ESXi 6.7 系统。

第 1 步，选中“ESXi-6.7.0-8169922-standard Installer”，如图 2-1-1 所示，按【Enter】键开始安装 VMware ESXi 6.7。其中，8169922 代表 VMware ESXi 6.7 版本号。

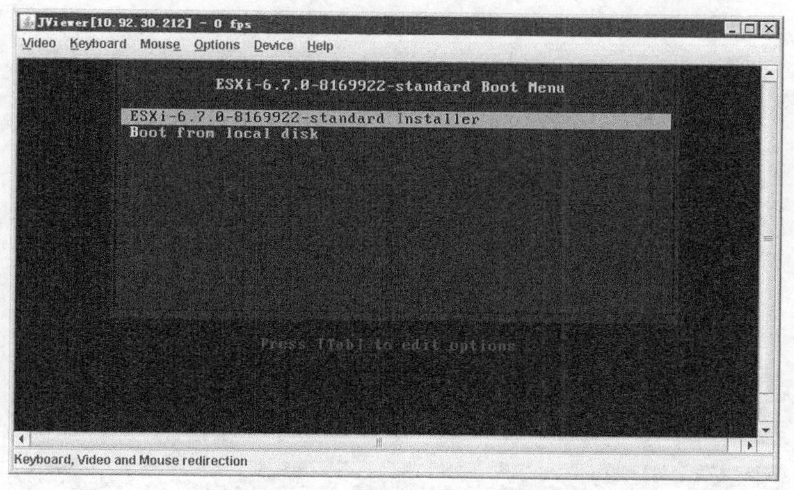

图 2-1-1 部署 ESXi 6.7 之一

第 2 步，系统开始加载安装文件，如图 2-1-2 所示。需要注意的是，如果物理服务器硬件不支持或 BIOS 相关参数未打开虚拟化支持，可能会出现错误提示，无法继续安装 VMware ESXi 6.7，比如提示 Intel Xeon 53××系列 CPU 不支持安装。

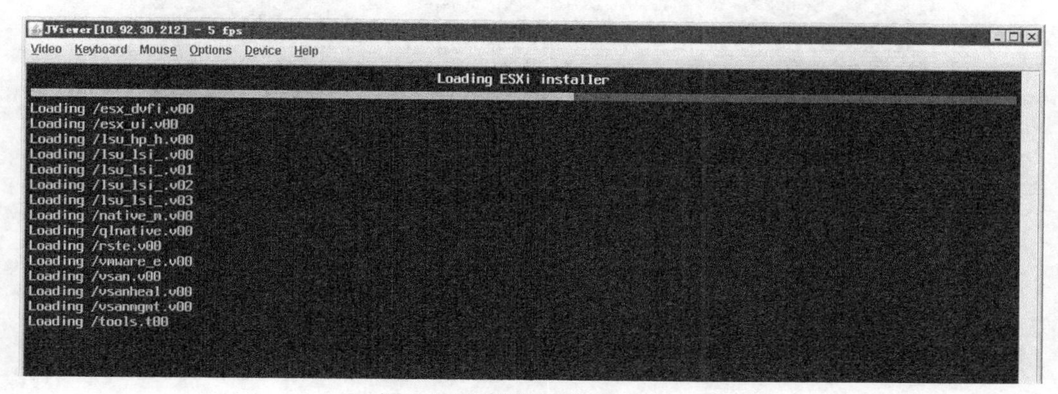

图 2-1-2 部署 ESXi 6.7 之二

第 3 步，进入 VMware ESXi 6.7 基本文件加载界面，如图 2-1-3 所示。

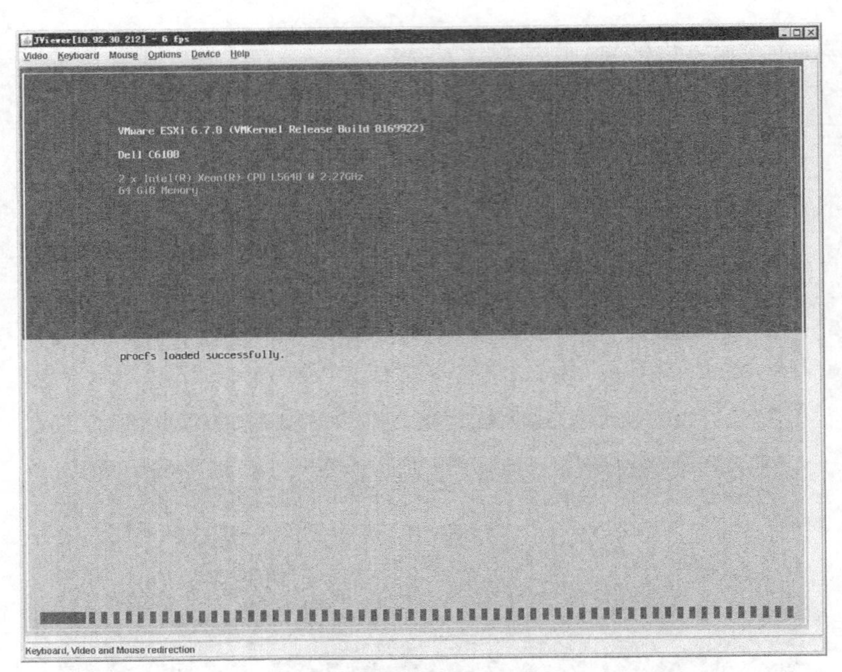

图 2-1-3　部署 ESXi 6.7 之三

第 4 步，文件加载完成后会出现图 2-1-4 所示的安装向导，按【Enter】键开始安装 VMware ESXi 6.7。

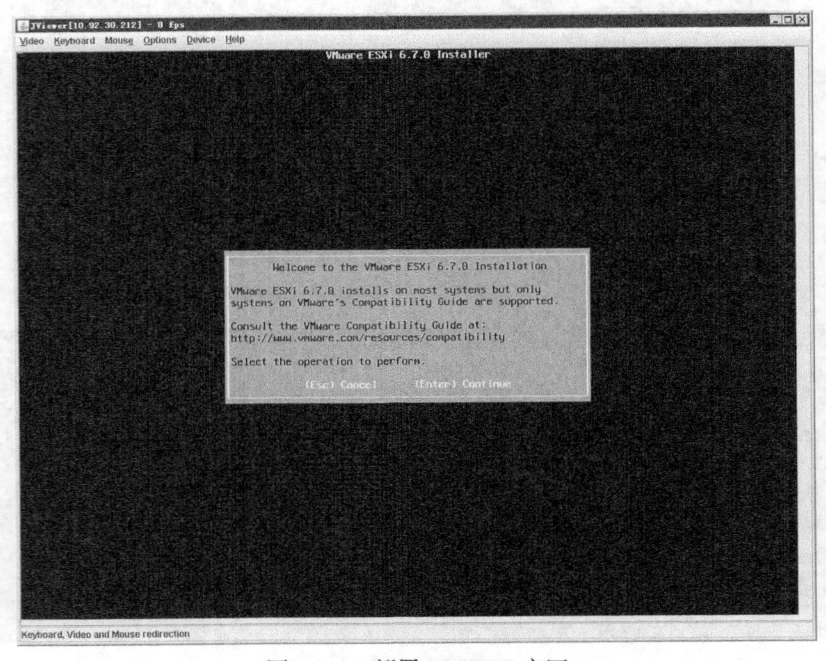

图 2-1-4　部署 ESXi 6.7 之四

第 5 步，系统出现“End User License Agreement（EULA）”界面，也就是最终用户许可协议，如图 2-1-5 所示，按【F11】键选中“Accept and Continue”，接受许可协议。

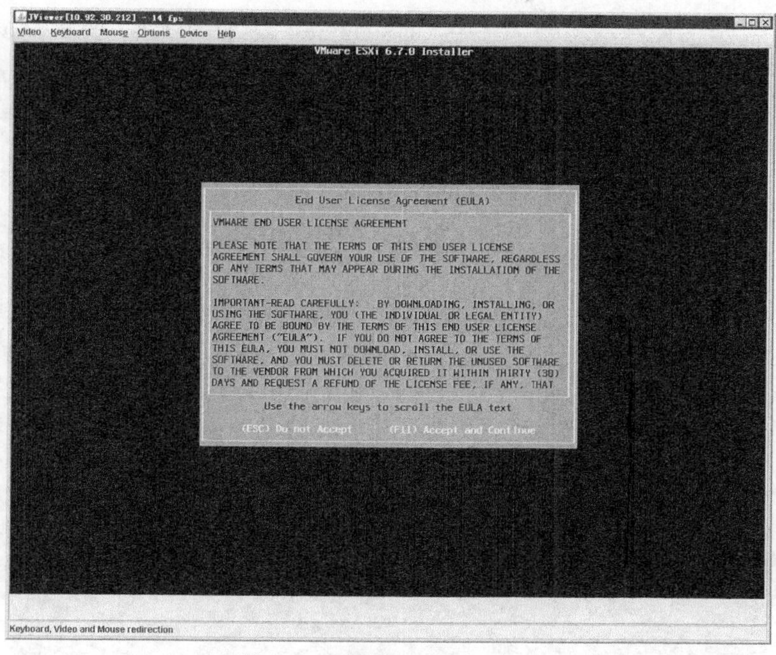

图 2-1-5　部署 ESXi 6.7 之五

第 6 步，系统提示选择安装 VMware ESXi 6.7 使用的存储设备。ESXi 支持使用 U 盘以及 SD 卡安装，生产环境也推荐使用 U 盘和 SD 卡，特别是使用 Virtual SAN 的环境时，这样可以节省一个硬盘位。本书实验环境所用服务器未配置本地硬盘，使用 DELL FC 存储进行安装，如图 2-1-6 所示，按【Enter】键继续安装。

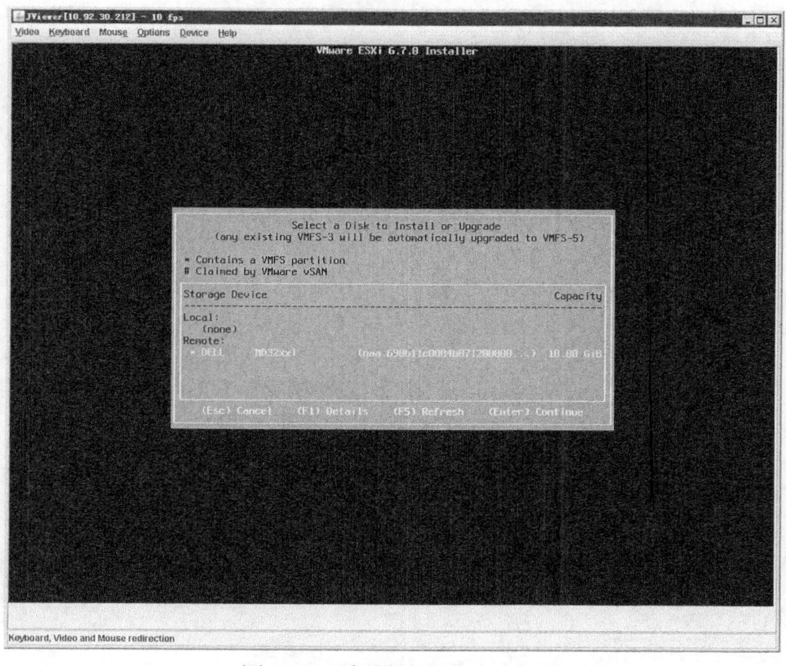

图 2-1-6　部署 ESXi 6.7 之六

第 7 步，提示选择键盘类型，选中“US Default”，如图 2-1-7 所示，按【Enter】键继续。

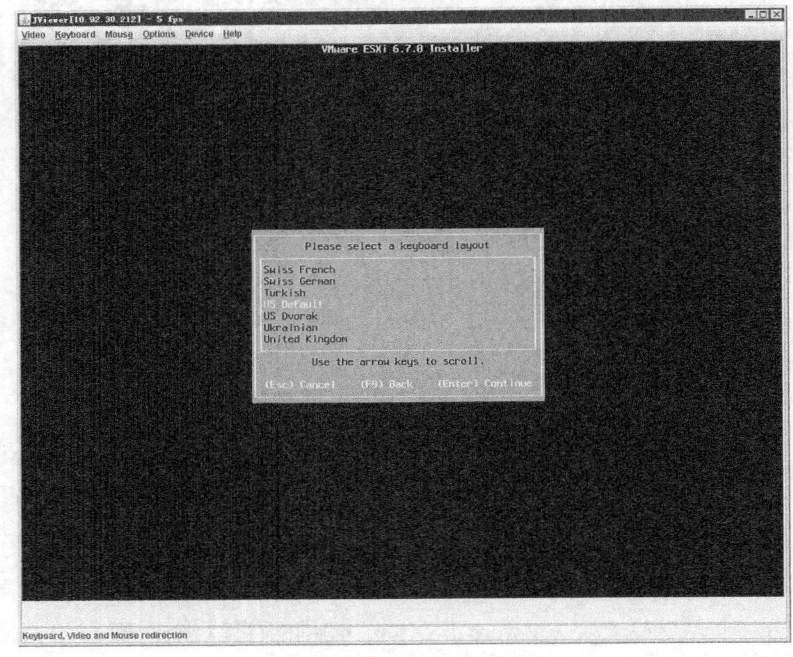

图 2-1-7　部署 ESXi 6.7 之七

第 8 步，系统提示设置 root 用户的密码，如图 2-1-8 所示，根据实际情况输入，按【Enter】键继续。

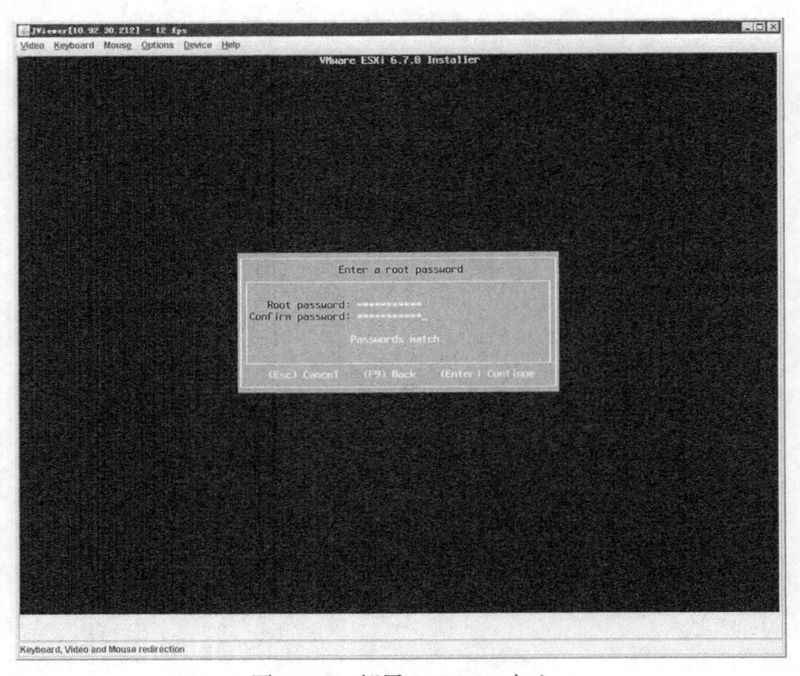

图 2-1-8　部署 ESXi 6.7 之八

第 9 步，系统提示 VMware ESXi 6.7 将安装在刚才选择的 DELL FC 存储中，如图 2-1-9 所示，按【F11】键开始安装。

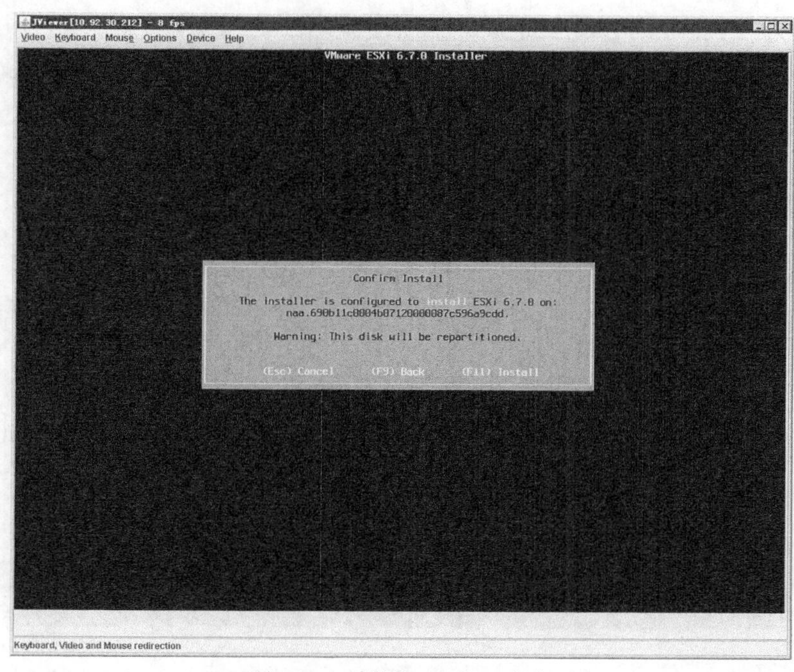

图 2-1-9 部署 ESXi 6.7 之九

第 10 步，开始安装 VMware ESXi 6.7，如图 2-1-10 所示。

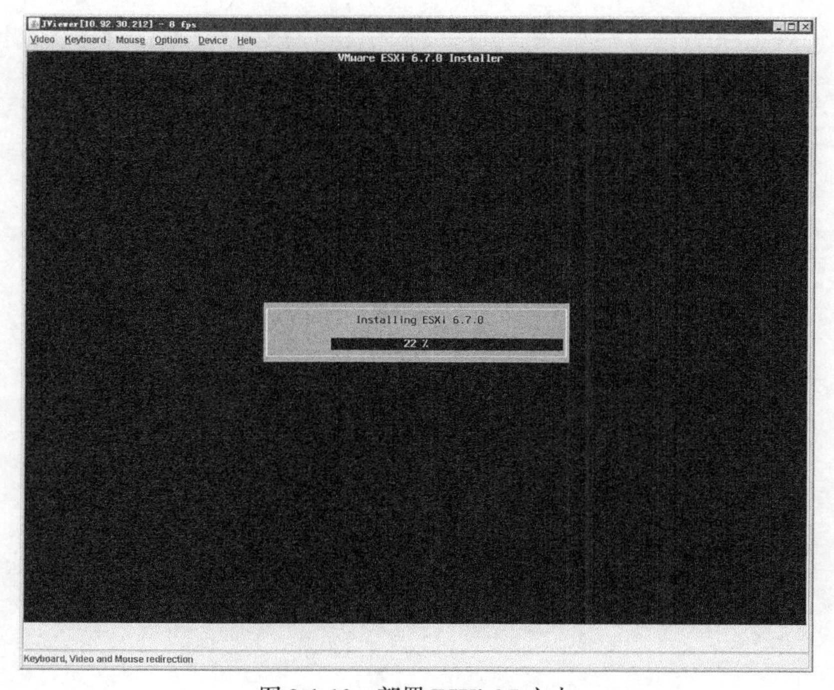

图 2-1-10 部署 ESXi 6.7 之十

第 11 步，安装系统所花费的时间取决于服务器的性能。等待一段时间后，VMware ESXi 6.7 的安装即可完成，如图 2-1-11 所示，按【Enter】键重启服务器。

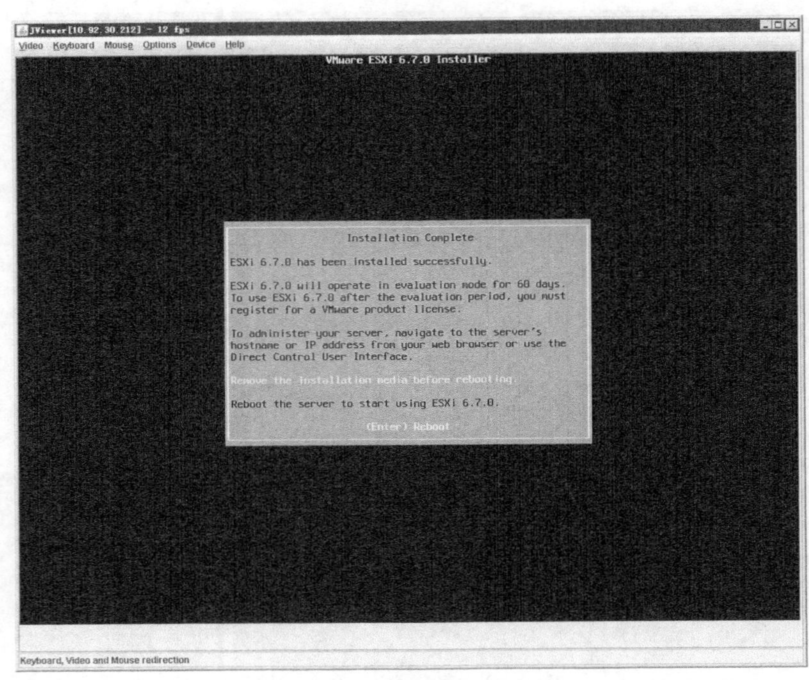

图 2-1-11　部署 ESXi 6.7 之十一

第 12 步，服务器重启后，进入 VMware ESXi 6.7 正式界面，如图 2-1-12 所示。

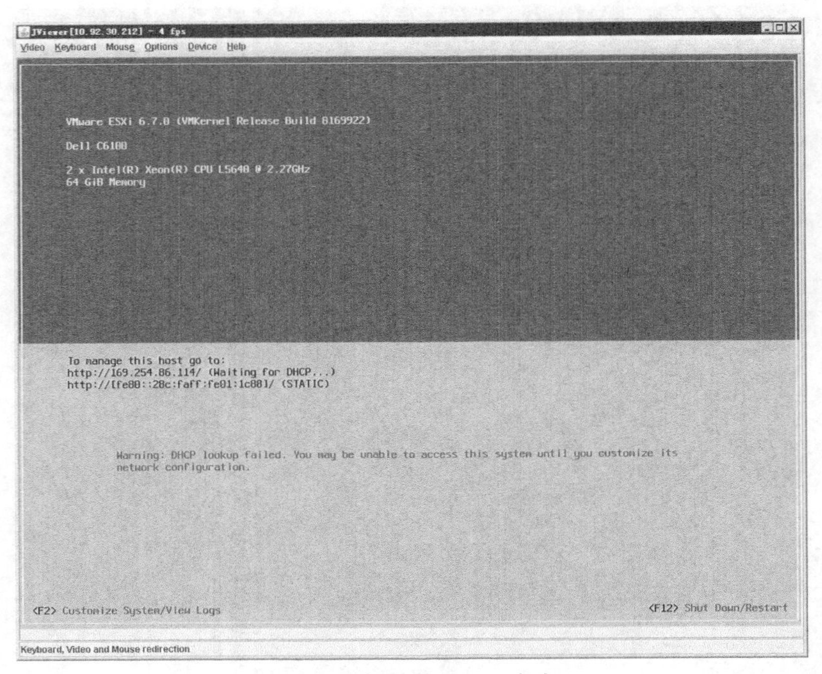

图 2-1-12　部署 ESXi 6.7 之十二

第 13 步，按【F2】键输入 root 用户密码进入主机配置模式，如图 2-1-13 所示。

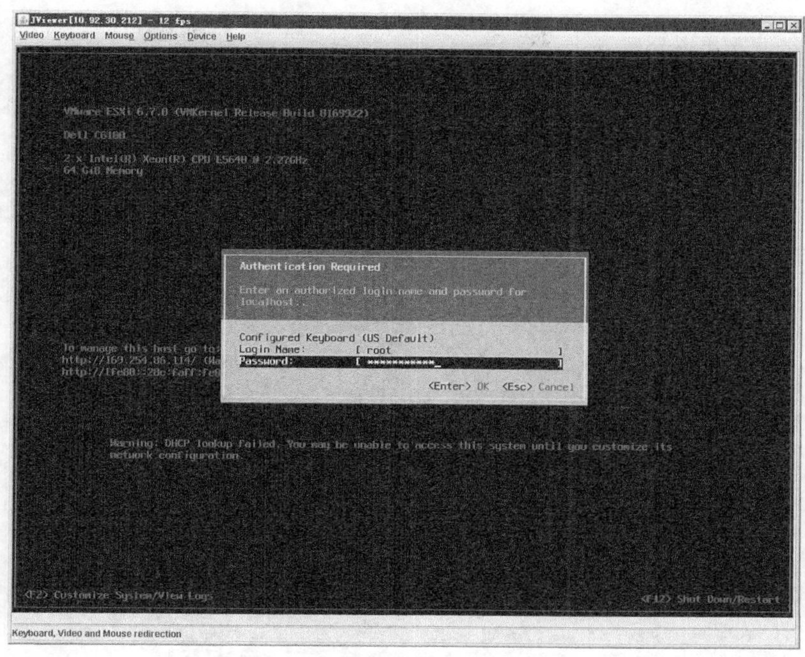

图 2-1-13　部署 ESXi 6.7 之十三

第 14 步，选中“Configure Management Network”配置管理网络，如图 2-1-14 所示，按【Enter】键继续。

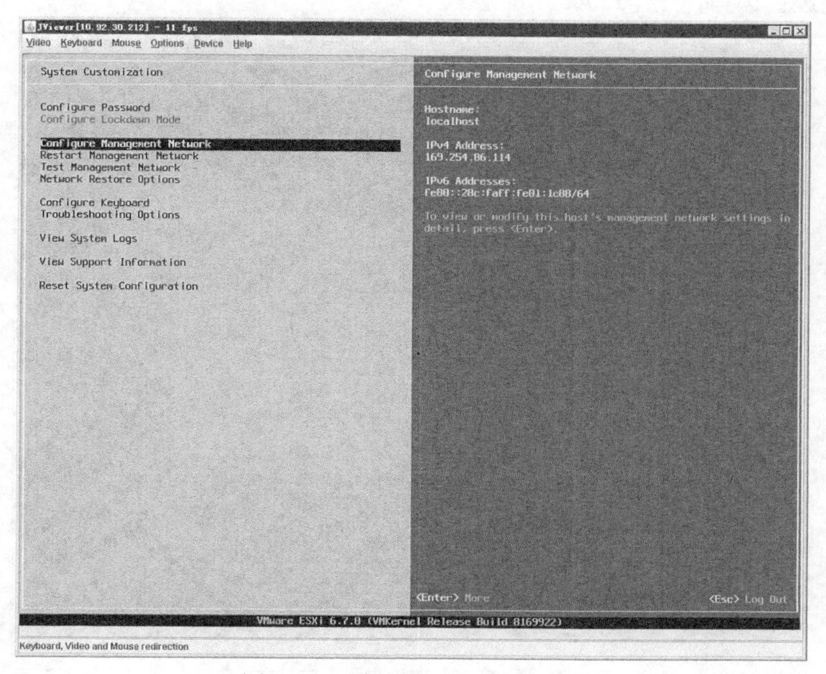

图 2-1-14　部署 ESXi 6.7 之十四

第 15 步，选中“Network Adapters”对适配器进行配置，如图 2-1-15 所示，按【Enter】键继续。

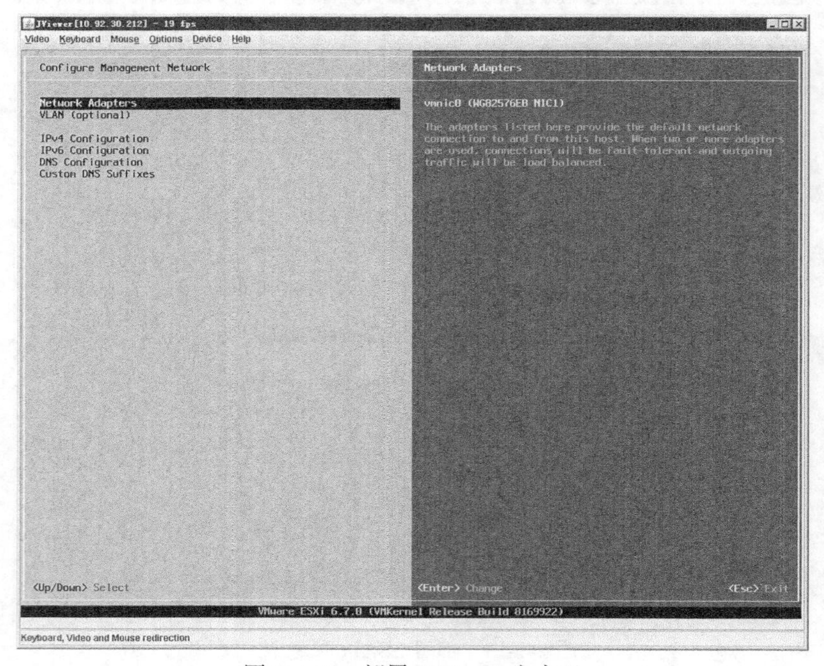

图 2-1-15　部署 ESXi 6.7 之十五

第 16 步，默认情况使用 vmnic0，如图 2-1-16 所示。如果需要调整管理适配器，可以通过空格键进行选择，按【Enter】键继续。

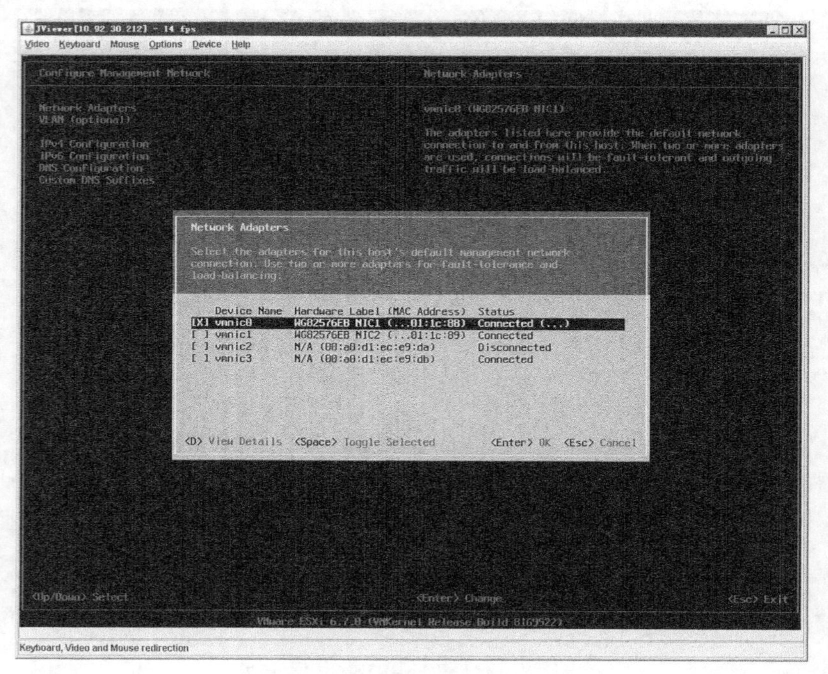

图 2-1-16　部署 ESXi 6.7 之十六

第 17 步，因为实战环境交换机端口默认模式为 Trunk，所以需要配置 VLAN ID。输入相应的 VLAN ID，如图 2-1-17 所示，按【Enter】键继续。

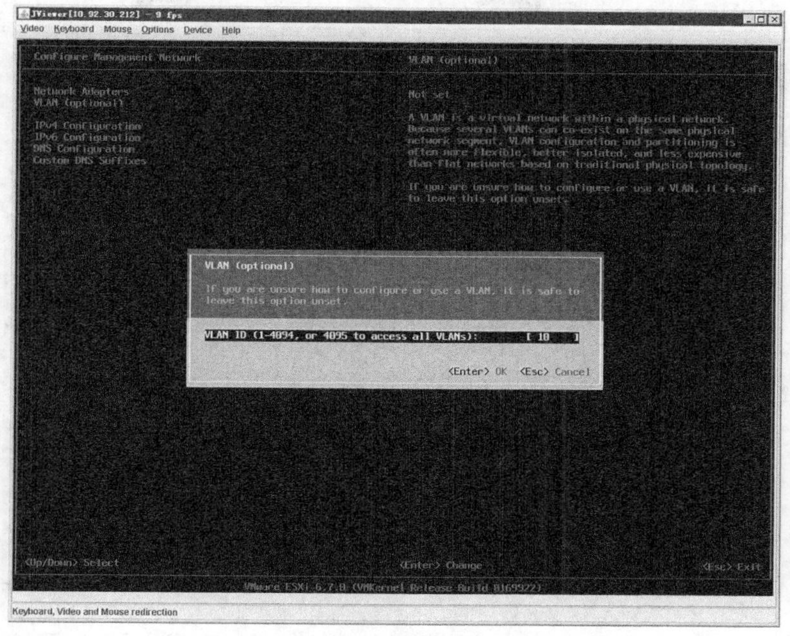

图 2-1-17　部署 ESXi 6.7 之十七

第 18 步，选中“IPv4 Configuration”对 IP 进行配置，按【Enter】键进入配置界面。选中“Set static IPv4 address and network configuration”，配置静态地址、子网掩码、默认网关，如图 2-1-18 所示，按【Enter】键完成配置。

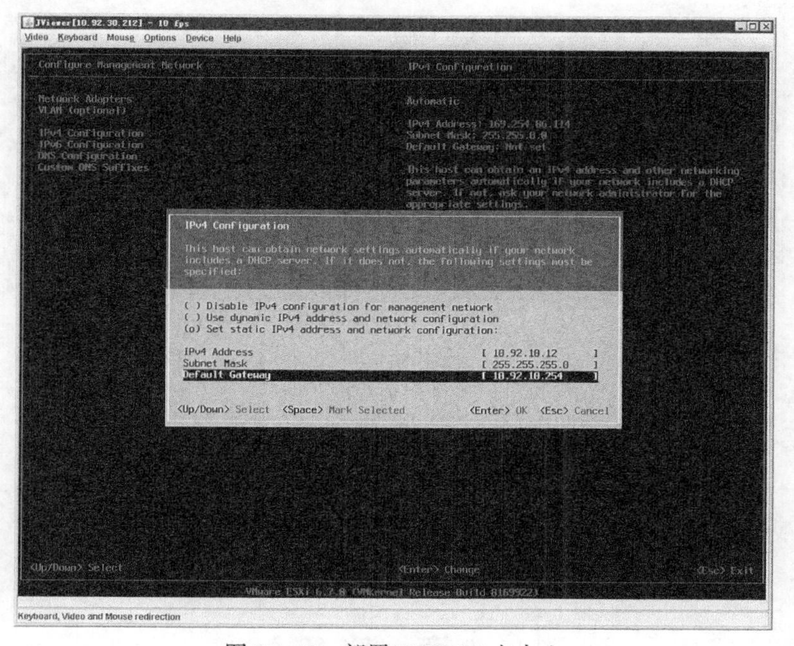

图 2-1-18　部署 ESXi 6.7 之十八

第 19 步，系统询问是否确定修改管理网络配置，如图 2-1-19 所示，按【Y】键确定并继续。

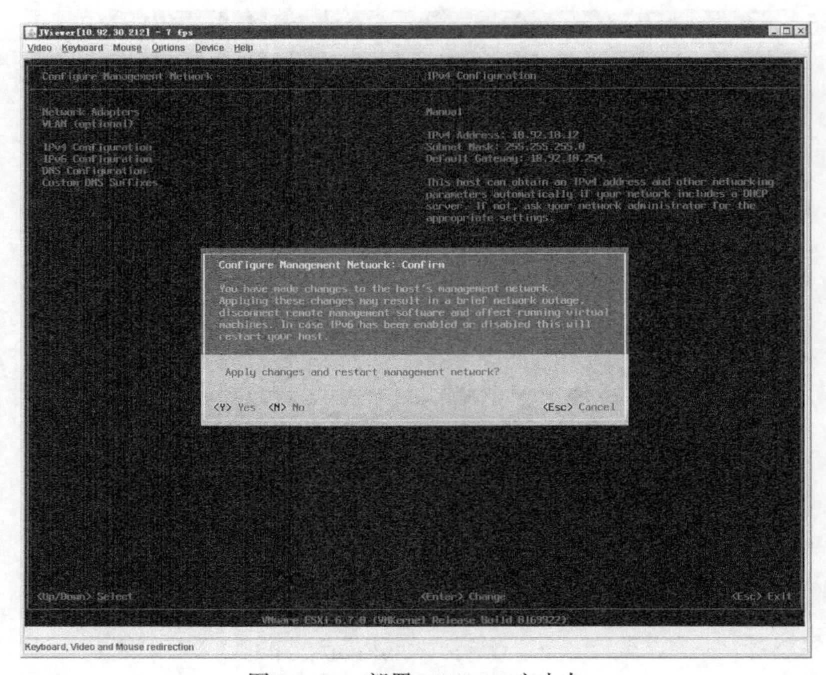

图 2-1-19 部署 ESXi 6.7 之十九

第 20 步，ESXi 6.7 主机 IP 配置完成，如图 2-1-20 所示。

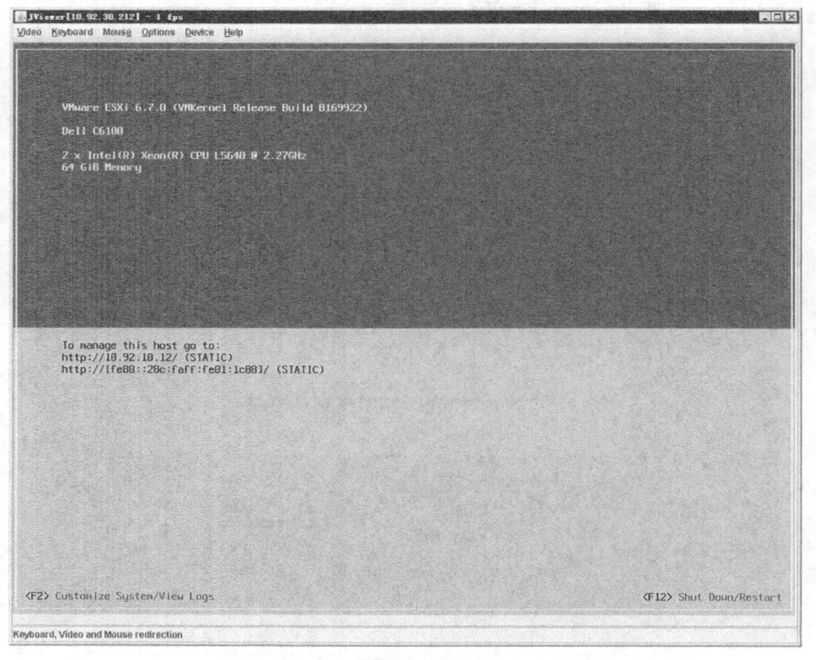

图 2-1-20 部署 ESXi 6.7 之二十

第 21 步，使用浏览器登录 ESXi 6.7 主机，如图 2-1-21 所示。注意，从 ESXi 6.5 发布以后，官方未发布 Client 工具，新的版本也不支持使用 Client 工具登录。推荐使用 Google Chrome 或 Firefox 浏览器管理 ESXi 6.7 主机。

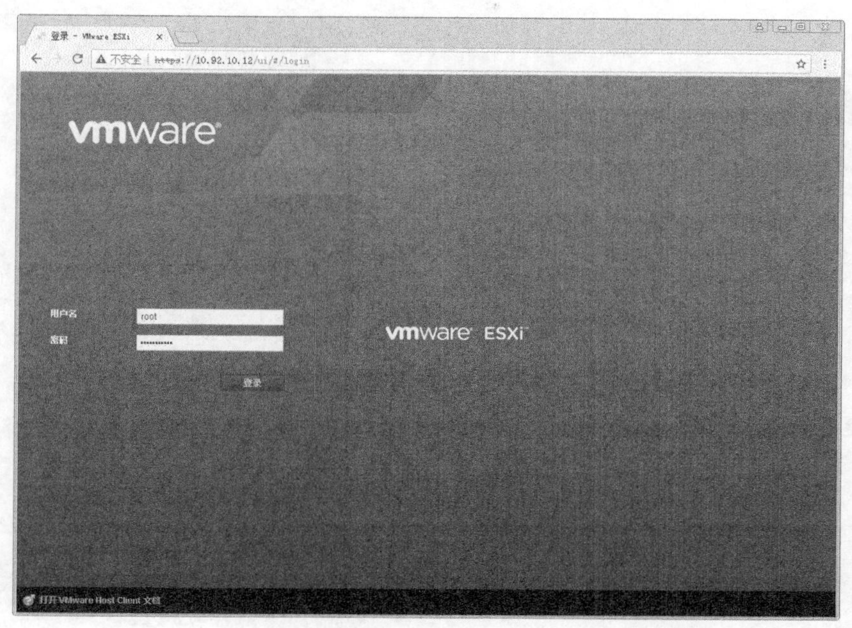

图 2-1-21 部署 ESXi 6.7 之二十一

第 22 步，登录 ESXi 6.7 主机，出现“加入 VMware 客户体验改进计划”的提示，如图 2-1-22 所示，用户可根据实际情况决定是否加入，再单击“确定”按钮。

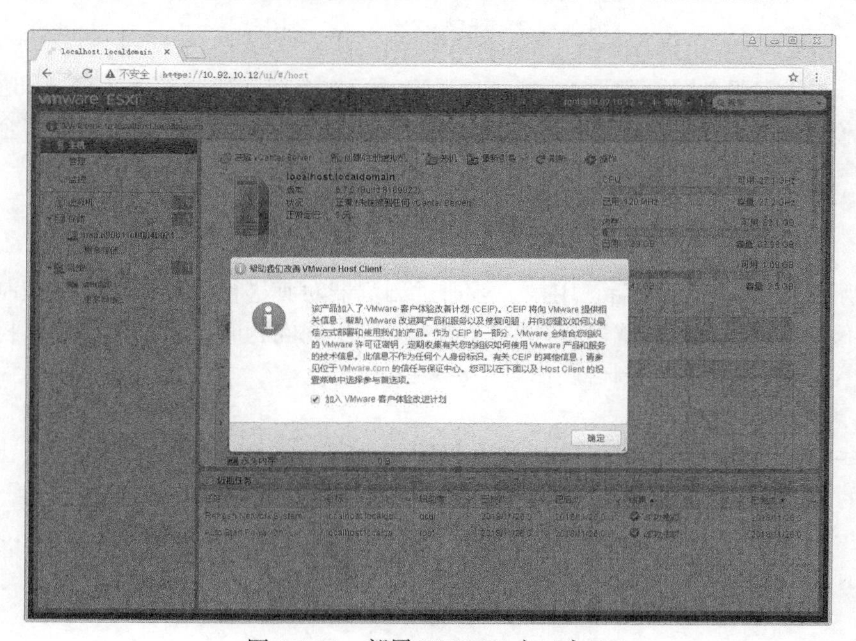

图 2-1-22 部署 ESXi 6.7 之二十二

第 23 步，进入 ESXi 6.7 主机操作界面，如图 2-1-23 所示，与 Client 工具相对比功能基本相同，在之上可以进行基本的配置和操作，更多功能的实现需要依靠 vCenter Server。

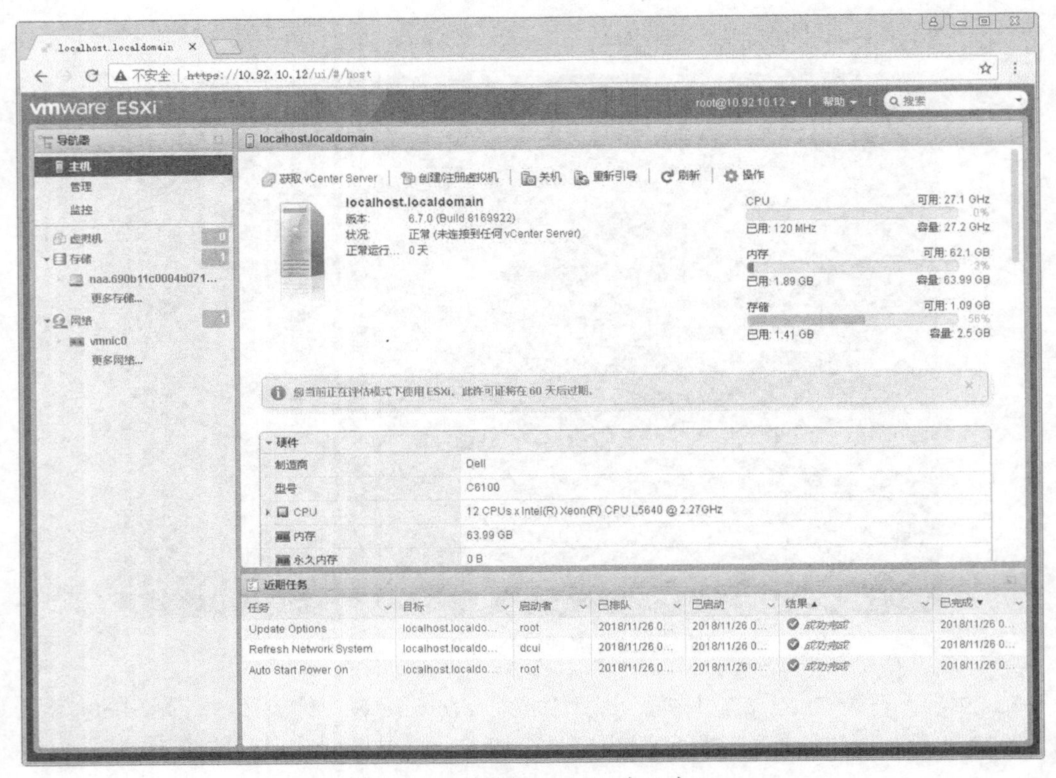

图 2-1-23　部署 ESXi 6.7 之二十三

至此，在物理服务器上部署 ESXi 6.7 系统的操作全部完成，整体来说这和 ESXi 其他版本部署流程相同。需要注意物理服务器 CPU 是否支持部署该系统，因为很多企业的生产环境中还存在不少非主流 Intel E5 2×××系列 CPU。

2.1.3　ESXi 6.7 控制台常用操作

在部署完 ESXi 6.7 系统后，用户一般通过浏览器对其进行管理操作，在控制台上进行的操作并不多。但当通过浏览器管理 ESXi 6.7 主机出现问题时，还是需要依赖控制台进行操作，本小节介绍常用的控制台操作。

1. 重置管理网络

在某些情况下，用户会对 ESXi 6.7 主机网络进行调整，但这些调整可能会出现问题，导致使用的 vSphere Client 工具无法连接 ESXi 6.7 主机，这时就可能需要重置管理网络。

第 1 步，按【F2】键进入主机配置模式，选中“Restart Management Network”，如图 2-1-24 所示。

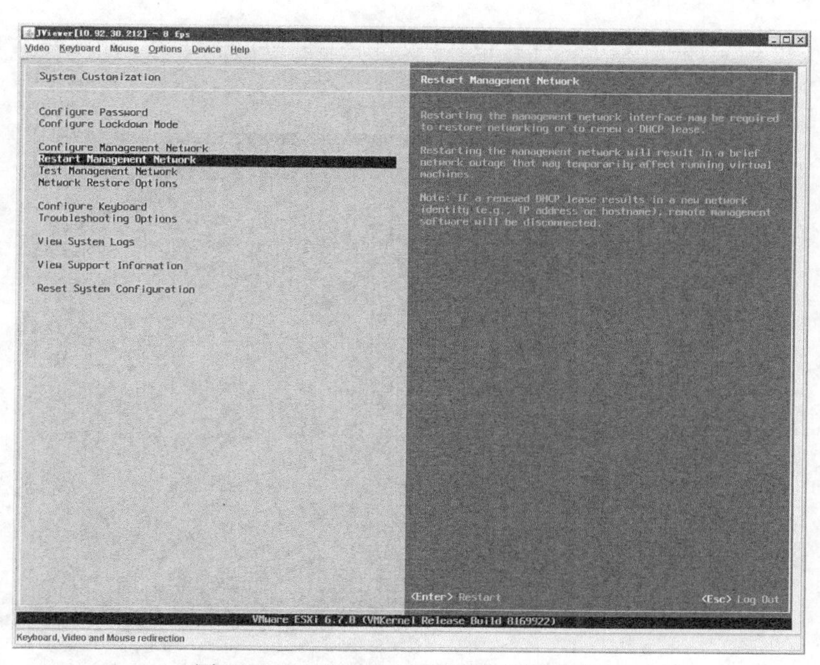

图 2-1-24 ESXi 6.7 控制台常用操作之一

第 2 步，确认是否重置管理网络，如图 2-1-25 所示，按【F11】键确定，进行重置。

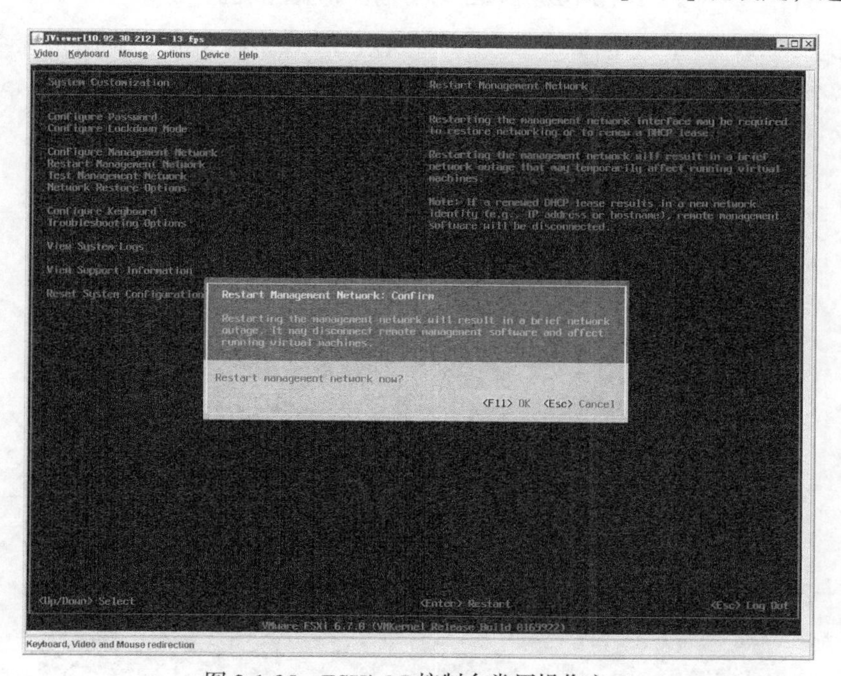

图 2-1-25 ESXi 6.7 控制台常用操作之二

2. 测试网络连通性

配置完网络后，可能需要对网络的连通性进行测试。ESXi 6.7 主机界面提供了相应的测试工具。

第 1 步，按【F2】键进入主机配置模式，选中“Test Management Network”，如图 2-1-26 所示。

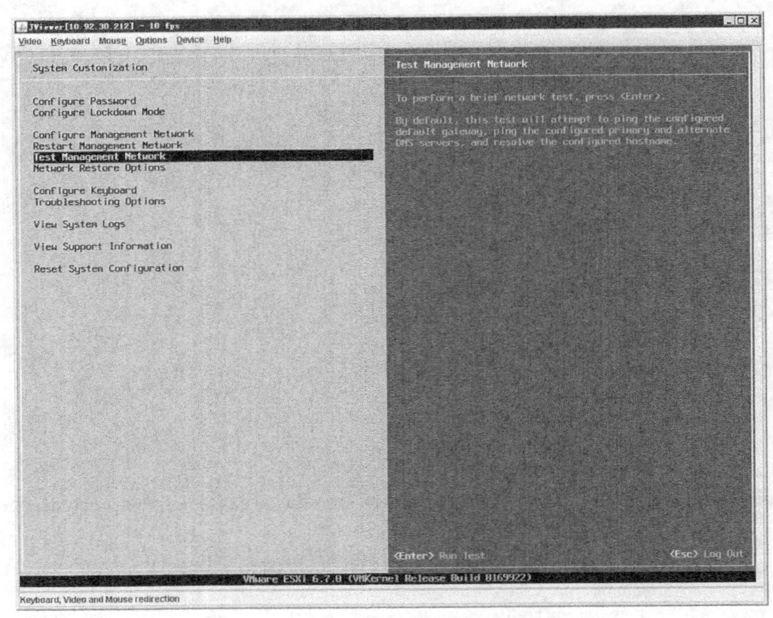

图 2-1-26 ESXi 6.7 控制台常用操作之三

第 2 步，输入需要 Ping 的地址，默认为 ESXi 6.7 主机网关地址与 DNS 服务器地址，如图 2-1-27 所示，按【Enter】键进行测试。

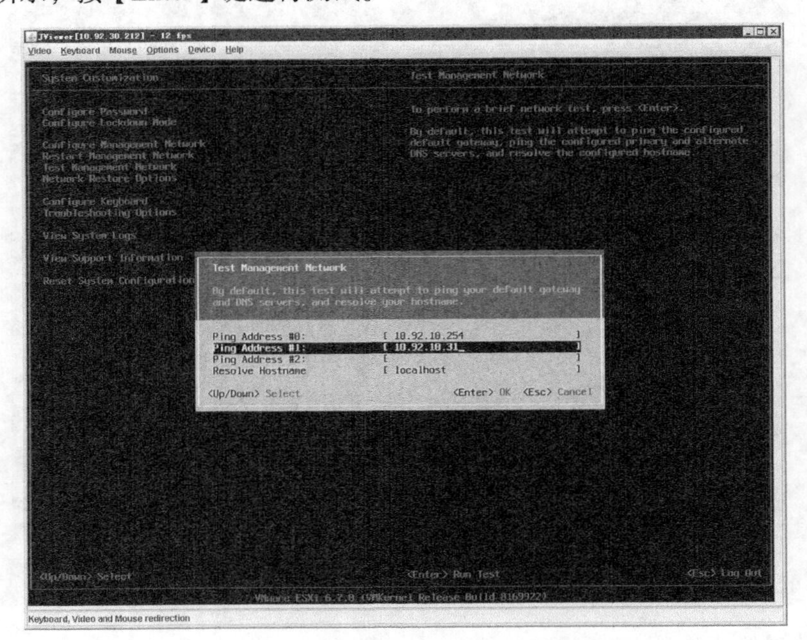

图 2-1-27 ESXi 6.7 控制台常用操作之四

第 3 步，如果测试出两个地址的结果为“OK”，那么说明网络没有问题；反之则说明网络出现问题，需要进行排查，如图 2-1-28 所示。

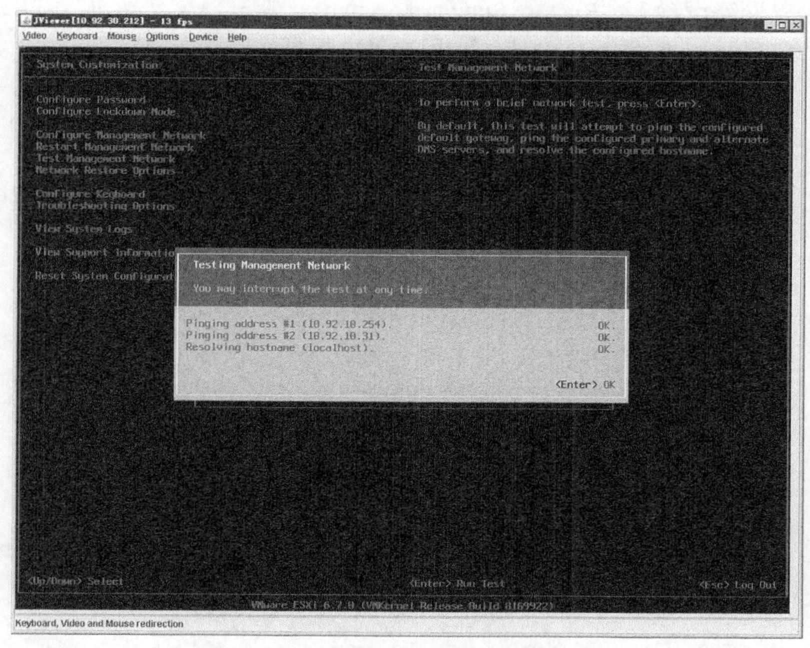

图 2-1-28 ESXi 6.7 控制台常用操作之五

3. 网络配置恢复

在 ESXi 6.7 主机配置界面，可将网络方面的配置恢复到出厂状态。

第 1 步，按【F2】键进入主机配置模式，选中“Network Restore Options”，如图 2-1-29 所示。

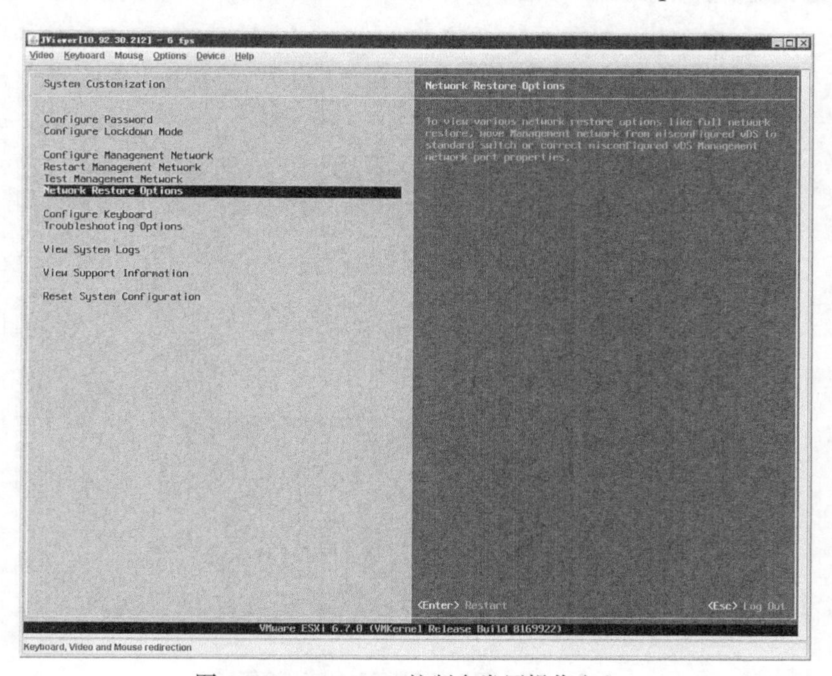

图 2-1-29 ESXi 6.7 控制台常用操作之六

第 2 步，“Network Restore Options”一共涉及三个选项，分别为“Restore Network Settings”（恢复网络设置）、“Restore Standard Switch”（恢复标准交换机）、“Restore vDS”（恢复分布式交换机），如图 2-1-30 所示，用户可以根据实际需要进行选择。

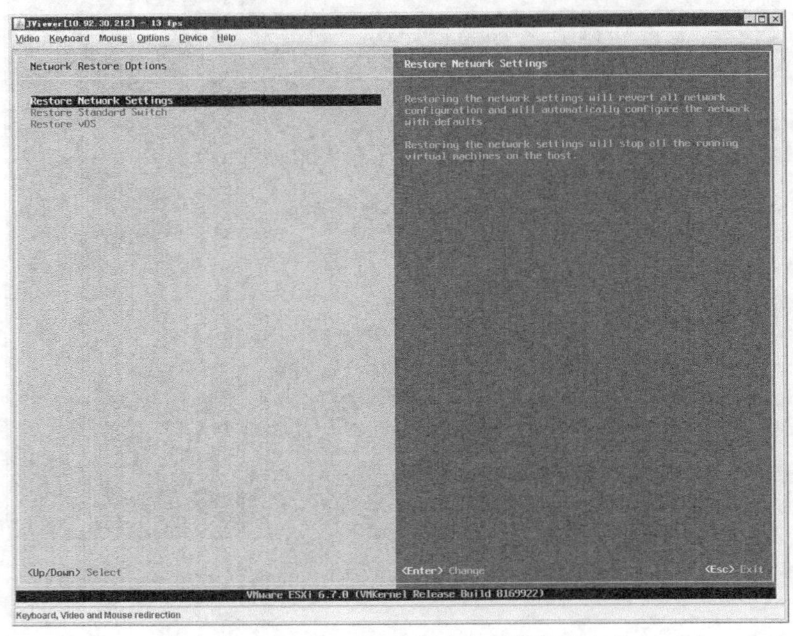

图 2-1-30　ESXi 6.7 控制台常用操作之七

第 3 步，选中“Restore Network Settings”（恢复网络设置）后，系统会出现提示，确认是否要将网络设置恢复到出厂状态，如图 2-1-31 所示，按【F11】键确定。

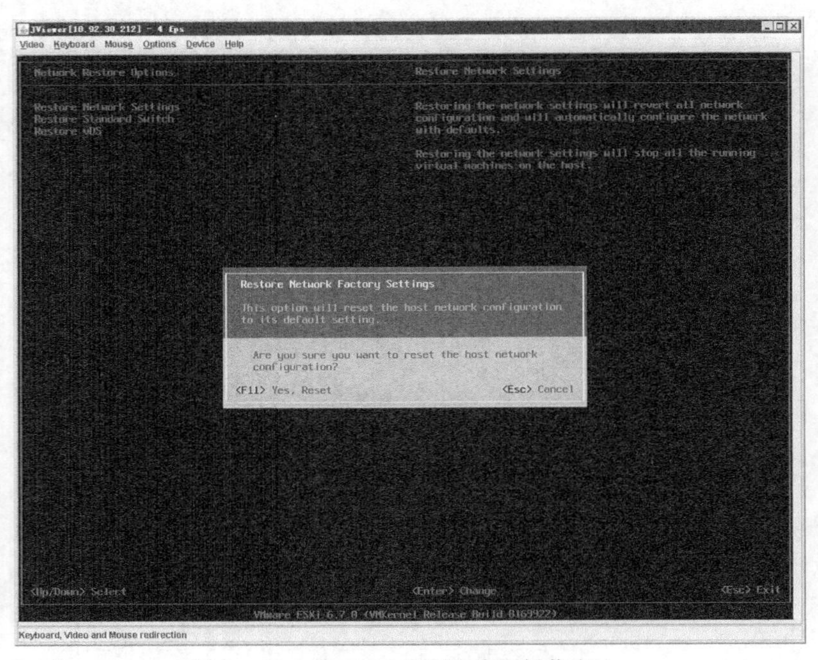

图 2-1-31　ESXi 6.7 控制台常用操作之八

4. 重置系统配置

在操作过程中，用户可能由于一些误操作使得 ESXi 6.7 主机配置混乱，这种情况下可以对 ESXi 6.7 主机配置进行重置。重置后 ESXi 6.7 主机会将所有配置文件全部清除，恢复到初始化状态，同时登录密码为空。

第 1 步，按【F2】键进入主机配置模式，选中“Reset System Configuration”，如图 2-1-32 所示。

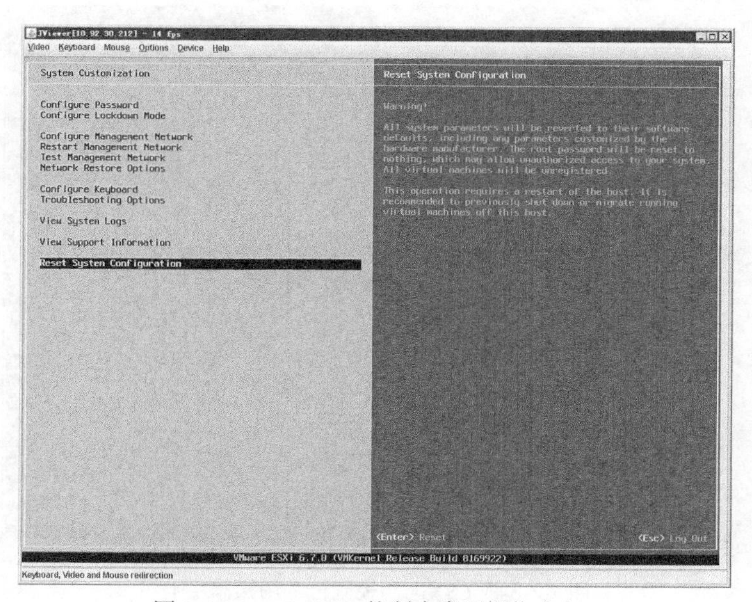

图 2-1-32　ESXi 6.7 控制台常用操作之九

第 2 步，确认是否进行系统配置重置，如图 2-1-33 所示，按【F11】键进行重置。

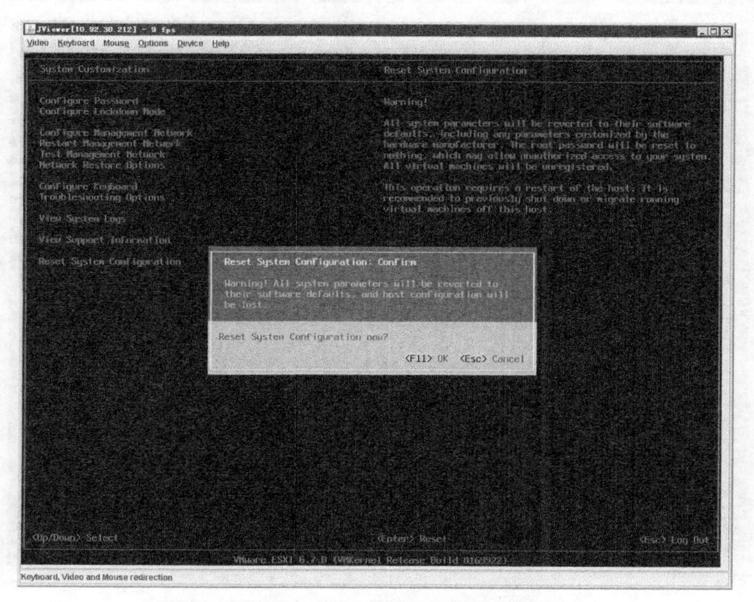

图 2-1-33　ESXi 6.7 控制台常用操作之十

5. 查看系统日志

ESXi 6.7 主机可提供多种日志供用户查看，帮助管理人员排除故障。

第 1 步，按【F2】键进入主机配置模式，选中“View System Logs”，ESXi 主机可以提供多个日志：Syslog、Vmkernel、Config、Management Agent、Virtual Center Agent、VMware ESXi Observation log，如图 2-1-34 所示，用户可以根据需要进行查看。

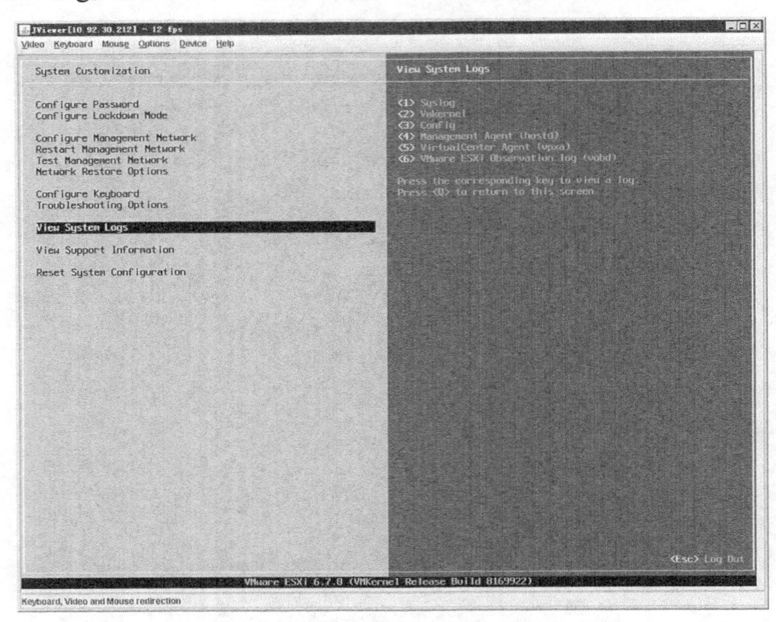

图 2-1-34　ESXi 6.7 控制台常用操作之十一

第 2 步，系统日志显示的输出，如图 2-1-35 所示，按【Q】键可退出。

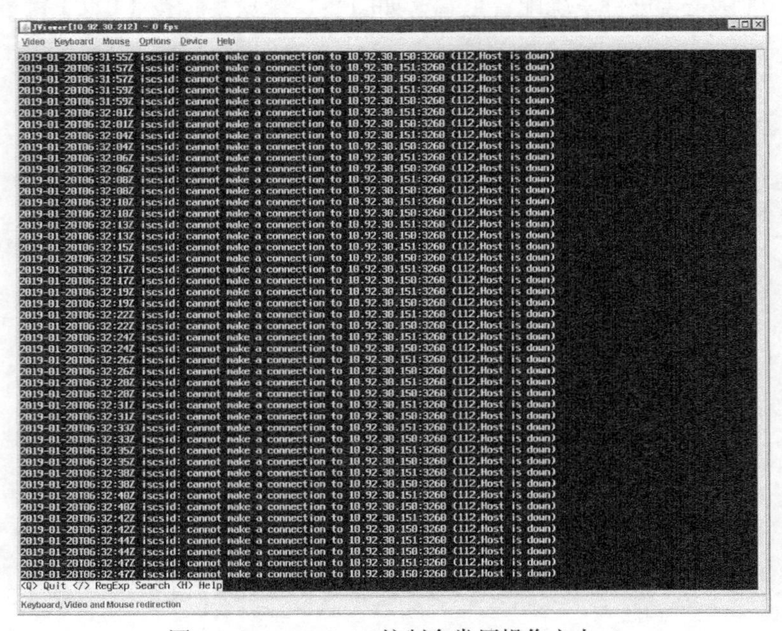

图 2-1-35　ESXi 6.7 控制台常用操作之十二

上述为 ESXi 6.7 控制台常见的操作。在生产环境中，如果 ESXi 6.7 主机出现不能使用浏览器管理的情况，那么用户可以考虑通过控制台排查问题并进行处理。

2.2 升级其他版本至 ESXi 6.7

系统升级对于生产环境来说是常见的操作。任何的升级操作都存在一定的风险，升级前建议将虚拟机迁移到其他 ESXi 主机，这样可以避免升级出现问题导致虚拟机无法启动的情况。同时需要注意源 ESXi 主机版本，并不是所有版本都能够直接升级。本节介绍两个版本的升级过程，用户可以进行参考。

2.2.1 升级 ESXi 的注意事项

升级 ESXi 前一定要核实该版本是否能够升级，比如，ESXi 5.5 的任何子版本均无法升级到 ESXi 6.7， ESXi 6.5 Update 2 只能升级到 ESXi 6.7 Update 1。各版本的升级支持情况参考表 2-2-1。

表 2-2-1 ESXi 各版本升级支持

源版本	目标版本	升级支持
ESXi 5.5（any）	ESXi 6.7（any）	不支持
ESXi 5.5（any）	ESXi 6.5（any）	支持
ESXi 6.0	ESXi 6.7（any）	支持
ESXi 6.0 Update 1	ESXi 6.7（any）	支持
ESXi 6.0 Update 2	ESXi 6.7（any）	支持
ESXi 6.0 Update 3	ESXi 6.7（any）	支持
ESXi 6.5	ESXi 6.7（any）	支持
ESXi 6.5 Update 1	ESXi 6.7（any）	支持
ESXi 6.5 Update 2	ESXi 6.7	不支持
ESXi 6.5 Update 2	ESXi 6.7 Update 1	支持

2.2.2 升级 ESXi 6.0 至 ESXi 6.7

本小节介绍将 ESXi 6.0 升级到 ESXi 6.7 的操作。ESXi 6.0 使用的版本号为 3620759。

第 1 步，登录物理服务器控制台，查看 ESXi 主机版本为 6.0，如图 2-2-1 所示。

第 2 步，重新引导启动物理服务器，选中“ESXi-6.7.0-8169922-standard Installer”，如图 2-2-2 所示，按【Enter】键开始安装 VMware ESXi 6.7。

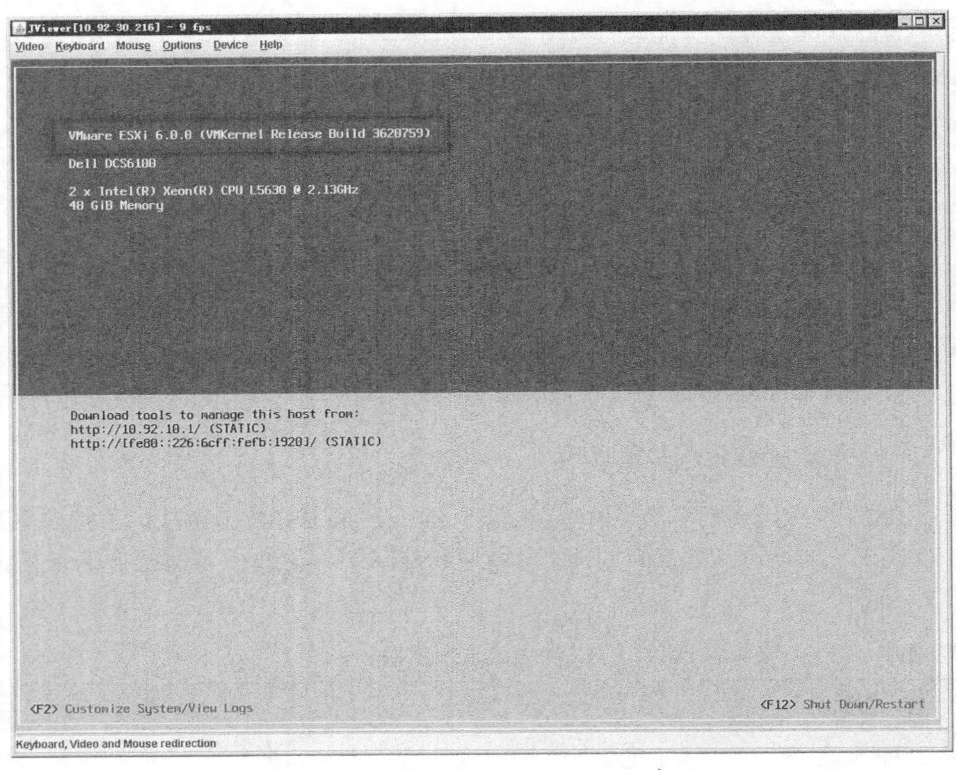

图 2-2-1　升级 ESXi 6.0 至 ESXi 6.7 之一

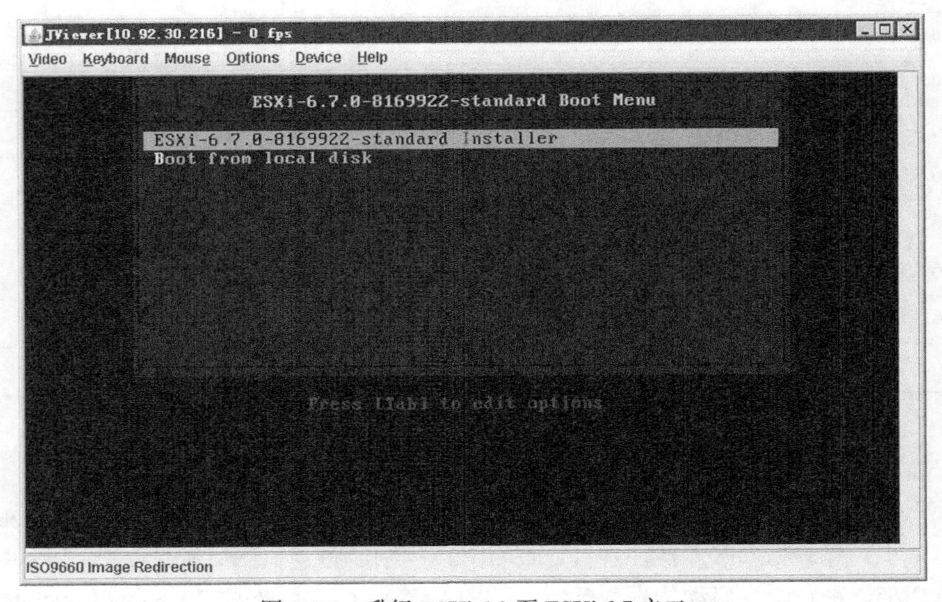

图 2-2-2　升级 ESXi 6.0 至 ESXi 6.7 之二

第 3 步，系统开始加载安装文件，如图 2-2-3 所示。

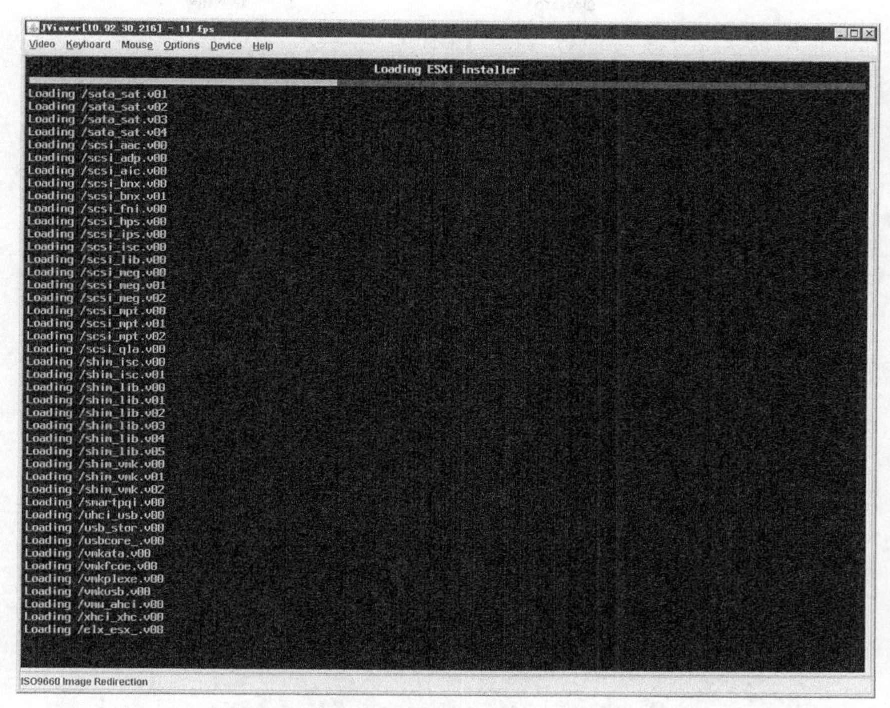

图 2-2-3　升级 ESXi 6.0 至 ESXi 6.7 之三

第 4 步，进入 VMware ESXi 6.7 文件加载界面，如图 2-2-4 所示。

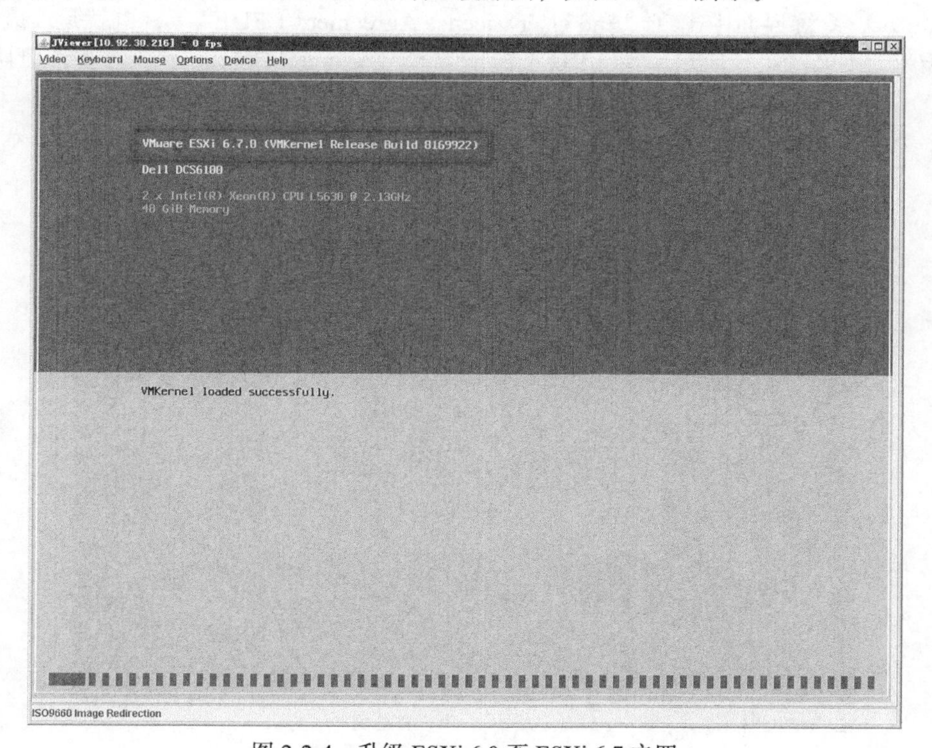

图 2-2-4　升级 ESXi 6.0 至 ESXi 6.7 之四

第 5 步，进入 ESXi 6.7 安装向导界面，如图 2-2-5 所示，按【Enter】键开始安装 VMware ESXi 6.7。

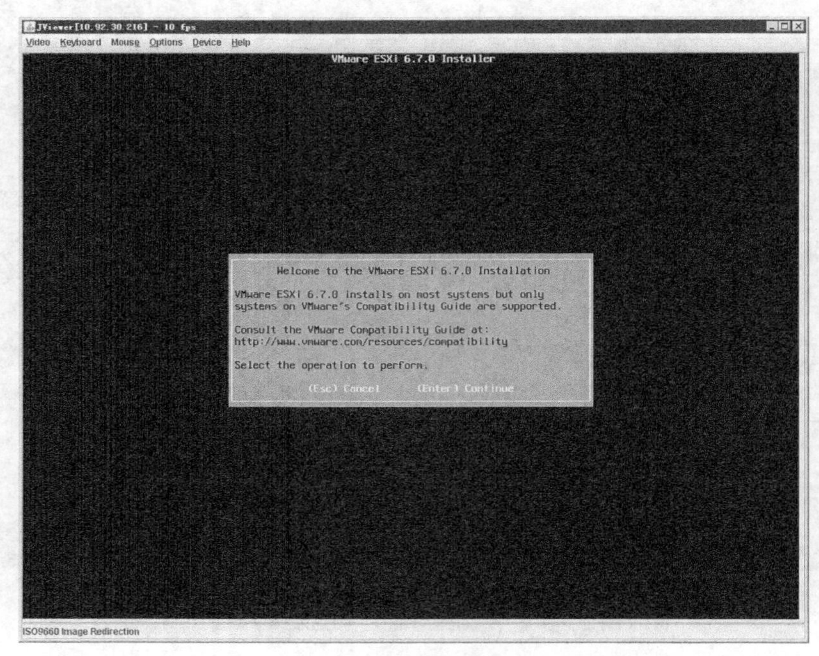

图 2-2-5 升级 ESXi 6.0 至 ESXi 6.7 之五

第 6 步，系统界面中出现“End User License Agreement（EULA）”，也就是“最终用户许可协议”，如图 2-2-6 所示，按【F11】键选中“Accept and Continue”，接受许可协议。

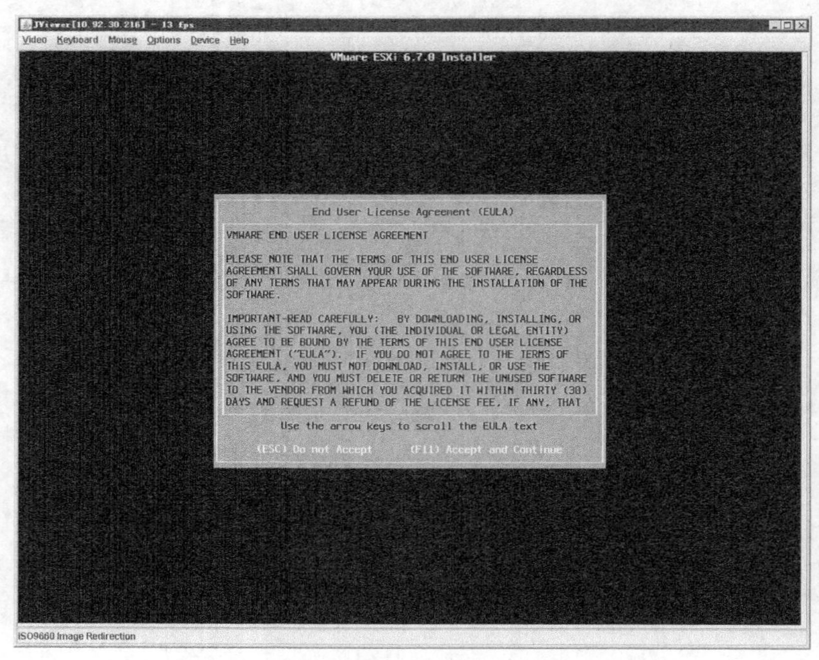

图 2-2-6 升级 ESXi 6.0 至 ESXi 6.7 之六

第 7 步，系统提示选择安装 VMware ESXi 6.7 使用的存储设备。此服务器使用的是在 SanDisk U 盘上安装的系统，如图 2-2-7 所示，按【Enter】键继续安装。

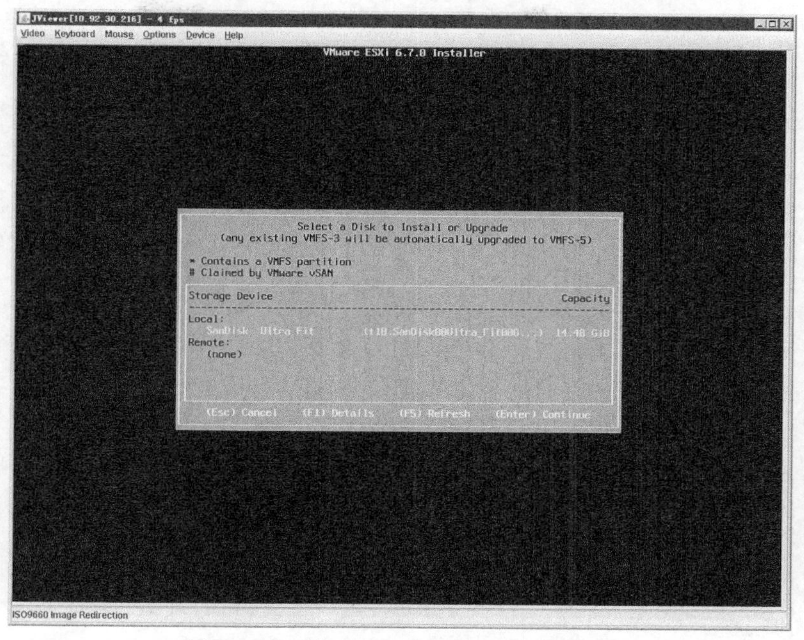

图 2-2-7　升级 ESXi 6.0 至 ESXi 6.7 之七

第 8 步，系统进行自检，若检测到存储设备上有之前版本的 ESXi 系统，则会提示用户是升级安装还是全新安装，如图 2-2-8 所示，选中“Upgrade”进行升级安装，原配置保留；选中“Install”进行全新安装，原配置会被全部清空。需要谨慎进行操作。

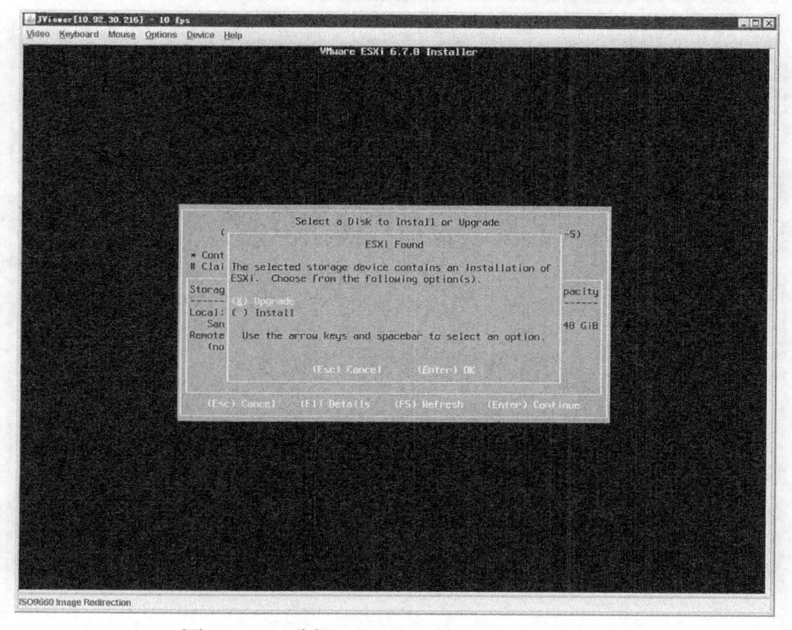

图 2-2-8　升级 ESXi 6.0 至 ESXi 6.7 之八

第 9 步，系统出现警告提示，服务器使用的 Intel Xeon L5630 系列 CPU 不支持 ESXi 主机的某些特性，如图 2-2-9 所示，但这不影响后续的安装。按【Enter】键继续安装。

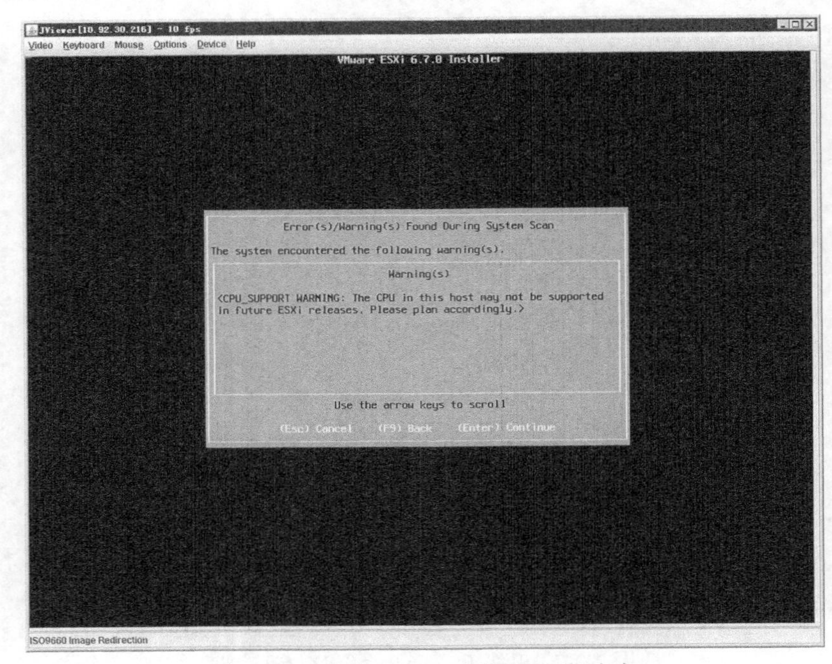

图 2-2-9　升级 ESXi 6.0 至 ESXi 6.7 之九

第 10 步，系统提示升级的 VMware ESXi 6.7 将安装在刚才选择的 U 盘中，如图 2-2-10 所示，按【F11】键开始升级。

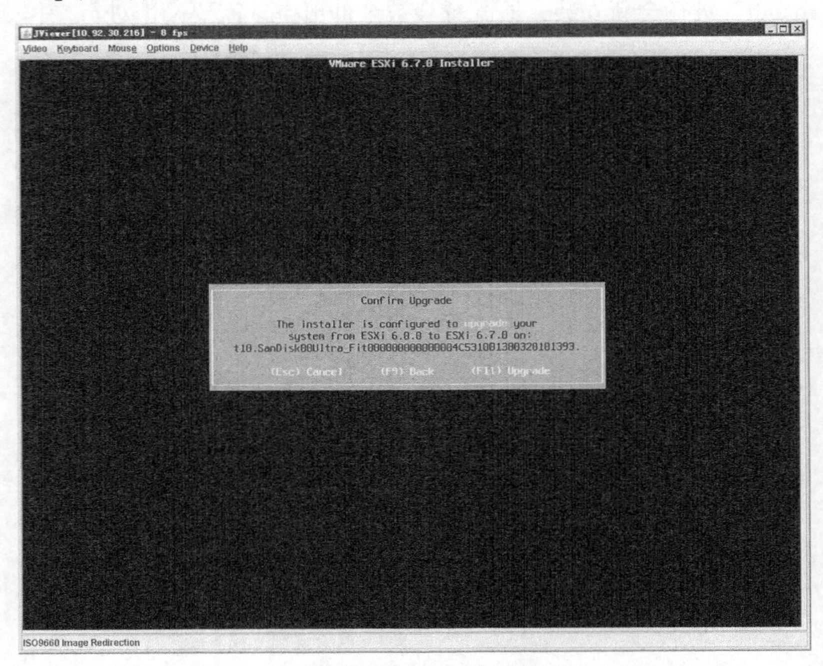

图 2-2-10　升级 ESXi 6.0 至 ESXi 6.7 之十

第 11 步，开始升级至 VMware ESXi 6.7，如图 2-2-11 所示。

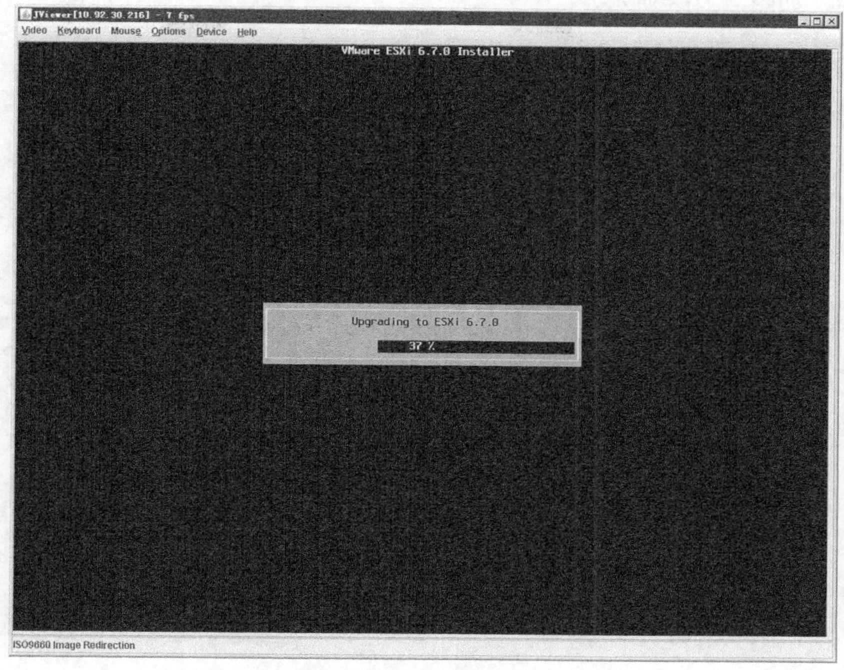

图 2-2-11 升级 ESXi 6.0 至 ESXi 6.7 之十一

第 12 步，升级的时间取决于服务器的性能。完成升级操作后按【Enter】键重启服务器，如图 2-2-12 所示。

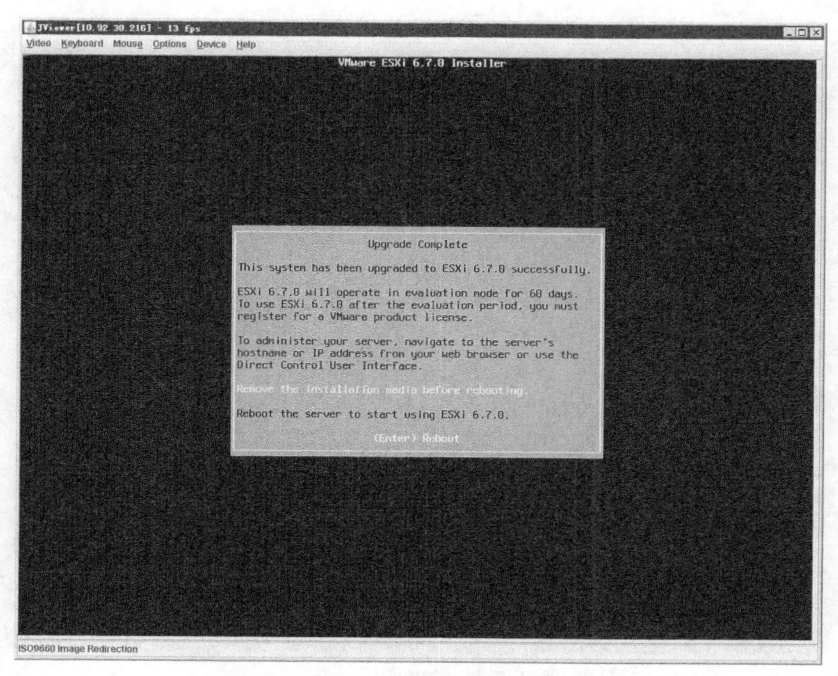

图 2-2-12 升级 ESXi 6.0 至 ESXi 6.7 之十二

第 13 步，重启服务器进入物理服务器控制台，服务器已经升级至 ESXi 6.7，IP 地址等配置均保留，如图 2-2-13 所示。

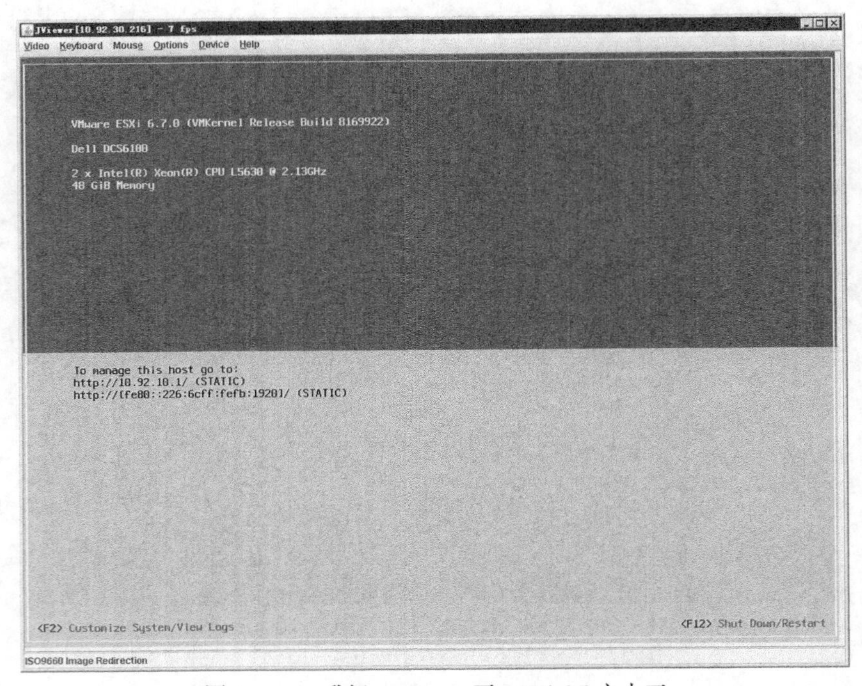

图 2-2-13 升级 ESXi 6.0 至 ESXi 6.7 之十三

第 14 步，使用浏览器登录 ESXi 6.7 主机，“状况”显示为“正常”，如图 2-2-14 所示。

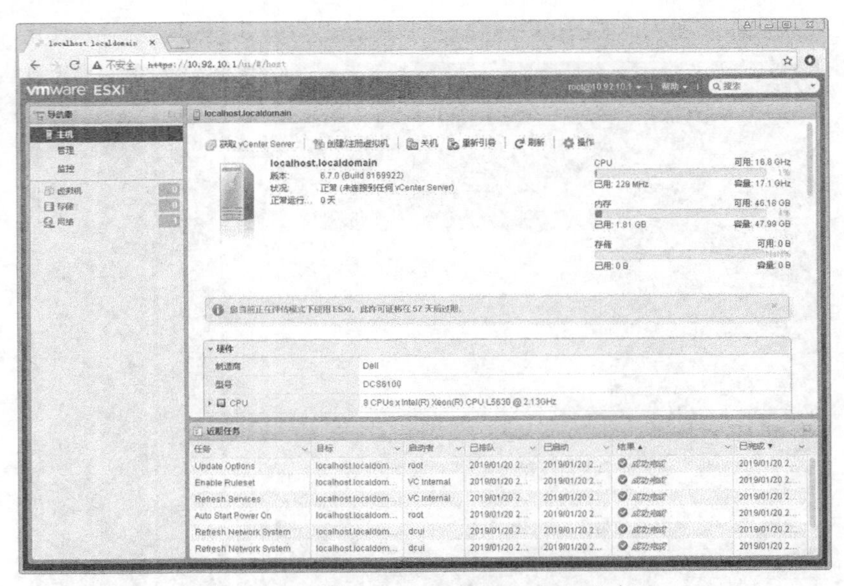

图 2-2-14 升级 ESXi 6.0 至 ESXi 6.7 之十四

至此，升级 ESXi 6.0 至 ESXi 6.7 完成，简单来说，这次升级操作可以理解为覆盖安装。进行升级操作前一定要注意将虚拟机迁移或者备份。

2.2.3 升级 ESXi 6.5 至 ESXi 6.7

ESXi 6.5 的升级操作与 ESXi 6.0 的相同，写作本节是为了满足不同的用户群体升级系统的参考需求，没有使用 ESXi 6.5 环境的用户可以跳过本节。本小节所述升级操作是将 ESXi 6.5 升级到 ESXi 6.7，ESXi 6.5 使用的版本号为 7388607。

第 1 步，登录物理服务器控制台，查看 ESXi 主机版本为 6.5，如图 2-2-15 所示。

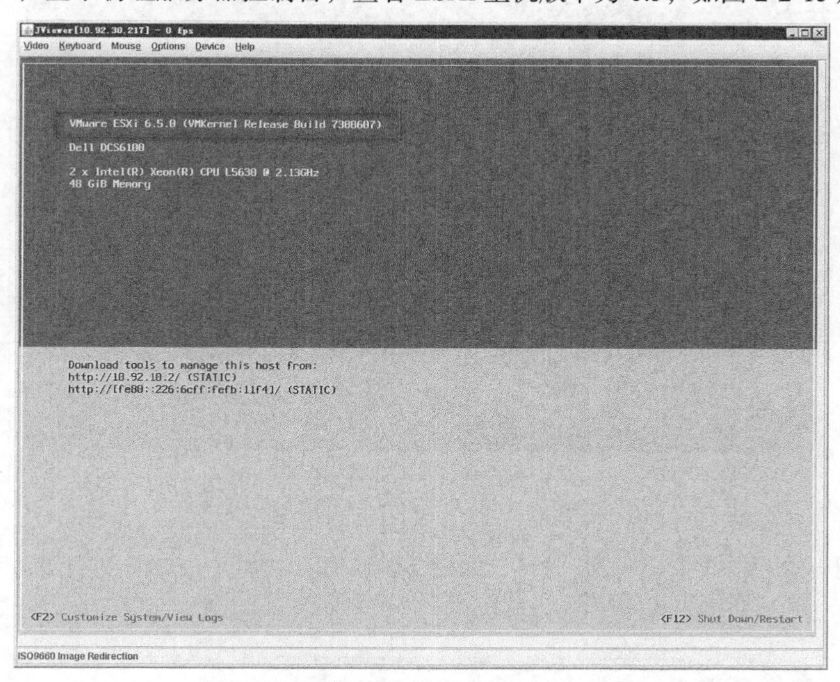

图 2-2-15 升级 ESXi 6.5 至 ESXi 6.7 之一

第 2 步，重新引导启动物理服务器，选中“ESXi-6.7.0-8169922-standard Installer”，如图 2-2-16 所示，按【Enter】键开始安装 VMware ESXi 6.7。

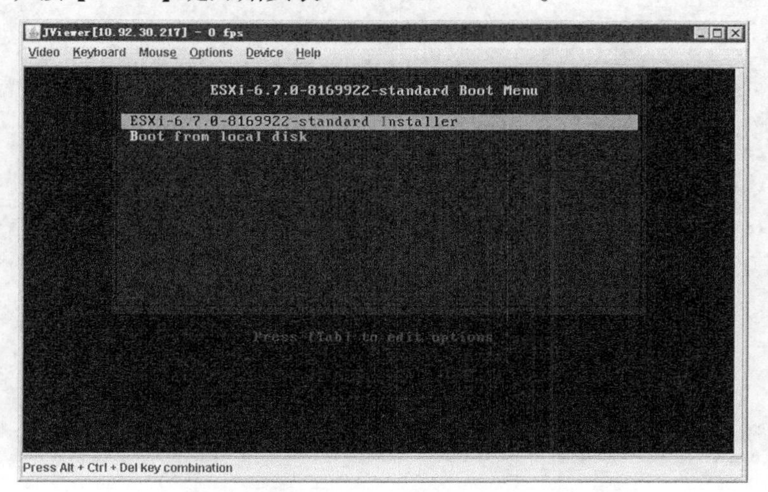

图 2-2-16 升级 ESXi 6.5 至 ESXi 6.7 之二

第 3 步，系统开始加载安装文件，如图 2-2-17 所示。

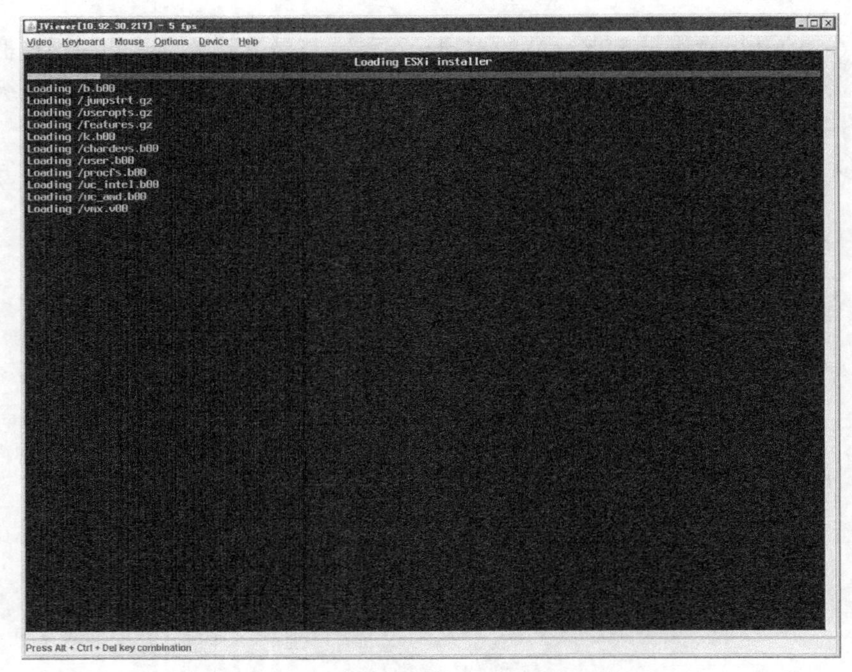

图 2-2-17 升级 ESXi 6.5 至 ESXi 6.7 之三

第 4 步，进入 ESXi 6.7 安装向导，如图 2-2-18 所示，按【Enter】键开始安装 VMware ESXi 6.7。

图 2-2-18 升级 ESXi 6.5 至 ESXi 6.7 之四

第 5 步，系统界面中出现“End User License Agreement（EULA）”，也就是“最终用户许可协议”，如图 2-2-19 所示，按【F11】键选中“Accept and Continue”，接受许可协议。

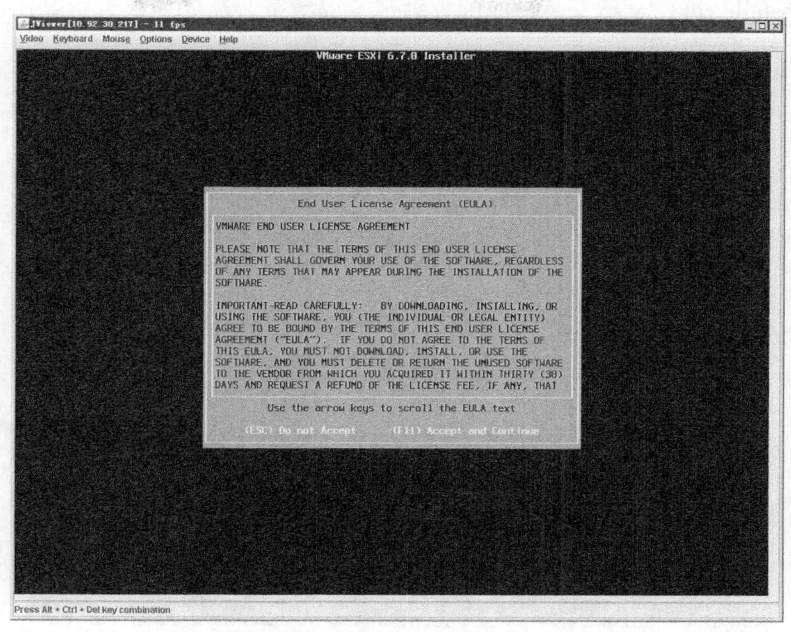

图 2-2-19　升级 ESXi 6.5 至 ESXi 6.7 之五

第 6 步，系统提示用户选择安装 VMware ESXi 6.7 使用的存储设备。此服务器使用的是在 SanDisk U 盘上安装的系统，如图 2-2-20 所示，按【Enter】键继续安装。

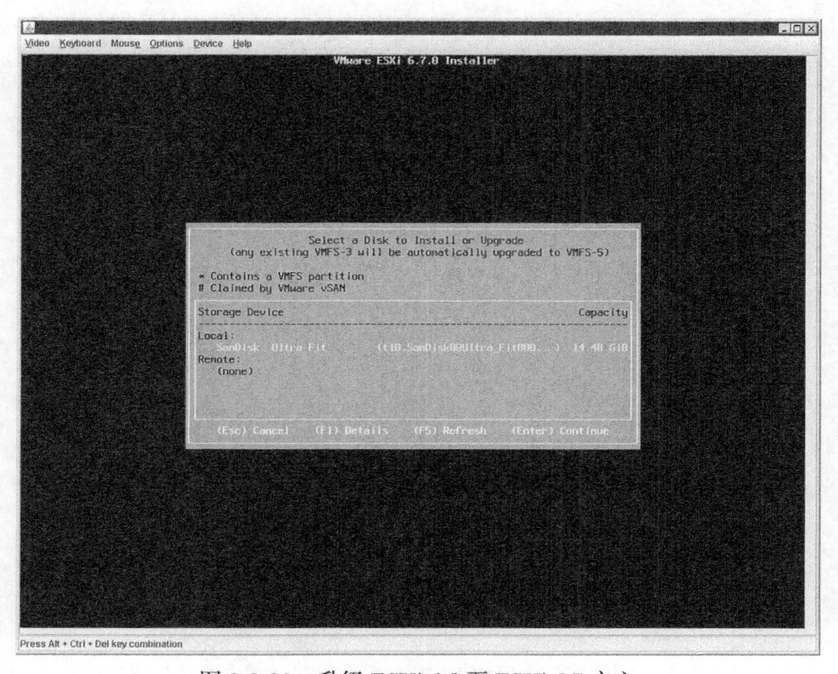

图 2-2-20　升级 ESXi 6.5 至 ESXi 6.7 之六

第 7 步，系统进行自检，若检测到存储设备上有之前版本的 ESXi 系统，则会提示用户是升级安装还是全新安装，如图 2-2-21 所示，选中“Upgrade”进行升级安装，原配置保留；选中“Install”进行全新安装，原配置会被全部清空。需要谨慎进行操作。

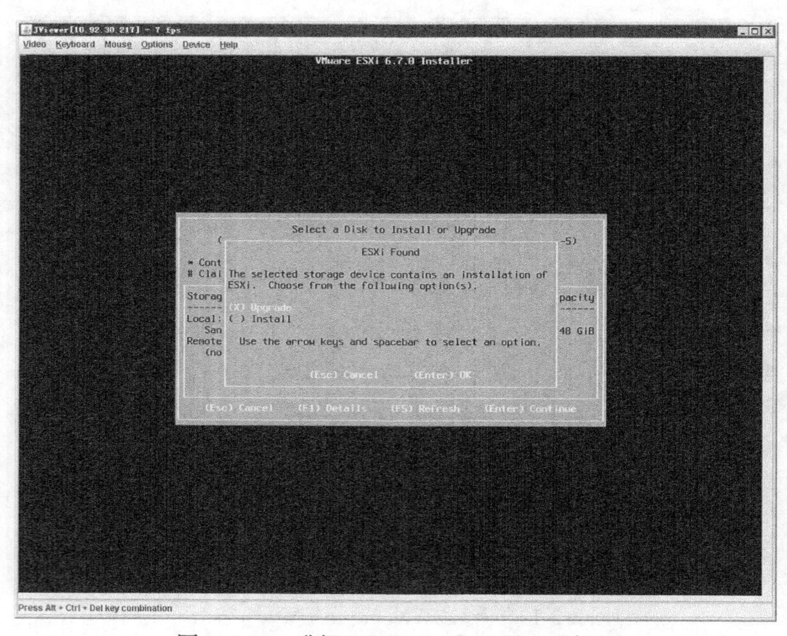

图 2-2-21　升级 ESXi 6.5 至 ESXi 6.7 之七

第 8 步，系统出现警告提示，服务器使用的 Intel Xeon L5630 系列 CPU 不支持 ESXi 主机的某些特性，如图 2-2-22 所示，但这不影响后续的安装。按【Enter】键继续安装。

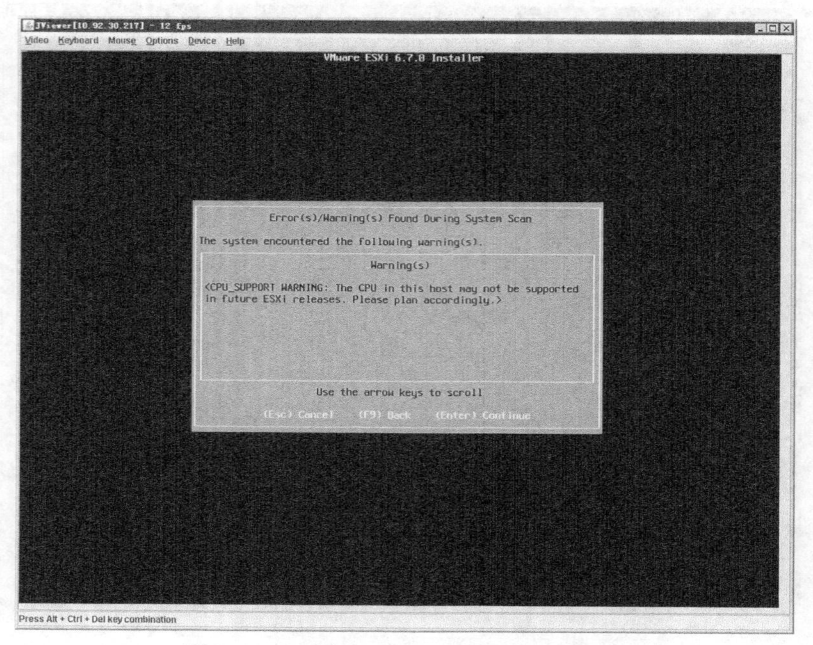

图 2-2-22　升级 ESXi 6.5 至 ESXi 6.7 之八

第 9 步，系统提示升级的 VMware ESXi 6.7 将安装在刚才选择的 U 盘中，如图 2-2-23 所示，按【F11】键开始升级。

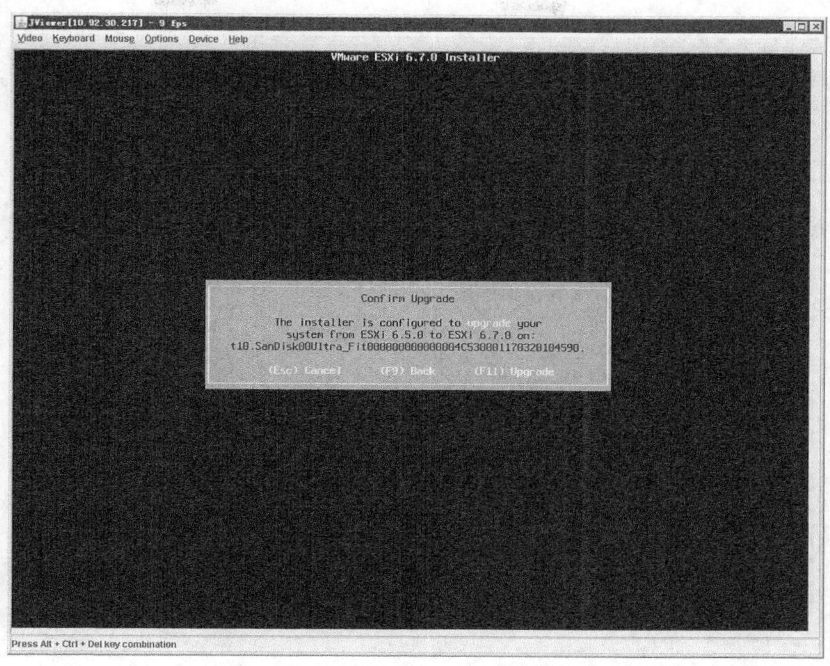

图 2-2-23 升级 ESXi 6.5 至 ESXi 6.7 之九

第 10 步，开始升级至 VMware ESXi 6.7，如图 2-2-24 所示。

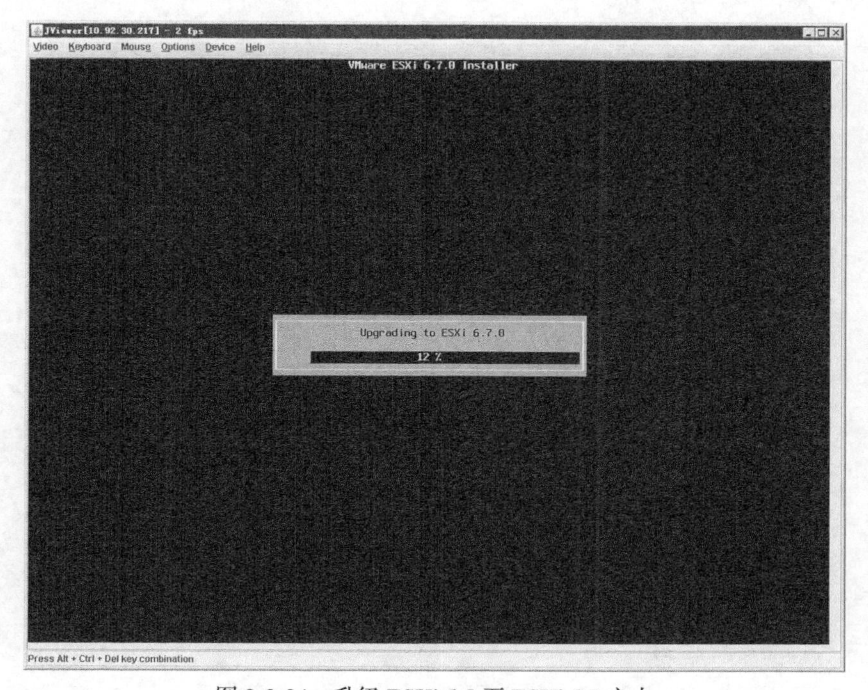

图 2-2-24 升级 ESXi 6.5 至 ESXi 6.7 之十

第 11 步，升级的时间取决于服务器的性能，如图 2-2-25 所示，完成升级操作后按【Enter】键重启服务器。

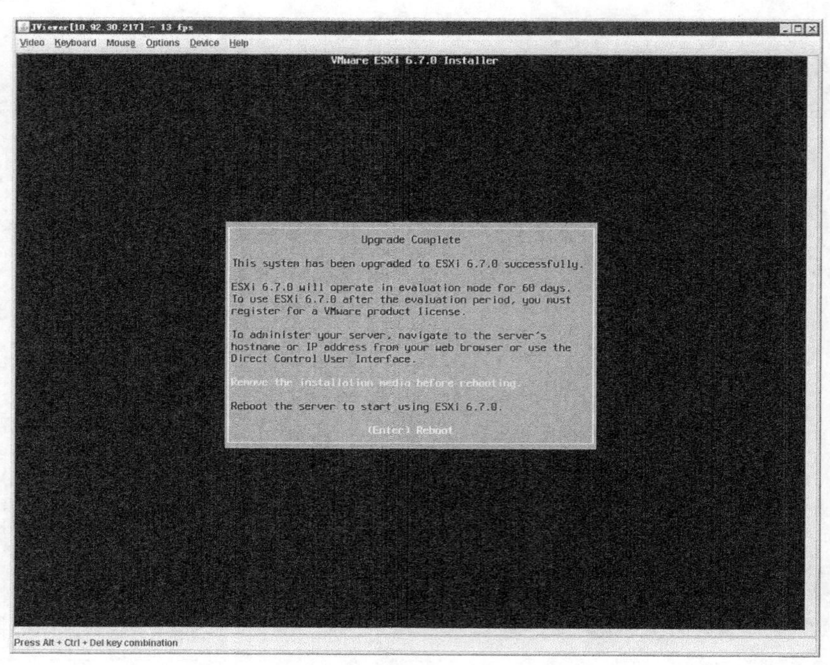

图 2-2-25　升级 ESXi 6.5 至 ESXi 6.7 之十一

第 12 步，重启服务器进入物理服务器控制台，服务器已经升级至 ESXi 6.7，IP 地址等配置均保留，如图 2-2-26 所示。

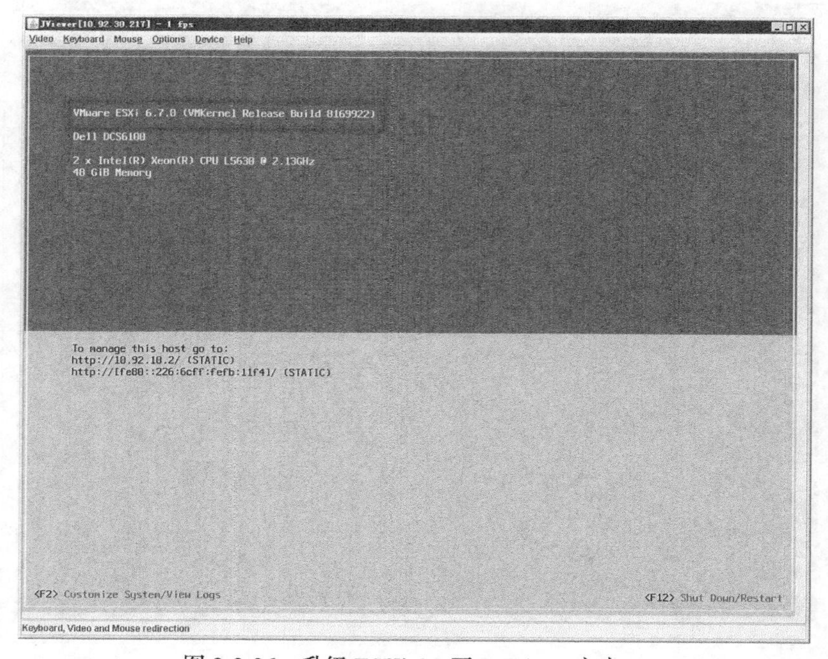

图 2-2-26　升级 ESXi 6.5 至 ESXi 6.7 之十二

第 13 步，使用浏览器登录 ESXi 6.7 主机，“状况”显示为“正常”，如图 2-2-27 所示。

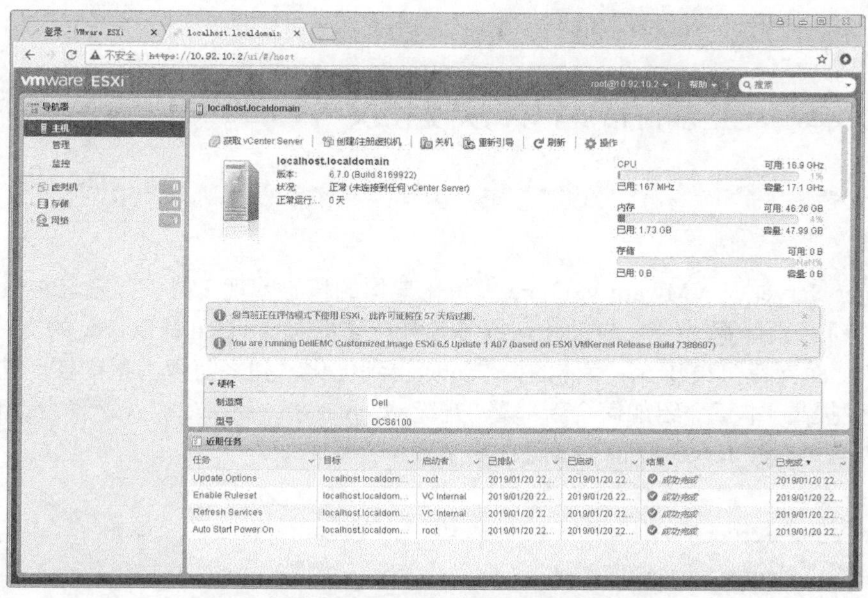

图 2-2-27 升级 ESXi 6.5 至 ESXi 6.7 之十三

至此，升级 ESXi 6.5 至 ESXi 6.7 完成。简单来说，这次升级操作可以理解为覆盖安装。再次提醒，进行升级操作前一定要注意将虚拟机迁移或者备份。

2.3 本章小结

本章介绍了 ESXi 6.7 全新部署以及其他版本如何升级到 ESXi 6.7 的操作等内容，对于有 ESXi 使用经验的用户来说，本章所述的整体操作是比较简单的。在生产环境中进行操作主要需要注意老的服务器是否支持该升级操作，升级前一定要注意将虚拟机备份或者将虚拟机迁移到其他 ESXi 主机。

第 3 章　全新部署以及升级 vCenter Server 6.7

vCenter Server 是 VMware vSphere 虚拟化架构的核心管理工具，是整套 VMware 产品核心中的核心，云计算、监控、自动化运维等各种产品都需要 vCenter Server 的支持。vCenter Server 6.7 全面支持 HTML 5，整体的操作界面得到优化，和之前版本相比较，它的效率得到了大幅度提高。本章介绍如何全新部署、升级 vCenter Server 6.7，以及跨平台迁移 vCenter Server 6.7。vCenter Server 双机热备将在第 7 章中介绍。

本章要点

- vCenter Server 介绍
- 部署 vCenter Server 6.7
- 部署 VCSA 6.7
- 升级其他版本至 vCenter Server 6.7
- 跨平台迁移 vCenter Server 6.7
- 使用 vCenter Server 6.7 增强链接模式

3.1　vCenter Server 介绍

3.1.1　什么是 vCenter Server

vCenter Server 是 VMware vSphere 虚拟化架构中的核心管理工具，充当 ESXi 主机及虚拟机中心管理点提供服务。利用 vCenter Server，可以集中管理多台 ESXi 主机及虚拟机。安装、配置 vCenter Server 不当和管理不善可能会导致其工作效率降低，甚至使 ESXi 主机和虚拟机停机。

3.1.2　什么是 SSO

SSO（Single Sign-On，单点登录）是 vCenter Server 5.1 新增的身份验证代理程序和安全令牌交换基础架构，本质上它其实是一个处在 vSphere 应用和身份验证源之间的安全交互组件。在过去的版本里，当用户在尝试登录到基于 AD 授信的 vCenter Server 时，用户输入用户名、密码之后，这些数据会直接被送到 Active Directory 进行校验。这样做的好处是优化访问速率，但缺点是 vCenter Server 之类的应用可以直接读取 AD 信息，可能导致潜在的 AD 安全漏洞。另外，由于 vSphere 构建下的周边组件越来越多，每个设备都需要和 AD 通信，因此，带来的管理工作也较以往更繁重。在这个背景下，SSO 出现了，它要求所有基于 vCenter 或和 vCenter 有关联的组件在访问 Domain 前，先访问 SSO。这样一来，除了解决逻辑安全性之外，还降低了用户的访问零散性，变相的保障了 AD 的安全性。它通过和类似 AD 或 OpenLDAP 的 Identify Sources 通信来实现身份验证。

3.1.3 什么是 PSC

PSC（Platform Services Controller，平台服务控制器）从 VMware vSphere 6.0 开始使用，一开始它被称为基础架构控制器，正式发布之后，被命名为 PSC。它的架构体积虽小，但可以使用一个或多个嵌入式控制器，或者单独安装的控制器来连接到 vCenter Server。PSC 可提供 SSO 能够实现的全部功能，此外，它还能够提供授权服务、证书存储服务以及未来可能会加入的其他服务。这样管理员就拥有一个可以管理所有 VMware 产品核心组件的集成化平台了。PSC 是一种分布式服务控制器，只关心自己的数据同步，这意味着在默认情况下，平台并不存在冗余。在少于八台 vCenter Server 的环境当中，VMware 建议在 vCenter Server 上安装 PSC；对于规模更大的环境，VMware 建议在单独的服务器上安装 PSC，再将 vCenter Server 连接到 PSC 服务器池。可以在所有的数据中心站点部署一个或者多个 PSC 服务器，之后 vCenter Server 和其他 VMware 产品，比如 VMware vRealize Automation（以前称为 VMware vCloud Automation Center）以及 VMware vRealize Orchestrator（以前称为 VMware vCenter Orchestrator）就可以连接到 PSC 了。

3.1.4 SSO 与 PSC 之间的关系

VMware vSphere 6.7 中包含的 PSC，替换了 VMware vSphere 5.x 中的 SSO 的功能，并且增加了很多新的重要服务功能。从 VMware vSphere 5.1 到 5.5 版本，SSO 架构发生了改变，导致用户在使用过程中遇到一些与升级有关的问题。在之前的版本中，SSO 随着 VMware vSphere 升级进行升级，而一些其他产品使用 SSO 作为认证源。但是如果 VMware vSphere 不发布新版本，SSO 就不能及时升级，这会导致一些问题。为了防止在下一代 VMware vSphere 中出现同样的问题，VMware 宣布 PSC 将会独立于 VMware vSphere 进行升级，并会在其他任何依赖于 SSO 的产品升级之前完成升级过程。

3.1.5 vCenter Server 版本的选择

针对不同的应用环境，官方在 VMware vSphere 6.7 上推出了两个版本的 vCenter Server：一个是 Windows 版本的 vCenter Server（简称 VC）；另一个是 Linux 版本的 vCenter Server（简称 VCSA）。两个版本在主要功能上几乎没有区别。从官方推荐上来看，使用 Linux 版本的 vCenter Server 是今后的趋势。同时，VMware 提供了将 vCenter Server 从 Windows 版本转换为 Linux 版本的工具，因此作者推荐在生产环境中使用 Linux 版本的 vCenter Server。

3.1.6 vCenter Server 运行环境的选择

对于 Windows 版本的 vCenter Server 究竟是在 ESXi 主机的虚拟机上运行还是在物理服务器上运行，从它诞生之初到现在一直存在很大的争论：一部分人认为，vCenter Server 作为核心管理平台，应该在独立的物理服务器上运行，如果在 ESXi 主机的虚拟机上运行，就必须先启动 ESXi 主机才能启动 vCenter Server，启动时产生的时延对管理是不利的；另一部分人认为既然使用虚拟化架构，各种服务器就应该全部使用虚拟机运行，这样才能体现虚拟化带来的好处。

对于以上两种观点，作者认为应该根据 VMware vSphere 6.7 产品特性来决定。早期，将 Windows 版本的 vCenter Server 安装在物理服务器上，可以通过 vCenter Server Heartbeat 来实现物理机到物理机或物理机到虚拟机的冗余配置，但从 2014 年下半年开始，VMware 公司停止发布 vCenter Server Heartbeat 软件。如果使用物理服务器安装 vCenter Server 6.7，那么物理服务器出现故障而导致 vCenter Server 6.7 停止运行的问题如何解决?

因此，对于 Windows 版本的 vCenter Server 6.7，作者推荐使用虚拟机运行，在运行过程中可以使用 HA 或 FT 等高级特性来保证其稳定性;对于 Linux 版本的 vCenter Server 6.7，可以配置 HA 实现多台 VCSA 主机冗余。

3.1.7 vCenter Server 安装要求

vCenter Server 6.7 对硬件以及操作系统提出了新的要求，特别是对于 Windows 版本的 vCenter Server 来说，内存如果小于 8GB 会终止安装。具体的，vCenter Server 6.7 对硬件的要求如下。

1. 操作系统要求

在 Windows 操作系统中安装 vCenter Server 6.7，需要使用以下版本：

（1）Windows Server 2012；

（2）Windows Server 2012 R2；

（3）Windows Server 2016；

（4）Windows Server 2016 R2。

需要说明的是，若使用 Windows Server 2008 R2 操作系统，在安装过程中可能会报错。而 Windows Server 2003 以及 Windows Server 2008 操作系统不支持 vCenter Server 6.7 的安装。

2. CPU 要求

在 Windows 操作系统中安装 vCenter Server 6.7，推荐使用 4 个或 4 个以上的 CPU。

3. 内存要求

在 Windows 操作系统中安装 vCenter Server 6.7，需要配置 8GB 或 8GB 以上内存，低于这个要求，安装会被终止。

3.1.8 vCenter Server 支持的数据库介绍

vCenter Server 6.7 与 vCenter Server 5.x 版本相比较，在支持的数据库方面发生了一些变化，这主要体现在 Windows 版本上面。

1. Windows 版本的 vCenter Server 支持的数据库

Windows 版本的 vCenter Server 6.7 支持 SQL Server 以及 Oracle 作为其外部数据库，需要注意的是：从 vCenter Server 6.0 开始，嵌入式数据库不再使用 SQL Server，而是使用开源 vPostgres。

2. Linux 版本的 vCenter Server 支持的数据库

Linux 版本的 vCenter Server 6.7 仅支持 Oracle 作为其外部数据库，而嵌入式数据库则使用开源 vPostgres。

3.1.9 嵌入式数据库和独立数据库的选择

对于 vCenter Server 来说，无论是 Windows 版本还是 Linux 版本，都可以使用嵌入式数据库或独立数据库。作为虚拟化的实施人员，选择合适的数据库之前，了解二者之间的优缺点是很重要的。

1. 嵌入式数据库

优点是无须支付任何费用，在部署 vCenter Server 时可以同时完成安装。

缺点是只能支持不超过 5 台 ESXi 主机以及 50 台虚拟机，数据库的备份与恢复麻烦。

Linux 版本的 vCenter Server 6.7 使用的开源 vPostgres 嵌入式数据库可以支持 500 台主机或 5000 台虚拟机。

2. 独立数据库

无论是使用 SQL Server 数据库还是 Oracle 数据库，其优点都是具有完整的数据库功能。vCenter Server 与独立数据库本身可以进行分离，可提供更好的性能，可同时支持 5 台以上的 ESXi 主机以及 50 台以上虚拟机，备份与恢复数据库方便。

缺点是需要购买数据库授权，以及后续安装配置较为复杂。

对于拥有不超过 10 台 ESXi 主机的生产环境，推荐使用嵌入式数据库；对于拥有超过 10 台 ESXi 主机的生产环境，推荐使用独立数据库。

3.1.10 SQL Server 数据库和 Oracle 数据库的选择

vCenter Server 同时支持 SQL Server 数据库以及 Oracle 数据库，究竟使用哪种作为 vCenter Server 的数据库呢？

在作者参与的项目中，基于 Windows 版本的 vCenter Server 使用 SQL Server 数据库占据绝对优势地位，其安装配置、备份恢复相对简单，运行稳定，因此推荐使用。

Oracle 数据库一直以安全性和稳定性著称，广泛用作各大企业的核心数据库，但其安装配置以及维护十分复杂，特别是基于 Linux 版本的 Oracle 数据库。如果没有专业的 Oracle 数据库管理员，那么不推荐选择 Oracle 数据库作为 vCenter Server 的独立数据库。

3.2 部署 vCenter Server 6.7

3.2.1 部署 vCenter Server 6.7 准备工作

部署 Windows 版本的 vCenter Server 难度非常小，但也有不少的用户在部署过程中遇到各种问题，在部署前应认真检查一下准备工作是否做好。作者整理了以下几点以供参考。

1. 检查是否从正规渠道下载安装文件

本书推荐从 VMware 官方网站下载安装文件，这样可以保证文件不会被修改以及不会存在隐藏病毒等问题。作者的个人网站也提供源于 VMware 官方网站的各种文件的下载链接。不推荐使用不明来源的安装文件部署 vCenter Server。

2. Windows 操作系统版本

再次强调，使用 Windows Server 2008 R2 操作系统，在安装过程中可能会报错；而 Windows Server 2003 以及 Windows Server 2008 操作系统不再支持 vCenter Server 6.7 的安装。所以推荐使用 Windows Server 2012 及更新的版本。

3. 关于 DNS 服务器问题

再次强调，部署 vCenter Server，在生产环境中推荐使用 DNS 服务器，但 DNS 服务器不是必需的。如果生产环境中没有 DNS 服务器，那么可以通过修改 hosts 文件实现域名解析，在部署过程中直接使用 IP 地址，部署时会出现相关提示。

3.2.2　部署 vCenter Server 6.7

了解了 vCenter Server 后就可以开始安装部署工作。vCenter Server 分为 Windows 版本及 Linux 版本，先介绍 Windows 版本的部署方式。

第 1 步，准备好 1 台使用 Windows 2012 R2 或 Windows 2016 操作系统的虚拟机，配置好固定 IP 地址，如图 3-2-1 所示。

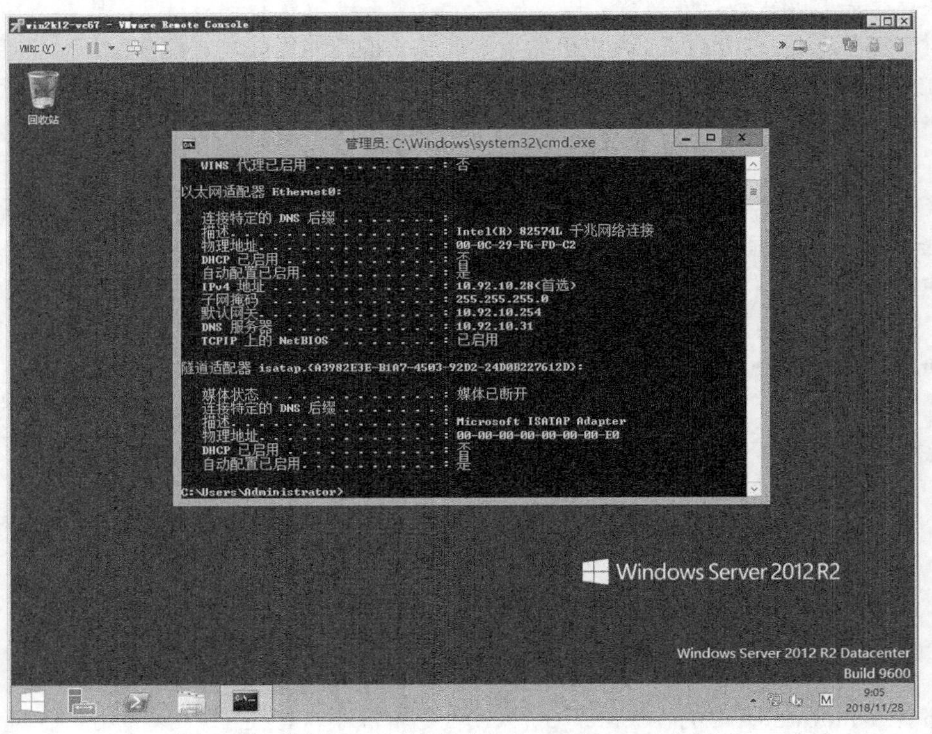

图 3-2-1　部署 Windows 版本的 vCenter Server 6.7 之一

第 2 步，如果生产环境中没有 DNS 服务器，那么可以通过修改 hosts 文件实现域名解析，如图 3-2-2 所示。

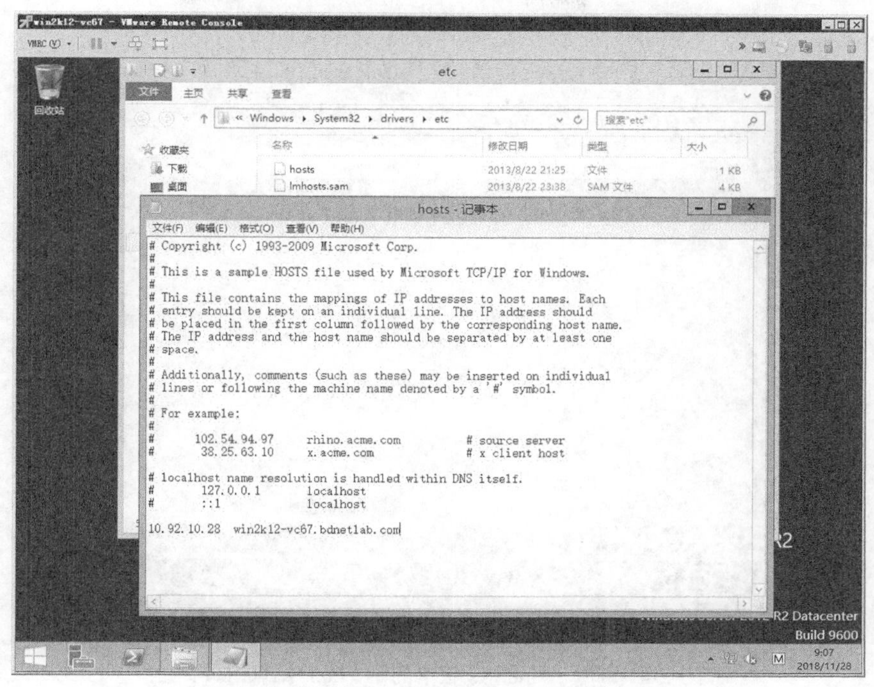

图 3-2-2 部署 Windows 版本的 vCenter Server 6.7 之二

第 3 步，在虚拟机上使用 Ping 命令测试域名解析，如图 3-2-3 所示。

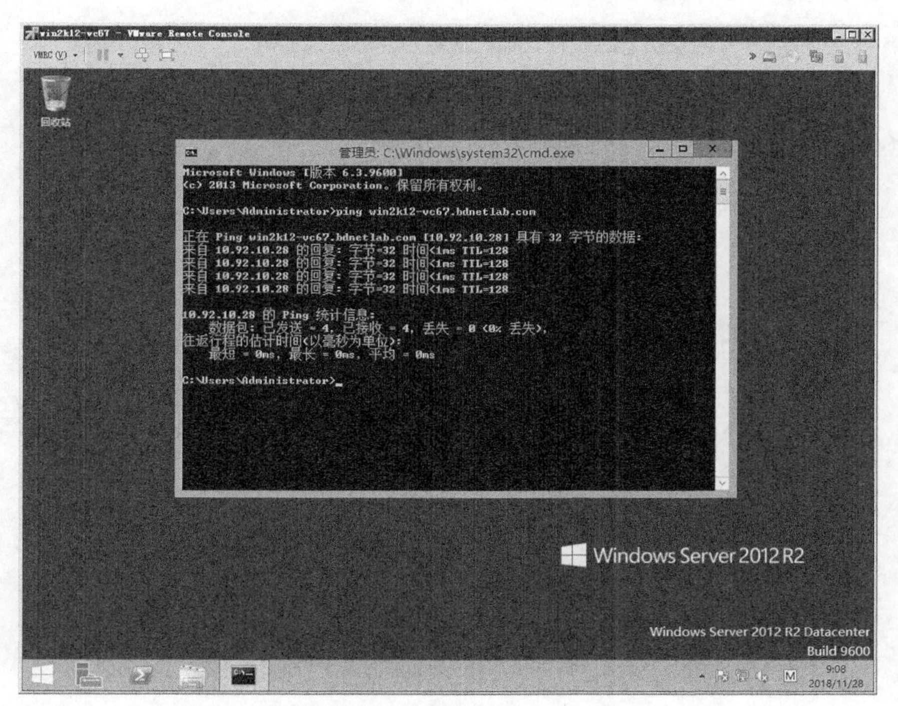

图 3-2-3 部署 Windows 版本的 vCenter Server 6.7 之三

第 4 步，运行 vCenter Server 安装程序，如图 3-2-4 所示，单击“安装”按钮。

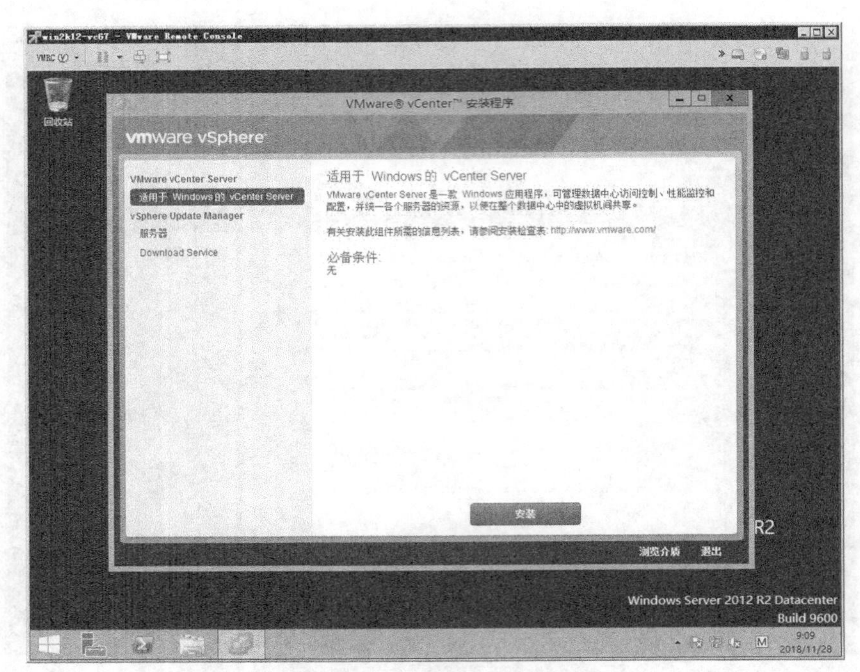

图 3-2-4　部署 Windows 版本的 vCenter Server 6.7 之四

第 5 步，Windows 2012 R2 操作系统中比较常见的无法继续安装提示：tcpip.sys 版本存在网络问题，如图 3-2-5 所示。

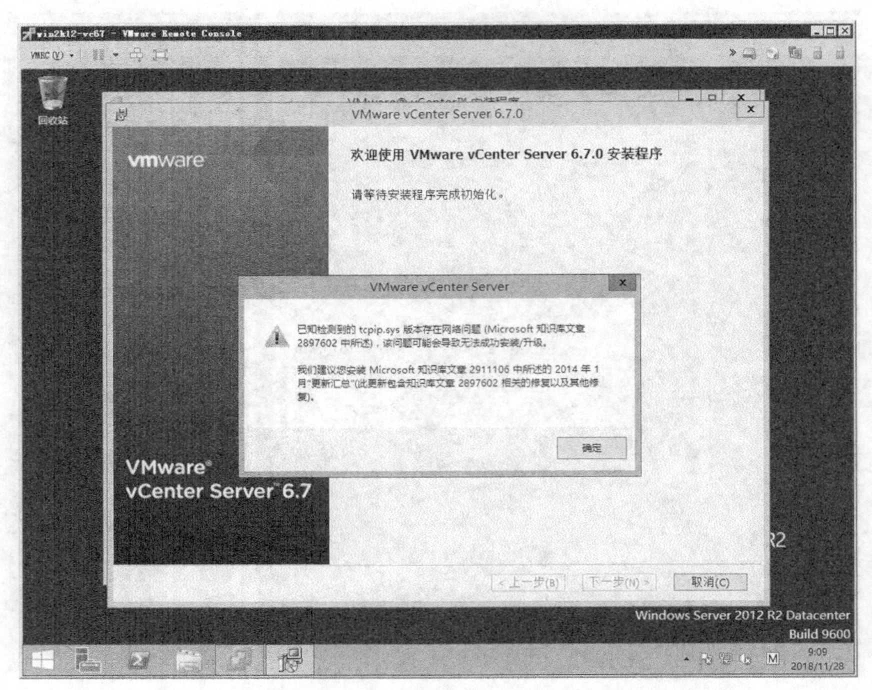

图 3-2-5　部署 Windows 版本的 vCenter Server 6.7 之五

第 6 步，Windows 2012 R2 操作系统中比较常见的无法继续安装提示：系统上未安装通用 C 运行时，如图 3-2-6 所示。

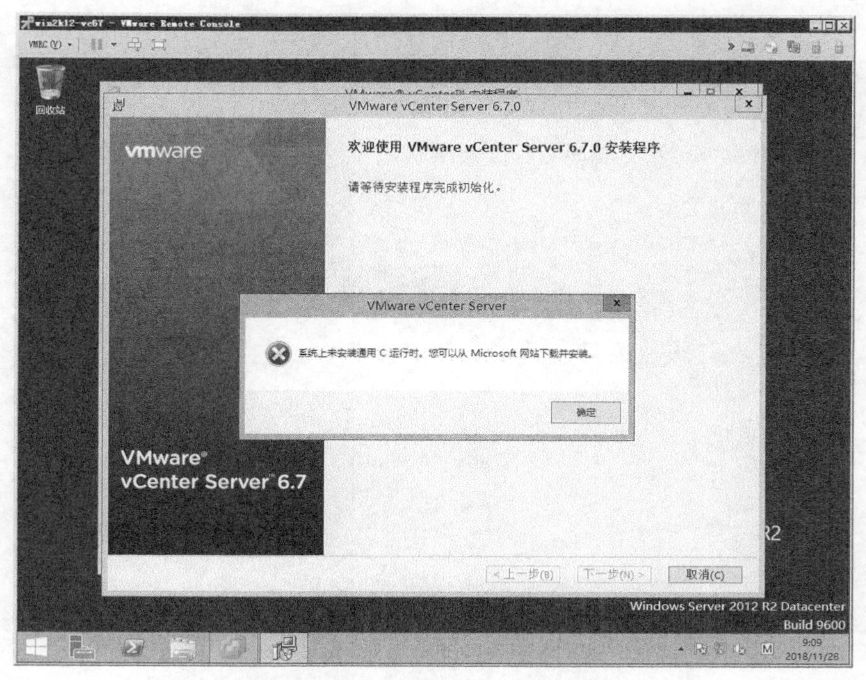

图 3-2-6 部署 Windows 版本的 vCenter Server 6.7 之六

第 7 步，访问微软官方网站，下载 KB2911106 补丁解决“tcpip.sys 问题”，如图 3-2-7 所示。注意，不要在其他网站下载相关补丁。

图 3-2-7 部署 Windows 版本的 vCenter Server 6.7 之七

第 8 步，访问微软官方网站，下载 KB2999226 补丁解决通用“C 运行时问题”，如图 3-2-8 所示。

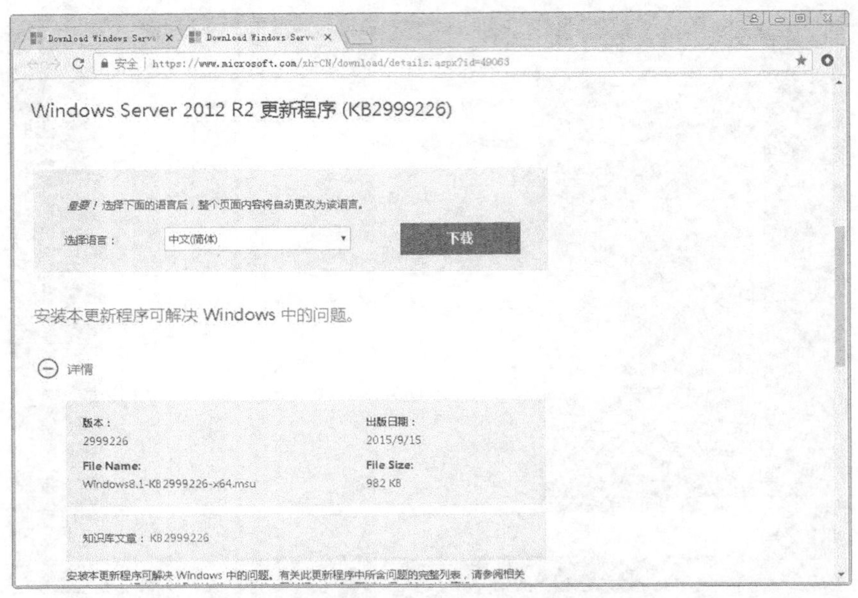

图 3-2-8　部署 Windows 版本的 vCenter Server 6.7 之八

第 9 步，再次运行 vCenter Server 安装程序，如图 3-2-9 所示，单击“安装”按钮。

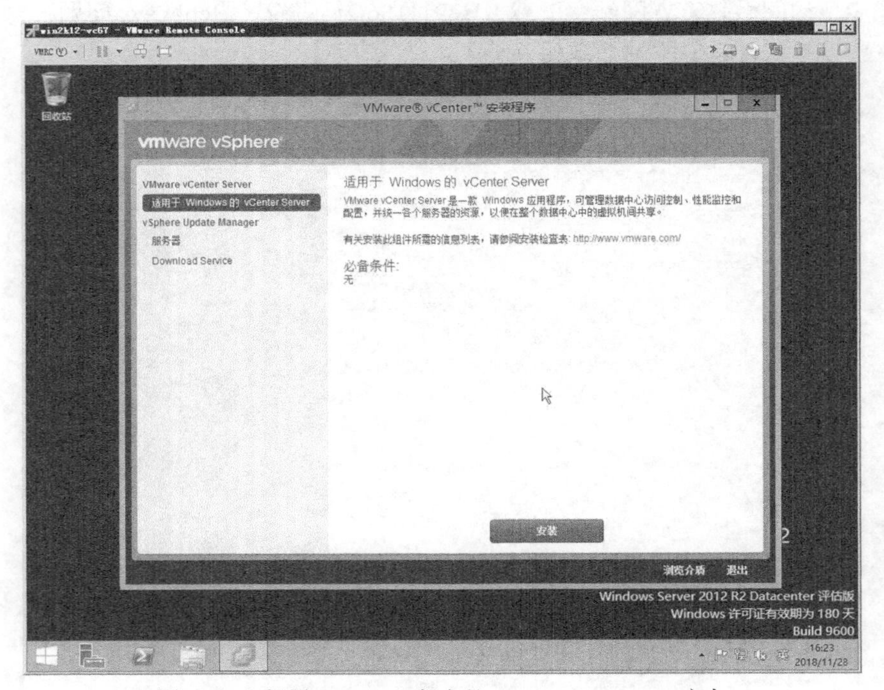

图 3-2-9　部署 Windows 版本的 vCenter Server 6.7 之九

第 10 步，如果 Windows 2012 R2 的补丁安装正确，在安装 vCenter Server 的过程中就不会出现报错提示。进入 vCenter Server 6.7 安装界面，如图 3-2-10 所示，单击“下一步”按钮。

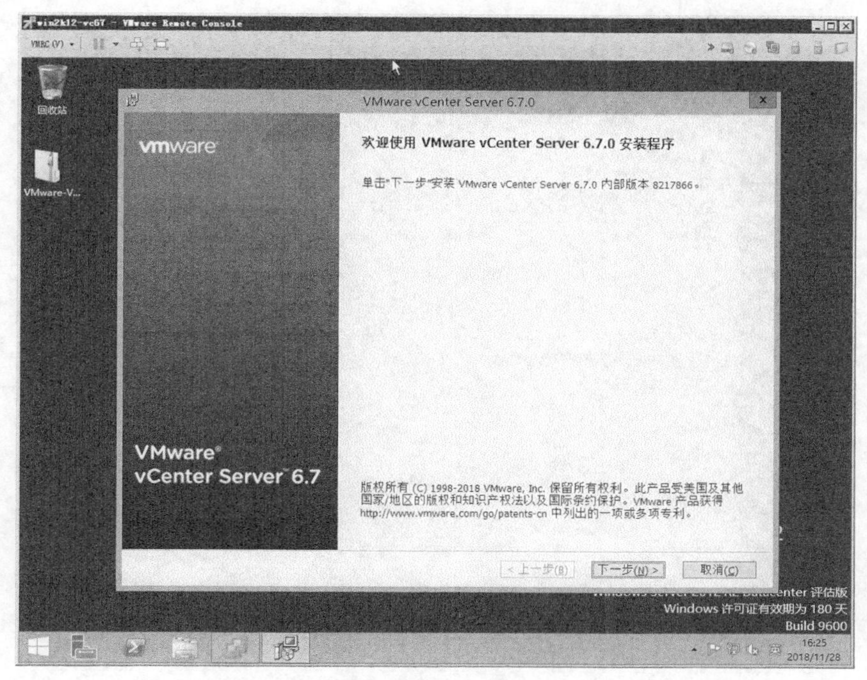

图 3-2-10 部署 Windows 版本的 vCenter Server 6.7 之十

第 11 步，选中“我接受许可协议条款”，如图 3-2-11 所示，单击“下一步”按钮。

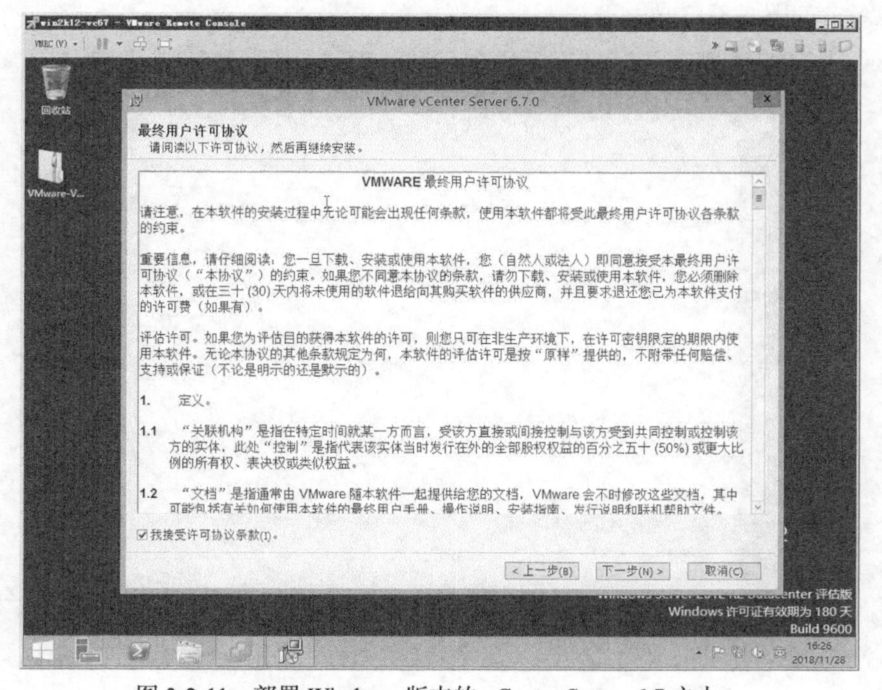

图 3-2-11 部署 Windows 版本的 vCenter Server 6.7 之十一

第 12 步，选中“vCenter Server 和嵌入式 Platform Services Controller”，如图 3-2-12 所示，单击“下一步”按钮。

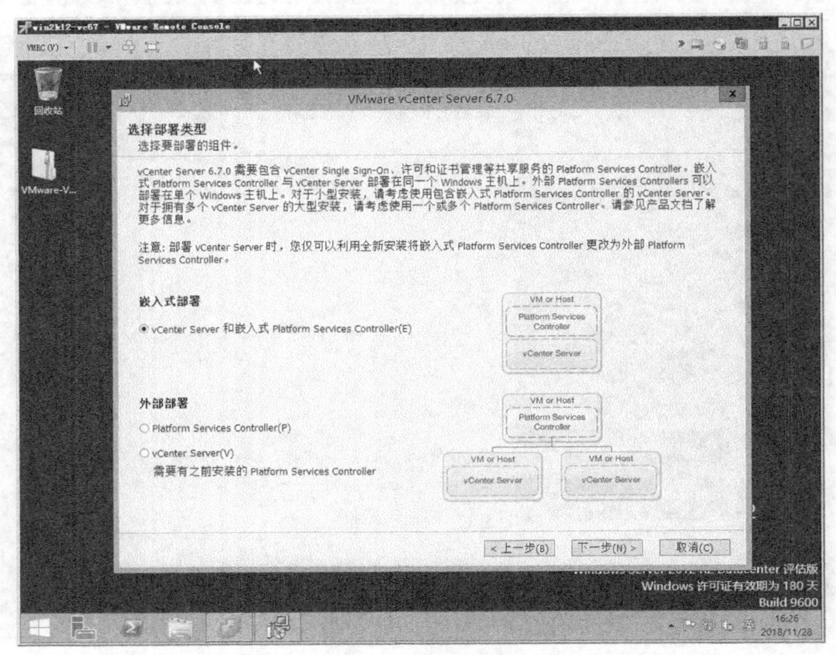

图 3-2-12　部署 Windows 版本的 vCenter Server 6.7 之十二

第 13 步，输入 vCenter Server 系统名称，如果网络中有 DNS 服务器，那么推荐使用完全限定域名，如图 3-2-13 所示。

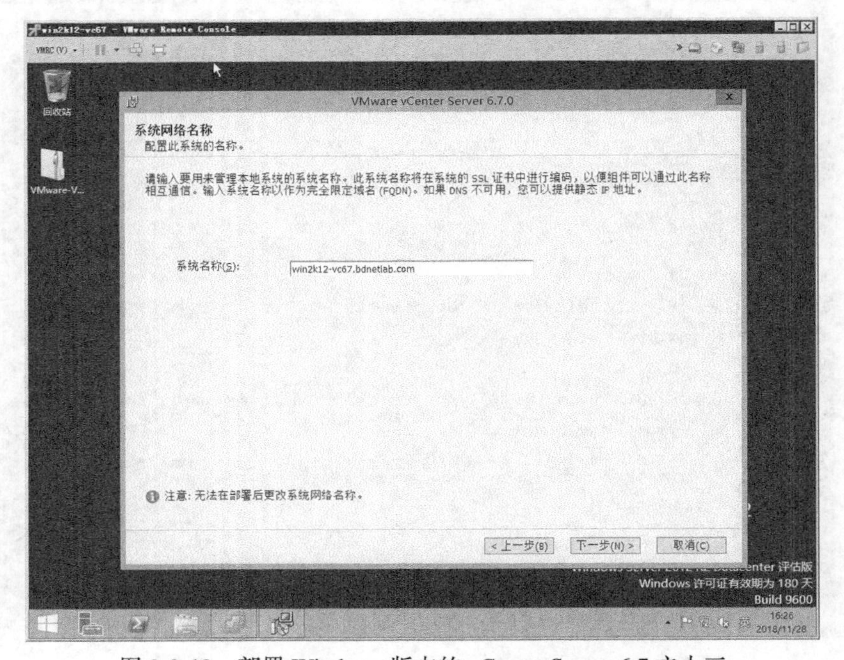

图 3-2-13　部署 Windows 版本的 vCenter Server 6.7 之十三

第 14 步，如果网络中没有 DNS 服务器，那么可以使用 IP 地址，如图 3-2-14 所示。

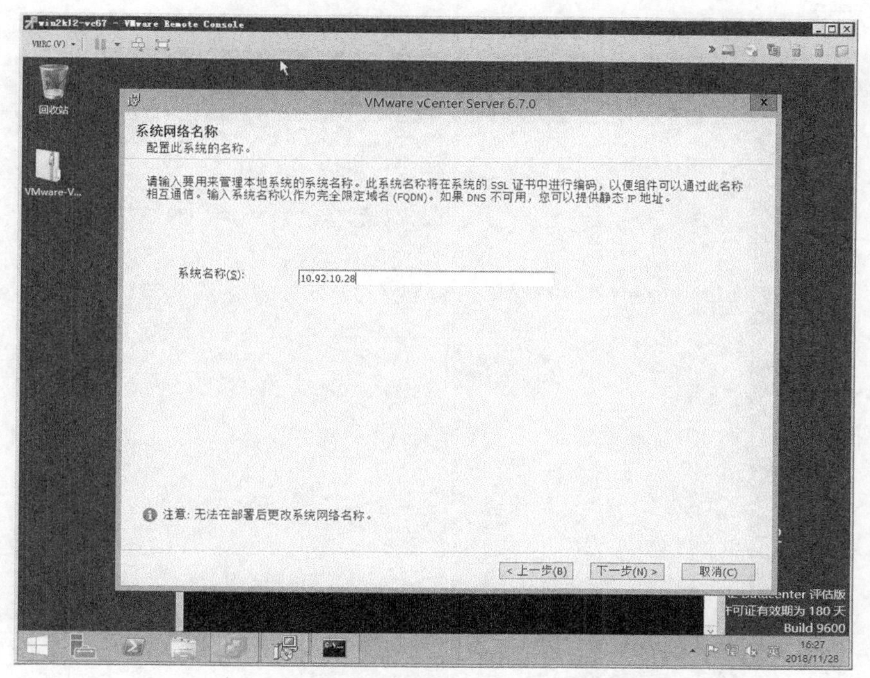

图 3-2-14　部署 Windows 版本的 vCenter Server 6.7 之十四

第 15 步，如果使用 IP 地址，那么系统会出现提示，如图 3-2-15 所示。

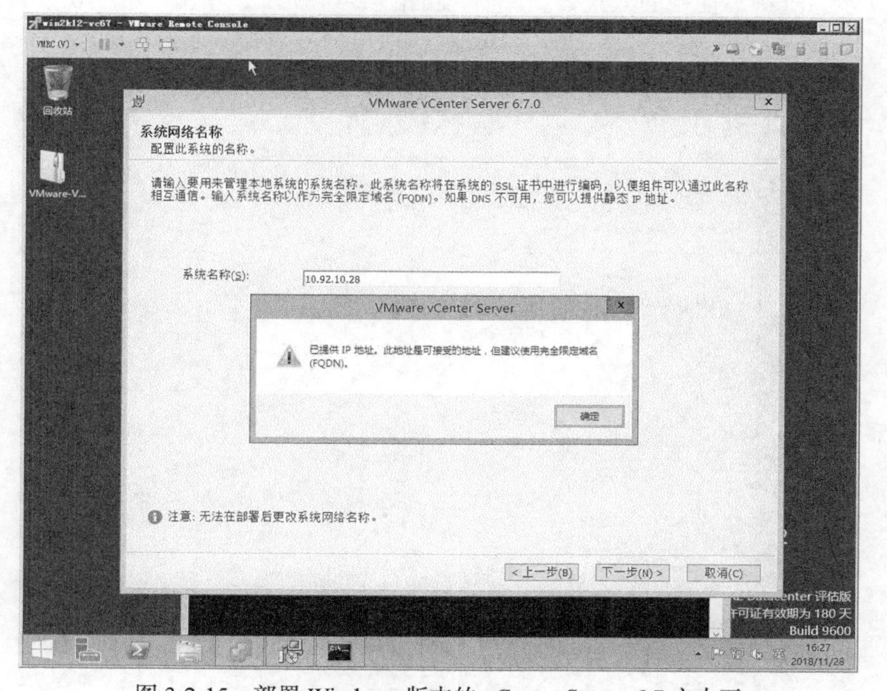

图 3-2-15　部署 Windows 版本的 vCenter Server 6.7 之十五

第 16 步，配置“vCenter Server 服务账户”，选中“使用 Windows 本地系统账户”，如图 3-2-16 所示。

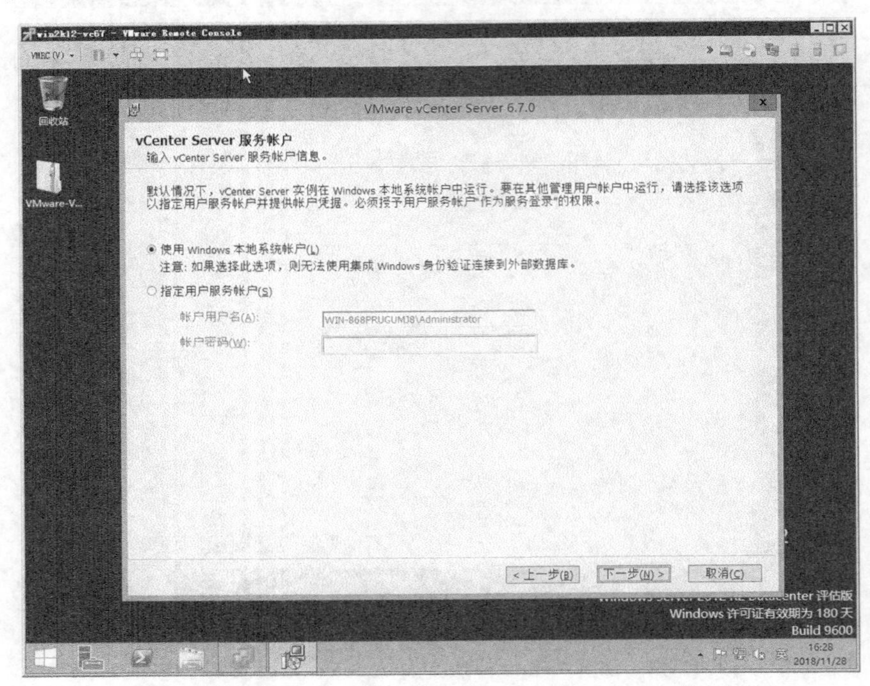

图 3-2-16　部署 Windows 版本的 vCenter Server 6.7 之十六

第 17 步，选中“使用嵌入式数据库”，如图 3-2-17 所示，单击“下一步”按钮。

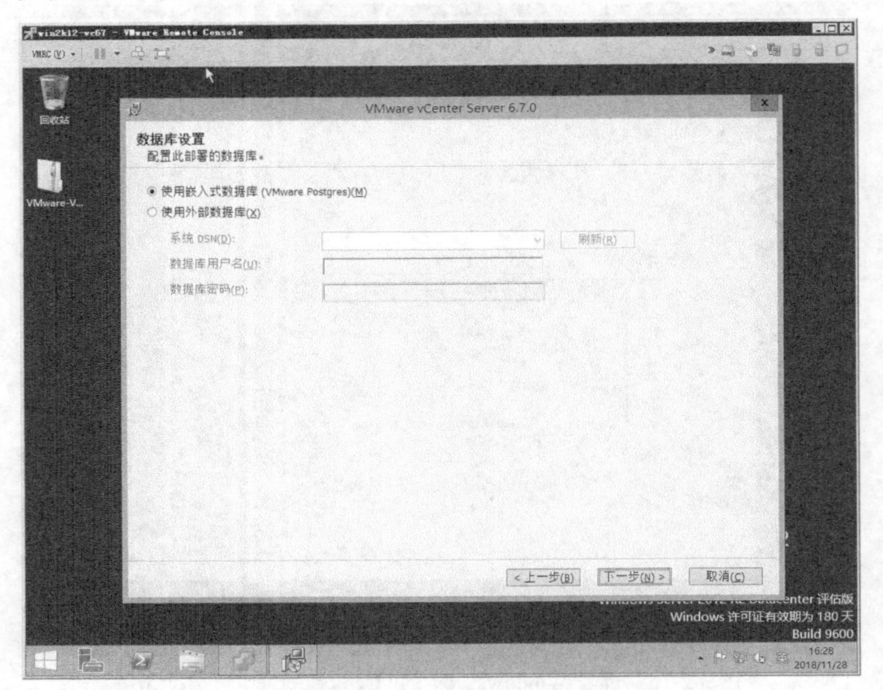

图 3-2-17　部署 Windows 版本的 vCenter Server 6.7 之十七

第 18 步，配置 vCenter Server 端口。推荐使用默认值，如图 3-2-18 所示。

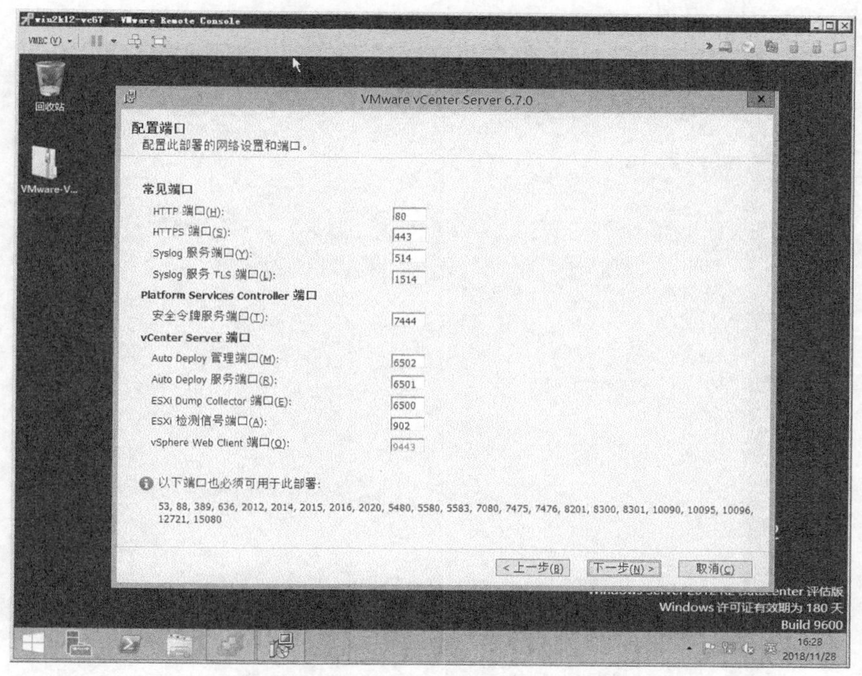

图 3-2-18 部署 Windows 版本的 vCenter Server 6.7 之十八

第 19 步，选择 vCenter Server 安装目录，如图 3-2-19 所示。

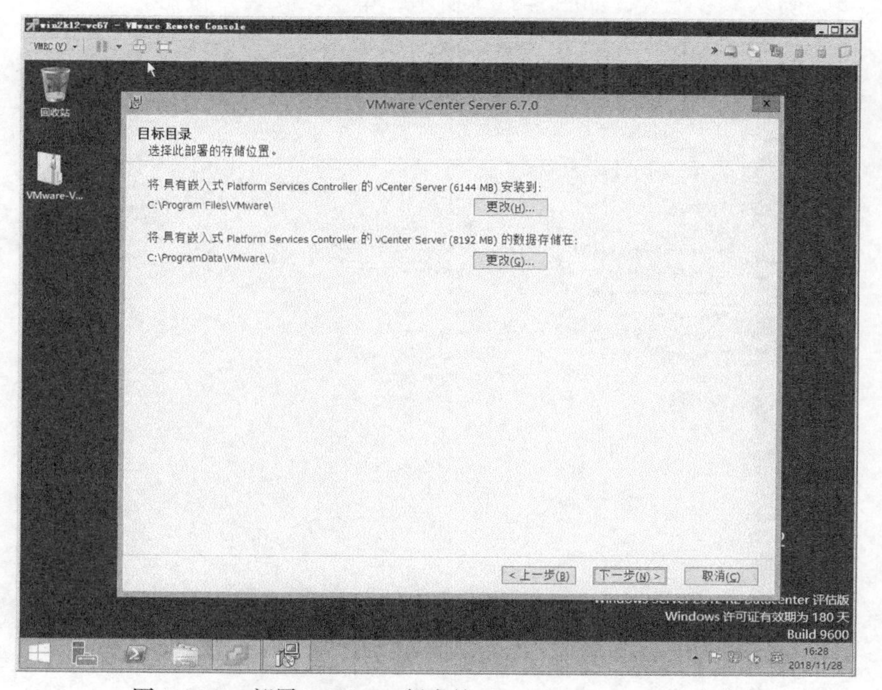

图 3-2-19 部署 Windows 版本的 vCenter Server 6.7 之十九

第 20 步，根据实际情况选择是否选中“加入 VMware 客户体验提升计划”，如图 3-2-20 所示，单击“下一步”按钮。

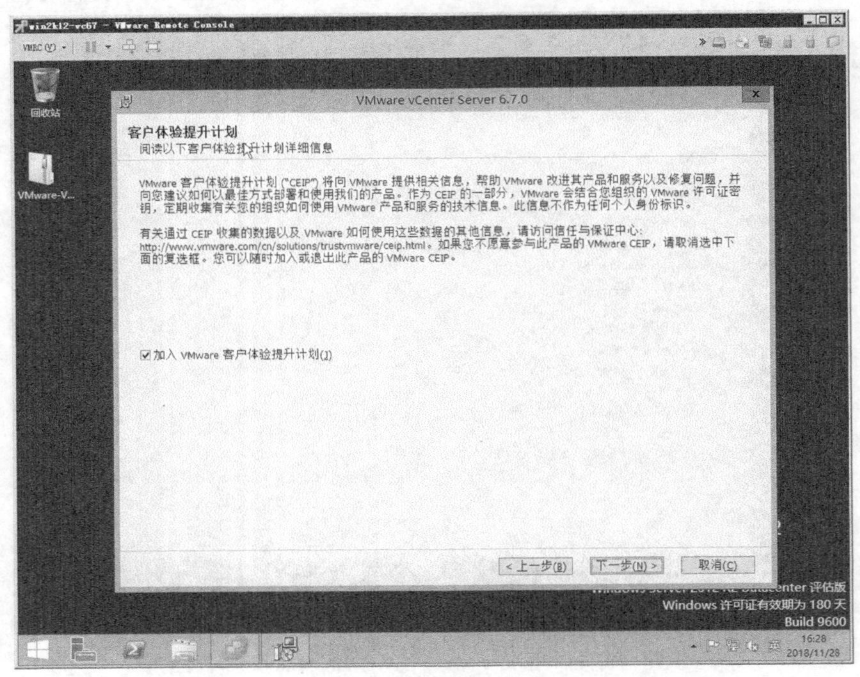

图 3-2-20　部署 Windows 版本的 vCenter Server 6.7 之二十

第 21 步，确认参数配置，如图 3-2-21 所示，单击“安装”按钮。

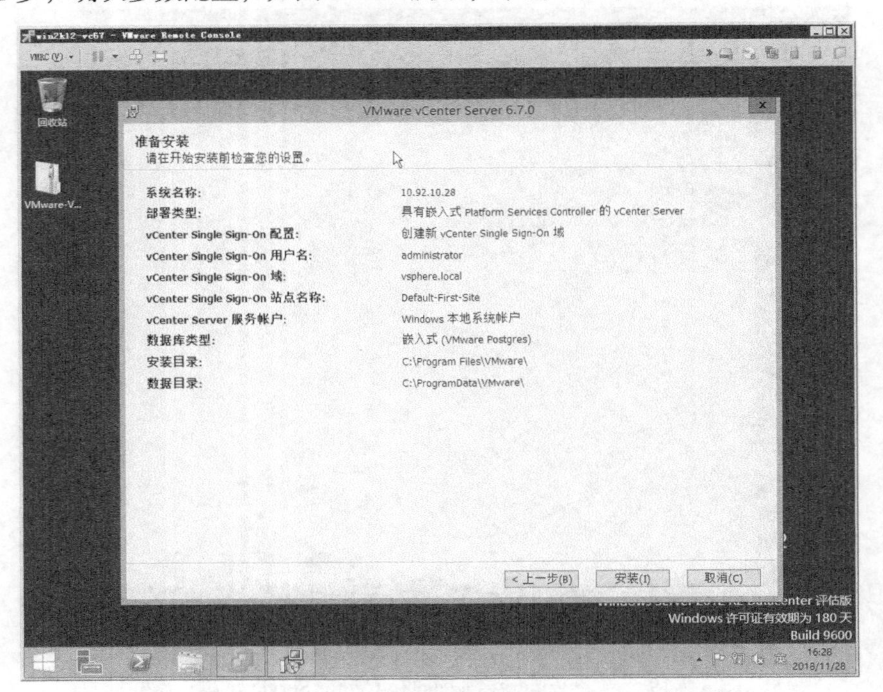

图 3-2-21　部署 Windows 版本的 vCenter Server 6.7 之二十一

第 22 步，开始安装 vCenter Server 6.7，如图 3-2-22 所示。

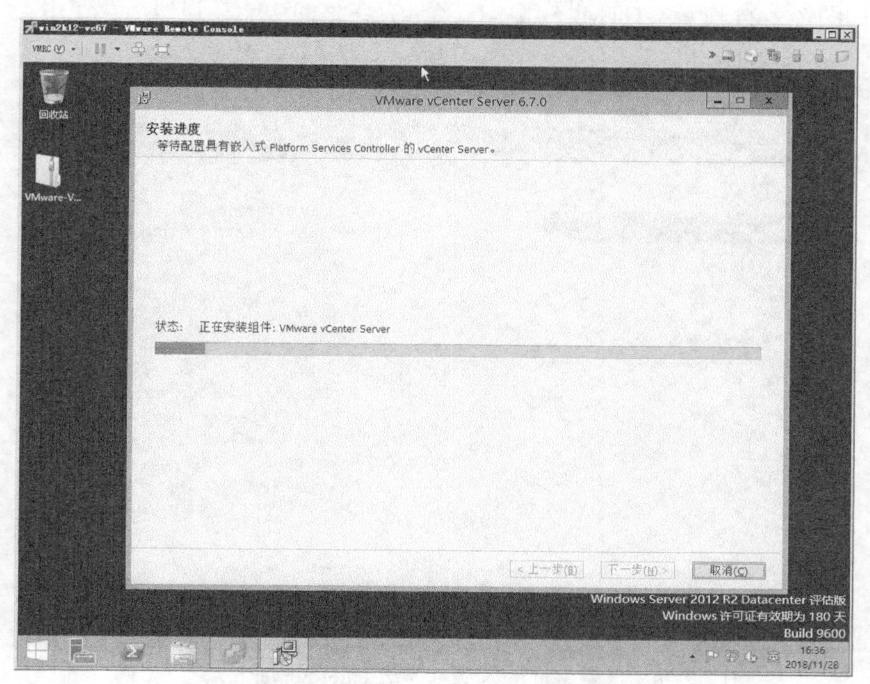

图 3-2-22 部署 Windows 版本的 vCenter Server 6.7 之二十二

第 23 步，完成 vCenter Server 6.7 安装，如图 3-2-23 所示，单击“完成”按钮。

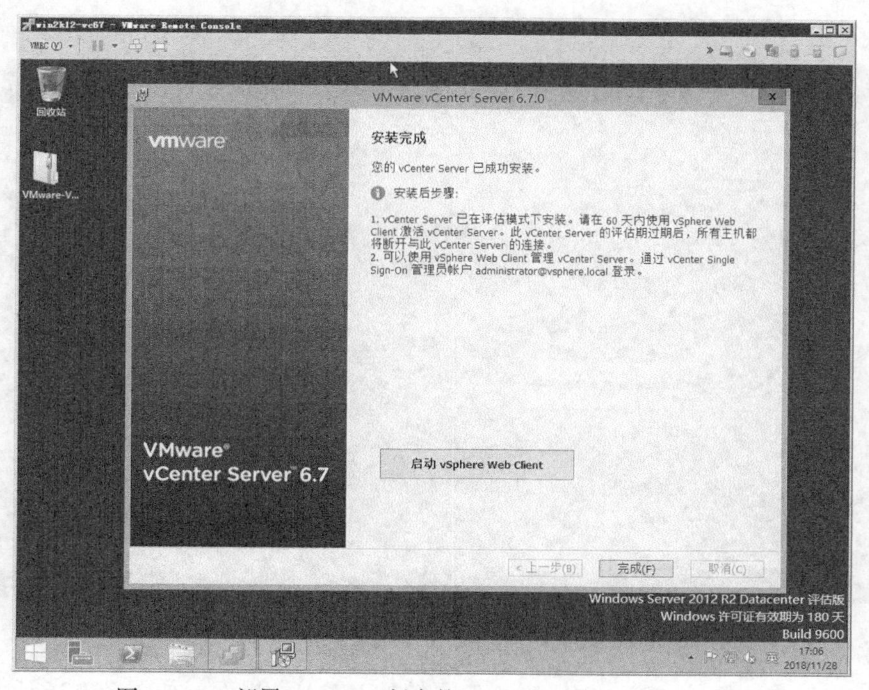

图 3-2-23 部署 Windows 版本的 vCenter Server 6.7 之二十三

第 24 步，使用浏览器登录 vCenter Server 6.7，该版本提供 HTML5 以及 FLEX 两个登录界面。如图 3-2-24 所示，HTML5 版本已经具有完整的功能，强烈推荐使用。

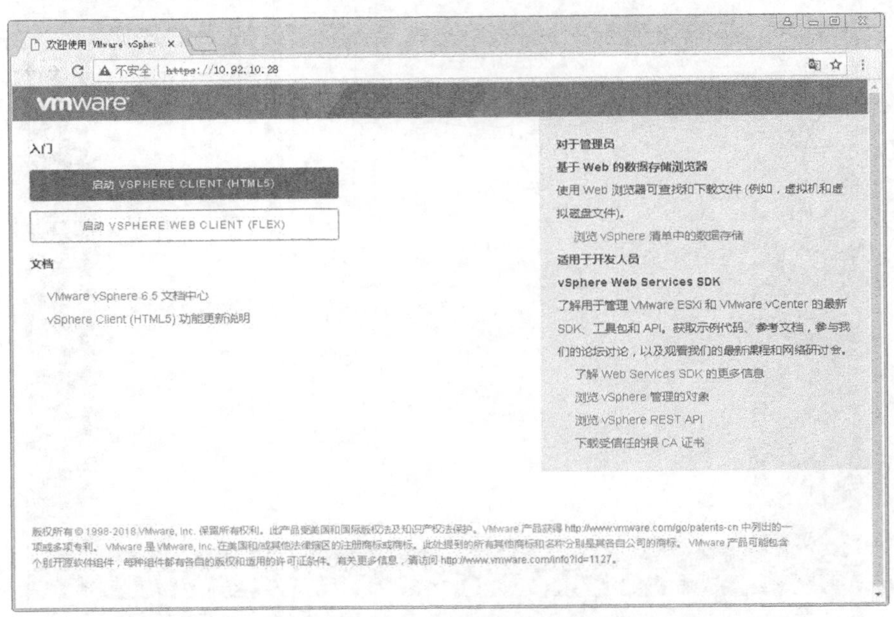

图 3-2-24　部署 Windows 版本的 vCenter Server 6.7 之二十四

第 25 步，输入用户名密码，登录 vCenter Server 6.7，如图 3-2-25 所示。

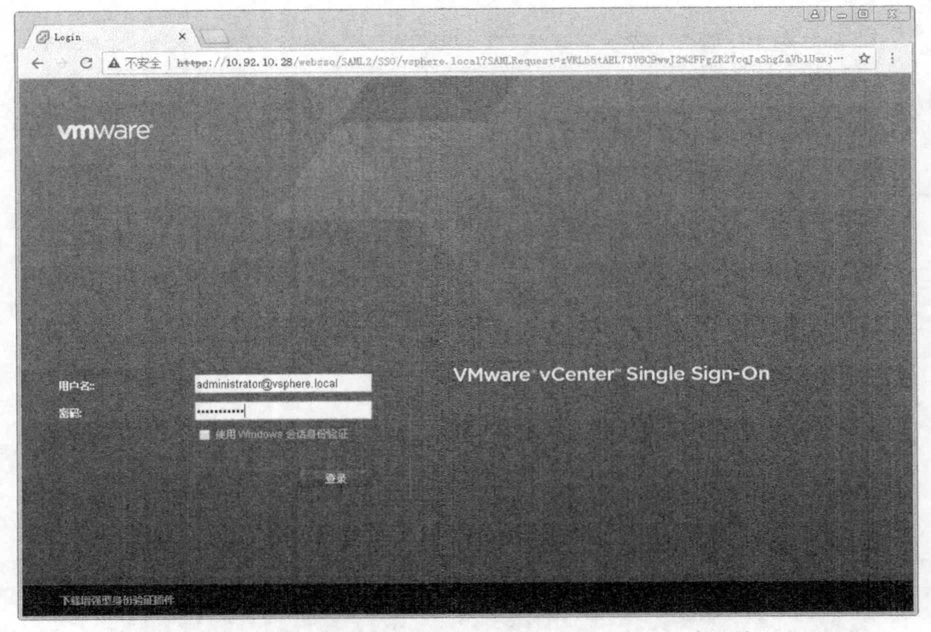

图 3-2-25　部署 Windows 版本的 vCenter Server 6.7 之二十五

第 26 步，成功登录 vCenter Server 6.7 系统的 HTML5 界面，如图 3-2-26 所示。

图 3-2-26 部署 Windows 版本的 vCenter Server 6.7 之二十六

至此，Windows 版本的 vCenter Server 6.7 部署完成，与 Linux 版本的部署相比较在 Windows 版本的部署过程中不会出现一些莫名的报错提示。Windows 版本部署主要问题出现在操作系统的一些补丁支持上，所以推荐使用 Windows 2012 R2 以及 Windows 2016 操作系统部署 vCenter Server 6.7。

3.3 部署 VCSA 6.7

3.3.1 部署 VCSA 6.7 准备工作

部署 Linux 版本 vCenter Server，与部署 Windows 版本相比难度更小，但也有不少的用户在部署过程中遇到各种问题。在部署前应认真检查一下准备工作是否做好。作者整理了以下几点以供参考。

1. 检查是否从正规渠道下载安装文件

推荐从官方网站下载安装文件，这样可以保证文件不会被修改以及不会存在隐藏病毒等问题。作者的个人网站也提供源于官方网站的各种安装文件的下载链接。不推荐使用不明来源的安装文件部署 VCSA。

2. 关于 DNS 服务器问题

再次强调，部署 vCenter Server，虽然 DNS 服务器不是必需的，但推荐使用。如果生产环境中没有 DNS 服务器，可以通过修改 hosts 文件实现域名解析，在部署过程中可以直接使用 IP 地址，但会有提示。

3.3.2 部署 VCSA 6.7

部署 Linux 版本的 vCenter Server（习惯称为 VCSA）与部署 Windows 版本不一样的是，不需要安装 Linux 操作系统，因为在部署过程中会创建 SUSE Linux 系统的虚拟机。

第 1 步，下载 VMware-VCSA-all-6.7.0-8217866 文件，用虚拟光驱挂载或者解压运行，单击“安装”，如图 3-3-1 所示。

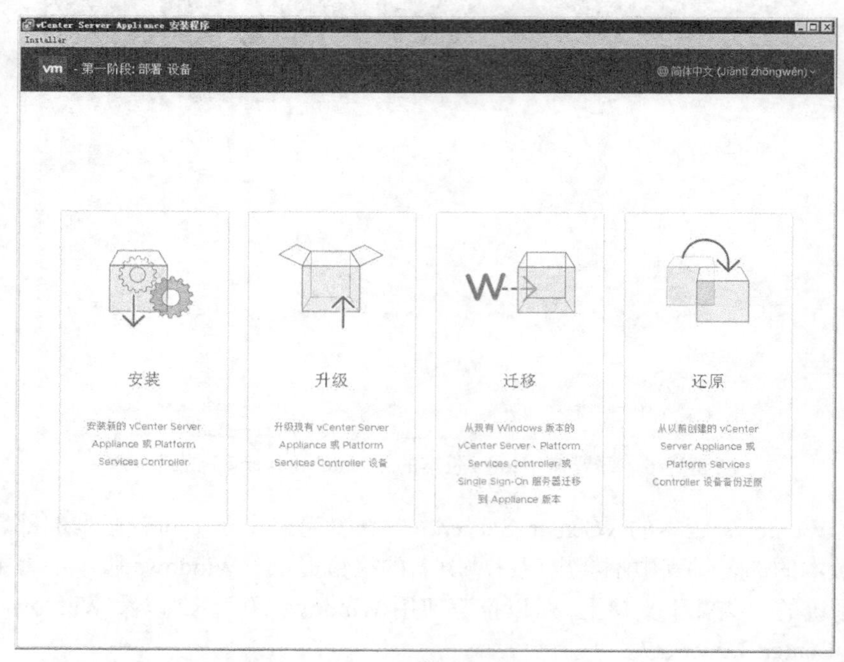

图 3-3-1　部署 VCSA 6.7 之一

第 2 步，提示安装分为两个阶段，如图 3-3-2 所示，每一阶段都不出现问题才能保证安装正确，单击“下一页”按钮。

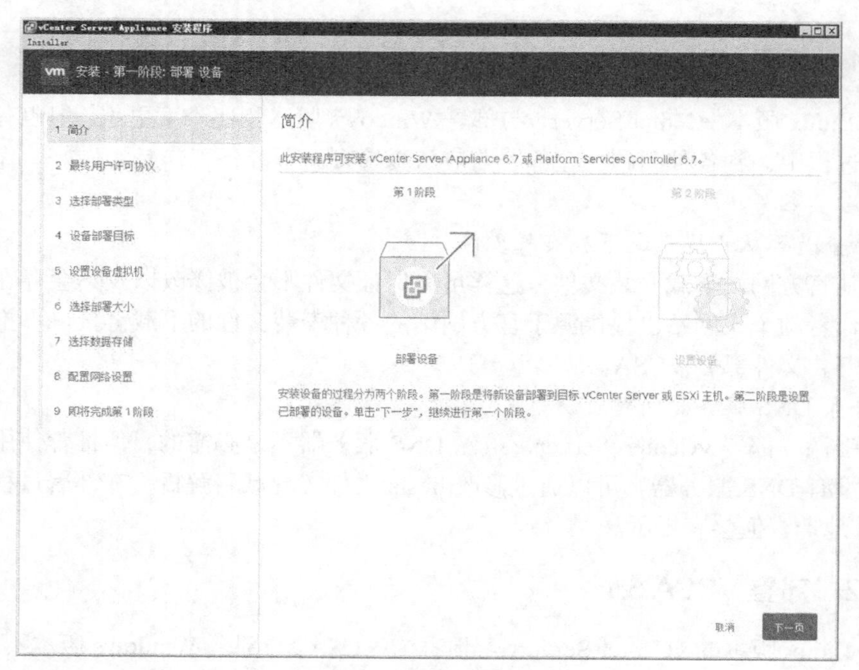

图 3-3-2　部署 VCSA 6.7 之二

第 3 步，选中“我接受许可协议条款”，如图 3-3-3 所示，单击“下一页”按钮。

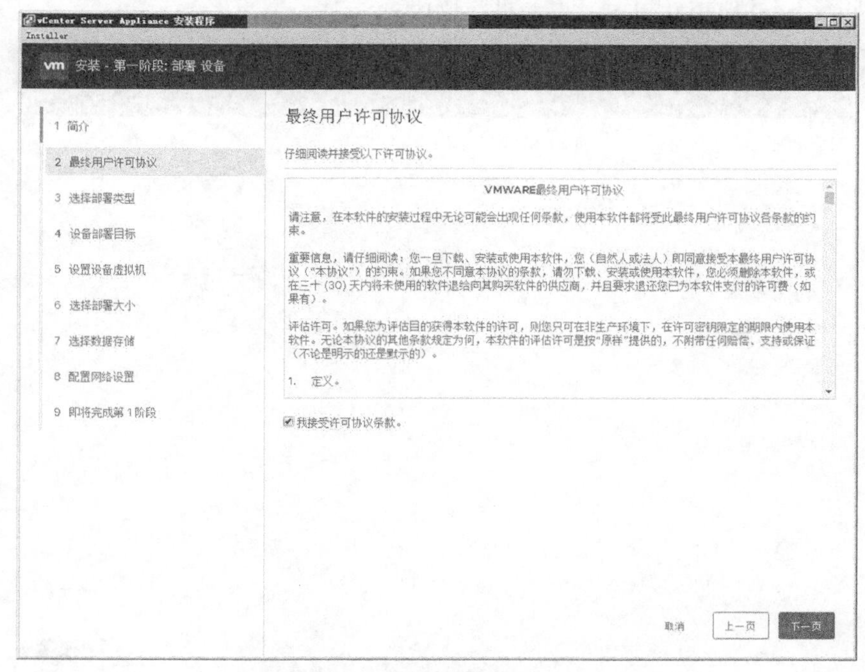

图 3-3-3　部署 VCSA 6.7 之三

第 4 步，选中“具有嵌入式 Platform Services Controller 部署的 vCenter Server”，如图 3-3-4 所示，单击“下一页”按钮。

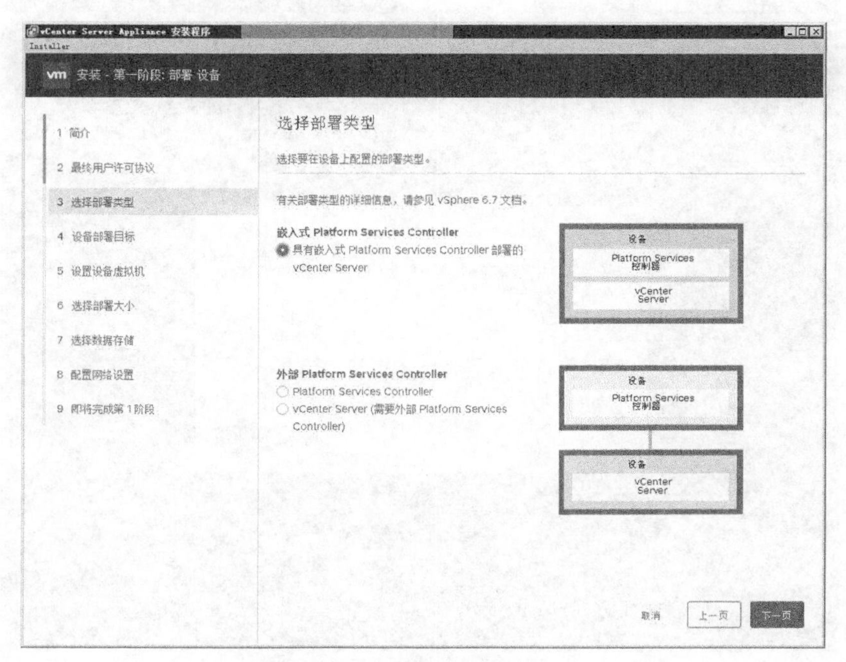

图 3-3-4　部署 VCSA 6.7 之四

第 5 步，选择虚拟机运行的 ESXi 主机或者 vCenter Server，输入 HTTPS 端口、用户名和密码，如图 3-3-5 所示，单击“下一页”按钮。

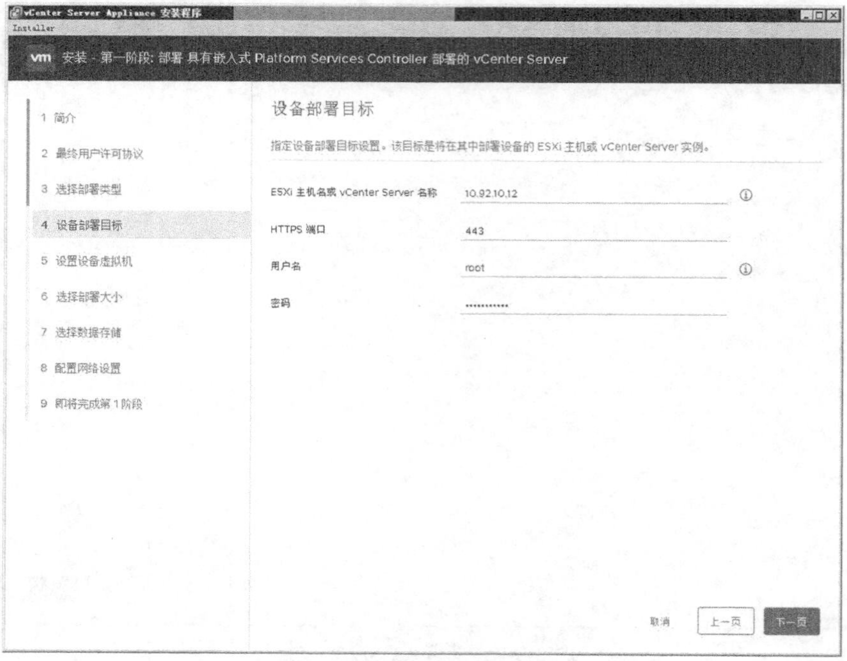

图 3-3-5　部署 VCSA 6.7 之五

第 6 步，出现证书警告，如图 3-3-6 所示，单击“是”按钮接受并继续。

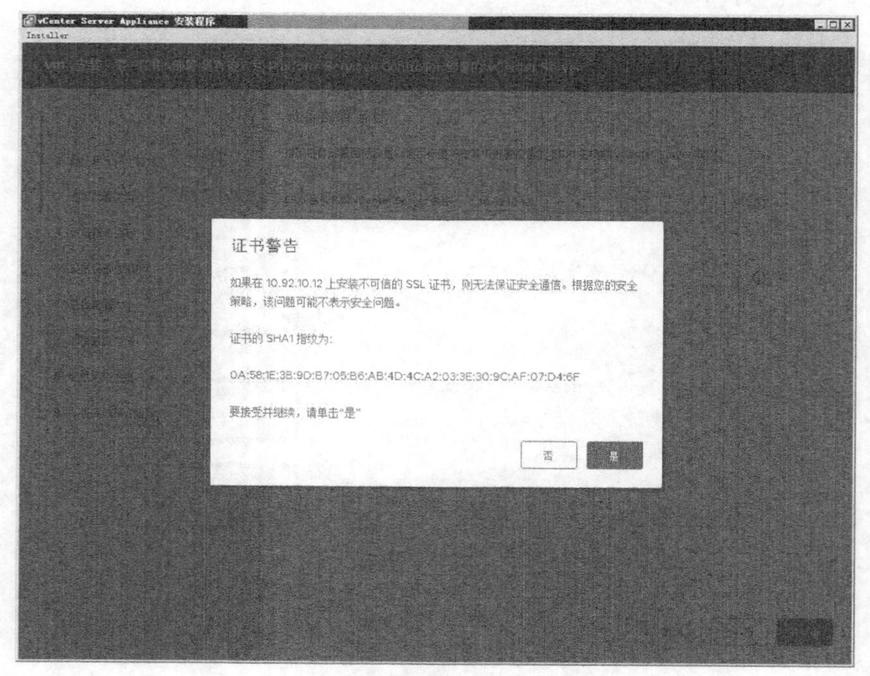

图 3-3-6　部署 VCSA 6.7 之六

第 7 步，配置虚拟机名称以及 root 用户密码，如图 3-3-7 所示，单击“下一页”按钮。

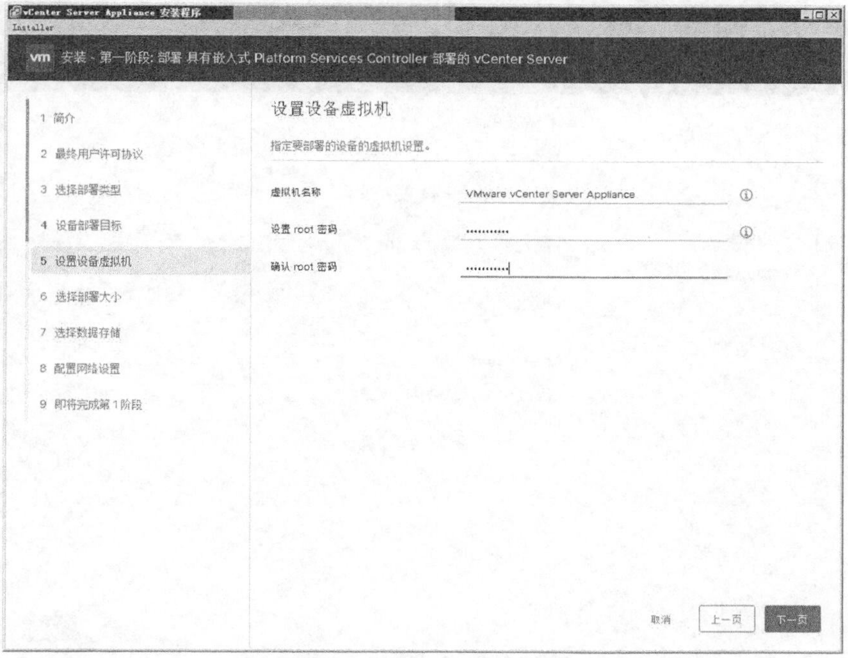

图 3-3-7 部署 VCSA 6.7 之七

第 8 步，选择“部署大小”。“部署大小”会自动配置虚拟机 vCPU、内存和存储等信息，如图 3-3-8 所示，单击“下一页”按钮。

部署大小	vCPU	内存 (GB)	存储 (GB)	主机数（上限）	虚拟机数（上限）
微型	2	10	300	10	100
小型	4	16	340	100	1000
中型	8	24	525	400	4000
大型	16	32	740	1000	10000
超大型	24	48	1180	2000	35000

图 3-3-8 部署 VCSA 6.7 之八

第 9 步，选择虚拟机的存储位置，如图 3-3-9 所示，单击“下一页”按钮。

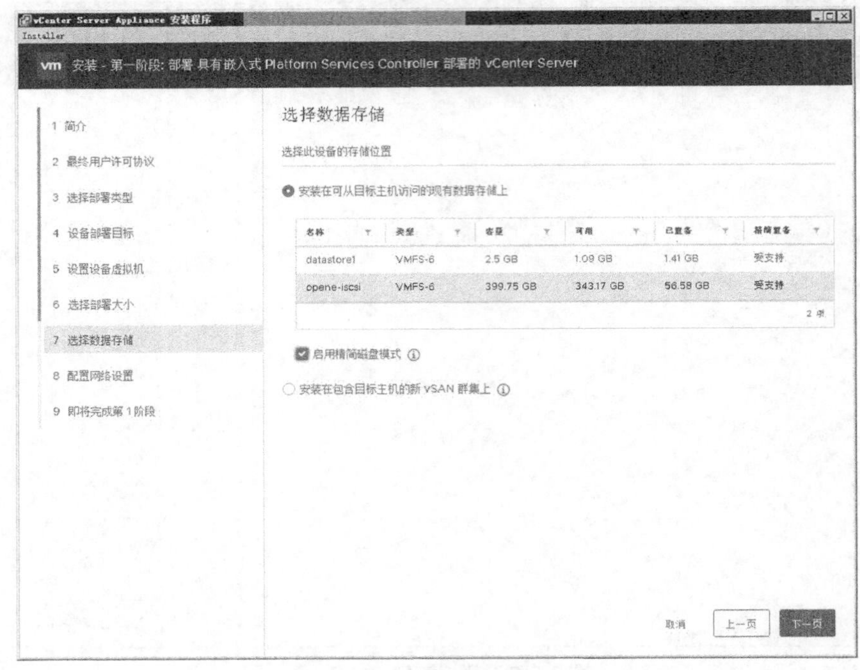

图 3-3-9　部署 VCSA 6.7 之九

第 10 步，配置虚拟机网络设置，如图 3-3-10 所示，单击“下一页”按钮。

图 3-3-10　部署 VCSA 6.7 之十

第 11 步，完成第一阶段的参数配置，如图 3-3-11 所示，单击“完成”按钮。

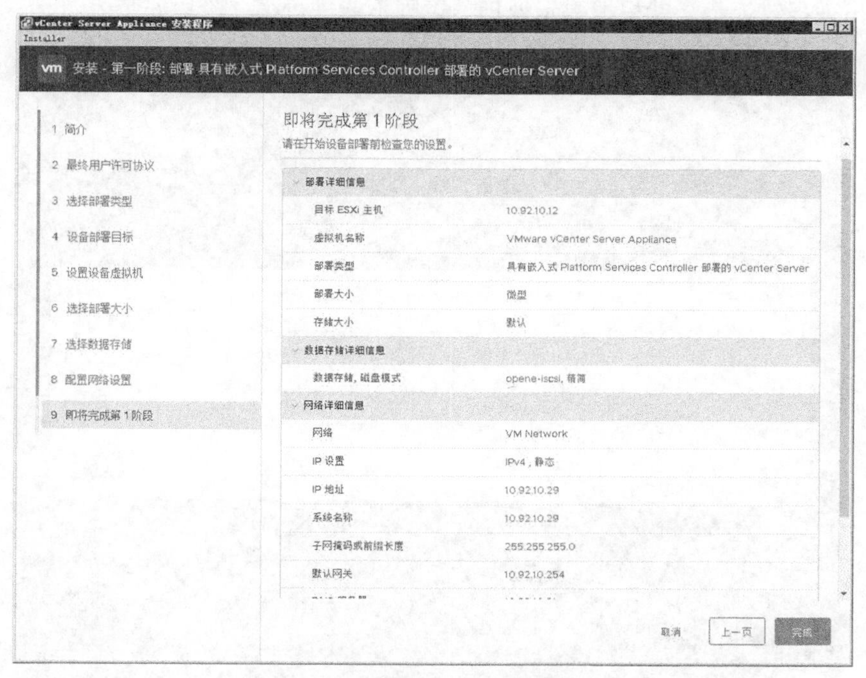

图 3-3-11 部署 VCSA 6.7 之十一

第 12 步，开始第一阶段的安装，如图 3-3-12 所示。

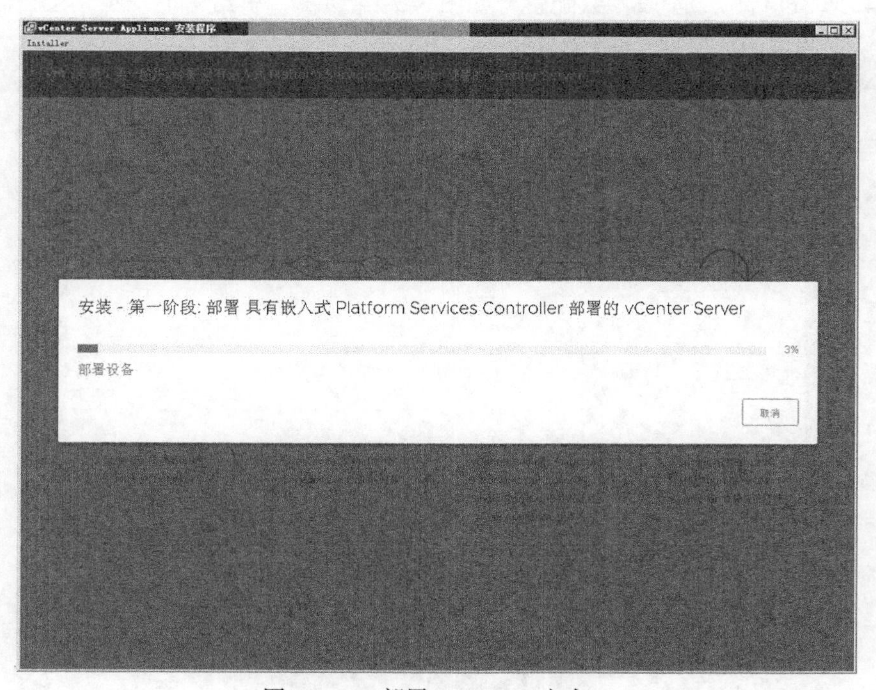

图 3-3-12 部署 VCSA 6.7 之十二

第 13 步，完成第一阶段的安装，如图 3-3-13 所示，单击“继续”按钮。注意，如果第一阶段出现报错提示，就根据提示处理，否则不能进行第二阶段安装。

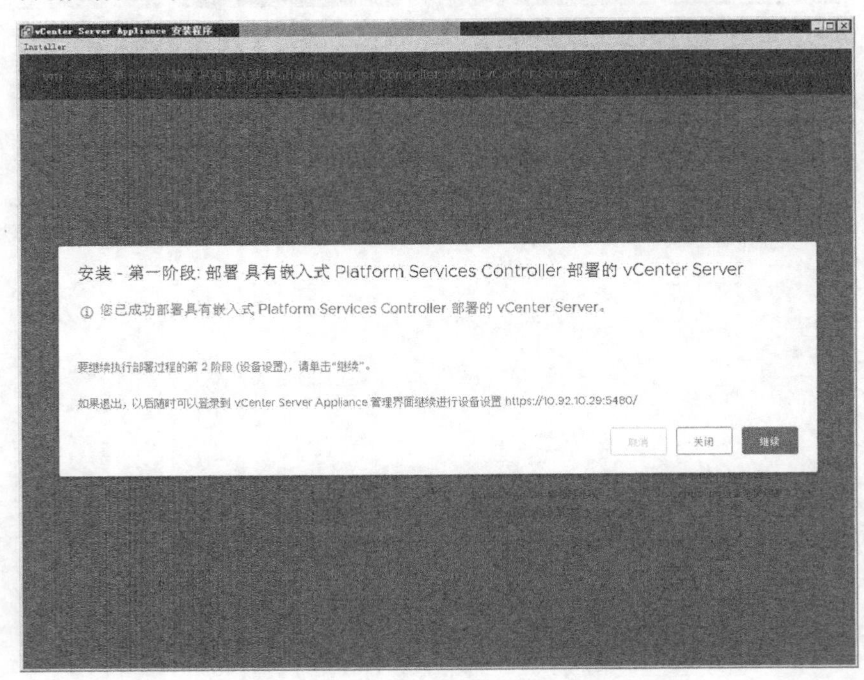

图 3-3-13　部署 VCSA 6.7 之十三

第 14 步，进行第二阶段参数配置，如图 3-3-14 所示，单击“下一步”按钮。

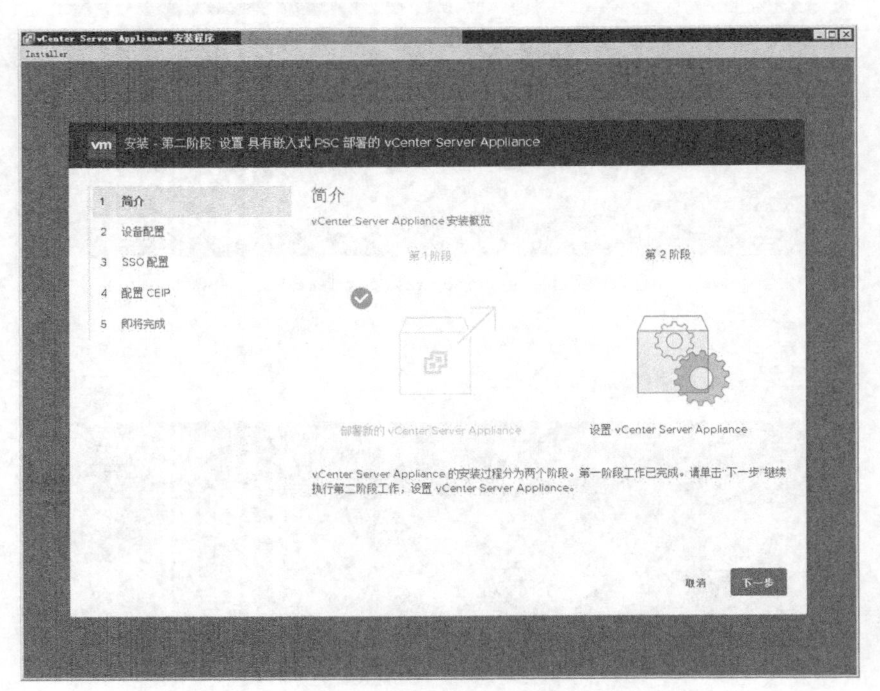

图 3-3-14　部署 VCSA 6.7 之十四

第 15 步，配置 VCSA 6.7“时间同步模式”与“SSH 访问”，如图 3-3-15 所示，单击“下一步”按钮。

图 3-3-15　部署 VCSA 6.7 之十五

第 16 步，配置 SSO 域名、用户名和密码，如图 3-3-16 所示，单击“下一步”按钮。

图 3-3-16　部署 VCSA 6.7 之十六

第 17 步，根据实际情况选择是否选中“加入 VMware 客户体验提升计划”，如图 3-3-17 所示，单击“下一步”按钮。

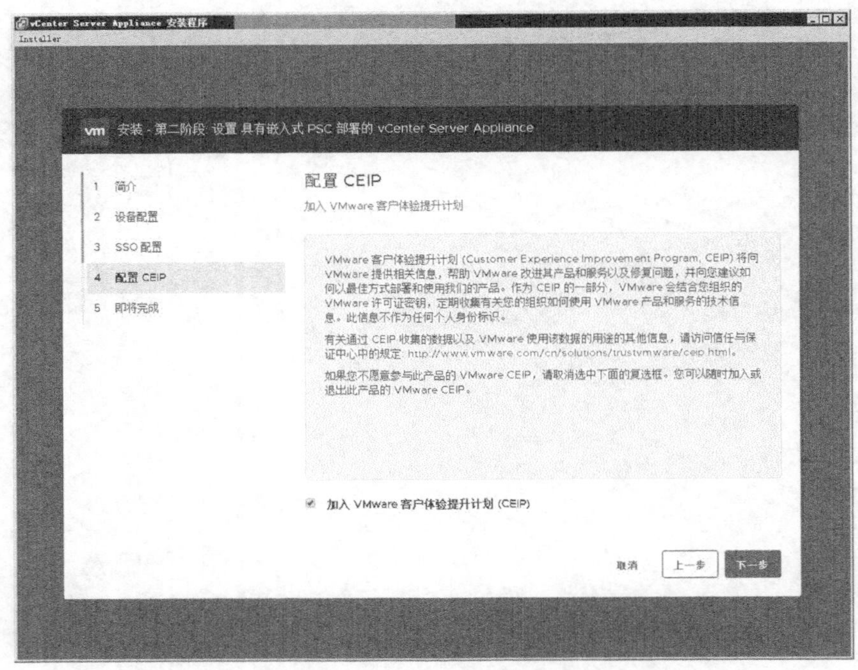

图 3-3-17　部署 VCSA 6.7 之十七

第 18 步，完成第二阶段参数配置，如图 3-3-18 所示，单击“完成”按钮。

图 3-3-18　部署 VCSA 6.7 之十八

第 19 步，出现警告提示对话框，第二阶段开始后将无法停止，如图 3-3-19 所示，单击“确定”按钮。

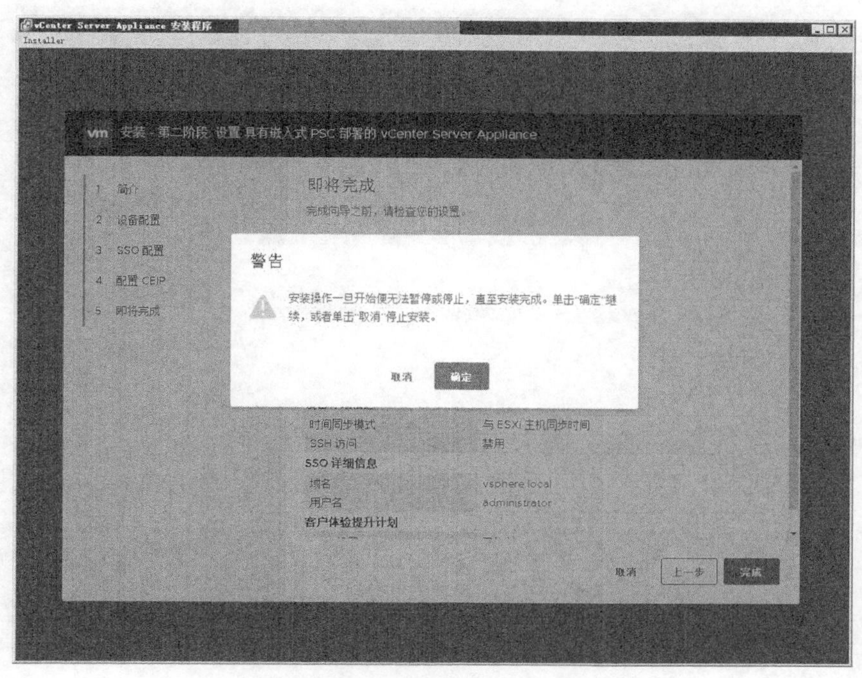

图 3-3-19 部署 VCSA 6.7 之十九

第 20 步，开始第二阶段安装，如图 3-3-20 所示。

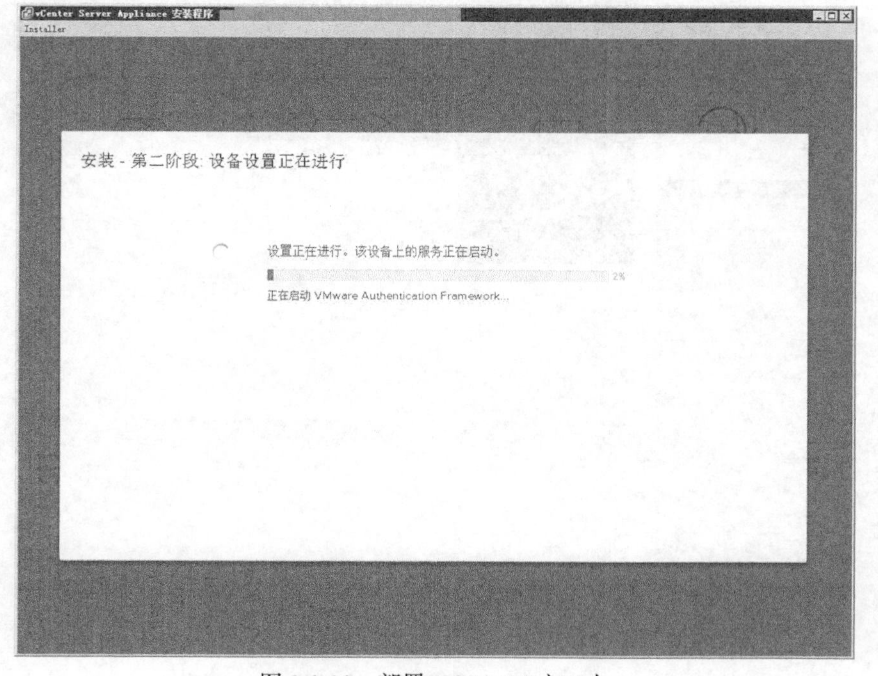

图 3-3-20 部署 VCSA 6.7 之二十

第 21 步，完成第二阶段安装，如图 3-3-21 所示，单击“关闭”按钮。

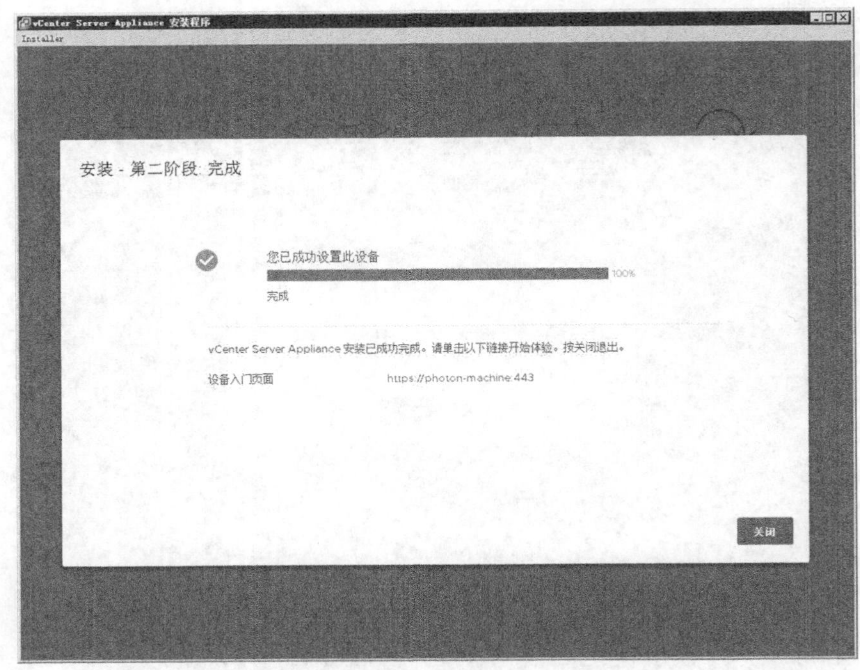

图 3-3-21　部署 VCSA 6.7 之二十一

第 22 步，使用浏览器打开 ESXi 主机查看 VCSA 6.7 虚拟部署情况，如图 3-3-22 所示。

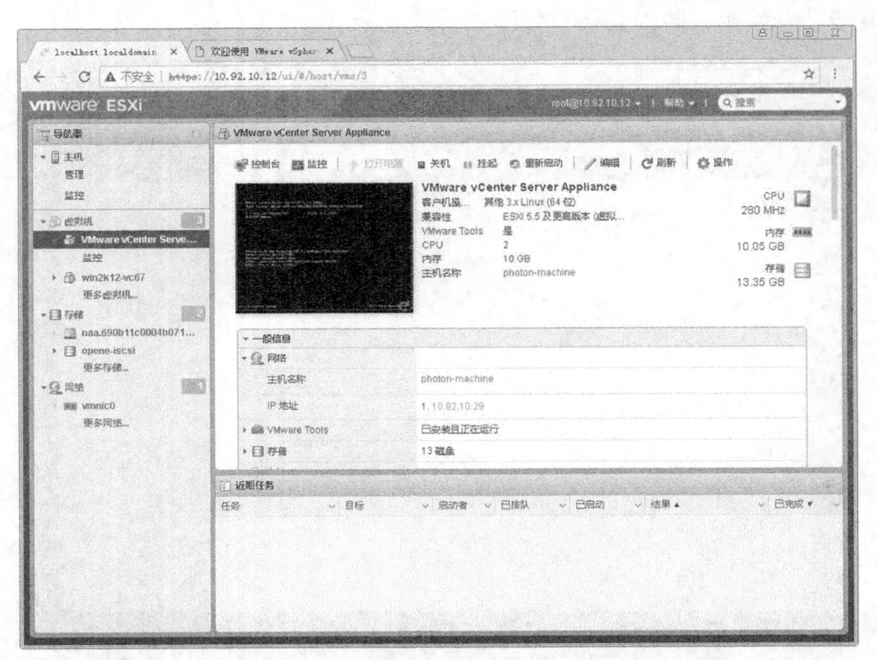

图 3-3-22　部署 VCSA 6.7 之二十二

第 23 步，使用控制台打开 VCSA 6.7 虚拟机，如图 3-3-23 所示。

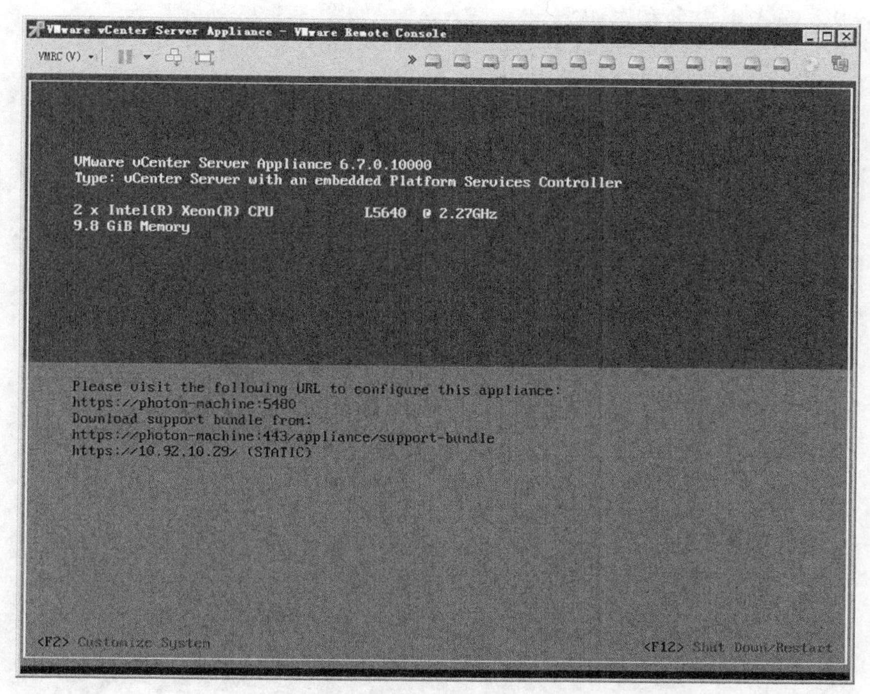

图 3-3-23　部署 VCSA 6.7 之二十三

第 24 步，使用浏览器登录 VCSA 6.7，如图 3-3-24 所示。

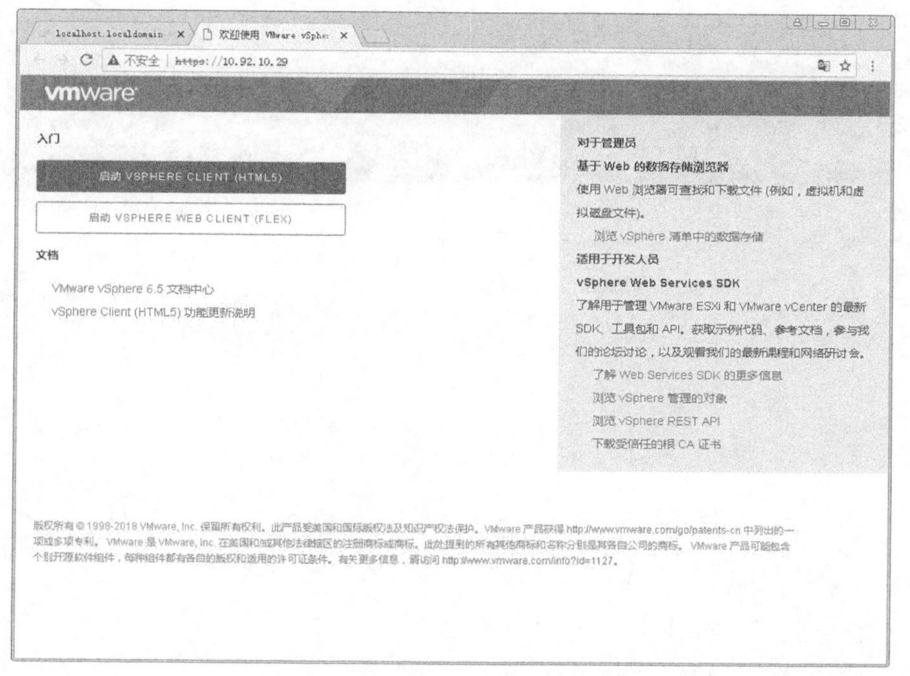

图 3-3-24　部署 VCSA 6.7 之二十四

第 25 步，输入用户名和密码登录 VCSA 6.7，如图 3-3-25 所示。

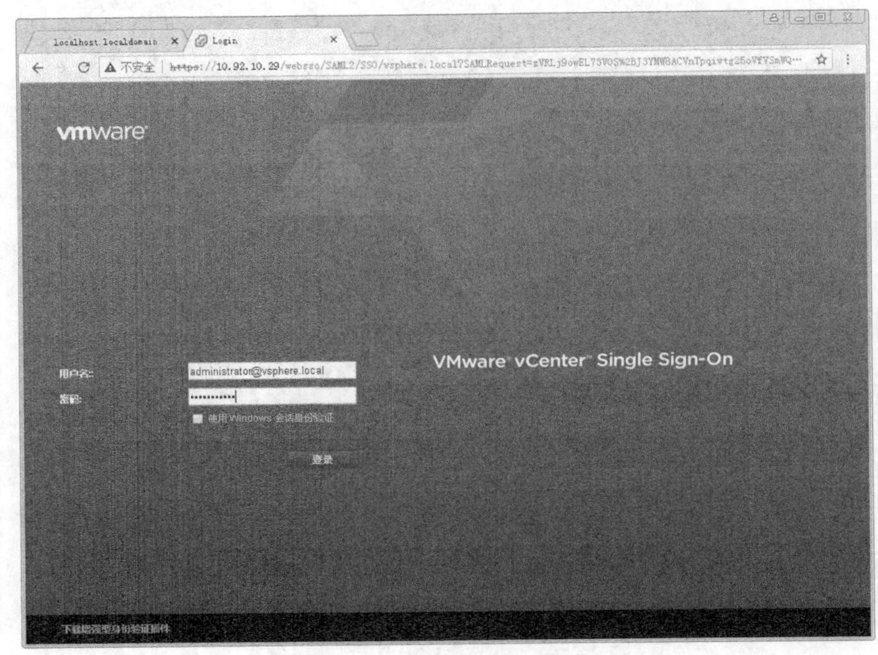

图 3-3-25　部署 VCSA 6.7 之二十五

第 26 步，成功登录 VCSA 6.7 系统的 HTML5 界面，如图 3-3-26 所示。

图 3-3-26　部署 VCSA 6.7 之二十六

至此，基于 Linux 版本的 VCSA 6.7 部署完成。从整体上来说，只要事先做好准备工作，在部署过程中基本上不会出现报错的问题，至于一些用户在部署过程中遇到各种报错等问题，可以查看日志进行处理。建议梳理一下整体流程，充分做好准备工作再进行部署操作。

3.4 升级其他版本至 vCenter Server 6.7

对于生产环境来说 vCenter Server 系统升级是常见的操作，任何升级操作都存在一定的风险，升级前建议对 vCenter Server 进行备份，这样在升级出现问题时可以快速回退。本节介绍 vCenter Server 6.0 和 vCenter Server 6.5 这两个版本如何升级。

3.4.1 升级 vCenter Server 注意事项

与 ESXi 版本升级相同，vCenter Server 升级也和源版本有关，并非所有版本的 vCenter Server 都能升级到 vCenter Server 6.7。注意 vCenter Server 5.5 没有到 vCenter Server 6.7 的直接升级路径，必须将其先升级到 vCenter Server 6.0 或 vCenter Server 6.5，再升级到 vCenter Server 6.7。vCenter Server 各版本升级支持情况见表 3-4-1。

表 3-4-1　vCenter Server 各版本升级支持情况

源版本	目标版本	升级支持
vSphere 5.5（any）	vSphere 6.7（any）	不支持
vSphere 6.0（any）	vSphere 6.7（any）	支持
vSphere 6.5	vSphere 6.7（any）	支持
vSphere 6.5 Update 1	vSphere 6.7	支持
vSphere 6.5 Update 2	vSphere 6.7	不支持
vSphere 6.5 Update 2	vSphere 6.7 Update 1	支持

除此之外，还需要注意安装的 vCenter Server 虚拟机操作系统的版本。作者参与过的项目中，不少 vCenter Server 6.0 以及 vCenter Server 6.5 是基于 Windows 2008 R2 部署的，经过反复测试，Windows 2008 R2 操作系统无法支持 vCenter Server 6.0 或 vCenter Server 6.5 升级至 vCenter Server 6.7。

3.4.2 升级 vCenter Server 6.0 至 vCenter Server 6.7

了解完 vCenter Server 升级注意事项，对源 vCenter Server 进行备份后就可以开始升级。本小节介绍如何将 vCenter Server 6.0 升级至 vCenter Server 6.7。

第 1 步，查看源版本，版本号为 3617395，如图 3-4-1 所示。

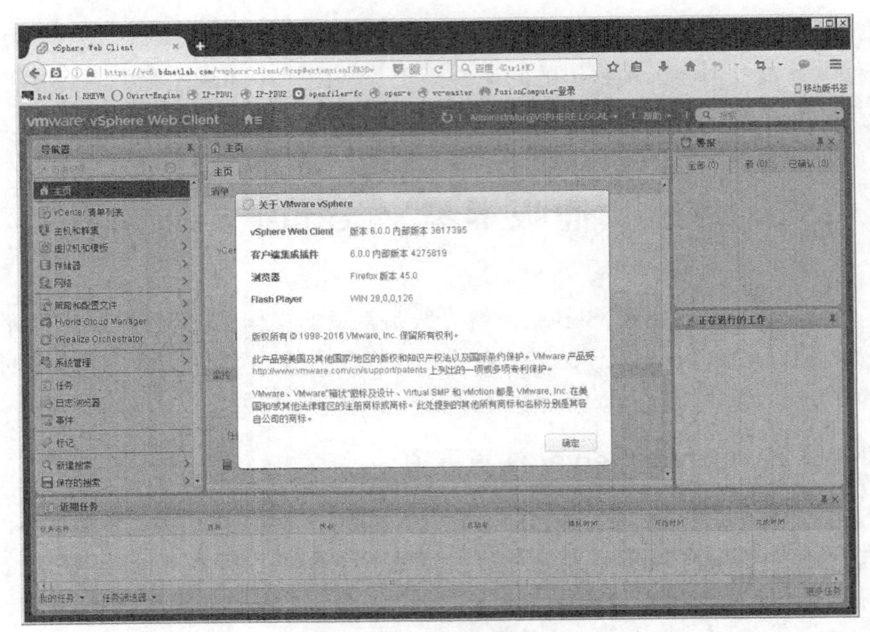

图 3-4-1　升级 vCenter Server 6.0 至 vCenter Server 6.7 之一

第 2 步，运行 vCenter Server 6.7 安装程序，如图 3-4-2 所示，单击“安装”按钮。

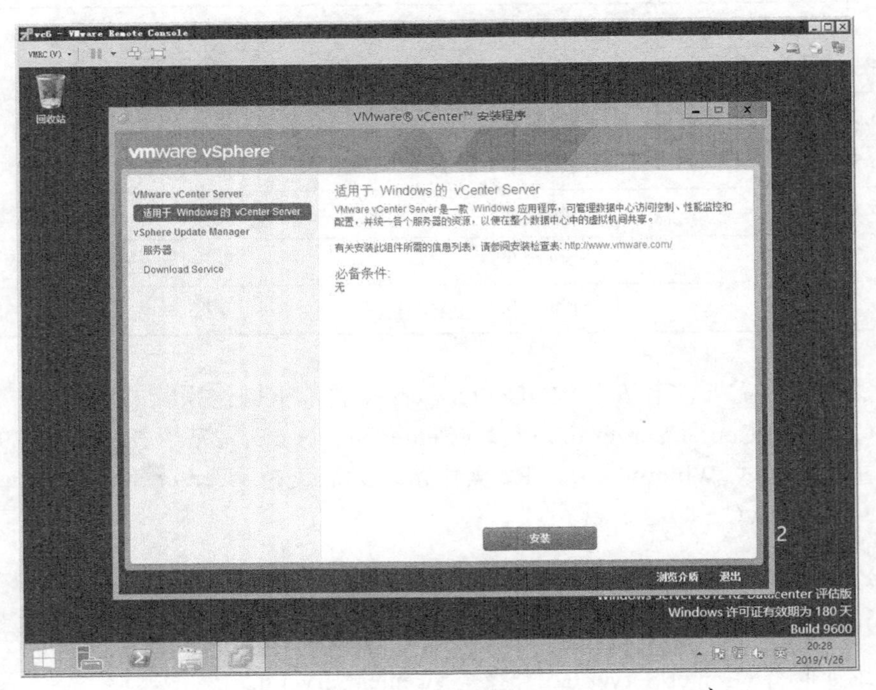

图 3-4-2　升级 vCenter Server 6.0 至 vCenter Server 6.7 之二

第 3 步，安装程序会检查源 vCenter Server 版本，提示进行有关操作后将升级到新的版本，如图 3-4-3 所示，单击“下一步”按钮。

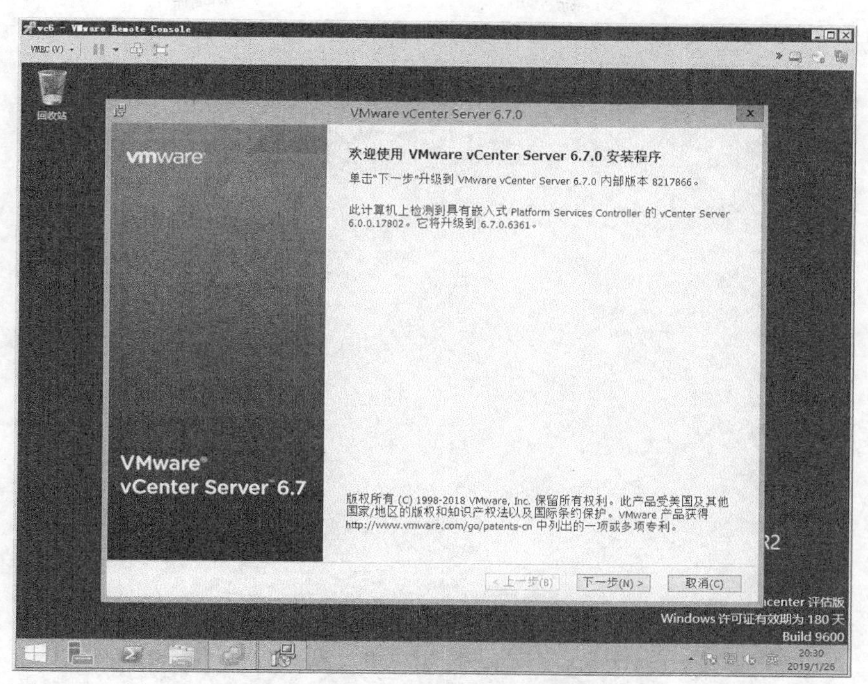

图 3-4-3 升级 vCenter Server 6.0 至 vCenter Server 6.7 之三

第 4 步，选中“我接受许可协议条款”，如图 3-4-4 所示，单击“下一步”按钮。

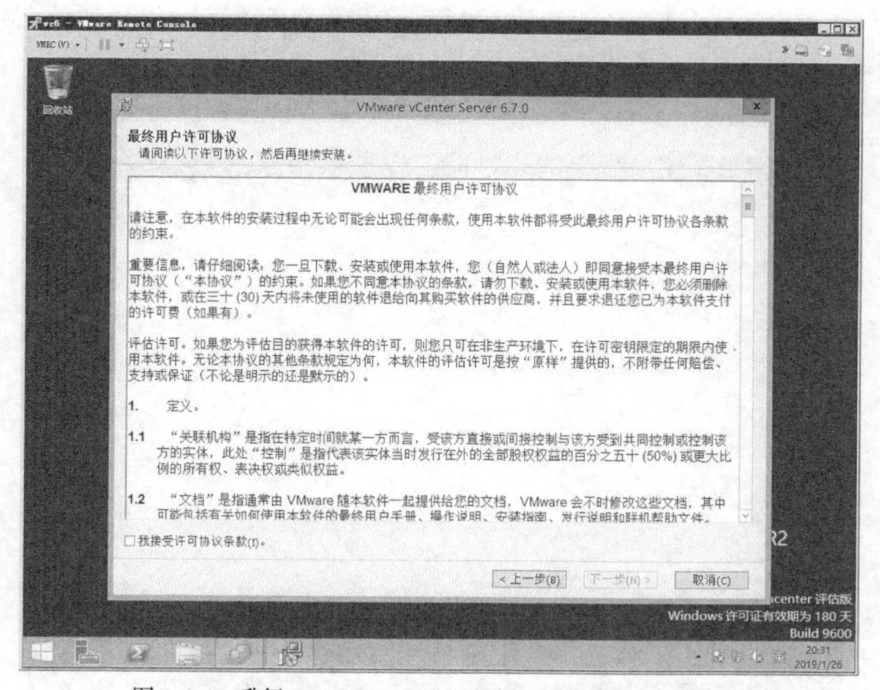

图 3-4-4 升级 vCenter Server 6.0 至 vCenter Server 6.7 之四

第 5 步，系统提示输入源 vCenter Server 6.0 相关管理员凭据信息，如图 3-4-5 所示，输入后单击“下一步”按钮。

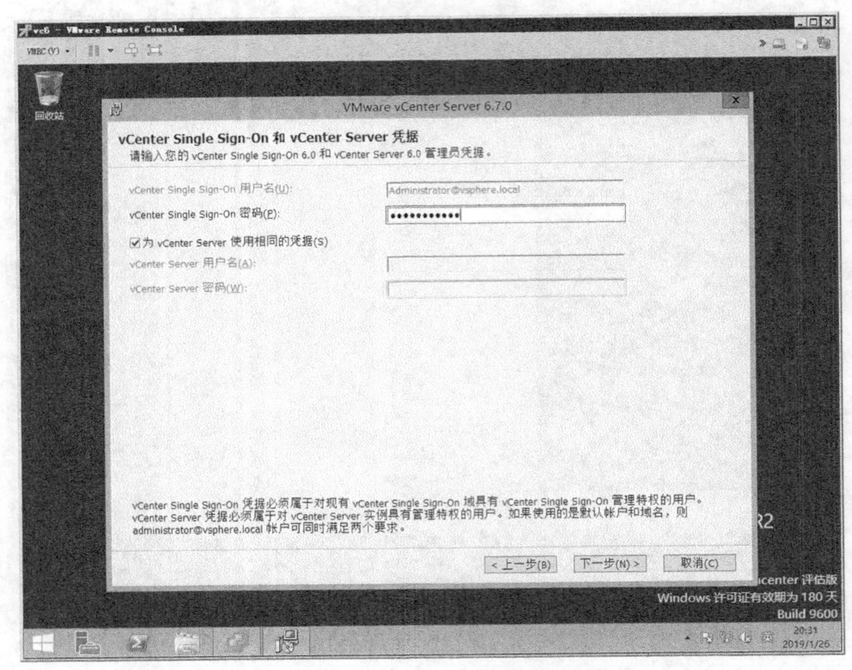

图 3-4-5　升级 vCenter Server 6.0 至 vCenter Server 6.7 之五

第 6 步，配置端口。需要说明的是，进行升级操作的无法修改端口，如图 3-4-6 所示，文本框内数字呈灰色时处于不可修改状态，单击“下一步”按钮。

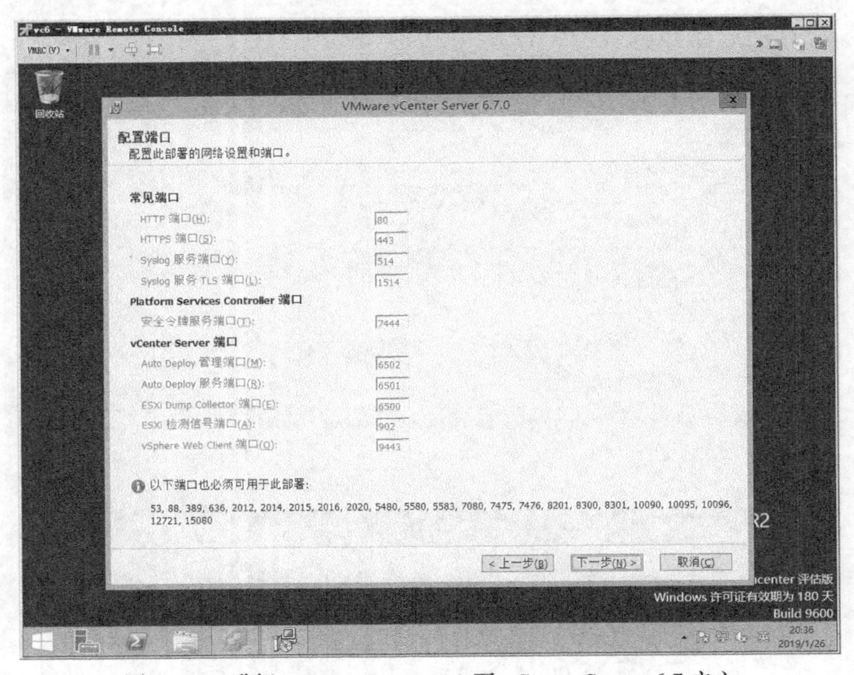

图 3-4-6　升级 vCenter Server 6.0 至 vCenter Server 6.7 之六

第 7 步，用户自行选择在升级过程中配置、事件、任务和性能衡量指标是否迁移，如图 3-4-7 所示，生产环境中推荐迁移全部历史数据，单击“下一步”按钮。

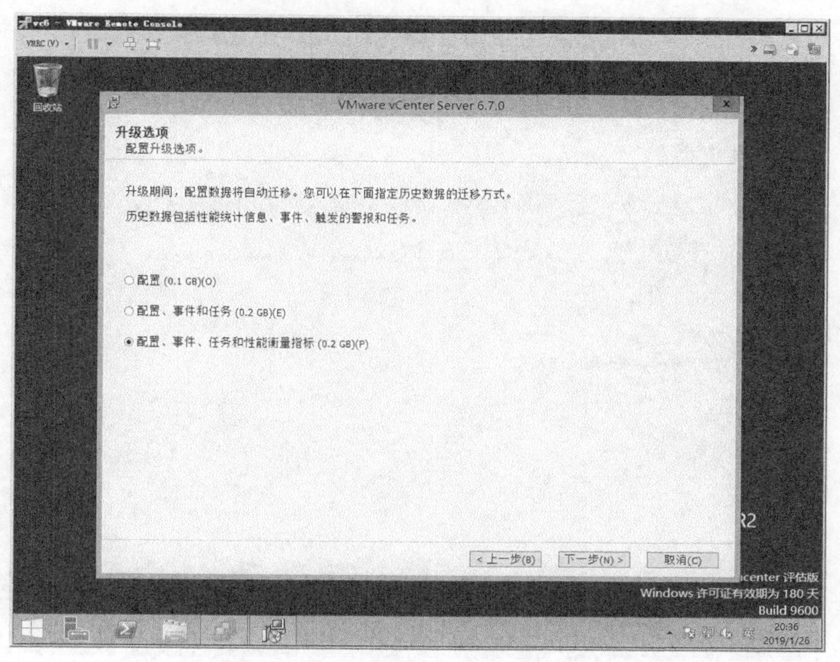

图 3-4-7　升级 vCenter Server 6.0 至 vCenter Server 6.7 之七

第 8 步，配置 vCenter Server 部署的存储位置，即目标目录以及导出目录，如图 3-4-8 所示，单击“下一步”按钮。

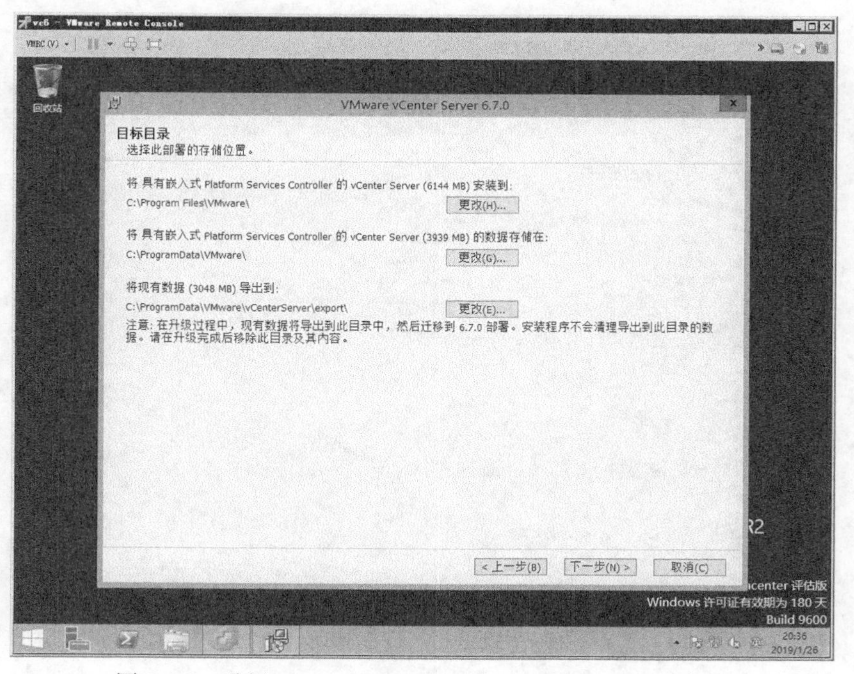

图 3-4-8　升级 vCenter Server 6.0 至 vCenter Server 6.7 之八

第 9 步，用户可根据实际情况确定是否加入 VMware 客户体验提升计划，如图 3-4-9 所示，单击“下一步”按钮。

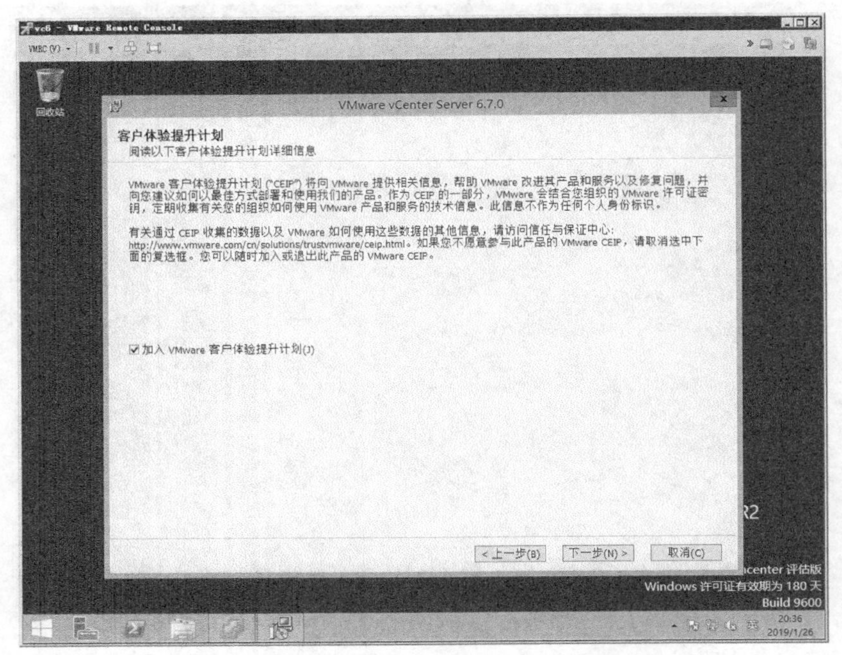

图 3-4-9　升级 vCenter Server 6.0 至 vCenter Server 6.7 之九

第 10 步，确认准备升级操作，选中“我确认已备份此 vCenter Server 计算机”，如图 3-4-10 所示，单击“升级”按钮。

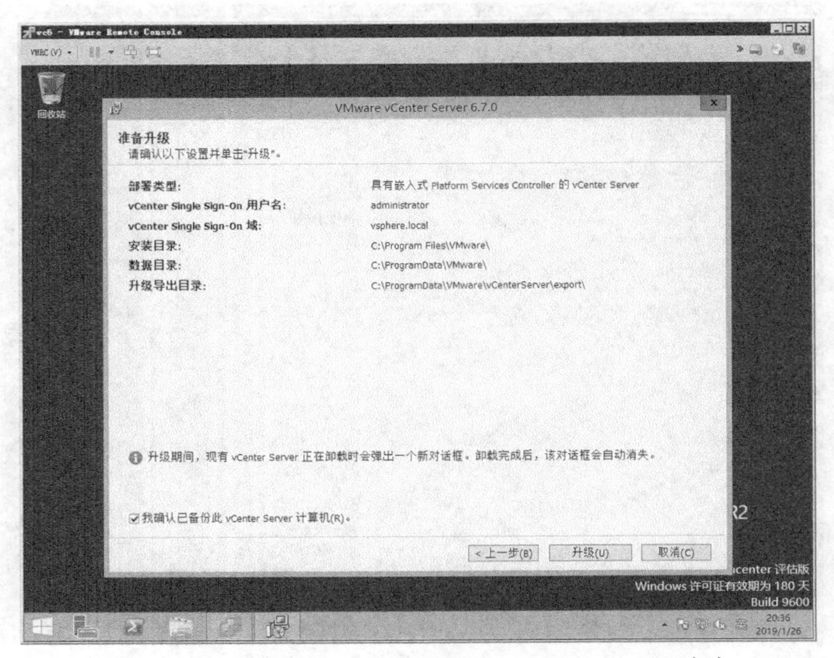

图 3-4-10　升级 vCenter Server 6.0 至 vCenter Server 6.7 之十

第 11 步，升级过程开始，如图 3-4-11 所示。

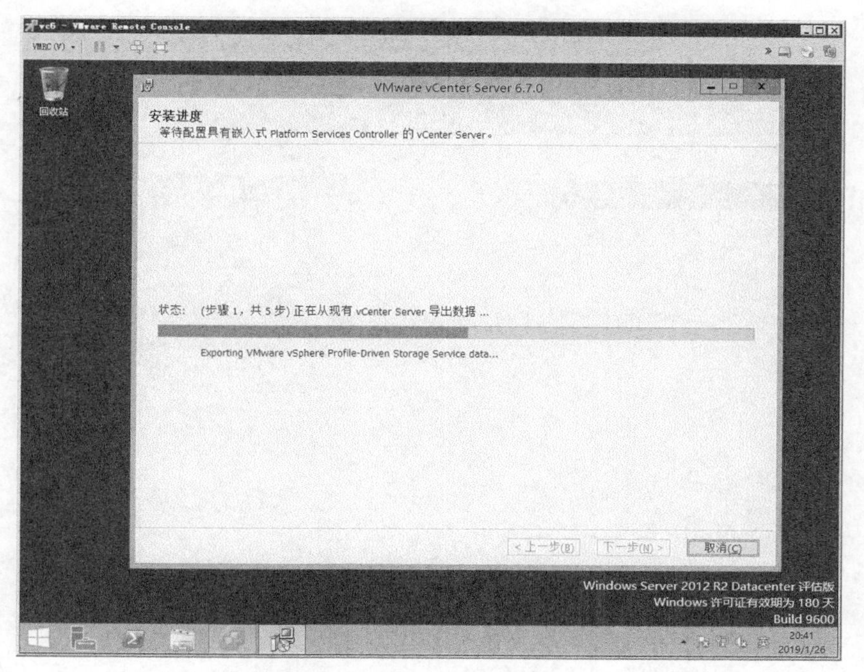

图 3-4-11 升级 vCenter Server 6.0 至 vCenter Server 6.7 之十一

第 12 步，完成 vCenter Server 6.0 至 vCenter Server 6.7 升级，如图 3-4-12 所示，需要特别注意的是，操作过程中不出现任何报错才说明升级成功。

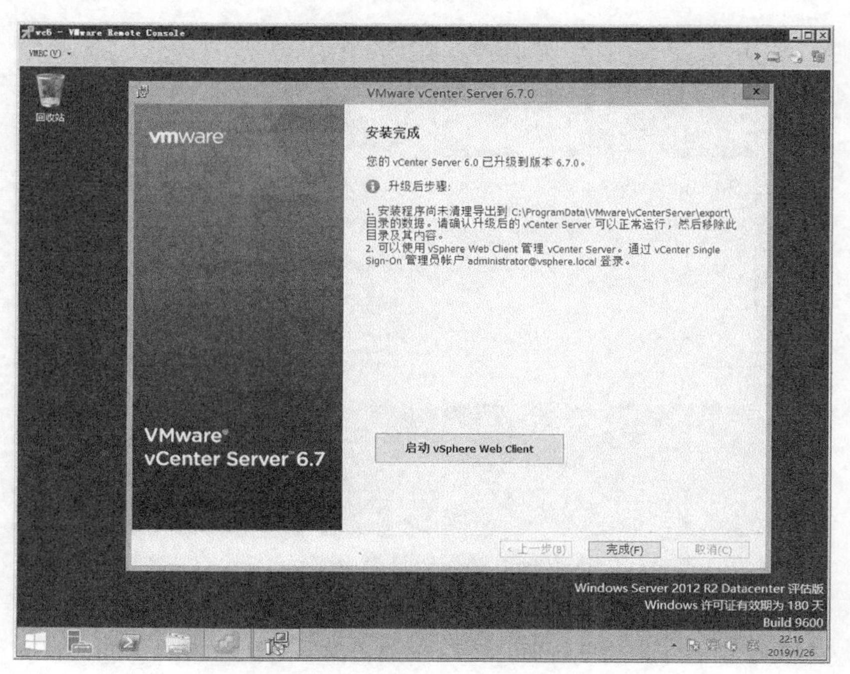

图 3-4-12 升级 vCenter Server 6.0 至 vCenter Server 6.7 之十二

第 13 步，使用浏览器登录 vCenter Server 6.7，如图 3-4-13 所示。

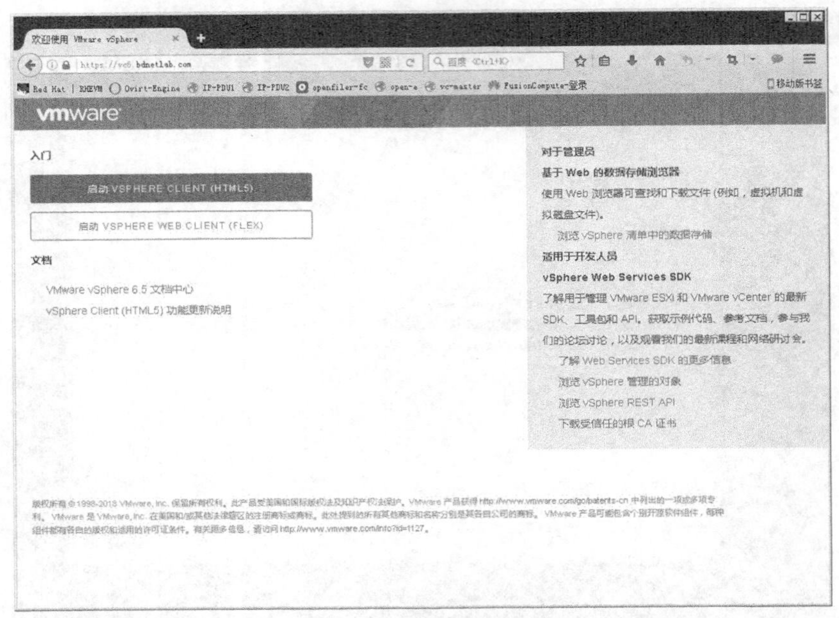

图 3-4-13　升级 vCenter Server 6.0 至 vCenter Server 6.7 之十三

第 14 步，查看 vCenter Server 版本，显示为 6.7 版本，如图 3-4-14 所示。

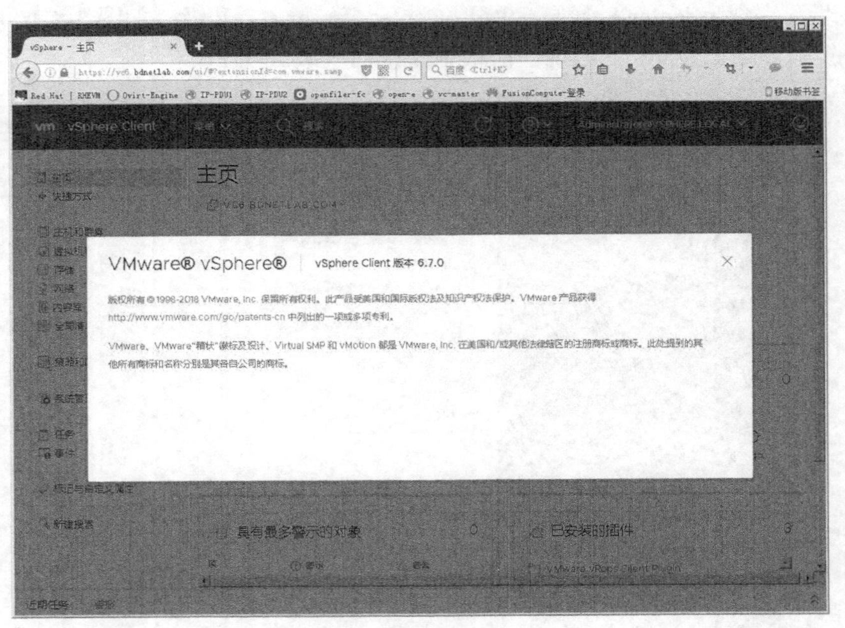

图 3-4-14　升级 vCenter Server 6.0 至 vCenter Server 6.7 之十四

至此，从 vCenter Server 6.0 升级至 vCenter Server 6.7 完成。只要做好准备工作，整体来说升级操作的难度不大。如果升级过程中出现错误，可以查看日志逐一解决。需要说明的是，作者经过多次测试发现，如果 vCenter Server 6.0 安装在 Windows 2008 以及 Windows

2008 R2 操作系统，那么将无法完成升级，作者判断这属于操作系统问题。

3.4.3 升级 vCenter Server 6.5 至 vCenter Server 6.7

vCenter Server 6.5 升级至 vCenter Server 6.7 的操作与 vCenter Server 6.0 的升级操作大致相同。本小节针对使用 vCenter Server 6.5 的用户群体进行演示，不涉及 vCenter Server 6.5 的用户可以跳过本小节。

第 1 步，查看源版本，如图 3-4-15 所示。

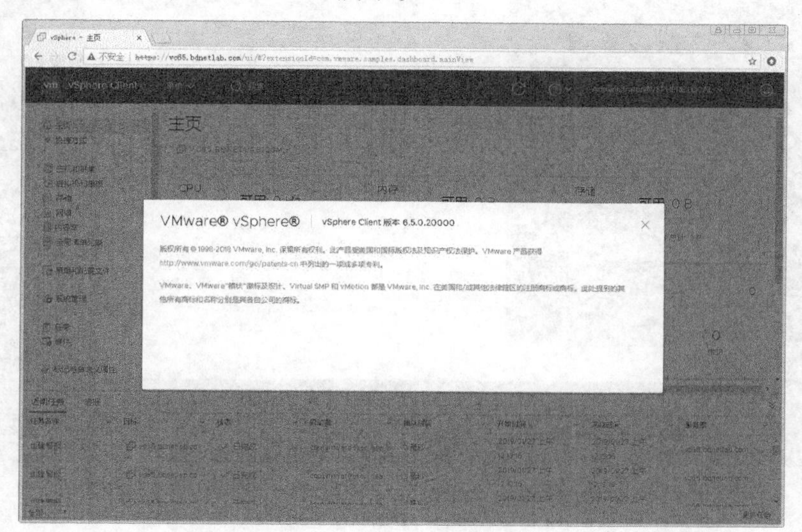

图 3-4-15 升级 vCenter Server 6.5 至 vCenter Server 6.7 之一

第 2 步，运行 vCenter Server 6.7 安装程序，如图 3-4-16 所示，单击“安装”按钮。

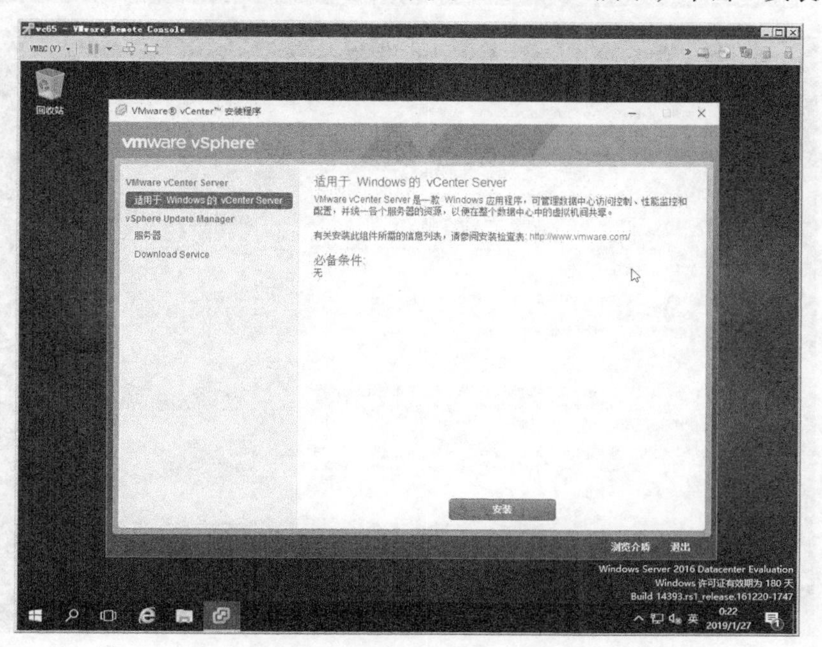

图 3-4-16 升级 vCenter Server 6.5 至 vCenter Server 6.7 之二

第 3 步，安装程序会检查源 vCenter Server 版本，然后用户可根据提示进行操作将其升级到新的版本，如图 3-4-17 所示，单击“下一步”按钮。

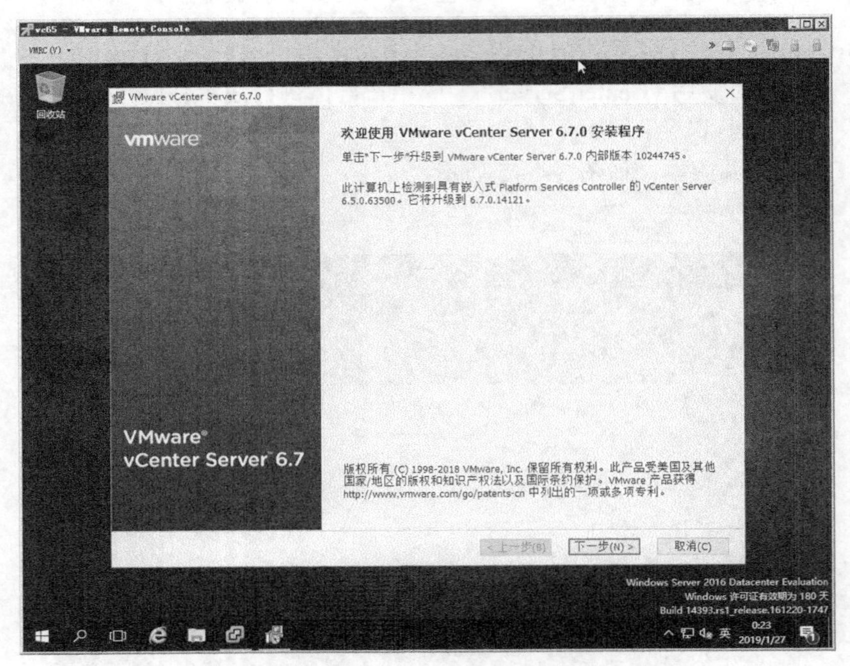

图 3-4-17　升级 vCenter Server 6.5 至 vCenter Server 6.7 之三

第 4 步，选中“我接受许可协议条款”，如图 3-4-18 所示，单击“下一步”按钮。

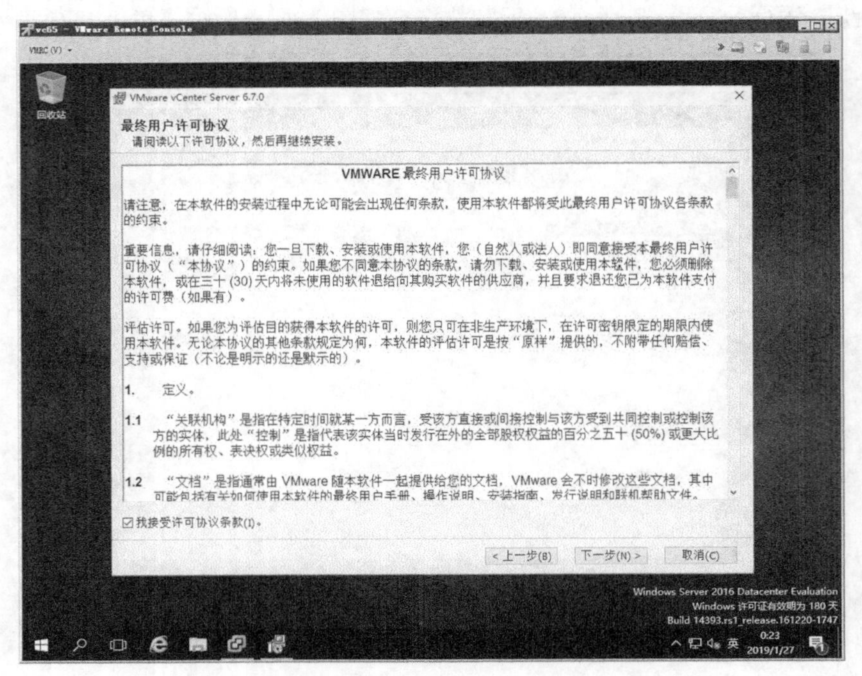

图 3-4-18　升级 vCenter Server 6.5 至 vCenter Server 6.7 之四

第 5 步，按系统提示输入源 vCenter Server 6.5 相关管理员凭据信息，如图 3-4-19 所示，输入后单击“下一步”按钮。

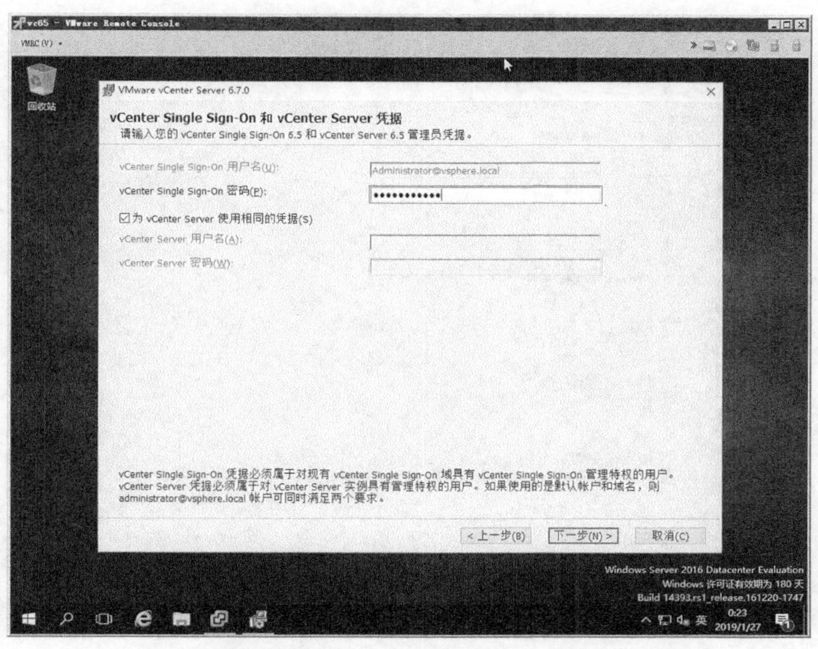

图 3-4-19　升级 vCenter Server 6.5 至 vCenter Server 6.7 之五

第 6 步，系统会进行一些预升级检查，如图 3-4-20 所示，如果不满足升级条件，那么会出现提示。单击“下一步”按钮。

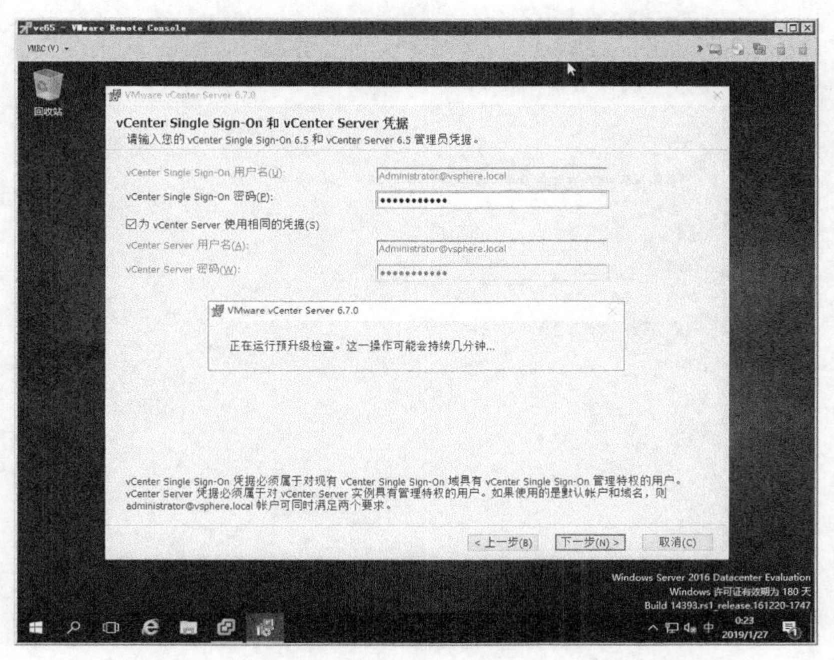

图 3-4-20　升级 vCenter Server 6.5 至 vCenter Server 6.7 之六

第7步，配置端口。需要说明的是，升级操作时无法修改端口，如图3-4-21所示，文本框内数字呈现灰色，说明处于不可修改状态。单击“下一步”按钮。

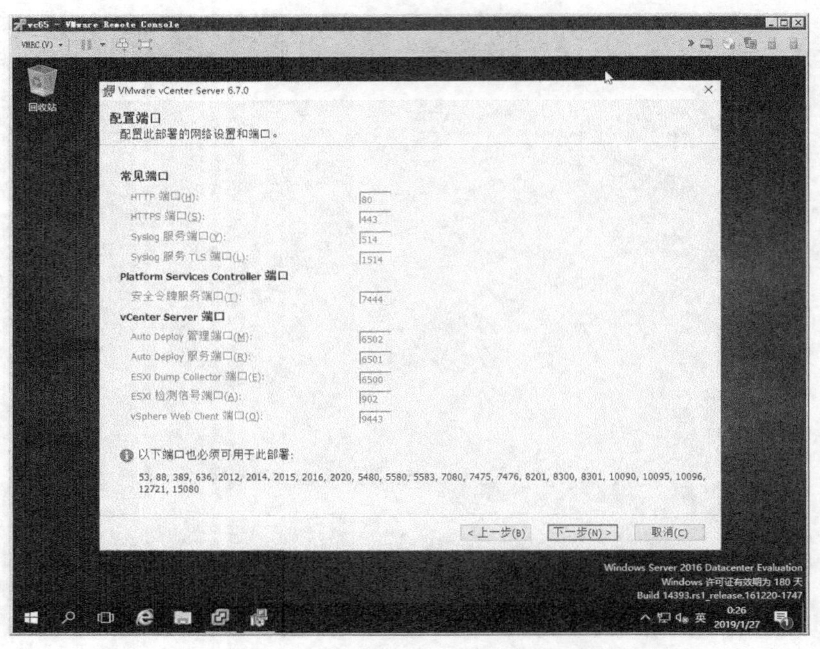

图3-4-21　升级 vCenter Server 6.5 至 vCenter Server 6.7 之七

第8步，用户可选择在升级过程中配置、事件、任务和性能衡量指标是否迁移，如图3-4-22所示，生产环境中推荐迁移全部历史数据，然后单击“下一步”按钮。

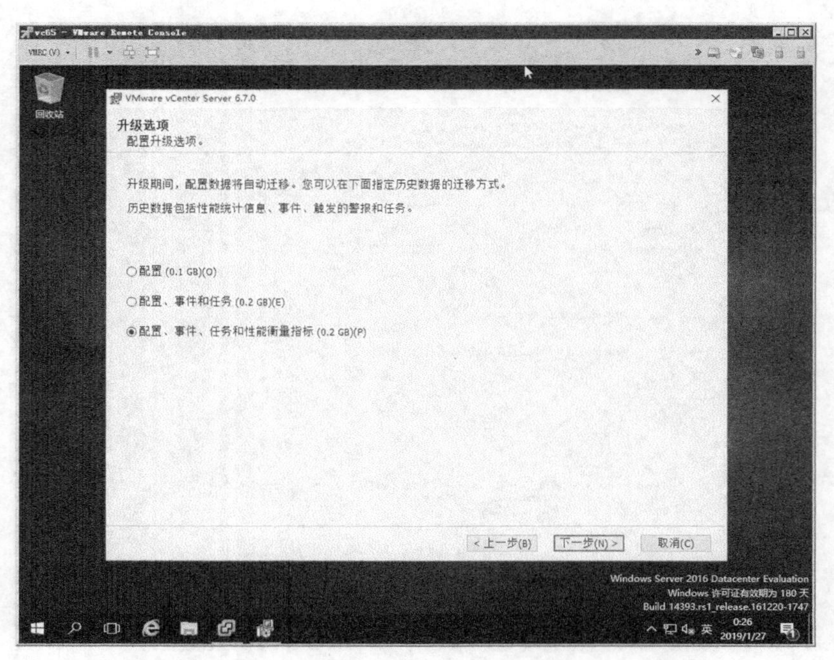

图3-4-22　升级 vCenter Server 6.5 至 vCenter Server 6.7 之八

第 9 步，配置 vCenter Server 部署的存储位置，即目标目录以及导出目录，如图 3-4-23 所示，单击“下一步”按钮。

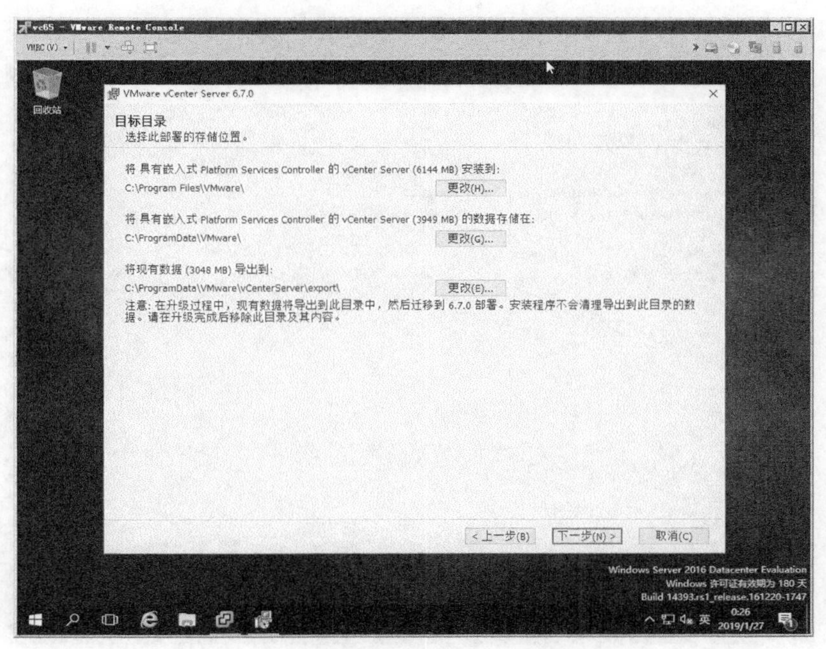

图 3-4-23 升级 vCenter Server 6.5 至 vCenter Server 6.7 之九

第 10 步，用户可根据实际情况确定是否加入 VMware 客户体验提升计划，如图 3-4-24 所示，单击“下一步”按钮。

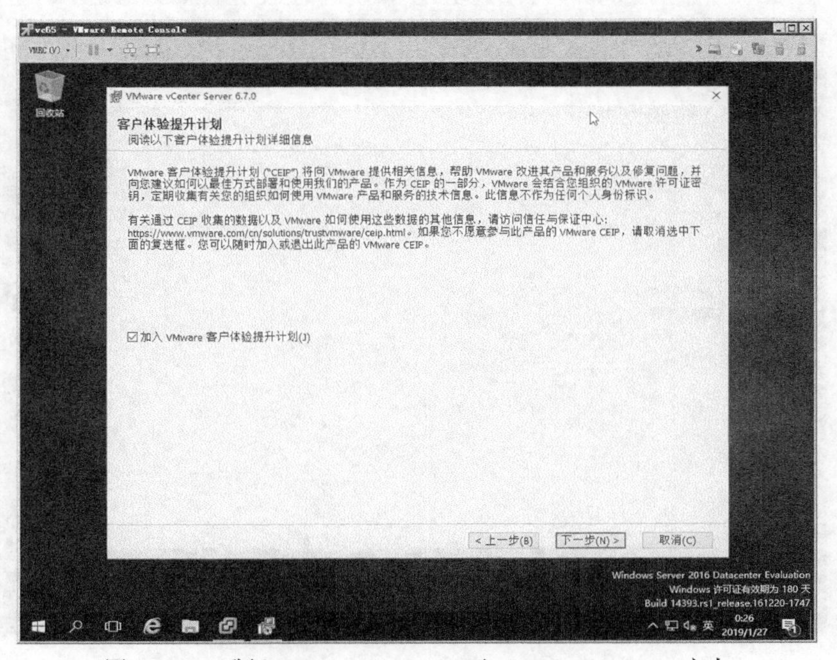

图 3-4-24 升级 vCenter Server 6.5 至 vCenter Server 6.7 之十

第 11 步，确认“准备升级”操作，选中“我确认已备份此 vCenter Server 计算机”，如图 3-4-25 所示，单击“升级”按钮。

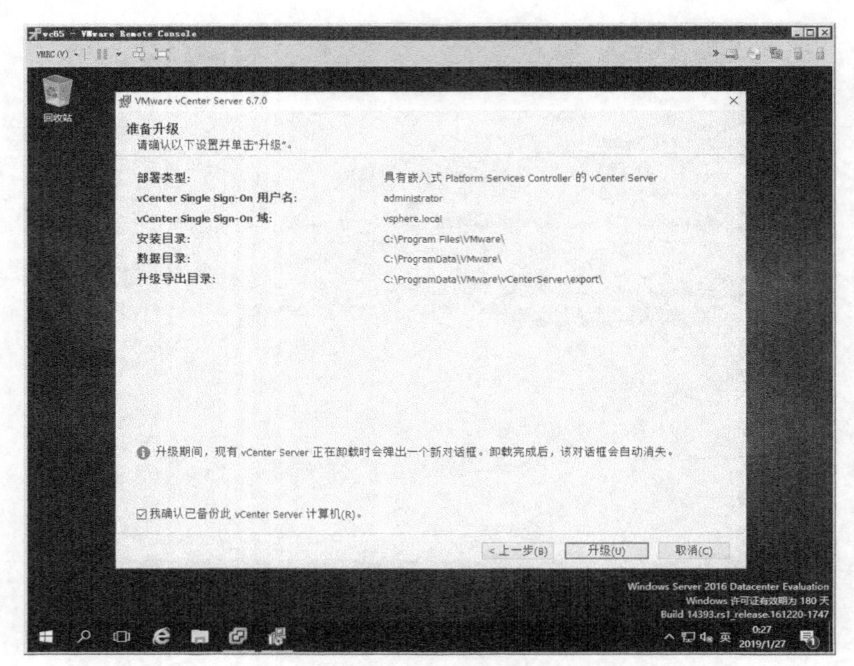

图 3-4-25　升级 vCenter Server 6.5 至 vCenter Server 6.7 之十一

第 12 步，升级过程开始，如图 3-4-26 所示。

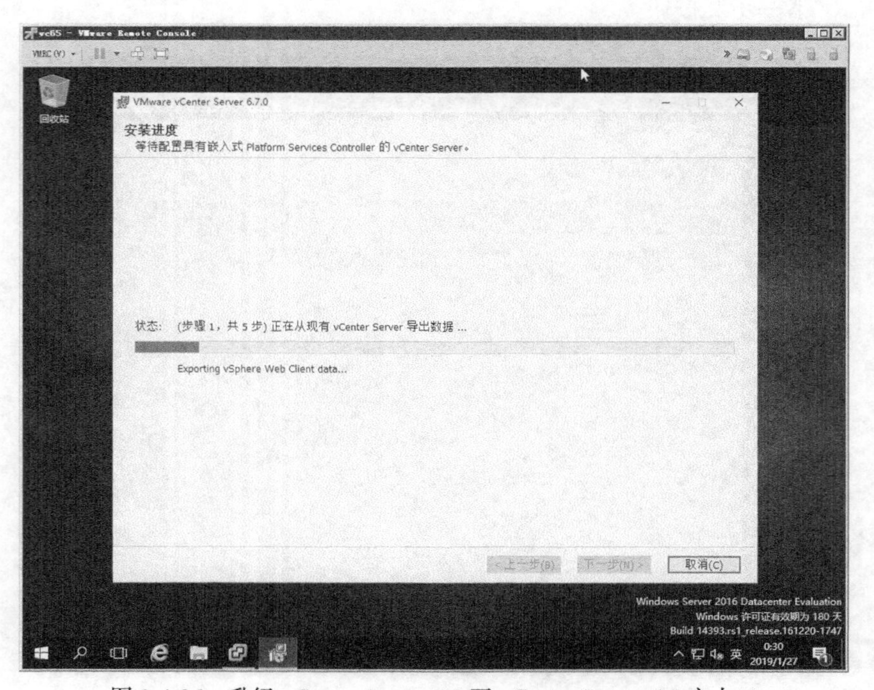

图 3-4-26　升级 vCenter Server 6.5 至 vCenter Server 6.7 之十二

第 13 步，vCenter Server 6.5 至 vCenter Server 6.7 升级完成，如图 3-4-27 所示。需要特别注意的是，升级过程中不出现任何报错才说明升级成功。

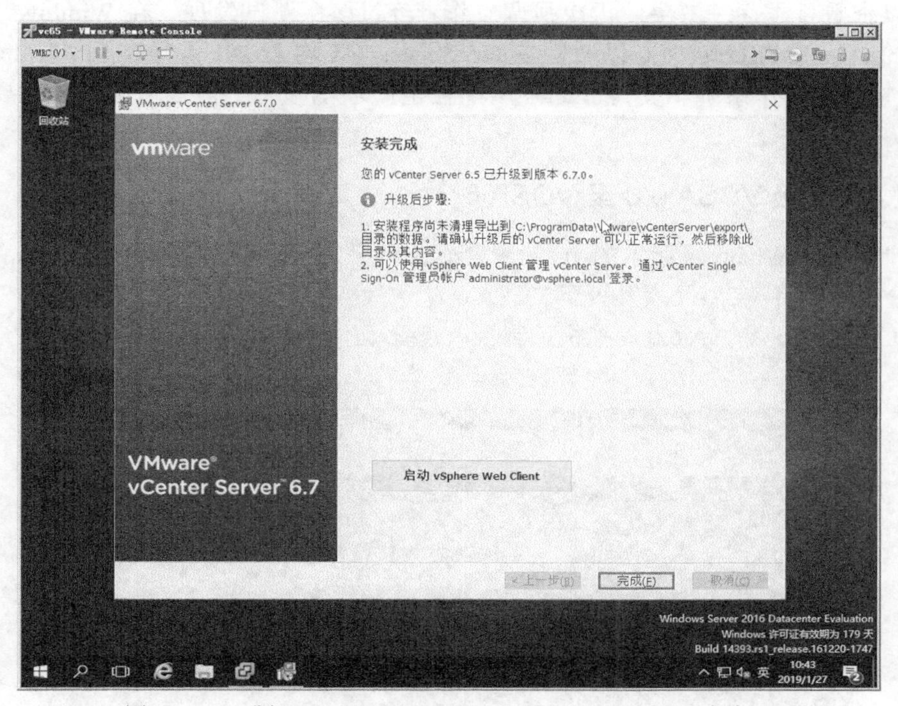

图 3-4-27　升级 vCenter Server 6.5 至 vCenter Server 6.7 之十三

第 14 步，查看 vCenter Server 版本，显示为 6.7 版本，如图 3-4-28 所示。

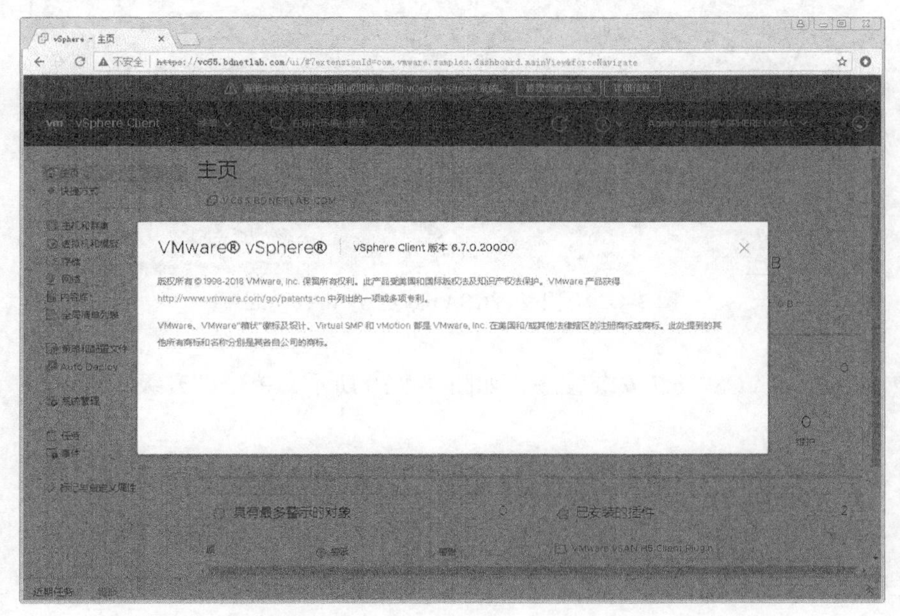

图 3-4-28　升级 vCenter Server 6.5 至 vCenter Server 6.7 之十四

至此，从 vCenter Server 6.5 升级至 vCenter Server 6.7 完成。与 vCenter Server 6.0 升级类似，只要做好准备工作，整体来说操作难度不大。如果升级过程中出现错误提示，那么可以查看日志逐一解决。再次强调，作者经过多次测试发现，在 Windows 2008 R2 上部署的 vCenter Server 6.0 以及 vCenter Server 6.5 均无法正常升级至 vCenter Server 6.7，其原因是操作系统不支持。如果用户在生产环境中有类似的情况，就需要考虑其他升级方式。

3.4.4 升级 VCSA 6.0 至 VCSA 6.7

用户在完成 Windows 版本的 vCenter Server 的升级后，可了解其 Linux 版本的升级。本小节介绍如何将 VCSA 6.0 升级至 VCSA 6.7。

第 1 步，打开 VCSA 6.0 虚拟机控制台，查看版本信息，如图 3-4-29 所示。

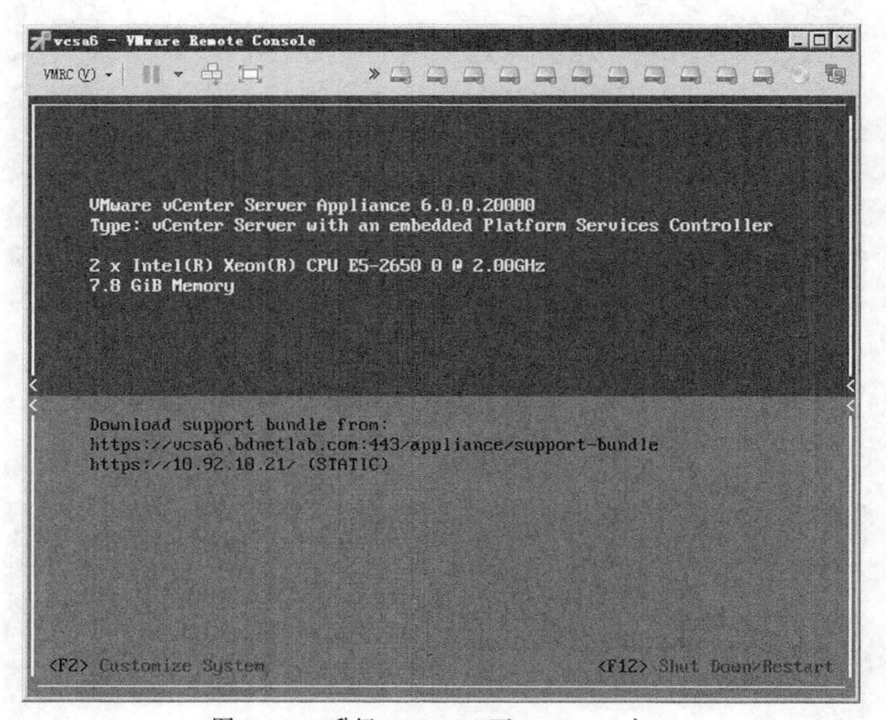

图 3-4-29 升级 VCSA 6.0 至 VCSA 6.7 之一

第 2 步，运行 VCSA 6.7 安装程序，如图 3-4-30 所示，单击“升级”。

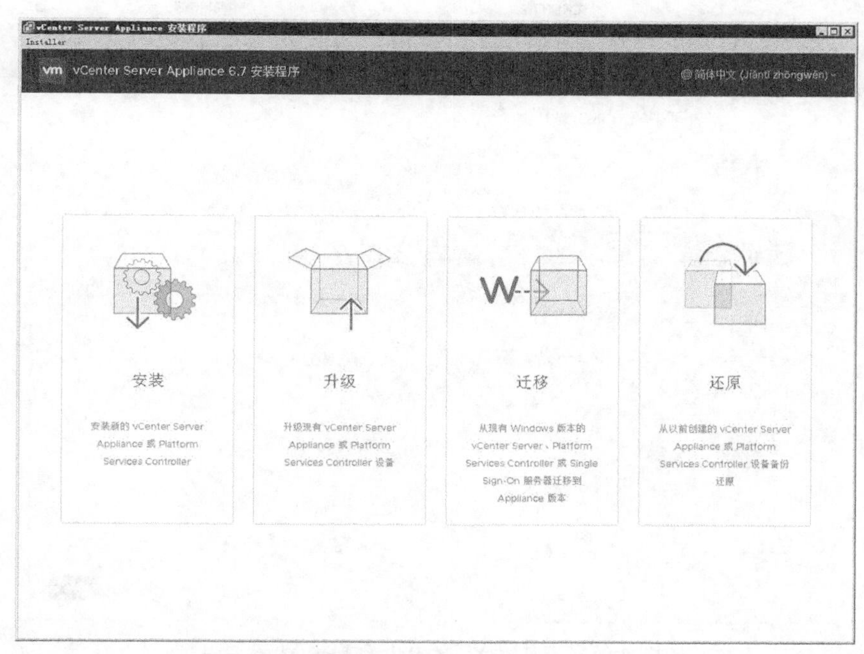

图 3-4-30 升级 VCSA 6.0 至 VCSA 6.7 之二

第 3 步，VCSA 升级分为两个阶段，首先进入第一阶段，如图 3-4-31 所示，单击“下一步”按钮。

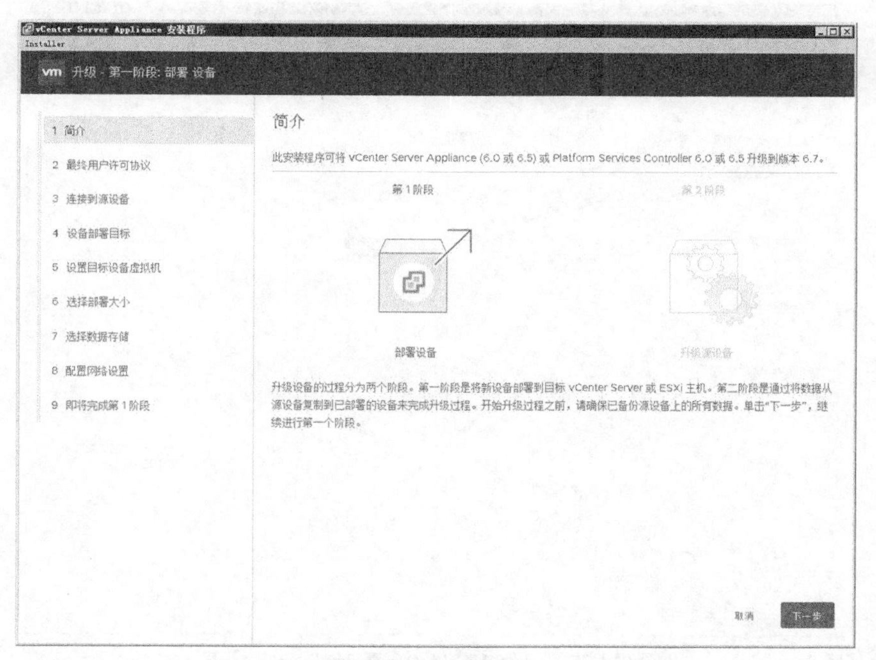

图 3-4-31 升级 VCSA 6.0 至 VCSA 6.7 之三

第 4 步，选中“我接受许可协议条款”接受最终用户许可协议，如图 3-4-32 所示，单击“下一步”按钮。

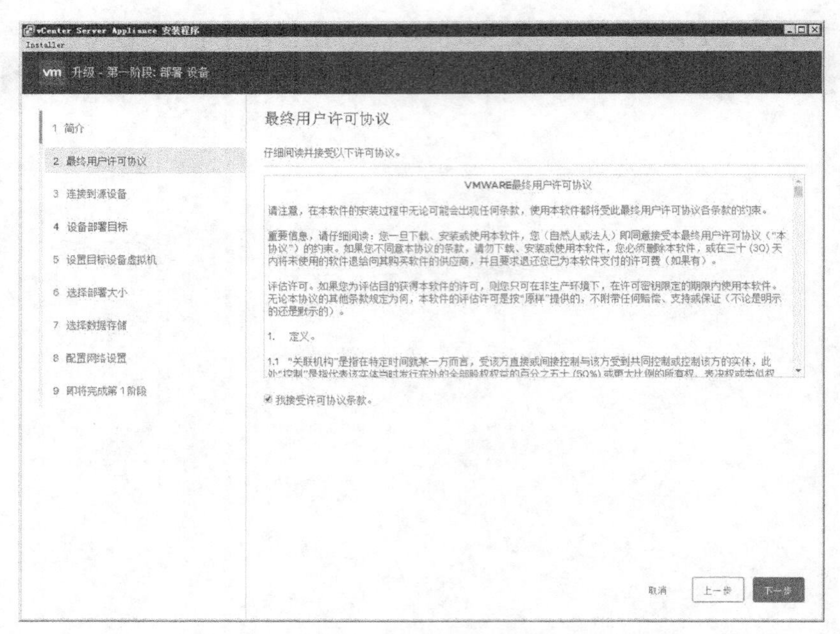

图 3-4-32 升级 VCSA 6.0 至 VCSA 6.7 之四

第 5 步，升级时需要连接到源设备，输入源 VCSA 相关信息，如图 3-4-33 所示，单击“连接到源”按钮进行验证。

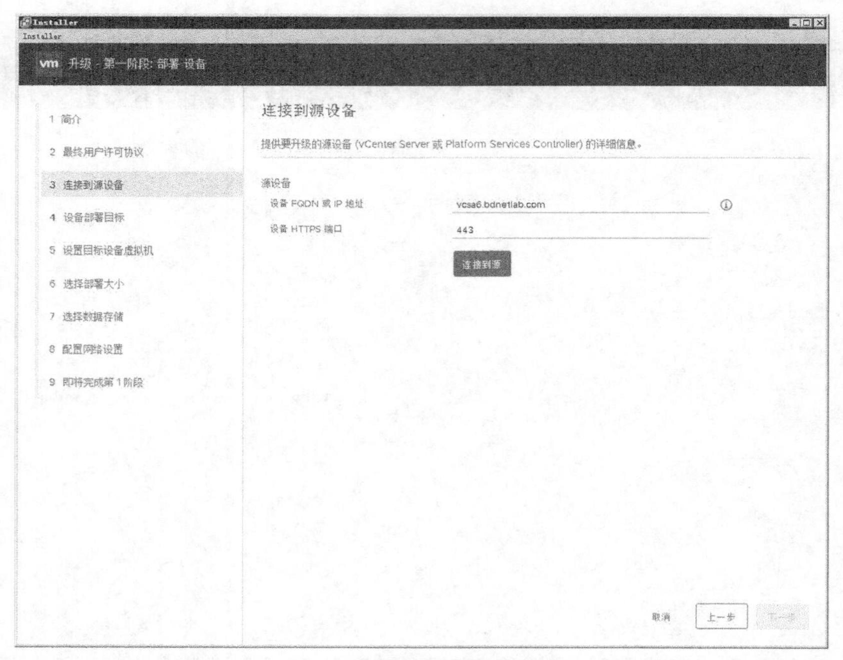

图 3-4-33 升级 VCSA 6.0 至 VCSA 6.7 之五

第 6 步，验证通过后继续完成源 VCSA 相关信息的设置，如图 3-4-34 所示，单击“下一步”按钮。

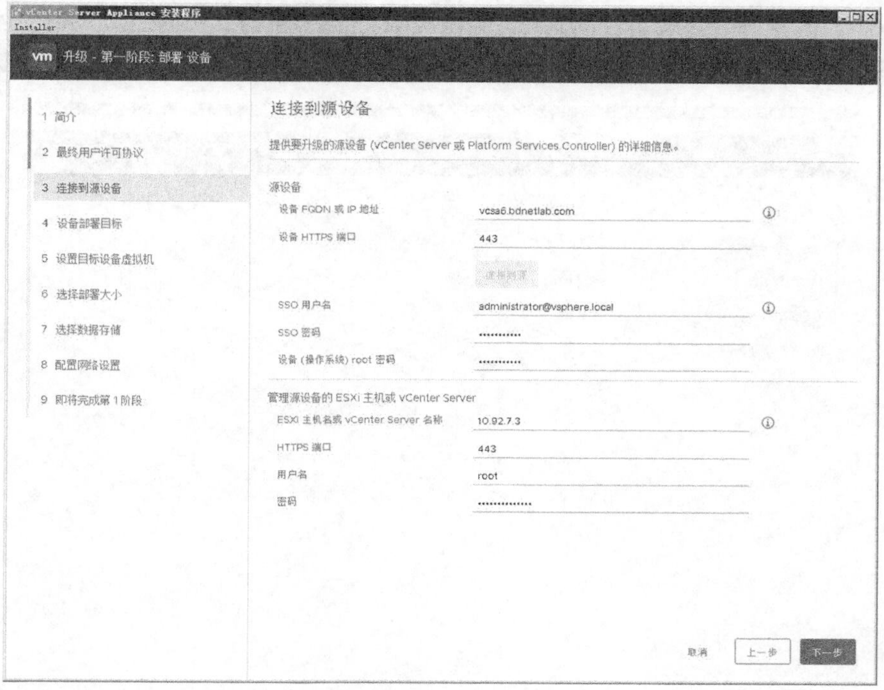

图 3-4-34 升级 VCSA 6.0 至 VCSA 6.7 之六

第 7 步，系统出现证书警告提示，如图 3-4-35 所示，单击“是”按钮接受并继续。

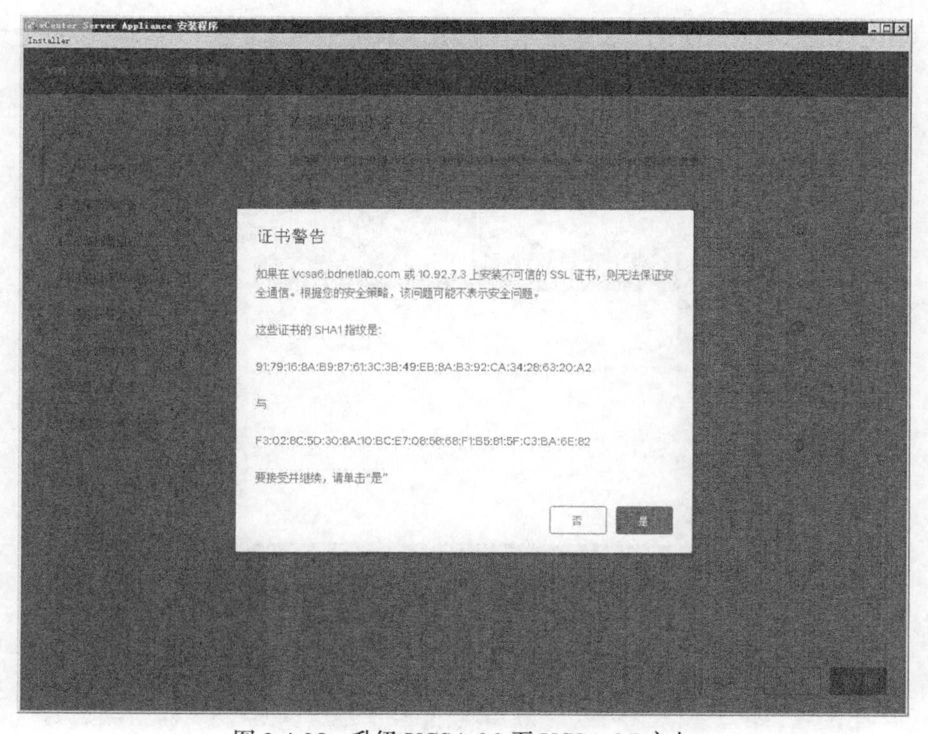

图 3-4-35 升级 VCSA 6.0 至 VCSA 6.7 之七

第 8 步，设置设备部署目标的 ESXi 主机或 vCenter Server。如果生产环境中仅有一台 vCenter Server，则此处填写 ESXi 主机相关信息，如图 3-4-36 所示，单击“下一步”按钮。

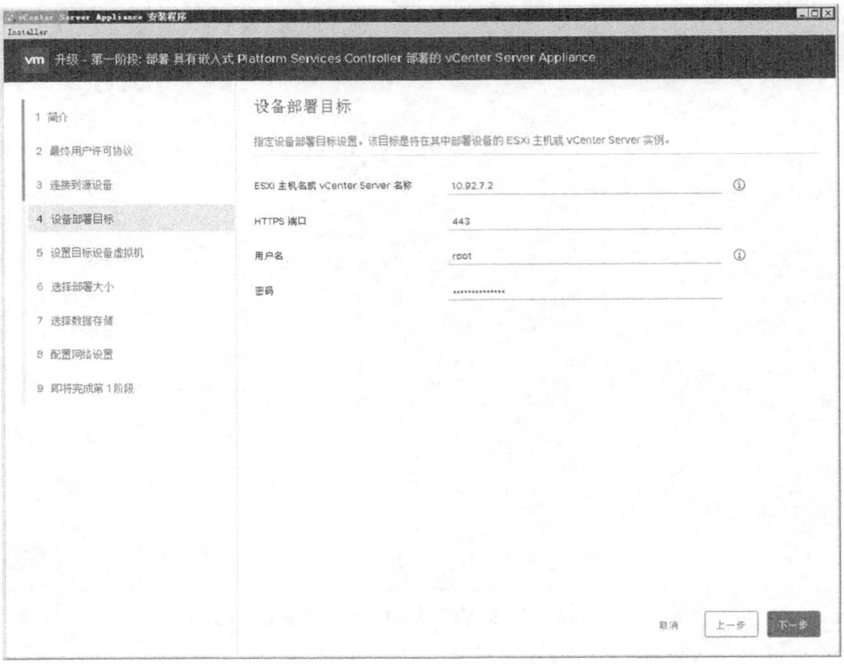

vCenter Server Appliance 安装程序
Installer
vm 升级 - 第一阶段: 部署 具有嵌入式 Platform Services Controller 部署的 vCenter Server Appliance
1 简介
2 最终用户许可协议
3 连接到源设备
4 设备部署目标
5 设置目标设备虚拟机
6 选择部署大小
7 选择数据存储
8 配置网络设置
9 即将完成第 1 阶段
设备部署目标
指定设备部署目标设置。该目标是将在其中部署设备的 ESXi 主机或 vCenter Server 实例。
ESXi 主机名或 vCenter Server 名称　10.92.7.2
HTTPS 端口　443
用户名　root
密码　***************
取消　上一步　下一步

图 3-4-36　升级 VCSA 6.0 至 VCSA 6.7 之八

第 9 步，系统再次出现证书警告提示，如图 3-4-37 所示，单击“是”按钮接受并继续。

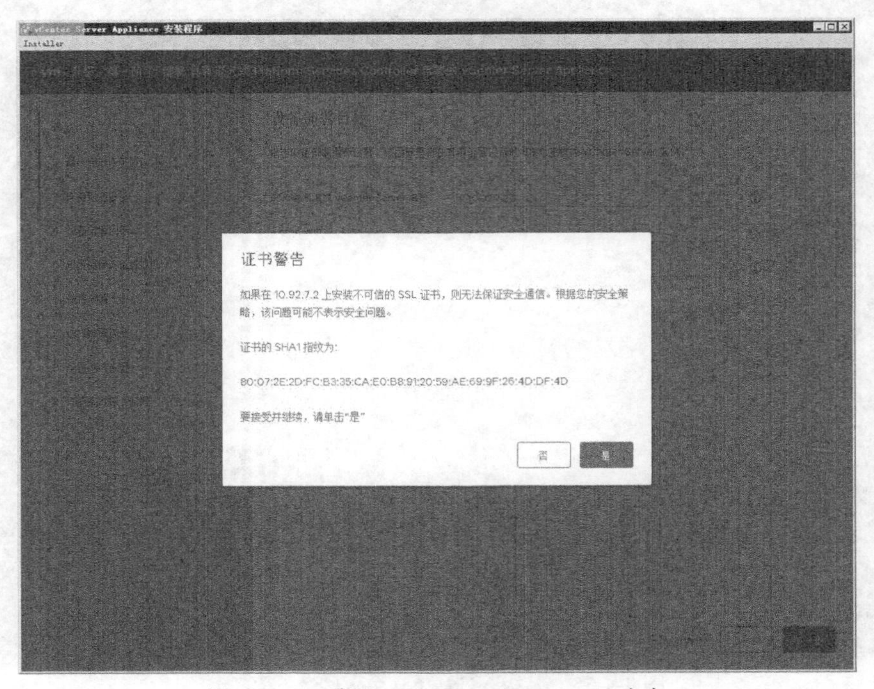

图 3-4-37　升级 VCSA 6.0 至 VCSA 6.7 之九

第 10 步，设置目标设备虚拟机的相关信息，如图 3-4-38 所示，单击“下一步”按钮。

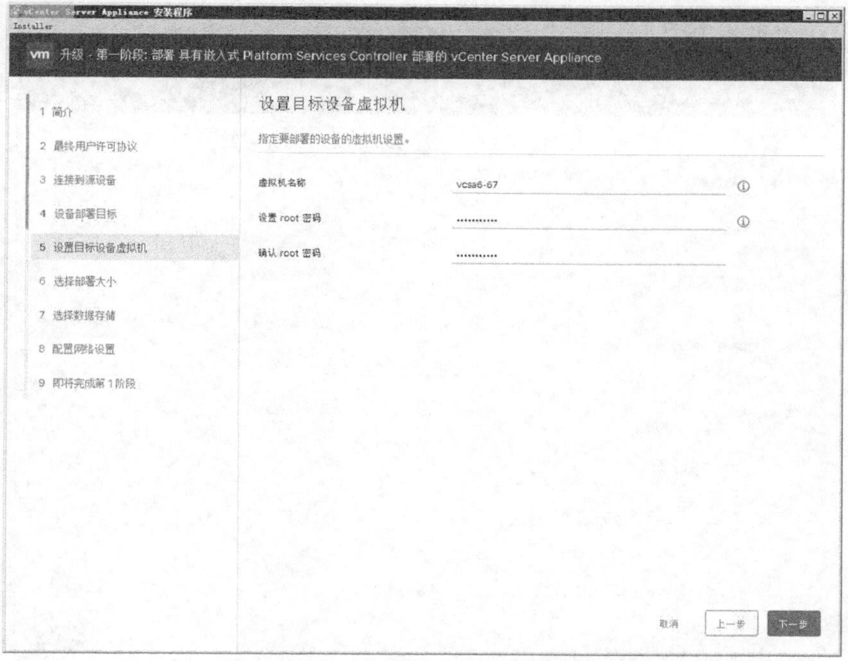

图 3-4-38　升级 VCSA 6.0 至 VCSA 6.7 之十

第 11 步，为 VCSA 虚拟机选择部署大小。不同的部署大小对虚拟机硬件资源的要求不同，用户需要根据生产环境的实际情况进行选择，如图 3-4-39 所示，单击“下一步”按钮。

部署大小	vCPU	内存 (GB)	存储 (GB)	主机数 (上限)	虚拟机数 (上限)
源计算机	-	-	123	0	0
微型	2	10	300	10	100
小型	4	16	340	100	1000
中型	8	24	525	400	4000
大型	16	32	740	1000	10000
超大型	24	48	1180	2000	35000

图 3-4-39　升级 VCSA 6.0 至 VCSA 6.7 之十一

第 12 步，选择目标虚拟机的数据存储位置，如图 3-4-40 所示，单击“下一步”按钮。

图 3-4-40　升级 VCSA 6.0 至 VCSA 6.7 之十二

第 13 步，设置虚拟机临时网络，如图 3-4-41 所示，需要注意的是，临时网络必须能够访问源 VCSA 虚拟机。单击“下一步”按钮。

图 3-4-41　升级 VCSA 6.0 至 VCSA 6.7 之十三

第 14 步，完成第一阶段相关参数配置，如图 3-4-42 所示，单击“完成”按钮。

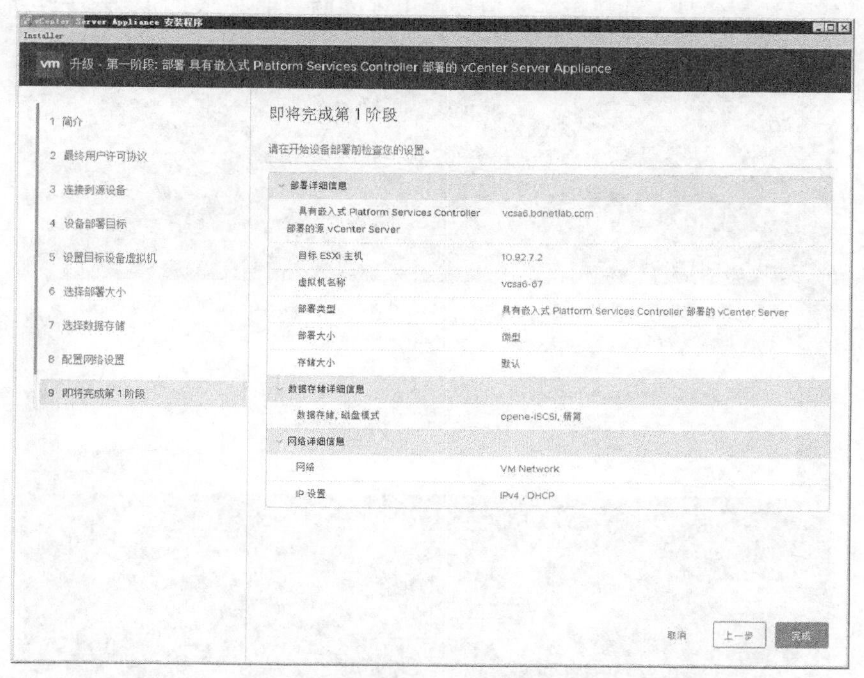

图 3-4-42 升级 VCSA 6.0 至 VCSA 6.7 之十四

第 15 步，开始第一阶段升级操作，如图 3-4-43 所示。

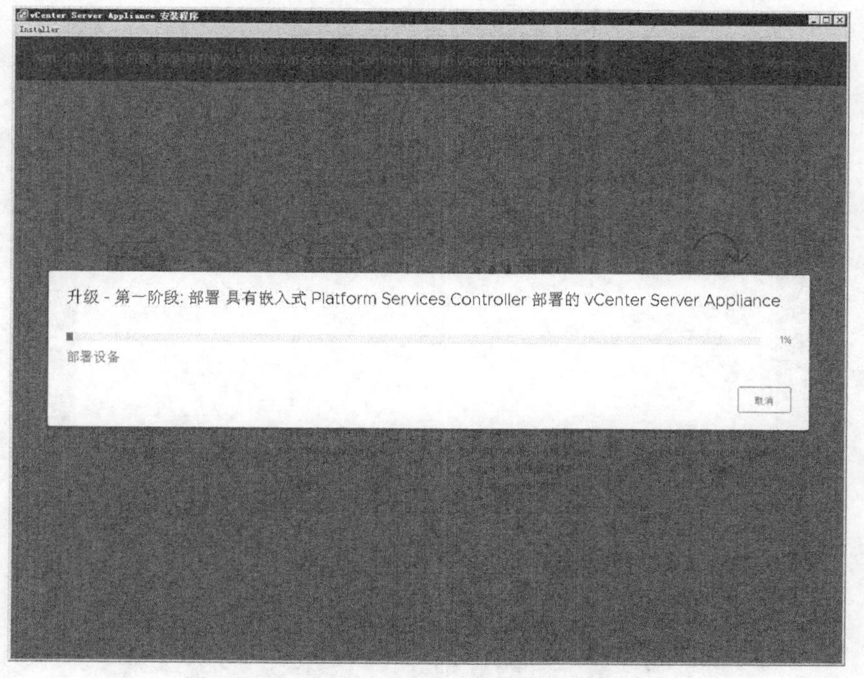

图 3-4-43 升级 VCSA 6.0 至 VCSA 6.7 之十五

第 16 步，完成第一阶段升级操作后，如图 3-4-44 所示，单击“继续”按钮进入第二阶段操作。需要注意的是，如果第一阶段操作出现问题，那么第二阶段将无法进行。

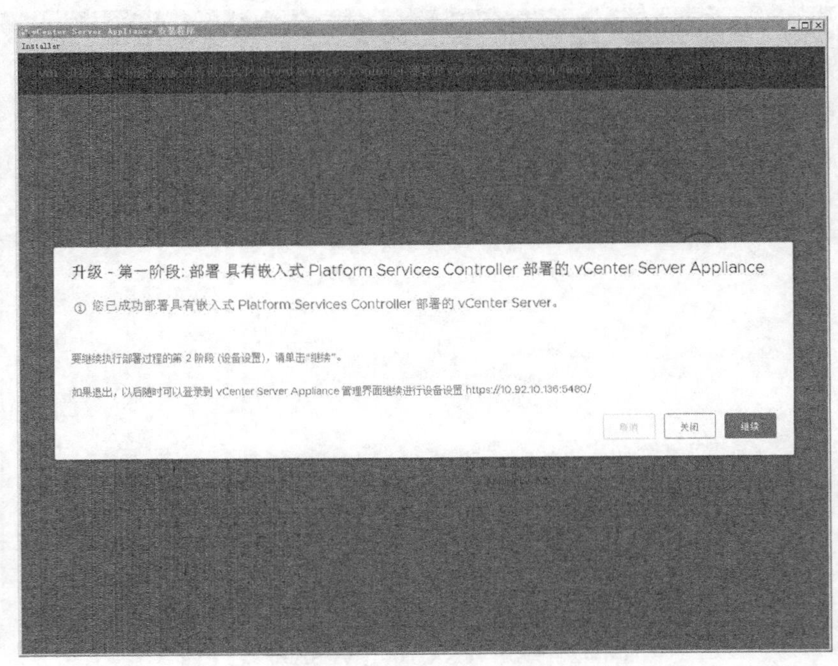

图 3-4-44　升级 VCSA 6.0 至 VCSA 6.7 之十六

第 17 步，进入升级的第二阶段，如图 3-4-45 所示，单击“下一步”按钮。

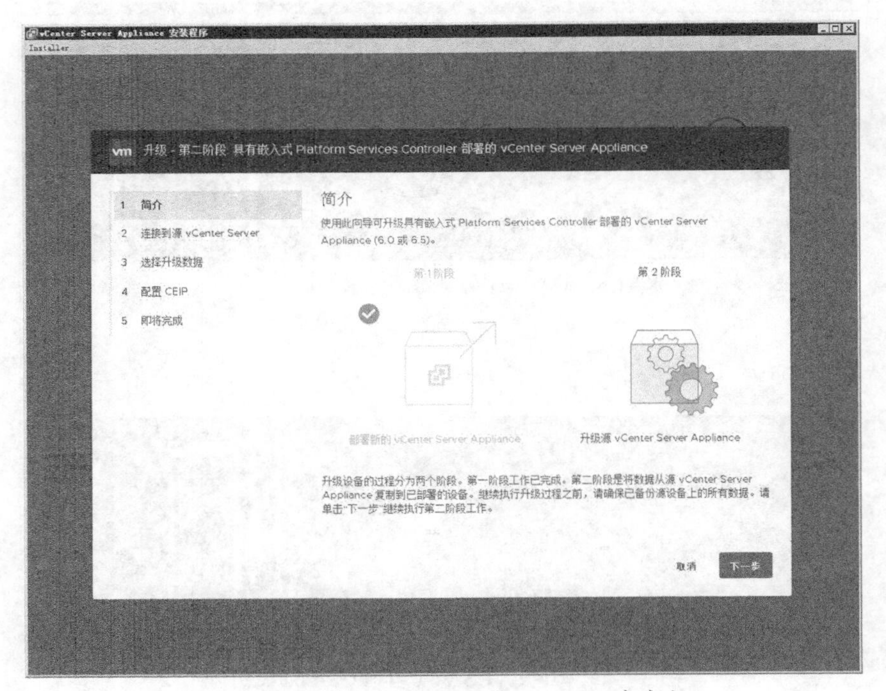

图 3-4-45　升级 VCSA 6.0 至 VCSA 6.7 之十七

第 18 步，系统会进行升级前检查并提示检查结果，如图 3-4-46 所示，单击“关闭”按钮。

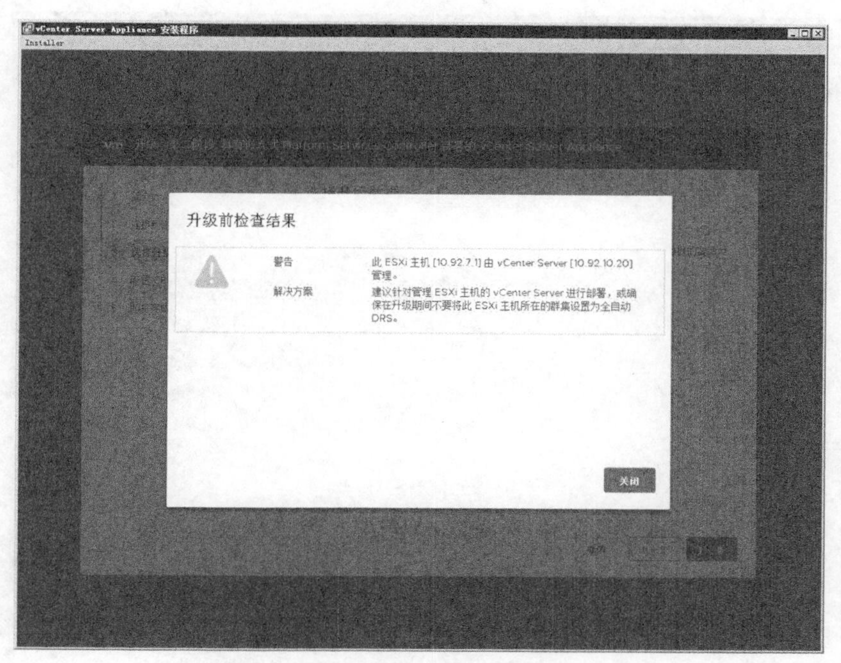

图 3-4-46　升级 VCSA 6.0 至 VCSA 6.7 之十八

第 19 步，选择需要从源 vCenter Server 复制的数据，如图 3-4-47 所示，在生产环境中推荐保留所有历史数据，单击“下一步”按钮。

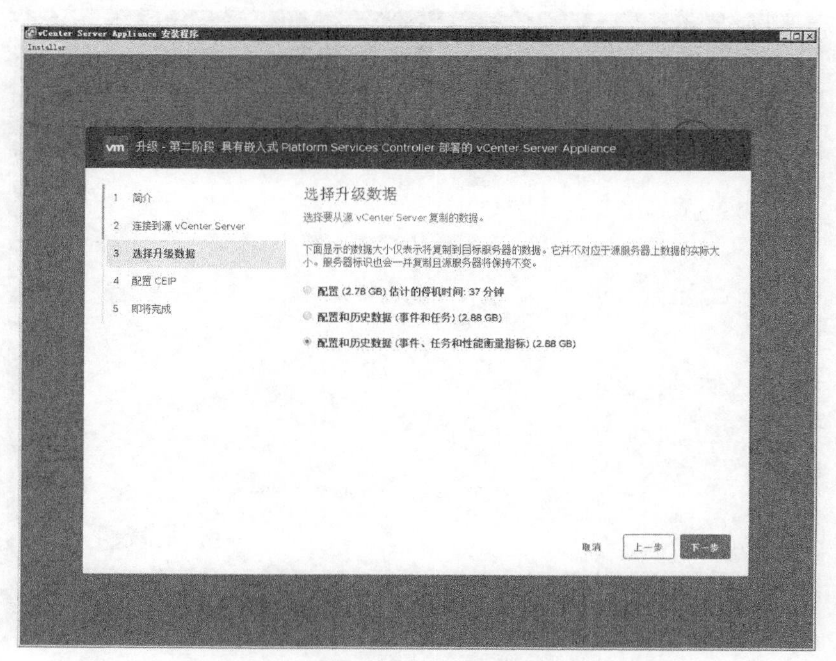

图 3-4-47　升级 VCSA 6.0 至 VCSA 6.7 之十九

第 20 步，用户可根据实际情况确定是否加入 VMware 客户体验提升计划，如图 3-4-48 所示，单击“下一步”按钮。

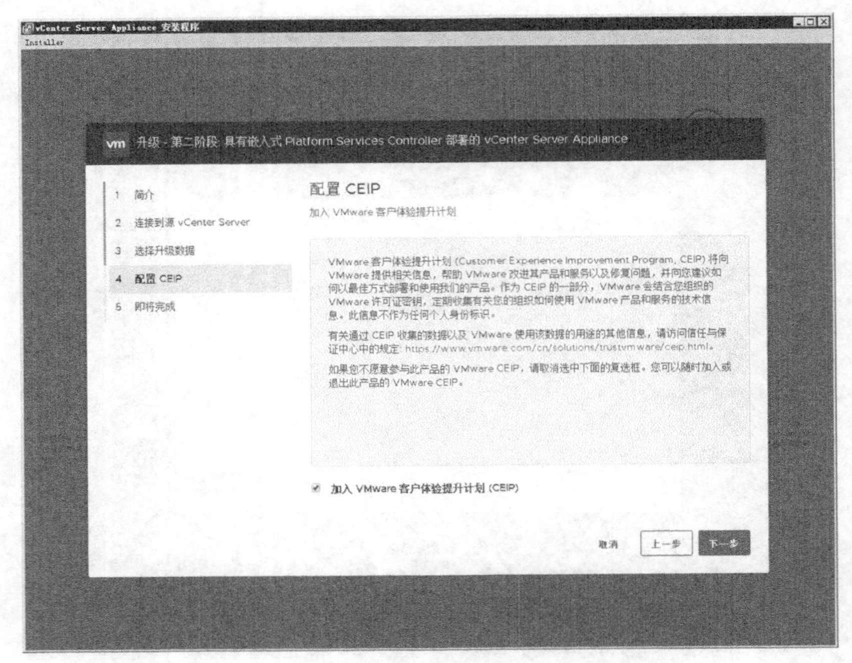

图 3-4-48 升级 VCSA 6.0 至 VCSA 6.7 之二十

第 21 步，确认升级参数配置正确后，选中“我已备份源 vCenter Server 和数据库中的所有必要数据”，如图 3-4-49 所示，单击“完成”按钮。

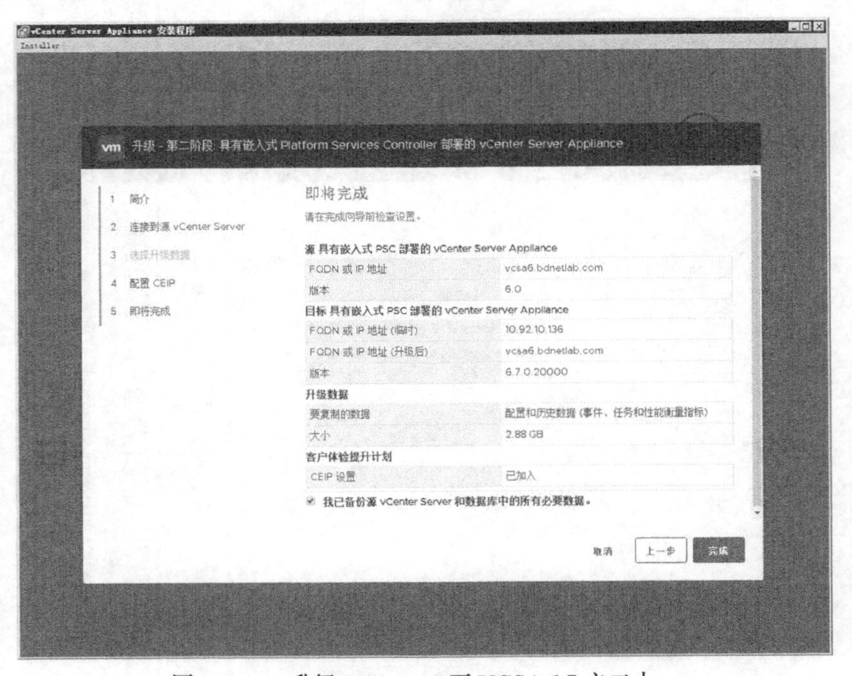

图 3-4-49 升级 VCSA 6.0 至 VCSA 6.7 之二十一

第 22 步，需要特别注意，升级过程中源 VCSA 虚拟机会关闭，如图 3-4-50 所示，单击“确定”按钮。

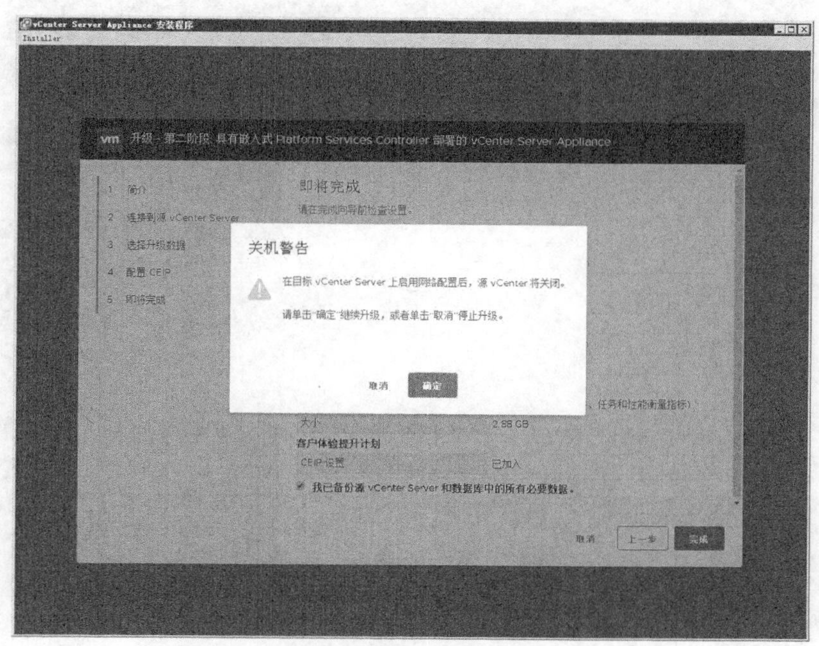

图 3-4-50　升级 VCSA 6.0 至 VCSA 6.7 之二十二

第 23 步，数据传输有 3 个步骤，每一个步骤都不能出现报错。图 3-4-51 所示为将数据从源 VCSA 复制到目标 VCSA。

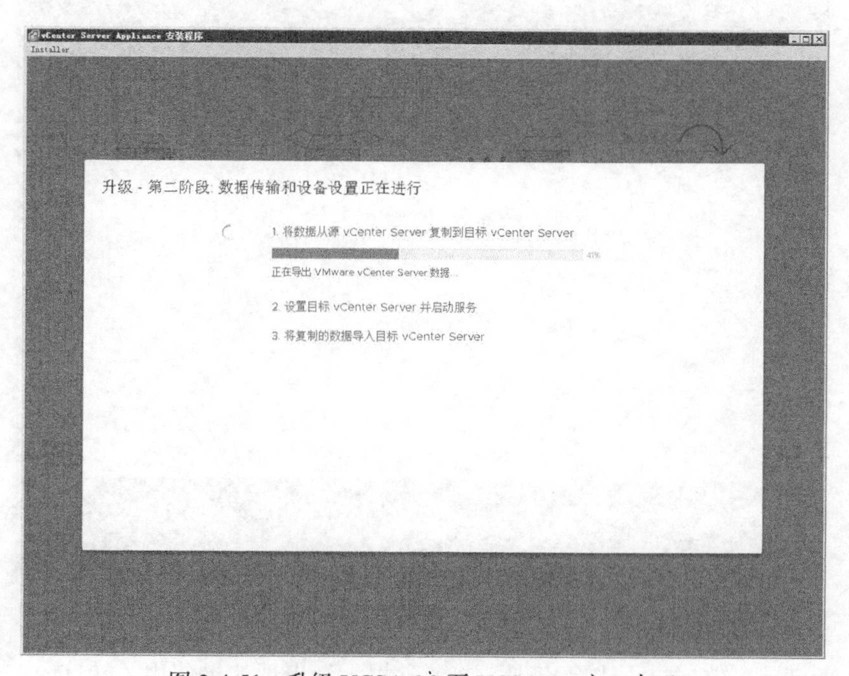

图 3-4-51　升级 VCSA 6.0 至 VCSA 6.7 之二十三

第 24 步，设置目标 VCSA 并启动服务，如图 3-4-52 所示。

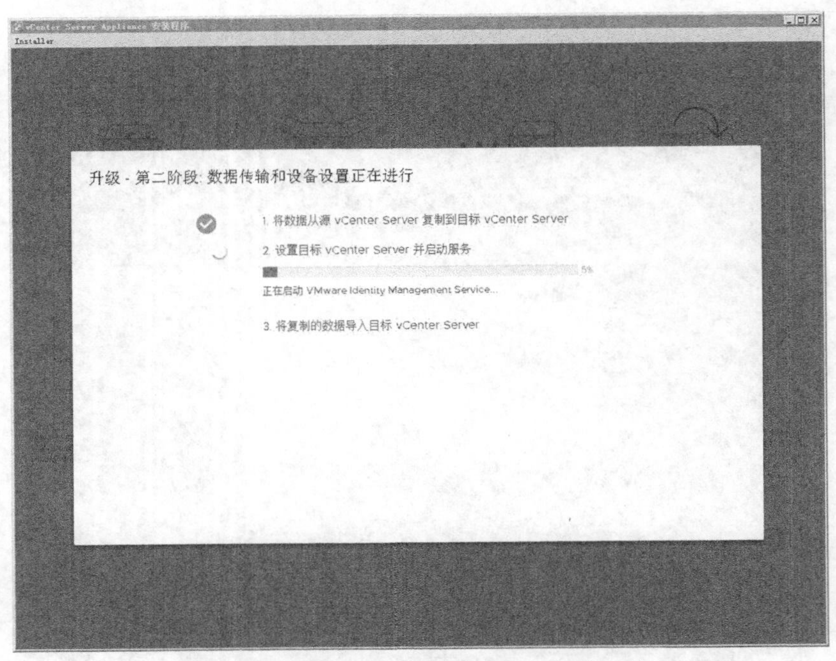

图 3-4-52 升级 VCSA 6.0 至 VCSA 6.7 之二十四

第 25 步，将复制的数据导入目标 VCSA，如图 3-4-53 所示。

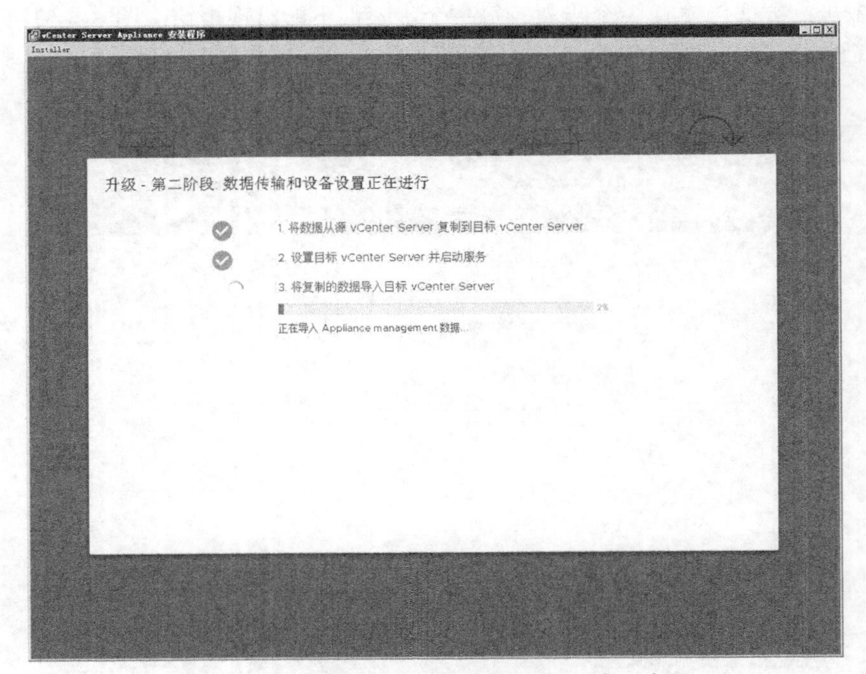

图 3-4-53 升级 VCSA 6.0 至 VCSA 6.7 之二十五

第 26 步，导入数据过程中会出现一些消息提示。出现如果使用 Auto Deploy 自动部署需要更新 DHCP 相关设置以及 vSphere 6.7 禁用 TLS 1.0/1.1 协议提高安全性的提示，可忽略，这些提示不影响升级，如图 3-4-54 所示。

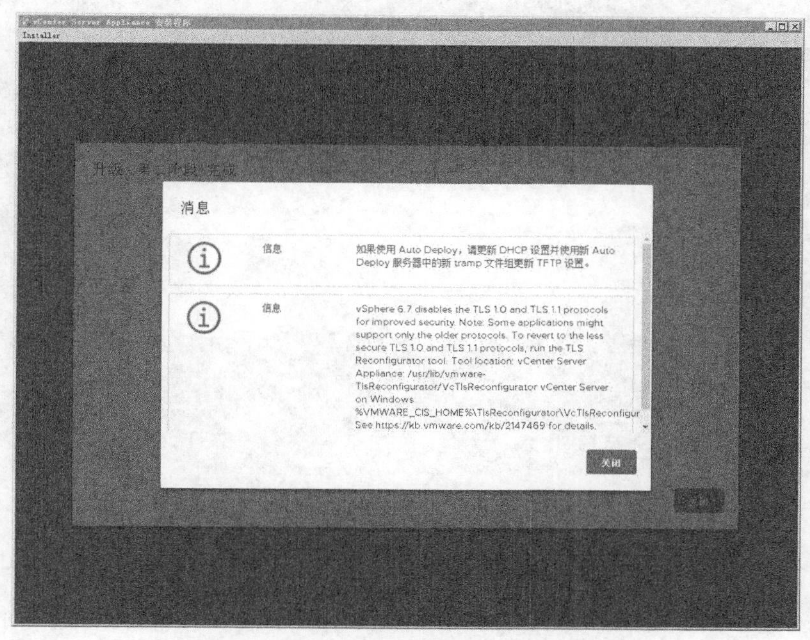

图 3-4-54 升级 VCSA 6.0 至 VCSA 6.7 之二十六

第 27 步，完成第二阶段操作，如图 3-4-55 所示，单击“关闭”按钮。

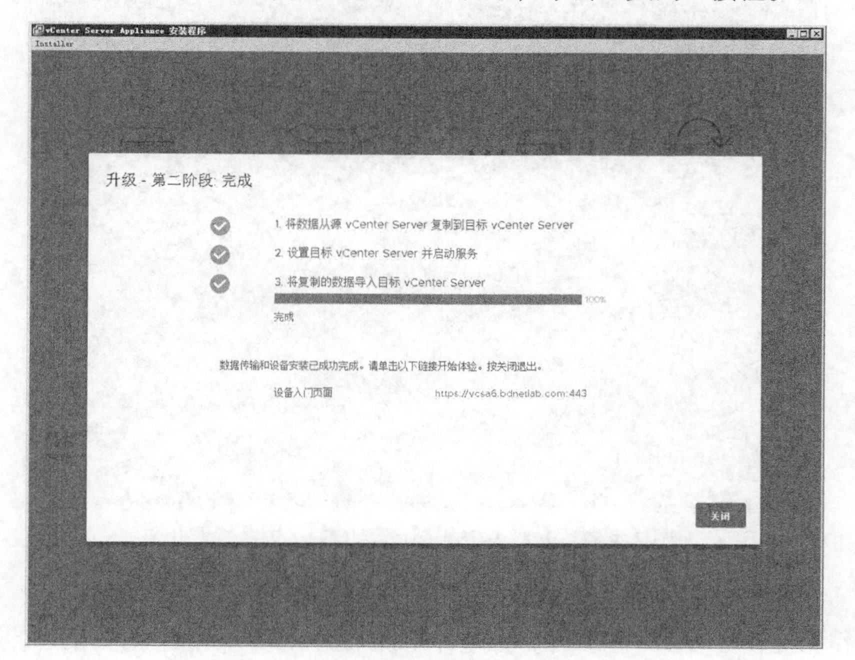

图 3-4-55 升级 VCSA 6.0 至 VCSA 6.7 之二十七

第 28 步，查看 VCSA 版本，显示为 6.7 版本，如图 3-4-56 所示。

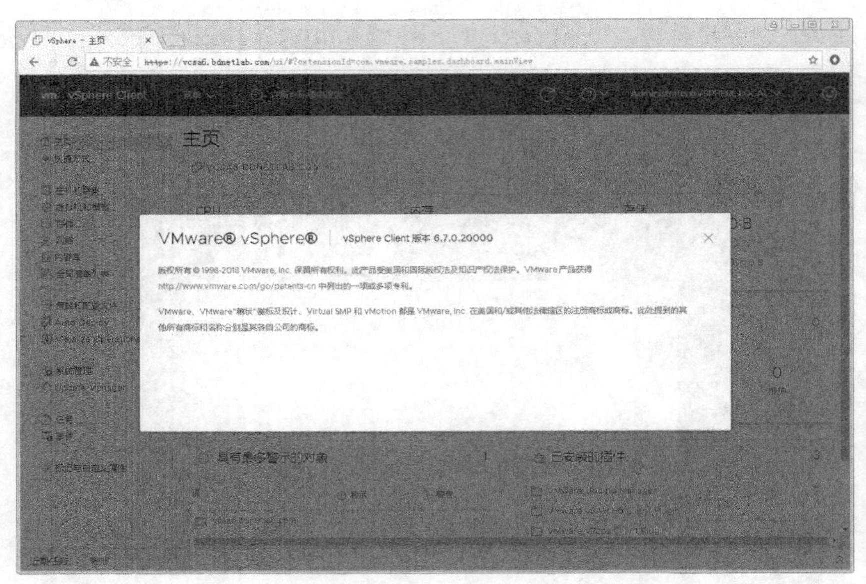

图 3-4-56　升级 VCSA 6.0 至 VCSA 6.7 之二十八

第 29 步，打开 VCSA 虚拟机控制台，查看版本信息为 6.7 版本，如图 3-4-57 所示。

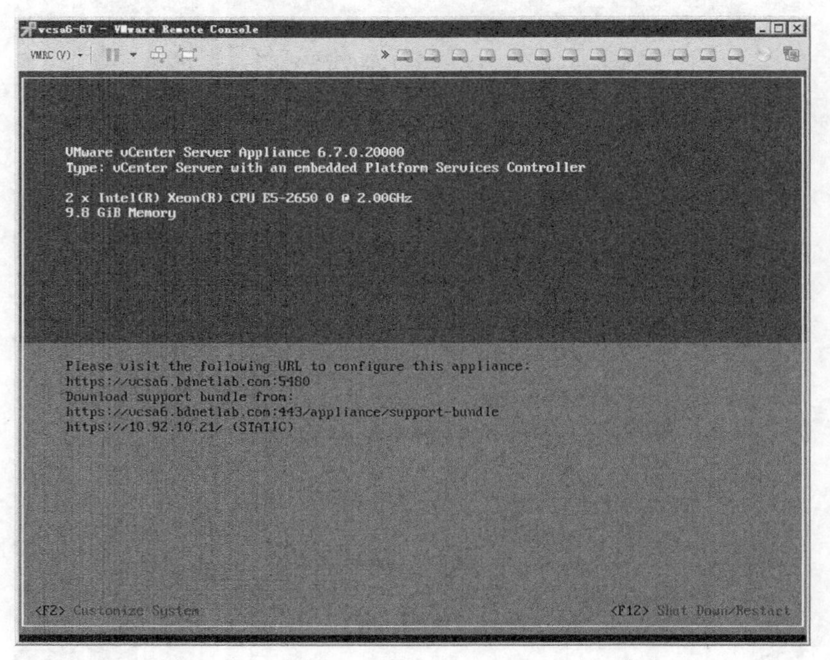

图 3-4-57　升级 VCSA 6.0 至 VCSA 6.7 之二十九

至此，升级 VCSA 6.0 至 VCSA 6.7 完成。本次操作与 Windows 版本的 vCenter Server 的升级操作相比较，略多一些步骤，但整体来说难度系数并不大。需要注意的是，VCSA 升级的本质是新建 VCSA 虚拟机，然后导入源 VCSA 数据。升级完成后，建议将源 VCSA 虚拟机保留一段时间再删除。

3.4.5 升级 VCSA 6.5 至 VCSA 6.7

VCSA 6.5 升级至 VCSA 6.7 的操作与 VCSA 6.0 的升级操作类似，本小节针对使用 VCSA 6.5 的用户群体进行演示，不涉及 VCSA 6.5 的用户可以跳过本小节。

第 1 步，打开 VCSA 6.5 虚拟机控制台，查看版本信息，如图 3-4-58 所示。

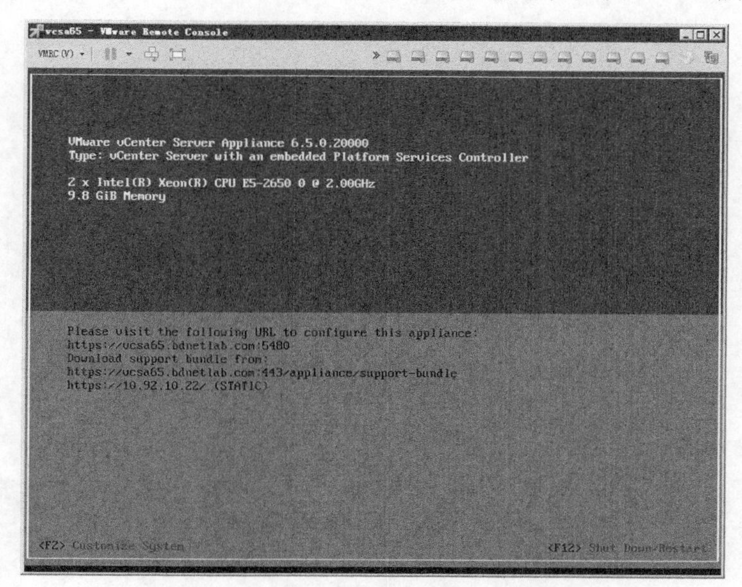

图 3-4-58 升级 VCSA 6.5 至 VCSA 6.7 之一

第 2 步，运行 VCSA 6.7 安装程序，如图 3-4-59 所示，单击“升级”。

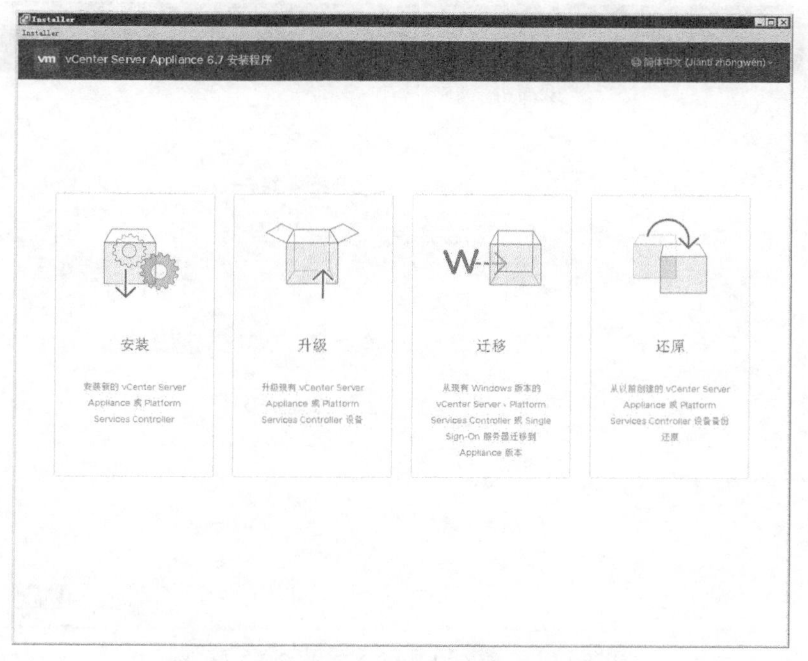

图 3-4-59 升级 VCSA 6.5 至 VCSA 6.7 之二

第 3 步，VCSA 升级分为两个阶段，首先进入第一阶段，如图 3-4-60 所示，单击“下一步”按钮。

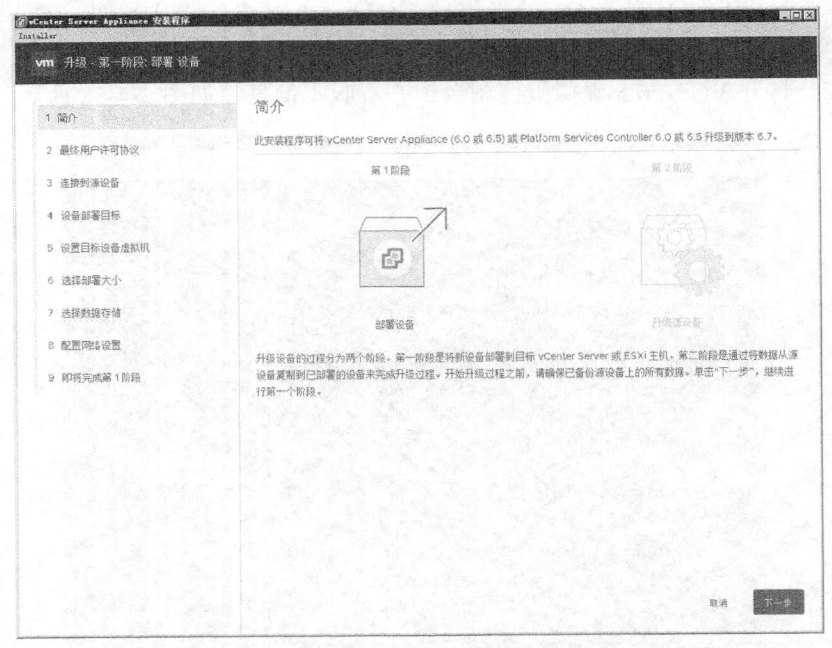

图 3-4-60 升级 VCSA 6.5 至 VCSA 6.7 之三

第 4 步，选中“我接受许可协议条款”接受最终用户许可协议，如图 3-4-61 所示，单击“下一步”按钮。

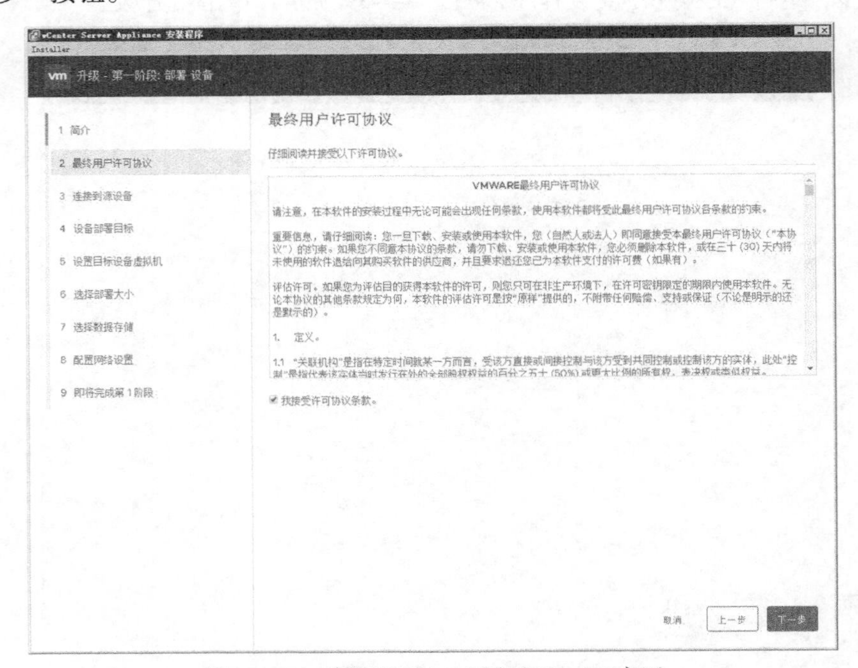

图 3-4-61 升级 VCSA 6.5 至 VCSA 6.7 之四

第 5 步，升级时需要连接到源设备。输入源 VCSA 相关信息，如图 3-4-62 所示，单击“连接到源”按钮进行验证。

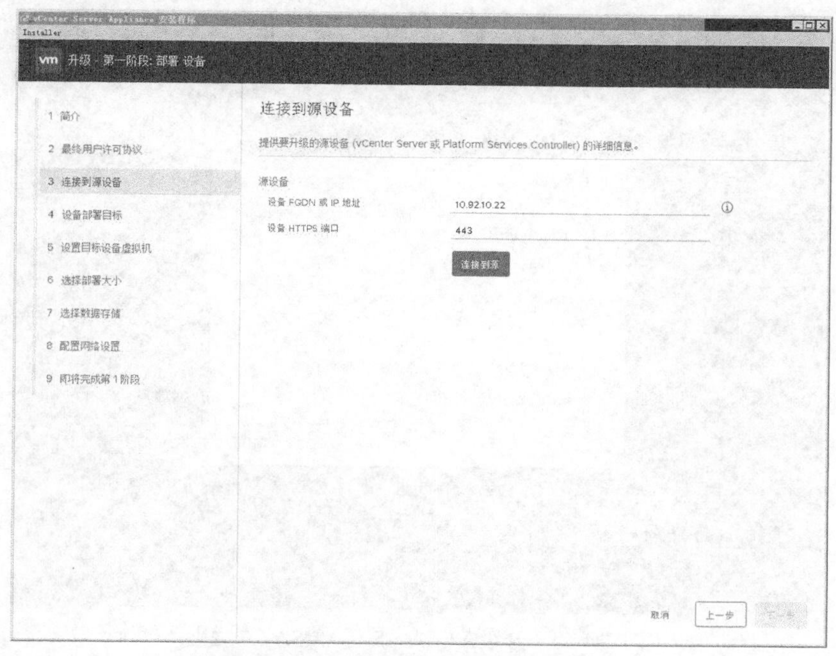

图 3-4-62　升级 VCSA 6.5 至 VCSA 6.7 之五

第 6 步，验证通过后继续进行源 VCSA 相关信息的设置，如图 3-4-63 所示，单击“下一步”按钮。

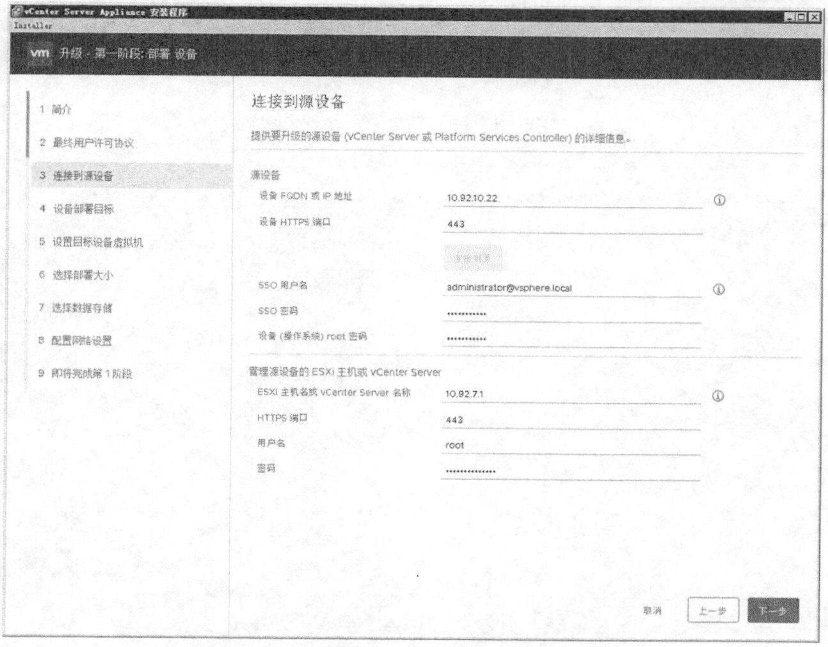

图 3-4-63　升级 VCSA 6.5 至 VCSA 6.7 之六

第 7 步，系统出现证书警告提示，如图 3-4-64 所示，单击“是”按钮接受并继续。

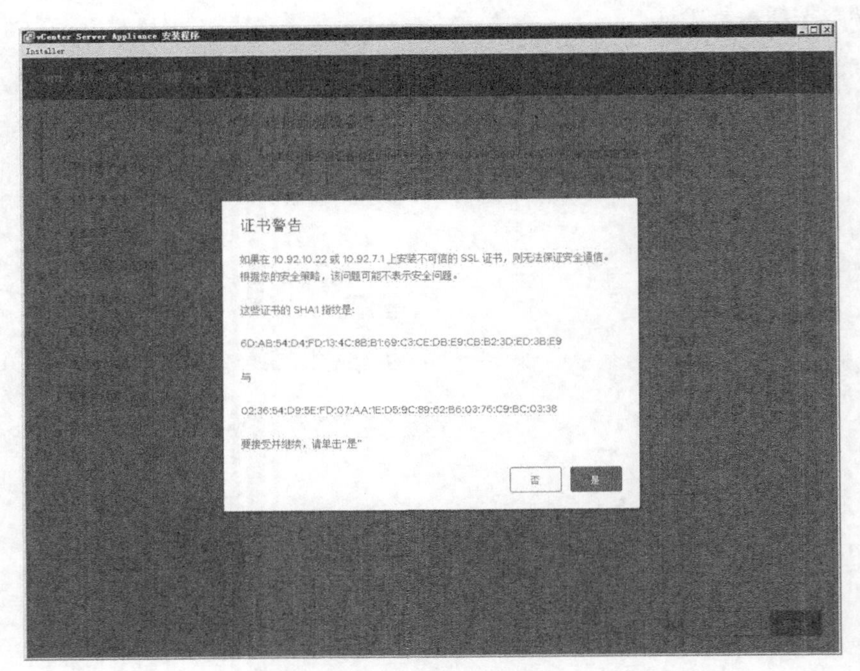

图 3-4-64　升级 VCSA 6.5 至 VCSA 6.7 之七

第 8 步，设置设备部署目标的 ESXi 主机或 vCenter Server。如果生产环境中仅有一台 vCenter Server，那么此处填写 ESXi 主机相关信息，如图 3-4-65 所示，单击“下一步”按钮。

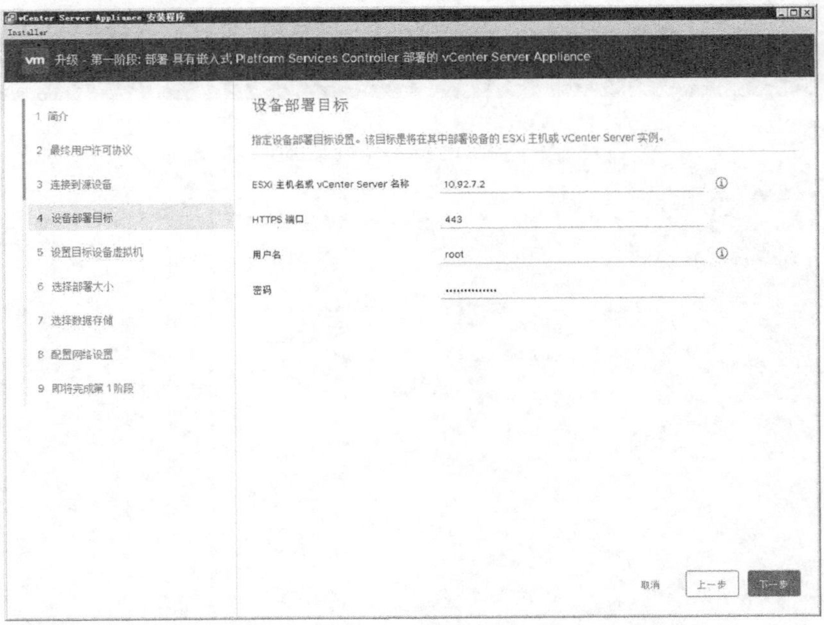

图 3-4-65　升级 VCSA 6.5 至 VCSA 6.7 之八

第 9 步，系统再次出现证书警告提示，如图 3-4-66 所示，单击“是”按钮接受并继续。

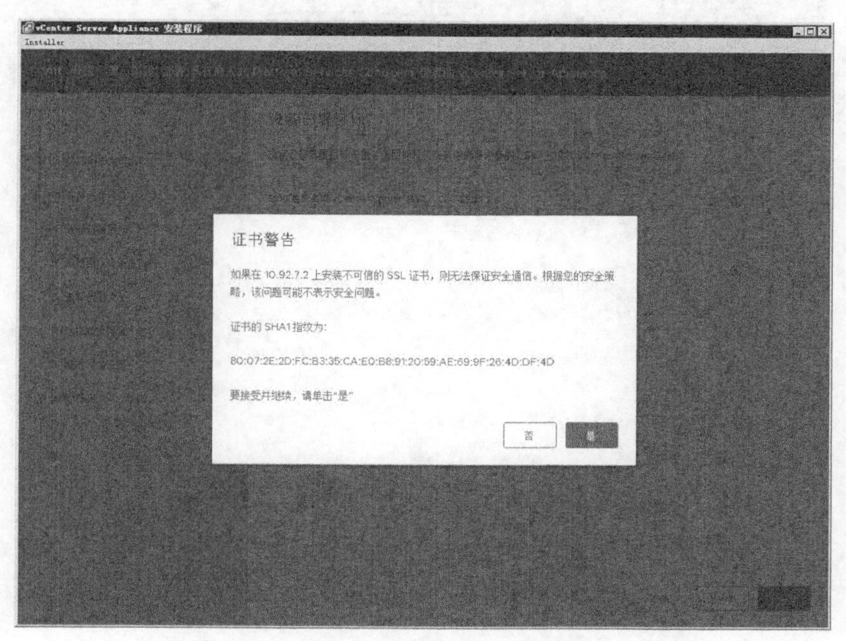

图 3-4-66 升级 VCSA 6.5 至 VCSA 6.7 之九

第 10 步，设置目标设备虚拟机相关信息，如图 3-4-67 所示，单击“下一步”按钮。

vCenter Server Appliance 安装程序
Installer
vm 升级 - 第一阶段: 部署 具有嵌入式 Platform Services Controller 部署的 vCenter Server Appliance
1 简介
2 最终用户许可协议
3 连接到源设备
4 设备部署目标
5 设置目标设备虚拟机
6 选择部署大小
7 选择数据存储
8 配置网络设置
9 即将完成第 1 阶段
设置目标设备虚拟机
指定要部署的设备的虚拟机设置。
虚拟机名称 vcsa65-67
设置 root 密码 ....
确认 root 密码 ....
取消 上一步 下一步

图 3-4-67 升级 VCSA 6.5 至 VCSA 6.7 之十

第 11 步，为 VCSA 虚拟机选择部署大小，不同的部署大小对虚拟机硬件资源的要求不同，用户需要根据生产环境的实际情况进行选择，如图 3-4-68 所示，单击“下一步”按钮。

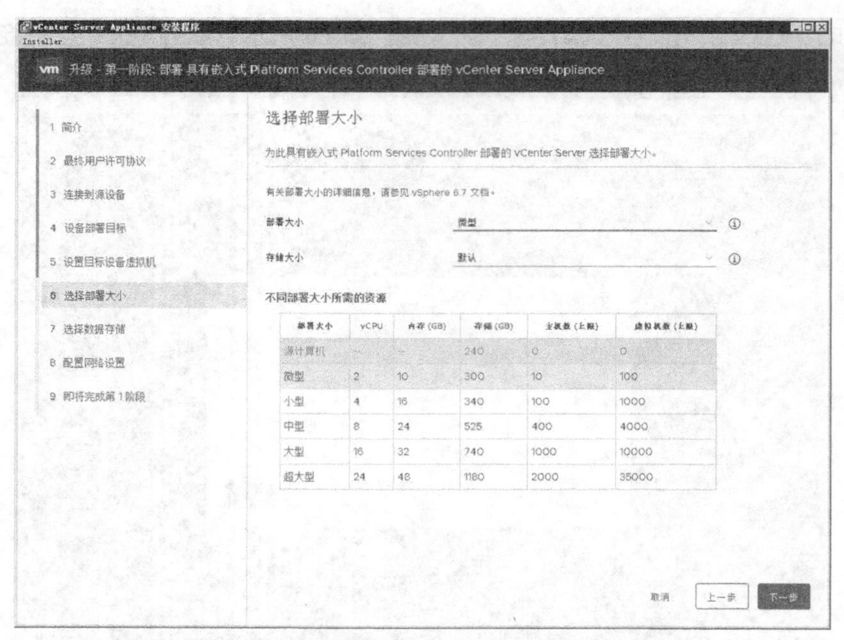

图 3-4-68　升级 VCSA 6.5 至 VCSA 6.7 之十一

第 12 步，选择目标虚拟机的数据存储位置，如图 3-4-69 所示，单击“下一步”按钮。

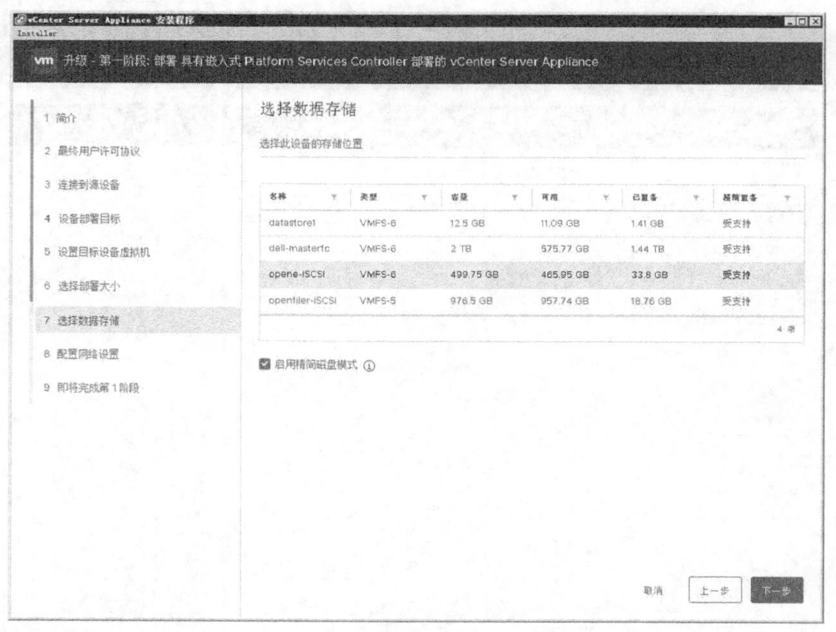

图 3-4-69　升级 VCSA 6.5 至 VCSA 6.7 之十二

第 13 步，设置虚拟机临时网络，如图 3-4-70 所示，需要注意的是，临时网络必须能够访问源 VCSA 虚拟机。单击“下一步”按钮。

图 3-4-70　升级 VCSA 6.5 至 VCSA 6.7 之十三

第 14 步，完成第一阶段相关参数配置，如图 3-4-71 所示，单击“完成”按钮。

图 3-4-71　升级 VCSA 6.5 至 VCSA 6.7 之十四

第 15 步，开始第一阶段升级操作，如图 3-4-72 所示。

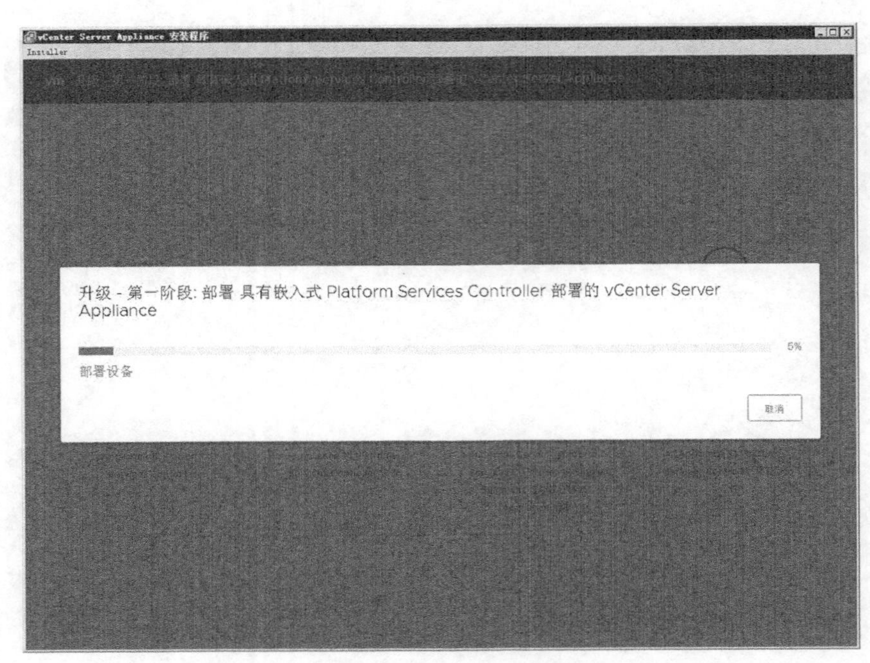

图 3-4-72　升级 VCSA 6.5 至 VCSA 6.7 之十五

第 16 步，完成第一阶段升级操作后进入第二阶段操作，系统会进行升级前检查并提示检查结果，如图 3-4-73 所示，单击“关闭”按钮。

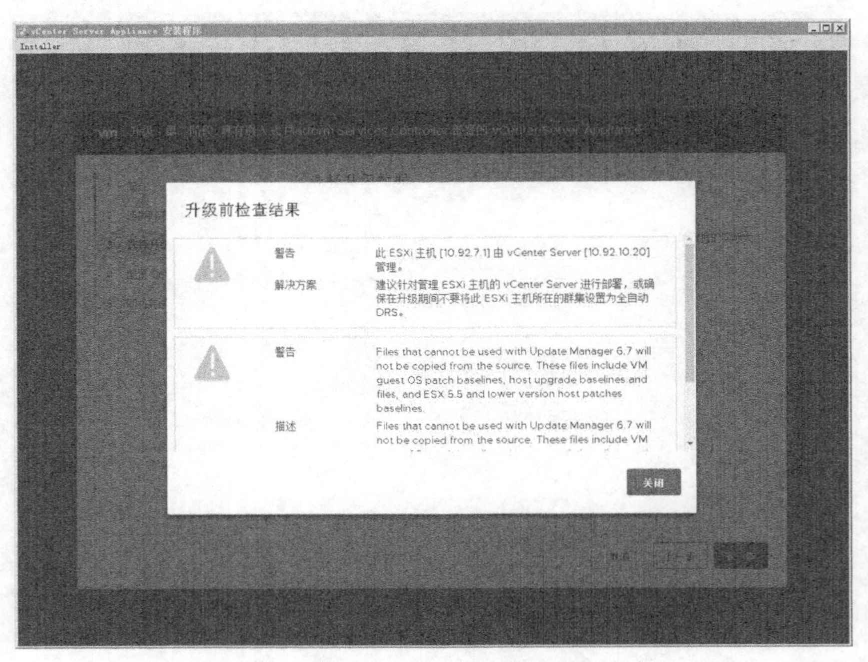

图 3-4-73　升级 VCSA 6.5 至 VCSA 6.7 之十六

第 17 步，选择需要从源 vCenter Server 复制的数据，如图 3-4-74 所示，在生产环境中推荐保留所有历史数据，单击“下一步”按钮。

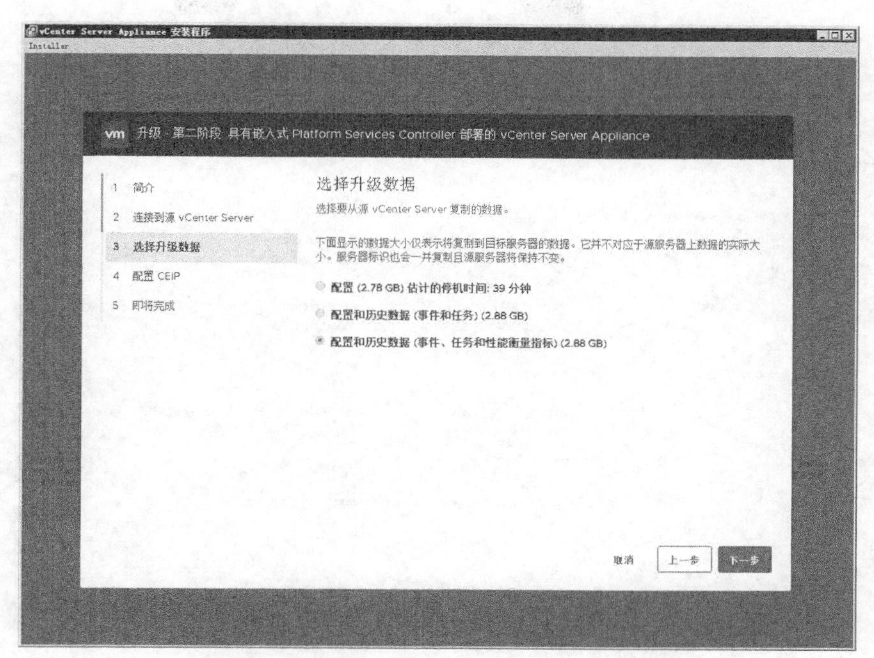

图 3-4-74　升级 VCSA 6.5 至 VCSA 6.7 之十七

第 18 步，用户可根据实际情况确定是否加入 VMware 客户体验提升计划，如图 3-4-75 所示，单击“下一步”按钮。

图 3-4-75　升级 VCSA 6.5 至 VCSA 6.7 之十八

第 19 步，确认升级参数配置正确后，选中“我已备份源 vCenter Server 和数据库中的所有必要数据”，如图 3-4-76 所示，单击“完成”按钮。

图 3-4-76　升级 VCSA 6.5 至 VCSA 6.7 之十九

第 20 步，需要特别注意，升级过程中源 VCSA 虚拟机会关闭，如图 3-4-77 所示，单击“确定”按钮。

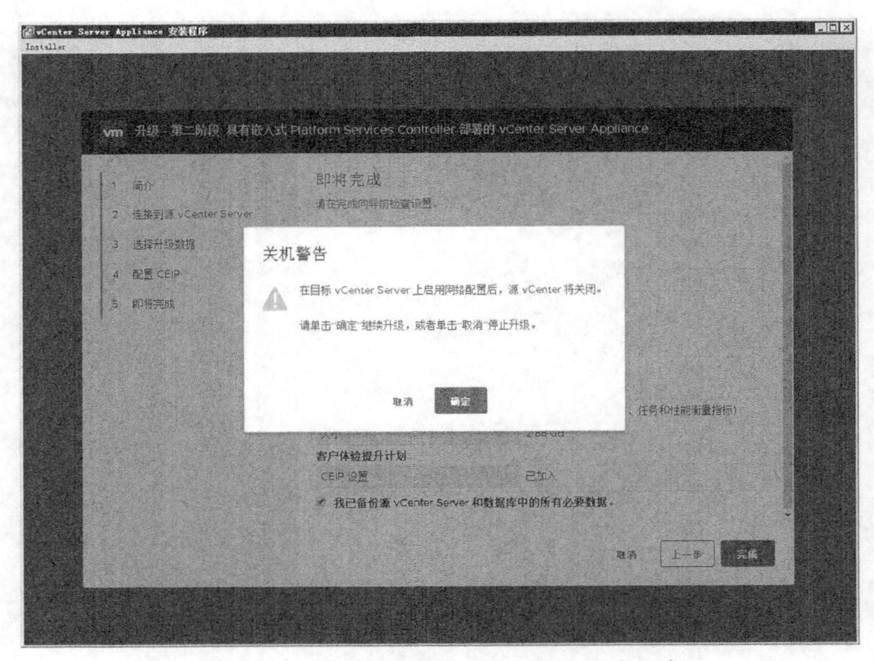

图 3-4-77　升级 VCSA 6.5 至 VCSA 6.7 之二十

第 21 步，数据传输有 3 个步骤，每一个步骤都不能出现报错，图 3-4-78 所示为将数据从源 VCSA 复制到目标 VCSA。

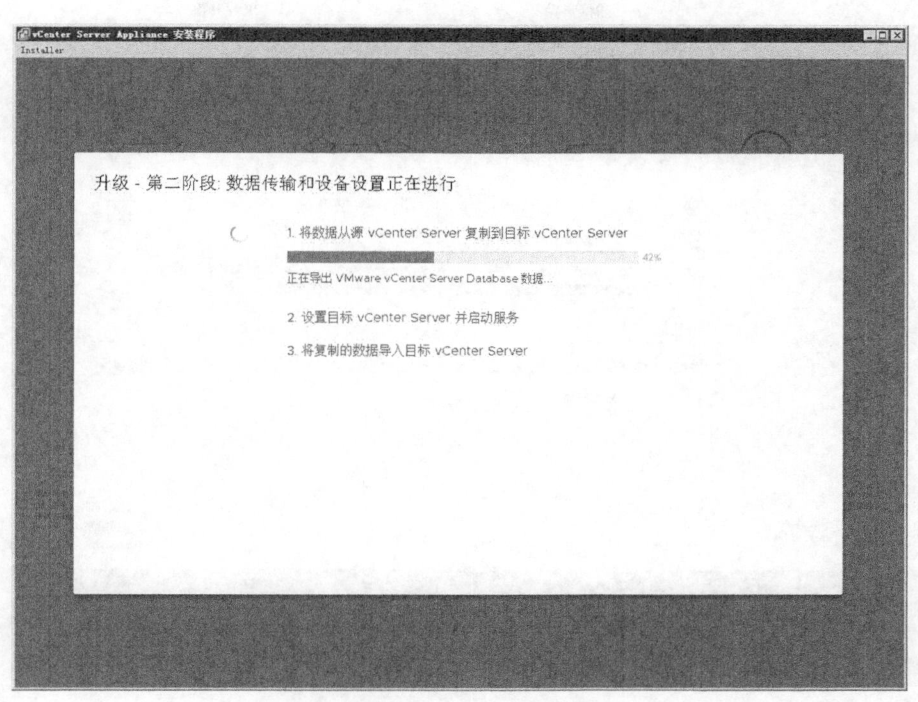

图 3-4-78 升级 VCSA 6.5 至 VCSA 6.7 之二十一

第 22 步，设置目标 VCSA 并启动服务，如图 3-4-79 所示。

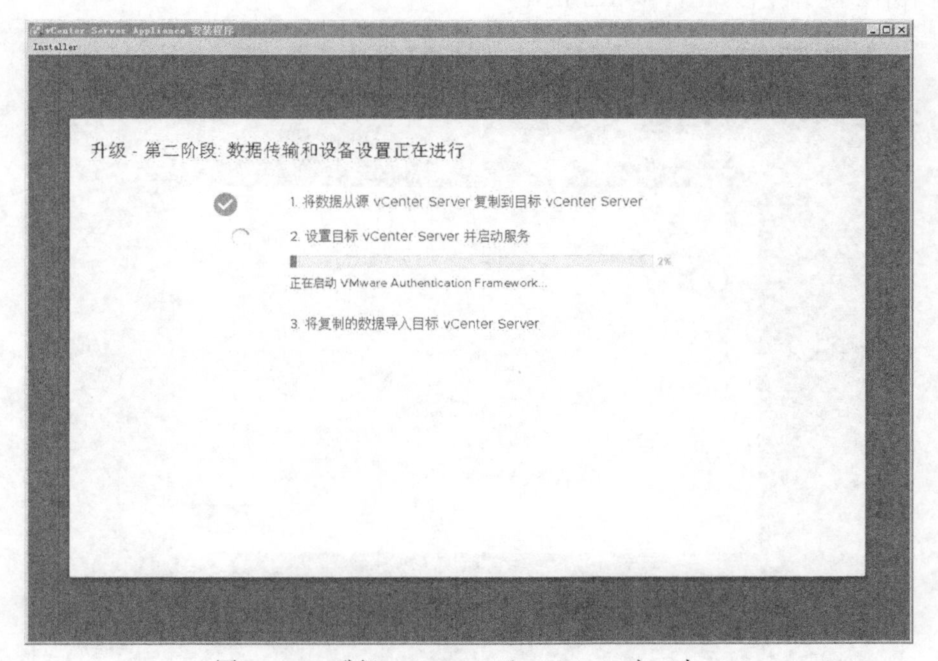

图 3-4-79 升级 VCSA 6.5 至 VCSA 6.7 之二十二

第 23 步，将复制的数据导入目标 VCSA，如图 3-4-80 所示。

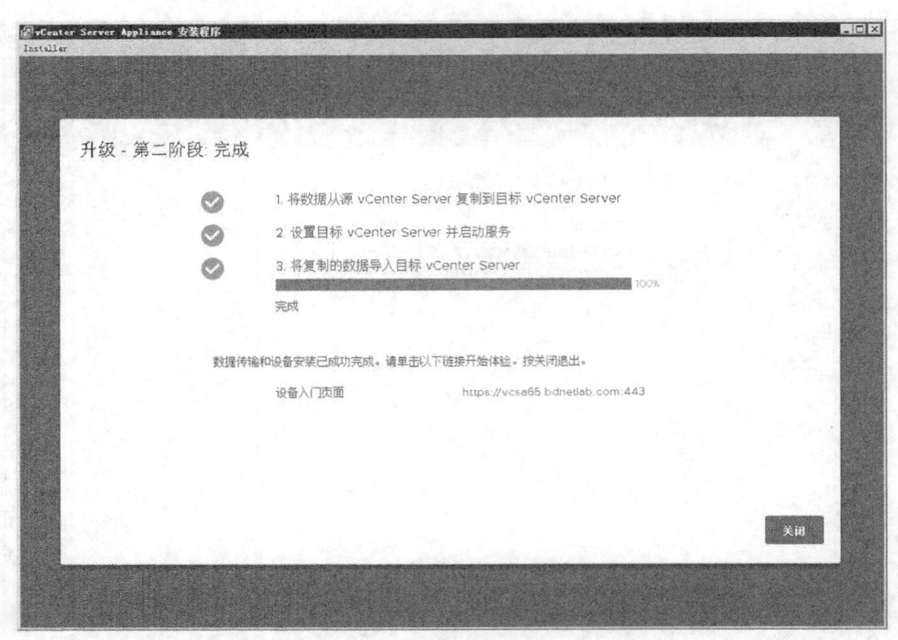

图 3-4-80　升级 VCSA 6.5 至 VCSA 6.7 之二十三

第 24 步，导入数据过程中会有一些消息提示，出现如果使用 Auto Deploy 自动部署需要更新 DHCP 相关设置以及 vSphere 6.7 禁用 TLS 1.0/1.1 协议提高安全性的提示，可忽略，这些提示不影响升级，如图 3-4-81 所示。

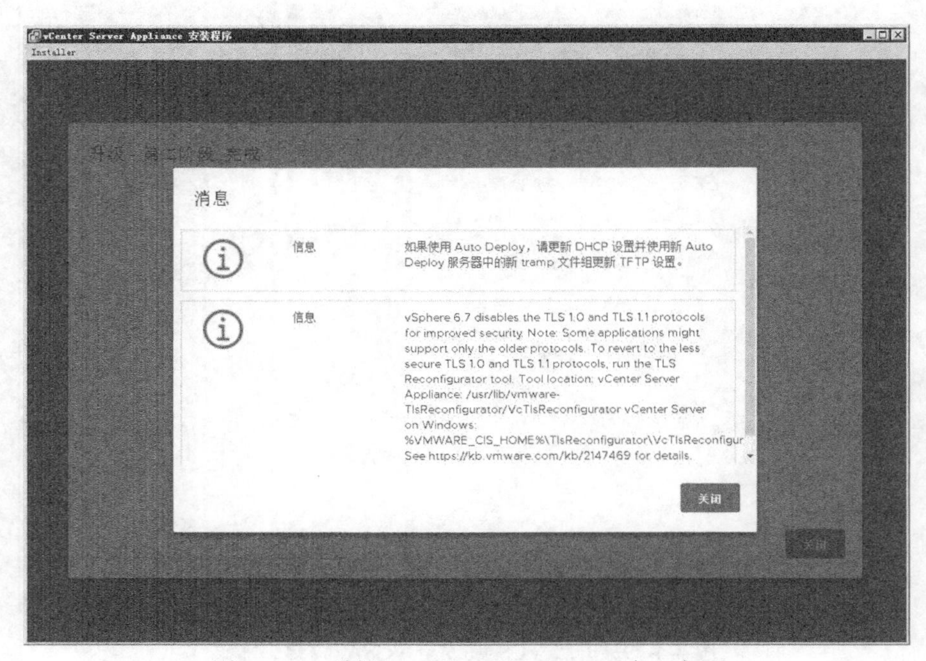

图 3-4-81　升级 VCSA 6.5 至 VCSA 6.7 之二十四

第 25 步，查看 VCSA 版本，显示为 6.7 版本，如图 3-4-82 所示。

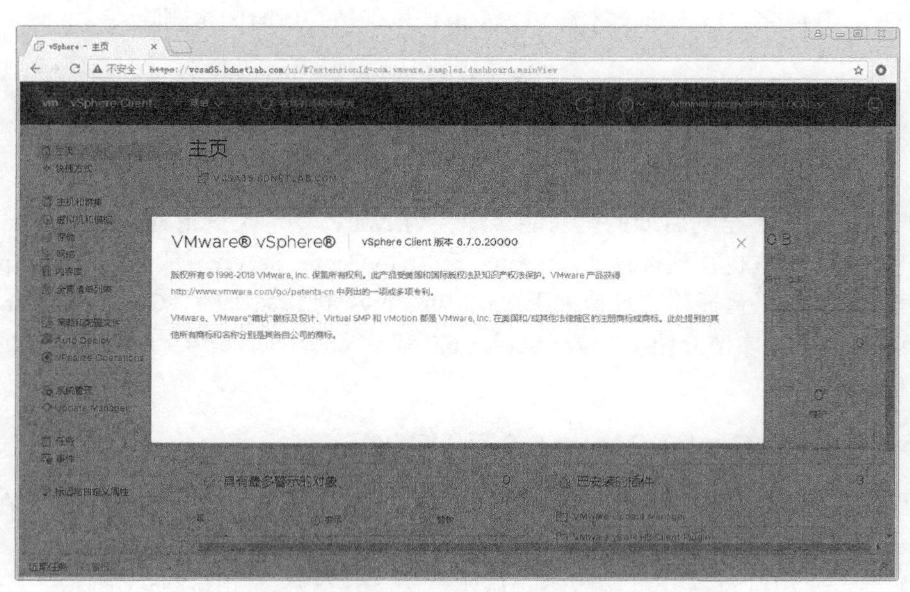

图 3-4-82　升级 VCSA 6.5 至 VCSA 6.7 之二十五

第 26 步，打开 VCSA 虚拟机控制台，查看版本信息为 6.7 版本，如图 3-4-83 所示。

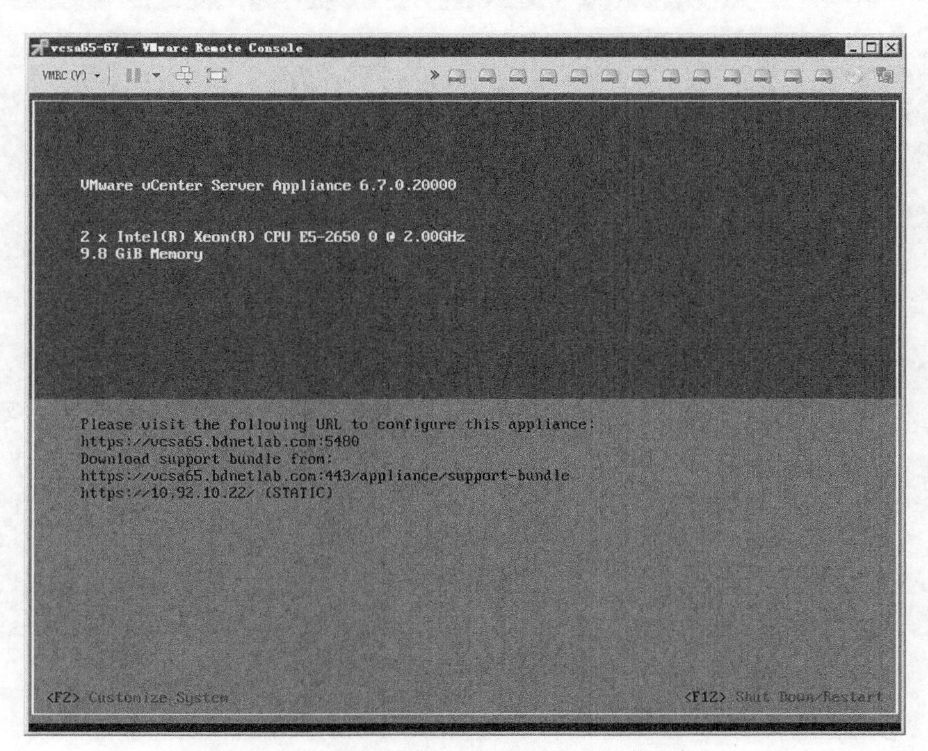

图 3-4-83　升级 VCSA 6.5 至 VCSA 6.7 之二十六

至此，升级 VCSA 6.5 至 VCSA 6.7 完成，与 VCSA 6.0 升级的操作基本一致，整体来说难度系数并不大。需要注意的是，VCSA 升级的本质是新建 VCSA 虚拟机，然后导入源

VCSA 数据。升级完成后，建议将源 VCSA 虚拟机保留一段时间再删除。

3.5 跨平台迁移 vCenter Server 6.7

从早期的功能不全到后期的全功能实现，VMware 花了大量精力开发 Linux 版本的 vCenter Server，官方也强烈推荐使用 Linux 版本的 vCenter Server。从 VMware vSphere 6.5 开始，官方提供跨平台迁移工具帮助用户把 Windows 操作系统的 vCenter Server 迁移到 Linux 操作系统上。本节介绍 vCenter Server 6.0 和 vCenter Server 6.5 这两个版本的跨平台迁移操作。

3.5.1 迁移 vCenter Server 6.0 至 VCSA 6.7

虽然有官方提供的工具，但是跨平台迁移操作还是存在一定风险，强烈建议在操作前对源 vCenter Server 进行备份，这样，在出现问题后可以快速恢复。

第 1 步，使用浏览器查看源版本，版本号为 3617395，如图 3-5-1 所示。

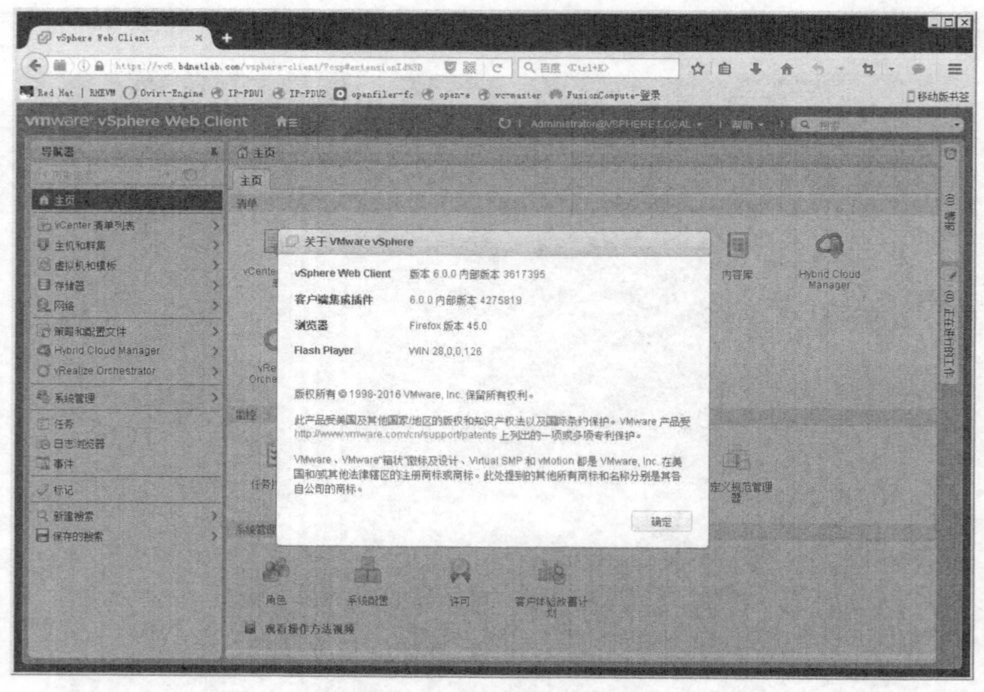

图 3-5-1 迁移 vCenter Server 6.0 至 VCSA 6.7 之一

第 2 步，运行 VCSA 6.7 安装程序 ，如图 3-5-2 所示，单击“迁移”。

图 3-5-2　迁移 vCenter Server 6.0 至 VCSA 6.7 之二

第 3 步，迁移分为两个阶段。首先进入第一阶段，如图 3-5-3 所示，单击“下一步”按钮。

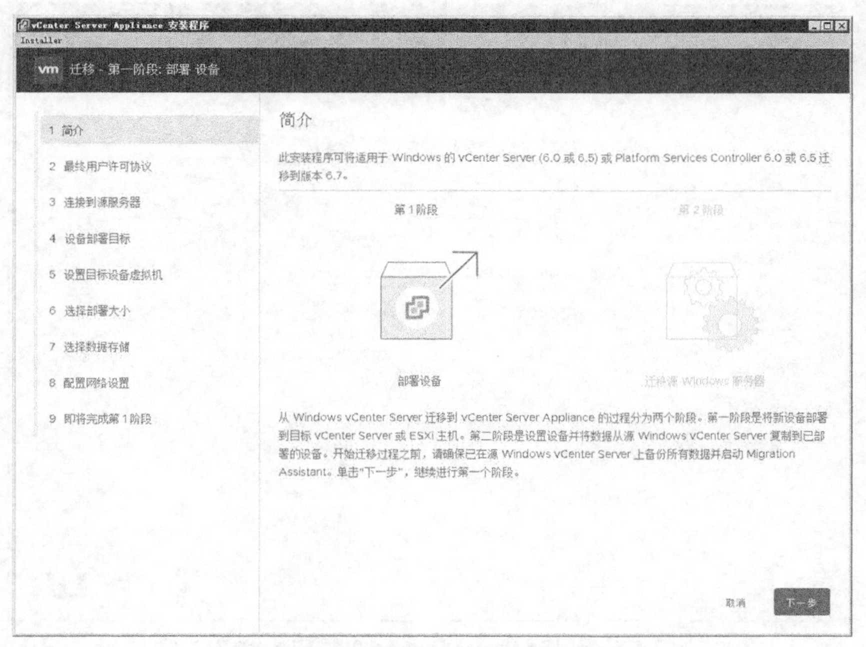

图 3-5-3　迁移 vCenter Server 6.0 至 VCSA 6.7 之三

第 4 步，选中“我接受许可协议条款”接受最终用户许可协议，如图 3-5-4 所示，单击“下一步”按钮。

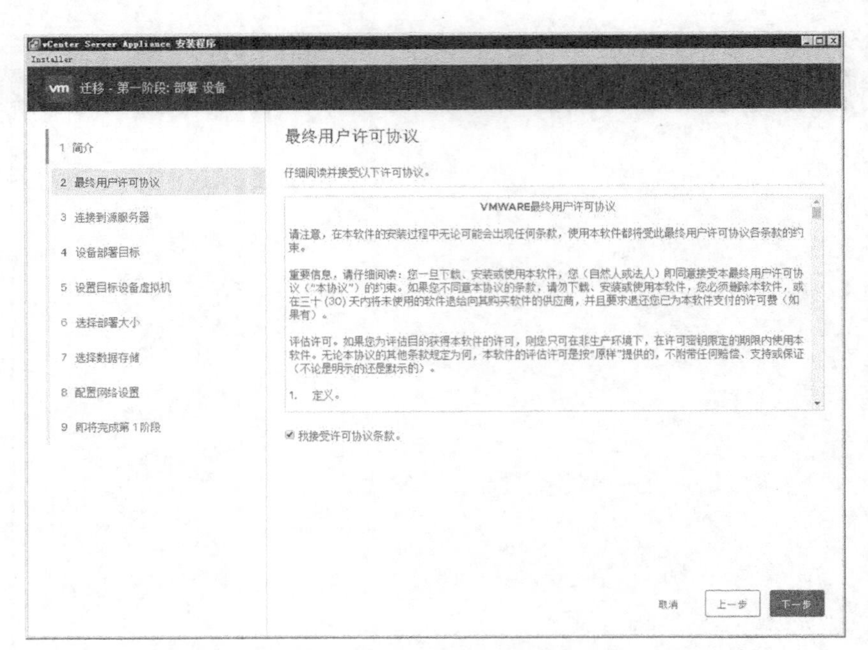

图 3-5-4　迁移 vCenter Server 6.0 至 VCSA 6.7 之四

第 5 步，连接到源服务器，输入源服务器相关信息，如图 3-5-5 所示。特别注意，进行迁移操作时不能在源 vCenter Server 上运行 VCSA 6.7 安装程序。

图 3-5-5　迁移 vCenter Server 6.0 至 VCSA 6.7 之五

第 6 步，在源 vCenter Server 上运行 VMware-Migration-Assistant 程序，如图 3-5-6 所示，该程序在 VCSA 6.7 安装 ISO 文件中。

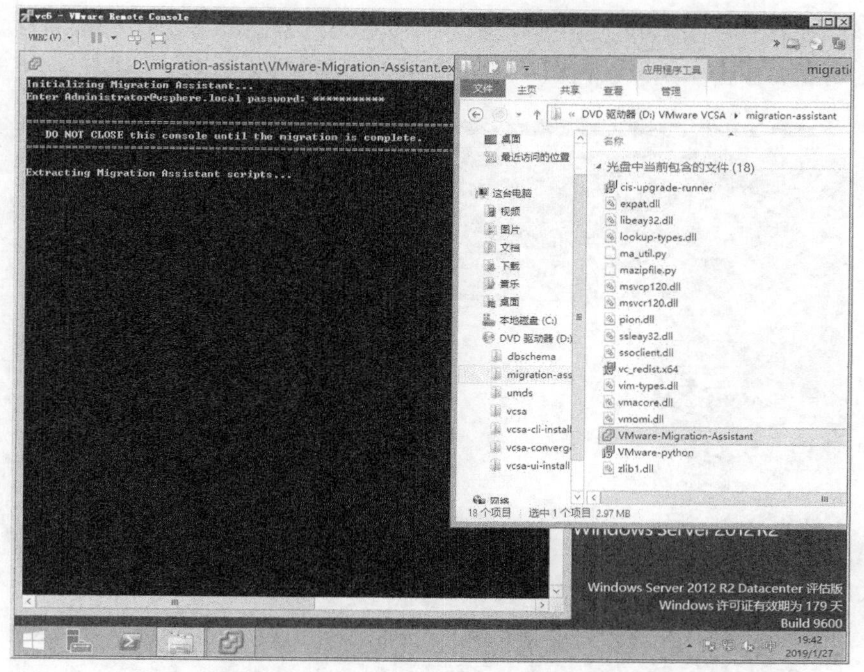

图 3-5-6 迁移 vCenter Server 6.0 至 VCSA 6.7 之六

第 7 步，输入源 vCenter Server SSO 密码后，VMware-Migration-Assistant 程序窗口中会出现提示。迁移过程中该窗口不能关闭，如图 3-5-7 所示。

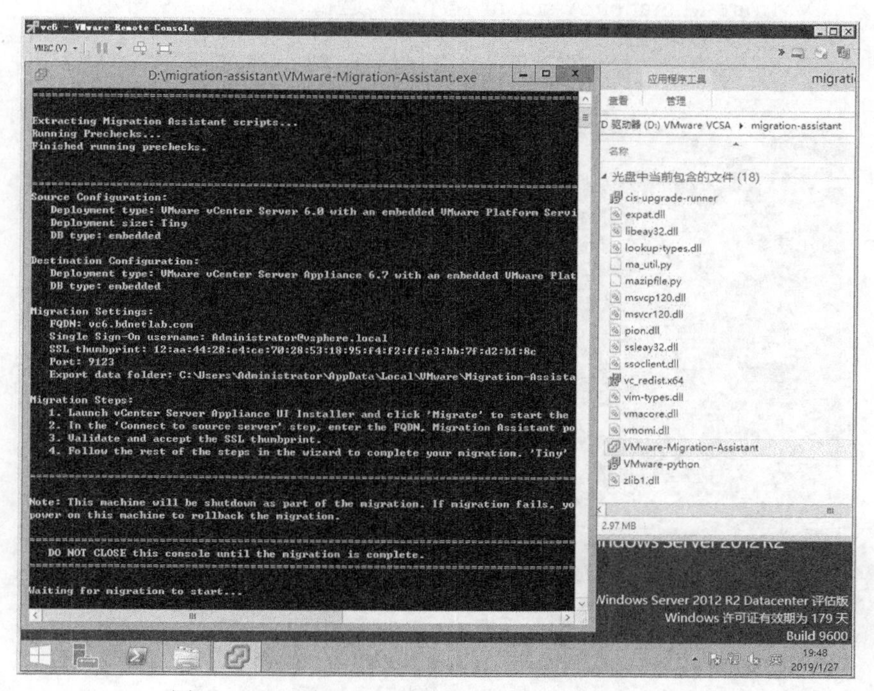

图 3-5-7 迁移 vCenter Server 6.0 至 VCSA 6.7 之七

第 8 步，迁移程序与源 vCenter Server 上的 VMware-Migration-Assistant 程序进行验证，如图 3-5-8 所示，单击“是”按钮。

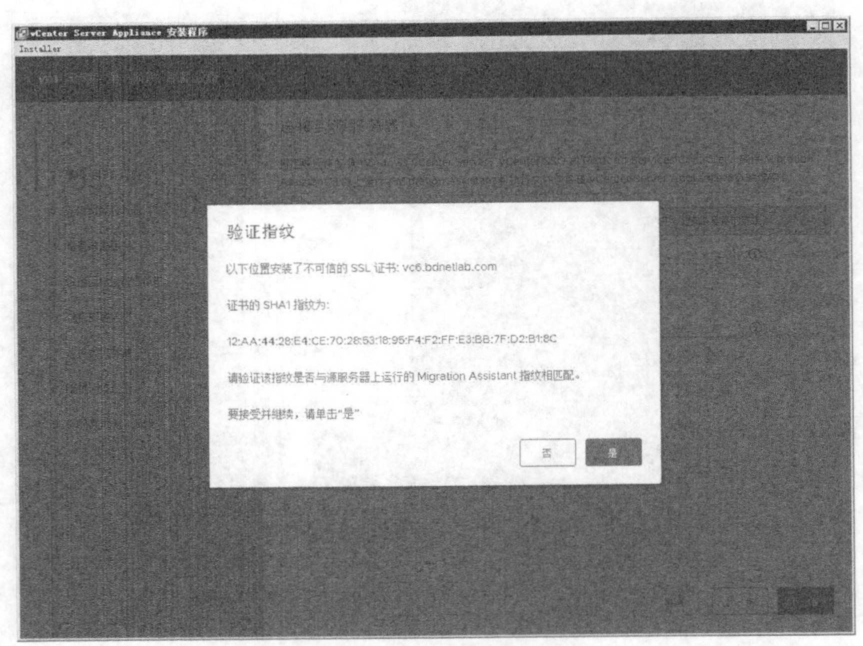

图 3-5-8　迁移 vCenter Server 6.0 至 VCSA 6.7 之八

第 9 步，VMware-Migration-Assistant 程序继续运行，如图 3-5-9 所示。

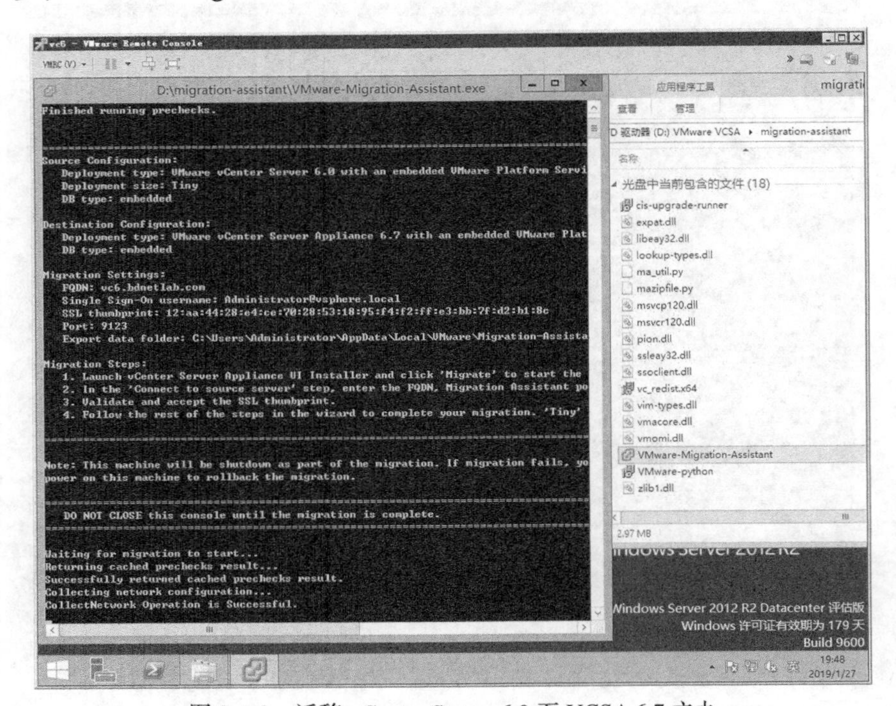

图 3-5-9　迁移 vCenter Server 6.0 至 VCSA 6.7 之九

第 10 步，设置设备部署目标的 ESXi 主机或 vCenter Server，如果生产环境中仅有一台 vCenter Server，那么此处填写 ESXi 主机相关信息，如图 3-5-10 所示，单击“下一步”按钮。

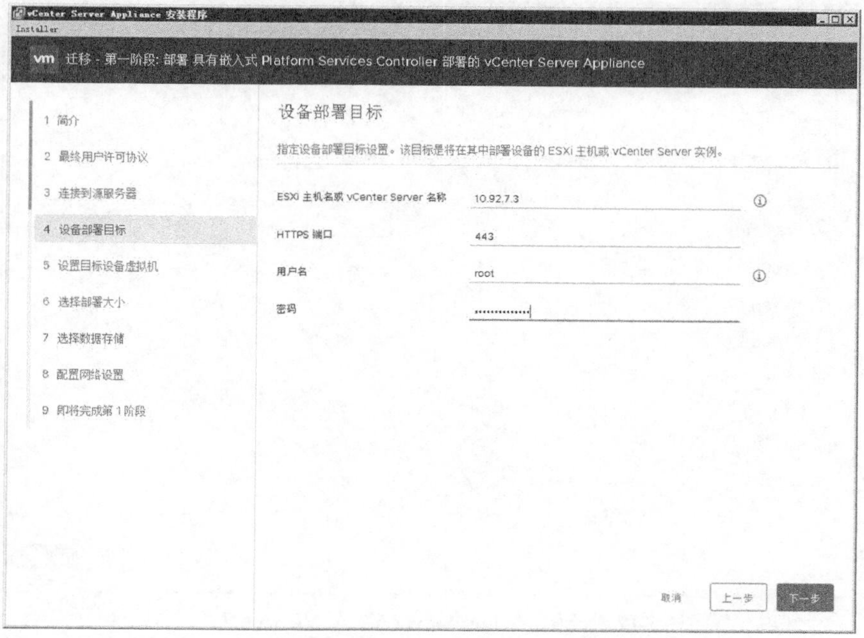

图 3-5-10　迁移 vCenter Server 6.0 至 VCSA 6.7 之十

第 11 步，系统出现证书警告提示，如图 3-5-11 所示，单击“是”按钮接受并继续。

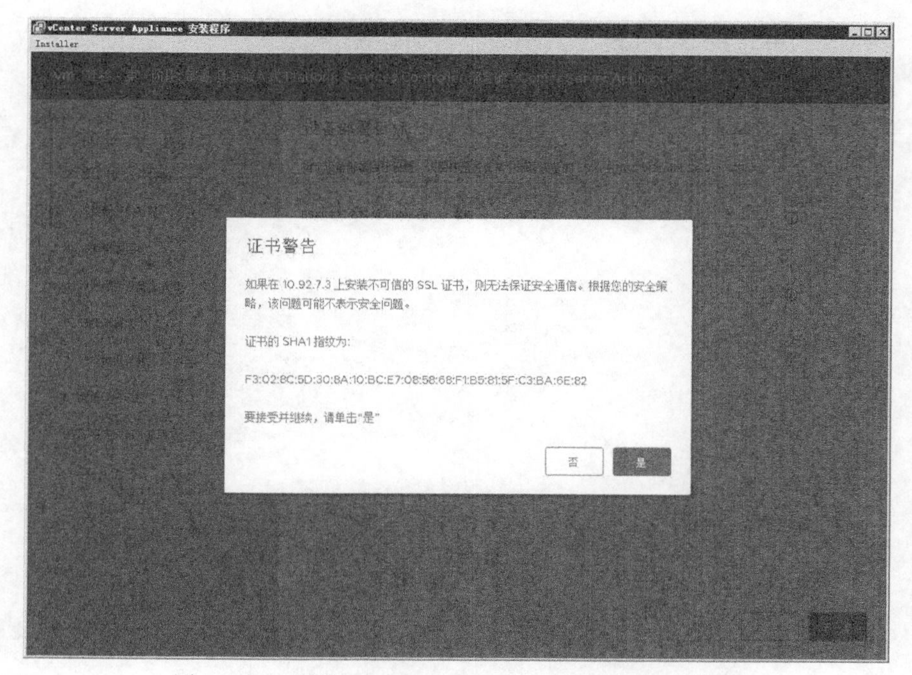

图 3-5-11　迁移 vCenter Server 6.0 至 VCSA 6.7 之十一

第 12 步，设置目标设备虚拟机相关信息，如图 3-5-12 所示，单击“下一步”按钮。

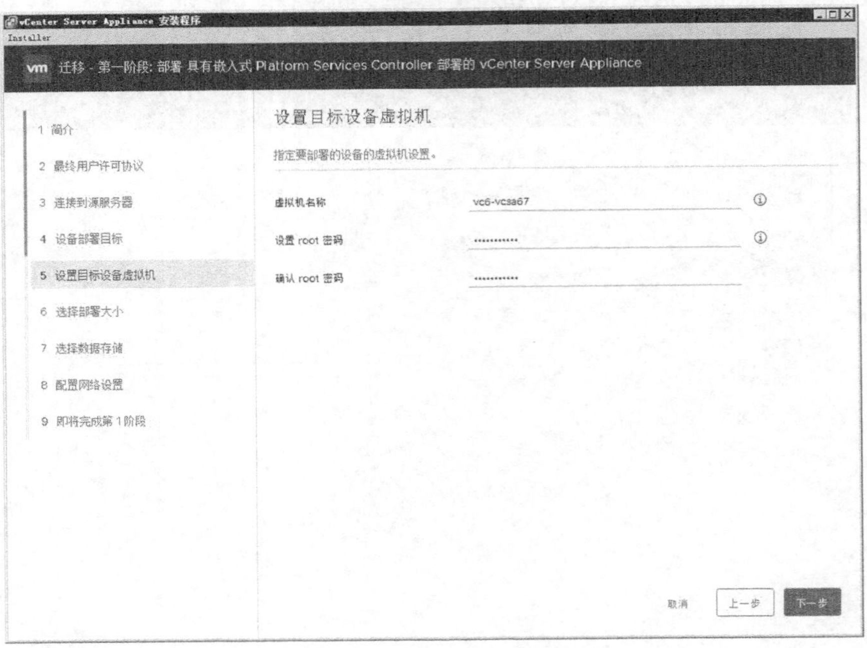

图 3-5-12　迁移 vCenter Server 6.0 至 VCSA 6.7 之十二

第 13 步，为 VCSA 虚拟机选择部署大小，不同的部署大小对虚拟机硬件资源的要求不同，用户需要根据生产环境的实际情况进行选择，如图 3-5-13 所示，单击“下一步”按钮。

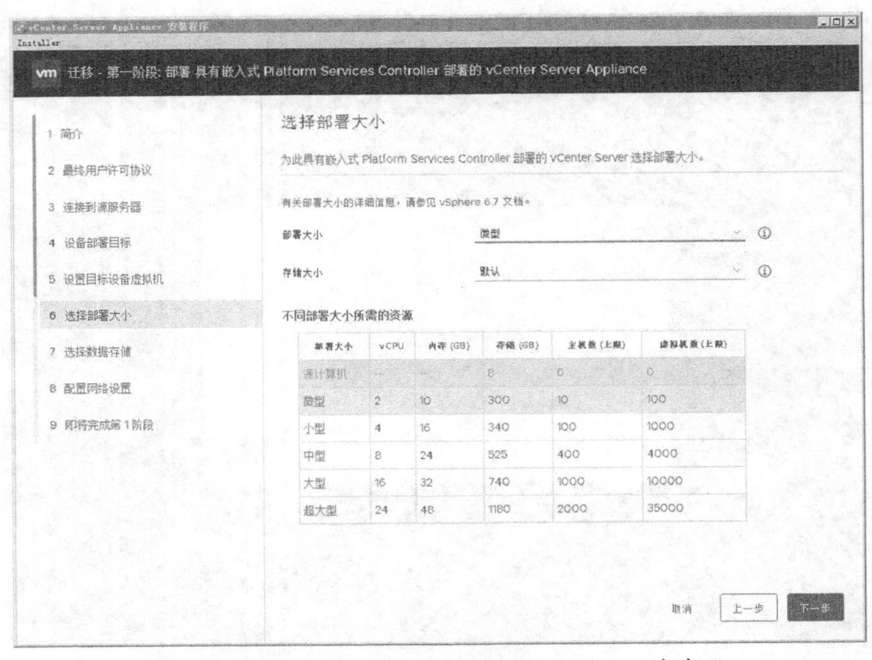

图 3-5-13　迁移 vCenter Server 6.0 至 VCSA 6.7 之十三

第 14 步，选择目标虚拟机的数据存储位置，如图 3-5-14 所示，单击“下一步”按钮。

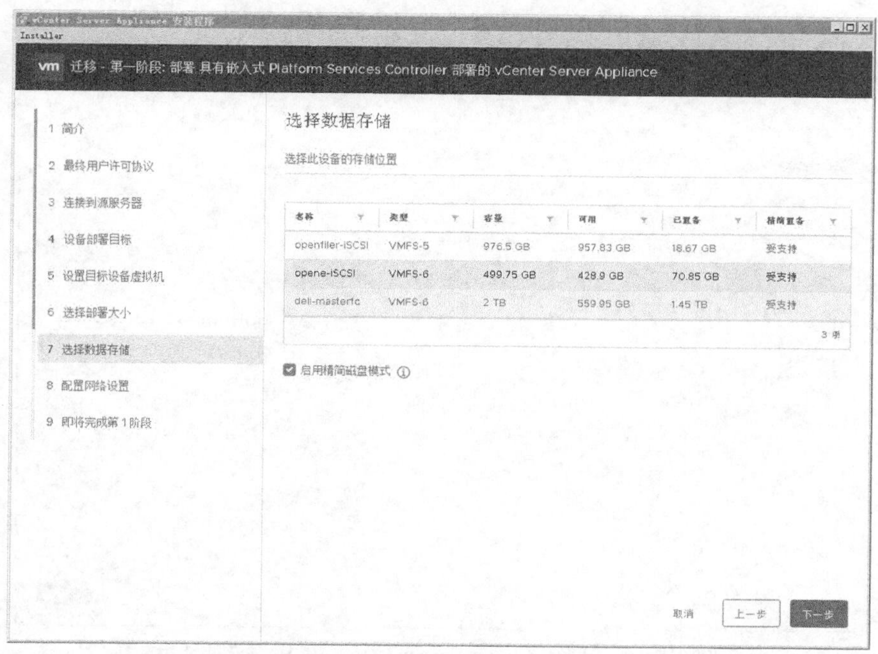

图 3-5-14　迁移 vCenter Server 6.0 至 VCSA 6.7 之十四

第 15 步，设置虚拟机临时网络，如图 3-5-15 所示，需要注意的是，临时网络必须能够访问源 VCSA 虚拟机。单击“下一步”按钮。

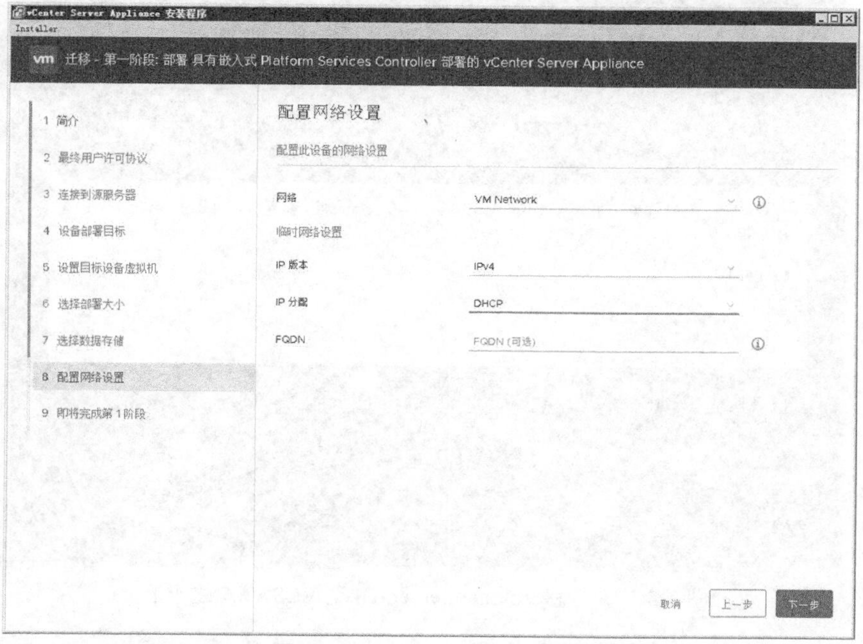

图 3-5-15　迁移 vCenter Server 6.0 至 VCSA 6.7 之十五

第 16 步，完成第一阶段相关参数配置，如图 3-5-16 所示，单击“完成”按钮。

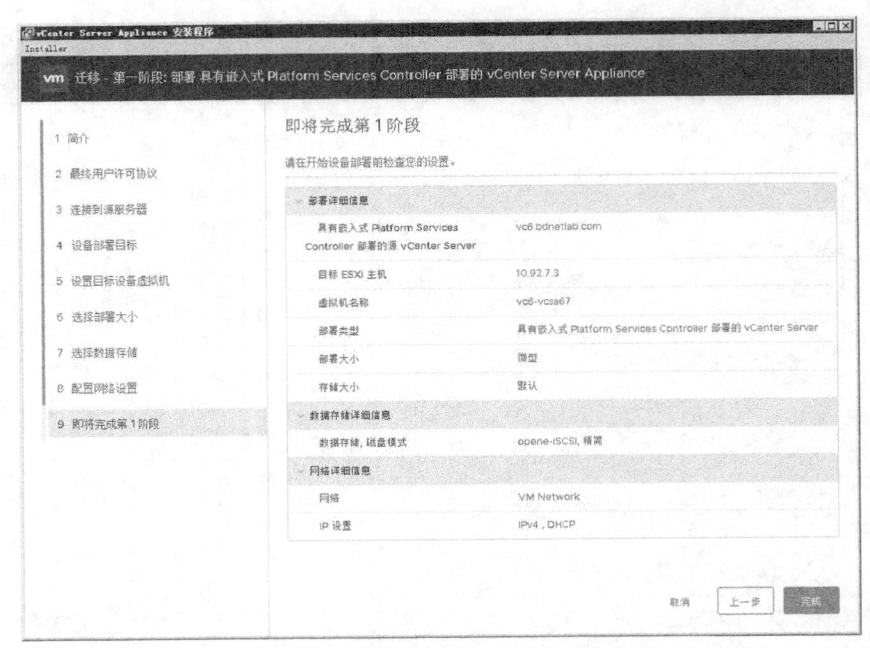

图 3-5-16　迁移 vCenter Server 6.0 至 VCSA 6.7 之十六

第 17 步，开始第一阶段迁移操作，如图 3-5-17 所示。

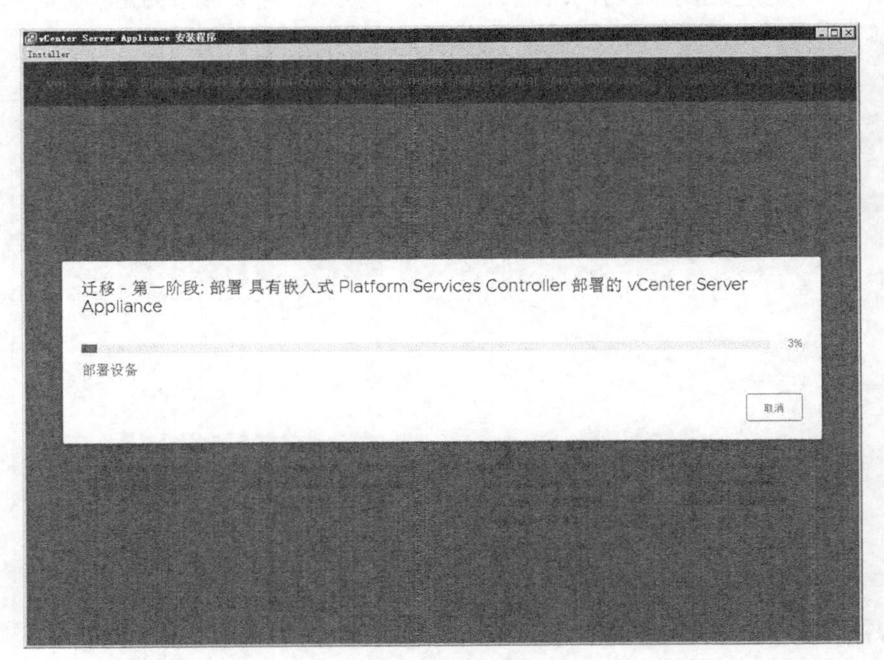

图 3-5-17　迁移 vCenter Server 6.0 至 VCSA 6.7 之十七

第 18 步，完成第一阶段迁移操作后，如图 3-5-18 所示，单击“继续”按钮进入第二阶段操作。需要注意的是，如果第一阶段出现问题，那么将无法进入第二阶段。

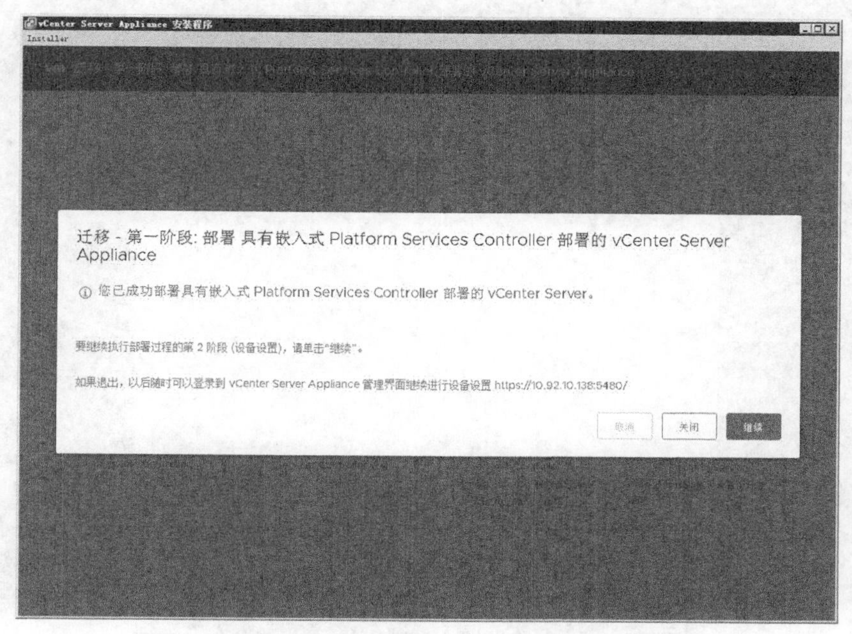

图 3-5-18 迁移 vCenter Server 6.0 至 VCSA 6.7 之十八

第 19 步，进入迁移第二阶段，如图 3-5-19 所示，单击“下一步”按钮。

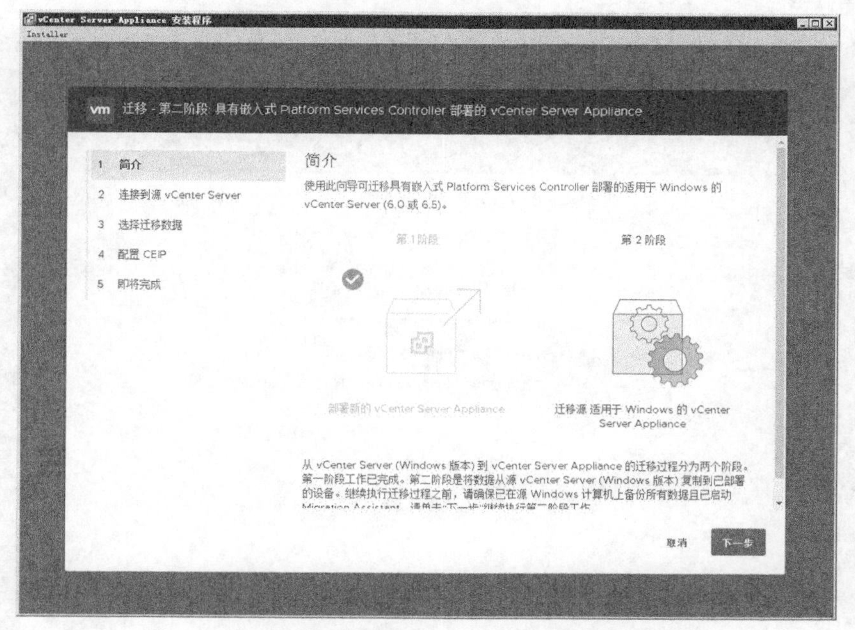

图 3-5-19 迁移 vCenter Server 6.0 至 VCSA 6.7 之十九

第 20 步，系统会进行迁移前检查并提示检查结果，如图 3-5-20 所示，单击“关闭”按钮。

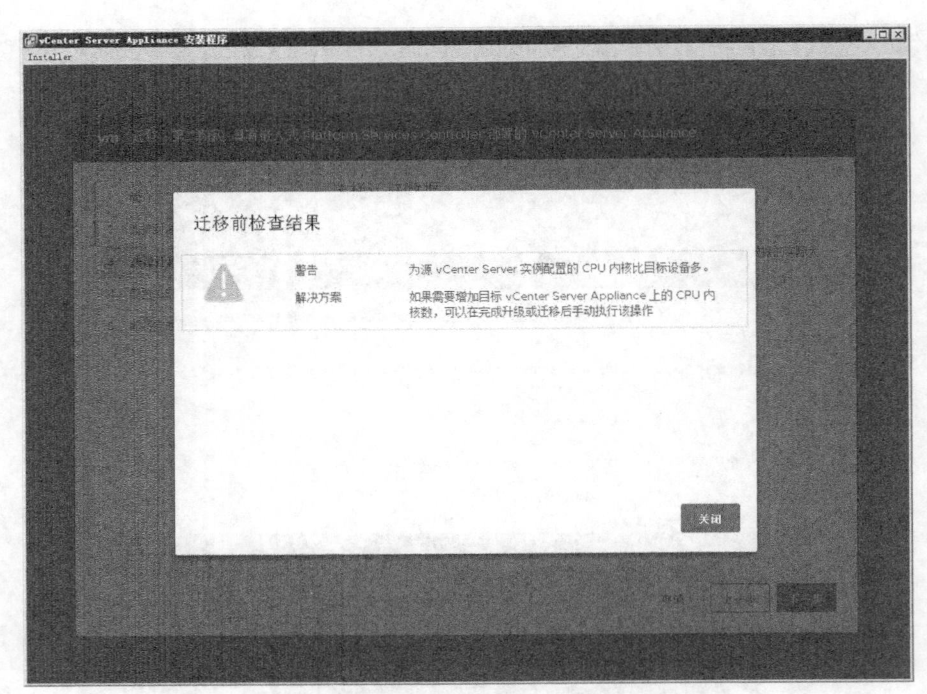

图 3-5-20 迁移 vCenter Server 6.0 至 VCSA 6.7 之二十

第 21 步，选择需要迁移的数据，如图 3-5-21 所示，在生产环境中推荐保留所有历史数据，单击“下一步”按钮。

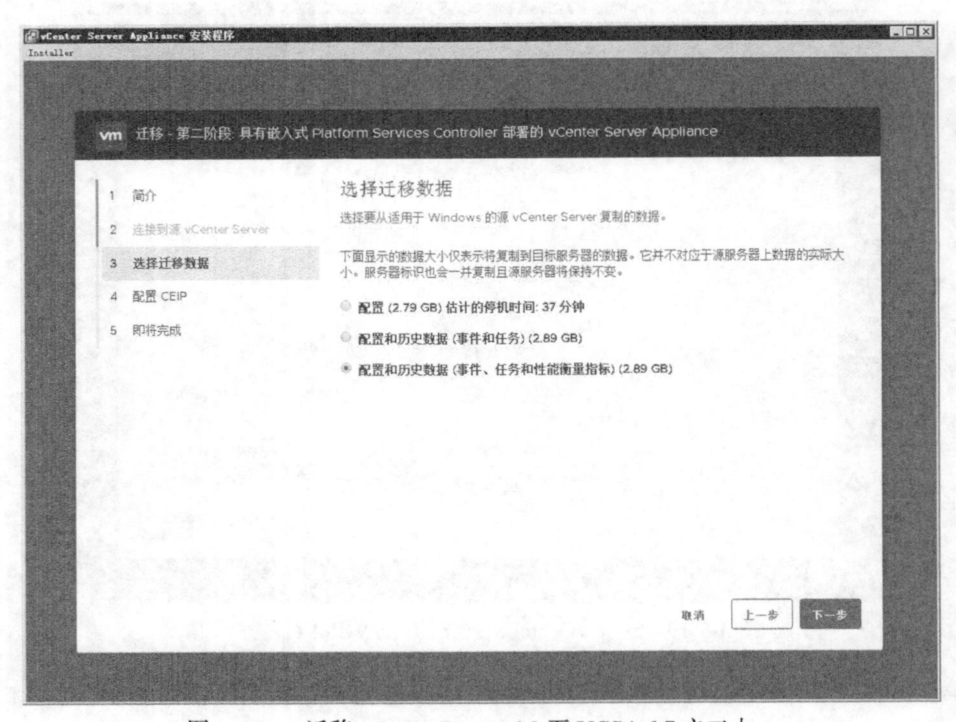

图 3-5-21 迁移 vCenter Server 6.0 至 VCSA 6.7 之二十一

第 22 步，用户可根据实际情况确定是否加入 VMware 客户体验提升计划，如图 3-5-22 所示，单击“下一步”按钮。

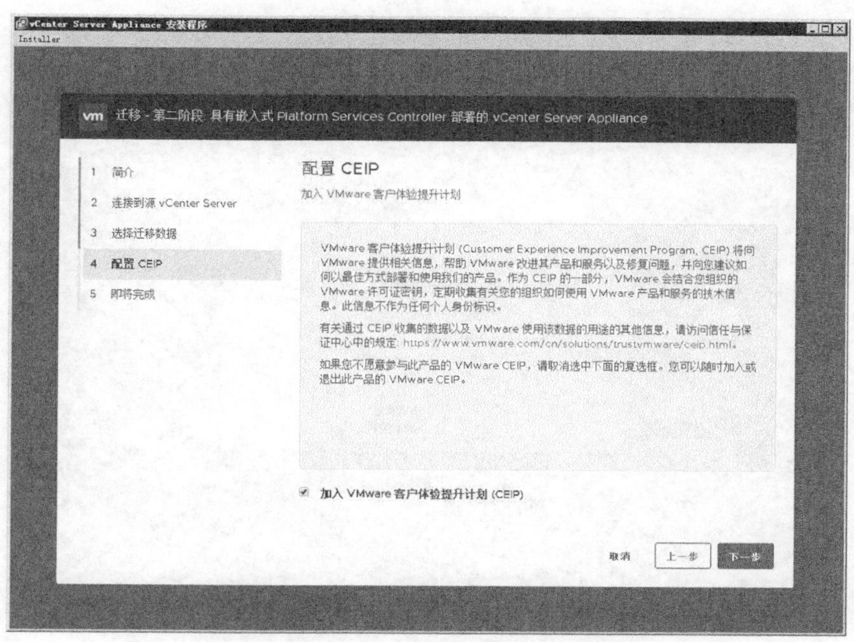

图 3-5-22 迁移 vCenter Server 6.0 至 VCSA 6.7 之二十二

第 23 步，确认迁移参数配置正确后，选中“我已备份源 vCenter Server 和数据库中的所有必要数据”，如图 3-5-23 所示，单击“完成”按钮。

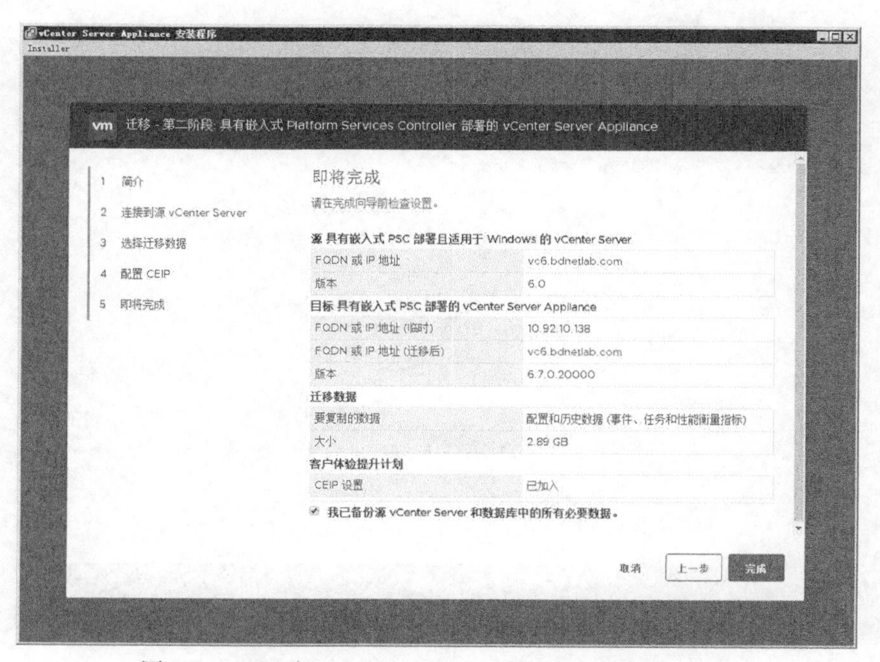

图 3-5-23 迁移 vCenter Server 6.0 至 VCSA 6.7 之二十三

第 24 步，需要特别注意，迁移过程中源 vCenter Server 虚拟机会关闭，如图 3-5-24 所示，单击“确定”按钮。

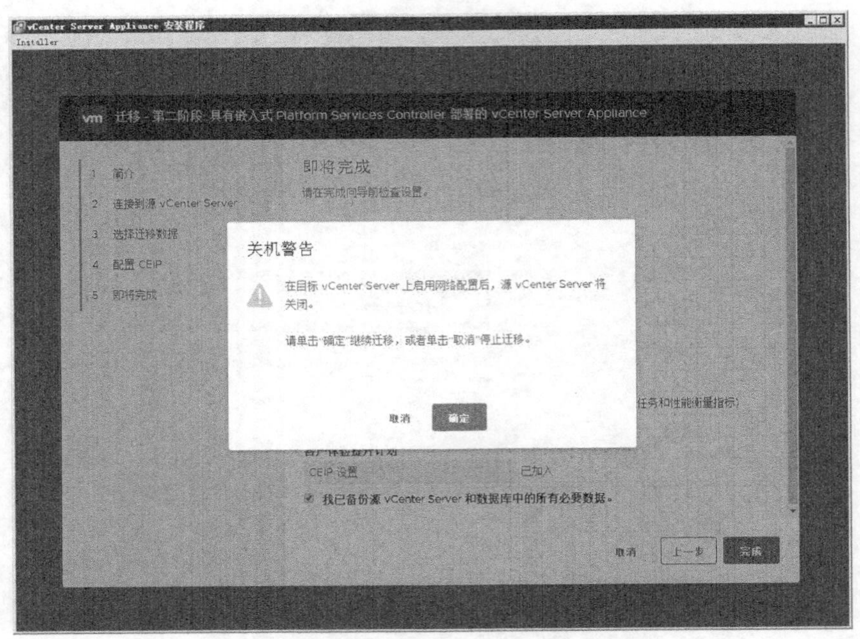

图 3-5-24　迁移 vCenter Server 6.0 至 VCSA 6.7 之二十四

第 25 步，数据传输有 3 个步骤，每一个步骤都不能出现报错，图 3-5-25 所示为将数据从源 vCenter Server 复制到目标 VCSA。

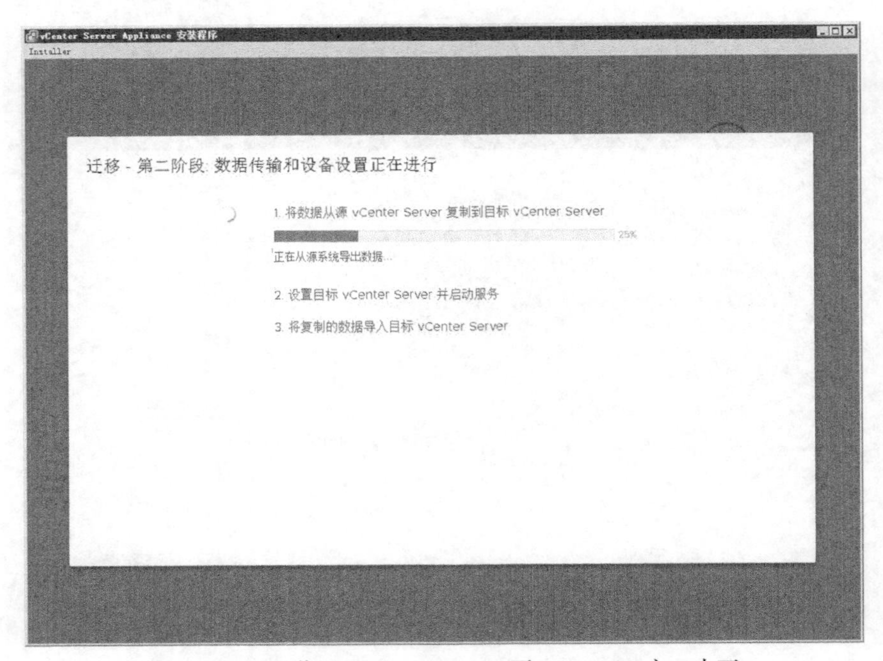

图 3-5-25　迁移 vCenter Server 6.0 至 VCSA 6.7 之二十五

第 26 步，VMware-Migration-Assistant 程序运行情况，如图 3-5-26 所示。

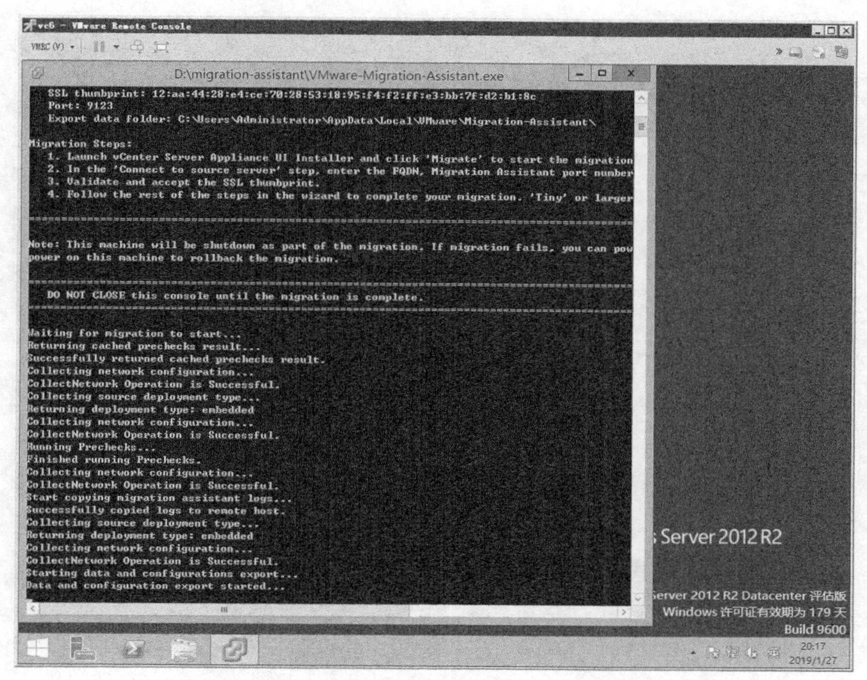

图 3-5-26　迁移 vCenter Server 6.0 至 VCSA 6.7 之二十六

第 27 步，系统开始关闭源计算机，如图 3-5-27 所示。

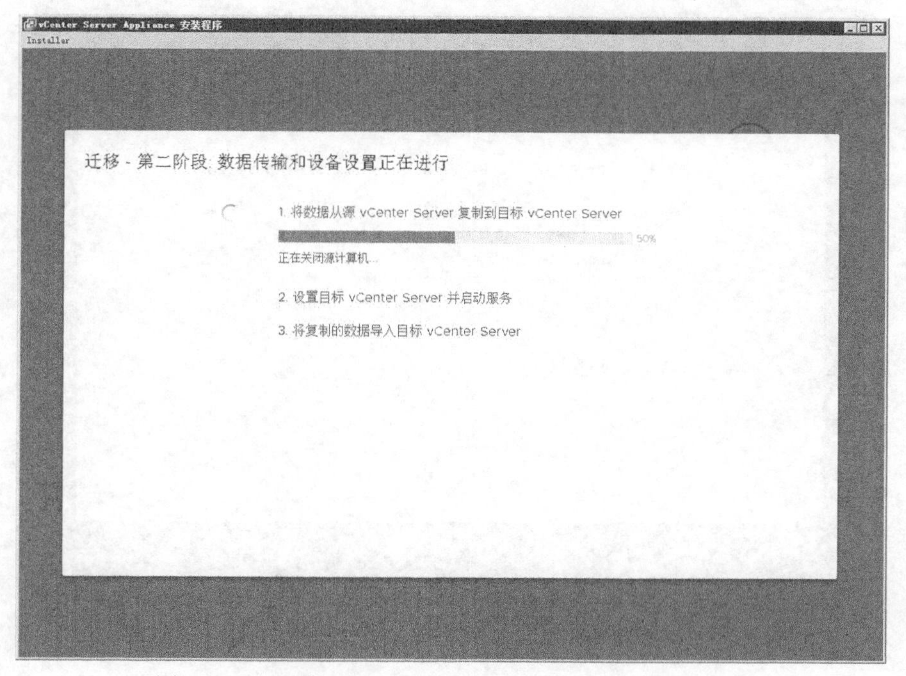

图 3-5-27　迁移 vCenter Server 6.0 至 VCSA 6.7 之二十七

第 28 步，设置目标 VCSA 并启动服务，如图 3-5-28 所示。

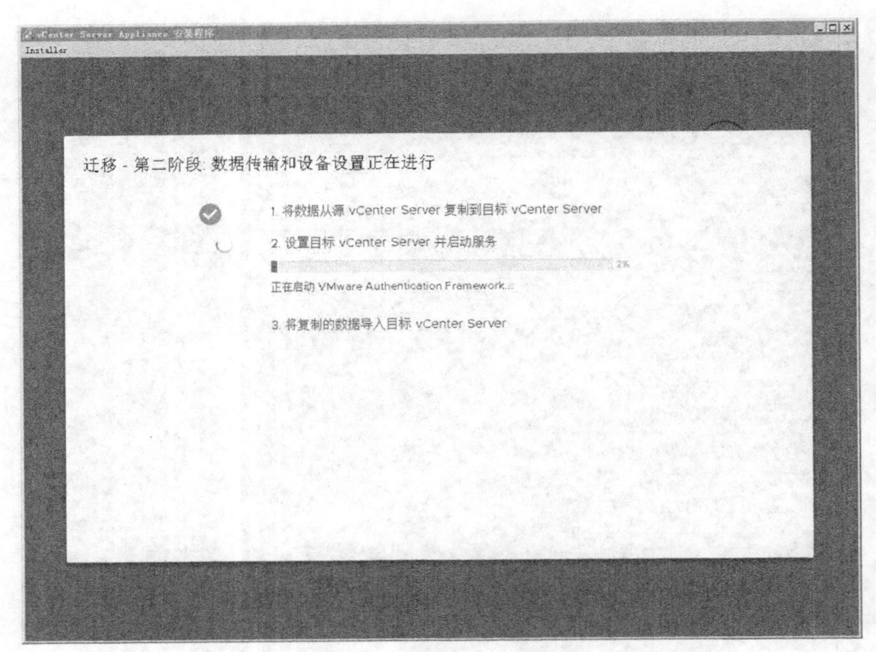

图 3-5-28　迁移 vCenter Server 6.0 至 VCSA 6.7 之二十八

第 29 步，将复制的数据导入目标 VCSA，如图 3-5-29 所示。

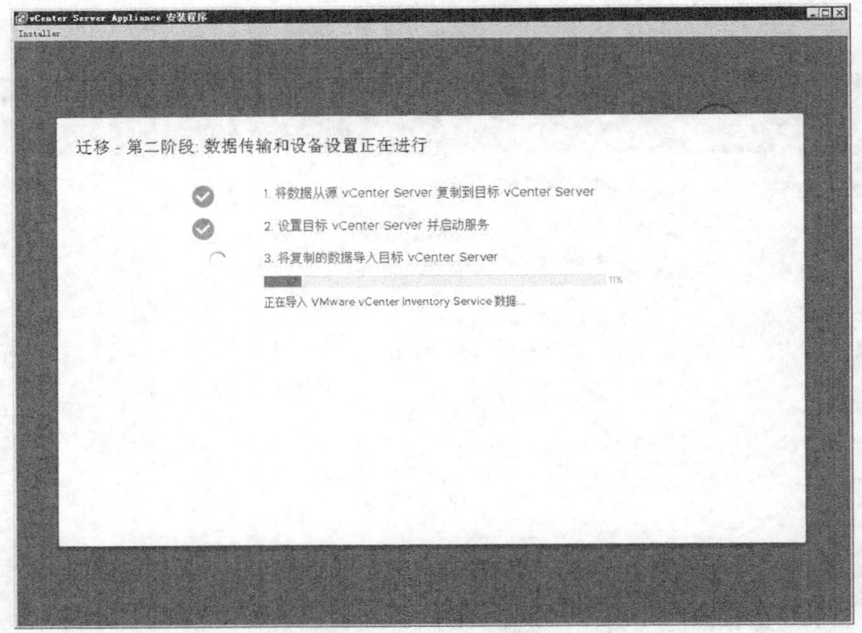

图 3-5-29　迁移 vCenter Server 6.0 至 VCSA 6.7 之二十九

第 30 步，在导入数据过程中会出现一些消息提示，如图 3-5-30 所示。

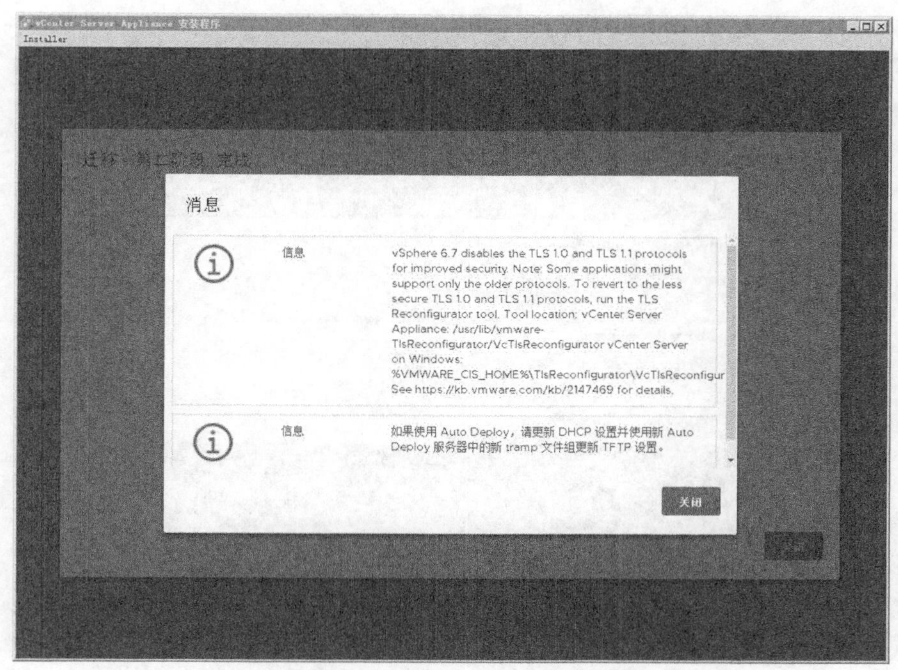

图 3-5-30 迁移 vCenter Server 6.0 至 VCSA 6.7 之三十

第 31 步，完成第二阶段操作，如图 3-5-31 所示，单击“关闭”按钮。

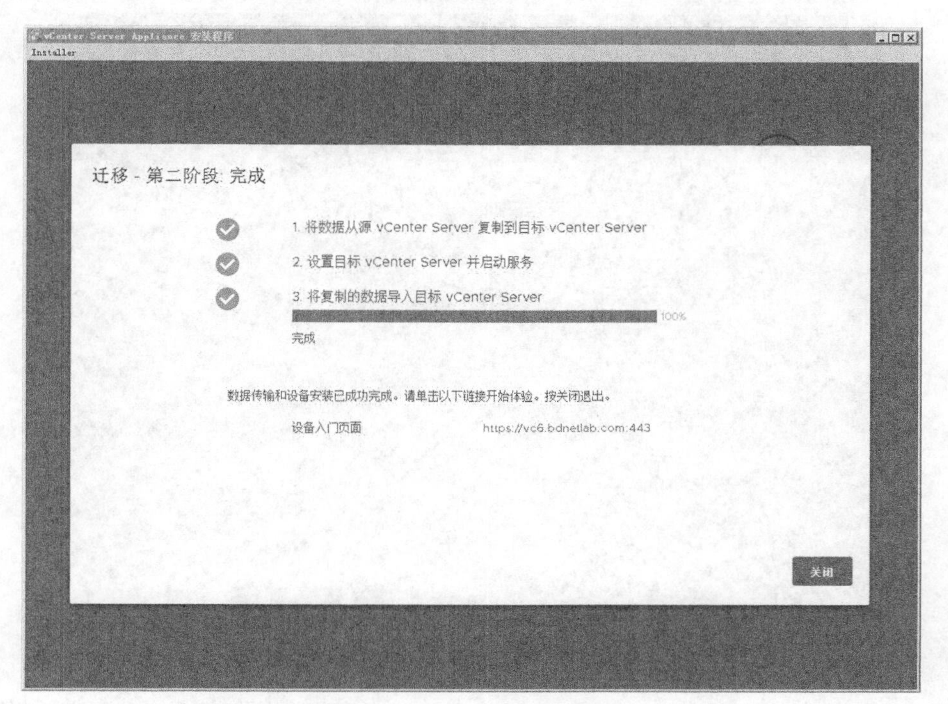

图 3-5-31 迁移 vCenter Server 6.0 至 VCSA 6.7 之三十一

第 32 步，查看 VCSA 版本，显示为 6.7 版本，如图 3-5-32 所示。

图 3-5-32　迁移 vCenter Server 6.0 至 VCSA 6.7 之三十二

第 33 步，打开 VCSA 虚拟机控制台，查看版本信息为 6.7 版本，如图 3-5-33 所示。

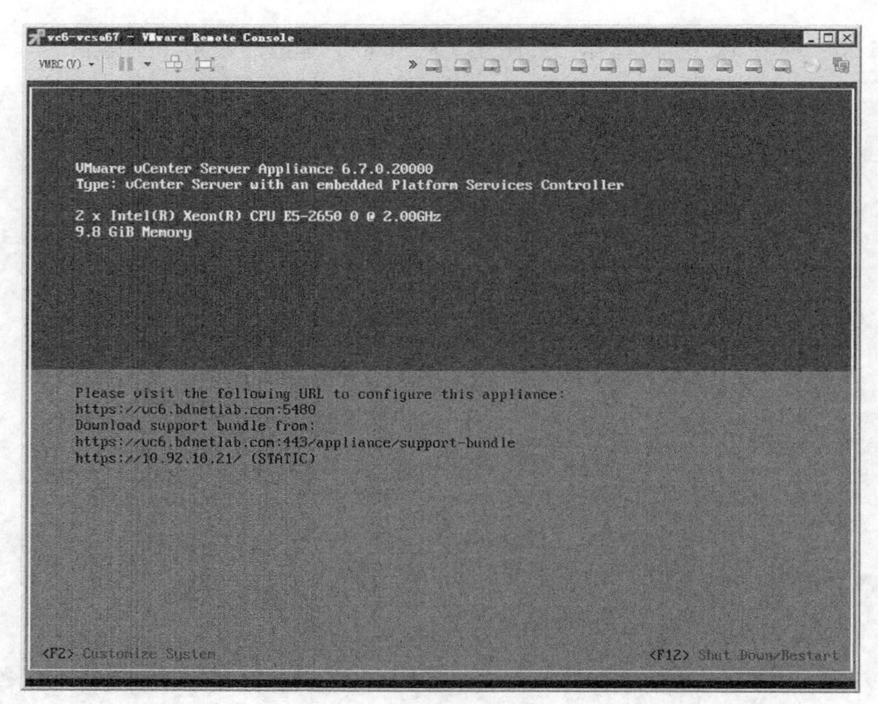

图 3-5-33　迁移 vCenter Server 6.0 至 VCSA 6.7 之三十三

至此，跨平台将 vCenter Server 6.0 迁移到 VCSA 6.7 的操作完成。只要事前做好准备工作，迁移过程不会出现问题。再次强调，VCSA 6.7 安装程序不能在源 vCenter Server 上运行。源 vCenter Server 需要运行 VMware-Migration-Assistant 程序。

3.5.2 迁移 vCenter Server 6.5 至 VCSA 6.7

将 vCenter Server 6.5 迁移至 VCSA 6.7 的操作与将 vCenter Server 6.0 迁移至 VCSA 6.7 的操作大致相同。本小节将针对使用 vCenter Server 6.5 的用户群体进行演示，不涉及 vCenter Server 6.5 的用户可以跳过本小节。

第 1 步，使用浏览器查看源版本，如图 3-5-34 所示。

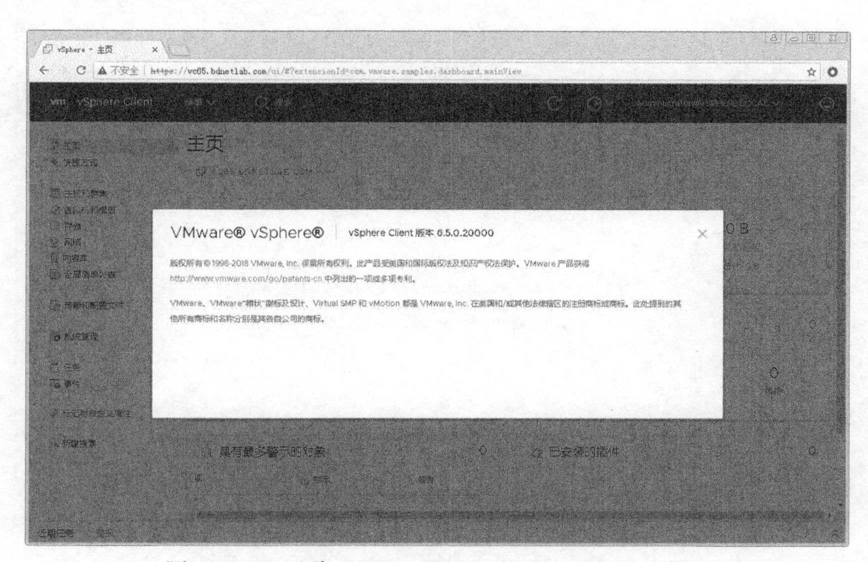

图 3-5-34 迁移 vCenter Server 6.5 至 VCSA 6.7 之一

第 2 步，运行 VCSA 6.7 安装程序 ，如图 3-5-35 所示，单击“迁移”。

图 3-5-35 迁移 vCenter Server 6.5 至 VCSA 6.7 之二

第 3 步，迁移分为两个阶段。首先进入第一阶段，如图 3-5-36 所示，单击“下一步”按钮。

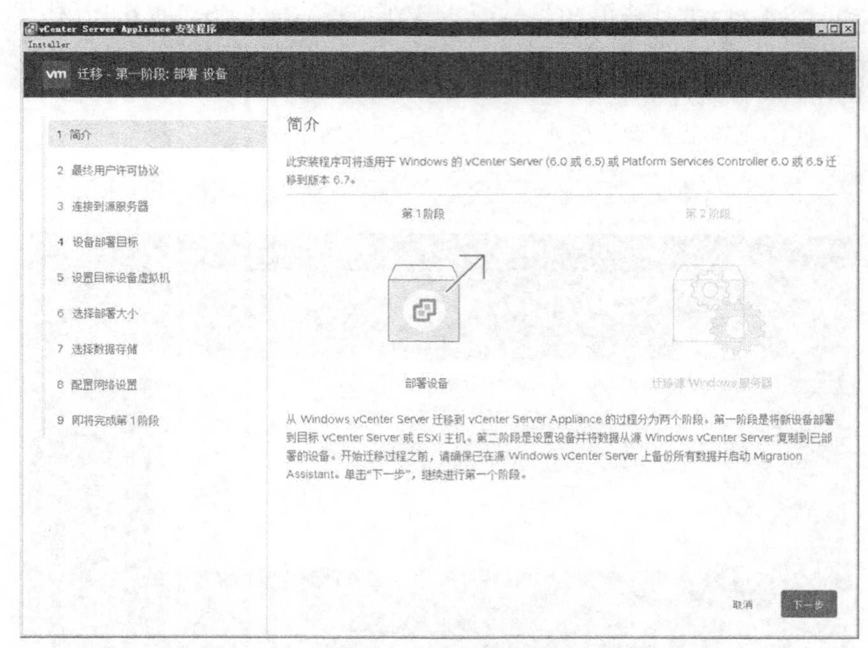

图 3-5-36　迁移 vCenter Server 6.5 至 VCSA 6.7 之三

第 4 步，选中“我接受许可协议条款”接受最终用户许可协议，如图 3-5-37 所示，单击“下一步”按钮。

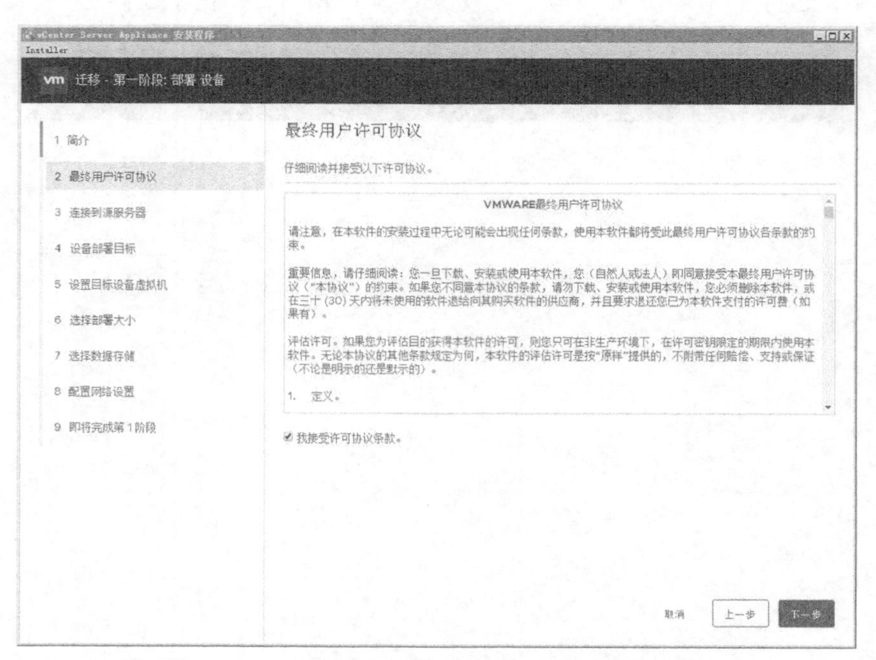

图 3-5-37　迁移 vCenter Server 6.5 至 VCSA 6.7 之四

第 5 步，连接到源服务器，输入源服务器相关信息，如图 3-5-38 所示。特别注意，进行迁移操作时不能在源 vCenter Server 上运行 VCSA 6.7 安装程序。

图 3-5-38 迁移 vCenter Server 6.5 至 VCSA 6.7 之五

第 6 步， 在源 vCenter Server 上运行 VMware-Migration-Assistant 程序，如图 3-5-39 所示，该程序在 VCSA 6.7 安装 ISO 文件中。

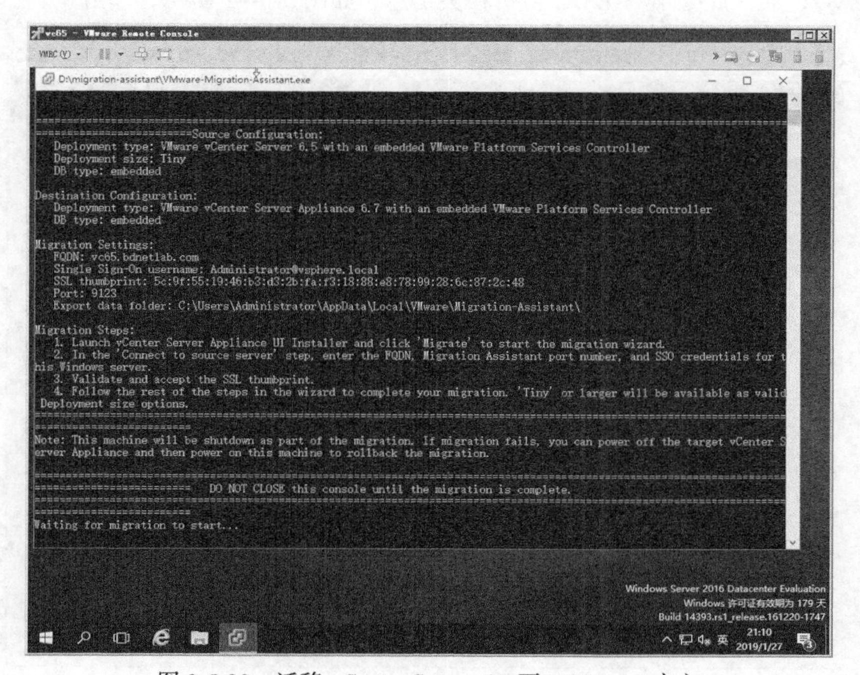

图 3-5-39 迁移 vCenter Server 6.5 至 VCSA 6.7 之六

第 7 步，迁移程序与源 vCenter Server 上的 VMware-Migration-Assistant 程序进行验证，如图 3-5-40 所示，单击“是”按钮。

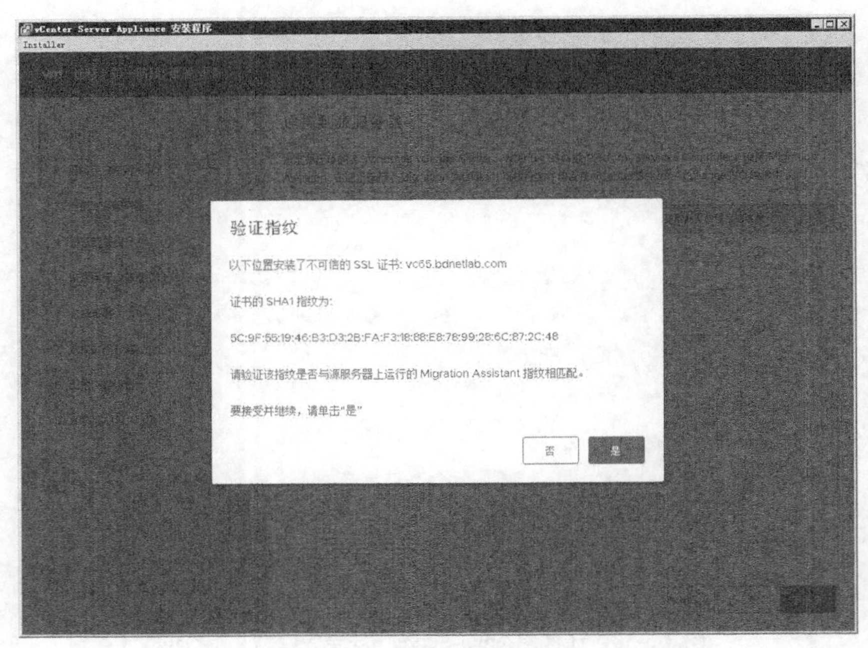

图 3-5-40　迁移 vCenter Server 6.5 至 VCSA 6.7 之七

第 8 步，设置设备部署目标的 ESXi 主机或 vCenter Server，如果生产环境中仅有一台 vCenter Server，那么此处填写 ESXi 主机相关信息，如图 3-5-41 所示，单击“下一步”按钮。

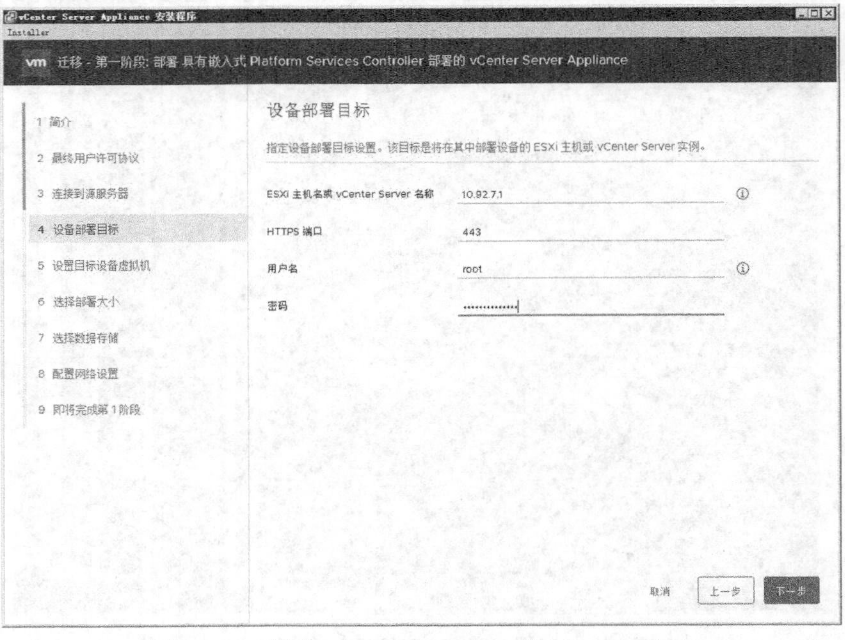

vCenter Server Appliance 安装程序
Installer
vm 迁移 - 第一阶段: 部署 具有嵌入式 Platform Services Controller 部署的 vCenter Server Appliance
1 简介
2 最终用户许可协议
3 连接到源服务器
4 设备部署目标
5 设置目标设备虚拟机
6 选择部署大小
7 选择数据存储
8 配置网络设置
9 即将完成第 1 阶段
设备部署目标
指定设备部署目标设置。该目标是将在其中部署设备的 ESXi 主机或 vCenter Server 实例。
ESXi 主机名或 vCenter Server 名称　10.92.7.1
HTTPS 端口　443
用户名　root
密码　••••••••••••
取消　上一步　下一步

图 3-5-41　迁移 vCenter Server 6.5 至 VCSA 6.7 之八

第 9 步，出现证书警告提示，如图 3-5-42 所示，单击“是”按钮接受并继续。

图 3-5-42 迁移 vCenter Server 6.5 至 VCSA 6.7 之九

第 10 步，设置目标设备虚拟机相关信息，如图 3-5-43 所示，单击“下一步”按钮。

图 3-5-43 迁移 vCenter Server 6.5 至 VCSA 6.7 之十

第 11 步，为 VCSA 虚拟机选择部署大小，不同的部署大小对虚拟机硬件资源的要求不同，用户需要根据生产环境的实际情况进行选择，如图 3-5-44 所示，单击“下一步”按钮。

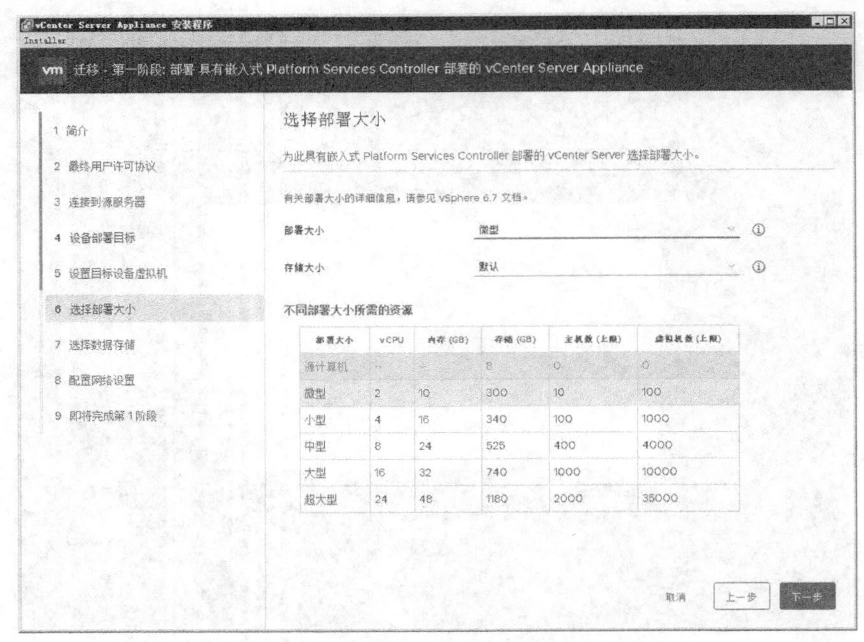

图 3-5-44　迁移 vCenter Server 6.5 至 VCSA 6.7 之十一

第 12 步，选择目标虚拟机的数据存储位置，如图 3-5-45 所示，单击“下一步”按钮。

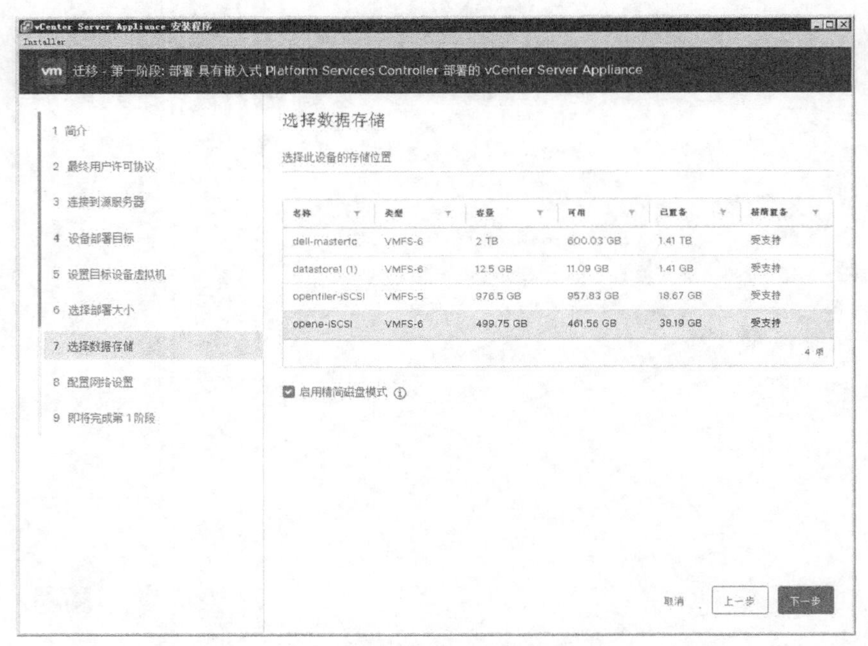

图 3-5-45　迁移 vCenter Server 6.5 至 VCSA 6.7 之十二

第 13 步，设置虚拟机临时网络，如图 3-5-46 所示，需要注意的是，临时网络必须能够访问源 VCSA 虚拟机。单击“下一步”按钮。

图 3-5-46 迁移 vCenter Server 6.5 至 VCSA 6.7 之十三

第 14 步，完成第一阶段相关参数配置，如图 3-5-47 所示，单击“完成”按钮。

图 3-5-47 迁移 vCenter Server 6.5 至 VCSA 6.7 之十四

第 15 步，开始第一阶段迁移，如图 3-5-48 所示。

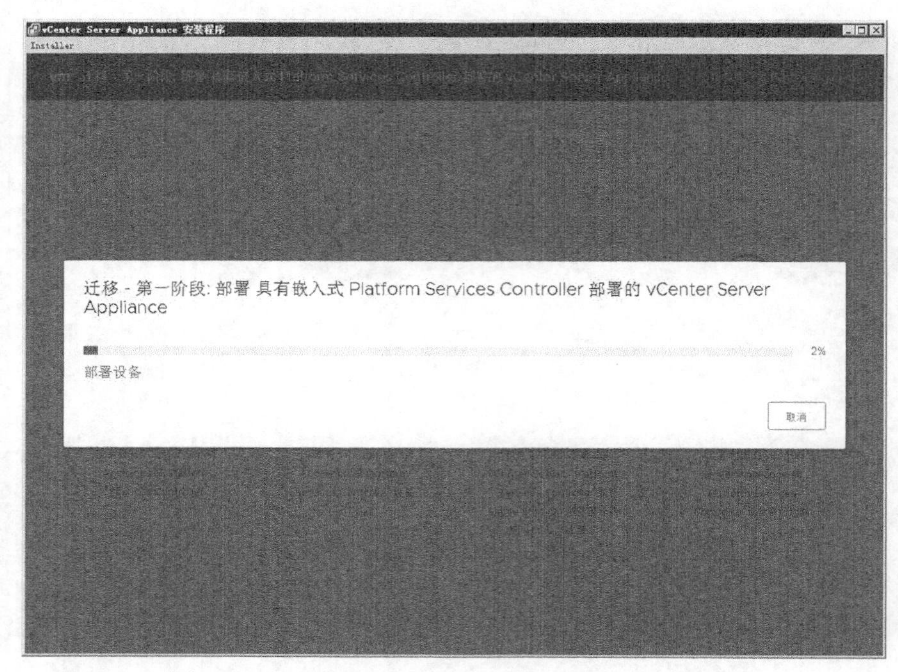

图 3-5-48　迁移 vCenter Server 6.5 至 VCSA 6.7 之十五

第 16 步，完成第一阶段迁移后，如图 3-5-49 所示，单击“继续”按钮进入第二阶段。需要注意的是，如果第一阶段迁移出现问题，那么第二阶段将无法进行。

图 3-5-49　迁移 vCenter Server 6.5 至 VCSA 6.7 之十六

第 17 步，进入迁移第二阶段，如图 3-5-50 所示，单击“下一步”按钮。

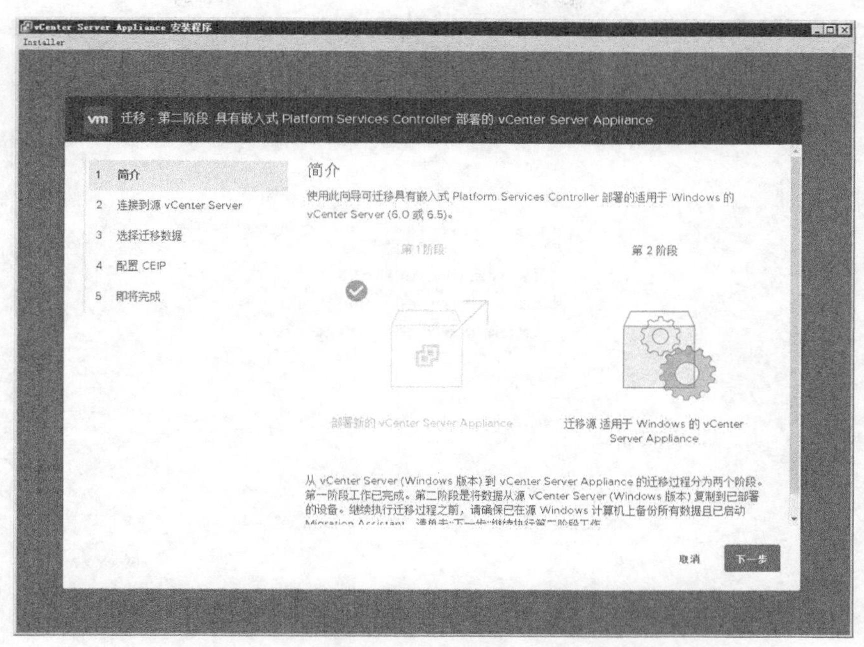

图 3-5-50 迁移 vCenter Server 6.5 至 VCSA 6.7 之十七

第 18 步，系统会进行迁移前检查并提示检查结果，如图 3-5-51 所示，单击“关闭”按钮。

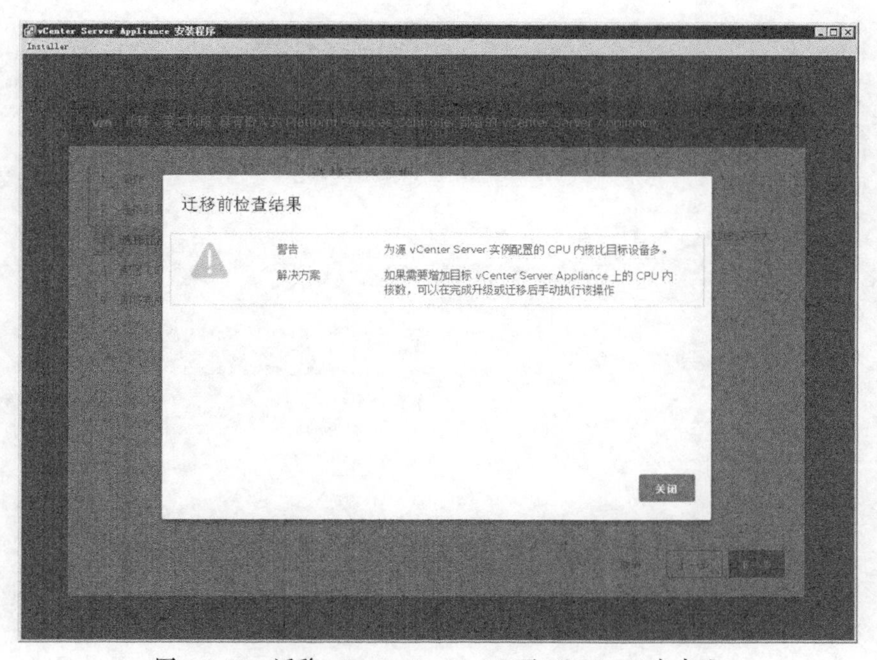

图 3-5-51 迁移 vCenter Server 6.5 至 VCSA 6.7 之十八

第 19 步，选择需要复制的数据，如图 3-5-52 所示，在生产环境中推荐保留所有历史数据，单击“下一步”按钮。

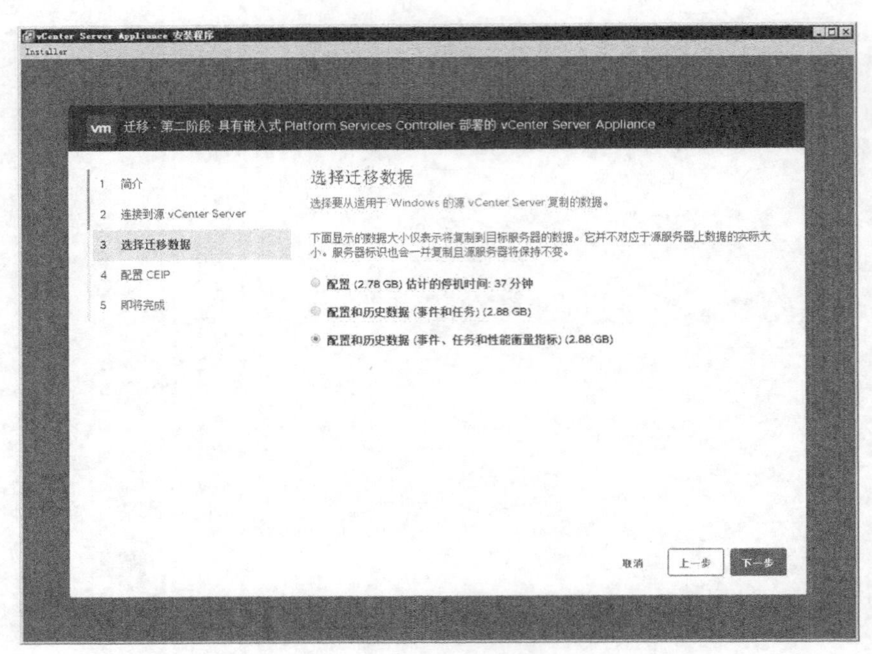

图 3-5-52　迁移 vCenter Server 6.5 至 VCSA 6.7 之十九

第 20 步，用户可根据实际情况确定是否加入 VMware 客户体验提升计划，如图 3-5-53 所示，单击“下一步”按钮。

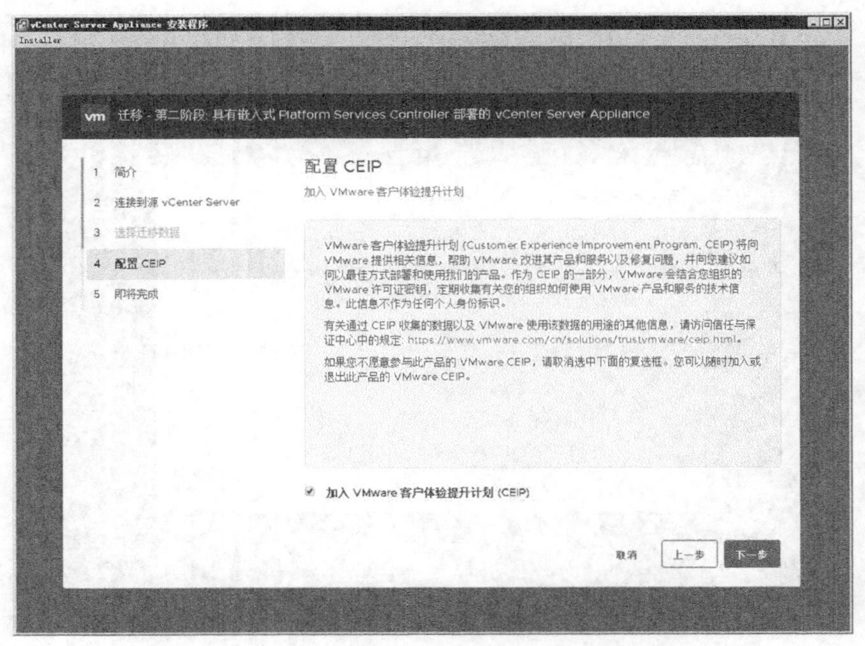

图 3-5-53　迁移 vCenter Server 6.5 至 VCSA 6.7 之二十

第 21 步，确认迁移参数配置正确后，选中“我已备份源 vCenter Server 和数据库中的所有必要数据”，如图 3-5-54 所示，单击“完成”按钮。

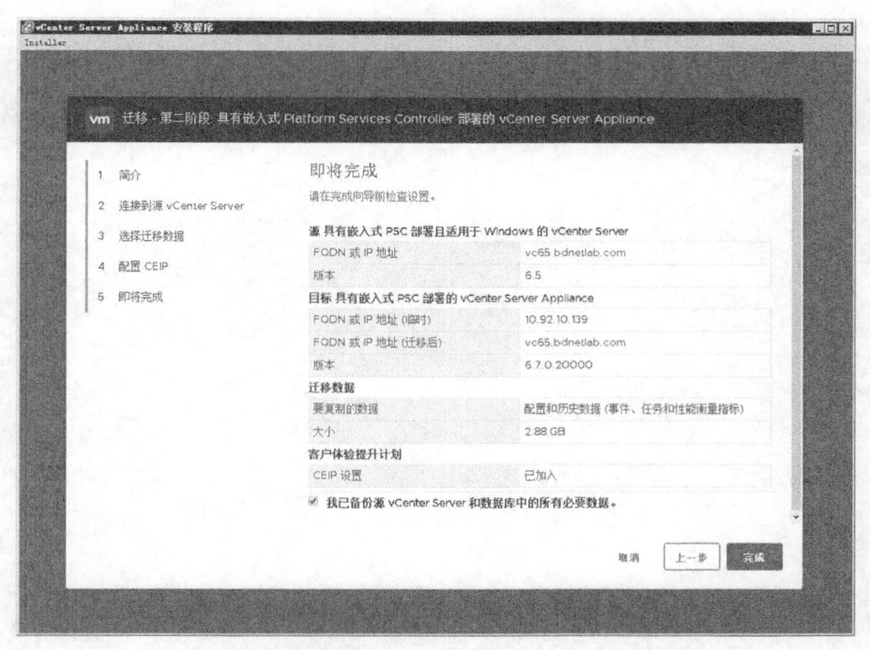

图 3-5-54　迁移 vCenter Server 6.5 至 VCSA 6.7 之二十一

第 22 步，需要特别注意，迁移过程中源 vCenter Server 虚拟机会关闭，如图 3-5-55 所示，单击“确定”按钮。

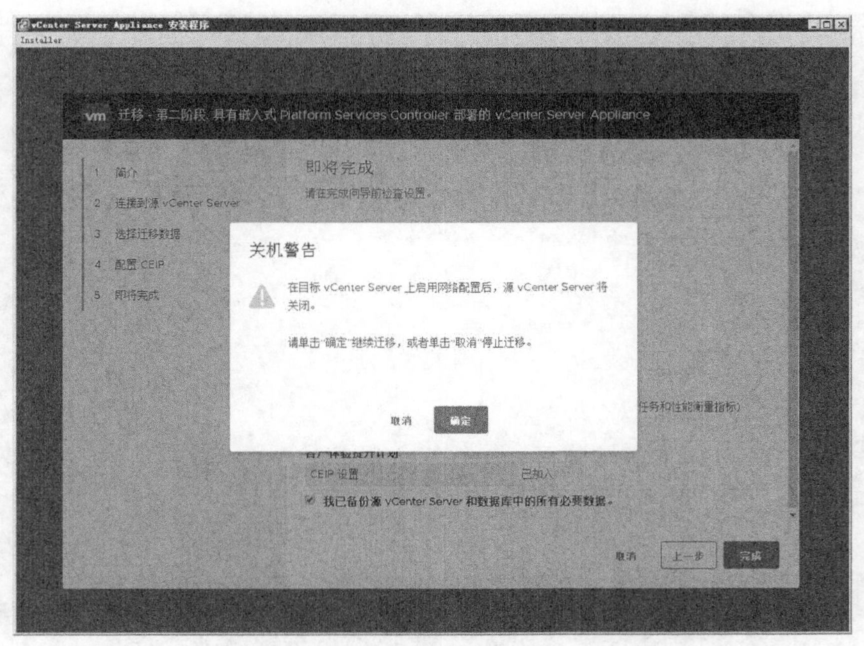

图 3-5-55　迁移 vCenter Server 6.5 至 VCSA 6.7 之二十二

第 23 步，数据传输有 3 个步骤，每一个步骤都不能出现报错，图 3-5-56 所示为将数据从源 vCenter Server 复制到目标 VCSA。

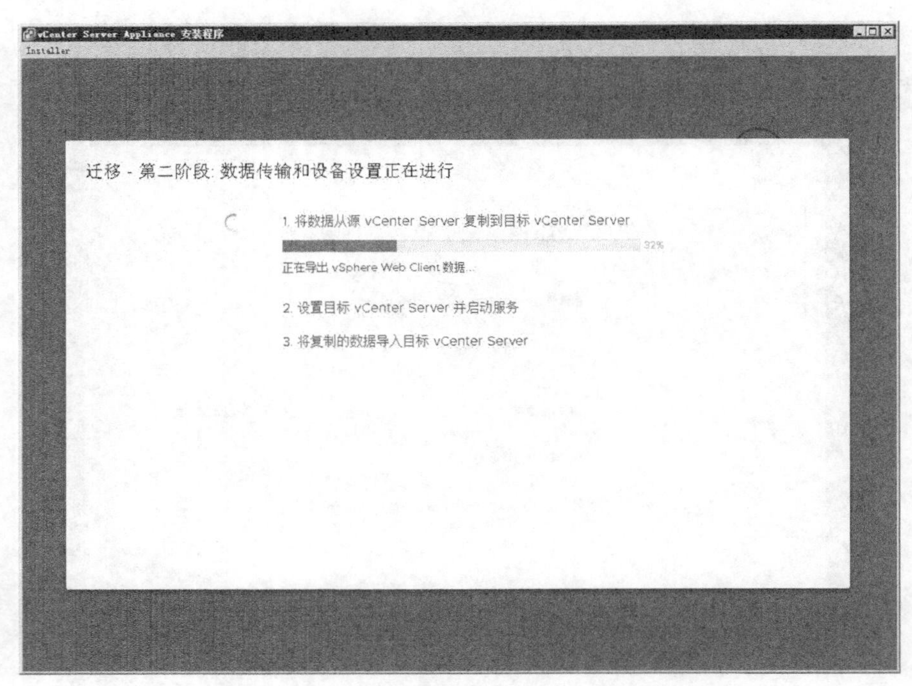

图 3-5-56　迁移 vCenter Server 6.5 至 VCSA 6.7 之二十三

第 24 步，设置目标 VCSA 并启动服务，如图 3-5-57 所示。

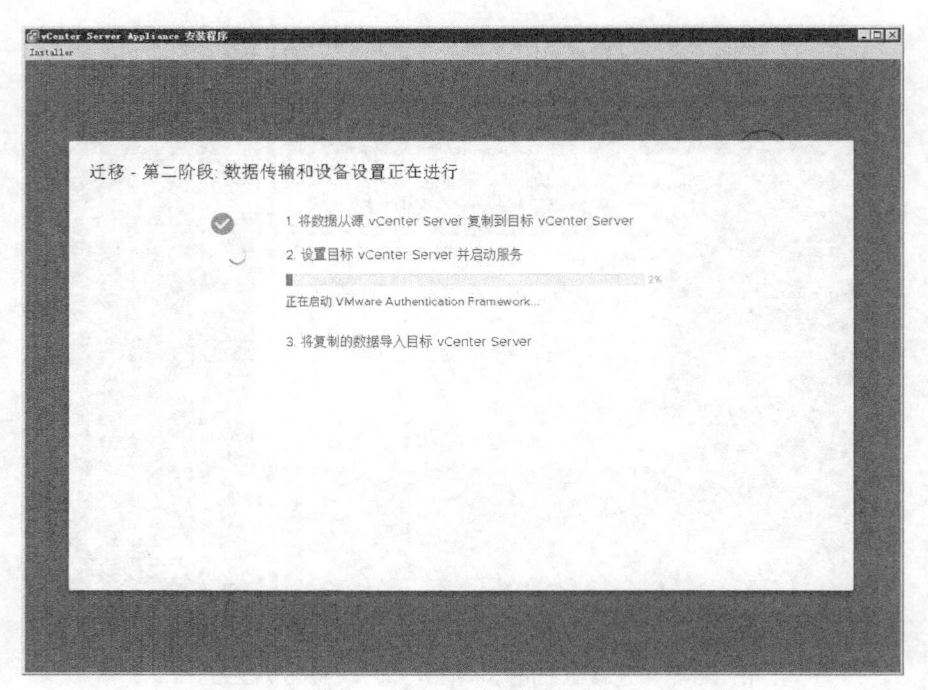

图 3-5-57　迁移 vCenter Server 6.5 至 VCSA 6.7 之二十四

第 25 步，将复制的数据导入目标 VCSA，如图 3-5-58 所示。

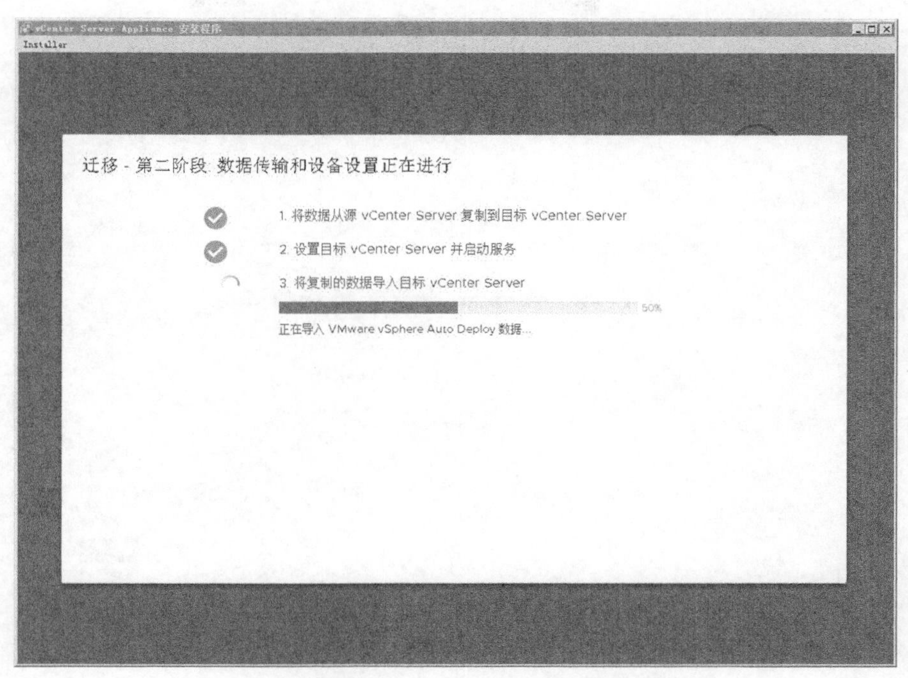

图 3-5-58 迁移 vCenter Server 6.5 至 VCSA 6.7 之二十五

第 26 步，在导入数据过程中会出现一些消息提示，如图 3-5-59 所示。

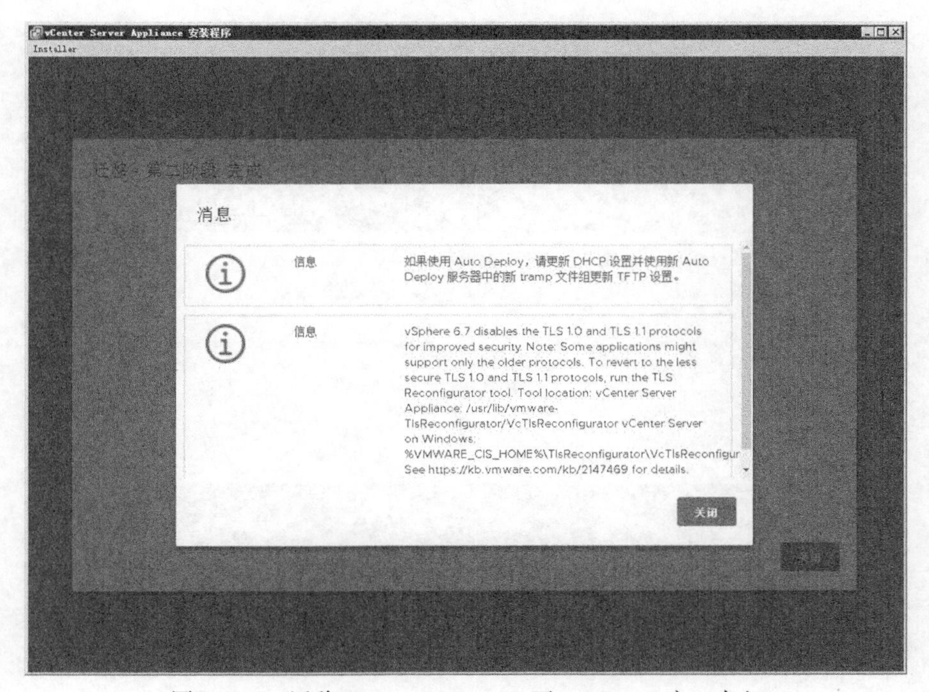

图 3-5-59 迁移 vCenter Server 6.5 至 VCSA 6.7 之二十六

第 27 步，完成第二阶段操作，如图 3-5-60 所示，单击“关闭”按钮。

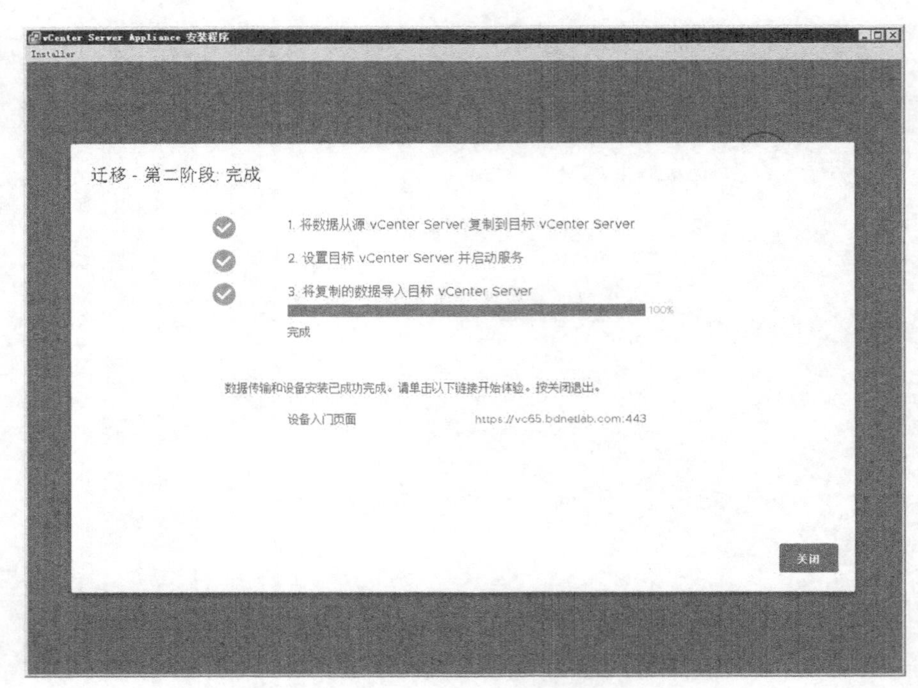

图 3-5-60 迁移 vCenter Server 6.5 至 VCSA 6.7 之二十七

第 28 步，查看 VCSA 版本，显示为 6.7 版本，如图 3-5-61 所示。

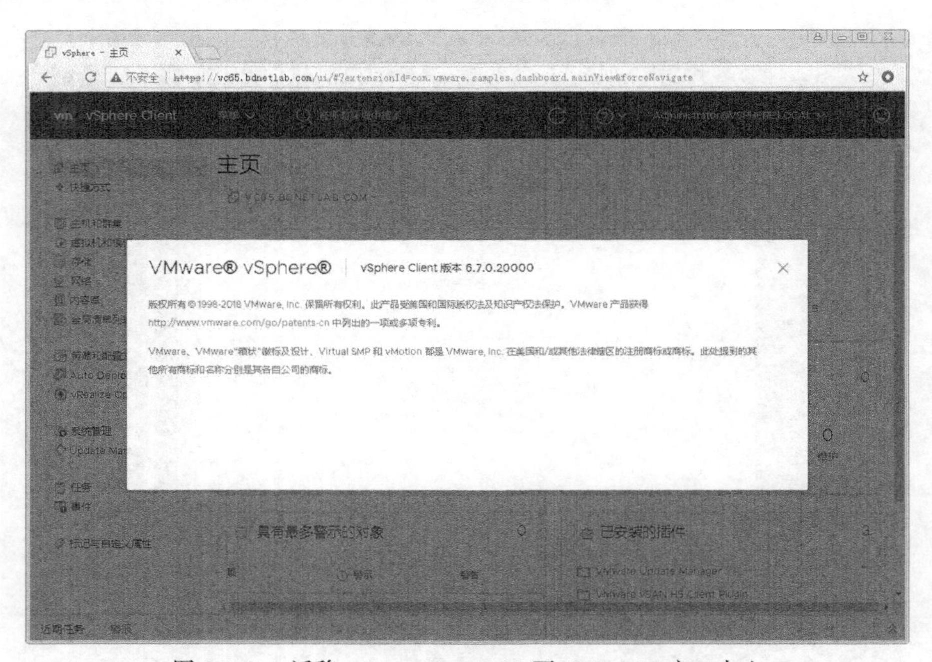

图 3-5-61 迁移 vCenter Server 6.5 至 VCSA 6.7 之二十八

第 29 步，打开 VCSA 虚拟机控制台，查看版本信息为 6.7 版本，如图 3-5-62 所示。

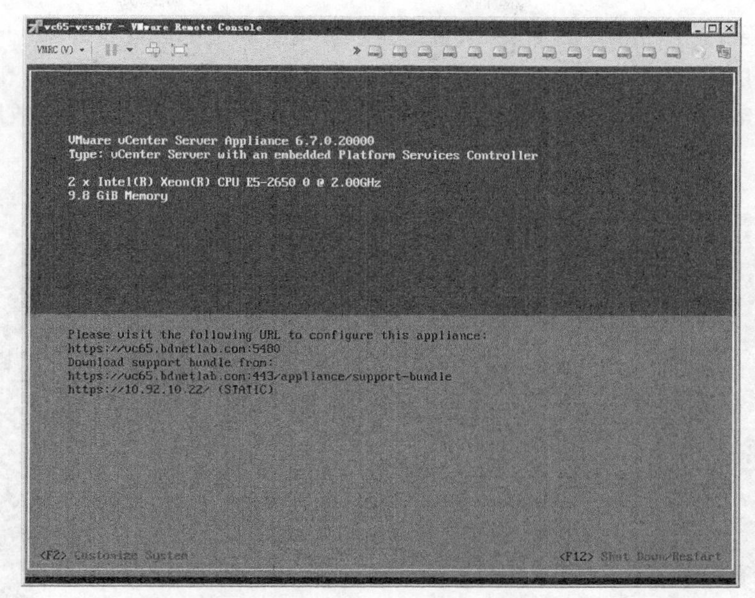

图 3-5-62 迁移 vCenter Server 6.5 至 VCSA 6.7 之二十九

至此，跨平台将 vCenter Server 6.5 迁移到 VCSA 6.7 的操作完成，只要事前做好准备工作，迁移过程不会出现问题。再次强调，VCSA 6.7 安装程序不能在源 vCenter Server 上运行。源 vCenter Server 需要运行 VMware-Migration-Assistant 程序。

3.6 使用 vCenter Server 6.7 增强链接模式

官方从 VMware vSphere 6.0 开始引入增强型链接模式，到 VMware vSphere 6.7，官方不断完善该功能，使其适用于多个场景。增强型链接模式使用一个或多个 Platform Services Controller 链接多个 vCenter Server，这适用于一些大型企业或特殊应用场景，使得登录一个 vSphere Web Client 就可以管理所有已链接的 vCenter Server。

3.6.1 增强型链接模式应用场景

对于中小企业或者一般应用来说，通常可部署一个 vCenter Server 用于管理生产环境中的 ESXi 主机以及虚拟机，因为一个 vCenter Server 就可以管理大量的设备。但对于一些大型企业或者特殊应用来说，一个 vCenter Server 无法满足需求，但如果单独部署多个 vCenter Server 而不能统一管理，就会造成很多问题。所以，VMware vSphere 提供了增强型链接模式来解决这个问题。用户通过增强型链接模式，登录任何一个 vCenter Server 都可以查看和管理所有 vCenter Server。

vCenter Server 6.7 中的增强型链接模式分为外部独立模式和嵌入链接模式两大类，以便用于不同的生产环境。

1. 外部独立模式以及应用场景

外部独立模式指使用单独服务器安装 Platform Services Controller，再使用其他服务器部署 vCenter Server，在部署 vCenter Server 时选择现有的外部 Platform Services Controller。

Windows 版本 vCenter Server 支持外部独立模式，如图 3-6-1 所示，在生产环境中，需要考虑 Platform Services Controller 虚拟机稳定性以及当虚拟机出现故障后该如何切换等问题。

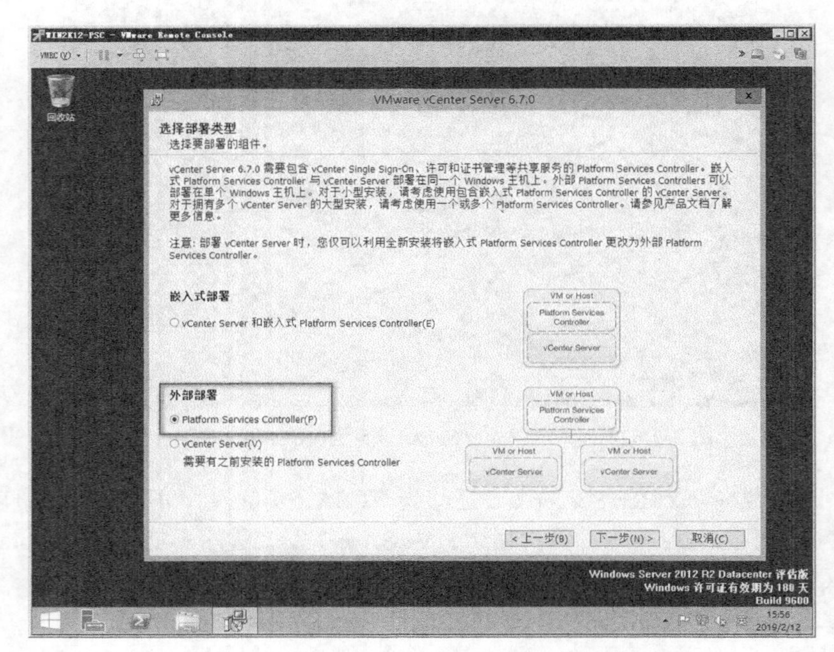

图 3-6-1　Windows 版本 vCenter Server 外部独立模式

Linux 版本 vCenter Server 也支持外部独立模式，如图 3-6-2 所示，在生产环境中，需要考虑 Platform Services Controller 虚拟机稳定性以及虚拟机出现故障后该如何切换等问题。

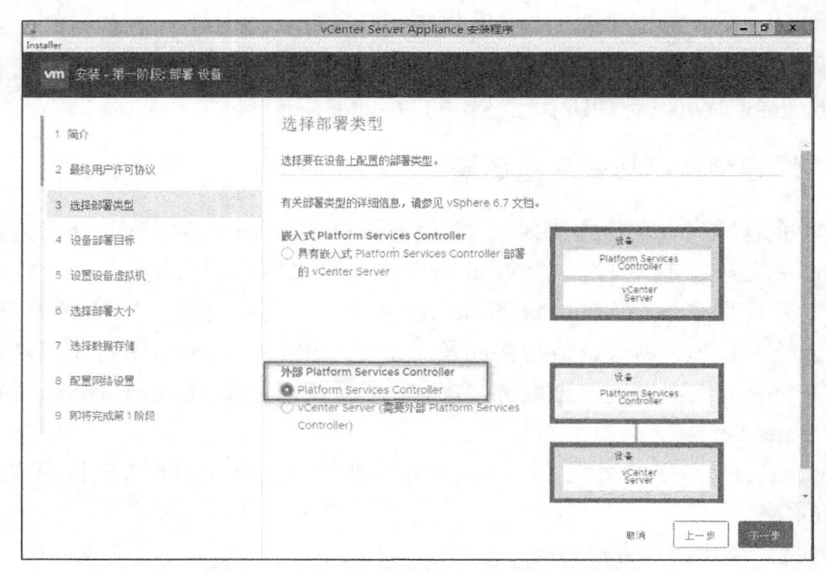

图 3-6-2　Linux 版本 vCenter Server 独立模式

当部署好外部独立 Platform Services Controller 后，使用浏览器打开管理界面，如图 3-6-3 所示，这与 vCenter Server 的管理界面是不一样的。

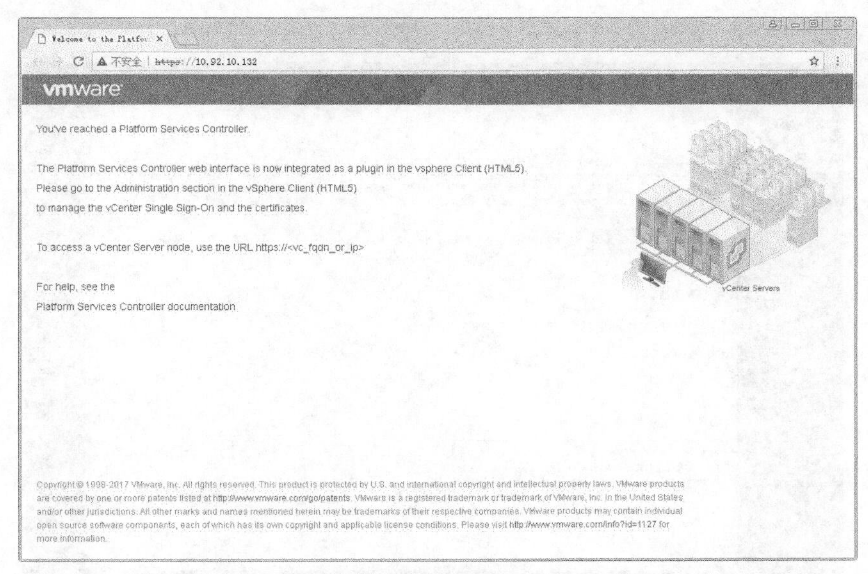

图 3-6-3 访问外部独立 Platform Services Controller

外部独立模式适用于全新部署的生产环境。如果生产环境中已经部署了嵌入式 Platform Services Controller，外部独立模式就不适用了。

2. 嵌入链接模式以及应用场景

嵌入链接模式是支持具有嵌入式 Platform Services Controller 的 vCenter Server 的增强型链接模式。使用嵌入链接模式，可以将 vCenter Server 与嵌入式 Platform Services Controller 连接到一起以形成一个域。需要说明的是，Windows 版本 vCenter Server 不支持嵌入链接模式。嵌入链接模式从 VMware vSphere 6.5 U2 开始受支持并适用于大多数生产环境。嵌入链接模式功能如下。

- 无须外部 Platform Services Controller 支持，能提供比使用增强型链接模式的外部部署更加简单的域架构。
- 简化备份和还原过程，不需负载均衡器。
- 最多可将 15 个 vCenter Server 链接到一起，并在一个清单视图中显示。
- 对于 vCenter High Availability 群集，将三个节点视为一个逻辑 vCenter Server 节点。一个 vCenter High Availability 群集需要一个 vCenter Server 标准许可证。

嵌入链接模式适用于已经部署好 Linux 版本 vCenter Server 的生产环境，在不修改基础架构的情况下可以对它进行扩展。需要注意的是，Windows 版本 vCenter Server 不支持嵌入链接模式。

3.6.2 配置外部独立链接模式

外部独立链接模式的配置非常简单，本小节篇幅不大，只介绍几个操作。如何部署 vCenter Server 请参考本章其他小节。

第 1 步，在部署 vCenter Server 过程中选择部署类型时，选中“外部部署”中的 vCenter Server，如图 3-6-4 所示。

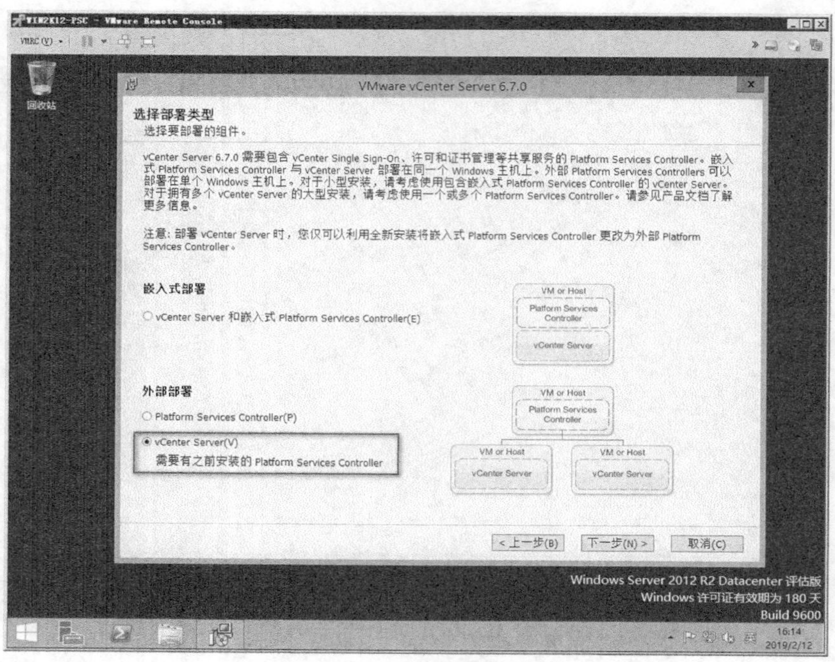

图 3-6-4　配置外部独立链接模式之一

第 2 步，输入外部 Platform Services Controller 的相关信息，如图 3-6-5 所示。

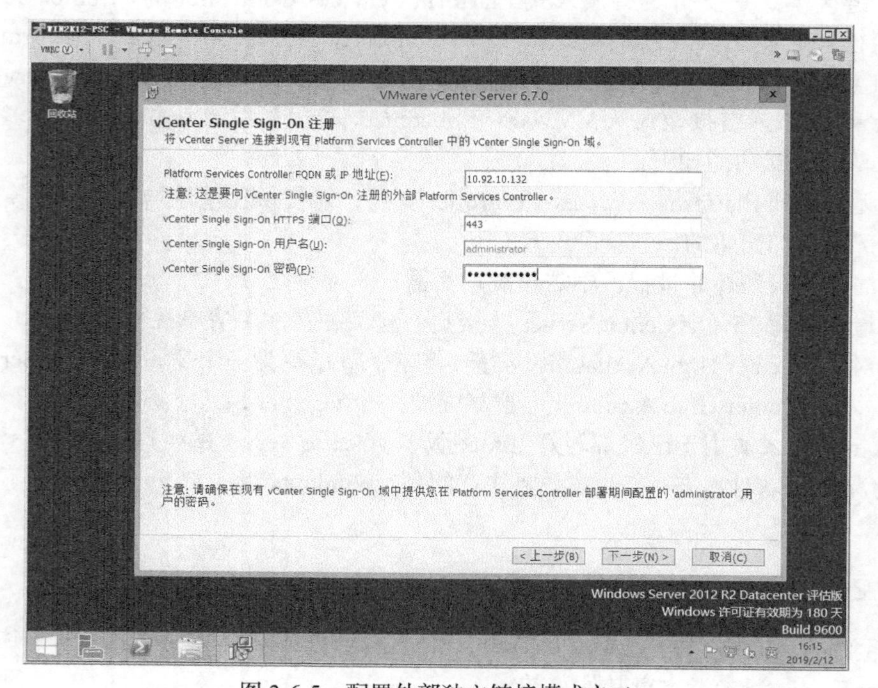

图 3-6-5　配置外部独立链接模式之二

第 3 步，系统会对外部 Platform Services Controller 进行验证，如图 3-6-6 所示。

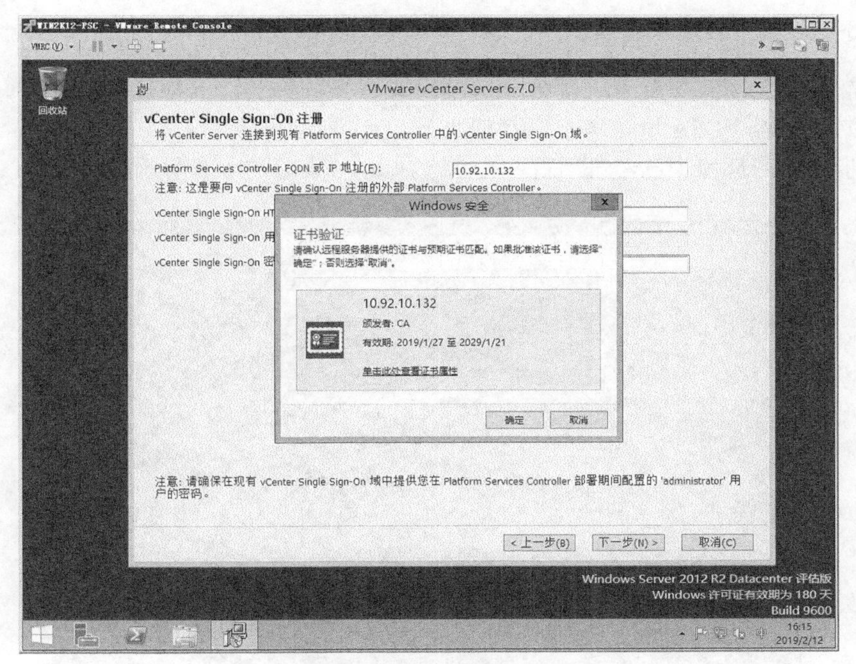

图 3-6-6 配置外部独立链接模式之三

第 4 步，部署完成后，打开任意一个 vCenter Server，都可以看到其他 vCenter Server 信息，如图 3-6-7 所示。

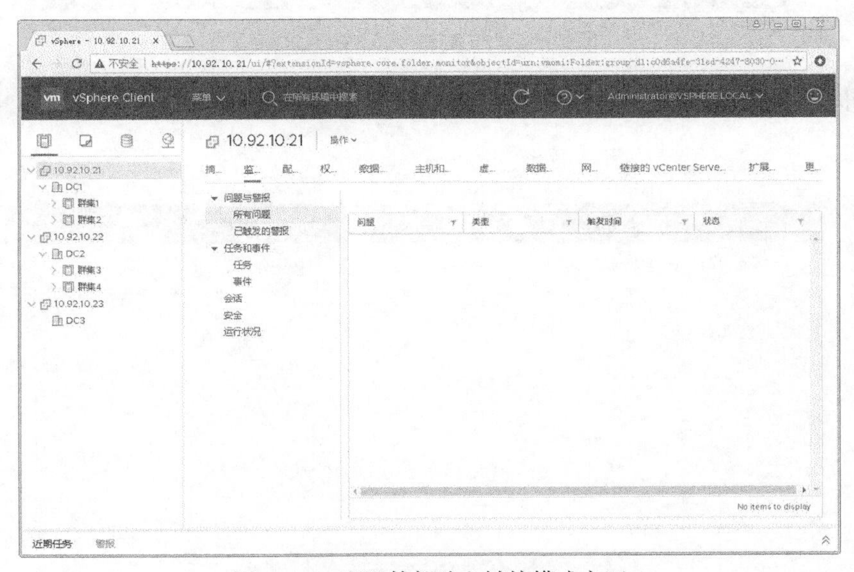

图 3-6-7 配置外部独立链接模式之四

至此，外部独立链接模式配置完成。从表面上看，此次部署仅仅是调整几个参数而已，但调整后的 vCenter Server 能够实现的功能与之前是不一样的。使用外部独立链接模式，需要注意外部 Platform Services Controller 的冗余以及使用场景等问题。

3.6.3　配置嵌入链接模式

配置嵌入链接模式与配置外部独立链接模式有一些差别，本小节篇幅不大，只介绍关键操作，如何部署 VCSA 请参考本章其他小节。

第 1 步，生产环境中已经部署好一台 VCSA 6.7，如图 3-6-8 所示。

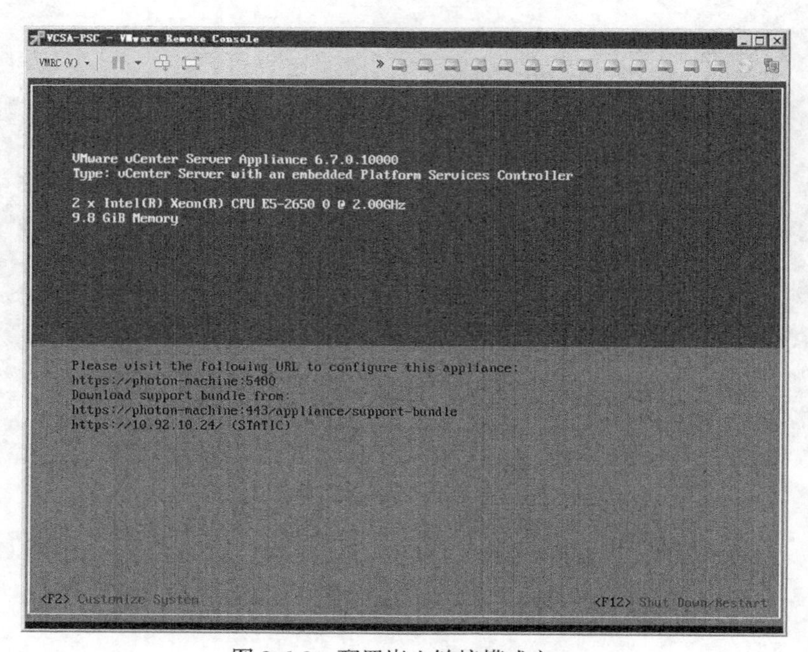

图 3-6-8　配置嵌入链接模式之一

第 2 步，使用浏览器打开 VCSA 6.7 进行查看，清单中仅一台 VCSA，如图 3-6-9 所示。

图 3-6-9　配置嵌入链接模式之二

第 3 步，使用 VCSA 6.7 安装程序部署 VCSA。注意部署类型应选择嵌入式 Platform Services Controller，而不是外部 Platform Services Controller，如图 3-6-10 所示。

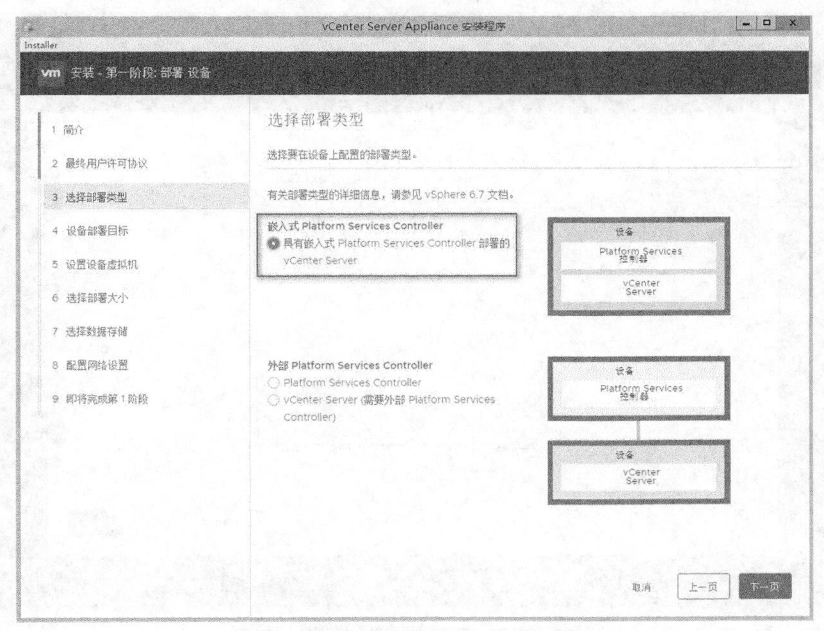

图 3-6-10　配置嵌入链接模式之三

第 4 步，选择加入现有 SSO 域，输入生产环境中已部署好的 VCSA 6.7 相关信息，如图 3-6-11 所示。

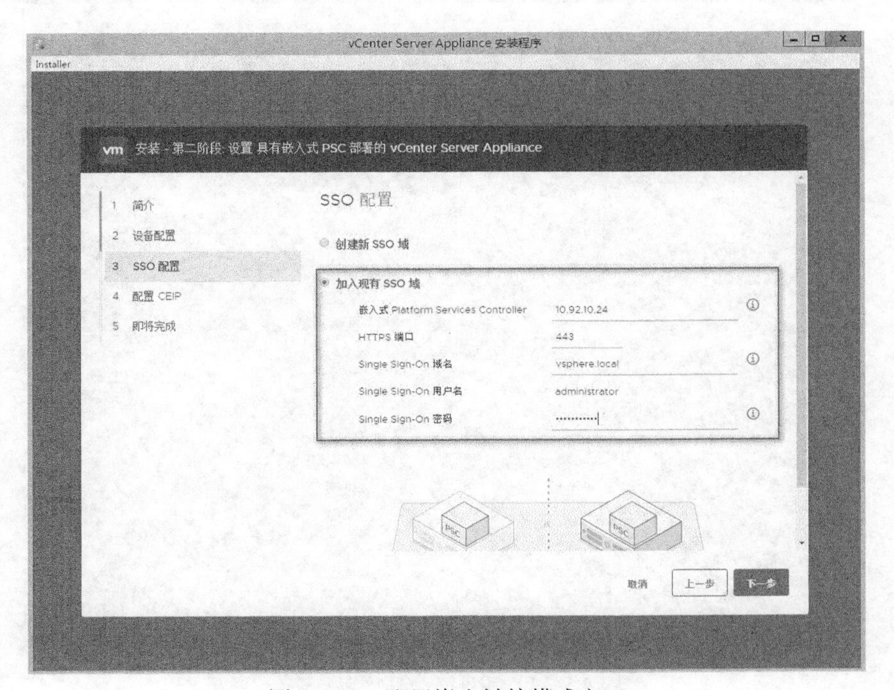

图 3-6-11　配置嵌入链接模式之四

第 5 步，确认参数是否正常，如图 3-6-12 所示。

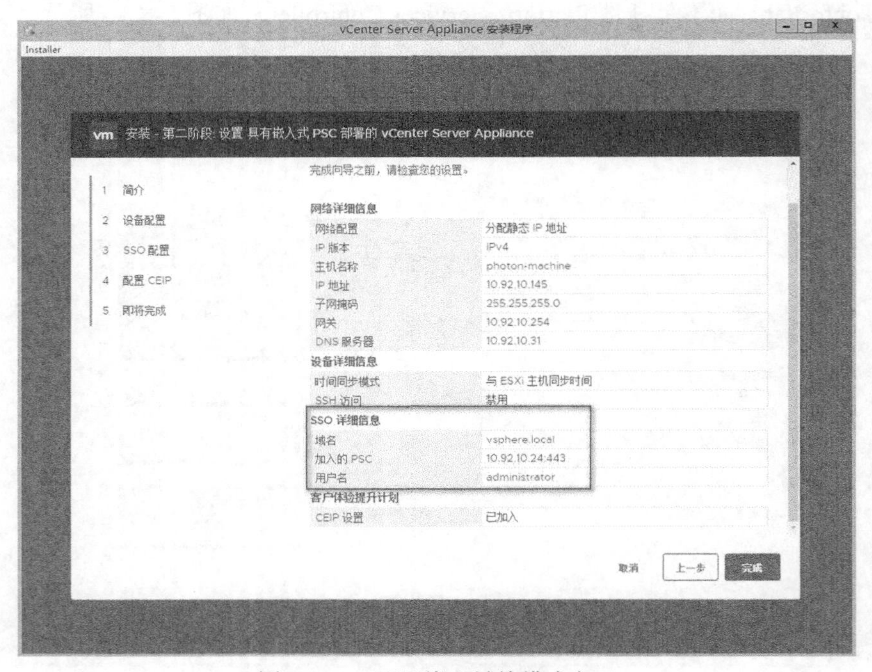

图 3-6-12　配置嵌入链接模式之五

第 6 步，完成新的 VCSA 6.7 部署，如图 3-6-13 所示。

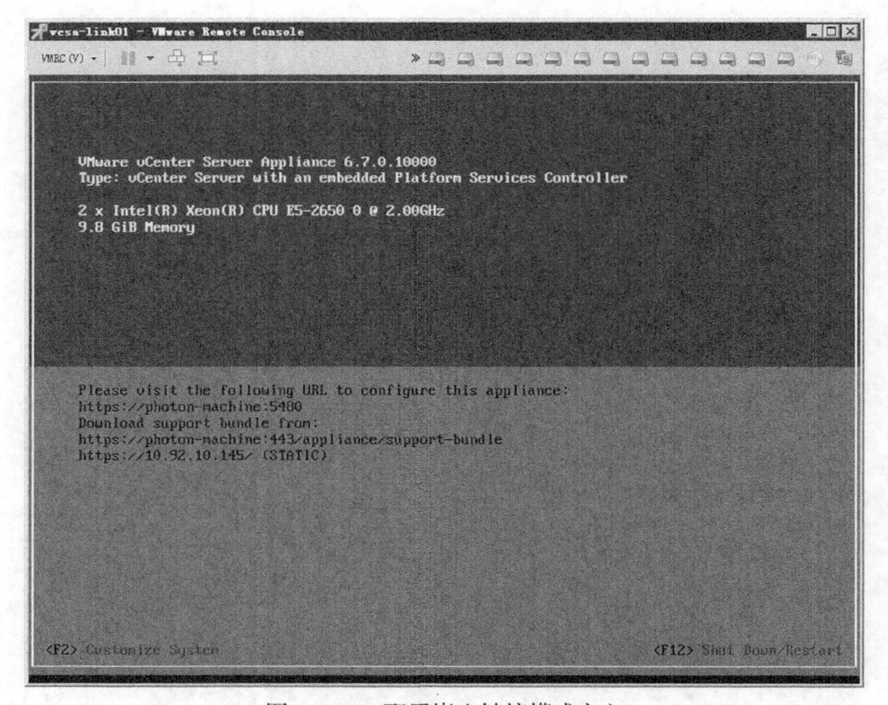

图 3-6-13　配置嵌入链接模式之六

第 7 步，登录新部署的 VCSA 6.7，在清单中可以看到两台 VCSA，如图 3-6-14 所示。

图 3-6-14　配置嵌入链接模式之七

第 8 步，登录源 VCSA 6.7，在清单中也可以看到两台 VCSA，说明嵌入链接模式配置成功，如图 3-6-15 所示。

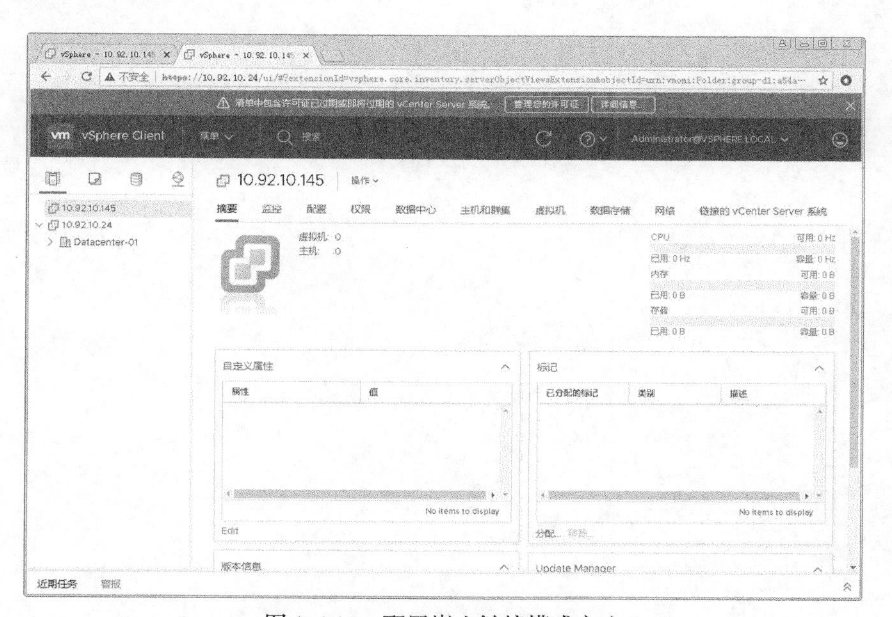

图 3-6-15　配置嵌入链接模式之八

至此，嵌入链接模式配置完成。与外部独立模式不同的是，嵌入链接模式不需要外部 Platform Services Controller 支持，这样的话可以在不影响现有生产环境架构的情况下对 VCSA 进行调整。需要注意的是，Windows 版本 vCenter Server 不支持嵌入链接模式。

3.7 本章小结

本章花大量的篇幅介绍了基于 Windows 以及 Linux 版本 vCenter Server 6.7 的部署以及升级，还介绍了如何进行跨平台迁移。在章节的最后，作者针对 vCenter Server 6.7 再进行一些说明。

1. vCenter Server 6.7 部署

Windows 版本的部署一定要注意 Windows 操作系统的版本是否支持以及相关组件是否安装。

2. vCenter Server 6.7 升级

并不是所有 vCenter Server 6.x 都可以升级到 vCenter Server 6.7，同时也要注意源 vCenter Server 操作系统版本，升级前请参考本章相关列表或参考 VMware 官方文档。

3. 跨平台迁移至 vCenter Server 6.7

跨平台迁移操作存在风险，在生产环境中，建议用户在操作前对源 vCenter Server 进行备份，如果迁移出现问题可以快速恢复。

第 4 章　部署使用存储

无论是传统数据中心还是 VMware vSphere 虚拟化数据中心，存储设备都是保证数据中心正常运行的关键设备。作为企业虚拟化架构实施人员或者管理人员，必须考虑如何在企业生产环境中构建高可用存储环境，以保证虚拟化架构的正常运行。IBM、HP、EMC 等专业存储设备具有大容量、高容错的特征及多台存储实时同步等功能，但相对来说价格昂贵。VMware 也推出了自己的软件定义存储 Virtual SAN 解决方案。本章介绍生产环境中常用的 iSCSI、FC 存储和服务器，以及 Virtual SAN 存储配置。

本章要点

- VMware vSphere 支持的存储介绍
- 配置使用 iSCSI 存储
- 配置使用 FC 存储
- 配置使用 Virtual SAN 存储

4.1　VMware vSphere 支持的存储介绍

VMware vSphere 架构对存储的支持是非常完善的。它不仅支持传统存储，例如 FC SAN、iSCSI、NFS 等，而且支持最新的 VMware Virtual SAN 软件定义存储。

4.1.1　常见存储类型

从早期的 VMware vSphere 版本开始，VMware vSphere 支持的存储就非常多。目前支持的类型如下。

1．本地存储

传统的服务器都配置有本地磁盘，对于 ESXi 主机来说，这就是本地存储，也是基本存储之一。在本地存储上可以安装 ESXi、放置虚拟机等，但使用本地存储，虚拟化架构所有的高级特性如 vMotion、HA、DRS 等均无法使用。

2．FC 存储

FC SAN 是 VMware 官方推荐的存储之一，它能最大限度地发挥虚拟化架构的优势，虚拟化架构所有的高级特性如 vMotion、HA、DRS 等功能均可实现。同时，FC 存储可以支持 ESXi 主机 FC SAN BOOT。缺点是需要 FC HBA 卡、FC 交换机、FC 存储支持，投入的成本较高。

3．iSCSI 存储

相对 FC 存储来说，iSCSI 比较便宜，因此它被称为 VMware vSphere 存储性价比最高的解决方案。用户可以通过在普通服务器安装 iSCSI Target Software 来实现，同时，它支持 SAN BOOT 引导（取决于 iSCSI HBA 卡是否支持 BOOT）。部分观点认为，iSCSI 存储存在传输速率较慢、CPU 占用率较高等问题。如果使用 10 吉比特以太网、iSCSI HBA 卡，可以在一定程度上解决此问题。

4. NFS 存储

NFS 是中小企业使用得最多的网络文件系统，最大的优点是配置管理简单，虚拟化架构主要的高级特性，如 vMotion、HA、DRS 等功能均可实现。

4.1.2 FC 存储介绍

FC 的英文全称为 Fibre Channel，目前多数的翻译为“光纤通道”（包括 VMware vSphere 中文版），实际上比较准确的翻译应为“网状通道”。FC 最早是作为 HP、SUN、IBM 等公司组成的 R&D 实验室中一项研究项目出现的，它早期采用同轴电缆进行连接，后来发展到使用光纤连接，因此被称为光纤通道。

FC SAN（Fibre Channel Storage Area Network，光纤/网状通道存储局域网络）是一种将存储设备、连接设备和接口集成在一个高速网络中的技术。SAN 本身就是一个存储网络，承担了数据存储的任务，SAN 与 LAN 业务网络相隔离，存储数据流不会占用业务网络带宽，使存储空间得到更加充分的利用，使得安装和管理更加有效。

FC 存储一般包括下列几个部分。

1. FC SAN 服务器

如果要使用 FC 存储，网络中就必须存在一台 FC SAN 服务器，以提供存储服务。目前主流的存储厂商 IBM、HP、DELL 等都可以提供专业的 FC SAN 服务器，其价格根据控制器型号、存储容量以及其他可以使用的高级特性来决定。一般来说，存储厂商提供的 FC SAN 服务器价格比较昂贵。图 4-1-1 为 DELL MD3800f 存储服务器，图 4-1-2 为华为 OceanStor 2200 存储服务器。

也可以购置普通的 PC 服务器，安装 FC 存储软件和 FC HBA 卡来提供 FC 存储服务，这样的实现方式成本相对较低。

图 4-1-1　DELL MD3800f 存储服务器

图 4-1-2　华为 OceanStor 2200 存储服务器

2. FC HBA 卡

无论是 FC SAN 服务器，还是需要连接 FC 存储的客户端服务器，都需要配置 FC HBA 卡，用于连接 FC SAN 交换机。目前市面上常用的 FC HBA 卡分为单口（见图 4-1-3）和双口（见图 4-1-4）两种，也有满足特殊需求的多口 FC HBA 卡。比较主流的 FC HBA 卡速率为 4Gbit/s 或 8Gbit/s。速率为 16Gbit/s 的 FC HBA 卡由于价格相对较高，因此使用相对较少。

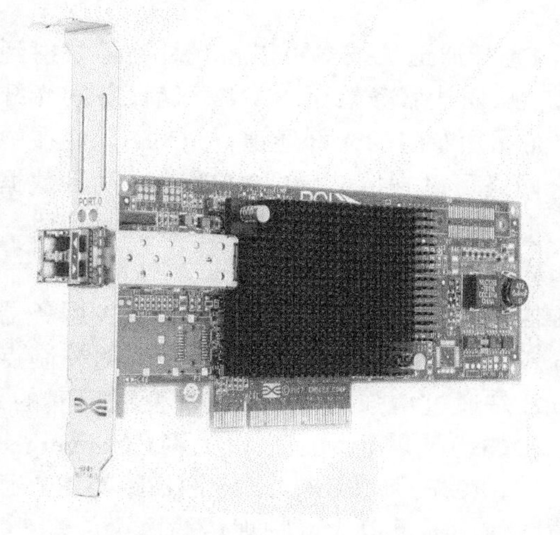

图 4-1-3 单口 FC HBA 卡

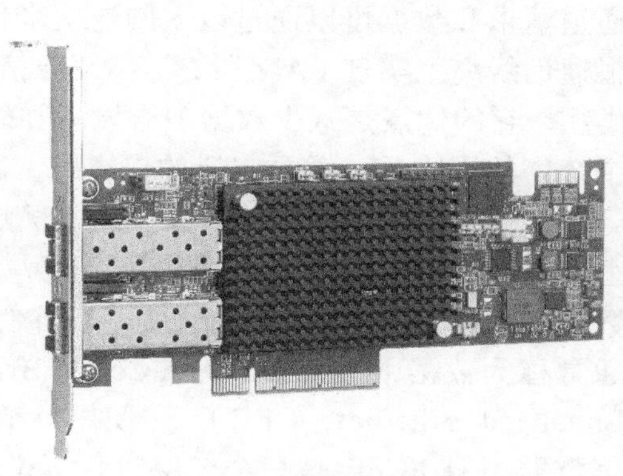

图 4-1-4 双口 FC HBA 卡

3. FC SAN 交换机

对于 FC SAN 服务器以及需要连接 FC 存储的客户端服务器来说，很少会直接进行连接，大多数环境中会使用 FC SAN 交换机，这样可以提供冗余并且增加 FC SAN 的安全性等特性。目前市面上常用的 FC SAN 交换机品牌主要有博科（见图 4-1-5）、Cisco（见图 4-1-6）以及华为（见图 4-1-7）等。FC SAN 的端口数和支持的速率需要参考 FC SAN 交换机相关文档。

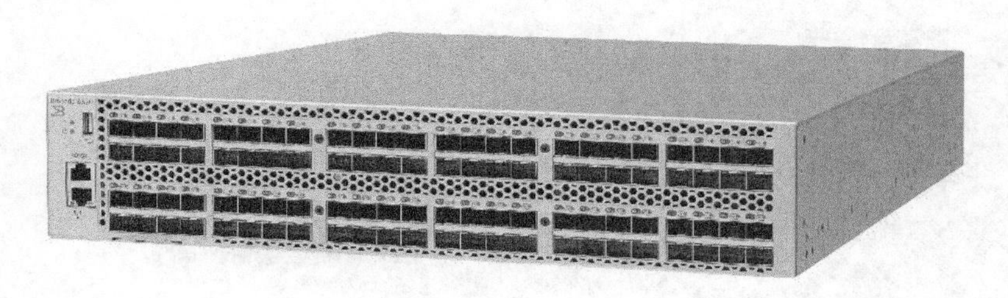

图 4-1-5 博科 6520 FC SAN 交换机

图 4-1-6 Cisco MDS 9124 FC SAN 交换机

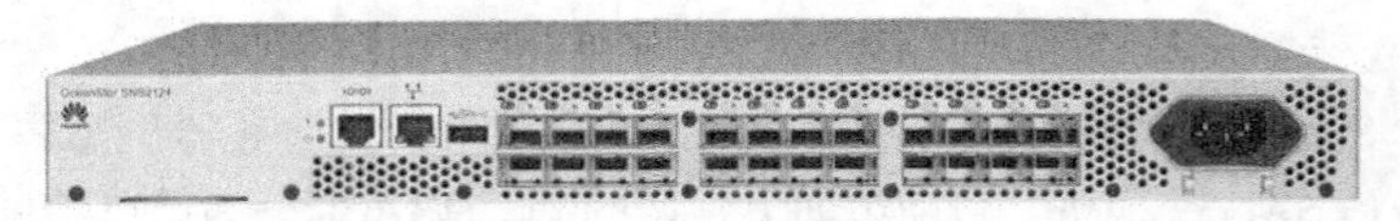

图 4-1-7　华为 OceanStor SNS2124　FC SAN 交换机

4.1.3　FCoE 介绍

FCoE（Fibre Channel over Ethernet，以太网光纤通道）技术可以将光纤通道映射到以太网，把光纤通道信息插入以太网信息包内，从而让服务器至 SAN 存储设备的光纤通道请求和数据可以通过以太网连接来传输，而无须专门的光纤通道。FCoE 允许在一根通信线缆上实现 LAN 和 FC SAN 通信，融合网络可以支持 LAN 和 FC SAN 两种数据类型。它的优点是减少数据中心设备和线缆数量，同时降低供电和制冷负载；收敛成一个统一的网络后，需要支持的点也跟着减少，从而降低管理负担。

FCoE 面向的是 10GE，其应用的优点是在维持原有服务的基础上，大幅减少服务器上的网络接口数量（同时减少了电缆，节省了交换机端口和管理员需要管理的控制点数量），从而降低功耗，给管理带来方便。FCoE 是通过增强的 10GE 技术变成现实的，通常称为数据中心桥接（Data Center Bridging，DCB）或融合增强型以太网（Converged Enhanced Ethernet，CEE）。它使用隧道协议，如 FCIP 和 iFCP，来传输长距离 FC 通信数据。但 FCoE 是一个二层封装协议，本质上使用的是以太网物理传输协议传输 FC 数据。

在生产环境使用 FCoE，一般来说需要使用比较特殊的交换机，要求这些交换机不但能够承载 10GE 的流量，而且能够承载 FC 流量。图 4-1-8 所示为 Cisco 公司生产的 Nexus 5548P 交换机，它可以通过扩展插槽增加 FC 模块，并直接通过命令将端口修改为以太网接口或 FC 接口（后续章节将介绍）。

图 4-1-8　Cisco Nexus 5548P 交换机

4.1.4 iSCSI 存储介绍

基于 TCP/IP，iSCSI（internet Small Computer System Interface，Internet 小型计算机系统接口）可用来建立和管理 IP 存储设备、主机和客户机等之间的相互连接，并创建存储区域网络（SAN）。SAN 使得 SCSI 协议应用于高速数据传输网络成为可能，它以块级（block-level）数据在多个存储网络间进行传输。

iSCSI 存储的最大好处是能够在不增加专业设备的情况下，利用现有服务器和以太网环境快速搭建。虽然其性能和带宽与 FC 存储相比还有一些差距，但整体能为企业节省 30%～40%的成本。与 FC 存储相比，iSCSI 存储是便宜的 IP SAN 解决方案，也被称为 VMware vSphere 存储性价比最高的解决方案。如果企业没有 FC 存储的预算费用，可以在普通服务器上安装 iSCSI Target Software 来实现 iSCSI 存储。iSCSI 存储同时支持 SAN BOOT 引导（取决于 iSCSI Target Software 以及 iSCSI HBA 卡是否支持 BOOT）。

需要注意的是，目前约 85%的 iSCSI 存储只使用 iSCSI Initiator 软件的方式部署，对于 iSCSI 传输的数据则使用服务器 CPU 进行处理，这样会额外增加服务器 CPU 的负担。所以，在服务器方面，尤其是对速度较慢但注重性能的应用程序服务器，使用 TCP 卸载引擎（TOE）和 iSCSI HBA 卡可以有效减少 CPU 的负担。

4.1.5 NFS 介绍

NFS（Network File System，网络文件系统）是由 Sun 公司研制的 UNIX 表示层协议（presentation layer protocols），能使用户访问网络上别处的文件，就像在使用自己的计算机一样。NFS 基于 UDP/IP，主要建立在远程过程调用（RPC）系统之上，而 RPC 提供一组与机器、操作系统以及底层传送协议无关的存取远程文件的操作。RPC 采用了 XDR 的支持。XDR 是一种与机器无关的数据描述编码的协议，以独立于任意机器体系结构的格式，对网上传送的数据进行编码和解码，支持在异构系统之间进行数据传送。

NFS 是 UNIX 和 Linux 操作系统中最流行的网络文件系统，Windows Server 也将 NFS 作为一个组件，添加配置后可以让 Windows Server 提供 NFS 存储服务。

4.1.6 Virtual SAN 介绍

Virtual SAN 简称 vSAN，是 VMware 超融合软件解决方案产品，vSAN 使用内嵌的方式集成于 VMware vSphere 虚拟化平台，可以为虚拟机应用提供经过闪存优化的超融合存储。Virtual SAN 对存储进行了虚拟化处理，在提供访问共享存储目标与路径的同时，还具备数据层控制功能，并能够创建基于服务器硬件策略驱动的存储。实际上，vSAN 就是一种数据存储方式，所有存储相关的控制工作放在相对于物理存储硬件的外部软件中，这个软件不是作为存储设备中的固件，而是在一个服务器上或者作为操作系统（OS）或 hypervisor 的一部分发挥作用。vSAN 被集成到 VMware vSphere 5.5 U1 之后的版本中，并且与 VMware vSphere 高可用、分布式资源调度以及 vMotion 深度集成在一起，通过 Web Client 管理。vSAN 最大的好处在于即使底层物理架构存储乱七八糟，但是 Virtual SAN 是透明的，上面的应用、中间件与数据库等部署方式仍然不会发生变化，所以其上的代码与业务逻辑也不会发生变化，如图 4-1-9 所示。

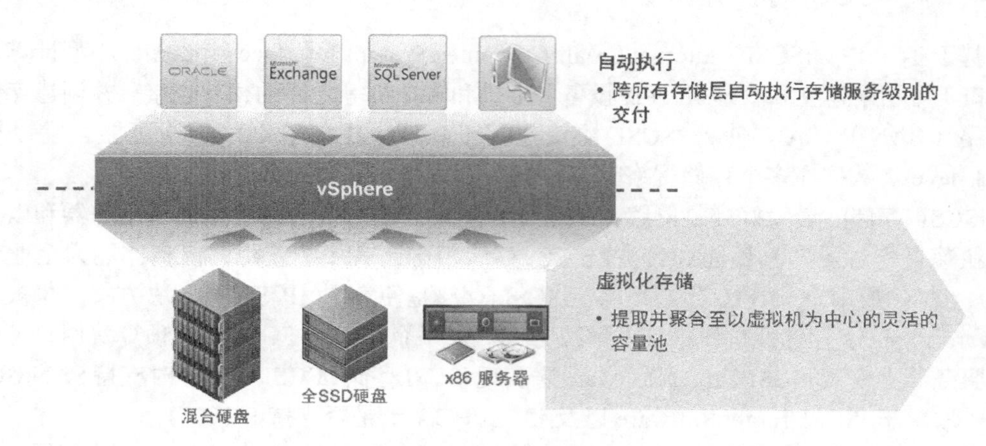

图 4-1-9　Virtual SAN 架构

4.2　配置使用 iSCSI 存储

用户在了解完 VMware vSphere 6.7 所支持的存储后，可进行相关配置的学习。本节先介绍生产环境中大规模使用的 iSCSI，再介绍 FC 存储。下面先简要介绍 iSCSI 协议，再介绍 ESXi 主机 iSCSI 配置。iSCSI 多路径配置部分涉及网络，用户可以先跳过，待学完第 5 章网络部分再回顾。

4.2.1　SCSI 协议介绍

在了解 iSCSI 协议前，需要了解 SCSI。SCSI（Small Computer System Interface，小型计算机系统接口）最早于 1979 年由美国的施加特公司（希捷公司的前身）研发并制定，是由美国国家标准协会（ANSI）承认的标准接口。SCSI Architecture Model（SAM-3）用一种较松散的方式定义了 SCSI 的体系架构。

SCSI Architecture Model，是 SCSI 体系模型的标准规范，它自底向上分为 4 个层次。

（1）物理连接层（Physical Interconnects）。如 Fibre Channel Arbitrated Loop、Fibre Channel Physical Interfaces。

（2）SCSI 传输协议层（SCSI Transport Protocols）。如 SCSI Fibre Channel Protocol、Serial Bus Protocol、Internet SCSI。

（3）共享指令集（SCSI Primary Command）。适用于所有设备类型。

（4）专用指令集（Device-Type Specific Command Sets）。如块设备指令集 SBC（SCSI Block Commands）、流设备指令集 SSC（SCSI Stream Commands）、多媒体指令集 MMC（SCSI-3 Multimedia Command Set）。

简单地说，SCSI 定义了一系列规则提供给 I/O 设备，用以请求相互之间的服务。每个

I/O 设备称为“逻辑单元”（LU），每个逻辑单元都有唯一的地址，这个地址称为“逻辑单元号”（LUN）。SCSI 模型采用客户端/服务器（Client/Server，C/S）模式，客户端称为 Initiator，服务器称为 Target。传输数据时，Initiator 向 Target 发送请求，Target 给予回复。iSCSI 协议也沿用了这套思路。

4.2.2 iSCSI 协议基本概念

iSCSI 协议是集成了 SCSI 协议和 TCP/IP 的新协议。它在 SCSI 基础上扩展了网络功能，也就是可以让 SCSI 命令通过网络传送到远程 SCSI 设备，而 SCSI 协议只能访问本地的 SCSI 设备。iSCSI 是传输层之上的协议，使用 TCP 连接建立会话。在 Initiator 端的 TCP 端口号随机选取，Target 的端口号默认是 3260。ISCSI 同样采用客户端/服务器模式。客户端称为 Initiator，服务器端称为 Target。

（1）Initiator：通常指用户主机。用户产生 SCSI 请求，并将 SCSI 命令和数据封装到 TCP/IP 包发送到 IP 网络中。

（2）Target：通常存在于存储设备上，用于转换 TCP/IP 包中的 SCSI 命令和数据。

4.2.3 iSCSI 协议名字规范

在 iSCSI 协议中，Initiator 和 Target 是通过名字进行通信的，因此，每一个 iSCSI 节点（即 Initiator）必须拥有一个 iSCSI 名字。iSCSI 协议定义了 3 类名称结构。

1. iqn（iSCSI Qualified Name）

格式为“iqn”+“年月”+“.”+“颠倒的域名”+“:”+“设备的具体名称”。之所以颠倒域名是为了避免可能发生的冲突。

2. eui（Extend Unique Identifier）

eui 来源于 IEEE 中的 EUI，格式是为“eui”+“64bit 的唯一标识（16 个字母）”。64bit 中，前 24bit（6 个字母）是公司的唯一标识，后面 40bit（10 个字母）是设备的标识。

3. naa（Network Address Authority）

由于 SAS 协议和 FC 协议都支持 naa，因此 iSCSI 协议也支持这种名字结构。naa 格式为“naa”+“64bit（16 个字母）或者 128bit（32 个字母）的唯一标识”。

4.2.4 配置 ESXi 主机使用 iSCSI 存储

了解完 iSCSI 存储的基本概念后，就可以配置 iSCSI 存储，在配置过程中会涉及部分网络知识。

第 1 步，进入 ESXi 主机配置界面，选择存储适配器配置，单击“添加软件适配器”，再选中“添加软件 iSCSI 适配器”，如图 4-2-1 所示，生产环境中多数使用服务器自带的以太网卡作为软件 iSCSI 适配器。

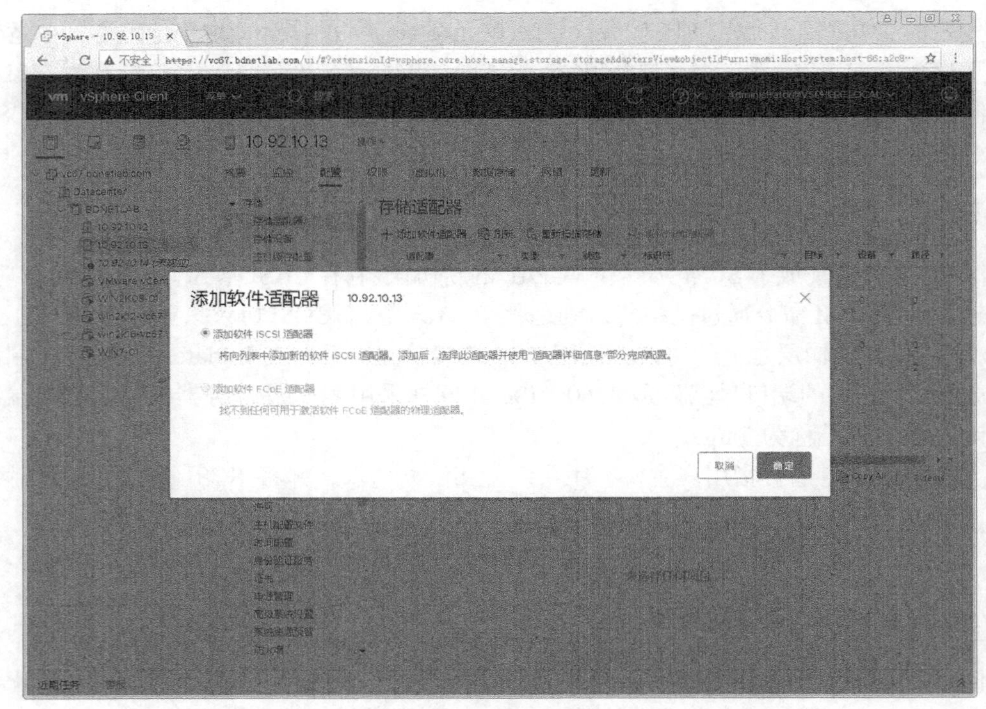

图 4-2-1 配置 ESXi 主机使用 iSCSI 存储之一

第 2 步，添加软件 iSCSI 适配器完成之后，适配器名为 vmhba64，如图 4-2-2 所示。

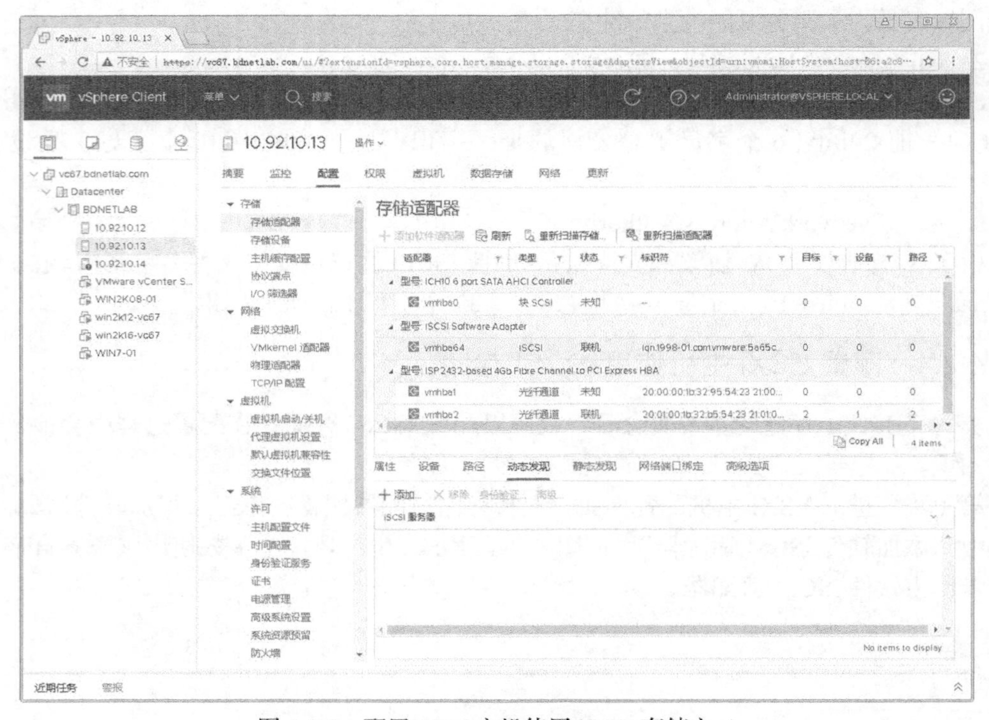

图 4-2-2 配置 ESXi 主机使用 iSCSI 存储之二

第 3 步，单击“动态发现”添加 iSCSI 服务器，iSCSI 服务器默认端口为 3260，如图 4-2-3 所示。

图 4-2-3 配置 ESXi 主机使用 iSCSI 存储之三

第 4 步，修改存储配置后，系统会建议重新扫描 vmhba64，如图 4-2-4 所示。

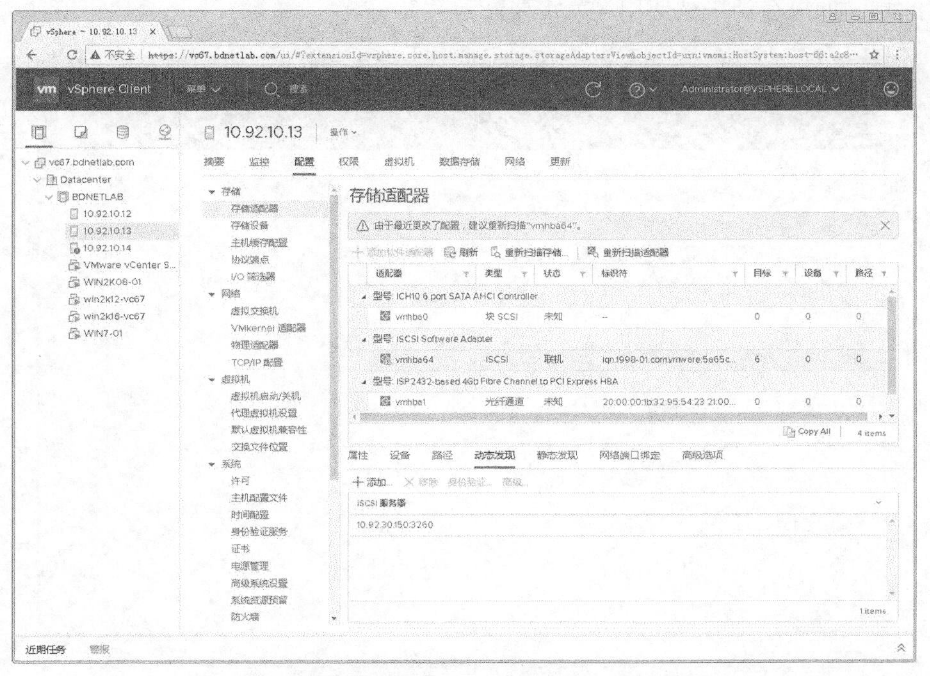

图 4-2-4 配置 ESXi 主机使用 iSCSI 存储之四

第 5 步，扫描完成后可以看到 iSCSI 存储适配器，如图 4-2-5 所示。需要说明的是，ESXi 主机只是一个 iSCSI 客户端，只是连接 iSCSI 存储，更多的配置仍需依靠 iSCSI 存储。如果看不到存储，就需要检查 iSCSI 存储配置。

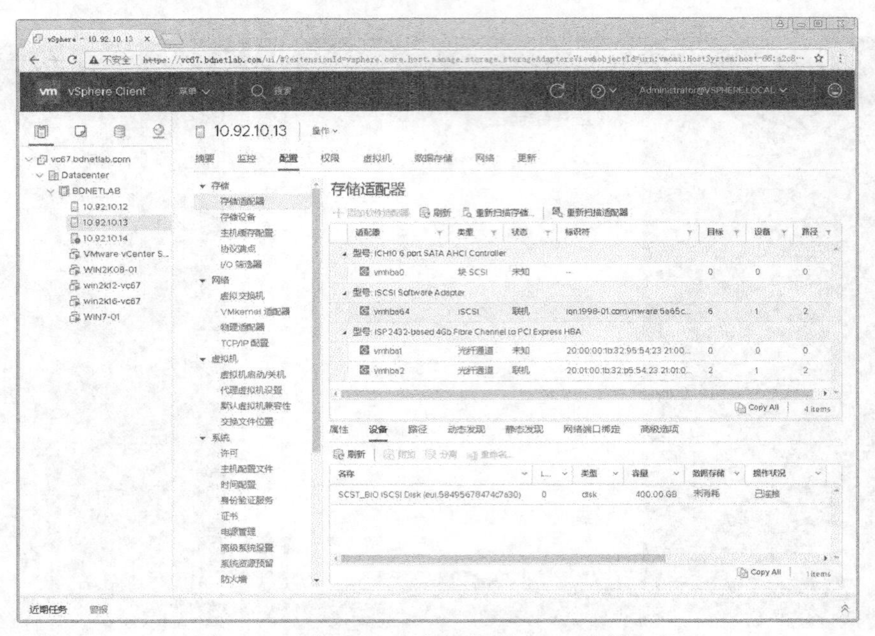

图 4-2-5　配置 ESXi 主机使用 iSCSI 存储之五

第 6 步，如果 iSCSI 存储被使用过，则可以直接在数据存储查看，如图 4-2-6 所示。需要注意的是，如果存储未被使用，就需要新建存储。

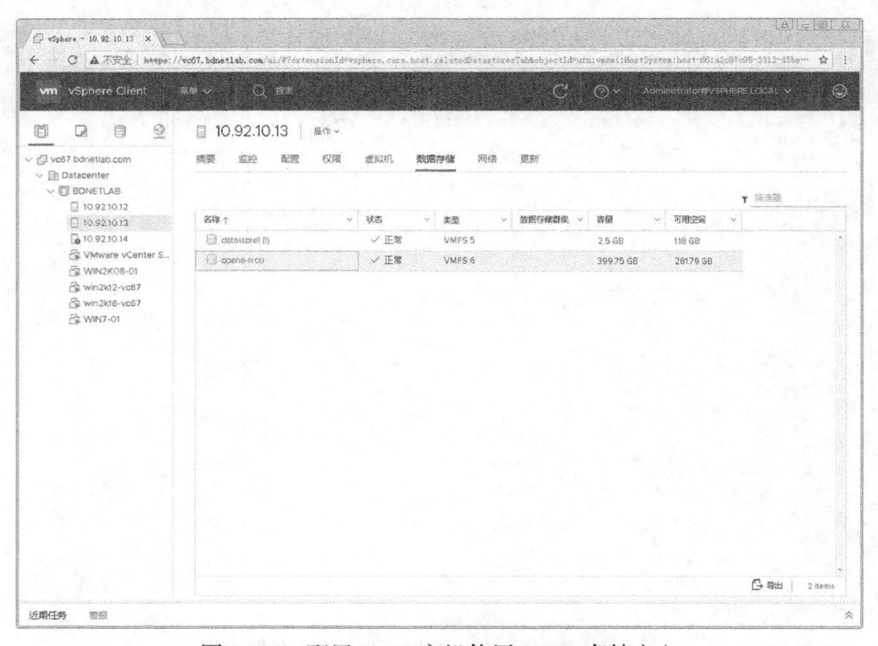

图 4-2-6　配置 ESXi 主机使用 iSCSI 存储之六

至此，使用 iSCSI 存储配置 ESXi 主机完成。再次强调，ESXi 主机只是一个 iSCSI 客户端，只是连接 iSCSI 存储，其配置参数非常少，更多的配置仍需依靠 iSCSI 存储，如果看不到存储请检查 iSCSI 存储配置。

4.2.5 配置 ESXi 主机绑定 iSCSI 流量

在生产环境中，为了保证 iSCSI 传输效率，特别是在 1GE 环境中使用 iSCSI 存储，一般会使用独立的网卡绑定 iSCSI 流量，其他流量不占用该网卡。本小节介绍如何绑定 iSCSI 流量。

第 1 步，查看 ESXi 主机 VMkernel 适配器，管理网络和 iSCSI 流量网络共用 vSwitch0，如图 4-2-7 所示。

图 4-2-7 配置 ESXi 主机绑定 iSCSI 流量之一

第 2 步，添加新的 Vmkernel 网络适配器处理 iSCSI 流量，如图 4-2-8 所示。

第 3 步，新建标准交换机单独处理 iSCSI 流量，如图 4-2-9 所示。

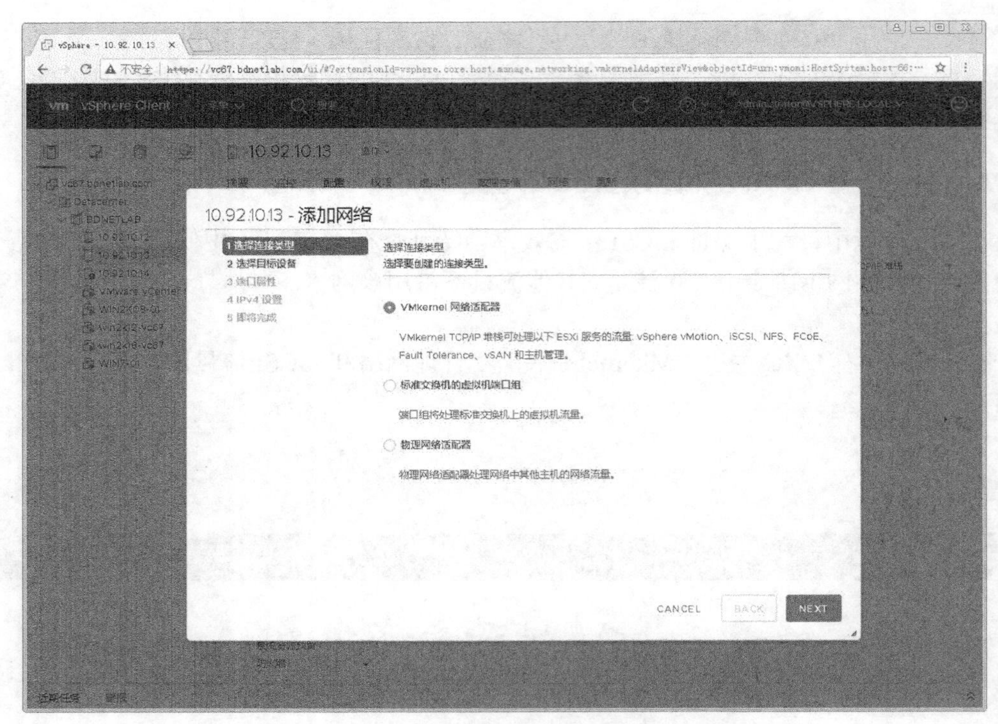

图 4-2-8　配置 ESXi 主机绑定 iSCSI 流量之二

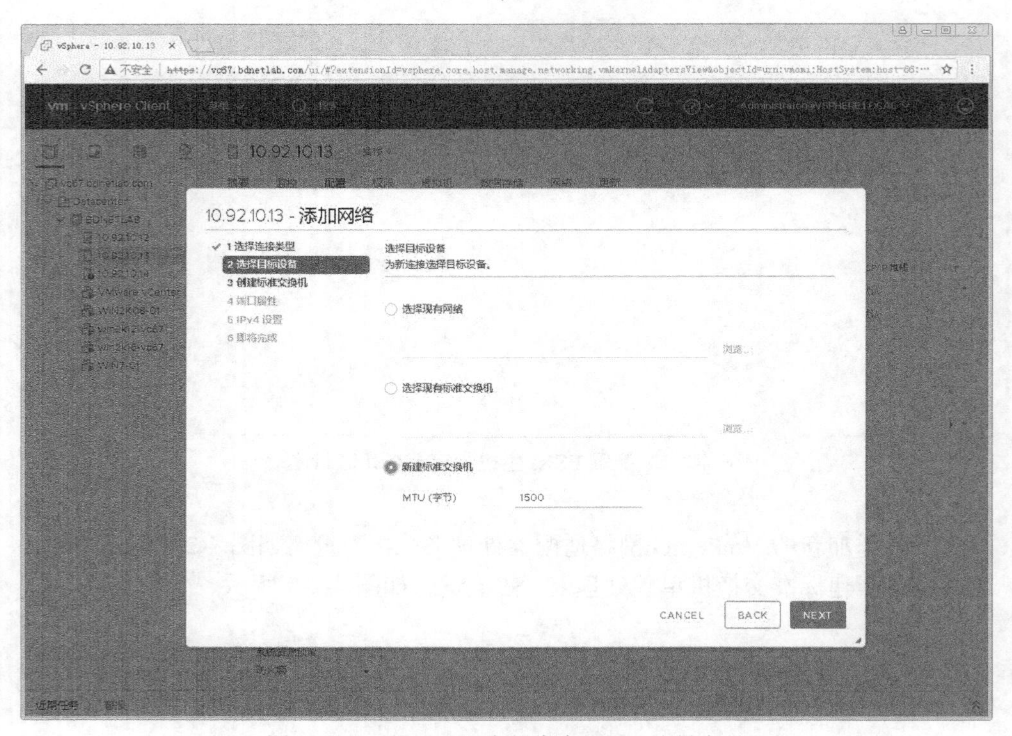

图 4-2-9　配置 ESXi 主机绑定 iSCSI 流量之三

第 4 步，选择处理 iSCSI 流量的物理网络适配器，如图 4-2-10 所示。

图 4-2-10 配置 ESXi 主机绑定 iSCSI 流量之四

第 5 步，将物理网络适配器添加到新创建的交换机，如图 4-2-11 所示。

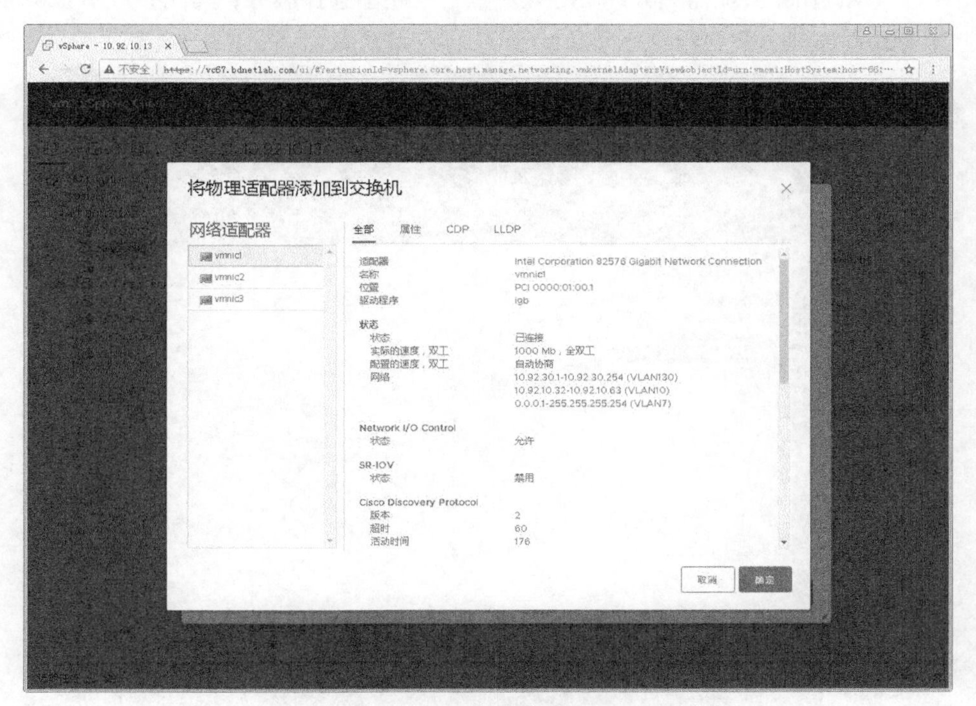

图 4-2-11 配置 ESXi 主机绑定 iSCSI 流量之五

第 6 步，物理网络适配器添加到标准交换机，如图 4-2-12 所示。

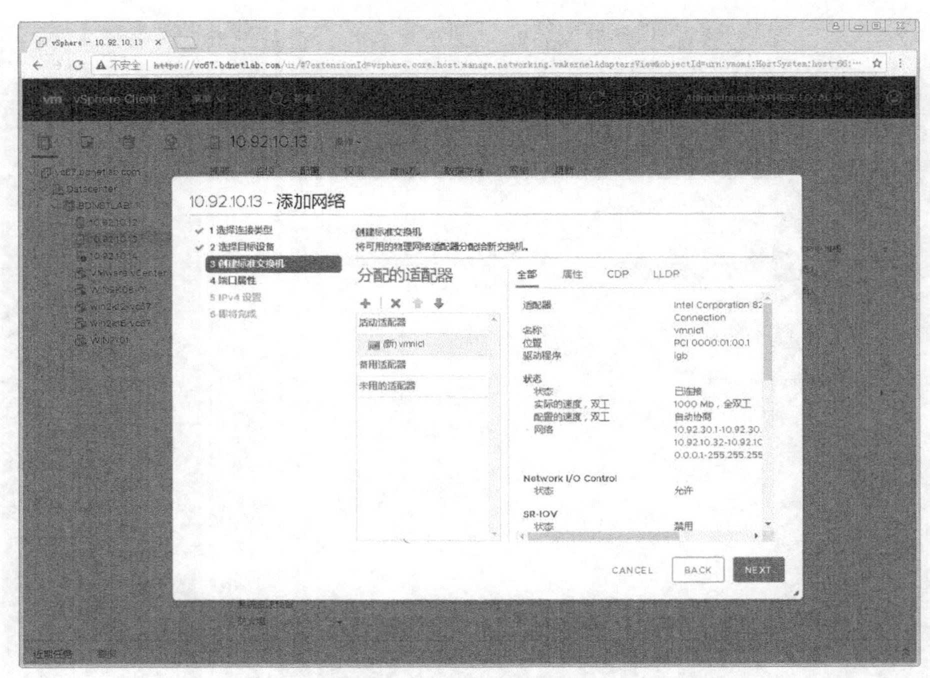

图 4-2-12 配置 ESXi 主机绑定 iSCSI 流量之六

第 7 步，配置 VMkernel 适配器相关参数，建议输入容易识别的网络标签，便于后续管理。由于该 VMkernel 适配器只处理 iSCSI 流量，因此不选择服务，其他参数结合实际情况设置，如图 4-2-13 所示。

图 4-2-13 配置 ESXi 主机绑定 iSCSI 流量之七

第 8 步，根据生产环境情况指定 VMkernel IPv4 设置，如图 4-2-14 所示。

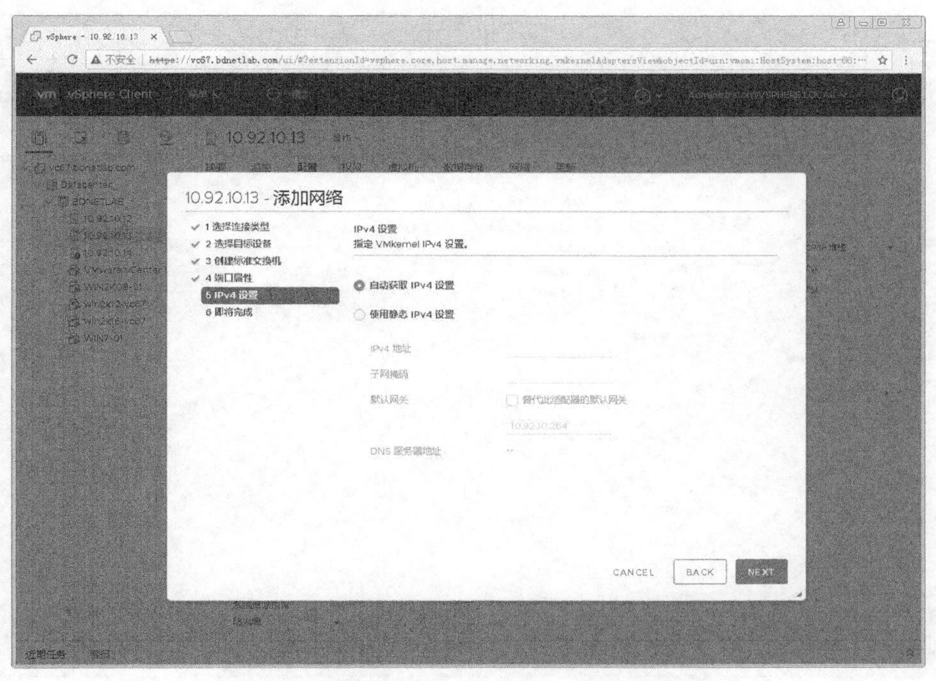

图 4-2-14 配置 ESXi 主机绑定 iSCSI 流量之八

第 9 步，完成参数设置，如图 4-2-15 所示。

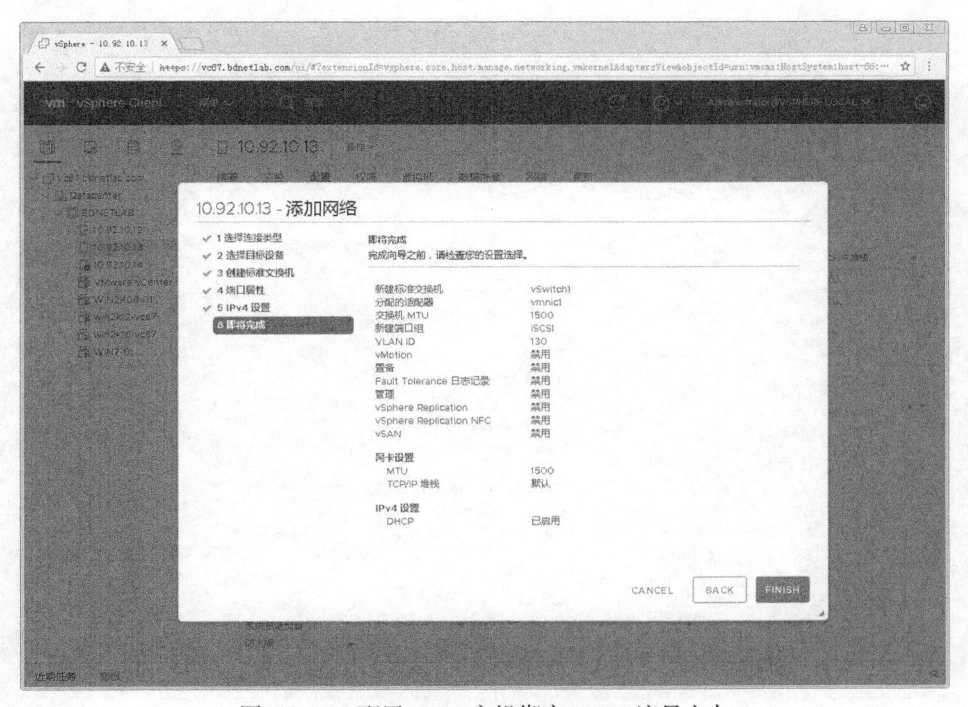

图 4-2-15 配置 ESXi 主机绑定 iSCSI 流量之九

第 10 步，新增 vmk2 处理 iSCSI 流量并使用 vSwitch1，如图 4-2-16 所示。

图 4-2-16　配置 ESXi 主机绑定 iSCSI 流量之十

第 11 步，将存储适配器的网络端口绑定设置为空，如图 4-2-17 所示。

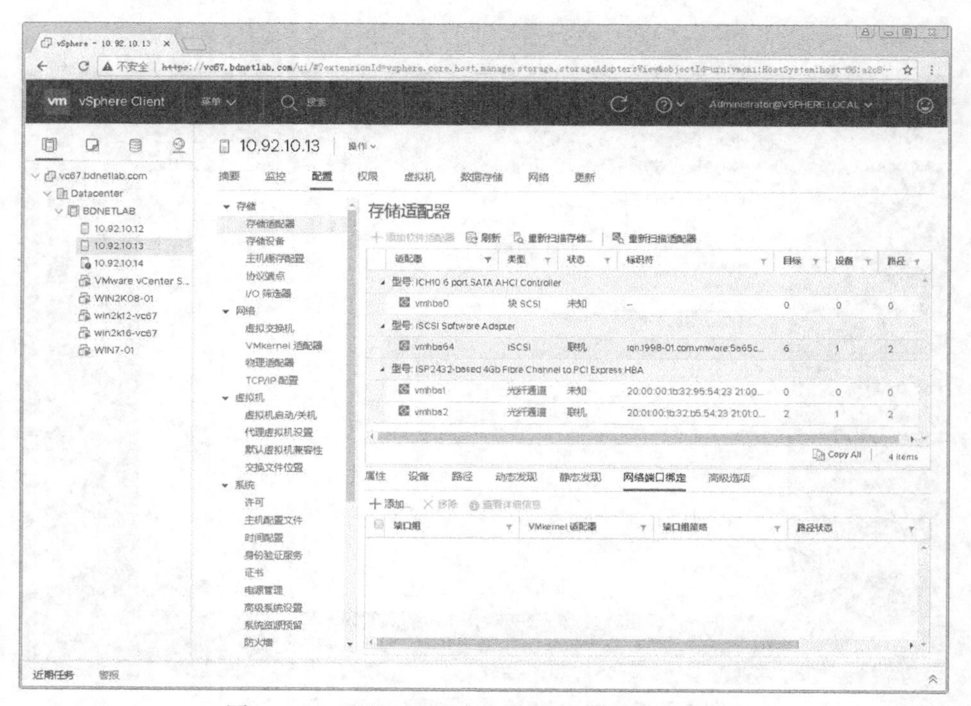

图 4-2-17　配置 ESXi 主机绑定 iSCSI 流量之十一

第 12 步，添加刚创建 VMkernel 适配器 vmk2，将之与端口组 iSCSI 进行绑定，如图 4-2-18 所示。

图 4-2-18 配置 ESXi 主机绑定 iSCSI 流量之十二

第 13 步，修改配置后系统会建议重新扫描 vmhba64，如图 4-2-19 所示。

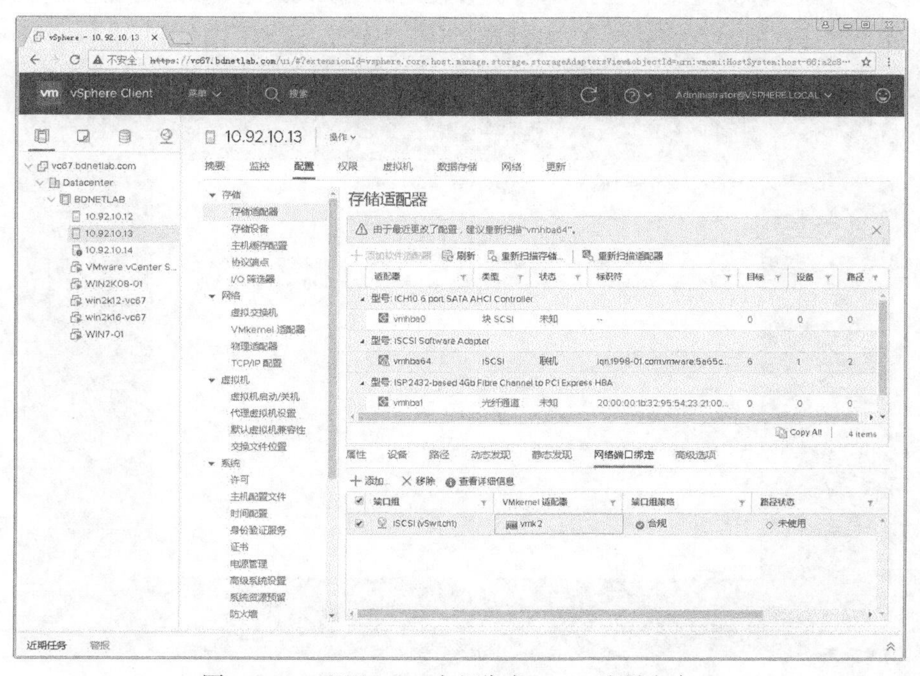

图 4-2-19 配置 ESXi 主机绑定 iSCSI 流量之十三

第 14 步，扫描完成后，新创建的 vmk2 路径状态为“活动”，如图 4-2-20 所示，说明绑定成功。

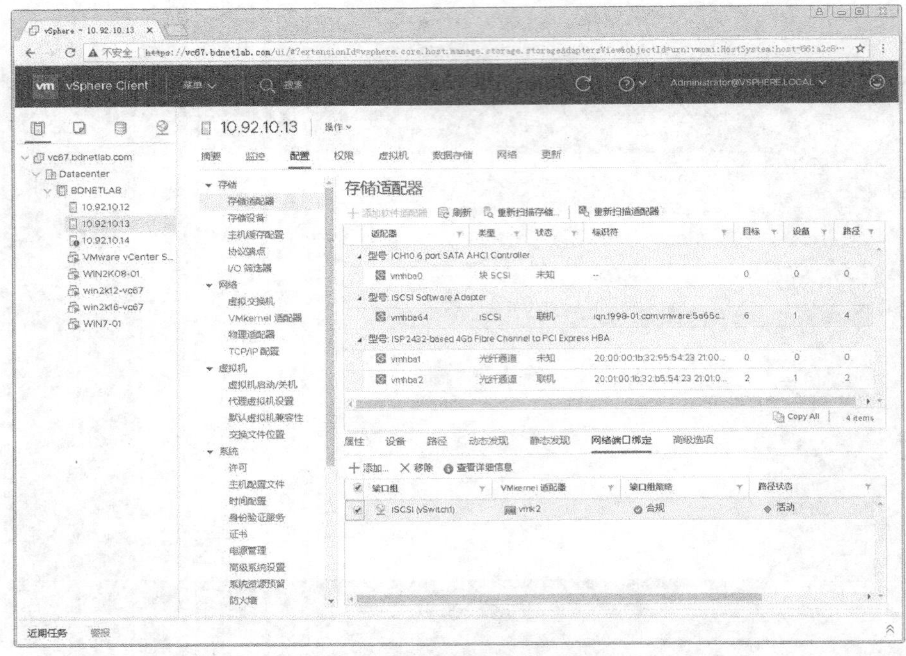

图 4-2-20　配置 ESXi 主机绑定 iSCSI 流量之十四

第 15 步，使用相同的方式将 vmk1 和端口组 VMkernel-iSCSI 进行绑定，如图 4-2-21 所示，这样可以实现冗余。特别注意，生产环境中建议使用两个承载其他流量的网络适配器来绑定。

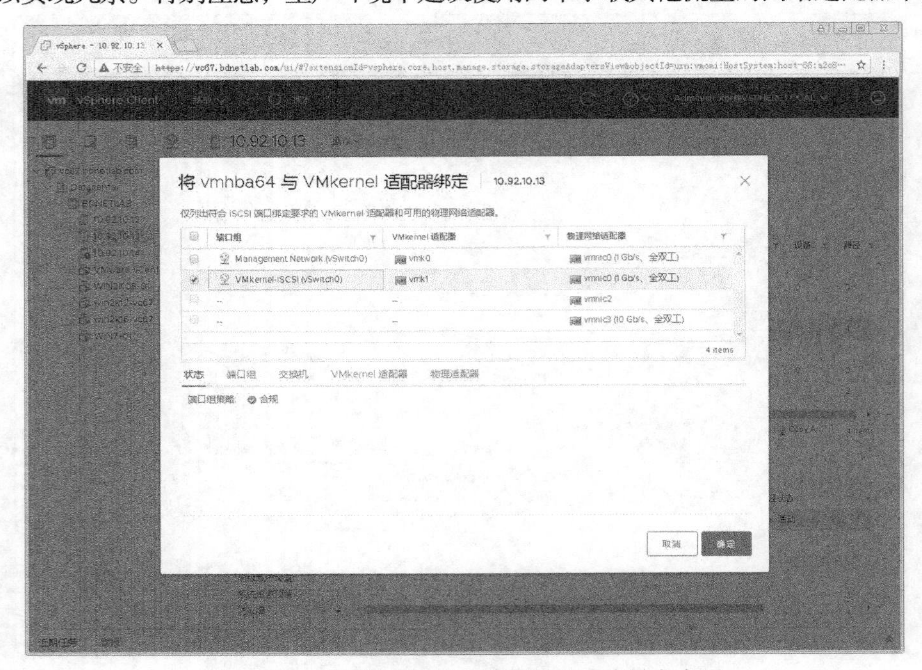

图 4-2-21　配置 ESXi 主机绑定 iSCSI 流量之十五

第 16 步，修改配置后系统会建议重新扫描 vmhba64，如图 4-2-22 所示。

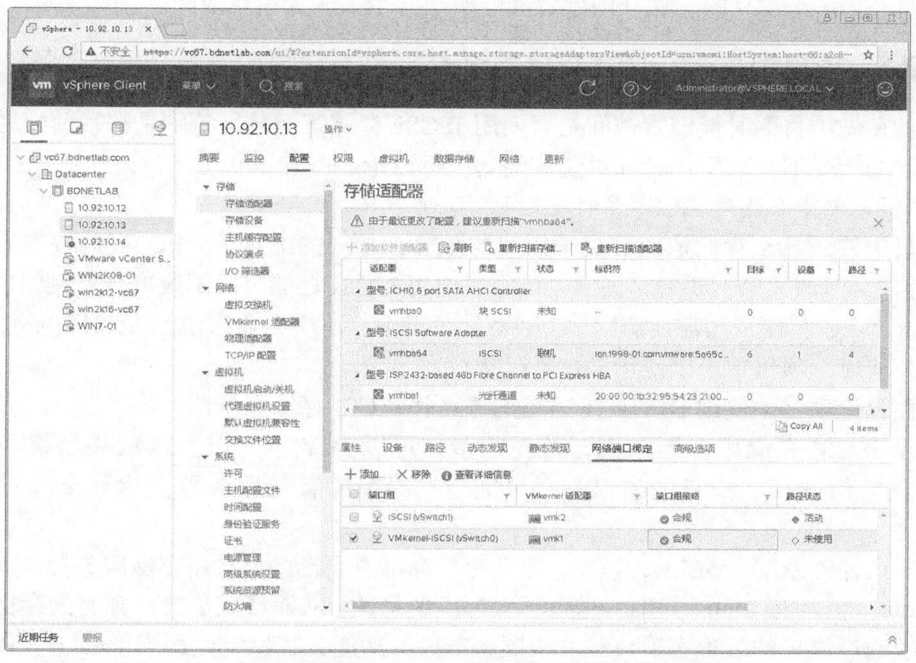

图 4-2-22 配置 ESXi 主机绑定 iSCSI 流量之十六

第 17 步，扫描完成后，显示两个端口组都完成了绑定，如图 4-2-23 所示。这样的配置在生产环境中很常见且实用，也实现了 iSCSI 存储冗余。

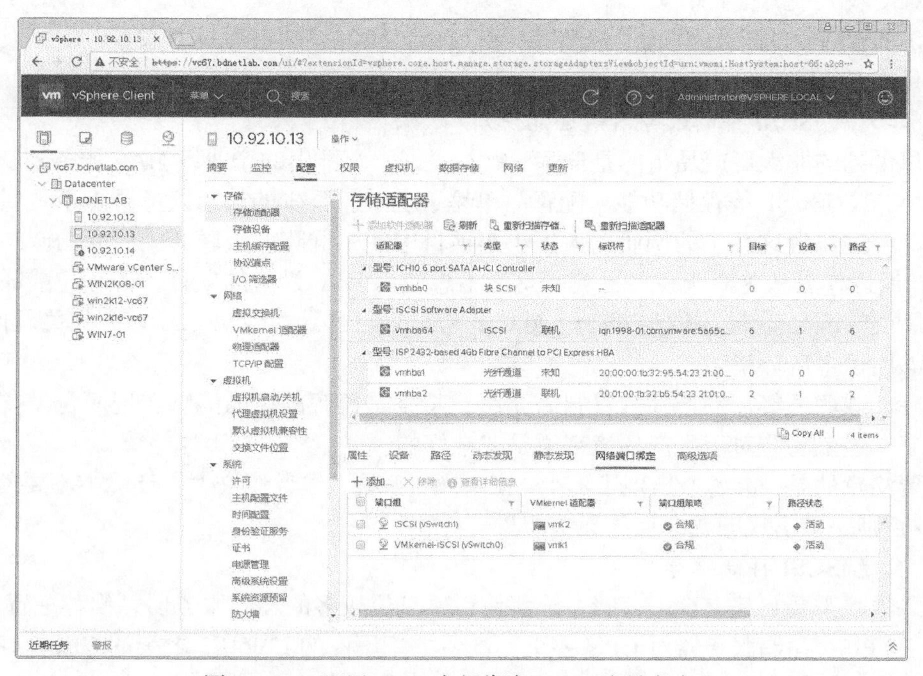

图 4-2-23 配置 ESXi 主机绑定 iSCSI 流量之十七

至此，绑定 iSCSI 流量的配置完成。生产环境中以绑定 iSCSI 流量以及多个网卡的方式来运行 iSCSI 是常见的，这样的配置能够实现冗余，避免单点故障。

4.2.6 项目中关于 iSCSI 存储的讨论

作者在做项目的时候经常被问是否使用 iSCSI 存储等问题，特别是在目前超融合“遍地开花”的情况下。下面作者针对这些问题进行讨论。

1. 项目中究竟使用 iSCSI 存储还是 FC 存储

项目中使用什么存储依旧取决于用户的预算，相同的配置下，FC 存储效率的确高于 iSCSI 存储，但请大家不要忽略另一个问题：使用 iSCSI 存储可以不改变现有网络，而如果使用新部署 FC 存储，则需要新建 FC 网络。对于中、小型企业来说，iSCSI 存储能满足基本需求，所以，项目中可以使用 iSCSI 存储。

下面讨论项目中使用 DIY 设备还是购置品牌 iSCSI 存储服务器。

对于 iSCSI 存储服务器来说，选择很多，可以 DIY 也可以直接购买品牌存储服务器，究竟如何选择，作者的建议是尽可能地选择品牌存储服务器。为什么呢？有以下几个原因。

（1）从存储系统：DELL、华为、浪潮等厂商都有自己的 iSCSI 存储服务器，其系统内核是 Linux，但都在 Linux 基础上进行了大幅度的修改，从而形成了自己独有的存储核心系统，能够通过简单的配置实现负载、快照、镜像等功能，其稳定性远高于 DIY 设备。

（2）从硬件配置：DELL、华为、浪潮等厂商针对存储服务器，对基础硬件有优化设计，其专用的存储控制器更适用于存储服务器，并且能够提供多磁盘位以及实现扩容等功能。

（3）从冗余：DELL、华为、浪潮等厂商可以提供双机热备等功能，DIY 设备想要实现此功能难度较大或者配置麻烦。

（4）从售后：DELL、华为、浪潮等厂商可以提供完整的售后技术服务，DIY 设备如出现问题只能自行解决。

2. 非大厂 iSCSI 存储服务器是否能使用

这里说到的非大厂产品指的是群晖、威联通等厂商推出的企业级 NAS 服务器。它们能够提供 NFS、iSCSI 等存储功能，配置简单易于上手。不少的技术人员可能不习惯使用这些产品，经过作者这几年的调研，大大小小项目中使用群晖、威联通等厂商的产品不少于 100 套，所以作者认为对于一些预算不足又不想使用 DIY 设备的项目，群晖、威联通等厂商的产品能够满足需求，并且，群晖、威联通等厂商已经通过 VMware 官方相关硬件认证，完全能够用于生产环境。

群晖、威联通等厂商产品也具自有系统，特别是群晖的产品能够实现两台设备之间的实时同步，这个功能对于生产环境来说是非常好的。

需要注意的是，市场上出现了不少“黑群晖”系统，作者建议生产环境中不要使用“黑群晖”，否则一旦出现问题，后果无法想象。

3. 自建 iSCSI 存储推荐

如果项目需要自建 iSCSI 存储，推荐使用磁盘位较多的 x86 服务器，推荐配置如下。

（1）CPU：存储服务器对 CPU 要求不高，主流厂商的 I3\I5\E3 之类的 CPU 均可使用，使用 E5 略为浪费。

（2）内存：推荐配置 8GB 或以上。

（3）磁盘：根据情况决定，若数据量不大且访问效率高则推荐使用 SSD 或 15K SAS 磁盘，数据量大且访问效率一般则推荐使用 15K SAS 或 SATA 磁盘。是否使用 SSD 做缓存取决于系统是否支持。

（4）操作系统：最简单的做法是安装 Linux 操作系统，配置 iSCSI 或 NFS 服务即可，但使用这种方式管理起来不太方便。推荐使用 FREE NAS 或 Open-E 等第三方存储服务器软件来搭建，功能强大且易于管理。

4. iSCSI 存储使用网络

在生产环境中，iSCSI 存储大都使用普通以太网卡进行承载，作者强烈推荐使用独立的网卡运行 iSCSI 流量，并且为保证冗余，建议配置多路径，当一条路径出现问题后可以走其他路径。另外，iSCSI 存储推荐使用 10GE；使用 1GE 会使其传输受限，多数环境中使用 1GE iSCSI 存储服务器传输速率在 100Mbit/s～150 Mbit/s，如果使用 10GE，传输速率能够达到 300Mbit/s～500Mbit/s（与存储服务器阵列配置有关）。需要注意的是，使用 10GE，ESXi 主机、存储服务器以及网络交换机都必须支持 10GE。

4.3 配置使用 FC 存储

Fibre Channel 是由国际信息技术标准委员会下属委员会 T11（简称 T11 组织）制定、美国国家标准学会（ANSI）批准的技术标准，用于提供高速的数据传输服务。

4.3.1 FC SAN 基本概念

FC SAN（Fibre Channel Storage Area Network，光纤/网状通道存储局域网络）可以简称为 FC 存储，是一种将存储设备、连接设备和接口集成在一个高速网络中的技术。SAN 本身就是一个存储网络，承担了数据存储任务，SAN 网络与 LAN 业务网络相隔离，存储数据流不会占用业务网络带宽，使存储空间得到更加充分的利用，并且使安装和管理更加有效。

4.3.2 FC SAN 的组成

1. FC SAN 服务器

若要在生产环境中使用 FC 存储，就必须存在一台 FC 存储服务器，用于提供存储服务。目前国外厂商如 IBM、HP、DELL 等，国内厂商如华为、浪潮等都可以提供专业的 FC SAN 服务器，价格根据控制器型号、存储容量以及其他可以使用的高级特性来决定。一般来说，存储厂商提供的 FC SAN 服务器价格比较昂贵。

另外一种做法是购置普通的 PC 服务器、安装 FC 存储软件以及 FC HBA 卡来提供 FC 存储服务，这样的实现方式成本相对较低。

2. FC HBA 卡

无论是 FC SAN 服务器本身还是需要连接 FC 存储的服务器，都需要配置 FC HBA 卡，用于连接 FC SAN 交换机。目前市面上常用的 FC HBA 卡分为单口和双口两种，也有满足特殊需求的多口 FC HBA 卡。

3. FC SAN 交换机

对于 FC SAN 服务器以及需要连接 FC 存储的服务器来说，很少将它们直接连接，大多数生产环境中会使用 FC SAN 交换机，这样可以增加 FC SAN 的安全性以及提供冗余等特性。目前市面上常用的 FC SAN 交换机主要有博科和 Cisco 两个品牌。FC SAN 端口数和支持的速率等参数需要参考 FC SAN 交换机相关文档。

4.3.3 FC 协议介绍

FC 协议在 1988 年由博科等公司共同提出，最初的用途是扩展磁盘传输带宽。与 ISO 七层模型 TCP/IP 类似，但 FC 具有自己独立的协议集，分层如下。

1. FC-0（Physical Interface）

类似于以太网的物理层，主要定义传输介质和接口规范、电气规范等。物理接口定义 FC 使用的传输介质，常用的是光纤，也可以使用同轴电缆等。不同的传输介质速度也不一样，常用的光纤传输可以达到 2Gbit/s、4Gbit/s 以及 8Gbit/s，目前市面上也有支持 16Gbit/s 的 FC 光纤设备。

2. FC-1（Encode/Decode）

与以太网一样，FC 协议在链路层也是成帧的。因为需要使用编码规则，但 FC 协议不使用其他协议的编码规则，而是自定义一个 8B 或 10B 的编码规则，即 FC-1 层通信所使用的编码规则。

3. FC-2（Framing Protocol）

类似于以太网的数据链路层，主要有成帧和链路控制等功能。FC 协议规定了 24 字节的帧头，帧头包括寻址和传输保障功能。网络和传输都使用这 24 字节。

4. FC-3（Common Services）

通用服务层。T11 组织定义该层为保留使用，主要是为各个厂家提供扩展的功能。

5. FC-4（Transport Layer）

上层协议层，也可以称为映射层，定义了上层协议至 FC 协议的映射，上层协议包括 IP、SCSI 协议、HIPPI 协议、ATM 协议等。

从 FC-0 到 FC-2 的三个协议层称为 FC-PH，也就是所谓的 FC 协议的“物理层”。其中，FC-2 是 FC 核心协议层，包括了 FC 传输最主要的协议和结构定义。

4.3.4 FC 拓扑介绍

FC 拓扑分为 3 种，但在生产环境中主要使用的为两种：点到点和交换式。

1. 点到点

FC 存储与服务器直连，称为点到点拓扑结构。该拓扑一般情况下用于一些没有 FC 交换机的环境或特殊环境，如图 4-3-1 所示。

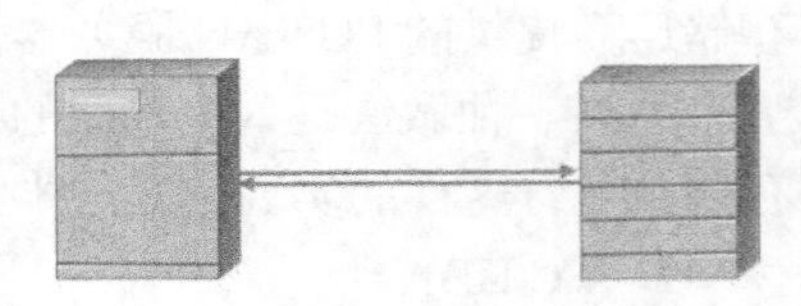

Point-to-Point

图 4-3-1　点到点拓扑

2. 交换式（类似于以太网中的星形网）

FC 存储以及服务器均连接至 FC 交换机，通过 FC 交换机相互进行访问。这是生产环境中常用的拓扑，如图 4-3-2 所示。

3. 仲裁环

在 FC 仲裁环拓扑中，FC 存储以及主机连接到一个共享的环，每个设备都与其他设备争用信道以进行 I/O 操作，在环上的设备必须通过仲裁才能获得环的控制权。在某个给定的时间点，只有一个设备可以在环上进行 I/O 操作，如图 4-3-3 所示。目前该拓扑基本不被使用。

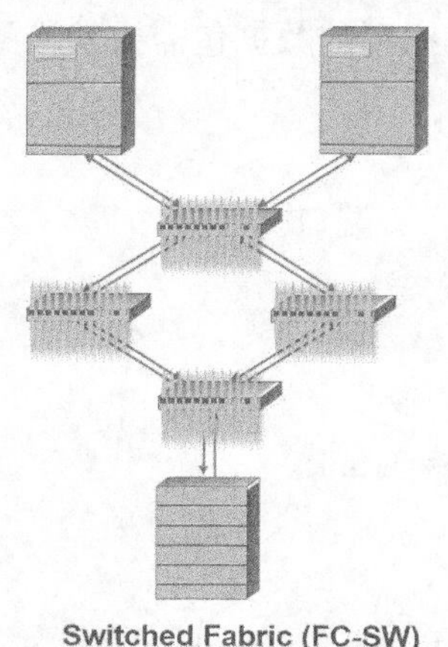

Switched Fabric (FC-SW)

图 4-3-2 交换式拓扑

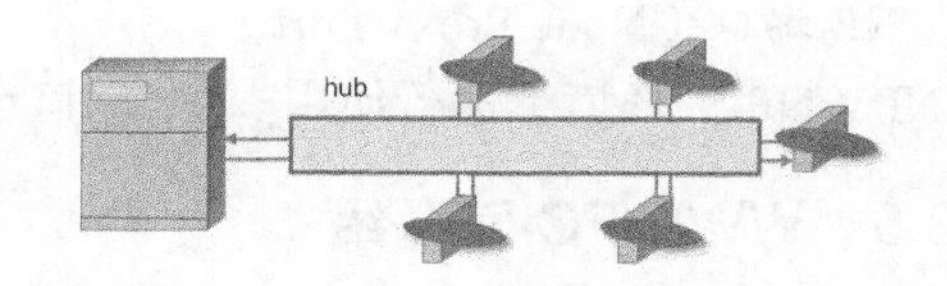

Arbitrated Loop (FC-AL)

图 4-3-3 仲裁环拓扑

4.3.5 FC 端口介绍

由于 FC SAN 的特殊性，FC 存储与 FC 交换机以及服务器之间的通信可以通过各种类型的端口来实现，FC 网络可根据不同的角色定义很多的端口，如图 4-3-4 所示。

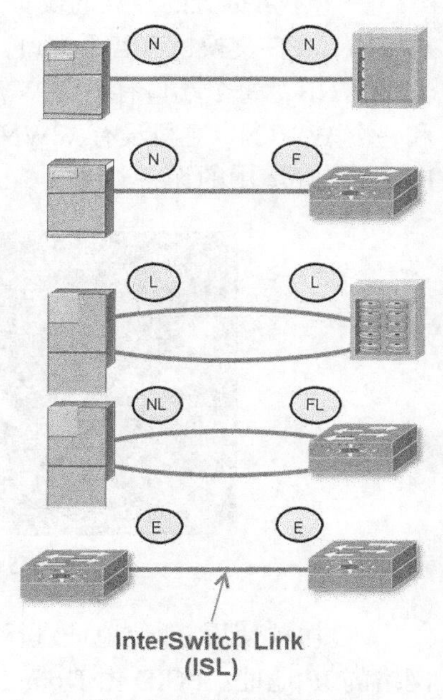

图 4-3-4 标准 FC 端口

1. N 端口（Node Port）

节点端口，所有存储服务器自身的端口都是 N 端口。N 端口可以点到点连接其他主机或盘阵，或者连接交换机。

2. F 端口（Fabric Port）

交换网端口，所有 FC 交换机连接主机或者盘阵的端口都是 F 端口。

3. L 端口（Loop Port）

环回端口，主要在仲裁环使用。

4. E 端口（Expansion Port）

扩展端口，主要用于连接其他 FC 交换机的链路（这个链路称为 ISL，即 Inter Switch Link）

5. G 端口（General Port）

通用端口，兼容于 E 端口、F 端口、L 端口，是一种自动协商的端口。

6. FL 端口（Fabric + Loop Port）

兼容于 F 端口和 L 端口。

7. TE 端口（Trunking Expansion Port）

支持 vSAN Trunking 的端口（支持 vSAN 标记），支持传输 QoS 的属性，支持 FCtrace

特性等。这样的链路又称为 EISL（Enhance Inter Switch Link）。

8. SD 端口（SPAN Destination Port）

在 FC 网络上抓取数据，将抓到的数据发送给分析器。这个分析器所在的端口称为 SD 端口。

9. ST 端口（SPAN Tunnel Port）

在 FC 网络上抓取数据，且做了 RSPAN 的情况下，抓到的数据包需要发送到另外一个交换机上，这个连接另外的交换机的端口叫作 ST 端口。

10. Fx 端口

兼容 F 端口和 FL 端口。MDS 默认的端口类型就是 Fx 端口。

11. Auto 端口

可以兼容 F 端口、FL 端口、E 端口、TE 端口等。

12. NP 端口（Node Proxy Port）

在 NPV/NPIV 环境下进行使用。NP 端口也可以支持 Trunk。

4.3.6 WWN/FCID 介绍

FC 网络中每个设备都具有一个 WWN（World Wide Name），可以理解为以太网络的 MAC 地址。WWN 又分为 WWNN（World Wide Node Name）和 WWPN（World Wide Port Name）两种类型。WWNN 也可称为 NWWN，WWPN 也可称为 PWWN。

一个不可拆分的独立的设备有 WWNN，每个端口有 WWPN。例如 FC 交换机，有一个 WWNN；FC 交换机有若干端口，每个端口有一个 WWPN；一块多口 FC HBA，卡本身有一个 WWNN，每个端口有一个 WWPN，单口的 HBA 也是，不过单口 HBA 只有一个 WWNN 和一个 WWPN。主机没有 WWNN，因为卡和主机是可以分离的，单个主机本身并不一定是 FC SAN 环境中的设备。图 4-3-5 所示为获取的 FC 交换机上 WWNN 以及 WWPN 的信息。

```
DC1-MDS-01# show flogi database
--------------------------------------------------------------------------------
INTERFACE        VSAN    FCID           PORT NAME               NODE NAME
--------------------------------------------------------------------------------
fc1/1            10    0x050000  21:00:00:e0:8b:9a:67:13 20:00:00:e0:8b:9a:67:13
                           [ucs01-share]
fc1/2            10    0x050100  21:00:00:1b:32:82:01:9b 20:00:00:1b:32:82:01:9b
                           [ucs02-share]
fc1/3            10    0x050200  21:00:00:1b:32:04:63:b8 20:00:00:1b:32:04:63:b8
                           [ucs03-share]
fc1/5            10    0x050500  21:01:00:1b:32:a2:5a:99 20:01:00:1b:32:a2:5a:99
fc1/6            10    0x050600  21:01:00:1b:32:b5:54:23 20:01:00:1b:32:b5:54:23
fc1/8            10    0x050800  21:01:00:1b:32:a2:88:a0 20:01:00:1b:32:a2:88:a0
fc1/15           10    0x050300  20:14:b0:83:fe:da:d4:dc 20:04:b0:83:fe:da:d4:dc
                           [md3620-01]
fc1/16           10    0x050400  20:15:b0:83:fe:da:d4:dc 20:04:b0:83:fe:da:d4:dc
                           [md3620-02]

Total number of flogi = 8.
```

图 4-3-5　FC 交换机 WWPN 以及 WWNN 信息

FC 协议使用 24 位地址进行数据转发，这个存储网络地址称为 FCID，可以理解为以太网络的 IP 地址。FCID 由 Domain ID（用于区分 FC 网络中每个 FC 交换机本身）、Area ID（用于区分同一台交换机上不同的端口组）、Port ID（用于区分一个区域中不同的端口）三部分组成，每部分 8 位，总编址个数为 2^{24}。一台 FC 交换机以及该交换机连接的所有 N 端口都用相同的 Domain 表示；一台 FC 交换机上的 N 端口可以划分为多个 Area，用 Area ID 进行标识；一个 N 端口则通过 Port ID 来标识。FCID 是 FC 交换机分配给 N 端口的，E 端口以及 F 端口都没有 FCID。FCID 的申请和获取是通过 FLOGIN 过程完成的，后面的章节将进行介绍。图 4-3-6 显示了 FC 交换机分配的 FCID 信息。

```
DC1-MDS-01# show fcdomain fcid persistent
Total entries 23.

Persistent FCIDs table contents:
VSAN WWN                     FCID     Mask    Used Assignment Interface
---- ----------------------- -------- ------- ---- ---------- ---------
   1 21:00:00:1b:32:82:01:9b 0x320000 SINGLE  NO   DYNAMIC    --
   1 21:00:00:e0:8b:9a:67:13 0x320100 SINGLE  NO   DYNAMIC    --
   1 20:14:b0:83:fe:da:d4:dc 0x320200 SINGLE  NO   DYNAMIC    --
   1 20:0b:00:05:9b:76:93:80 0x320300 SINGLE  NO   DYNAMIC    --
   1 21:01:00:e0:8b:ba:67:13 0x320a00 SINGLE  NO   DYNAMIC    --
   1 21:01:00:1b:32:a2:01:9b 0x320401 SINGLE  NO   DYNAMIC    --
   1 21:00:00:1b:32:04:63:b8 0x320600 SINGLE  NO   DYNAMIC    --
   1 20:0c:00:05:9b:76:93:80 0x320400 SINGLE  NO   DYNAMIC    --
   1 21:01:00:1b:32:a2:5a:99 0x320700 SINGLE  NO   DYNAMIC    --
   1 24:0b:00:05:9b:76:93:80 0x320500 SINGLE  NO   DYNAMIC    --
   1 21:01:00:1b:32:b5:54:23 0x320800 SINGLE  NO   DYNAMIC    --
   1 20:15:b0:83:fe:da:d4:dc 0x320900 SINGLE  NO   DYNAMIC    --
  10 21:01:00:1b:32:a2:5a:99 0x050500 SINGLE  YES  DYNAMIC    --
  10 21:01:00:1b:32:b5:54:23 0x050600 SINGLE  YES  DYNAMIC    --
  10 21:01:00:1b:32:af:b7:2a 0x050700 SINGLE  NO   DYNAMIC    --
  10 21:01:00:1b:32:a2:88:a0 0x050800 SINGLE  YES  DYNAMIC    --
  10 21:00:00:e0:8b:9a:67:13 0x050000 SINGLE  YES  DYNAMIC    --
  10 21:00:00:1b:32:82:01:9b 0x050100 SINGLE  YES  DYNAMIC    --
  10 21:00:00:1b:32:04:63:b8 0x050200 SINGLE  YES  DYNAMIC    --
   1 21:01:00:1b:32:af:b7:2a 0x320b00 SINGLE  NO   DYNAMIC    --
   1 21:01:00:1b:32:a2:88:a0 0x320c00 SINGLE  NO   DYNAMIC    --
  10 20:14:b0:83:fe:da:d4:dc 0x050300 SINGLE  YES  DYNAMIC    --
  10 20:15:b0:83:fe:da:d4:dc 0x050400 SINGLE  YES  DYNAMIC    --
```

图 4-3-6 FC 交换机分配的 FCID 信息

4.3.7 FC 数据通信介绍

FC 网络与以太网很重要的区别在于 FLOGIN。以下是 FC 网络数据通信过程。

1. 节点注册

FC 存储服务器以及安装有 FC HBA 卡的其他服务器(例如 ESXi 主机)要通过 FLOGIN 过程向 FC 交换机进行注册，当分配到 FC 地址后，该节点设备才能与其他节点设备进行通信。

2. 分配 FC 地址

FC 网络中，设备标识都是通过 FC 地址来实现的。在访问节点设备之前，FC 交换机需要给节点设备分配 FC 地址。

3. 名称服务

FC 网络中，还有一个非常重要的 FCNS 服务器（也称为名称服务器），类似于网络中的 DNS 服务器。FC 上层协议是通过 WWN 来识别访问节点设备的，而在 FC 网络中则是使用 FC 地址，因此需要一个服务将 WWN 转换为 FC 地址，名称服务器提供的就是这个功能。名称服务器的原理为：节点设备 FC 交换机发送名称服务注册请求，并携带 WWN 和 FC 地址等名称服务信息，这些信息由 FC 交换机保存并维护，当某节点需要访问另一节点时，通过名称服务来查询 FC 交换机，就可以知道其对应的 WWN 和 FC 地址。每个 FC 交换机都是 FCNS 服务器，默认情况下，FCNS 会同步到整个 FC 网络。

4. 数据交换

FC 网络数据交换是以帧为单位进行的，帧头包含一个 FC 地址字段，FC 交换机中保存有一个转发表，当收到的数据帧需要进行数据转发时，FC 交换机以 FC 地址为选择路径的依据，在转发表查找数据帧转发到下一跳，下一跳 FC 交换机收到数据帧后也进行相应的转发。这样，FC 数据帧将不断在 FC 网络中进行转发，直到目的节点。

4.3.8 vSAN 介绍

随着 SAN 技术的普及，SAN 已经不再是一个依赖于小网络连接的众多设备的组合，因为这样可能造成 SAN 的不稳定等多种问题。能否在 SAN 网络中使用类似于以太网的 VLAN 技术呢？答案是可以的。为了将以太网中的 VLAN 技术延伸到 SAN 网络，Cisco 等厂商提出了 Virtual Storage Area Network（虚拟存储区域网络，也就是 vSAN），可以理解为以太网交换机上的 VLAN。其主要的功能为分割物理架构，将一台物理交换机分割成多个 vSAN，不同 vSAN 成员之间不能通信，vSAN 已被国际信息技术标准委员会下属委员会 T11 定义为行业标准。

图 4-3-7 简单表示了 vSAN 是如何实现分区的。在这个网络中，存储网络被分为 2 个 vSAN。如果不划分 vSAN，所有设备之间就是互通的；而利用 vSAN 技术进行分区后，不同 vSAN 内的设备将无法通信。对于每一个 vSAN 来说，其本身就相当于是一个 SAN 网络，vSAN 之间是相互独立的设备；一个 vSAN 内的设备无法获得该 vSAN 之外其他 vSAN 和设备的信息。可以基于每一个 vSAN 配置 Domain ID 并运行主交换机选举。在网络层，每个 vSAN 也独立运行路由协议并独立维护路由转发表。

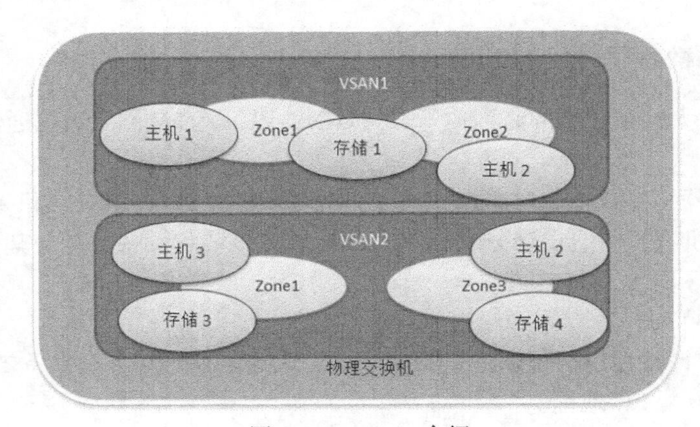

图 4-3-7　vSAN 介绍

通过 vSAN 可以对 FC 设备进行分区，将其划分成相同或不同的 vSAN 成员，从而达到资源共享以及安全控制的目的。vSAN 的优点如下。

1. 提高安全性

每个 vSAN 之间相互隔离，在一定程度上提供了安全性。

2. 提高适用性

每个 vSAN 都可以独立运行并独立提供各种服务，不同 vSAN 可以使用重复的地址，在一定程度上增强了组网功能。

3. 灵活组网

通过配置 FC 交换机可以将端口加入不同的 vSAN 并随时修改配置，不需要改变 SAN 网络的物理连接方式。

4.3.9　ZONE 介绍

ZONE 是为了保证存储安全性而引入的一个重要功能：分割 vSAN，隔离同一 vSAN 里面不同成员；支持设备共享，允许多个 ZONE 包含同一个设备；提高安全性，同一个 vSAN 中的不同 ZONE 成员无法通信。

在 FC 存储环境中，ZONE 和 LUN 映射是两个较为重要的概念。存储上，ZONE、LUN 映射需要与 FC 交换机的各种功能配合起来使用，使不同的主机只能访问不同的 LUN，从而让用户更方便地进行存储资源的管理与调配。

vSAN 负责物理端口的分配使用，在物理交换机上创建逻辑交换机，不同逻辑交换机是独立的，逻辑交换机之间完全隔离，并负责将物理端口分配给不同逻辑交换机。不同 vSAN 之间设备不能直接通信，必须借助 IVR（Inter vSAN Routing）才能通信。ZONE 负责端口之间的通信，同一个 ZONE 里面的设备能互相通信，一个设备也可以被多个 ZONE 共享。vSAN 和 ZONE 都可以增强 FC SAN 的安全性能，vSAN 还可以有效提高资源利用率。vSAN 和 ZONE 是互补关系，推荐同时使用。

4.3.10 CISCO MDS 交换机基本命令行介绍

实战环境使用 CISCO MDS 交换机，在正式配置前介绍一下其基本命令行。

1. 查看 MDS 交换机软/硬件信息

```
DC1-MDS-02# show version
Cisco Nexus Operating System (NX-OS) Software
TAC support: xxx
Documents: xxx
Copyright (c) 2002-2011, Cisco Systems, Inc. All rights reserved.
The copyrights to certain works contained herein are owned by
other third parties and are used and distributed under license.
Some parts of this software are covered under the GNU Public
License. A copy of the license is available at xxx.
Software
 BIOS:     version 1.0.17
 loader:   version N/A
 kickstart: version 5.0(4d) //kickstart 包括 Linux 内核、基本驱动以及初始化文件系统
 system:   version 5.0(4d) //system 包括系统软件、基础以及四到七层功能
 BIOS compile time:     05/28/09
 kickstart image file is: bootflash:/m9100-s2ek9-kickstart-mz.5.0.4d.bin
 kickstart compile time:  4/14/2011 18:00:00 [05/03/2011 17:40:16]
 system image file is:    bootflash:/m9100-s2ek9-mz.5.0.4d.bin
 system compile time:     4/14/2011 18:00:00 [05/03/2011 19:38:14]
Hardware
 cisco MDS 9124 (1 Slot) Chassis ("1/2/4 Gbps FC/Supervisor-2") //MDS 交换机型号
 Motorola, e500  with 516128 kB of memory. //MDS 交换机 CPU、内存信息
 Processor Board ID JAF1411BLGF
 Device name: DC1-MDS-02
 bootflash:    254464 kB
Kernel uptime is 0 day(s), 0 hour(s), 6 minute(s), 49 second(s)
Last reset
 Reason: Unknown
 System version: 5.0(4d)
 Service:
```

2. 查看 MDS 交换机 NXOS 软件

```
DC1-MDS-02# show boot
Current Boot Variables:
kickstart variable = bootflash:/m9100-s2ek9-kickstart-mz.5.0.4d.bin
system variable = bootflash:/m9100-s2ek9-mz.5.0.4d.bin
No module boot variable set
Boot Variables on next reload:
kickstart variable = bootflash:/m9100-s2ek9-kickstart-mz.5.0.4d.bin
system variable = bootflash:/m9100-s2ek9-mz.5.0.4d.bin
No module boot variable set
```

3. 查看 MDS 交换机模块信息

```
DC1-MDS-02# show module
Mod  Ports  Module-Type                      Model              Status
---  -----  ------------------------------  ------------------  ------------
1    24     1/2/4 Gbps FC/Supervisor-2       DS-C9124-K9-SUP    active *
Mod  Sw            Hw     World-Wide-Name(s) (WWN)
---  ------------  ------  --------------------------------------------------
1    5.0(4d)       5.1    20:01:00:05:9b:76:93:80 to 20:18:00:05:9b:76:93:80
Mod  MAC-Address(es)                          Serial-Num
---  ------------------------------------  ----------
1    00-0d-ec-be-eb-28 to 00-0d-ec-be-eb-2c  JAF1411BLGF
* this terminal session
```

4. 查看 MDS 交换机 feature 信息

```
DC1-MDS-02# show feature
Feature Name          Instance  State
--------------------  --------  --------
assoc_mgr             1         disabled
cimserver             1         disabled
dmm                   1         disabled
dpvm                  1         disabled
fabric-binding        1         disabled
fcoe_mgr              1         disabled
fcsp                  1         disabled
ficon                 1         disabled
fport-channel-trunk   1         disabled
http-server           1         enabled
ioa                   1         disabled
isapi                 1         disabled
ldap                  1         disabled
npiv                  1         disabled
npv                   1         disabled
port-security         1         disabled
```

```
port_track        1       disabled
privilege       1       disabled
qos-manager       1       disabled
santap          1       disabled
scheduler        1       disabled
sdv          1       disabled
sfm          1       disabled
sshServer       1       enabled
tacacs        1       disabled
telnetServer      1       enabled
tpc          1       disabled
```

5. 查看 MDS 交换机 host-id 信息

```
DC1-MDS-02# show license host-id
License hostid: VDH=FOX1407GRAB
```

6. 查看 MDS 交换机许可文件

```
DC1-MDS-02# show license file MDS201604190046309190.lic
MDS201604190046309190.lic:
SERVER this_host ANY
VENDOR cisco
INCREMENT PORT_ACTIVATION_PKG cisco 1.0 permanent 8 \
    VENDOR_STRING=<LIC_SOURCE>MDS_SWIFT</LIC_SOURCE><SKU>M9124PL8-4G=</SKU> \
    HOSTID=VDH=FOX1407GRAB \
    NOTICE="<LicFileID>20160419004630919</LicFileID><LicLineID>1</LicLineID> \
    <PAK></PAK>" SIGN=7E566F942212
```

7. 查看 MDS 交换机安装的许可授权

```
DC1-MDS-02# show license usage
Feature  Ins  Lic   Status Expiry Date Comments                    Count-------------------------------------------
------------------------------
FM_SERVER_PKG              No   -   Unused          -
ENTERPRISE_PKG             No   -   Unused          -
PORT_ACTIVATION_PKG          Yes  16   In use never      -
_PORT_ACTIVATION_PKG       No   0   Unused          -
--------------------------------------------------------------------------------
```

4.3.11 配置 MDS 交换机

安装 FC HBA 卡的 ESXi 主机作为一个 FC 客户端，其本身无需配置。FC 交换机配置正确，ESXi 主机即可访问 FC 存储。

第 1 步，登录 MDS 交换机，进入特权配置模式。

```
DC1-MDS-02# configure terminal
Enter configuration commands, one per line.  End with CNTL/Z.
```

第2步，使用命令“show flogi database”查看FC HBA卡注册信息。其中，fc1/5和fc1/6分别连接ESXi12主机和ESXi13，fc1/15和fc1/16连接DELL MD3620f存储主控制1和主控制2。

```
DC1-MDS-02(config)# show flogi database
--------------------------------------------------------------------------------
INTERFACE      vSAN   FCID        PORT NAME                NODE NAME
--------------------------------------------------------------------------------
fc1/5          1    0x880100  21:00:00:1b:32:82:5a:99 20:00:00:1b:32:82:5a:99
fc1/6          1    0x880300  21:00:00:1b:32:95:54:23 20:00:00:1b:32:95:54:23
fc1/7          1    0x880200  21:00:00:1b:32:8f:b7:2a 20:00:00:1b:32:8f:b7:2a
fc1/8          1    0x880000  21:00:00:1b:32:82:88:a0 20:00:00:1b:32:82:88:a0
fc1/15          1    0x880500  20:24:b0:83:fe:da:d4:dc 20:04:b0:83:fe:da:d4:dc
fc1/16          1    0x880400  20:25:b0:83:fe:da:d4:dc 20:04:b0:83:fe:da:d4:dc
Total number of flogi = 6.
```

第3步，使用命令“vsan database”进入vSAN数据库配置模式，创建vSAN。vSAN的名称为可选项，推荐在生产环境中配置以便于日常管理。

```
DC1-MDS-02(config)# vsan database
DC1-MDS-02(config-vsan-db)# vsan 200 name fcshare
```

第4步，使用命令“show vsan”查看创建的vSAN信息。

```
DC1-MDS-02(config-vsan-db)# show vsan
vsan 1 information
     name:vSAN0001  state:active
     interoperability mode:default
     loadbalancing:src-id/dst-id/oxid
     operational state:up
vsan 200 information
     name:fcshare  state:active
     interoperability mode:default
     loadbalancing:src-id/dst-id/oxid
     operational state:down
vsan 4079:evfp_isolated_vsan
vsan 4094:isolated_vsan
```

第5步，使用命令将FC端口加入vSAN。

```
DC1-MDS-02(config-vsan-db)# vsan 200 interface fc1/5
Traffic on fc1/5 may be impacted. Do you want to continue? (y/n) [n] y
DC1-MDS-02(config-vsan-db)# vsan 200 interface fc1/6
Traffic on fc1/6 may be impacted. Do you want to continue? (y/n) [n] y
DC1-MDS-02(config-vsan-db)# vsan 200 interface fc1/7
Traffic on fc1/7 may be impacted. Do you want to continue? (y/n) [n] y
```

```
DC1-MDS-02(config-vsan-db)# vsan 200 interface fc1/8
Traffic on fc1/8 may be impacted. Do you want to continue? (y/n) [n] y
DC1-MDS-02(config-vsan-db)# vsan 200 interface fc1/15
Traffic on fc1/15 may be impacted. Do you want to continue? (y/n) [n] y
DC1-MDS-02(config-vsan-db)# vsan 200 interface fc1/16
Traffic on fc1/16 may be impacted. Do you want to continue? (y/n) [n] y
```

第 6 步，使用命令“show vsan membership”查看 FC 端口是否加入对应的 vSAN。

```
DC1-MDS-02(config-vsan-db)# show vsan membership
vsan 1 interfaces:
  fc1/1      fc1/2      fc1/3      fc1/4
  fc1/9      fc1/10     fc1/11     fc1/12
  fc1/13     fc1/14     fc1/17     fc1/18
  fc1/19     fc1/20     fc1/21     fc1/22
  fc1/23     fc1/24
vsan 200 interfaces:
  fc1/5      fc1/6      fc1/7      fc1/8
  fc1/15     fc1/16
vsan 4079(evfp_isolated_vsan) interfaces:
vsan 4094(isolated_vsan) interfaces:
```

第 7 步，使用命令“show fcdomain domain-list”查看 FC Domain 信息。因为目前只开启一台 MDS 交换机，所以 DC1-MDS-02 为所有 vSAN 的主控交换机。

```
DC1-MDS-02(config-vsan-db)# show fcdomain domain-list
vSAN 1
Number of domains: 1
Domain ID          WWN
---------    -----------------------
0x88(136)    20:01:00:05:9b:76:93:81 [Local] [Principal]
vSAN 200
Number of domains: 1
Domain ID          WWN
---------    -----------------------
0xde(222)    20:c8:00:05:9b:76:93:81 [Local] [Principal]
```

第 8 步，使用命令“show fcdomain fcid persistent”查看 FCID 分配情况。

```
DC1-MDS-02(config-vsan-db)# show fcdomain fcid persistent
Total entries 12.
Persistent FCIDs table contents:
vSAN         WWN              FCID        Mask        Used    Assignment
----   -----------------------  --------   -----------   ----   ----------
  1    21:00:00:1b:32:82:88:a0   0x880000   SINGLE FCID    NO    DYNAMIC
```

```
  1   21:00:00:1b:32:82:5a:99   0x880100   SINGLE FCID   NO   DYNAMIC
  1   21:00:00:1b:32:8f:b7:2a   0x880200   SINGLE FCID   NO   DYNAMIC
  1   21:00:00:1b:32:95:54:23   0x880300   SINGLE FCID   NO   DYNAMIC
  1   20:25:b0:83:fe:da:d4:dc   0x880400   SINGLE FCID   NO   DYNAMIC
  1   20:24:b0:83:fe:da:d4:dc   0x880500   SINGLE FCID   NO   DYNAMIC
200   21:00:00:1b:32:82:5a:99   0xde0000   SINGLE FCID   YES  DYNAMIC
200   21:00:00:1b:32:95:54:23   0xde0100   SINGLE FCID   YES  DYNAMIC
200   21:00:00:1b:32:8f:b7:2a   0xde0200   SINGLE FCID   YES  DYNAMIC
200   21:00:00:1b:32:82:88:a0   0xde0300   SINGLE FCID   YES  DYNAMIC
200   20:24:b0:83:fe:da:d4:dc   0xde0400   SINGLE FCID   YES  DYNAMIC
200   20:25:b0:83:fe:da:d4:dc   0xde0500   SINGLE FCID   YES  DYNAMIC
```

第 9 步，使用命令“show fcns database”查看 FCNS 名称服务器信息。一般来说，sisi-fcp:init 对应主机的 FC HBA 卡，scsi-fcp:both 对应 FC 存储。

```
DC1-MDS-02(config-vsan-db)# show fcns database
vSAN 200:
--------------------------------------------------------------------------
FCID      TYPE  PWWN                  (VENDOR)      FC4-TYPE:FEATURE
--------------------------------------------------------------------------
0xde0000   N    21:00:00:1b:32:82:5a:99 (Qlogic)    scsi-fcp:init fc-av
0xde0100   N    21:00:00:1b:32:95:54:23 (Qlogic)    scsi-fcp:init fc-av
0xde0200   N    21:00:00:1b:32:8f:b7:2a (Qlogic)    scsi-fcp:init fc-av
0xde0300   N    21:00:00:1b:32:82:88:a0 (Qlogic)    scsi-fcp:init
0xde0400   N    20:24:b0:83:fe:da:d4:dc             scsi-fcp:both
0xde0500   N    20:25:b0:83:fe:da:d4:dc             scsi-fcp:both
Total number of entries = 6
```

第 10 步，完成 vSAN 的基本配置以及将 FC 端口加入 vSAN 后就可以进行 ZONE 配置，创建用于 ESXi 主机 fcshare 的 ZONE，ZONE 关联的信息可以为 PWWN，也可以关联设备连接至 FC 交换机的具体端口，可以根据生产环境的情况自行决定。

```
DC1-MDS-02(config)# zone name fcshare vsan 200
DC1-MDS-02(config-zone)# member interface fc1/5 //将 ESXi 主机端口加入 ZONE
DC1-MDS-02(config-zone)# member interface fc1/6
DC1-MDS-02(config-zone)# member interface fc1/15
DC1-MDS-02(config-zone)# member interface fc1/16
DC1-MDS-02(config-zone)# member interface fc1/7
DC1-MDS-02(config-zone)# member interface fc1/8
```

第 11 步，使用命令“show zone”查看 ZONE 关联的信息。

```
DC1-MDS-02(config-zone)# show zone
zone name fcshare vsan 200
  interface fc1/5 swwn 20:00:00:05:9b:76:93:80
  interface fc1/6 swwn 20:00:00:05:9b:76:93:80
```

```
  interface fc1/15 swwn 20:00:00:05:9b:76:93:80
  interface fc1/16 swwn 20:00:00:05:9b:76:93:80
  interface fc1/7 swwn 20:00:00:05:9b:76:93:80
  interface fc1/8 swwn 20:00:00:05:9b:76:93:80
```

第 12 步，配置 zoneset 并关联 ZONE。

```
DC1-MDS-02(config)# zoneset name zs_fcshare vsan 200
DC1-MDS-02(config-zoneset)# member fcshare //调用关联 ZONE
```

第 13 步，使用命令“show zoneset”查看 zoneset 配置以及关联 ZONE 信息。

```
DC1-MDS-02(config)# show zoneset
zoneset name zs_fcshare vsan 200
 zone name fcshare vsan 200
  interface fc1/5 swwn 20:00:00:05:9b:76:93:80
  interface fc1/6 swwn 20:00:00:05:9b:76:93:80
  interface fc1/15 swwn 20:00:00:05:9b:76:93:80
  interface fc1/16 swwn 20:00:00:05:9b:76:93:80
  interface fc1/7 swwn 20:00:00:05:9b:76:93:80
  interface fc1/8 swwn 20:00:00:05:9b:76:93:80
```

第 14 步，使用命令“zoneset activate name”激活 zoneset。

```
DC1-MDS-02(config)# zoneset activate name zs_fcshare vsan 200
Zoneset activation initiated. check zone status
```

第 15 步，使用命令“show zoneset active”查看激活状态。fcid 前有“*”表示 ESXi 主机与存储之间建立好访问，如果没有，则应检查配置。

```
DC1-MDS-02(config)# show zoneset active
zoneset name zs_fcshare vsan 200
 zone name fcshare vsan 200
 * fcid 0xde0000 [interface fc1/5 swwn 20:00:00:05:9b:76:93:80]
 * fcid 0xde0100 [interface fc1/6 swwn 20:00:00:05:9b:76:93:80]
 * fcid 0xde0400 [interface fc1/15 swwn 20:00:00:05:9b:76:93:80]
 * fcid 0xde0500 [interface fc1/16 swwn 20:00:00:05:9b:76:93:80]
 * fcid 0xde0200 [interface fc1/7 swwn 20:00:00:05:9b:76:93:80]
 * fcid 0xde0300 [interface fc1/8 swwn 20:00:00:05:9b:76:93:80]
```

4.3.12 配置 ESXi 主机使用 FC 存储

对于安装 FC HBA 卡的 ESXi 主机来说，其本身就是 FC SAN 客户端，但基本没有配置。如果 FC 存储和 FC 交换机配置没有问题，从 ESXi 主机可以看到 FC 存储。

第 1 步，ESXi13 主机配置有双口 FC HBA 卡，其中 vmhba2 用于 sanboot，vmhba1 用于访问 FC 共享存储，如图 4-3-8 所示。

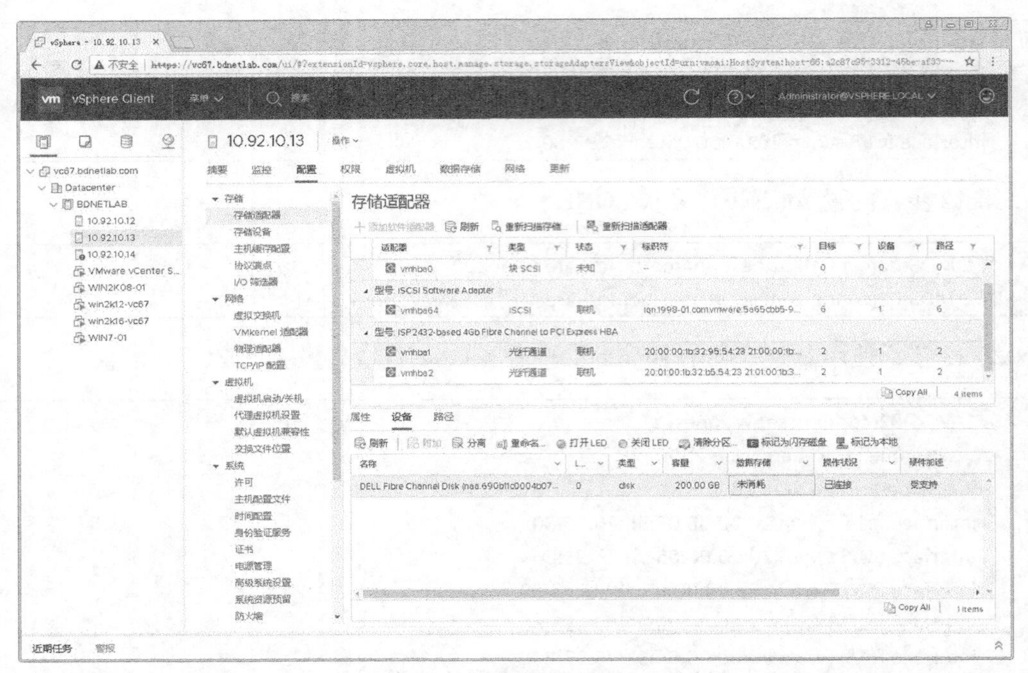

图 4-3-8　配置 ESXi 主机使用 FC 存储之一

第 2 步，与 ESXi13 主机一样，ESXi12 主机配置有双口 FC HBA 卡，其中 vmhba3 用于 sanboot，vmhba2 用于访问 FC 共享存储，如图 4-3-9 所示。

图 4-3-9　配置 ESXi 主机使用 FC 存储之二

第 3 步，查看 ESXi13 主机数据存储配置，由于 FC 存储是新建未使用，因此需要创建存储，如图 4-3-10 所示。

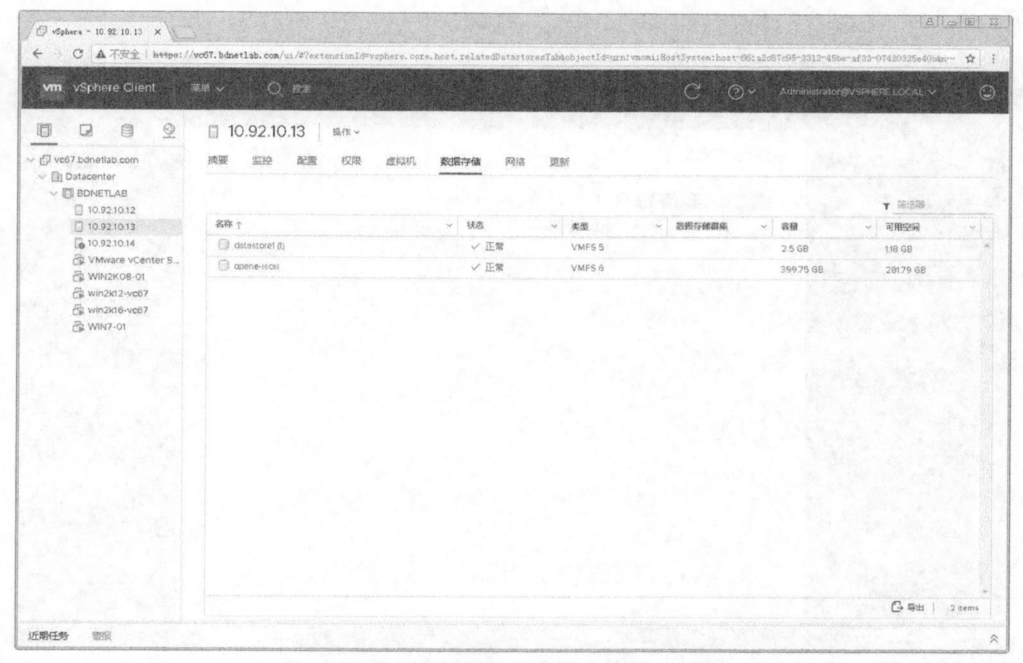

图 4-3-10 配置 ESXi 主机使用 FC 存储之三

第 4 步，选择新建数据存储，存储类型选择 VMFS，如图 4-3-11 所示，单击“NEXT”按钮。

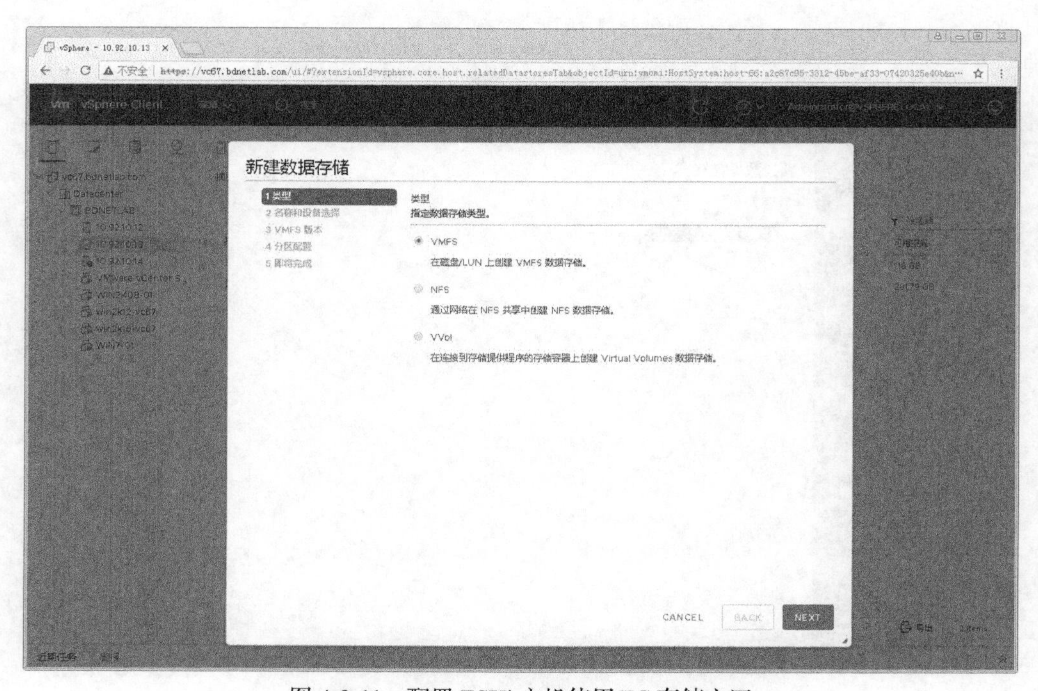

图 4-3-11 配置 ESXi 主机使用 FC 存储之四

第 5 步，输入新建数据存储名称以及选择存储，如图 4-3-12 所示，单击“NEXT”按钮。

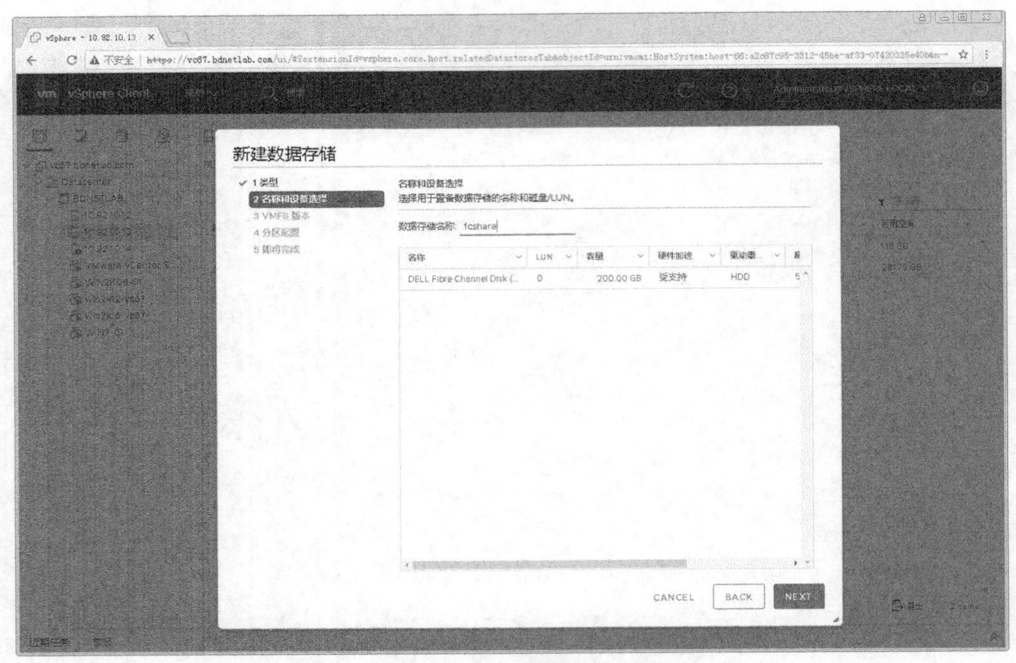

图 4-3-12 配置 ESXi 主机使用 FC 存储之五

第 6 步，选择 VMFS 版本，如图 4-3-13 所示，单击“NEXT”按钮。注意，如果生产环境还有 ESXi 5.x 主机，那么需要选择 VMFS 5 格式，因为低版本无法识别高版本。

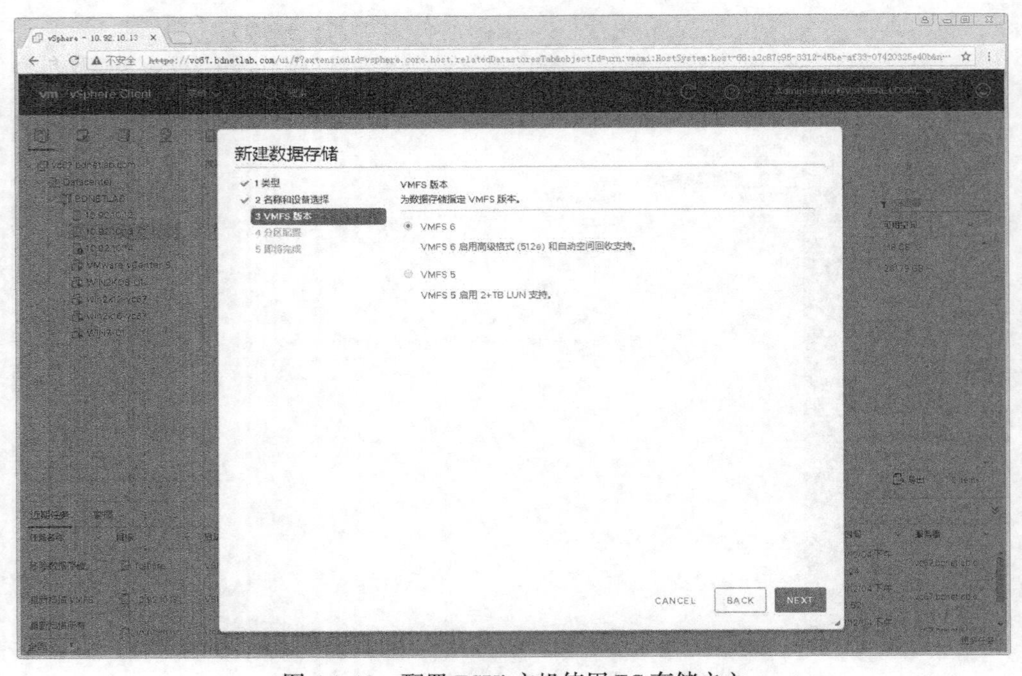

图 4-3-13 配置 ESXi 主机使用 FC 存储之六

第 7 步，选择使用的数据存储大小，如图 4-3-14 所示，单击“NEXT”按钮。

图 4-3-14 配置 ESXi 主机使用 FC 存储之七

第 8 步，确认参数配置，如图 4-3-15 所示，单击“FINISH”按钮。

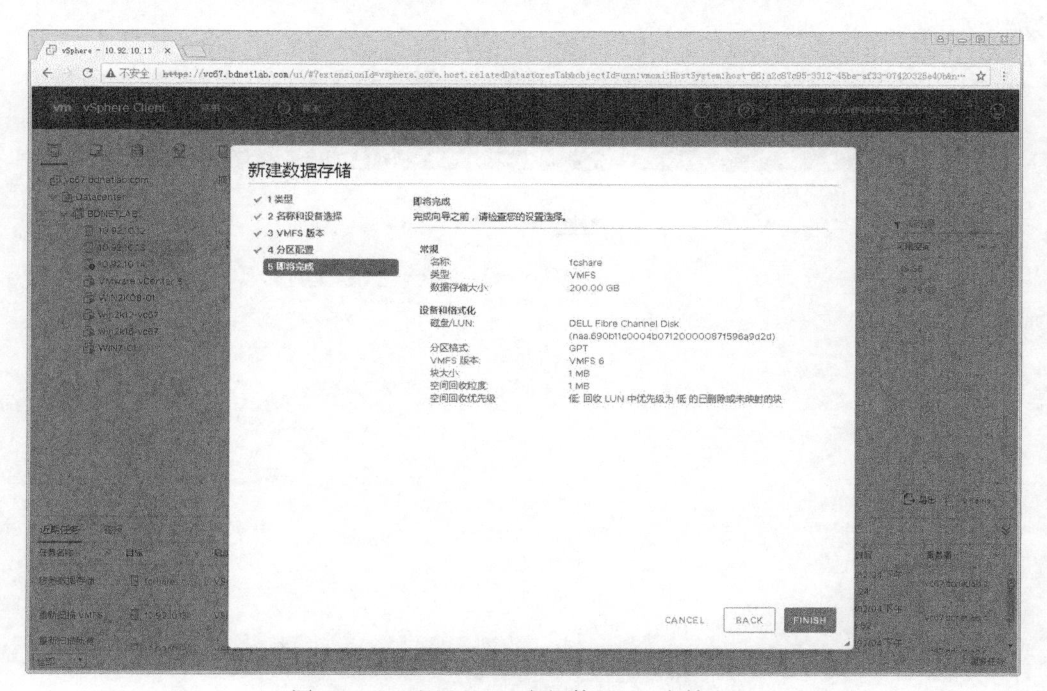

图 4-3-15 配置 ESXi 主机使用 FC 存储之八

第 9 步，FC 存储创建完成，可通过 ESXi13 主机查看，如图 4-3-16 所示。

图 4-3-16　配置 ESXi 主机使用 FC 存储之九

第 10 步，通过 ESXi12 主机也可以看到该 FC 存储，如图 4-3-17 所示，说明 FC 存储成功共享。

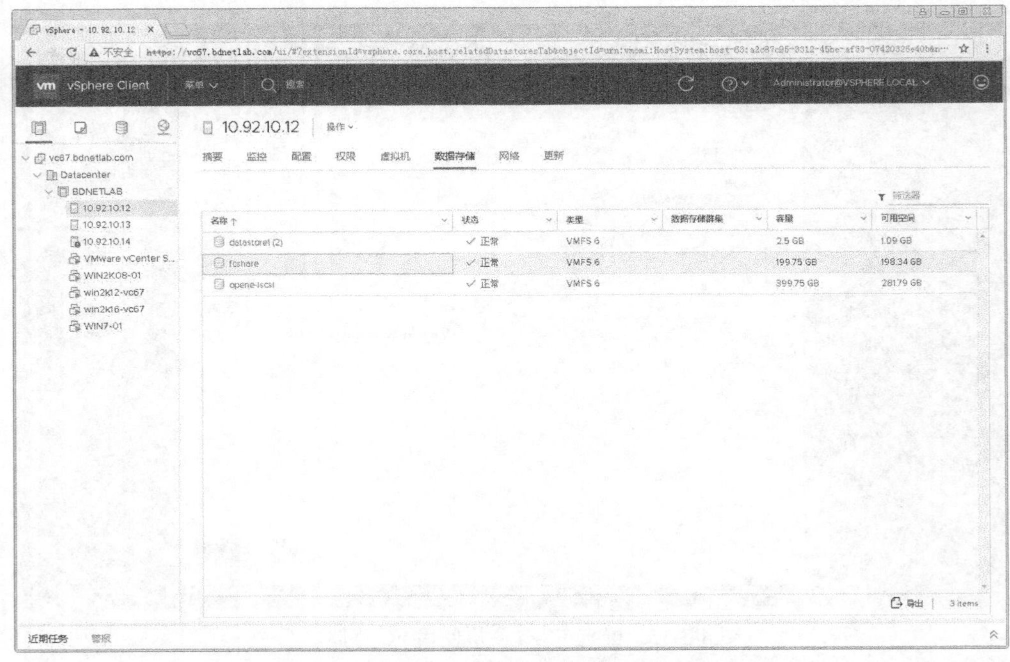

图 4-3-17　配置 ESXi 主机使用 FC 存储之十

第 11 步，ESXi14 主机也可以看到该 FC 存储，如图 4-3-18 所示，说明 FC 存储成功共享。

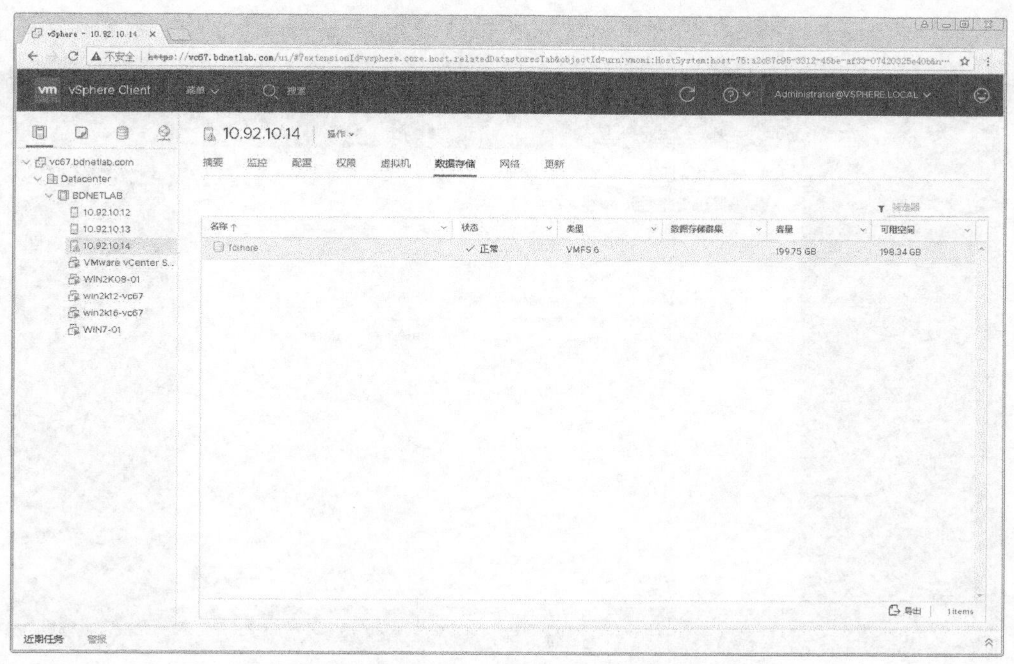

图 4-3-18 配置 ESXi 主机使用 FC 存储之十一

第 12 步，将虚拟机从 iSCSI 存储迁移到 FC 存储，如图 4-3-19 所示。

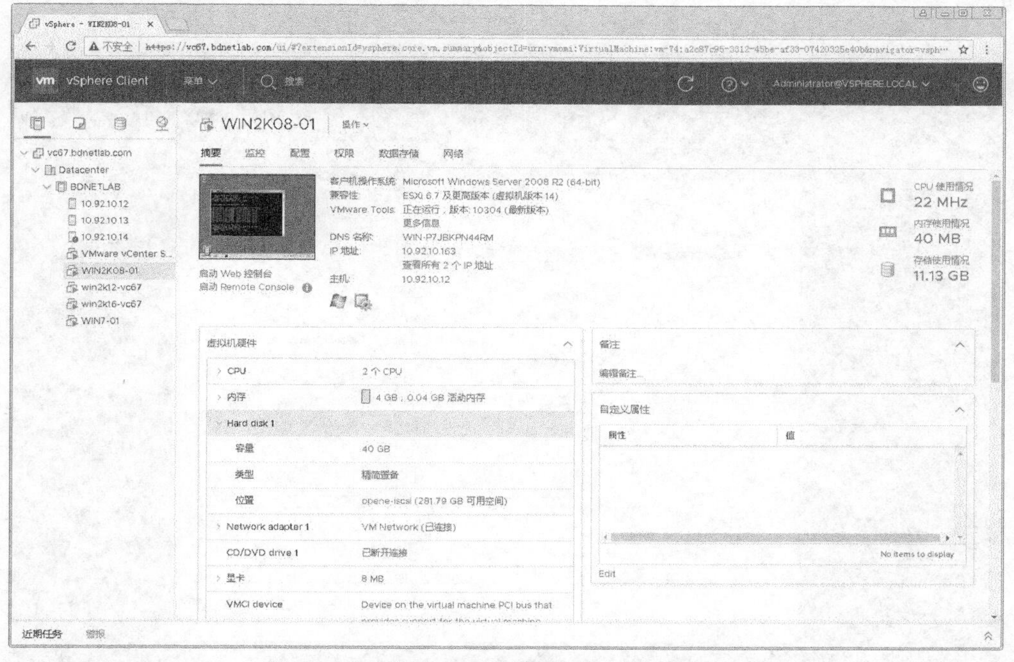

图 4-3-19 配置 ESXi 主机使用 FC 存储之十二

第13步，选中“仅更改存储”，如图4-3-20所示，单击“NEXT”按钮。

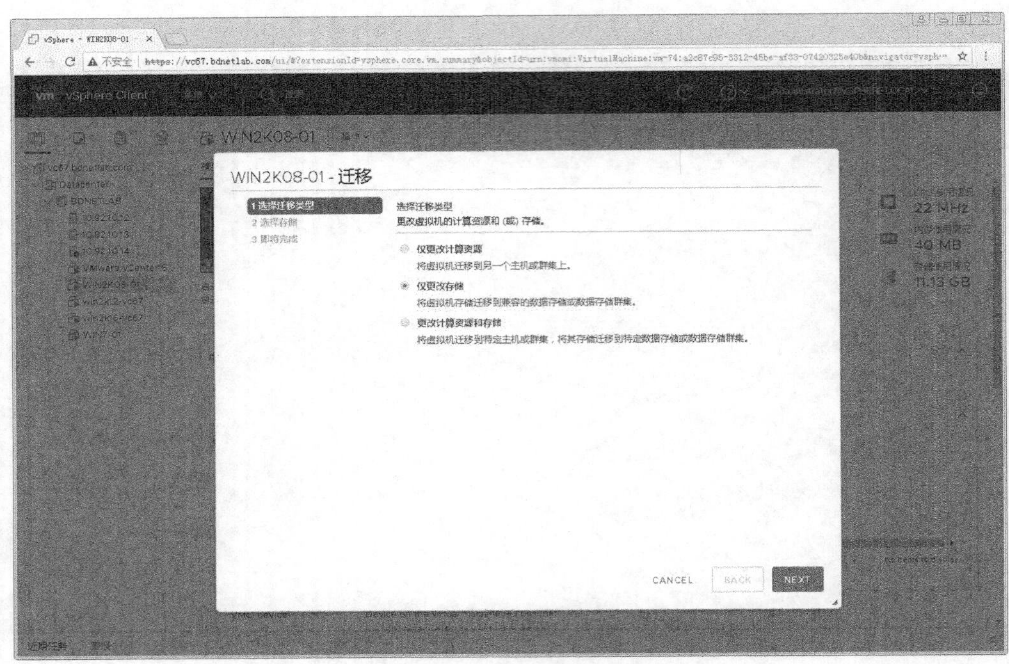

图4-3-20　配置ESXi主机使用FC存储之十三

第14步，选择目标存储为新建的FC存储fcshare，如图4-3-21所示，单击“NEXT”按钮。

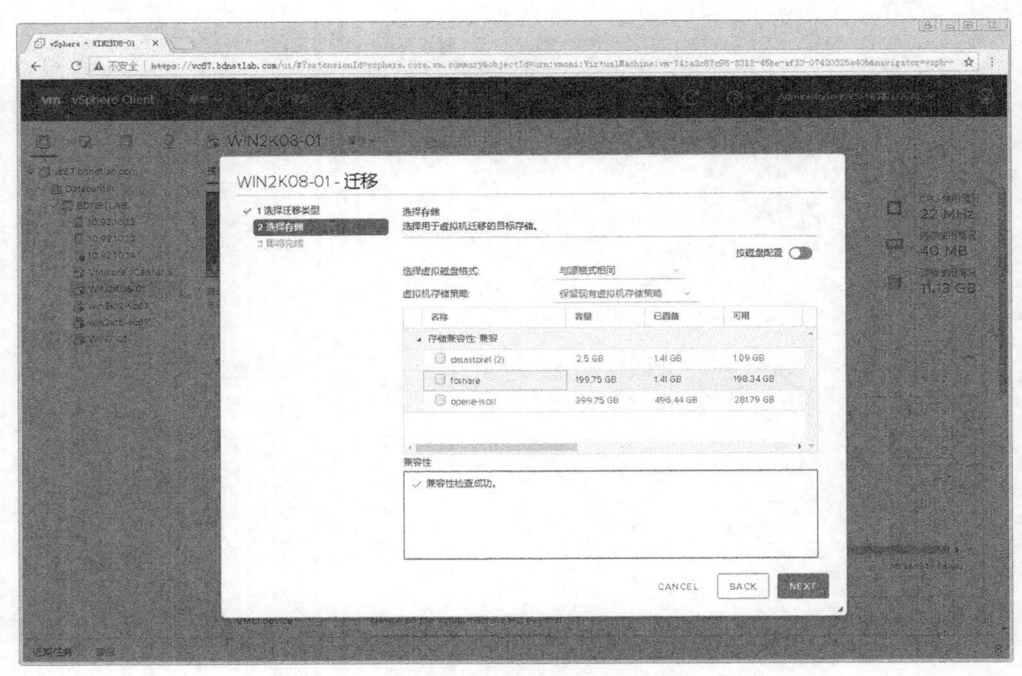

图4-3-21　配置ESXi主机使用FC存储之十四

第 15 步，确认参数配置，如图 4-3-22 所示，单击“FINSH”按钮。

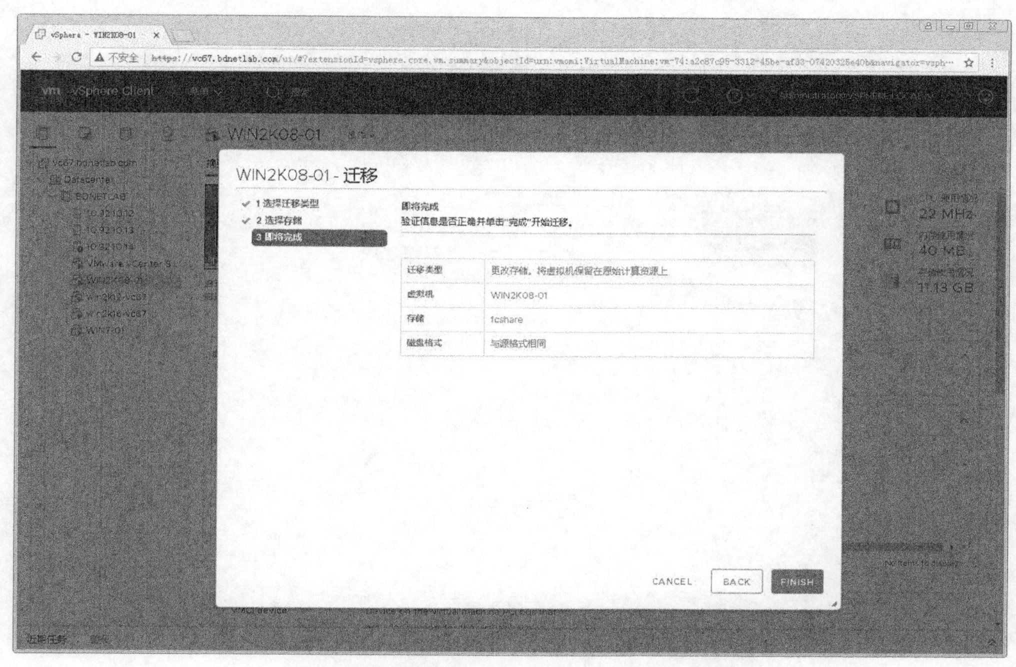

图 4-3-22 配置 ESXi 主机使用 FC 存储之十五

第 16 步，系统开始迁移，如图 4-3-23 所示。

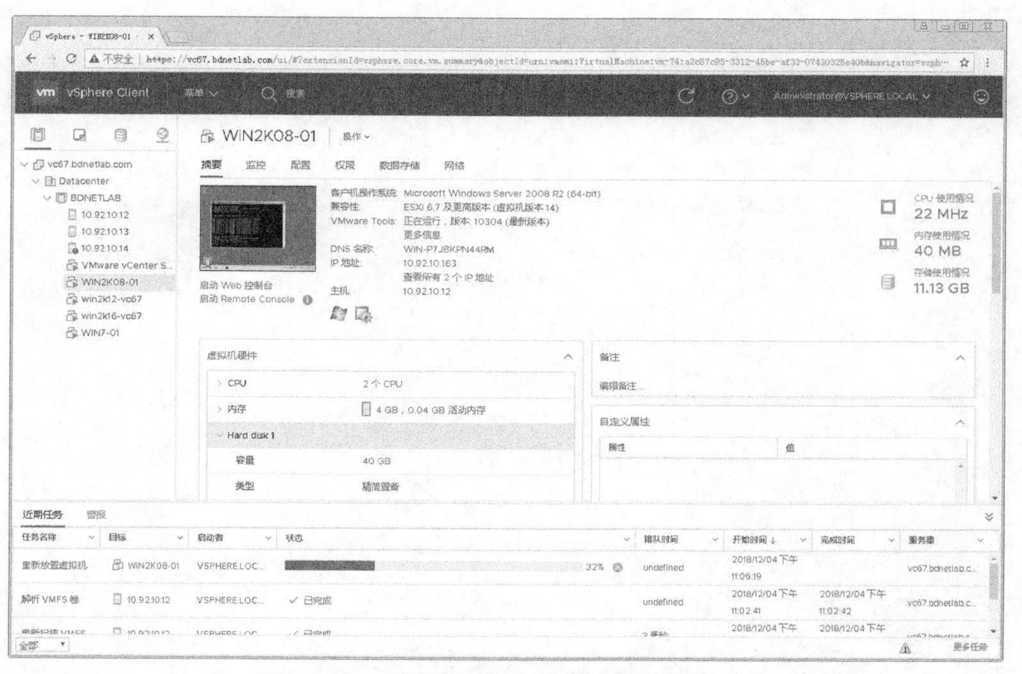

图 4-3-23 配置 ESXi 主机使用 FC 存储之十六

第 17 步，迁移完成，虚拟机使用 FC 存储，如图 4-3-24 所示。

图 4-3-24　配置 ESXi 主机使用 FC 存储之十七

第 18 步，查看 FC 存储上运行的虚拟机，如图 4-3-25 所示。

图 4-3-25　配置 ESXi 主机使用 FC 存储之十八

至此，ESXi 主机使用 FC 存储的配置完成。需要说明的是，ESXi 主机本身仅是 FC 存储的客户端，无需配置参数，如果配置完成后无法从 ESXi 主机看到 FC 存储，那么需要检查 FC SAN 交换机以及 FC 存储的配置情况。

4.3.13 项目中关于 FC 存储的讨论

上一节讨论了项目实施时的 iSCSI 存储问题，本节再来讨论一下 FC 存储问题。不少人问作者，现在的数据中心还有必要上 FC 存储吗？为什么不上超融合？针对这一系列问题，下面做一些简单的讨论。

1. 在生产环境中上 FC 存储还是超融合

其实这是一个有关选择的问题。从目前情况来看，超融合逐渐在一些数据中心被使用，但是从反馈的信息来看，特别是作者所熟悉的金融行业，目前，核心数据还没有存放在超融合上，依旧使用 FC 存储，为什么？因为超融合出现的时间太短，其稳定性以及故障恢复等还需要市场检验。作者并不排斥使用超融合，毕竟作者的项目也在使用超融合，包括 VMware、路坦力、深信服、华为等公司的产品。作者推荐使用超融合一体机，这样可以避免项目出现问题后软、硬件厂商相互推诿的情况。同时，一定要做好备份，不要认为使用了超融合后就不需要备份了。2017 年—2018 年超融合在生产环境中出现的一些重大问题我们就不讨论了。最后再补充下作者观点：超融合可以作为传统存储（iSCSI 存储、FC 存储等）的补充，但至少现在还无法全面取代传统存储。

2. FC 存储能否 DIY

曾经有人在一些项目中问过作者，由于厂商的 FC 存储服务器较贵，是否能够 DIY 存储服务器？答案是肯定的，作者测试过多款开源软件，如 Nexenta、Open-E 等，评测发现 Open-E 存储服务支持 FC 效果不错，但是需要单独购买 LIC，推荐的做法是：

（1）配置 x86 服务器，磁盘位根据项目的实际环境决定，特别注意购置 FC HBA 卡。推荐使用双口以上的 FC HBA 卡；

（2）安装 Open-E 存储软件，购买 FC 许可；

（3）启用 FC 存储服务；

（4）DIY FC 存储服务器很难做到双机热备，那么其他备份必不可少。

3. 不使用 FC 交换机直连

在前面章节讲过 FC 拓扑有直连的方式，就是在生产环境中服务器直接连接 FC 存储，而不使用 FC 交换机，其实上这样的方式在一些中、小型企业中比较常见。在服务器不多的情况下，这样的连接可以节省 FC 交换机费用，至于这种连接模式是否推荐，作者认为应该结合项目的实际情况决定。

（1）项目中服务器数量：如果项目中只有 2～3 台服务器连接 FC 存储，这样的连接没有问题，节省成本。

（2）FC 存储服务器端口数量：一些小规模项目使用的 FC 存储服务器，可能只配置一个主控制器，主控制器一般提供 2～4 个 FC 端口。如果连接的服务器超过 4 台，很明显无法满足需求。

（3）负载冗余：如果不使用 FC 交换机直连 FC 存储，FC 存储服务器与服务器之间的负载以及冗余就不方便规划设计。

整体来说，对于小规模环境，不使用 FC 交换机没有问题；如果从负载均衡、管理等方面考虑，建议使用 FC 交换机。

4. FC 存储双控以及速率

作者在项目中遇到不少使用单控 FC 存储的情况，其目的是节省费用。作者建议，既然已经购置 FC 存储，就没有必要去节省另外一个控制器的费用。FC 存储使用双控不仅能够均衡负载，还能够实现故障切换，当一个控制器出现故障时可以切换到另外一个控制器，当然，这也得结合整体 FC 配置。

关于 FC 存储速率，目前主流都是 8Gbit/s 或 16Gbit/s，项目中还能够看到不少速率为 4Gbit/s 的。新建 FC 存储推荐使用 8Gbit/s 以上的 FC HBA 卡，这样可以保证在 FC 网络传输上不存在瓶颈。

5. 关于 FC 存储磁盘

各大厂商推出的 FC 存储一般不能使用其他磁盘代替，虽然磁盘都是代工，但没有所谓“微码”的磁盘在 FC 存储上是无法使用的。为了保证项目的稳定性，即使原厂磁盘价格较高，也强烈建议购买原厂磁盘。从目前市场上的产品情况看，不推荐购买所谓代写入的磁盘，作者在这方面栽过跟头。

对于 FC 存储阵列来说，DELL、华为等厂商都有其推荐的配置方式，结合实际情况配置即可。对于读写要求较高的推荐使用 RAID 10 或者 RAID 50 模式，当然其他 RAID 模式也是可以选择的。用户需要特别注意的是热备盘的设置。

4.4　配置使用 Virtual SAN 存储

Virtual SAN 是 VMware 软件定义存储的实现方式，是 VMware 超融合软件解决方案的企业级存储。Virtual SAN 使用内嵌的方式集成于 VMware vSphere 虚拟化平台，可以为虚拟机应用提供经过闪存优化的超融合存储。从 2014 年 3 月推出的正式版本 Virtual SAN 5.5，至 2018 年 4 月推出的 Virtual SAN 6.7，短短几年时间内，Virtual SAN 经历了多次升级。本书写作的时候，Virtual SAN 已发布 6.7 Update 1 版本。本节介绍如何在生产环境中部署使用 Virtual SAN 6.7 存储。

4.4.1　Virtual SAN 各版本功能介绍

Virtual SAN 的版本升级得非常迅速，新发布的版本不仅修改了老版本的错误（Bug），而且增加了非常多的特性，在部署使用 Virtual SAN 之前，需要了解各个 Virtual SAN 版本所具有的功能特性。

1. Virtual SAN 5.5

Virtual SAN 5.5 称为第一代 Virtual SAN，集成于 VMware vSphere 5.5 U1。该版本具有软件定义存储的基本功能，但 VMware vSphere 的一些高级特性无法在 Virtual SAN 5.5 上使用。从生产环境使用方面看，Virtual SAN 5.5 基本用于测试。

2. Virtual SAN 6.0

Virtual SAN 6.0 为第二代 Virtual SAN，集成于 VMware vSphere 6.0。该版本不仅修复了 Virtual SAN 5.5 存在的一些 Bug，而且增加了大量新的功能，其新增主要功能如下。

（1）支持混合架构以及全闪存架构。

（2）支持通过配置故障域（机架感知）使 Virtual SAN 群集免于机架故障。

（3）支持在删除 Virtual SAN 存储前将 Virtual SAN 数据迁移。

（4）支持硬件层面的数据校验，检测并解决磁盘问题，从而提高数据完整性。

（5）支持运行状态服务监控，可以监控 Virtual SAN 以及群集、网络、物理磁盘的状况。

3. Virtual SAN 6.1

Virtual SAN 6.1 为第三代 Virtual SAN，集成于 VMware vSphere 6.0 U1。该版本在 Virtual SAN 6.0 的基础上增加了新的功能，其新增主要功能如下。

（1）支持延伸群集，也就是使用 Virtual SAN 构建双活数据中心，延伸群集支持横跨两个地理位置的群集，这样可以在最大程度上保护数据不受 Virtual SAN 站点故障或网络故障的影响。

（2）支持 ROBO，支持以两节点方式部署 Virtual SAN，可以通过延伸群集功能，把见证主机放在总部数据中心，简化 Virtual SAN 部署。

（3）支持统一的磁盘组声明，在创建 Virtual SAN 时，统一声明磁盘组的容量层与缓存层。

（4）支持 Virtual SAN 磁盘在线升级，可以通过管理端在线将 Virtual SAN 磁盘格式升级到 2.0。

4. Virtual SAN 6.2

Virtual SAN 6.2 为第四代 Virtual SAN。该版本在 Virtual SAN 6.1 的基础上增加了更多更实用的特性，其新增主要功能如下。

（1）支持对全闪存架构的 Virtual SAN 数据去重，并采用 LZ4 算法对容量层数据进行压缩。

（2）支持通过纠删码对 Virtual SAN 数据进行跨网络的 RAID 5 或 RAID 6 处理。

（3）支持对不同虚拟机设置不同的 IOPS。

（4）支持纯 IPv6 运行模式。

（5）支持软件层面的数据校验，检测并解决磁盘问题，从而提高数据完整性。

5. Virtual SAN 6.5

Virtual SAN 6.5 为第五代 Virtual SAN。该版本在 Virtual SAN 6.2 的基础上增加了新的特性，其新增主要功能如下。

（1）支持将 Virtual SAN 配置为 iSCSI Target，通过 iSCSI 支持来连接非虚拟化工作负载。

（2）通过直接使用交叉电缆连接两个节点来降低路由器/交换机购买成本，降低 ROBO 成本。

（3）增加了对容器和 CNA 的支持，可以使用 Docker、Swarm、Kubernetes 等随时开展工作。

（4）Virtual SAN 6.5 标准版本提供对全闪存硬件的支持，降低构建成本。

6. Virtual SAN 6.6

Virtual SAN 6.6 为第六代 Virtual SAN。该版本是业界首个具原生 HCI 安全功能且高度可用的延伸群集，同时将关键业务和新一代工作负载的全闪存性能提高了 50%，其新增主要功能如下。

（1）针对静态数据的原生 HCI 加密解决方案，可以保护关键数据免遭不利访问。Virtual SAN 加密具有硬件独立性并简化了密钥管理，因而可降低成本并提高灵活性，而且不再要求部署特定的自加密驱动器（SED）。Virtual SAN 加密还支持双因素身份验证（SecurID 和 CAC），因而能够很好地保证合规性。另外，它还是首个采用 DISA 批准的 STIG 的 HCI 解决方案。

（2）支持单播连接，以帮助简化初始 Virtual SAN 设置，可以为 Virtual SAN 网络连接使用单播，而不再需要设置多播。这使得 Virtual SAN 可以在更广泛的本地和云环境中部署而无须更改网络。

（3）优化的数据服务进一步扩大了 Virtual SAN 的性能优势，具体就是，与以前的 Virtual SAN 版本相比，它可将每台全闪存主机的 IOPS 提升 50%之多。提升的性能有助于加快关键任务应用的速度，并提供更高的工作负载整合率。

（4）借助对最新闪存技术（包括新的 Intel Optane 3D XPoint NVMe SSD 等解决方案）的现成支持，用户可加快采用新硬件。此外，Virtual SAN 现在还提供更多的缓存驱动器选择（包括 1.6 TB 闪存），方便客户使用更大容量的最新闪存。

（5）经验证的全新体系结构为部署 Splunk、Big Data 和 Citrix XenApp 等新一代应用提供了一条行之有效的途径。此外，现在 Photon Platform 1.1 中提供了适用于 Photon 的 Virtual SAN，而新的 Docker Volume Driver 则提供了对多用户、基于策略的管理、快照和复制的支持。

（6）借助新增的永不停机保护功能，Virtual SAN 可确保用户的应用能正常运行和使用，而不会受潜在硬件难题的影响。新的降级设备处理功能（DDH）可智能地监控驱动器的运行状况，并在发生故障前主动撤出数据。新的智能驱动器重建和部分重建功能可在硬件发生故障时提供更快速的恢复，并降低群集流量以提高性能。

7. Virtual SAN 6.7

Virtual SAN 6.7 是第七代 Virtual SAN，而 VMware vSphere 6.7 可以说是为了 Virtual SAN 6.7 而发布，可见 Virtual SAN 6.7 产品的重要性。其新增主要功能如下。

（1）全新的引导式群集创建和扩展工作流提供了全面的向导，可协助管理员完成初始和后续运维。此工作流可确保所有步骤均按正确的顺序完成，让管理员胸有成竹地构建群集，包括延伸群集。

（2）VUM 可让管理员针对整个群集执行一致的生命周期管理。此次更新实现了 Dell、Fujitsu、SuperMicro 和 Lenovo ReadyNode 主机 IO 控制器固件和驱动程序修补的自动化；运行状况检查可提醒用户有可用的新补丁程序。VUM 可为 HCI 群集提供自动化的补丁程序管理，还可管理 vCenter 的计算和存储固件。

（3）智能维护模式可在维护操作期间确保一定的应用性能和恢复能力。Virtual SAN 会提醒用户，进入维护模式的主机会影响性能；如果预测维护不会成功，还能主动将其停止，从而提供一定的防护。

（4）Virtual SAN 的 UI 中添加了新的高级群集设置，并在其 Power CLI 中添加了一些新的 cmdlet。此外，在更换 vCenter Server 或从故障中恢复 vCenter Server 等场景中，Virtual SAN 可自动备份和恢复 SPBM 策略。

（5）UNMAP 可自动执行空间回收，减少应用所用的容量。Virtual SAN 与客户机操作系统发起的 SCSI UMAP 请求相集成，可在删除或截断客户机操作系统文件后释放空间。此外，此功能还可避免在容量层转储未使用的数据。

（6）在延伸群集场景中实现灵活的网络拓扑结构。这样，见证就可以采用比 Virtual SAN 数据流量低的 MTU，从而帮助企业保护对网络基础架构进行的投资。

（7）运行状况服务增强功能加快了自助服务的速度，使客户可以更快地解决问题。此版本的更新包括：主动式网络性能测试、能够通过 UI 进行静默运行状况检查、减少了一些运行状况检查的误报，以及运行状况检查摘要（可在一个位置显示所有运行状况检查的状态，每条记录中均包含简短描述和建议的操作）。

4.4.2 Virtual SAN 常用术语

Virtual SAN 集成于 VMware vSphere，但也可以把它看成是一个独立的组件。了解完 Virtual SAN 的基本概念后，需要对其常用术语进一步了解。

1. 对象

Virtual SAN 中一个重要的概念就是对象，Virtual SAN 是基于对象的存储。虚拟机由大量不同的存储对象组成，与之前传统虚拟机由一组文件组成不同，对象是一个独立的存储块设备。存储块内包括虚拟机主页名字空间、虚拟机交换文件、VMDK 等。

2. 组件

从另外一个方面来看，Virtual SAN 可以理解为网络 RAID 1，Virtual SAN 在 ESXi 主机之间使用 RAID 1 阵列来实现存储对象的高可用。每个存储对象都是一个组件，组件的具体数量与存储策略有直接的关系。

3. 副本

Virtual SAN 使用 RAID 方式来实现高可用，那么一个对象就存在多个副本又可避免单点故障，副本的数量与存储策略有直接的关系。

4. 见证

见证（witness）可以理解为仲裁，在 VMware vSphere 中翻译为“证明”。见证属于比较特殊的组件，不包括元数据，仅用于当 Virtual SAN 发生故障后进行仲裁时用来确定如何恢复。

5. 磁盘组

Virtual SAN 的核心之一，由 SSD 磁盘和其他磁盘（SATA、SAS）组成，用于缓存和存储数据，是构建 Virtual SAN 的基础。

6. 基于存储策略的管理

基于存储策略的管理是 Virtual SAN 的核心，所有部署在 Virtual SAN 上的虚拟机都必须使用一种存储策略。如果没有创建新的存储策略，虚拟机将使用默认策略。

4.4.3 Virtual SAN 存储策略介绍

Virtual SAN 使用基于存储策略的管理（Storage Policy-Based Management，SPBM）部署虚拟机。通过使用基于存储策略的管理，虚拟机可以根据生产环境的需求并且在不关机的情况下应用不同的策略。所有部署在 Virtual SAN 上的虚拟机都必须使用一种存储策略。

如果没有创建新的存储策略。虚拟机将使用默认策略。Virtual SAN 存储策略主要有以下几种类型。

1. Number of Failures to Tolerate

Number of Failures to Tolerate，简称为 FTT，中文翻译为“允许的故障数”。该策略定义在群集中存储对象针对主机数量、磁盘或网络同时发生故障的数量，默认情况下 FTT 值为 1。FTT 的值决定了 Virtual SAN 群集需要的 ESXi 主机数量，假设将 FTT 的值设置为 n，则会有 n+1 份副本，要求 2n+1 台主机，FTT 值对应 ESXi 主机列表参考表 4-4-1。如果使用双节点 Virtual SAN，则需配置额外的见证主机，表 4-4-1 不适用于双节点 Virtual SAN 配置。

表 4-4-1　FTT 值对应 ESXi 主机列表

FTT	副本	见证	ESXi 主机数
0	1	0	1
1	2	1	3
2	3	2	5
3	4	3	7

2. Number of Disk Stripes per Object

Number of Disk Stripes per Object，简称为 Stripes，中文翻译为“每个对象的磁盘带数”，表示存储对象的磁盘跨越主机的副本数。Stripes 值相当于 RAID 0 的环境，分布在多个物理磁盘上。一般来说，Stripes 默认值为 1，最大值为 12。如果将该参数值设置为大于 1 的值时，虚拟机可以获取更好的 IOPS 性能，但他会占用更多的系统资源。默认值 1 可以满足大多数虚拟机负载使用要求，对于磁盘 I/O 密集型运算可以调整 Stripes 值。当一个对象大小超过 255GB 时，即使 Stripes 默认为 1，系统还是会对对象进行强行分割。

需要说明的是，在 Virtual SAN 环境中，所有的写操作都是先写入 SSD 磁盘，增加条带对性能可能没有影响，因为新的条带可能会被放置在同一个磁盘组的磁盘上，系统无法保证新增加的条带会使用不同的 SSD 磁盘，当然，如果新的条带被放置在不同的磁盘组中，就会使用到新的 SSD，这种情况下会带来性能上的提升。

3. Flash Read Cache Reservation

Flash Read Cache Reservation，中文翻译为“闪存读取缓存预留”，默认为 0，这个参数可以结合虚拟机磁盘大小来设定，计算方式为百分比，可以精确到小数点后 4 位。如果虚拟机磁盘大小为 100GB，闪存读取缓存预留设置为 10%，闪存读取缓存预留值会使用 10GB 的 SSD 容量，当虚拟机磁盘越大的时候，会占用越多的闪存空间。在生产环境中，一般不配置闪存读取缓存预留，因为为虚拟机预留的闪存读取缓存不能用于其他对象，而未预留的闪存可提供给所有对象使用。需要注意的是，Read Cache 在全闪存环境下失效。

4. Force Provisioning

Force Provisioning，中文翻译为“强制置备”。通过强制置备，可以强行配置具体的存储策略。启用强制置备后，Virtual SAN 会监控存储策略应用。在存储策略无法满足需求时，如果选择了强制置备，则策略将被强行设置为：

```
FTT=0
Stripe=1
Object Space Reservation=0
```

5. Object Space Reservation

Object Space Reservation，简称为 OSR，中文翻译为“对象空间预留”，默认为 0，也就是说虚拟机的磁盘模式为 Thin Provisioning（精简置备），这意味着虚拟机部署的时候不会预留任何空间。对象空间预留值如果设置为 100%，虚拟机存储对容量的要求会被预先保留，也就是 Thick Provisioning（厚置备）。需要注意的是，Virtual SAN 中 Thick Provisioning，只存在 Lazy Zeroed Thick（厚置备延迟置零，LZT），不存在 Eager Zeroed Thick（厚置备置零，EZT），也就是说，在 Virtual SAN 环境下将无法使用 vSphere 高级特性中的容错技术。

6. 容错

容错是从 Virtual SAN 6.2 开始引入的新的虚拟机存储策略，其主要是为了解决老版本 Virtual SAN 使用 RAID 1 技术占用大量磁盘空间的问题。Virtual SAN 6.7 继续进行了优化，提供更多的 Virtual SAN 存储空间。

7. 对象 IOPS 限制

对象 IOPS 限制是从 Virtual SAN 6.2 开始完善的虚拟机存储策略，可以对虚拟机按应用需求进行不同的 IOPS 限制，提高 I/O 效率。

8. 禁用对象校验和

禁用对象校验和是为了保证 Virtual SAN 数据的完整性。系统在读写操作时会检查检验数据，如果数据有问题，则会对数据进行修复操作。将禁用对象校验和设置为 NO，系统会对问题数据进行修复；设置为 YES，系统不会对问题数据进行修复。

4.4.4 部署使用 Virtual SAN 要求

Virtual SAN 集成于 VMware vSphere 内核中，其配置相对简单，只需满足条件，启用 Virtual SAN 即可使用，其重点在于各种特性的配置使用。在部署 Virtual SAN 之前，为保证生产环境的稳定性，需要了解其软硬件要求，否则可能导致生产环境中的 Virtual SAN 出现严重问题。

1. 物理服务器以及硬件

在生产环境中一般使用大厂品牌服务器，而这些主流服务器一般都会通过 VMware 官方认证。需要注意的是，VMware 官方针对 Virtual SAN 发布了硬件兼容性列表，主要是对存储控制器、SSD 等提出的兼容性要求。

生产环境中使用的 Virtual SAN，对物理服务器内存也提出了要求。VMware 官方推荐使用 Virtual SAN 的物理服务器最少配置 8GB 内存，如果物理服务器配置多个磁盘组，推荐使用 32GB 以上的内存。

生产环境使用 Virtual SAN，推荐使用 10GE 承载 Virtual SAN 流量，虽然可以使用 1GE 进行承载，但在配置过程中会给出提示。在中大型环境或全闪存环境中使用 Virtual SAN，必须使用 10GE 进行承载。

2. Virtual SAN 群集中 ESXi 主机数量

表 4-4-1 显示了根据不同的副本数量群集需要配置的 ESXi 主机数量的情况，生产环境中强烈不推荐使用最低要求。比如 FTT=1 时，ESXi 主机数量要求为 3，这是最低要求，不适用于生产环境，因为可能由于组件数以及其他原因导致 Virtual SAN 故障。FTT=1 时，推荐配置使用 4 台以上的 ESXi 主机。对于生产环境其他需求，推荐 ESXi 主机数量大于最低要求数量，双节点 Virtual SAN 群集例外。

3. Virtual SAN 软件版本

Virtual SAN 版本已发布至第七代，生产环境应根据其需求进行选择。选择 Virtual SAN 版本时还需要确定是使用该版本的标准版、高级版还是企业版等，因为这些版本所具有功能是不一样的，比如标准版不支持去重、纠删码、延伸群集等功能。

4.4.5　配置 Virtual SAN 所需网络

Virtual SAN 需要使用 VMkernel 承载其流量，支持标准交换机以及分布式交换机配置，但如果需要进行后续的网络 I/O 配置等操作，推荐使用分布式交换机承载 Virtual SAN 流量。本节介绍如何配置分布式交换机承载 Virtual SAN 网络。

第 1 步，准备好部署 Virtual SAN 的 ESXi 主机，注意数量，如图 4-4-1 所示。

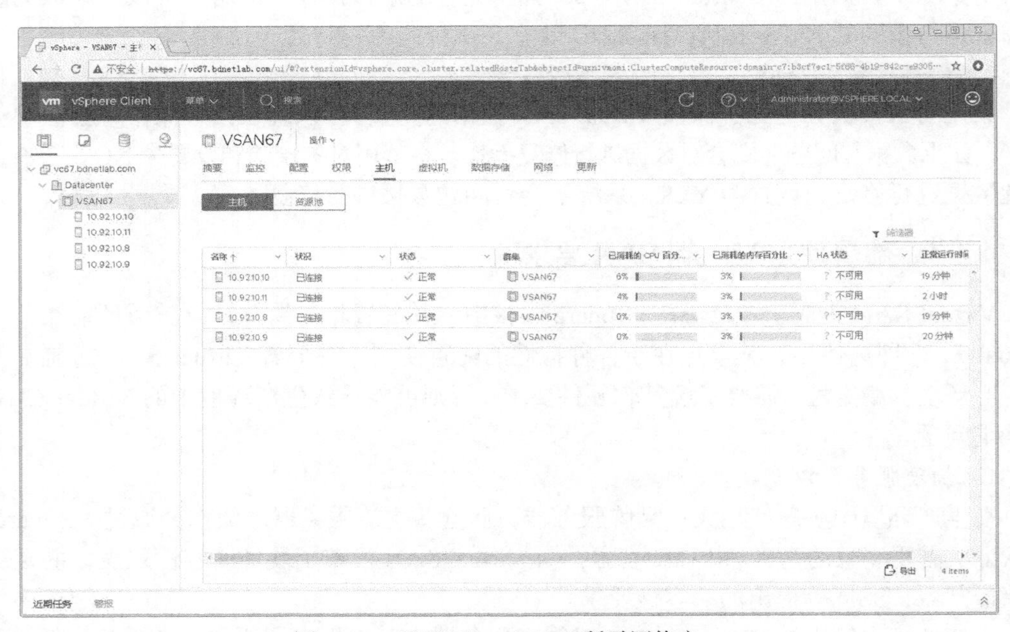

图 4-4-1　配置 Virtual SAN 所需网络之一

第 2 步，查看 ESXi 主机存储设备信息，如图 4-4-2 所示，注意应尽量提前清除参与 Virtual SAN 的缓存盘以及容量盘的原分区信息。注意：使用自带的分区清除工具不一定能完全清除相关信息。

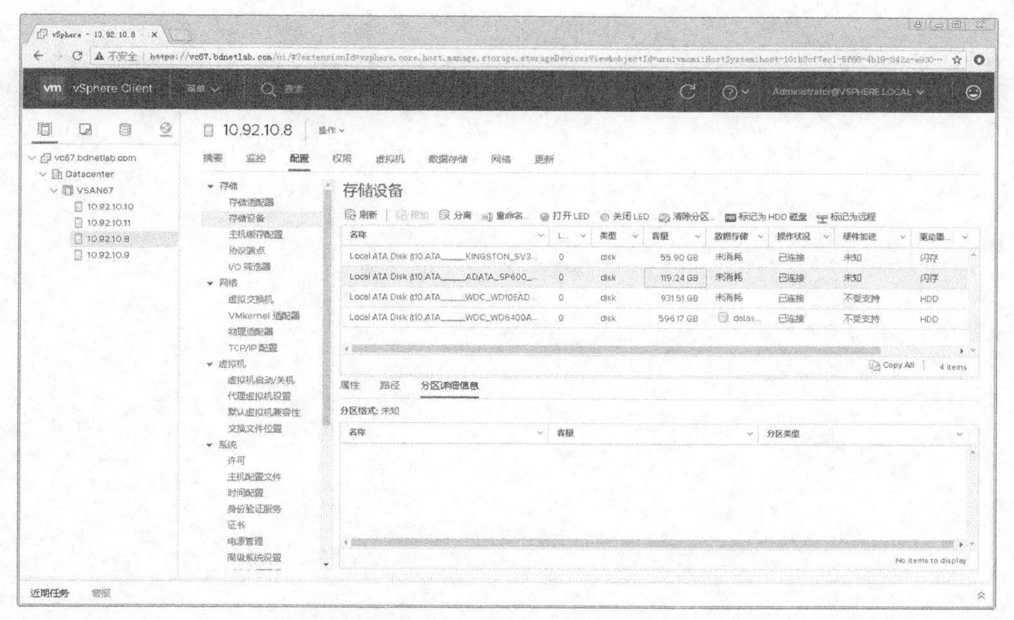

图 4-4-2　配置 Virtual SAN 所需网络之二

第 3 步，查看 ESXi 主机网络信息，如图 4-4-3 所示，对于 Virtual SAN 6.7，推荐使用 10GE 承载 Virtual SAN 流量。

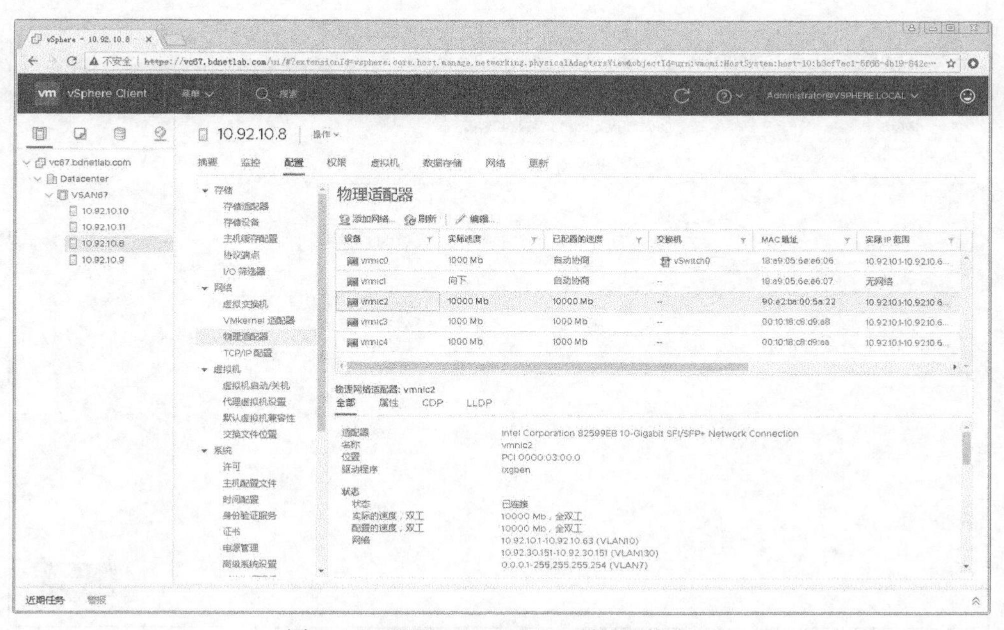

图 4-4-3　配置 Virtual SAN 所需网络之三

第 4 步，选择“Distributed Switch”新建分布式交换机，如图 4-4-4 所示，注意，没有网络基础的用户可以先看操作，第 5 章会详细介绍 VMware vSphere 架构网络配置。

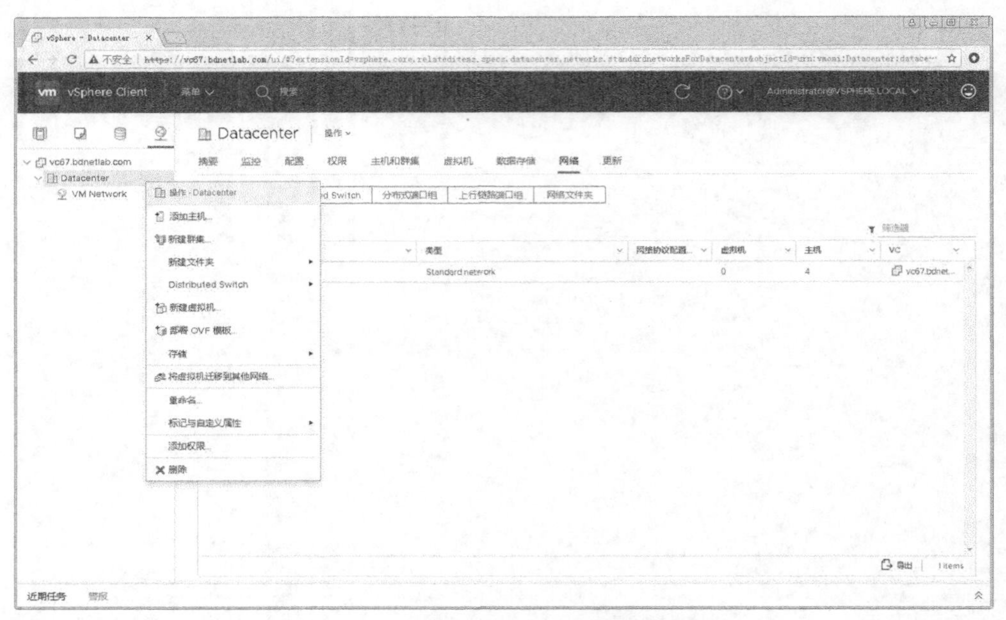

图 4-4-4　配置 Virtual SAN 所需网络之四

第 5 步，指定新建 Distributed Switch 名称和位置，如图 4-4-5 所示，单击“NEXT”按钮。

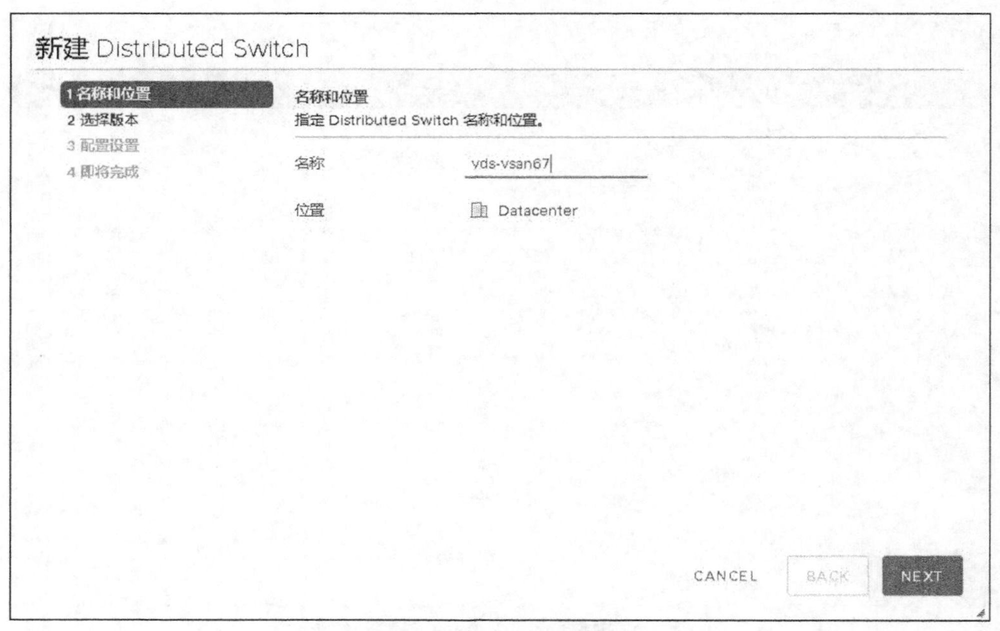

图 4-4-5　配置 Virtual SAN 所需网络之五

第 6 步，选择新建 Distributed Switch 的版本。各版本具有的功能不一样。如果群集中有低版本的 ESXi 主机，那么可以根据实际情况进行选择，如图 4-4-6 所示，单击“NEXT”按钮。

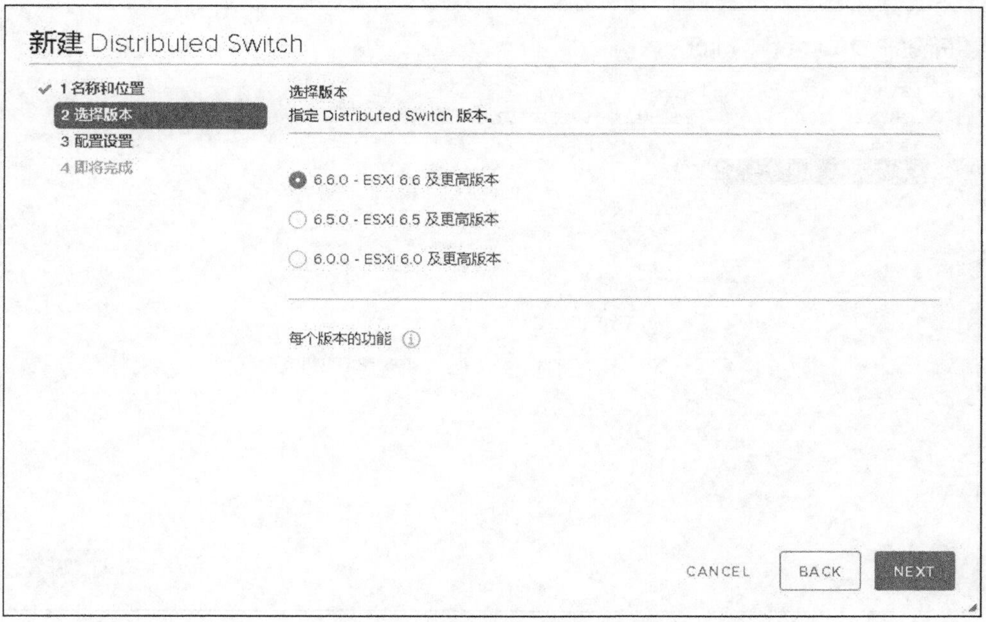

新建 Distributed Switch

✓ 1 名称和位置
2 选择版本
3 配置设置
4 即将完成

选择版本
指定 Distributed Switch 版本。

◉ 6.6.0 - ESXi 6.6 及更高版本
○ 6.5.0 - ESXi 6.5 及更高版本
○ 6.0.0 - ESXi 6.0 及更高版本

每个版本的功能 ⓘ

CANCEL　BACK　NEXT

图 4-4-6　配置 Virtual SAN 所需网络之六

第 7 步，指定新建 Distributed Switch 的上行链路端口数量以及创建默认端口组，实验环境中每台 ESXi 主机配置 1 个 10GE，因此上行链路配置为 1，如图 4-4-7 所示，单击“NEXT”按钮。

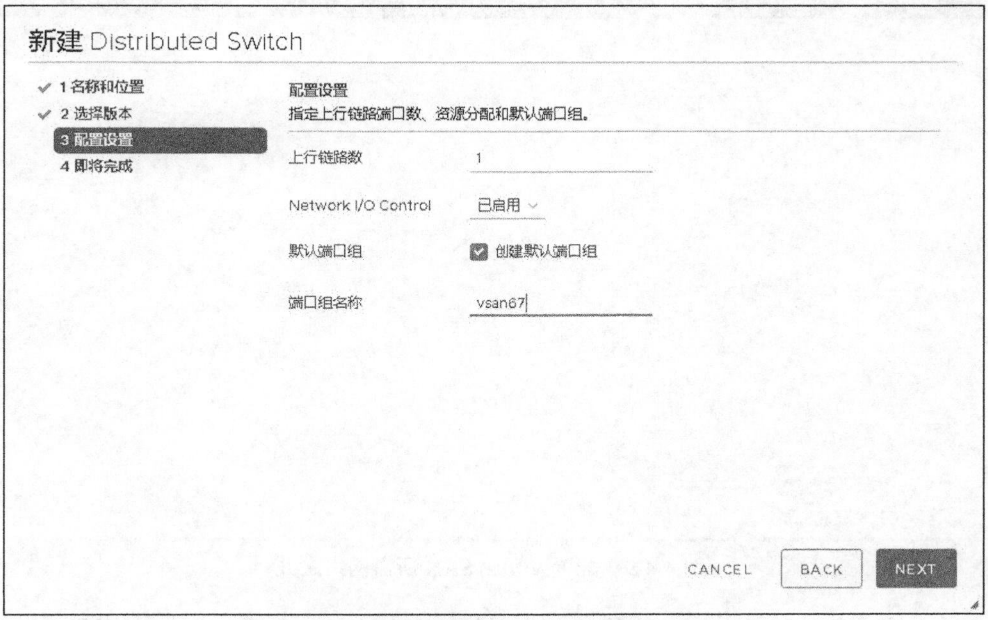

新建 Distributed Switch

✓ 1 名称和位置
✓ 2 选择版本
3 配置设置
4 即将完成

配置设置
指定上行链路端口数、资源分配和默认端口组。

上行链路数　1
Network I/O Control　已启用
默认端口组　☑ 创建默认端口组
端口组名称　vsan67

CANCEL　BACK　NEXT

图 4-4-7　配置 Virtual SAN 所需网络之七

第 8 步，完成基础参数配置，如图 4-4-8 所示，单击“FINISH”按钮。

图 4-4-8　配置 Virtual SAN 所需网络之八

第 9 步，完成分布式交换机 vds-vsan67 的创建，如图 4-4-9 所示。

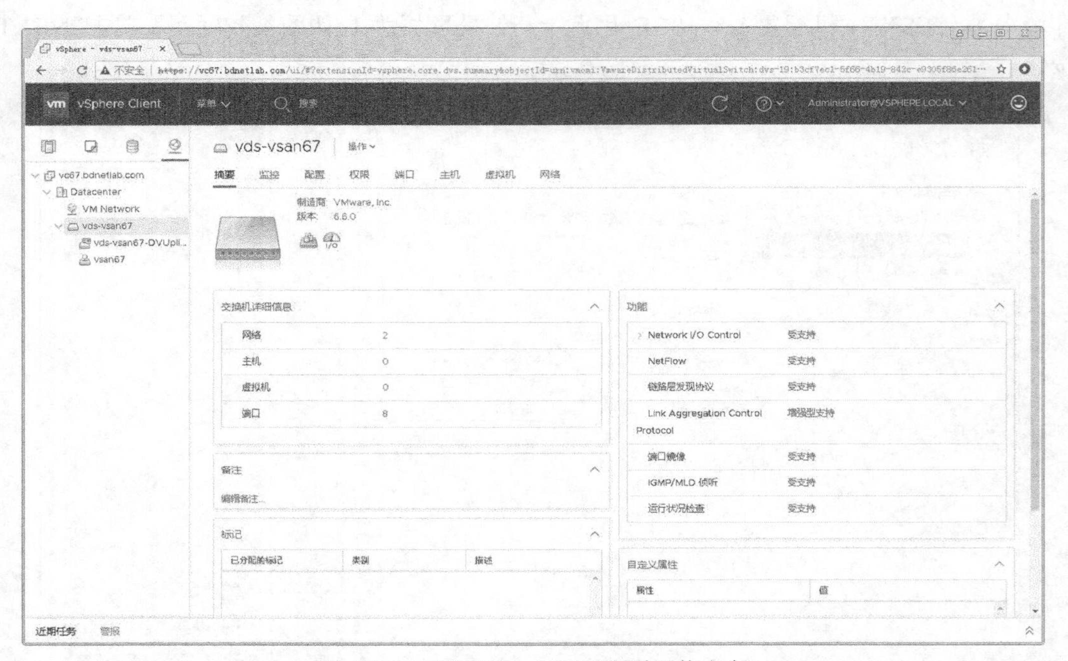

图 4-4-9　配置 Virtual SAN 所需网络之九

第 10 步，新创建的分布式交换机还未添加 ESXi 主机，选中“添加和管理主机”，如图 4-4-10 所示。

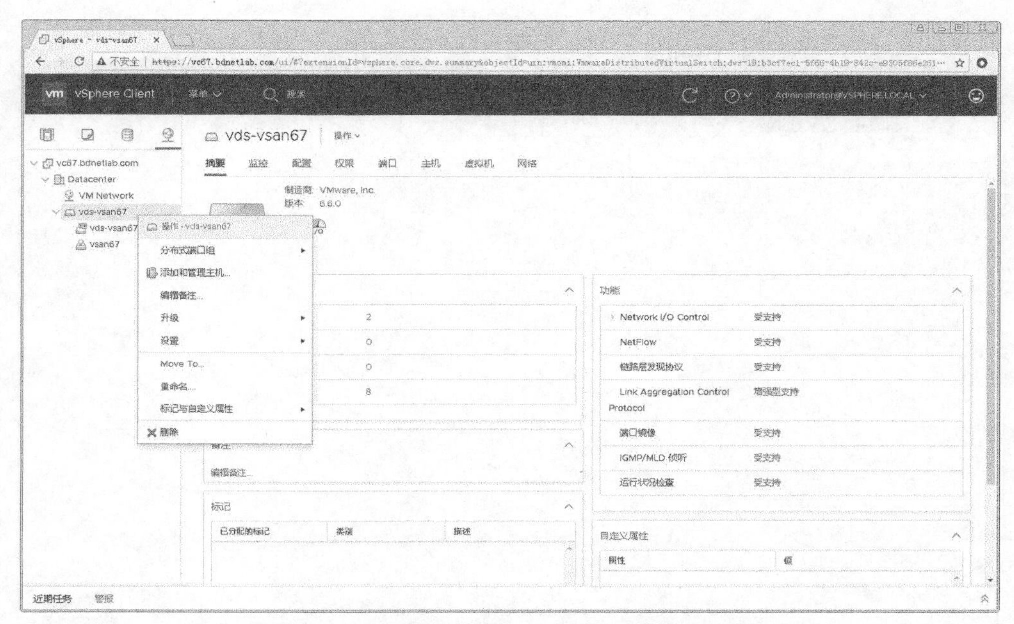

图 4-4-10　配置 Virtual SAN 所需网络之十

第 11 步，选中“添加主机”向分布式交换机添加主机，如图 4-4-11 所示。

图 4-4-11　配置 Virtual SAN 所需网络之十一

第 12 步，新创建的 vds-vsan67 分布式交换机还未添加 ESXi 主机，因此列表为空，如图 4-4-12 所示，单击“+新主机”。

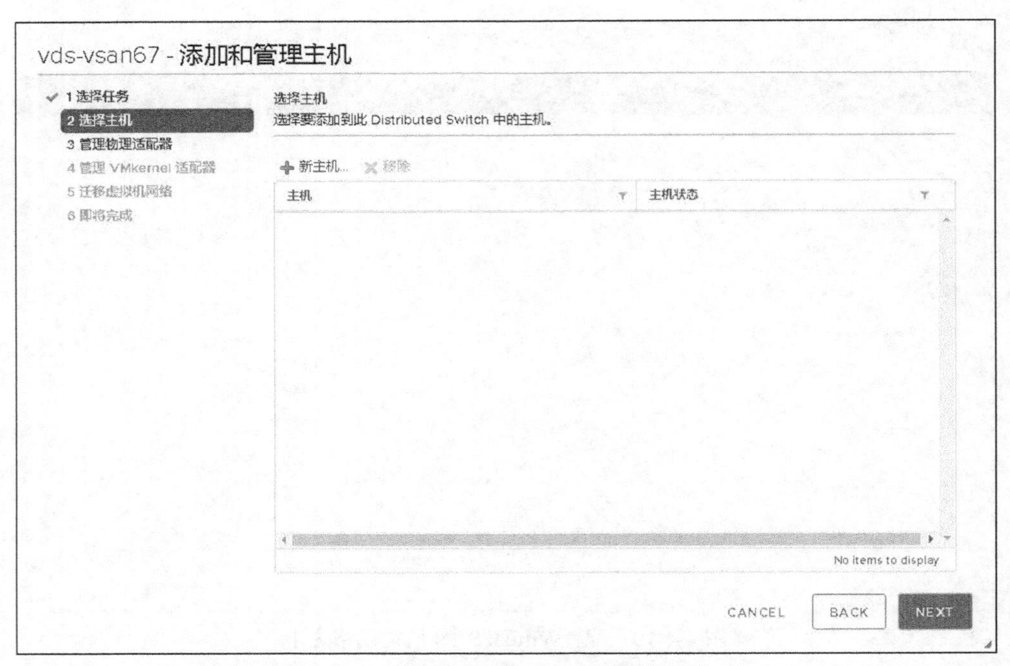

图 4-4-12　配置 Virtual SAN 所需网络之十二

第 13 步，选中需要加入 vds-vsan67 的 ESXi 主机，如图 4-4-13 所示，单击“确定”按钮。

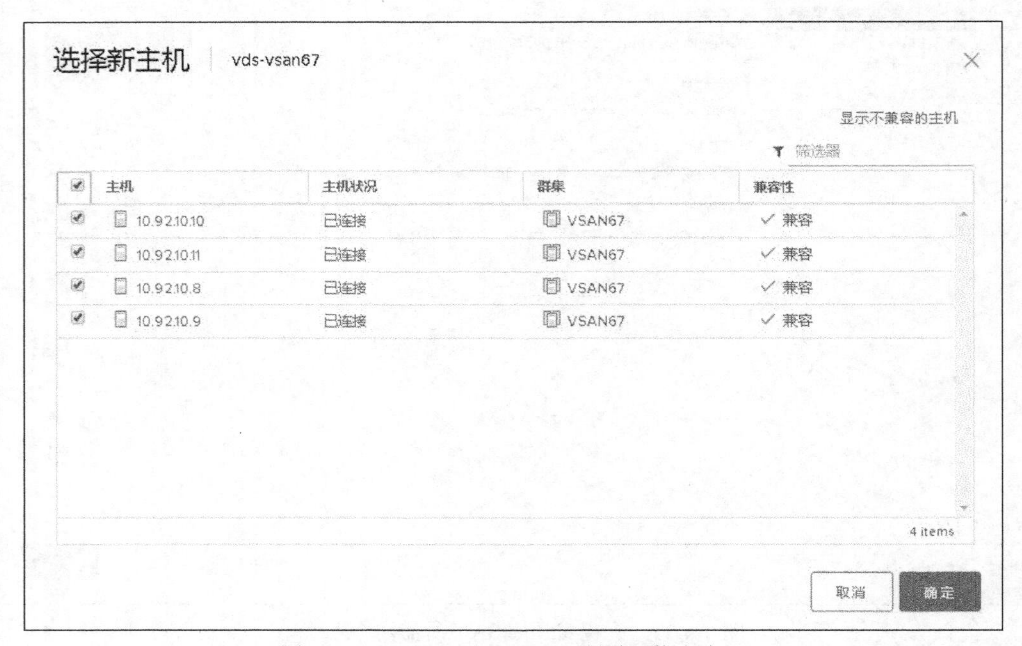

图 4-4-13　配置 Virtual SAN 所需网络之十三

第 14 步，ESXi 主机添加到 vds-vsan67 分布式交换机，如图 4-4-14 所示，单击“NEXT”按钮。

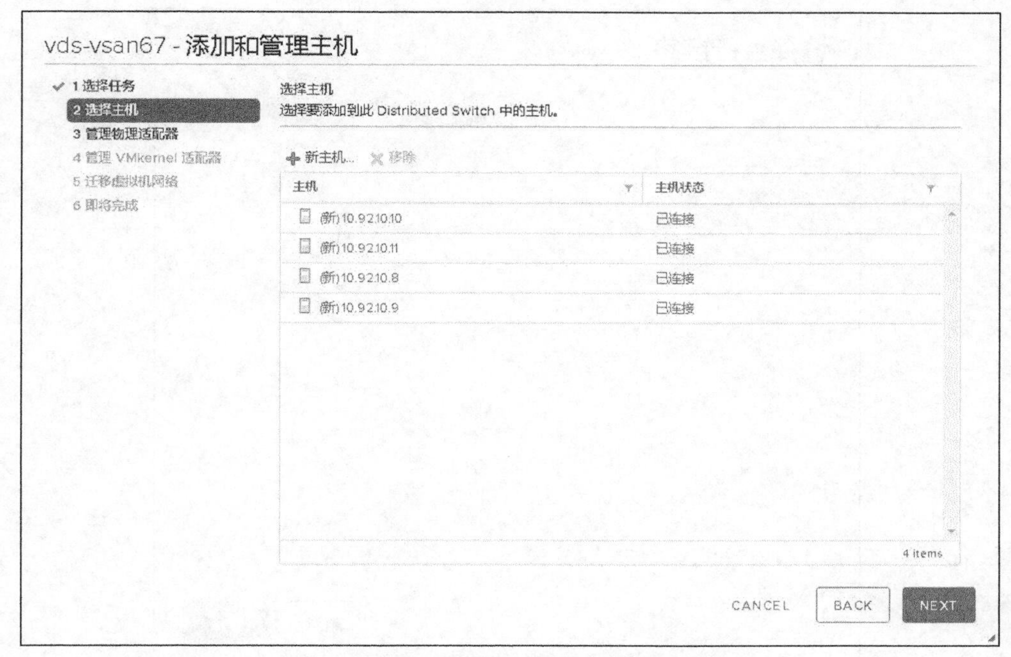

图 4-4-14 配置 Virtual SAN 所需网络之十四

第 15 步，将 ESXi 主机物理适配器添加到分布式交换机作为上行链路，如图 4-4-15 所示，选中 vmnic2 适配器，单击“分配上行链路”。

图 4-4-15 配置 Virtual SAN 所需网络之十五

第 16 步，选择要添加的上行链路，如图 4-4-16 所示，单击“确定”按钮。

选择上行链路 | vmnic2

上行链路	已分配的适配器
上行链路 1	--
(自动分配)	

2 items

将此上行链路分配应用于所有其他主机

取消　确定

图 4-4-16　配置 Virtual SAN 所需网络之十六

第 17 步，将 vmnic2 分配至上行链路，如图 4-4-17 所示。

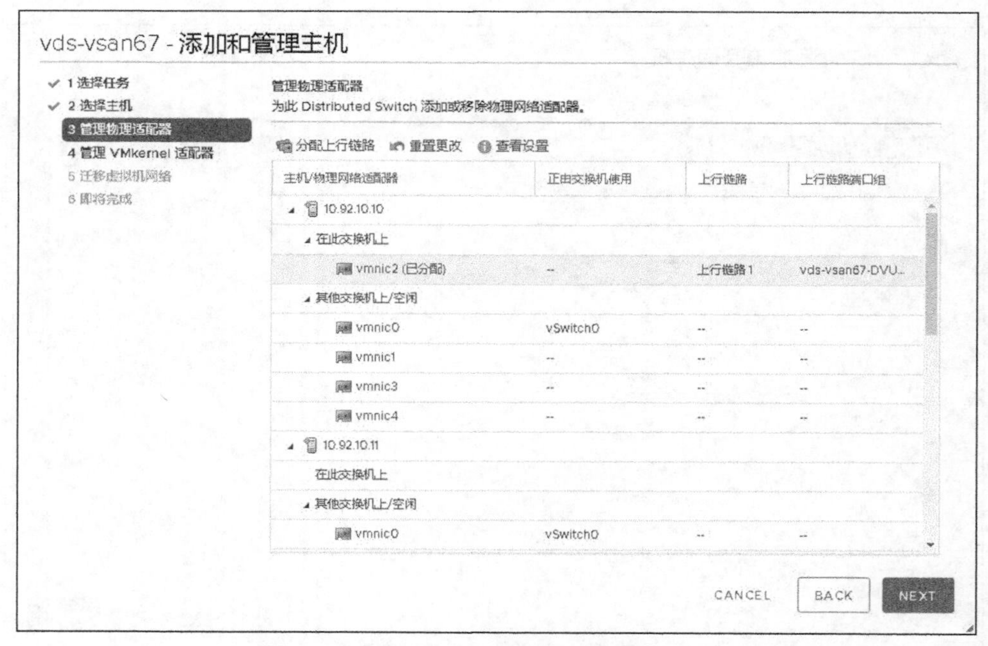

图 4-4-17　配置 Virtual SAN 所需网络之十七

第 18 步，使用相同的方式添加 ESXi 主机上行链路，如图 4-4-18 所示，单击“NEXT”按钮。

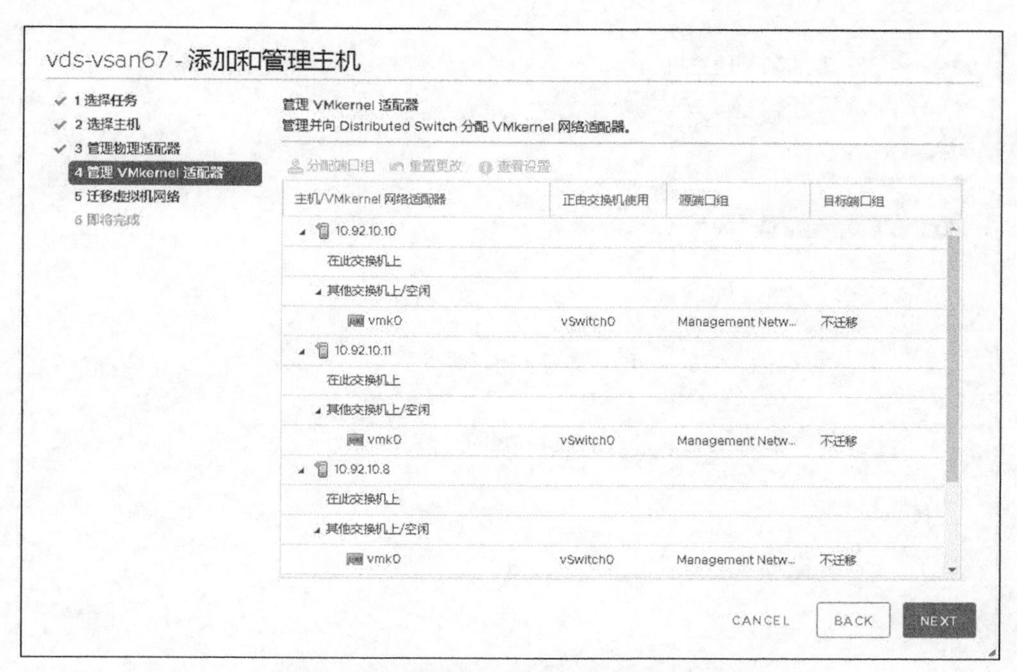

图 4-4-18 配置 Virtual SAN 所需网络之十八

第 19 步，确认是否迁移虚拟机网络，如图 4-4-19 所示，单击“NEXT”按钮。

图 4-4-19 配置 Virtual SAN 所需网络之十九

第 20 步，确认配置参数正确后，如图 4-4-20 所示，单击“FINISH”按钮。

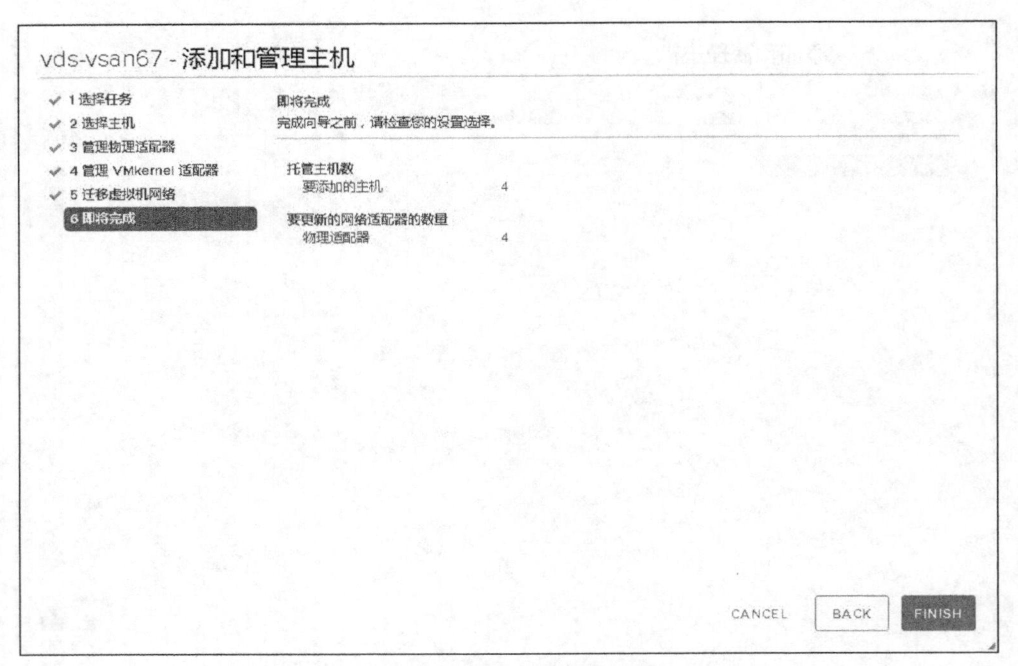

图 4-4-20　配置 Virtual SAN 所需网络之二十

第 21 步，将 ESXi 主机加入 vds-vsan67 分布式交换机完成，如图 4-4-21 所示。

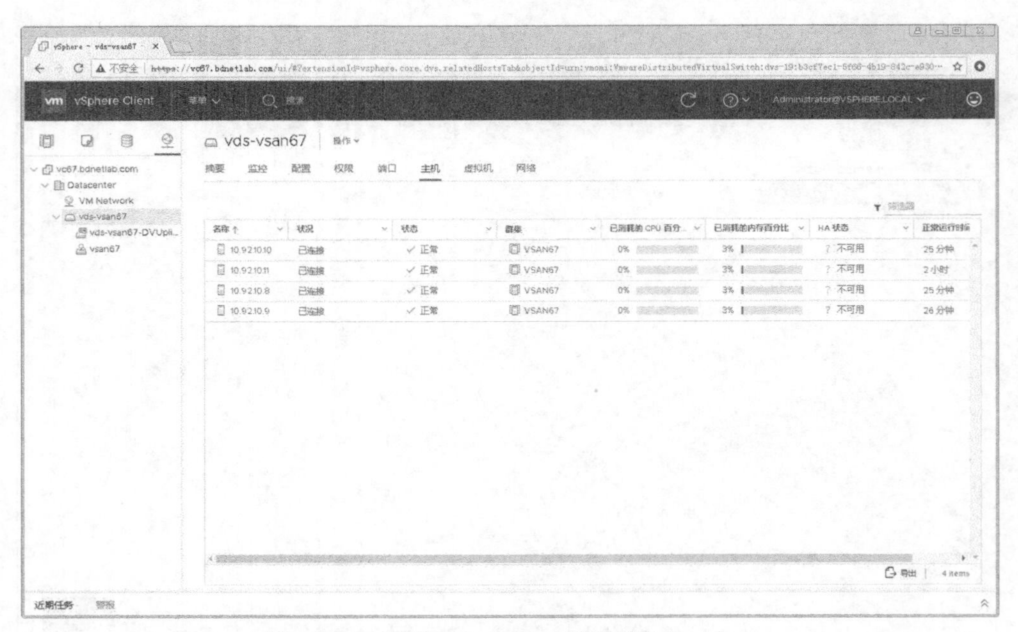

图 4-4-21　配置 Virtual SAN 所需网络之二十一

第 22 步，为 ESXi 主机添加运行 Virtual SAN 流量 VMkernel 适配器，如图 4-4-22 所示，单击“添加网络”。

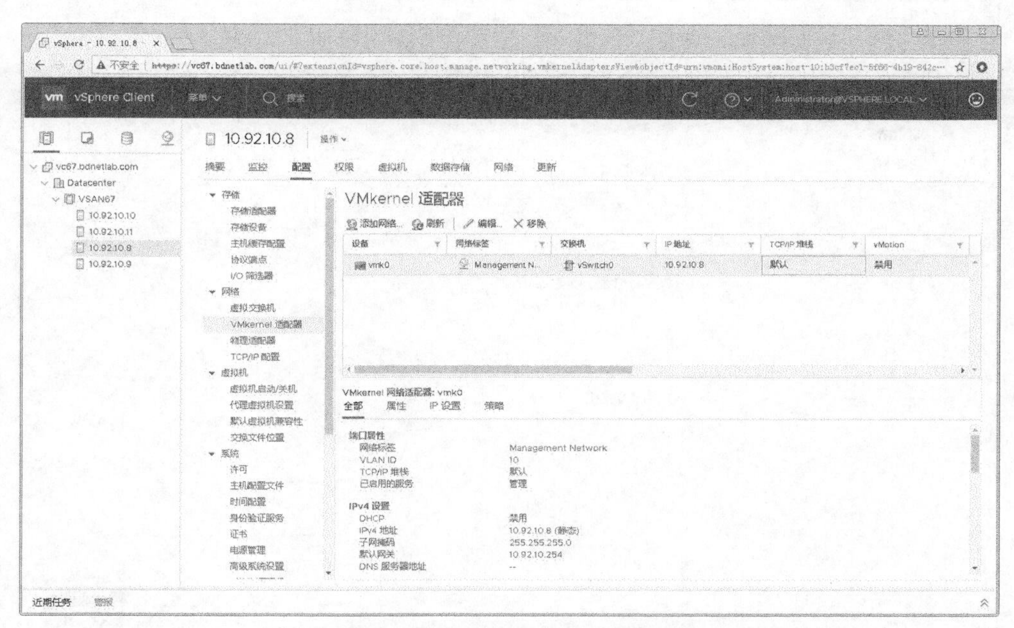

图 4-4-22　配置 Virtual SAN 所需网络之二十二

第 23 步，选中“VMkernel 网络适配器”，如图 4-4-23 所示，单击“NEXT”按钮。

图 4-4-23　配置 Virtual SAN 所需网络之二十三

第 24 步，选中“选择现有网络”，如图 4-4-24 所示，单击“浏览”。

10.92.10.8 - 添加网络

✔ 1 选择连接类型
2 选择目标设备
3 端口属性
4 IPv4 设置
5 即将完成

选择目标设备
为新连接选择目标设备。

◉ 选择现有网络

浏览...

○ 选择现有标准交换机

浏览...

○ 新建标准交换机

MTU (字节)　1500

CANCEL　BACK　NEXT

图 4-4-24　配置 Virtual SAN 所需网络之二十四

第 25 步，选择创建好的分布式交换机端口组，如图 4-4-25 所示，单击“确定”按钮。

图 4-4-25　配置 Virtual SAN 所需网络之二十五

第 26 步，确认现有网络正确后，如图 4-4-26 所示，单击“NEXT”按钮。

图 4-4-26 配置 Virtual SAN 所需网络之二十六

第 27 步，配置 VMkernel 端口属性，选中“vSAN”复选按钮，如图 4-4-27 所示，单击“NEXT”按钮。

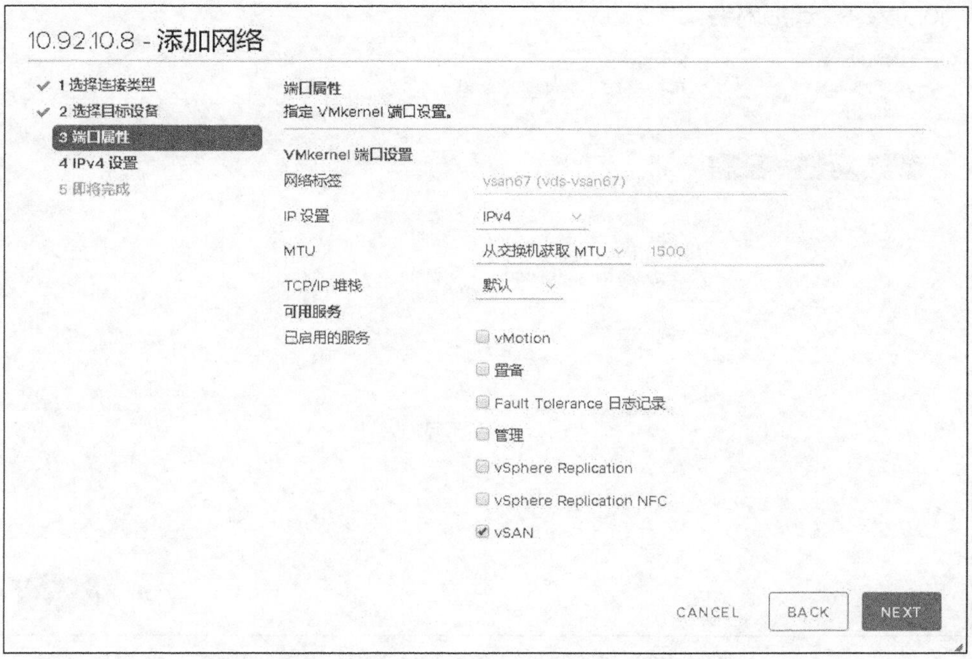

图 4-4-27 配置 Virtual SAN 所需网络之二十七

第 28 步，指定 VMkernel IPv4 设置，如图 4-4-28 所示，单击“NEXT”按钮。

10.92.10.8 - 添加网络

✔ 1 选择连接类型
✔ 2 选择目标设备
✔ 3 端口属性
4 IPv4 设置
5 即将完成

IPv4 设置
指定 VMkernel IPv4 设置。

自动获取 IPv4 设置
使用静态 IPv4 设置
IPv4 地址
子网掩码
默认网关　替代此适配器的默认网关
10.92.10.254
DNS 服务器地址 --

CANCEL　BACK　NEXT

图 4-4-28　配置 Virtual SAN 所需网络之二十八

第 29 步，确认参数配置正确后，如图 4-4-29 所示，单击“FINISH”按钮。

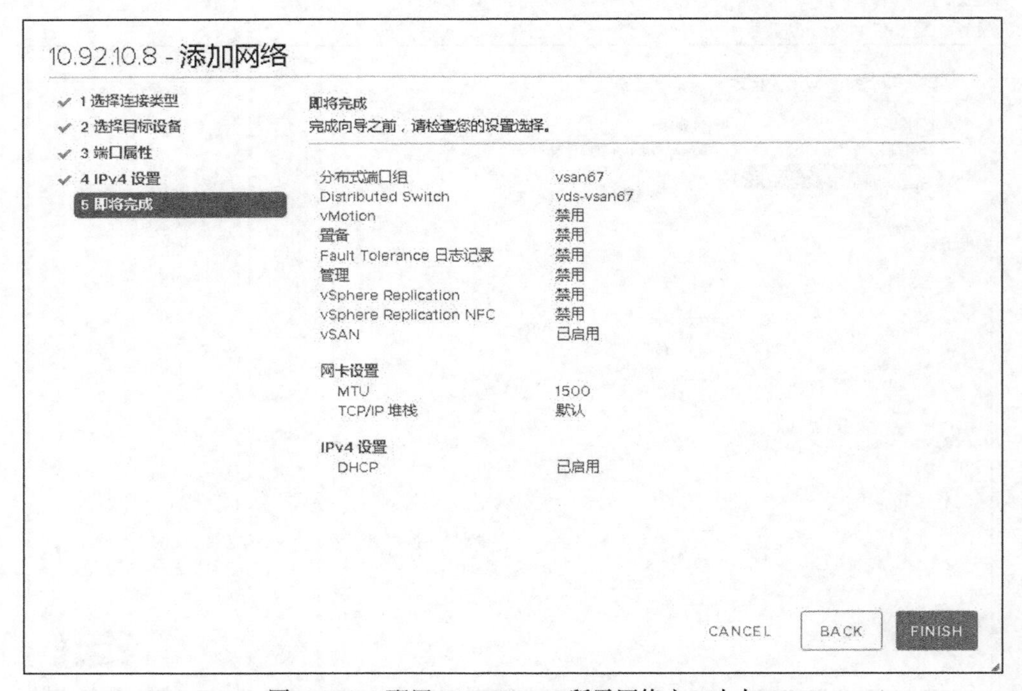

图 4-4-29　配置 Virtual SAN 所需网络之二十九

第 30 步，完成运行 Virtual SAN 流量 VMkernel 配置，如图 4-4-30 所示。

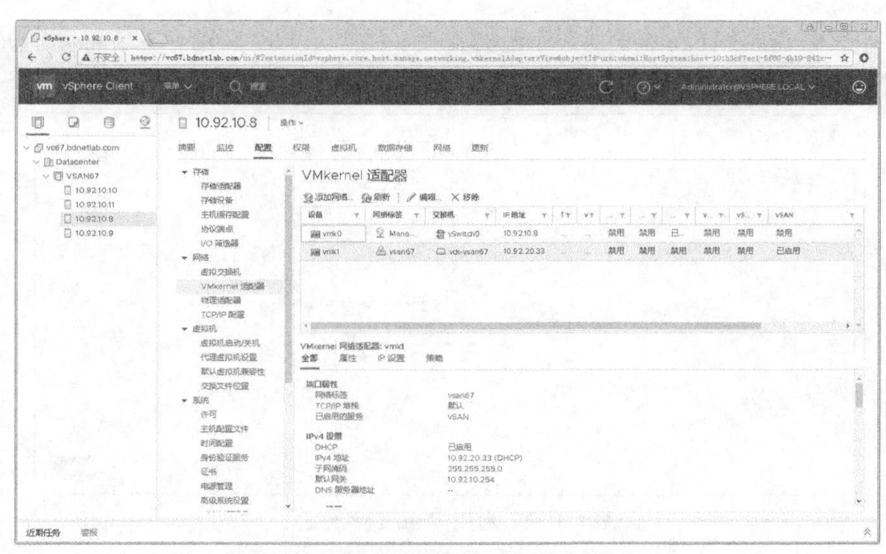

图 4-4-30 配置 Virtual SAN 所需网络之三十

至此，Virtual SAN 所需的网络配置完成，推荐使用分布式交换机运行 Virtual SAN 流量，同时推荐使用 10GE。当然，Virtual SAN 也支持标准交换机以及 1GE，但不推荐使用低配置运行 Virtual SAN。

4.4.6 启用 Virtual SAN

启用 Virtual SAN 操作比较简单，主要是类型选择以及磁盘组的配置。需要注意的是启用 Virtual SAN 之前应再次确认群集中 ESXi 主机是否已经准备好需要的磁盘以及网络，另外，启用前必须关闭 HA 特性。本小节介绍如何启用 Virtual SAN 以及创建磁盘组。

第 1 步，默认情况下 Virtual SAN 处于已关闭状态，如图 4-4-31 所示。

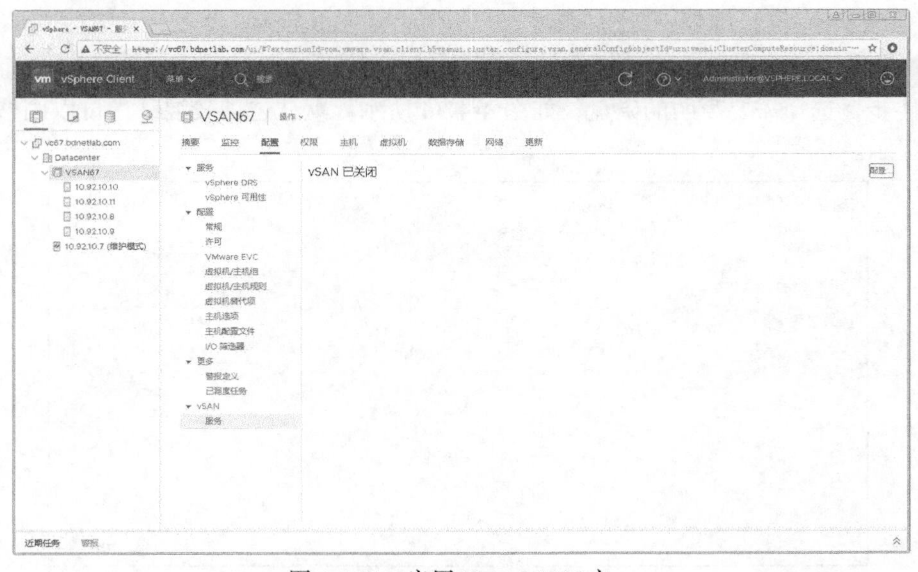

图 4-4-31 启用 Virtual SAN 之一

第 2 步，Virtual SAN 6.7 支持多个配置类型，如图 4-4-32 所示，本节将分别进行介绍。先选中“单站点群集”，单击“下一步”按钮。

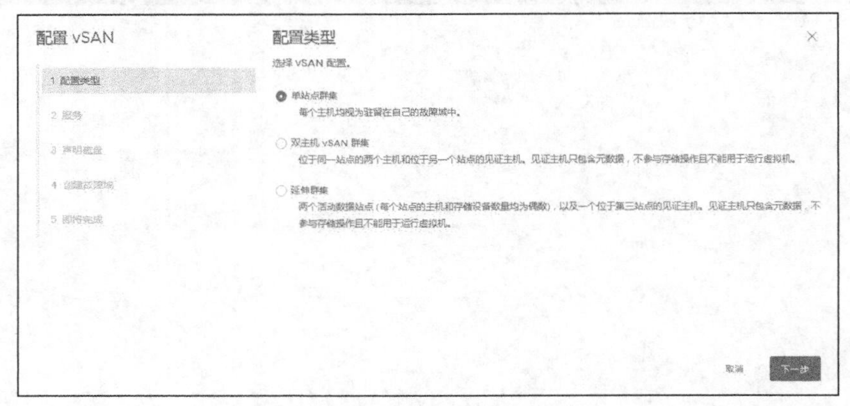

图 4-4-32　启用 Virtual SAN 之二

第 3 步，选择需要启用的服务。由于实验所用服务器使用全闪存，因此可以启用“去重和压缩服务”，如图 4-4-33 所示，单击“下一步”按钮。

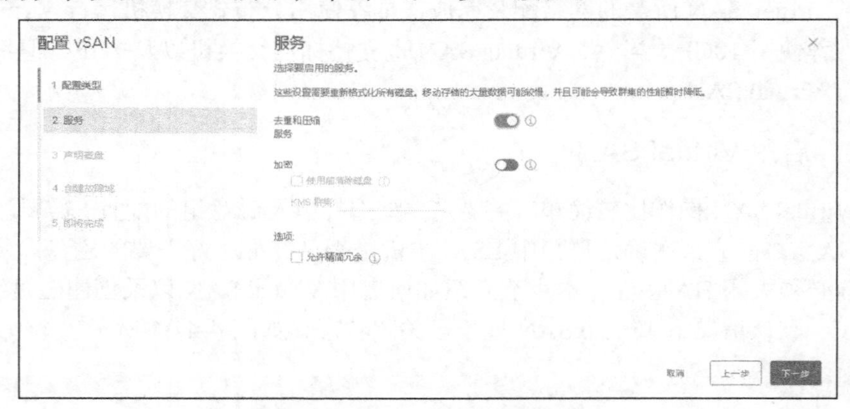

图 4-4-33　启用 Virtual SAN 之三

第 4 步，选择需要声明的磁盘，如图 4-4-34 所示，默认选项较混乱，可以调整分组依据重新显示。

图 4-4-34　启用 Virtual SAN 之四

第 5 步，将分组依据调整为“主机”，如图 4-4-35 所示，按 ESXi 主机进行显示，单击“下一步”按钮。

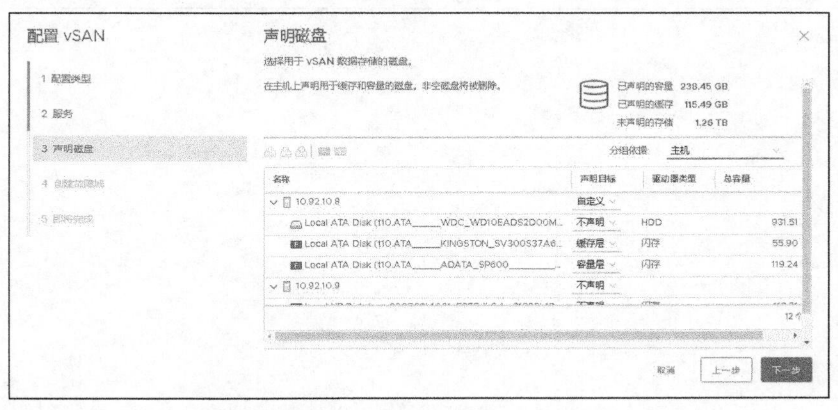

图 4-4-35 启用 Virtual SAN 之五

第 6 步，配置向导中不声明磁盘，因此主机选择不声明，待启用 Virtual SAN 后进行配置，如图 4-4-36 所示，单击“下一步”按钮。

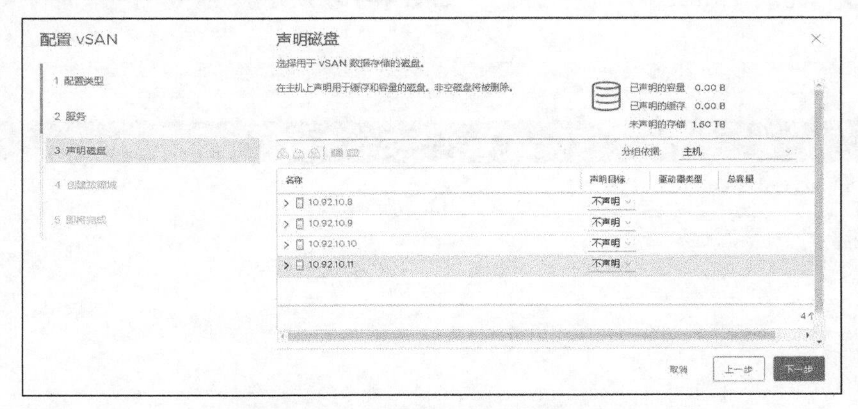

图 4-4-36 启用 Virtual SAN 之六

第 7 步，系统提示创建故障域，如图 4-4-37 所示。故障域的创建可后续再进行配置，此时单击“下一步”按钮。

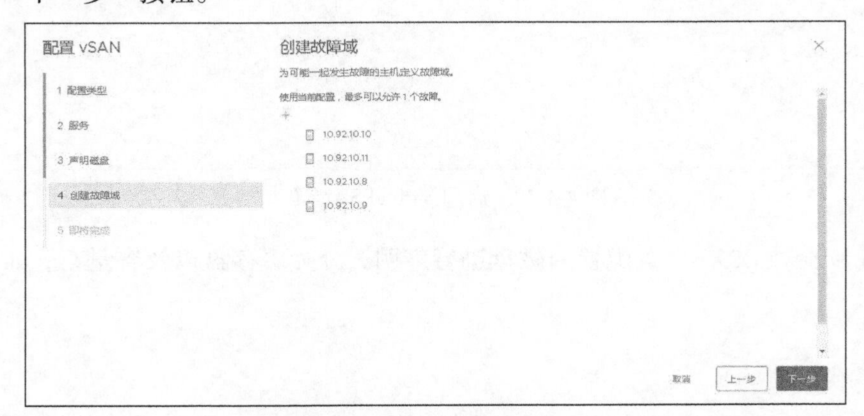

图 4-4-37 启用 Virtual SAN 之七

第 8 步，确认参数配置正确后，如图 4-4-38 所示，单击“完成”按钮。

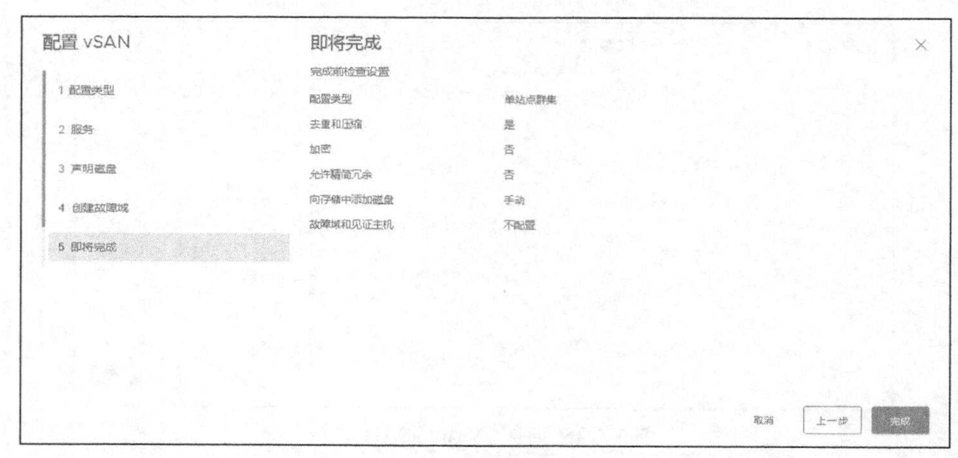

图 4-4-38　启用 Virtual SAN 之八

第 9 步，完成 Virtual SAN 服务启用，如图 4-4-39 所示。

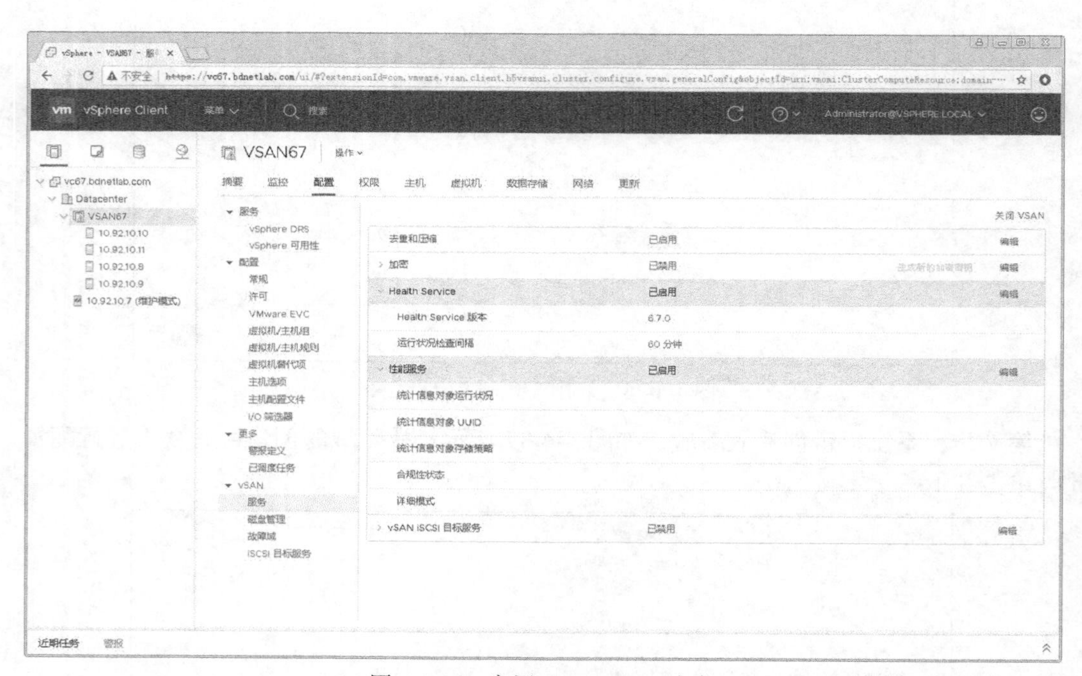

图 4-4-39　启用 Virtual SAN 之九

第 10 步，对 ESXi 主机配置的磁盘进行声明，分为缓存盘以及容量盘，如图 4-4-40 所示。

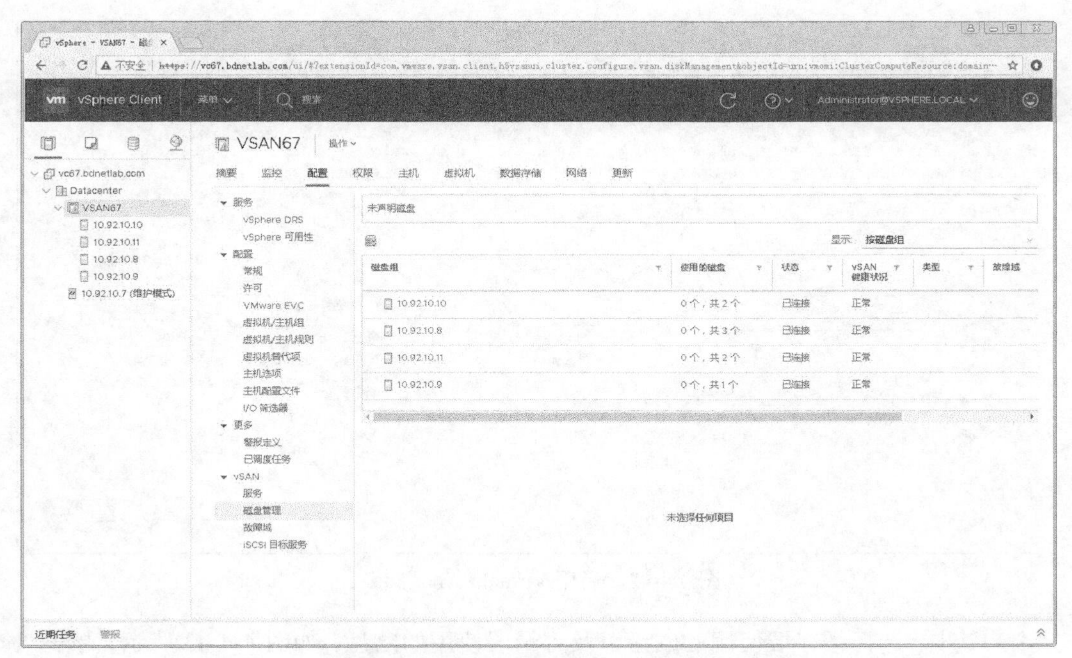

图 4-4-40 启用 Virtual SAN 之十

第 11 步，选择 ESXi 主机，单击创建磁盘组，如图 4-4-41 所示。

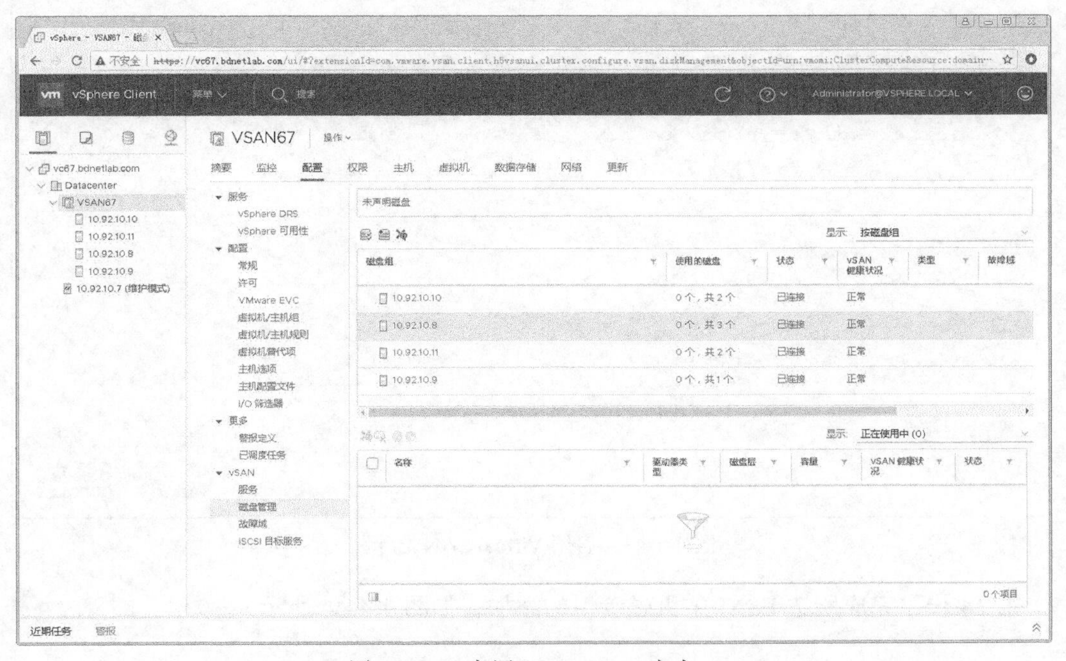

图 4-4-41 启用 Virtual SAN 之十一

第 12 步，系统会显示 ESXi 主机磁盘情况，如图 4-4-42 所示。

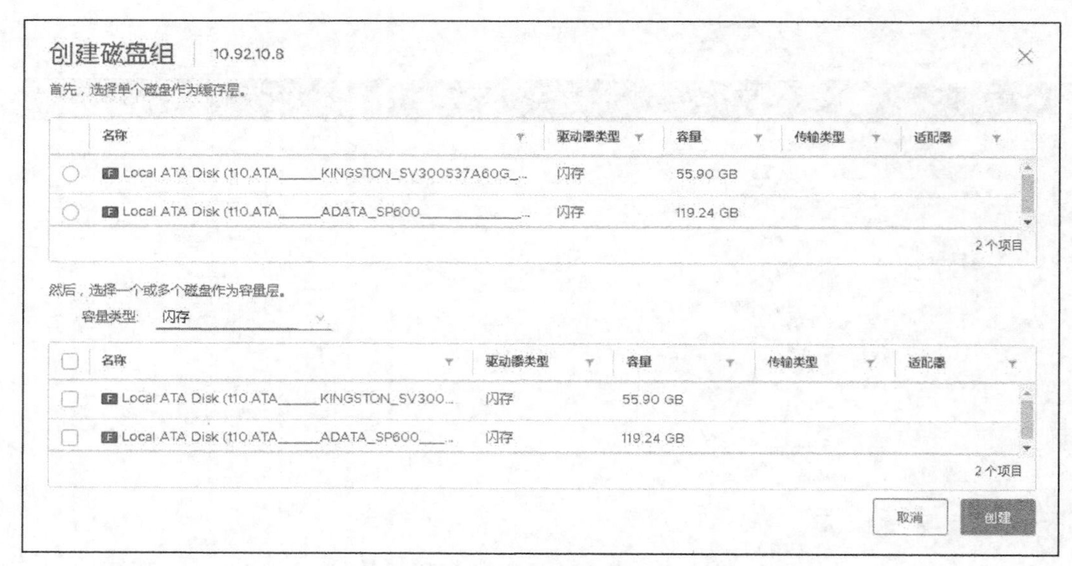

图 4-4-42　启用 Virtual SAN 之十二

第 13 步，选择缓存层使用的磁盘以及容量层使用的磁盘，如图 4-4-43 所示，单击“创建”按钮。

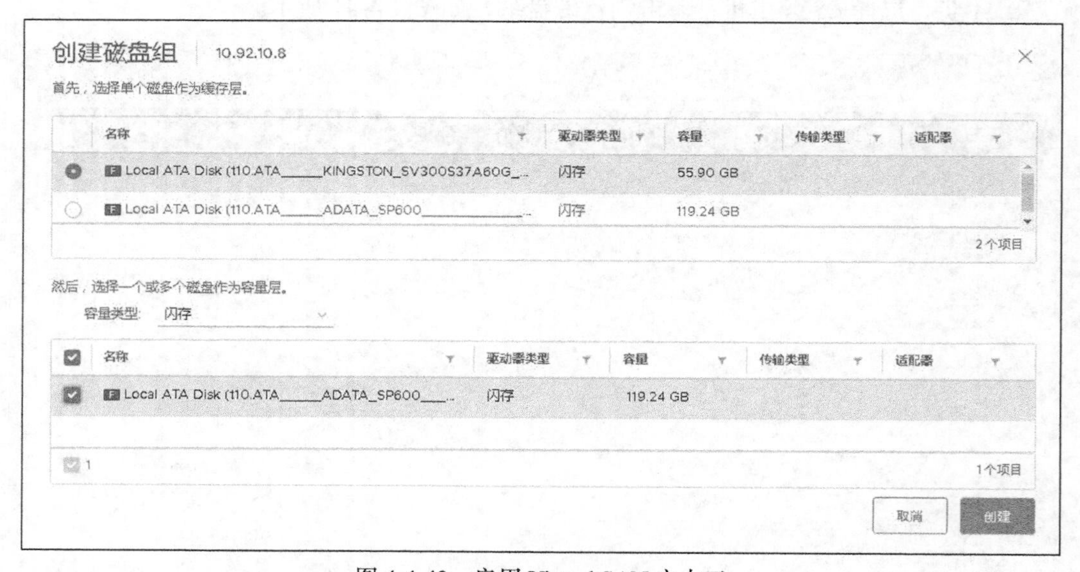

图 4-4-43　启用 Virtual SAN 之十三

第 14 步，完成所选 ESXi 主机磁盘组的添加，如图 4-4-44 所示。

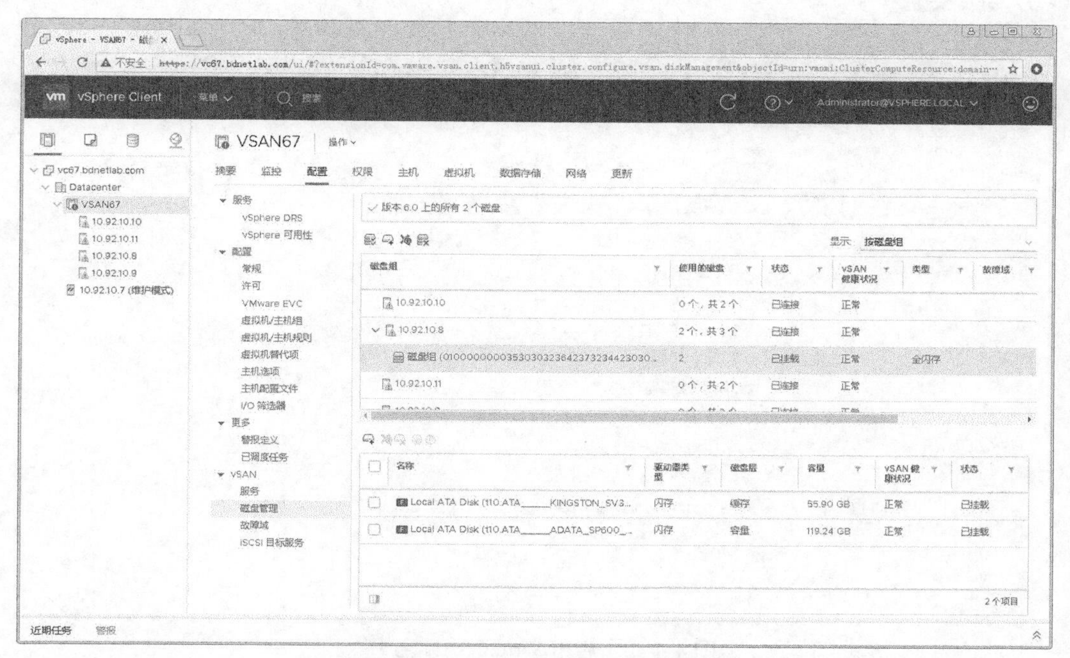

图 4-4-44 启用 Virtual SAN 之十四

第 15 步，使用相同的操作完成其他 ESXi 主机磁盘组的添加，如图 4-4-45 所示。

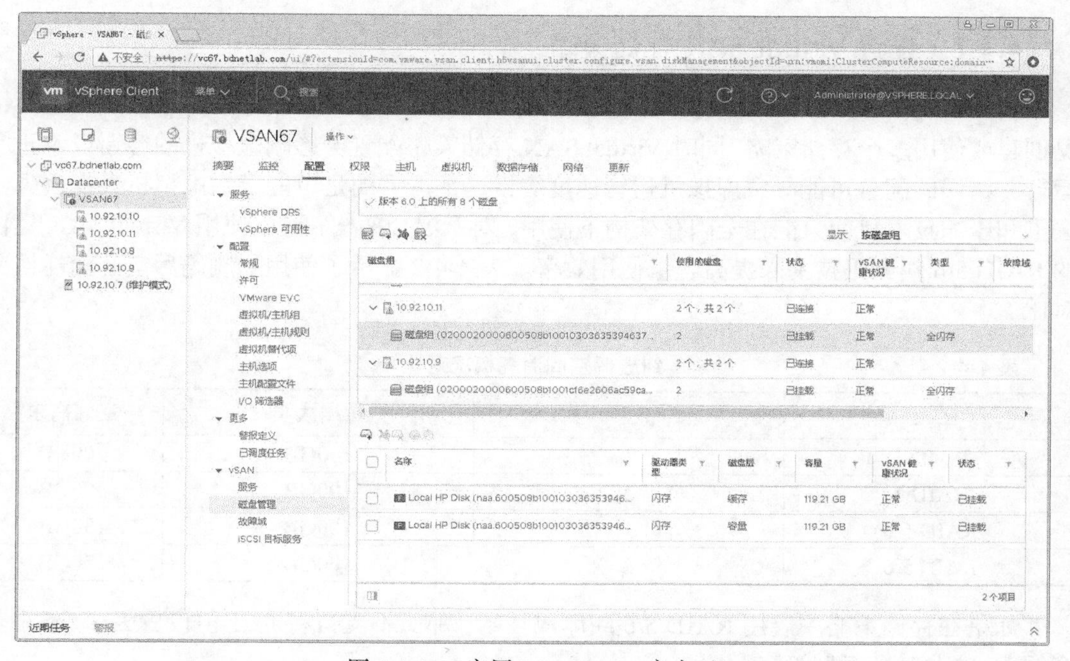

图 4-4-45 启用 Virtual SAN 之十五

第 16 步，查看创建的 Virtual SAN 存储容量，如图 4-4-46 所示。

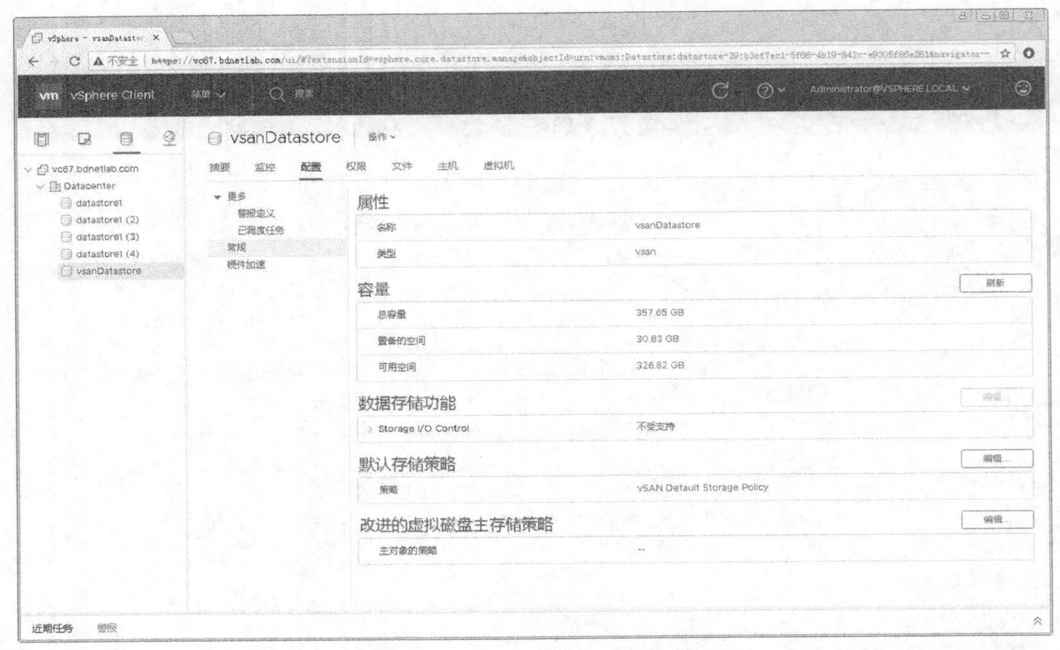

图 4-4-46　启用 Virtual SAN 之十六

至此，基本的 Virtual SAN 服务以及磁盘组添加完成，Virtual SAN 已经可以使用。在生产环境中需根据实际情况使用或调整存储策略。

4.4.7　配置 Virtual SAN 存储策略

启用 Virtual SAN 后，可以使用其默认的存储策略，但生产环境中，一般会根据实际情况创建或使用多个存储策略，同时 Virtual SAN 存储策略配置会影响虚拟机的容错以及正常运行，错误的配置可能导致虚拟机运行速度缓慢，更严重的是可能导致虚拟机数据丢失。去重和压缩技术目前只能在全闪存架构下使用，对于混合架构，可以使用 Virtual SAN 提供的 RAID 5/6 纠删码技术来提高容量使用效率。表 4-4-2 显示了使用纠删码后空间消耗情况对比。

表 4-4-2　纠删码空间消耗情况对比

RAID	FTT	数据大小	空间需求
RAID 1	1	100GB	200GB
RAID 1	2	100GB	300GB
RAID 5/6	1	100GB	133GB
RAID 5/6	2	100GB	150GB

如果在存储策略中启用 RAID 5/6 纠删码技术，那么不支持将 FTT 值设置为 3。本小节介绍 Virtual SAN 存储策略配置。

第 1 步，打开主页中的策略和配置文件，选中“虚拟机存储策略”，如图 4-4-47 所示，可以看到多个虚拟机存储策略，其中也有默认的 vSAN Default Storage Policy。

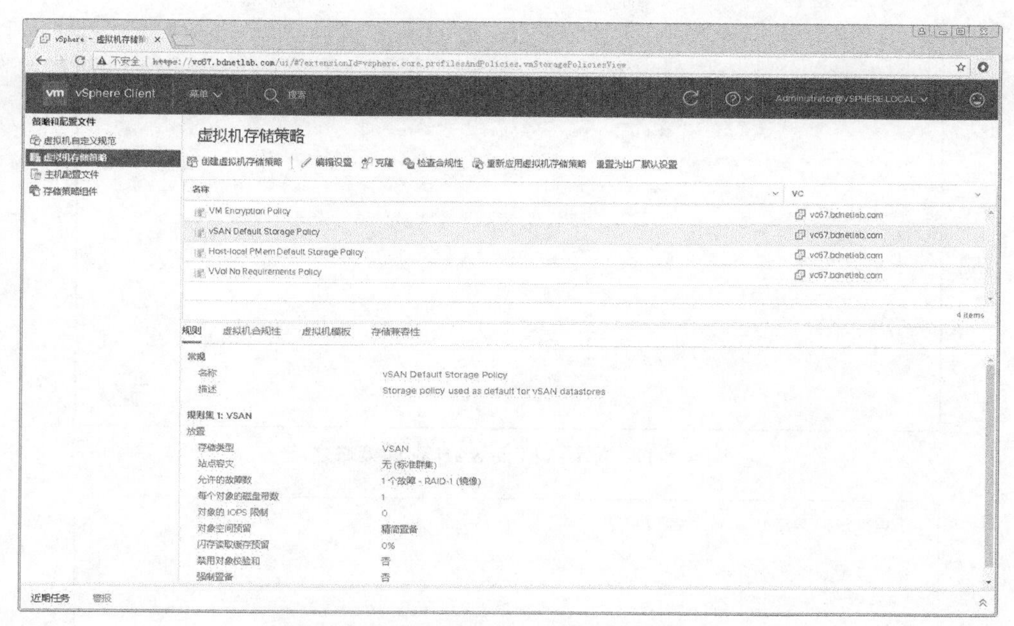

图 4-4-47 配置 Virtual SAN 存储策略之一

第 2 步，创建虚拟机 vSAN67-TEST01，使用默认虚拟机存储策略，如图 4-4-48 所示。

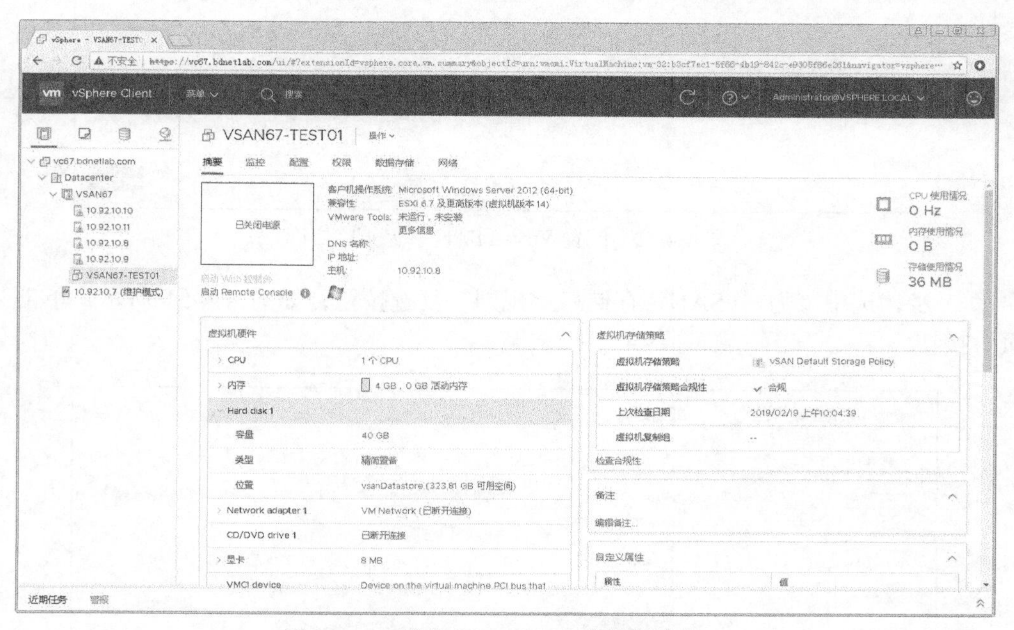

图 4-4-48 配置 Virtual SAN 存储策略之二

第 3 步，查看虚拟机信息，可以看到虚拟机组件处于活动状态，设置默认存储策略为 RAID 1 模式，其硬盘具有 2 个副本以及 1 个见证，分别存放于不同 ESXi 主机，如图 4-4-49 所示，说明虚拟机使用 Virtual SAN 存储策略，也相当于为虚拟机提供了冗余。

第 4 步，创建新的虚拟机存储策略，如图 4-4-50 所示，单击“下一页”按钮。

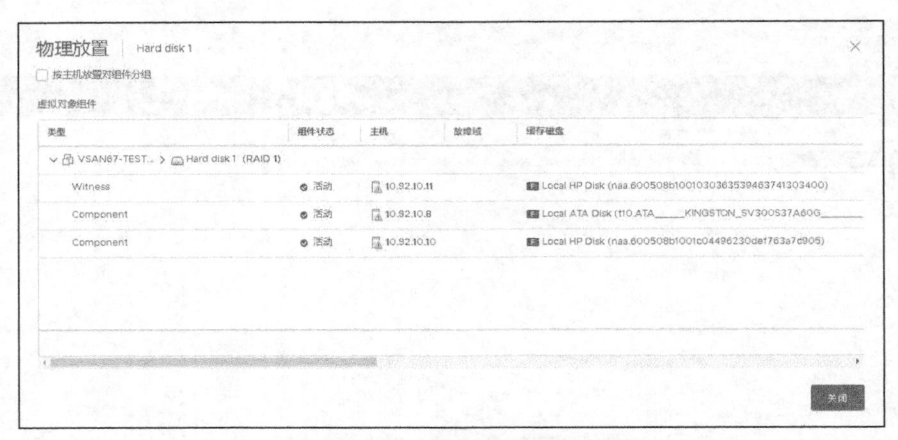

图 4-4-49　配置 Virtual SAN 存储策略之三

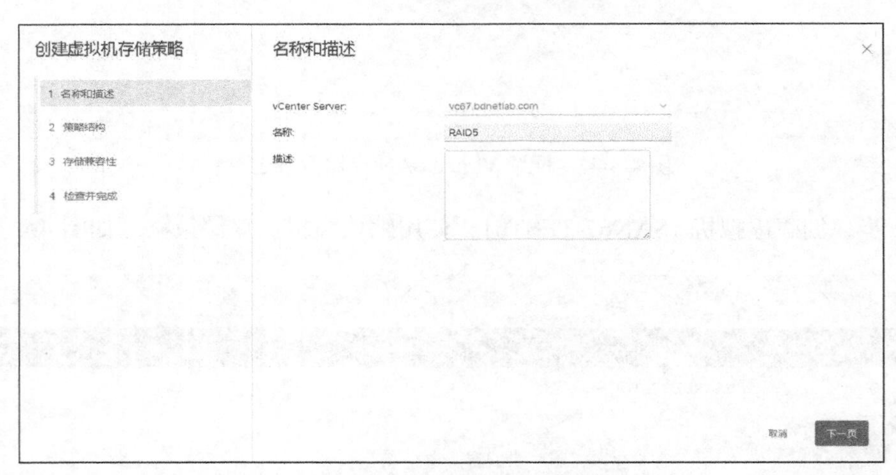

图 4-4-50　配置 Virtual SAN 存储策略之四

第 5 步，选中“为‘vSAN’存储启用规则”复选按钮，如图 4-4-51 所示，单击“下一页”按钮。

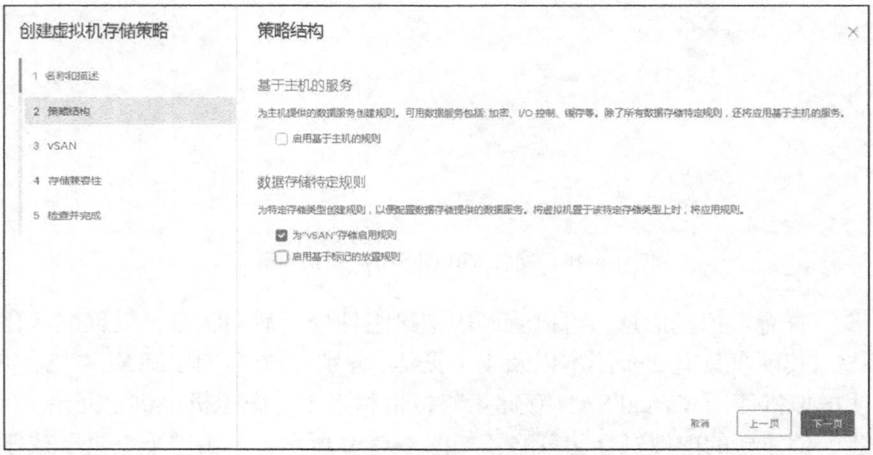

图 4-4-51　配置 Virtual SAN 存储策略之五

第 6 步，允许的故障数选择“1 个故障-RAID-1（镜像）”模式，也就是 100GB 虚拟机磁盘使用 200GB 的空间，如图 4-4-52 所示。

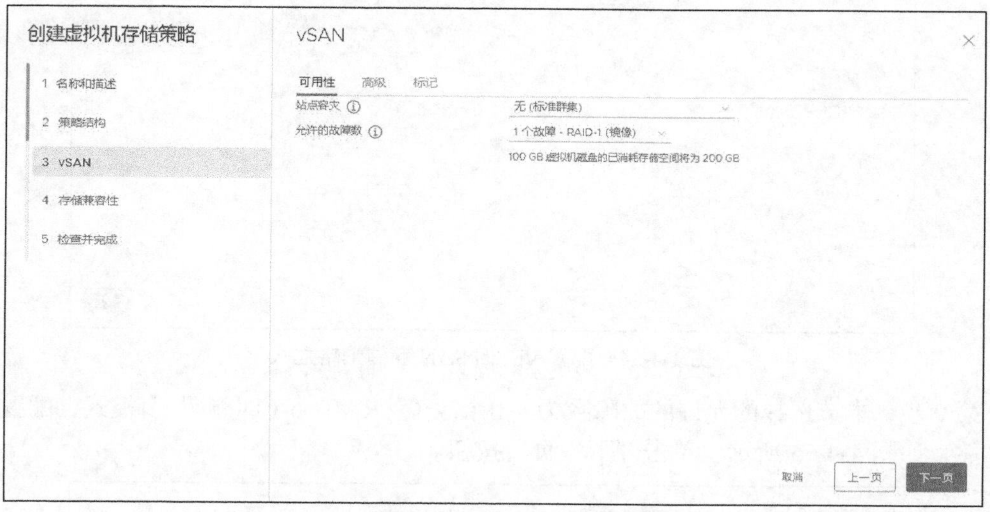

创建虚拟机存储策略
1 名称和描述
2 策略结构
3 vSAN
4 存储兼容性
5 检查并完成
vSAN
可用性 高级 标记
站点容灾 无 (标准群集)
允许的故障数 1 个故障 - RAID-1 (镜像)
100 GB 虚拟机磁盘的已消耗存储空间将为 200 GB
取消 上一页 下一页

图 4-4-52 配置 Virtual SAN 存储策略之六

第 7 步，如果选择的允许的故障数为“1 个故障 - RAID-5（纠删码）”模式，那么 100GB 虚拟机磁盘使用 133.33GB 的空间，如图 4-4-53 所示，从空间使用量上看，RAID 5 模式具有明显的优势。

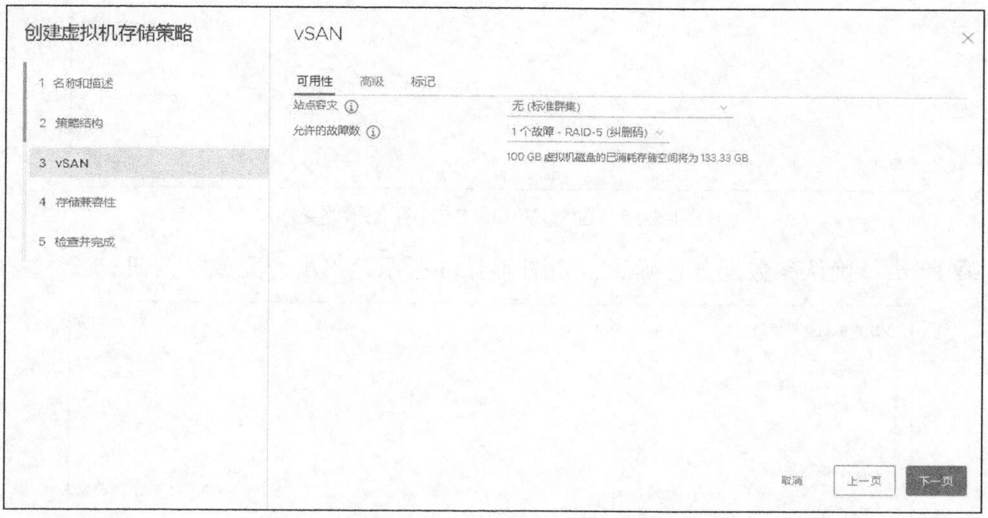

创建虚拟机存储策略
1 名称和描述
2 策略结构
3 vSAN
4 存储兼容性
5 检查并完成
vSAN
可用性 高级 标记
站点容灾 无 (标准群集)
允许的故障数 1 个故障 - RAID-5 (纠删码)
100 GB 虚拟机磁盘的已消耗存储空间将为 133.33 GB
取消 上一页 下一页

图 4-4-53 配置 Virtual SAN 存储策略之七

第 8 步，如果选择的允许的故障数为“2 个故障 - RAID-6（纠删码）”模式，那么 100GB 虚拟机磁盘使用 150GB 的空间，如图 4-4-54 所示，与“1 个故障 - RAID-5（纠删码）”相比较，空间使用量有所上升，但与“1 个故障 - RAID-1（镜像）”模式对比依旧具有明显的优势。

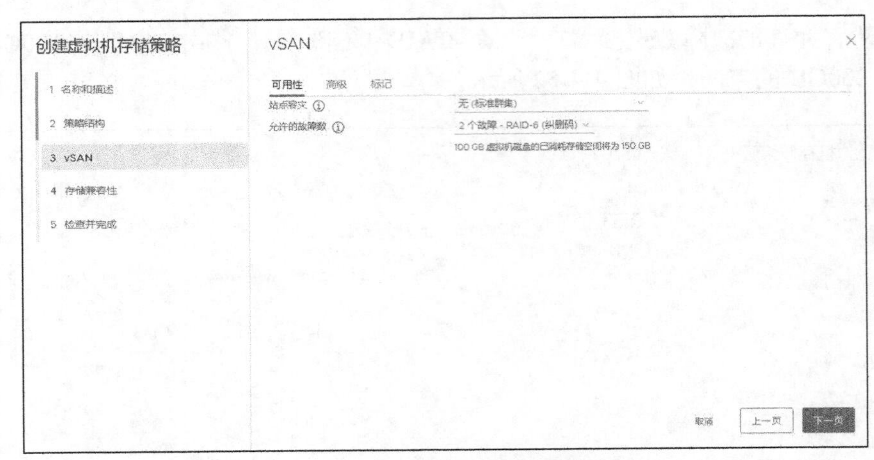

图 4-4-54　配置 Virtual SAN 存储策略之八

第 9 步，本节选择的允许的故障数为“1 个故障 - RAID-5（纠删码）”模式，配置存储兼容性，如图 4-4-55 所示，单击“下一页”按钮。

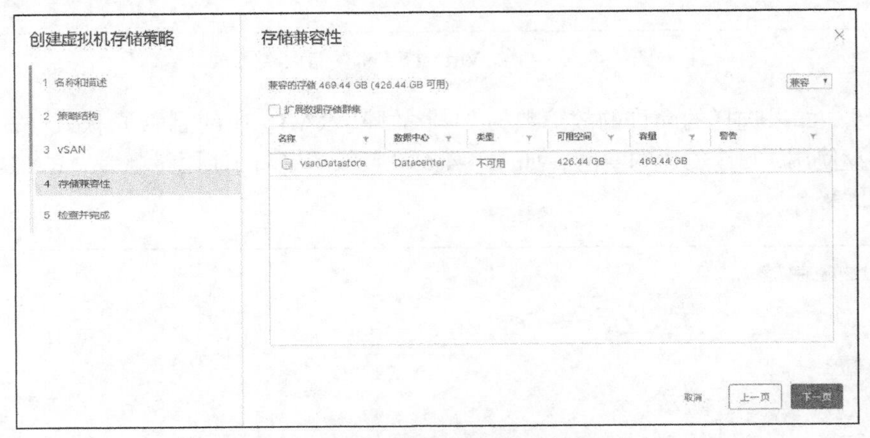

图 4-4-55　配置 Virtual SAN 存储策略之九

第 10 步，确认参数配置正确后，如图 4-4-56 所示，单击“完成”按钮。

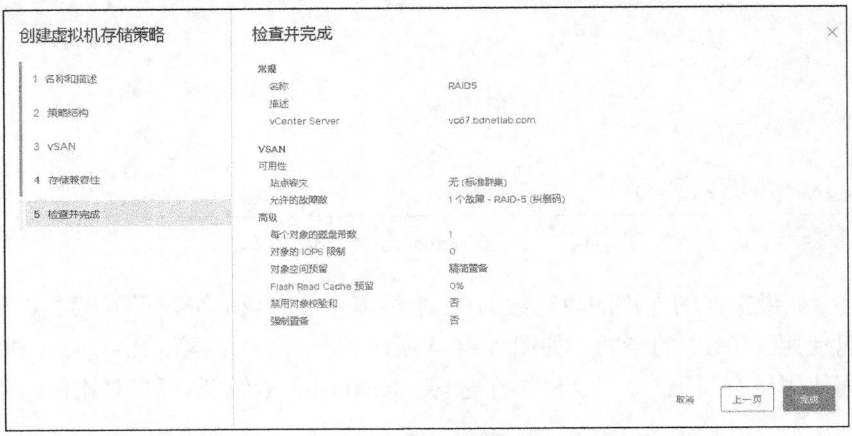

图 4-4-56　配置 Virtual SAN 存储策略之十

第 11 步，完成新虚拟机存储策略 RAID 5 的创建，如图 4-4-57 所示。

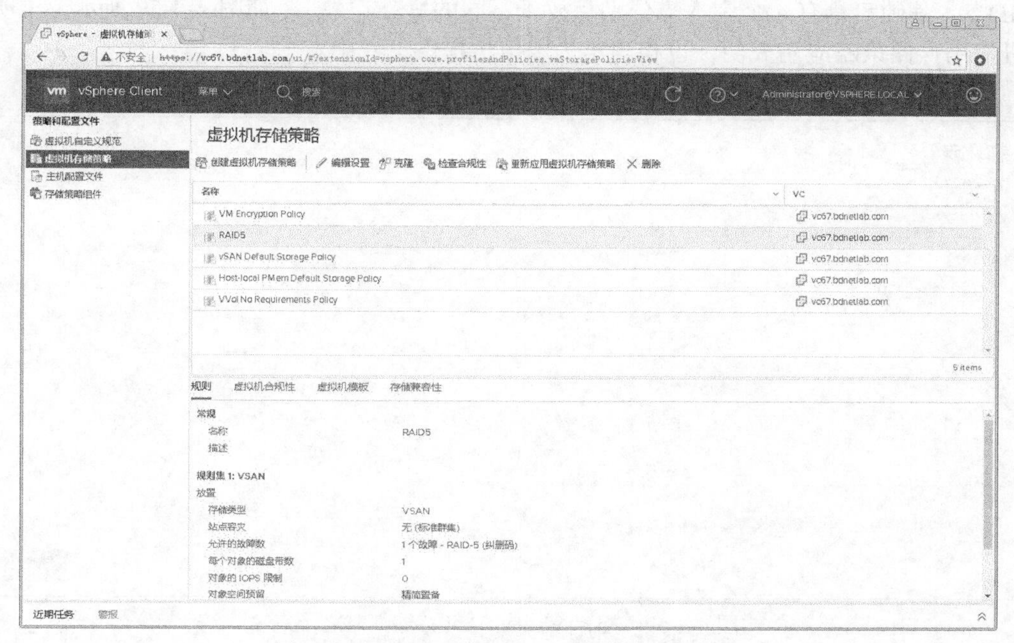

图 4-4-57 配置 Virtual SAN 存储策略之十一

第 12 步，创建虚拟机 vSAN67-TEST02，使用新创建的虚拟机存储策略 RAID 5，如图 4-4-58 所示。

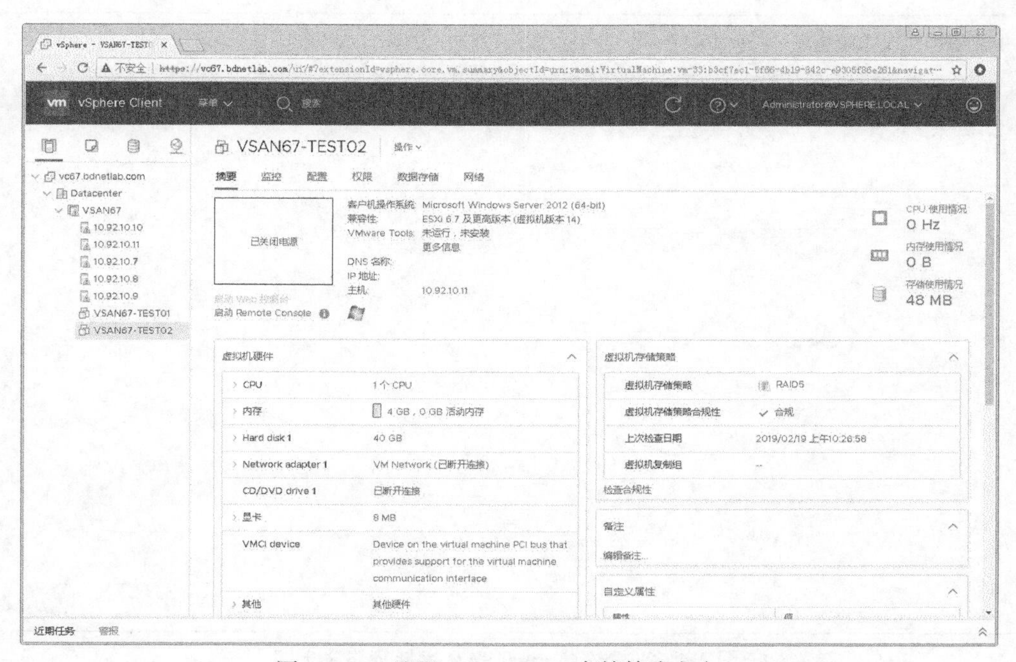

图 4-4-58 配置 Virtual SAN 存储策略之十二

第 13 步，查看虚拟机信息，可以看到虚拟机组件处于活动状态，所使用的存储策略为 RAID 5，其硬盘具有 4 个副本，分别存放于不同的 ESXi 主机，如图 4-4-59 所示，说明虚拟机使用存储策略应用成功，也相当于为虚拟机提供了冗余。

物理放置 | Hard disk 1

按主机放置对组件分组

虚拟对象组件

类型	组件状态	主机	故障域	缓存磁盘	缓存磁盘 UUID
VSAN67-TEST... > Hard disk 1 (RAID 5)					
Component	活动	10.92.10.11		Local HP Disk (naa.600508b1001...	52ffed39-e17d-210b-6123-5
Component	活动	10.92.10.10		Local HP Disk (naa.600508b1001c...	525440d0-12b6-3dd4-e4af-
Component	活动	10.92.10.8		Local ATA Disk (t10.ATA_____KIN...	520090c2-3a0e-49a3-11fc-
Component	活动	10.92.10.7		Local ATA Disk (t10.ATA_____KIN...	52b9b5ef-6e49-a9e8-f1a6-

关闭

图 4-4-59　配置 Virtual SAN 存储策略之十三

第 14 步，除新建虚拟机可以使用新的策略外，还可以通过编辑虚拟机存储策略来调整虚拟机使用策略，如图 4-4-60 所示。

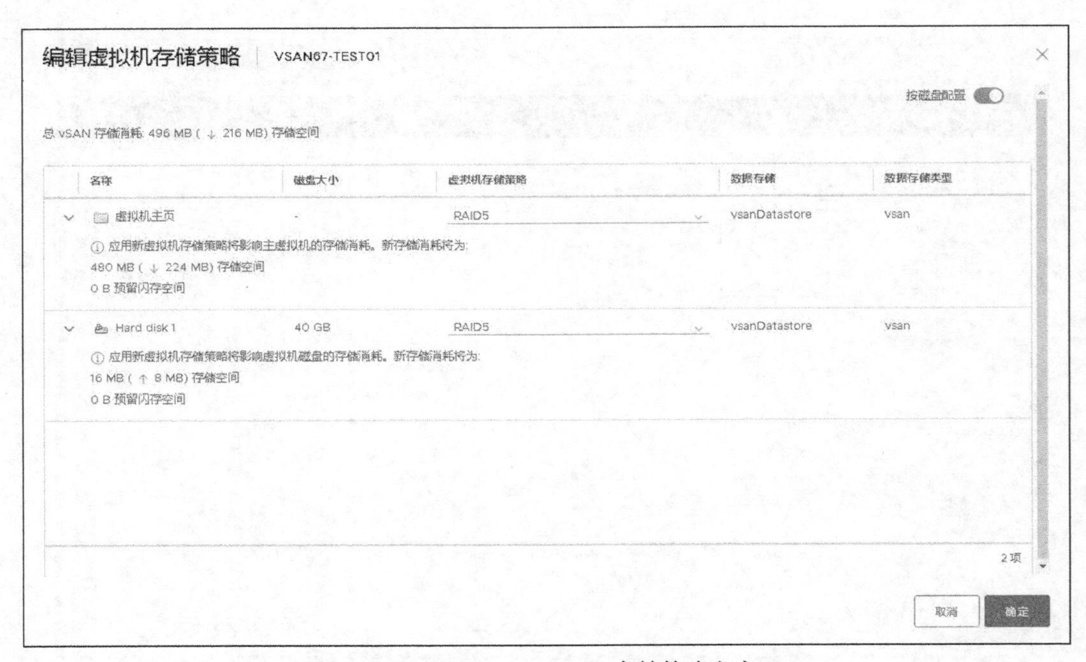

图 4-4-60　配置 Virtual SAN 存储策略之十四

第 15 步，创建两台虚拟机使用 Virtual SAN 存储后，查看去重和压缩情况，节省到先前的 1/3.22，如图 4-4-61 所示，说明启用去重和压缩服务能够有效节省空间。

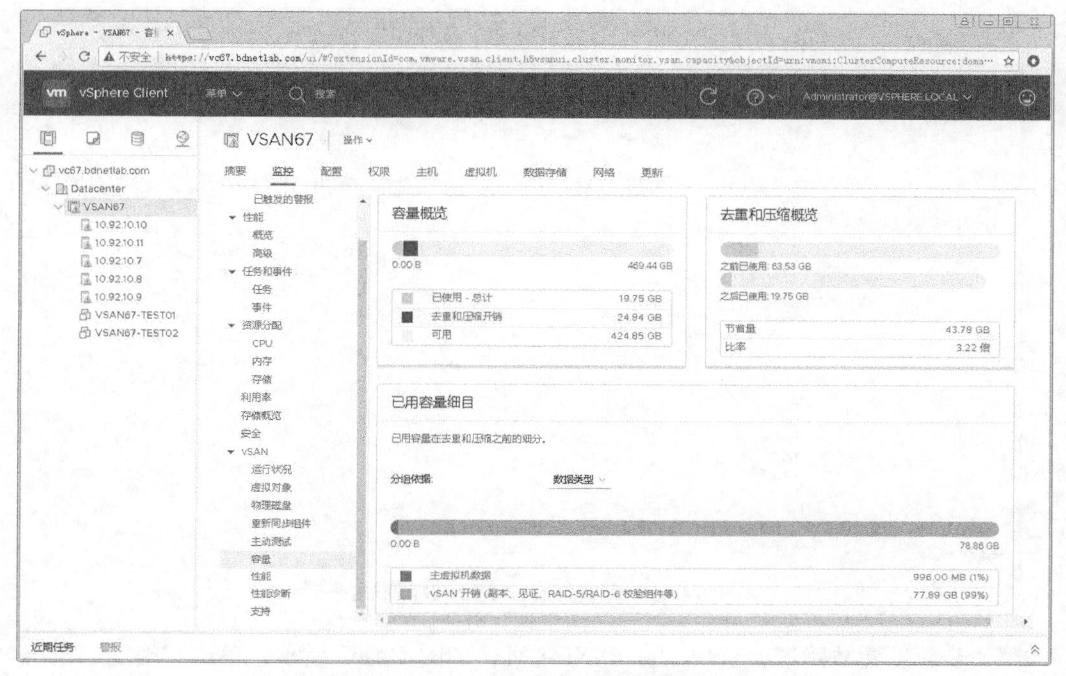

图 4-4-61 配置 Virtual SAN 存储策略之十五

至此，基本的 Virtual SAN 存储策略配置完成。生产环境中，推荐根据实际情况创建多个虚拟机存储策略以用于不同的虚拟机需求，还需特别注意一些特殊模式对硬件的要求。

4.4.8 配置 Virtual SAN 故障域

Virtual SAN 6.7 提供了对故障域的支持。生产环境中，Virtual SAN 可能使用多个机架的普通服务器或刀片服务器。以刀片服务器为例，假设虚拟机有 3 个副本，且这 3 个副本分布在这台刀片服务器的 3 个刀片上，如果这台刀片服务器发生故障，即使有再多的副本，虚拟机也会发生故障。故障域是为了解决这些问题而出现的。当配置故障域后，副本可以分布在其他主机上，避免故障的发生。在 Virtual SAN 中启用故障域时，至少需要 3 个故障域，每个故障域至少包含 1 台 ESXi 主机，这样可以确保 Virtual SAN 的正常运行。VMware 官方推荐至少使用 4 个故障域以支持数据迁移以及数据保护配置等。本小节介绍如何配置 Virtual SAN 故障域。

第 1 步，在启用 Virtual SAN 服务时未配置故障域，如图 4-4-62 所示，单击“ ”图标新建故障域。

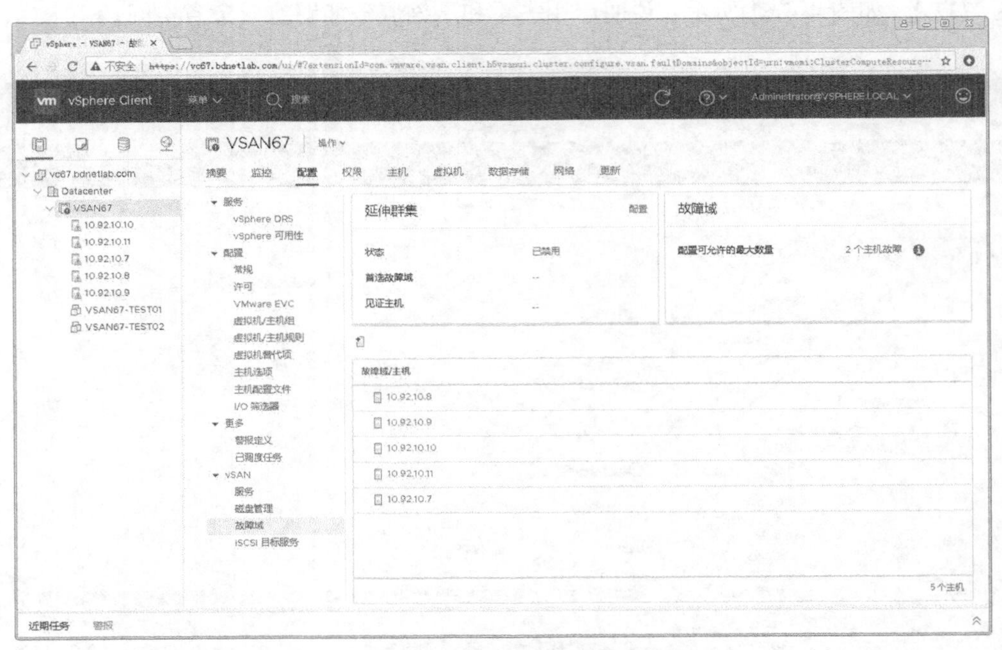

图 4-4-62　配置 Virtual SAN 故障域之一

第 2 步，新建故障域，选中 1 台 ESXi 主机，如图 4-4-63 所示，单击“确定”按钮。

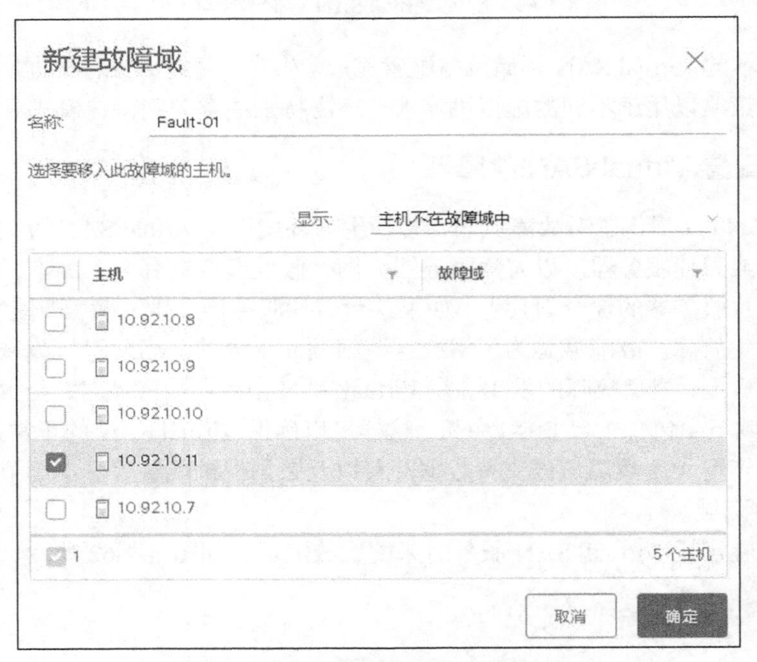

图 4-4-63　配置 Virtual SAN 故障域之二

第 3 步，创建好 1 个故障域且这个故障域有 1 台 ESXi 主机，如图 4-4-64 所示。

第 4 步，按照相同的方式创建两个故障域，如图 4-4-65 所示。

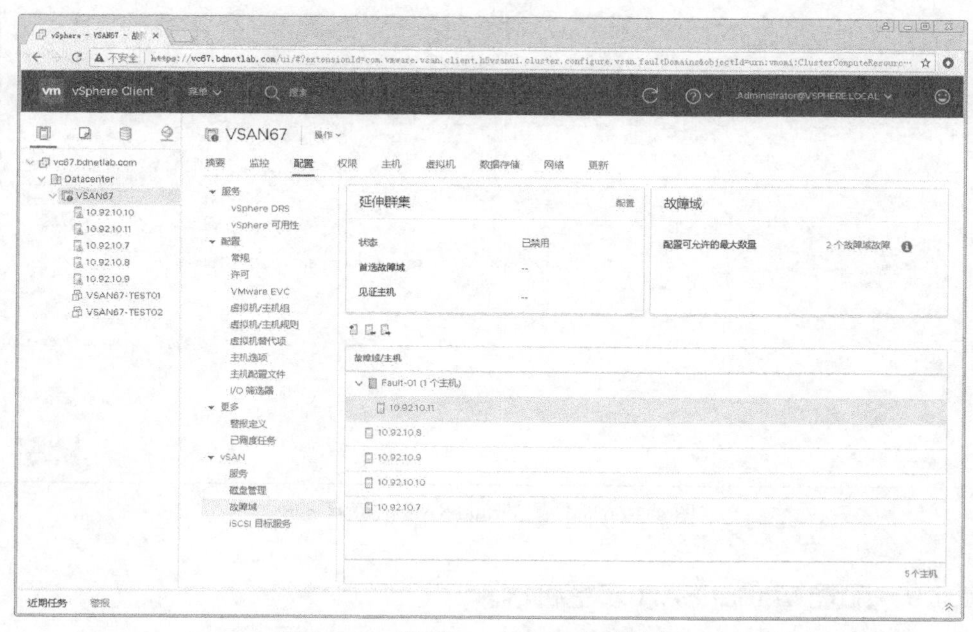

图 4-4-64 配置 Virtual SAN 故障域之三

图 4-4-65 配置 Virtual SAN 故障域之四

第 5 步，查看虚拟机 vSAN67-TEST01，组件以及见证分布在 3 个故障域，如图 4-4-66 所示。

至此，基本 Virtual SAN 故障域配置完成。生产环境中，特别是大量使用刀片服务器或者多节点服务器的环境，可通过配置多个故障域的方式让副本在不同刀片服务器或节点上，这样可以避免单个刀片服务器或节点故障导致副本不可用的情况发生。

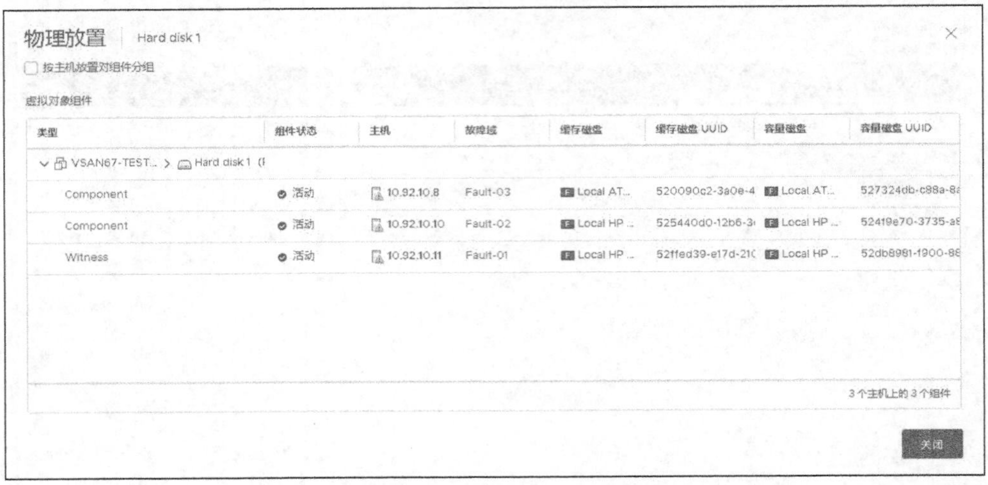

物理放置　Hard disk 1

按主机放置对组件分组

虚拟对象组件

类型	组件状态	主机	故障域	缓存磁盘	缓存磁盘 UUID	容量磁盘	容量磁盘 UUID
VSAN67-TEST... > Hard disk 1							
Component	活动	10.92.10.8	Fault-03	Local AT...	520090c2-3a0e-4	Local AT...	527324db-c88a-8
Component	活动	10.92.10.10	Fault-02	Local HP ...	525440d0-12b6-3	Local HP ...	52419e70-3735-a
Witness	活动	10.92.10.11	Fault-01	Local HP ...	52ffed39-e17d-21	Local HP ...	52db8981-1900-8

3 个主机上的 3 个组件

关闭

图 4-4-66　配置 Virtual SAN 故障域之五

4.4.9　配置 Virtual SAN 双主机群集

Virtual SAN 双主机群集用于一些比较特殊的环境，比如分支机构仅有 2 台 ESXi 主机，又想使用 Virtual SAN，那么可以选择使用总部 ESXi 主机作为见证主机，其本质还是使用了 3 台 ESXi 主机。本小节介绍 Virtual SAN 双主机群集配置。

第 1 步，调整前面实验使用的数据中心架构，新建“双主机 vSAN67”群集作为双主机群集，如图 4-4-67 所示。

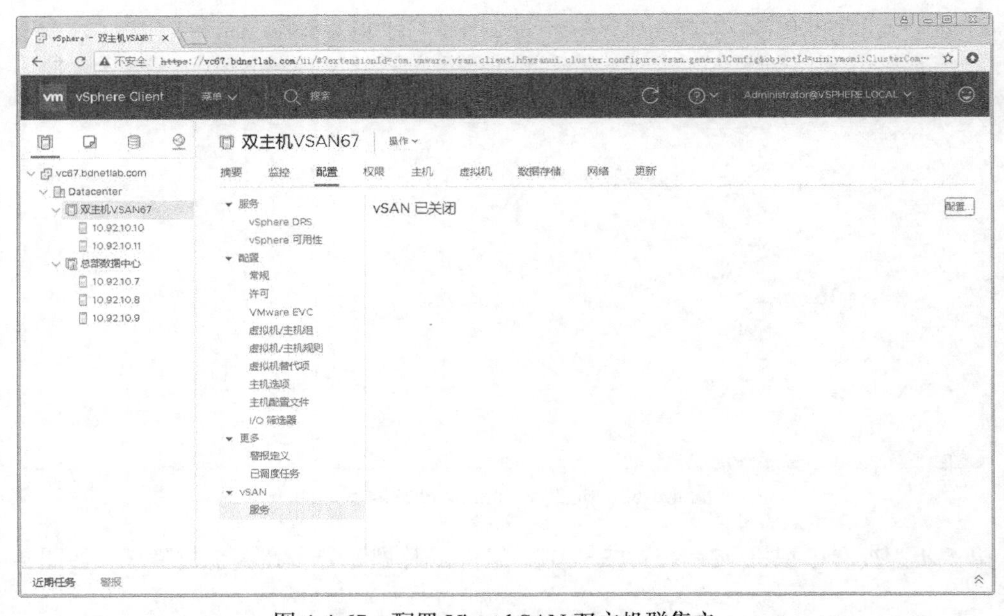

图 4-4-67　配置 Virtual SAN 双主机群集之一

第 2 步，选中“双主机 vSAN 群集”重新配置 vSAN，如图 4-4-68 所示，单击“下一步”按钮。

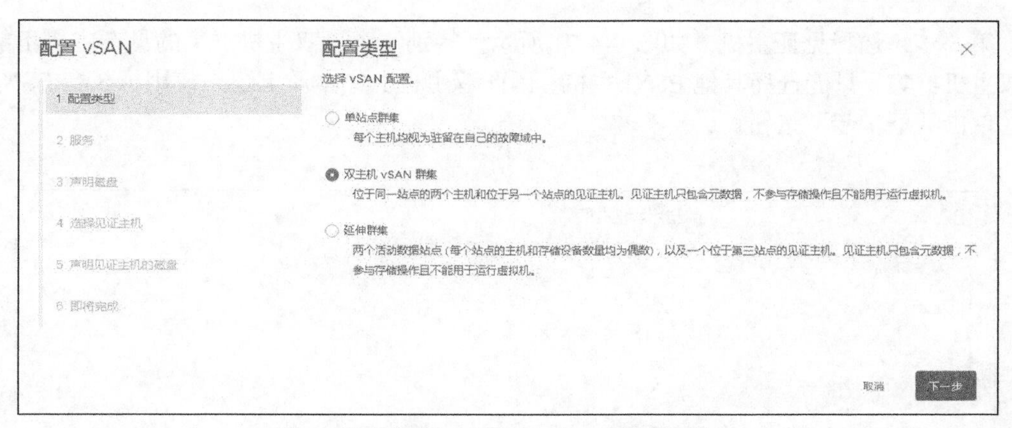

图 4-4-68　配置 Virtual SAN 双主机群集之二

第 3 步，配置 vSAN 服务，本节实验不启用去重和压缩服务，如图 4-4-69 所示，单击“下一步”按钮。

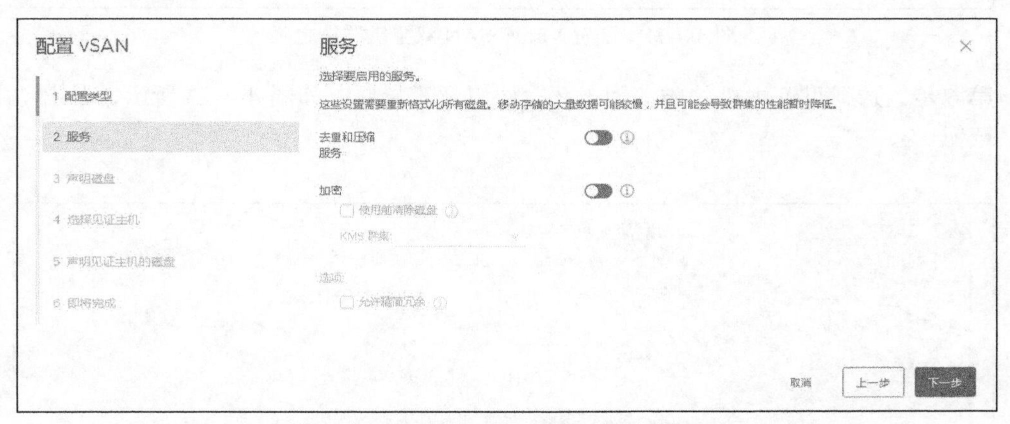

图 4-4-69　配置 Virtual SAN 双主机群集之三

第 4 步，选择用于 vSAN 的磁盘，如图 4-4-70 所示，单击“下一步”按钮。

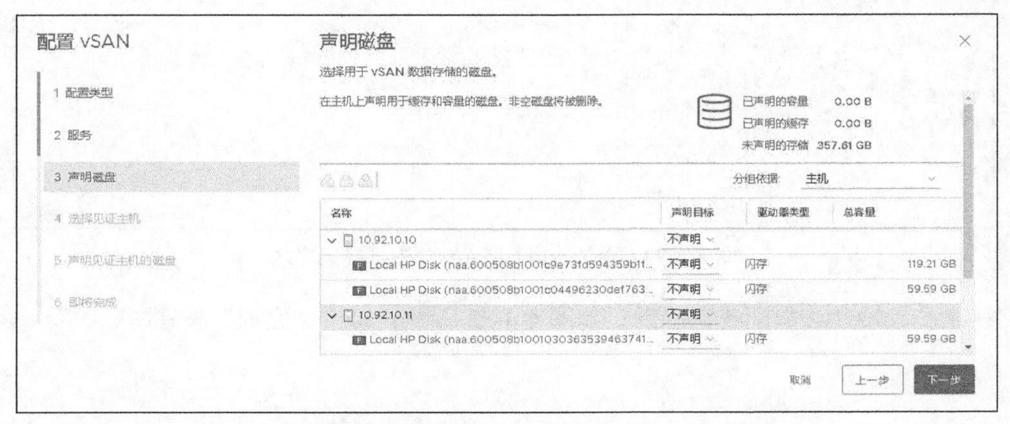

图 4-4-70　配置 Virtual SAN 双主机群集之四

第5步，选择见证主机，如图4-4-71所示，特别注意，双主机群集的见证主机不能位于双主机群集，只能选择其他ESXi主机，因此双主机群集本质上还是使用了3台ESXi主机。单击“下一步”按钮。

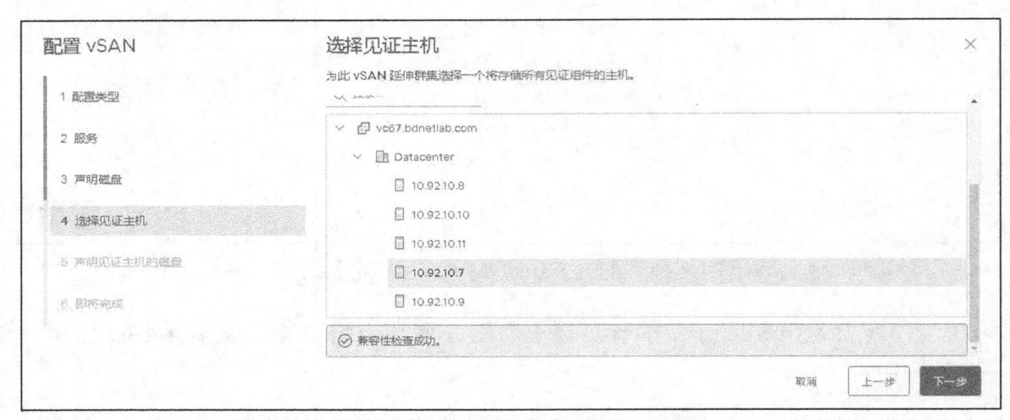

图4-4-71　配置 Virtual SAN 双主机群集之五

第6步，选择见证主机的磁盘用于缓存层以及容量层，如图4-4-72所示，单击“下一步”按钮。

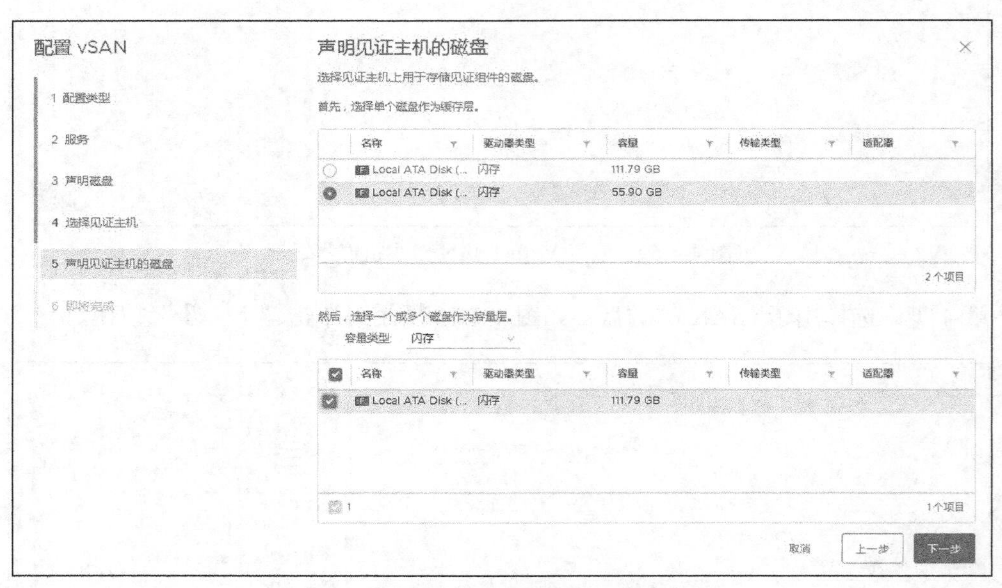

图4-4-72　配置 Virtual SAN 双主机群集之六

第7步，确认参数配置正确后，如图4-4-73所示，单击“完成”按钮。

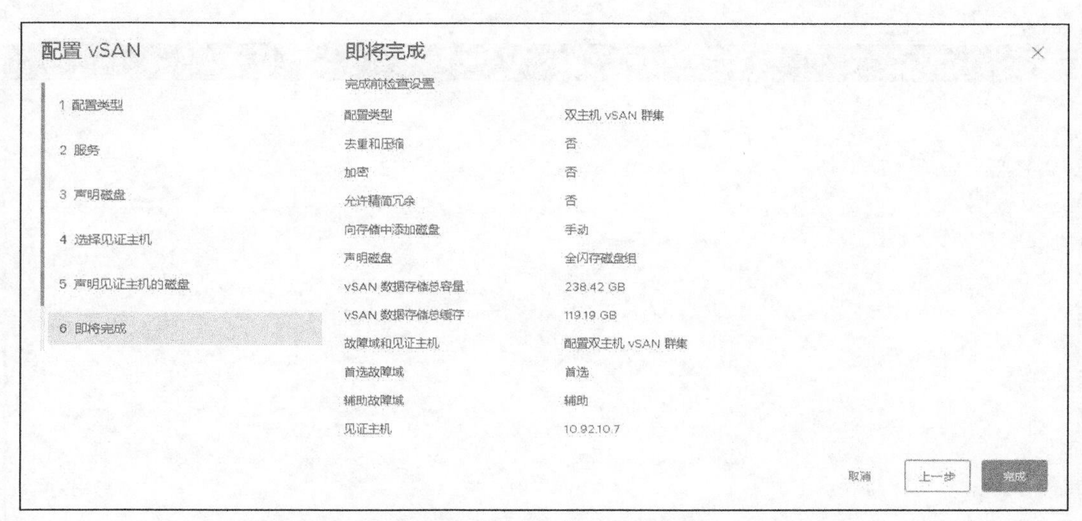

图 4-4-73 配置 Virtual SAN 双主机群集之七

第 8 步，完成 Virtual SAN 双主机群集配置，如图 4-4-74 所示。

图 4-4-74 配置 Virtual SAN 双主机群集之八

第 9 步，查看 Virtual SAN 双主机群集磁盘情况，如图 4-4-75 所示。

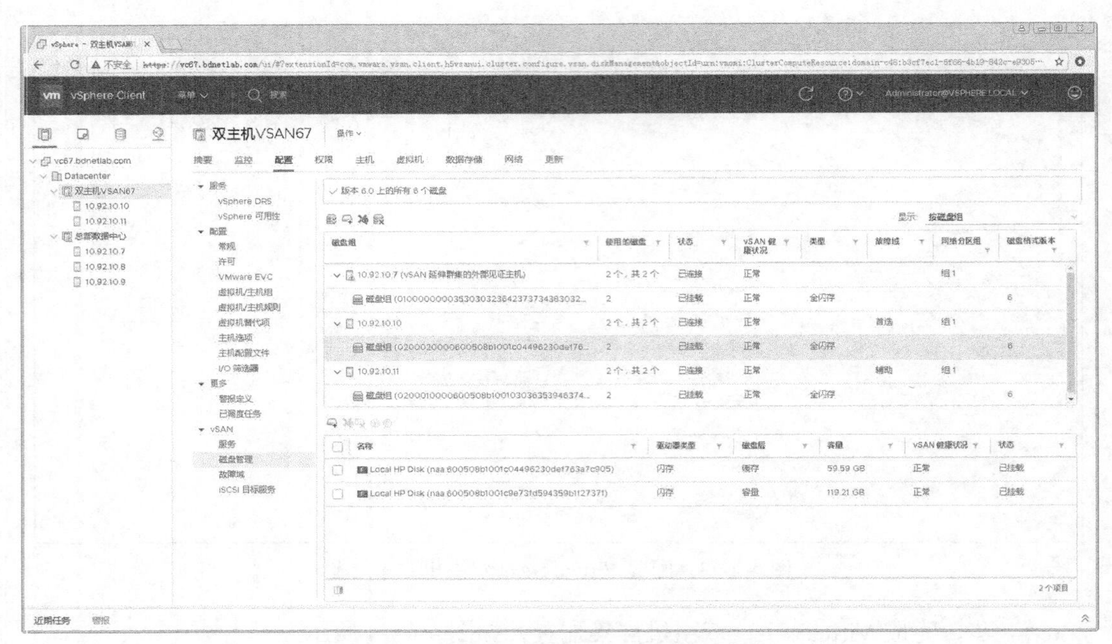

图 4-4-75　配置 Virtual SAN 双主机群集之九

第 10 步，查看 Virtual SAN 双主机群集容量情况，如图 4-4-76 所示。

图 4-4-76　配置 Virtual SAN 双主机群集之十

第 11 步，创建虚拟机“vSAN67-TEST03”，如图 4-4-77 所示。

图 4-4-77　配置 Virtual SAN 双主机群集之十一

第 12 步，查看虚拟机 vSAN67-TEST03 虚拟对象，放置和可用性处于正常状态，如图 4-4-78 所示。

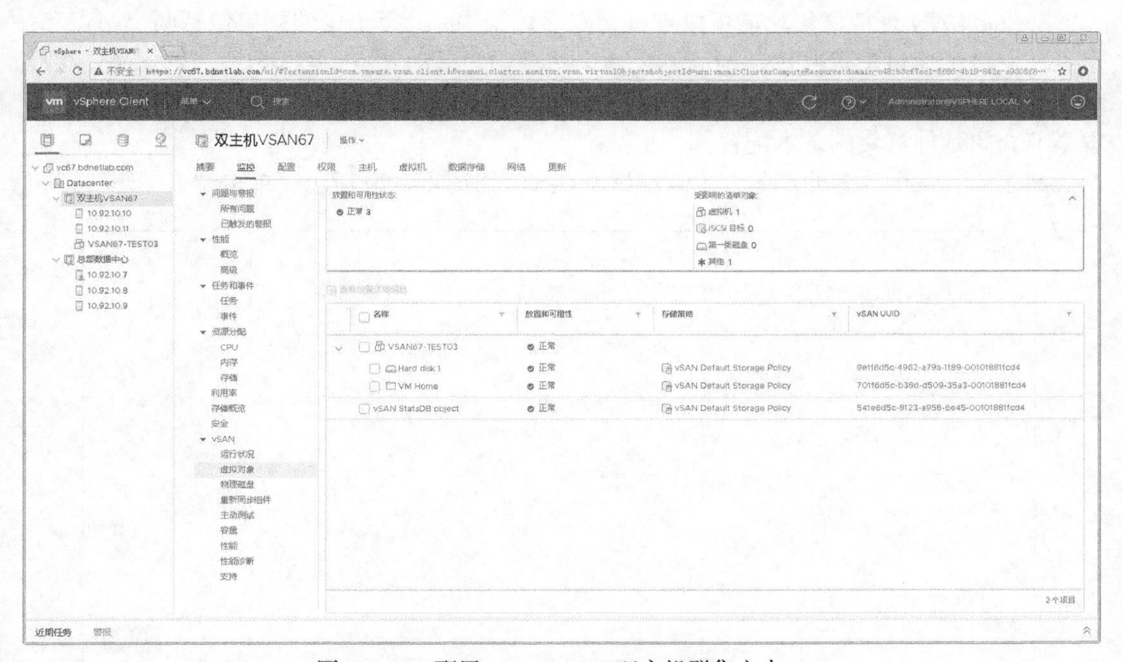

图 4-4-78　配置 Virtual SAN 双主机群集之十二

第 13 步，查看虚拟机 vSAN-TEST03 组件放置位置，可以看到见证主机位于其他主机群集，两个副本位于双主机群集，如图 4-4-79 所示。

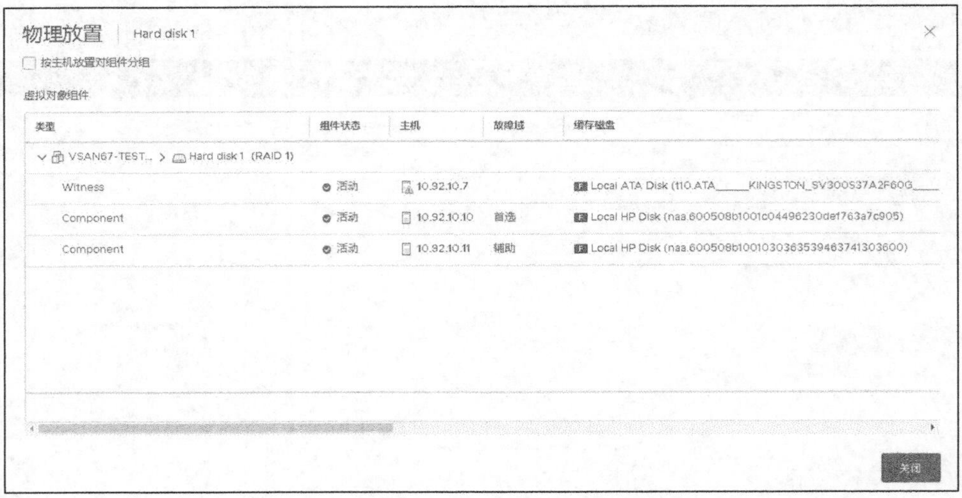

图 4-4-79　配置 Virtual SAN 双主机群集之十三

至此， Virtual SAN 双主机群集配置完成。从配置过程看，它与单站点的配置基本相同，需要注意双主机群集的应用场景，也需要注意双主机群集可以只有 2 台 ESXi 主机参与，但是还需额外的 ESXi 主机作为见证主机，也就是说从本质上还是需要 3 台 ESXi 主机。

4.4.10　配置 Virtual SAN 延伸群集

Virtual SAN 延伸群集功能可以理解为双活数据中心，每个延伸群集包括两个站点和一个见证主机，通过配置使用延伸群集，两个站点均为活动站点，当其中一个站点出现故障时，可以使用另外一个站点，这样可以避免某个站点出现而故障影响到群集的正常运行。本小节介绍延伸群集的基本配置。

第 1 步，选中“延伸群集”重新配置 vSAN，如图 4-4-80 所示，单击“下一步”按钮。

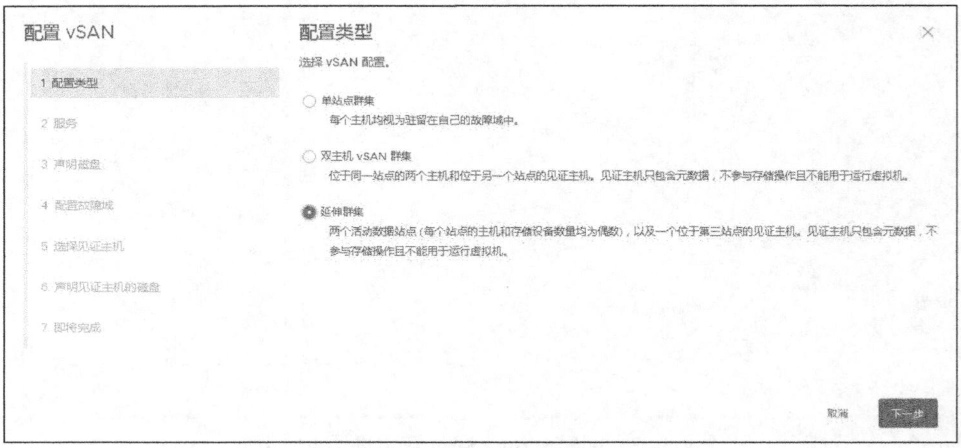

图 4-4-80　配置 Virtual SAN 延伸群集之一

第 2 步，配置 vSAN 服务，本节实验不启用去重和压缩服务，如图 4-4-81 所示，单击“下一步”按钮。

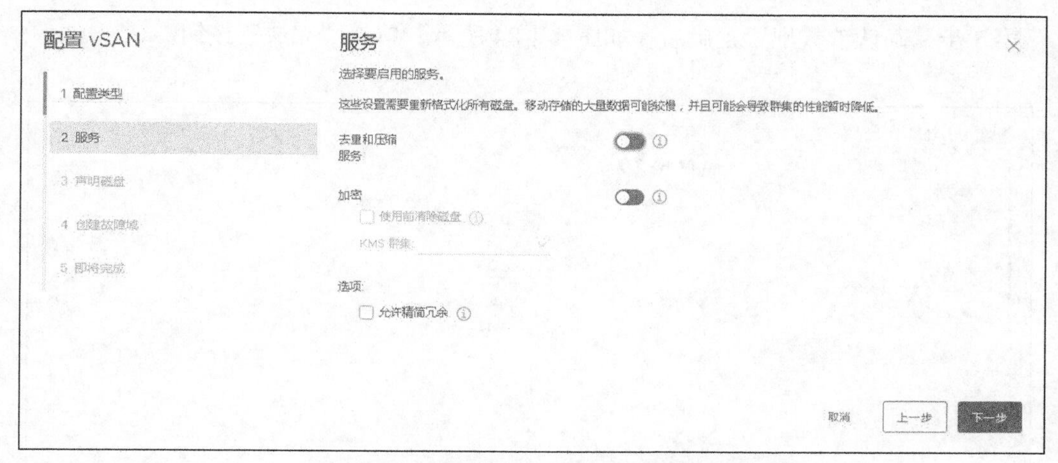

图 4-4-81 配置 Virtual SAN 延伸群集之二

第 3 步，选择用于 vSAN 的磁盘，如图 4-4-82 所示，单击“下一步”按钮。

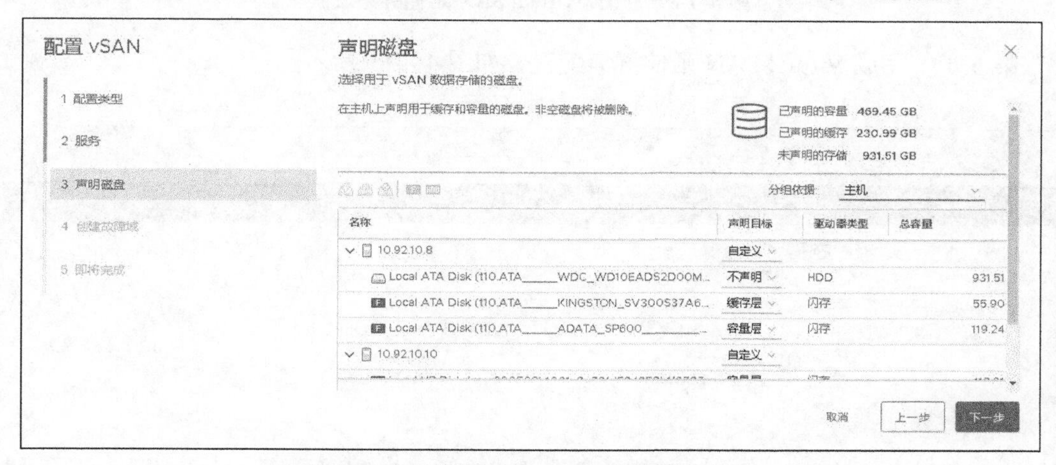

图 4-4-82 配置 Virtual SAN 延伸群集之三

第 4 步，不创建故障域，如图 4-4-83 所示，直接单击“下一步”按钮。

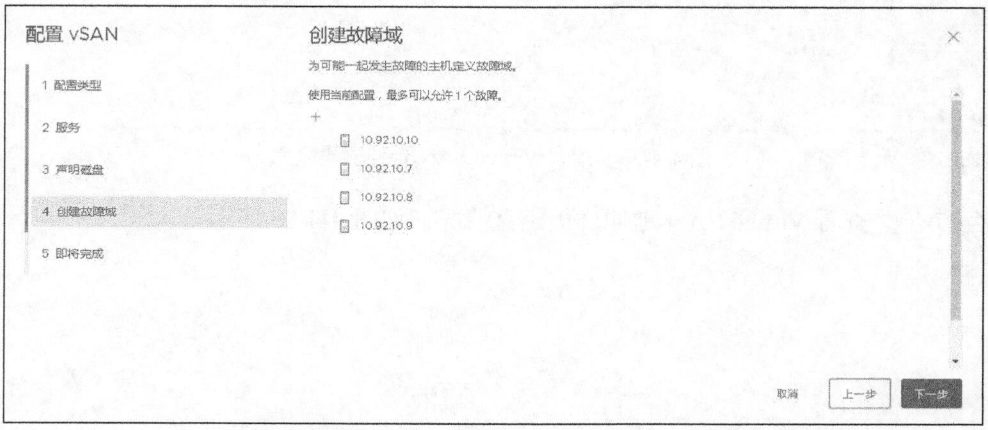

图 4-4-83 配置 Virtual SAN 延伸群集之四

第5步，确认参数配置正确后，如图4-4-84所示，单击“完成”按钮。

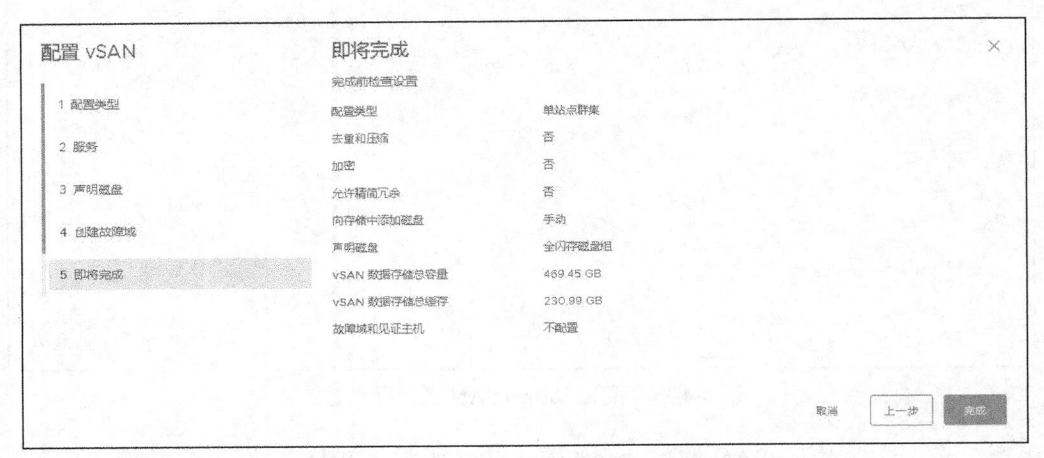

图4-4-84　配置Virtual SAN延伸群集之五

第6步，完成Virtual SAN延伸群集配置，如图4-4-85所示。

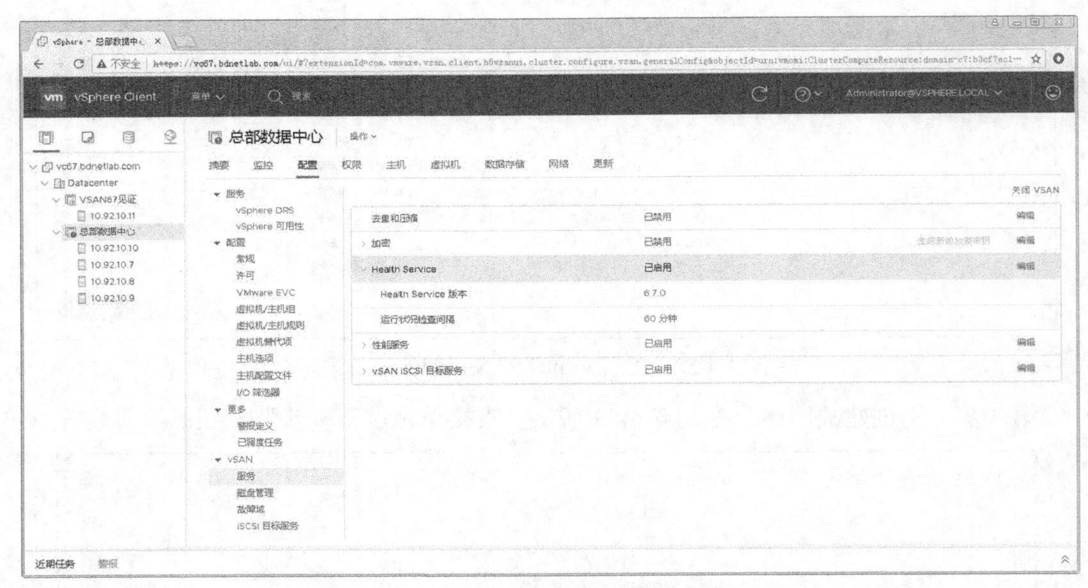

图4-4-85　配置Virtual SAN延伸群集之六

第7步，查看Virtual SAN延伸群集磁盘情况，如图4-4-86所示。

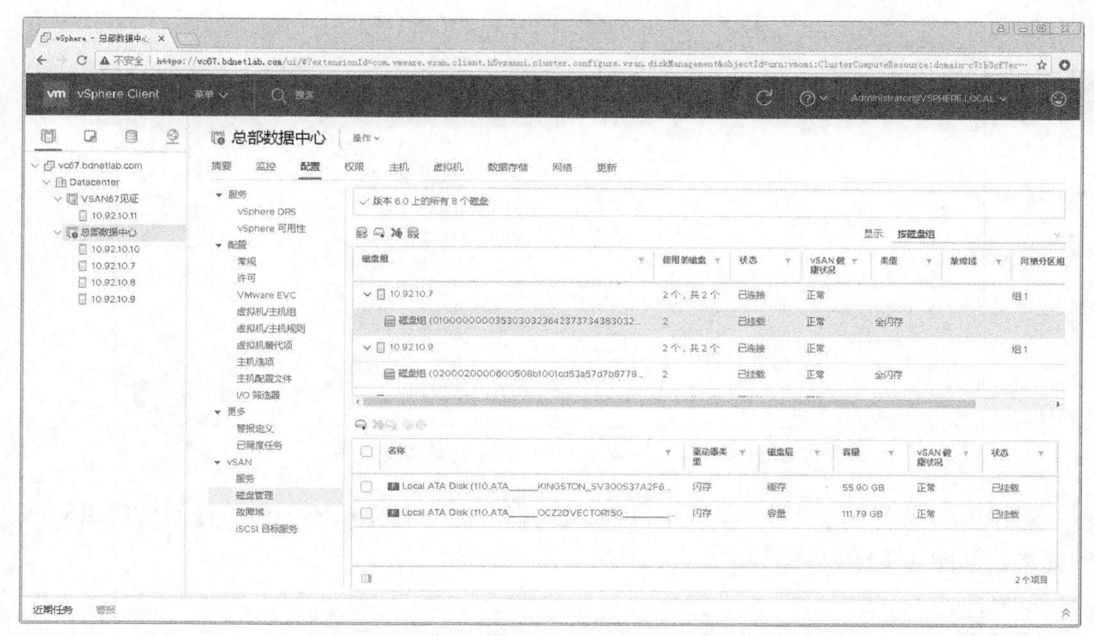

图 4-4-86　配置 Virtual SAN 延伸群集之七

第 8 步，查看延伸群集配置，处于已禁用状态，如图 4-4-87 所示，单击“配置”。

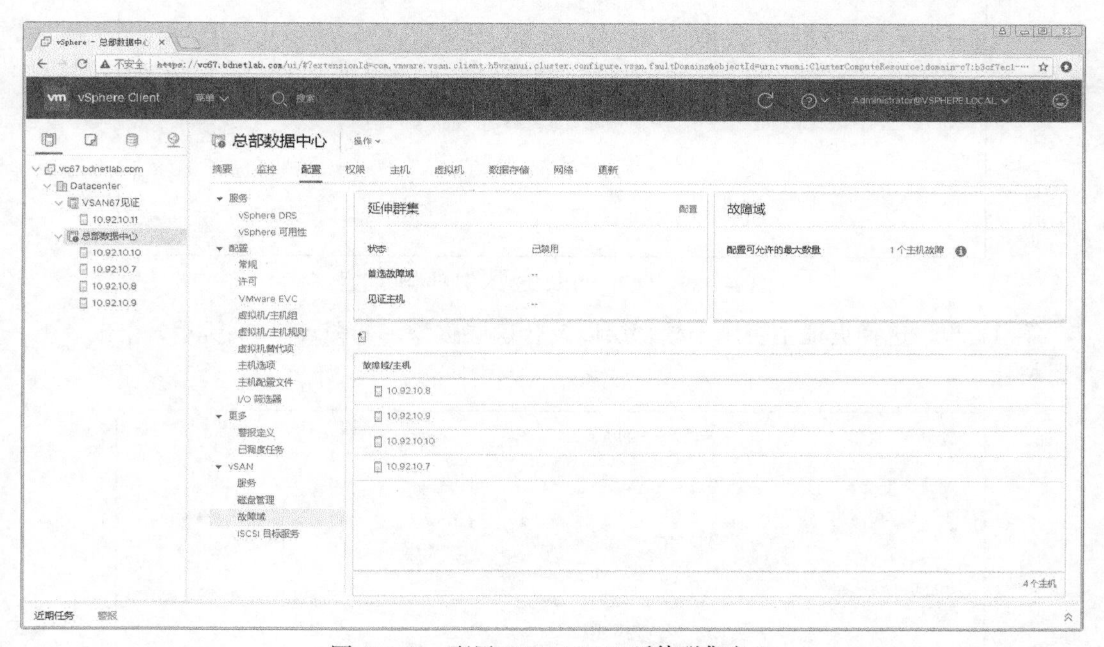

图 4-4-87　配置 Virtual SAN 延伸群集之八

第 9 步，配置延伸群集首选域以及辅助域，每个域分配两台 ESXi 主机，如图 4-4-88 所示，单击“下一步”按钮。

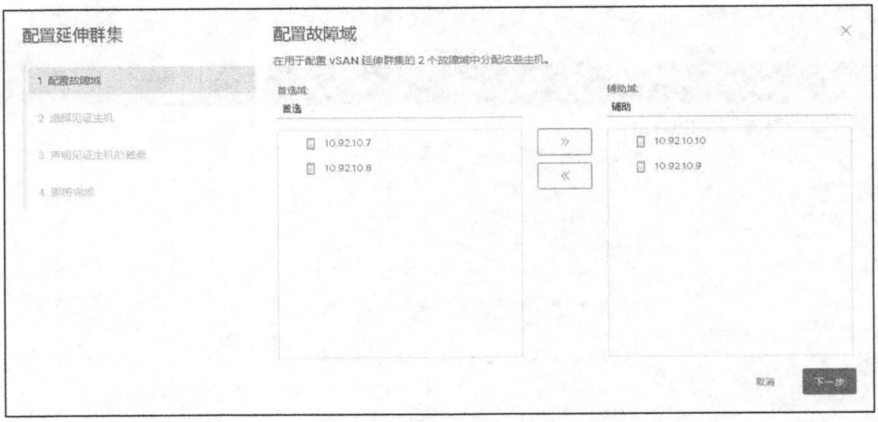

图 4-4-88 配置 Virtual SAN 延伸群集之九

第 10 步，选择见证主机，与双主机群集配置相同，见证主机不能位于任何已启用 vSAN 的群集，如图 4-4-89 所示，单击“下一步”按钮。

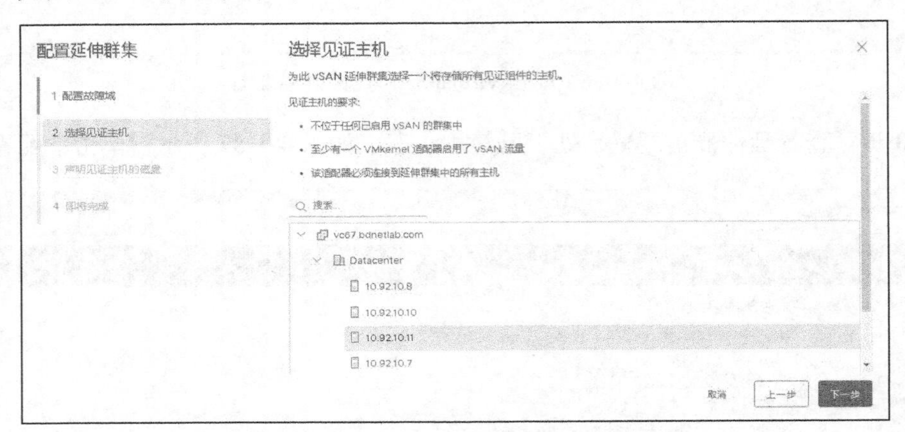

图 4-4-89 配置 Virtual SAN 延伸群集之十

第 11 步，选择见证主机用于缓存层以及容量层磁盘，如图 4-4-90 所示，单击“下一步”按钮。

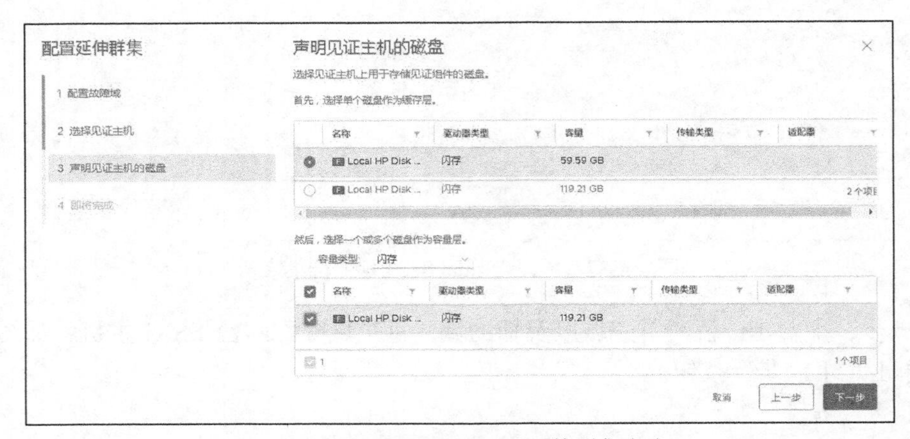

图 4-4-90 配置 Virtual SAN 延伸群集之十一

第 12 步，确认参数配置正确后，如图 4-4-91 所示，单击“完成”按钮。

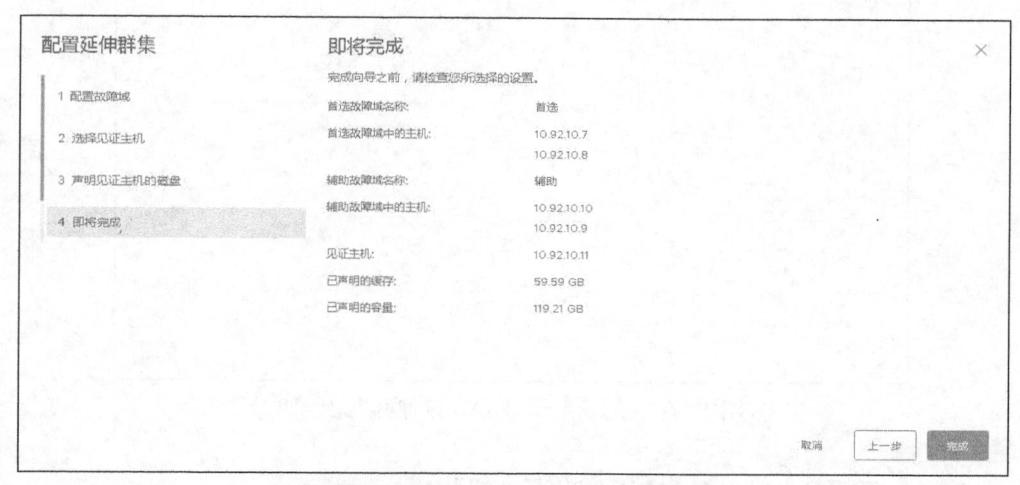

图 4-4-91 配置 Virtual SAN 延伸群集之十二

第 13 步，完成 Virtual SAN 延伸群集配置，如图 4-4-92 所示。

图 4-4-92 配置 Virtual SAN 延伸群集之十三

第 14 步，创建虚拟机 vSAN67-TEST04，查看磁盘存放位置，虚拟机组件分配给位于首选域以及辅助域的不同主机，说明延伸群集配置成功，如图 4-4-93 所示。

至此，Virtual SAN 延伸群集配置完成。在生产环境中，配置使用延伸群集，相当于使用双活数据中心。虚拟机组件位于首选域以及辅助域，这两个域可以基于物理位置进行分离，比如设置首选域位于成都，辅助域位于非成都区域，这样可以避免单一故障，相当于实现双活数据中心。

物理放置 | Hard disk 1

按主机放置对组件分组

虚拟对象组件

类型	组件状态	主机	故障域	缓存磁盘
VSAN67-TEST... > Hard disk 1 (RAID 1)				
Component	活动	10.92.10.7	首选	Local ATA Disk (t10.ATA_____KINGSTON_SV300S37A2F60G____
Component	活动	10.92.10.10	辅助	Local HP Disk (naa.600508b1001c04496230de1763a7c905)
Witness	活动	10.92.10.11		Local HP Disk (naa.600508b1001030363539463741303600)

关闭

图 4-4-93　配置 Virtual SAN 延伸群集之十四

4.4.11　配置 Virtual SAN iSCSI 目标服务

Virtual SAN 6.7 提供 iSCSI 目标服务功能，可以让 Virtual SAN 通过 iSCSI 接口对外提供存储服务，从而变身成为一个 iSCSI 存储设备，其他物理服务器或虚拟机可以使用 Virtual SAN 提供的 iSCSI 存储服务。本小节介绍如何将 Virtual SAN 配置为 iSCSI 目标服务器。

第 1 步，默认情况下 iSCSI 目标服务处于未启用状态，如图 4-4-94 所示，单击“启用”。

图 4-4-94　配置 Virtual SAN iSCSI 目标服务之一

第 2 步，进入编辑 vSAN iSCSI 目标服务窗口，各项参数为灰色处于不可配置状态，如图 4-4-95 所示。单击“启用 vSAN iSCSI 目标服务”后的按钮。

编辑 vSAN iSCSI 目标服务 | VSAN67

启用 vSAN iSCSI 目标服务

选择用于处理 iSCSI 流量的默认网络。您可以按目标覆盖此设置。

默认 iSCSI 网络: vmk1

默认 TCP 端口: 3260

身份验证 无

启用 iSCSI 目标服务时，vSAN 将创建一个存储 iSCSI 目标服务元数据的主对象。(类似于虚拟机的虚拟机主对象)。此主对象的存储策略允许的故障数应大于等于 1。

主对象的存储策略: vSAN Default Storage Policy

取消 应用

图 4-4-95 配置 Virtual SAN iSCSI 目标服务之二

第 3 步，配置 iSCSI 相关参数，注意默认 iSCSI 网络、默认 TCP 端口以及主对象的存储策略的选择，如图 4-4-96 所示，单击“应用”按钮。

编辑 vSAN iSCSI 目标服务 | VSAN67

启用 vSAN iSCSI 目标服务

选择用于处理 iSCSI 流量的默认网络。您可以按目标覆盖此设置。

默认 iSCSI 网络: vmk1

默认 TCP 端口: 3260

身份验证 无

启用 iSCSI 目标服务时，vSAN 将创建一个存储 iSCSI 目标服务元数据的主对象。(类似于虚拟机的虚拟机主对象)。此主对象的存储策略允许的故障数应大于等于 1。

主对象的存储策略: vSAN Default Storage Policy

取消 应用

图 4-4-96 配置 Virtual SAN iSCSI 目标服务之三

第 4 步，完成 iSCSI 目标服务启用，如图 4-4-97 所示。

图 4-4-97　配置 Virtual SAN iSCSI 目标服务之四

第 5 步，iSCSI 服务启动后并不代表可以直接使用，还需新建 iSCSI 目标，如图 4-4-98 所示，单击“确定”按钮。

新建 iSCSI 目标

IQN

别名 *　vsan-iSCSI

存储策略 *　vSAN Default Storage Policy

网络 *　vmk1

TCP 端口 *　3260

身份验证　无

取消　确定

图 4-4-98　配置 Virtual SAN iSCSI 目标服务之五

第 6 步，完成 iSCSI 目标创建，如图 4-4-99 所示。

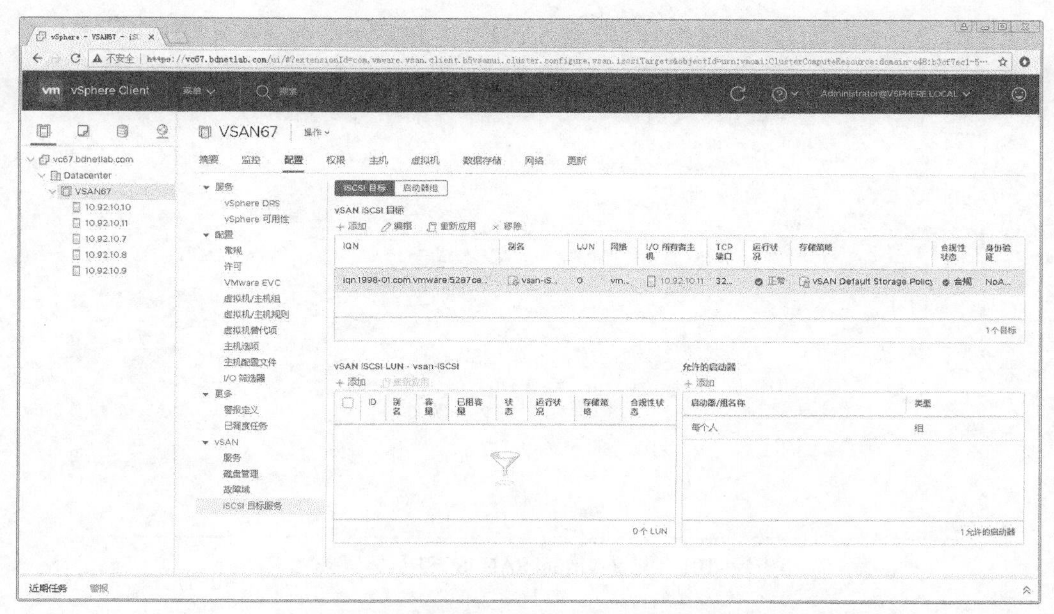

图 4-4-99　配置 Virtual SAN iSCSI 目标服务之六

第 7 步，为目标分配大小，测试环境使用 20GB，如图 4-4-100 所示，单击“添加”按钮。

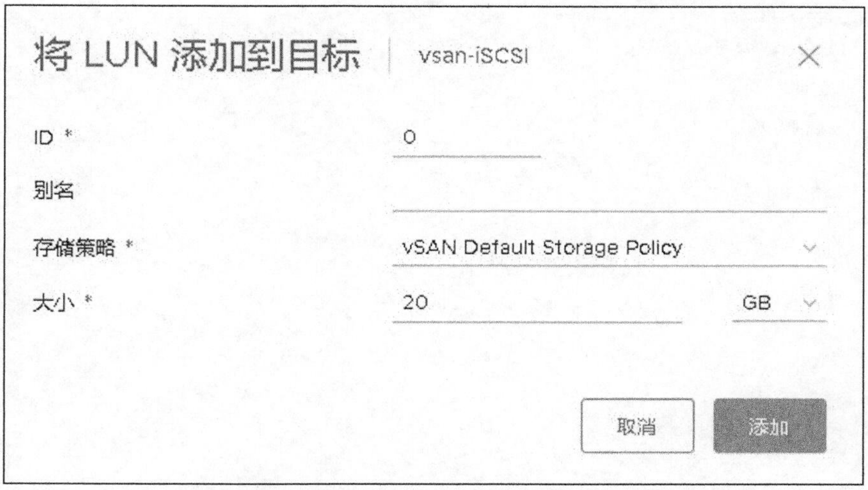

将 LUN 添加到目标 | vsan-iSCSI

ID *　0

别名

存储策略 *　vSAN Default Storage Policy

大小 *　20　GB

取消　添加

图 4-4-100　配置 Virtual SAN iSCSI 目标服务之七

第 8 步，完成 iSCSI 大小添加，如图 4-4-101 所示。

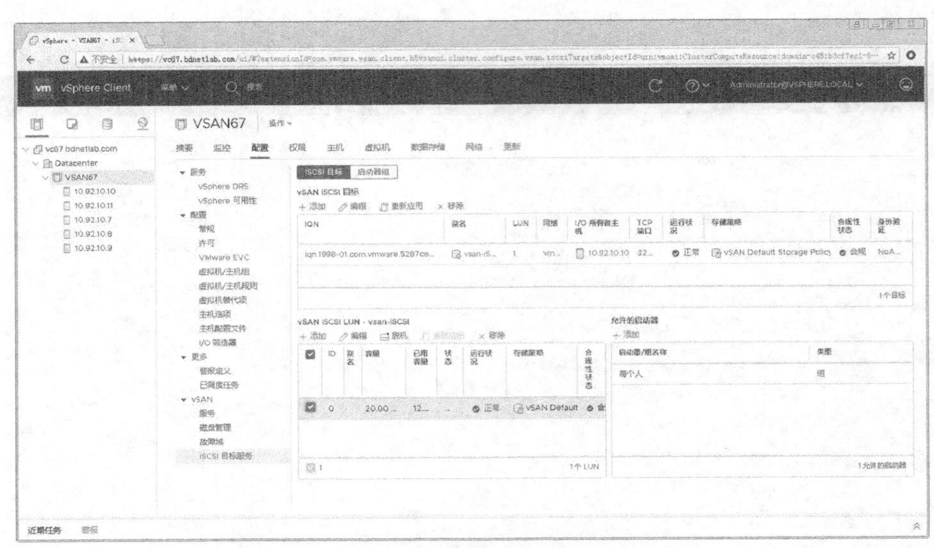

图 4-4-101　配置 Virtual SAN iSCSI 目标服务之八

第 9 步，配置 iSCSI 启动器访问，如图 4-4-102 所示，单击“创建”按钮。

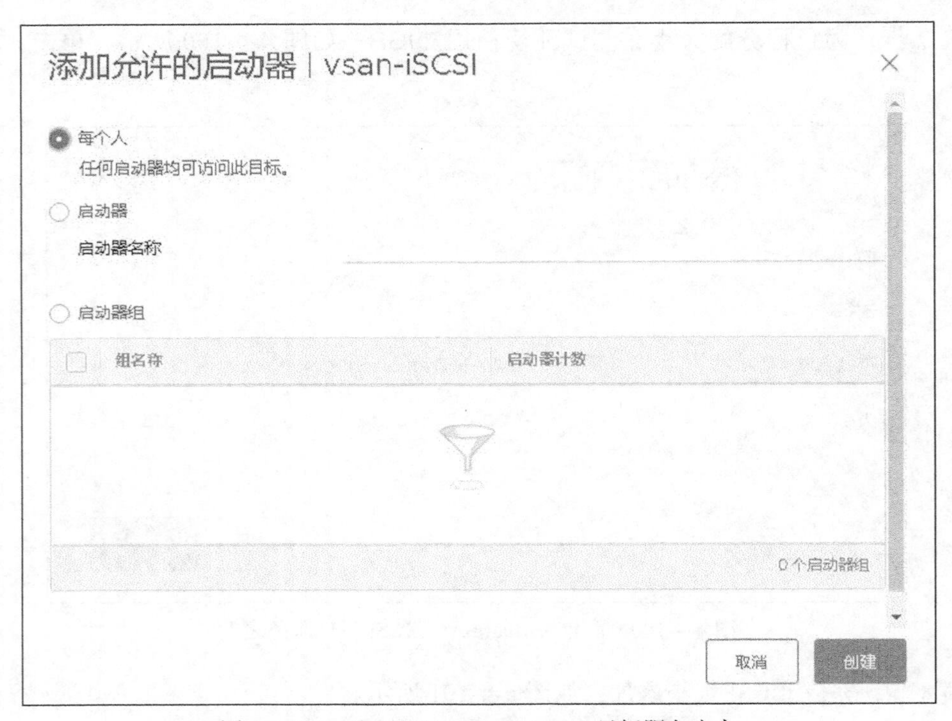

图 4-4-102　配置 Virtual SAN iSCSI 目标服务之九

第 10 步，完成 iSCSI 启动器访问配置，如图 4-4-103 所示。

第 11 步，使用 Windows 2012 R2 虚拟机自带的 iSCSI 连接程序访问 Virtual SAN iSCSI 目标服务，如图 4-4-104 所示。

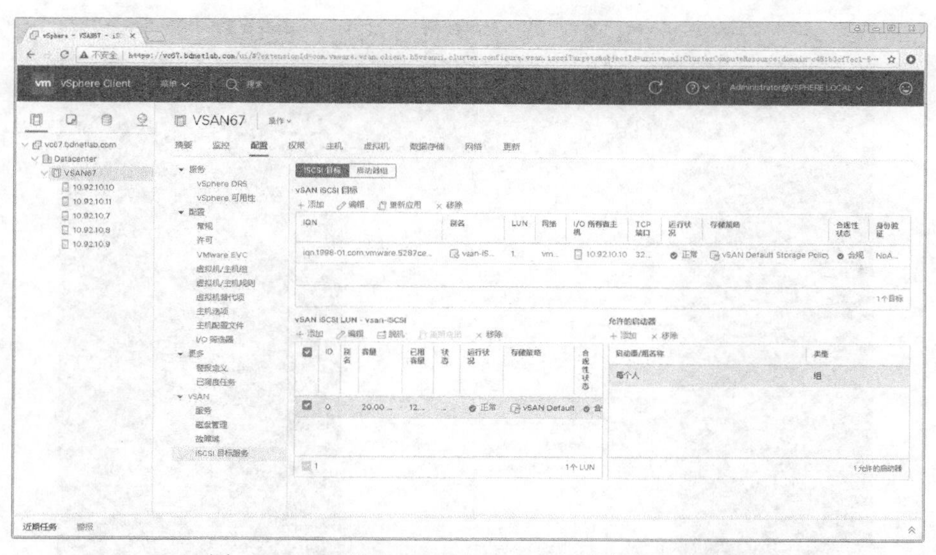

图 4-4-103 配置 Virtual SAN iSCSI 目标服务之十

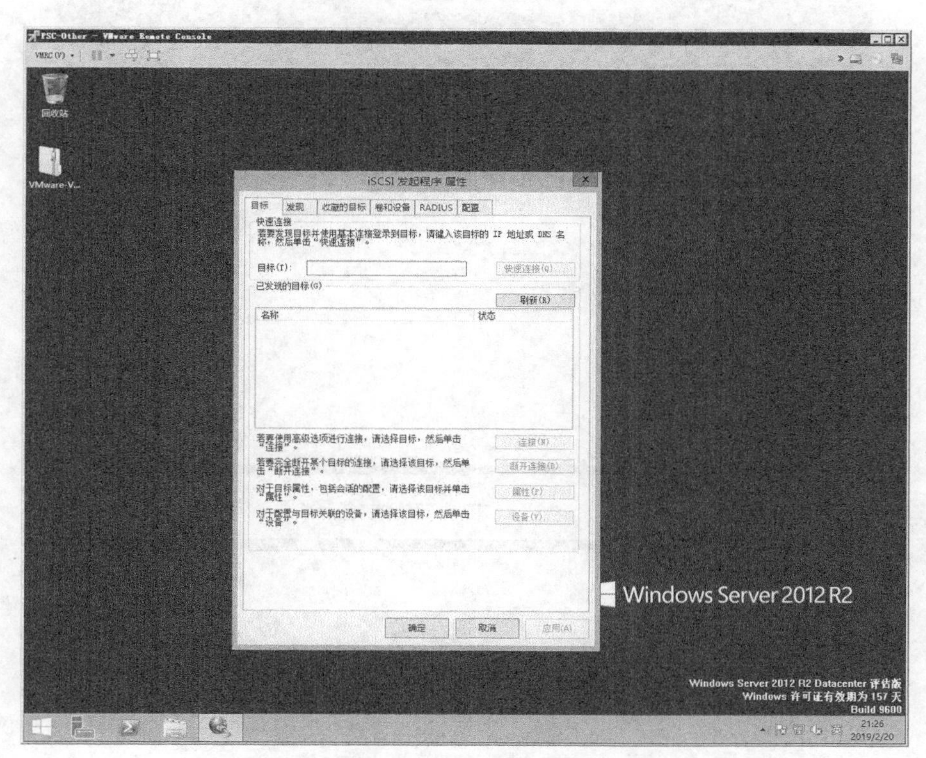

图 4-4-104 配置 Virtual SAN iSCSI 目标服务之十一

第 12 步，输入目标 IP 地址，单击“快速连接”，如图 4-4-105 所示，连接到 Virtual SAN iSCSI 目标服务。

第 13 步，查看虚拟机磁盘信息，可以看到容量为 20GB 的磁盘，也就是 Virtual SAN iSCSI 目标服务提供的磁盘，如图 4-4-106 所示。

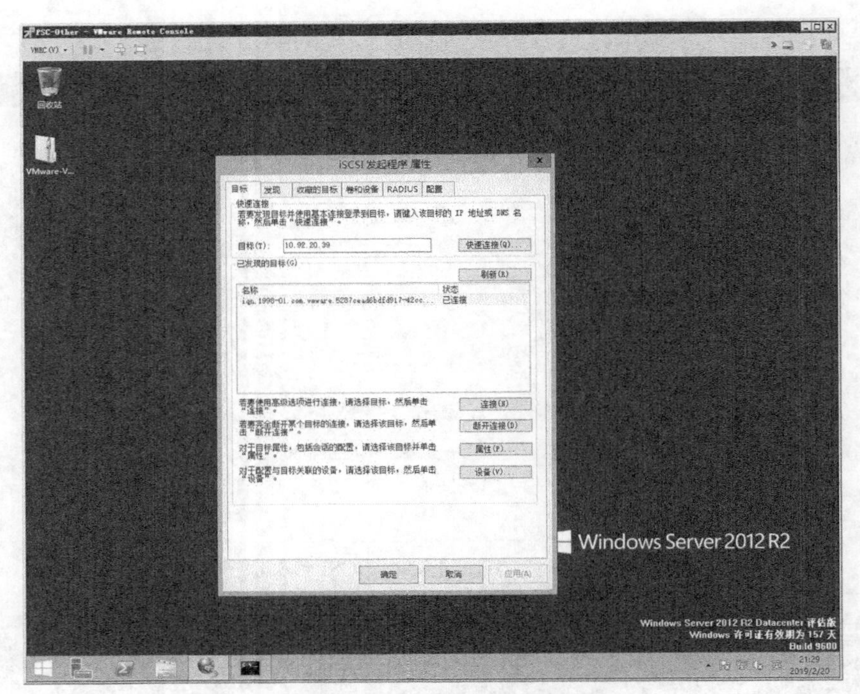

图 4-4-105 配置 Virtual SAN iSCSI 目标服务之十二

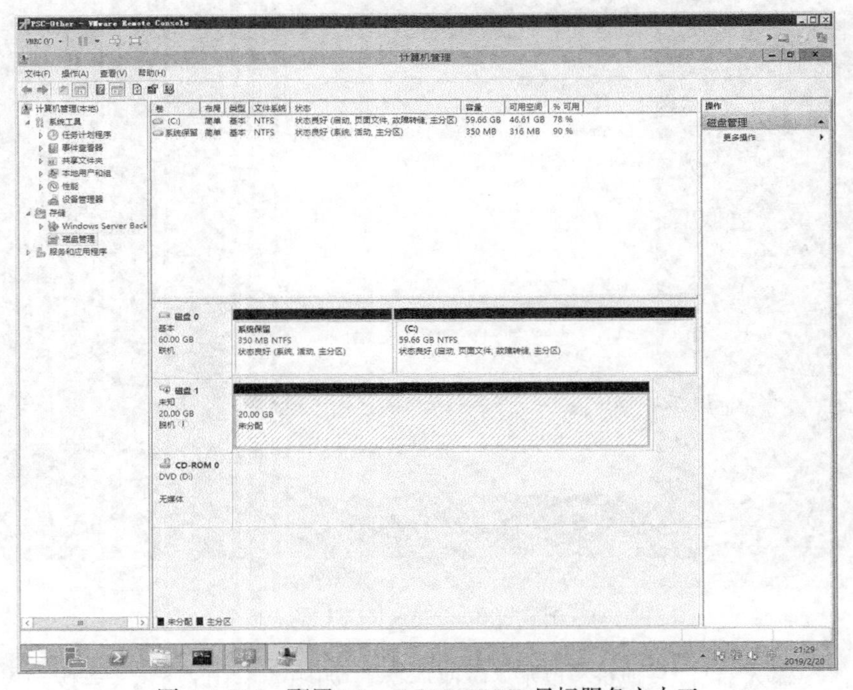

图 4-4-106 配置 Virtual SAN iSCSI 目标服务之十三

至此，Virtual SAN iSCSI 目标服务配置完成，从 Virtual SAN iSCSI 目标服务的实用性方面来说，只能说有了它就多一个选择，其实用性并不是太大。需要注意的是，ESXi 主机不能连接 Virtual SAN iSCSI 目标服务。

4.4.12 在生产环境中使用 Virtual SAN 的讨论

作为 VMware vSphere 软件定义存储以及超融合 HCI 解决方案，从 2014 年到现在，Virtual SAN 有了多个版本。下面简单讨论在生产环境中如何使用 Virtual SAN。

1. Virtual SAN 是否能代替传统存储

Virtual SAN 是否能代替传统存储，这是个一直被争论的话题。VMware 官方给出的回复是，Virtual SAN 没有把传统存储当作对手或敌人。Virtual SAN 的思路是充分利用物理服务器存储资源，通过重新整合这些存储资源，提供高性能、高可用性的存储服务。从行业使用情况来看，Virtual SAN 与传统存储处于并行的状态，不少企业核心业务使用传统存储，而虚拟桌面以及非核心业务使用 Virtual SAN。目前没有谁能取代谁之说，毕竟两种存储各有各的优势和缺点。从发展趋势看，软件定义存储以及超融合应该是未来的方向。

2. 生产环境中使用的 Virtual SAN 主机数量

生产环境中使用 Virtual SAN，不同的 FTT 值对于 ESXi 主机数量的要求是最低值，强烈建议 ESXi 主机数量大于最低值。例如，FTT 值为 1，则需要的 ESXi 主机数量为 3 台，如果在生产环境仅使用 3 台 ESXi 主机启用 Virtual SAN，Virtual SAN 可以使用，但可能发生由于组件数不够等而导致 Virtual SAN 崩溃的情况（由于资源不足导致 Virtual SAN 崩溃的情况时有发生），因此，对于 FTT 值为 1 的生产环境，至少应配置 4 台 ESXi 主机。

3. 生产环境中使用 Virtual SAN 的网络要求

生产环境中使用 Virtual SAN，对于网络的要求分为两种情况。一种是混合架构，混合架构可以使用 1GE 承载 Virtual SAN 流量，但 1GE 不能发挥出 Virtual SAN 的最大效率，所以推荐使用 10GE；另一种是全闪存架构，全闪存架构本身要求使用 10GE，虽然强制使用 1GE 网络也可以承载，但这样完全不能发挥全闪存读写的优势。

4. 生产环境中使用 Virtual SAN 的硬件兼容性要求

在 Virtual SAN 6.5 实验中，作者使用的 HP 服务器 SCSI 控制器不在 VMware 硬件兼容列表中，出现了失败以及警告信息，但在 Virtual SAN 6.7 的实验中未出现警告信息，可以说 Virtual SAN 6.7 对于普通服务器硬件的支持得到了很大的提高。那么在生产环境中是否能使用这些不兼容的硬件设备呢？答案是否定的。为保证 Virtual SAN 在生产环境中的稳定性，不推荐使用这些不兼容设备。随着 Virtual SAN 快速发展，VMware 官方逐渐与硬件厂商进行合作，定期更新 Virtual SAN HCL 数据库，用户可以通过直接访问 VMware 官方网站更新 Virtual SAN HCL 文件。

4.5 本章小结

本章对 VMware vSphere 6.7 使用的存储进行了介绍，包括主流 iSCSI 存储和 FC 存储，并对 FC 存储使用的交换机进行了介绍 ，最后对 Virtual SAN 6.7，包括 Virtual SAN 各版本功能以及各种模式的配置进行了详细介绍。对于生产环境中存储的选择，相信读者已经有一个了解，推荐结合生产环境的实际情况选择存储。

第 5 章　部署使用网络

网络在 VMware vSphere 环境中相当重要，无论是管理 ESXi 主机还是用 ESXi 主机上运行的虚拟机对外提供服务都必须依赖于网络。VMware vSphere 提供了强大的网络功能，其基本的网络配置就是标准交换机以及分布式交换机。在生产环境中，日常的配置除了 ESXi 主机、vCenter Server 配置外，还涉及多种物理交换机的配置，作者建议先掌握基本的网络配置后再进行物理交换机配置延伸学习。本章将介绍如何在 ESXi 主机上配置使用标准交换机以及如何在 vCenter Server 上配置使用分布式交换机等。

本章要点

- VMware vSphere 网络介绍
- 配置使用标准交换机
- 配置使用分布式交换机
- 生产环境思科 Nexus 交换机的使用

5.1　VMware vSphere 网络介绍

VMware vSphere 网络是 ESXi 主机管理以及虚拟机外部通信的关键，如果配置不当可能会影响网络的性能，情况严重的甚至会导致服务全部停止。

5.1.1　ESXi 主机通信原理介绍

ESXi 主机通过模拟出一个 Virtual Switch（虚拟交换机）的主机内虚拟机对外进行通信，其功能相当于一台传统的二层交换机。图 5-1-1 显示了 ESXi 主机的通信原理。

安装完 ESXi 主机后，系统会默认创建一个虚拟交换机，将物理网卡作为虚拟交换机的上行链路端口，并与物理交换机连接对外提供服务。在图 5-1-1 中，左边有 4 台虚拟机，每台虚拟机配置 1 个虚拟网卡，这些虚拟网卡连接到虚拟交换机的端口，然后通过上行链路端口连接到物理交换机，这样，虚拟机就可以对外提供服务。如果上行链路端口没有对应的物理网卡，那么这些虚拟机就形成一个网络孤岛，无法对外提供服务。

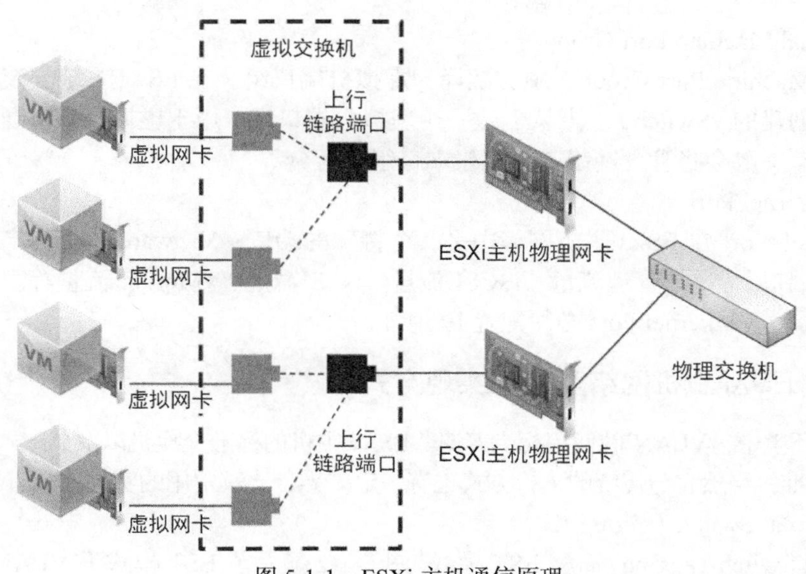

图 5-1-1 ESXi 主机通信原理

5.1.2 ESXi 主机网络组件介绍

在介绍了 ESXi 主机通信原理后，下面对 ESXi 主机所涉及的网络组件进行简要的介绍。

1. Standard Switch

Standard Switch，中文翻译为标准交换机，简称 vSS，它是由 ESXi 主机虚拟出来的交换机。在安装完成 ESXi 后，系统会自动创建一个标准交换机 vSwitch0，其主要功能是提供管理、让虚拟机与外界通信等。在生产环境中，一般会根据应用需要，创建多个标准交换机对各种流量进行分离，并提供冗余以及负载均衡。除了默认的 vSwitch0 外，还创建 vSwitch1 用于 iSCSI，以及创建 vSwitch2 用于 vMotion 等。在生产环境中应该根据实际情况创建多个标准交换机。

2. Distributed Switch

Distributed Switch，中文翻译为分布式交换机，简称 vDS。它是 Vmware 在 4.0 版本后推出的新一代网络交换机。vDS 是横跨多台 ESXi 主机的虚拟交换机，简化了管理人员的配置。如果使用 vSS，需要在每台 ESXi 主机进行网络的配置，当 ESXi 主机数量较少时，vSS 是比较适用的；如果 ESXi 主机数量较多，vSS 就不适用了，因为它会极大地增加管理人员的工作量。此时，使用 vDS 是更好的选择。

3. vSwitch Port

vSwitch Port，中文翻译为虚拟交换机端口。ESXi 主机上创建的 vSwitch 相当于一个传统的二层交换机，既然是交换机，就存在端口，默认情况下，一个 vSwitch 的端口数为 120。

4. Port Group

Port Group，中文翻译为端口组。在一个 vSwitch 中，可以创建一个或多个 Port Group，并且针对不同的 Port Group 进行 VLAN 以及流量控制等方面的配置，然后将虚拟机划入不同的 Port Group，这样可以提供不同优先级的网络服务。在生产环境中可以创建多个端口组以满足不同应用的需求。

5. Virtual Machine Port Group

Virtual Machine Port Group，中文翻译为虚拟机端口组。在ESXi系统安装完成后，系统将在自动创建的vSwitch0上默认创建一个虚拟机端口组，用于虚拟机外部通信。在生产环境配置中，一般会将管理网络与虚拟机端口组进行分离。

6. VMkernel Port

VMkernel Port在ESXi主机网络中是一个特殊的端口，VMware对其的定义为"运行特殊流量的端口"，比如管理流量、iSCSI流量、NFS流量、vMotion流量等。与虚拟机端口组不同的是，VMkernel Port必须配置IP地址。

5.1.3　ESXi主机网络VLAN实现方式

在生产环境中，VLAN的使用相当普遍。ESXi主机的标准交换机以及分布式交换机都支持802.1Q标准，当然它与传统的支持方式也有一定差异，比较常用的实现方式有以下两种。

1. External Switch Tagging

External Switch Tagging，简称EST模式。图5-1-2显示了EST模式下VLAN实现方式，这种模式下只需将ESXi主机物理网卡对应的物理交换机端口划入VLAN，该端口就会传递相应的VLAN信息，ESXi主机不需额外配置。

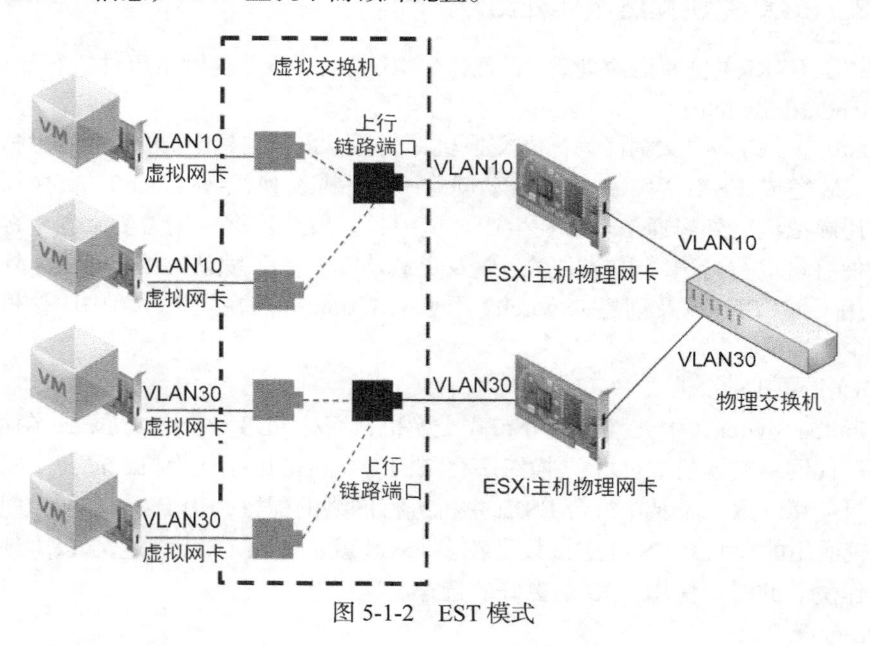

图5-1-2　EST模式

2. Virtual Switch Tagging

Virtual Switch Tagging，简称VST模式。这种模式要求ESXi主机物理网卡对应的物理交换机端口模式必须为Trunk，同时ESXi主机需要启用Trunk，以便端口组接受相应的VLAN Tag信息。图5-1-3显示了VST模式下VLAN实现方式。

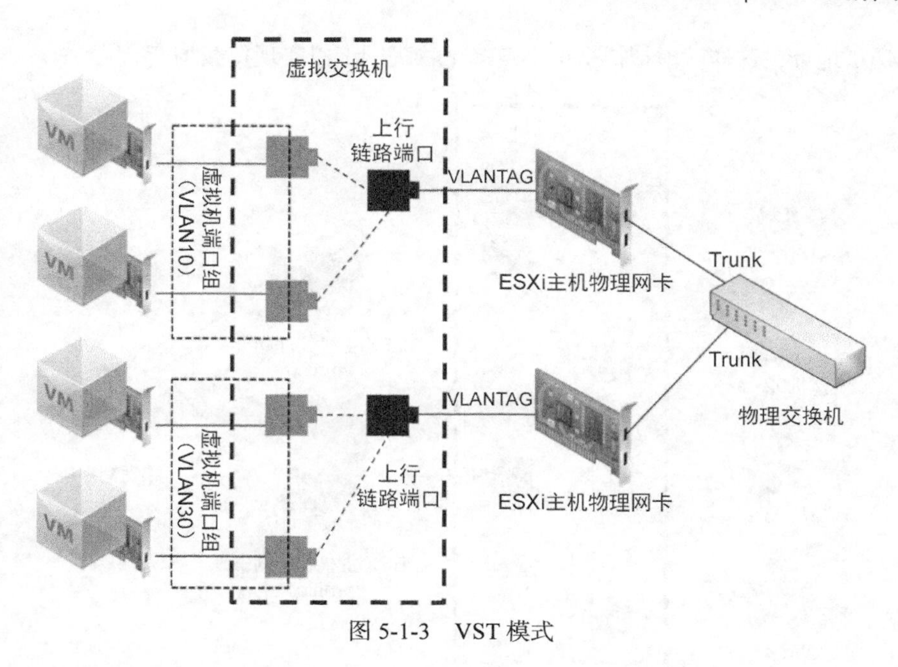

图 5-1-3 VST 模式

5.1.4 ESXi 主机网络 NIC Teaming

如果 ESXi 主机的虚拟交换机只使用一个物理网卡，那么就存在单点故障，如果这个物理网卡故障，那么整个网络将中断，ESXi 主机服务就全部停止。因此，对于虚拟交换机来说，负载均衡是必须考虑的事情。当一个虚拟交换机有多个物理网卡的时候，就可以形成负载均衡。那么多物理网卡情况下负载均衡如何实现？主要有以下几种方式。

1. Originating Virtual Port ID

Originating Virtual Port ID，即基于源虚拟端口负载均衡，是 ESXi 主机网络默认的负载均衡方式。在这种方式下，系统会将虚拟机网卡与虚拟交换机所属的物理网卡进行对应和绑定，绑定后不管这个物理网卡流量是否过载，虚拟机流量始终走虚拟交换机分配的物理网卡，除非当分配的这个物理网卡故障后才会尝试走另外活动的物理网卡。也就是说基于源虚拟端口负载均衡不属于动态的负载均衡方式，但可以实现冗余功能。

图 5-1-4 显示了基于源虚拟端口负载均衡。在这种模式下，虚拟机通过算法与 ESXi 主机物理网卡进行绑定，虚拟机 01 和虚拟机 02 与 ESXi 主机物理网卡 vmnic0 进行绑定，虚拟机 03 和虚拟机 04 与 ESXi 主机物理网卡 vmnic1 进行绑定，那么无论网络流量是否过载，虚拟机只会通过绑定的网卡对外进行通信。当虚拟机 03 和虚拟机 04 绑定的 ESXi 主机物理网卡 vmnic1 出现故障时，虚拟机才会使用 ESXi 主机物理网卡 vmnic0 对外进行通信，如图 5-1-5 所示。

2. Source MAC Hash

Source MAC Hash，即基于源 MAC 地址散列算法负载均衡，这种方式与基于源虚拟端口负载均衡方式相似。如果虚拟机只使用一个物理网卡，那么它的源 MAC 地址不会发生任何变化，系统分配物理网卡并绑定后，不管这个物理网卡流量是否过载，虚拟机流量始终走虚拟交换机分配的物理网卡，除非当分配的这个物理网卡故障后才会尝试走另外活动的物理网卡。基于源 MAC 地址散列算法负载均衡的另外一种实现方式是，虚拟机使用多个虚拟网卡，以便生成多个 MAC 地址，这样就虚拟机就可绑定多个物理网卡以实现负载均衡。

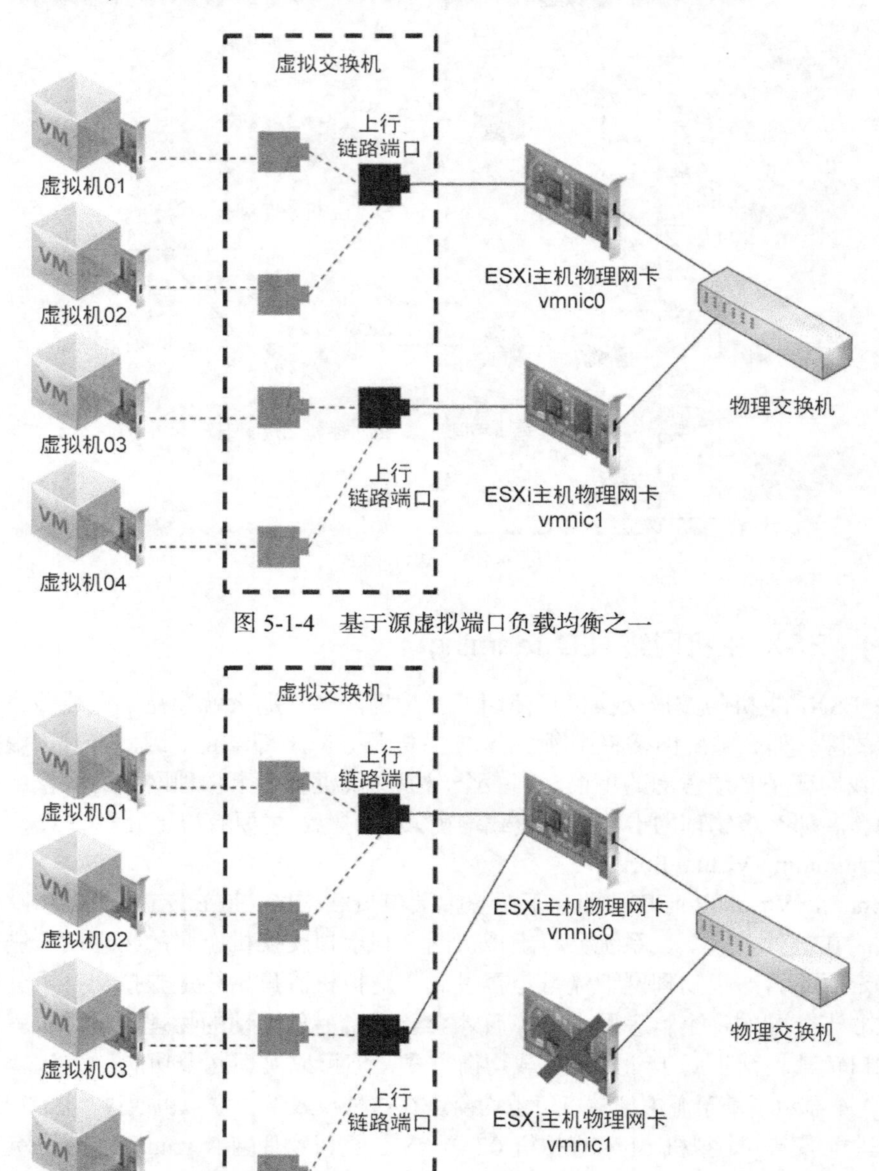

图 5-1-4　基于源虚拟端口负载均衡之一

图 5-1-5　基于源虚拟端口负载均衡之二

图 5-1-6 显示了基于源 MAC 地址负载均衡，虚拟机如果只有一个 MAC 地址，与基于源虚拟端口负载均衡相同，虚拟机 01 和虚拟机 02 与 ESXi 主机物理网卡 vmnic0 进行绑定，虚拟机 03 和虚拟机 04 与 ESXi 主机物理网卡 vmnic1 进行绑定，那么无论网络流量是否过载，虚拟机只会通过绑定的网卡对外进行通信。当虚拟机 03 和虚拟机 04 绑定 ESXi 主机物理网卡 vmnic1 出现故障时，虚拟机才会使用 ESXi 主机物理网卡 vmnic0 对外进行通信，如图 5-1-7 所示。

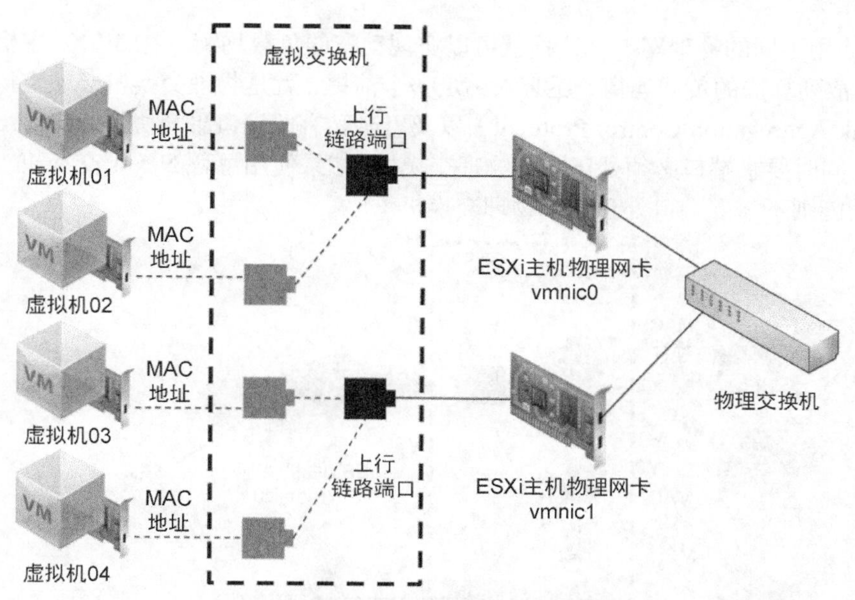

图 5-1-6 基于源 MAC 地址散列算法负载均衡之一

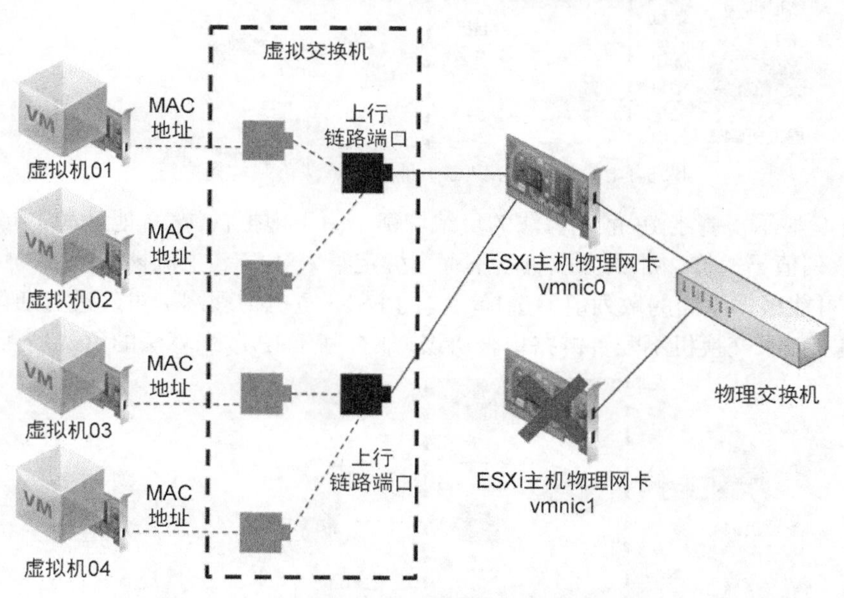

图 5-1-7 基于源 MAC 地址散列算法负载均衡之二

实现基于源 MAC 地址负载均衡还存在另外一种方式：虚拟机多 MAC 地址模式。也就是说，虚拟机有多个虚拟网卡，图 5-1-8 中的虚拟机 02 和虚拟机 03 有两个网卡，意味着虚拟机有 2 个 MAC 地址。在这样的模式下，通过基于源 MAC 地址负载均衡算法，虚拟机可使用不同的 ESXi 主机物理网卡对外通信。

3. IP Base Hash

IP Base Hash，即基于 IP 散列算法的负载均衡。这种方式与前两种负载均衡方式是完全不一样的，IP 散列是指基于源 IP 地址和目标 IP 地址计算出一个散列值，源 IP 地址和不同目标 IP 地址计算的散列值不一样。当虚拟机与不同目标 IP 地址通信时使用不同的散列值，就会使用不同的物理网卡，这样就可以实现动态的负载均衡。在 ESXi 主机网络上使用基于 IP 散列算法的负载均衡，还必须满足一个前提，就是物理交换机必须支持链路聚合协议（Link Aggregation Control Protocol）以及思科私有的端口聚合协议（Port Aggregation Protocol），同时要求端口必须处于同一物理交换机（如果使用思科 Nexus 交换机 Virtual Port Channel 功能则不需要端口处于同一物理交换机）。

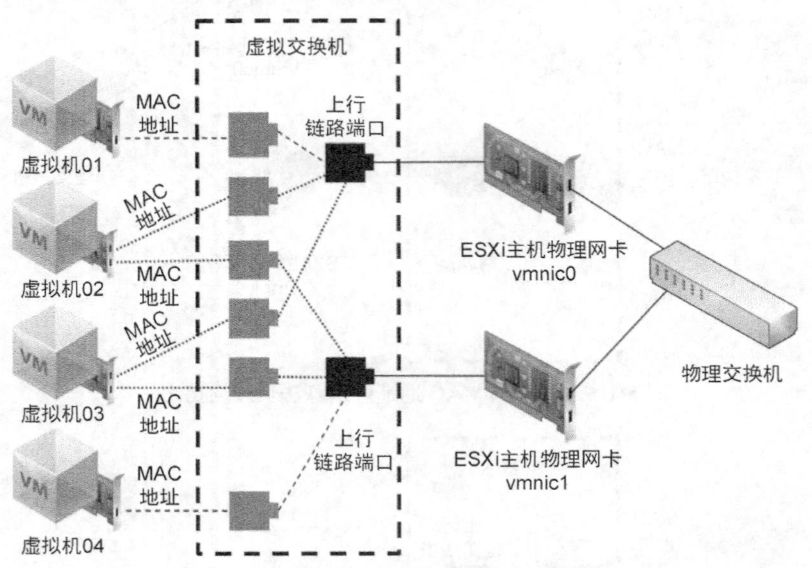

图 5-1-8　基于源 MAC 地址散列算法负载均衡之三

图 5-1-9 显示了基于 IP 散列算法的负载均衡，由于虚拟机源 IP 地址和不同目标 IP 地址计算的散列值不一样，那么虚拟机就不存在绑定某个 ESXi 主机物理网卡的情况，虚拟机 01—04 可能根据不同的散列值，选择不同的 ESXi 主机物理网卡对外进行通信。需要特别注意的是，如果交换机不配置链路聚合协议，那么基于 IP 散列算法的负载均衡模式无效。

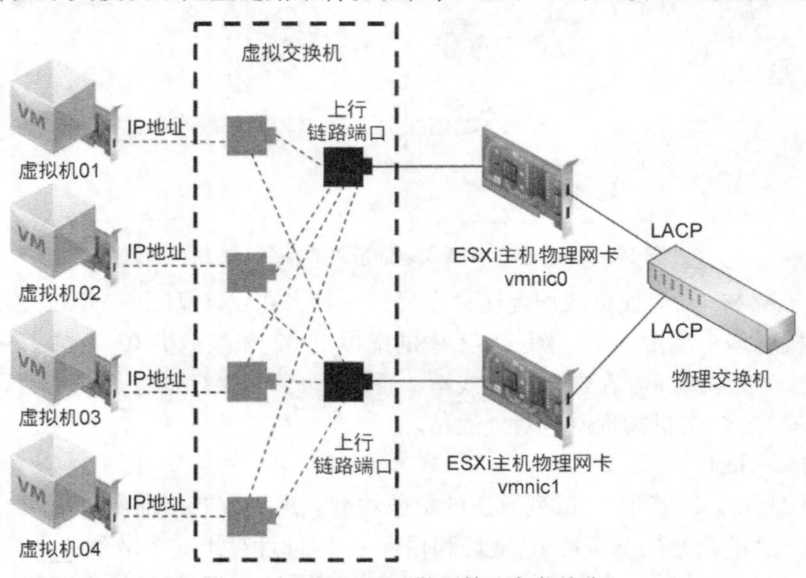

图 5-1-9　源 IP 地址散列算法负载均衡

5.2 配置使用标准交换机

标准交换机是 ESXi 主机最基本的交换机。ESXi 主机安装完成后，管理 IP 地址使用的就是标准交换机，因此，在 VMware vSphere 虚拟化环境中熟练使用标准交换机相当重要。本节介绍如何配置使用标准交换机。

5.2.1 创建运行虚拟机流量标准交换机

完成 ESXi 主机安装后，系统会在 vSwitch0 交换机上创建名为 VM Network 的端口组用于运行虚拟机流量。在生产环境中可能会单独创建标准交换机运行虚拟机流量，本小节介绍如何创建独立的标准交换机运行虚拟机流量。

第 1 步，使用 Web Client 登录 vCenter Server，选中需要配置网络的 ESXi 主机，在“配置”标签中选中“网络”，再单击“虚拟交换机”，可以看到默认创建的虚拟交换机 vSwitch0，如图 5-2-1 所示，单击“添加网络”。

图 5-2-1 创建基于虚拟机流量交换机之一

第 2 步，选中“标准交换机的虚拟机端口组”，如图 5-2-2 所示，单击“NEXT”按钮。

第 3 步，选择目标设备，可以使用现有的标准交换机，也可以新建，在生产环境中一般推荐新建交换机来满足不同的需求。选中“新建标准交换机”，如图 5-2-3 所示，单击“NEXT”按钮。

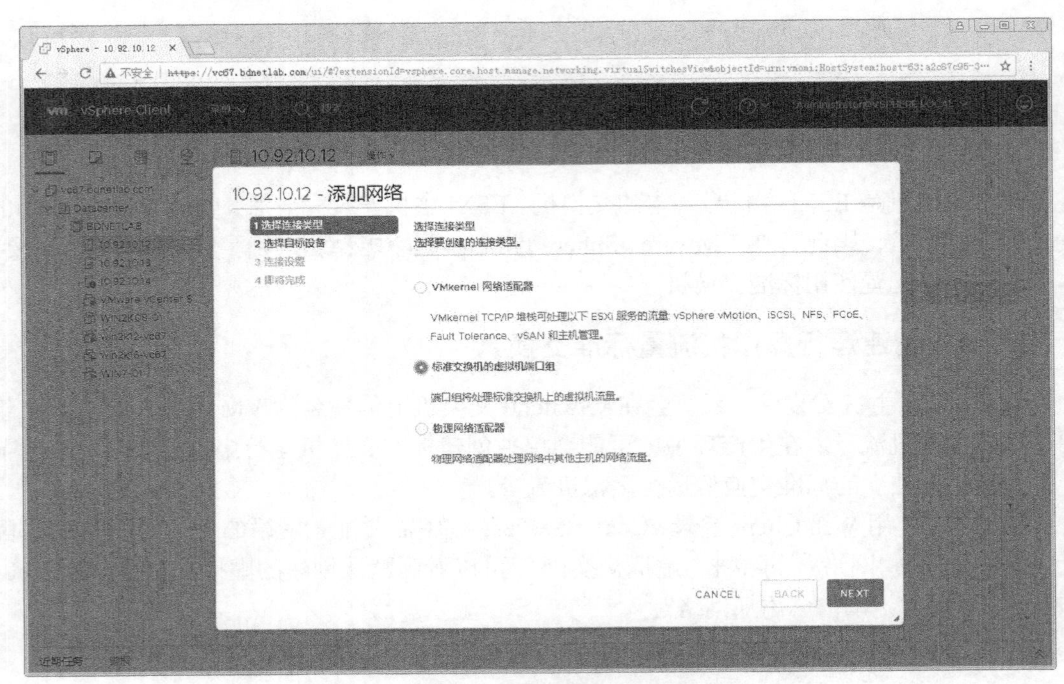

图 5-2-2　创建基于虚拟机流量交换机之二

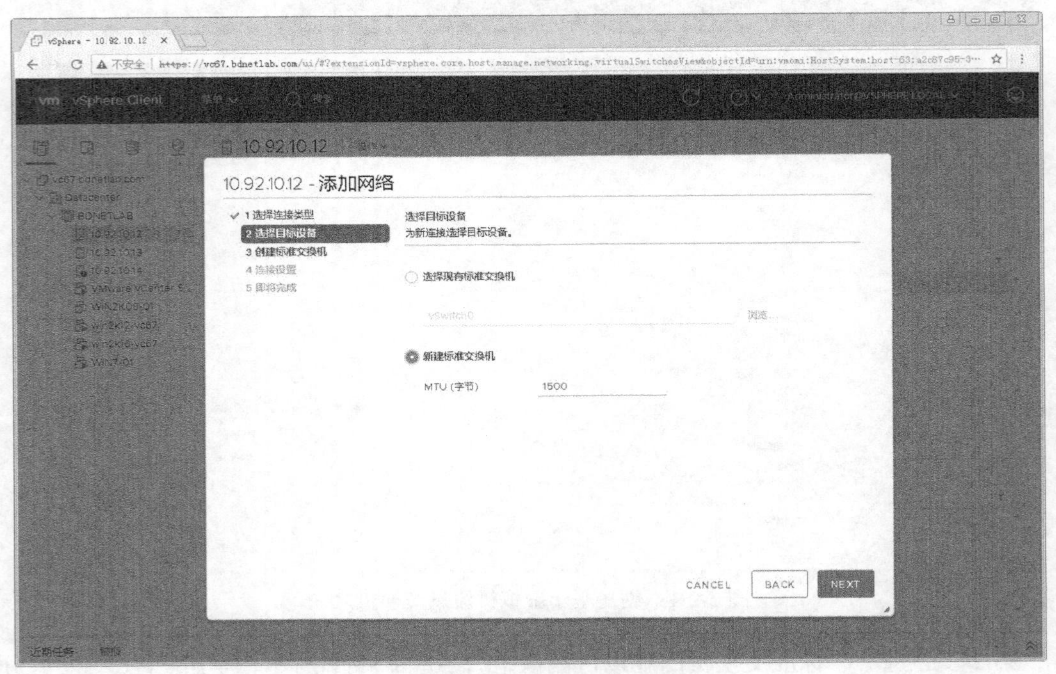

图 5-2-3　创建基于虚拟机流量交换机之三

第 4 步，单击“+”添加适配器，为新创建的标准交换机分配物理适配器，如图 5-2-4 所示。

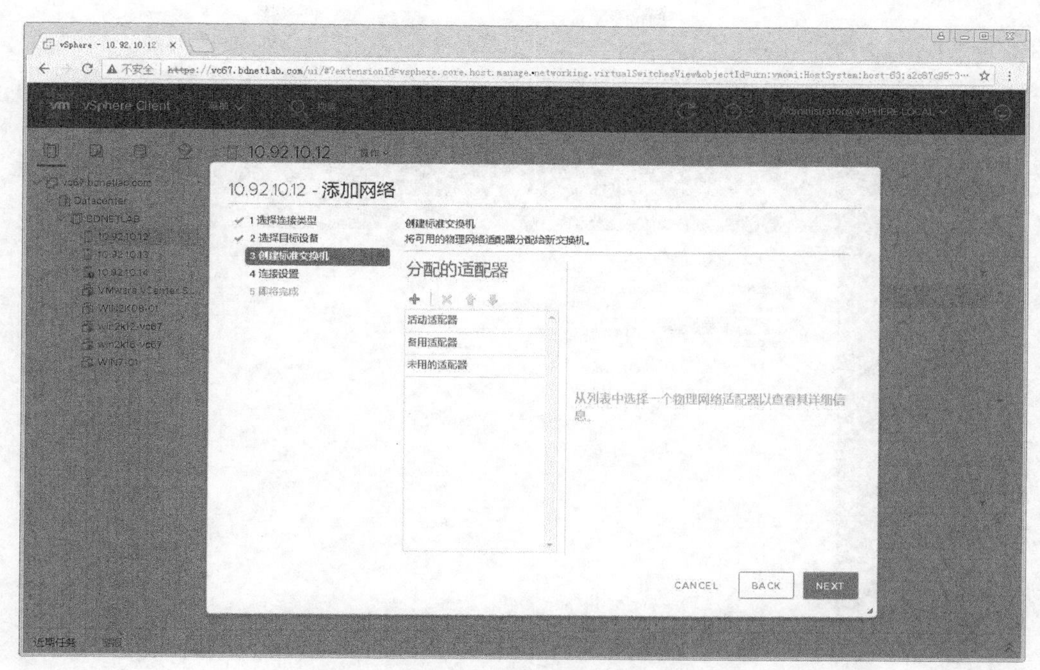

图 5-2-4　创建基于虚拟机流量交换机之四

第 5 步，ESXi 主机可以选择的物理适配器为 vmnic1、vmnic2 和 vmnic3。选择 vmnic1 作为新创建标准交换机的上行链路适配器，如图 5-2-5 所示，单击“确定”按钮。

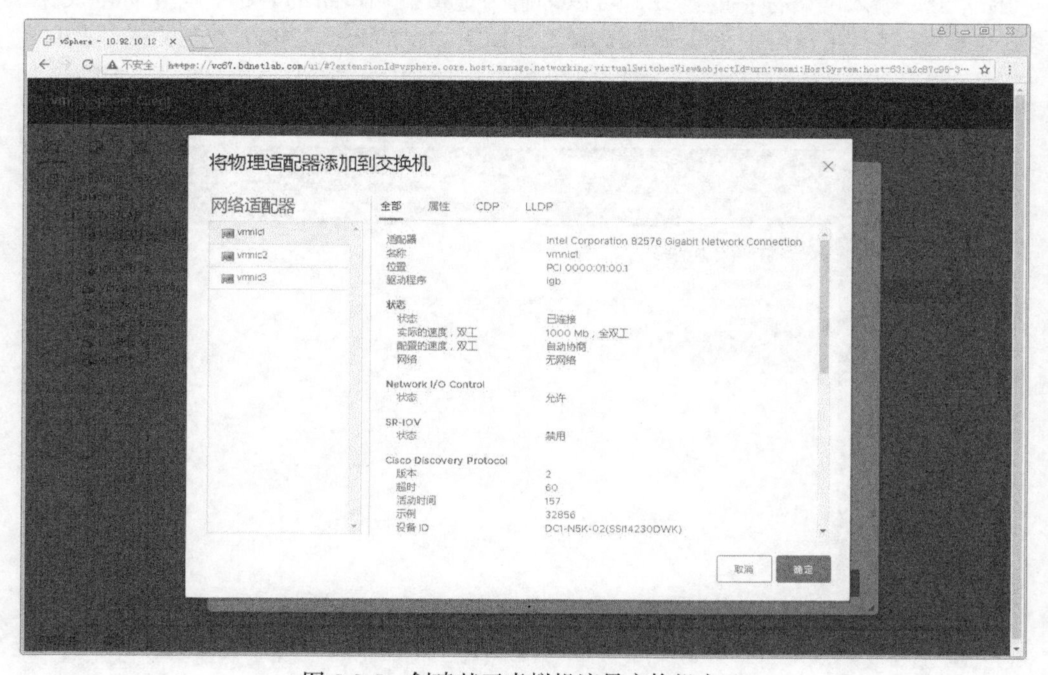

图 5-2-5　创建基于虚拟机流量交换机之五

第 6 步，确认将 vmnic1 适配器添加到新创建的标准交换机，如图 5-2-6 所示，单击

“NEXT”按钮。

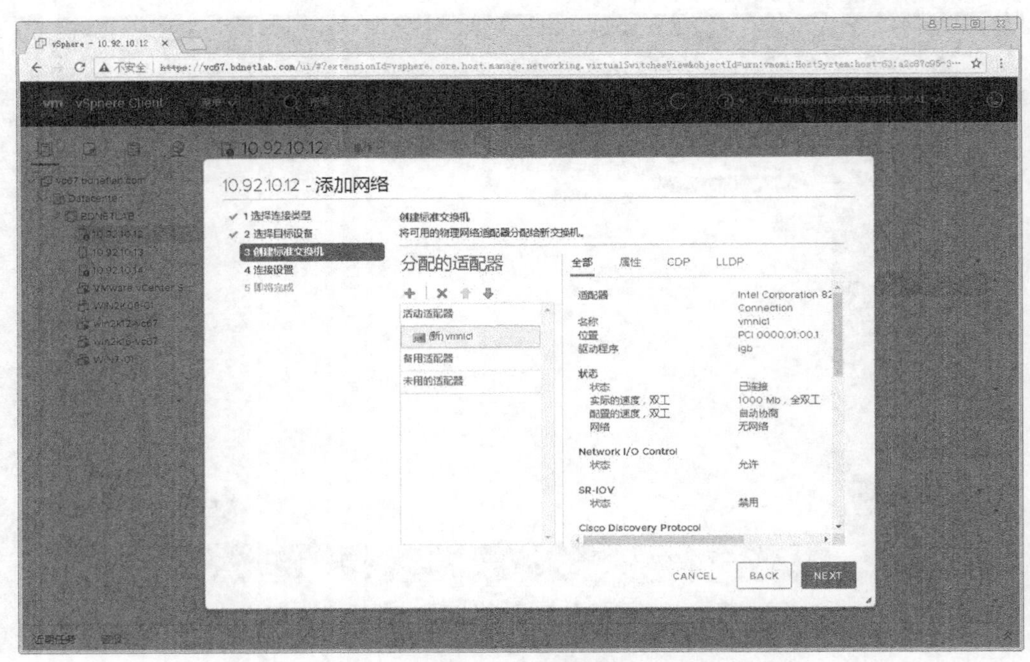

图 5-2-6　创建基于虚拟机流量交换机之六

第 7 步，输入网络标签的参数，可以理解为虚拟机端口组的名称。一个标准交换机支持多个网络标签，用户可根据实际情况输入，如图 5-2-7 所示，单击“NEXT”按钮。

图 5-2-7　创建基于虚拟机流量交换机之七

第 8 步，确认新创建的标准交换机参数设置正确，如图 5-2-8 所示，单击“FINISH”按钮。

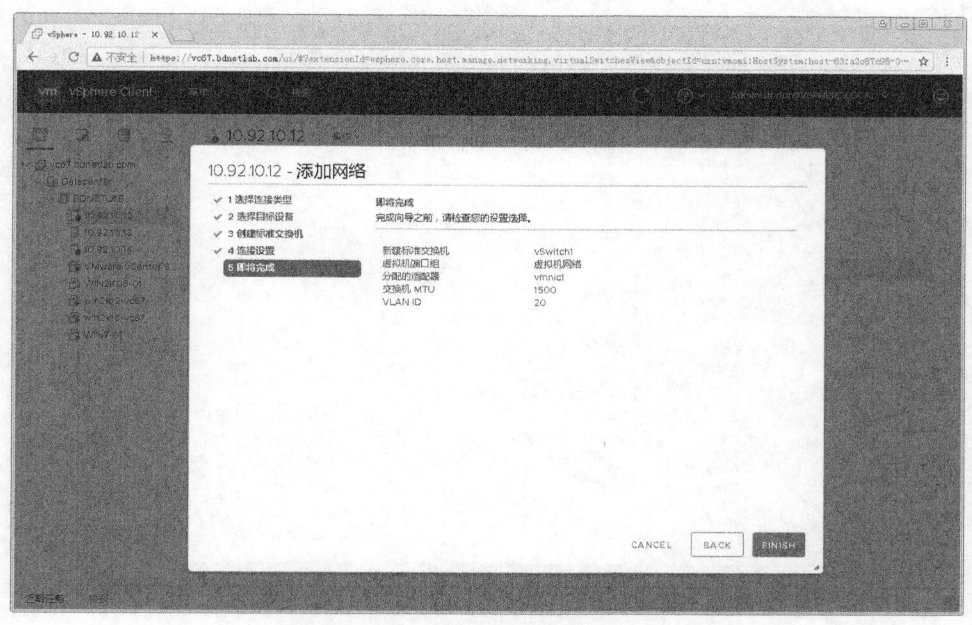

图 5-2-8 创建基于虚拟机流量交换机之八

第 9 步，名为 vSwitch1 的标准交换机创建成功，如图 5-2-9 所示。

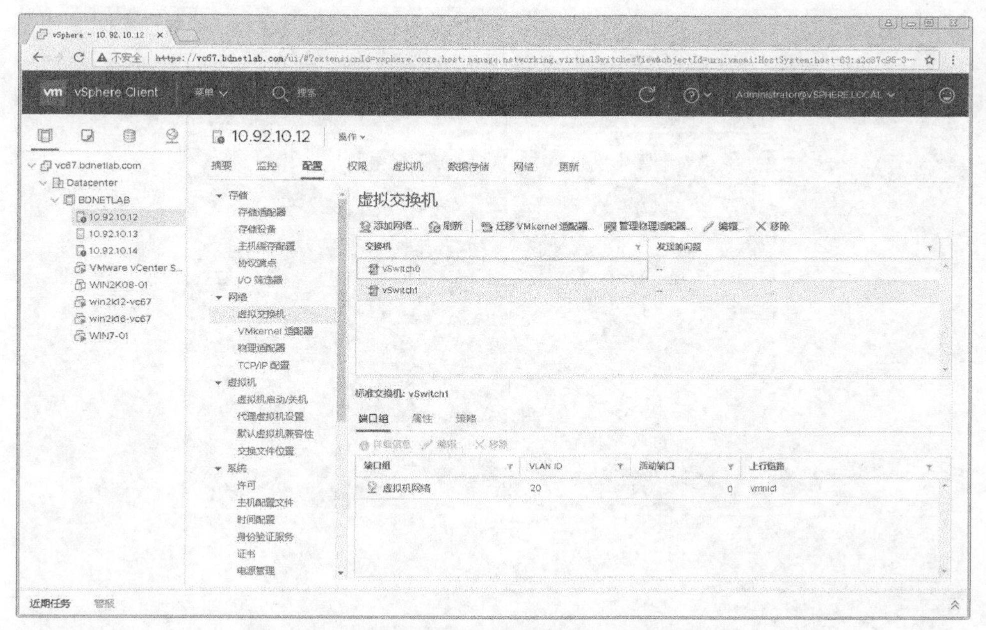

图 5-2-9 创建基于虚拟机流量交换机之九

第 10 步，查看默认的运行虚拟机流量的端口组，如图 5-2-10 所示。目前所有虚拟机都使用 VM Network 端口组，且 VLAN ID 为 10。

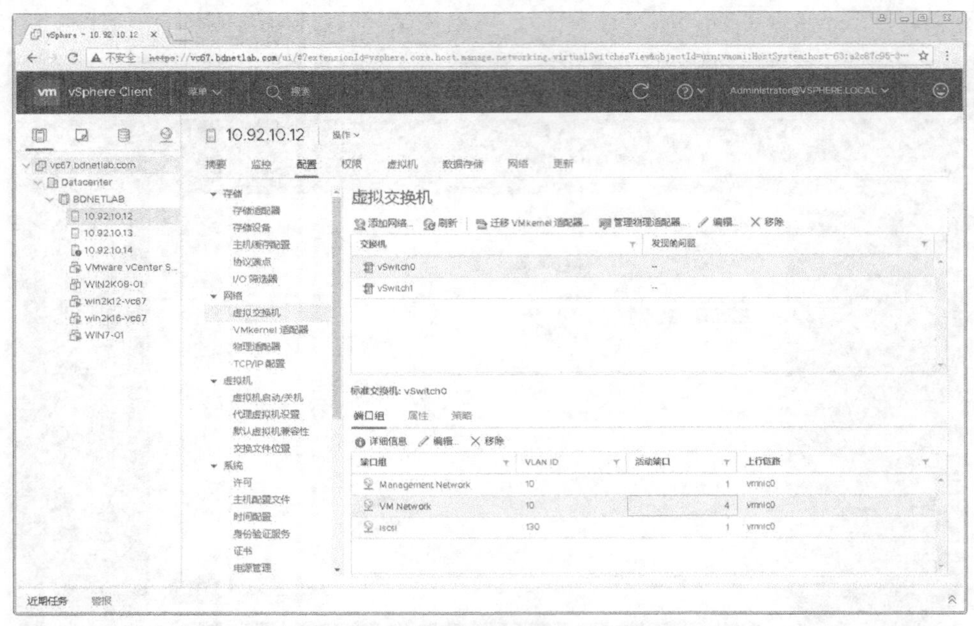

图 5-2-10　创建基于虚拟机流量交换机之十

第 11 步，查看虚拟机 WIN7-01 网络，使用的是 VLAN 10 网段 IP 地址，如图 5-2-11 所示。

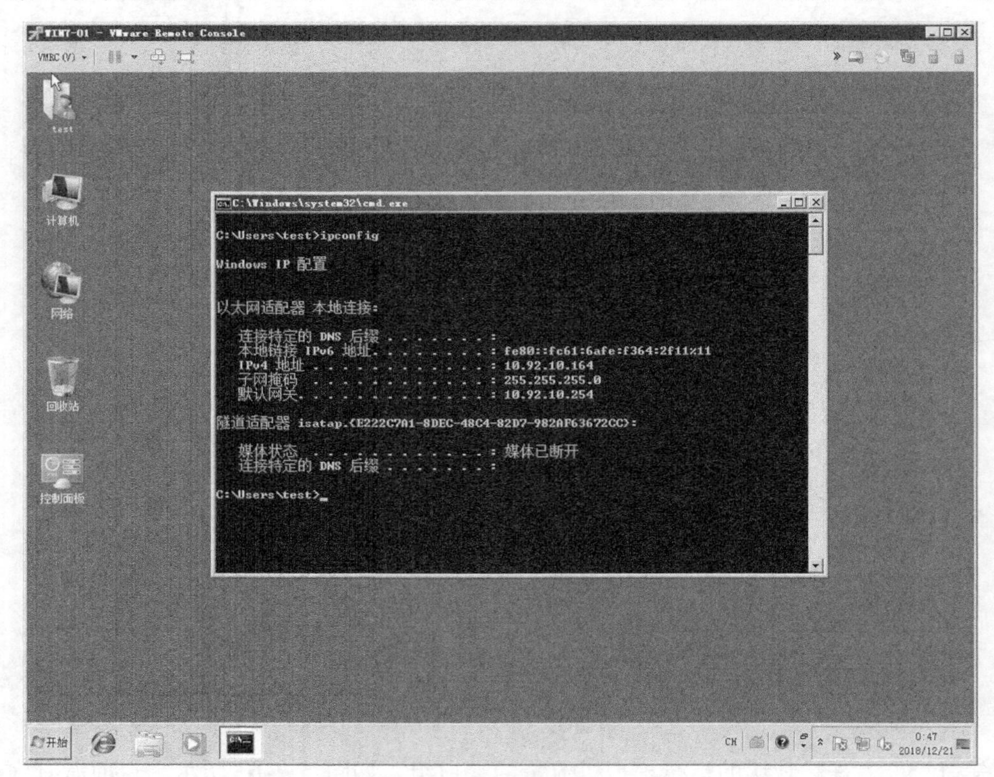

图 5-2-11　创建基于虚拟机流量交换机之十一

第 12 步，调整虚拟机网络到新建的虚拟机网络，如图 5-2-12 所示。

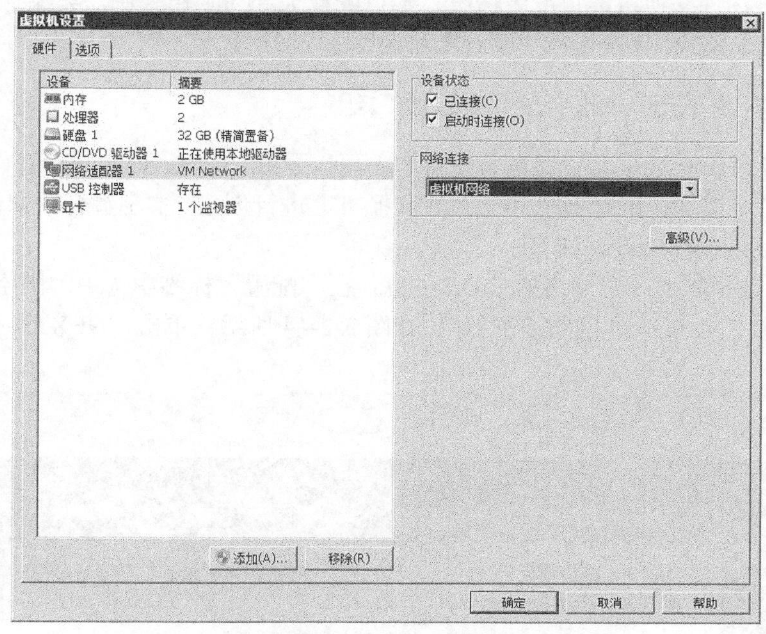

图 5-2-12 创建基于虚拟机流量交换机之十二

第 13 步，再次查看虚拟机 WIN7-01 网络，使用的是 VLAN 20 网段 IP 地址，如图 5-2-13 所示。

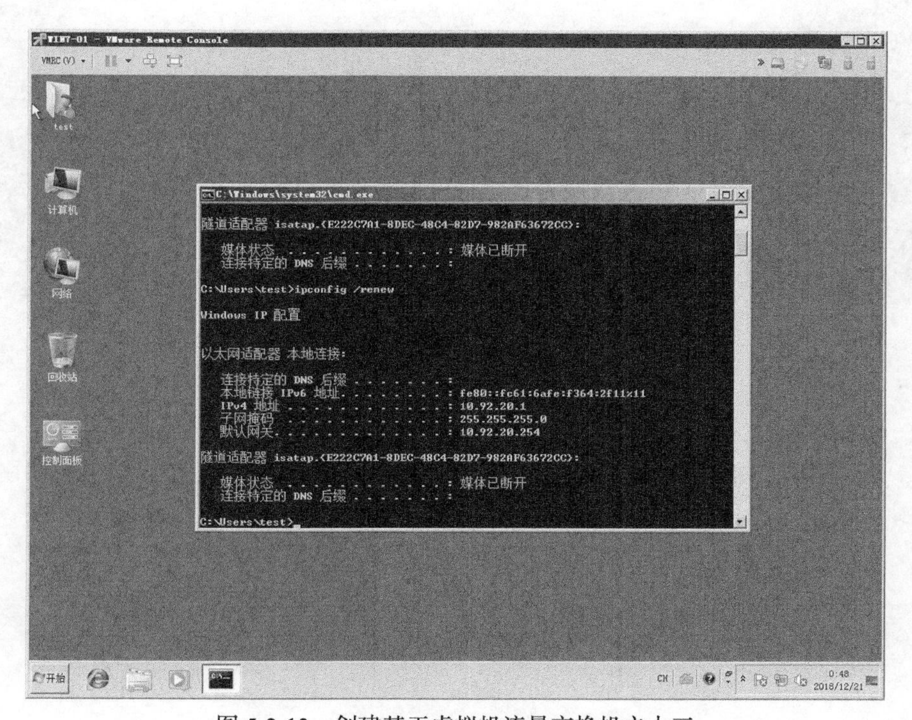

图 5-2-13 创建基于虚拟机流量交换机之十三

至此，基于虚拟机流量交换机的创建使用完成。特别注意，是否使用 VLAN ID 取决于 ESXi 主机连接物理交换机端口配置情况。端口配置为 Trunk 模式则需要添加 VLAN ID，端口配置 Access 模式，则不需要添加 VLAN ID。

5.2.2 创建基于 VMkernel 流量端口组

VMkernel 是 VMware 自定义的特殊端口，可以承载 iSCSI、vMotion 和 vSAN 等流量，VMkernel 端口可以在标准交换机和分布式交换机上进行创建。本小节介绍如何创建独立的标准交换机来运行 VMkernel 流量。

第 1 步，选择需要配置网络的 ESXi 主机，在“配置”标签中选中“网络”，单击“添加网络”，选中“VMkernel 网络适配器”，如图 5-2-14 所示，单击“NEXT”按钮。

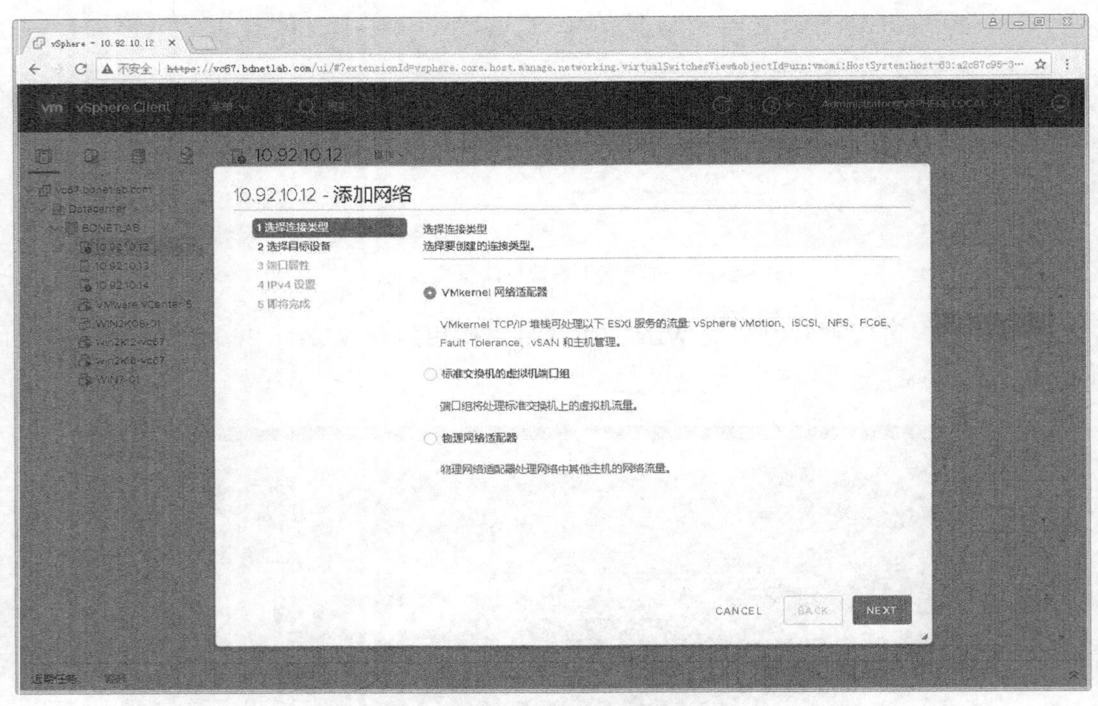

图 5-2-14　创建基于 VMkernel 流量端口组之一

第 2 步，选择目标设备，可以使用现有的标准交换机，如图 5-2-15 所示，单击“NEXT”按钮。

第 3 步，进行 VMkernel 端口属性配置，注意根据使用情况决定是否选中已启用的服务，如图 5-2-16 所示，单击“NEXT”按钮。

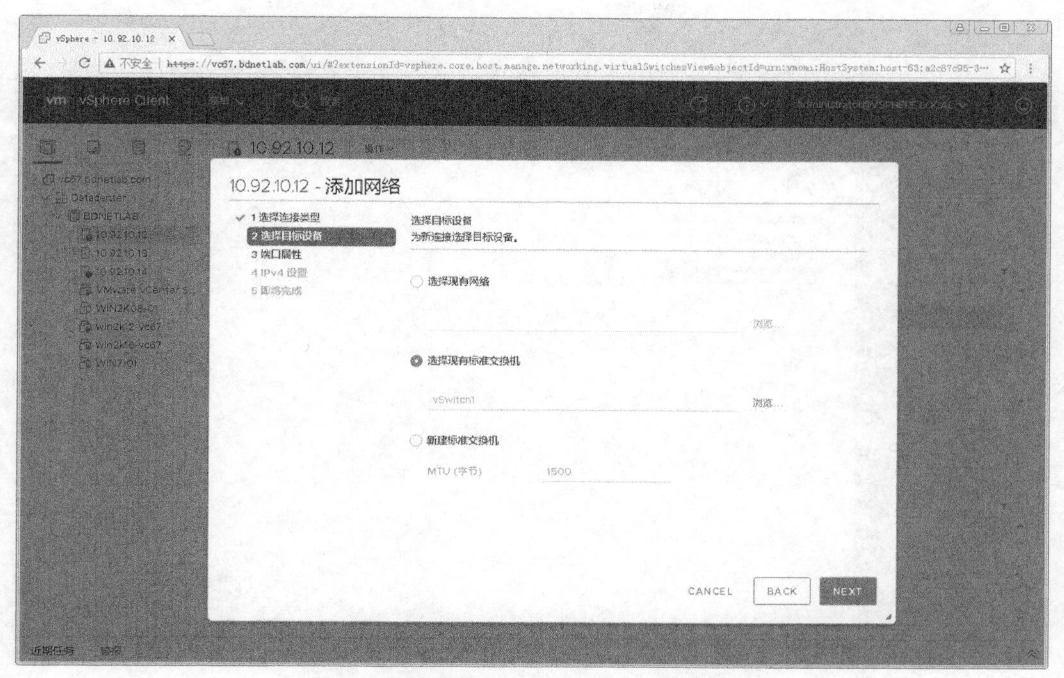

图 5-2-15 创建基于 VMkernel 流量端口组之二

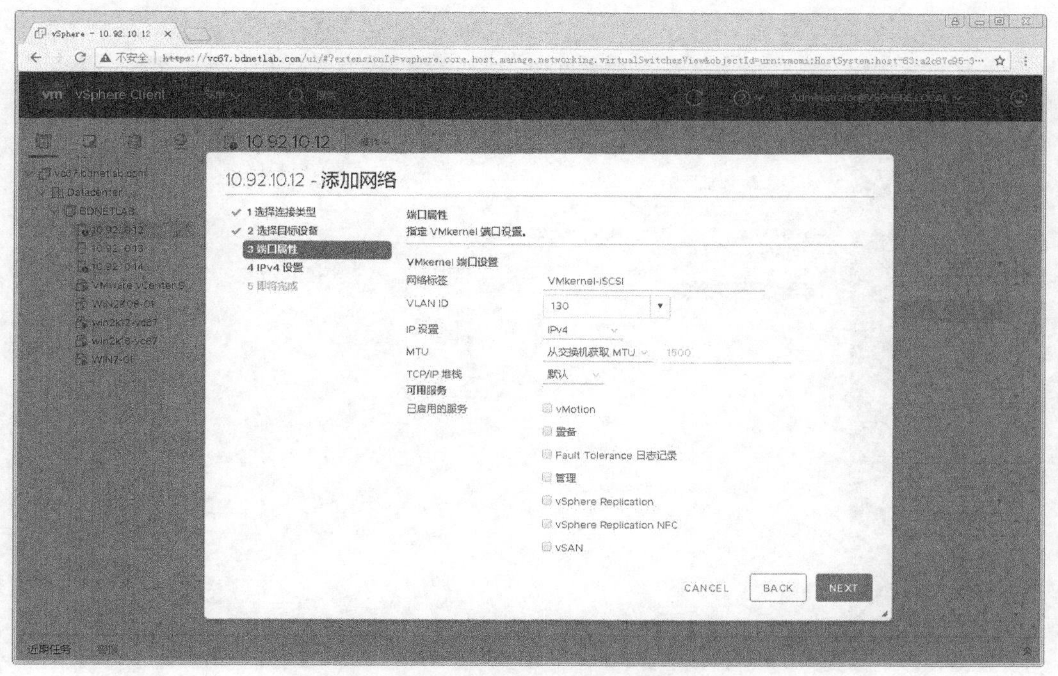

图 5-2-16 创建基于 VMkernel 流量端口组之三

第 4 步，配置 VMkernel 相关的 IP 地址，如图 5-2-17 所示，单击“NEXT”按钮。

第 5 步，确认 VMkernel 相关配置正确，如图 5-2-18 所示，单击“FINISH”按钮。

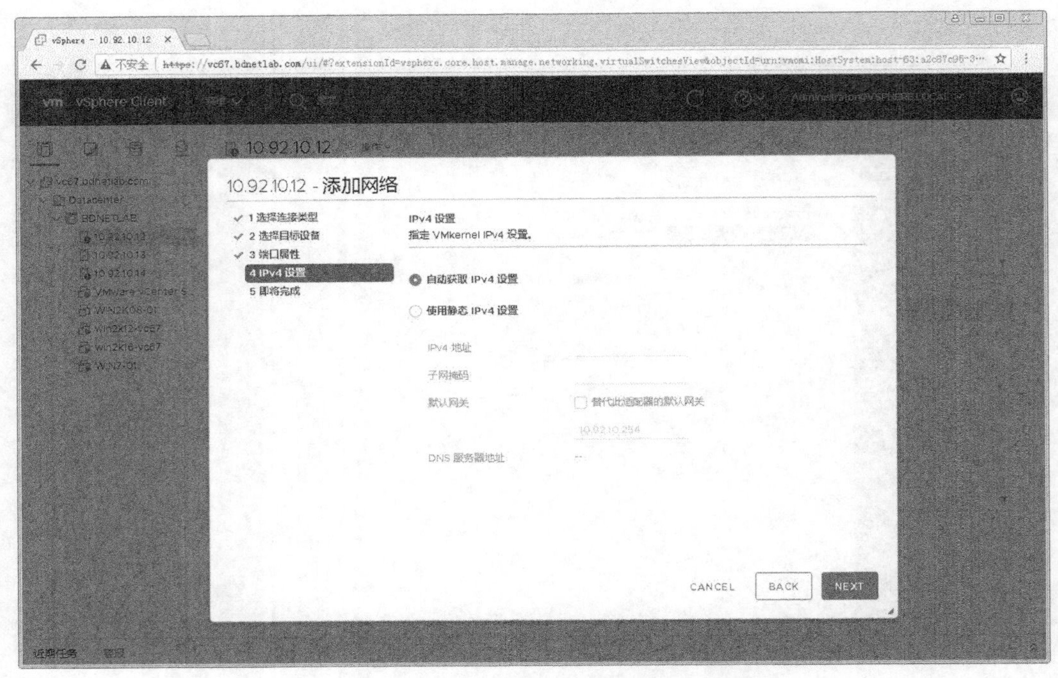

图 5-2-17　创建基于 VMkernel 流量端口组之四

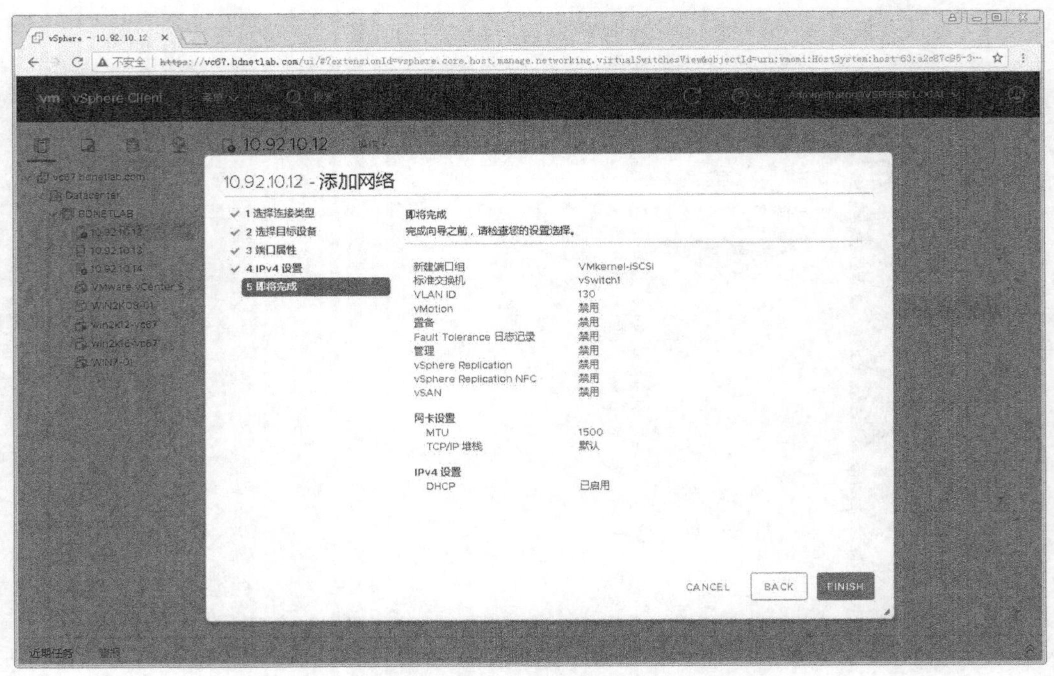

图 5-2-18　创建基于 VMkernel 流量端口组之五

第 6 步，名为 VMkernel-iSCSI 的端口组创建成功，如图 5-2-19 所示。

至此，基于 VMkernel 流量端口组创建完成，关于端口组的使用，作者将会在后续章节继续进行介绍。

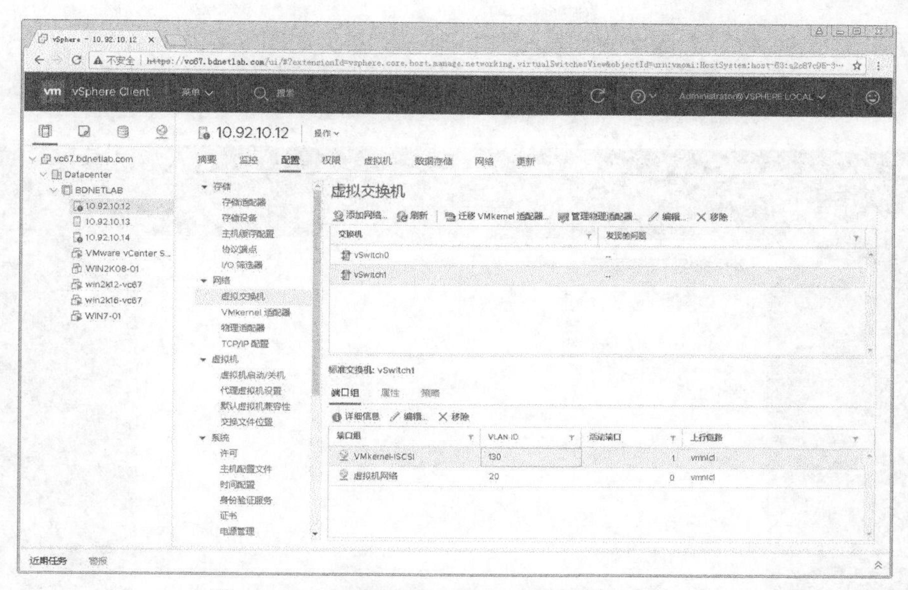

图 5-2-19 创建基于 VMkernel 流量端口组之六

5.2.3 标准交换机 NIC Teaming 配置

在生产环境中，标准交换机只使用一个物理适配器容易造成单点故障。根据不同的应用，一个标准交换机会使用一个或多个物理适配器，当使用两个以上物理适配器时，就需要进行 NIC Teaming 配置，以实现负载均衡。NIC Teaming 的 3 种模式在前面章节进行了介绍。在生产环境中，用户可以根据实际情况选择负载均衡的模式。

第 1 步，使用 Web Client 登录 vCenter Server，选择需要配置网络的 ESXi 主机，在“管理”标签中选中“网络”，可以看到虚拟交换机 vSwitch0 只有一个物理适配器，如图 5-2-20 所示。要实现 NIC Teaming 就必须添加一个物理适配器，单击“管理物理适配器”。

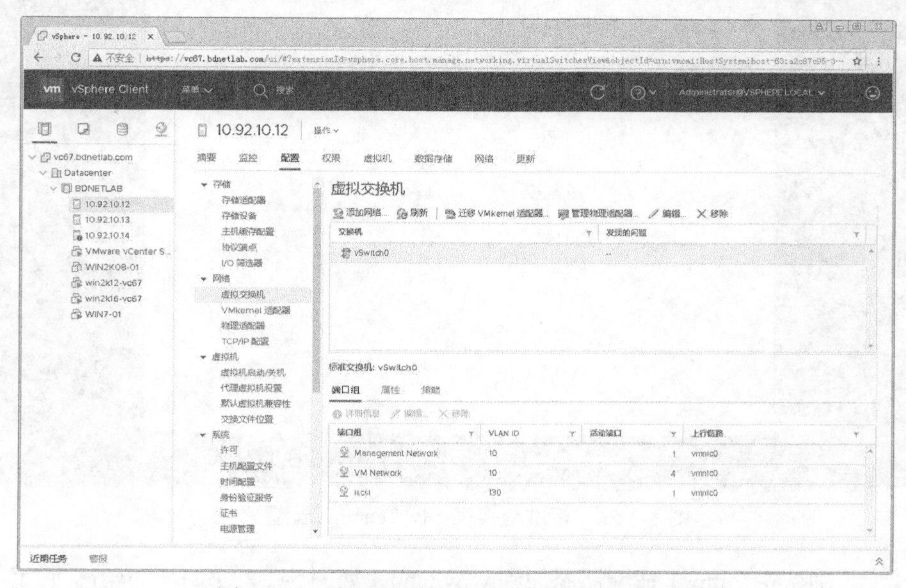

图 5-2-20 标准交换机 NIC Teaming 配置之一

第 2 步，单击“+”为标准交换机增加物理适配器，如图 5-2-21 所示。

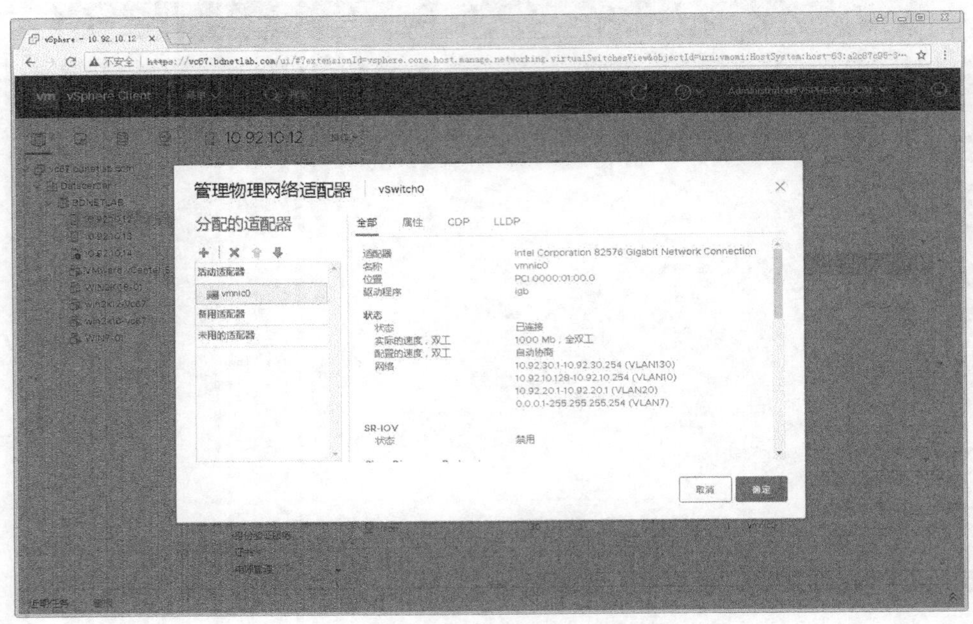

图 5-2-21　标准交换机 NIC Teaming 配置之二

第 3 步，目前可以选择的物理适配器有 vmnic1、vmnic2 和 vmnic3。选中 vmnic1，如图 5-2-22 所示，单击“确定”按钮。

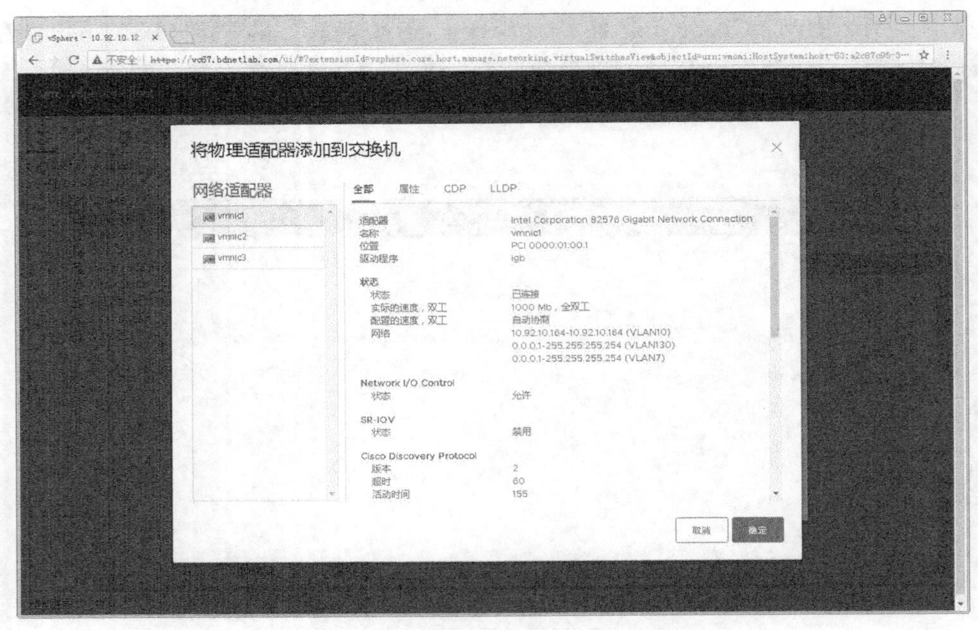

图 5-2-22　标准交换机 NIC Teaming 配置之三

第 4 步，确认将 vmnic1 适配器添加到 vSwitch0，如图 5-2-23 所示，单击“确定”按钮。

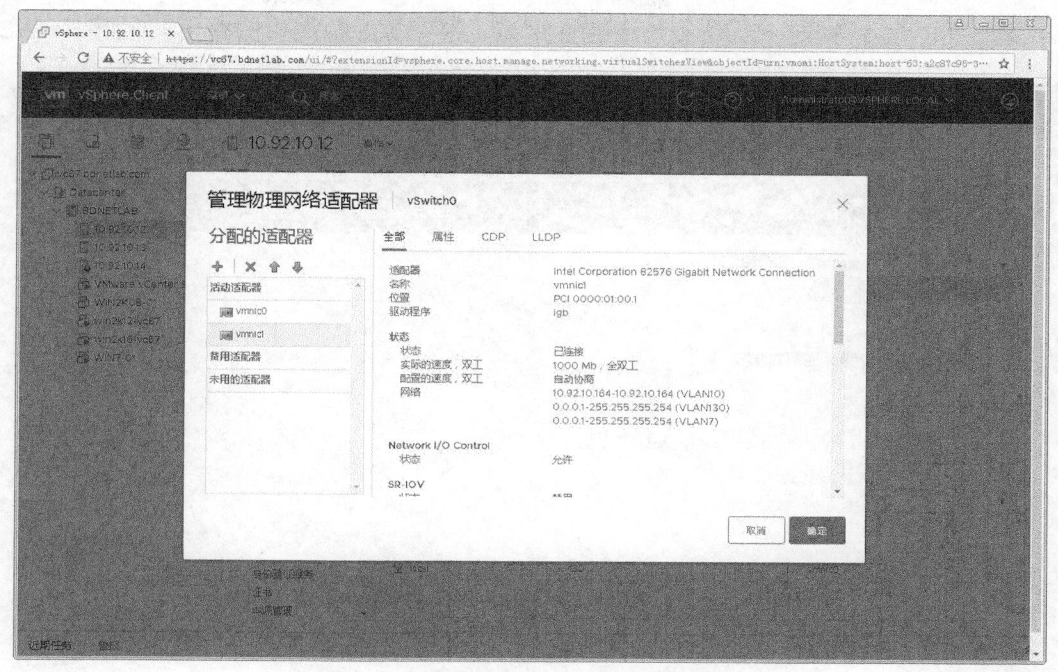

图 5-2-23 标准交换机 NIC Teaming 配置之四

第 5 步，成功为 vSwitch0 配置两个物理适配器，如图 5-2-24 所示，单击“编辑...”配置 NIC Teaming。

图 5-2-24 标准交换机 NIC Teaming 配置之五

第 6 步，默认情况下，负载均衡的方式为“基于源虚拟端口的路由”，如图 5-2-25 所示。

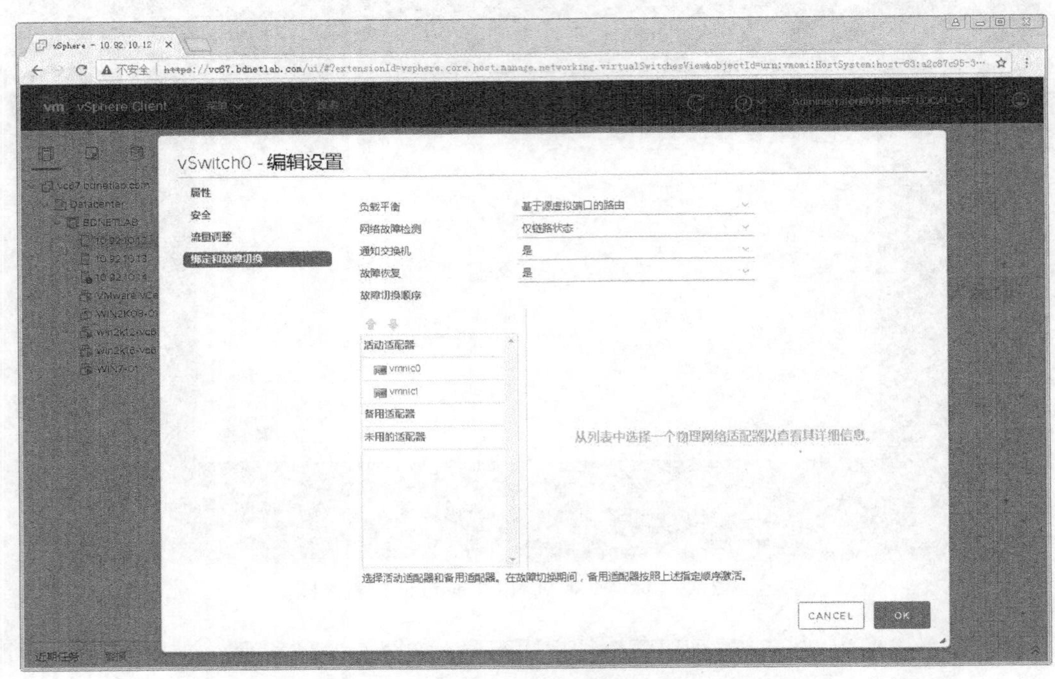

图 5-2-25 标准交换机 NIC Teaming 配置之六

参数解释如下。

1）网络故障检测

网络故障检测分为“仅链路状态”以及“信标探测”。仅链路状态可通过物理交换机的事件来判断，常见的是物理线路断开或物理交换机故障，其缺点是无法判断配置错误；信标探测也会使用链路状态，但它增加了一些其他检测机制，比如 STP 阻塞端口、端口 VLAN 配置错误等。

2）通知交换机

虚拟机启动、虚拟机进行 vMotion 操作、虚拟机 MAC 地址发生变化等情况发生时，物理交换机会收到用反向地址解析协议（RARP）表示的变化通知。物理交换机是否知道取决于通知交换机的设置，设置为是则立即知道，设置为否则不知道。RARP 会更新物理交换机的查询表，并且在故障恢复时提供最短延迟时间。

3）故障恢复

这里的故障恢复是指网络故障恢复后的数据流量的处理方式。以图 5-2-28 为例，当 vmnic0 出现故障时，数据流量全部迁移到 vmnic1；当 vmnic0 故障恢复后，可以设置数据流量是否切换回 vmnic0。推荐将运行 IP 存储的 vSwitch 故障恢复配置为“否”，以免 IP 存储流量来回切换。

第 7 步，为了测试负载均衡的效果，需要断开 vmnic0 的网络，在断开网络前查看 vmnic0 适配器的相关信息，如图 5-2-26 所示。

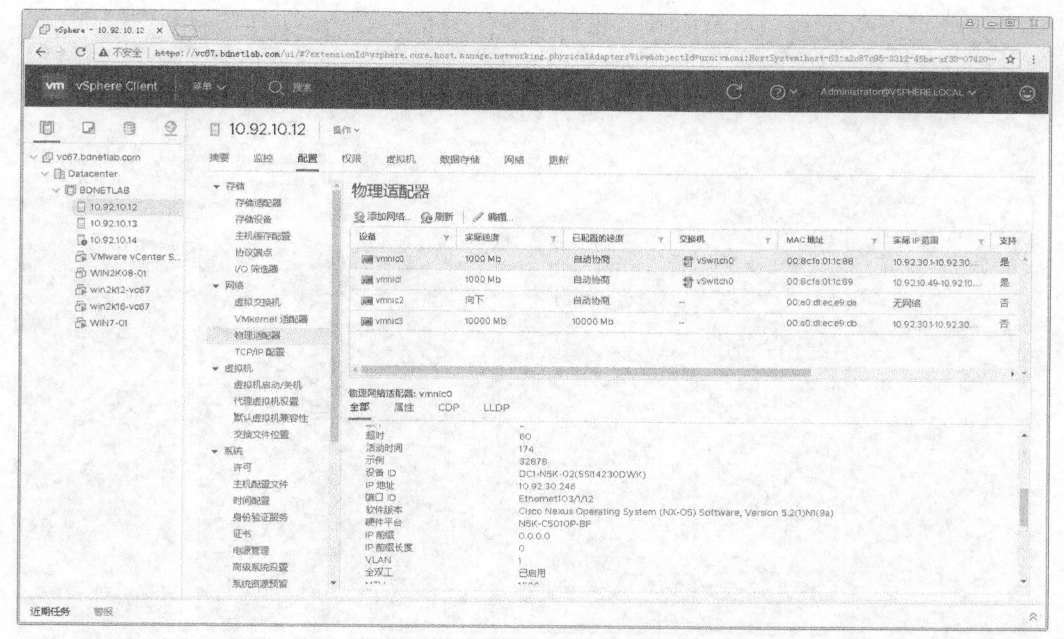

图 5-2-26 标准交换机 NIC Teaming 配置之七

第 8 步，断开 vmnic0 网络，vSwitch0 只有一个活动的物理适配器，如图 5-2-27 所示。

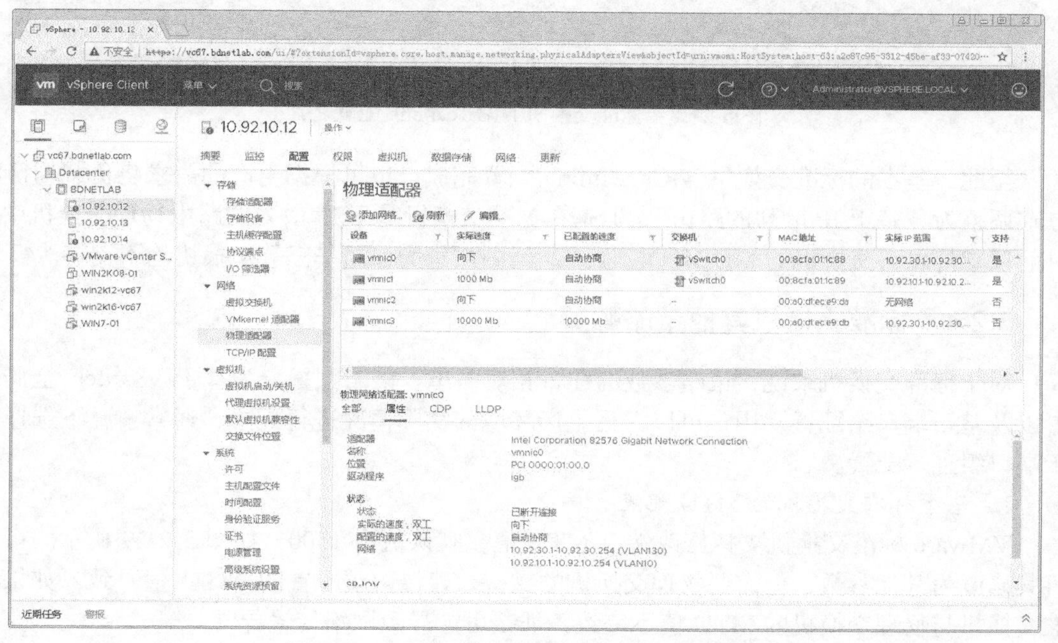

图 5-2-27 标准交换机 NIC Teaming 配置之八

第 9 步，在虚拟机 WIN7-01 上使用命令“ping 10.92.20.254”检测虚拟机的网络连通性，虽然断开其中一个物理适配器，但虚拟机网络并没有中断，也就是负载均衡生效，如图 5-2-28 所示。

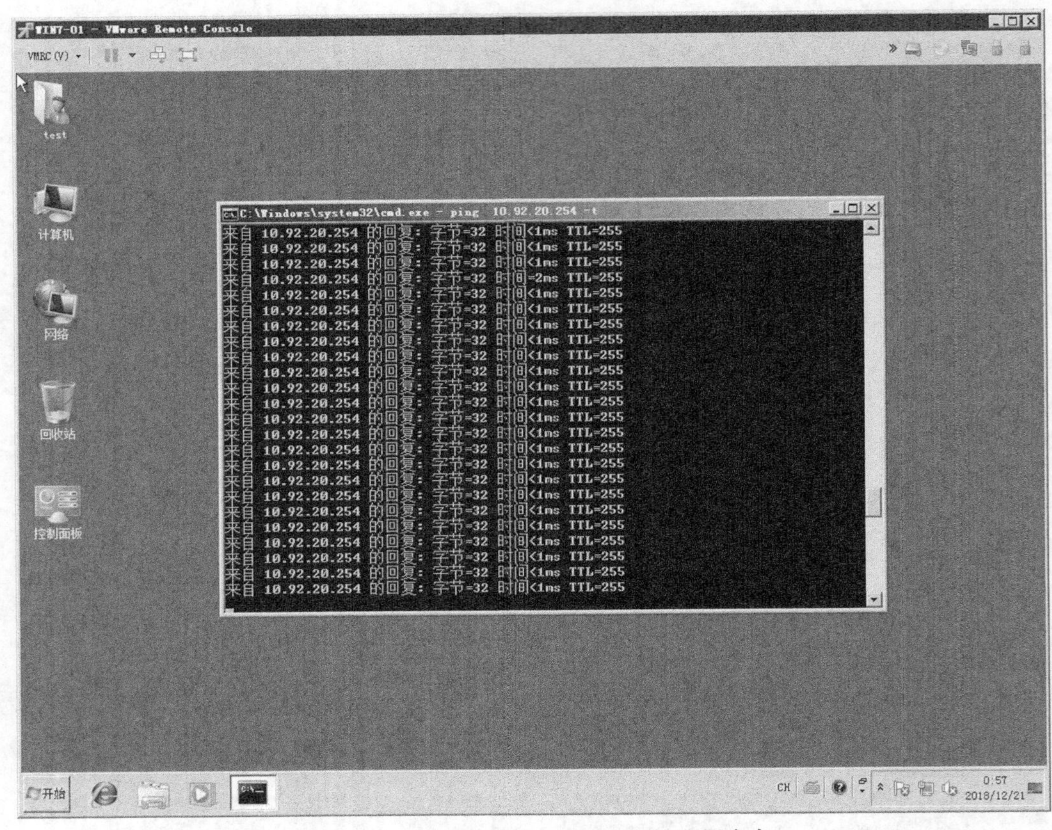

图 5-2-28　标准交换机 NIC Teaming 配置之九

至此，基本的标准交换机 NIC Teaming 配置完成，也可根据生产的需求将负载均衡的方式调整为“基于 IP 散列的路由”，但是在标准交换机基于 IP 散列的路由物理交换机中，目前仅支持思科交换机的 MODE ON 模式，经测试华为、新华三等交换机均不支持。

5.2.4　标准交换机其他策略配置

对于标准交换机来说，策略参数的配置相对简单。策略配置分为基于 vSwitch 全局配置以及基于端口组配置，用户可以根据生产环境的实际情况进行配置，通常情况下选择基于端口组进行配置。

1. 基于标准交换机的 MTU 配置

VMware 标准交换机支持修改端口 MTU 值，默认值为 1500，如图 5-2-29 所示。可以将其修改为其他参数，但需要物理交换机的支持，建议两端配置的 MTU 值一致。如果标准交换机与物理交换机的 MTU 值不一致，那么可能导致网络传输异常。

2. 基于标准交换机的安全配置

VMware 标准交换机提供基本的安全配置，主要包括混杂模式、MAC 地址更改和伪传输，如图 5-2-30 所示。

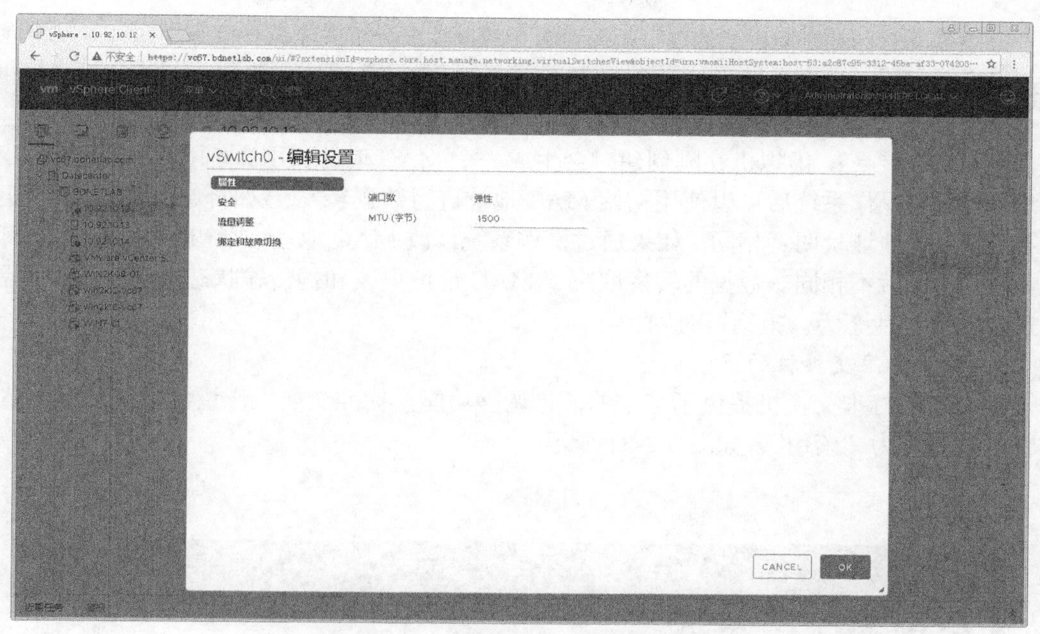

图 5-2-29　标准交换机其他策略配置之一

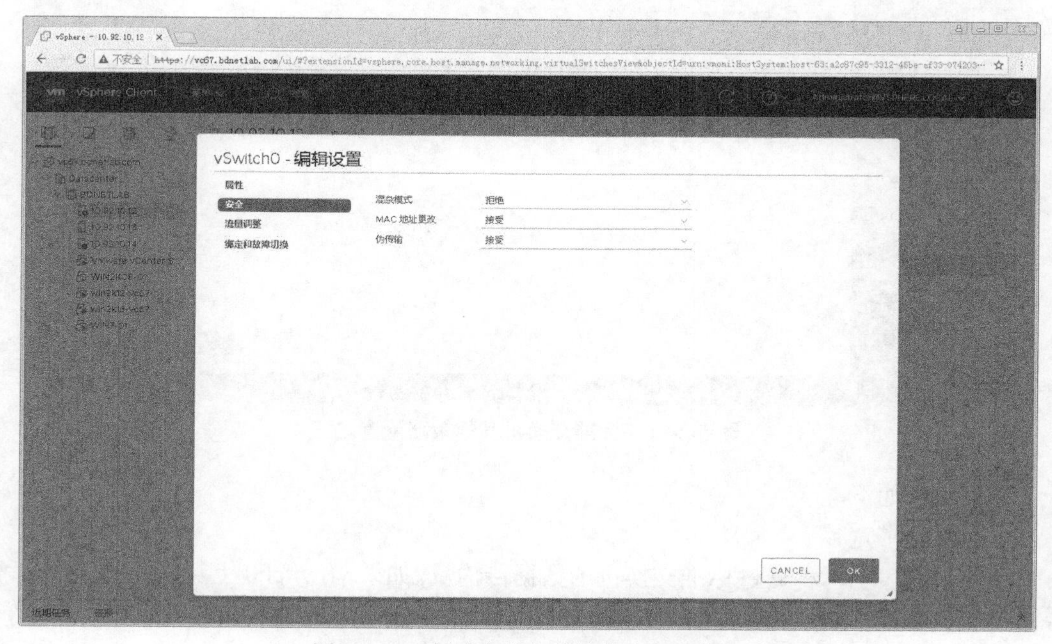

图 5-2-30　标准交换机其他策略配置之二

参数解释如下。

（1）混杂模式

默认为“拒绝”，此时标准交换机的功能类似于传统物理交换机，虚拟机传输数据通过标准交换机的 ARP 表，仅在源端口和目的端口进行接收和转发，标准交换机的其他端口不会接收和转发。

如果需要对标准交换机上的虚拟机流量进行数据抓取分析或端口镜像等操作，可以将混杂模式修改为“接受”。修改后，此时标准交换机的功能类似于集线器，所有端口都可以收到数据。

（2）MAC 地址更改和伪传输

默认为“接受”。虚拟机在刚创建时会生成一个 MAC 地址，可以将其理解为初始 MAC 地址。当安装操作系统后可以使用初始 MAC 地址进行数据转发，这时候初始 MAC 地址变为有效 MAC 地址且两者相同。如果通过操作系统修改 MAC 地址，则初始 MAC 地址和有效 MAC 地址就不相同。数据的转发取决于 MAC 地址更改和伪传输状态，状态为“接受”时进行转发，状态为“拒绝”时则丢弃。

3. 基于标准交换机的流量调整

VMware 标准交换机提供了基本的流量调整功能。标准交换机流量调整仅用于出站方向，默认状态为“禁用”，如图 5-2-31 所示。

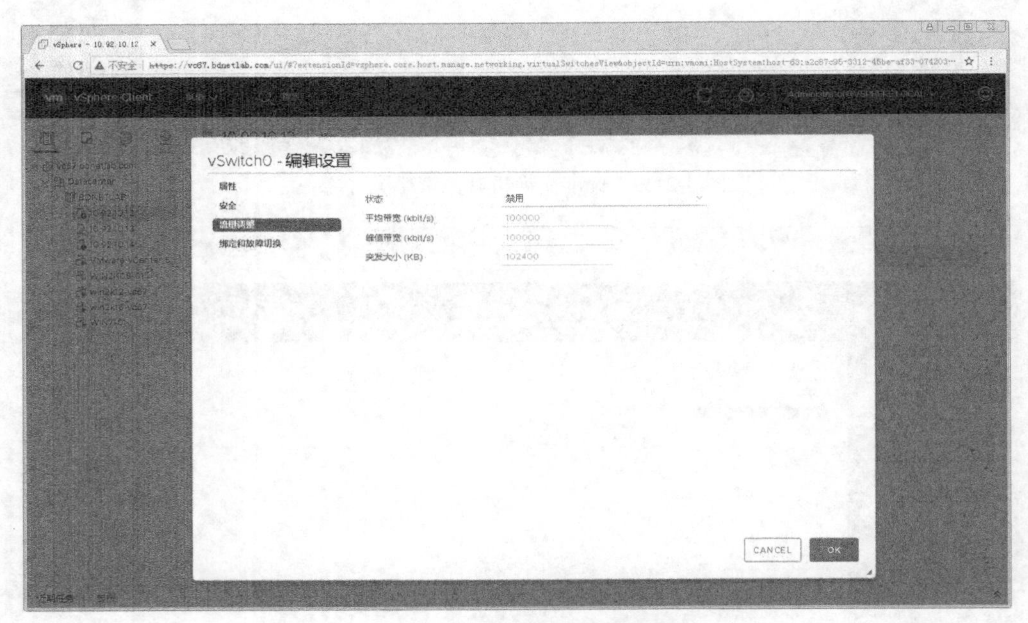

图 5-2-31 标准交换机其他策略配置之三

参数解释如下。

（1）平均带宽

平均带宽表示每秒通过标准交换机的数据传输量。如果 vSwitch0 上行链路为 1GE 适配器，则每个连接到这个 vSwitch0 的虚拟机都可以使用速率为 1Gbit/s 的带宽。

（2）峰值带宽

峰值带宽表示标准交换机在不丢包前提下支持的最大带宽。如果 vSwitch0 上行链路为 1GE 适配器，则 vSwitch0 的峰值带宽速率即为 1Gbit/s。

（3）突发大小

突发大小规定了突发流量中包含的最大数据量，计算方式是“带宽 × 时间”。在高使用率期间，如果有一个突发流量超出配置值，那么这些数据包就会被丢弃，而其他数据包可以传输；如果处理的网络流量队列未满，那么这些数据包会被继续传输。

5.3 配置使用分布式交换机

分布式交换机英文名为 Distributed Switch，VMware 一般简称为 vDS，其他厂商可能将其称为 DVS。其功能与标准交换机并没有太大的区别，可以理解为跨多台 ESXi 主机的超级交换机。它把分布在多台 ESXi 主机的标准虚拟交换机从逻辑上组成一个“大”交换机。利用分布式交换机可以简化虚拟机网络连接的部署、管理和监控，为群集级别的网络连接提供一个集中控制点，使虚拟环境中的网络配置不再以主机为单位。VMware vSphere 平台允许使用第三方虚拟交换机，比如常用的是 Cisco Nexus 1000v 系列、IBM DVS 5000V 系列、HP FlexFabric 5900V 系列等。

对于中小环境来说，标准交换机可以满足需求，但对于 ESXi 主机较多，特别是有多 VLAN、网络策略等需求的中大型企业来说，如果只使用标准交换机会影响整体的管理以及网络的性能。所以使用分布式交换机是必需的。在生产环境中，标准交换机与分布式交换机并用，管理网络使用标准交换机，可以把虚拟机网络、基于 VMKernel 网络迁移到分布式交换机上。本节介绍如何配置使用分布式交换机。

5.3.1 创建分布式交换机

分布式交换机的创建必须在 vCenter Server 进行，并且需要将 ESXi 主机加入 vCenter Server，独立的 ESXi 主机不能创建分布式交换机。创建分布式交换机之前需要保证有 1 个 ESXi 主机或 1 个以上未使用的以太网口。

第 1 步，使用 Web Client 登录 vCenter Server，选择“网络”，在“Datacenter”上右击，选中“Distributed Switch”→“新建 Distributed Switch”，如图 5-3-1 所示。

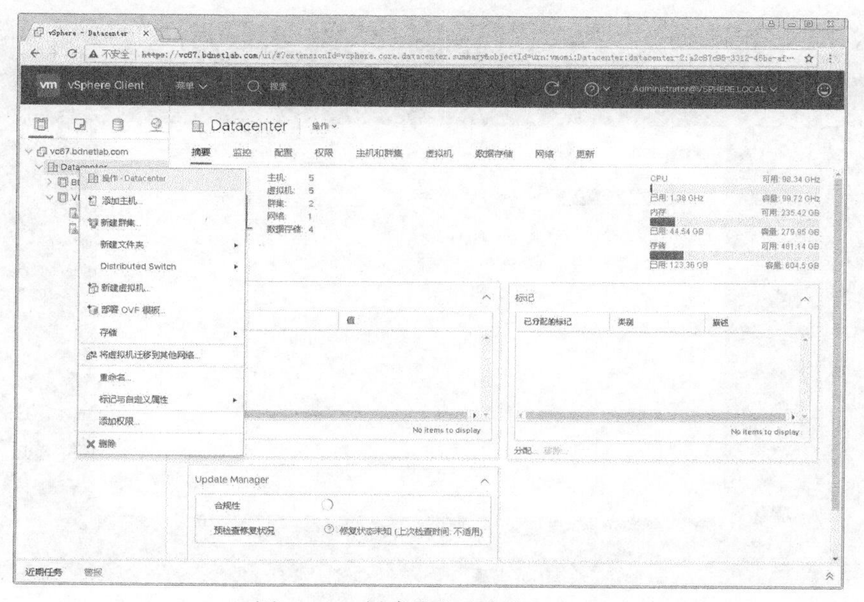

图 5-3-1 创建分布式交换机之一

第2步，输入新建分布式交换机的名称，如图5-3-2所示，单击“NEXT”按钮。

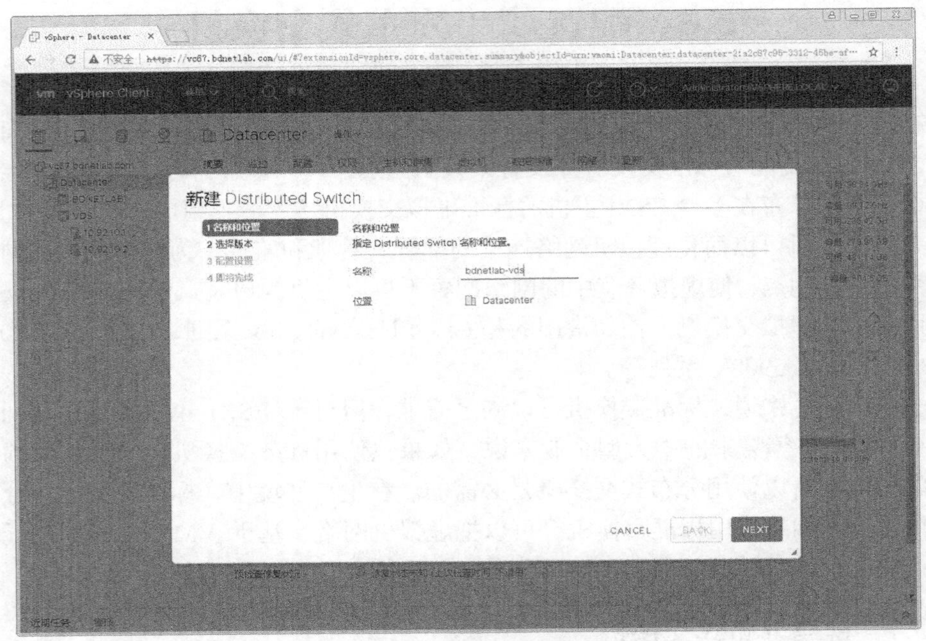

图5-3-2　创建分布式交换机之二

第3步，选择分布式交换机的版本，不同的版本具有不同的功能特性，根据实际情况选择即可。此处选中Distributed Switch的6.6.0版本，如图5-3-3所示，单击“NEXT”按钮。特别注意，如果群集中有低版本的ESXi主机，那么将无法使用高版本的分布式交换机。

图5-3-3　创建分布式交换机之三

第 4 步，配置分布式交换机上行链路端口数量。上行链路端口数量指定的 ESXi 主机用于分布式交换机连接物理交换机的以太网口数量，一定要根据实际情况配置。例如，每台 ESXi 主机有两个以太网口用于分布式交换机，那么此处上行链路端口数量为 2，其他参数可以保持默认，创建好分布式交换机后可以修改。如图 5-3-4 所示，单击“NEXT”按钮。

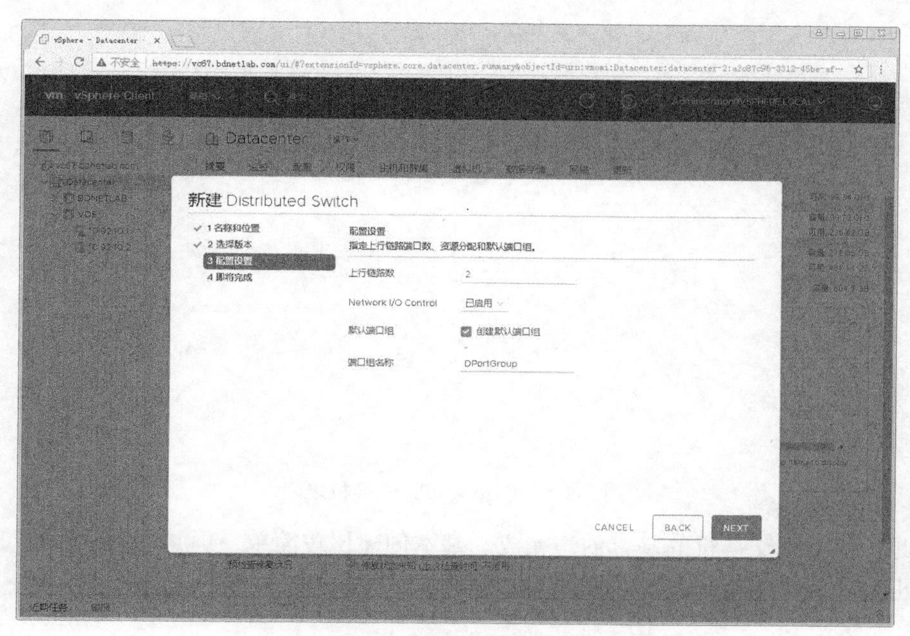

图 5-3-4 创建分布式交换机之四

第 5 步，验证分布式交换机的相关参数，如图 5-3-5 所示，单击“FINISH”按钮。

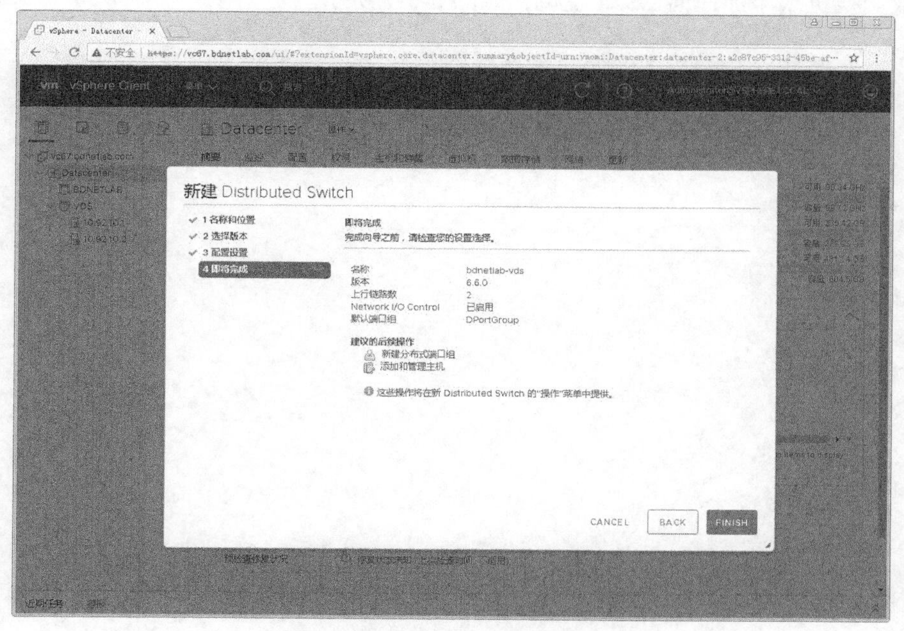

图 5-3-5 创建分布式交换机之五

第 6 步，名为 bdnetlab-vds 的分布式交换机创建完成，如图 5-3-6 所示。

图 5-3-6　创建分布式交换机之六

至此，分布式交换机的基本创建完成。基本创建比较简单，但是还需要添加 ESXi 主机以及相应的端口才能正式使用分布式交换机。

5.3.2　将 ESXi 主机添加到分布式交换机

第 1 步，使用浏览器登录，选择分布式交换机“bdnetlab-vds”，在“主机”处可以看到分布式交换机未添加任何 ESXi 主机，如图 5-3-7 所示。

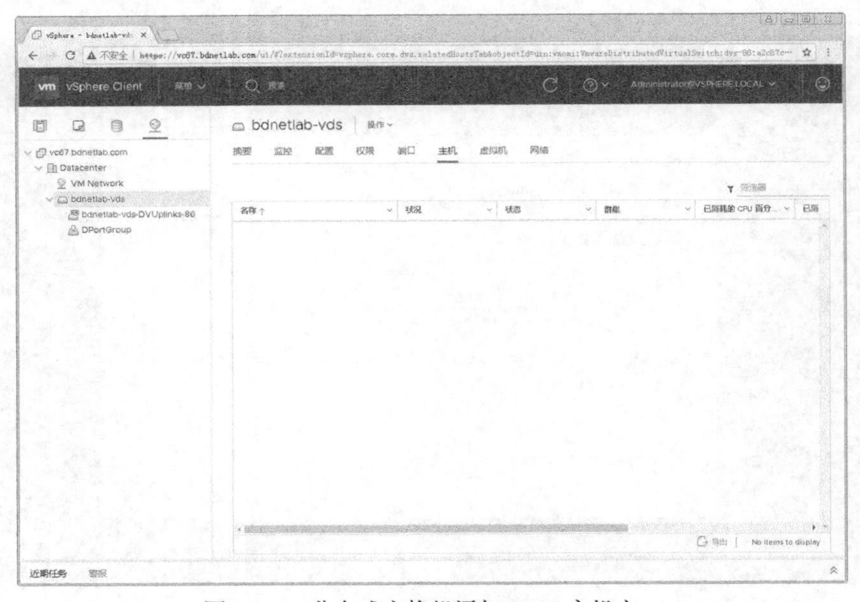

图 5-3-7　分布式交换机添加 ESXi 主机之一

第 2 步，在添加管理主机窗口选中“添加主机”，如图 5-3-8 所示，单击“NEXT”按钮。

图 5-3-8 分布式交换机添加 ESXi 主机之二

第 3 步，单击“+新主机”，如图 5-3-9 所示，单击“NEXT”按钮。

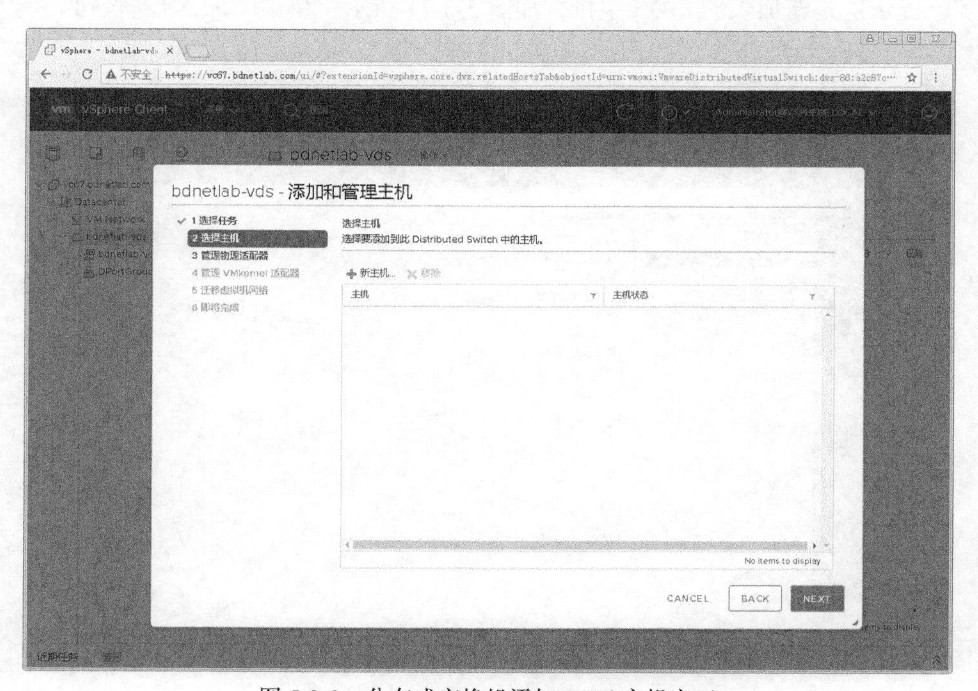

图 5-3-9 分布式交换机添加 ESXi 主机之三

第 4 步，选中需要加入分布式交换机的 ESXi 主机，如图 5-3-10 所示，单击“确定”按钮。

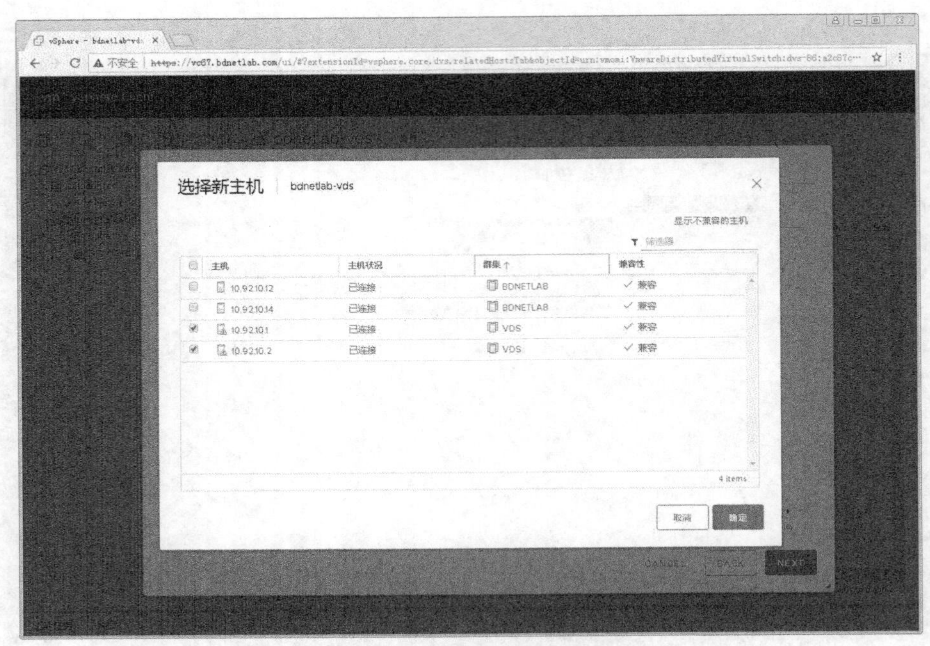

图 5-3-10　分布式交换机添加 ESXi 主机之四

第 5 步，确认加入分布式交换机的 ESXi 主机，系统会在新加入的 ESXi 主机名前备注“(新)”，提示这是新加入的 ESXi 主机，如图 5-3-11 所示，单击“NEXT”按钮。

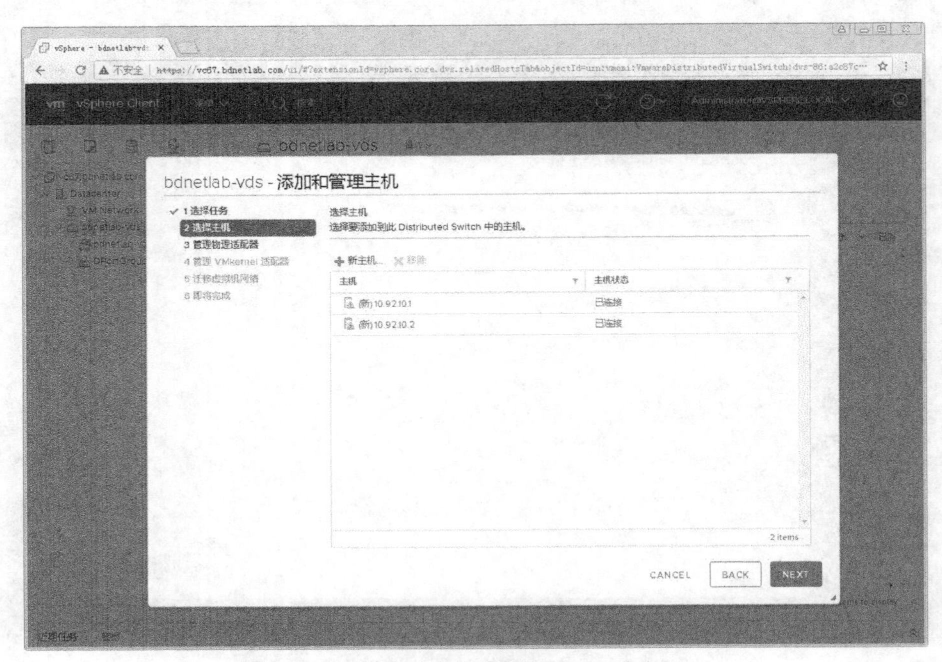

图 5-3-11　分布式交换机添加 ESXi 主机之五

第 6 步，选择 ESXi 主机需要加入分布式交换机的适配器，一般来说，选择未关联其他交换机的适配器，如图 5-3-12 所示，单击“分配上行链路”。

图 5-3-12 分布式交换机添加 ESXi 主机之六

第 7 步，选择上行链路。由于在创建分布式交换机时配置的上行链路为 2，因此此处上行链路为 1 与 2，用户可以手动指定，也可以选择自动分配，如图 5-3-13 所示，单击“确定”按钮。

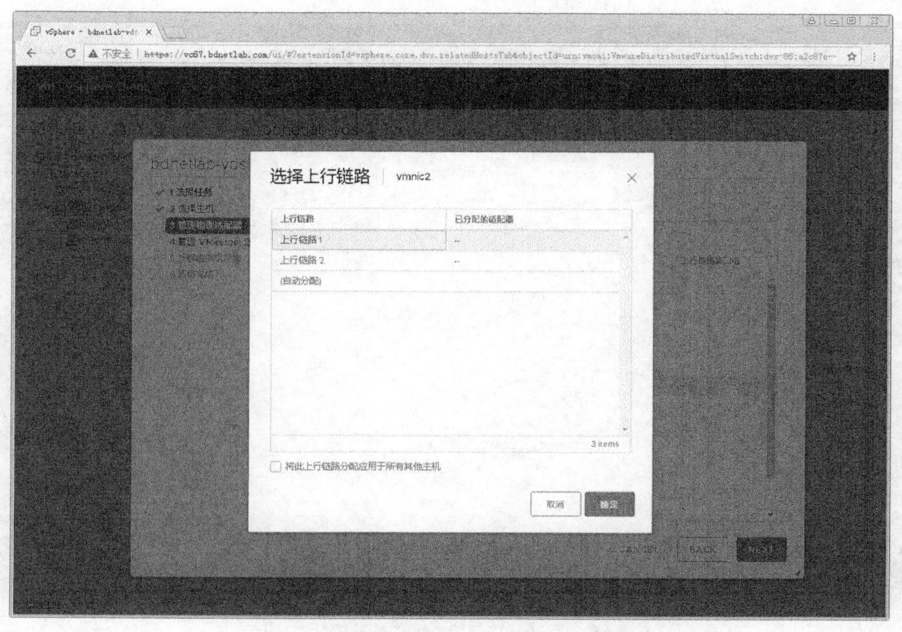

图 5-3-13 分布式交换机添加 ESXi 主机之七

第 8 步，确认将 ESXi 主机 vmnic2 分配给上行链路 1，如图 5-3-14 所示，单击“NEXT”按钮。

图 5-3-14　分布式交换机添加 ESXi 主机之八

第 9 步，确认将 vmnic3 分配给上行链路 2，如图 5-3-15 所示，单击“NEXT”按钮。

图 5-3-15　分布式交换机添加 ESXi 主机之九

第 10 步，使用相同的方式将 ESXi 主机其他适配器分配给分布式交换机使用，如图 5-3-16 所示，单击“NEXT”按钮。

图 5-3-16　分布式交换机添加 ESXi 主机之十

第 11 步，系统会询问是否迁移 VMkernel 网络，如图 5-3-17 所示，单击“NEXT”按钮。

图 5-3-17　分布式交换机添加 ESXi 主机之十一

第 12 步，系统会询问是否迁移虚拟机网络，如图 5-3-18 所示，单击“NEXT”按钮。

图 5-3-18　分布式交换机添加 ESXi 主机之十二

第 13 步，确认添加管理主机的参数正确后，如图 5-3-19 所示，单击“FINISH”按钮。

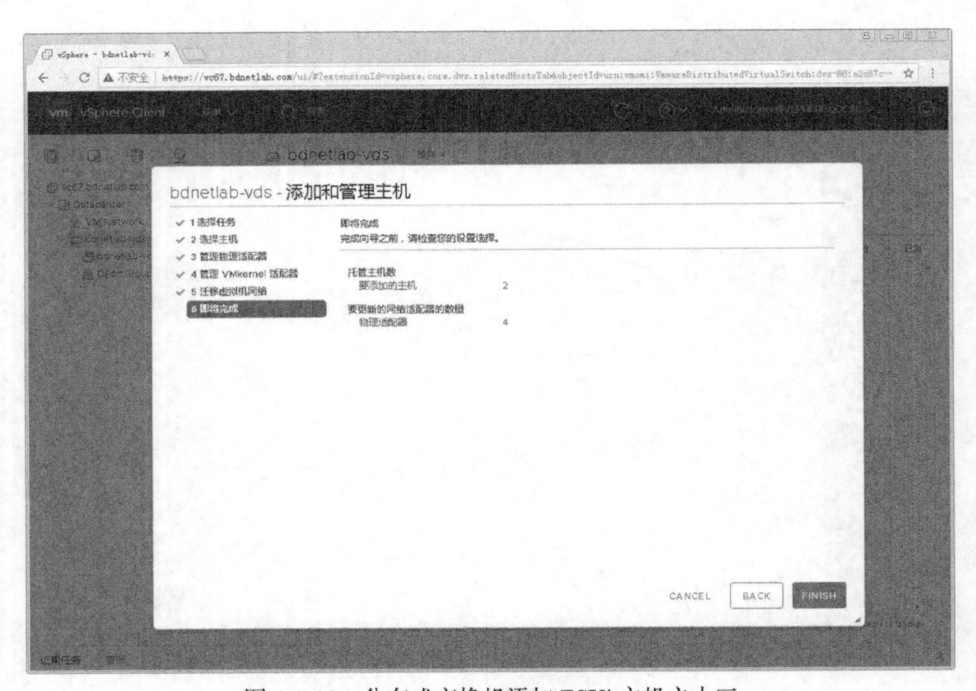

图 5-3-19　分布式交换机添加 ESXi 主机之十三

第 14 步，在相关对象标签中的网络处，可以看到 IP 地址为 10.92.10.1 以及 10.92.10.2 的两台 ESXi 主机已添加到分布式交换机，如图 5-3-20 所示。

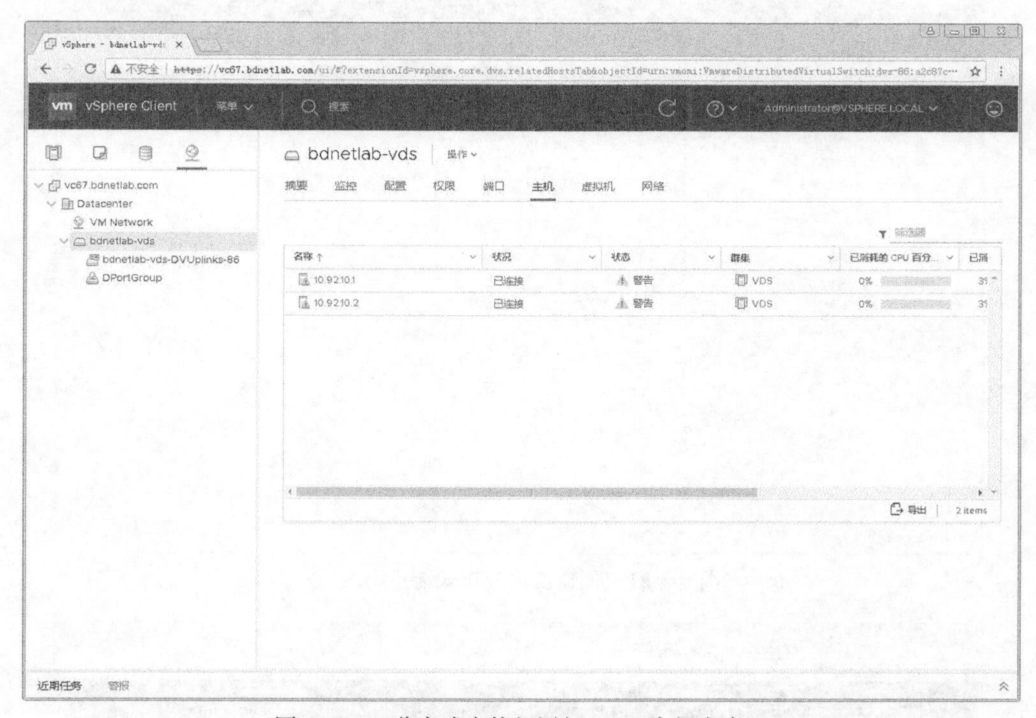

图 5-3-20 分布式交换机添加 ESXi 主机之十四

通过以上配置，成功将 ESXi 主机添加到了分布式交换机。与标准交换机不同的是，标准交换机需要在每台 ESXi 主机上创建端口组，ESXi 主机数量越大，工作量就越大；如果将 ESXi 主机添加到分布式交换机，分布式交换机创建的分布式端口组就可以在多台 ESXi 主机上进行调用，无须在每台 ESXi 主机进行创建，从而极大地提高工作效率，降低管理难度。

5.3.3 创建使用分布式端口组

将 ESXi 主机添加到分布式交换机后，就可以使用。在生产环境中，一般根据实际需要创建分布工端口组进行使用。本小节介绍如何创建基于 VMkernel 的分布式端口组以及虚拟机流量的分布式端口组。

1. 创建基于 VMkernel 的分布式端口组

第 1 步，使用浏览器登录，在创建好的分布式交换机 bdnetlab-vds 上用鼠标右键单击，选中“分布式端口组”→“新建分布式端口组”，如图 5-3-21 所示。

第 2 步，输入新建分布式端口组的名称，建议根据实际应用进行创建，以便在日常管理中进行区分，如图 5-3-22 所示，单击“NEXT”按钮。

图 5-3-21　创建使用分布式端口组之一

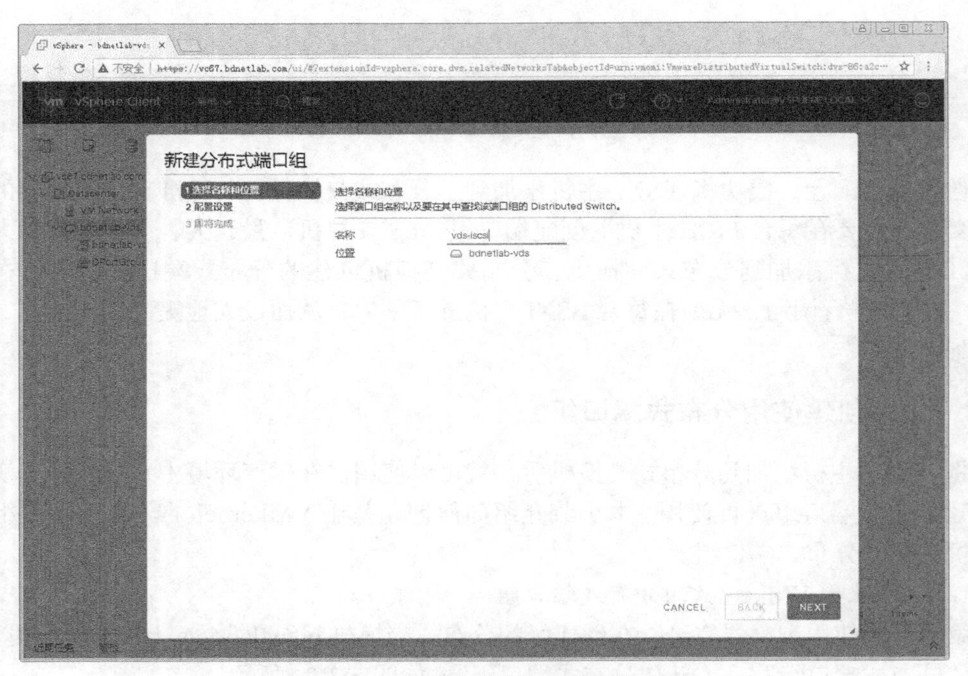

图 5-3-22　创建使用分布式端口组之二

第 3 步，进行端口的常规配置，一般来说，只配置 VLAN，其他保持默认。需要注意的是，VLAN 类型以及 VLAN ID 建议配置成生产环境实际使用的类型和 ID，如图 5-3-23 所示，单击“NEXT”按钮。

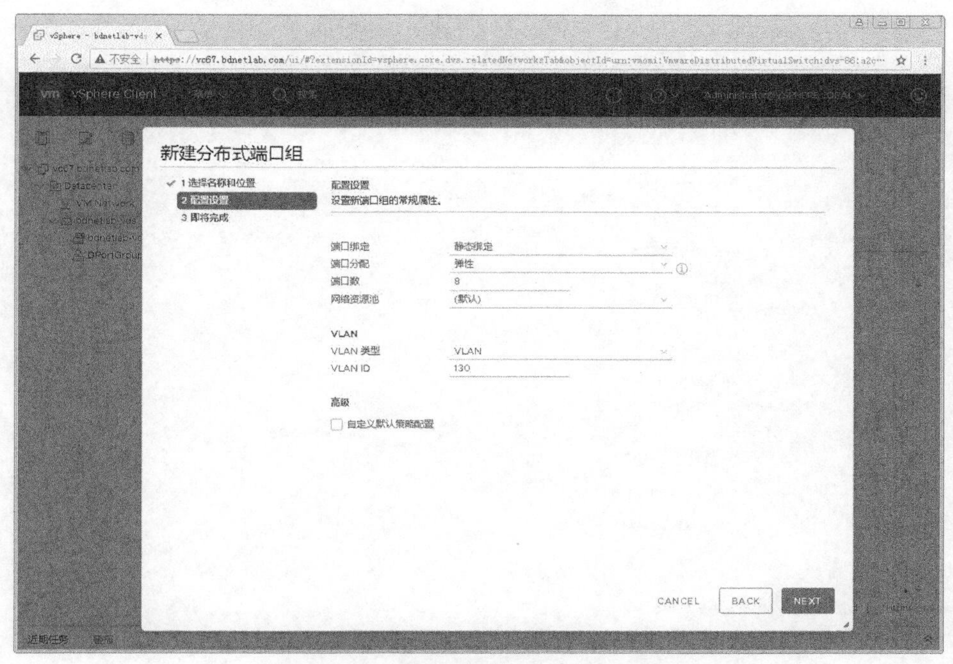

图 5-3-23 创建使用分布式端口组之三

第 4 步，确认新建分布式端口组相关参数，如图 5-3-24 所示，单击“FINISH”按钮。

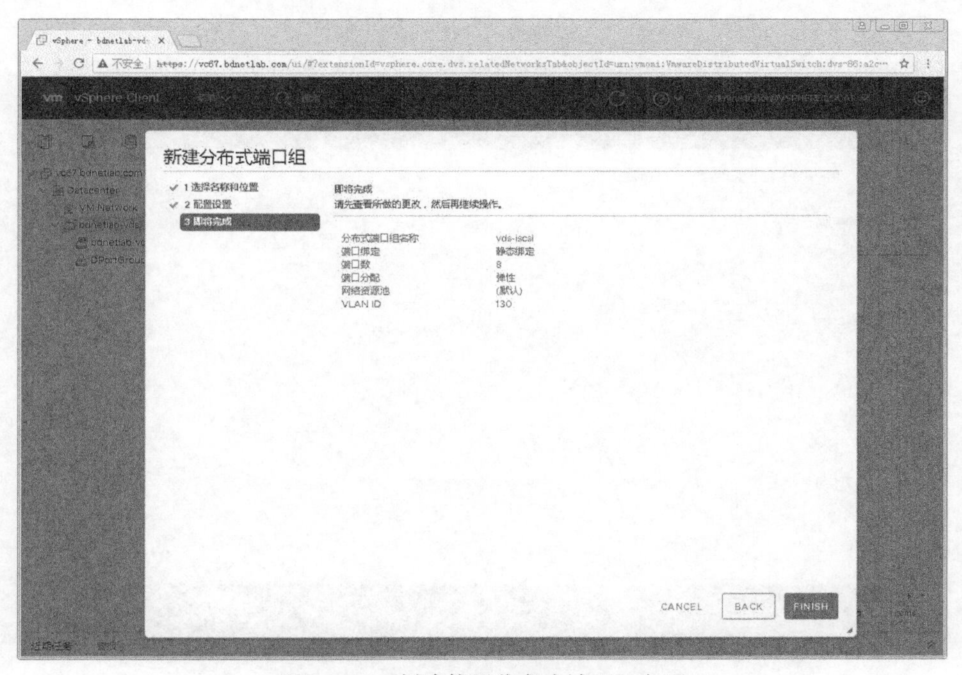

图 5-3-24 创建使用分布式端口组之四

第 5 步，在新创建的“vds-iscsi”分布式端口组上右击，选中“添加 VMkernel 适配器”，如图 5-3-25 所示。

图 5-3-25　创建使用分布式端口组之五

第6步，选择需要连接的主机，如图 5-3-26 所示，单击“连接的主机”。

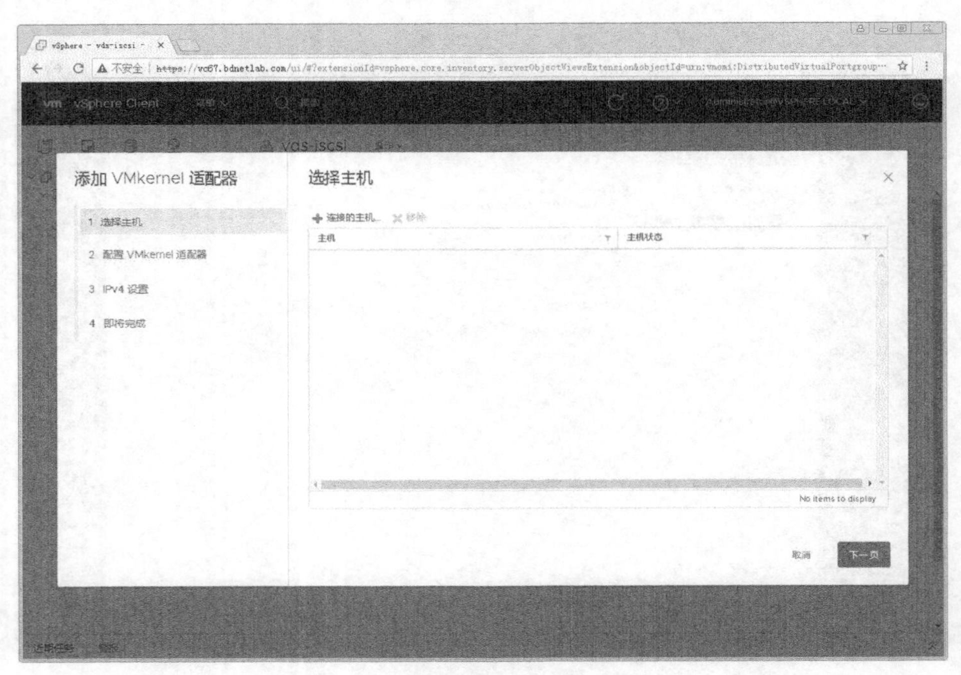

图 5-3-26　创建使用分布式端口组之六

第7步，选中两台 ESXi 主机，如图 5-3-27 所示，单击“确定”按钮。

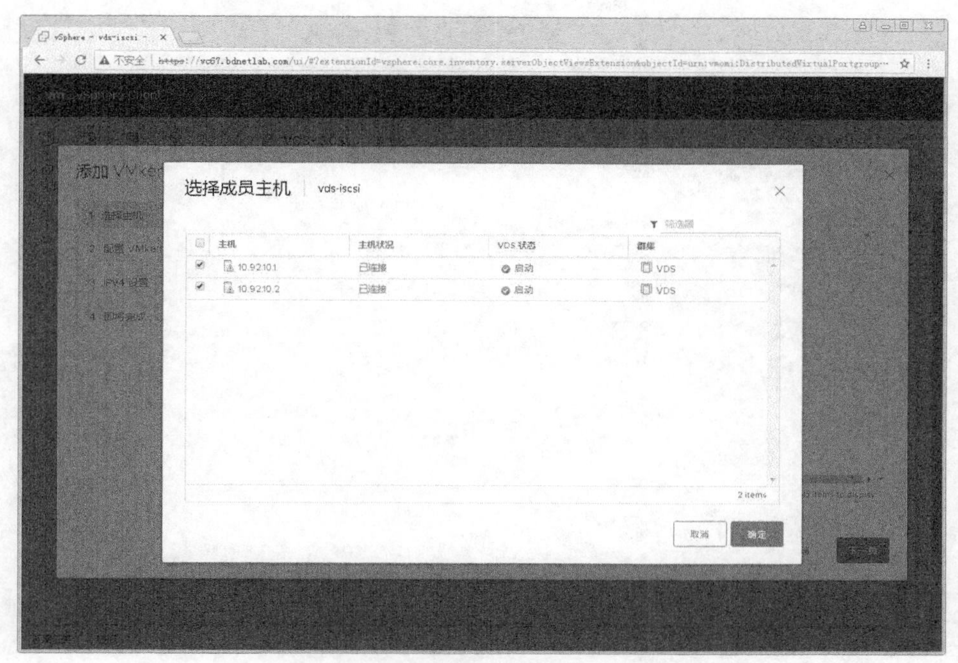

图 5-3-27　创建使用分布式端口组之七

第 8 步，完成主机添加，如图 5-3-28 所示，单击“下一页”按钮。

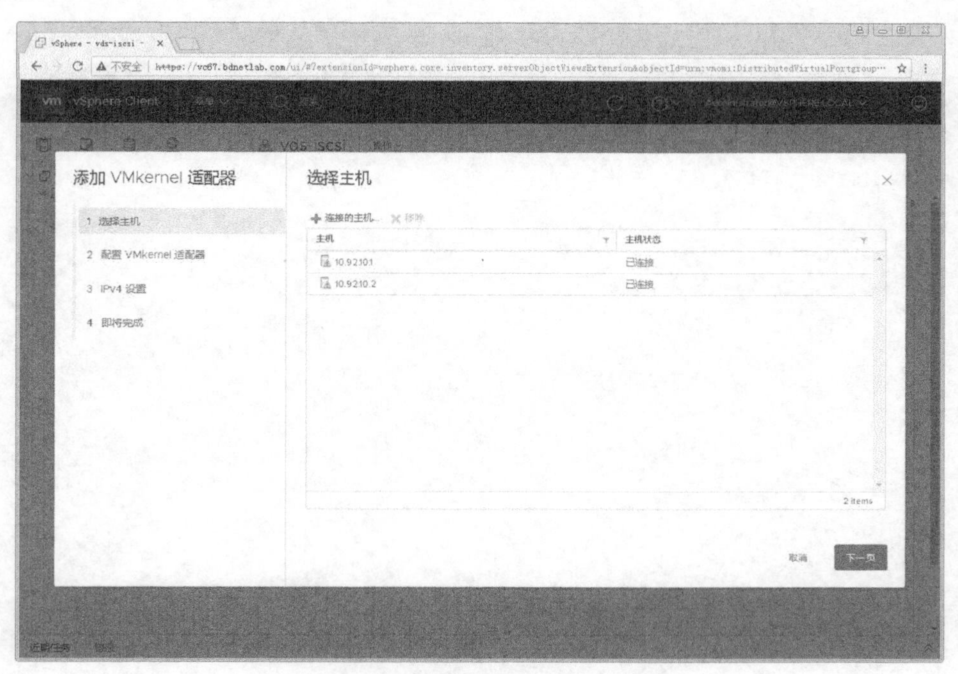

图 5-3-28　创建使用分布式端口组之八

第 9 步，配置 VMkernel 相关参数，根据生产环境启用相应的服务，如图 5-3-29 所示，单击“下一页”按钮。

图 5-3-29　创建使用分布式端口组之九

第 10 步，为 VMkernel 配置 IP 地址，如图 5-3-30 所示，单击“下一页”按钮。

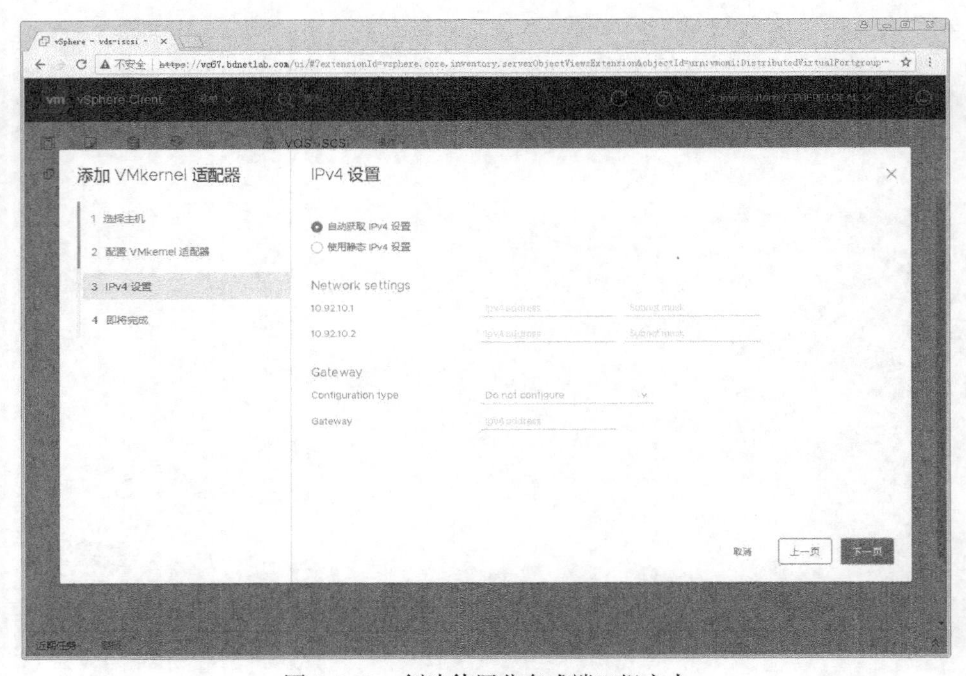

图 5-3-30　创建使用分布式端口组之十

第 11 步，确认参数配置正确后，如图 5-3-31 所示，单击“完成”按钮。

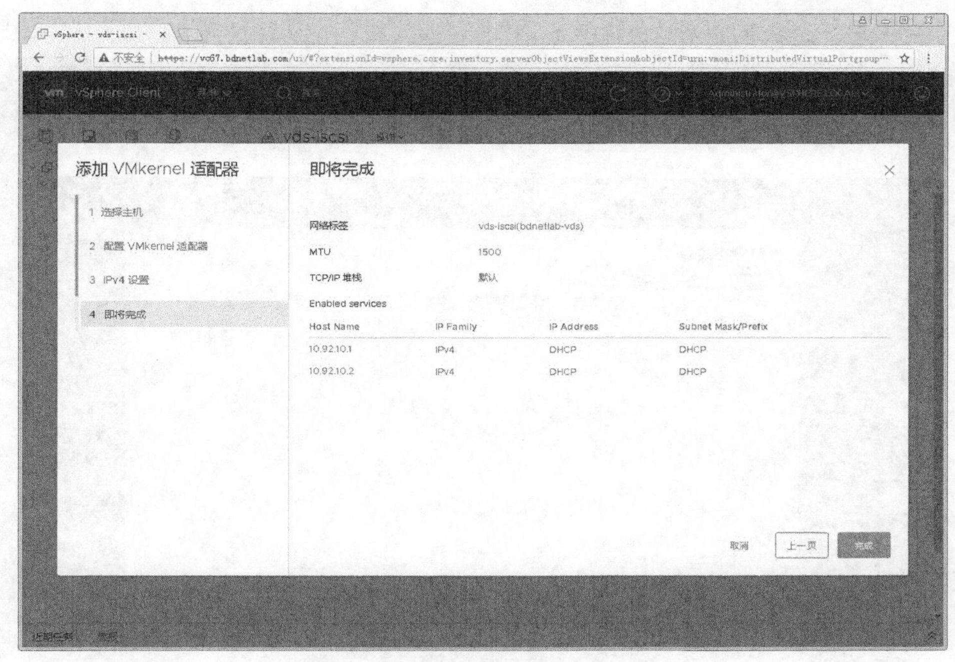

图 5-3-31　创建使用分布式端口组之十一

第 12 步，查看端口相关信息，如图 5-3-32 所示。

图 5-3-32　创建使用分布式端口组之十二

至此，基于 VMkernel 分布式端口组创建完成，它可以承载基于 VMkernel 的流量，在本案例中它承载 iSCSI 流量。

2. 创建基于虚拟机流量的分布式端口组

第 1 步，使用浏览器登录，选择新建分布式端口组，如图 5-3-33 所示，单击“NEXT”按钮。

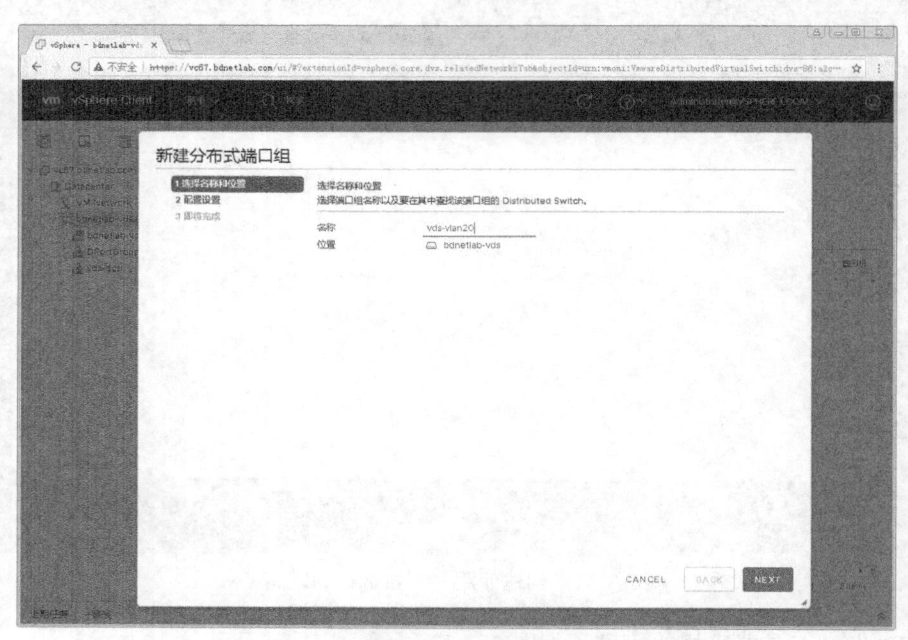

图 5-3-33　创建使用分布式端口组之十三

第 2 步，进行端口的常规配置，一般来说只配置 VLAN，其他保持默认。需要注意的是，VLAN 类型以及 VLAN ID 建议配置成生产环境实际使用的类型和 ID。如图 5-3-34 所示，单击“NEXT”按钮。

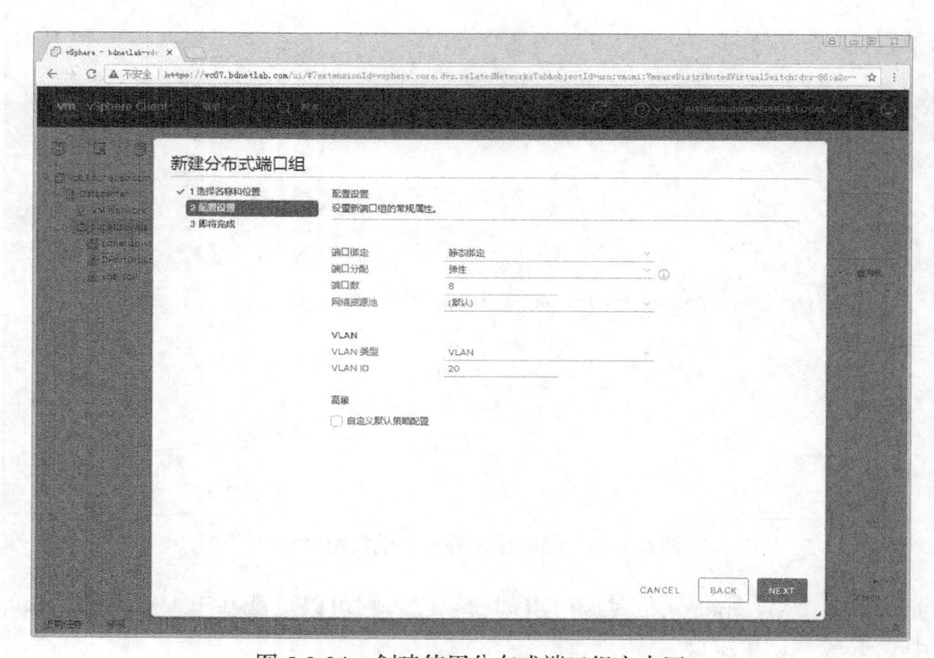

图 5-3-34　创建使用分布式端口组之十四

第 3 步，确认新建分布式端口组相关参数，如图 5-3-35 所示，单击“FINISH”按钮。

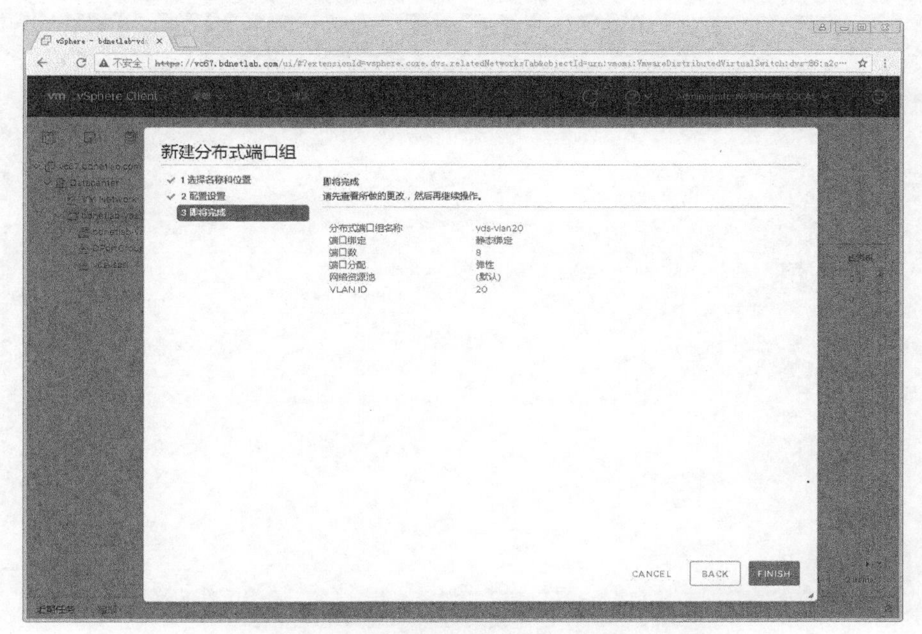

图 5-3-35 创建使用分布式端口组之十五

第 4 步，查看新创建的端口组，没有虚拟机运行在该端口组，如图 5-3-36 所示。

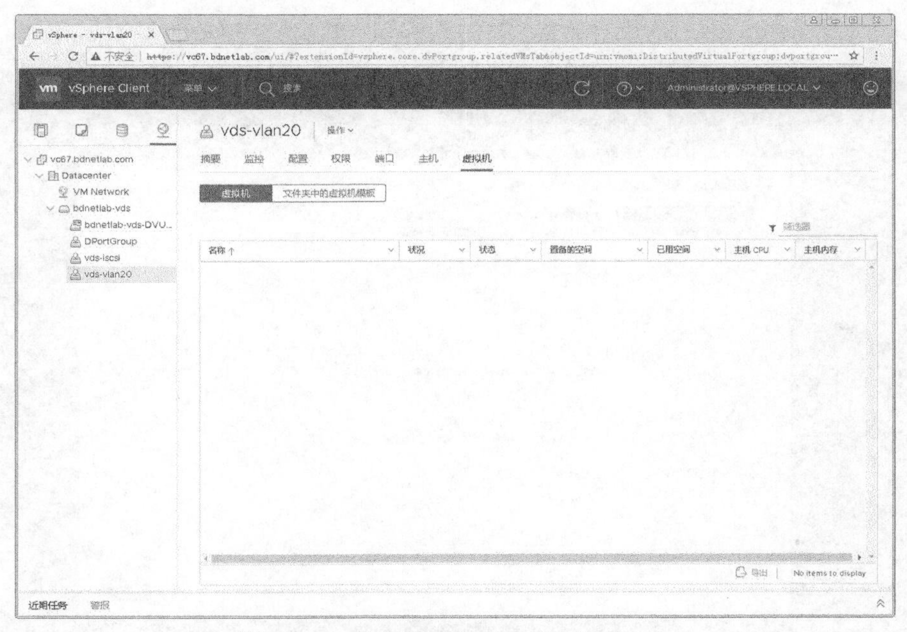

图 5-3-36 创建使用分布式端口组之十六

第 5 步，在“Datacenter”上右击，选中“将虚拟机迁移到其他网络”，如图 5-3-37 所示。

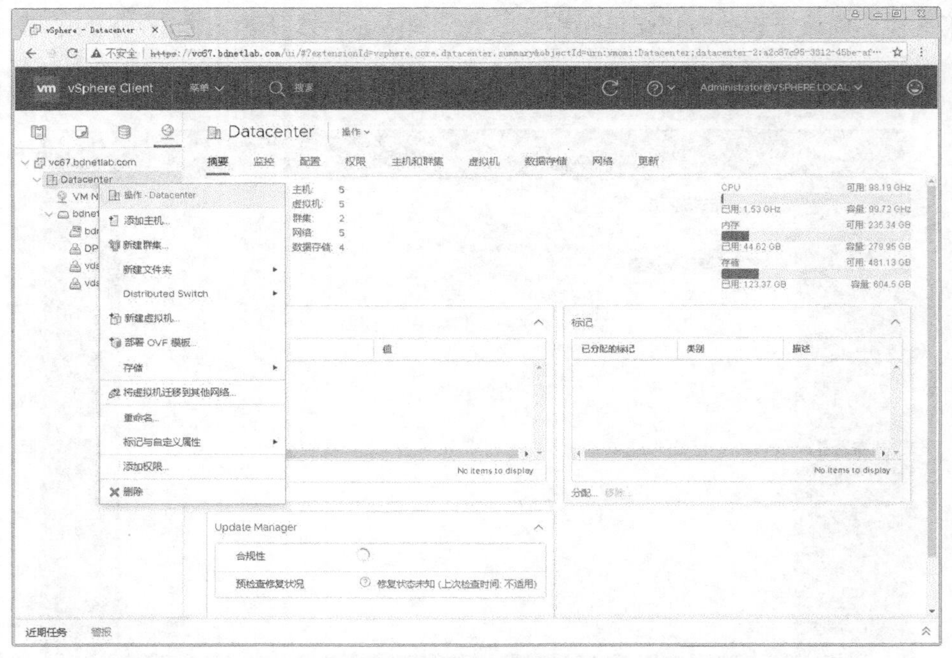

图 5-3-37　创建使用分布式端口组之十七

第 6 步，虚拟机目录使用默认标准交换机 VM Network 网络，将其迁移到新创建的分布式网络 vds-vlan20，如图 5-3-38 所示。

图 5-3-38　创建使用分布式端口组之十八

第 7 步，选中需要迁移的虚拟机，如图 5-3-39 所示，单击“NEXT”按钮。

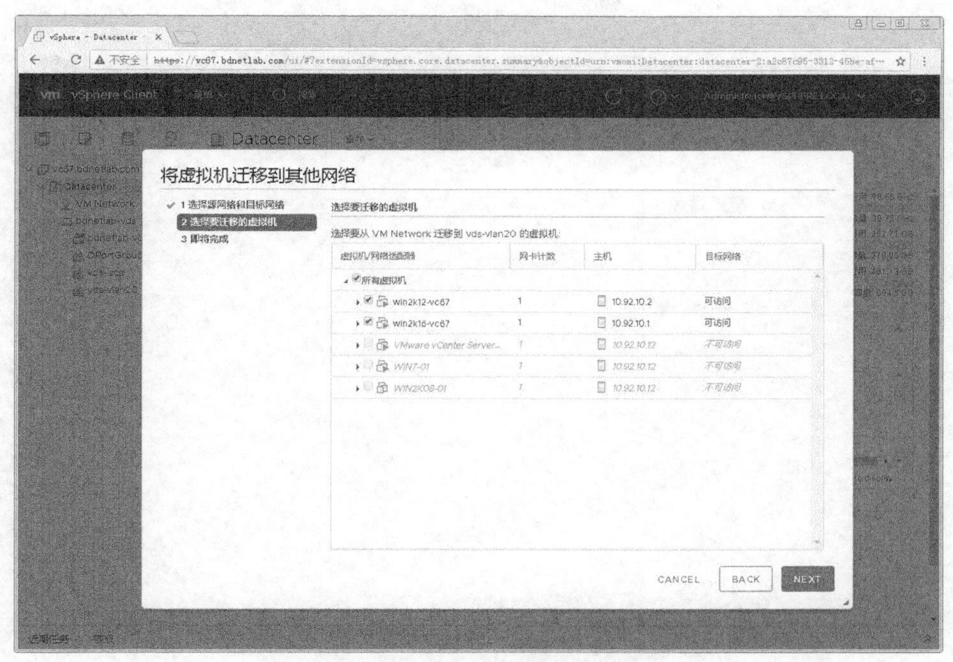

图 5-3-39　创建使用分布式端口组之十九

第 8 步，确认参数正确后，如图 5-3-40 所示，单击“FINISH”按钮。

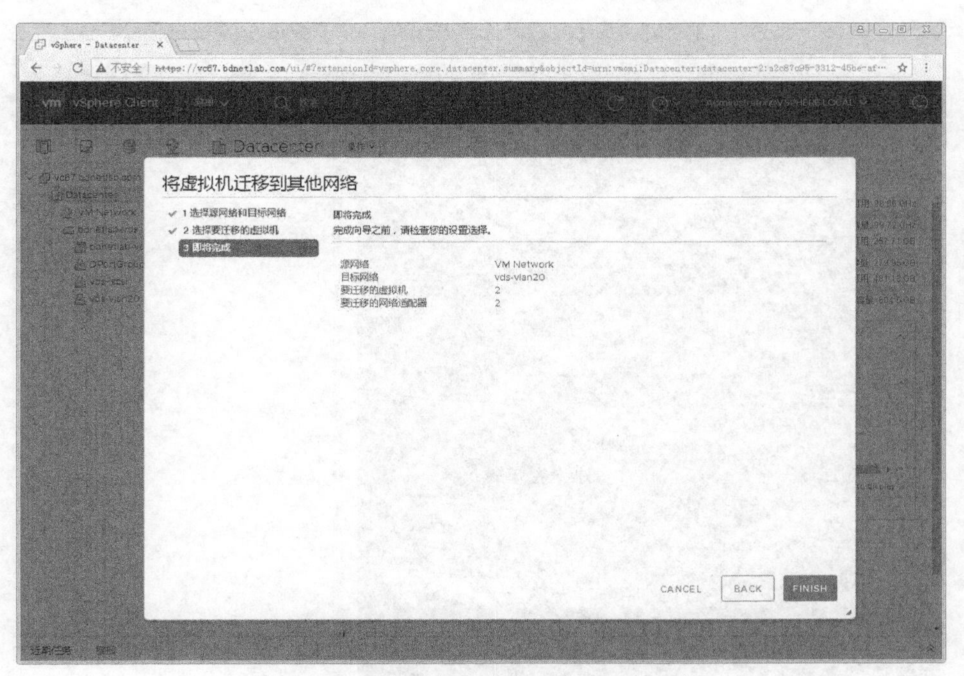

图 5-3-40　创建使用分布式端口组之二十

第 9 步，完成虚拟机网络迁移。分布式端口组 vds-vlan20 有两台虚拟机，如图 5-3-41 所示。

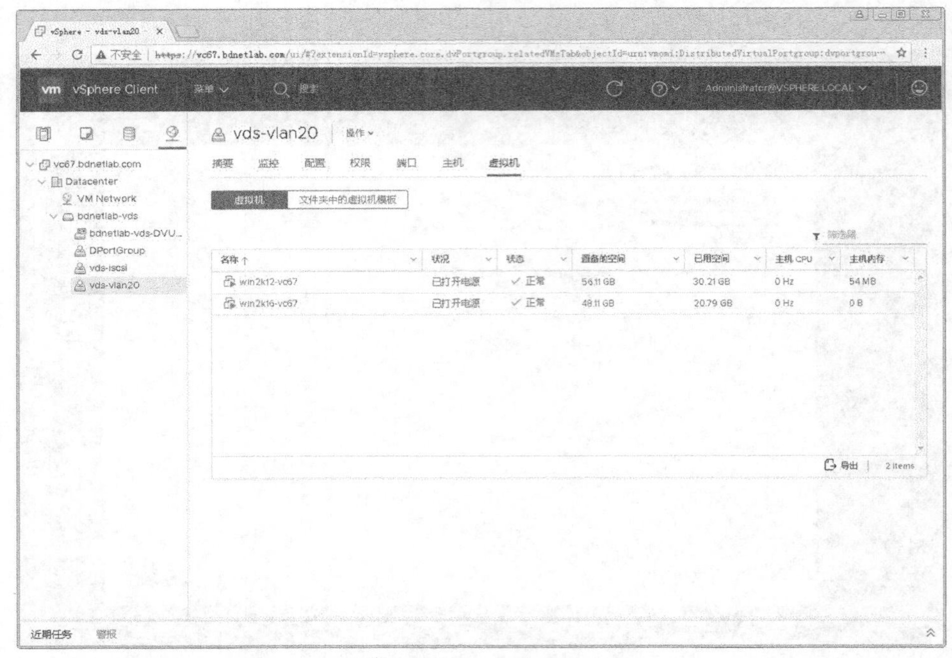

图 5-3-41 创建使用分布式端口组之二十一

第 10 步，打开虚拟机 win2k12-vc67 控制台，测试其网络连通性，如图 5-3-42 所示。

图 5-3-42 创建使用分布式端口组之二十二

至此，基于虚拟机流量的分布式端口组创建完成。生产环境中可以根据实际需求创建多个端口组。值得注意的是，如果上行链路端口使用 Trunk 模式，就需要配置端口组 VLAN ID，否则会出现网络不通的情况。

5.3.4 配置使用 LACP 聚合

链路聚合在生产环境中使用非常广泛，使用基于 IP 散列算法的负载均衡应满足物理交换机必须支持链路聚合协议（Link Aggregation Control Protocol，LACP）以及思科私有的端口聚合协议（Port Aggregation Protocol，PAGP）的要求，同时，端口必须处于同一物理交换机（如果使用思科 Nexus 交换机的 Virtual Port Channel 功能则不需要端口处于同一物理交换机）。大多数使用分布式交换机的环境都支持开放标准的 LACP。本小节介绍分布式交换机 LACP 的配置。

第 1 步，使用浏览器登录 Web Client，选择分布式交换机“bdnetlab-vds”，在管理标签的“配置”中选择“LACP”，如图 5-3-43 所示，单击“新建”。

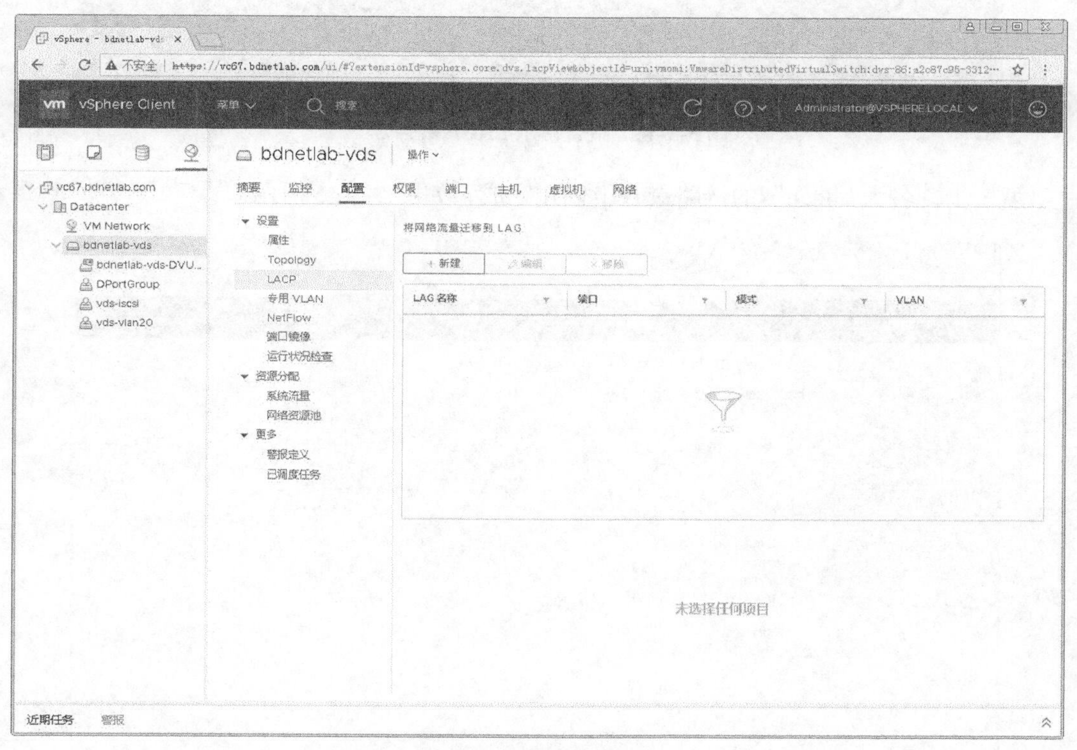

图 5-3-43 配置使用 LACP 聚合之一

第 2 步，输入新建链路聚合组的名称以及上行链路端口数，端口数为加入链路聚合组的数量，LACP 的模式配置为“被动”（对应物理交换机 LACP 的模式为 ACTIVE），负载平衡的方式选择“源和目标 IP 地址、TCP/UDP 端口及 VLAN”，如图 5-3-44 所示，单击“确定”按钮。

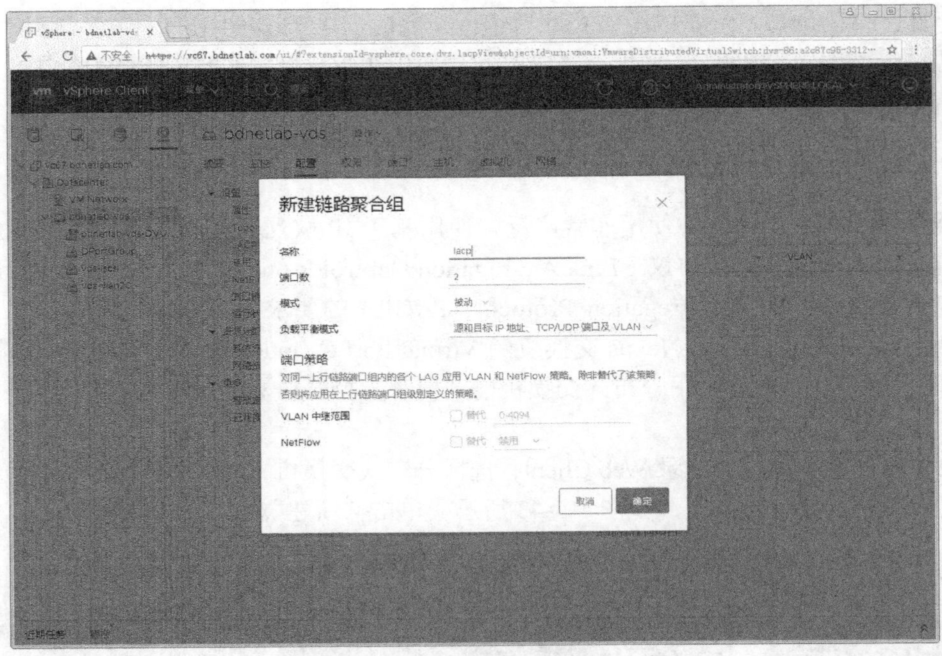

图 5-3-44　配置使用 LACP 聚合之二

第 3 步，名为"lacp"的链路聚合组创建完成，如图 5-3-45 所示。

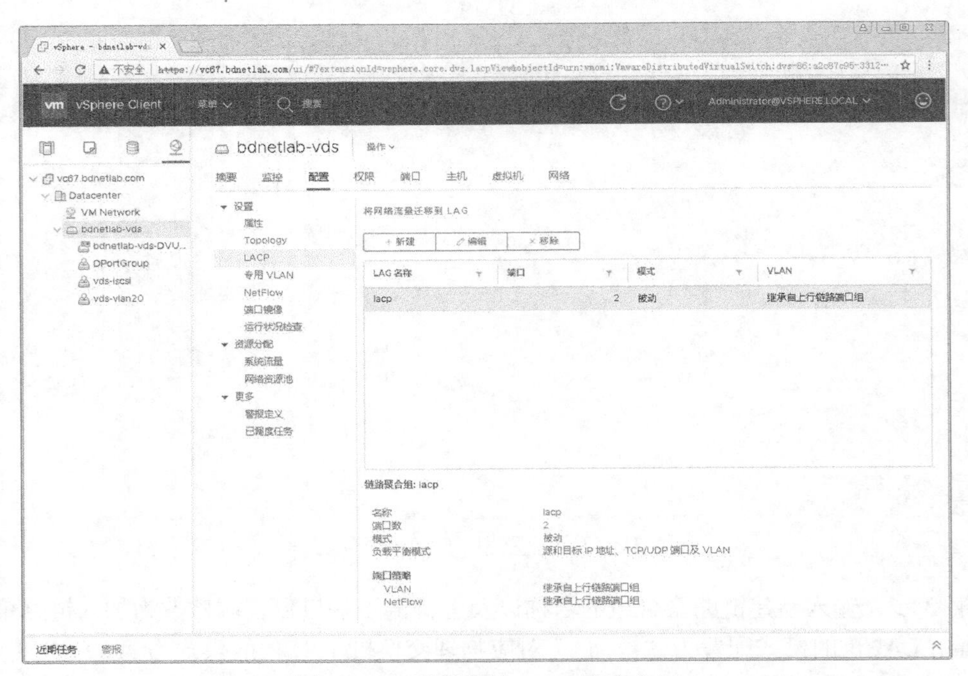

图 5-3-45　配置使用 LACP 聚合之三

第 4 步，在分布式交换机"bdnetlab-vds"上右击，选中"添加和管理主机"，如图 5-3-46 所示。

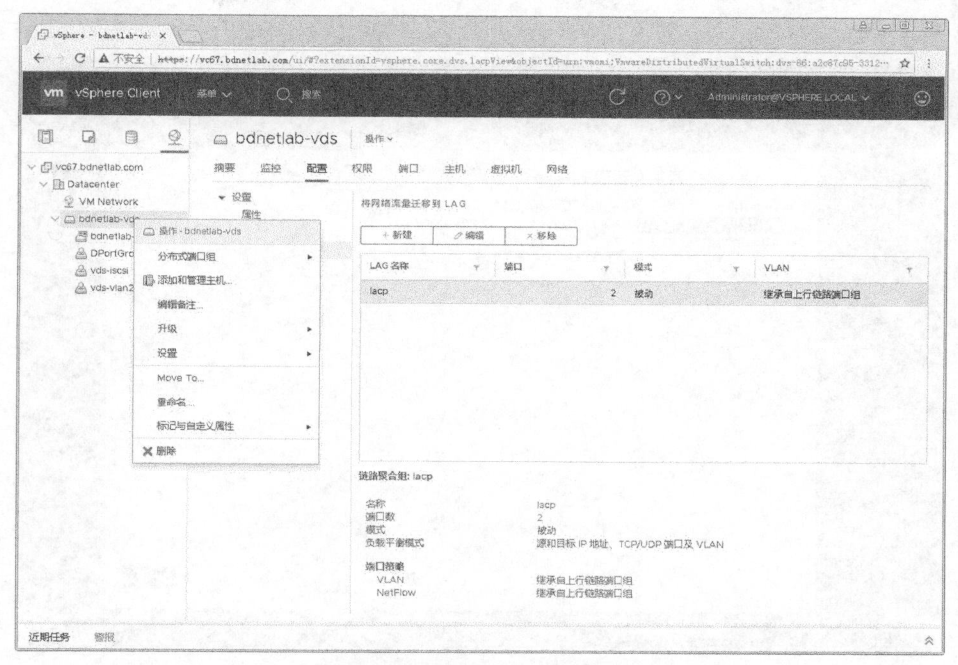

图 5-3-46 配置使用 LACP 聚合之四

第 5 步，在添加管理主机窗口选中“管理主机网络”，如图 5-3-47 所示，单击“NEXT”按钮。

图 5-3-47 配置使用 LACP 聚合之五

第 6 步，单击“连接的主机”，如图 5-3-48 所示，单击“NEXT”按钮。

图 5-3-48　配置使用 LACP 聚合之六

第 7 步，选中需要使用链路聚合组的 ESXi 主机，如图 5-4-49 所示，单击“确定”按钮。

图 5-3-49　配置使用 LACP 聚合之七

第 8 步，确定选择的主机正确后，如图 3-3-50 所示，然后单击“NEXT”按钮。

图 5-3-50　配置使用 LACP 聚合之八

第 9 步，选中原来上行链路的适配器，取消分配适配器，如图 5-3-51 所示。

图 5-3-51　配置使用 LACP 聚合之九

第 10 步，使用相同的方法全部取消原分配的上行链路，如图 5-3-52 所示。

图 5-3-52　配置使用 LACP 聚合之十

第 11 步，将新创建的“lacp”作为上行链路分配，如图 5-3-53 所示。

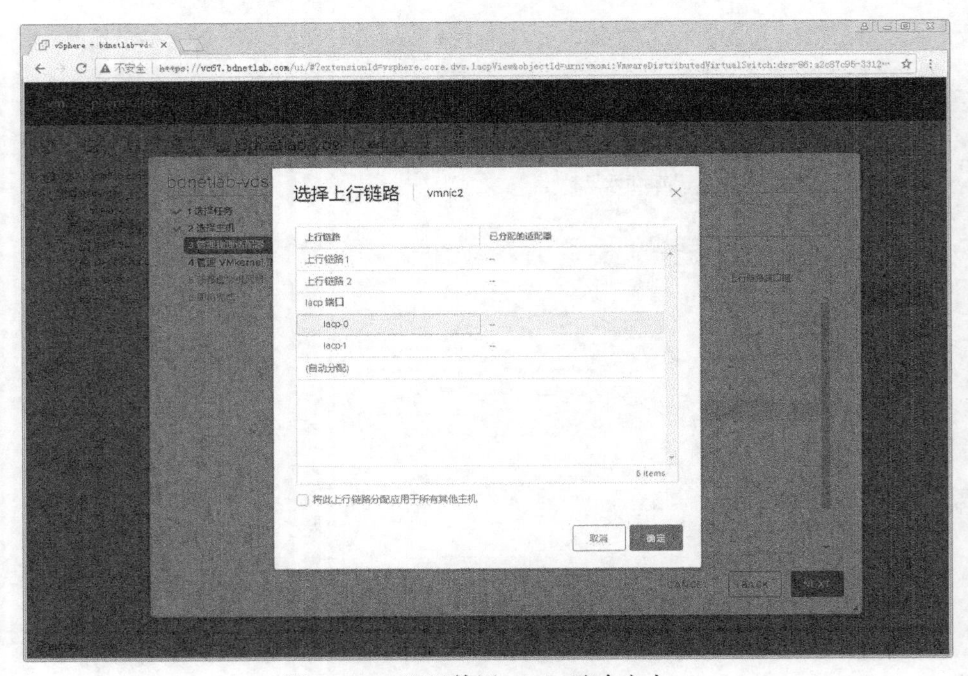

图 5-3-53　配置使用 LACP 聚合之十一

第 12 步，将新创建的“lacp”作为上行链路分配到 ESXi 主机，如图 5-3-54 所示，单击“NEXT”按钮。

图 5-3-54　配置使用 LACP 聚合之十二

第 13 步，使用相同的方式分配另一台 ESXi 主机，如图 5-3-55 所示，单击“NEXT”按钮。

图 5-3-55　配置使用 LACP 聚合之十三

第 14 步，系统会询问是否迁移 VMkernel 网络，如图 5-3-56 所示，单击“NEXT”按钮。

图 5-3-56　配置使用 LACP 聚合之十四

第 15 步，系统会询问是否迁移虚拟机网络，如图 5-3-57 所示，单击“NEXT”按钮。

图 5-3-57　配置使用 LACP 聚合之十五

第 16 步，确认添加管理主机的参数正确后，如图 5-3-58 所示，单击“FINISH”按钮。

图 5-3-58 配置使用 LACP 聚合之十六

第 17 步，编辑 vds-vlan20 端口组，默认负载平衡为“基于源虚拟端口的路由”，如图 5-3-59 所示。

图 5-3-59 配置使用 LACP 聚合之十七

第 18 步，为配合使用 LACP，需要调整为基于 IP 散列（注意，界面显示的是“散列”）

的路由，如图 5-3-60 所示。

图 5-3-60　配置使用 LACP 聚合之十八

第 19 步，特别注意，目前仅完成 ESXi 主机基础 LACP 配置，但还需要在物理交换机上进行配置。

```
DC1-N5K-02(config)# interface e103/1/3-4
DC1-N5K-02(config-if-range)# channel-group 1 mode active  #配置启用 LACP
DC1-N5K-02(config-if-range)# switchport
DC1-N5K-02(config-if-range)# switchport mode trunk
DC1-N5K-02(config-if-range)# no shut
DC1-N5K-02(config)# interface e103/1/7-8
DC1-N5K-02(config-if-range)# channel-group 1 mode active   #配置启用 LACP
DC1-N5K-02(config-if-range)# switchport
DC1-N5K-02(config-if-range)# switchport mode trunk
DC1-N5K-02(config-if-range)# no shut
```

第 20 步，查看 port-channel 状态。

```
DC1-N5K-02# show port-channel summary
Flags:  D - Down        P - Up in port-channel (members)
     I - Individual  H - Hot-standby (LACP only)
     s - Suspended   r - Module-removed
     S - Switched    R - Routed
     U - Up (port-channel)
     M - Not in use. Min-links not met
--------------------------------------------------------------------------------
```

```
Group Port-     Type    Protocol  Member Ports
      Channel
--------------------------------------------------------------------------------
1     Po1(SU)     Eth     LACP      Eth103/1/3(P)  Eth103/1/4(P)
2     Po2(SU)     Eth     LACP      Eth103/1/7(P)  Eth103/1/8(P)
```

“SU”代表 LACP 协商成功，可以正常通信。

第 21 步，打开虚拟机 win2k12-vc67 控制台，测试其网络连通性，如图 5-3-61 所示。

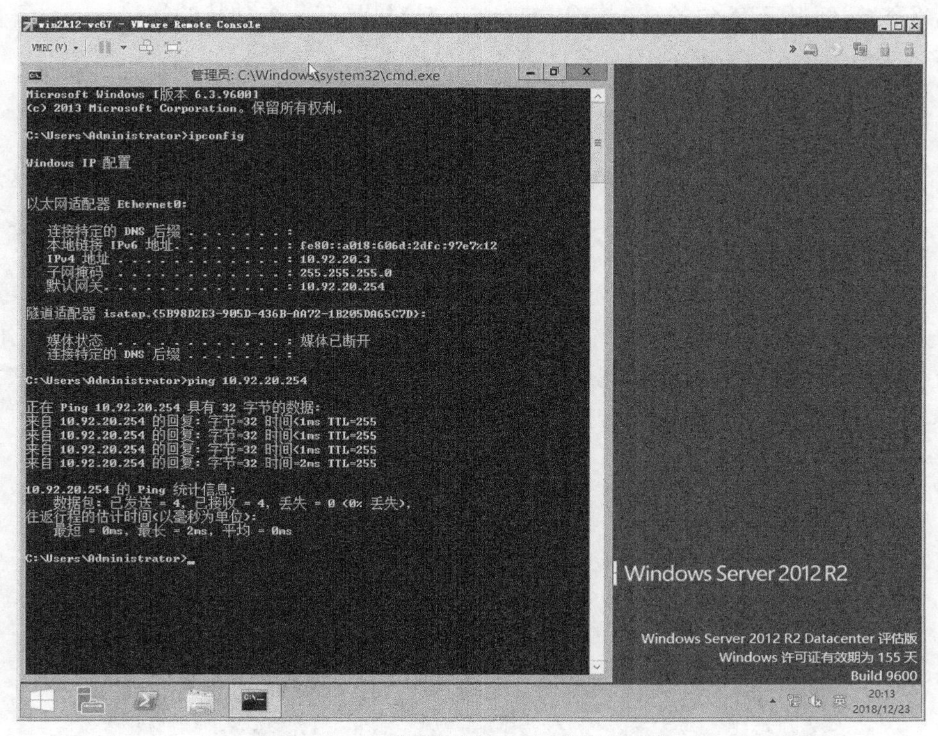

图 5-3-61 配置使用 LACP 聚合之十九

至此，基于分布式交换机配置 LACP 完成。一定注意配置分为 ESXi 主机以及物理交换机两个部分，两个部分配置正确无误后，LACP 才能正常使用，否则会出现网络不通的情况，致使虚拟机与外部无法进行通信。

5.4 生产环境思科 Nexus 交换机的使用

1993 年，Cisco 公司推出了一个交换机的品牌——Catalyst，这个品牌在市场上处于绝对的领导地位。经过 15 年的时间，到 2008 年 1 月，Cisco 公司又对外发布了另一个交换机的品牌——Nexus。Nexus 交换机是适应未来云计算、虚拟化、整合化数据中心的新一代交换机产品，相较于以前的 Catalyst 交换机有重大改进和扩展。本节将介绍 Cisco Nexus N5K&N2K 交换机的基本配置以及它们在 VMware vSphere 环境的应用。

5.4.1　Nexus 交换机介绍

作为全新的品牌，Nexus 系列交换机适用于未来数据中心的先进架构，与 Catalyst 交换机及其他厂家等交换机有本质上的不同。Nexus 交换机的功能不单是传输数据。它具有一种全新的架构设计——计算机总线的延伸，目前只有 Brocade 交换机能部分支持，而其他厂商的产品目前无法支持这些特性。Nexus 交换机具有以下特点。

1．高性能/低延迟/不丢包的以太网

高性能/低延迟/不丢包的结合使得 Nexus 交换机具有一个独特的优势——计算机总线的延伸。这相当于把彼此通信的众多计算机的总线直接连接起来。

- 高性能相当于修了一条非常宽的路，宽到大量的车都可以并排行驶。
- 低延迟相当于每辆车的速度都很快。
- 不丢包相当于车上的货物在道路上不丢失。以前的所有交换机都做不到这点，相当于目的地有个货物检查员来检查车上的货物，一旦发现丢了，再重新发货，导致效率降低。

2．统一的架构

Nexus 交换机能支持以太网和存储网的统一架构。使用 Nexus 交换机的统一架构 FCOE 后，布线数量大大减少。考虑到冗余，只需要两个接口卡（CNA）即可，使得原来布线杂乱的机房变得非常简单、整洁，维护管理异常方便，如图 5-4-1 所示。

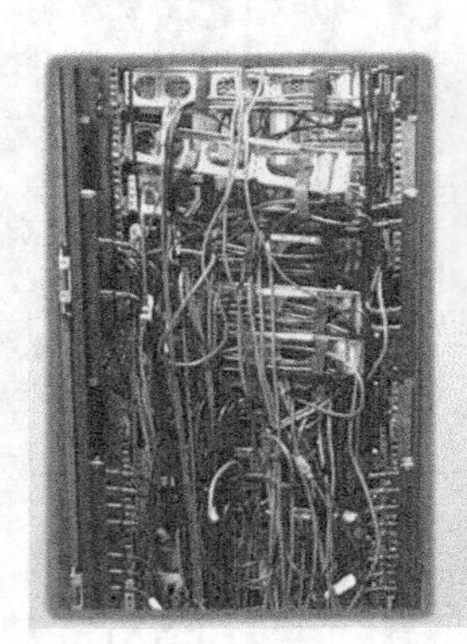
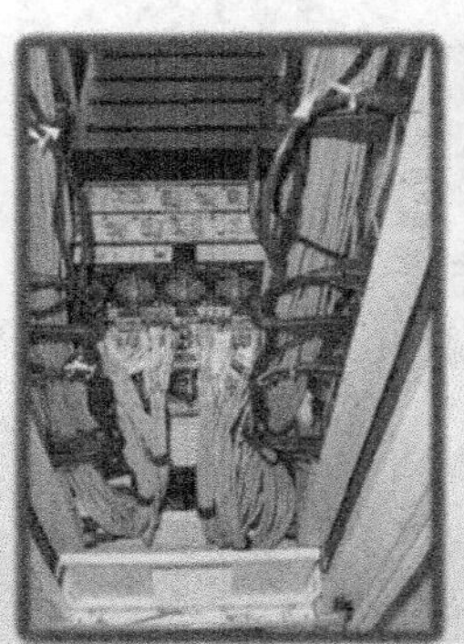

图 5-4-1　Nexus 统一架构使布线数量大大减少

3．Nexus VDC

Nexus 交换机支持完全虚拟化的架构。从大的方面讲，这种虚拟化的架构与 VMware 结合后，可以构成一个完全适应未来数据中心即云计算数据中心的架构。从小的方面讲，Nexus N7000 支持 VDC 虚拟交换机技术，支持将一台 Nexus N7000 交换机划分为 4 个或 8 个软件和端口完全独立的 Nexus N7000 交换机，软件进程和端口完全隔离。购买一个 Nexus7000 交换机，可以当作 4 个或 8 个单独的 Nexus N7000 使用，给不同的业务系统隔离使用，降低了需要购买设备的数量和经费，而且只安装一次，应用非常灵活，如图 5-4-2 所示。

4．简化管理

Nexus 5000 交换机通过 10GE 端口与 N2K 连接，每个 N2K 相当于 N5K 的一块 48 口板卡，配置管理完全在 N5K 上进行，把 N2K 放在每个机柜上，与机柜上服务器连接，然后再与 N5K 连接。这种独特的 N5K+N2K 的虚拟板卡架构，使得管理简化，只管理一个 N5K 即可，不像以前那样要管理多个连接服务器的交换机，如图 5-4-3 所示。

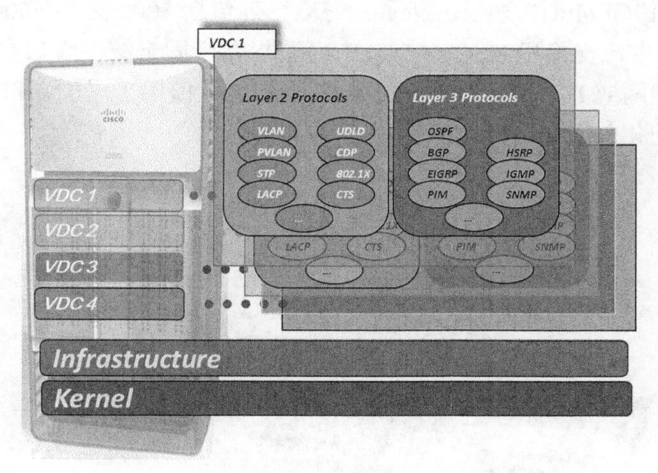

图 5-4-2 Nexus 交换 VDC 技术

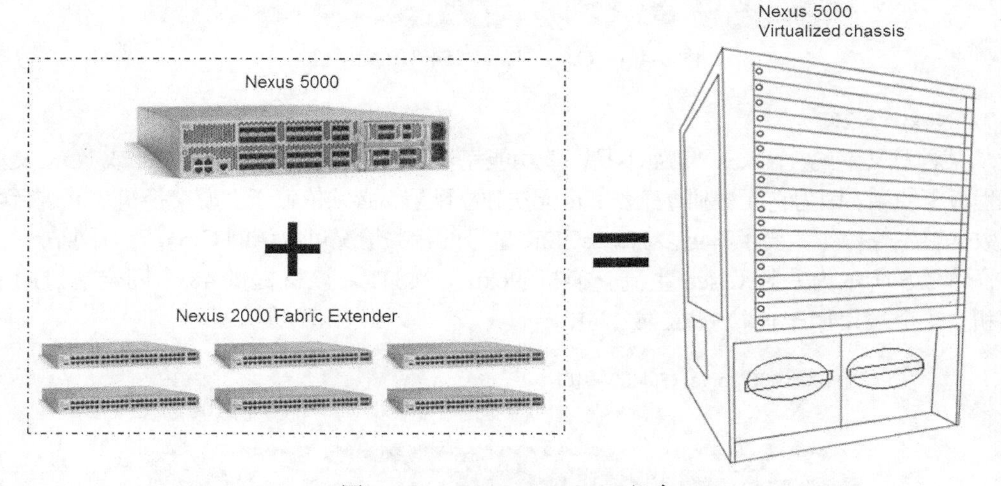

图 5-4-3 Nexus N5K+N2K 组合

5. NV-LINK 技术以及 NX-OS

1）NV-LINK 技术

在 VMware 环境中使用的 Nexus 1000V 虚拟交换机能软件支持 NV-Link 功能，Nexus 5000 交换机也将会硬件支持这个功能，这样在交换机上就能识别出各个虚拟机 VM 的特征（QoS、安全等），从而能够为每个 VM 制定一些策略，有效地与 VM 环境结合。NV-Link 在 VMware 的虚拟环境中对用户很有吸引力，如果有用户对这种环境或对虚拟机感兴趣，作者可以明确地告诉用户，目前只有 Cisco 的交换机能支持这种技术。

2）NX-OS

Nexus 交换机集中了 Cisco 存储交换机 SAN OS 及 IP 网络设备 IOS 中最精华的部分，形成了最先进的操作系统 NX-OS。NX-OS 使用 Linux 内核，具有极高的稳定性。

6. Nexus N5K 介绍

统一、融合是 Nexus N5K 系列交换机的最大特点。Nexus N5K 系列交换机提供统一端口/FEX/FC/FCoE/10GE/40GE 端口，Nexus N5K 系列包括 5000/5500/5600 系列。如图 5-4-4 所示为一款 Cisco 主流交换机 Nexus 5548UP，提供 32 个固定统一端口（可通过命令的方式将端口修改为以太网或 FC 端口），同时提供一个扩展插槽用于增加端口数量。要了解更多 Nexus N5K 型号的相关情况可以访问 Cisco 官方网站。

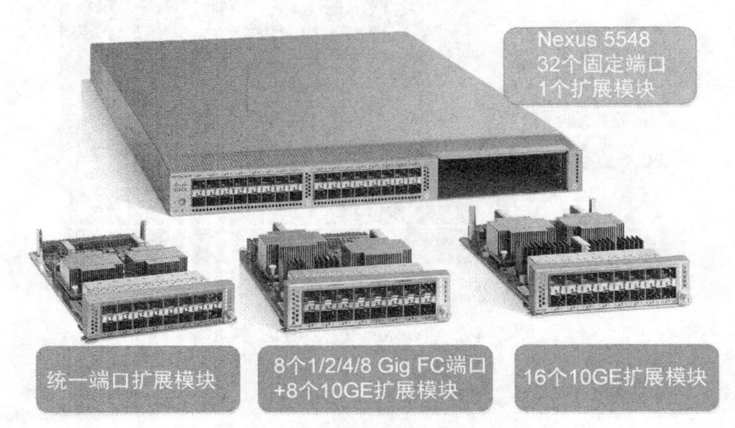

图 5-4-4　Cisco Nexus 5548UP 交换机

7. Nexus N2K 介绍

从某种意义上说，Nexus N2K 不是一款功能完整的交换机，它可作为 N7K 或 N5K 交换机的远程板卡使用。因为它无法独立工作，也无法独立配置，必须依赖于上游交换机才能进行配置以及数据转发等操作。要了解更多 Nexus N2K 型号的相关情况可以访问 Cisco 官方网站。

图 5-4-5 所示为一款 Cisco 主流交换机 Nexus 2248TP。该机提供 48 个固定端口用于连接主机、4 个端口用于连接 N7K 或 N5K。

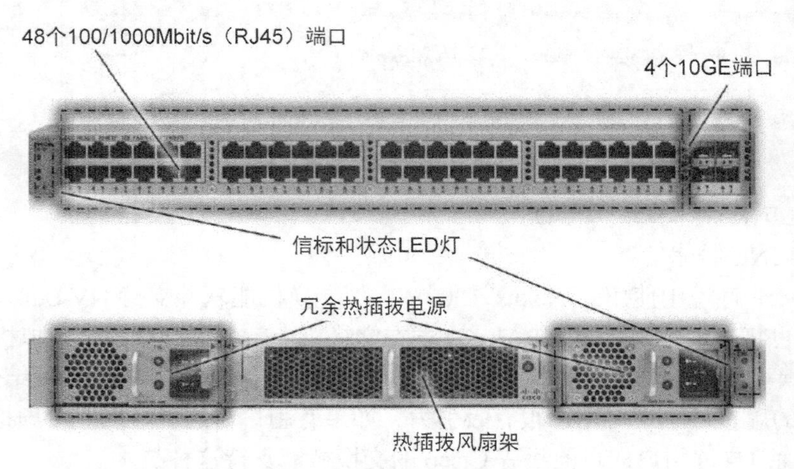

图 5-4-5　Cisco Nexus 2248TP 交换机

图 5-4-6 所示为一款 Cisco 主流 Nexus 2232PP 交换机。该机提供 32 个固定端口用于连接主机、8 个端口用于连接 N7K 或 N5K。

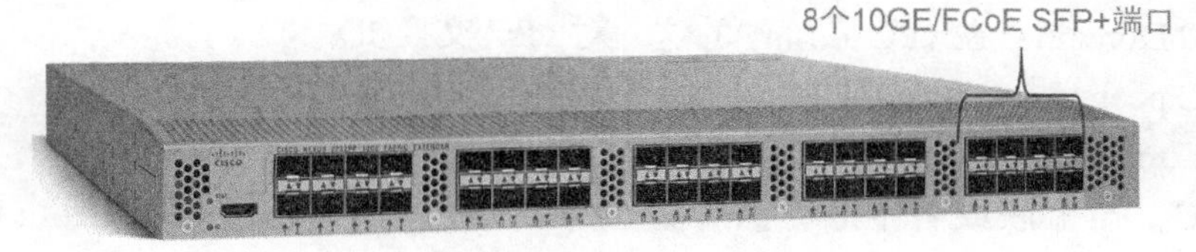

图 5-4-6 Cisco Nexus 2232PP 交换机

5.4.2 Nexus VPC 技术介绍

vPC，全称为 Virtual Port Channel，简单来说，就是可以跨越交换机使用的 Port Channel，是 Cisco Nexus 系列交换机特有的技术。在配置 vPC 交换机之前，用户需要对 vPC 技术进行一些了解。

1. 什么是 vPC

vPC 在两个独立的交换机（Nexus N5K）上扩展聚合链路，基于虚拟链路技术，使 2 层网络环境更稳定和可靠，最大程度减少生成树阻塞口和最大程度利用所有现行的上联口。

图 5-4-7 显示了非 vPC 网络和使用 vPC 网络拓扑。在非 vPC 网络环境中，为避免环路阻塞端口下游交换机连接到上游两台核心交换机使用 STP；在 vPC 网络环境中，下游交换机连接到上游两台核心交换机可以使用 vPC 技术从而形成一条虚拟的聚合链路，所以不存在阻塞端口问题。

2. vPC 优点

在网络环境中使用 vPC 技术，具有很多的优点。这些优点包括：提供虚拟机/服务器集群的无缝迁移；2 层的带宽扩展更容易；两台交换机提供独立的控制层（control planes）；在有链路或设备损坏的情况下提供更快速的收敛；网络设计更简单。

3. vPC 术语

在 Nexus 交换机中使用 vPC 技术，需要了解其基本的术语，如图 5-4-8 所示。

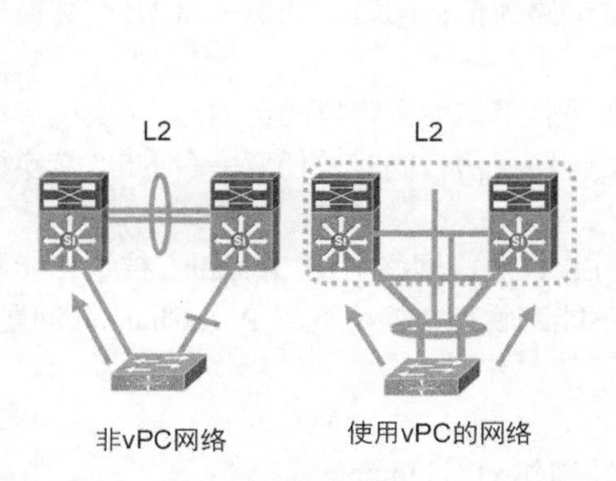

图 5-4-7 非 vPC 网络和使用 vPC 网络拓扑

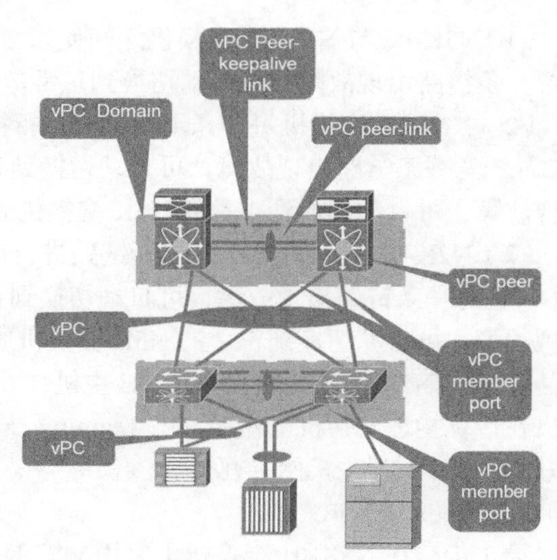

图 5-4-8 vPC 术语

（1）vPC Domain：在 vPC 系统中的这一对 vPC 交换机。

（2）vPC peer：指一对交换机中的每一台 vPC 交换机。

（3）vPC member port：vPC 聚合链路中的成员端口。

（4）vPC：与上联或者下联设备相连的聚合链路，可以连接交换机也可以连接服务器。

（5）vPC peer-link：在两台 vPC 交换机之间用来同步信息和状态的链路。该链路必须使用 10GE 端口。

（6）vPC peer-keepalive link：两台 vPC 交换机之间的心跳检测链路，确保两台 vPC 交换机在线。该链路可使用 1GE 或 10GE 端口。

5.4.3　虚拟化架构使用 N5K&N2K

了解 Nexus 交换机基本特性后，与传统物理交换机比较，用户可以考虑如何将其应用到虚拟化环境。本小节介绍比较经典的设计以及应用。

1. N5K 与 N2K 连接设计

在连接服务器之前，网络核心交换机的连接设计非常重要，特别是使用 Nexus 各种特性的交换机。图 5-4-9 显示了经典的 N5K 与 N2K 连接设计，设计解释如下。

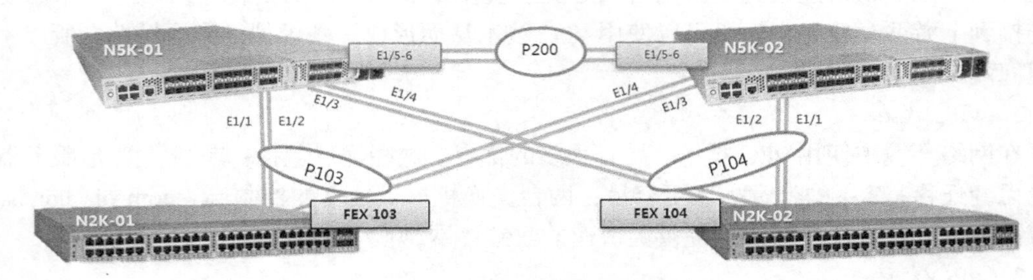

图 5-4-9　N5K 与 N2K 连接设计

（1）N5K-01 与 N5K-02 交换机之间使用 2 条 10GE 连接配置 Port Channel 并启用 vPC，任意一条链路出现故障，可自动切换到正常链路通信。

（2）N2K-01 交换机每 2 条上行链路进行捆绑并启用 vPC，跨越两台 N5K 交换机形成 vPC，任意一条链路出现故障，可自动切换到正常链路通信；同时，任意一台 N5K 交换机出现故障，可自动切换到正常的 N5K 交换机通信。

（3）N2K-02 交换机每 2 条上行链路进行捆绑并启用 vPC，跨越两台 N5K 交换机形成 vPC，任意一条链路出现故障，可自动切换到正常链路通信；同时，任意一台 N5K 交换机出现故障，可自动切换到正常的 N5K 交换机通信。

如果将 N2K 交换机更换为 ESXi 主机，配合 ESXi 主机网络 NIC Teaming 技术，能够解决在传统物理交换机上使用 NIC Teaming 技术不能跨物理交换机配置 Port Channel 问题，更好地实现 ESXi 主机网络冗余。

2. 配置基本 vPC

第 1 步，在 N5K-01 交换机上启用 vPC 特性并创建 vPC Domain。

```
BDNETLAB-N5K-01(config)# feature vpc  //启用 vPC 特性
BDNETLAB-N5K-01(config)# vpc domain 50  //创建 vPC Domain
BDNETLAB-N5K-01(config-vpc-domain)# role priority 49  //配置优先级
BDNETLAB-N5K-01(config-vpc-domain)# system-priority 2500    //配置 system 优先级
BDNETLAB-N5K-01(config-vpc-domain)# peer-keepalive destination 10.92.30.246 source 10.92.30.245 vrf
management  //配置 peer-keepalive
```

第 2 步，完成 N5K-01 配置后进行结果验证。

```
BDNETLAB-N5K-01(config)# show vpc
Legend:          (*) - local vPC is down, forwarding via vPC peer-link
vPC domain id              : 50
Peer status                : peer link not configured
vPC keep-alive status      : Suspended (Destination IP not reachable)
Configuration consistency status  : failed
Per-vlan consistency status       : failed
Configuration inconsistency reason: vPC peer-link does not exist
Type-2 consistency status         : failed
Type-2 inconsistency reason       : vPC peer-link does not exist
vPC role                   : none established
Number of vPCs configured         : 0
Peer Gateway               : Disabled
Dual-active excluded VLANs        : -
Graceful Consistency Check        : Disabled (due to peer configuration)
Auto-recovery status              : Disabled
```

第 3 步，在 N5K-02 交换机上启用 vPC 特性并创建 vPC Domain。注意，两台 N5K 交换机的 vPC Domain 配置必须一致。

```
BDNETLAB-N5K-02(config)# feature vpc  //启用 vPC 特性
BDNETLAB-N5K-02(config)# vpc domain 50  //创建 vPC Domain
BDNETLAB-N5K-02(config-vpc-domain)# role priority 50  //配置优先级
BDNETLAB-N5K-02(config-vpc-domain)# peer-keepalive destination 10.92.30.245 source 10.92.30.246 vrf
management  //配置 peer-keepalive
```

第 4 步，完成 N5K-02 配置后进行结果验证。

```
BDNETLAB-N5K-02(config)# show vpc
Legend:          (*) - local vPC is down, forwarding via vPC peer-link
vPC domain id              : 50
Peer status                : peer link not configured
vPC keep-alive status      : peer is alive  //当 N5K 交换机配置 keep-alive 后，状态正常
Configuration consistency status  : failed
Per-vlan consistency status       : failed
Configuration inconsistency reason: vPC peer-link does not exist
Type-2 consistency status         : failed
Type-2 inconsistency reason       : vPC peer-link does not exist
vPC role                   : none established
```

```
Number of vPCs configured        : 0
Peer Gateway                     : Disabled
Dual-active excluded VLANs       : -
Graceful Consistency Check       : Disabled (due to peer configuration)
Auto-recovery status             : Disabled
```

第 5 步，配置两台 N5K 交换机 vPC peer-link 链路。

```
BDNETLAB-N5K-01(config)# feature lacp //启用 LACP 特性
BDNETLAB-N5K-01(config)# interface e1/5-6 //使用 E1/5-6 端口作为 peer-link 链路
BDNETLAB-N5K-01(config-if-range)# channel-group 200 mode active  //配置 Port Channel
BDNETLAB-N5K-01(config-if-range)# no shutdown
BDNETLAB-N5K-01(config)# interface port-channel 200
BDNETLAB-N5K-01(config-if)# switchport mode trunk  //配置 Port Channel 为 Trunk 模式
BDNETLAB-N5K-01(config-if)# switchport trunk allowed vlan 10,20,130 //允许 VLAN 通过
BDNETLAB-N5K-01(config-if)# vpc peer-link  //将 Port Channel 配置为 peer-link
Please note that spanning tree port type is changed to "network" port type on vPC peer-link.
This will enable spanning tree Bridge Assurance on vPC peer-link provided the STP Bridge Assurance
(which is enabled by default) is not disabled.
BDNETLAB-N5K-01(config-if)# no shutdown

BDNETLAB-N5K-02(config)# feature lacp
BDNETLAB-N5K-02(config)# interface e1/5-6
BDNETLAB-N5K-02(config-if-range)# channel-group 200 mode active
BDNETLAB-N5K-02(config-if-range)# no shutdown
BDNETLAB-N5K-02(config)# interface port-channel 200
BDNETLAB-N5K-02(config-if)# switchport mode trunk
BDNETLAB-N5K-02(config-if)# switchport trunk allowed vlan 10,20,130
BDNETLAB-N5K-02(config-if)# vpc peer-link
Please note that spanning tree port type is changed to "network" port type on vPC peer-link.
This will enable spanning tree Bridge Assurance on vPC peer-link provided the STP Bridge Assurance
(which is enabled by default) is not disabled.
BDNETLAB-N5K-02(config-if)# no shutdown
```

第 6 步，配置完 peer-link 后查看状态。一定要保证 vPC 相关状态为“success”，才能说明 N5K 交换机 vPC 配置正常。

```
BDNETLAB-N5K-01(config)# show vpc
Legend:
        (*) - local vPC is down, forwarding via vPC peer-link
vPC domain id                    : 50
Peer status                      : peer adjacency formed ok
vPC keep-alive status            : peer is alive
Configuration consistency status : success
Per-vlan consistency status      : success
Type-2 consistency status        : success
vPC role                         : primary
```

```
Number of vPCs configured        : 0
Peer Gateway                     : Disabled
Dual-active excluded VLANs       : -
Graceful Consistency Check       : Enabled
Auto-recovery status             : Disabled
vPC Peer-link status
---------------------------------------------------------------------
id  Port  Status Active vlans
--  ----  ------ --------------------------------------------------
1   Po200  up    -

BDNETLAB-N5K-02(config)# show vpc
Legend:
            (*) - local vPC is down, forwarding via vPC peer-link
vPC domain id                    : 50
Peer status                      : peer adjacency formed ok
vPC keep-alive status            : peer is alive
Configuration consistency status : success
Per-vlan consistency status      : success
Type-2 consistency status        : success
vPC role                         : secondary
Number of vPCs configured        : 0
Peer Gateway                     : Disabled
Dual-active excluded VLANs       : -
Graceful Consistency Check       : Enabled
Auto-recovery status             : Disabled
vPC Peer-link status
---------------------------------------------------------------------
id  Port  Status Active vlans
--  ----  ------ --------------------------------------------------
1      Po200  up    -
```

3. 将 N2K 交换机加入 vPC

实验环境中的 N2K 具有 4 个上行链路端口，可以分别连接至两台 N5K 交换机以实现冗余，同时可以再使用 vPC 提高链路带宽以及简化网络设计。

第 1 步，将 N2K 交换机使用的 Port Channel 加入 vPC。

```
BDNETLAB-N5K-01(config)# interface e1/1-2
BDNETLAB-N5K-01(config-if-range)# channel-group 103
BDNETLAB-N5K-01(config-if-range)# no shutdown
BDNETLAB-N5K-01(config-if-range)# int e1/3-4
BDNETLAB-N5K-01(config-if-range)# channel-group 104
BDNETLAB-N5K-01(config-if-range)# no shutdown
```

```
BDNETLAB-N5K-01(config)# interface port-channel 103
BDNETLAB-N5K-01(config-if)# switchport mode fex-fabric
BDNETLAB-N5K-01(config-if)# fex associate 103
BDNETLAB-N5K-01(config-if)# vpc 103  //将 port channel 103 关联使用 vPC
BDNETLAB-N5K-01(config-if)# interface port-channel 104
BDNETLAB-N5K-01(config-if)# switchport mode fex-fabric
BDNETLAB-N5K-01(config-if)# fex associate 104
BDNETLAB-N5K-01(config-if)# vpc 104  //将 port channel 104 关联使用 vPC

BDNETLAB-N5K-01(config)# interface e1/1-2
BDNETLAB-N5K-01(config-if-range)# channel-group 103
BDNETLAB-N5K-01(config-if-range)# no shutdown
BDNETLAB-N5K-01(config-if-range)# int e1/3-4
BDNETLAB-N5K-01(config-if-range)# channel-group 104
BDNETLAB-N5K-01(config-if-range)# no shutdown
BDNETLAB-N5K-01(config)# interface port-channel 103
BDNETLAB-N5K-01(config-if)# switchport mode fex-fabric
BDNETLAB-N5K-01(config-if)# fex associate 103
BDNETLAB-N5K-01(config-if)# vpc 103
BDNETLAB-N5K-01(config-if)# interface port-channel 104
BDNETLAB-N5K-01(config-if)# switchport mode fex-fabric
BDNETLAB-N5K-01(config-if)# fex associate 104
BDNETLAB-N5K-01(config-if)# vpc 104
```

第 2 步，验证 N2K 交换机使用 vPC。

```
BDNETLAB-N5K-01(config)# show vpc
Legend:
        (*) - local vPC is down, forwarding via vPC peer-link
vPC domain id                  : 50
Peer status                    : peer adjacency formed ok
vPC keep-alive status          : peer is alive
Configuration consistency status  : success
Per-vlan consistency status    : success
Type-2 consistency status      : success
vPC role                       : primary
Number of vPCs configured      : 2
Peer Gateway                   : Disabled
Dual-active excluded VLANs     : -
Graceful Consistency Check     : Enabled
Auto-recovery status           : Disabled
vPC Peer-link status
---------------------------------------------------------------------
id  Port  Status Active vlans
```

```
-- ---- ------ --------------------------------------------------
1   Po200  up    -
vPC status
----------------------------------------------------------------------------
id   Port     Status Consistency Reason      Active vlans
------ ----------- ------ ----------- ------------------------- -----------
103  Po103   up  success  success -  //N2K 交换机 port channel 103 成功使用 vPC
104  Po104   up  success  success  -  //N2K 交换机 port channel 103 成功使用 vPC
104448 Eth103/1/1  down*  Not   Consistency Check Not  -                  Applicable  Performed

BDNETLAB-N5K-02(config)# show vpc
Legend:
          (*) - local vPC is down, forwarding via vPC peer-link
vPC domain id                   : 50
Peer status                     : peer adjacency formed ok
vPC keep-alive status           : peer is alive
Configuration consistency status  : success
Per-vlan consistency status       : success
Type-2 consistency status         : success
vPC role                        : secondary
Number of vPCs configured         : 2
Peer Gateway                    : Disabled
Dual-active excluded VLANs        : -
Graceful Consistency Check        : Enabled
Auto-recovery status              : Disabled
vPC peer-link status
---------------------------------------------------------------------
id   Port   Status Active vlans
--  ----  ------ --------------------------------------------------
1   Po200  up    -
vPC status
----------------------------------------------------------------------------
id   Port     Status Consistency Reason      Active vlans
------ ----------- ------ ----------- ------------------------- -----------
103   Po103     up    success    success       -
104   Po104     up    success    success       -
104448 Eth103/1/1  down*  Not      Consistency Check Not    -
                  Applicable  Performed
```

4. ESXi 主机应用配置

本节实验将在 ESXi 主机上配置标准交换机启用 NIC Teaming，并使用 IP 散列作为负载均衡来验证 vPC 技术在 ESXi 主机上的应用。

第 1 步，登录 ESXi 主机。IP 地址为 10.92.10.12 的 ESXi 主机配置有两个 10GE 的以太网接口，如图 5-4-10 所示。

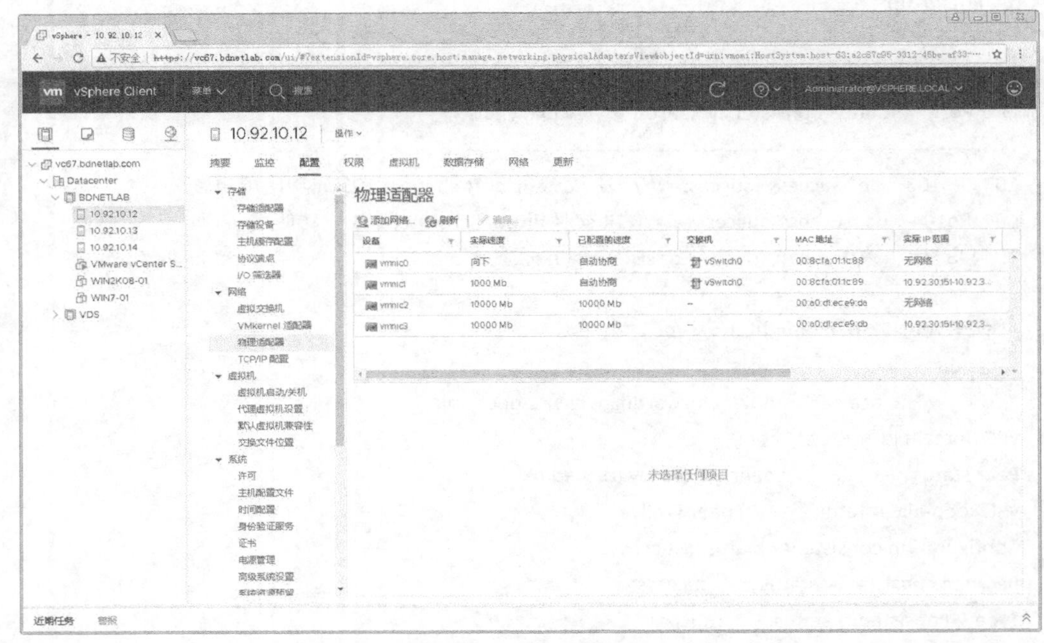

图 5-4-10　配置 ESXi 主机使用 vPC 之一

第 2 步，ESXi 主机目前只有默认的标准交换机，如图 5-4-11 所示，创建新的标准交换机用 vPC，单击“添加网络”。

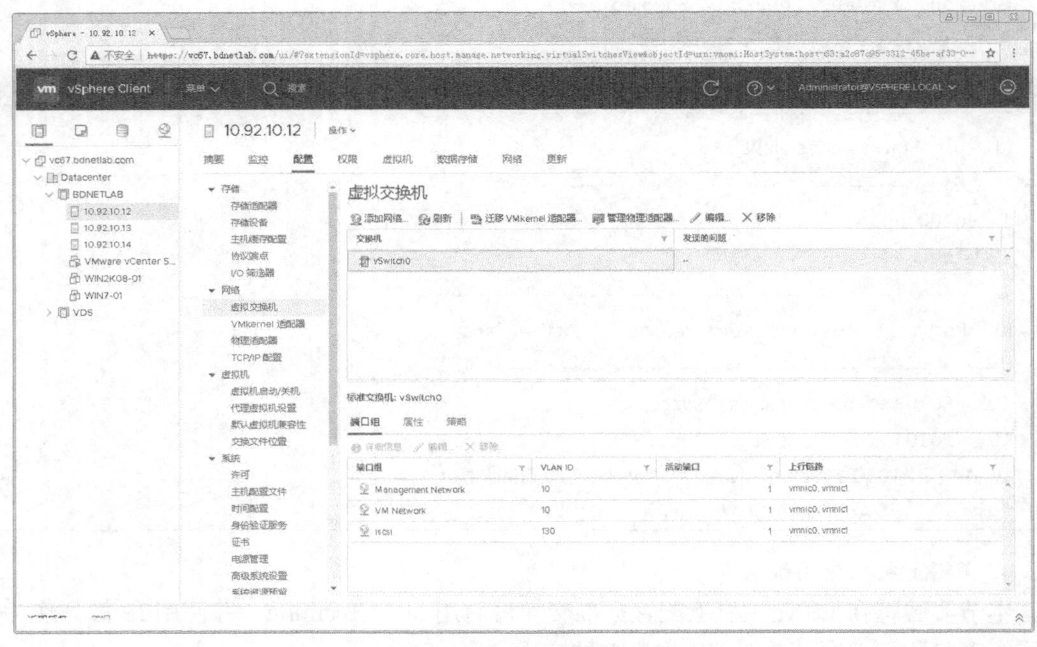

图 5-4-11　配置 ESXi 主机使用 vPC 之二

第 3 步，选中“标准交换机的虚拟机端口组”，如图 5-4-12 所示，单击“NEXT”按钮。

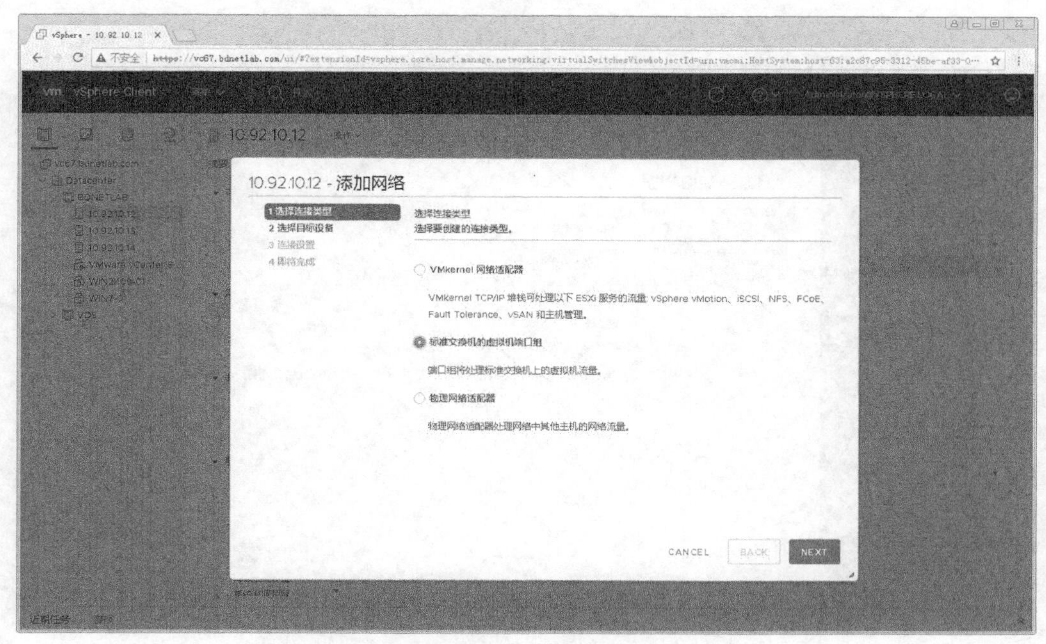

图 5-4-12 配置 ESXi 主机使用 vPC 之三

第 4 步，选中“新建标准交换机”，MTU 可以根据交换机支持情况进行调整，如图 5-4-13 所示，单击“NEXT”按钮。

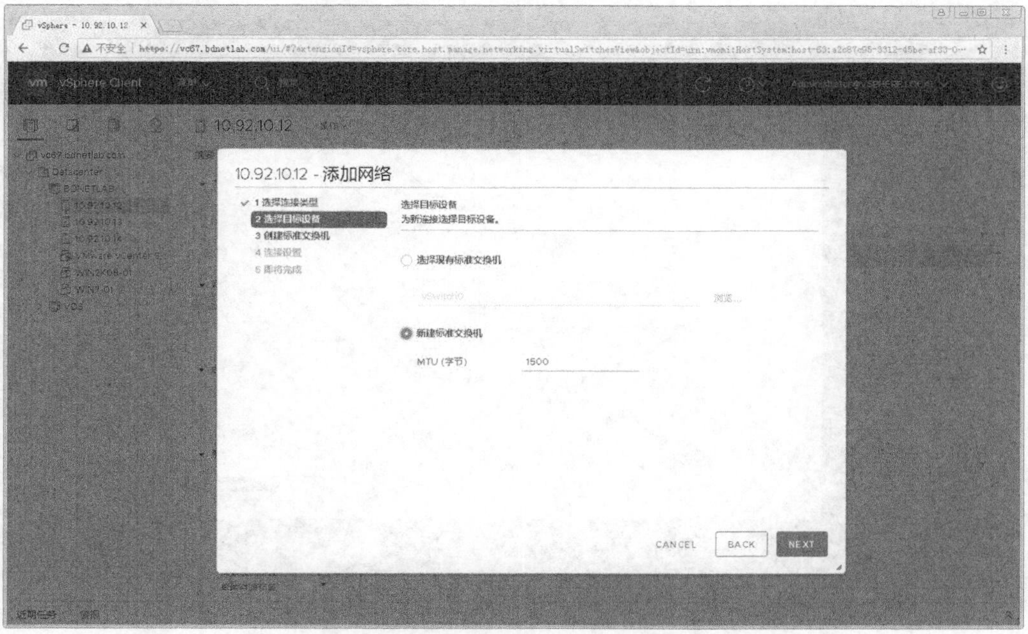

图 5-4-13 配置 ESXi 主机使用 vPC 之四

第 5 步，为标准交换机分配物理网络适配器，如图 5-4-14 所示，单击“+”图标。

图 5-4-14 配置 ESXi 主机使用 vPC 之五

第 6 步，选中空闲的 vmnic2，如图 5-4-15 所示，单击“确定”按钮。

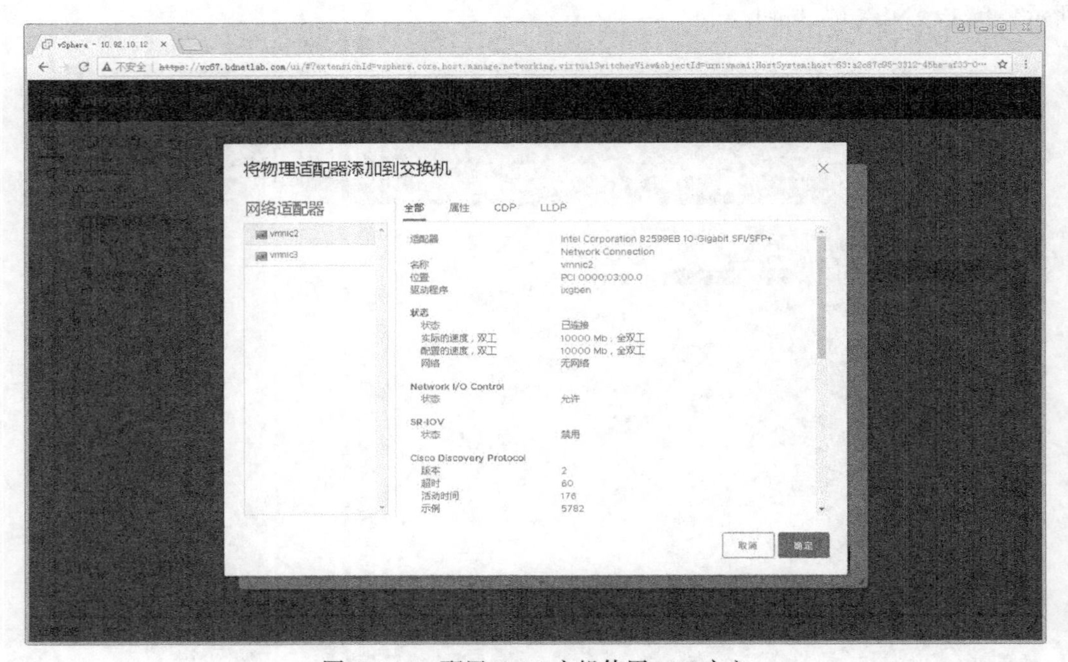

图 5-4-15 配置 ESXi 主机使用 vPC 之六

第 7 步，将 vmnic2 添加进新创建的标准交换机，如图 5-4-16 所示。

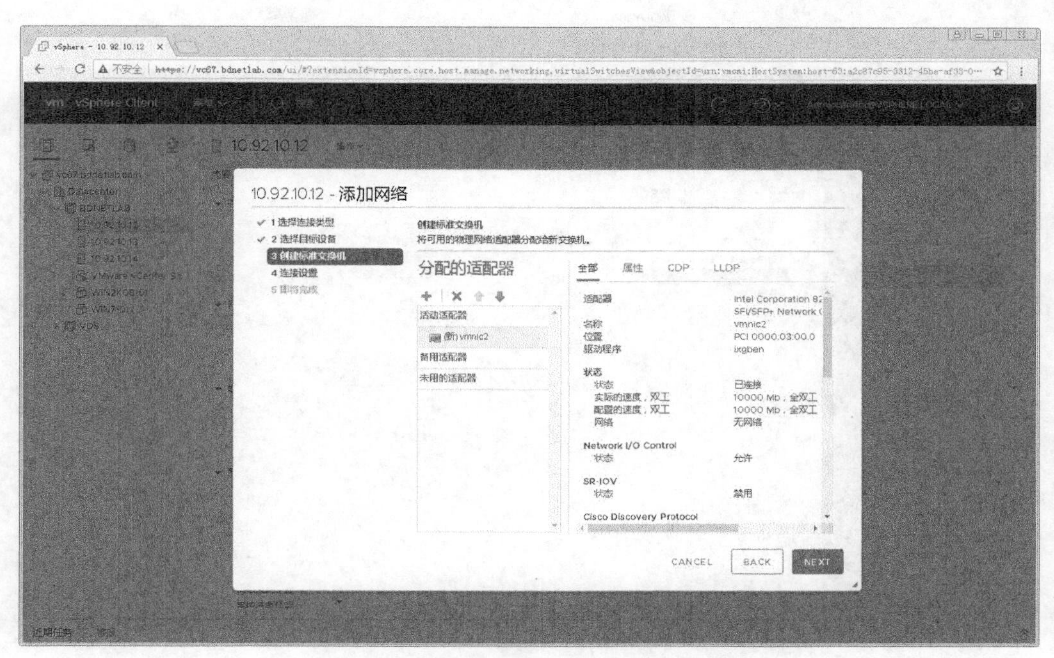

图 5-4-16　配置 ESXi 主机使用 vPC 之七

第 8 步，按照相同的方式将 vmnic3 添加到新创建的标准交换机，如图 5-4-17 所示，单击“NEXT”按钮。

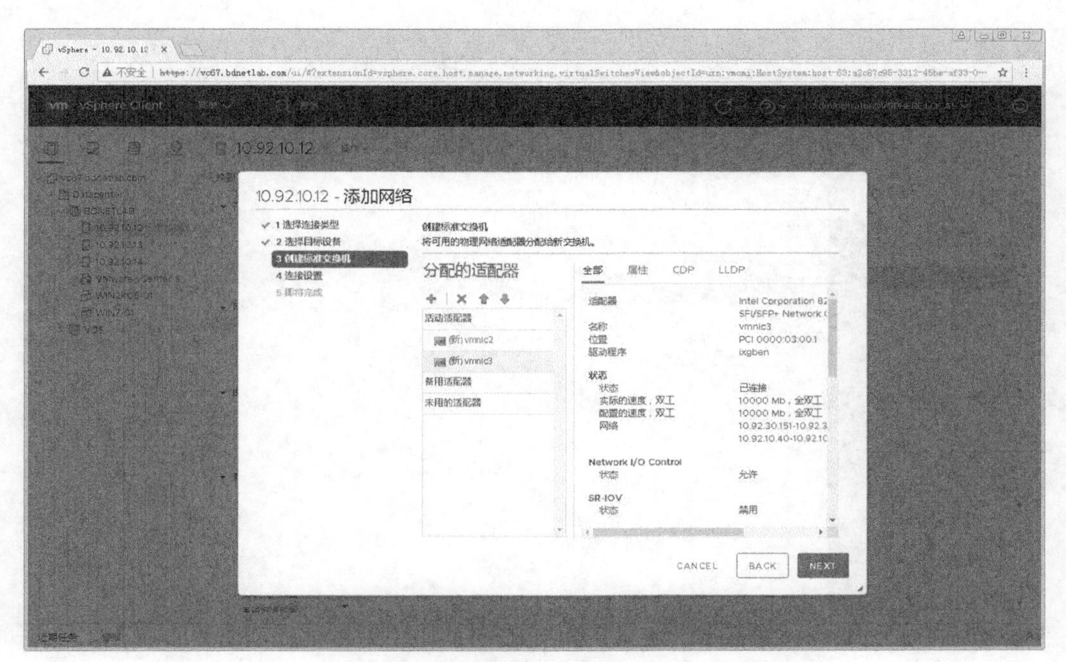

图 5-4-17　配置 ESXi 主机使用 vPC 之八

第 9 步，设置新创建的标准交换机网络标签以及 VLAN ID，如图 5-4-18 所示，单击“NEXT”按钮。

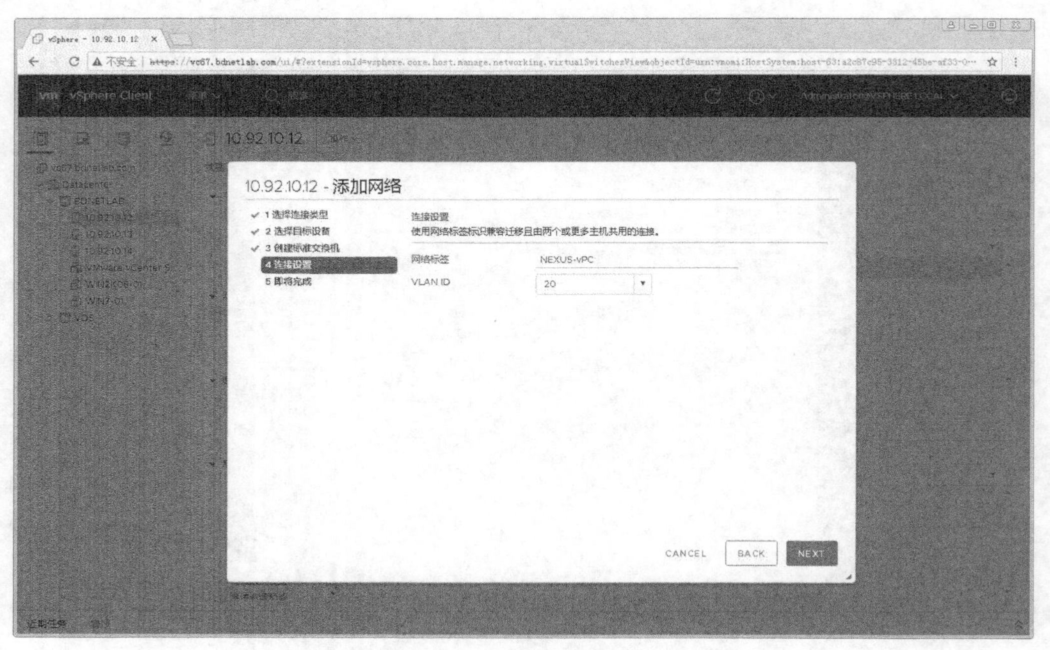

图 5-4-18　配置 ESXi 主机使用 vPC 之九

第 10 步，确认新建的标准交换机参数配置正常后，如图 5-4-19 所示，单击“FINISH”按钮。

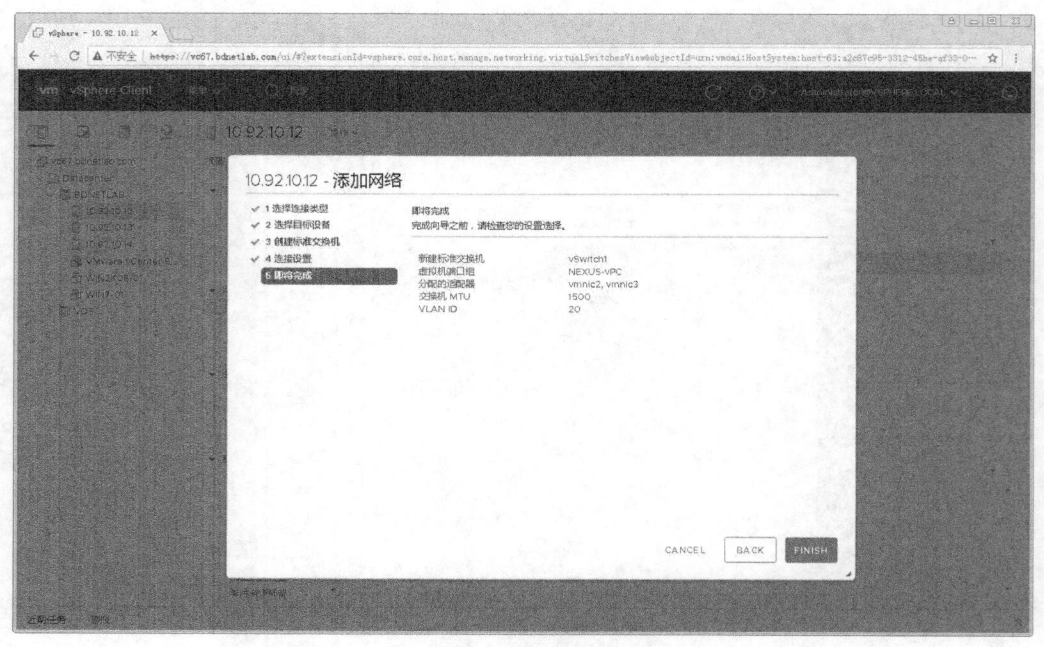

图 5-4-19　配置 ESXi 主机使用 vPC 之十

第 11 步，完成新标准交换机 NEXUS-vPC 端口组的创建，如图 5-4-20 所示。

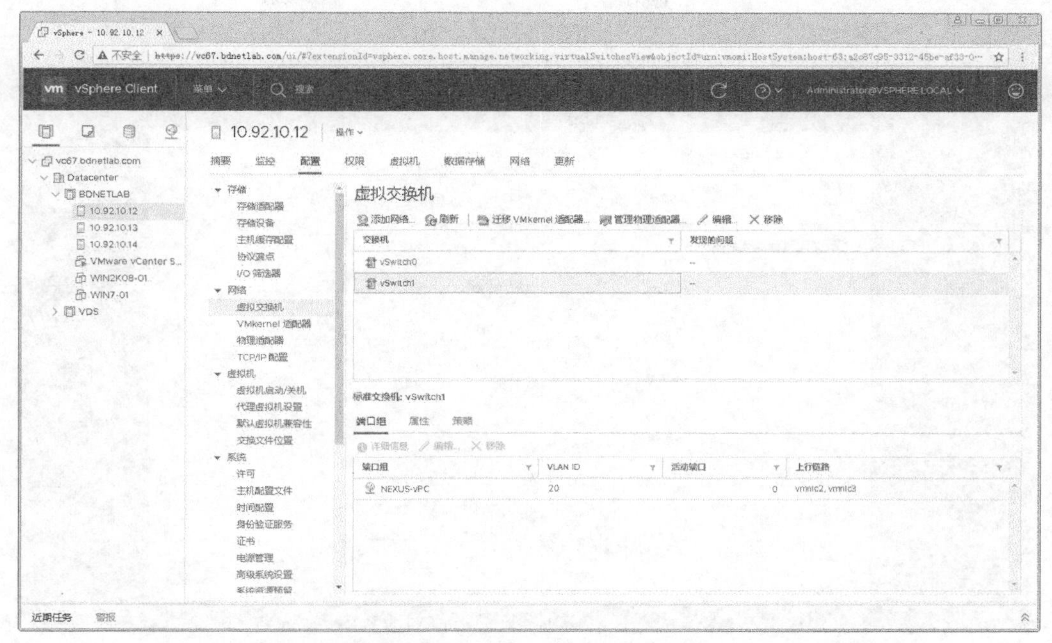

图 5-4-20 配置 ESXi 主机使用 vPC 之十一

第 12 步，调整端口组负载均衡，默认状态未启用，如图 5-4-21 所示。

图 5-4-21 配置 ESXi 主机使用 vPC 之十二

第 13 步，将负载均衡方式调整为基于 IP 散列的路由，如图 5-4-22 所示，单击“OK”按钮。

图 5-4-22　配置 ESXi 主机使用 vPC 之十三

第 14 步，调整虚拟机 WIN2K08-01 网络到新创建的端口组 NEXUS-vPC，如图 5-4-23 所示，单击“确定”按钮。至此，ESXi 主机端配置完成。接下来配置两台 NEXUS 交换机。

图 5-4-23　配置 ESXi 主机使用 vPC 之十四

第 15 步，配置 ESXi 主机 vmnic2 对应的物理交换机，将该端口连接到 DC1-N5K-01 交换机 e1/12 端口。

```
DC1-N5K-01(config)# interface e1/12
DC1-N5K-01(config-if)# channel-group 12 #注意标准交换机不支持 LACP 模式，不加参数
DC1-N5K-01(config-if)# no shut
DC1-N5K-01(config-if)# interface port-channel 12
DC1-N5K-01(config-if)# switchport mode trunk
DC1-N5K-01(config-if)# vpc 12
DC1-N5K-01(config-if)# no shut
```

第 16 步，配置 ESXi 主机 vmnic3 对应的物理交换机，该端口连接到 DC1-N5K-02 交换机 e1/12 端口。

```
DC1-N5K-02(config)# nterface e1/12
DC1-N5K-02(config-if)# channel-group 12 #注意标准交换机不支持 LACP 模式，不加参数
DC1-N5K-02(config-if)# no shut
DC1-N5K-02(config-if)# interface port-channel 12
DC1-N5K-02(config-if)# switchport mode trunk
DC1-N5K-02(config-if)# vpc 12
DC1-N5K-02(config-if)# no shut
```

第 17 步，使用命令查看 port-channel 状态，状态为“SU”代表配置正常。

```
DC1-N5K-01(config)# show port-channel summary
Flags:  D - Down        P - Up in port-channel (members)
        I - Individual  H - Hot-standby (LACP only)
        s - Suspended   r - Module-removed
        S - Switched    R - Routed
        U - Up (port-channel)
        M - Not in use. Min-links not met
--------------------------------------------------------------------------------
Group Port-      Type    Protocol  Member Ports
      Channel
--------------------------------------------------------------------------------
12   Po12(SU)    Eth     NONE      Eth1/12(P)  #状态为 SU 且只有一个端口，因为是 vpc
103  Po103(SU)   Eth     NONE      Eth1/1(P)   Eth1/2(P)
104  Po104(SU)   Eth     NONE      Eth1/3(P)   Eth1/4(P)
……

DC1-N5K-02(config)# show port-channel summary
Flags:  D - Down        P - Up in port-channel (members)
        I - Individual  H - Hot-standby (LACP only)
        s - Suspended   r - Module-removed
        S - Switched    R - Routed
        U - Up (port-channel)
        M - Not in use. Min-links not met
--------------------------------------------------------------------------------
Group Port-      Type    Protocol  Member Ports
```

```
Channel
--------------------------------------------------------------------------------
1    Po1(SD)    Eth    LACP    Eth103/1/3(D)  Eth103/1/4(D)
2    Po2(SD)    Eth    LACP    Eth103/1/7(D)  Eth103/1/8(D)
12   Po12(SU)   Eth    NONE    Eth1/12(P)  #状态为 SU 且只有一个端口，因为是 vpc
20   Po20(SU)   Eth    LACP    Eth1/7(P)   Eth1/8(P)
103  Po103(SU)  Eth    NONE    Eth1/3(P)   Eth1/4(P)
104  Po104(SU)  Eth    NONE    Eth1/1(P)   Eth1/2(P)
```

第 18 步，查看虚拟机 WIN2K08-01 网络连接情况，如图 5-4-24 所示，网络正常。

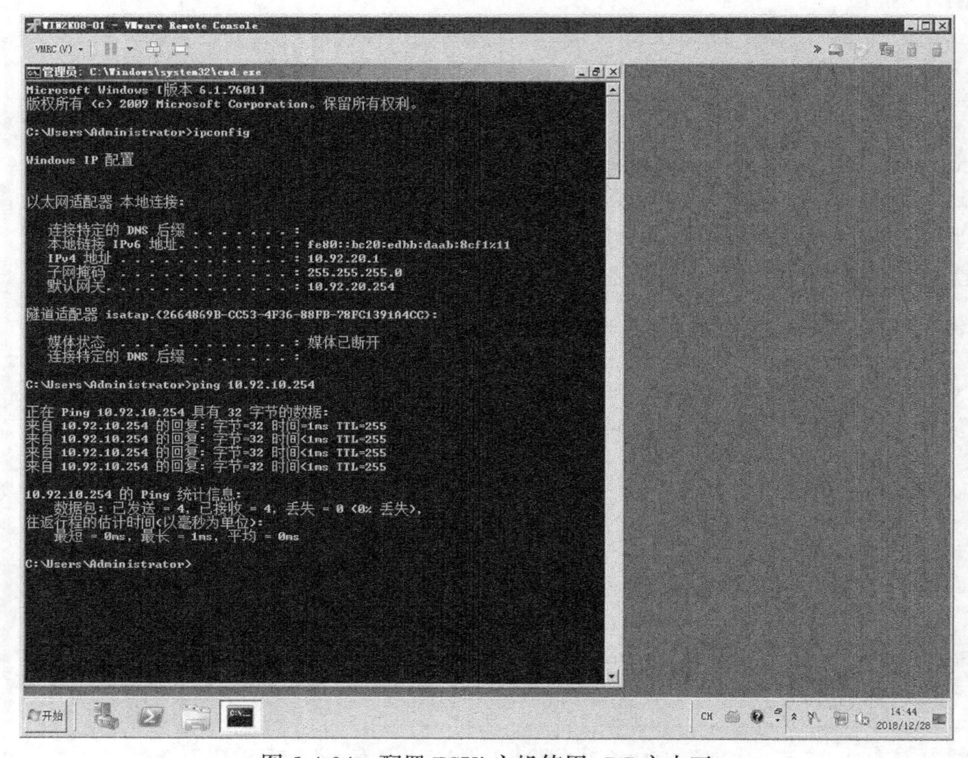

图 5-4-24 配置 ESXi 主机使用 vPC 之十五

第 19 步，人为模拟故障，将 vmnic3 对应的物理交换机端口关闭。

```
DC1-N5K-02(config)# interface e1/12
DC1-N5K-02(config-if)# shutdown
DC1-N5K-02(config-if)# show port-channel summary
Flags:  D - Down        P - Up in port-channel (members)
        I - Individual  H - Hot-standby (LACP only)
        s - Suspended   r - Module-removed
        S - Switched    R - Routed
        U - Up (port-channel)
        M - Not in use. Min-links not met
--------------------------------------------------------------------------------
```

```
Group Port-       Type     Protocol  Member Ports
      Channel
--------------------------------------------------------------------------------
1     Po1(SD)      Eth       LACP       Eth103/1/3(D)  Eth103/1/4(D)
2     Po2(SD)      Eth       LACP       Eth103/1/7(D)  Eth103/1/8(D)
12    Po12(SD)     Eth       NONE       Eth1/12(D)   #端口状态变为 SD，说明关闭
```

第 20 步，查看 vmnic2 对应的物理交换机状态，状态为“SU”，正常。

```
DC1-N5K-01(config)# show port-channel summary
Flags:  D - Down        P - Up in port-channel (members)
        I - Individual  H - Hot-standby (LACP only)
        s - Suspended   r - Module-removed
        S - Switched    R - Routed
        U - Up (port-channel)
        M - Not in use. Min-links not met
--------------------------------------------------------------------------------
Group Port-       Type     Protocol  Member Ports
      Channel
--------------------------------------------------------------------------------
12    Po12(SU)     Eth       NONE       Eth1/12(P)   #状态为 SU，说明正常
103   Po103(SU)    Eth       NONE       Eth1/1(P)    Eth1/2(P)
104   Po104(SU)    Eth       NONE       Eth1/3(P)    Eth1/4(P)
```

第 21 步，查看 ESXi 主机信息，出现系统报警，如图 5-4-25 所示。

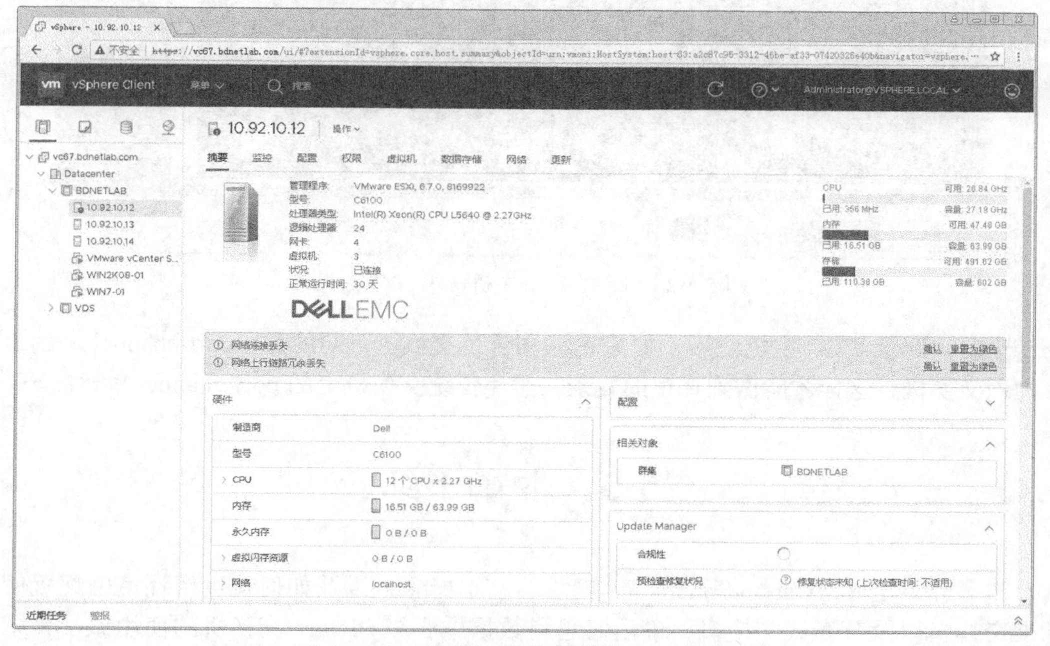

图 5-4-25　配置 ESXi 主机使用 vPC 之十六

第22步，查看虚拟机WIN2K08-01网络连接情况，如图5-4-26所示，网络未出现中断情况，说明vPC工作正常。

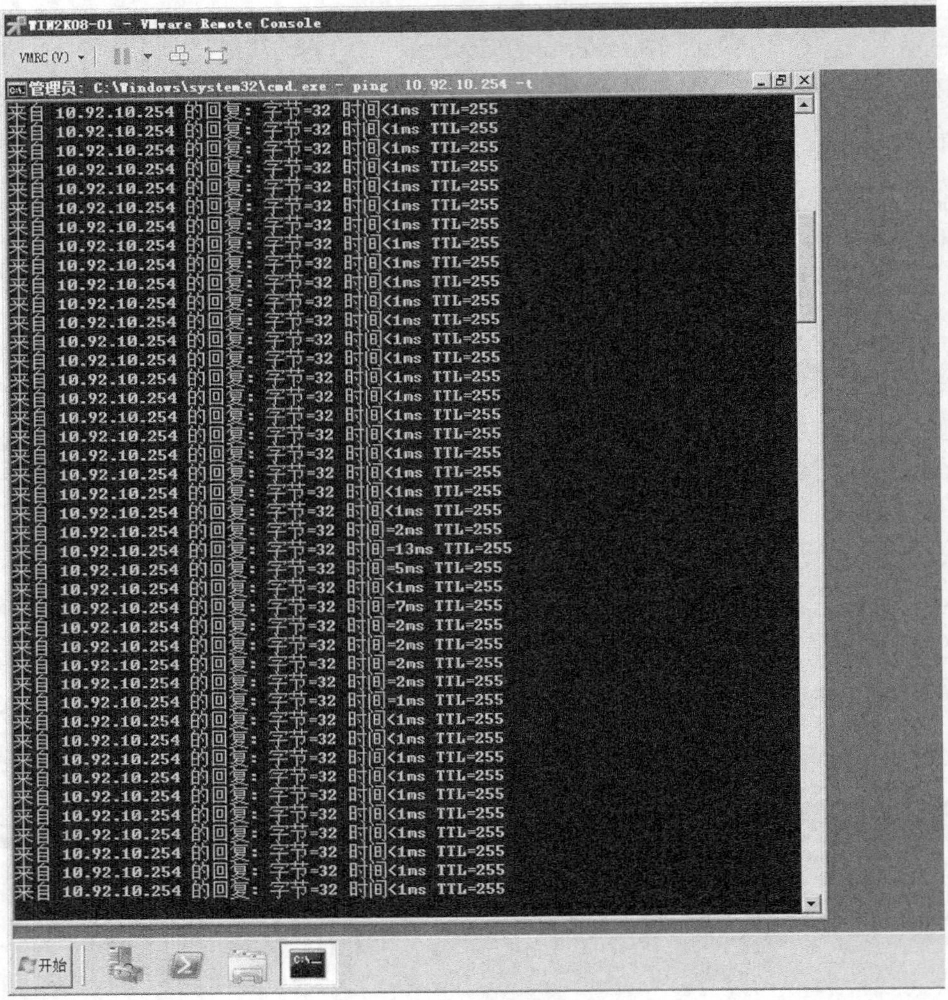

```
WIN2K08-01 - VMware Remote Console
VMRC(V)
管理员: C:\Windows\system32\cmd.exe - ping 10.92.10.254 -t
来自 10.92.10.254 的回复: 字节=32 时间<1ms TTL=255
来自 10.92.10.254 的回复: 字节=32 时间<1ms TTL=255
来自 10.92.10.254 的回复: 字节=32 时间<1ms TTL=255
来自 10.92.10.254 的回复: 字节=32 时间<1ms TTL=255
来自 10.92.10.254 的回复: 字节=32 时间<1ms TTL=255
来自 10.92.10.254 的回复: 字节=32 时间<1ms TTL=255
来自 10.92.10.254 的回复: 字节=32 时间<1ms TTL=255
来自 10.92.10.254 的回复: 字节=32 时间<1ms TTL=255
来自 10.92.10.254 的回复: 字节=32 时间<1ms TTL=255
来自 10.92.10.254 的回复: 字节=32 时间<1ms TTL=255
来自 10.92.10.254 的回复: 字节=32 时间<1ms TTL=255
来自 10.92.10.254 的回复: 字节=32 时间<1ms TTL=255
来自 10.92.10.254 的回复: 字节=32 时间<1ms TTL=255
来自 10.92.10.254 的回复: 字节=32 时间<1ms TTL=255
来自 10.92.10.254 的回复: 字节=32 时间<1ms TTL=255
来自 10.92.10.254 的回复: 字节=32 时间<1ms TTL=255
来自 10.92.10.254 的回复: 字节=32 时间<1ms TTL=255
来自 10.92.10.254 的回复: 字节=32 时间<1ms TTL=255
来自 10.92.10.254 的回复: 字节=32 时间<1ms TTL=255
来自 10.92.10.254 的回复: 字节=32 时间<1ms TTL=255
来自 10.92.10.254 的回复: 字节=32 时间<1ms TTL=255
来自 10.92.10.254 的回复: 字节=32 时间<1ms TTL=255
来自 10.92.10.254 的回复: 字节=32 时间=2ms TTL=255
来自 10.92.10.254 的回复: 字节=32 时间=13ms TTL=255
来自 10.92.10.254 的回复: 字节=32 时间=5ms TTL=255
来自 10.92.10.254 的回复: 字节=32 时间<1ms TTL=255
来自 10.92.10.254 的回复: 字节=32 时间=7ms TTL=255
来自 10.92.10.254 的回复: 字节=32 时间=2ms TTL=255
来自 10.92.10.254 的回复: 字节=32 时间=2ms TTL=255
来自 10.92.10.254 的回复: 字节=32 时间=2ms TTL=255
来自 10.92.10.254 的回复: 字节=32 时间=2ms TTL=255
来自 10.92.10.254 的回复: 字节=32 时间=1ms TTL=255
来自 10.92.10.254 的回复: 字节=32 时间<1ms TTL=255
来自 10.92.10.254 的回复: 字节=32 时间<1ms TTL=255
来自 10.92.10.254 的回复: 字节=32 时间<1ms TTL=255
来自 10.92.10.254 的回复: 字节=32 时间<1ms TTL=255
来自 10.92.10.254 的回复: 字节=32 时间<1ms TTL=255
来自 10.92.10.254 的回复: 字节=32 时间<1ms TTL=255
来自 10.92.10.254 的回复: 字节=32 时间<1ms TTL=255
来自 10.92.10.254 的回复: 字节=32 时间<1ms TTL=255
来自 10.92.10.254 的回复: 字节=32 时间<1ms TTL=255
来自 10.92.10.254 的回复: 字节=32 时间<1ms TTL=255
开始
```

图5-4-26　配置ESXi主机使用vPC之十七

至此，配置ESXi主机使用vPC完成。与传统交换机不同的是，port-channel跨越了两台物理交换机，这样才能做到真正的冗余，避免传统交换机上的port-channel单机故障。

5.5　本章小结

本章介绍了VMware vSphere 6.7网络的基本概念，以及如何在生产环境中配置使用标准交换机以及分布式交换机，最后对思科数据中心级Nexus交换机的使用做了介绍，用户可以根据生产环境的实际情况选择使用网络。对于生产环境中网络的使用，需要注意一些问题。

1. 生产环境中选择 1GE 还是 10GE

对于生产环境中选择 1GE 还是 10GE，主要取决于交换机是新建的还是改造的，新建环境建议不再考虑 1GE，推荐使用 10GE，需要注意物理交换机是否支持。

2. ESXi 主机使用 EST 还是 VST 模式

对于生产环境 ESXi 主机物理网卡使用模式，推荐使用更具有灵活性的 VST 模式。需要注意物理交换机端口要配置为 Trunk 模式并允许相应的 VLAN 通行。

3. 标准交换机使用 IP 散列负载均衡

标准交换机 NIC Teaming 支持 IP 散列负载均衡方式，但需要物理交换机支持，据目前测试结果，因为目前华为、新华三、锐捷网络等公司旗下的交换机不支持，只有思科系列交换机支持。

4. 管理网络是否迁移到分布式交换机

虽然 VMware 官方推荐使用分布式交换机管理 ESXi 主机，但作者建议在生产环境中，管理网络依然使用标准交换机。如果存在分布式交换机配置问题，那么可能会出现无法通过管理网络连接 ESXi 主机的情况，特别对一些生产环境物理服务器托管于 IDC 机房的情况来说，管理网络的正常访问对于故障处理非常重要。

5. 生产环境网络冗余问题

对于生产环境的网络，无论是标准交换机还是分布式交换机，都必须考虑冗余问题，每个标准交换机或分布式交换机上行链路至少有两个或两个以上的网卡。推荐连接不同的物理交换机，以避免单点故障。

第 6 章　创建使用虚拟机

构建好 VMware vSphere 基础架构后，就可以创建使用虚拟机，虚拟机正常运行也是整个虚拟化架构正常运行的关键之一。作为企业虚拟化架构实施人员或者管理人员，必须要考虑如何在企业生产环境中构建高可用虚拟化机环境，以保证虚拟化架构的正常运行。本章介绍创建使用虚拟机，以及虚拟机模板、快照的使用。

本章要点

- 虚拟机介绍
- 创建 Windows 虚拟机
- 创建 Linux 虚拟机
- 虚拟机模板的使用
- 虚拟机常用操作

6.1　虚拟机介绍

6.1.1　什么是虚拟机

虚拟机实际与物理机一样，是运行操作系统和应用程序的计算机。虚拟机包含一组规范和配置文件，并由主机的物理资源提供支持。每个虚拟机都具有一些虚拟设备，这些设备可提供与物理硬件相同的功能，并且可移植性更强、更安全且更易于管理。虚拟机包含若干个文件，这些文件存储在存储设备上，包括配置文件、虚拟磁盘文件、NVRAM 设置文件和日志文件等。

6.1.2　组成虚拟机文件

从存储上看，虚拟机本质由一组离散的文件组成。下面讲解虚拟机究竟由哪些主要文件组成。

1. 配置文件

命名规则：<虚拟机名称>.vmx。该文件记录了操作系统的版本、内存大小、硬盘类型以及大小、虚拟网卡 MAC 地址等信息。

2. 交换文件

命名规则：<虚拟机名称>.vswp。类似于 Windows 系统的页面文件，主要供虚拟机开关机时内存交换用。

3. BIOS 文件

命名规则：<虚拟机名称>.nvram。为了与物理服务器相同，产生虚拟机的 BIOS。

4. 日志文件

命名规则：vmware.log。虚拟机的日志文件。

5. 硬盘描述文件

命名规则：<虚拟机名称>.vmdk。虚拟硬盘的描述文件，与虚拟硬盘有差别。

6. 硬盘数据文件

命名规则：<虚拟机名称>-flat.vmdk。虚拟机使用的虚拟硬盘，实际所使用虚拟硬盘的容量就是此文件的大小。

7. 挂起状态文件

命名规则：<虚拟机名称>.vmss。虚拟机进入挂起状态产生的文件。

8. 快照数据文件

命名规则：<虚拟机名称>.vmsd。创建虚拟机快照时产生的文件。

9. 快照状态文件

命名规则：<虚拟机名称>.vmsn。如果虚拟机快照包括内存状态，就会产生此文件。

10. 快照硬盘文件

命名规则：<虚拟机名称>.delta.vmdk。使用快照时，会产生 delta.vmdk 文件，所有的操作都在 delta.vmdk 上进行。

11. 模板文件

命名规则：<虚拟机名称>.vmtx。虚拟机创建模板后产生。

6.1.3 虚拟机硬件介绍

创建虚拟机时必须配置相对应虚拟的硬件资源。VMware vSphere 6.7 使用的是最新发布的虚拟机硬件第 14 版，下面讲解虚拟机对虚拟硬件资源的需求。

1. 虚拟机硬件资源支持

VMware vSphere 6.7 对虚拟机硬件资源支持的功能非常强大，单台虚拟机最大可以使用 128 个 CPU 以及 6TB 内存，VMware vSphere 6.7 支持的虚拟硬件与其他版本对比如表 6-1-1 所示。

表 6-1-1 VMware vSphere 各版本支持的虚拟硬件对比

虚拟硬件	VMware vSphere 各版本最大支持			
	5.5	6.0	6.5	6.7
vCPUs per VM	64	128	128	128
vRAM per VM	1TB	4TB	6TB	6TB

2. ESXi 主机与各个版本的虚拟机硬件兼容性

ESXi 6.7 主机上虚拟机使用的是第 14 版的虚拟硬件，早于第 14 版的虚拟机可以在 ESXi 6.7 主机上运行，但某些功能可能会受限制。表 6-1-2 是 ESXi 主机不同版本对应的虚拟机硬件版本。

表 6-1-2 ESXi 主机不同版本对应虚拟机硬件版本

ESXi 版本	虚拟机硬件版本
VMware ESXi 6.7	14
VMware ESXi 6.5	12～13
VMware ESXi 6.0	11
VMware ESXi 5.5	10
VMware ESXi 5.1	9
VMware ESXi 5.0	8
VMware ESXi 4.X	7

3. 虚拟机硬盘类型的说明

在创建虚拟机的时候，会对虚拟机使用的（Disk Provisioning）硬盘类型进行选择。

Thick Provision Lazy Zeroed，即厚盘延迟置零，是创建虚拟机时的默认类型，所有空间都被分配，但是原来在磁盘上写入的数据不被删除。存储空间中的现有数据不被删除而是留在物理磁盘上，擦除数据和格式化只在第一次写入磁盘时进行，这会降低性能。VAAI的块置零特性极大减轻了这种性能降低的现象。

Thick Provision Eager Zeroed，即厚盘置零。所有空间被保留，数据从磁盘上完全删除，磁盘创建时进行格式化，创建这样的磁盘花费时间比延迟置零长，但增强了安全性，同时，写入磁盘性能要比延迟置零好。

Thin Provision，即精简盘。使用此类型，vmdk 文件不会一开始就全部使用，而是随数据的增加而增加，例如我们给虚拟机设置了 40GB 虚拟硬盘空间，安装操作系统使用了 10GB 空间，那么 vmdk 文件大小应该是 10GB，而不是 40GB。这样做的好处是节省了空间。

对于需要高性能的应用建议使用厚盘，因为厚盘能够更好地支持 HA、FT 等特性。如果已经使用了精简盘，可以将硬盘类型修改为厚盘。

4. 虚拟机硬盘模式

在创建虚拟机的时候，除了要选择虚拟机硬盘类型外，还需要对虚拟机硬盘模式进行选择。

Independent Persistent，独立持久。虚拟机的所有硬盘读写都写入 vmdk 文件中，这种模式提供最佳性能。

Independent Nopersistent，独立非持久。虚拟机启动后进行的所有修改被写入一个文件。此模式的性能不是很好。

6.2 创建 Windows 虚拟机

VMware vSphere 6.7 对微软公司旗下的操作系统的支持是非常全面的，从早期的 MS-DOS 到最新的 Windows Server 2016。当然 VMware vSphere 6.7 对 Linux 操作系统的支持也是非常全面的，基本在 Redhat、CentOS、SUSE 等主流厂商各个版本的 Linux 操作系统上都能够运行。本节介绍如何创建 Windows 虚拟机以及在 Windows 虚拟机上安装 VMware Tools。

6.2.1 创建 Windows 虚拟机

第 1 步，使用 Web Client 客户端登录 vCenter Server，在群集或主机上右击，选择“新建虚拟机”，如图 6-2-1 所示。

图 6-2-1 创建 Windows 虚拟机之一

第 2 步，选中“创建新虚拟机”，如图 6-2-2 所示，单击“NEXT”按钮。

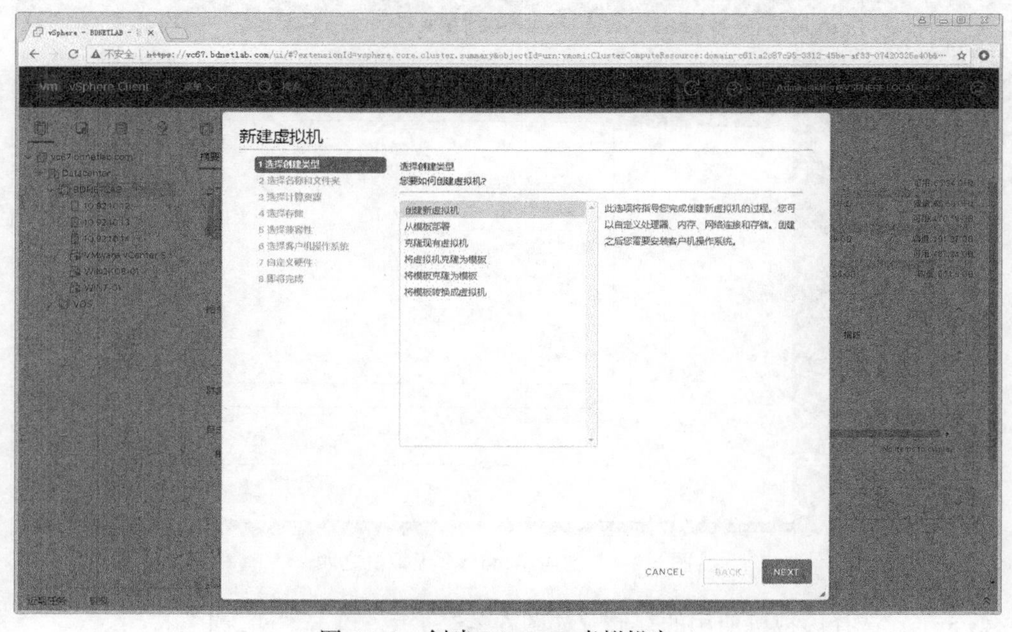

图 6-2-2 创建 Windows 虚拟机之二

第 3 步，设置虚拟机名称以及所在位置，如图 6-2-3 所示，单击“NEXT”按钮。

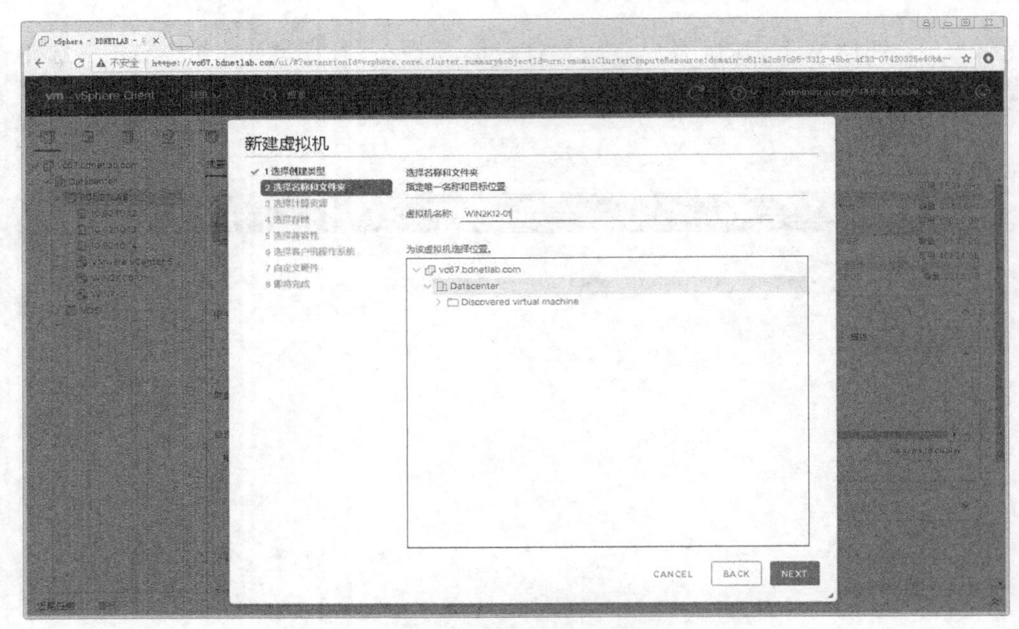

图 6-2-3　创建 Windows 虚拟机之三

第 4 步，由于还未启用 DRS 高级特性，因此必须选择虚拟机运行的 ESXi 主机，如图 6-2-4 所示，单击“NEXT”按钮。

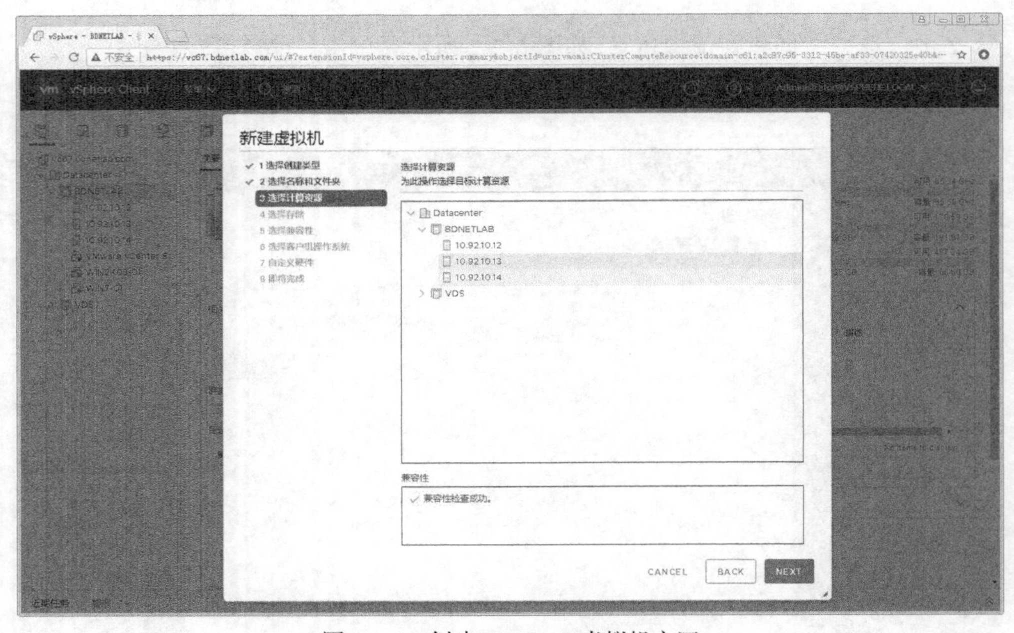

图 6-2-4　创建 Windows 虚拟机之四

第 5 步，选择虚拟机使用的存储，如图 6-2-5 所示，单击“NEXT”按钮。

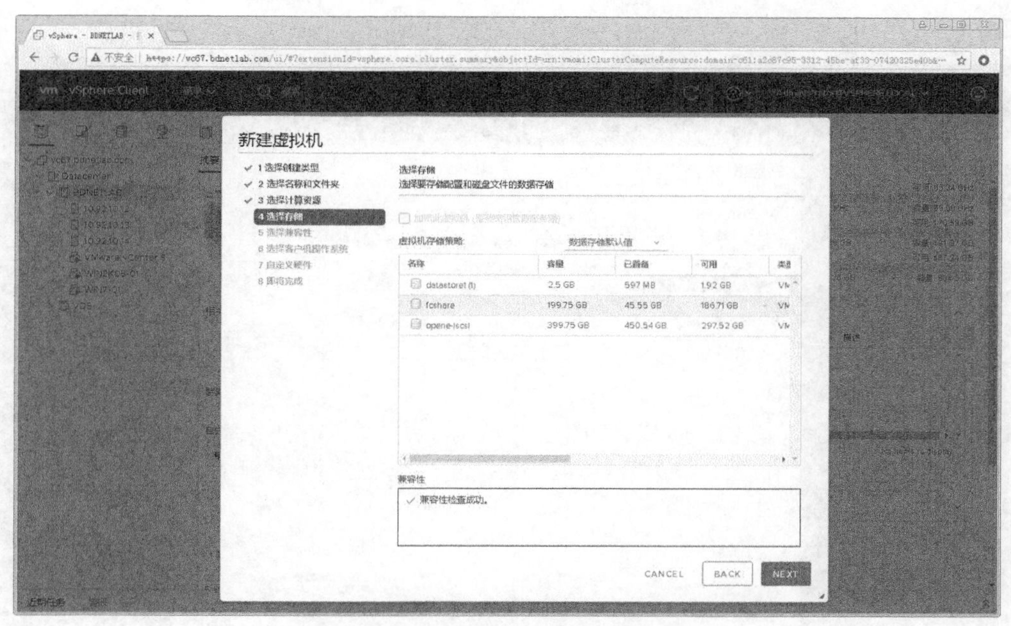

图 6-2-5 创建 Windows 虚拟机之五

第 6 步，选择虚拟机使用的硬件版本，如图 6-2-6 所示，单击“NEXT”按钮。特别注意：如果群集中有非 6.7 版本的主机，那么需要选择低硬件版本，否则可能出现虚拟机无法启动的情况。

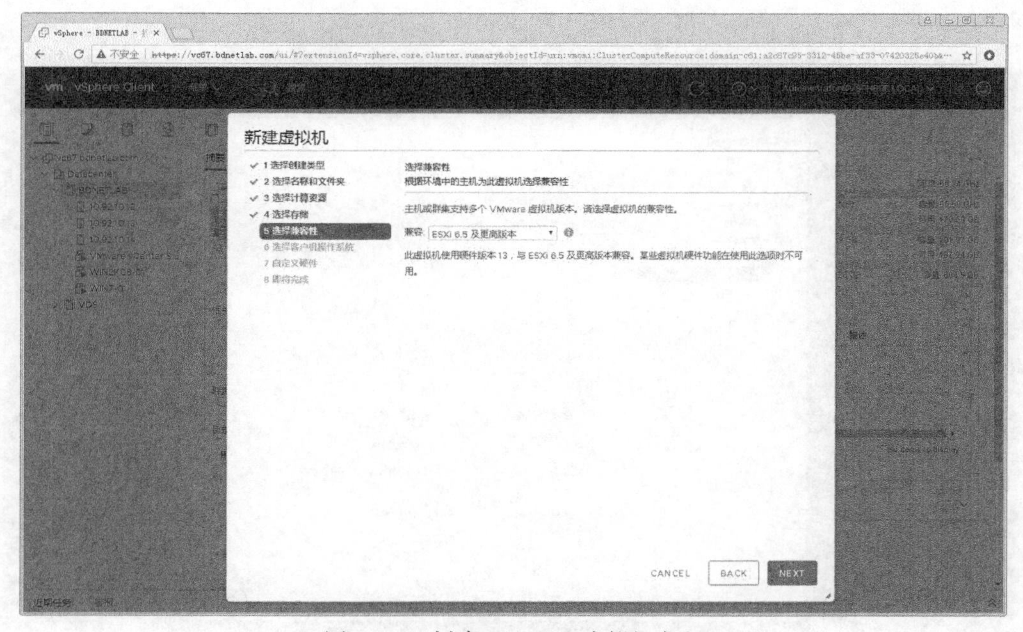

图 6-2-6 创建 Windows 虚拟机之六

第 7 步，选择虚拟机运行的操作系统，根据实际情况选择，如图 6-2-7 所示，单击“NEXT”按钮。

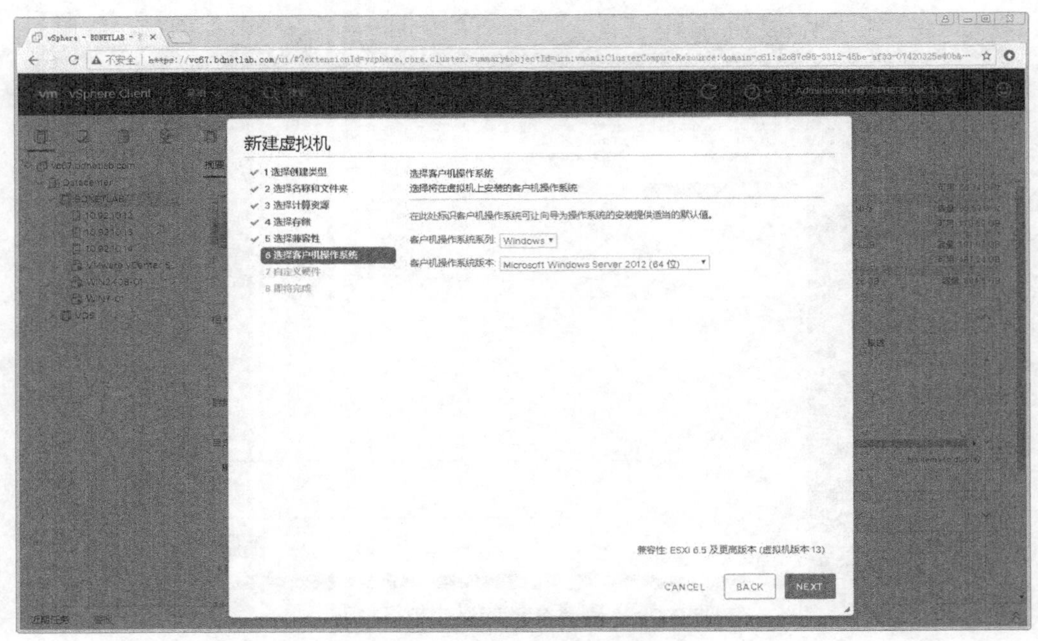

图 6-2-7　创建 Windows 虚拟机之七

第 8 步，系统会给出虚拟机硬件信息，可以现在调整也可以安装后调整，如图 6-2-8 所示，单击“NEXT”按钮。

图 6-2-8　创建 Windows 虚拟机之八

第 9 步，确认虚拟机参数正确后，如图 6-2-9 所示，单击“FINISH”按钮。

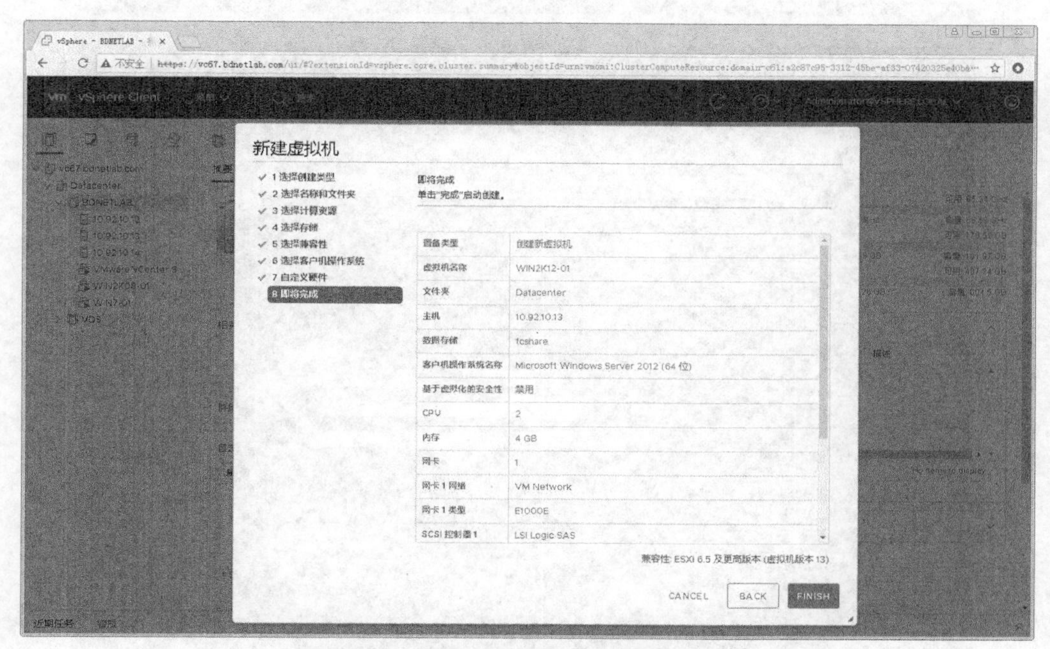

图 6-2-9 创建 Windows 虚拟机之九

第 10 步，完成虚拟机 WIN2K12-01 的创建，如图 6-2-10 所示。

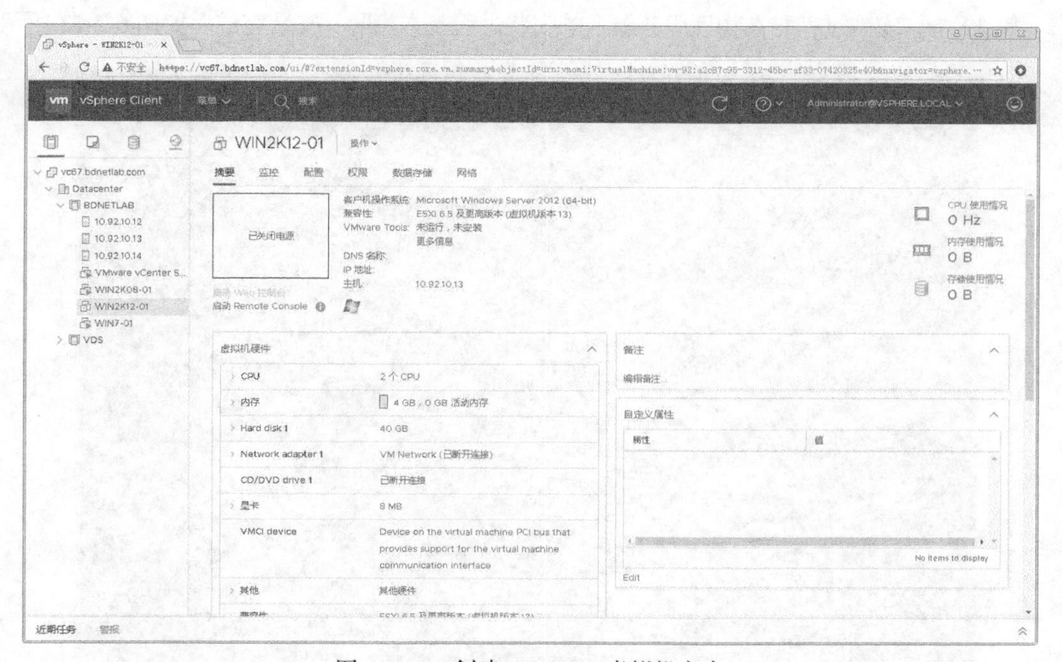

图 6-2-10 创建 Windows 虚拟机之十

第 11 步，打开虚拟机电源开始安装操作系统，如图 6-2-11 所示，单击“下一步”按钮。

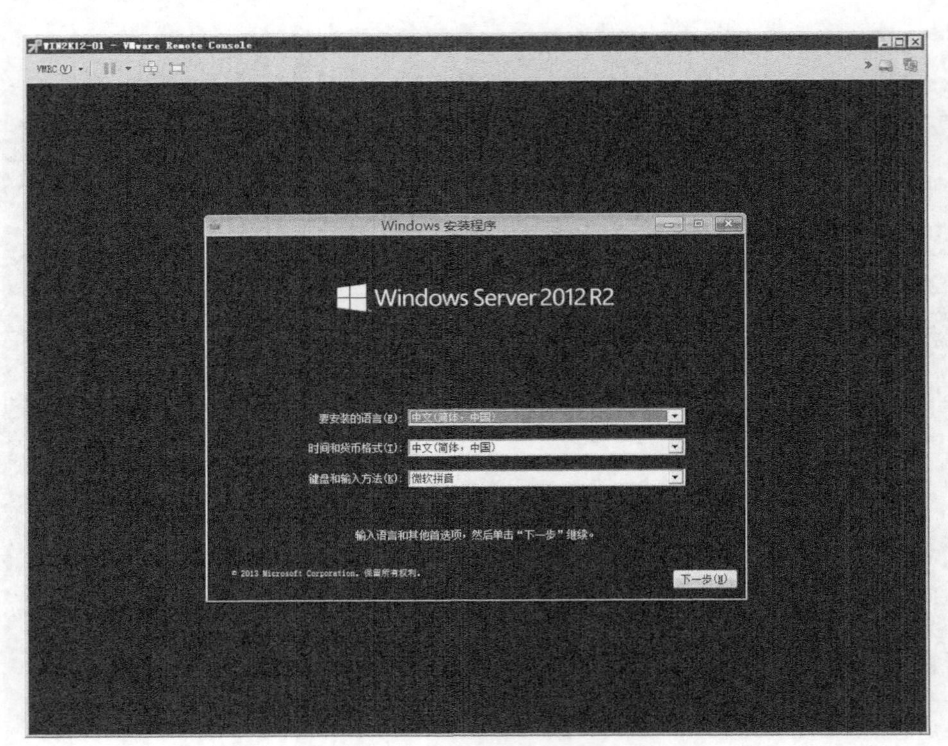

图 6-2-11　创建 Windows 虚拟机之十一

第 12 步，安装过程与在物理服务器上的安装过程基本相同，安装完成后如图 6-2-12 所示。

图 6-2-12　创建 Windows 虚拟机之十二

第 13 步，登录虚拟机，查看网络连接情况，正常获取 IP 地址，如图 6-2-13 所示。

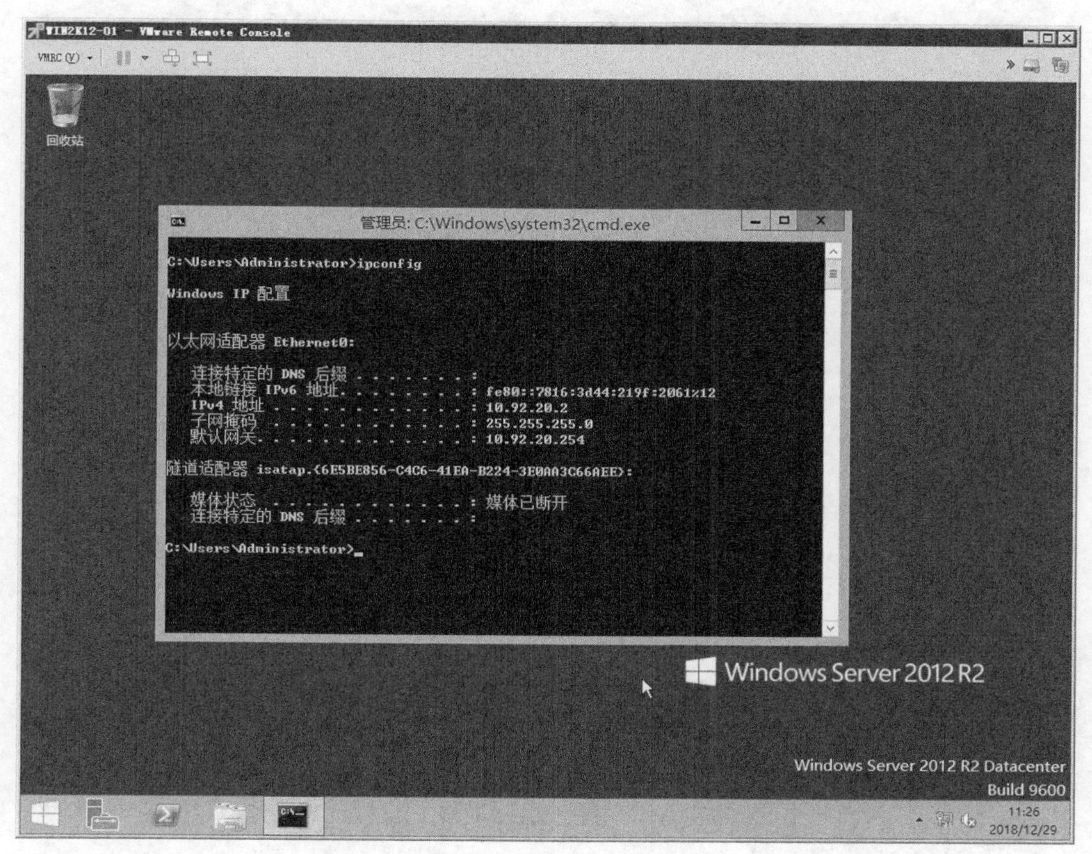

图 6-2-13 创建 Windows 虚拟机之十三

至此，Windows 虚拟机的安装完成，其安装过程与在物理服务器上的安装过程基本相同。建议在创建虚拟机时选择好虚拟机的操作系统，不要出现选择 Windows 操作系统，实际安装 Linux 操作系统的情况。

6.2.2 安装 VMware Tools

Windows 虚拟机的安装完成并不代表虚拟机就创建完成，虽然网络可以使用，但为了更好地运行，提升虚拟机的兼容性以及性能，还需要安装 VMware Tools。

第 1 步，查看虚拟机相关信息，显示该虚拟机未安装 VMware Tools，如图 6-2-14 所示。未安装该工具会影响后续高级特性的使用。

第 2 步，确认安装 VMware Tools，如图 6-2-15 所示，单击“挂载”按钮。

图 6-2-14　安装 VMware Tools 之一

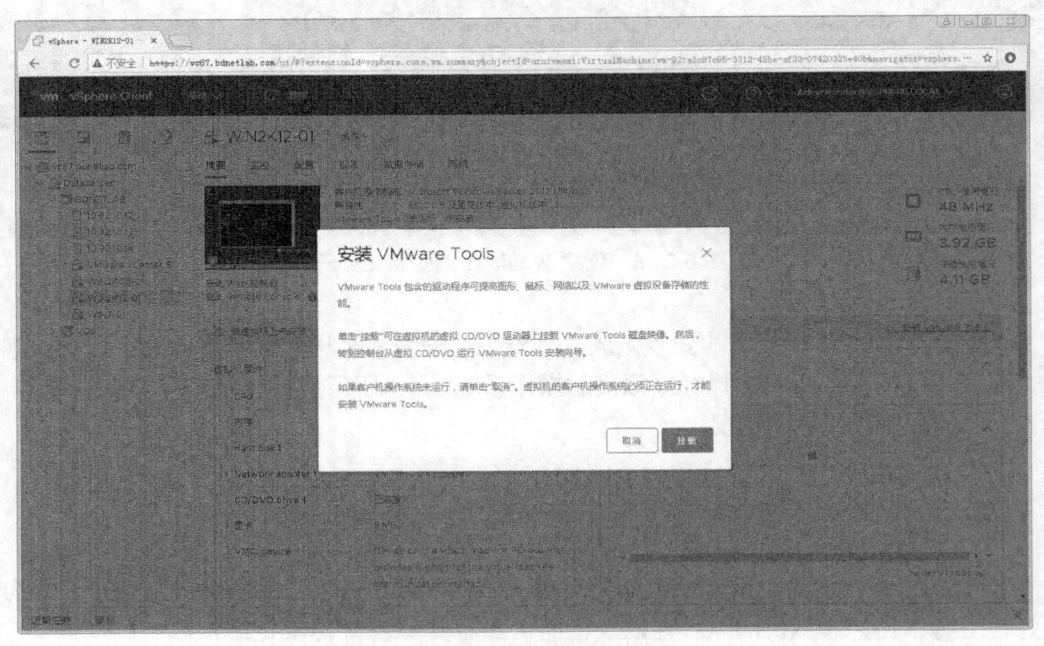

图 6-2-15　安装 VMware Tools 之二

第 3 步，Windows 虚拟机的 VMware Tools 实质就是应用程序，通过安装向导安装即可，如图 6-2-16 所示，单击“下一步”按钮。

第 4 步，完成 VMware Tools 的安装后，必须重启才能生效，如图 6-2-17 所示，单击“是”按钮。

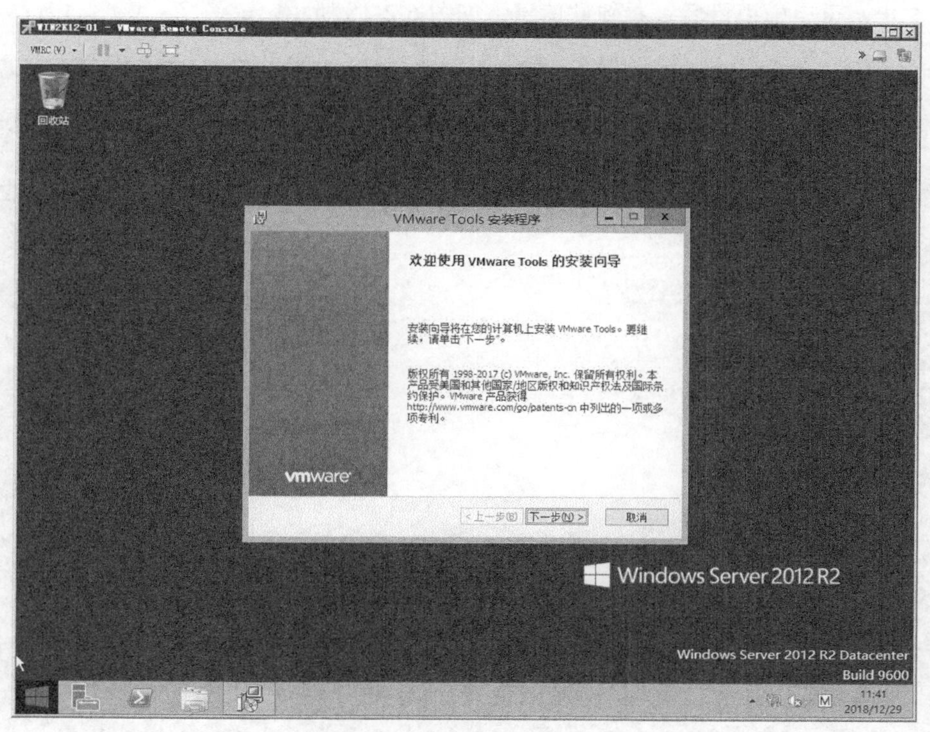

图 6-2-16 安装 VMware Tools 之三

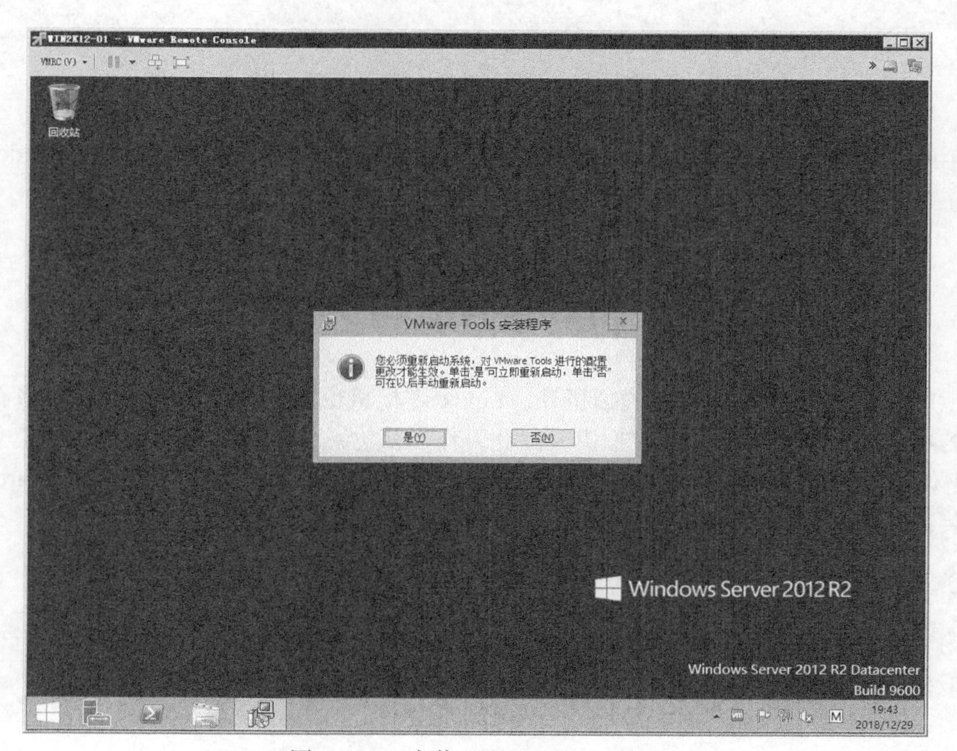

图 6-2-17 安装 VMware Tools 之四

第 5 步，重启虚拟机后查看硬件信息，如图 6-2-18 所示。

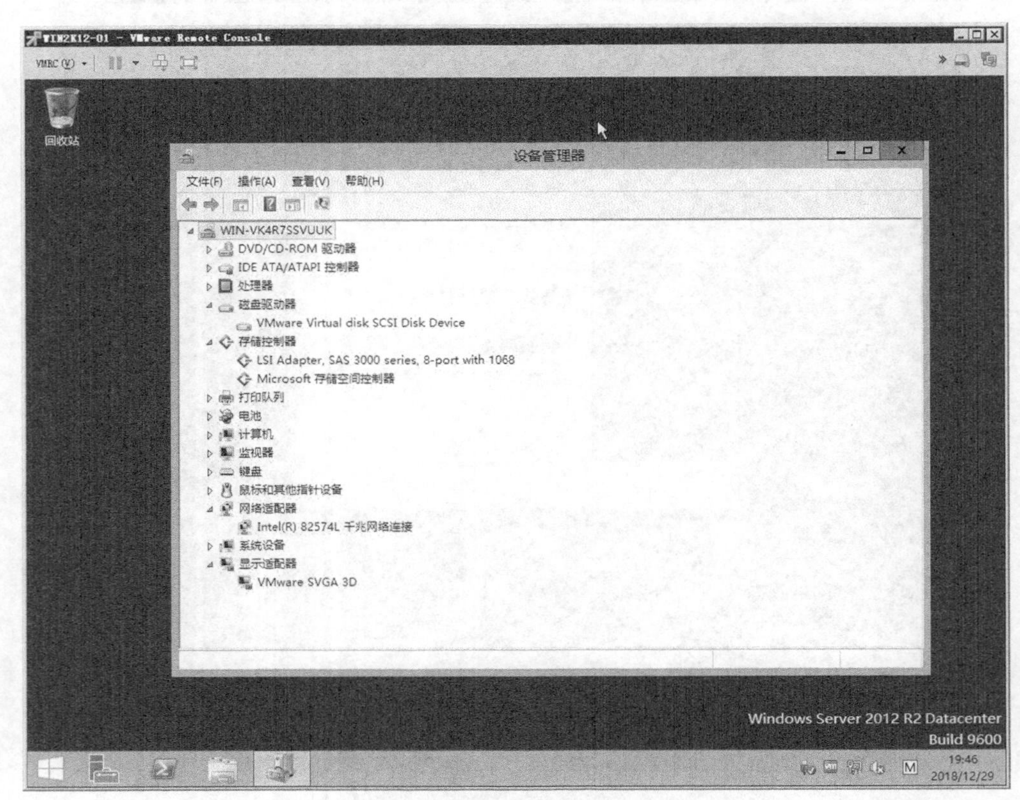

图 6-2-18　安装 VMware Tools 之五

至此，为 Windows 虚拟机安装 VMware Tools 完成，该过程与安装普通的 Windows 应用程序类似。

6.3　创建 Linux 虚拟机

生产环境中除了 Windows 虚拟机外，Linux 虚拟机也占据非常大的比例。作者在最近几年的项目中大量使用 Linux 虚拟机，因此，作者认为熟练掌握 Linux 虚拟机创建非常重要。整体来说，创建 Linux 虚拟机与 Windows 虚拟机几乎一样，但区别在于 VMware Tools 的安装，在 Linux 虚拟机中需要使用命令行来安装。

6.3.1　创建 Linux 虚拟机

第 1 步，使用 Web Client 客户端登录 vCenter Server，在群集或主机上右击，选中“新建虚拟机”，如图 6-3-1 所示。

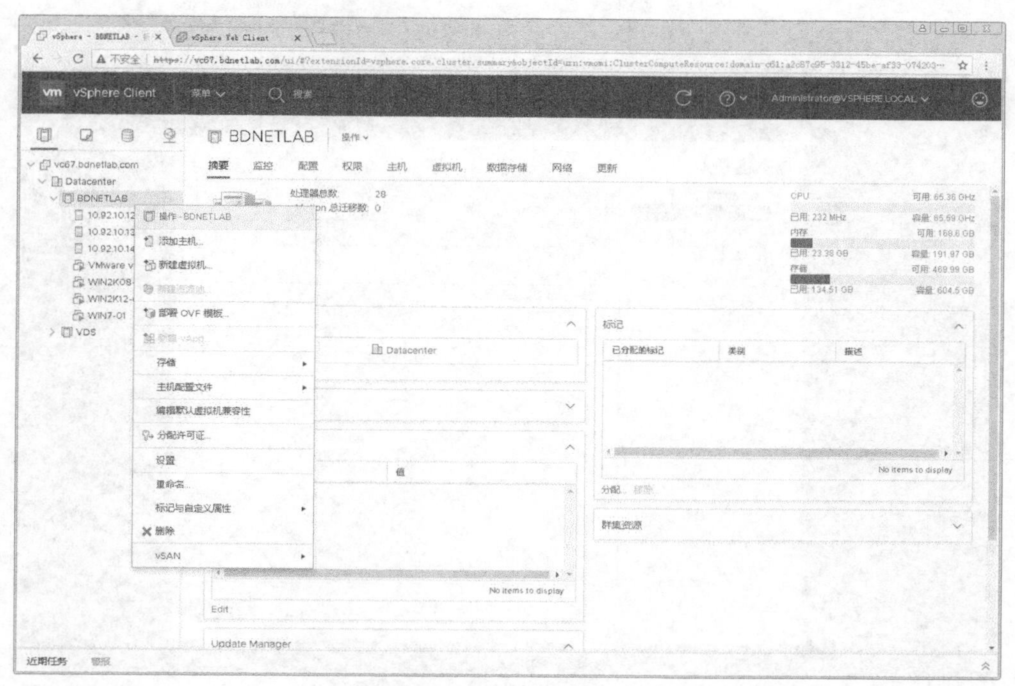

图 6-3-1　创建 Linux 虚拟机之一

第 2 步，选中“创建新虚拟机”，如图 6-3-2 所示，单击“NEXT”按钮。

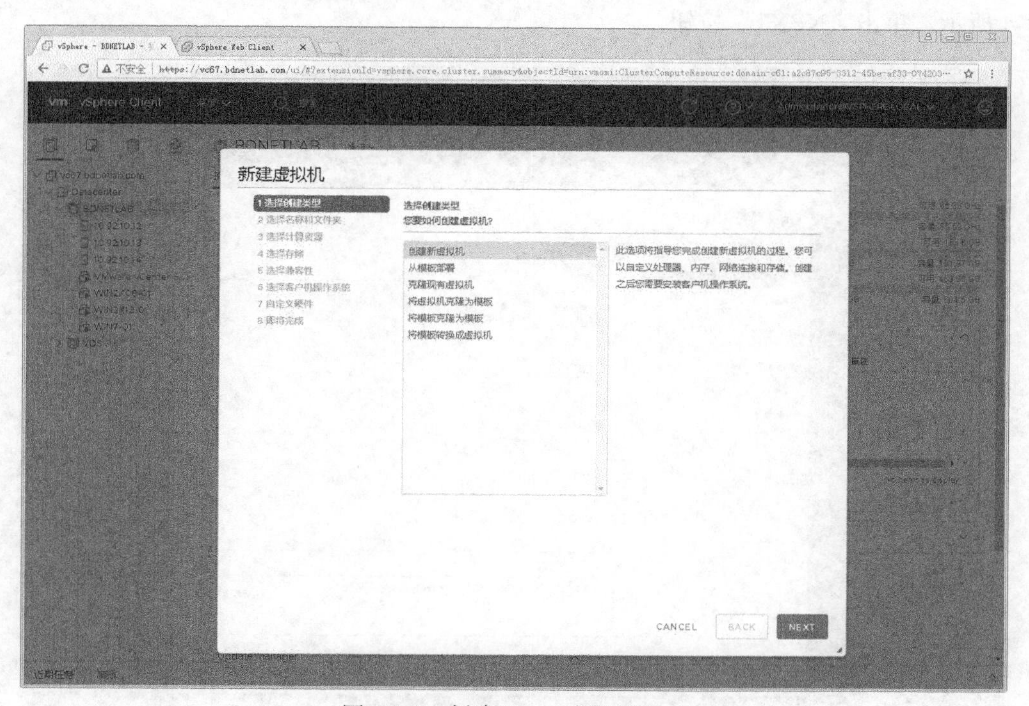

图 6-3-2　创建 Linux 虚拟机之二

第 3 步，设置虚拟机名称以及所在位置，如图 6-3-3 所示，单击“NEXT”按钮。

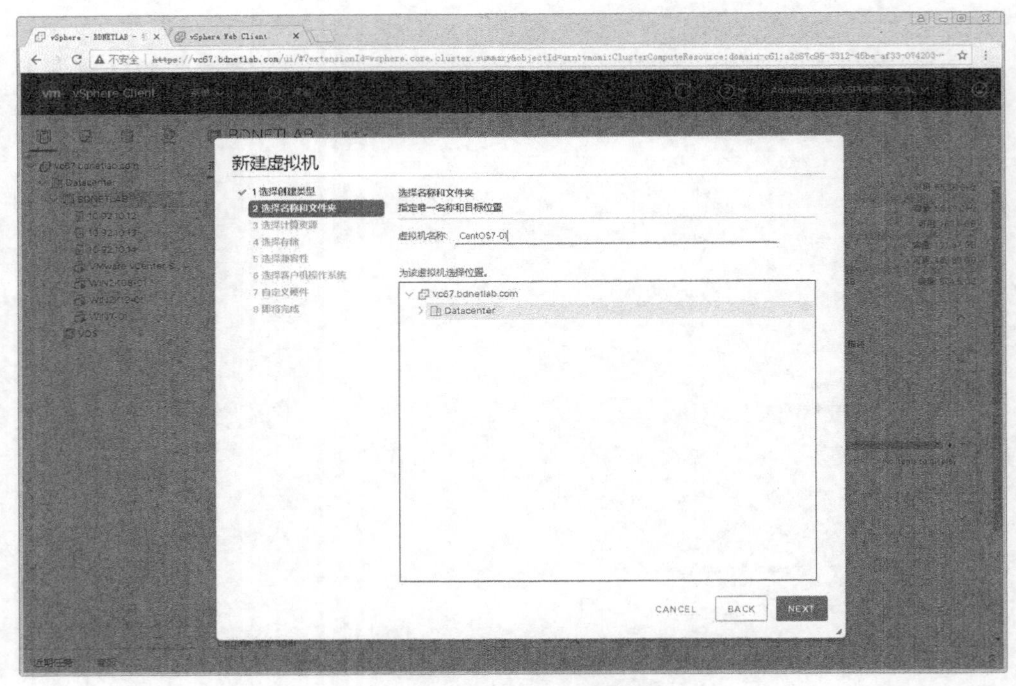

图 6-3-3　创建 Linux 虚拟机之三

第 4 步，由于还未启用 DRS 高级特性，因此必须选择虚拟机运行的 ESXi 主机，如图 6-3-4 所示，单击“NEXT”按钮。

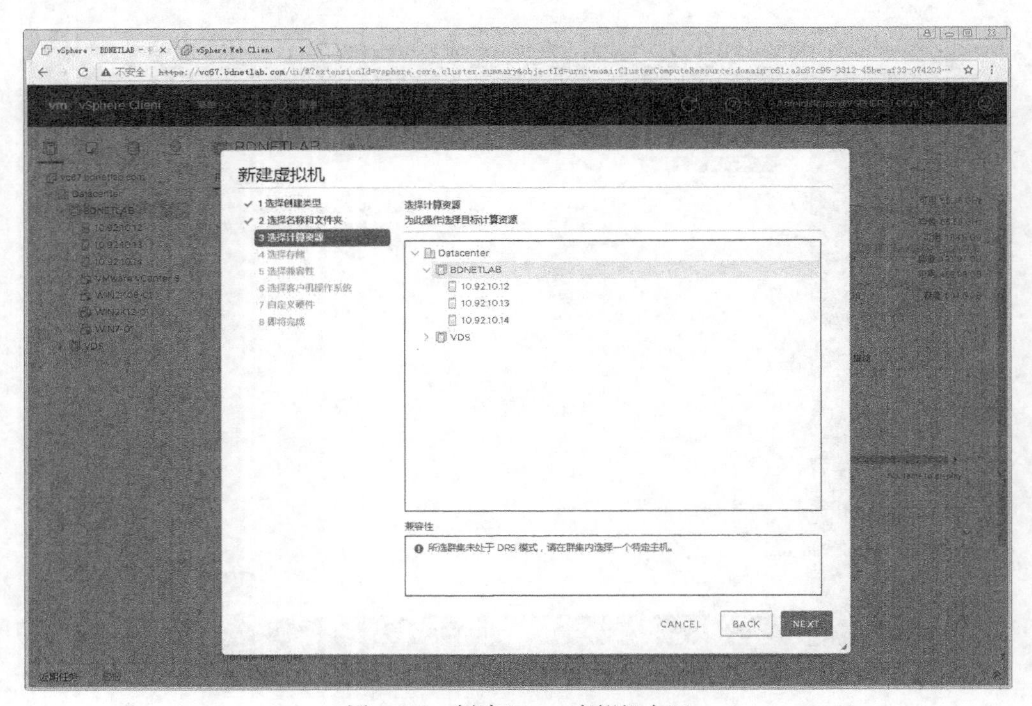

图 6-3-4　创建 Linux 虚拟机之四

第 5 步，选择虚拟机使用的存储，如图 6-3-5 所示，单击“NEXT”按钮。

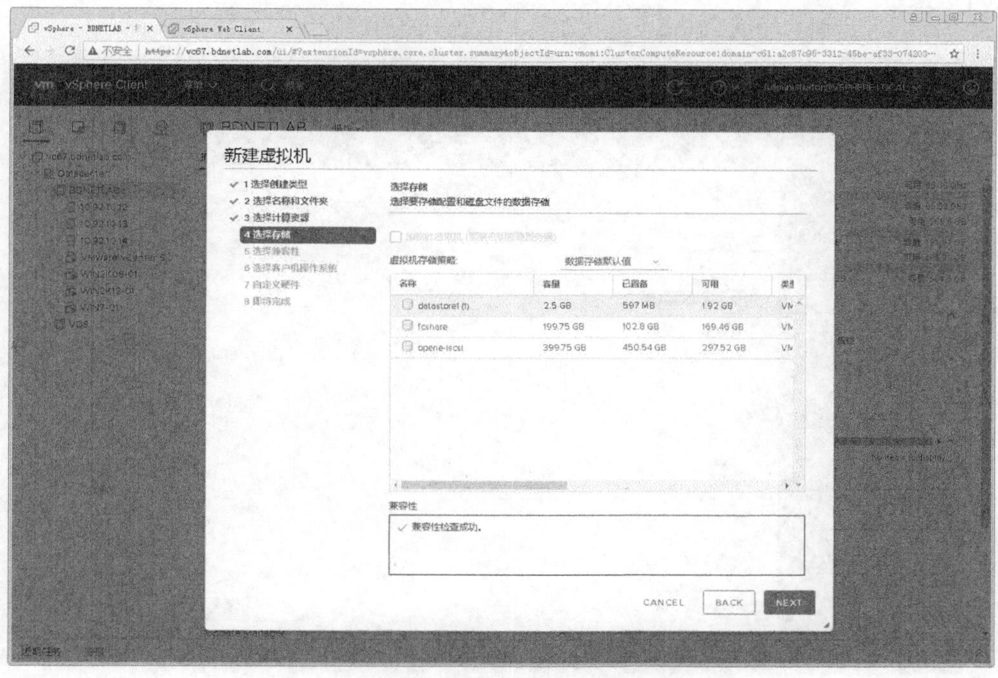

图 6-3-5 创建 Linux 虚拟机之五

第 6 步，选择虚拟机使用的硬件版本，如图 6-3-6 所示，单击“NEXT”按钮。

图 6-3-6 创建 Linux 虚拟机之六

第 7 步，选择虚拟机运行的操作系统，用户可根据实际情况选择，如图 6-3-7 所示，单击“NEXT”按钮。

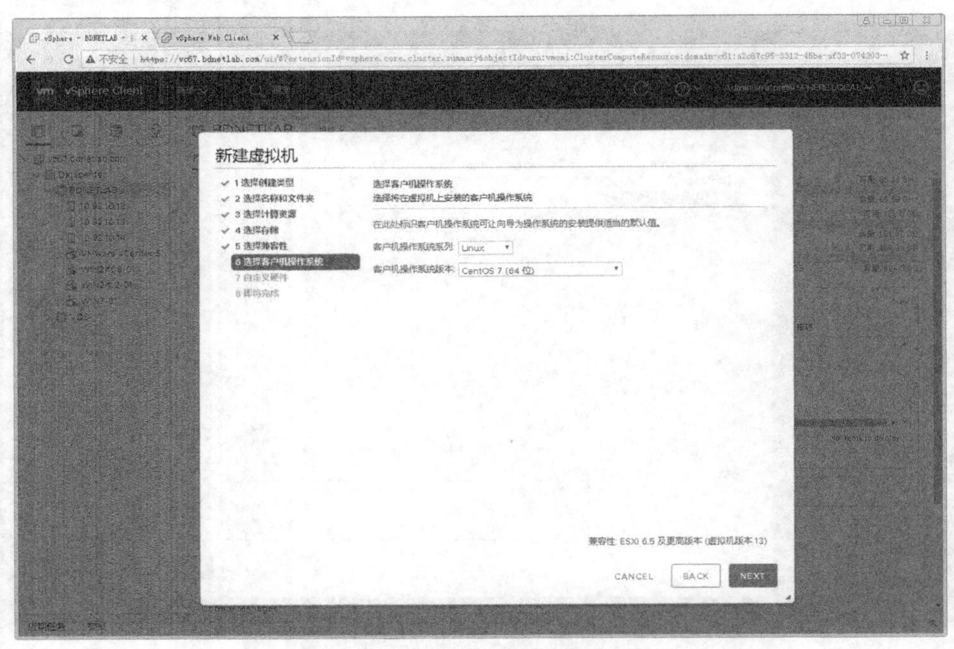

图 6-3-7　创建 Linux 虚拟机之七

第 8 步，系统会给出虚拟机硬件信息，可以现在调整，也可以安装后调整，如图 6-3-8 所示，单击“NEXT”按钮。

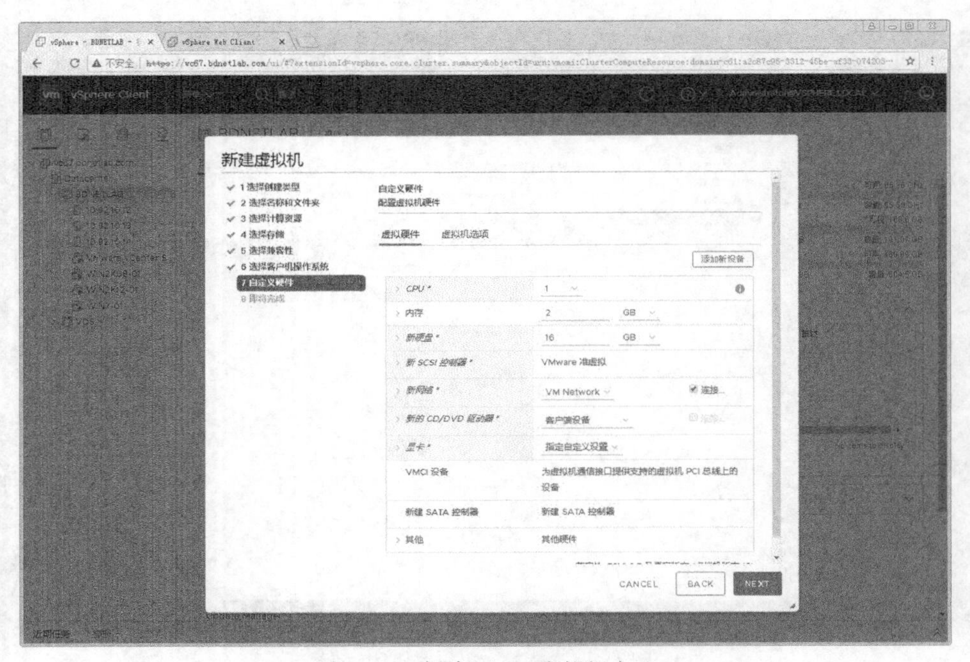

图 6-3-8　创建 Linux 虚拟机之八

第 9 步，确认虚拟机参数正确后，如图 6-3-9 所示，单击“FINISH”按钮。

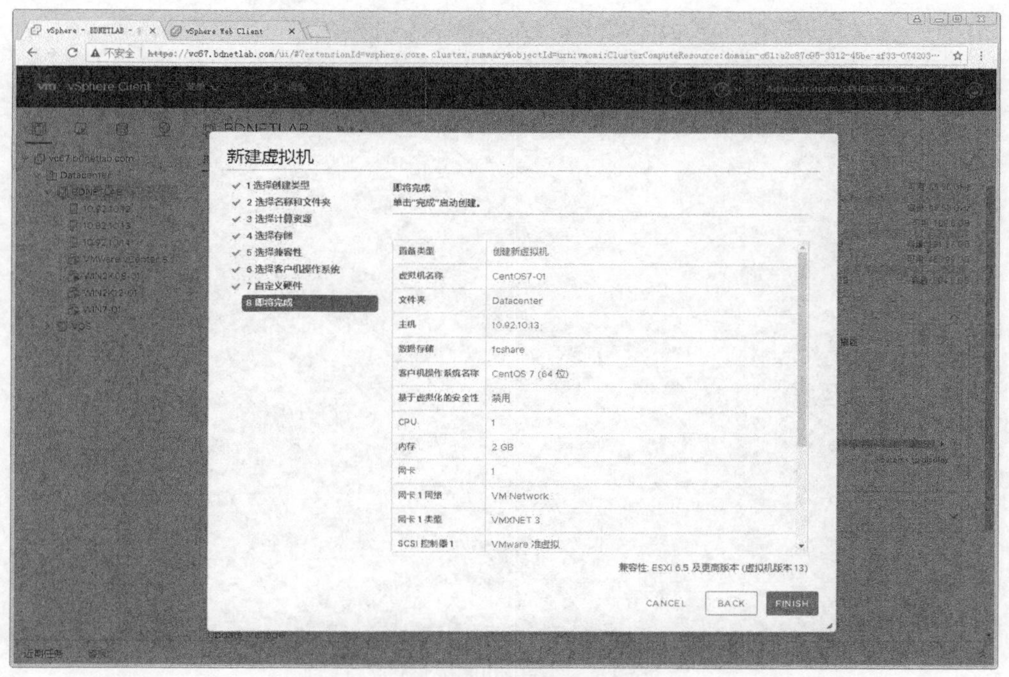

图 6-3-9 创建 Linux 虚拟机之九

第 10 步，完成虚拟机 CentOS7-01 的创建，如图 6-3-10 所示。

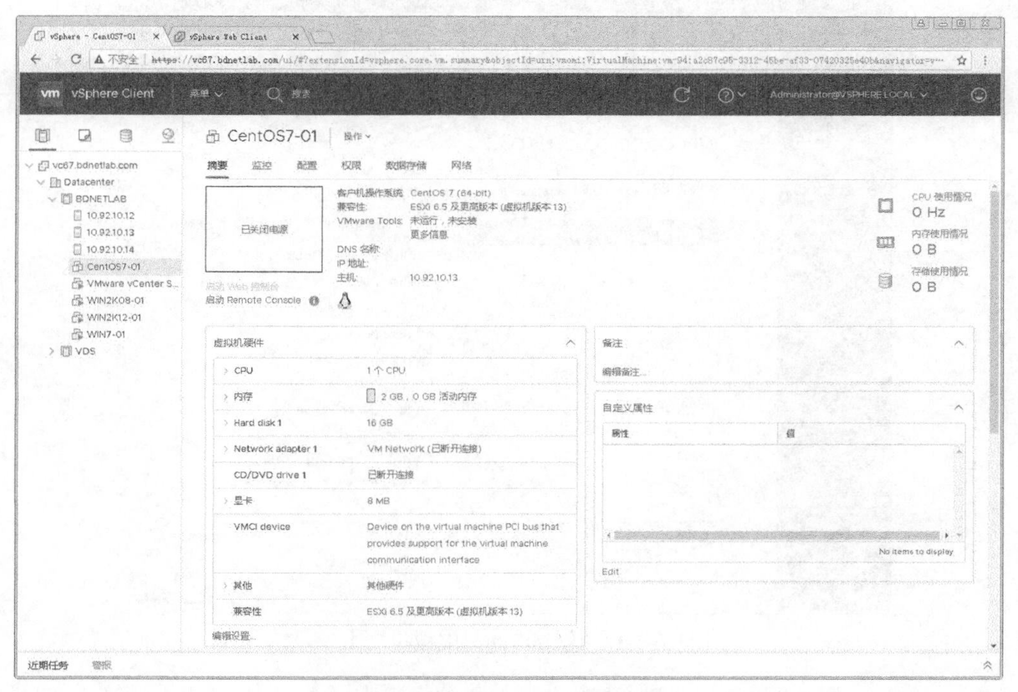

图 6-3-10 创建 Linux 虚拟机之十

第 11 步，打开虚拟机电源开始安装操作系统 ，如图 6-3-11 所示，选中“Install CentOS 7”。

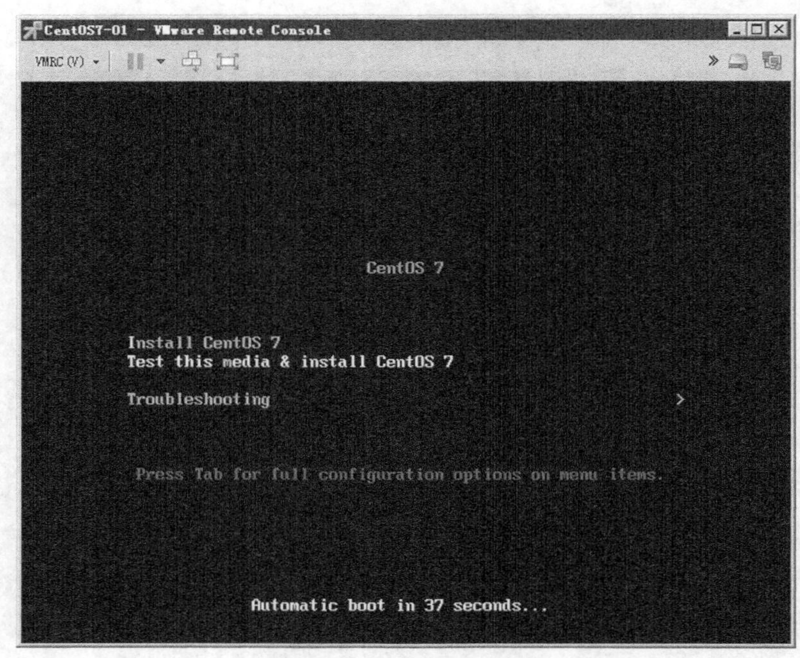

图 6-3-11　创建 Linux 虚拟机之十一

第 12 步，进入 CentOS 7 操作系统安装界面，如图 6-3-12 所示。

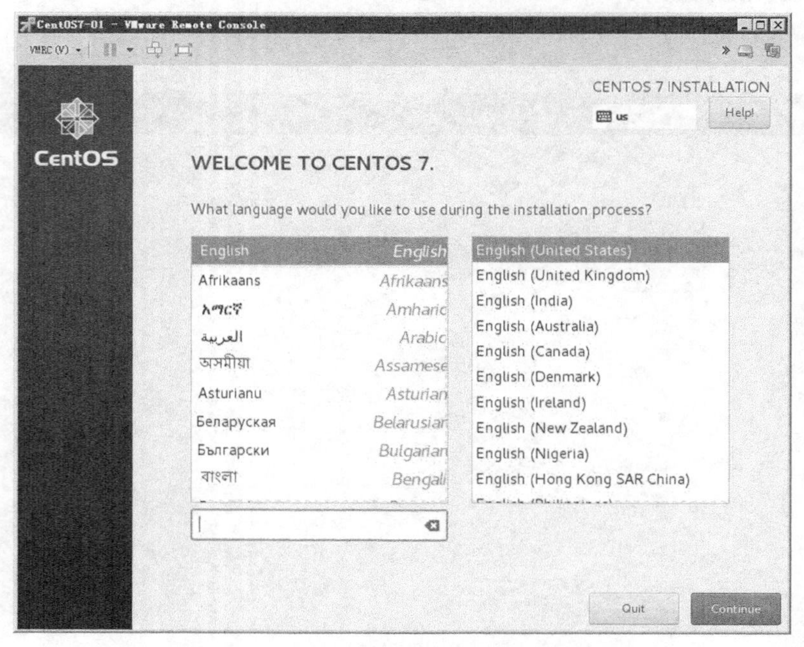

图 6-3-12　创建 Linux 虚拟机之十二

第 13 步，经过参数配置后开始安装系统，如图 6-3-13 所示。

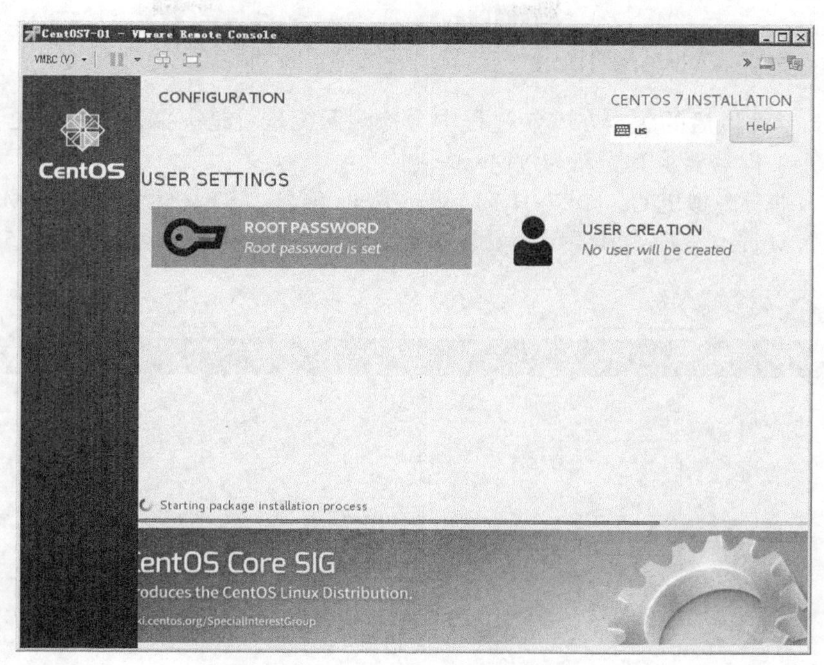

图 6-3-13 创建 Linux 虚拟机之十三

第 14 步，完成虚拟机 CentOS7-01 操作系统的安装，如图 6-3-14 所示。

图 6-3-14 创建 Linux 虚拟机之十四

至此，Linux 虚拟机创建完成。CentOS7 及以后的版本提供对虚拟化的支持，比如会检测系统是否运行在虚拟化平台上。

6.3.2　安装 VMware Tools

CentOS 7 及以后的版本在安装过程中会检测系统是否是虚拟化平台，也会安装开源 VMware Tools，但需要将其更新为 VMware 版本。

第 1 步，查看虚拟机 CentOS7-01 VMware Tools 信息。虚拟机已经安装 VMware Tools，但是它不由 VMware 管理，其原因为安装的是开源 VMware Tools，如图 6-3-15 所示。

图 6-3-15　安装 VMware Tools 之一

第 2 步，不能直接安装 VMware 官方的 VMware Tools，否则安装无效，必须先卸载开源 VMware Tools。使用命令“yum remove open-vm-tools”进行卸载，如图 6-3-16 所示。

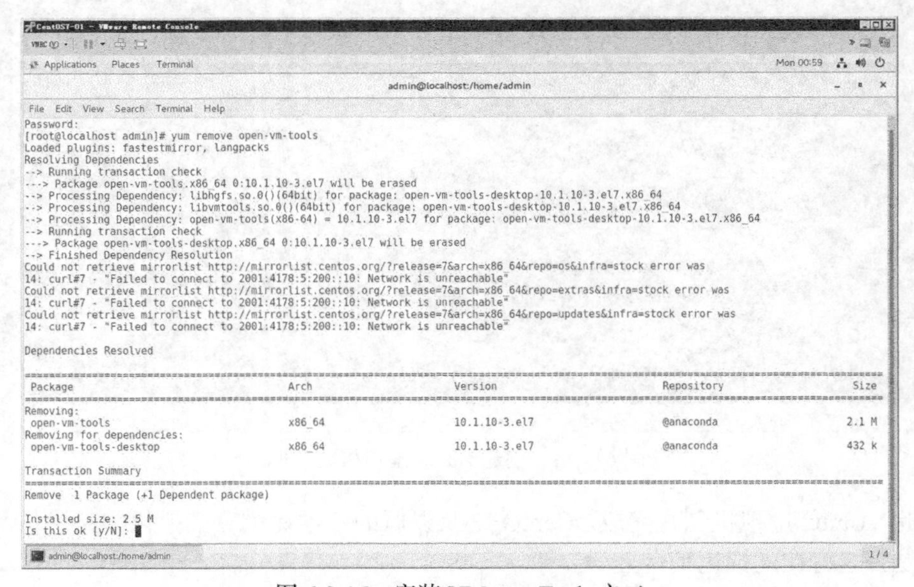

图 6-3-16　安装 VMware Tools 之二

第 3 步，确认卸载完成，如图 6-3-17 所示。

```
CentOS7-01 - VMware Remote Console
Applications   Places   Terminal                                  Mon 00:59
admin@localhost:/home/admin
File  Edit  View  Search  Terminal  Help

Dependencies Resolved

================================================================================
 Package                 Arch          Version              Repository     Size
================================================================================
Removing:
 open-vm-tools           x86_64        10.1.10-3.el7        @anaconda     2.1 M
Removing for dependencies:
 open-vm-tools-desktop   x86_64        10.1.10-3.el7        @anaconda     432 k

Transaction Summary
================================================================================
Remove  1 Package (+1 Dependent package)

Installed size: 2.5 M
Is this ok [y/N]: y
Downloading packages:
Running transaction check
Running transaction test
Transaction test succeeded
Running transaction
  Erasing    : open-vm-tools-desktop-10.1.10-3.el7.x86_64                   1/2
  Erasing    : open-vm-tools-10.1.10-3.el7.x86_64                           2/2
  Verifying  : open-vm-tools-10.1.10-3.el7.x86_64                           1/2
  Verifying  : open-vm-tools-desktop-10.1.10-3.el7.x86_64                   2/2

Removed:
  open-vm-tools.x86_64 0:10.1.10-3.el7

Dependency Removed:
  open-vm-tools-desktop.x86_64 0:10.1.10-3.el7

Complete!
[root@localhost admin]#
admin@localhost:/home/admin                                                 1/4
```

图 6-3-17　安装 VMware Tools 之三

第 4 步，重新查看虚拟机 CentOS7-01 VMware Tools 信息，显示未安装 VMware Tools，如图 6-3-18 所示。

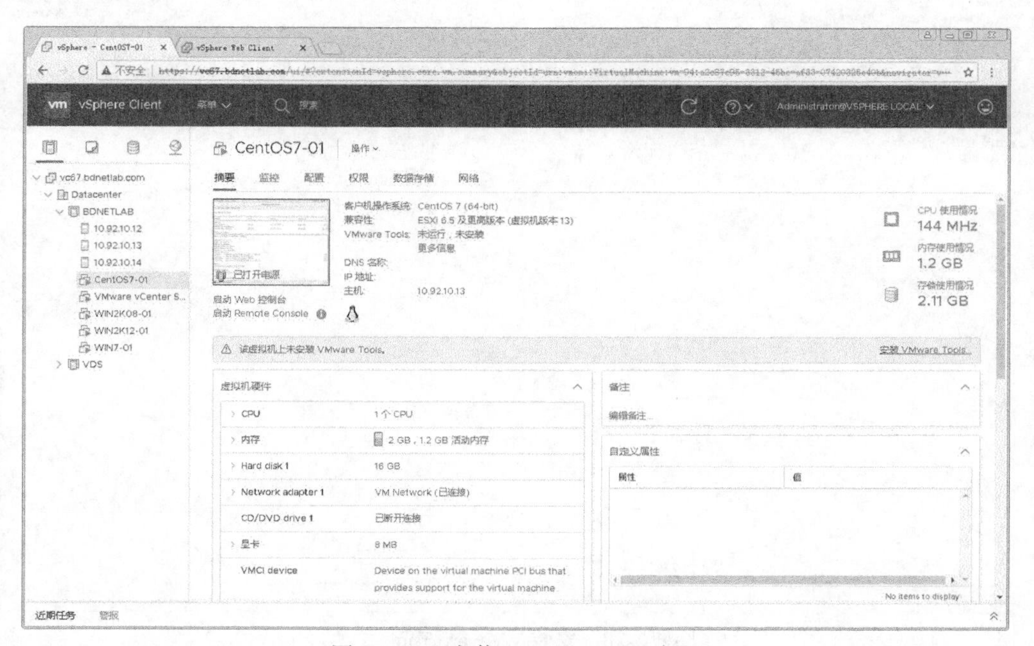

图 6-3-18　安装 VMware Tools 之四

第 5 步，确认安装 VMware Tools ，如图 6-3-19 所示，单击“挂载”按钮。

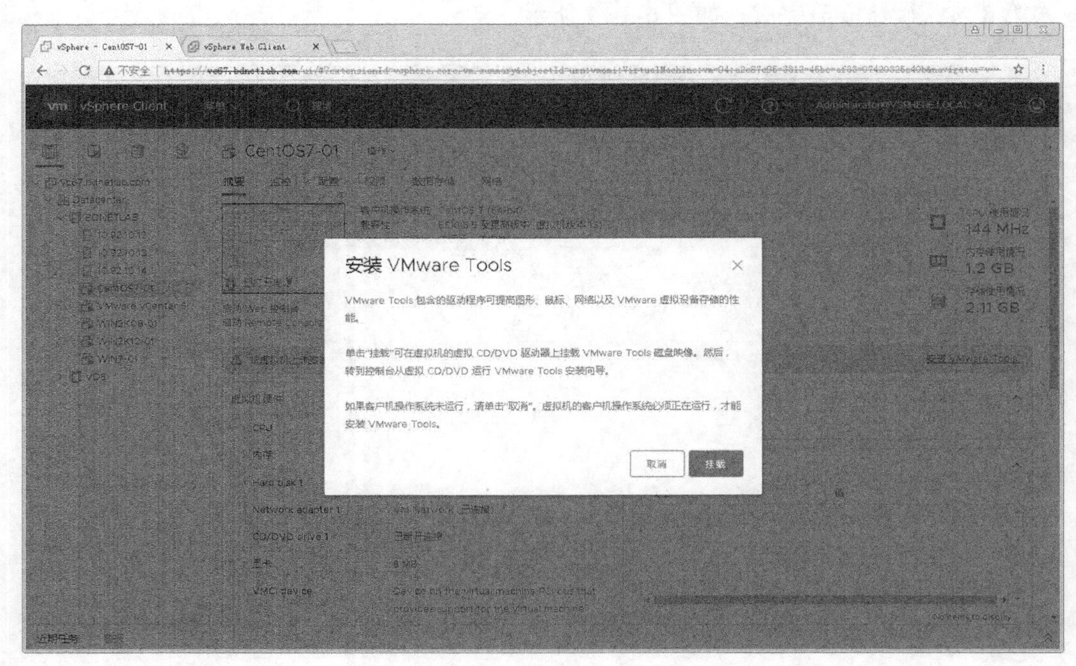

图 6-3-19　安装 VMware Tools 之五

第 6 步，使用命令将 VMware Tools 安装文件复制到 tmp 目录，如图 6-3-20 所示。

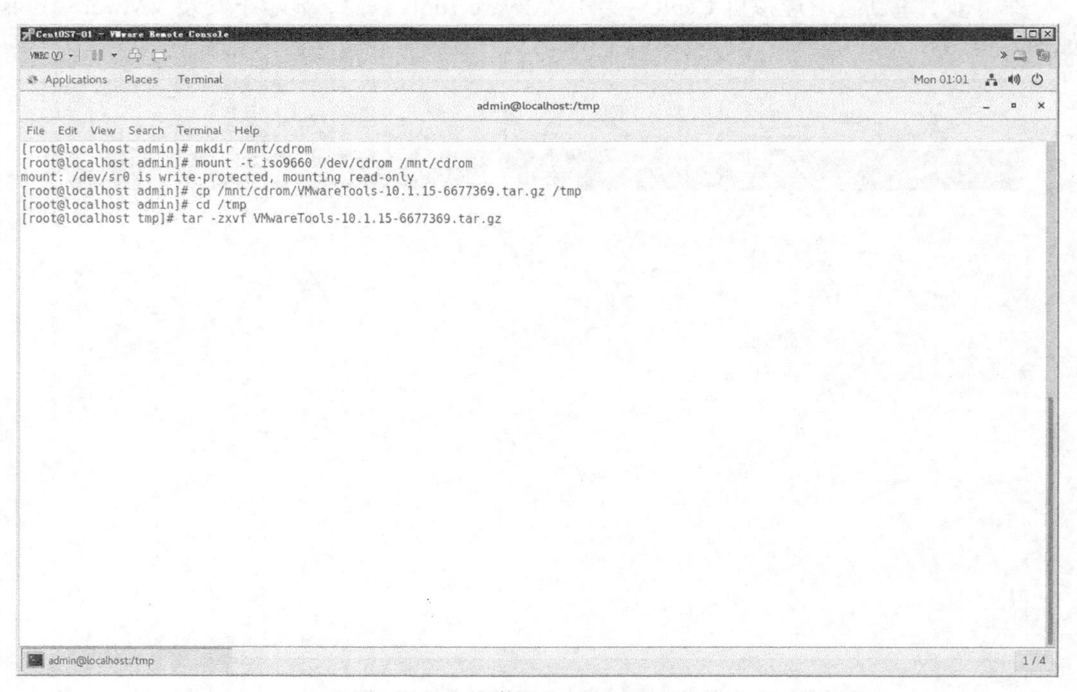

图 6-3-20　安装 VMware Tools 之六

第 7 步，解压 VMware Tools 文件后使用命令进行安装，如图 6-3-21 所示。

图 6-3-21 安装 VMware Tools 之七

第 8 步，设置安装 VMware Tools 的参数，使用默认值即可，如图 6-3-22 所示。

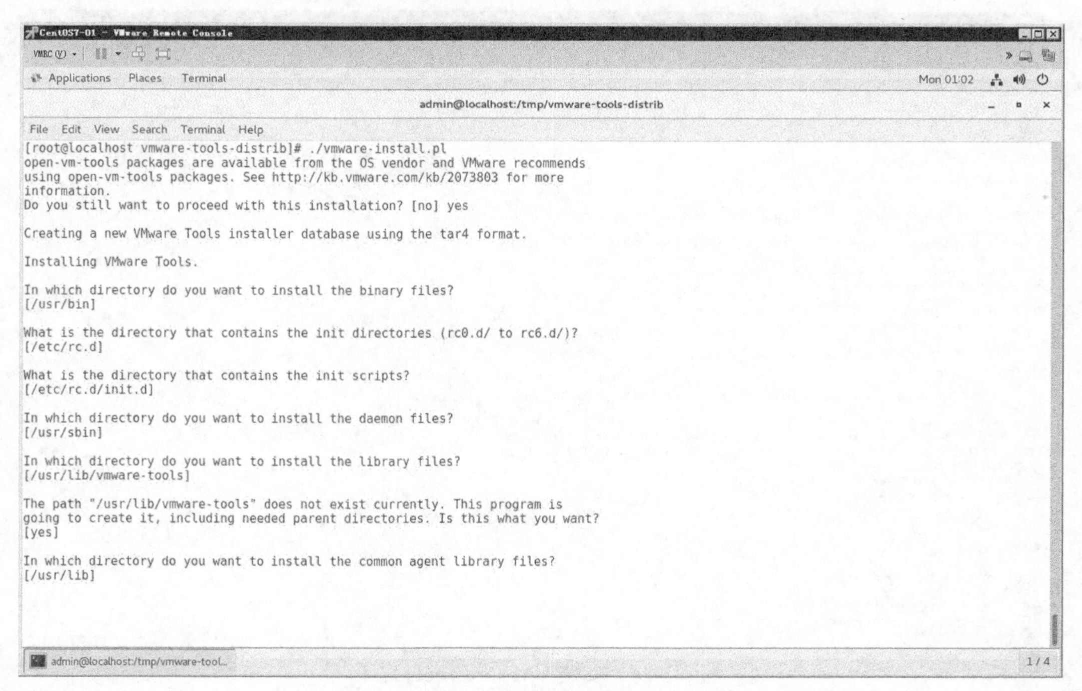

图 6-3-22 安装 VMware Tools 之八

第 9 步，开始安装 VMware Tools，如图 6-3-23 所示。

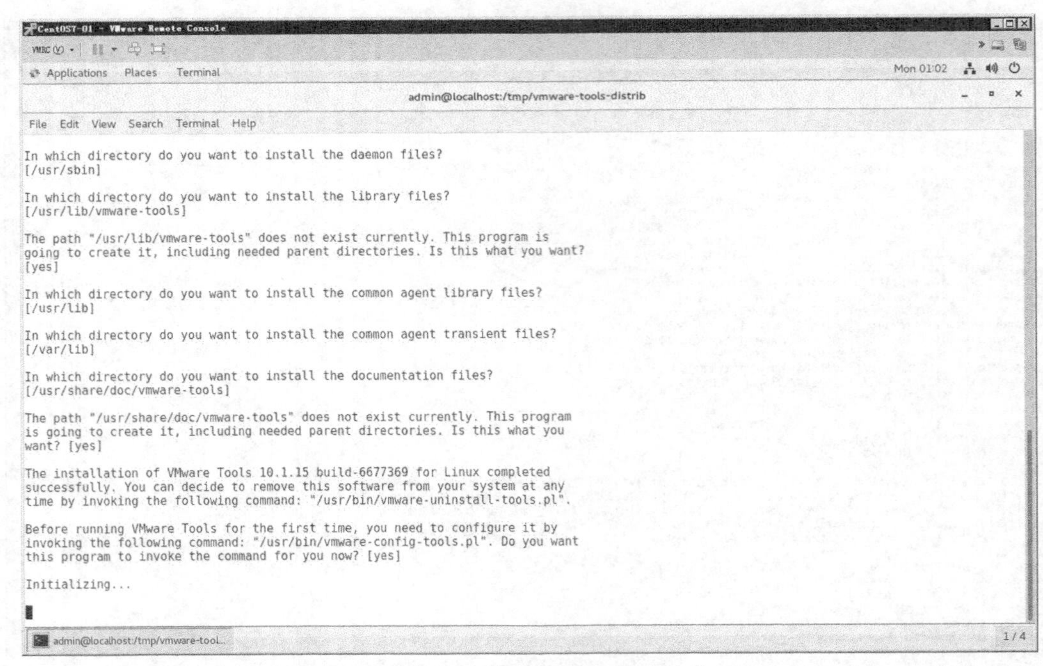

图 6-3-23　安装 VMware Tools 之九

第 10 步，完成 VMware Tools 的安装，重启虚拟机，如图 6-3-24 所示。

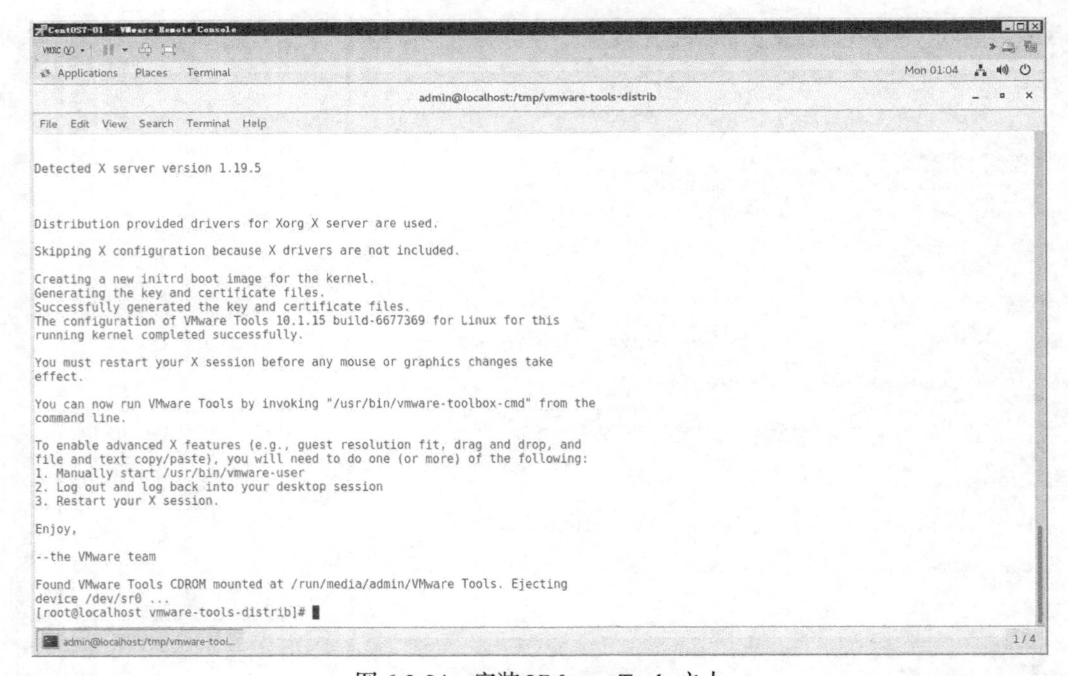

图 6-3-24　安装 VMware Tools 之十

第 11 步，重新查看虚拟机 CentOS7-01 VMware Tools 信息，已安装 VMware 官方 VMware Tools，不存在不受 VMware 管理的问题，如图 6-3-25 所示。

图 6-3-25 安装 VMware Tools 之十一

至此，为 Linux 虚拟机安装 VMware Tools 完成，主要涉及几条命令操作，对 Linux 操作系统不熟悉的用户可以直接复制命令进行安装。

6.4 生产环境中虚拟机模板的使用

Virtual Machine Template，中文翻译为虚拟机模板。使用虚拟机模板是为了在企业环境中大量、快速地部署虚拟机，比如如果生产环境中经常使用 Windows Server 2012 R2，那么每次都新建虚拟机，会花费大量的精力和时间，但如果将先安装好的一台 Windows Server 2012 R2 虚拟机转换为模板，下一次需要使用的时候就可以通过模板很快新建一台新的 Windows Server 2012 R2 虚拟机。模板是虚拟机的主副本，可用于创建和调配新的虚拟机。模板通常包含一个客户操作系统、一组应用和一个特定虚拟机配置的映像。将虚拟机复制为模板时，虚拟机处于开启或关闭状态均可；将虚拟机转换为模板，虚拟机必须处于关闭状态。本节介绍如何创建使用 Windows 以及 Linux 虚拟机模板。

6.4.1 创建使用 Windows 虚拟机模板

制作虚拟机模板有多种方式，可以通过复制以及转换的方式。复制是指将现有虚拟机进行复制，源虚拟机保留，复制出来的虚拟机模板与源虚拟机完全相同；模板转换是指将虚拟机转换为模板，源虚拟机可以保留或者不保留。

第 1 步，使用浏览器登录 vCenter Server，右击需要制作成虚拟机模板的虚拟机，单击“模板”中的“转换为虚拟机”，如图 6-4-1 所示。

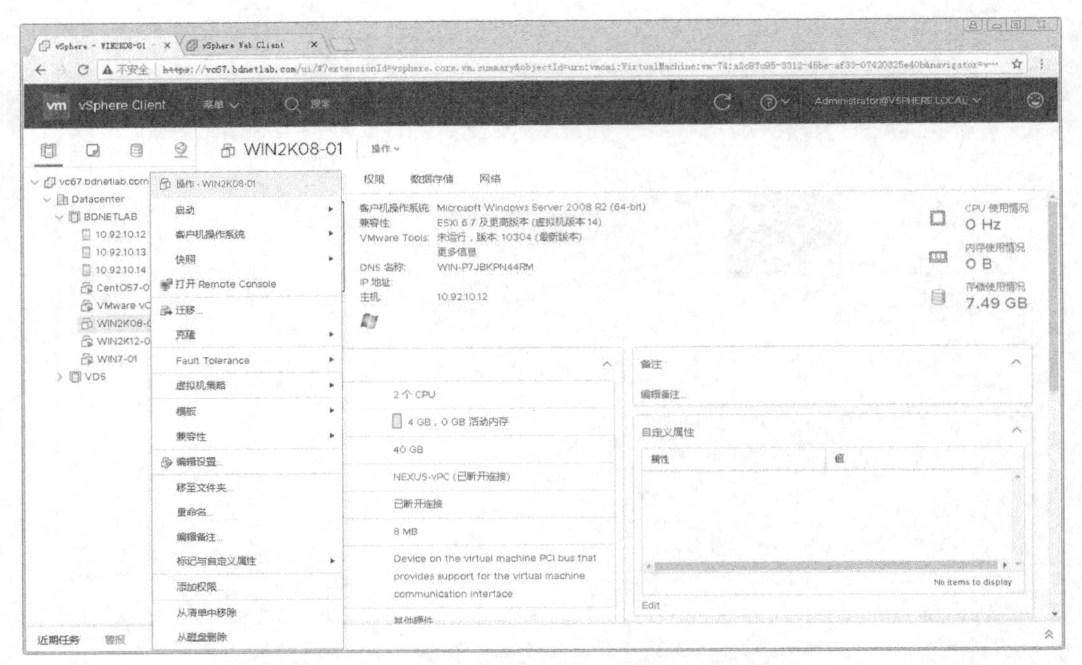

图 6-4-1　创建使用 Windows 虚拟机模板之一

第 2 步，确认将虚拟机转换为模板，使用此模式则源虚拟机不保留，如图 6-4-2 所示，单击“是”按钮。

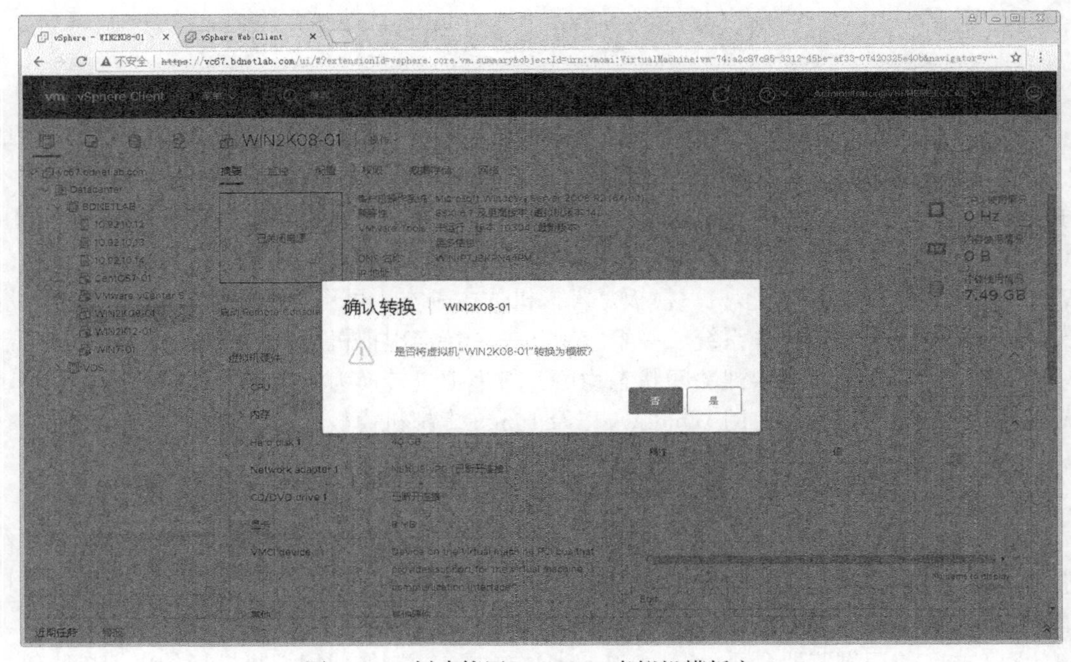

图 6-4-2　创建使用 Windows 虚拟机模板之二

第 3 步，虚拟机被转换为模板，从 ESXi 主机清单中消失，如图 6-4-3 所示。

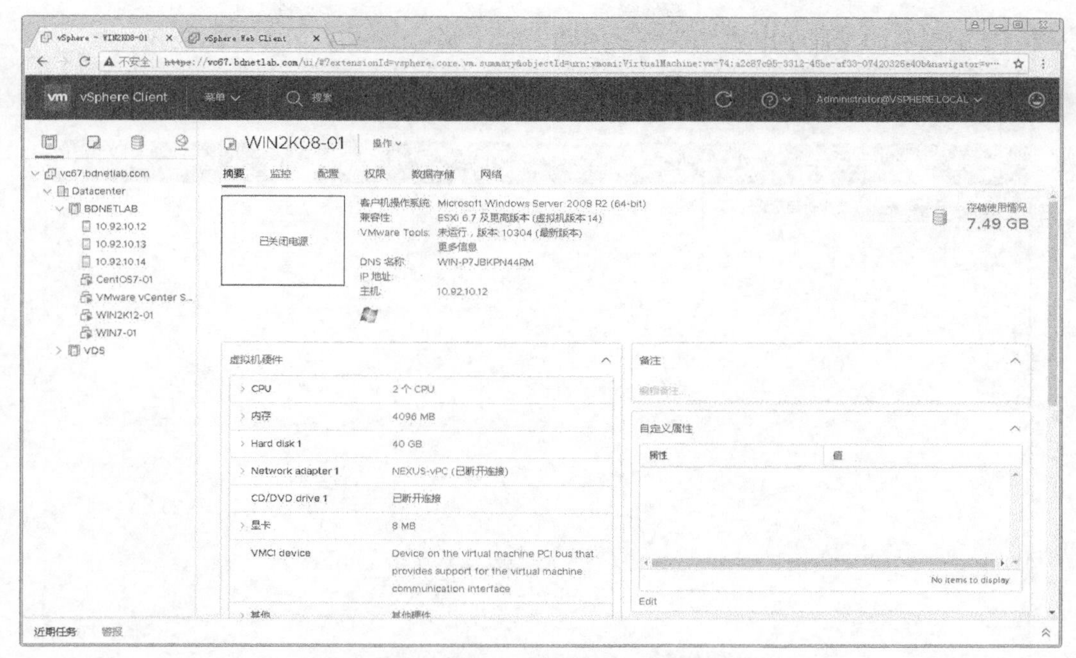

图 6-4-3　创建使用 Windows 虚拟机模板之三

第 4 步，单击“虚拟机和模板”图标，可以看到虚拟机模板，注意图标的变化，如图 6-4-4 所示。

图 6-4-4　创建使用 Windows 虚拟机模板之四

第 5 步，在使用模板创建虚拟机前建议创建虚拟机自定义规范，其目的是避免在通过模板创建虚拟机的过程中出现 SID 重复问题，如图 6-4-5 所示，单击“新建”。

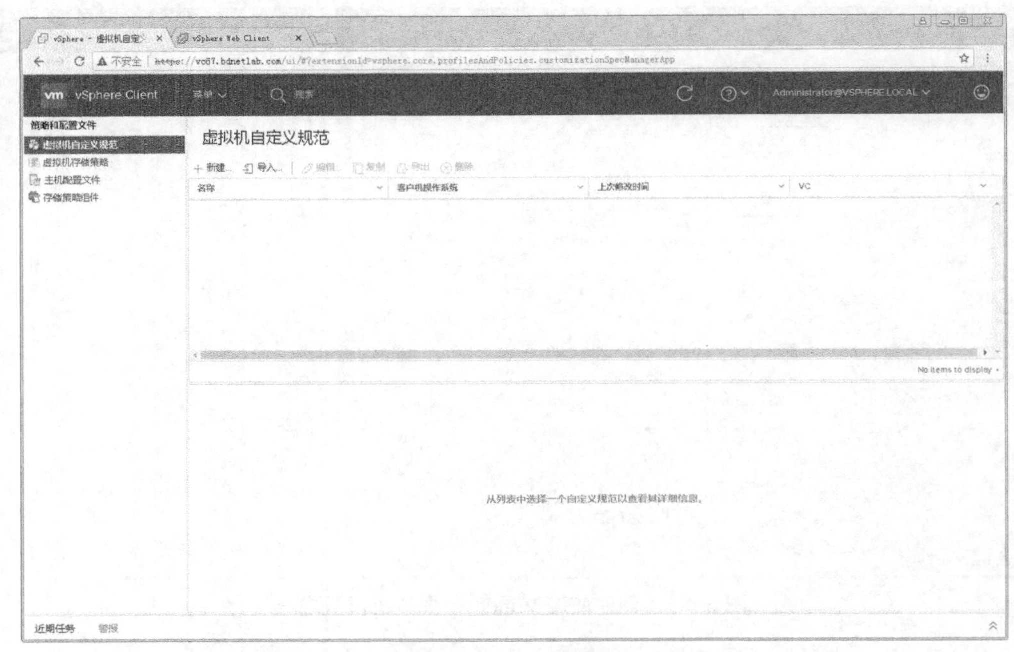

图 6-4-5　创建使用 Windows 虚拟机模板之五

第 6 步，输入新建虚拟机自定义规范的名称，如图 6-4-6 所示，单击“NEXT”按钮。

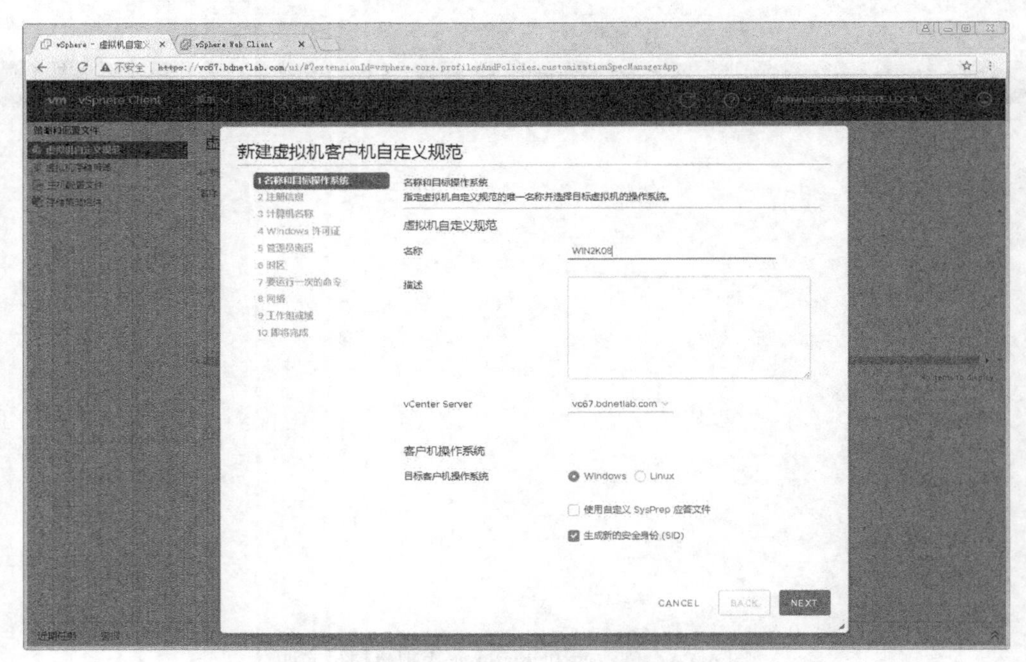

图 6-4-6　创建使用 Windows 虚拟机模板之六

第 7 步，输入自定义规范注册信息，如图 6-4-7 所示，单击“NEXT”按钮。

图 6-4-7 创建使用 Windows 虚拟机模板之七

第 8 步，指定自定义规范计算机名称，如图 6-4-8 所示，单击“NEXT”按钮。

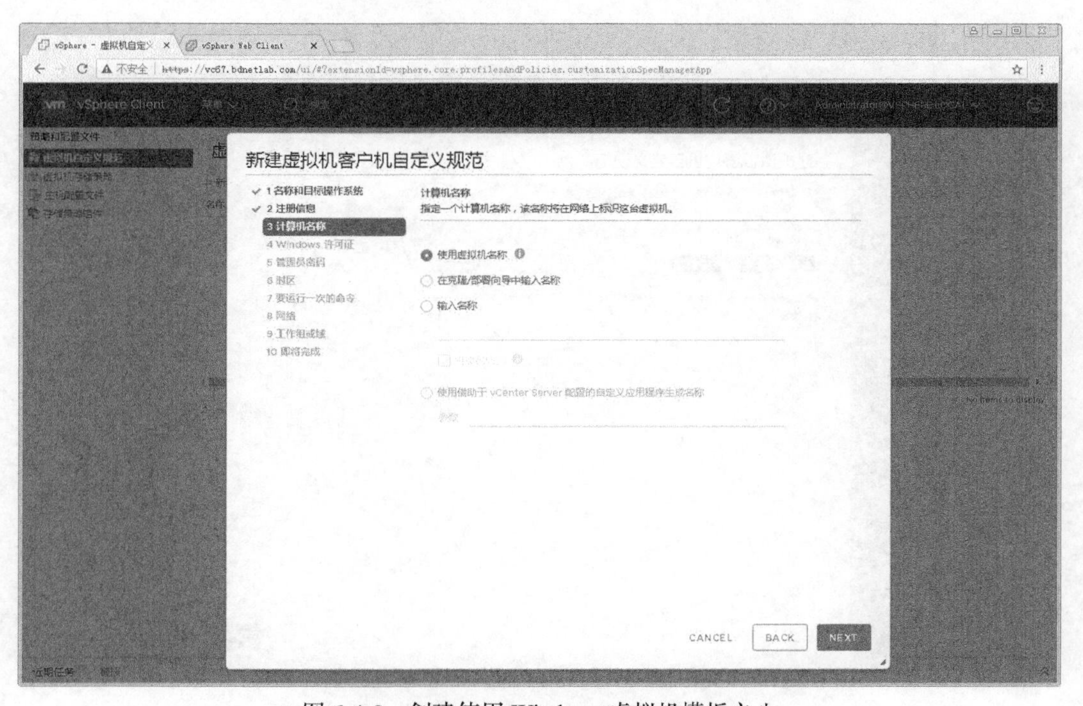

图 6-4-8 创建使用 Windows 虚拟机模板之八

第 9 步，输入自定义规范 Windows 许可证，如图 6-4-9 所示，单击“NEXT”按钮。

图 6-4-9　创建使用 Windows 虚拟机模板之九

第 10 步，输入自定义规范的管理员密码，如图 6-4-10 所示，单击“NEXT”按钮。

图 6-4-10　创建使用 Windows 虚拟机模板之十

第 11 步，选择自定义规范时区，如图 6-4-11 所示，单击“NEXT”按钮。

图 6-4-11 创建使用 Windows 虚拟机模板之十一

第 12 步，输入自定义规范要运行一次的命令，如图 6-4-12 所示，单击“NEXT”按钮。

图 6-4-12 创建使用 Windows 虚拟机模板之十二

第 13 步，指定自定义规范网络设置，如图 6-4-13 所示，单击“NEXT”按钮。

图 6-4-13　创建使用 Windows 虚拟机模板之十三

第 14 步，选择自定义规范生成的虚拟机属于工作组还是域，如图 6-4-14 所示，单击“NEXT”按钮。

图 6-4-14　创建使用 Windows 虚拟机模板之十四

第 15 步，确认自定义规范信息正确后，如图 6-4-15 所示，单击“FINISH”按钮。

图 6-4-15　创建使用 Windows 虚拟机模板之十五

第 16 步，自定义规范 WIN2K08 创建完成，如图 6-4-16 所示。

图 6-4-16　创建使用 Windows 虚拟机模板之十六

第 17 步，在虚拟机模板上右击，选择“从此模板新建虚拟机”，如图 6-4-17 所示。

图 6-4-17　创建使用 Windows 虚拟机模板之十七

第 18 步，从模板部署，指定虚拟机名称，如图 6-4-18 所示，单击“NEXT”按钮。

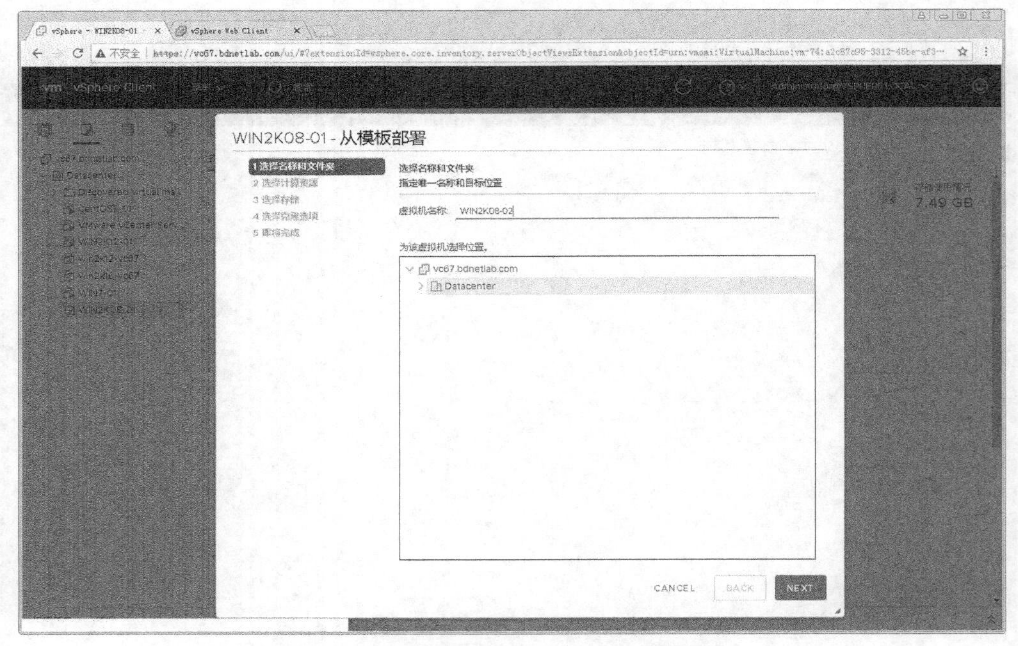

图 6-4-18　创建使用 Windows 虚拟机模板之十八

第 19 步，从模板部署，选择虚拟机使用的计算资源，如图 6-4-19 所示，单击“NEXT”按钮。

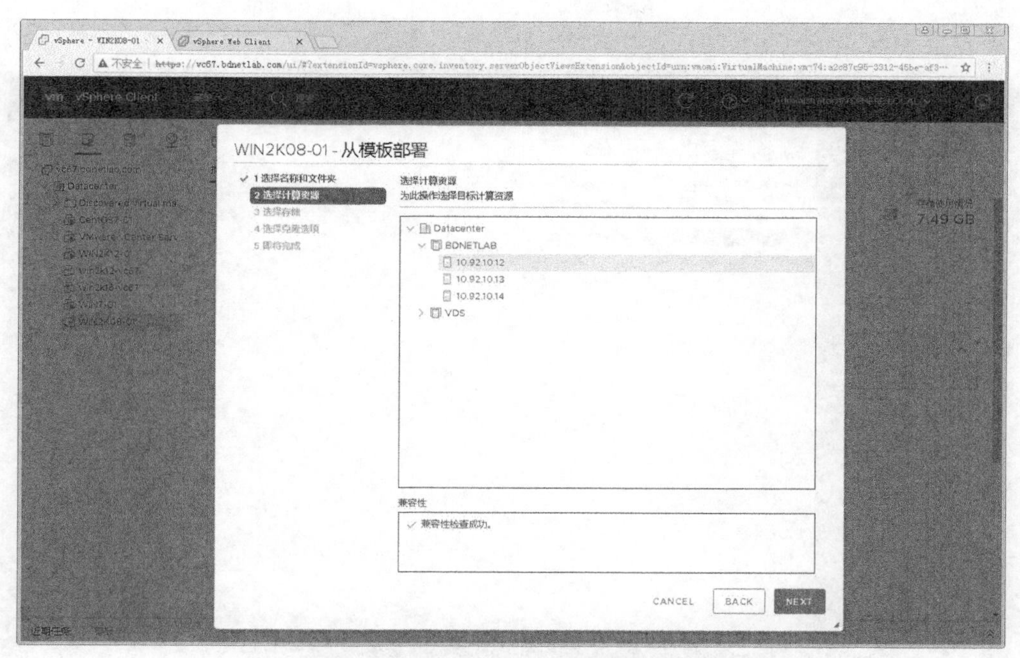

图 6-4-19 创建使用 Windows 虚拟机模板之十九

第 20 步，从模板部署，选择虚拟机使用的存储，如图 6-4-20 所示，单击“NEXT”按钮。

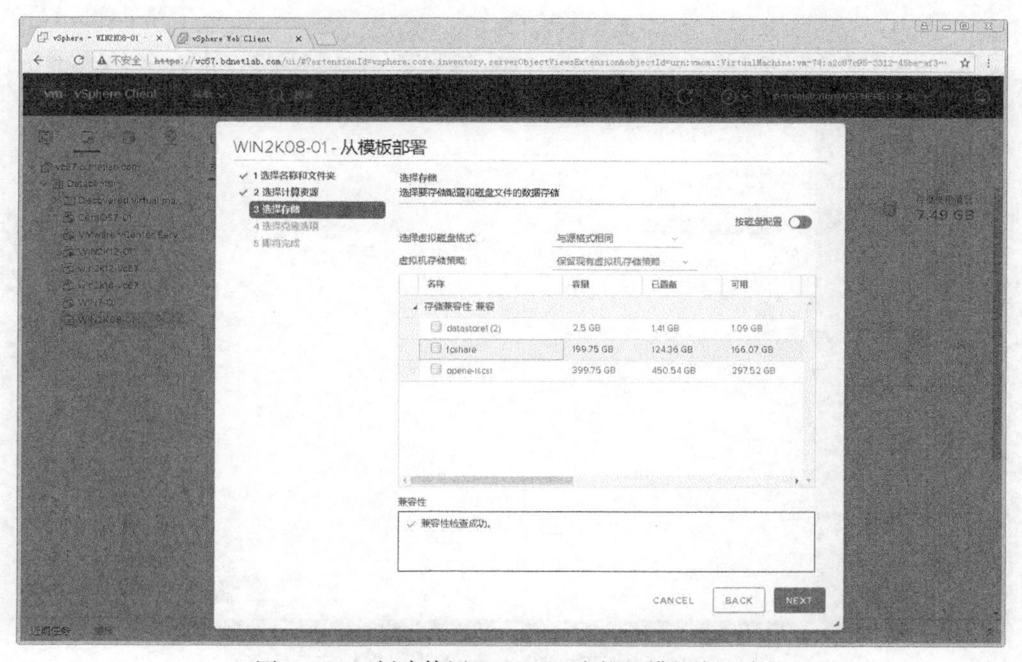

图 6-4-20 创建使用 Windows 虚拟机模板之二十

第 21 步，从模板部署，选中“自定义操作系统”，调用创建的自定义规范，如图 6-4-21 所示，单击“NEXT”按钮。

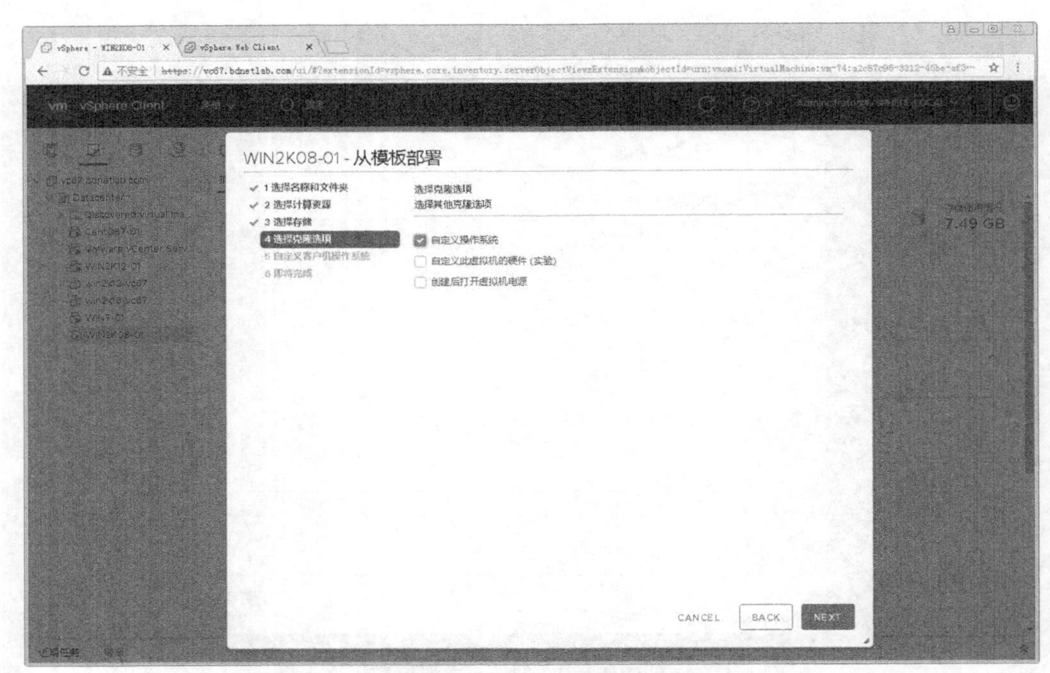

图 6-4-21 创建使用 Windows 虚拟机模板之二十一

第 22 步，选中创建的自定义规范 WIN2K08，如图 6-4-22 所示，单击“NEXT”按钮。

图 6-4-22 创建使用 Windows 虚拟机模板之二十二

第 23 步，确认从模板部署虚拟机相关参数正确后，如图 6-4-23 所示，单击“FINISH”按钮。

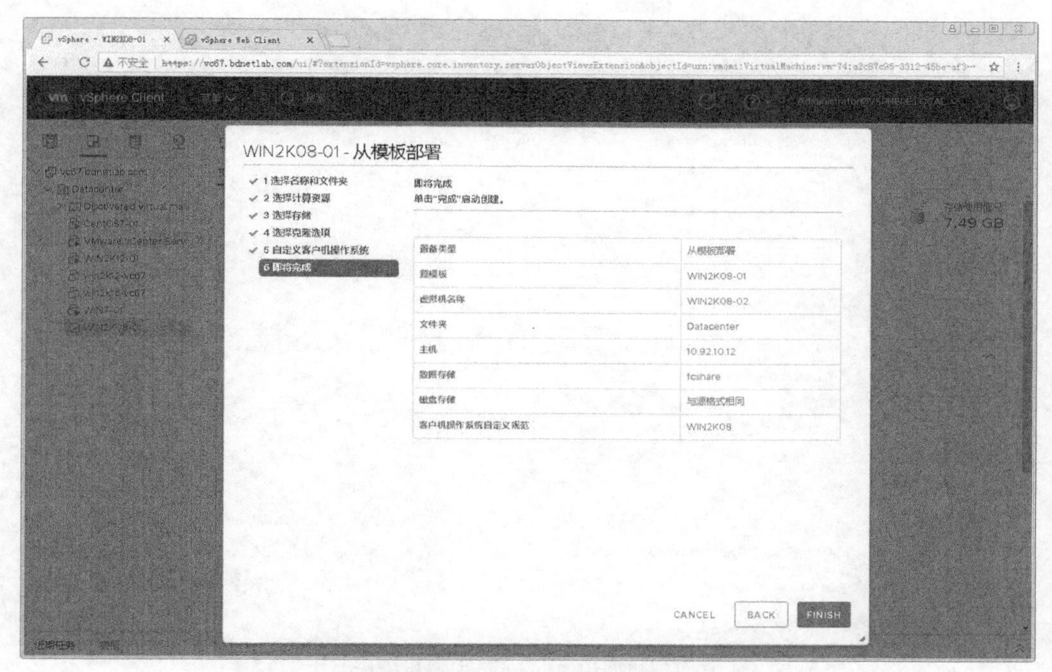

图 6-4-23　创建使用 Windows 虚拟机模板之二十三

第 24 步，开始从模板部署虚拟机，如图 6-4-24 所示。

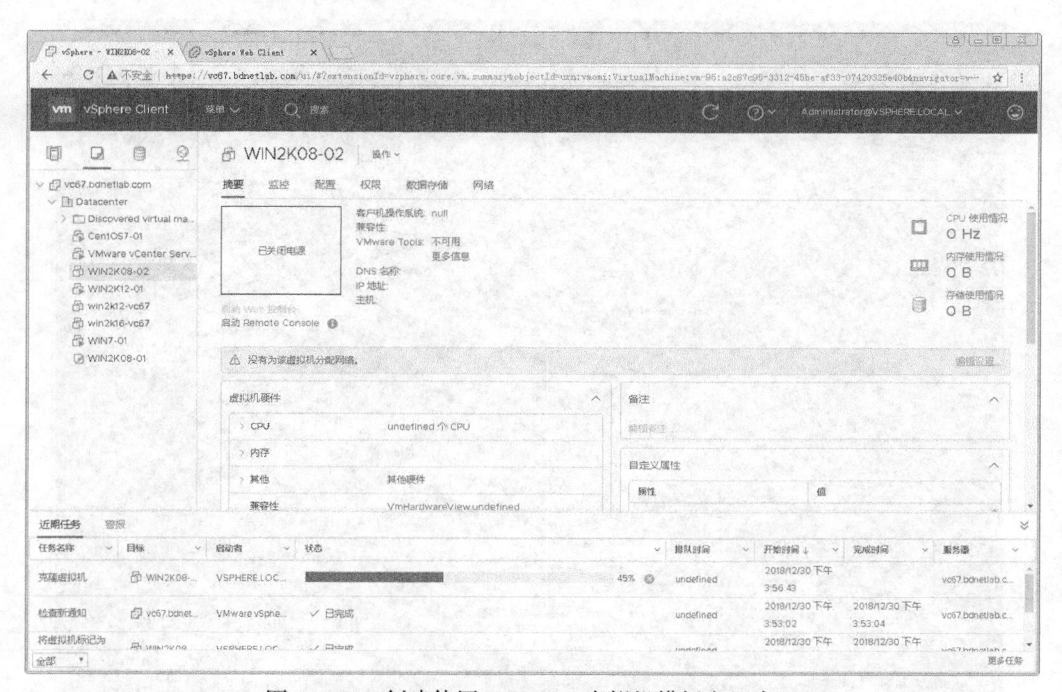

图 6-4-24　创建使用 Windows 虚拟机模板之二十四

第 25 步，使用模板再部署虚拟机 WIN2K08-03，注意该虚拟机不调用自定义规范，如图 6-4-25 所示。

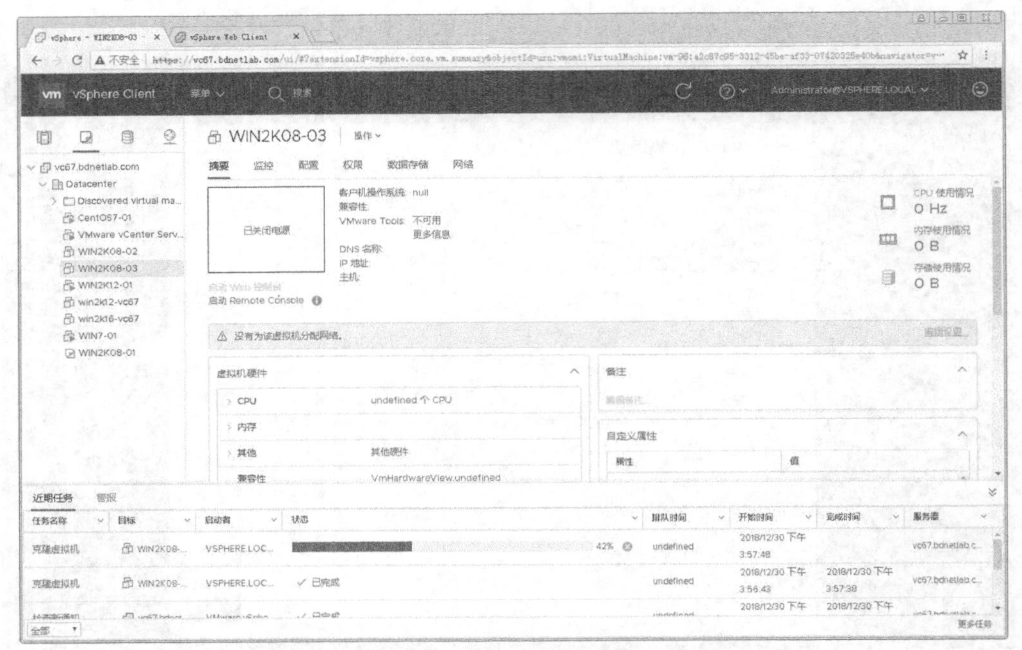

图 6-4-25　创建使用 Windows 虚拟机模板之二十五

第 26 步，调用自定义规范创建的虚拟机会重新生成 SID，出现图 6-4-26 所示的界面。

图 6-4-26　创建使用 Windows 虚拟机模板之二十六

第 27 步，查看调用自定义规范虚拟机 SID，如图 6-4-27 所示，可以与其他虚拟机对比。

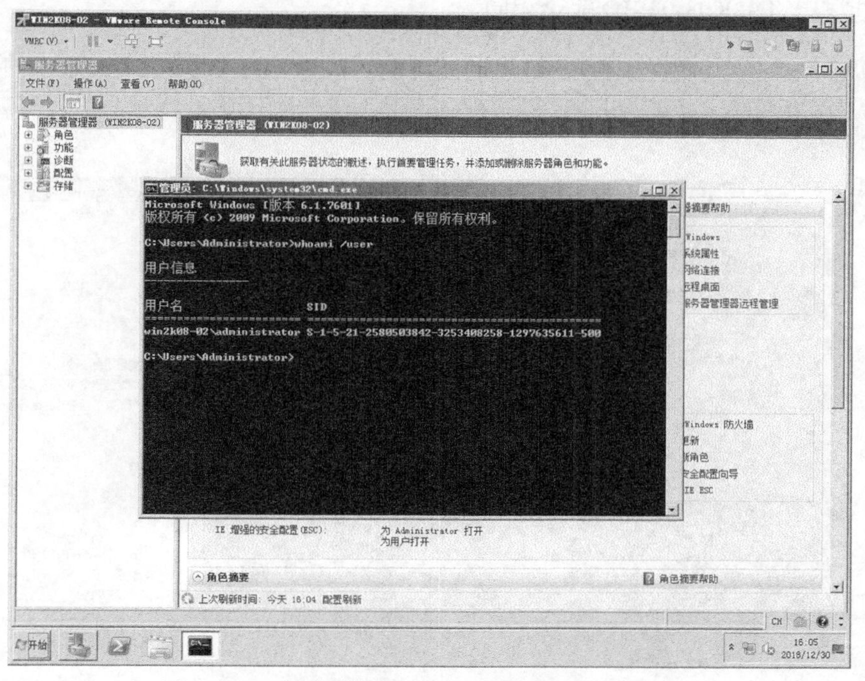

图 6-4-27　创建使用 Windows 虚拟机模板之二十七

第 28 步，查看未调用自定义规范虚拟机 WIN2K08-03 SID，如图 6-4-28 所示。

图 6-4-28　创建使用 Windows 虚拟机模板之二十八

第 29 步，查看未调用自定义规范虚拟机 WIN2K08-04 SID，如图 6-4-29 所示，可以看到它与虚拟机 WIN2K08-03SID 完全相同。

图 6-4-29 创建使用 Windows 虚拟机模板之二十九

至此，使用 Windows 模板创建虚拟机完成。在生产环境中，为保证操作系统的稳定性，强烈推荐用户通过调用自定义规范创建虚拟机，确保每台虚拟机 SID 的唯一性，以避免虚拟机在后续使用过程出现问题。

6.4.2 创建使用 Linux 虚拟机模板

使用 Linux 虚拟机模板创建虚拟机的操作与使用 Windows 虚拟机模板创建虚拟机的操作整体差不多，但一些细节需要注意：创建 Windows 虚拟机模板选择转换；创建 Linux 虚拟机模板选择复制，源虚拟机保留。

第 1 步，使用浏览器登录 vCenter Server，右击需要制作为模板的虚拟机，单击“复制”（图中为“克隆”）中的“将虚拟机复制为模板”，如图 6-4-30 所示。

第 2 步，确认将虚拟机复制为模板，使用此模式则源虚拟机保留，如图 6-4-31 所示，单击“NEXT”按钮。

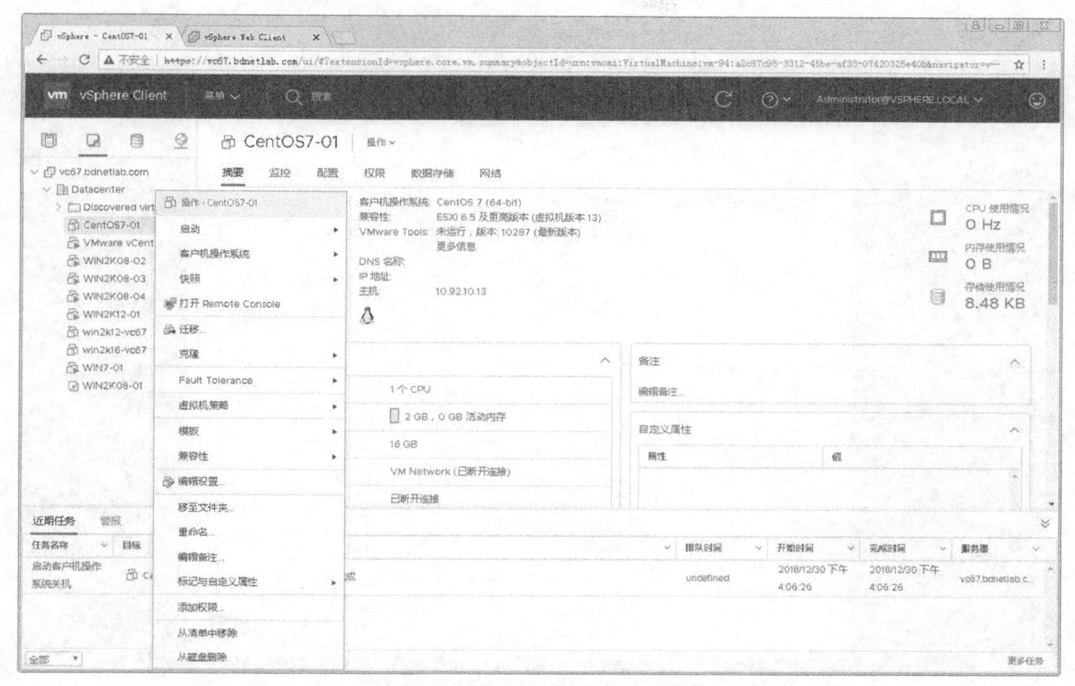

图 6-4-30 创建使用 Linux 虚拟机模板之一

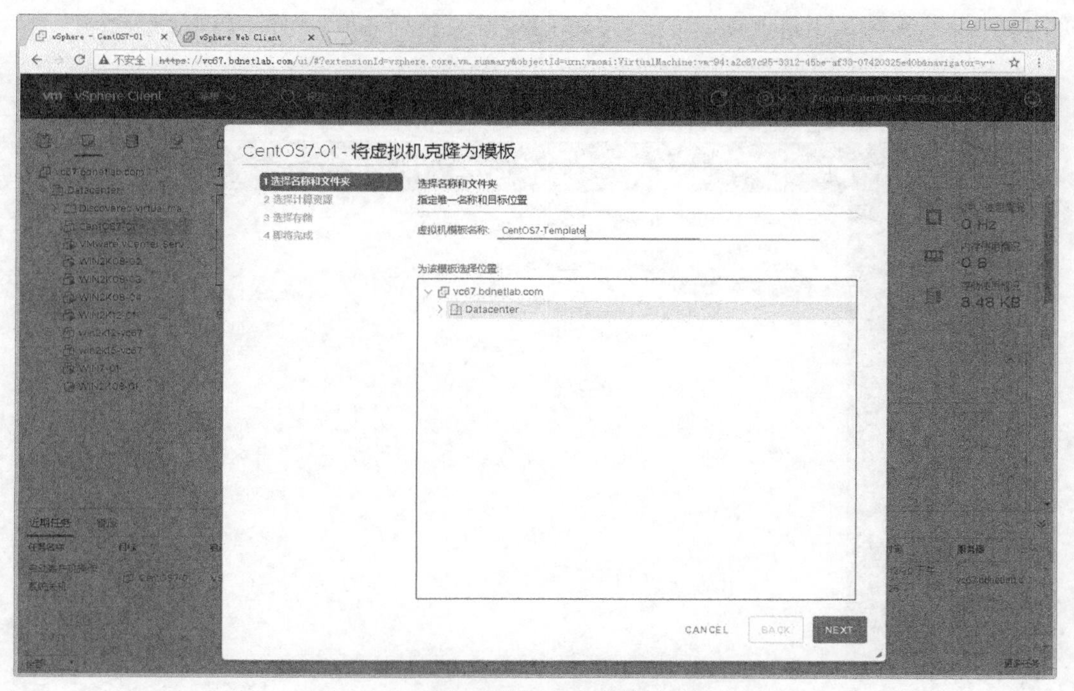

图 6-4-31 创建使用 Linux 虚拟机模板之二

第 3 步，选择虚拟机模板使用的计算资源，如图 6-4-32 所示，单击“NEXT”按钮。

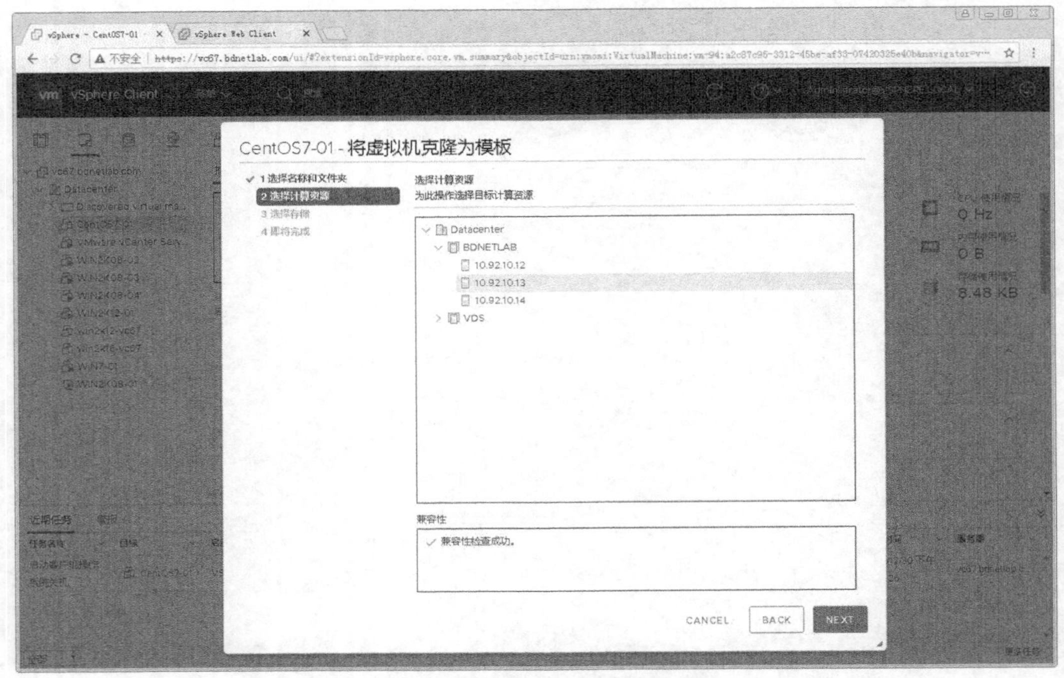

图 6-4-32　创建使用 Linux 虚拟机模板之三

第 4 步，选择虚拟机模板使用的存储，如图 6-4-33 所示，单击“NEXT”按钮。

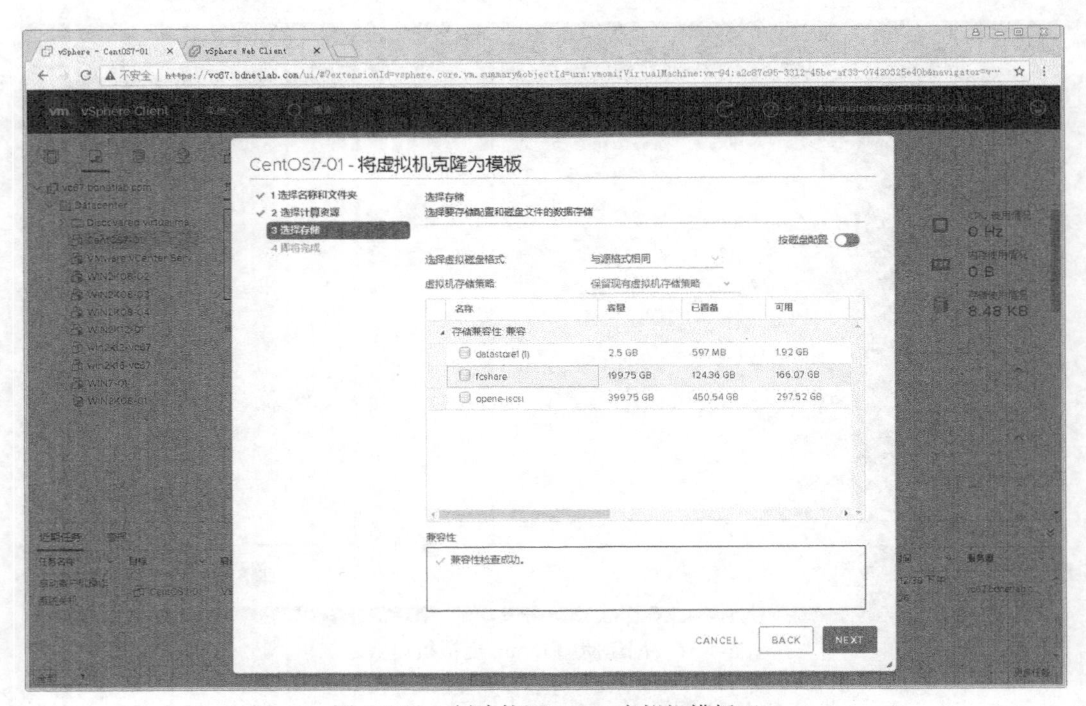

图 6-4-33　创建使用 Linux 虚拟机模板四

第 5 步，确认复制的虚拟机相关参数正确后，如图 6-4-34 所示，单击“FINISH”按钮。

图 6-4-34　创建使用 Linux 虚拟机模板之五

第 6 步，虚拟机 CentOS7-01 被复制为模板 CentOS7-Template，如图 6-4-35 所示。

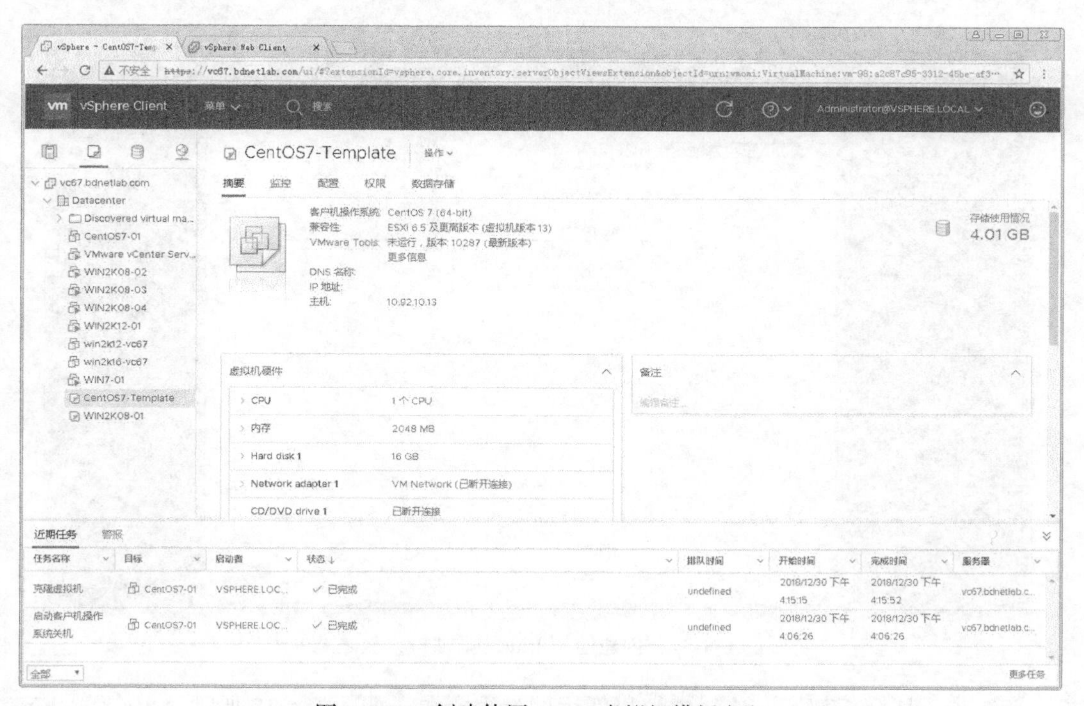

图 6-4-35　创建使用 Linux 虚拟机模板之六

第 7 步，在虚拟机模板上右击，选择“从此模板新建虚拟机”，如图 6-4-36 所示。

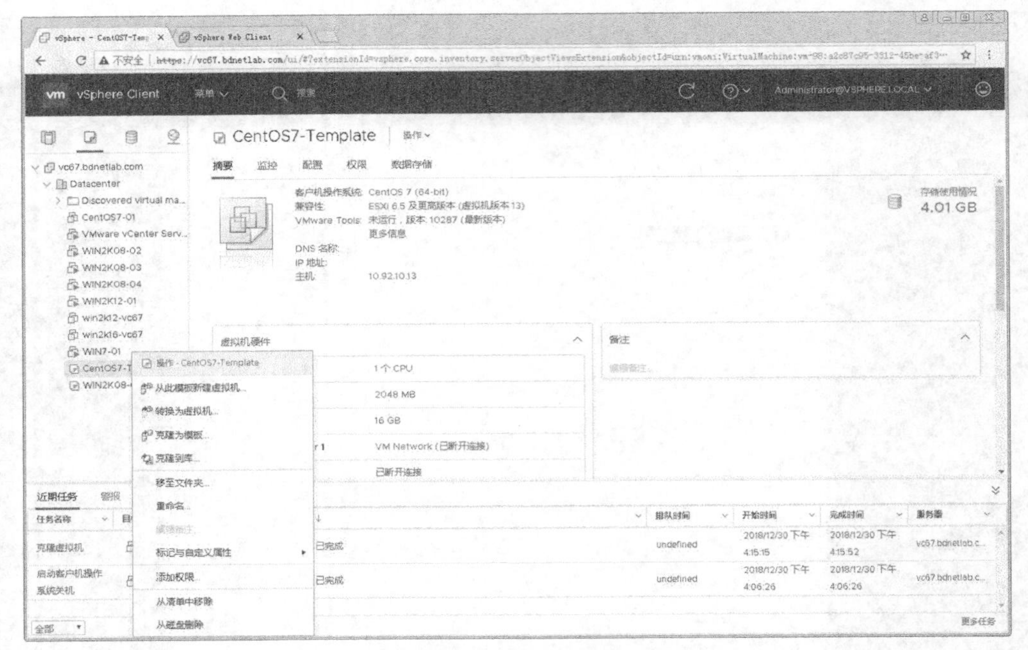

图 6-4-36　创建使用 Linux 虚拟机模板之七

第 8 步，从模板部署，指定虚拟机名称，如图 6-4-37 所示，单击“NEXT”按钮。

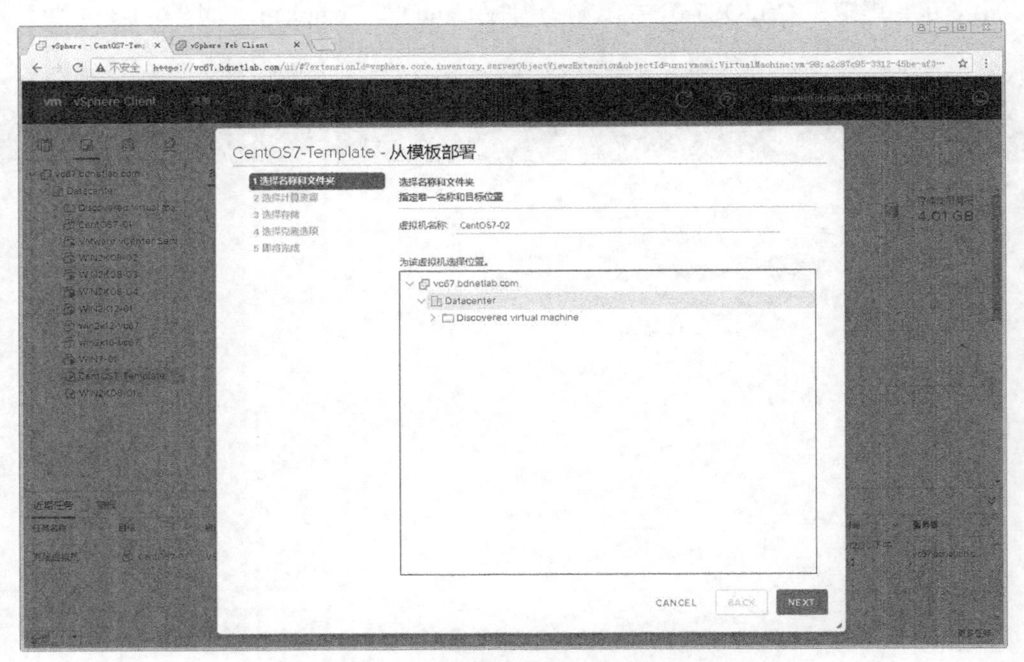

图 6-4-37　创建使用 Linux 虚拟机模板之八

第 9 步，从模板部署，选择虚拟机使用的计算资源，如图 6-4-38 所示，单击“NEXT”按钮。

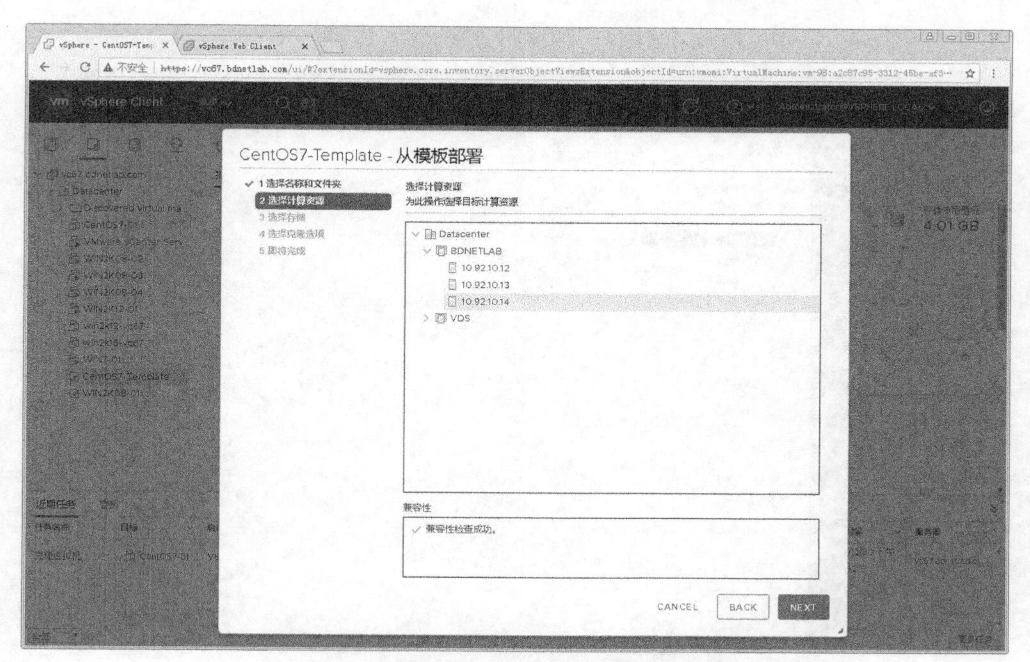

图 6-4-38 创建使用 Linux 虚拟机模板之九

第 10 步，从模板部署，选择虚拟机使用的存储，如图 6-4-39 所示，单击“NEXT”按钮。

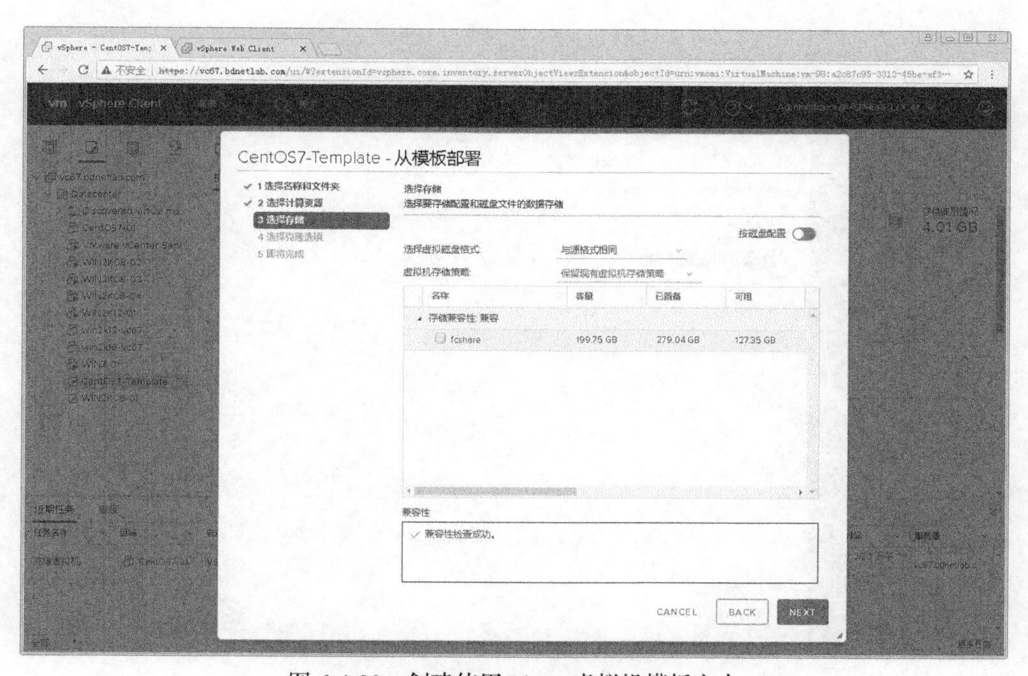

图 6-4-39 创建使用 Linux 虚拟机模板之十

第 11 步，未创建 Linux 操作系统自定义规范，检验不使用自定义规范创建的虚拟机情况，如图 6-4-40 所示，单击“NEXT”按钮。

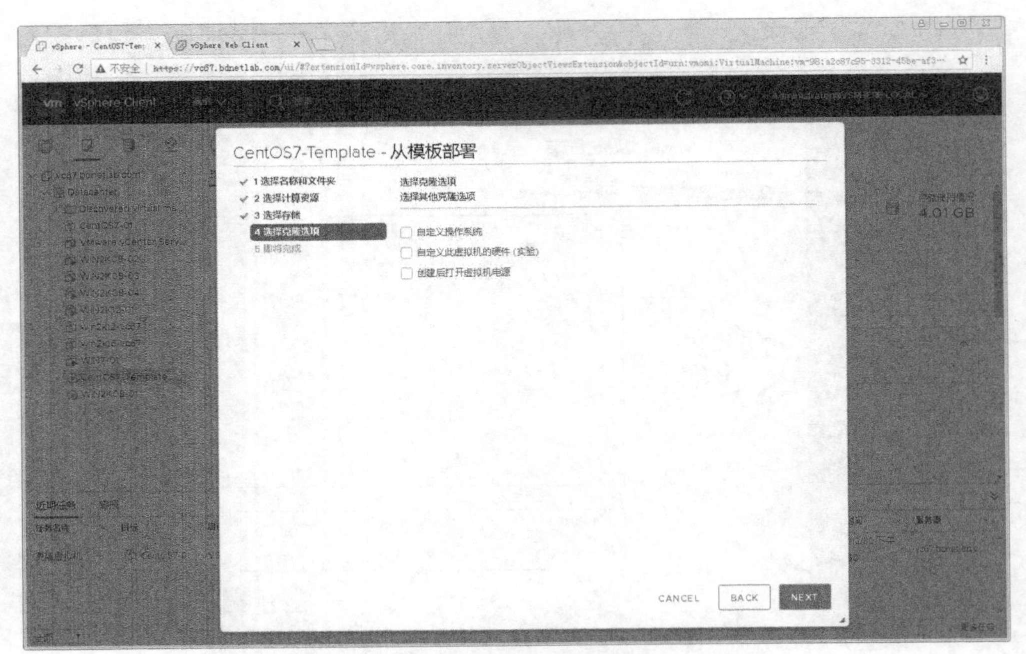

图 6-4-40　创建使用 Linux 虚拟机模板之十一

第 12 步，确认从模板部署虚拟机相关参数正确后，如图 6-4-41 所示，单击“FINISH”按钮。

图 6-4-41　创建使用 Linux 虚拟机模板之十二

第 13 步，开始从模板部署虚拟机 CentOS7-02，如图 6-4-42 所示。

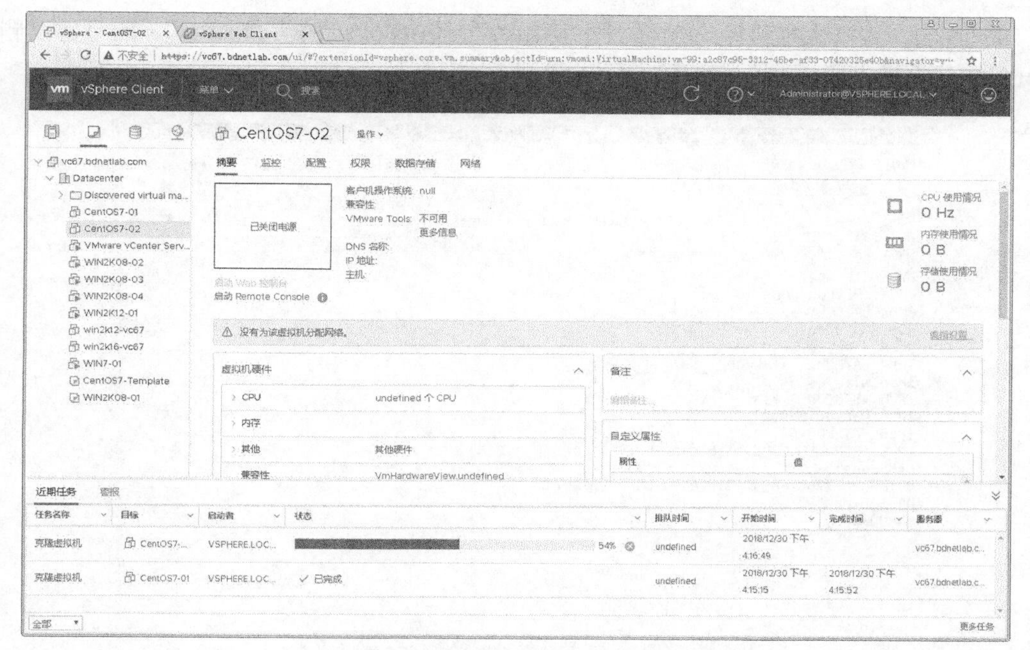

图 6-4-42　创建使用 Linux 虚拟机模板之十三

第 14 步，打开虚拟机 CentOS7-02 控制台，查看网络连接情况，网络不能使用，如图 6-4-43 所示。

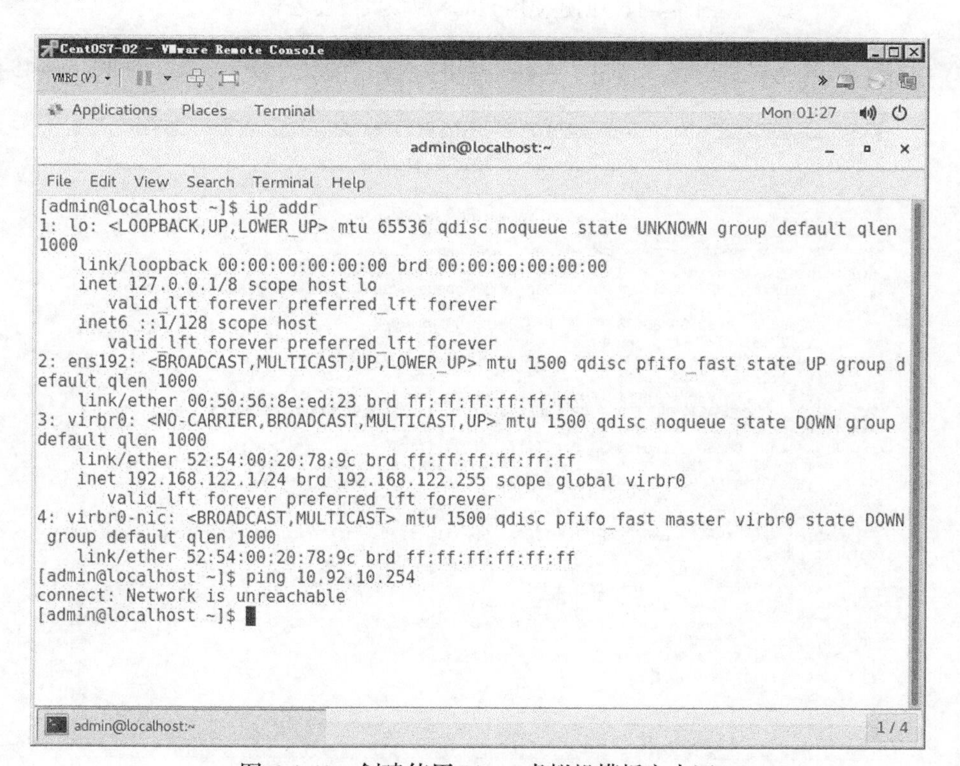

图 6-4-43　创建使用 Linux 虚拟机模板之十四

第 15 步，查看虚拟机网络配置文件，修改“ONBOOT”的值为“yes”，同时建议删除 UUID 使其重新生成，避免虚拟机 UUID 相同，如图 6-4-44 所示。

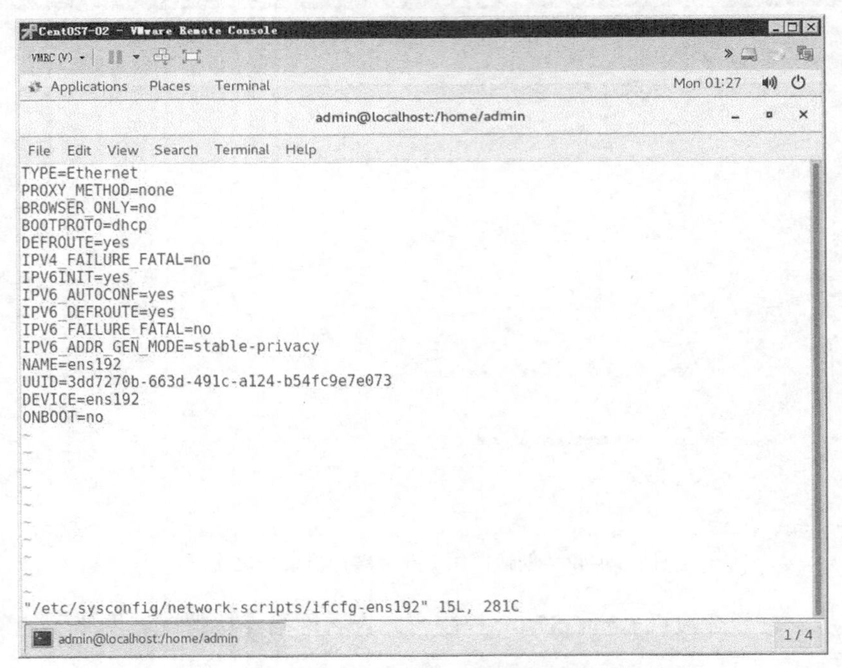

图 6-4-44　创建使用 Linux 虚拟机模板之十五

第 16 步，修改完成后重启虚拟机，再次查看网络连接情况，恢复正常，如图 6-4-45 所示。

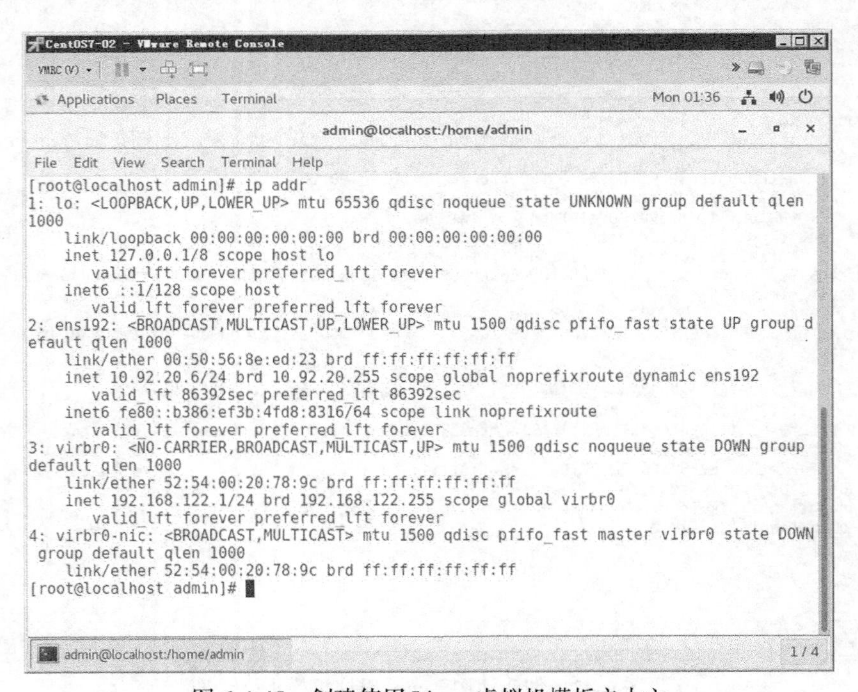

图 6-4-45　创建使用 Linux 虚拟机模板之十六

第 17 步，创建 Linux 虚拟机自定义规范，如图 6-4-46 所示。

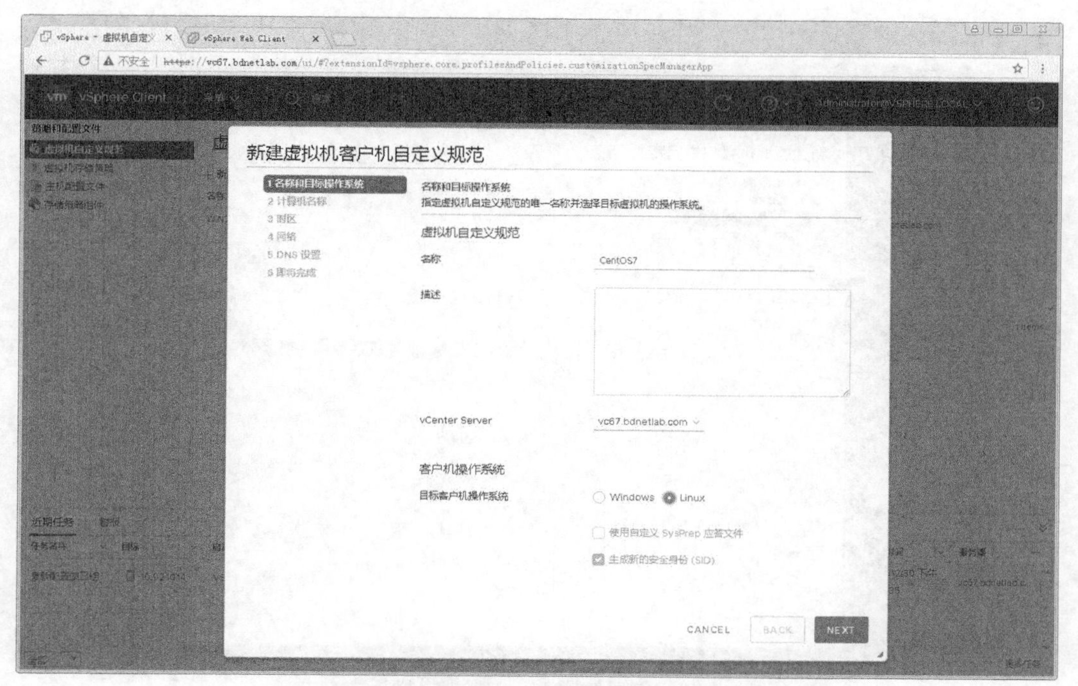

图 6-4-46 创建使用 Linux 虚拟机模板之十七

第 18 步，指定自定义规范计算机名称，如图 6-4-47 所示，单击“NEXT”按钮。

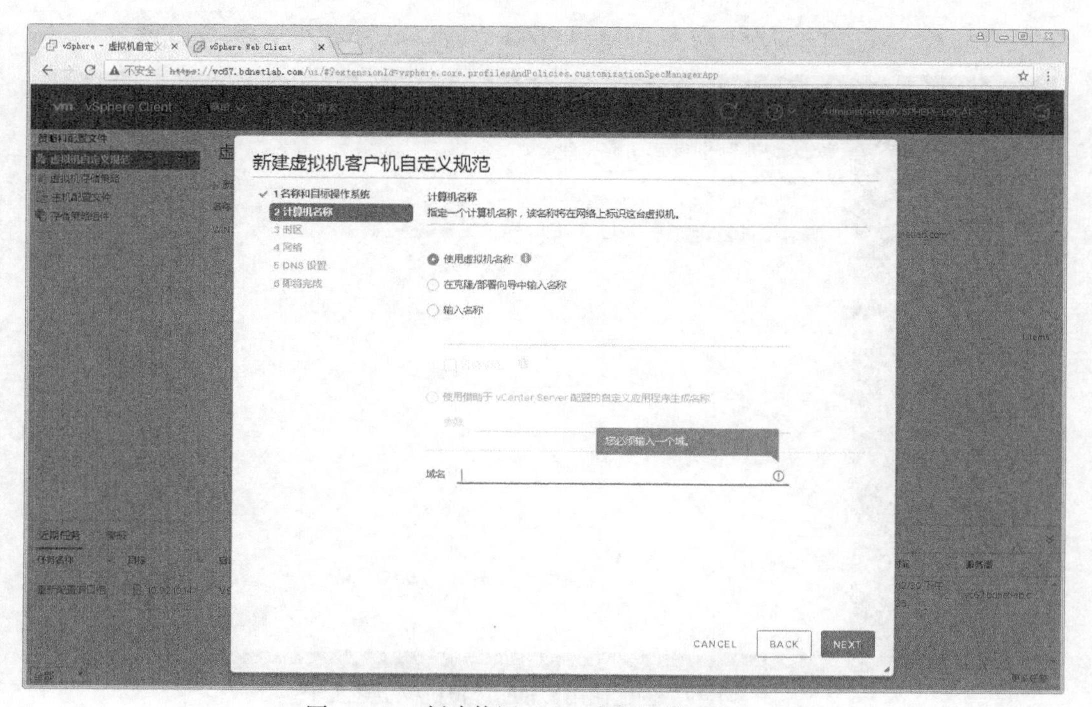

图 6-4-47 创建使用 Linux 虚拟机模板之十八

第 19 步，选择自定义规范时区，如图 6-4-48 所示，单击“NEXT”按钮。

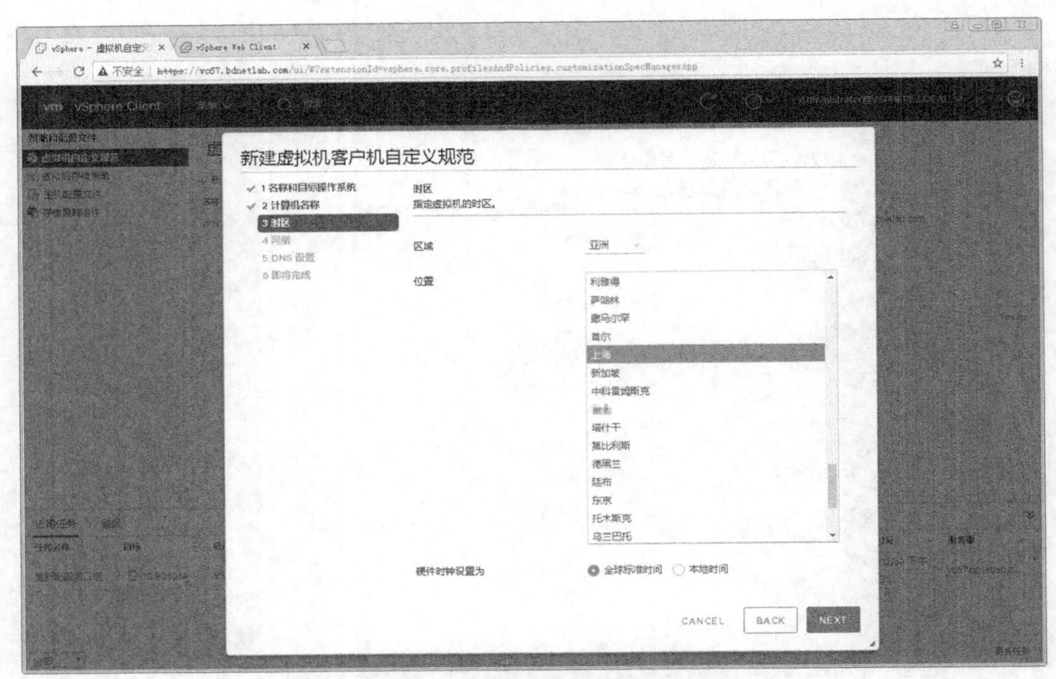

图 6-4-48 创建使用 Linux 虚拟机模板之十九

第 20 步，指定自定义规范网络设置，如图 6-4-49 所示，单击“NEXT”按钮。

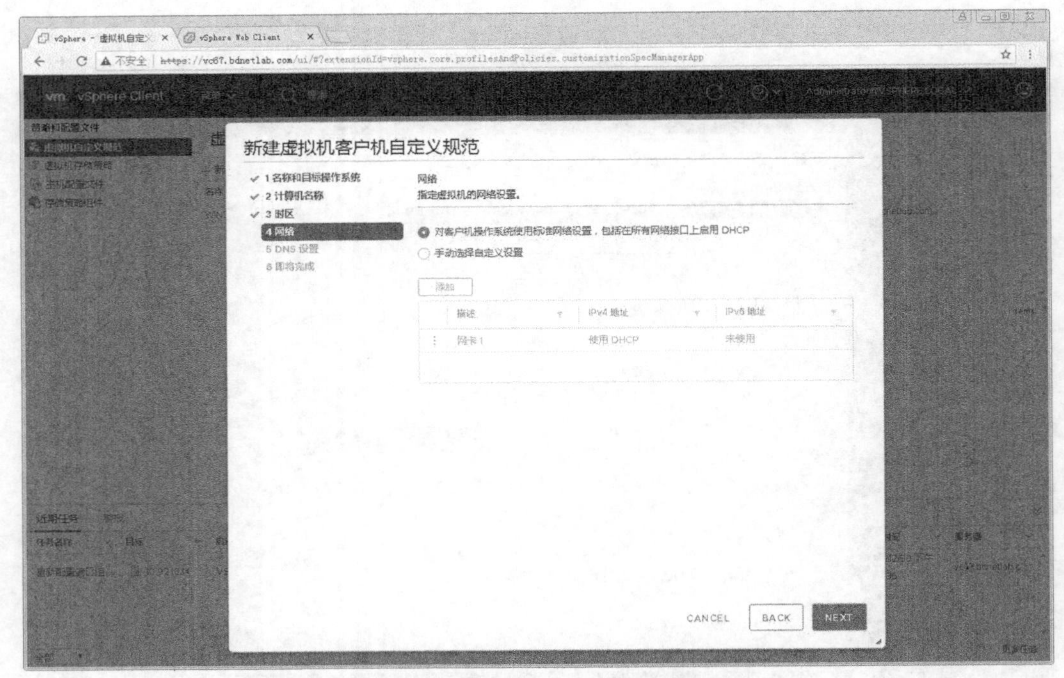

图 6-4-49 创建使用 Linux 虚拟机模板之二十

第 21 步，输入自定义规范 DNS 相关信息，如图 6-4-50 所示，单击“NEXT”按钮。

图 6-4-50 创建使用 Linux 虚拟机模板之二十一

第 22 步，确认自定义规范信息正确后，如图 6-4-51 所示，单击“FINISH”按钮。

图 6-4-51 创建使用 Linux 虚拟机模板之二十二

第 23 步，自定义规范 CentOS7 创建完成，如图 6-4-52 所示。

图 6-4-52　创建使用 Linux 虚拟机模板之二十三

第 24 步，调用自定义规范创建虚拟机，如图 6-4-53 所示，单击“NEXT”按钮。

图 6-4-53　创建使用 Linux 虚拟机模板之二十四

第 25 步，调用自定义规范创建虚拟机 CentOS7-03，如图 6-4-54 所示。

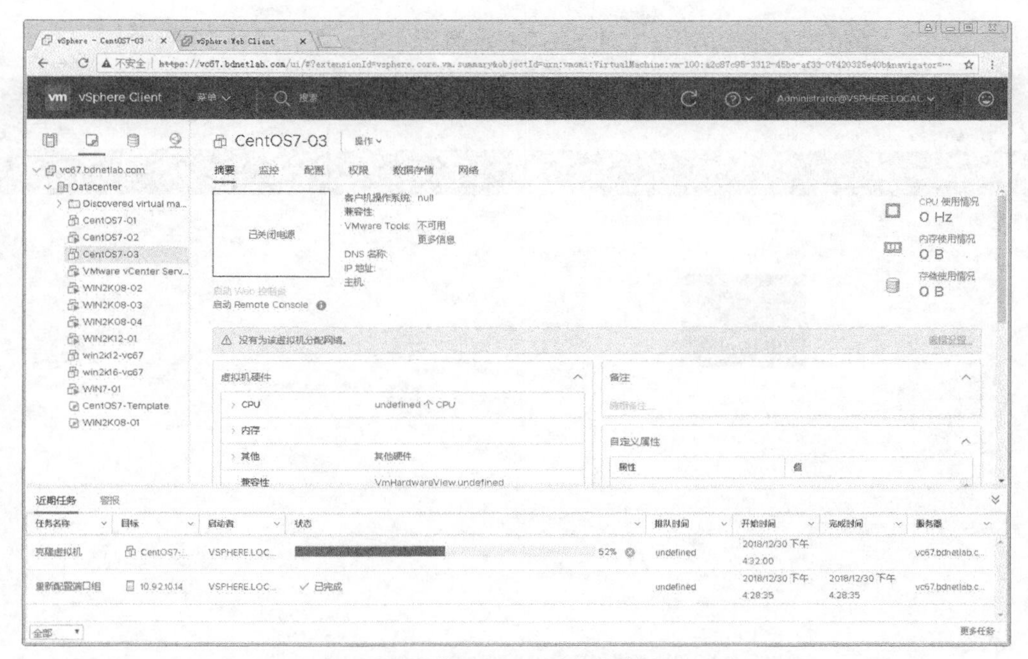

图 6-4-54 创建使用 Linux 虚拟机模板之二十五

第 26 步，打开虚拟机 CentOS7-03 控制台，查看网络连接情况正常，如图 6-4-55 所示。

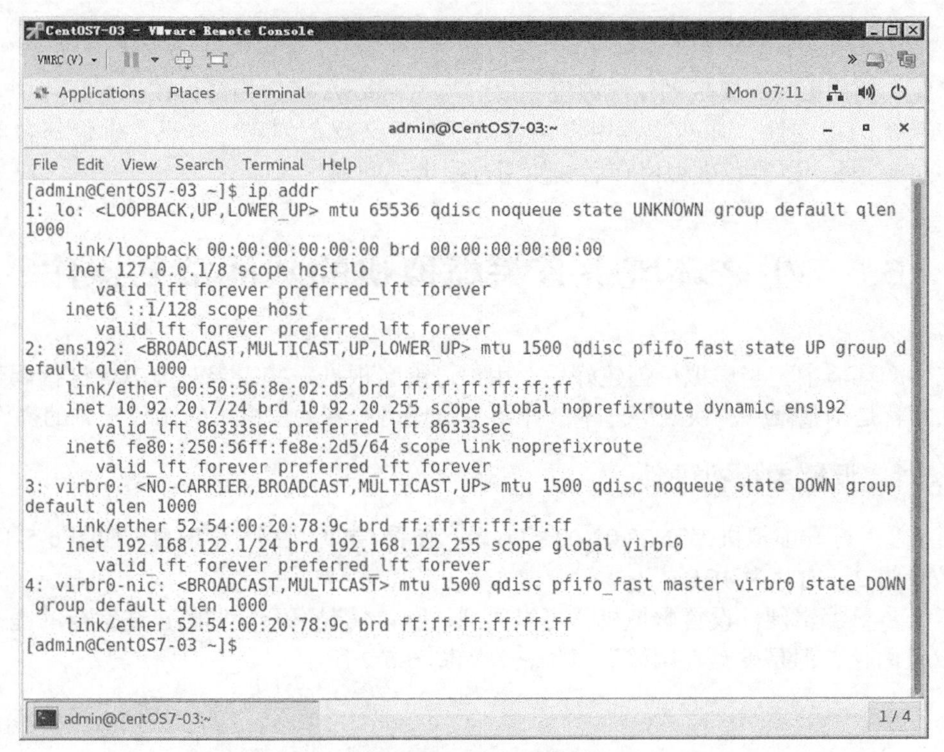

图 6-4-55 创建使用 Linux 虚拟机模板之二十六

第 27 步，虚拟机 CentOS7-03 VMware Tools 运行正常，如图 6-4-56 所示。

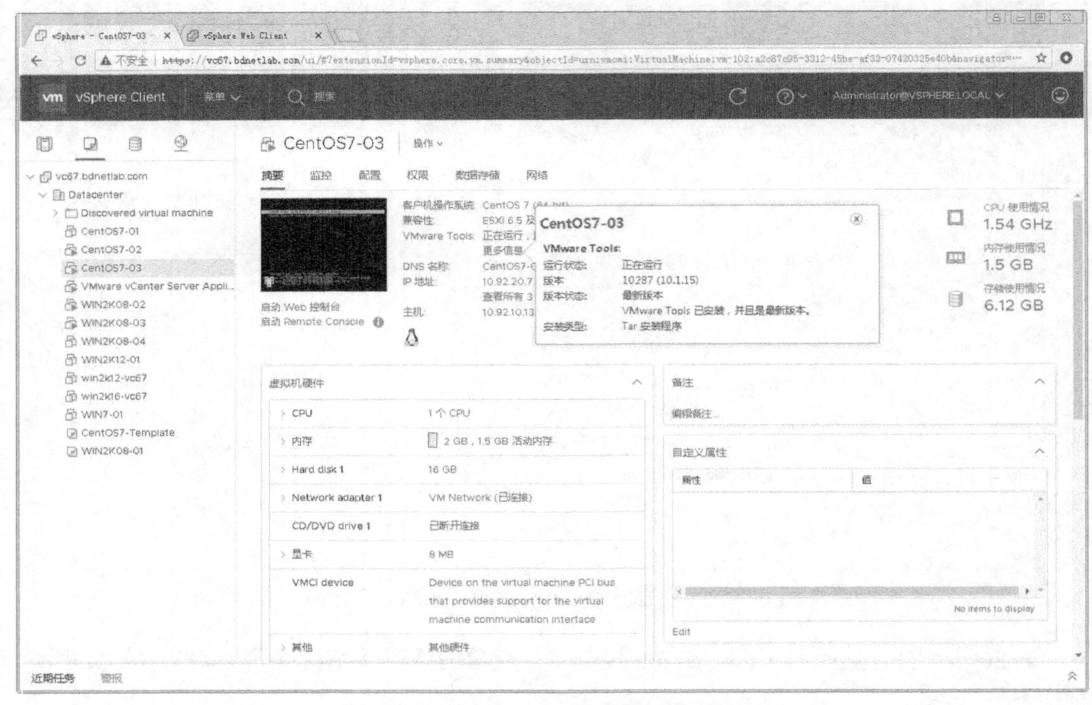

图 6-4-56　创建使用 Linux 虚拟机模板之二十七

至此，使用 Linux 模板创建虚拟机完成。与 Windows 模板相同，在生产环境中，为保证操作系统的稳定性，强烈推荐用户通过调用自定义规范创建虚拟机，确保每台虚拟机 UUID 的唯一性，以避免虚拟机在后续使用过程出现问题。

6.5　生产环境中有关虚拟机的其他常见操作

在生产环境中，当虚拟机创建好后，用户可能会根据一些需求对虚拟机进行调整，比较常见的就是调整硬件、快照等。本节介绍生产环境中有关虚拟机的比较常见的操作。

6.5.1　调整虚拟机硬件

第 1 步，打开虚拟机 WIN2K02-02 控制台，查看 CPU 以及内存信息，如图 6-5-1 所示，CPU 数量为 2，内存为 4GB。

第 2 步，编辑硬件设置虚拟机，可以看到，默认情况下不能调整正在运行的虚拟机的 CPU 以及内存，但是硬盘、网络等可调整，如图 6-5-2 所示。

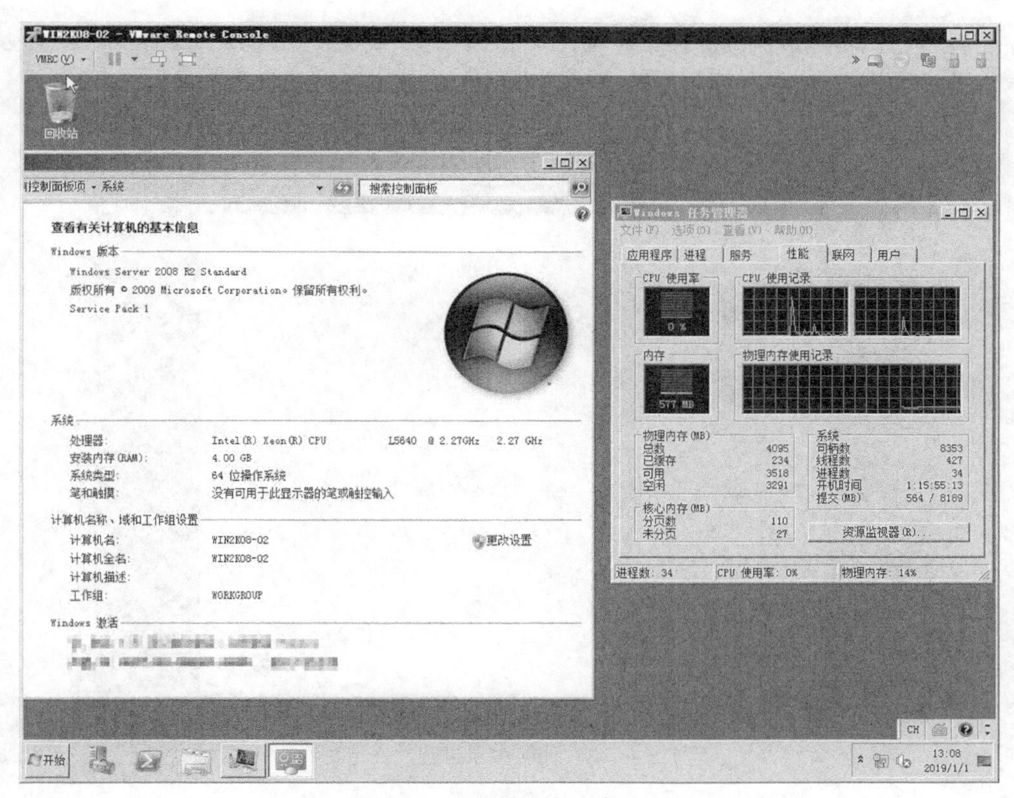

图 6-5-1 调整虚拟机硬件之一

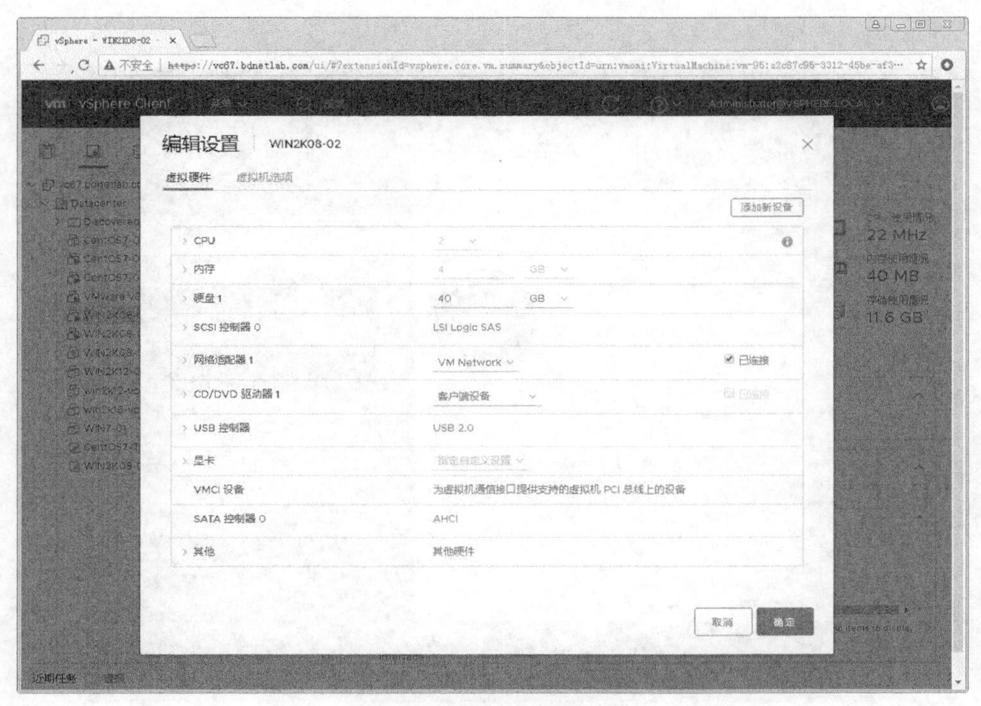

图 6-5-2 调整虚拟机硬件之二

第 3 步，关闭虚拟机电源进行调整，调整 CPU 数量为 4，内存为 8GB，在生产环境中建议选中“启用 CPU 热添加”以及“启用内存热添加”，如图 6-5-3 所示。

图 6-5-3　调整虚拟机硬件之三

第 4 步，打开虚拟机电源查看调整后的硬件信息，CPU 数量为 4，内存为 8GB，如图 6-5-4 所示。

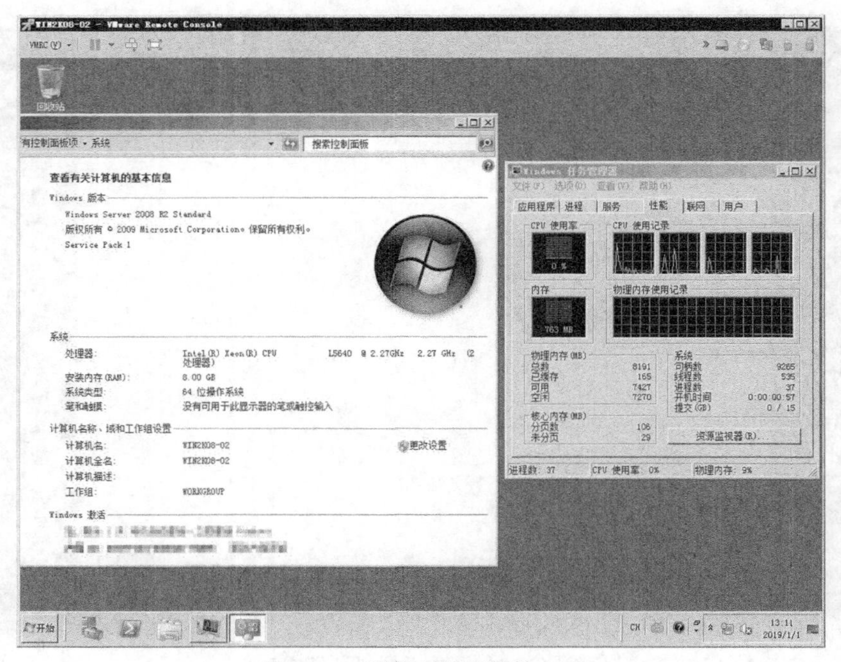

图 6-5-4　调整虚拟机硬件之四

第 5 步，在虚拟机运行情况下调整 CPU 数量为 8，内存为 16GB，如图 6-5-5 所示。

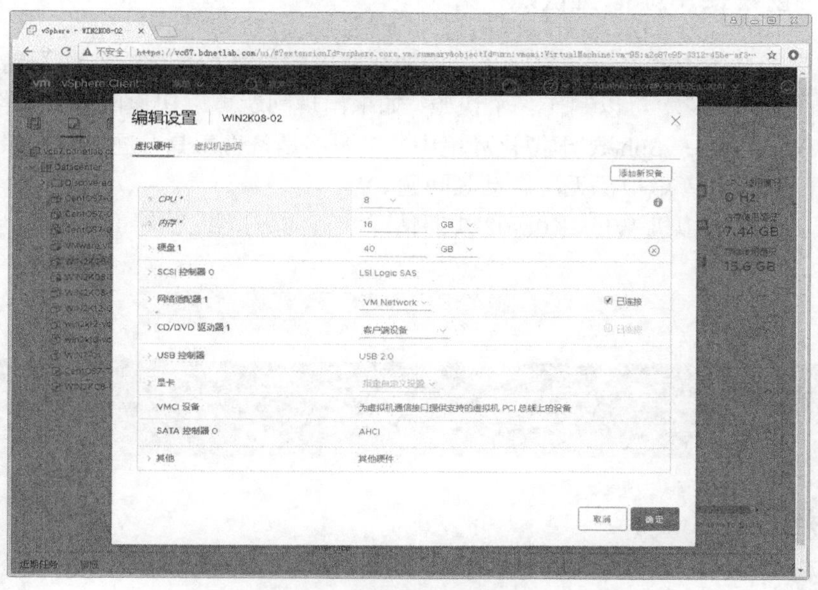

图 6-5-5 调整虚拟机硬件之五

第 6 步，查看调整后的硬件信息，CPU 数量没有变化，内存变为 16GB，如图 6-5-6 所示。为什么呢？因为虚拟机使用的是 Windows 2008 R2 标准版，标准版只能支持 4 个 CPU。在生产环境中使用硬件一定要结合操作系统的版本，如果操作系统不支持，添加再多的硬件也没有任何意义。

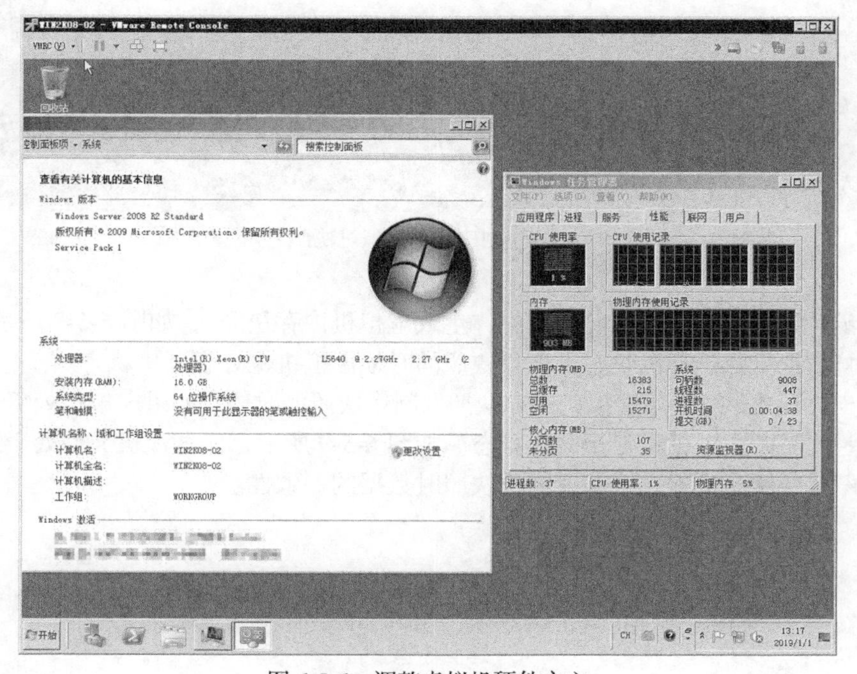

图 6-5-6 调整虚拟机硬件之六

6.5.2　创建使用虚拟机快照

快照在生产环境中的使用非常广泛，例如在对虚拟机进行某项操作前不确定该操作是否会让虚拟机出现问题，可以制作一个快照，如果出现问题可以快速回退到操作前的状态。特别注意：在 VMware vSphere 虚拟化环境中，快照不是备份工具，过多的快照可能导致虚拟机运行速度变慢或者虚拟机无法启动等问题。

第 1 步，查看虚拟机 WIN2K08-02 快照情况，目前虚拟机无快照，如图 6-5-7 所示。

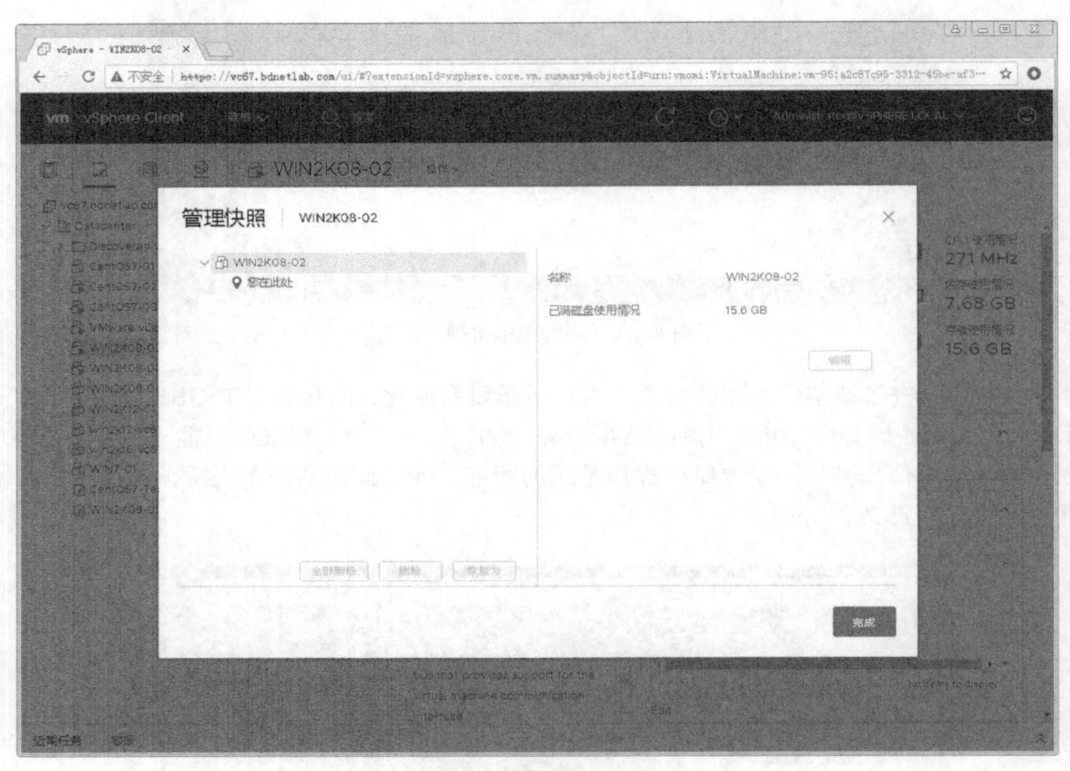

图 6-5-7　创建使用虚拟机快照之一

第 2 步，为虚拟机生成快照，选中“生成虚拟机内存快照”，如图 6-5-8 所示。在制作快照的时候虚拟机处于开机状态，恢复快照的时候虚拟机也处于开机状态。

第 3 步，不选中“生成虚拟机内存快照”制作快照的时候，如果虚拟机处于开机状态，则恢复快照的时候虚拟机将处于关机状态。如图 6-5-9 所示，使客户机文件处于静默状态，相当于暂停系统所有进程，以保证制作快照时数据的一致性。

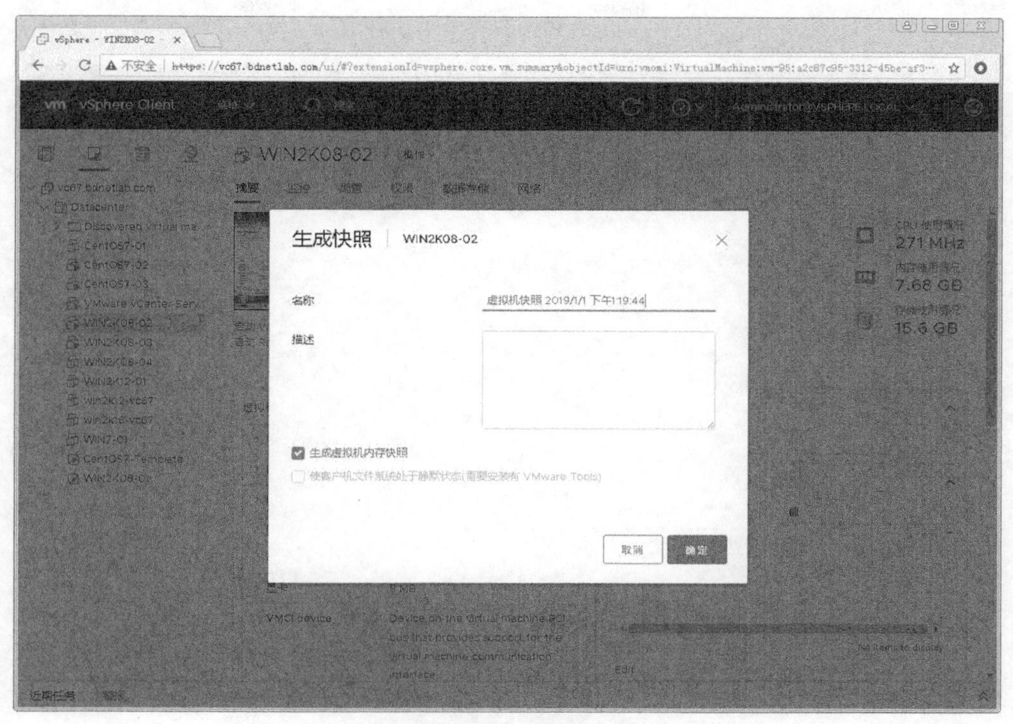

图 6-5-8 创建使用虚拟机快照之二

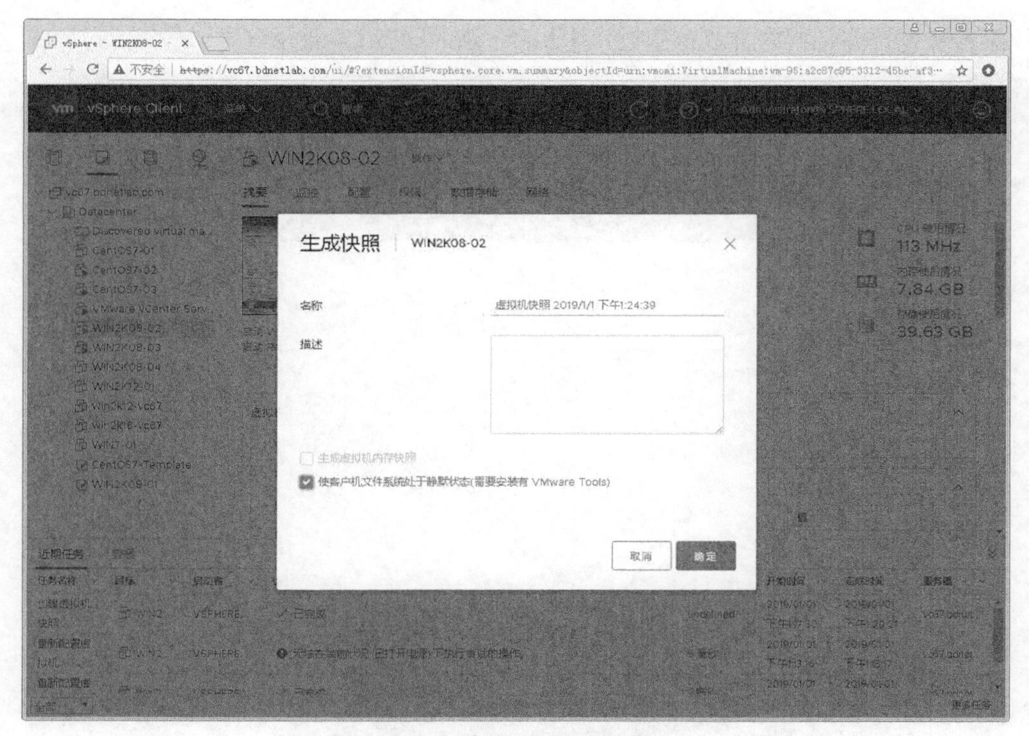

图 6-5-9 创建使用虚拟机快照之三

第 4 步，完成快照的创建，如图 6-5-10 所示。

图 6-5-10　创建使用虚拟机快照之四

第 5 步，按照相同的方式再生成一个快照，如图 6-5-11 所示。

图 6-5-11　创建使用虚拟机快照之五

第 6 步，对虚拟机进行操作，在桌面新建文件夹，如图 6-5-12 所示。

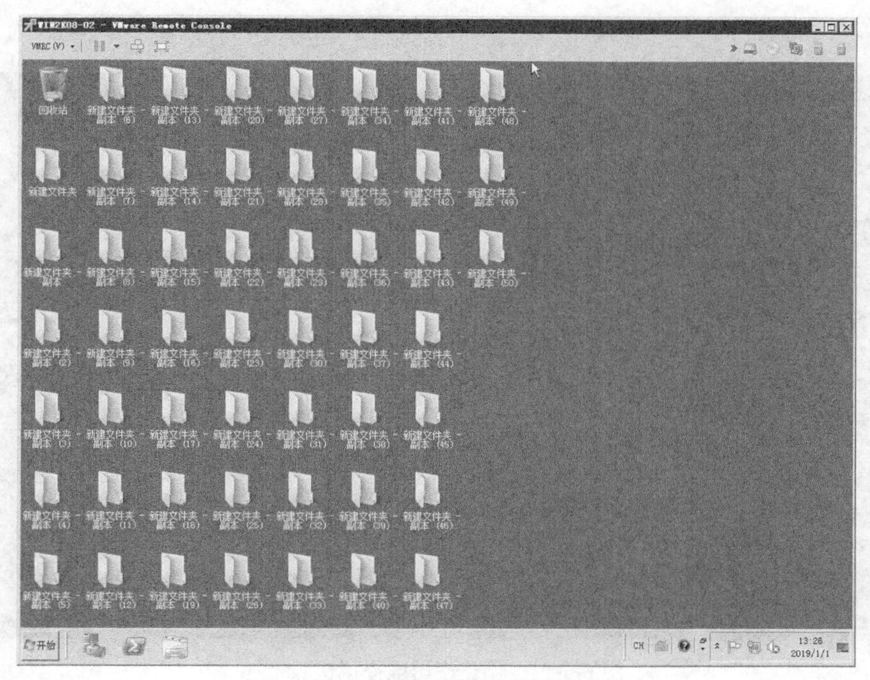

图 6-5-12　创建使用虚拟机快照之六

第 7 步，假设之前的操作让虚拟机出现了问题，现在需要快速回退到操作前的状态，用户可以选择不同时间的快照来进行恢复，如图 6-5-13 所示。

图 6-5-13　创建使用虚拟机快照之七

第 8 步，确认恢复到快照，特别注意，刚才操作的数据会丢失，如图 6-5-14 所示。

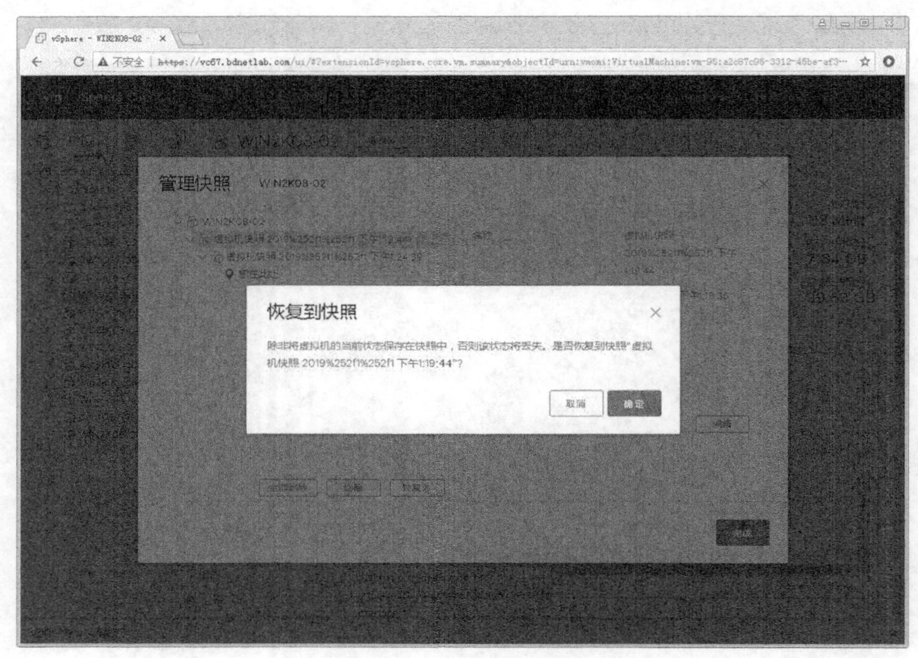

图 6-5-14　创建使用虚拟机快照之八

第 9 步，虚拟机恢复到创建快照时的状态，如图 6-5-15 所示。

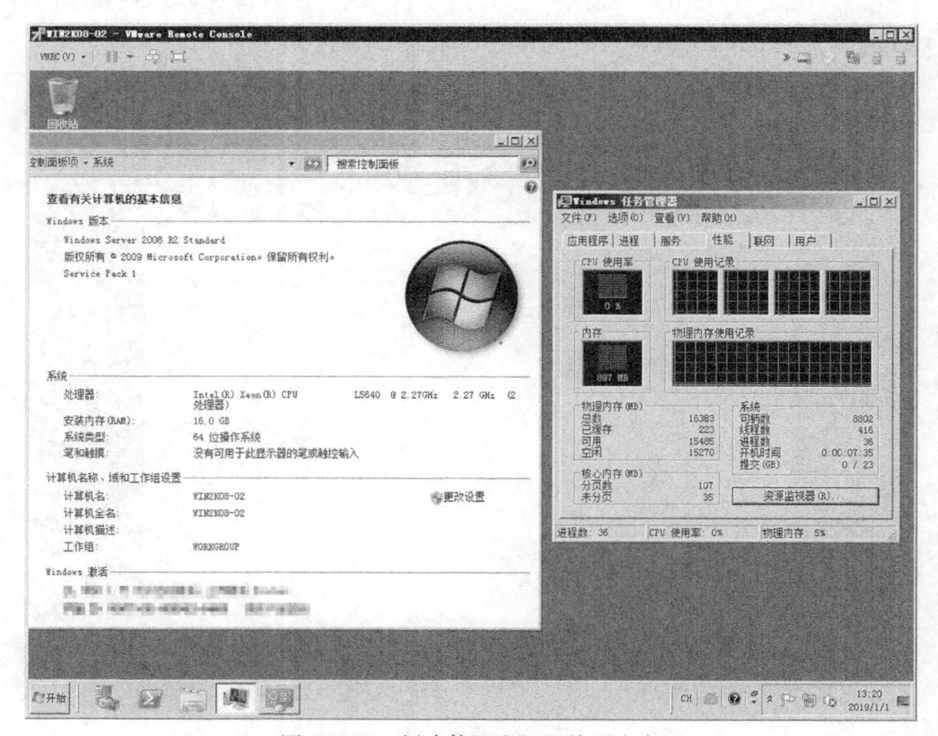

图 6-5-15　创建使用虚拟机快照之九

第 10 步，查看虚拟机快照信息，提示目前虚拟机处于的位置，如图 6-5-16 所示。

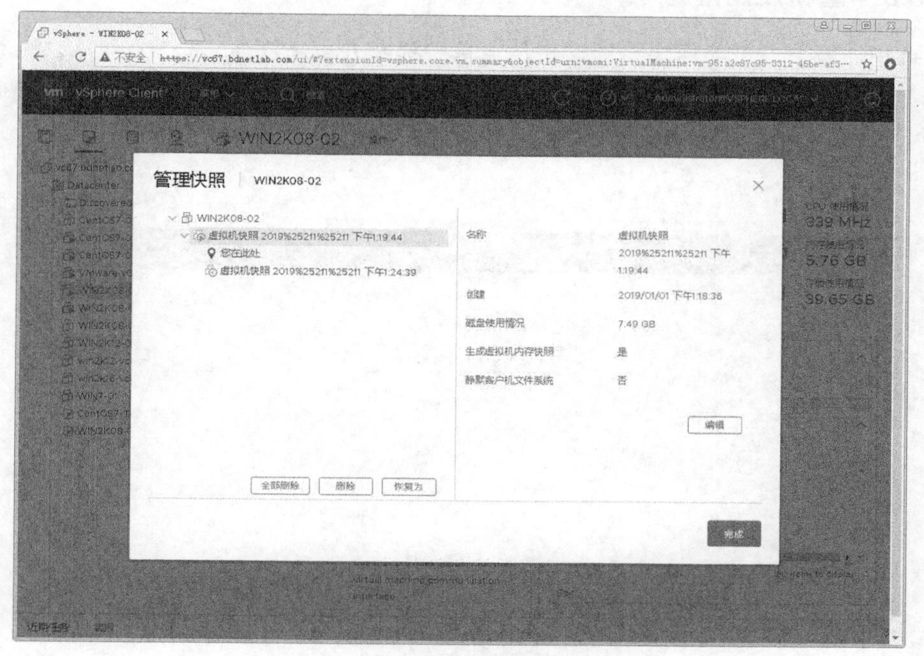

图 6-5-16　创建使用虚拟机快照之十

第 11 步，查看虚拟机相关文件，可以看到生成的快照文件，如图 6-5-17 所示。

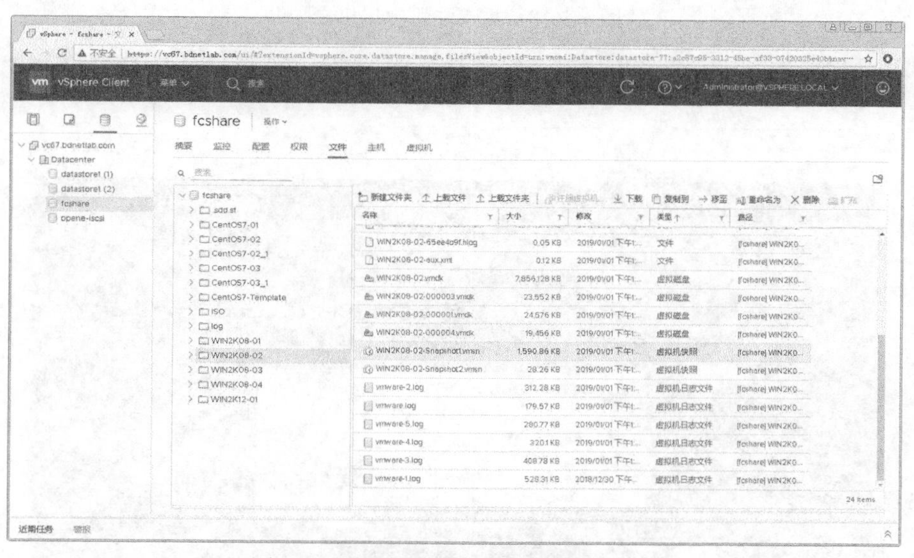

图 6-5-17　创建使用虚拟机快照之十一

至此，基本的虚拟机快照创建使用结束。用户可以使用快照保留虚拟机的状态，以便能够快速恢复虚拟机到创建快照时的状态。快照使用场景：对系统打补丁、测试软件时进行了更改，可以通过快照撤销所做的更改。一定要注意，快照不能作为备份工具使用。

6.5.3　重新注册虚拟机

在某些环境下，可能需要将虚拟机从清单中移除并重新注册。

第1步，选择虚拟机进行移除，注意不是删除，如图6-5-18所示，右击虚拟机并选中“从清单中移除”。

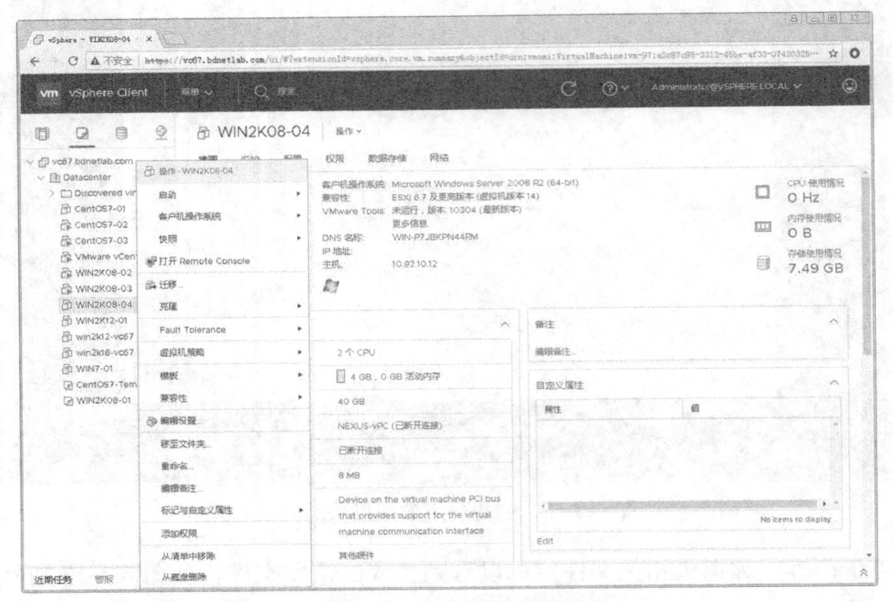

图6-5-18　重新注册虚拟机之一

第2步，确认移除虚拟机，如图6-5-19所示，单击“是”按钮。

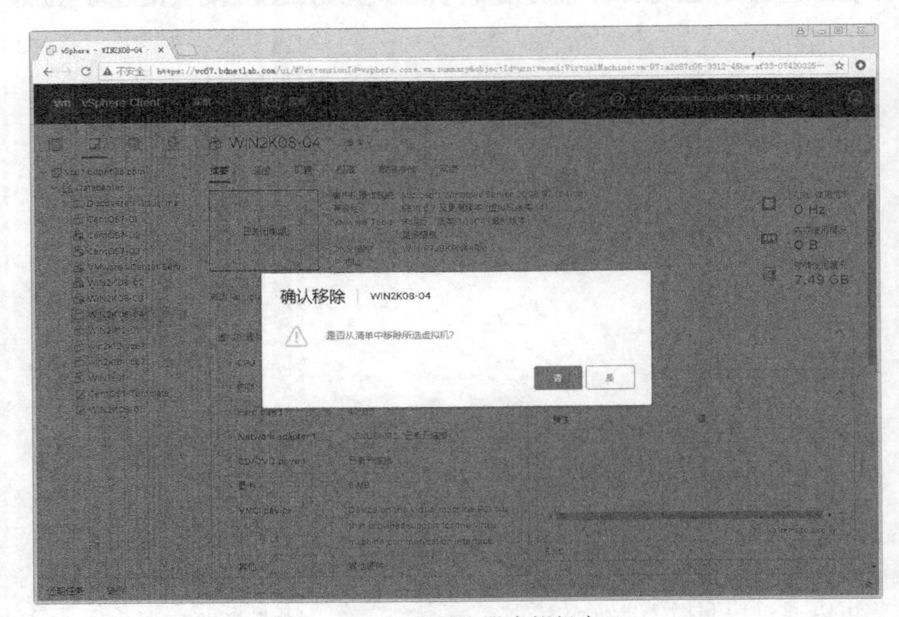

图6-5-19　重新注册虚拟机之二

第 3 步，在存储上可以找到虚拟机文件夹，如图 6-5-20 所示。

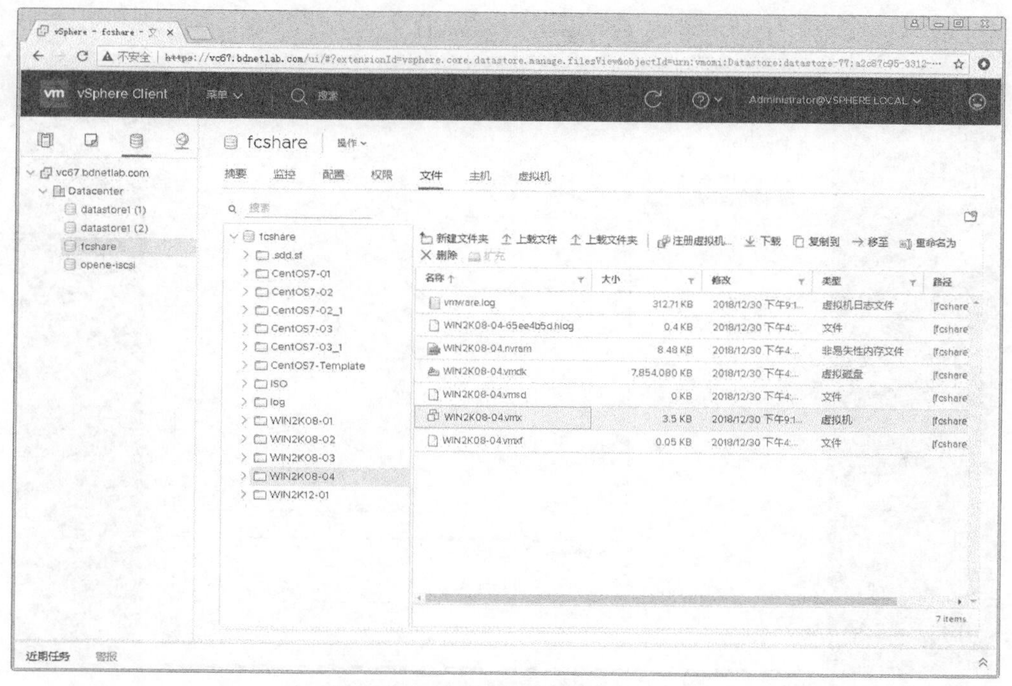

图 6-5-20　重新注册虚拟机之三

第 4 步，选中扩展名为 vmx 的文件，重新注册虚拟机，如图 6-5-21 所示。

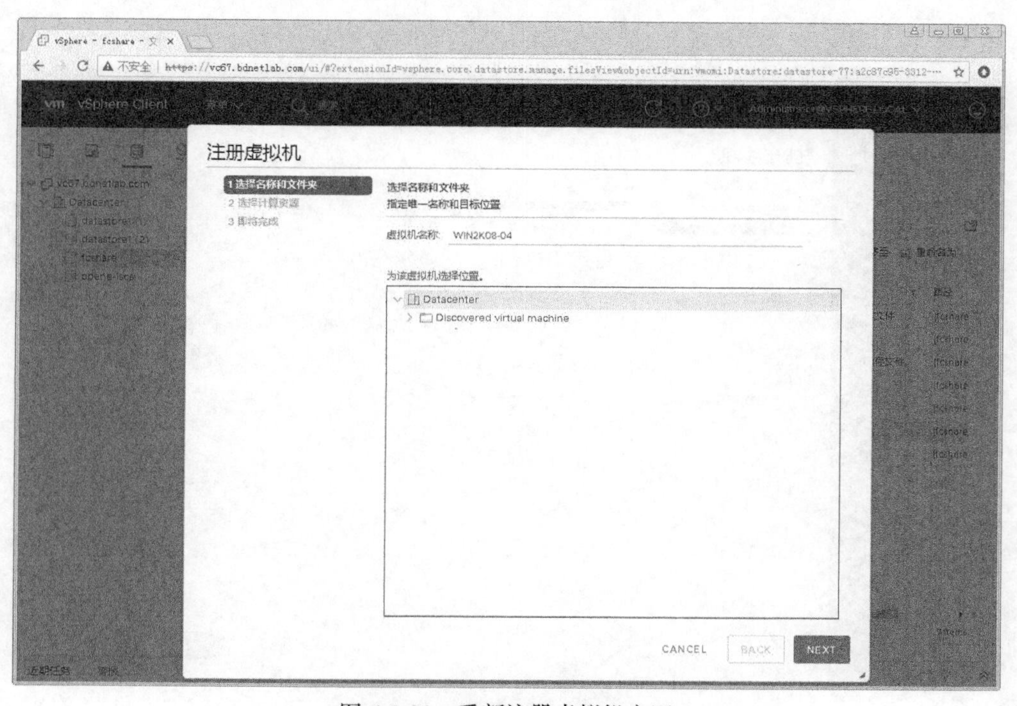

图 6-5-21　重新注册虚拟机之四

第5步，选择虚拟机使用的计算资源，如图6-5-22所示，单击“NEXT”按钮。

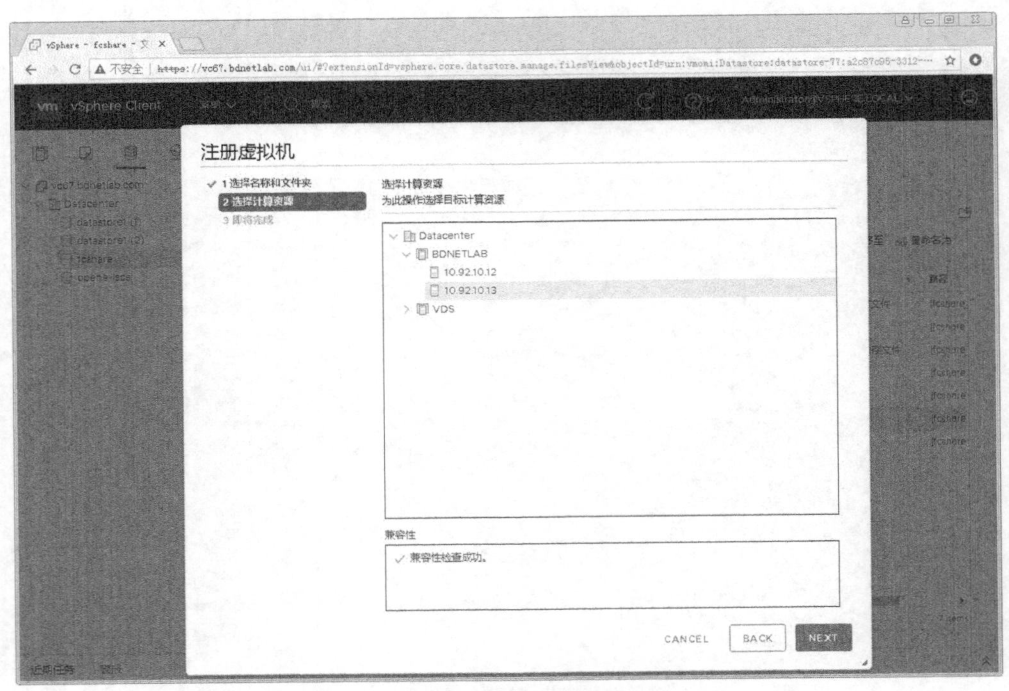

图6-5-22　重新注册虚拟机之五

第6步，确认重新注册虚拟机的参数正确后，如图6-5-23所示，单击“FINISH”按钮。

图6-5-23　重新注册虚拟机之六

第 7 步，虚拟机重新注册完成。虚拟机 WIN2K08-04 重新出现在清单中，如图 6-5-24 所示。

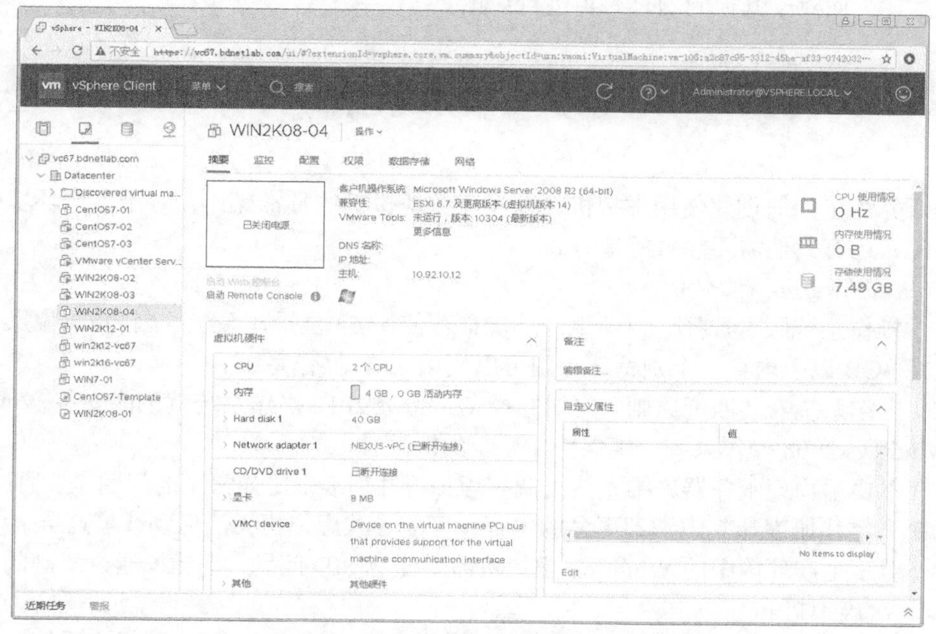

图 6-5-24　重新注册虚拟机之七

第 8 步，打开虚拟机电源，查看网络连接情况正常，如图 6-5-25 所示。

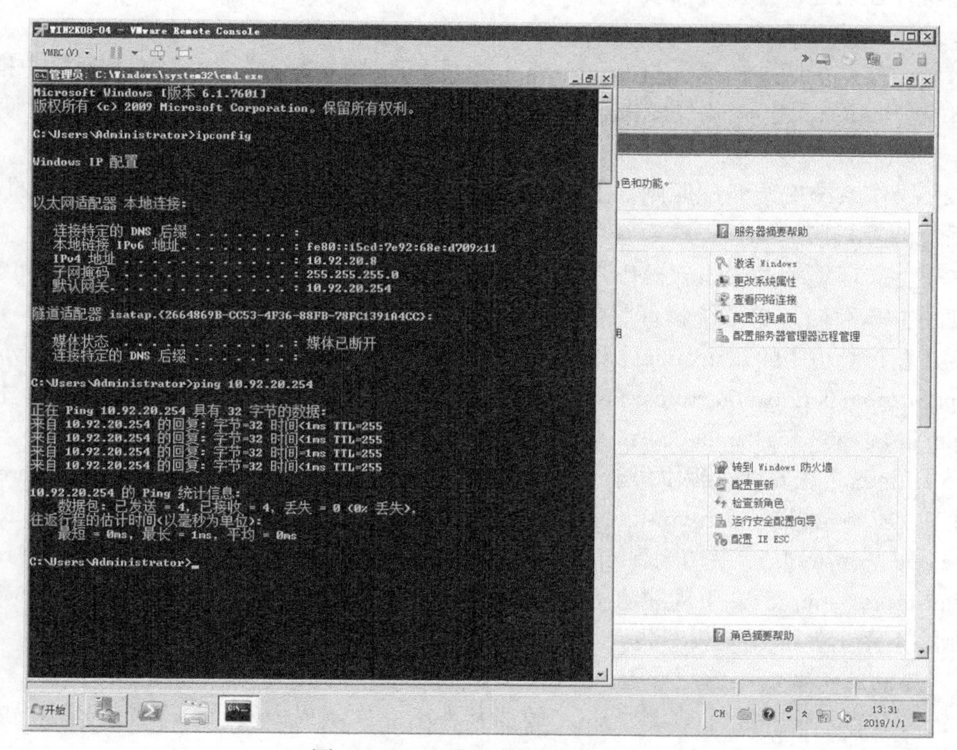

图 6-5-25　重新注册虚拟机之八

本节介绍了一些生产环境中虚拟机的常见操作。当然，日常操作还有很多，本书不可能一一阐述，而对于其他问题之后再进行讨论。

6.6　本章小结

本章介绍了如何创建使用虚拟机，以及有关虚拟机的日常操作，对于生产环境中的虚拟机来说，还有其他需要注意的地方。

1. Windows 虚拟机部分

（1）操作系统版本选择。目前生产环境推荐使用 64 位操作系统，因为 64 位操作系统可以支持 4GB 以上内存；个别特殊应用可以使用 32 位操作系统。

（2）操作系统安装匹配原则。比如选择 Windows 2012 操作系统就不能安装 Windows 7 或者 Windows 2008 操作系统，确保操作系统的匹配性。

（3）不要用物理服务器思维直接去调整虚拟机注册表。比如常见的问题是，通过 32 位操作系统调整注册表让其识别到更多的内存，可能导致虚拟机无法启动或者蓝屏。

（4）对于生产环境中的 Windows 虚拟机需要注意 SID 问题，不建议通过复制的方式生成 Windows 虚拟机。

（5）对于生产环境中的 Windows 虚拟机不要通过 GHOST 方式安装操作系统，且不说虚拟机对 GHOST 支持的问题，通过 GHOST 方式安装的操作系统在生产环境的稳定性尚有待检验，强烈建议全新纯净安装。

2. Linux 虚拟机部分

（1）操作系统版本选择。与 Windows 虚拟机的版本选择一样，目前生产环境中推荐使用 64 位操作系统，因为 64 位操作系统可以支持 4GB 以上内存；个别特殊应用可以使用 32 位操作系统。

（2）操作系统安装匹配原则。比如选择了 CentOS，就不要安装 Ubuntu 或者别的 Linux 操作系统的发行版，确保操作系统的匹配性。

（3）生产环境中的 Linux 操作系统分区问题。标准分区或者 LVM 分区都没有问题，虚拟机使用共享存储，与传统物理服务器使用软、硬阵列方式不同。

（4）生产环境中的 Linux mini 操作系统在安装 VMware Tools 时可能会出现“-bash: ./vmware-install.pl: /usr/bin/perl: bad interpreter: No such file or directory”提示，其原因是缺失组件，使用命令“yum install perl gcc kernel-devel”安装即可。

（5）Linux 7 在安装过程中可能会加载开源 VMware Tools，如果直接安装 VMware Tools 会不生效，需要先删除 open-vm-tools。CentOS 7 可以使用命令“rpm -e open-vm-tools”或“yum remove open-vm-tools”，手动删除 open-vm-tools。Ubuntu 可以使用命令“sudo apt-get remove open-vm-tools --purge”，手动删除 open-vm-tools。特别注意，一定要使用--purge 参数，否则会删除不完全，导致无法安装。

3. 其他注意事项

（1）无论是 Windows 还是 Linux 虚拟机模板，在制作模板前，作者强烈建议安装好 VMware Tools。

（2）对于 Windows 虚拟机模板，建议安装好相应的补丁。

（3）对于 Linux 虚拟机模板，建议使用 Linux mini 操作系统，根据生产环境的实际情况安装其他组件包。

（4）用户可针对不同的操作系统创建不同的自定义规范，在部署过程中进行调用，避免 SID 以及 UUID 相同，确保它们在生产环境中具有唯一性。

（5）对于硬件的调整是支持热插拔的，无论 Windows 还是 Linux 虚拟机，使用前需要选中相关选项。

（6）生产环境中不建议在虚拟机访问量高的时候进行热插拔硬件调整，因为调整过程多少会带来一些卡顿，特别是 Windows 虚拟机还可能出现蓝屏的情况，因此作者建议在访问量较小的时候进行调整。

（7）生产环境中快照的使用情况很多，一定要注意不能将快照作为备份工具来使用，以及虚拟机不能有过多的快照。作者在项目中遇到不少由于快照过多导致虚拟机运行缓慢或虚拟机崩溃的情况，此时使用整合功能也法操作。

（8）在生产环境中对虚拟机的调整要转变思路，不能用物理服务器思维来调整，特别是某些喜欢修改注册表的运维人员，在虚拟机上直接修改注册表调整某些参数可能导致虚拟机无法启动或者启动时出现蓝屏等情况。

第 7 章　配置使用高级特性

通过前面章节的学习，相信读者已经掌握了 VMware vSphere 虚拟化架构的基本部署操作。在生产环境中，还需要使用各种高级特性保证 ESXi 主机以及虚拟机的负载均衡、故障切换等，这些功能通过 vMotion、DRS、HA、FT 等高级特性实现。本章介绍这些高级特性如何在生产环境中使用。

本章要点

- 配置使用 vMotion
- 配置使用 DRS
- 配置使用 HA
- 配置使用 FT

7.1　配置使用 vMotion

在 VMware vSphere 虚拟化架构中，vMotion 可以称为所有高级特性的基础。它可以将正在运行的虚拟机在不中断服务的情况从一台 ESXi 主机迁移到另一台 ESXi 主机中，或者将虚拟机的存储进行迁移，这样的技术对虚拟机的高可用性提供了强大的支持。本节介绍如何配置使用 vMotion。

7.1.1　vMotion 介绍

1. vMotion 迁移的原理

vMotion 实时迁移的原理就是在激活 vMotion 后，系统先将源 ESXi 主机上的虚拟机内存状态复制到目标 ESXi 主机上，再接管虚拟机硬盘文件，当所有操作完成后，在目标 ESXi 主机上激活虚拟机。那么，迁移的具体原理是什么呢？下面以图 7-1-1 为例进行迁移步骤分解的讲解。

第 1 步，如图 7-1-1 所示，虚拟机 A 为生产环境中重要的服务器，不能出现中断的情况。此时我们要对虚拟机 A 运行的 ESXi 主机进行维护操作，需要在不关机的情况下将其迁移到 ESXi02 主机。

第 2 步，激活 vMotion 迁移操作后会在 ESXi02 主机上产生与 ESXi01 主机一样配置的虚拟机，此时 ESXi01 主机会创建内存位图，在进行 vMotion 操作的时段，所有对虚拟机的操作都会被记录在内存位图中。

第 3 步，开始将 ESXi01 主机虚拟机 A 的内存复制到 ESXi02 上。

第 4 步，内存复制完成。由于在复制的这段时间，虚拟机 A 的状态已经发生变化，所以，ESXi01 主机的内存位图也需要被复制到 ESXi02 主机，此时会出现短暂的停止，但由于内存位图复制的时间非常短，用户几乎感觉不到停止。

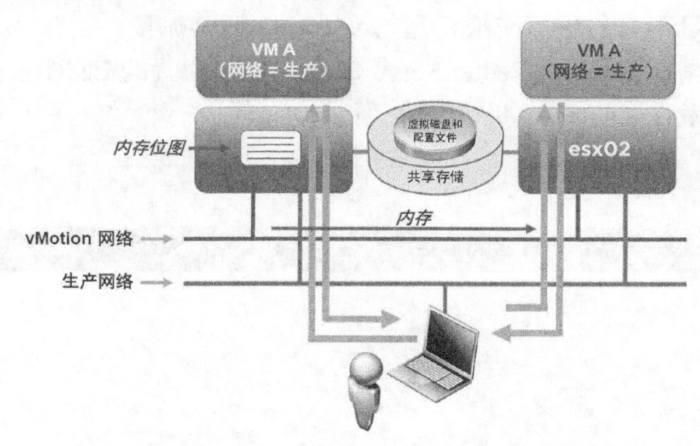

图 7-1-1 vMotion 迁移的原理

第 5 步，内存位图完全复制完成后，ESXi02 主机会根据内存位图激活虚拟机 A。

第 6 步，此时系统会对网卡的 MAC 地址重新对应，将 ESXi01 的 MAC 地址换成 ESXi02 的 MAC 地址，目的是将报文重新定位到 ESXi02 主机上的虚拟机 A。

第 7 步，当 MAC 地址重新对应成功后，ESXi01 主机上的虚拟机 A 会被删除，将内存释放出来，vMotion 迁移操作完成。

2. vMotion 迁移对虚拟机的要求

在 vSphere 虚拟化环境中，对于要实施 vMotion 迁移的虚拟机，也具有一定的要求。

- 虚拟机所有文件必须存放在共享存储上。
- 虚拟机不能与装载了本地映像的虚拟设备（如 CD-ROM、USB、串口等）连接。
- 虚拟机不能与没有连接上外部网络的虚拟交换机连接。
- 虚拟机不能配置 CPU 关联性。
- 如果虚拟机使用 RDM，目标主机必须能够访问 RDM。
- 如果目标主机无法访问虚拟机的交换文件，vMotion 必须创建一个使用目标主机可以访问的交换文件，然后才能开始迁移。

3. vMotion 迁移对主机的要求

ESXi 主机的硬件配置对于 vMotion 同样重要，其标准如下。

- 源主机和目标主机的 CPU 功能集必须兼容，可以使用增强型 vMotion 兼容性（EVC）或隐藏某些功能。
- 至少 1 个 1GE 以太网卡。1 个 1GE 以太网卡可以同时进行 4 个并发的 vMotion 迁移，而 1 个 10GE 以太网卡可以同时进行 8 个并发的 vMotion 迁移。
- 对相同物理网络有相同访问权限。
- 能够看到虚拟机使用的所有存储的能力，每个 VMFS 数据存储可以同时进行 128 个 vMotion 迁移。

7.1.2 使用 vMotion 迁移虚拟机

在生产环境中使用 vMotion 迁移虚拟机，推荐使用单独的虚拟机交换机运行 vMotion

迁移流量，因为 vMotion 迁移过程会占用大量的网络带宽。如果 vMotion 迁移与 iSCSI 存储共用通信端口，会严重影响 iSCSI 存储的性能。如果生产环境中以太网口数量不够，作者推荐选择一个流量不大的虚拟交换机运行 vMotion 迁移流量。

第 1 步，使用浏览器登录 vCenter Server，找到需要配置的 ESXi 主机，查看 VMkernel 适配器是否启用 vMotion 服务，如图 7-1-2 所示。

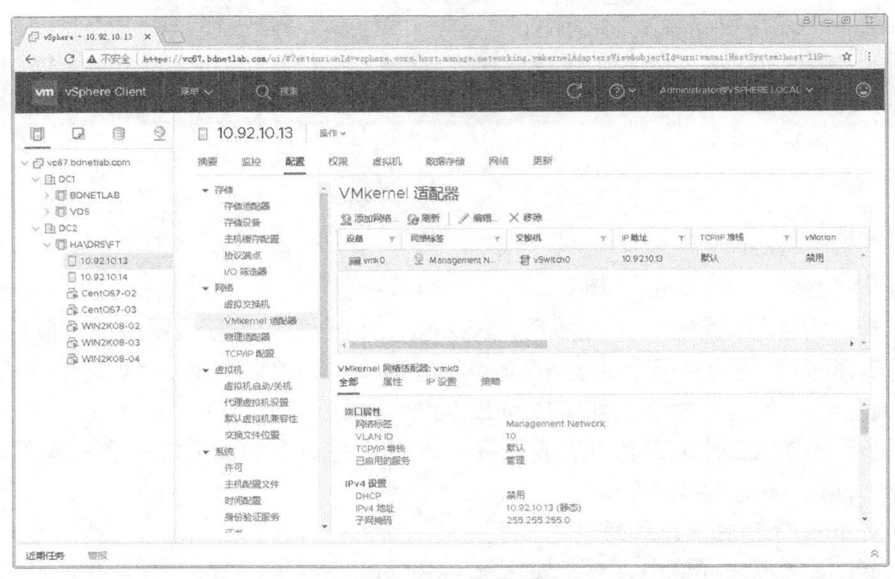

图 7-1-2　使用 vMotion 迁移虚拟机之一

第 2 步，默认情况为 vMotion 服务未启用，选中“vMotion”复选按钮，如图 7-1-3 所示，单击“OK”按钮。

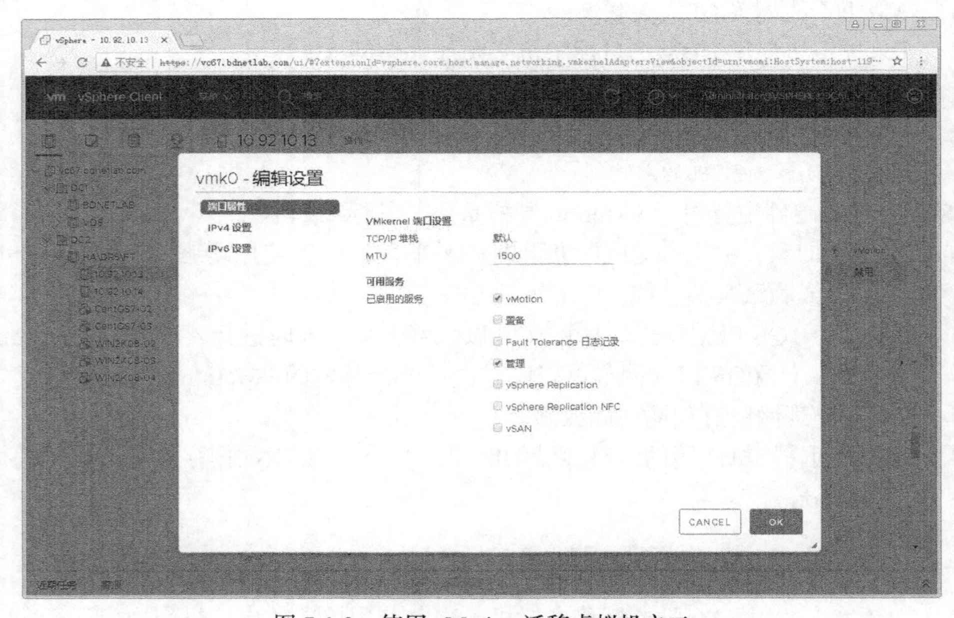

图 7-1-3　使用 vMotion 迁移虚拟机之二

第 3 步，ESXi 主机启用 vMotion 服务，如图 7-1-4 所示。

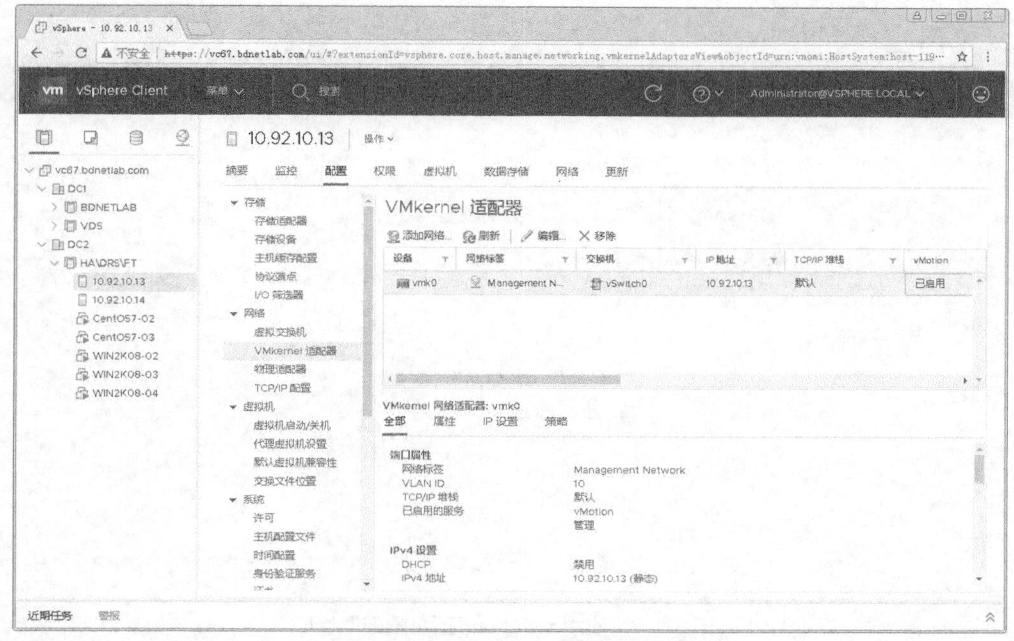

图 7-1-4 使用 vMotion 迁移虚拟机之三

第 4 步，使用相同的方式在其他 ESXi 主机上启用 vMotion 服务，如图 7-1-5 所示。

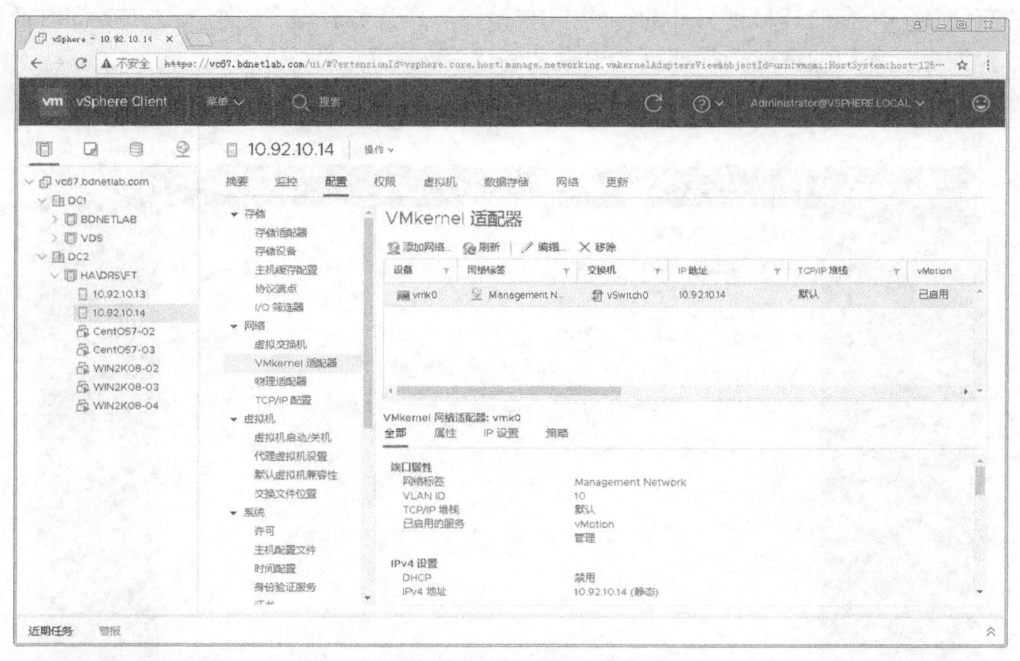

图 7-1-5 使用 vMotion 迁移虚拟机之四

第 5 步，查看虚拟机 WIN2K08-02，目前运行在 IP 地址为 10.92.10.13 的 ESXi 主机上，

如图 7-1-6 所示。

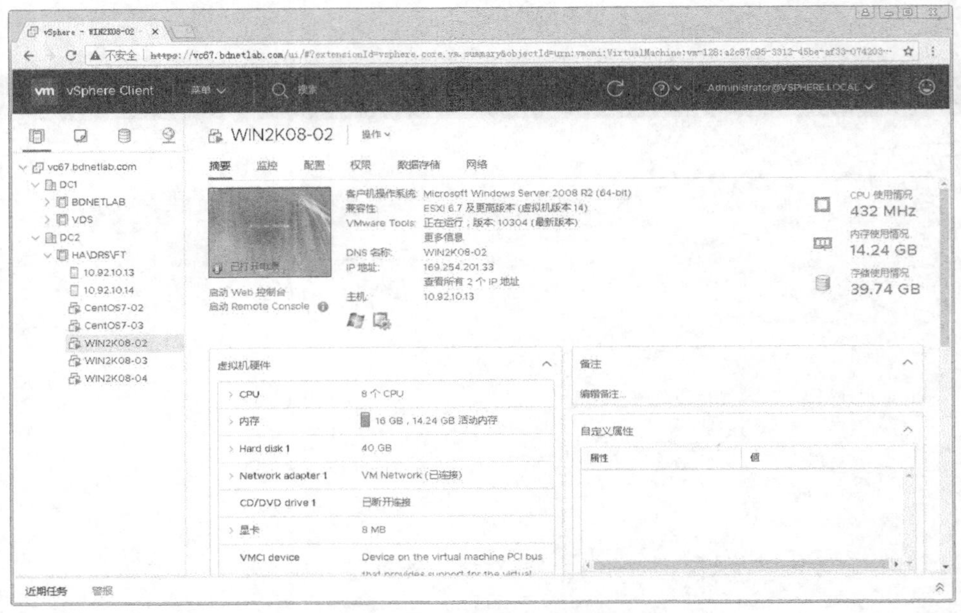

图 7-1-6　使用 vMotion 迁移虚拟机之五

第 6 步，在虚拟机上右击，选择迁移，一共有 3 个选项，如图 7-1-7 所示，“仅更改计算资源”是将虚拟机从一台主机迁移到另外的主机或群集上；“仅更改存储”是将虚拟机使用的存储从一个存储迁移到另外的存储；“更改计算资源和存储”是将上述二者同时迁移。用户根据生产环境的情况选择即可，单击“NEXT”按钮。

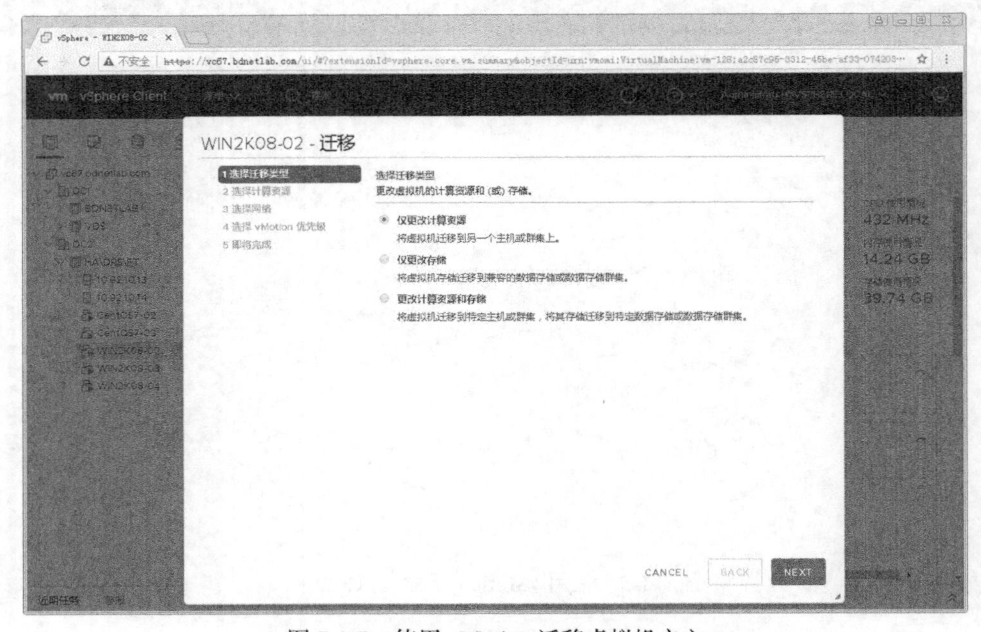

图 7-1-7　使用 vMotion 迁移虚拟机之六

第 7 步，选择迁移虚拟机的目标主机，如图 7-1-8 所示，单击“NEXT”按钮。

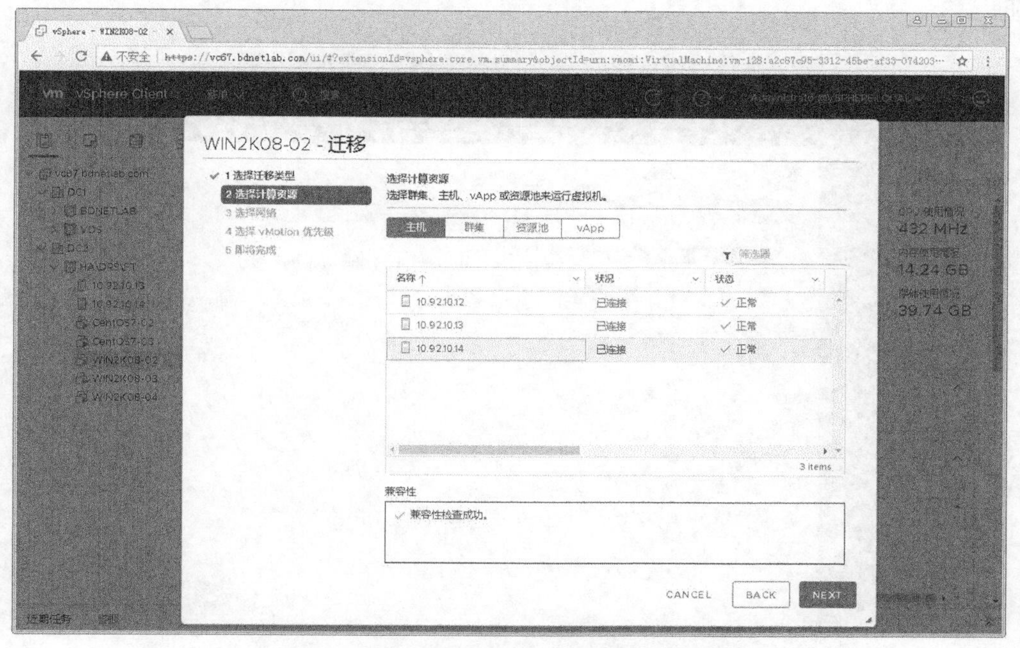

图 7-1-8　使用 vMotion 迁移虚拟机之七

第 8 步，迁移过程中可以选择是否调整目标网络，如图 7-1-9 所示，单击“NEXT”按钮。

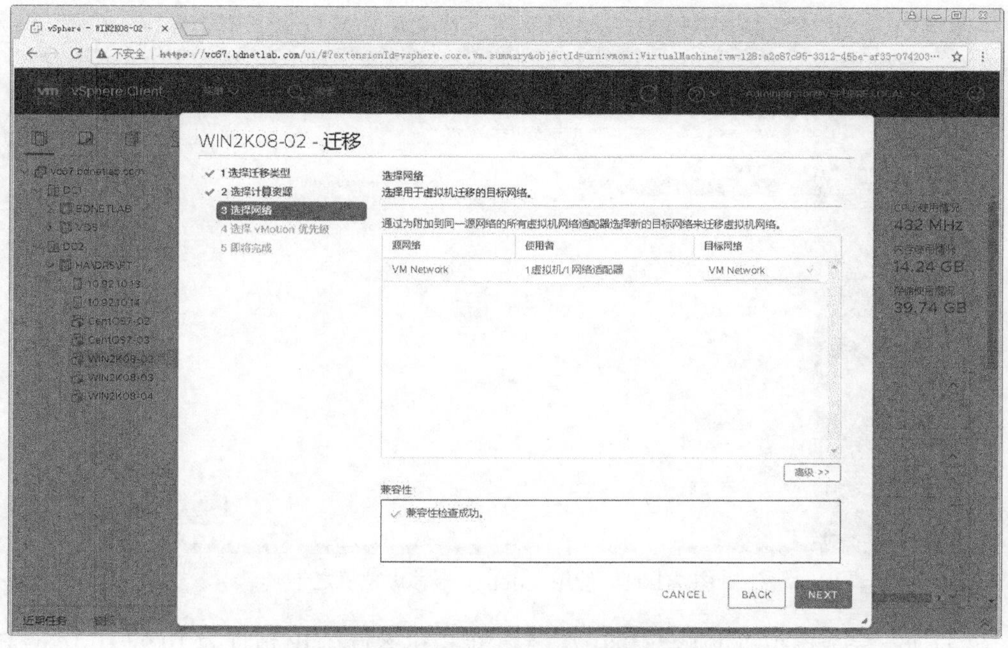

图 7-1-9　使用 vMotion 迁移虚拟机之八

第9步，选择vMotion优先级，如图7-1-10所示，选中建议选项即可，单击“NEXT”按钮。

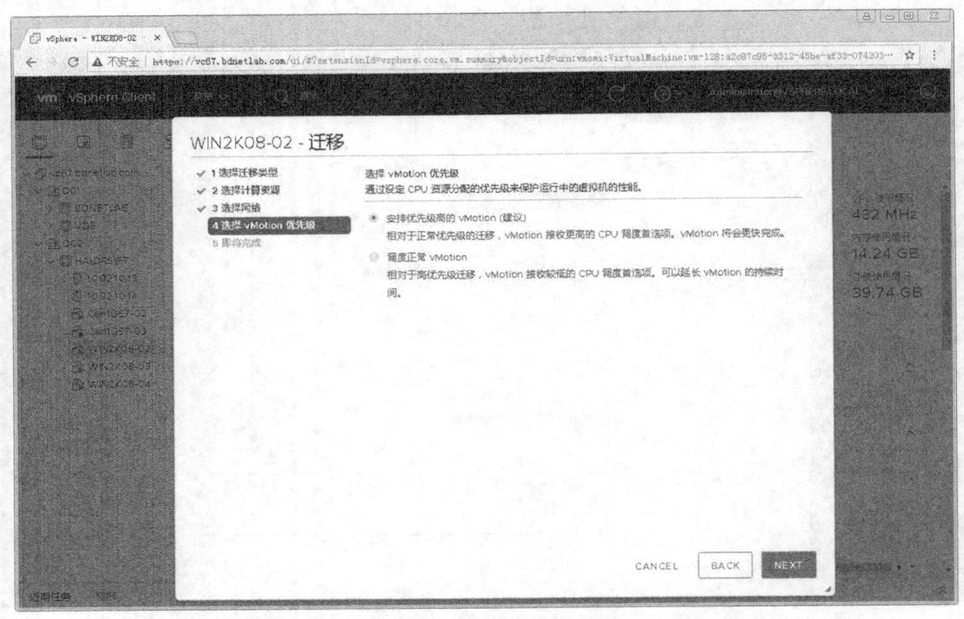

图7-1-10　使用vMotion迁移虚拟机之九

第10步，确认参数正确后，如图7-1-11所示，单击“FINISH”按钮。

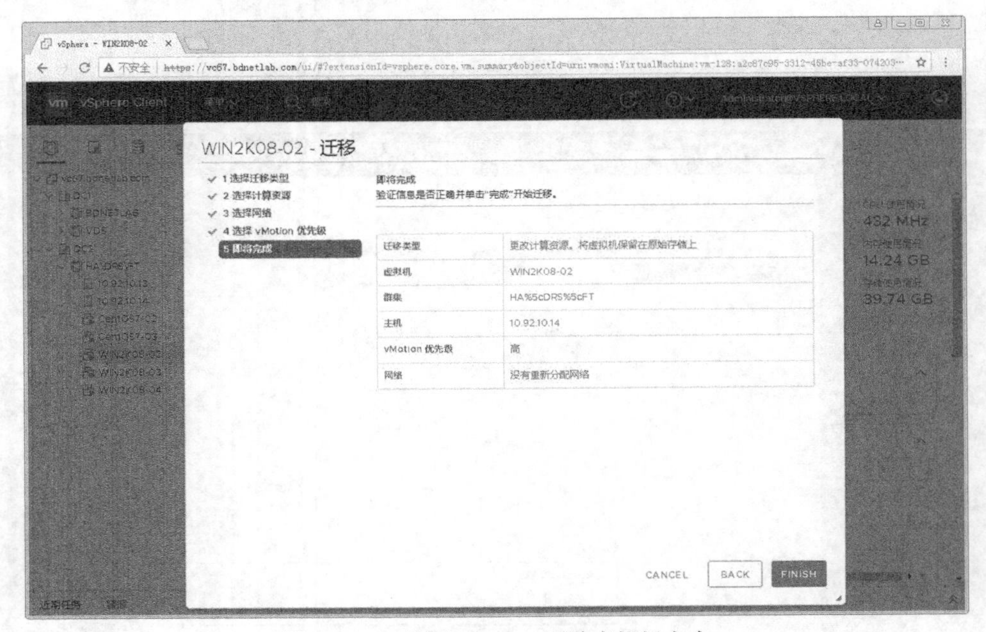

图7-1-11　使用vMotion迁移虚拟机之十

第11步，完成虚拟机WIN2K08-02迁移，虚拟机运行在IP地址为10.92.10.14的ESXi主机上，如图7-1-12所示。

图 7-1-12　使用 vMotion 迁移虚拟机之十一

至此，使用 vMotion 迁移虚拟机操作完成。生产环境中，用户可以灵活使用 vMotion 在开机或者在关机状态迁移虚拟机。特别是某台 ESXi 主机需要停机维护的时候，使用该功能可以保证虚拟机正常运行，服务不会出现中断的情况。

7.1.3 使用 vMotion 迁移虚拟机存储

生产环境中，除迁移虚拟机外，将虚拟机使用的存储进行迁移也是比较常见的操作，比如现在若要对存储服务器进行维护，就需要将虚拟机使用的存储迁移到其他存储。

第 1 步，查看虚拟机 WIN2K08-03，目前使用存储 fcshare，如图 7-1-13 所示。

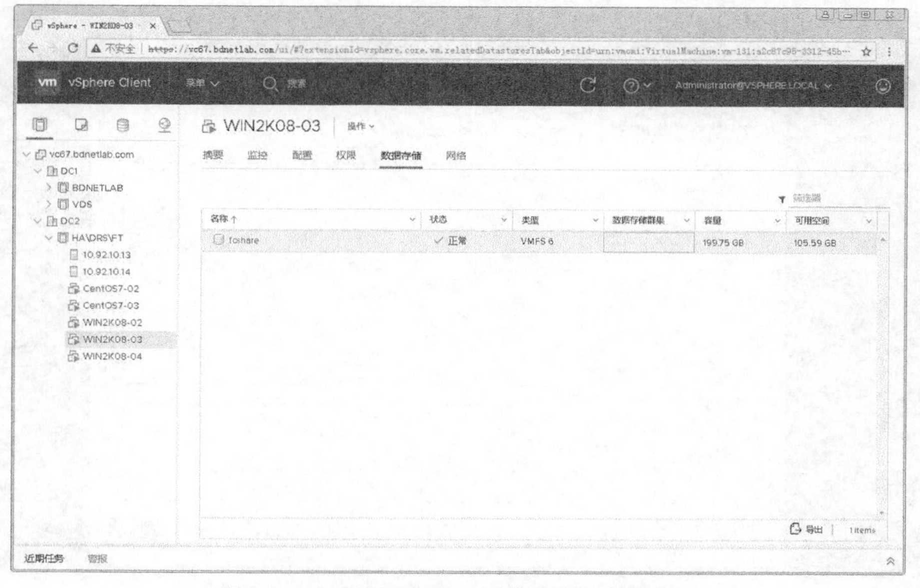

图 7-1-13　使用 vMotion 迁移虚拟机存储之一

第 2 步，选中“更改计算资源和存储”选项，如图 7-1-14 所示，单击“NEXT”按钮。

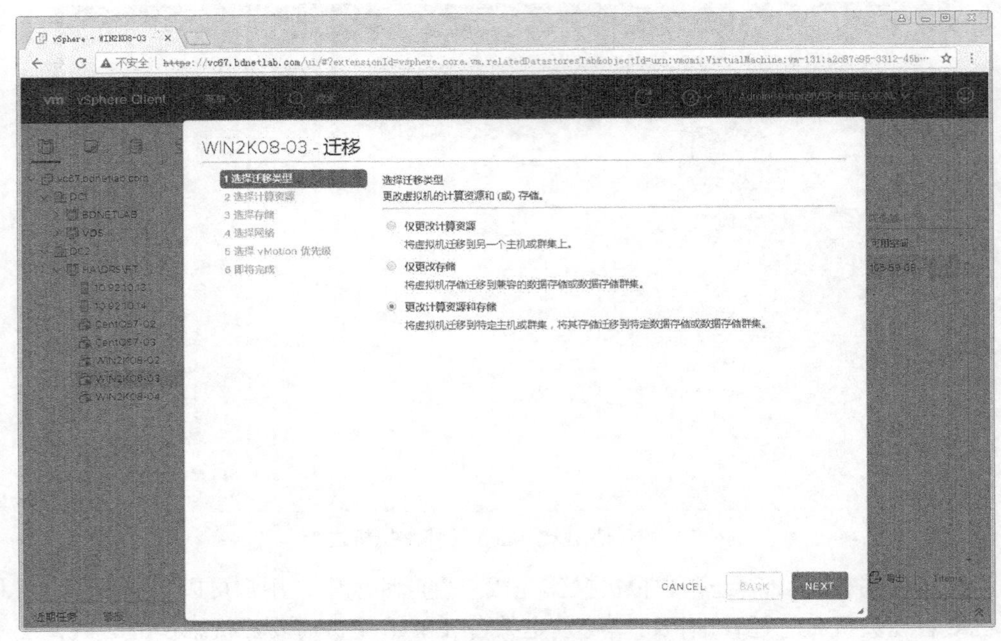

图 7-1-14　使用 vMotion 迁移虚拟机存储之二

第 3 步，将虚拟机迁移到数据中心 DC1 群集中的 ESXi 主机，如图 7-1-15 所示，单击“NEXT”按钮。注意，在同一 vCenter Server 管理下，虚拟机可以跨数据中心进行迁移操作。

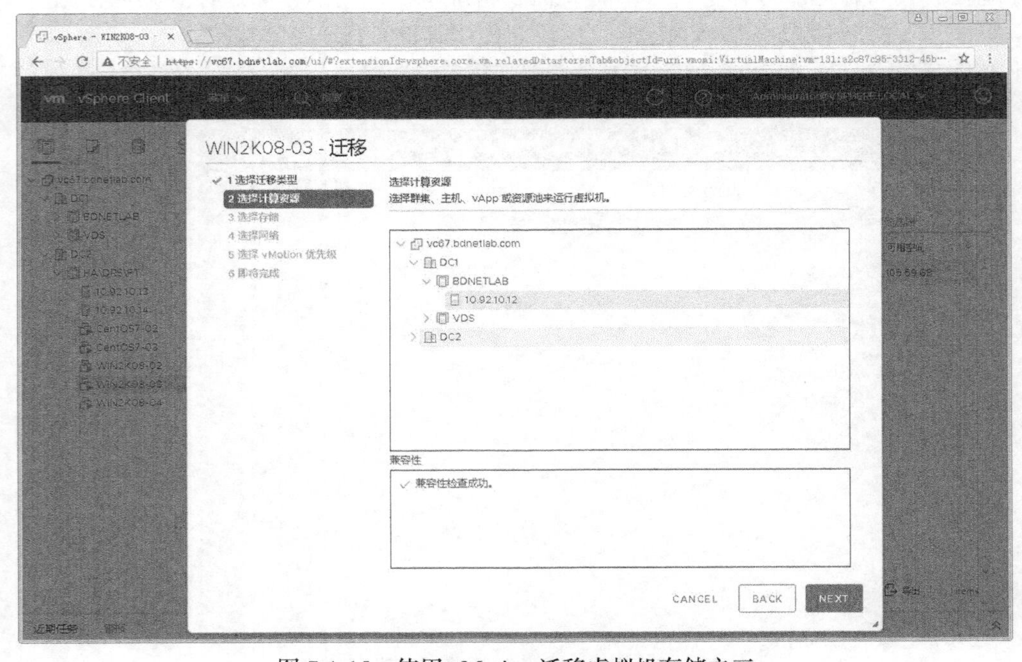

图 7-1-15　使用 vMotion 迁移虚拟机存储之三

第 4 步，选择目标存储，实战操作将存储从存储 fcshare 迁移到存储 opene-iscsi，如图 7-1-16 所示，单击“NEXT”按钮。

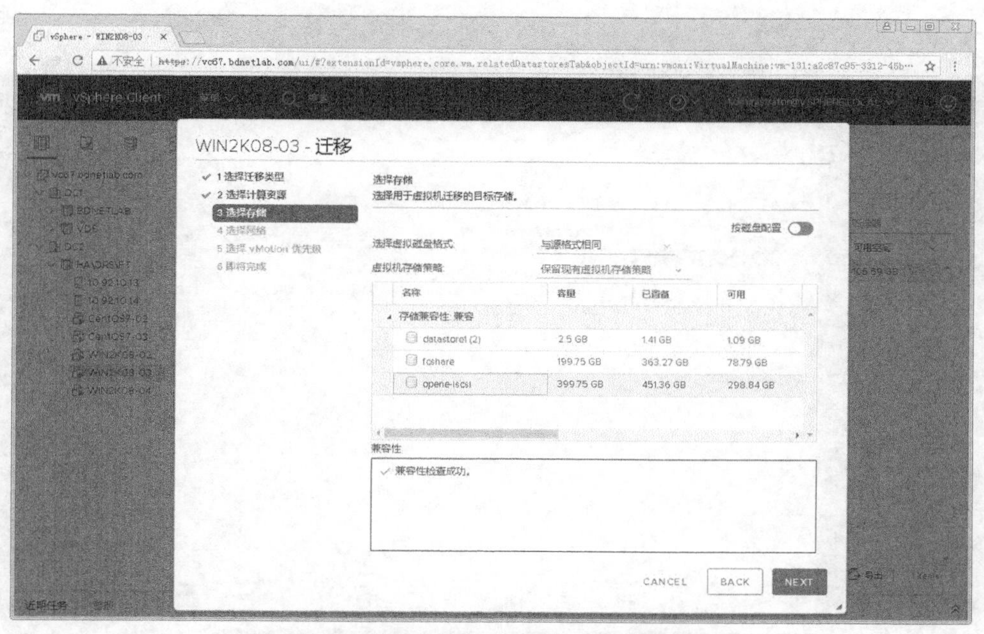

图 7-1-16　使用 vMotion 迁移虚拟机存储之四

第 5 步，选择虚拟机目标网络，如图 7-1-17 所示，单击“NEXT”按钮。跨数据中心进行迁移操作时一定要注意网络是否可用，如果网络不可用，那么会导致虚拟机无法提供服务。

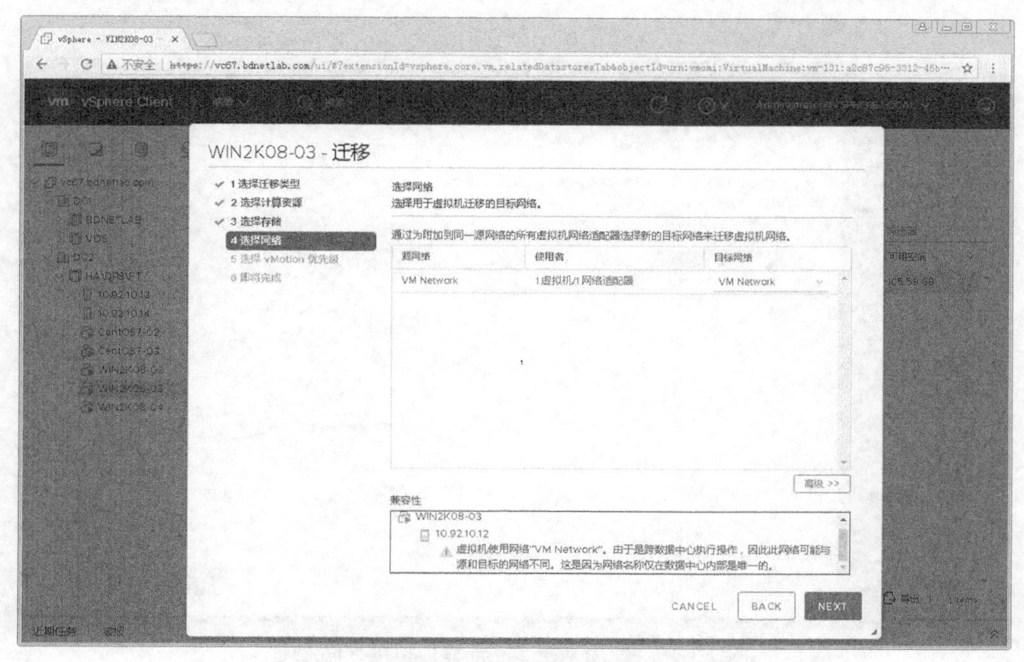

图 7-1-17　使用 vMotion 迁移虚拟机存储之五

第 6 步，选择 vMotion 优先级，如图 7-1-18 所示，选中建议选项即可，单击“NEXT”按钮。

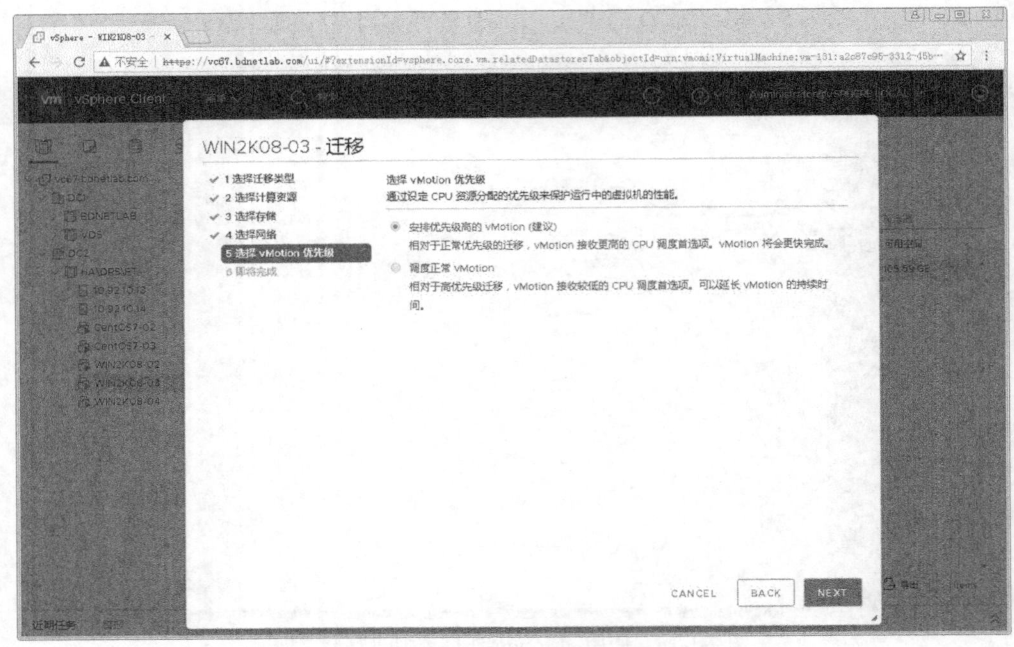

图 7-1-18　使用 vMotion 迁移虚拟机存储之六

第 7 步，确认迁移参数正确后，如图 7-1-19 所示，单击“FINISH”按钮。

图 7-1-19　使用 vMotion 迁移虚拟机存储之七

第 8 步，开始同时迁移 ESXi 主机资源以及存储，如图 7-1-20 所示，需要注意迁移存储的速度与多种因素有关，比如虚拟机存储容量、网络和存储服务器等。

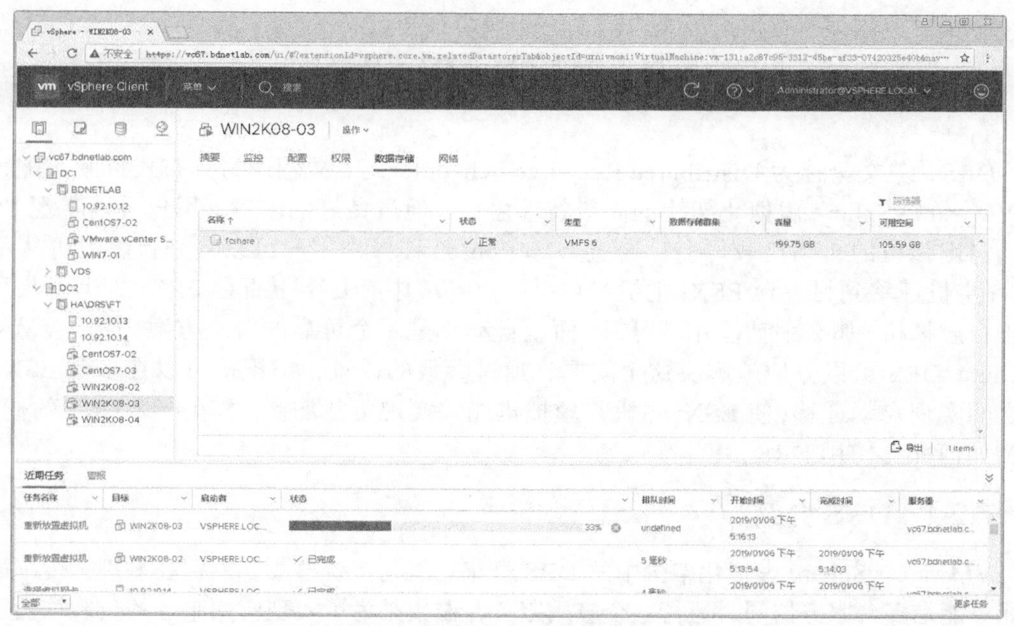

图 7-1-20 使用 vMotion 迁移虚拟机存储之八

第 9 步，完成虚拟机 WIN2K08-03 迁移，虚拟机运行在 IP 地址为 10.92.10.12 的 ESXi 主机上，使用 opene-iscsi 存储，如图 7-1-21 所示。

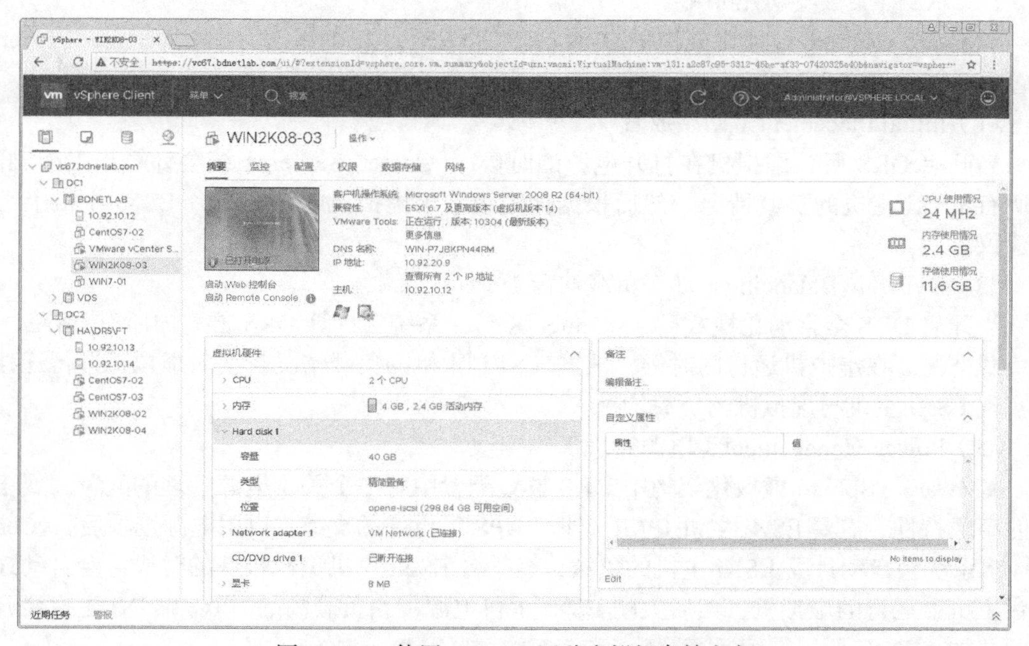

图 7-1-21 使用 vMotion 迁移虚拟机存储之九

至此，使用 vMotion 同时迁移虚拟机以及存储的操作完成。在生产环境中迁移存储，建议在访问量较小的时间段内进行，特别是不同类型存储间的迁移。

7.2 配置使用 DRS

DRS，英文全称为 Distributed Resource Scheduler，中文翻译为分布式资源调配，它是 VMware vSphere 虚拟化架构的高级特性之一。通过良好的配置，用户可以实现 ESXi 主机与虚拟机的自动负载均衡。通过 vMotion 迁移操作用户可以将一台虚拟机从一台 ESXi 主机迁移到另一台 ESXi 主机。如果生产环境中有几十上百台 ESXi 主机以及几百上千台虚拟机，那么手动操作不可靠，而全自动化是一个可靠的解决方案。使用 VMware vSphere DRS 可以方便地解决这个问题，通过参数的设置，虚拟机可以在多台 ESXi 主机之间实现自动迁移，使 ESXi 主机与虚拟机能够实现负载均衡。本节介绍 DRS 的概念，以及如何配置使用 DRS。

7.2.1 DRS 介绍

VMware vSphere 虚拟化架构中的 DRS 群集功能与传统群集功能存在差别：传统群集功能可能是多台服务器同时运行某个应用服务，群集是为了实现应用服务的负载均衡以及故障切换等功能，当某台服务器出现故障后其他服务器接替其工作，从而使应用服务不会中断；而 DRS 群集功能是将 ESXi 主机组合起来，根据 ESXi 主机的负载情况，虚拟机在 ESXi 主机之间自动迁移，实现 ESXi 主机的负载均衡。

1. DRS 群集主要功能介绍

VMware vSphere 虚拟化架构中 DRS 群集是 ESXi 主机的组合，通过 vCenter Server 进行管理，其主要有以下功能。

（1）Initial Placement（初始放置）

当开启 DRS 后，虚拟机在打开电源的时候，vCenter Server 系统会计算出 DRS 群集内所有 ESXi 主机的负载情况，然后根据优先级给出虚拟机应该在哪台 ESXi 主机上运行的建议。

（2）Dynamic Balancing（动态负载均衡）

当开启 DRS 全自动化模式后，vCenter Server 系统会计算 DRS 群集内所有 ESXi 主机的负载情况。在虚拟机运行的时候，根据 ESXi 主机的负载情况自动对虚拟机进行迁移，以实现 ESXi 主机与虚拟机的负载均衡。

（3）Power Management（电源管理）

VMware vSphere 虚拟化架构中 DRS 群集配置中有一个关于电源管理的配置，属于额外的高级特性，需要 ESXi 主机 IPMI、外部 UPS 等设备的支持。启用电源选项后，vCenter Server 系统会自动计算 ESXi 主机的负载，当某台 ESXi 主机负载很低的时候，会自动迁移该台主机上运行的虚拟机，然后关闭 ESXi 主机电源；当负载高的时候，ESXi 主机会开启电源并加入 DRS 群集继续运行。

2. EVC 介绍

Enhanced vMotion Compatibility，中文翻译为增强型 vMotion 兼容性，在 VMware vSphere 虚拟化环境中使用它，可以防止因 CPU 不兼容而导致的虚拟机迁移失败等问题。在生产环境中，服务器型号以及硬件型号不可能完全相同，使得 CPU 具有的指令集及其特性会影响迁移过程或迁移后虚拟机的正常工作。为最大程度解决兼容性问题，VMware vSphere 为不同型号的 CPU 提供了增强型 vMotion 兼容性（EVC）模式。

3. DRS 自动化级别介绍

VMware vSphere 虚拟化架构中 DRS 自动化级别分为 3 种模式，在生产环境中可根据不同的需要进行选择。

（1）手动

将 DRS 自动化级别设置为手动模式需要人工干预操作。当虚拟机打开电源时 vCenter Server 系统会自动计算 DRS 群集中所有 ESXi 主机的负载情况，然后给出一个虚拟机运行的 ESXi 主机选择，优先级越低，ESXi 主机性能越好。手动确认后，虚拟机便在选定的 ESXi 主机上运行。

虚拟机打开电源后，默认情况下 DRS 群集每隔 5 分钟检测群集的负载情况，如果群集中的 ESXi 主机负载不平衡，那么 vCenter Server 会针对虚拟机给出迁移建议，当管理人员确认后，虚拟机立即执行迁移操作。

（2）半自动

将 DRS 自动化级别设置为半自动模式也需要部分人工干预操作。与手动模式不同的是，当虚拟机打开电源时，vCenter Server 系统会自动计算 DRS 群集中所有 ESXi 主机的负载情况，自动选定虚拟机运行的 ESXi 主机，无须手动确认。

与手动模式相同的是，虚拟机打开电源后，默认情况下 DRS 群集每隔 5 分钟检测群集的负载情况，如果群集中的 ESXi 主机负载不平衡，那么 vCenter Server 会针对虚拟机给出迁移建议，当管理人员确认后虚拟机立即执行迁移操作。

（3）全自动

将 DRS 自动化级别设置为全自动模式则不需要人工干预操作，当虚拟机打开电源时 vCenter Server 系统会自动计算 DRS 群集中所有 ESXi 主机的负载情况，自动选定虚拟机运行的 ESXi 主机，无须进行手动确认。

与手动和半自动模式不同的是，虚拟机打开电源后，默认情况下 DRS 群集每隔 5 分钟检测群集的负载情况，如果群集中的 ESXi 主机负载不平衡，那么 vCenter Server 会自动迁移虚拟机，无须手动确认。

4. DRS 迁移阈值介绍

用户可以根据生产环境的实际情况选择 DRS 自动化级别的 3 种模式，除去这 3 种模式外，在配置的时候需要注意 DRS 迁移阈值的设置，如果设置不当，会导致虚拟机不迁移或者频繁迁移，从而影响虚拟机的性能。DRS 迁移阈值有 5 个选项，优先级 1（保守）到优先级 5（激进）。

（1）优先级为 1

在多数情况下，优先级为 1 的 DRS 迁移阈值与 DRS 群集的负载均衡无关，一般在主机维护时才会使用，在这样的情况下，DRS 群集不会进行虚拟机迁移。

（2）优先级为2

优先级为2的DRS迁移阈值包括优先级为1和2的建议，默认情况下DRS群集每隔5分钟检测群集的负载情况，如果对群集内的ESXi主机负载均衡有重大改善就会进行虚拟机迁移。

（3）优先级为3

优先级为3的DRS迁移阈值包括优先级为1、2、3的建议，这是系统默认的DRS迁移阈值。默认情况下DRS群集每隔5分钟检测群集的负载情况，如果对群集内的ESXi主机负载均衡有积极改善就会进行虚拟机迁移。

（4）优先级为4

优先级为4的DRS迁移阈值包括优先级为1、2、3、4的建议，这是多数生产环境中配置的DRS迁移阈值。默认情况下DRS群集每隔5分钟检测群集的负载情况，如果对群集内的ESXi主机负载均衡有适当改善就会进行虚拟机迁移。

（5）优先级为5

优先级为5的DRS迁移阈值包括优先级为1、2、3、4、5的建议，默认情况下DRS群集每隔5分钟检测群集的负载情况，只要群集内的ESXi主机存在很细微的不负载均衡就会进行虚拟机迁移。优先级为5的选项也称为激进选项，这种配置可能导致虚拟机在不同的ESXi主机上频繁迁移，甚至影响虚拟机的性能。

5. DRS规则介绍

为了更好地调整ESXi主机与虚拟机运行之间的关系，更好地实现负载均衡，VMware vSphere虚拟化架构还提供了DRS虚拟机以及ESXi主机规则特性。使用这些规则，可以更好地实现负载均衡以及避免单点故障。DRS虚拟机以及ESXi主机规则主要的特性如下。

（1）虚拟机规则——聚集虚拟机

聚集虚拟机规则就是让满足这条规则的虚拟机在同一台ESXi主机上运行。下面用比较常见的案例来说明这条规则。

在生产环境中活动目录服务器使用Windows 2012 R2，邮件服务器使用Exchange 2010，那么这两台服务器之间的数据访问以及同步会相当频繁。如果希望这两台虚拟机在同一台ESXi主机上运行，那么可以创建聚集虚拟机规则，再通过DRS群集控制即可实现。

（2）虚拟机规则——分开虚拟机

分开虚拟机规则就是让满足这条规则的虚拟机在不同ESXi主机上运行。下面用比较常见的案例来说明这条规则。

在生产环境中活动目录服务器使用Windows 2012 R2，由于活动目录服务器有备份以及负载均衡的需要，可再创建一台使用Windows2012 R2的额外活动目录服务器，如果这两台活动目录服务器运行在同一台ESXi主机上，这样就形成了ESXi主机单点故障，会导致两台活动目录服务器均无法访问（不考虑使用HA等高级特性时）。现在希望这两台虚拟机在不同的ESXi主机上运行，那么可以创建分开虚拟机规则，再通过DRS群集控制即可。

（3）ESXi 主机规则——虚拟机到主机

如果虚拟机规则无法满足需求，DRS 还提供了 ESXi 主机规则控制功能。预先定义好规则，可以控制使用某台虚拟机在某台 ESXi 主机上运行或者不能在某台 ESXi 主机上运行等。ESXi 主机规则主要分为以下选项：

- 必须在组内的主机上运行；
- 应该在组内的主机上运行；
- 禁止在组内的主机上运行；
- 不应该在组内的主机上运行。

这样的规则与虚拟机规则有一定的区别，ESXi 主机规则分为强制性和非强制性。

- “必须在组内的主机上运行”以及“禁止在组内的主机上运行”属于强制性规则，规则生效后，虚拟机必须或禁止在组内的主机上运行。
- “应该在组内的主机上运行”和“不应该在组内的主机上”运行属于非强制性规则，规则生效后，虚拟机可以应用该规则，也可以违反该规则。非强制性规则需要结合 DRS 其他配置以观察具体效果。

7.2.2 配置使用 DRS

第 1 步，使用浏览器登录 vCenter Server，默认情况下 DRS 服务处于关闭状态，如图 7-2-1 所示。

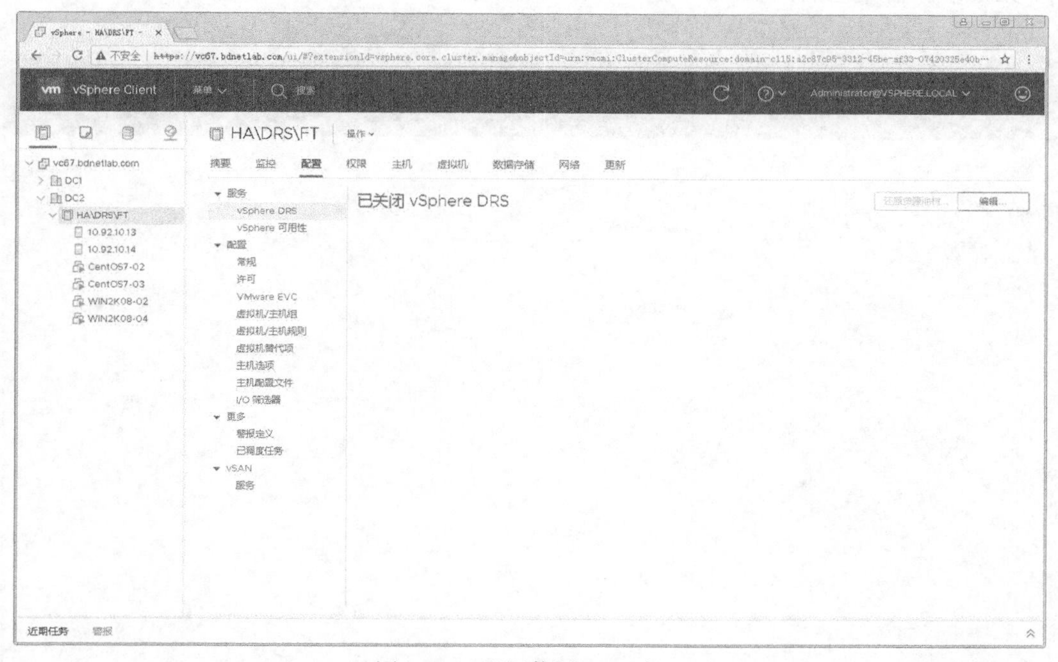

图 7-2-1　配置使用 DRS 之一

第 2 步，通过编辑群集设置启用 DRS。DRS 自动化级别有手动、半自动、全自动 3 种模式，先使用手动模式，如图 7-2-2 所示，单击“确定”按钮。

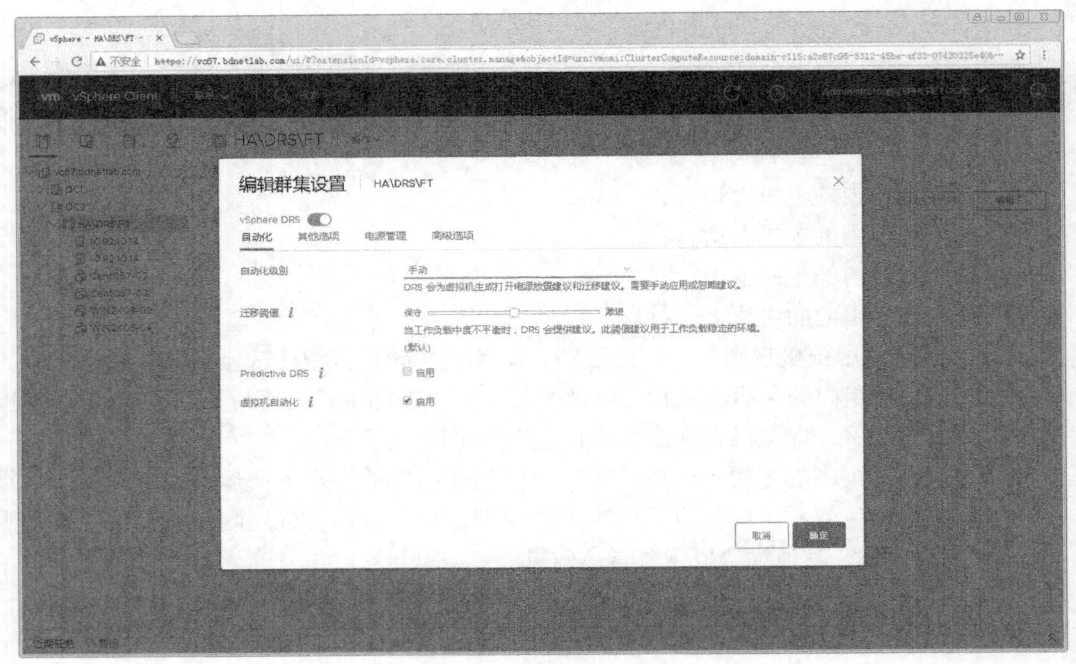

图 7-2-2　配置使用 DRS 之二

第 3 步，群集已启用 DRS 服务，如图 7-2-3 所示。

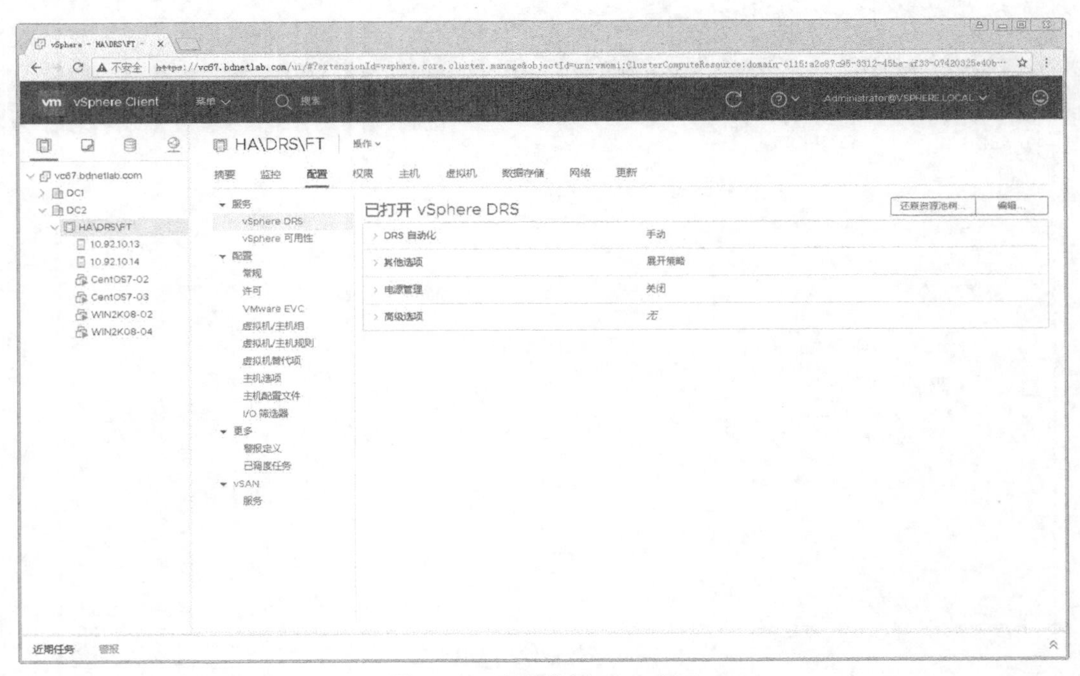

图 7-2-3　配置使用 DRS 之三

第 4 步，关闭虚拟机 WIN2K08-02 的电源，如图 7-2-4 所示。

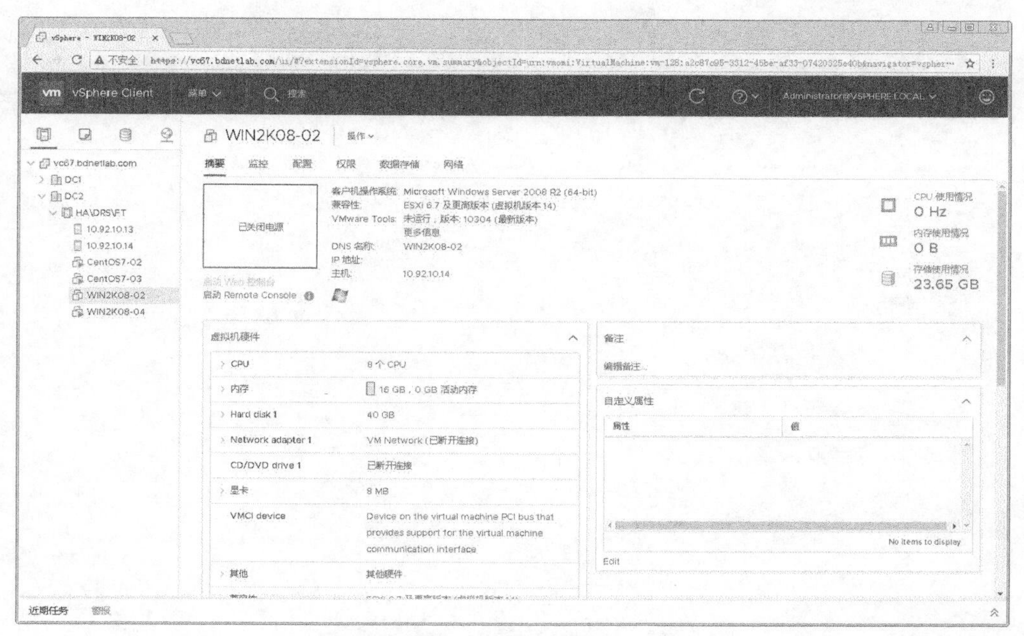

图 7-2-4 配置使用 DRS 之四

第 5 步，重新打开虚拟机电源，DRS 服务开始工作，DRS 自动计算 ESXi 主机负载情况并给出虚拟机运行主机的建议，如图 7-2-5 所示，单击“确定”按钮选择虚拟机运行的主机。

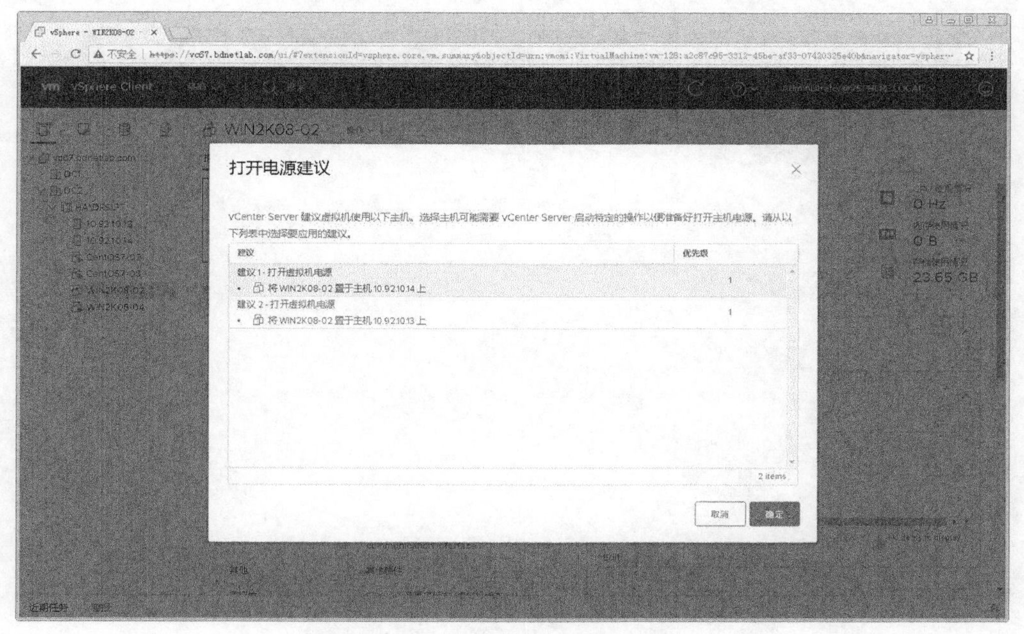

图 7-2-5 配置使用 DRS 之五

第 6 步，手动以及半自动模式可以选择群集的监控，查看 DRS 建议，如图 7-2-6 所示。

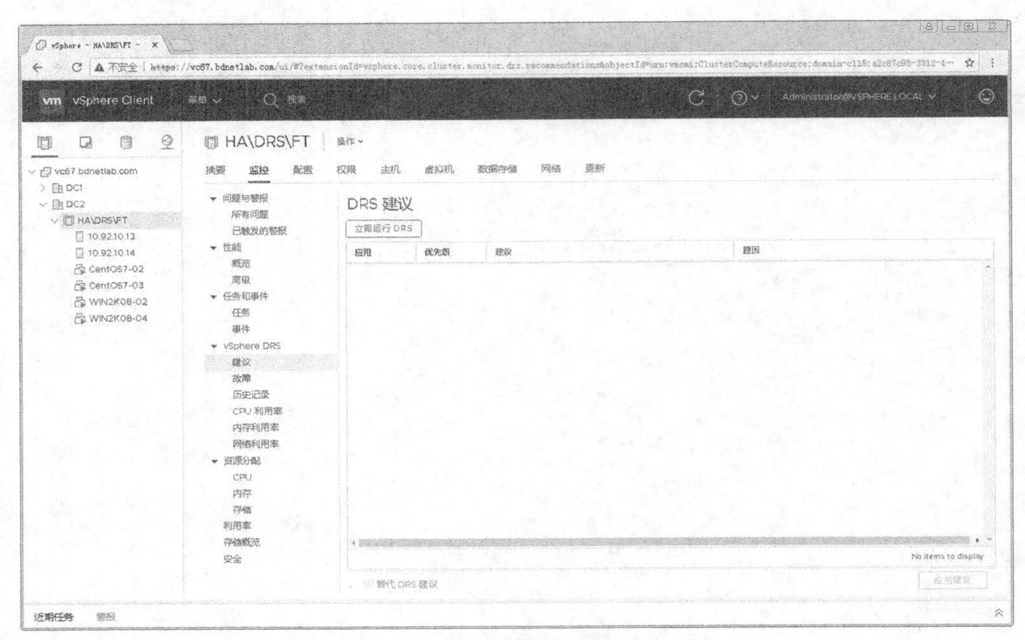

图 7-2-6　配置使用 DRS 之六

第 7 步，将 IP 地址为 10.92.10.13 的 ESXi 主机上所有虚拟机全部迁移到 IP 地址为 10.92.10.14 的 ESXi 主机，模拟负载失衡，如图 7-2-7 所示。

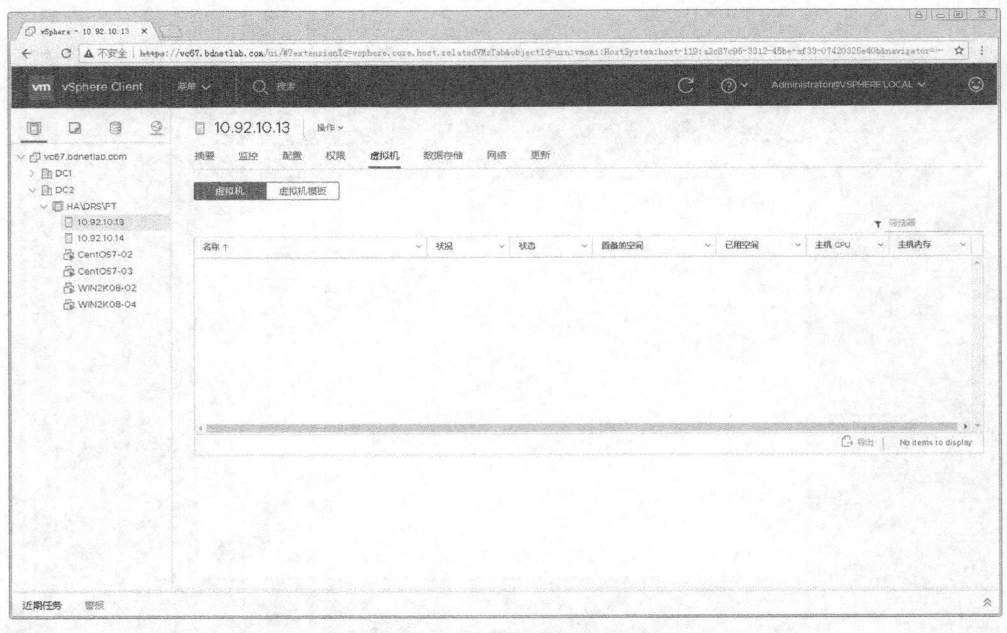

图 7-2-7　配置使用 DRS 之七

第 8 步，单击“立即运行 DRS”，可以看到系统给出了迁移虚拟机的建议，这样可以实现群集 ESXi 主机的负载均衡，如图 7-2-8 所示，单击“应用建议”按钮。

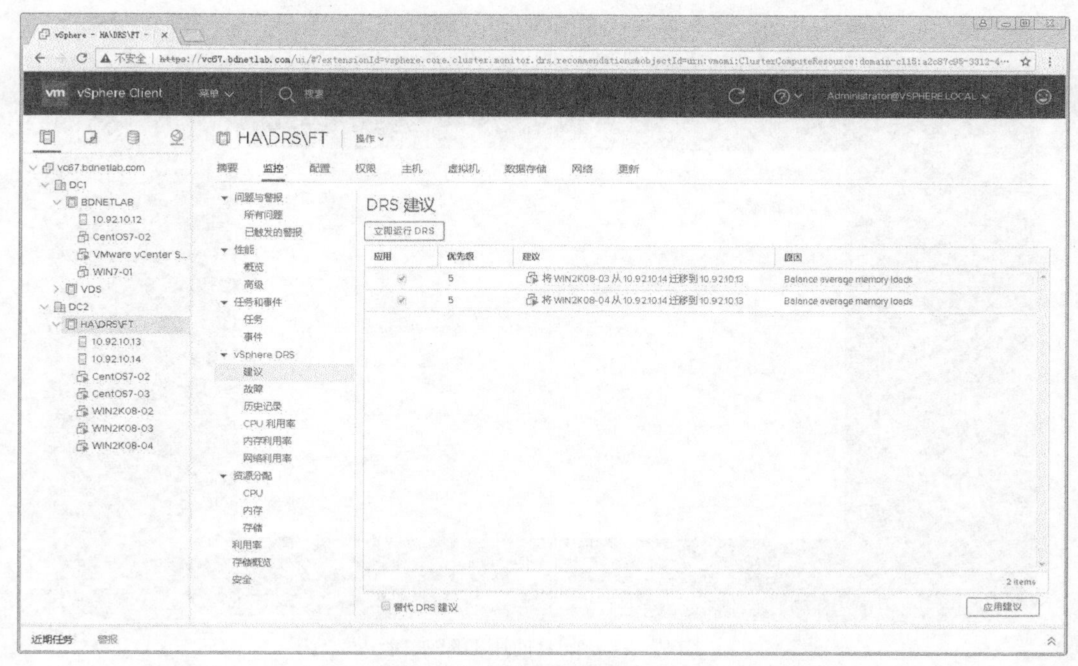

图 7-2-8 配置使用 DRS 之八

第 9 步，虚拟机迁移到 IP 地址为 10.92.10.13 的主机，实现群集 ESXi 主机的负载均衡，如图 7-2-9 所示。

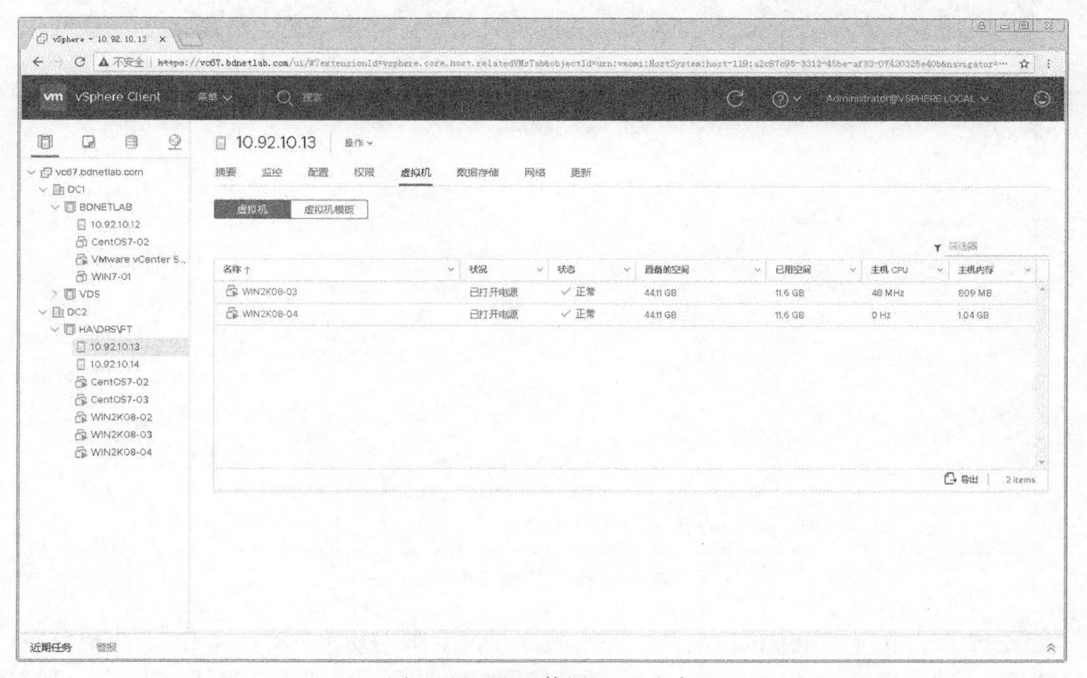

图 7-2-9 配置使用 DRS 之九

第 10 步，将 DRS 自动化级别调整为全自动，如图 7-2-10 所示，单击“确定”按钮。

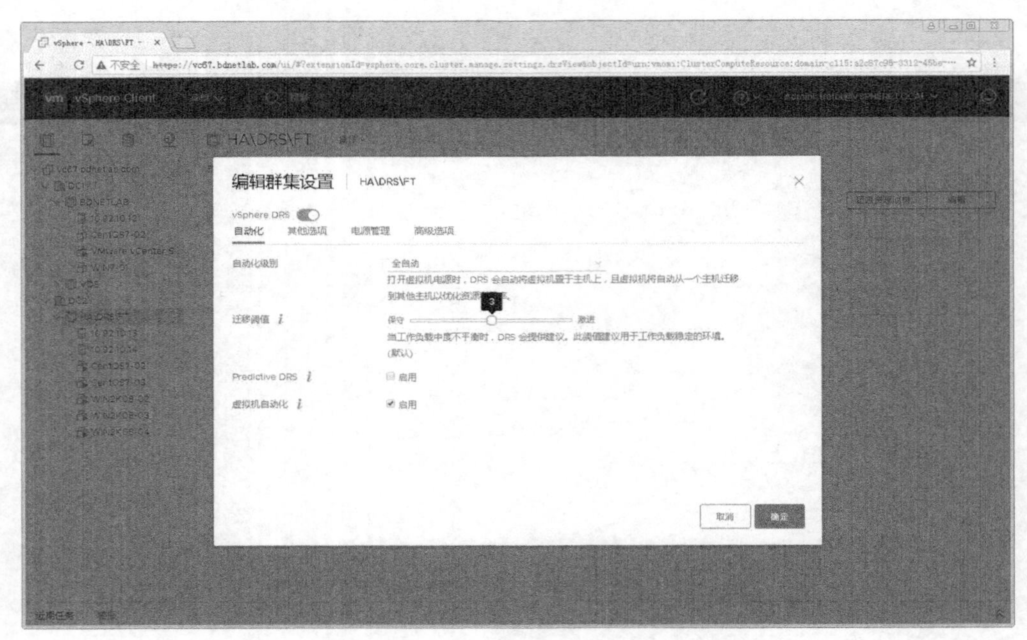

图 7-2-10　配置使用 DRS 之十

第 11 步，关闭虚拟机 WIN2K08-04 的电源，如图 7-2-11 所示。

图 7-2-11　配置使用 DRS 之十一

第 12 步，重新打开虚拟机电源，DRS 服务开始工作，DRS 自动计算 ESXi 主机负载情况并给出虚拟机运行主机的建议。与手动模式不同的是，不需要手动确认，虚拟机已直接打开电源运行，如图 7-2-12 所示。

图 7-2-12 配置使用 DRS 之十二

至此，基本的 DRS 配置完成，一般来说生产环境中推荐使用全自动模式，尽可能地减少人工干预操作，这样才能实现自动化。当然，在一些需要手动干预的环境中仍需选择手动或半自动模式。

7.2.3 配置使用 EVC

实际上，在创建群集的时候，作者强烈建议用户打开 EVC 后再创建虚拟机，因为这样可以避免由于 CPU 兼容问题导致迁移或 DRS 使用出现问题。

第 1 步，默认情况下，EVC 也处于禁用状态，如图 7-2-13 所示。

图 7-2-13 配置使用 EVC 之一

第 2 步，选中"为 Intel®主机启用 EVC"，VMware EVC 模式为"Intel®'Merom'Generation"时会出现兼容性问题，如图 7-2-14 所示，查看描述，该模式仅允许具有早期的一系列处理器的主机进入群集，很明显当前服务器不符合要求。

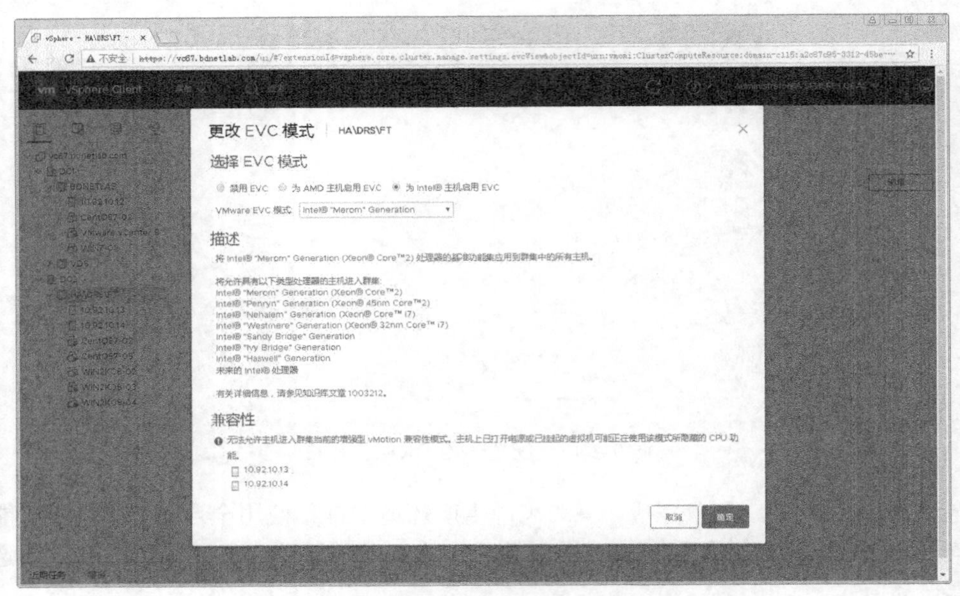

图 7-2-14　配置使用 EVC 之二

第 3 步，调整 VMware EVC 模式为"Intel®'Westmere'Generation"，兼容性验证成功，如图 7-2-15 所示，单击"确定"按钮。需要说明的是，启用 EVC 后，通过 EVC 模式选择匹配 CPU 类型这一事件由系统自动完成。

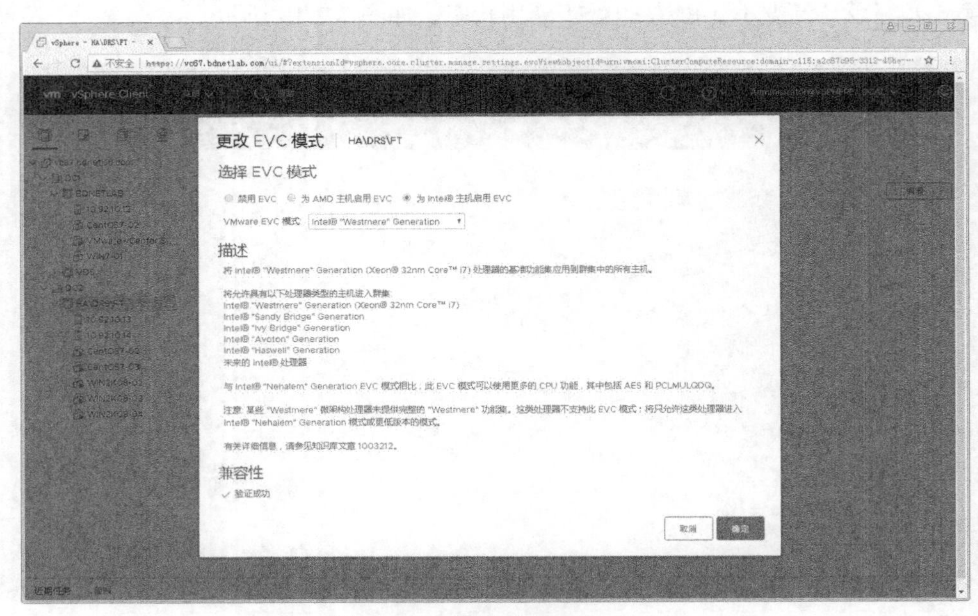

图 7-2-15　配置使用 EVC 之三

第 4 步，EVC 启用完成，如图 7-2-16 所示，启用后就不用担心由于 CPU 指令集不同导致无法迁移等情况。

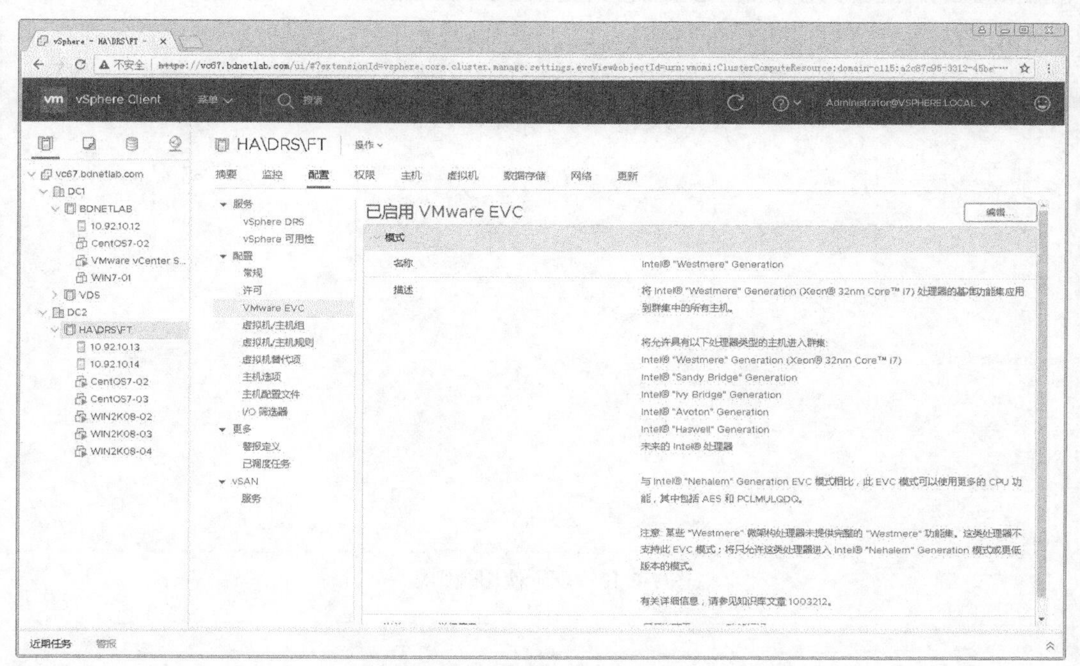

图 7-2-16　配置使用 EVC 之四

至此，配置使用 EVC 完成。作者建议在创建群集的时候启用 EVC 功能，这样可以避免后续启用 EVC 时出现兼容性问题。如果后续启用 EVC 出现兼容性问题，可以通过尝试关闭或迁移不兼容虚拟机以及主机的方式来启用。

7.2.4　配置使用规则

用户在掌握了基本的迁移以及 DRS 自动化运行操作后，在生产环境中，可能需要对虚拟机以及主机进行更精细的控制，这时可以使用规则来实现。比如生产环境中有 2 台提供相同服务的虚拟机，为了保证冗余，必须让 2 台虚拟机运行在不同的 ESXi 主机上，这就可以通过规则来实现。

第 1 步，查看 IP 地址为 10.92.10.14 的 ESXi 主机，虚拟机 CentOS7-02 以及 CentOS7-03 均运行在该主机上，如图 7-2-17 所示。

第 2 步，创建虚拟机/主机规则，类型选中“单独的虚拟机”，其原因是列出的虚拟机必须在不同的主机上运行，如图 7-2-18 所示。

图 7-2-17　配置使用规则之一

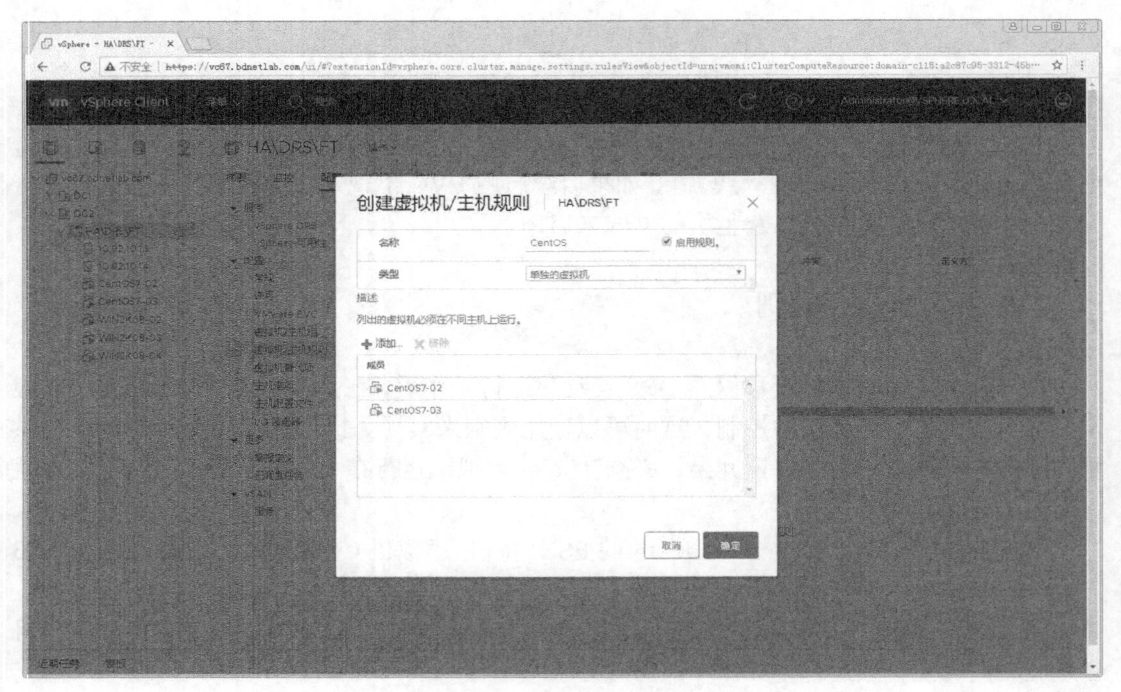

图 7-2-18　配置使用规则之二

第 3 步，完成 CentOS 规则创建，如图 7-2-19 所示。

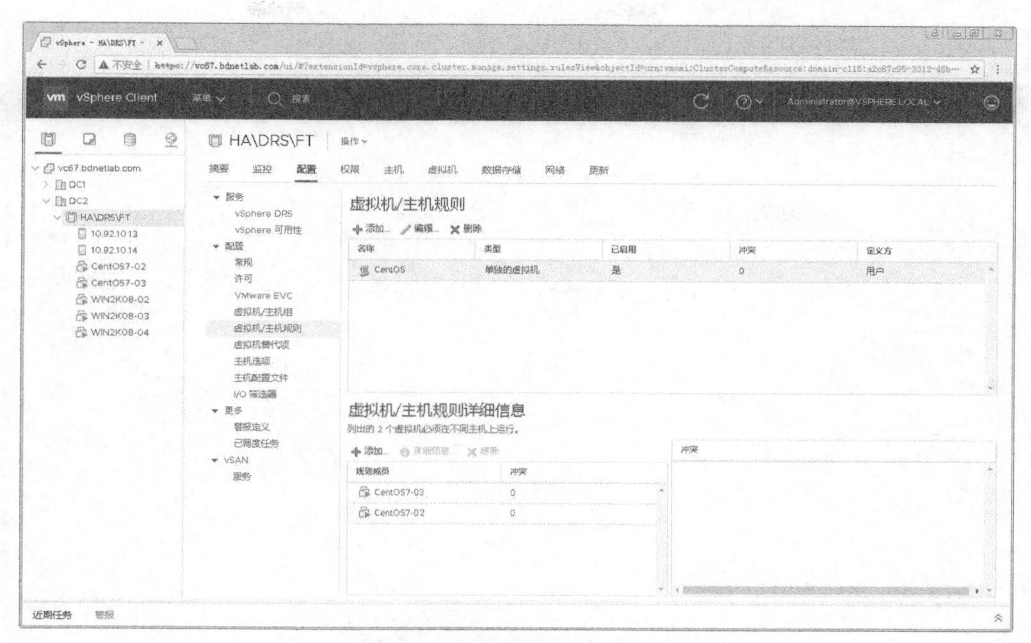

图 7-2-19 配置使用规则之三

第 4 步，查看监控 DRS 中的历史记录，可以看到虚拟机 CentOS7-02 已迁移到其他主机，如图 7-2-20 所示，说明规则生效。

图 7-2-20 配置使用规则之四

第 5 步，查看 IP 地址为 10.92.10.14 的 ESXi 主机，仅有虚拟机 CentOS7-03 在主机上运行，如图 7-2-21 所示。

图 7-2-21　配置使用规则之五

第 6 步，生产环境中如果虚拟机以及主机较多，可以创建虚拟机/主机组来实现精细化控制，如图 7-2-22 所示。

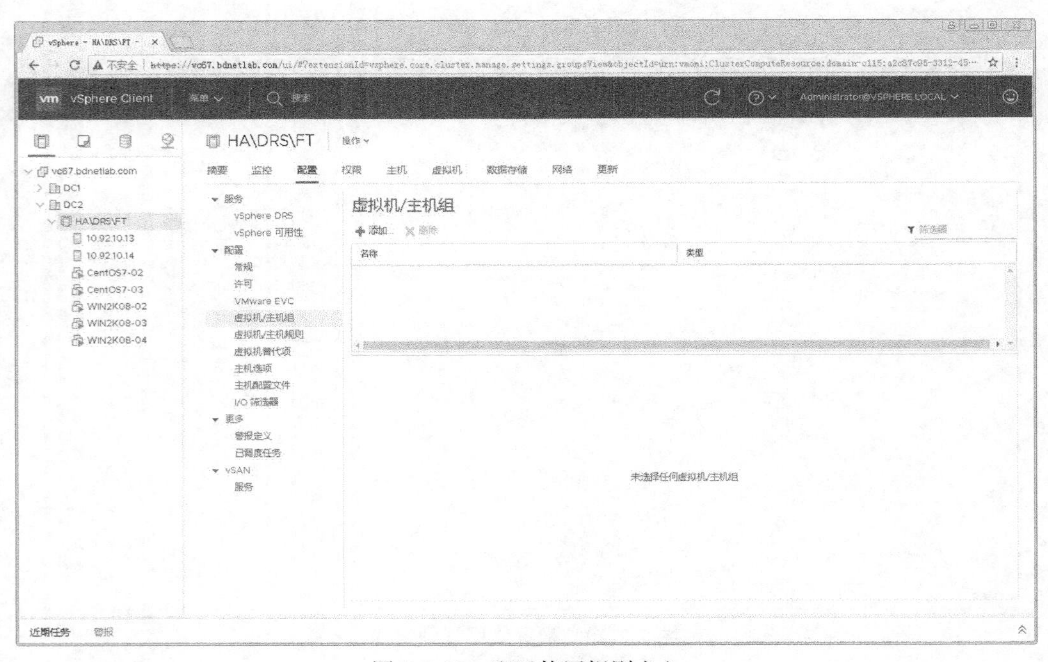

图 7-2-22　配置使用规则之六

第 7 步，创建虚拟机/主机组，如图 7-2-23 所示，单击“确定”按钮。

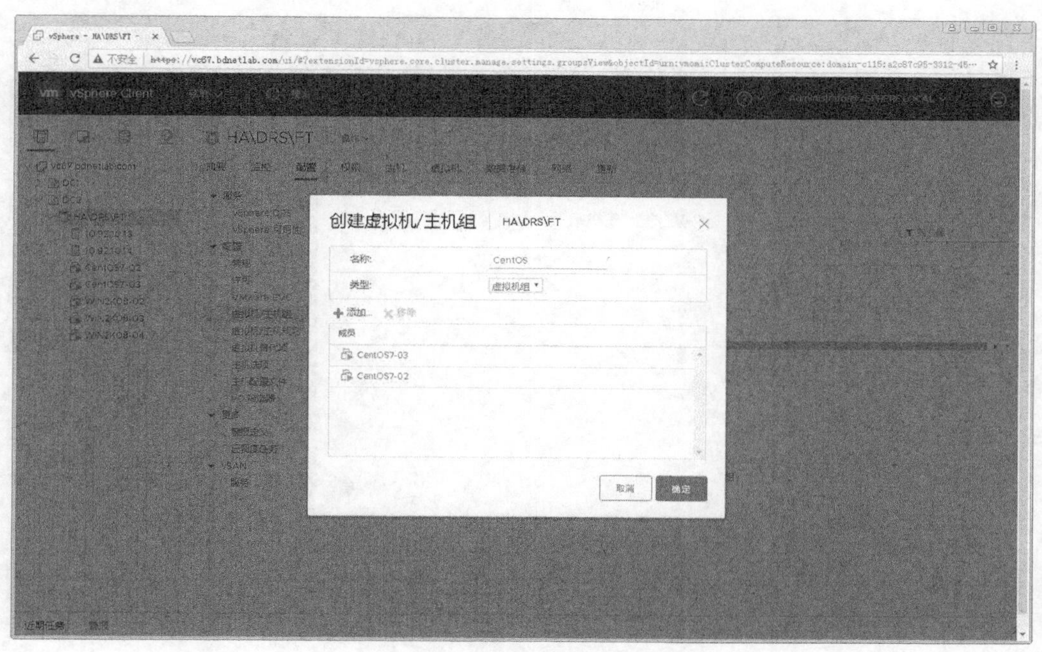

图 7-2-23 配置使用规则之七

第 8 步，完成虚拟机组 CentOS 的创建，如图 7-2-24 所示。

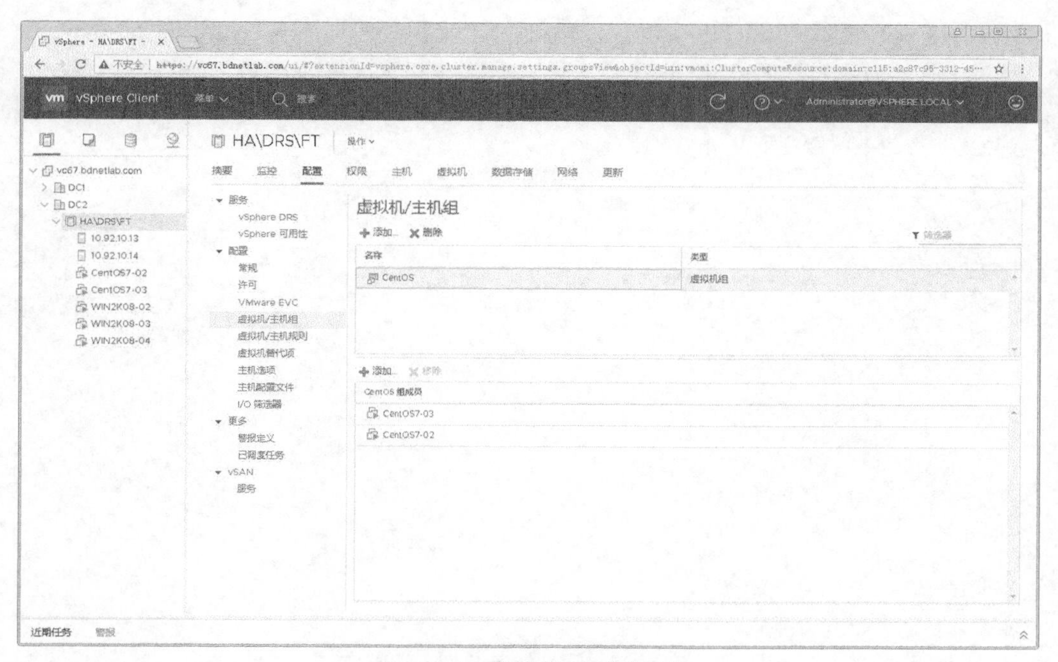

图 7-2-24 配置使用规则之八

第 9 步，创建主机组，如图 7-2-25 所示。说明一下，一般来说，生产环境中的主机组数量很少为 1，本实战操作仅添加 1 台主机。

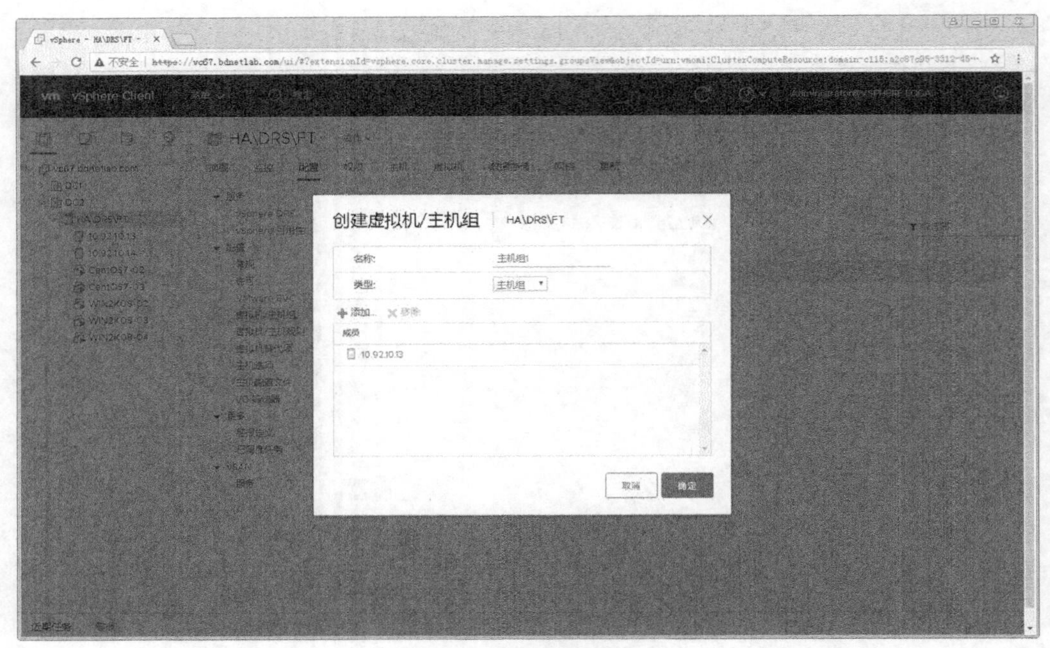

图 7-2-25 配置使用规则之九

第 10 步，完成主机组的创建，如图 7-2-26 所示。

图 7-2-26 配置使用规则之十

第 11 步，创建规则，调用虚拟机组以及主机组，虚拟机组中的虚拟机必须在主机组中的主机上运行，如图 7-2-27 所示，单击“确定”按钮。

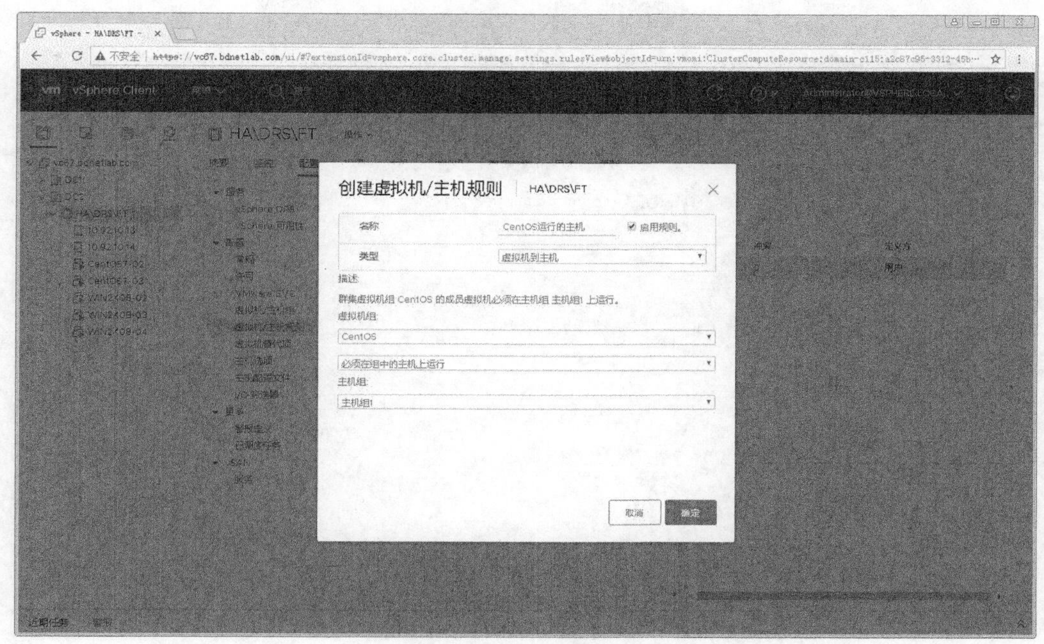

图 7-2-27 配置使用规则之十一

第 12 步，新的规则创建完成，如图 7-2-28 所示。

图 7-2-28 配置使用规则之十二

第 13 步，细心的用户会发现，新创建的规则与前面创建的规则相冲突了，如图 7-2-29 所示。

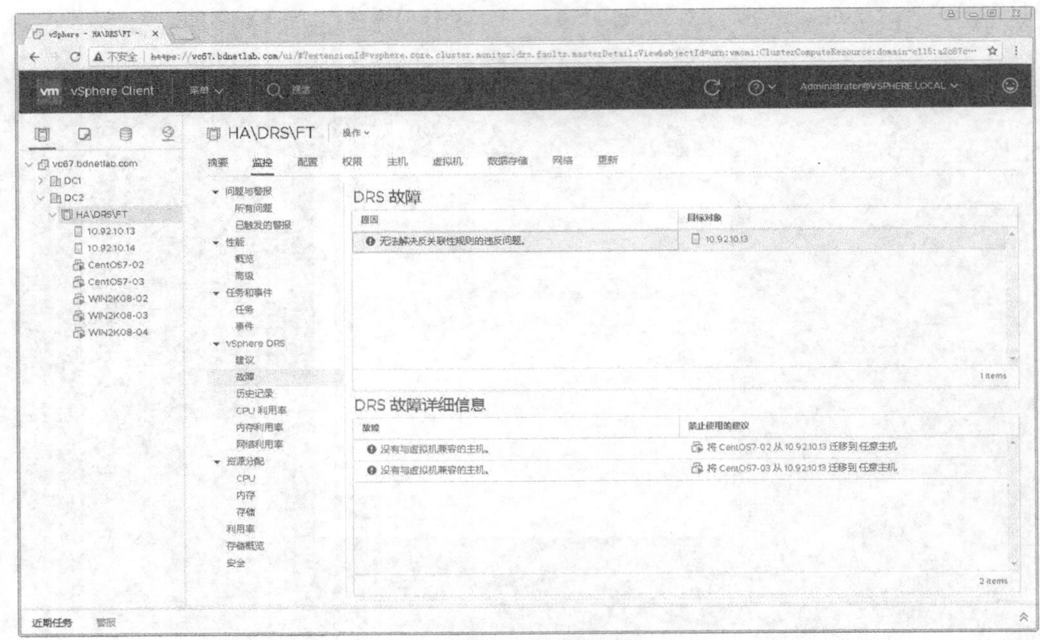

图 7-2-29　配置使用规则之十三

第 14 步，将原规则禁用，如图 7-2-30 所示。

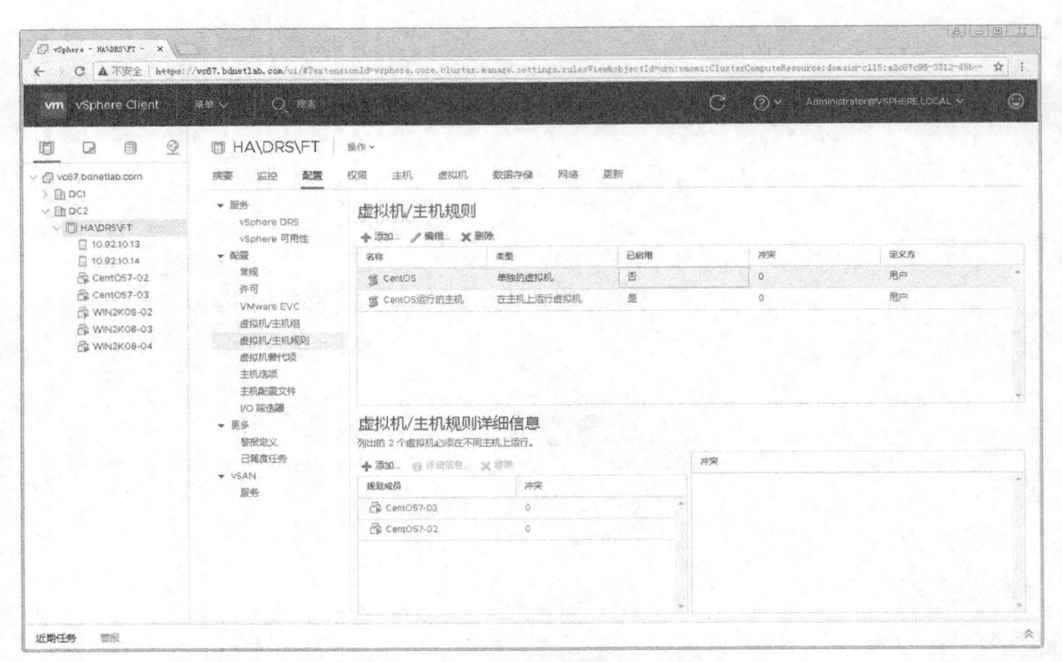

图 7-2-30　配置使用规则之十四

第 15 步，查看监控 DRS 中的历史记录，可以看到虚拟机 CentOS7-02 以及 CentOS7-03 迁移到同一台主机，如图 7-2-31 所示，说明规则生效。

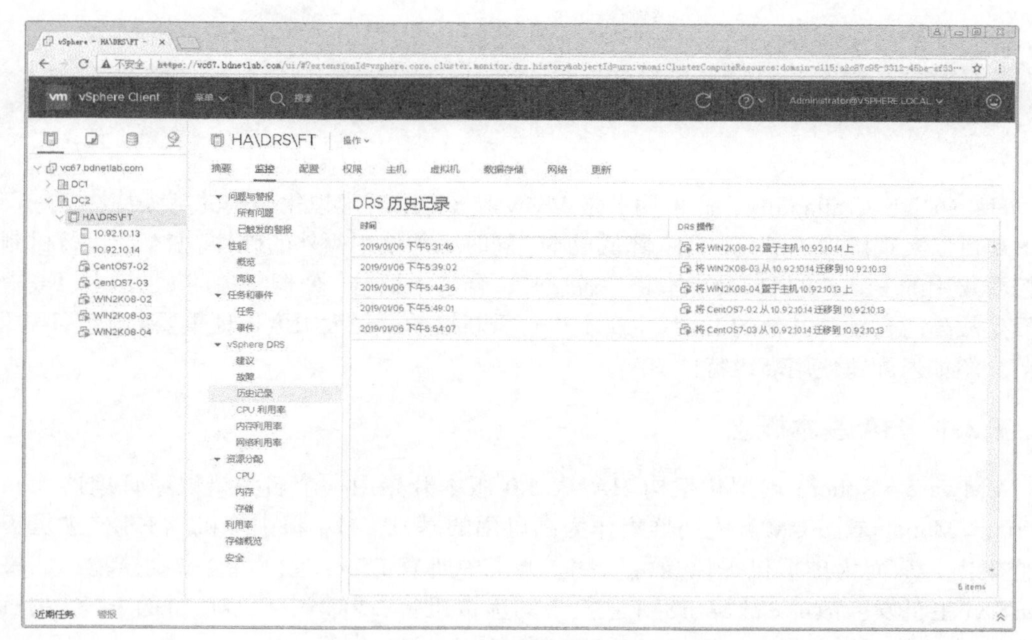

图 7-2-31 配置使用规则之十五

第 16 步，查看 IP 地址为 10.92.10.13 的 ESXi 主机，虚拟机 CentOS7-02 以及 CentOS7-03 均在主机上运行，如图 7-2-32 所示。

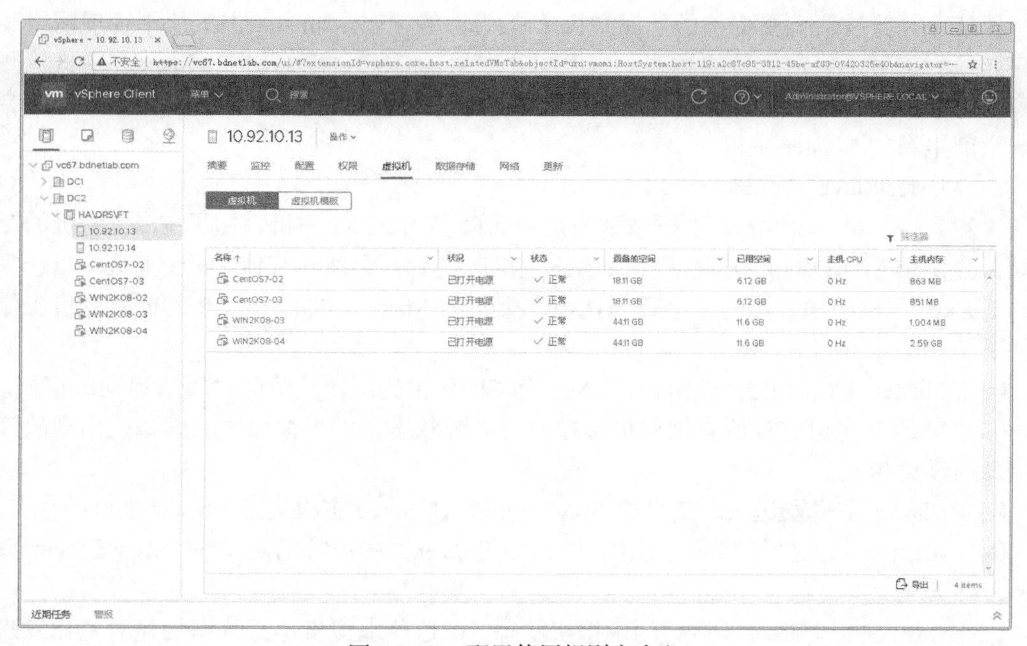

图 7-2-32 配置使用规则之十六

至此，使用规则配置完成。在生产环境中推荐配置各种规则来实现对虚拟机、主机的精细化控制，需要注意的是，制定规则需要全盘设计，不能出现规则相冲突的情况，如果出现冲突，系统会出现警示。

7.3　配置使用 HA

HA（High Availability，高可用）是 VMware vSphere 虚拟化架构的高级特性之一，使用 HA 可以实现虚拟机的高可用，降低成本，同时无须使用额外的硬件。HA 的运行机制是监控群集中的 ESXi 主机以及虚拟机，通过配置合适的策略，使群集中的 ESXi 主机或虚拟机发生故障时自动到其他的 ESXi 主机上进行重新启动，最大限度保证重要的服务不中断。本节介绍如何配置使用高级特性 HA。

7.3.1　HA 基本概念

VMware vSphere 虚拟化架构 HA 从 5.0 版本开始用一个名为错误域管理器（Fault Domain Manager，FDM）使用群集作为高可用的基础。HA 将虚拟机及 ESXi 主机集中在群集内，从而为虚拟机提供高可用性。群集中所有 ESXi 主机均会受到监控，如果某台 ESXi 主机发生故障，故障 ESXi 主机上的虚拟机将在群集中正常运行的 ESXi 主机上重新启动。

1．HA 运行的基本原理

当群集启用 HA 时，系统会自动选举一台 ESXi 主机作为首选主机（也称为 Master 主机），其余的 ESXi 主机作为从属主机（也称为 Slave 主机）。Master 主机与 vCenter Server 进行通信，并监控所有受保护的从属主机（Slave）的状态。Master 主机使用管理网络和数据存储检测信号来确定故障的类型。当不同类型的 ESXi 主机故障时，Master 主机检测并相应地处理故障让虚拟机重新启动。当 Master 主机本身出现故障的时候，Slave 主机会重新选举产生新的 Master 主机。

2．Master/Slave 主机选举机制

一般来说，Master/Slave 主机选举的是存储最多的 ESXi 主机，如果 ESXi 主机的存储相同，会使用 MOID 进行选举。当 Master 主机产生后，会通知其他 Slave 主机；当选举产生的 Master 主机出现故障时，会重新选举产生新的 Master 主机。Master/Slave 主机工作原理如下。

（1）Master 主机监控所有 Slave 主机，当 Slave 主机出现故障时将重新启动虚拟机。

（2）Master 主机监控所有被保护虚拟机的电源状态，如果被保护的虚拟机出现故障，将重新启动虚拟机。

（3）Master 主机发送心跳信息给 Slave 主机，让 Slave 主机知道 Master 主机的存在。

（4）Master 主机报告状态信息给 vCenter Server，在正常情况下 vCenter Server 只和 master 主机通信。

（5）Slave 主机监视本地运行的虚拟机状态，把这些虚拟机运行状态的显著变化发送给 Master 主机。

（6）Slave 主机监控 Master 主机的健康状态，如果 Master 主机出现故障，那么 Slave 主机将会参与 Master 主机的选举。

3. ESXi 主机故障类型

HA 通过选举产生 Master/Slave 主机，当检测到主机故障的时候，虚拟机会重新启动。在 HA 群集中，ESXi 主机故障可以分为 3 种情况。

（1）主机停止运行

出现比较常见的 ESXi 主机停止运行的情况，我们一般把它归纳为主机由于物理硬件故障或电源故障等而停止响应，不考虑其他特殊的原因造成 ESXi 主机停止运行。这样的情况下，停止运行的 ESXi 主机上的虚拟机会在 HA 群集中其他 ESXi 主机上重新启动。

（2）主机与网络隔离

主机与网络隔离是一种比较特殊的现象。我们知道 HA 使用管理网络以及存储设备进行通信，如果 Master 主机不能通过管理网络与 Slave 主机进行通信，就会通过存储来确认 ESXi 主机是否存活。这样的机制可以让 HA 判断主机是否处于网络隔离状态。在这种情况，Slave 主机通过 heartbeat datastores 来通知 Master 主机它是否是隔离状态，具体来说，这个 Slave 主机是通过使用一个特殊的二进制件 host-X-poweron 来通知 Master 主机是否应当采取适当的措施来保护虚拟机。当一个 Slave 主机已经检测到自己是网络隔离状态，它会生成一个特殊二进制文件 host-X-poweron 在 heartbeat datastores 上，Master 主机看到这个标志后就知道 Slave 主机已经是隔离状态，然后 Master 主机通过 HA 锁定其他文件（datastores 上的其他文件），Slave 主机看到这些文件已经被锁定就知道 Master 主机正在重新启动虚拟机，Slave 主机就可以执行配置过的隔离响应动作（如关机）。

（3）主机与网络分区

主机与网络分区也是一种比较特殊的现象。有可能出现一个或多个 Slave 主机通过管理网络联系不到 Master 主机，但是它们的网络连接没有问题的情况。在这种情况下，HA 可以通过 heartbeat datastores 来检测分割的主机是否存活，以及是否要重新启动处于网络分区的 ESXi 主机中的虚拟机。

4. ESXi 主机故障响应方式

当 ESXi 主机发生故障而重新启动虚拟机时，可以使用“虚拟机重新启动优先级”控制重新启动虚拟机的顺序，以及使用主机隔离响应来关闭运行的虚拟机电源，然后在其他 ESXi 主机上重新启动。

（1）虚拟机重新启动优先级

使用虚拟机重新启动优先级可以控制重新启动虚拟机的顺序，这样的控制在生产环境中非常有用。每一台虚拟机的重要性并不是完全相同的，可以使用 HA 将其划分为高、中等、低三级，当虚拟机配置了优先级后，如果 ESXi 主机出现故障，在系统资源充足的情况下，HA 会首先启动优先级为高的虚拟机，其次是优先级为中等的虚拟机，最后是优先级为低的虚拟机；如果系统资源不足，HA 会首先启动优先级为高的虚拟机，而对于优先级为中等和低的虚拟机，可能等待到资源充足的时候才会重新启动。这样的机制能够更好地控制由 ESXi 主机故障引发的虚拟机重新启动的问题。

（2）主机隔离响应

主机隔离响应是 HA 群集内的某个 ESXi 主机失去管理网络连接但仍继续运行时出现的情况。当 HA 群集内的 ESXi 主机无法与其他 ESXi 主机上运行的代理进行通信且无法连通隔离地址时，那么该 ESXi 主机可以被称为隔离。出现这种情况后，ESXi 主机会执行隔离响应，然后，HA 会关闭隔离 ESXi 主机上运行的虚拟机电源，在非隔离主机上进行重新启动。

5. HA 接入控制策略

使用 HA 接入控制策略来确保群集内具有足够的资源，以便提供故障切换功能，使虚拟机可以重新启动，其核心为接入控制策略的配置。当进行故障切换时，应确定 HA 是否被允许启动超过群集资源的虚拟机。在介绍接入控制策略之前，还必须先了解插槽及插槽大小。

（1）插槽及插槽大小

在 VMware vSphere 5.0 以及 VMware vSphere 5.1 中的配置相对简单，从 VMware vSphere 5.5 开始，VMware 引入了插槽及插槽大小的概念，增加了理解的难度。那么什么是插槽及插槽大小？插槽是运行虚拟机所使用 CPU 资源及内存资源的组合，而插槽大小则是虚拟机具体使用的 CPU 频率以及内存容量。

HA 计算 CPU 组件的方法是，先获取每台已打开电源虚拟机的 CPU 预留的信息，然后再选择最大值。如果没有为虚拟机指定 CPU 预留，则系统会为其分配一个默认值 32 MHz。

HA 计算内存组件的方法是，先获取每台已打开电源的虚拟机的内存预留和内存开销的信息，然后再选择最大值。内存预留没有默认值。

如何计算插槽？用主机的 CPU 资源数除以插槽大小的 CPU 组件数，然后将结果化整。对主机的内存资源数进行同样的计算。然后，比较这两个数字，较小的那个数字即为主机可以支持的插槽数。

介绍一个比较经典的案例：如图 7-3-1 所示，群集包括 3 台 ESXi 主机，其中 ESXi01 主机的可用 CPU 资源和可用内存分别为 9 GHz 和 9 GB，ESXi02 主机的可用 CPU 资源和可用内存分别为 9 GHz 和 6GB，ESXi03 主机的可用 CPU 资源和可用内存分别为 6 GHz 和 6 GB。这个群集内有 5 台已打开电源的虚拟机，其 CPU 和内存要求各不相同，虚拟机 1 所需的 CPU 资源和内存分别为 2GHz 和 1GB，虚拟机 2 所需的 CPU 资源和内存分别为 2GHz 和 1GB，虚拟机 3 所需的 CPU 资源和内存分别为 1 GHz 和 1GB，虚拟机 4 所需的 CPU 资源和内存分别为 1GHz 和 1GB，虚拟机 5 所需的 CPU 资源和内存分别为 1GHz 和 2GB。了解资源情况后就可以进行计算，其计算步骤如下。

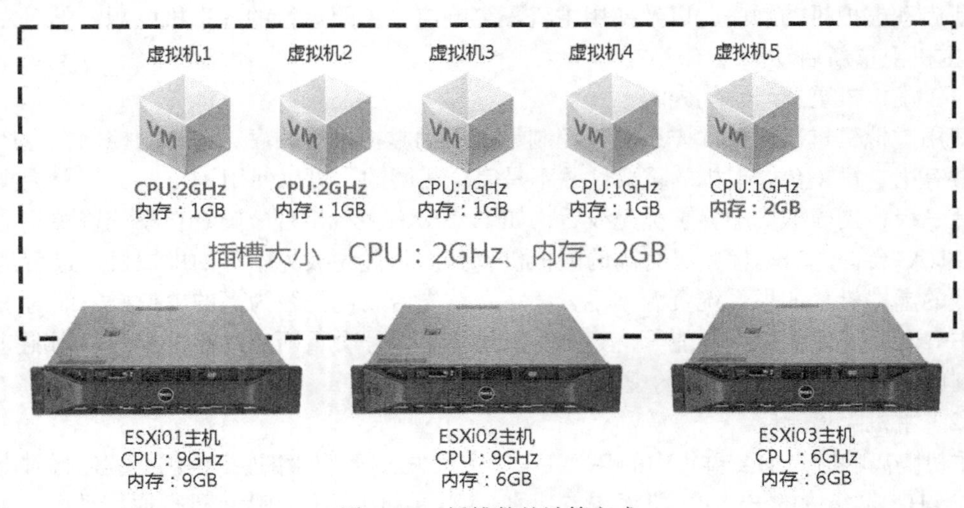

图 7-3-1　插槽数的计算方式

第 1 步，比较虚拟机的 CPU 和内存要求，然后选择最大值，从而计算出插槽大小。上图中虚拟机 1 和虚拟机 2 所需 CPU 最大值为 2GHz，虚拟机 5 所需最大内存为 2GB。根据计算规则，插槽大小为 2GHz CPU 和 2GB 内存。

第 2 步，计算出插槽大小后，就可以计算每台主机可以支持的最大插槽数目。ESXi01 主机可以支持四个插槽（9GHz/2GHz 和 9GB/2GB 都等于 4.5，整化为 4），ESXi02 主机可以支持三个插槽（9GHz/2GHz 等于 4.5，6GB/2GB 等于 3，取较小的值 3），ESXi03 主机可以支持三个插槽（6GHz/2GHz 和 6GB/2GB 都等于 3，取值 3）。

当计算出插槽大小后，vSphere HA 会确定每台主机中可用于虚拟机的 CPU 和内存资源。这些值包含在主机的根资源池中，而不是主机的总物理资源中。可以在 vSphere Web Client 中主机的摘要选项卡上查找 vSphere HA 所用主机的资源数据，如果群集中的所有主机的参数均相同，则可以用群集级别指数除以主机的数量来获取此数据，不包括用于虚拟化目的的资源。只有处于连接状态、未进入维护模式且没有任何 vSphere HA 错误的主机才被列入计算范畴。然后，通过计算即可确定每台主机可以支持的最大插槽数目。为确定此数目，可以通过主机剩余未使用的 CPU 资源以及内存资源进行计算。

（2）接入控制策略“按静态主机数量定义故障切换容量”

理解了插槽概念后，再来理解“按静态主机数量定义故障切换容量”，就会有事半功倍的效果。所谓的“按静态主机数量定义故障切换容量”策略就是允许 HA 群集中几台 ESXi 主机发生故障。如果设置为 1，当群集中有 1 台 ESXi 主机发生故障时，故障 ESXi 主机上的虚拟机会进行重新启动。注意，这个策略需要使用插槽及插槽大小的概念。

以图 7-3-1 为例，插槽数最多的主机是 ESXi01 主机，拥有 4 个插槽，如果 ESXi01 主机发生故障，群集内 ESXi02 和 ESXi03 主机一共有 6 个插槽，供虚拟机 1 到 5 使用都没有问题。如果 ESXi02 和 ESXi03 主机其中一台再发生故障，那么群集内将仅剩下 3 个插槽，而打开电源的虚拟机数量有 5 台，需要 5 个插槽，很明显这样的故障切换将失败，因为接入控制策略允许故障主机数量为 1。

（3）接入控制策略“通过预留一定百分比的群集资源来定义故障切换容量”

“通过预留一定百分比的群集资源来定义故障切换容量策略”需计算出主机的 CPU 和内存资源总和，从而得出虚拟机可使用的主机资源总数。这些值包含在主机的根资源池中，而不是主机的总物理资源中，也不包括用于虚拟化目的的资源。只有处于连接状态、未进入维护模式而且没有 vSphere HA 错误的主机才被列入计算范畴。

如图 7-3-2 所示，群集包括 3 台 ESXi 主机，其中 ESXi01 主机的可用 CPU 资源和可用内存分别为 9 GHz 和 9 GB，ESXi02 主机的可用 CPU 资源和可用内存分别为 9 GHz 和 6GB，ESXi03 主机的可用 CPU 资源和可用内存分别为 6 GHz 和 6 GB。这个群集内有 5 台已打开电源的虚拟机，其 CPU 和内存要求各不相同，虚拟机 1 所需的 CPU 资源和内存分别为 2GHz 和 1GB，虚拟机 2 所需的 CPU 资源和内存分别为 2GHz 和 1GB，虚拟机 3 所需的 CPU 资源和内存分别为 1 GHz 和 1GB，虚拟机 4 所需的 CPU 资源和内存分别为 1GHz 和 1GB，虚拟机 5 所需的 CPU 资源和内存分别为 1GHz 和 2GB。将预留的故障切换 CPU 和内存容量设置为 25%，其计算步骤如下。

第 1 步，群集中已打开电源的 5 台虚拟机的总资源要求 CPU 为 7GHz 和内存为 6 GB。

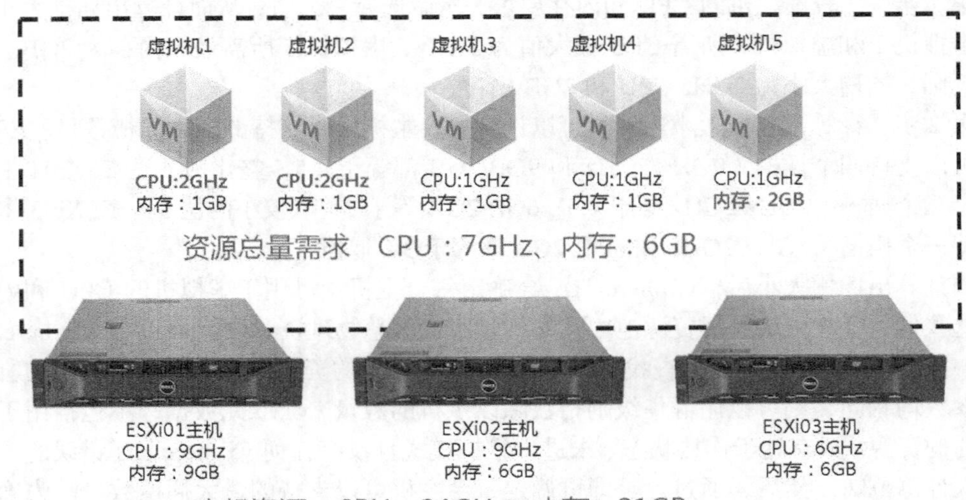

图 7-3-2　作为故障切换保留的群集资源的百分比的计算方式

第 2 步，ESXi 主机可用于虚拟机的主机总资源要求 CPU 为 24GHz 和内存为 21 GB。

根据上述情况，当前的 CPU 故障切换容量约为 70% ((24GHz –7GHz)/24GHz)。当前的内存故障切换容量约为 71% ((21GB – 6GB)/21GB)。由于群集的“配置的故障切换容量”设置为 25%，因此仍然可使用约 45% 的群集 CPU 资源总数和约 46% 的群集内存资源打开其他虚拟机电源。

在生产环境中需要注意的是，预留资源越多，ESXi 主机在非故障切换时能够运行的虚拟机就会减少。

（4）接入控制策略“使用专用故障切换主机”

此策略可以指定因为故障需要切换时，虚拟机将在特定某台 ESXi 主机上重新启动。如果使用“使用专用故障切换主机”接入控制策略，则在主机发生故障时，vSphere HA 将尝试在任意指定的故障切换主机上重新启动其虚拟机。如果不能使用此方法（例如，故障切换主机发生故障或者资源不足时），则 vSphere HA 会尝试在群集内的其他主机上重新启动这些虚拟机。为了确保故障切换主机上拥有可用的容量，系统将阻止用户打开虚拟机电源或使用 vMotion 将虚拟机迁移到故障切换主机。而且，为了保持负载均衡，DRS 也不会使用故障切换主机。一般来说，这样的策略一般用于备用 ESXi 主机的中大型环境。

7.3.2　HA 基本配置

第 1 步，使用浏览器登录 vCenter Server，查看群集服务中的 vSphere 可用性，默认情况为关闭状态，如图 7-3-3 所示。

第 2 步，处于关闭状态的 vSphere HA 所有参数均不可配置，如图 7-3-4 所示，单击“vSphere HA”后的按钮将之启用。

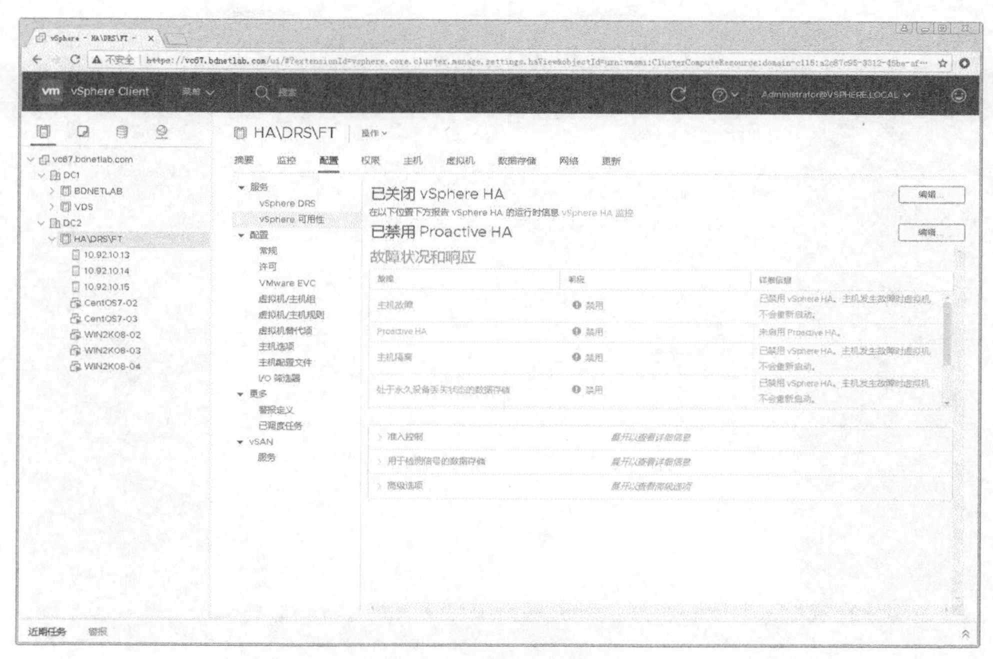

图 7-3-3 HA 基本配置之一

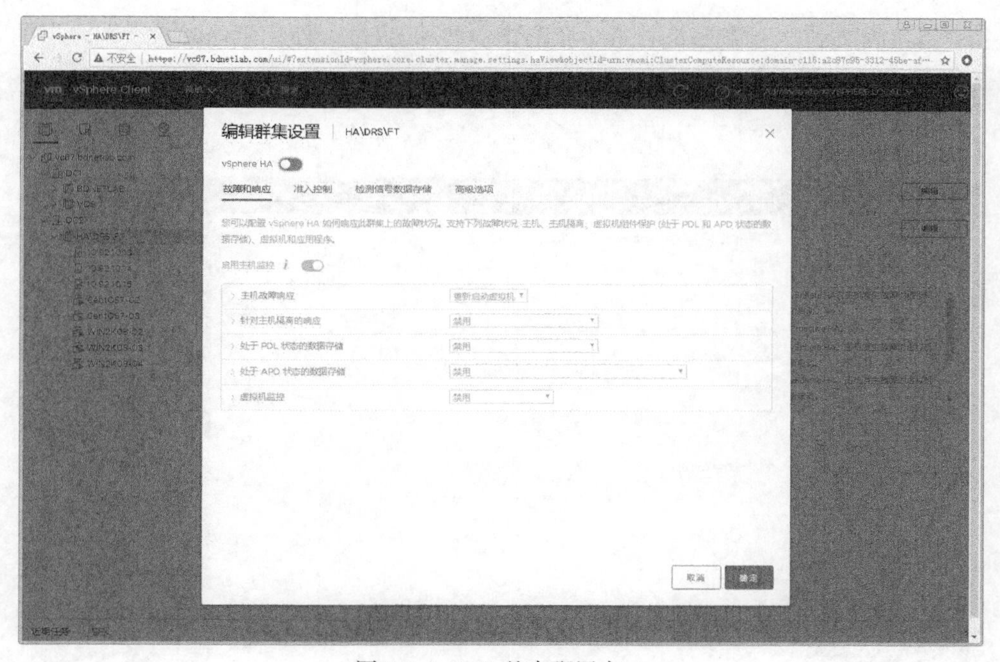

图 7-3-4 HA 基本配置之二

第 3 步，配置故障和响应策略，后续操作会逐一介绍操作方法，此处启用的主机故障响应方式为“重新启动虚拟机”，针对主机隔离的响应方式为“关闭再重新启动虚拟机”，虚拟机监控方式为“仅虚拟机监控”，如图 7-3-5 所示。

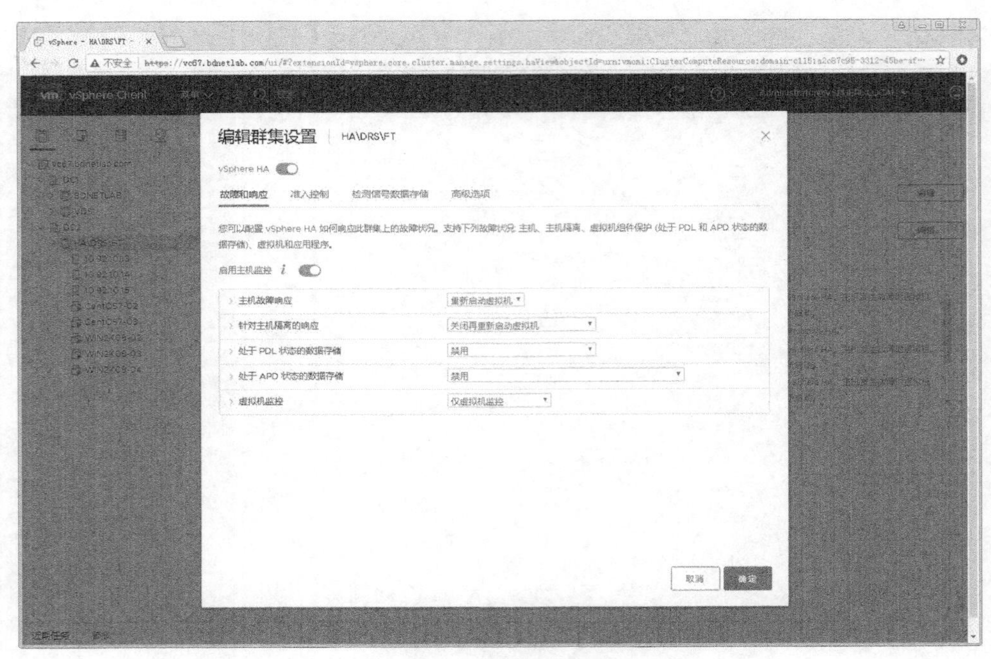

图 7-3-5　HA 基本配置之三

第 4 步，配置准入控制策略，选中“群集资源百分比”，使用默认参数，与之后的不同策略进行对比，如图 7-3-6 所示。

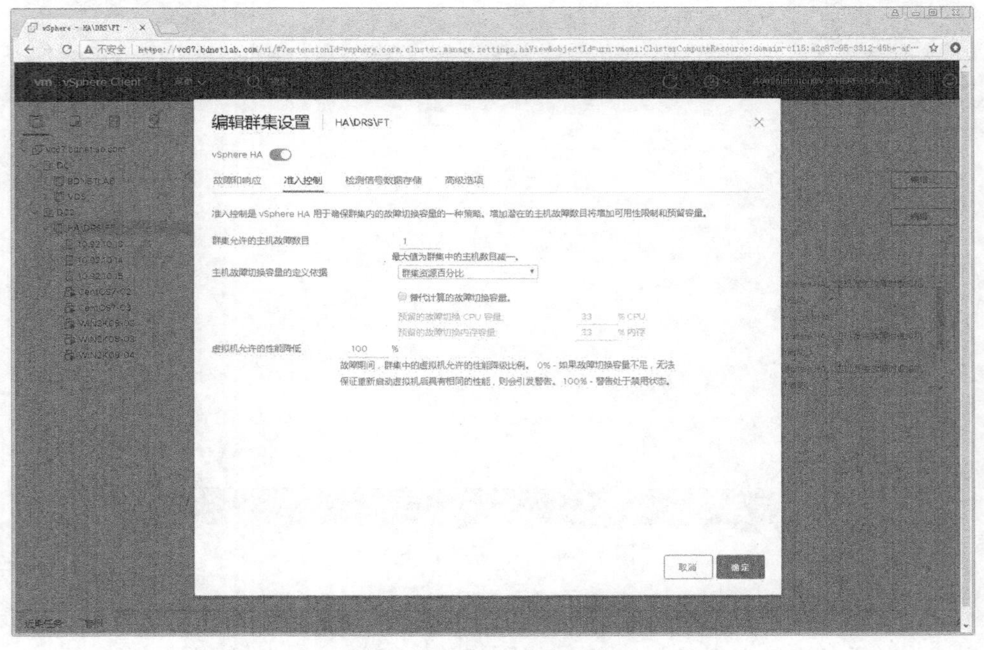

图 7-3-6　HA 基本配置之四

第 5 步，配置检测信号数据存储。HA 要求使用 2 个数据存储用于检测故障信息，如图 7-3-7 所示，如果只使用 1 个数据存储就会出现警告提示，不推荐通过修改系统参数的方式来屏蔽警告提示。

图 7-3-7 HA 基本配置之五

第 6 步，“高级选项”用于特殊参数值配置，一般情况下不配置，如图 7-3-8 所示，单击“确定”按钮。

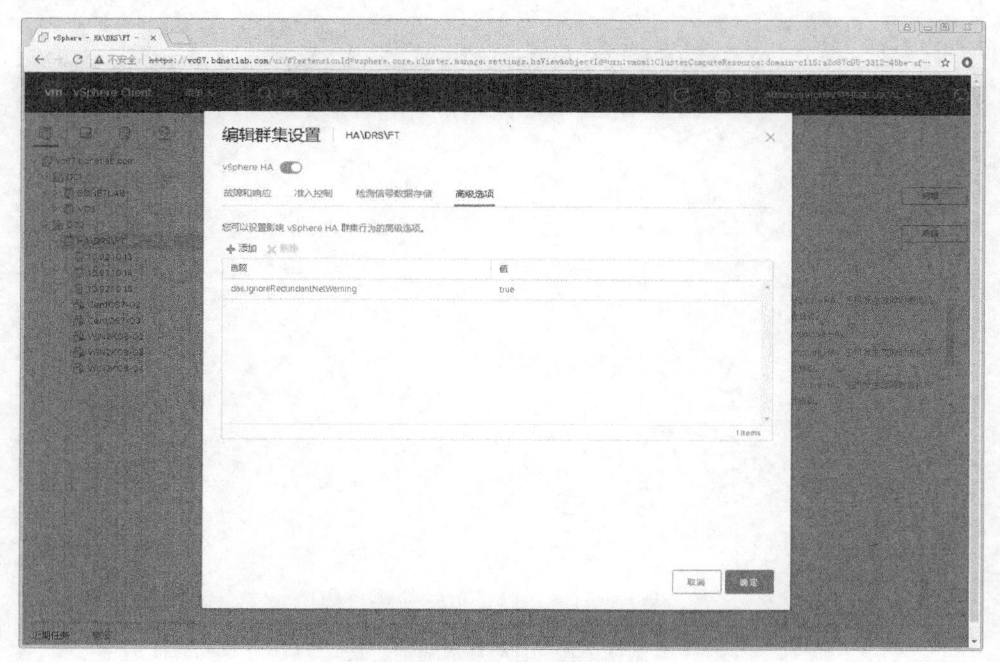

图 7-3-8 HA 基本配置之六

第 7 步，群集 vSphere HA 服务已启用，如图 7-3-9 所示。

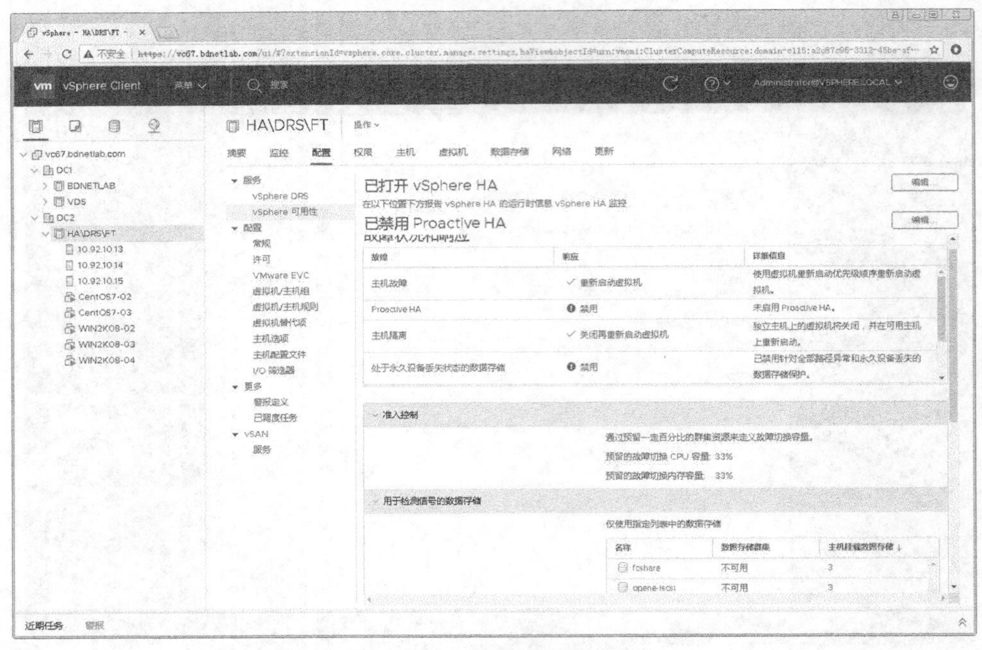

图 7-3-9　HA 基本配置之七

第 8 步，查看群集监控中的 vSphere HA 摘要信息，可以看到主机状态以及受保护的虚拟机数量，如图 7-3-10 所示。

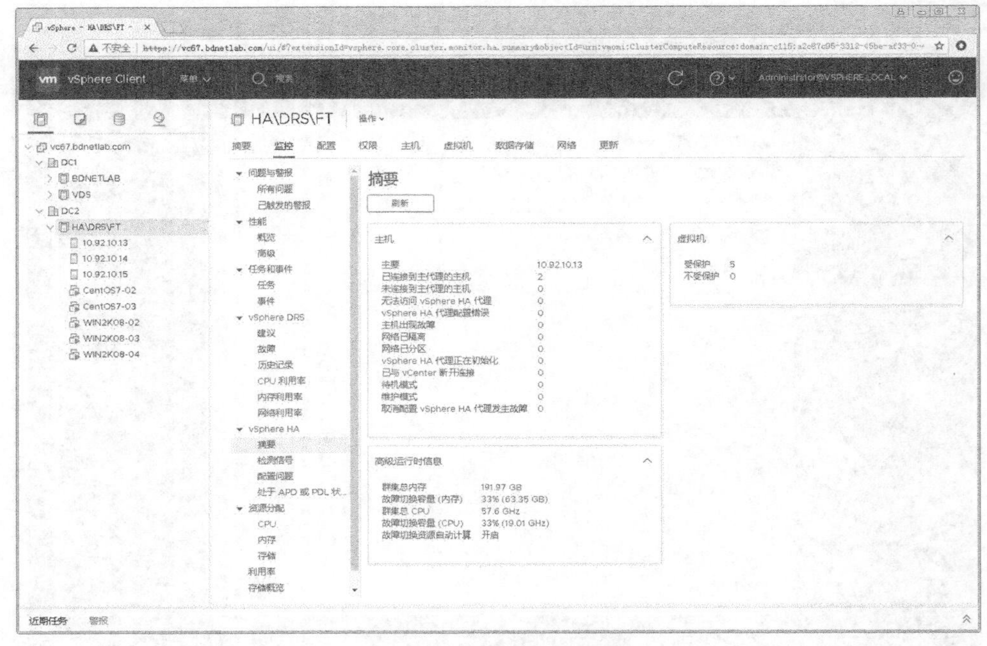

图 7-3-10　HA 基本配置之八

第 9 步，查看群集监控中的 vSphere HA 检测信号，可以看到用于检测信号使用的数据存储，如图 7-3-11 所示。

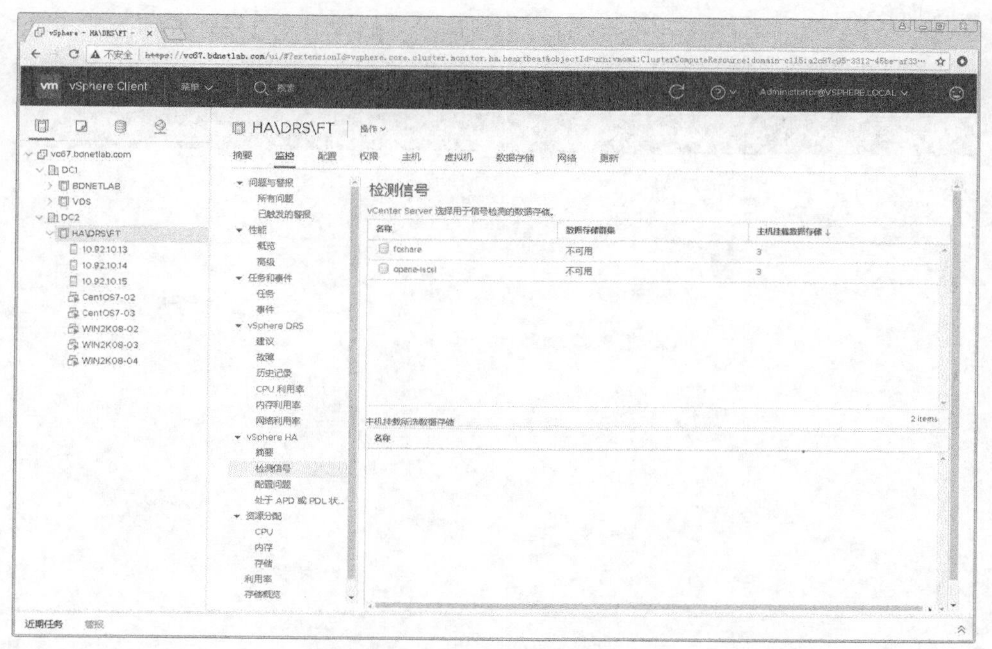

图 7-3-11　HA 基本配置之九

第 10 步，查看群集监控中的 vSphere HA 配置问题。如果 HA 配置有问题，此处会显示，如图 7-3-12 所示。在生产环境中一定要确认 HA 配置是否存在问题，如果配置有问题，就会导致 HA 不能正常工作。

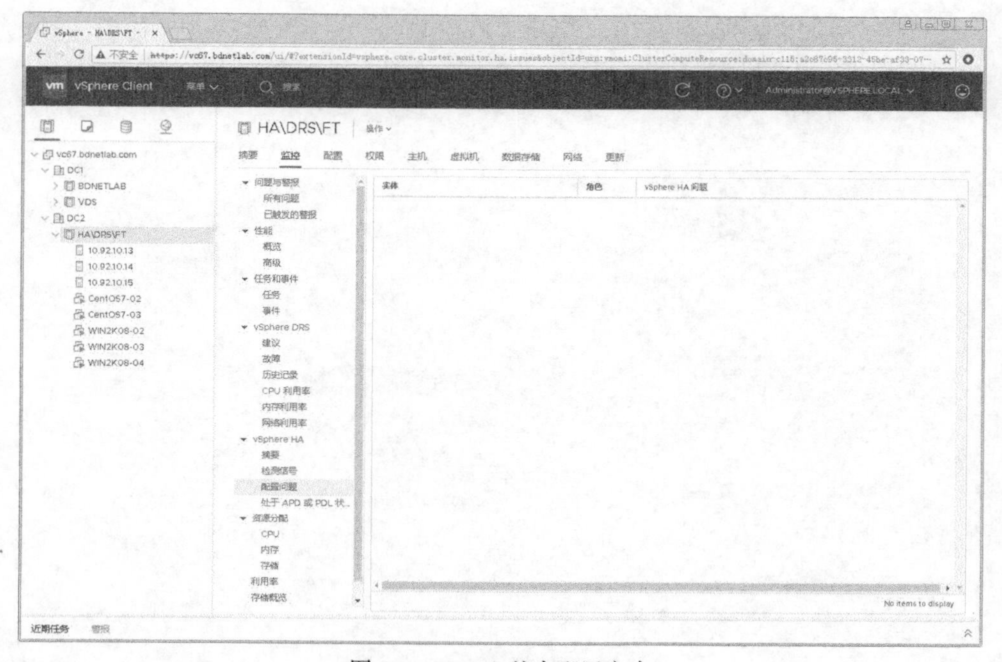

图 7-3-12　HA 基本配置之十

第 11 步，查看 IP 地址为 10.92.10.13 的主机，该主机扮演着 Master 主机的角色，如图 7-3-13 所示。

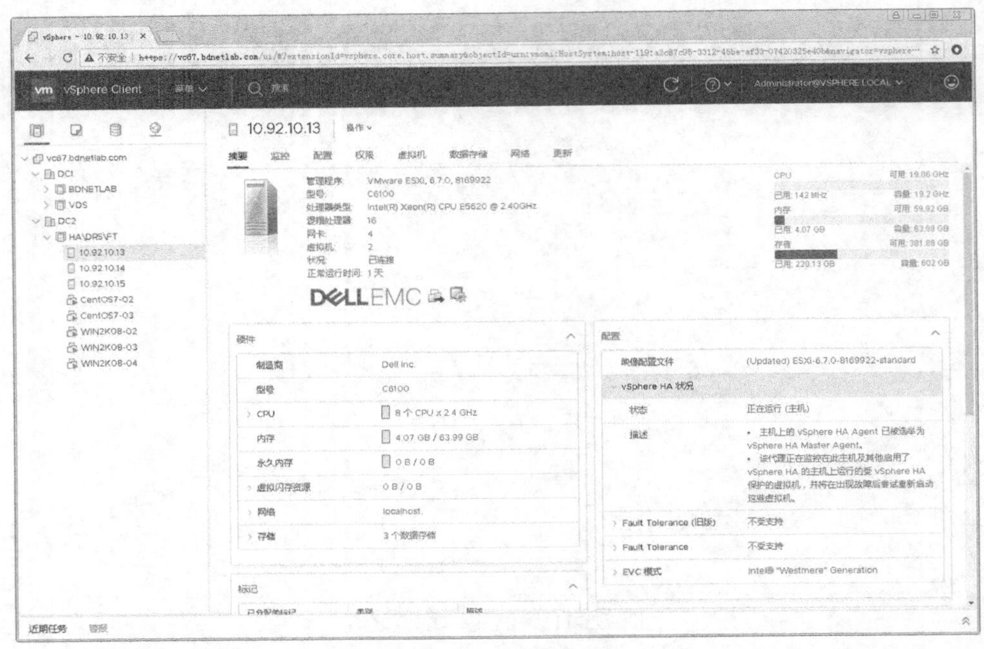

图 7-3-13　HA 基本配置之十一

第 12 步，查看 IP 地址为 10.92.10.14 的主机，该主机扮演着 Slave 主机的角色，如图 7-3-14 所示。

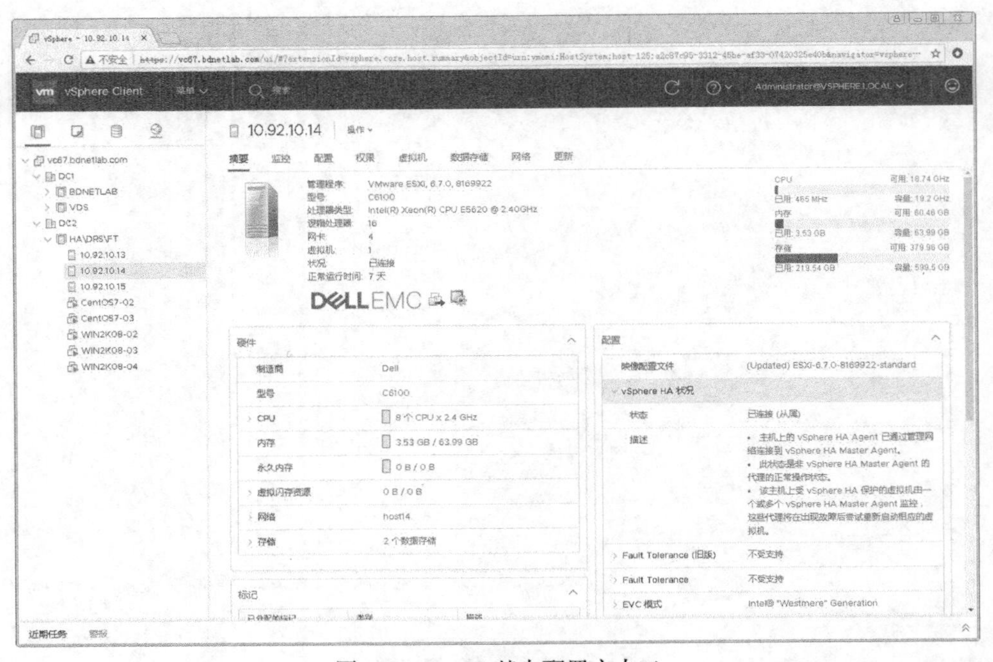

图 7-3-14　HA 基本配置之十二

第 13 步，查看 IP 地址为 10.92.10.15 的主机，运行虚拟机 CentOS7-02 以及 WIN2K08-04，如图 7-3-15 所示，模拟生产环境故障，断开主机所有网络。

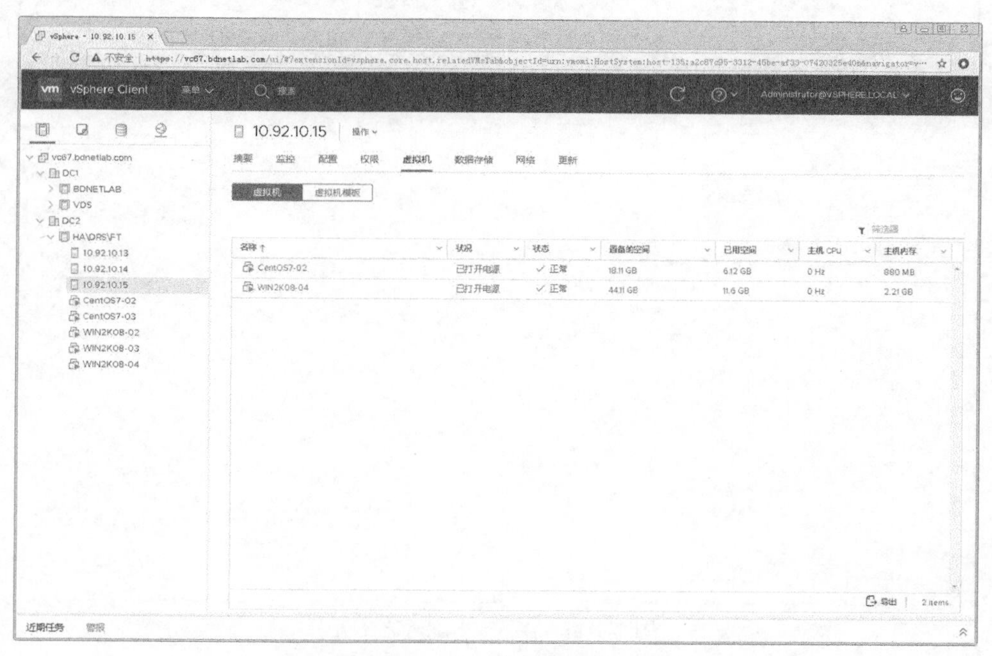

图 7-3-15　HA 基本配置之十三

第 14 步，当主机网络断开后，触发 HA 警报，主机处于未响应状态，虚拟机 CentOS7-02 以及 WIN2K08-04 处于已断开连接状态，如图 7-3-16 所示。

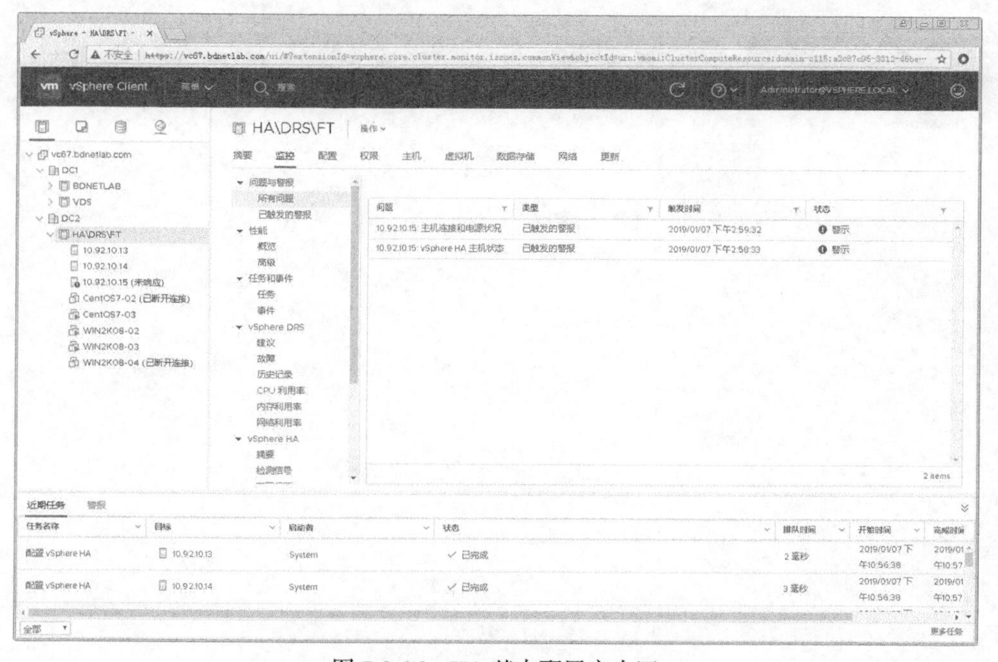

图 7-3-16　HA 基本配置之十四

第 15 步，查看群集摘要信息，如图 7-3-17 所示，HA 正在进行故障切换。

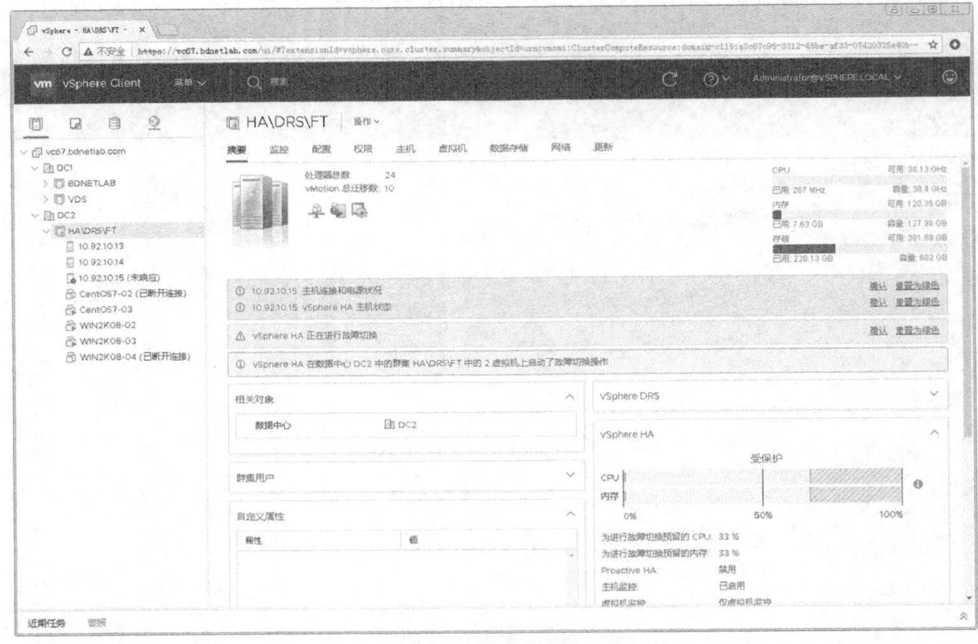

图 7-3-17　HA 基本配置之十五

第 16 步，HA 的故障切换过程即虚拟机在其他主机进行重新启动的过程。虚拟机 WIN2K08-04 恢复正常，但主机依然是未响应状态，如图 7-3-18 所示。

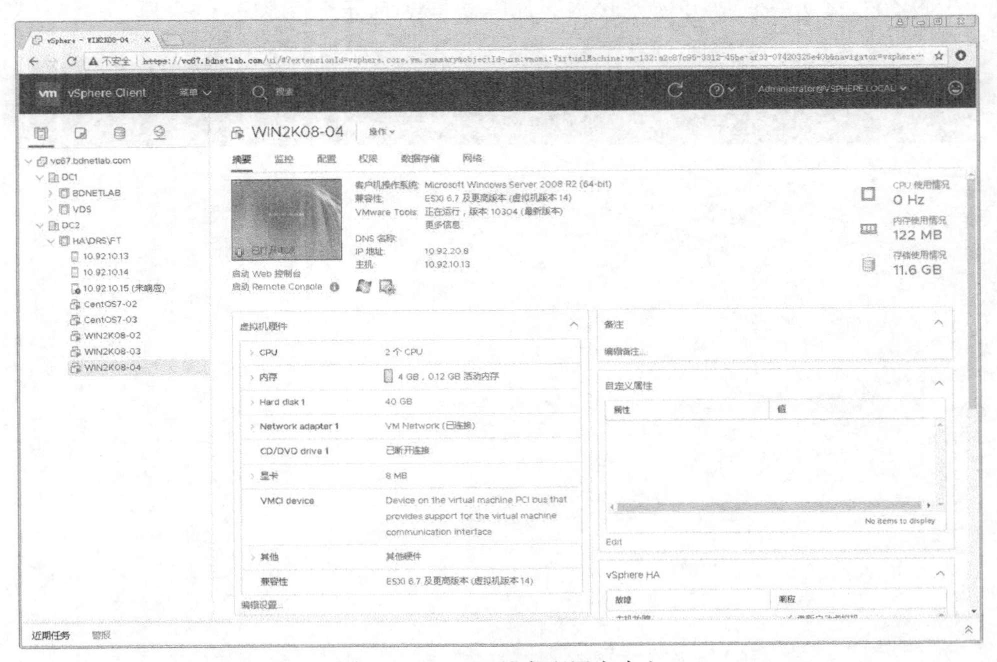

图 7-3-18　HA 基本配置之十六

第 17 步，虚拟机 CentOS7-02 恢复正常，但主机依然是未响应状态，如图 7-3-19 所示。

图 7-3-19 HA 基本配置之十七

第 18 步，查看群集摘要信息，仅提示主机出现问题，如图 7-3-20 所示。

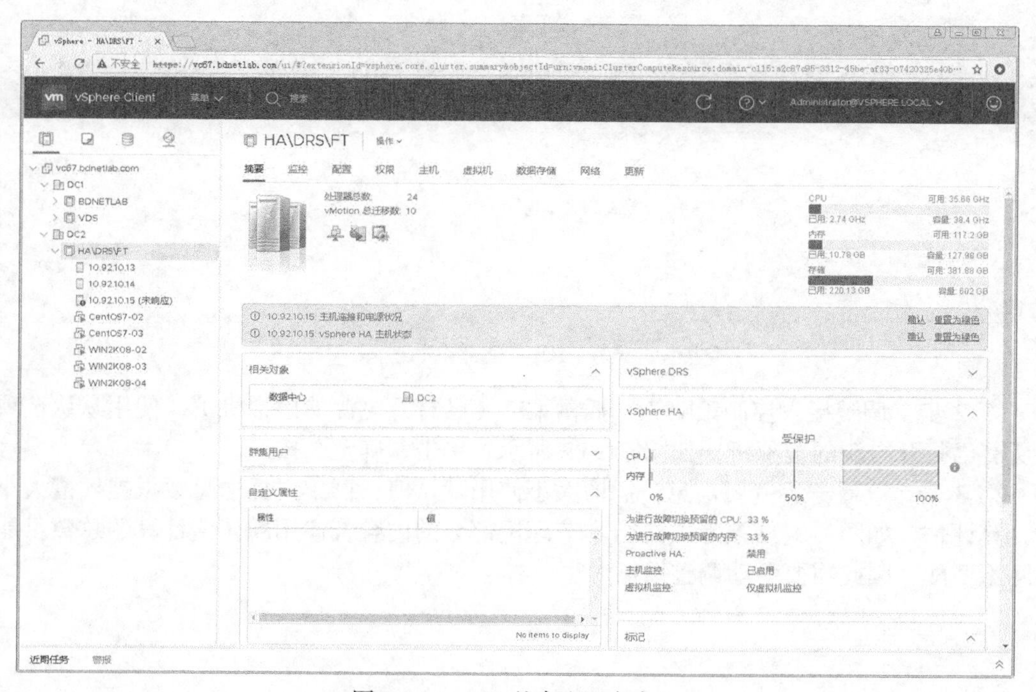

图 7-3-20 HA 基本配置之十八

至此，基本的 HA 配置完成，通过模拟主机故障实现了 HA 故障切换。需要注意的是，HA 的故障切换会使虚拟机重新启动，此时，对外提供的服务会中断，同时，重新启动时间以及服务启动情况是不可控的。因此，建议运维人员实时监控触发 HA 后的虚拟机重新启动过程，此过程中可能存在虚拟机重新启动后而服务未启动的情况，如服务未启动可以尝试手动启动服务。

7.3.3　调整 HA 接入控制策略

上一章节使用了基本的 HA 切换策略，但在生产环境中，通常会根据实际情况选择不同的切换策略。切换策略主要通过接入控制策略进行调整。本节介绍其他接入控制策略配置。

第 1 步，恢复上一章节模拟故障的主机，让 HA 正常工作，如图 7-3-21 所示。

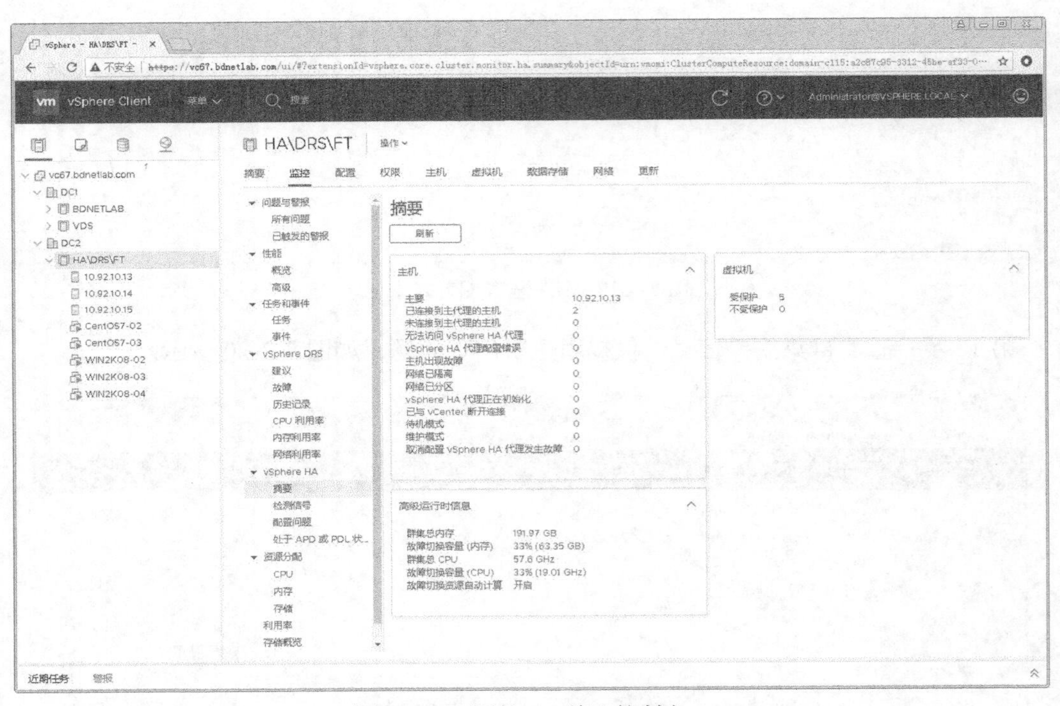

图 7-3-21　调整 HA 接入控制之一

第 2 步，调整接入控制策略为“插槽策略（已打开电源的虚拟机）”，使用默认选项涵盖所有已打开电源的虚拟机，如图 7-3-22 所示，单击“确定”按钮。

第 3 步，查看群集摘要信息，插槽大小使用默认值，群集内插槽总数根据插槽大小进行计算评估，如图 7-3-23 所示，结合本节理论部分的内容，使用默认值计算的总数可能与实际不匹配，因此需要手动调整插槽大小。

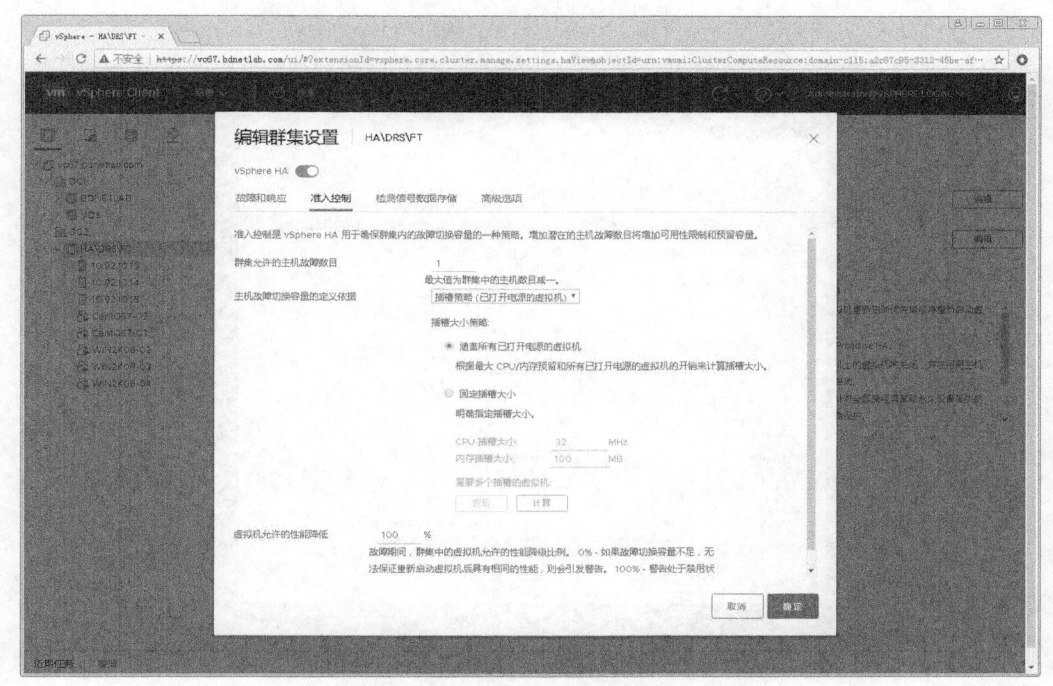

图 7-3-22 调整 HA 接入控制之二

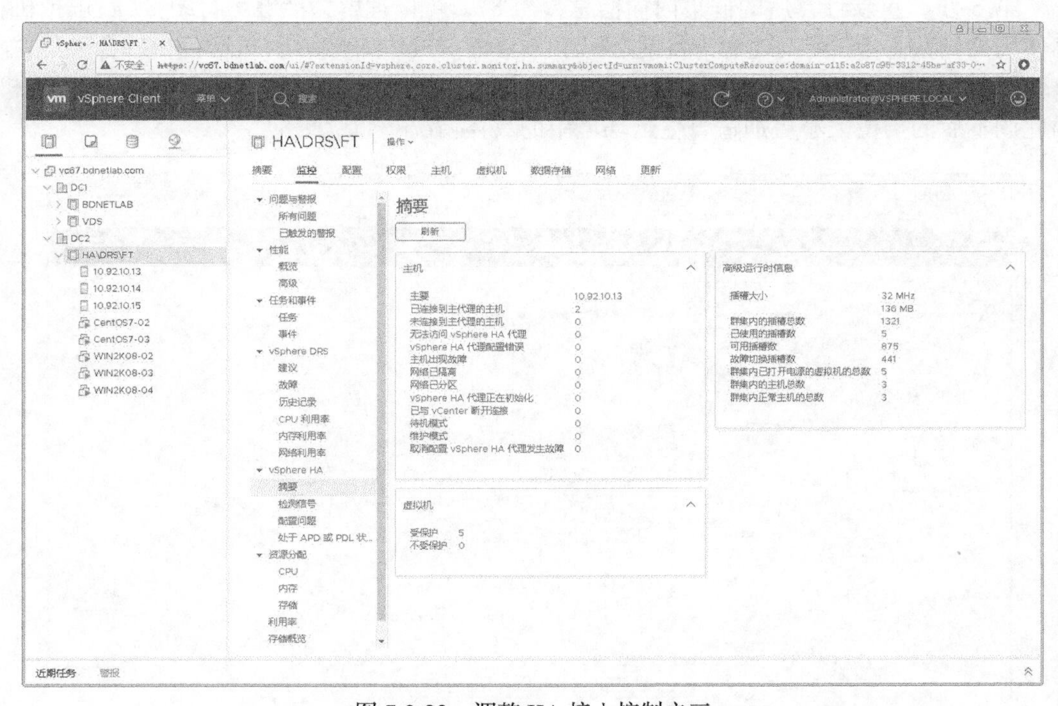

图 7-3-23 调整 HA 接入控制之三

第 4 步，结合生产环境虚拟机的 CPU 以及内存的使用情况，手动调整插槽大小，如图 7-3-24 所示，单击“确定”按钮。

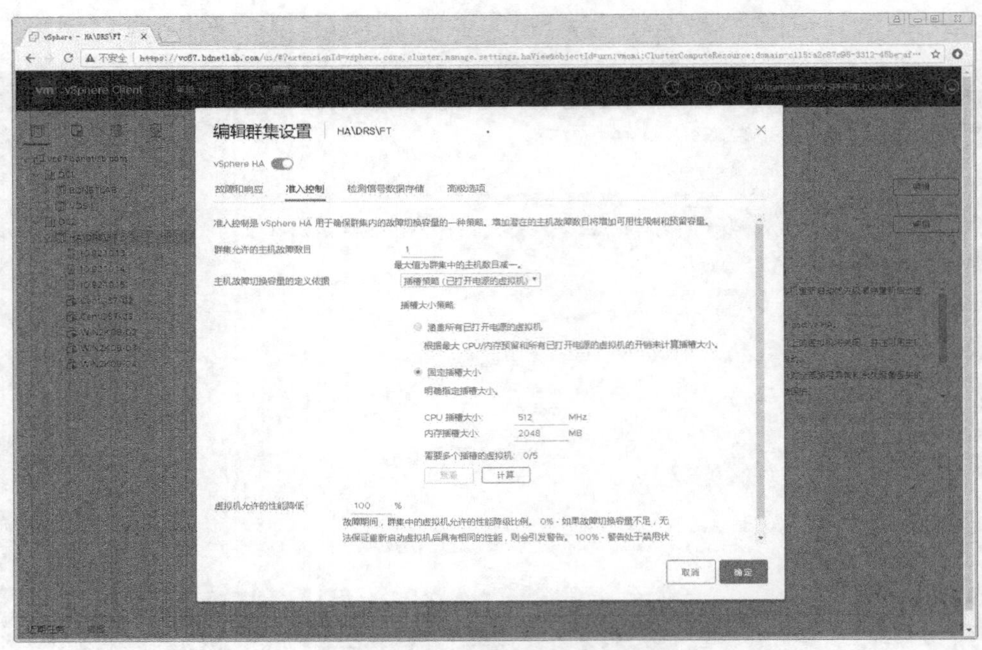

图 7-3-24 调整 HA 接入控制之四

第 5 步，重新计算后的群集内插槽总数为 87，可以理解为能够运行约 87 台虚拟机；已使用插槽数为 5，可以理解为目前运行了 5 台虚拟机，如图 7-3-25 所示，结合群集主机整体配置，插槽是合理的；对比默认值插槽总数 1321，3 台主机不可能运行 1321 台虚拟机，因此调整后的插槽大小更加适合生产环境中的具体情况。

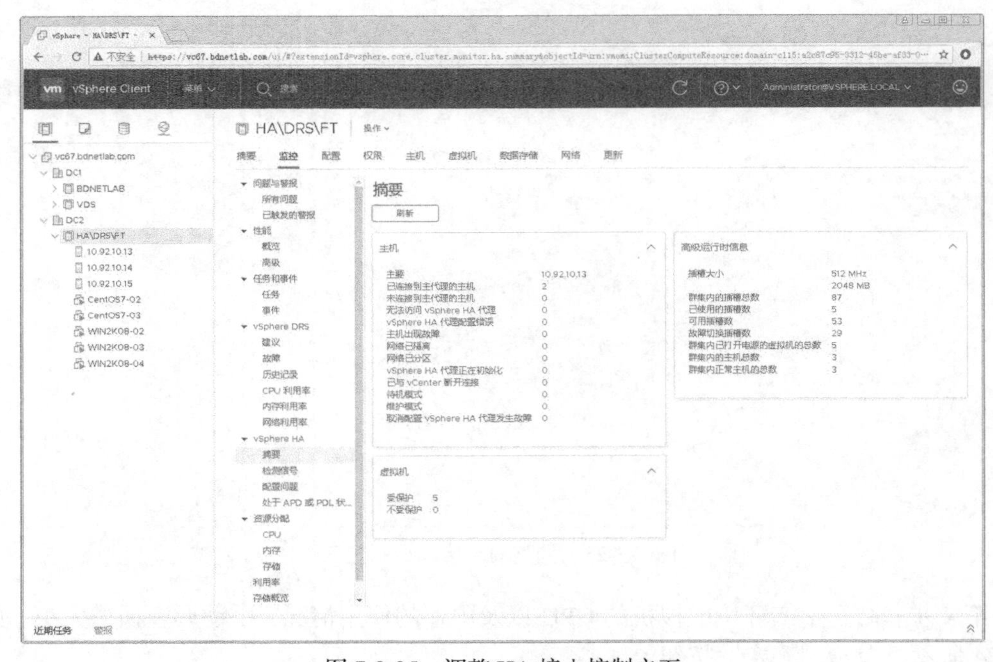

图 7-3-25 调整 HA 接入控制之五

第 6 步，查看 IP 地址 10.92.10.13 的主机，运行 4 台虚拟机，如图 7-3-26 所示，模拟 HA 故障切换。

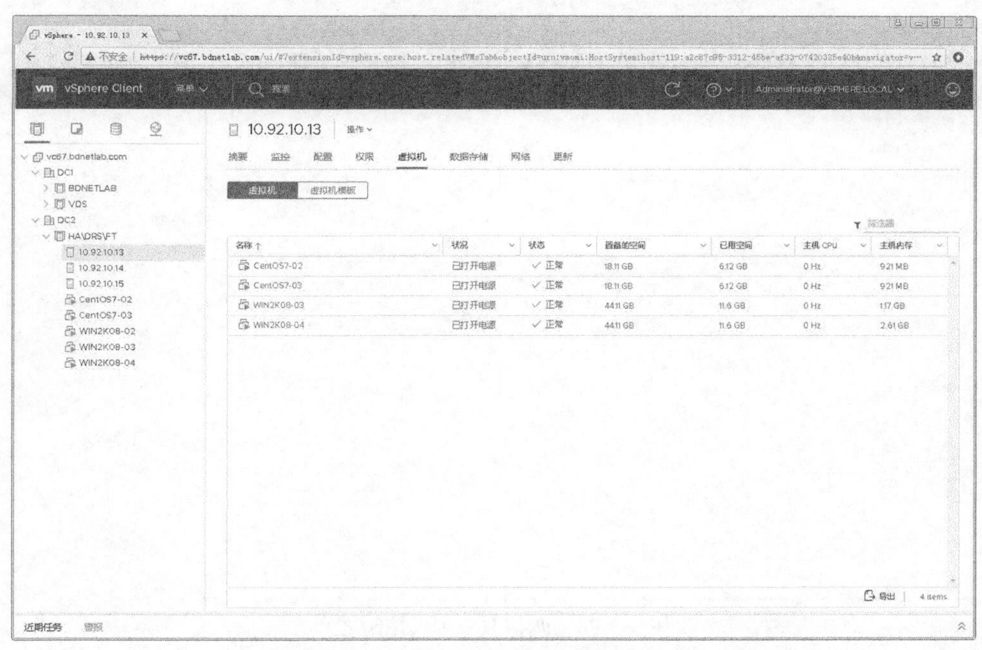

图 7-3-26　调整 HA 接入控制之六

第 7 步，群集 HA 触发警报，如图 7-3-27 所示。

图 7-3-27　调整 HA 接入控制之七

第 8 步，查看群集摘要信息，HA 正在进行故障切换，如图 7-3-28 所示。

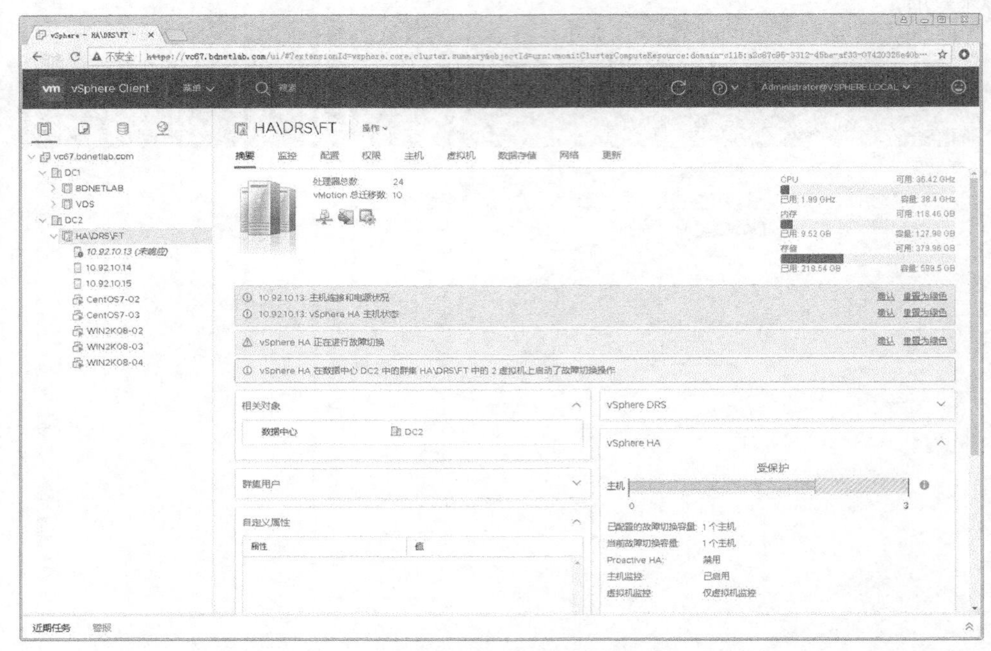

图 7-3-28　调整 HA 接入控制之八

第 9 步，查看群集监控信息，对比故障前的信息，群集内可用插槽数量变为 24，如图 7-3-29 所示，因为群集中一台主机出现故障，所以可以使用的资源减少，随之可以运行的虚拟机也减少。

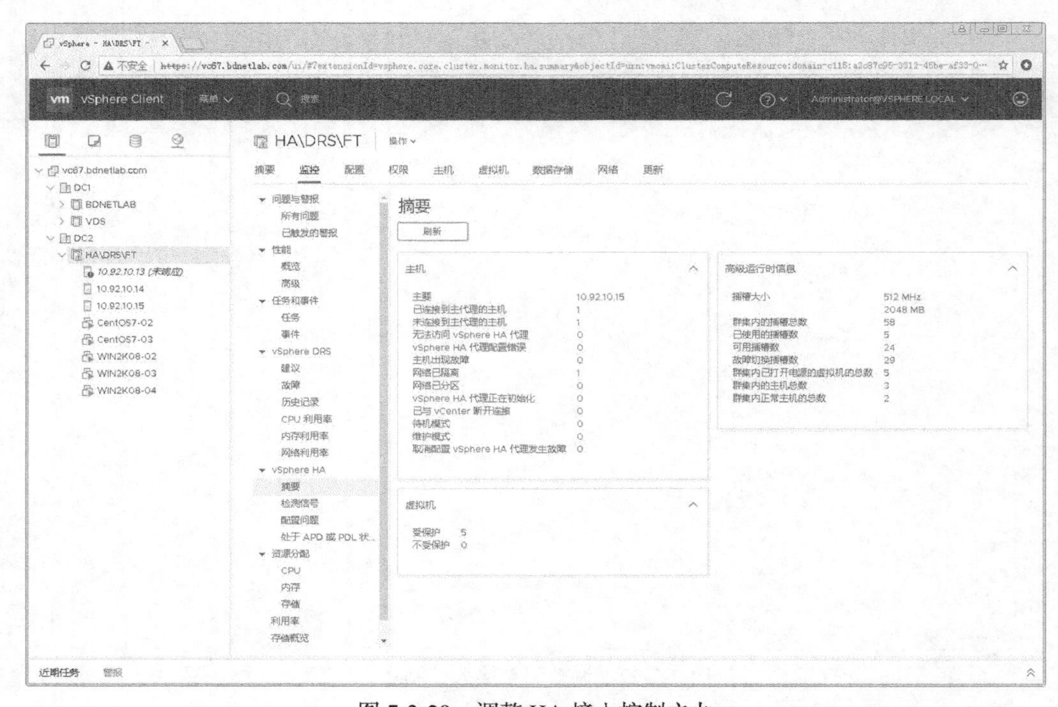

图 7-3-29　调整 HA 接入控制之九

第 10 步，调整接入策略为“专用故障切换主机”，如图 7-3-30 所示。

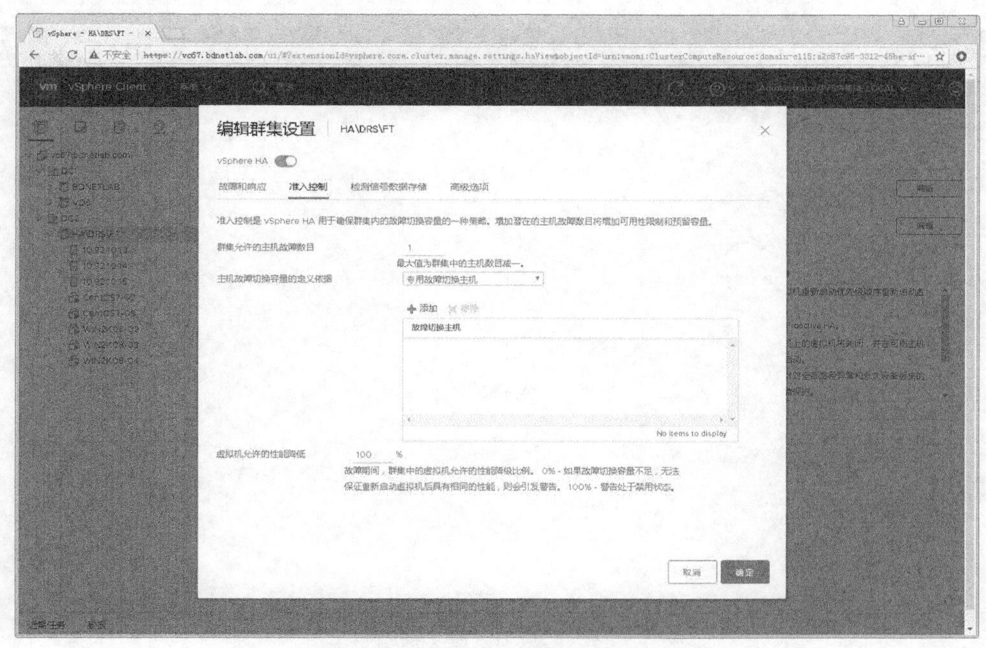

图 7-3-30　调整 HA 接入控制之十

第 11 步，模拟添加 IP 地址为 10.92.10.13 主机为专用故障切换主机，如图 7-3-31 所示。

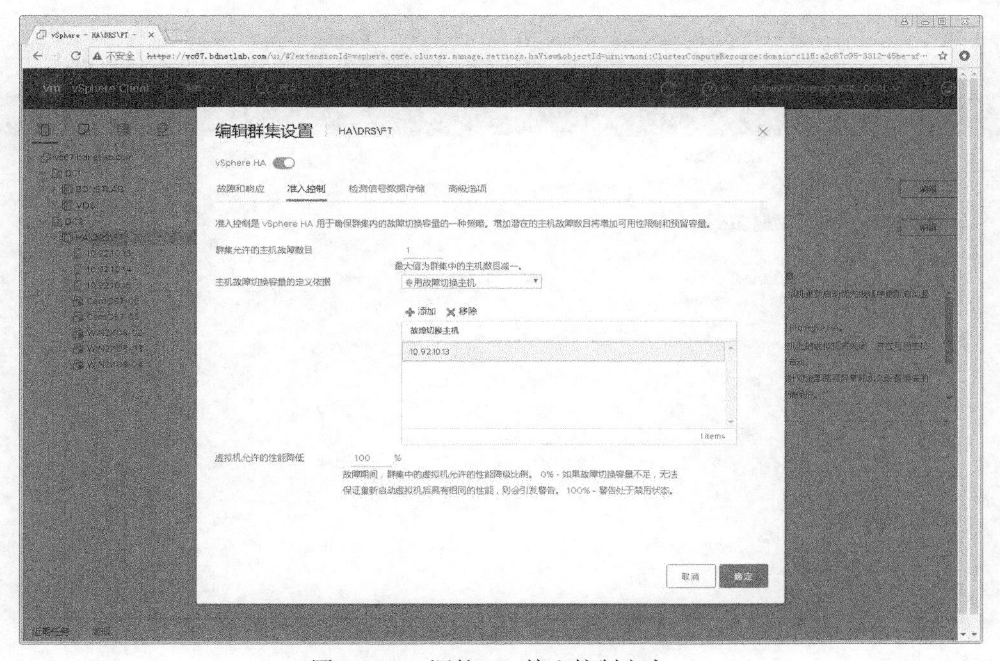

图 7-3-31　调整 HA 接入控制之十一

第 12 步，查看群集监控摘要信息，HA 接入策略发生变化，如图 7-3-32 所示。

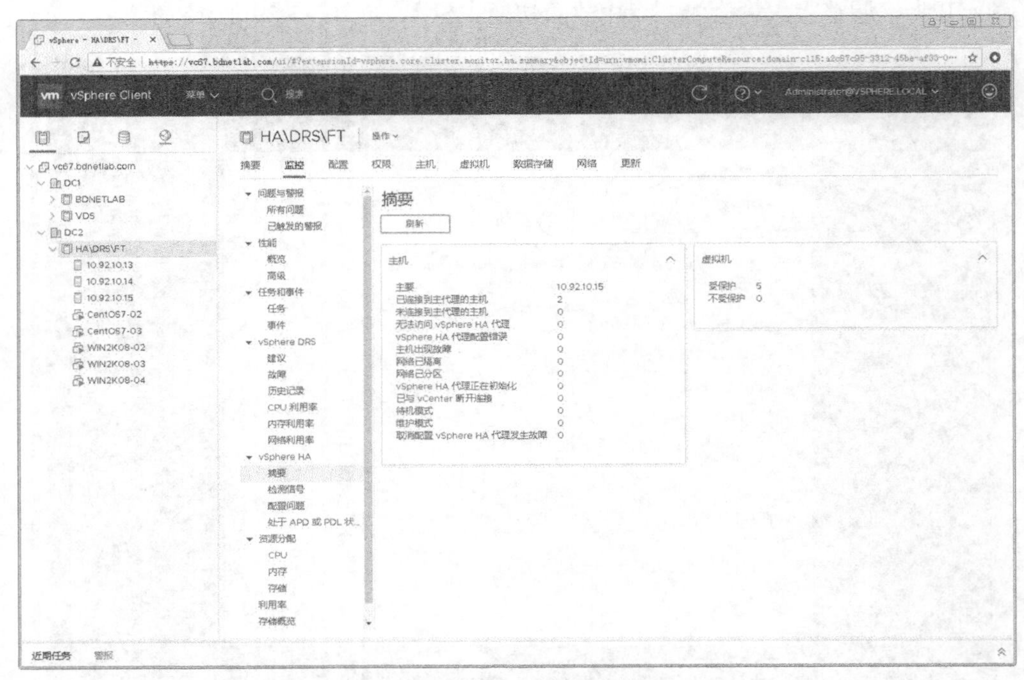

图 7-3-32　调整 HA 接入控制之十二

第 13 步，查看 IP 地址为 10.92.10.14 的主机，运行 3 台虚拟机，如图 7-3-33 所示，模拟主机故障触发 HA 切换。

图 7-3-33　调整 HA 接入控制之十三

第 14 步，主机故障触发 HA 警报，如图 7-3-34 所示。

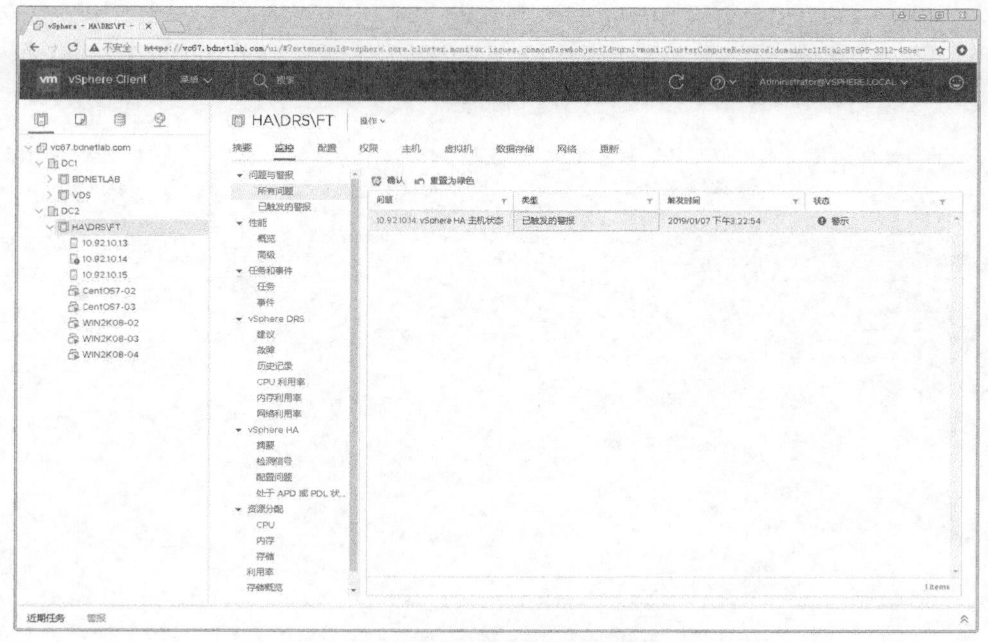

图 7-3-34 调整 HA 接入控制之十四

第 15 步，查看群集摘要信息，HA 正在进行故障切换，如图 7-3-35 所示。

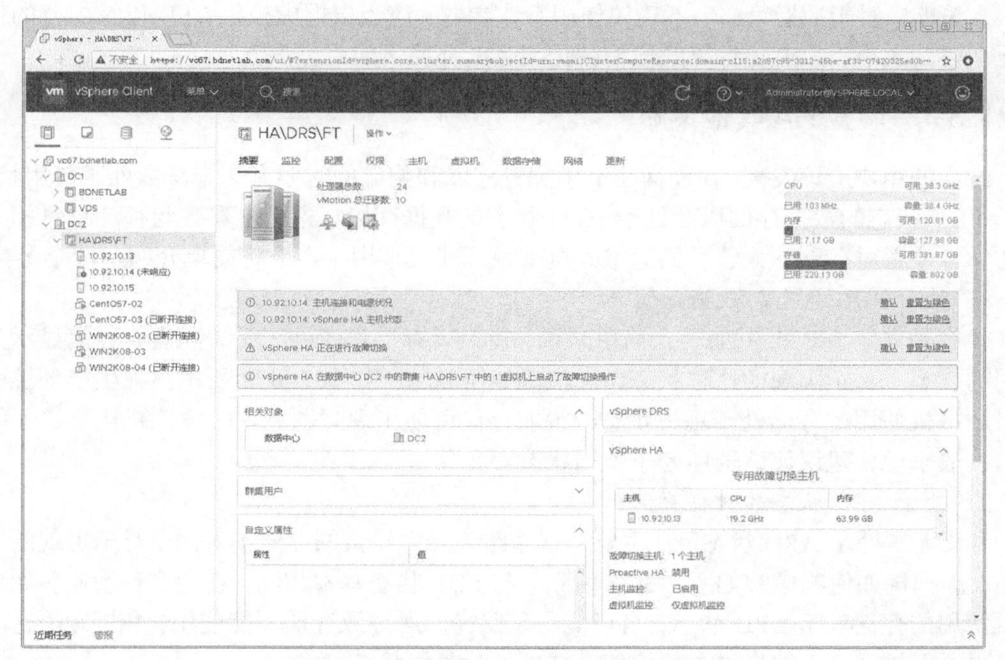

图 7-3-35 调整 HA 接入控制之十五

第 16 步，HA 故障切换完成，虚拟机均在 IP 地址为 10.92.10.13 主机上运行，如

图 7-3-36 所示。

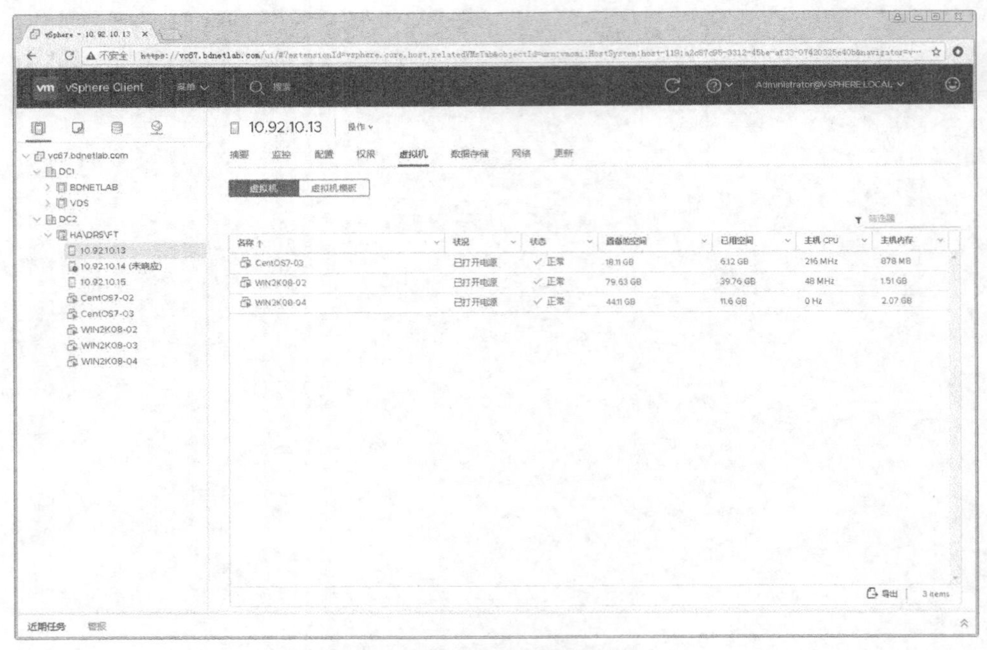

图 7-3-36　调整 HA 接入控制之十六

至此，多种 HA 接入控制策略配置完成，在生产环境中，需要根据实际情况选择适合的接入策略。对于插槽策略，不建议使用默认参数，应当根据虚拟机 CPU 以及内存的使用情况调整其大小，以避免计算的插槽数据与生产环境不匹配。

7.3.4　调整 HA 其他策略

细心的用户应该发现，在前面小节中配置故障和响应的时候有 2 个参数处于禁用状态：处于 PDL 状态的数据存储以及处于 APD 状态的数据存储。这两个参数与存储息息相关，对初学者或者对存储不太熟悉的运维人员来说，建议禁用。本节将简单介绍这两个参数。

1. 处于 PDL 状态的数据存储

什么是“处于 PDL 状态”？简单来说，就是有存储设备处于丢失状态，存储显示为不可用的状态。对于出现的这种状态，虚拟机如何响应？如图 7-3-37 所示。在生产环境中，如果虚拟机使用的存储处于丢失状态，说明存储可能出现问题，这时虚拟机应该也不能访问。一般来说，建议使该选项处于禁用状态。

2. 处于 APD 状态的数据存储

什么是“处于 APD 状态”？主要是存储路径异常导致的存储不可用。对于出现的这种状态，虚拟机如何响应？如图 7-3-38 所示。与 PDL 状态基本相同，在生产环境中，如果虚拟机使用的存储处于 APD 状态，有可能由于路径问题导致存储不能使用，相同地，这时虚拟机也不能访问。一般来说，建议使该选项处于禁用状态。

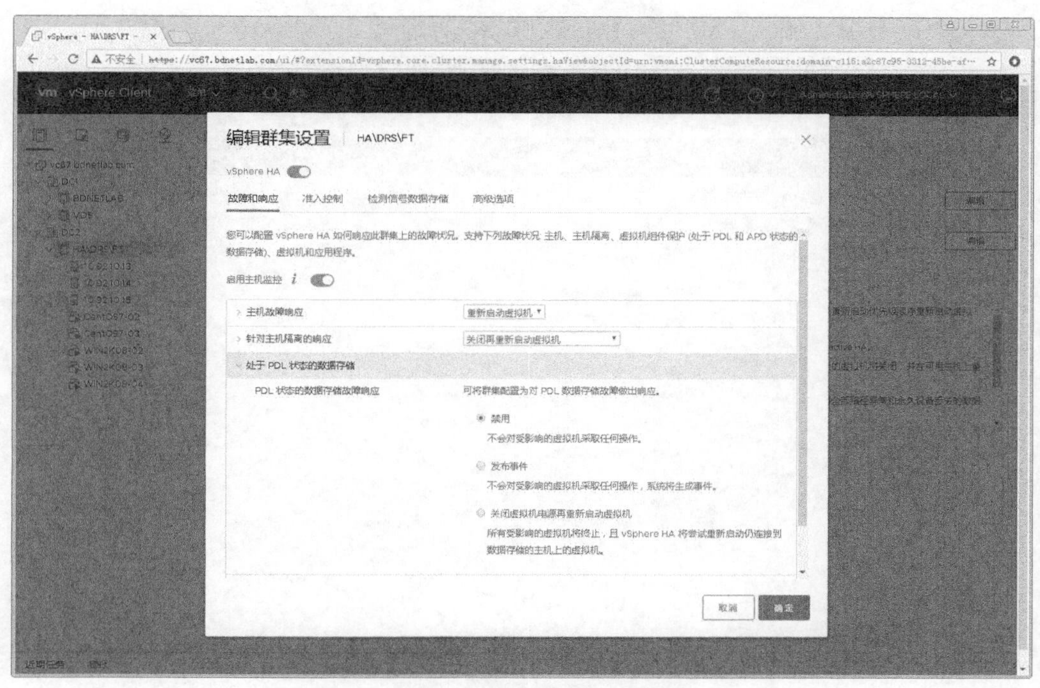

图 7-3-37 调整 HA 其他策略之一

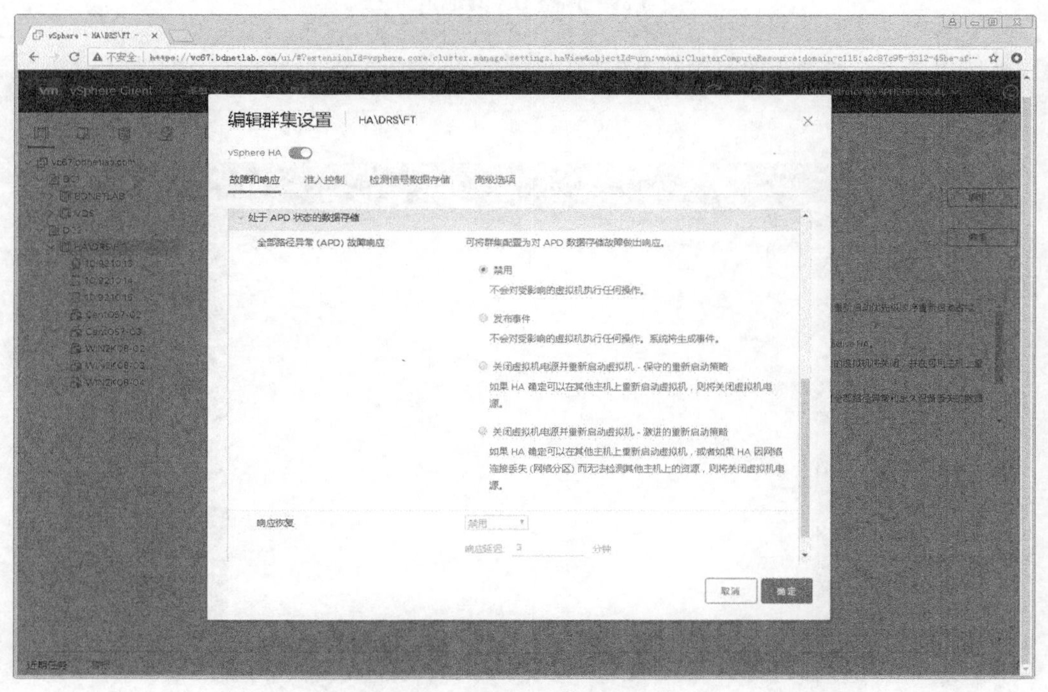

图 7-3-38 调整 HA 其他策略之二

3. 已禁用 Proactive HA

Proactive HA 可以理解为配置主动 HA。该选项必须配置 DRS 才能编辑，如图 7-3-39

所示。

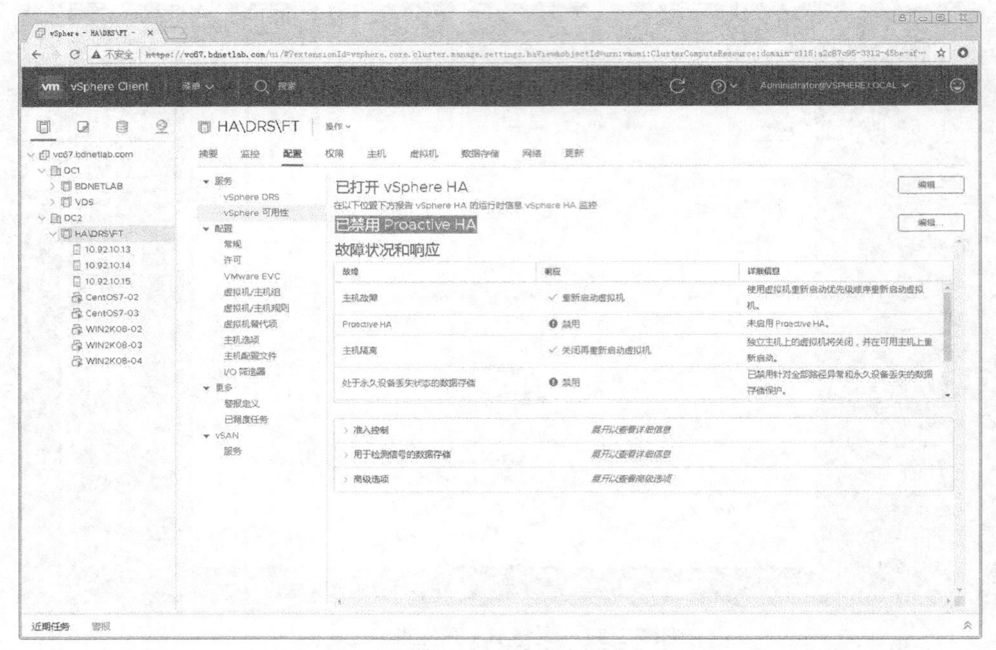

图 7-3-39　调整 HA 其他策略之三

默认情况下，Proactive HA 处于未启用状态，如图 7-3-40 所示。

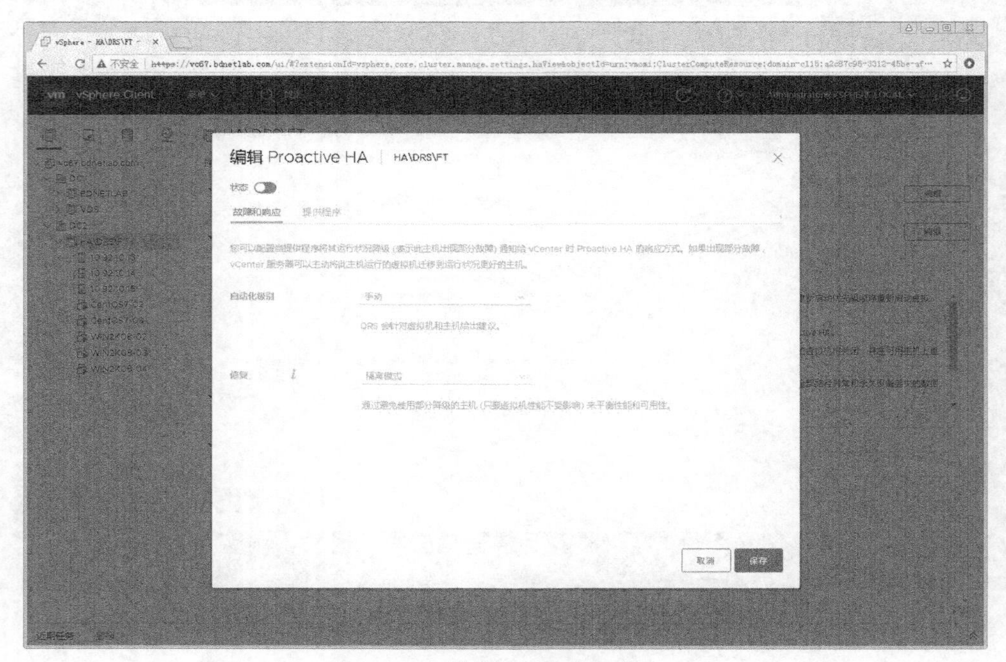

图 7-3-40　调整 HA 其他策略之四

启用 Proactive HA 时主要有两个选项，自动化级别和修复，如图 7-3-41 所示。自动化级别用于确定主机进入隔离或维护的模式以及虚拟机迁移是否自动；修复是确定部分降级的主机如何使用，例如让故障主机处于维护模式，虚拟机就不会在该故障主机运行。

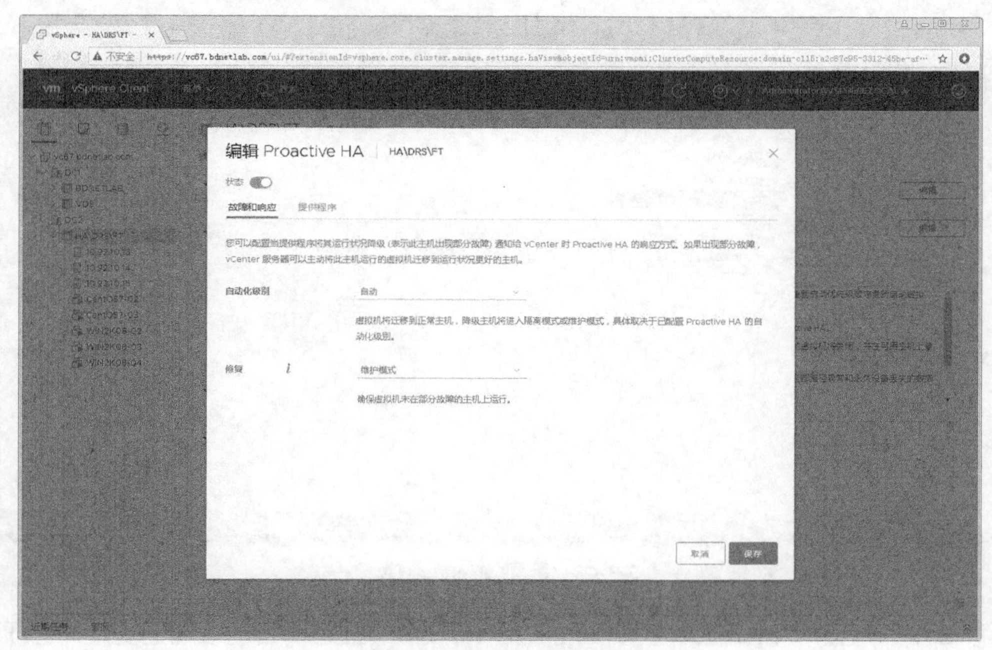

图 7-3-41 调整 HA 其他策略之五

至此，HA 其他接入控制策略调整完成。在生产环境中建议根据实际情况进行判断是否使用各种策略。

7.3.5 配置 vCenter HA

作者在介绍 VCSA 6.7 部署操作的时候留下了一个关于“如何实现 VCSA 高可用”的问题，了解 HA 的原理后可以配置 vCenter HA，也就是俗称的双活（实际切换会中断）。本节介绍如何配置 VCSA 6.7 的双活。

1. 配置 vCenter HA 的条件

（1）部署好 VCSA 6.7 虚拟机，确保虚拟机正常运行。

（2）配置 vCenter HA 时要求群集中有 3 台 ESXi 主机，因为在配置 vCenter HA 过程中会创建 2 台 VCSA 虚拟机（peer 和 witness）以及生成虚拟机运行规则（3 台 VCSA 虚拟机必须在不同主机上运行）。

（3）创建用于 vCenter HA 虚拟机运行的虚拟机网络。

2. 配置 vCenter HA

做好准备工作后就可以开始配置 vCenter HA，需要注意的是，如果不满足基本的配置条件，vCenter HA 配置可能会失败。

第 1 步，使用浏览器登录 vCenter Server，选择 vCenter Server 配置选项，如图 7-3-42 所示，单击“配置”。特别注意，若使用 HTML5 模式就没有 vCenter HA 配置选项，所以需要切换到 FLASH 模式。

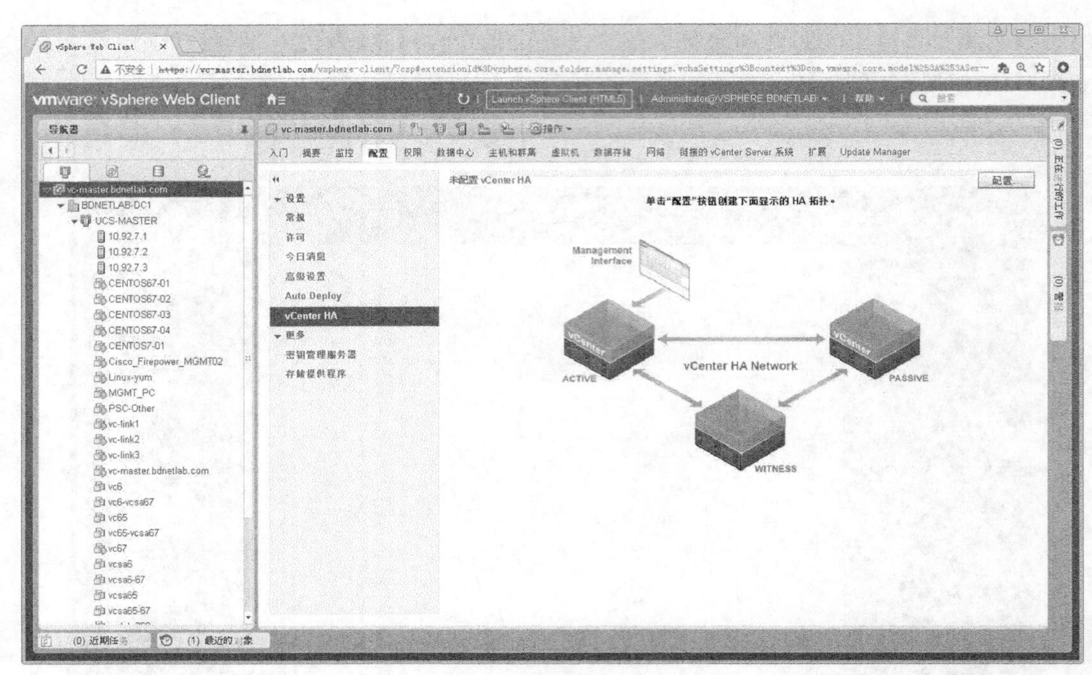

图 7-3-42　配置 vCenter HA 之一

第 2 步，配置 vCenter HA 有基本和高级两种模式，推荐使用基本配置模式，它可以自动配置 vCenter HA，如图 7-3-43 所示，单击“下一页”按钮。

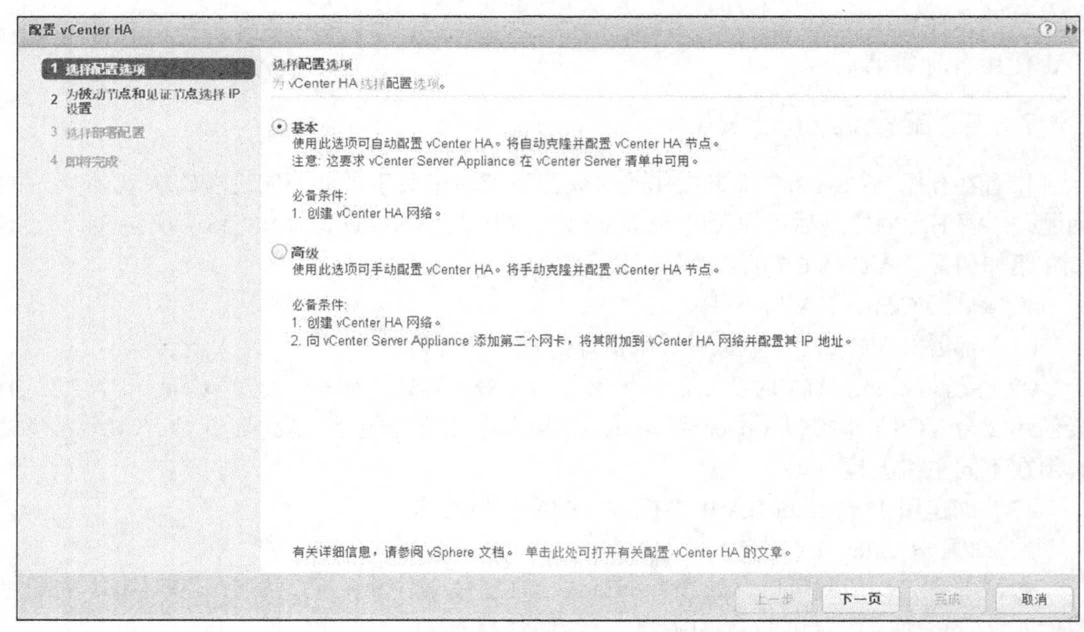

图 7-3-43　配置 vCenter HA 之二

第 3 步，为主动节点 vCenter HA 网络配置 IP 地址的同时选择 vCenter HA 网络，根据生产环境进行设置，如图 7-3-44 所示，单击“下一页”按钮。

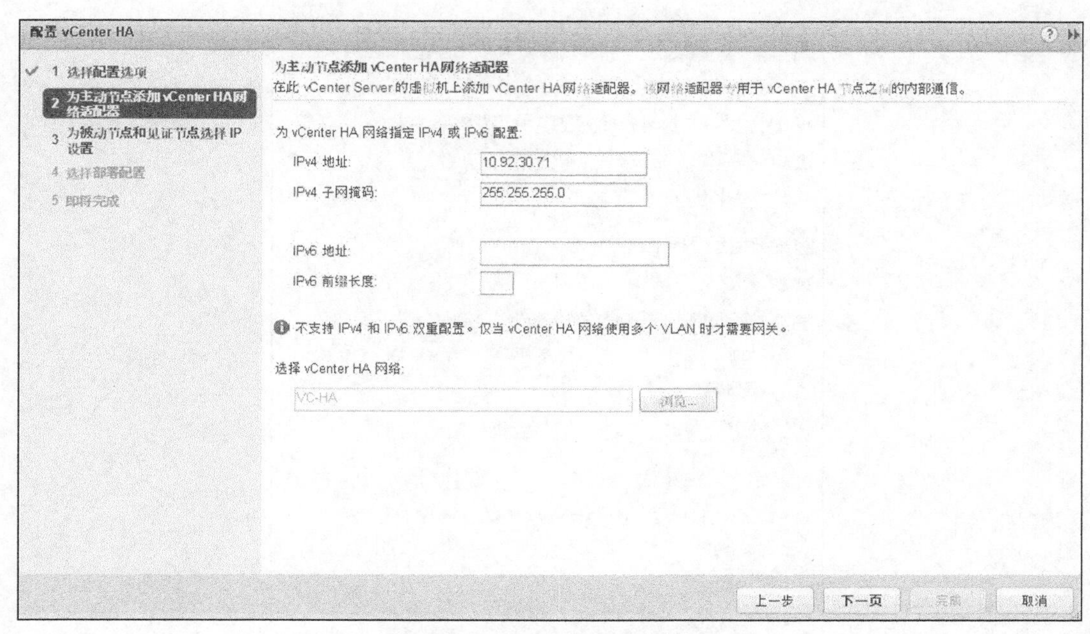

图 7-3-44　配置 vCenter HA 之三

第 4 步，为被动节点以及见证节点配置 vCenter HA IP 地址，如图 7-3-45 所示，单击“高级...”按钮。

图 7-3-45　配置 vCenter HA 之四

第 5 步，配置被动节点 vCenter HA IP 地址并选中“故障切换后替代管理网络”，如图 7-3-46 所示，单击“确定”按钮。

被动节点 - IP 设置

vCenter HA网络 (NIC1)

vCenter HA 网络用于 vCenter HA 节点之间的内部通信。

IPv4 地址: 10.92.30.72

IPv4 子网掩码: 255.255.255.0

☑ 故障切换后替代管理网络

管理网络 (NIC0)

管理网络用于 vCenter Server 与主机和客户端之间的通信。

IPv4 地址: 10.92.10.20

IPv4 子网掩码: 255.255.255.0

IPv4 网关: 10.92.10.254

DNS 设置

确保 DNS 服务器已更新，以便在发生故障切换后映射到新 IP 地址。

DNS 服务器: 10.92.10.31

DNS 搜索路径:

确定　取消

图 7-3-46　配置 vCenter HA 之五

第 6 步，设置见证节点 vCenter HA IP 地址，如图 7-3-47 所示，单击“下一页”按钮。

图 7-3-47　配置 vCenter HA 之六

第 7 步，确认主动节点、被动节点以及见证节点的配置参数，被动节点以及见证节点出现兼容性警告，如图 7-3-48 所示。

图 7-3-48 配置 vCenter HA 之七

第 8 步，检查兼容性问题，如图 7-3-49 所示。

图 7-3-49 配置 vCenter HA 之八

第 9 步，根据兼容性问题提示解决相关问题，兼容性检查成功代表问题已被解决，如图 7-3-50 所示，单击“下一页”按钮。

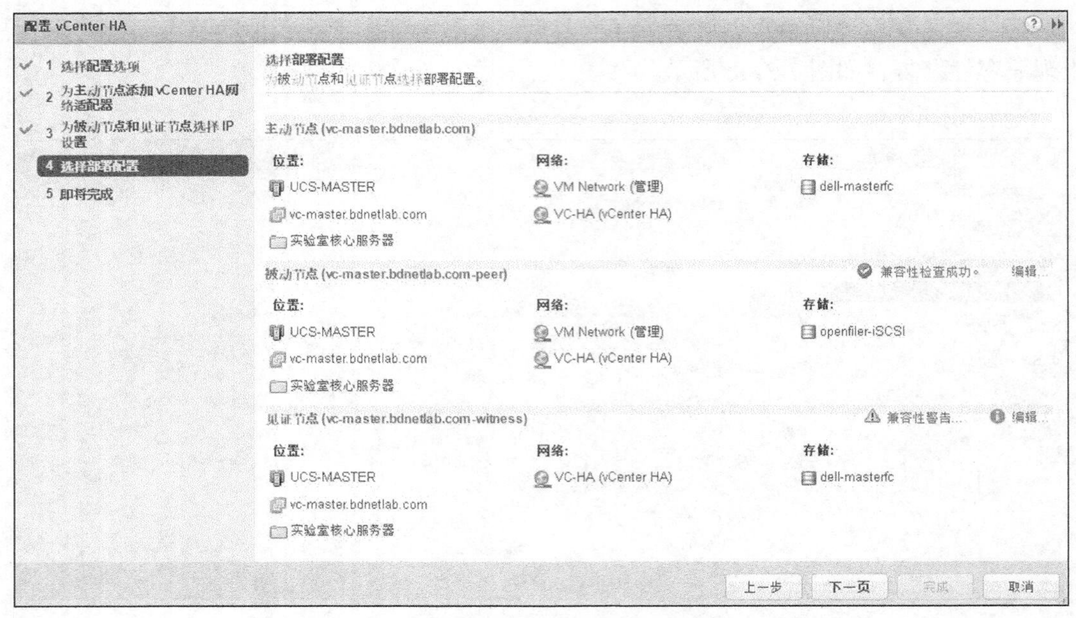

图 7-3-50　配置 vCenter HA 之九

第 10 步，确认 vCenter HA 的参数配置正确后，如图 7-3-51 所示，单击“完成”按钮。

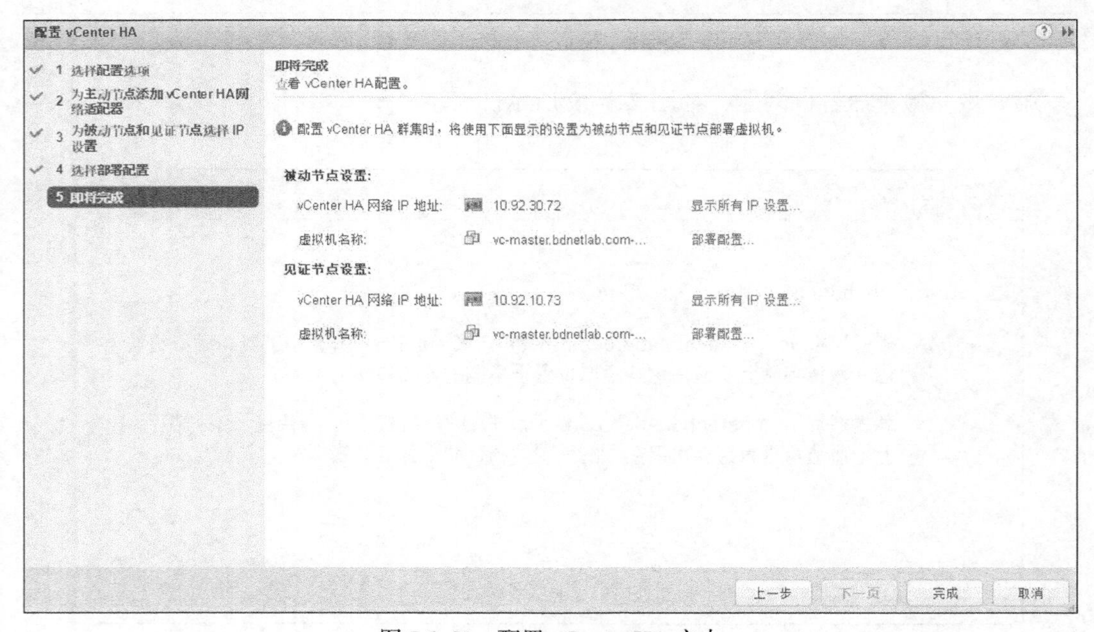

图 7-3-51　配置 vCenter HA 之十

第 11 步，系统开始复制 vCenter HA peer 虚拟机，如图 7-3-52 所示。
第 12 步，完成 vCenter HA peer 虚拟机的复制并打开电源，如图 7-3-53 所示。
第 13 步，系统开始复制 vCenter HA witness 虚拟机，如图 7-3-54 所示。

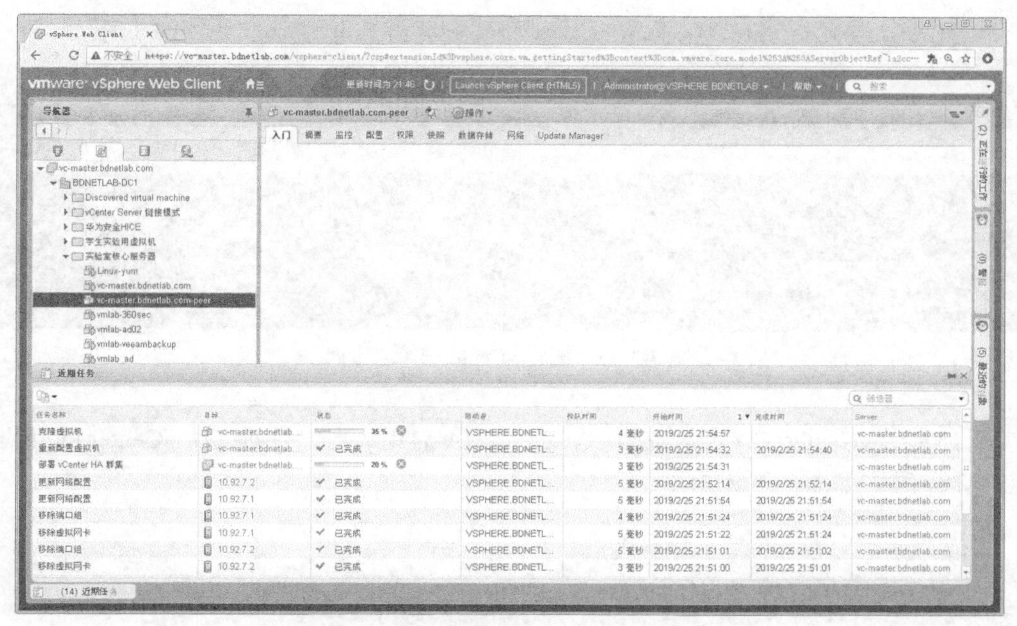

图 7-3-52 配置 vCenter HA 之十一

图 7-3-53 配置 vCenter HA 之十二

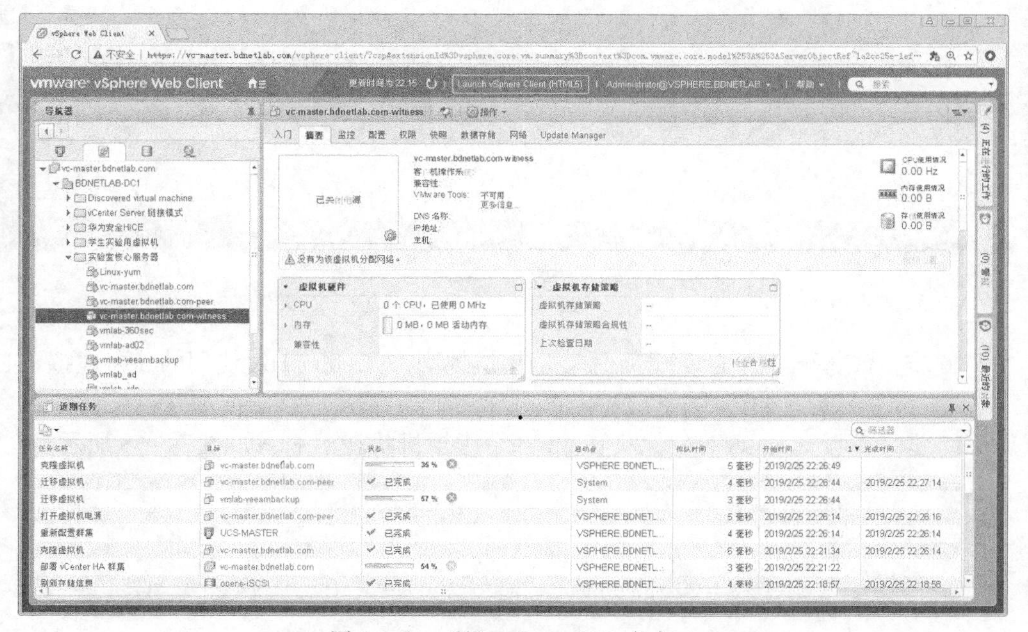

图 7-3-54 配置 vCenter HA 之十三

第 14 步，完成 vCenter HA witness 虚拟机复制并打开电源，如图 7-3-55 所示。

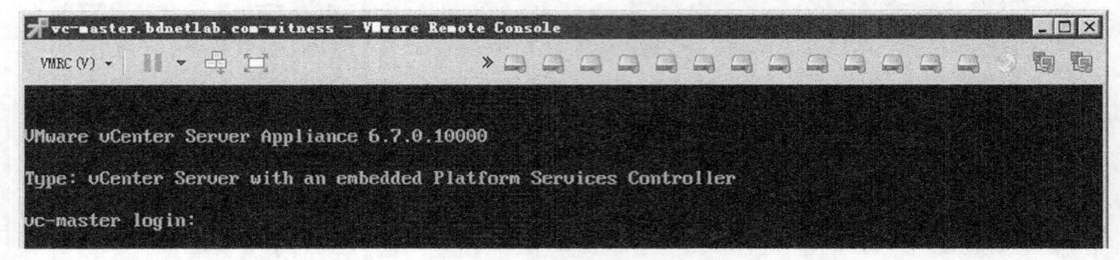

图 7-3-55　配置 vCenter HA 之十四

第 15 步，vCenter HA 配置完成，vCenter HA 启用成功，目前主动 vCenter 的 IP 地址为 10.92.30.71，如图 7-3-56 所示。

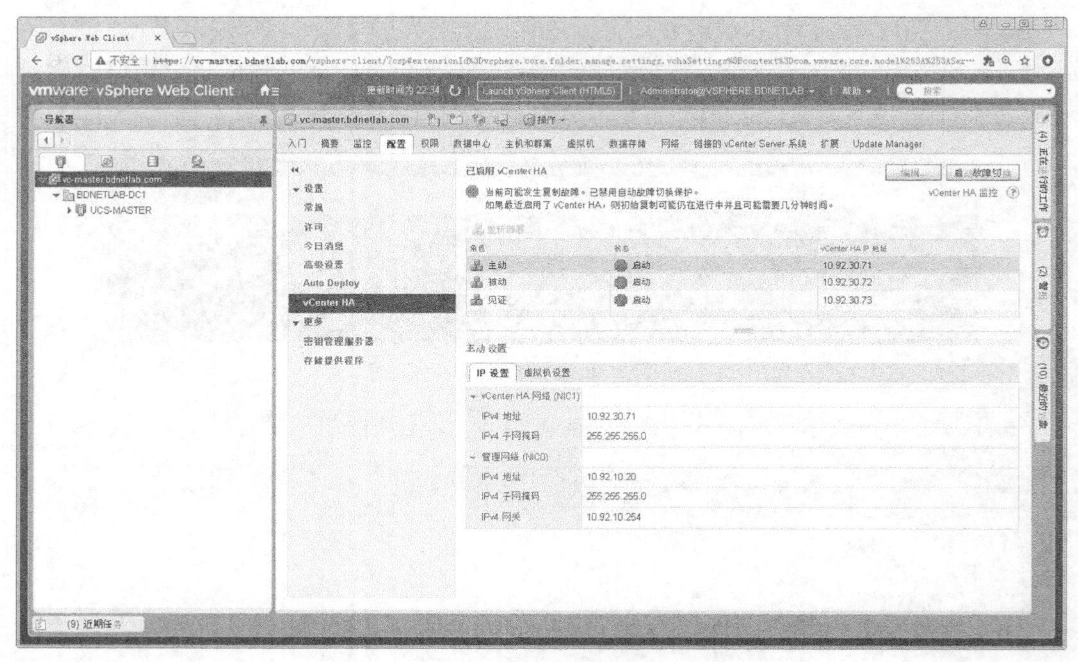

图 7-3-56　配置 vCenter HA 之十五

第 16 步，vCenter HA 自动配置虚拟机/主机规则，vCenter HA 使用的 3 台虚拟机必须在不同的主机上运行，如图 7-3-57 所示。

第 17 步，查看 vCenter HA 监控信息，3 台虚拟机状态正常，如图 7-3-58 所示。

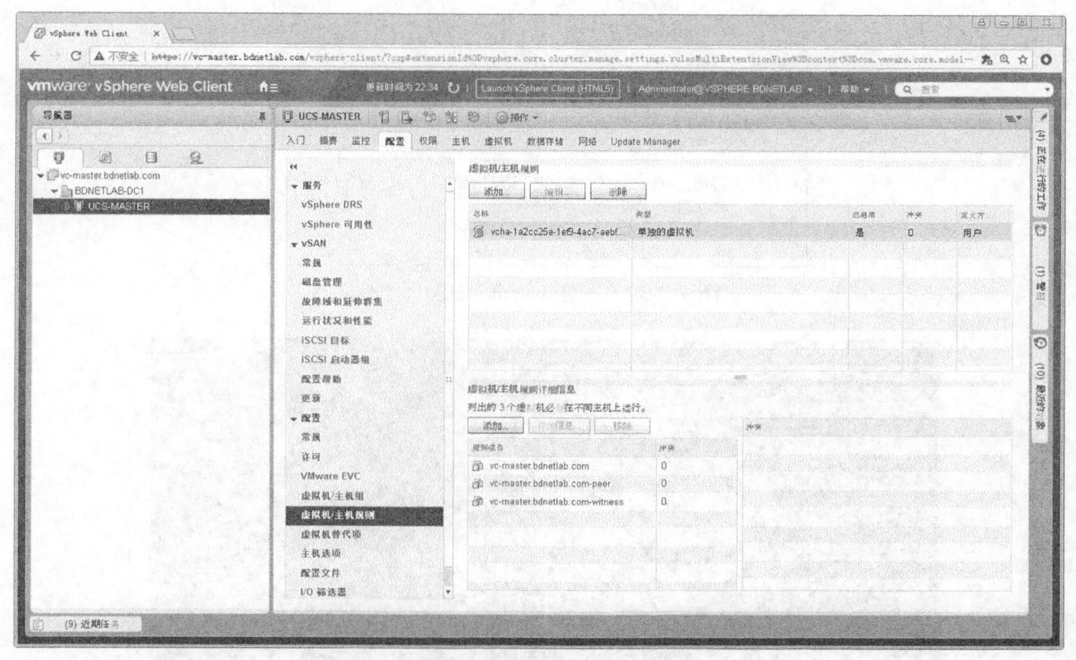

图 7-3-57　配置 vCenter HA 之十六

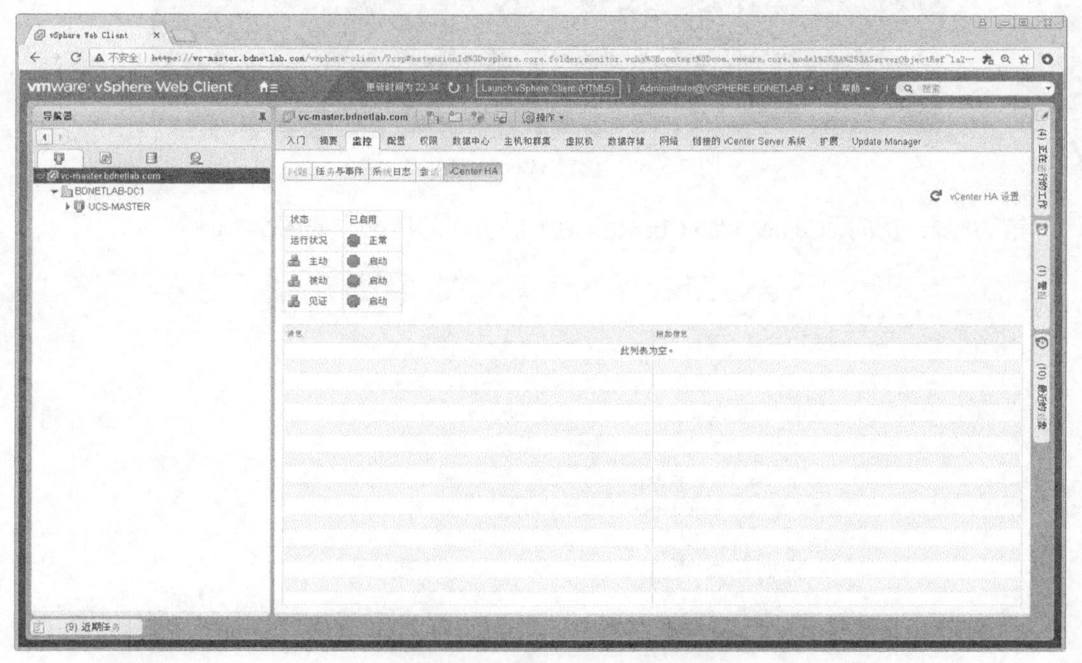

图 7-3-58　配置 vCenter HA 之十七

第 18 步，启动 vCenter HA 故障切换。特别注意，vCenter HA 故障切换会导致 vCenter 服务器不可访问，但其他虚拟机运行不受影响，如图 7-3-59 所示，单击“是”按钮。

第 19 步，vCenter HA 故障切换虚拟机网络出现中断，如图 7-3-60 所示。

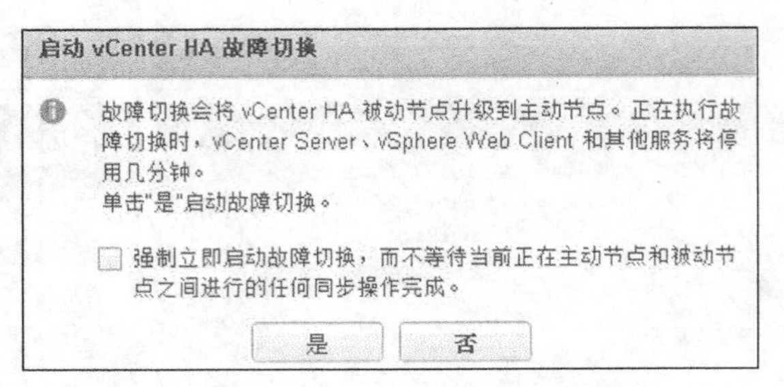

图 7-3-59　配置 vCenter HA 之十八

```
管理员: C:\Windows\system32\cmd.exe - ping  vc-master.bdnetlab.com -t
来自 10.92.10.20 的回复: 字节=32 时间<1ms TTL=64
来自 10.92.10.20 的回复: 字节=32 时间<1ms TTL=64
来自 10.92.10.20 的回复: 字节=32 时间<1ms TTL=64
来自 10.92.10.20 的回复: 字节=32 时间<1ms TTL=64
来自 10.92.10.20 的回复: 字节=32 时间<1ms TTL=64
来自 10.92.10.20 的回复: 字节=32 时间<1ms TTL=64
来自 10.92.10.20 的回复: 字节=32 时间<1ms TTL=64
来自 10.92.10.20 的回复: 字节=32 时间<1ms TTL=64
来自 10.92.10.20 的回复: 字节=32 时间=1ms TTL=64
来自 10.92.10.20 的回复: 字节=32 时间<1ms TTL=64
来自 10.92.10.20 的回复: 字节=32 时间<1ms TTL=64
来自 10.92.10.20 的回复: 字节=32 时间<1ms TTL=64
来自 10.92.10.20 的回复: 字节=32 时间<1ms TTL=64
来自 10.92.10.20 的回复: 字节=32 时间<1ms TTL=64
来自 10.92.10.20 的回复: 字节=32 时间<1ms TTL=64
来自 10.92.10.20 的回复: 字节=32 时间<1ms TTL=64
请求超时。
请求超时。
请求超时。
来自 10.92.10.40 的回复: 无法访问目标主机。
请求超时。
来自 10.92.10.40 的回复: 无法访问目标主机。
来自 10.92.10.40 的回复: 无法访问目标主机。
请求超时。
```

图 7-3-60　配置 vCenter HA 之十九

第 20 步，访问 vCenter Web Client 出现无法访问的情况，如图 7-3-61 所示。

图 7-3-61　配置 vCenter HA 之二十

第 21 步，vCenter HA 虚拟机网络恢复，如图 7-3-62 所示。

```
管理员: C:\Windows\system32\cmd.exe
来自 10.92.10.40 的回复: 无法访问目标主机。
请求超时。
来自 10.92.10.40 的回复: 无法访问目标主机。
来自 10.92.10.40 的回复: 无法访问目标主机。
请求超时。
请求超时。
请求超时。
来自 10.92.10.40 的回复: 无法访问目标主机。
请求超时。
来自 10.92.10.20 的回复: 字节=32 时间<1ms TTL=64
来自 10.92.10.20 的回复: 字节=32 时间<1ms TTL=64
来自 10.92.10.20 的回复: 字节=32 时间<1ms TTL=64
来自 10.92.10.20 的回复: 字节=32 时间=1ms TTL=64
来自 10.92.10.20 的回复: 字节=32 时间=1ms TTL=64
来自 10.92.10.20 的回复: 字节=32 时间<1ms TTL=64
来自 10.92.10.20 的回复: 字节=32 时间<1ms TTL=64
来自 10.92.10.20 的回复: 字节=32 时间<1ms TTL=64

10.92.10.20 的 Ping 统计信息:
    数据包: 已发送 = 45, 已接收 = 36, 丢失 = 9 (20% 丢失),
往返行程的估计时间(以毫秒为单位):
    最短 = 0ms, 最长 = 1ms, 平均 = 0ms
Control-C
^C
C:\Users\Administrator>
```

图 7-3-62　配置 vCenter HA 之二十一

第 22 步，完成 vCenter HA 故障切换，目前主动 vCenter 的 IP 地址变为 10.92.30.72，如图 7-3-63 所示，说明 vCenter HA 故障切换成功。

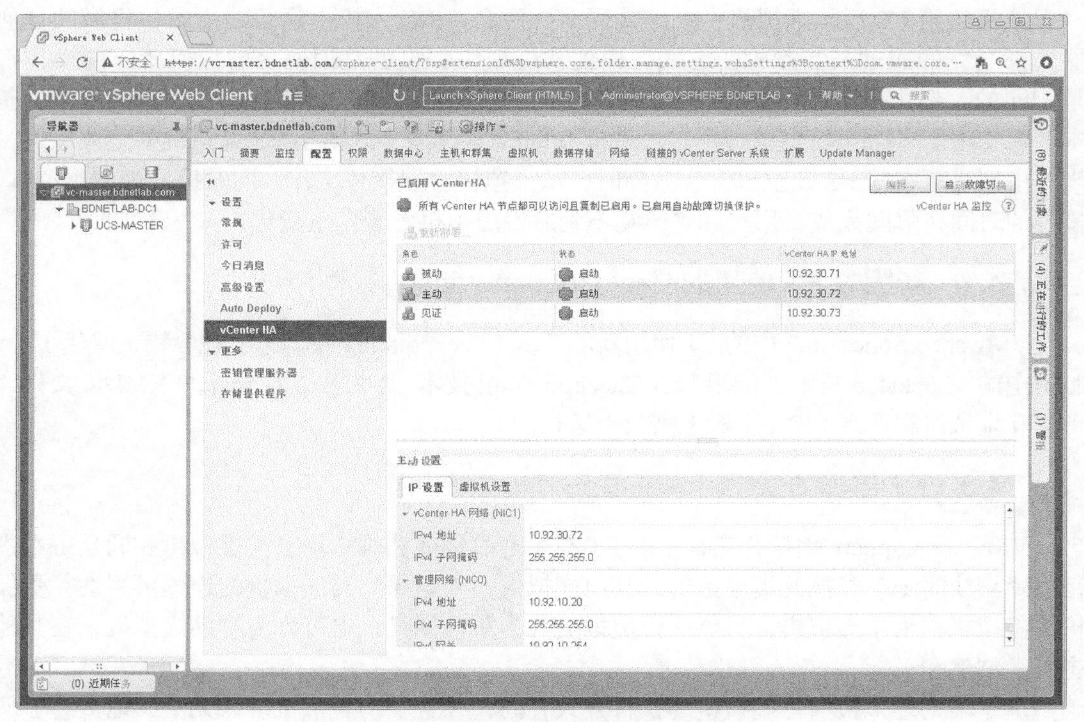

图 7-3-63　配置 vCenter HA 之二十二

至此，vCenter HA 配置完成。vCenter HA 通过主动节点、被动节点以及见证节点实现了 vCenter 的高可用，3 台虚拟机分别运行在不同 ESXi 主机上，当主动节点 vCenter 出现故障可以切换到被动节点，虽然会出现短暂的网络不可访问现象，但切换完成后会恢复正常。vCenter HA 可以很好地实现 vCenter 双活，避免生产环境中出现单点故障。

7.4　配置使用 FT

FT（Fault Tolerance，容错）可理解为 vSphere 环境下虚拟机的双机热备。FT 高级特性是 VMware vSphere 虚拟化架构中一个非常让人激动的功能。使用 HA 可以实现虚拟机高可用，但虚拟机重新启动的时间不可控，而使用 FT 就可以避免此问题。因为 FT 相当于虚拟机的双机热备，它以主从方式同时运行在两台 ESXi 主机上，如果主虚拟机的 ESXi 主机发生故障，在另一台 ESXi 主机上运行的从虚拟机立即接替它的工作，应用服务不会出现任何中断。和 HA 相比，FT 更具优势，它几乎将故障的停止时间降到了零。特别是 VMware vSphere 6.7 的虚拟机最多可以使用 8 个 vCPU，极大地增加了 FT 在生产环境中的实用性。本节介绍如何配置使用 FT。

7.4.1　早期版本 FT 使用的 vLockstep 技术

VMware vSphere 5.x 中的 FT 使用 vLockstep 技术来实现容错,其本质是录制/播放功能。当虚拟机启用 FT 后，虚拟机一主一从同时在两台 ESXi 主机上运行，主虚拟机做的任何操作都会立即通过录制播放的方式传递到从虚拟机，也就是说两台虚拟机所有的操作都是相同的。但由于采用的是录制/播放的方式，主从虚拟机间会存在一定的时间差（但基本可以忽略），这个时间差称为 vLockstep Interval，其大小取决于 ESXi 主机的整体性能。当主虚拟机所在的 ESXi 主机发生故障时，从虚拟机立即接替工作，同时提升为主虚拟机，接替的时间在瞬间完成，用户几乎感觉不到后台虚拟机已经发生变化。

7.4.2　新版本 FT 使用的 Fast Checkpointing 技术

VMware vSphere 6.7 中的 FT 使用新的 Fast Checkpointing 技术来实现容错，取代了 5.x 版本中的 vLockstep 技术。使用 Fast Checkpointing 技术、10GE 以及分开的 VMDK 文件，可以让虚拟机在两台 ESXi 主机上高效地运行。

7.4.3　FT 工作方式

VMware vSphere 虚拟化架构中的 FT 技术通过创建和维护与某类虚拟机相同且可在进行故障切换时随时替换此类虚拟机的其他虚拟机，来确保此类虚拟机的连续可用性。受保护的虚拟机称为主虚拟机，另外一台虚拟机称为从虚拟机，也可称为辅助虚拟机，在其他主机上创建和运行。

由于辅助虚拟机与主虚拟机的执行方式相同，并且辅助虚拟机可以无中断地接管任何点处的执行任务，因此可以提供容错保护。主虚拟机和辅助虚拟机会持续监控彼此的状态以确保维护 FT。如果运行主虚拟机的 ESXi 主机发生故障，系统将会执行透明故障切换，此时会立即启用辅助虚拟机以替换主虚拟机，并启动新的辅助虚拟机，自动重新建立 FT 冗余。如果运行辅助虚拟机的主机发生故障，则该主机也会立即被替换。在任何情况下，都不会出现服务中断或数据丢失的情况。

主虚拟机和辅助虚拟机不能在相同的 ESXi 主机上运行，此限制用来确保 ESXi 主机故障不会导致两个虚拟机都丢失。

7.4.4 新版本 FT 的特性

VMware vSphere 6.7 中 FT 具有新的特性，其具体表现在：

- 支持虚拟机最多 8 个 vCPU 以及最大 64GB 内存；
- 取代老版本中的 vLockstep 技术、采用全新的 Fast Checkpointing 技术；
- 使用 Fast Checkpointing 监控网络带宽，检验点的传输时间间隔很短（2 毫秒～500 毫秒）；
- Fault Tolerance Logging 支持使用 10GE 传输。

7.4.5 FT 不支持的 vSphere 功能

FT 提供了最大限度的虚拟机容错，但是由于其自身原因，FT 不支持某些 vSphere 功能，如下所示。

- 快照。FT 不支持虚拟机快照，在虚拟机启用 FT 前，必须移除或提交快照，同时不能对已启用 FT 的虚拟机执行快照。
- Storage vMotion。已启用 FT 的虚拟机不支持使用 Storage vMotion。如果必须使用 Storage vMotion，应当暂时关闭 FT，然后执行 Storage vMotion 操作，执行完成后再重新打开 FT。
- 链接复制（软件中的叫法为“链接克隆”）。链接复制的虚拟机不支持使用 FT，也不能从启用了 FT 的虚拟机中创建链接复制。
- Virtual SAN。早期的 VMware vSphere 版本中 vSAN 不能使用 FT，据 VMware 官方发布的消息，VMware vSphere 6.5 后的版本支持在 vSAN 上使用 FT。
- 虚拟机组件保护。如果群集已启用虚拟机组件保护，则会为关闭此功能的容错虚拟机创建替代项。
- 基于 VVOL 的数据存储。
- 基于存储的策略管理。
- I/O 筛选器。

7.4.6 配置使用 FT

了解 FT 基本概念后就可以配置使用 FT，整体来说，FT 的配置很简单。在生产环境中强烈推荐使用 10GE 配置 FT，使用 1GE 运行 FT 会出现警告提示。

第 1 步，检查 ESXi 主机是否启用 FT 日志记录，如图 7-4-1 所示。

图 7-4-1　配置使用 FT 之一

第 2 步，不建议使用 1GE 网络适配器运行 FT，建议使用独立的 10GE 网络适配器运行 FT，如图 7-4-2 所示，本节操作选择 vmnic2 作为运行 FT 的物理网络适配器。

图 7-4-2　配置使用 FT 之二

第 3 步，创建新的 VMkernel 网络适配器运行 FT，如图 7-4-3 所示，单击“NEXT”按钮。

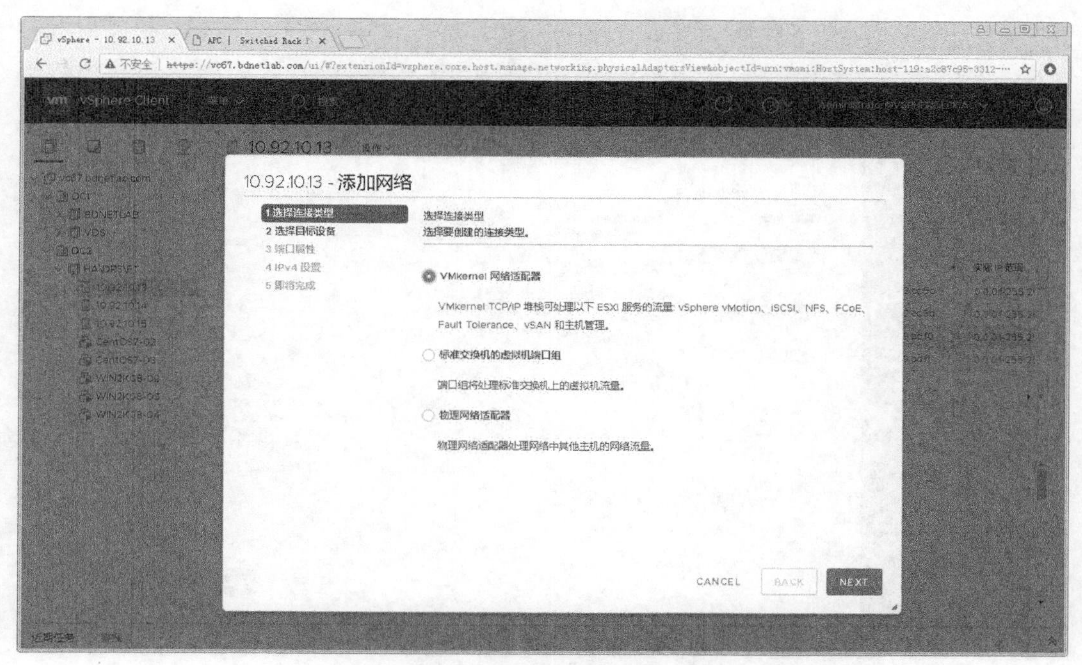

图 7-4-3　配置使用 FT 之三

第 4 步，推荐使用独立的交换机运行 FT，选中“新建标准交换机”，如图 7-4-4 所示，单击“NEXT”按钮。

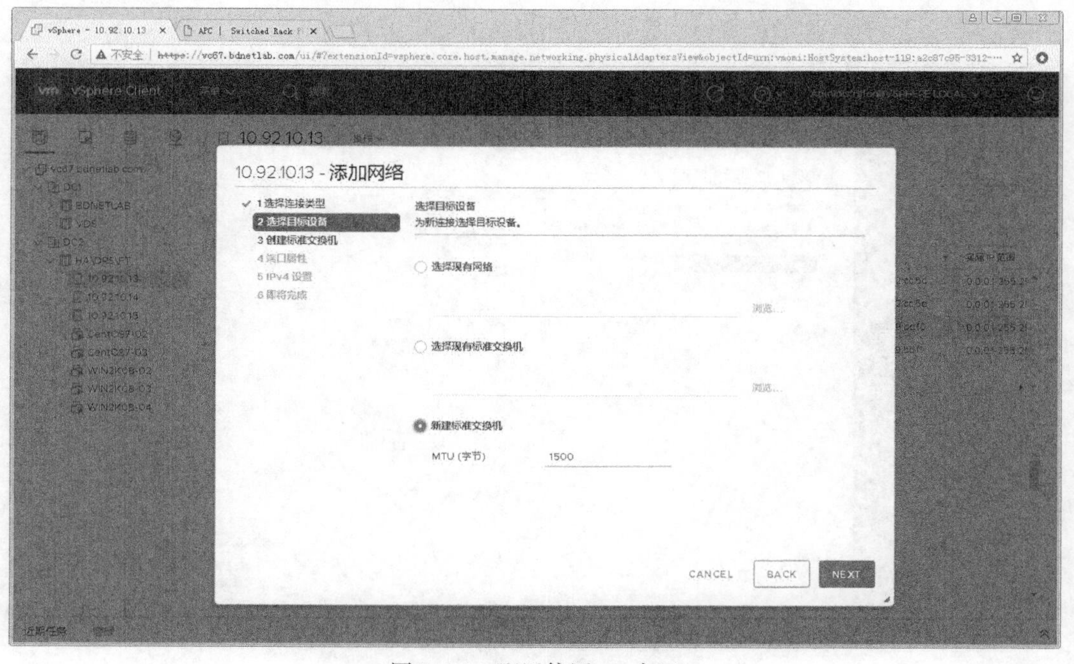

图 7-4-4　配置使用 FT 之四

第 5 步，为标准交换机分配物理网络适配器，如图 7-4-5 所示，单击“NEXT”按钮。

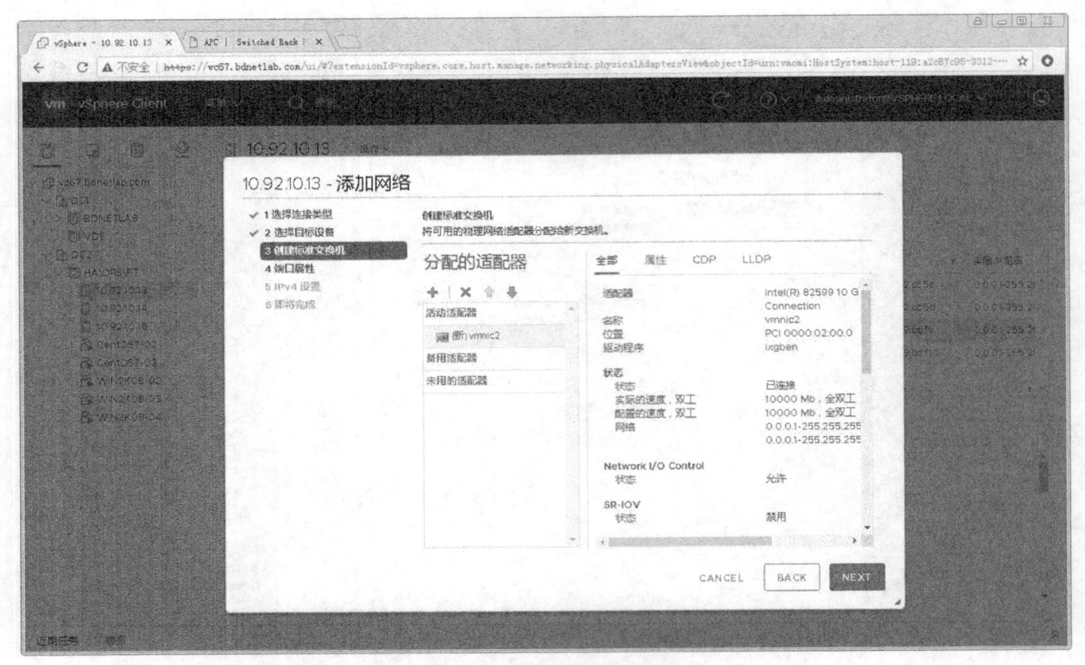

图 7-4-5　配置使用 FT 之五

第 6 步，配置 VMkernel 端口属性，选中“Fault Tolerance 日志记录”，如图 7-4-6 所示，单击“NEXT”按钮。

图 7-4-6　配置使用 FT 之六

第 7 步，配置 VMkernel IP 地址，如图 7-4-7 所示，单击“NEXT”按钮。

图 7-4-7 配置使用 FT 之七

第 8 步，确认参数配置正确后，如图 7-4-8 所示，单击“FINISH”按钮。

图 7-4-8 配置使用 FT 之八

第 9 步，为 ESXi 主机创建独立标准交换机运行 FT 的操作完成，如图 7-4-9 所示。

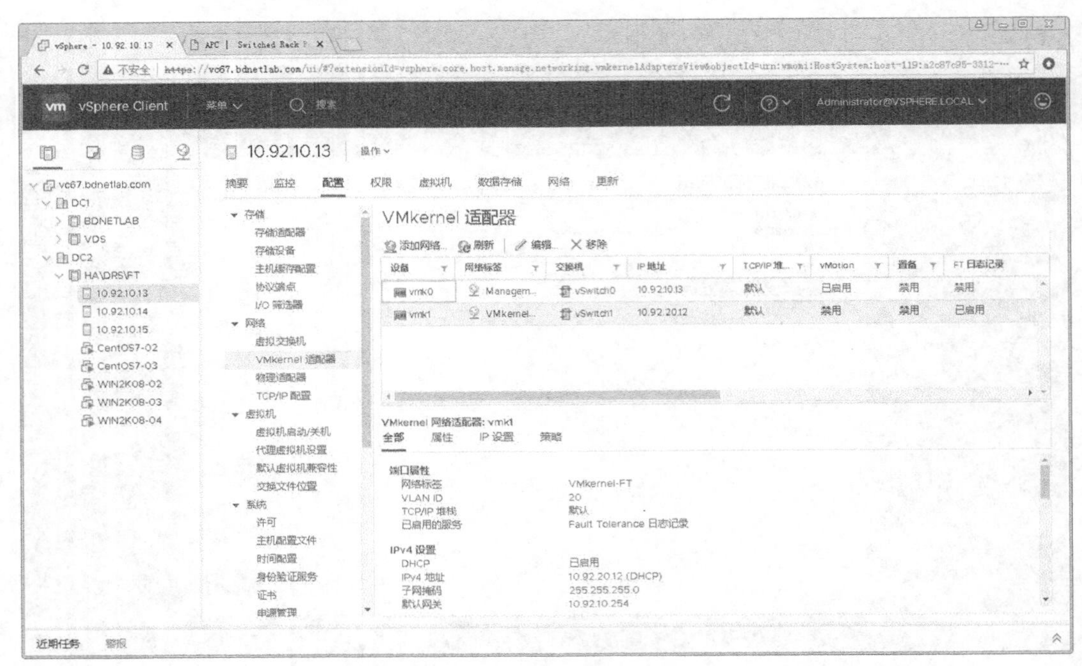

图 7-4-9　配置使用 FT 之九

第 10 步，使用相同的方式为其他 ESXi 主机创建独立标准交换机运行 FT，如图 7-4-10 所示。

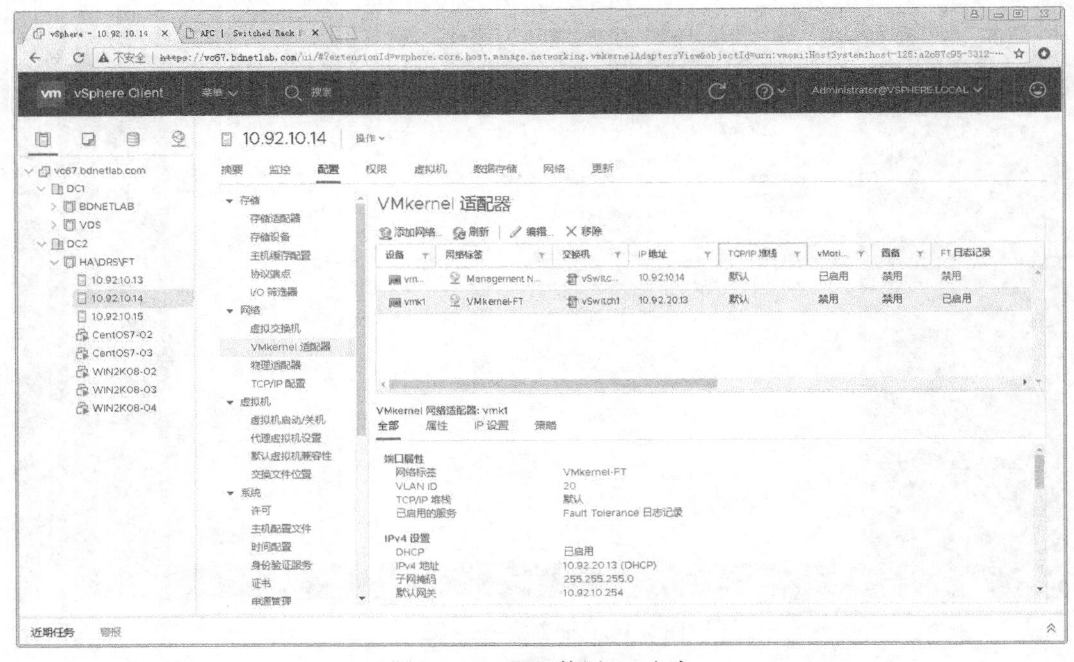

图 7-4-10　配置使用 FT 之十

第 11 步，选择运行 FT 的虚拟机，虚拟机名为 WIN2K08-04，目前运行在 IP 地址为

10.92.10.15 的 ESXi 主机上，如图 7-4-11 所示。

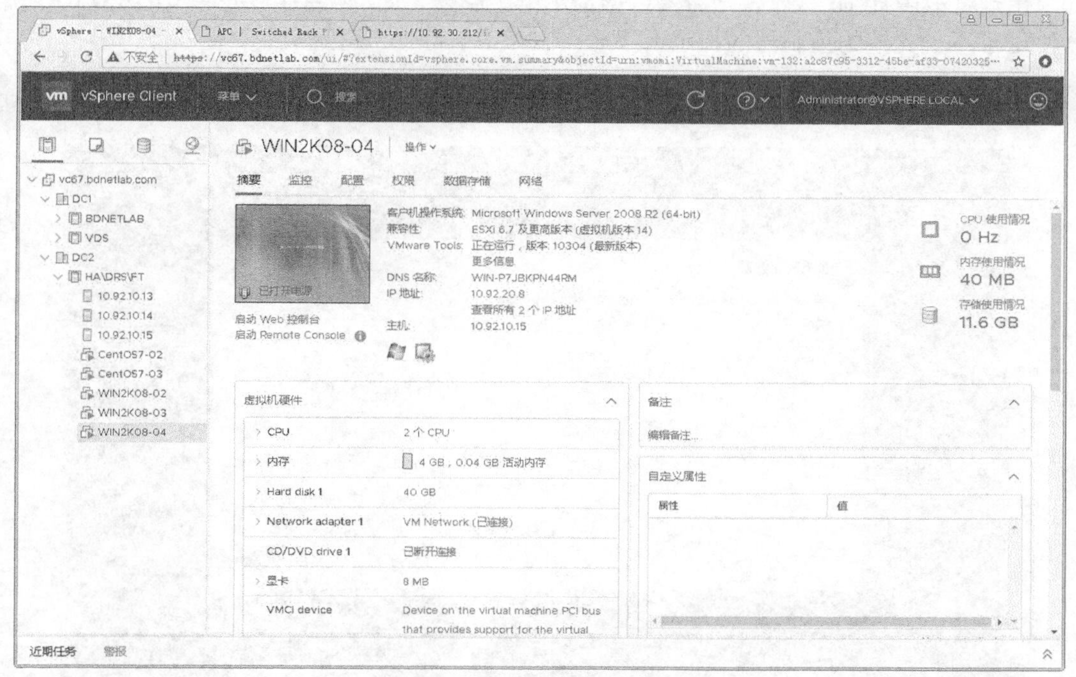

图 7-4-11 配置使用 FT 之十一

第 12 步，在虚拟机上右击，选中“Fault Tolerance”，如图 7-4-12 所示。

图 7-4-12 配置使用 FT 之十二

第 13 步，注意，虚拟机启用 FT 系统时会自动进行检测，查看虚拟机是否能够运行 FT，如果出现“故障详细信息”，则需要根据提示解决问题，如图 7-4-13 所示，出现 USB 控制器使用了不受支持的控制器的提示，那么可以考虑删除 USB 控制器。

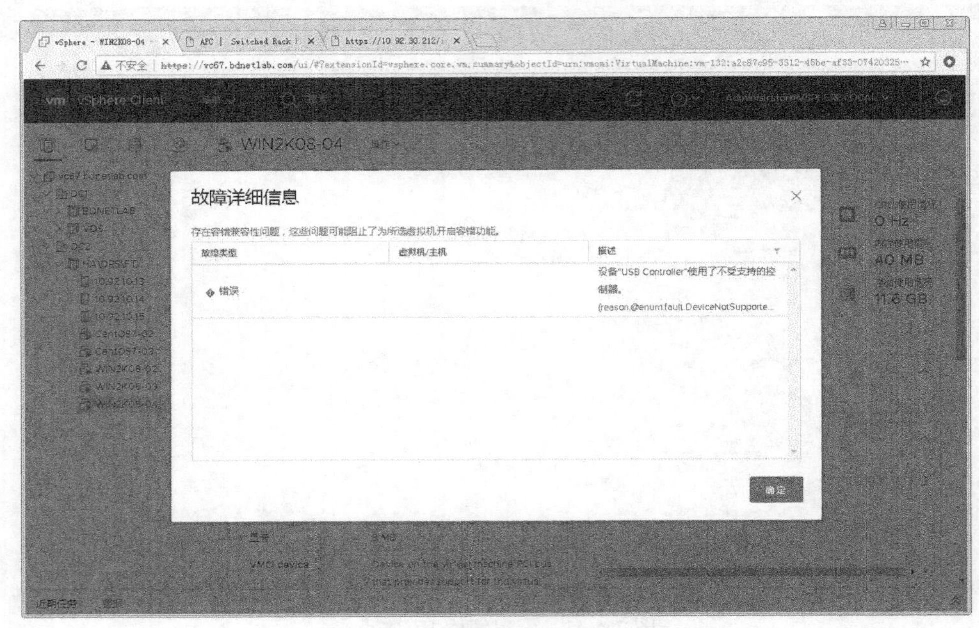

图 7-4-13　配置使用 FT 之十三

第 14 步，删除 USB 控制器后重新打开 FT，无故障提示。选择辅助虚拟机使用的数据存储，如图 7-4-14 所示，强烈建议主、辅助虚拟机使用不同的存储。

图 7-4-14　配置使用 FT 之十四

第 15 步，选择辅助虚拟机运行的 ESXi 主机，如图 7-4-15 所示，单击“NEXT”按钮。

图 7-4-15　配置使用 FT 之十五

第 16 步，确认参数配置正确后，如图 7-4-16 所示，单击“FINISH”按钮。

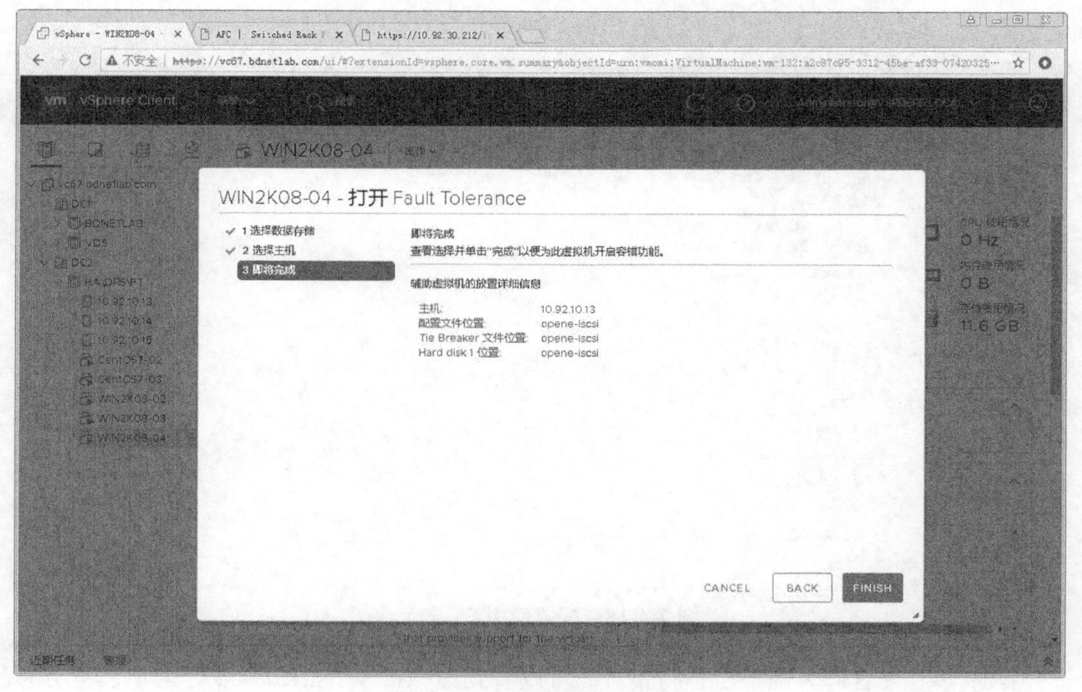

图 7-4-16　配置使用 FT 之十六

第17步，开始为虚拟机WIN2K08-04生成辅助虚拟机，如图7-4-17所示。

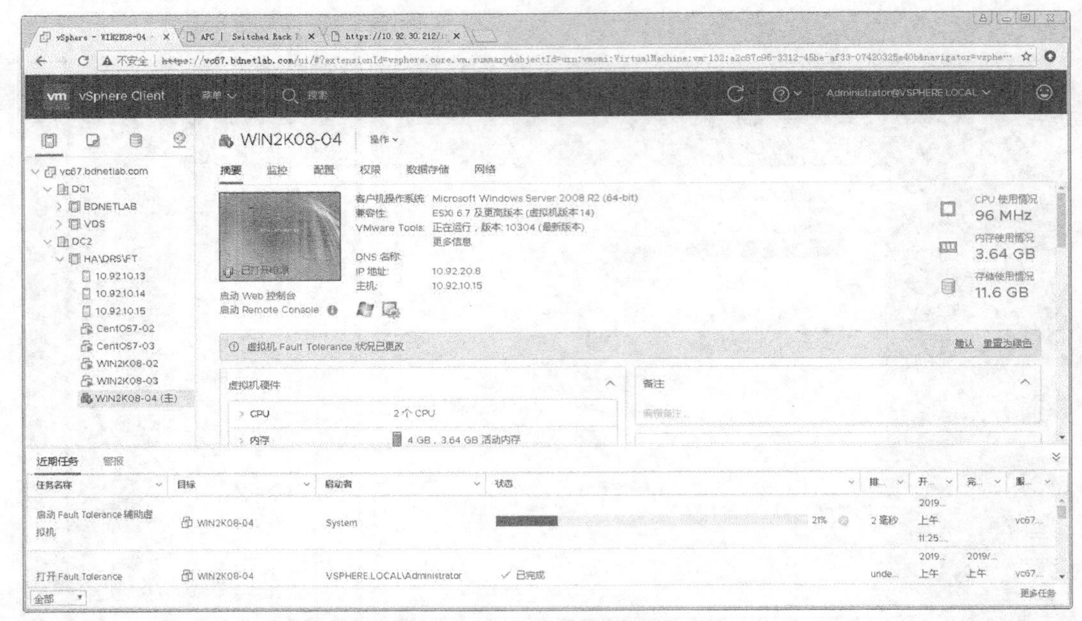

图7-4-17　配置使用FT之十七

第18步，完成辅助虚拟机的创建，如图7-4-18所示，WIN2K08-04虚拟机名上出现“(主)”标识。

图7-4-18　配置使用FT之十八

第19步，查看群集虚拟机运行情况，可以看到虚拟机WIN2K08-04分为主、辅助两台虚拟机运行，如图 7-4-19 所示。

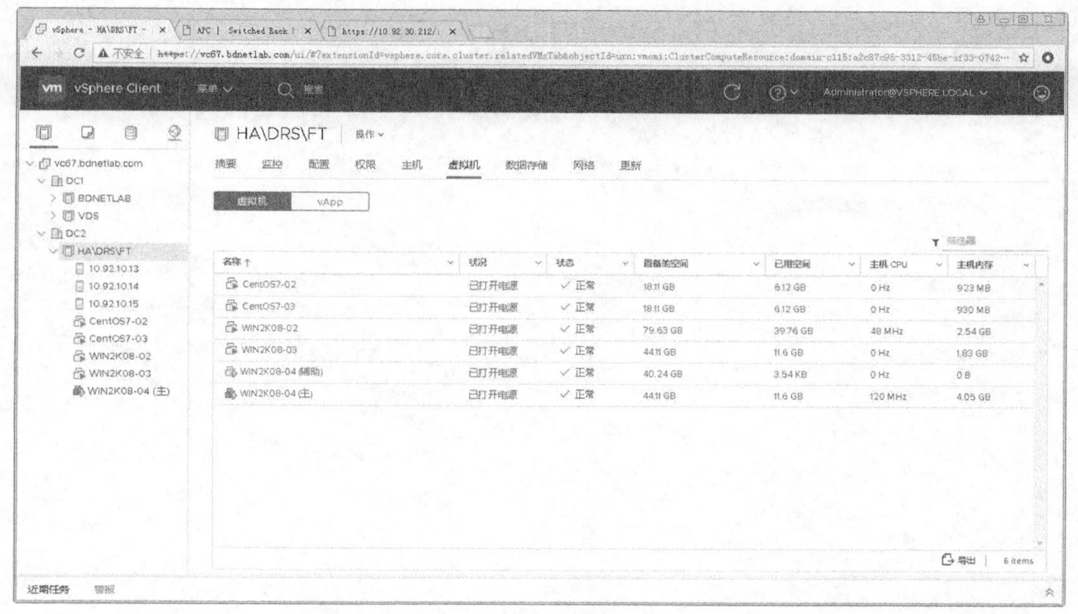

图 7-4-19 配置使用 FT 之十九

第 20 步，查看 IP 地址为 10.92.10.15 的 ESXi 主机，名为 WIN2K08-04 的主虚拟机运行在该主机上，如图 7-4-20 所示。

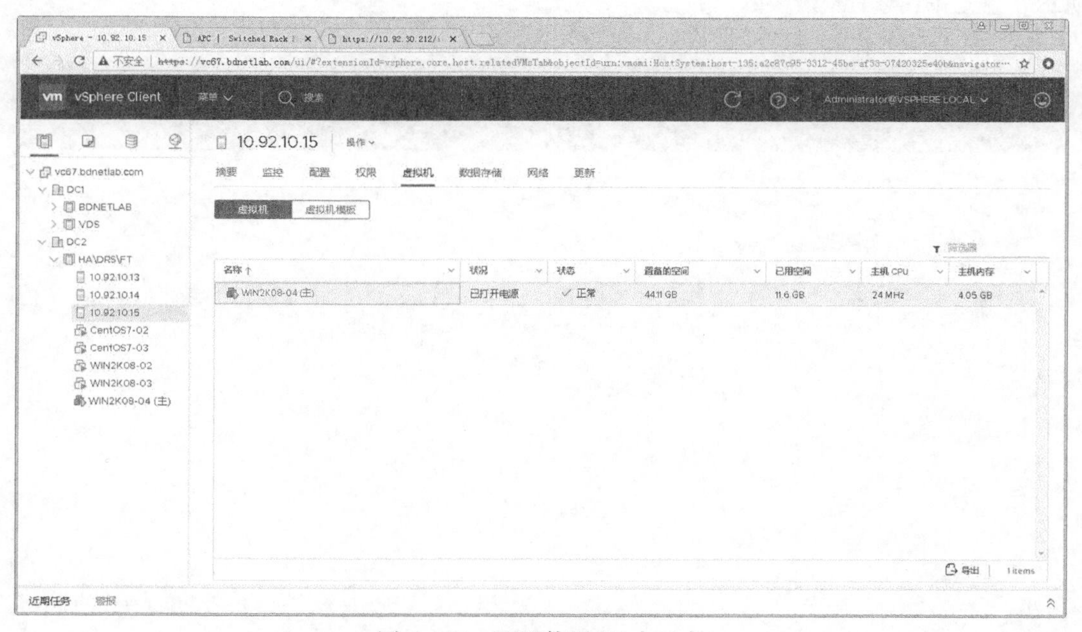

图 7-4-20 配置使用 FT 之二十

第 21 步，查看 IP 地址为 10.92.10.13 的 ESXi 主机，名为 WIN2K08-04 的辅助虚拟机

运行在该主机上，如图 7-4-21 所示。

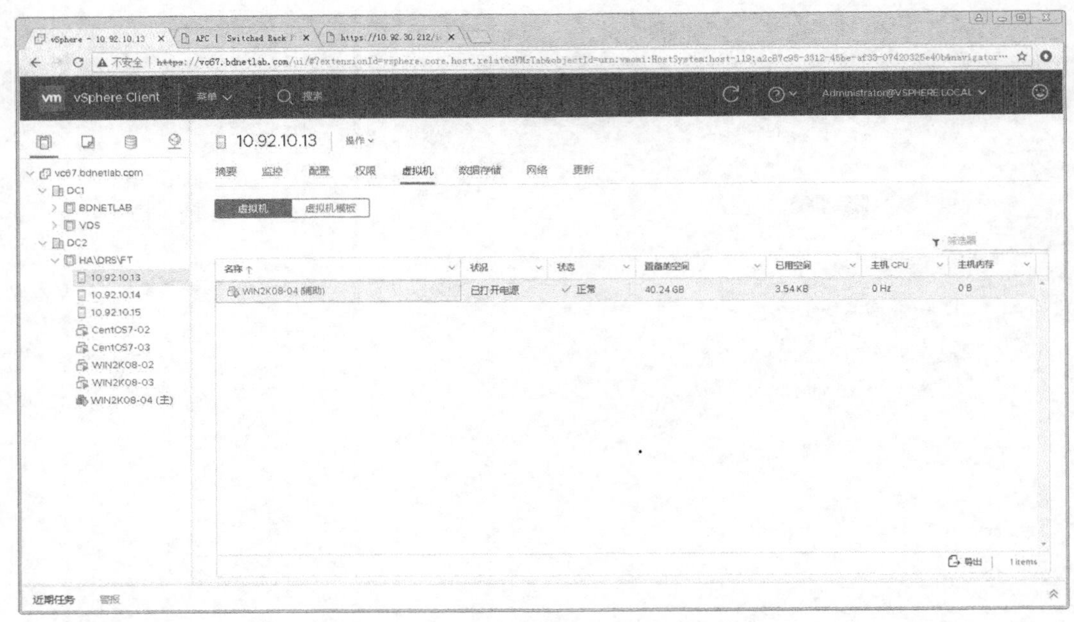

图 7-4-21　配置使用 FT 之二十一

第 22 步，模拟 IP 地址为 10.92.10.15 的 ESXi 主机故障，在 IP 地址为 10.92.10.13 的 ESXi 主机上运行的辅助虚拟机 WIN2K08-04 被提升为主虚拟机，服务不会中断，如图 7-4-22 所示，这是 FT 与 HA 最大的区别。

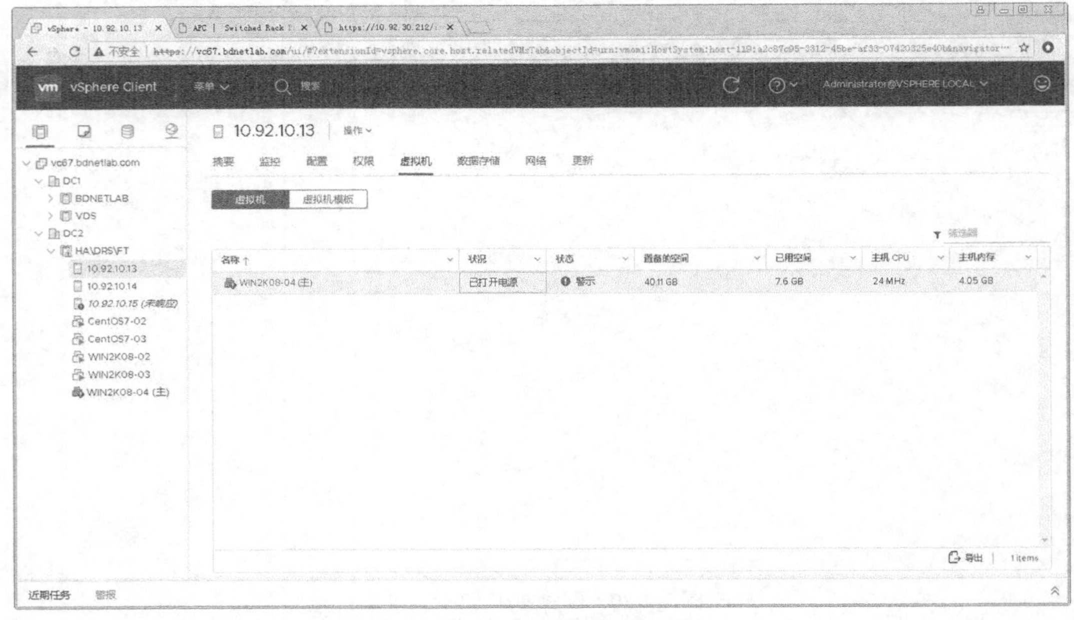

图 7-4-22　配置使用 FT 之二十二

第 23 步，查看群集虚拟机运行情况，可以看到辅助虚拟机 WIN2K08-04 已断开连接，如图 7-4-23 所示，但并不影响虚拟机切换。

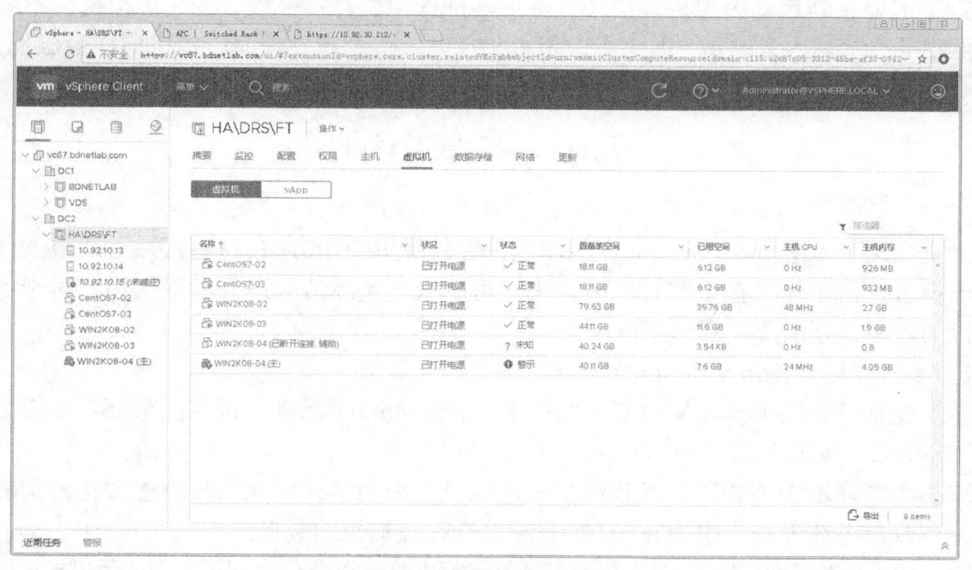

图 7-4-23 配置使用 FT 之二十三

第 24 步，打开虚拟机 WIN2K08-04 的控制台，可见虚拟机工作正常，使用两个 vCPU，如图 7-4-24 所示。

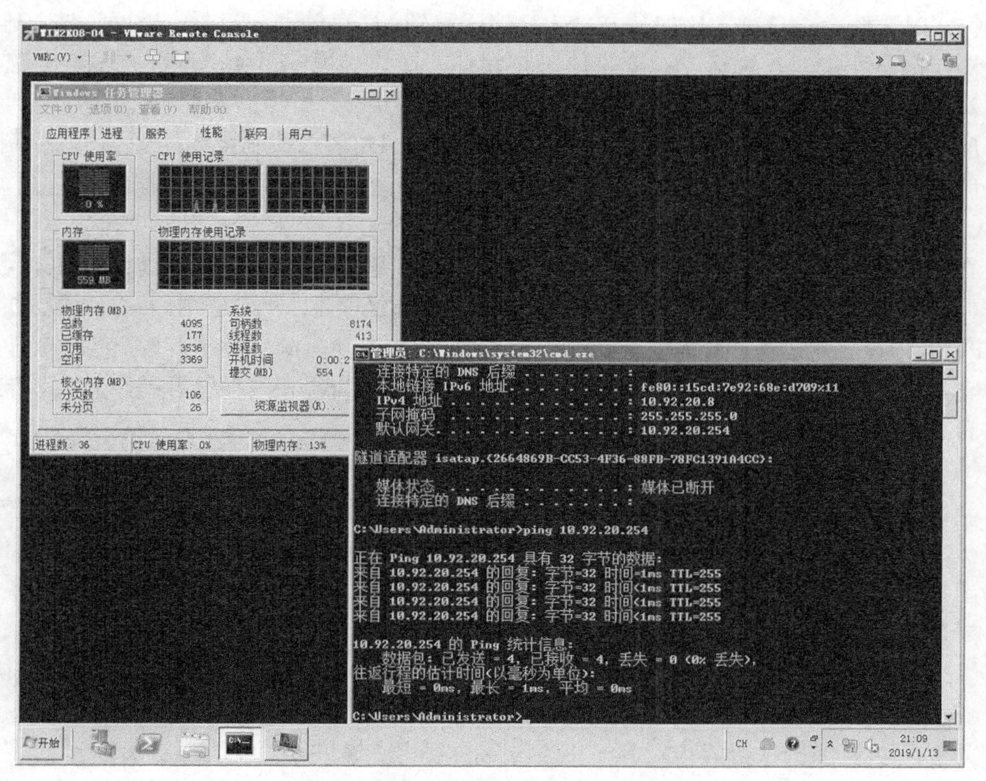

图 7-4-24 配置使用 FT 之二十四

至此，虚拟机FT配置完成。整体来说，FT的配置难度不大。FT与HA最大的区别在于FT不需要重新启动虚拟机，出现故障后辅助虚拟机直接被提升为主虚拟机，不间断对外提供服务。需要注意的是，如果主虚拟机出现蓝屏的情况，辅助虚拟机同样会出现蓝屏。

7.5 本章小结

本章介绍了VMware vSphere一些高级特性的配置使用方法，这些特性可以最大程度地保证虚拟机正常工作，在生产环境中，用户可以根据实际情况进行配置使用。对于各种高级特性的使用，还需要注意以下事项。

1. 生产环境中使用vMotion的注意事项

（1）在生产环境中推荐使用专用的网卡运行vMotion流量，特别注意iSCSI应尽量避免与vMotion一起运行。

（2）生产环境中不要同时迁移过多的虚拟机，因为这样可能会影响虚拟化架构的整体运行，可以参考前面章节中1GE、10GE并发迁移虚拟机的数量。

（3）生产环境中所有ESXi主机要配置好目标网络，以避免出现迁移完成后虚拟机网络无法使用的情况。

（4）对于虚拟机存储的迁移，受虚拟机容量、网络、存储服务器等因素的影响，其迁移速度不可控。

（5）对于跨存储迁移，比如从iSCSI存储迁移到FC存储，一定要先做好评估，建议在服务器访问量小的时候进行，这样整体影响较小，迁移过程中不会出现在太多的问题。

2. 生产环境如何选择HA接入控制策略

应当基于可用性需求和群集的特性选择vSphere HA接入控制策略。选择接入控制策略时，应当考虑的因素很多。

（1）选择什么样的接入控制策略

在生产环境中，比较常见的是选择按静态主机数量定义故障切换容量、预留一定百分比的群集资源来定义故障切换容量这两种策略。若选择前者，当群集中某一台虚拟机所需的CPU或内存资源较大，而其他虚拟机所需的CPU或内存资源比较平均时，会影响到ESXi主机支持的插槽数量。因此，如果群集中虚拟机所需的CPU和内存资源差距较大，推荐使用后者，而不使用前者。

（2）避免资源碎片

当群集有足够资源用于虚拟机故障切换时，将出现资源碎片。但是，这些资源位于多个主机上并且不可用，因为虚拟机一次只能在一个ESXi主机上运行。用户可以将插槽定义为虚拟机最大预留值，配置“群集允许的主机故障数目”策略避免资源碎片。

“群集资源的百分比”策略不解决资源碎片问题。

“指定故障切换主机”策略不会出现资源碎片，因为该策略会为故障切换预留主机。

（3）故障切换资源预留的灵活性

为故障切换保护预留群集资源时，接入控制策略所提供的控制力度会有所不同。“群集允许的主机故障数目”策略允许设置多个主机用于故障切换。“群集资源的百分比”策略最多允许指定 100% 的群集 CPU 资源或内存用于故障切换。通过“指定故障切换主机”策略可以指定一组故障切换主机。

（4）群集的异构性

从虚拟机资源预留和主机总资源的容量方面而言，群集可以异构。在异构群集内，“群集允许的主机故障数目”策略可能过于保守，因为在定义插槽大小时它仅考虑最大虚拟机预留，而在计算当前故障切换容量时也只假设最大主机发生故障数。其他两个接入控制策略不受群集异构性影响。

3. 生产环境中虚拟机 FT 的注意事项

（1）VMware vSphere 6.7 提高了对 vCPU 的支持数量，最多可以支持 8 个 vCPU，这已经能够满足大多数生产环境中虚拟机的基本需求，但需要注意，不同 VMware vSphere 版本的支持存在差异。

（2）在生产环境中使用 FT，强烈推荐使用专用的 10GE 承载 FT，在 1GE 下使用会出现警告提示。同时，也建议使用不同的存储来存放虚拟机文件，避免主、从虚拟机使用相同的存储。

（3）在生产环境中使用 FT，可以结合 HA 等其他高级特性，同时也需要注意一个问题，比如 Windows 操作系统中常见的蓝屏，如果主虚拟机出现蓝屏的情况，辅助虚拟机同样会出现蓝屏。

（4）从技术角度上来看，FT 整体来说不错，一些虚拟机使用了程序本身自带的冗余技术从而可以不考虑使用 FT，但是，对于一些虚拟机没有使用程序本身的冗余而又要求高可用时，FT 就比较实用，但需要注意 vCPU 是否支持。

第 8 章　备份恢复虚拟机

备份虚拟机是生产环境中必须进行的工作，良好的备份机制对于生产环境来说非常重要。虽然可以通过多种高级特性来保证虚拟机的正常工作，但备份依旧必不可少。对于虚拟机来说，备份有多种方式，比较常用的是使用 VMware 官方发布的 VDP 备份工具或第三方工具。本章介绍如何使用 Veeam Backup & Replication 9.5 Update 3 备份恢复虚拟机。

本章要点

- 使用 Veeam Backup 备份虚拟机
- 使用 Veeam Backup 恢复虚拟机

8.1　使用 Veeam Backup 备份虚拟机

除了 VMware 官方发布的 VDP 备份工具（使用过程中 VDP 可能存在使用便利性欠佳以及存在 Bug 等问题），用户还可以选择使用第三方备份工具 Veeam Backup & Replication 9.5（简称 Veeam Backup），截至作者写作本章的时候，最新版本是 Update 4，支持 vSphere 6.7 U1 以及 vSphere 6.5 U2。

8.1.1　安装 Veeam Backup 软件

第 1 步，准备好 Windows 虚拟机（也支持在物理服务器运行），如图 8-1-1 所示，运行 Veeam Backup & Replication_9.5.0.1536.Update 3 的安装程序。

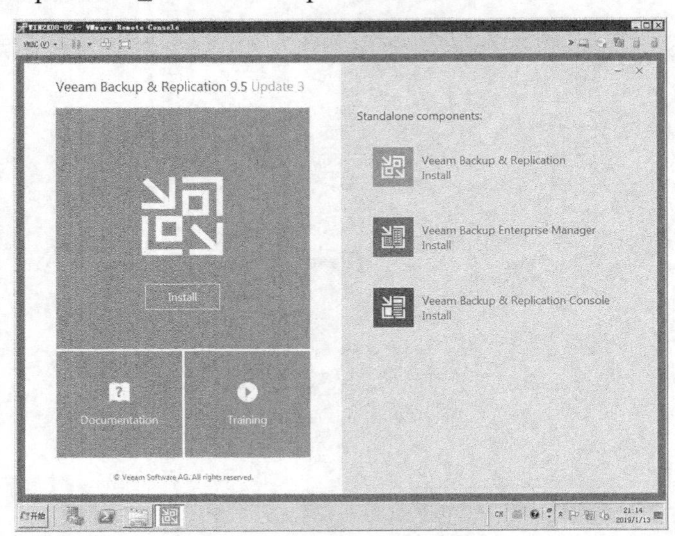

图 8-1-1　安装 Veeam Backup 之一

第 2 步，部署 Veeam Backup 需要“.NET Framework 4.5.2”的支持，若未安装会出现警告信息，如图 8-1-2 所示。单击“确定”按钮完成相关安装后继续安装 Veeam Backup。

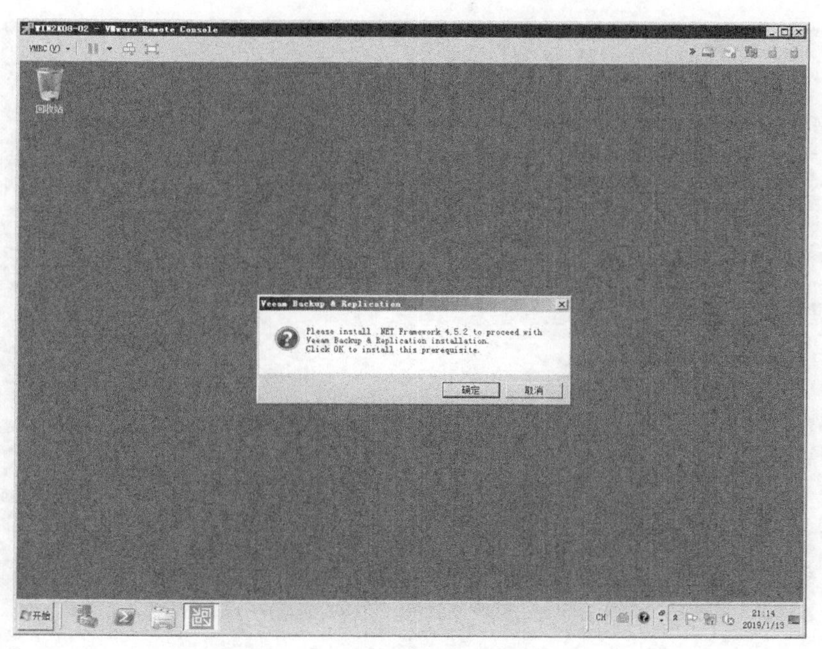

图 8-1-2 安装 Veeam Backup 之二

第 3 步，接受许可协议，如图 8-1-3 所示，单击“Next”按钮。

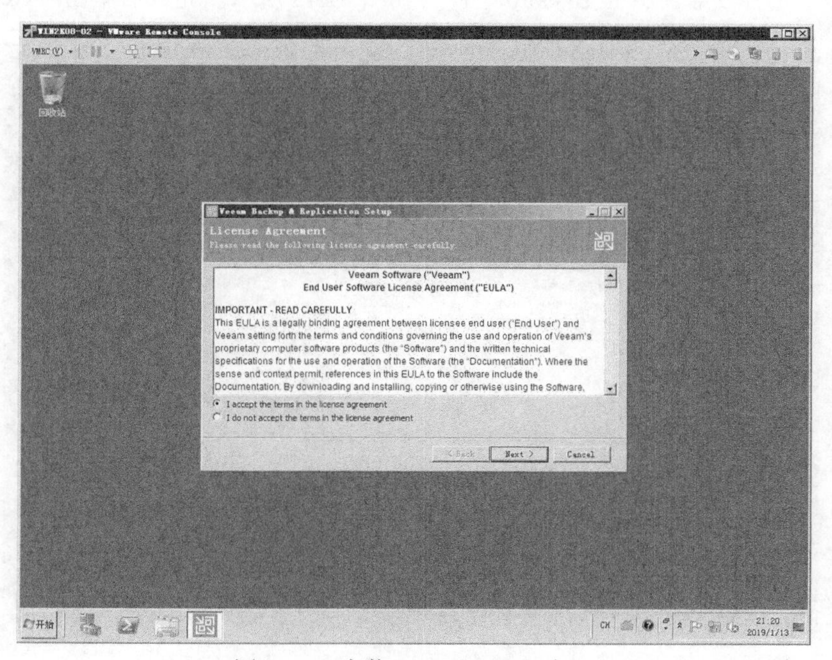

图 8-1-3 安装 Veeam Backup 之三

第 4 步，导入 Veeam Backup 许可文件，如图 8-1-4 所示。如果不导入，Veeam Backup 会使用 FREE 模式（部分功能会受限制）。完成后单击“Next”按钮。

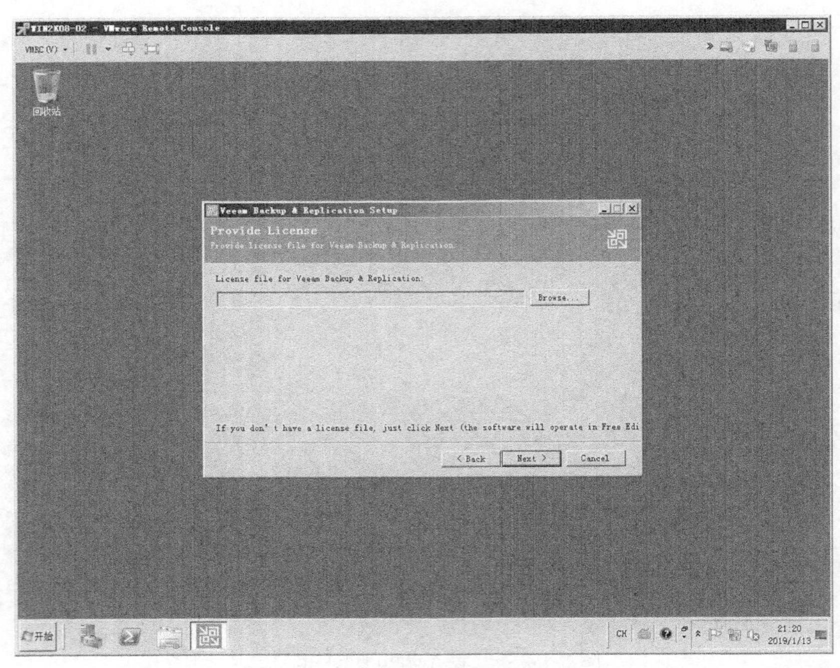

图 8-1-4 安装 Veeam Backup 之四

第 5 步，选择安装 Veeam Backup 组件，如图 8-1-5 所示。完成后单击“Next”按钮。

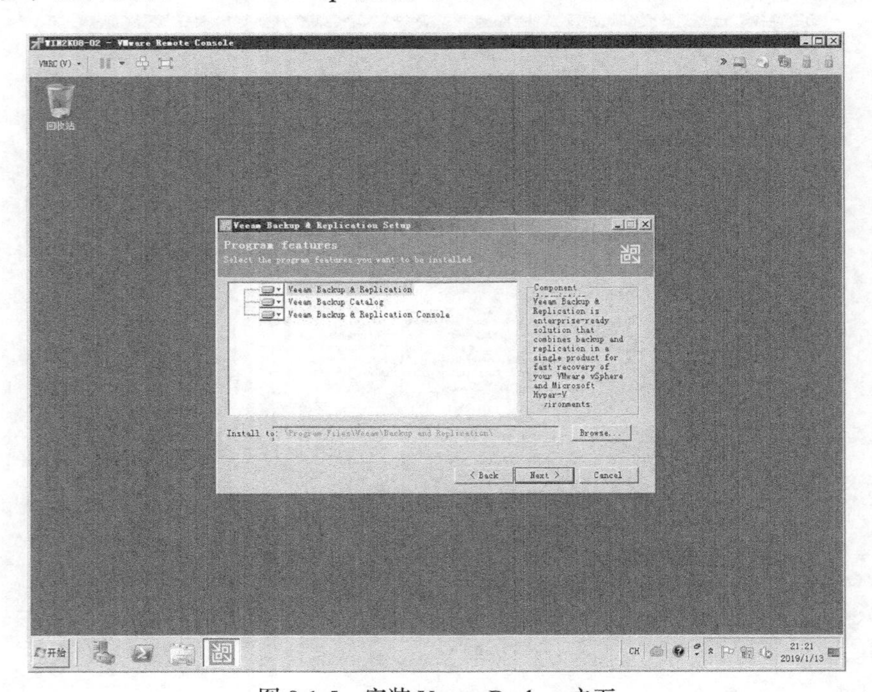

图 8-1-5 安装 Veeam Backup 之五

第 6 步，Veeam Backup 对 Windows 环境进行校验，对于安装失败的组件，用户可以通过“Install”按钮进行安装，如图 8-1-6 所示。

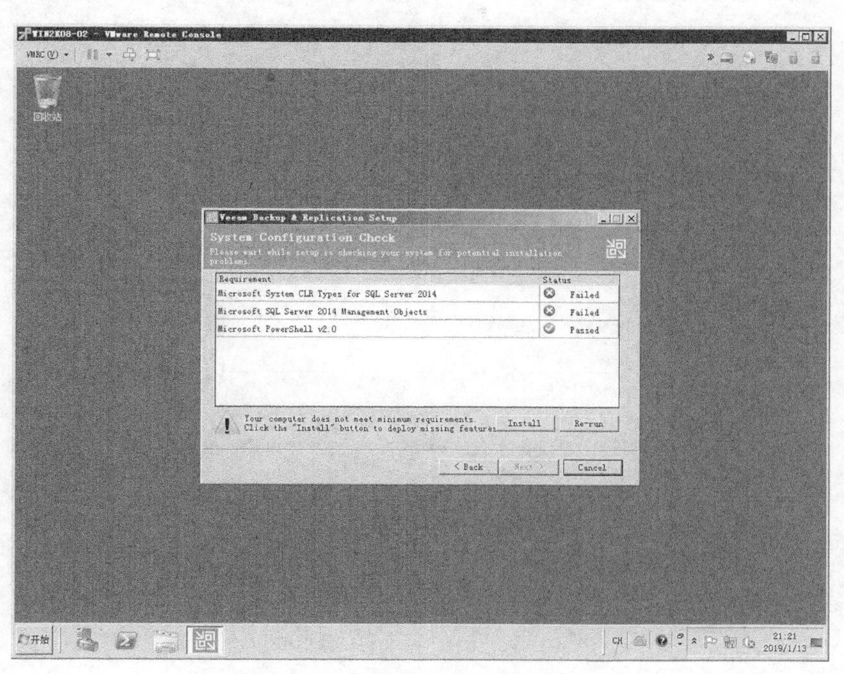

图 8-1-6　安装 Veeam Backup 之六

第 7 步，安装完成后组件状态为 Passed，如图 8-1-7 所示，单击“Next”按钮。

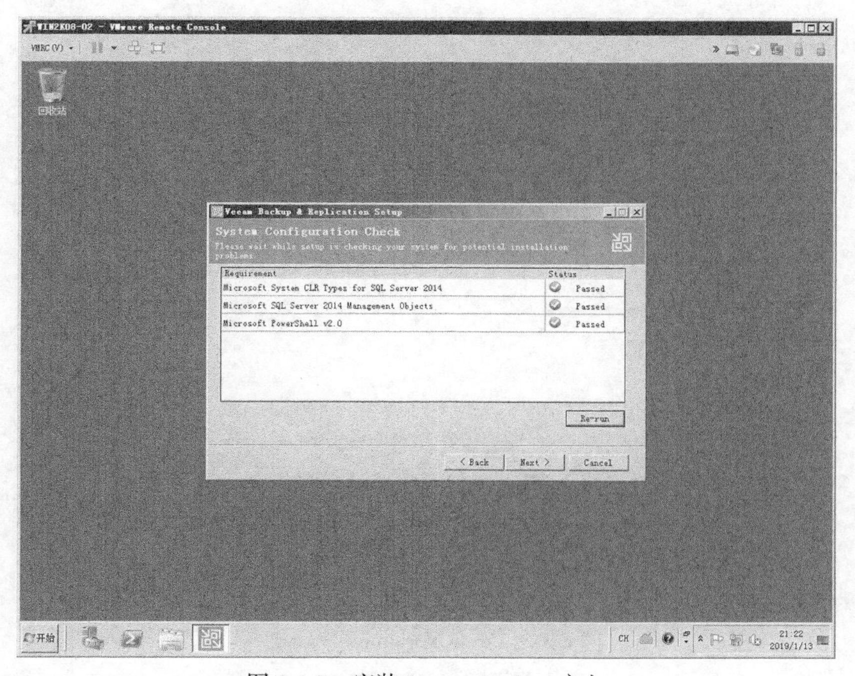

图 8-1-7　安装 Veeam Backup 之七

第 8 步，确认参数正确后，如图 8-1-8 所示，单击“Install”按钮。

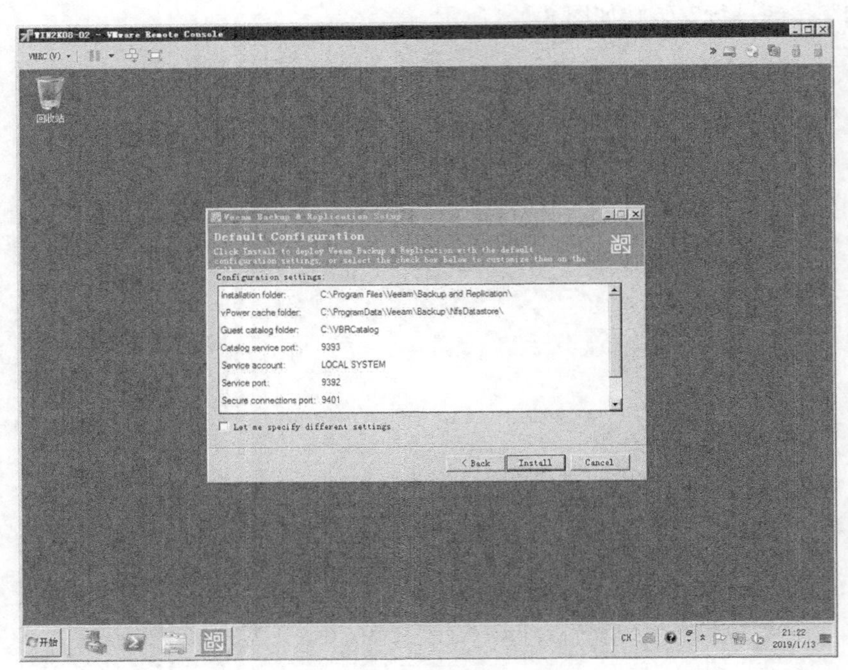

图 8-1-8 安装 Veeam Backup 之八

第 9 步，开始安装 Veeam Backup，如图 8-1-9 所示。

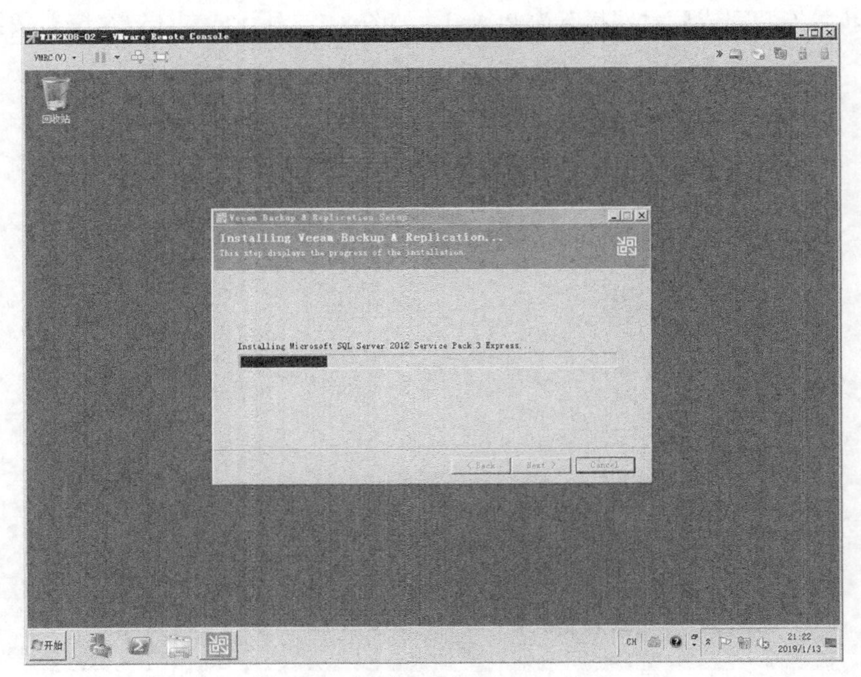

图 8-1-9 安装 Veeam Backup 之九

第 10 步，Veeam Backup 安装完成，如图 8-1-10 所示，单击“Finish”按钮。

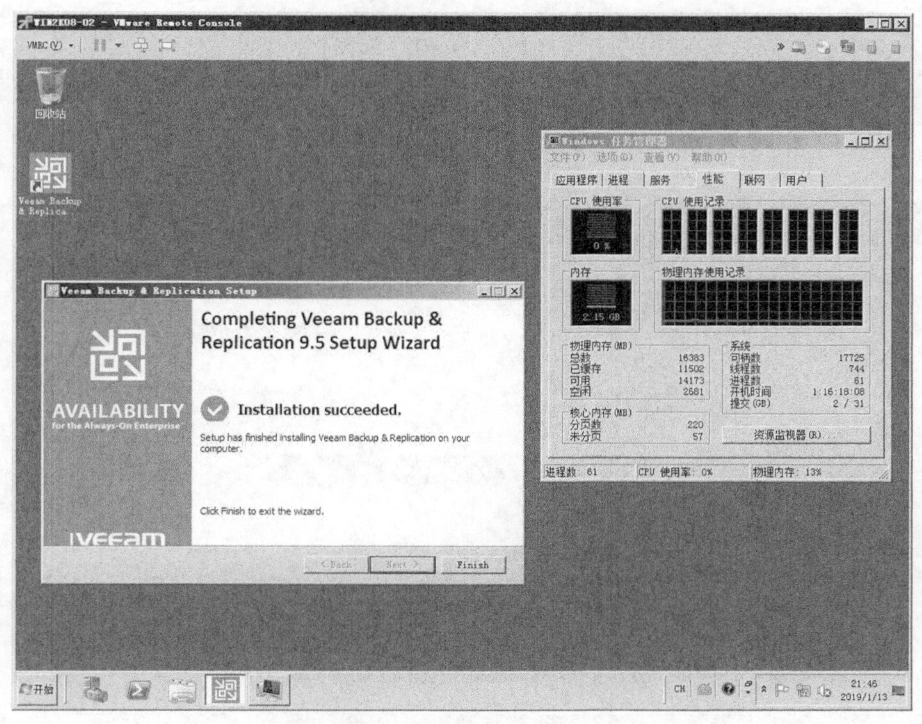

图 8-1-10　安装 Veeam Backup 之十

第 11 步，登录 Veeam Backup，如图 8-1-11 所示。

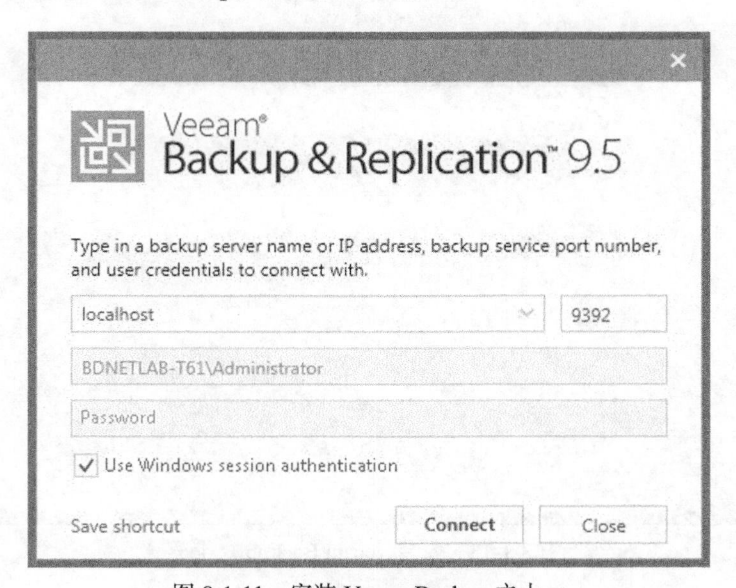

图 8-1-11　安装 Veeam Backup 之十一

第 12 步，登录后 Veeam Backup 主界面如图 8-1-12 所示。

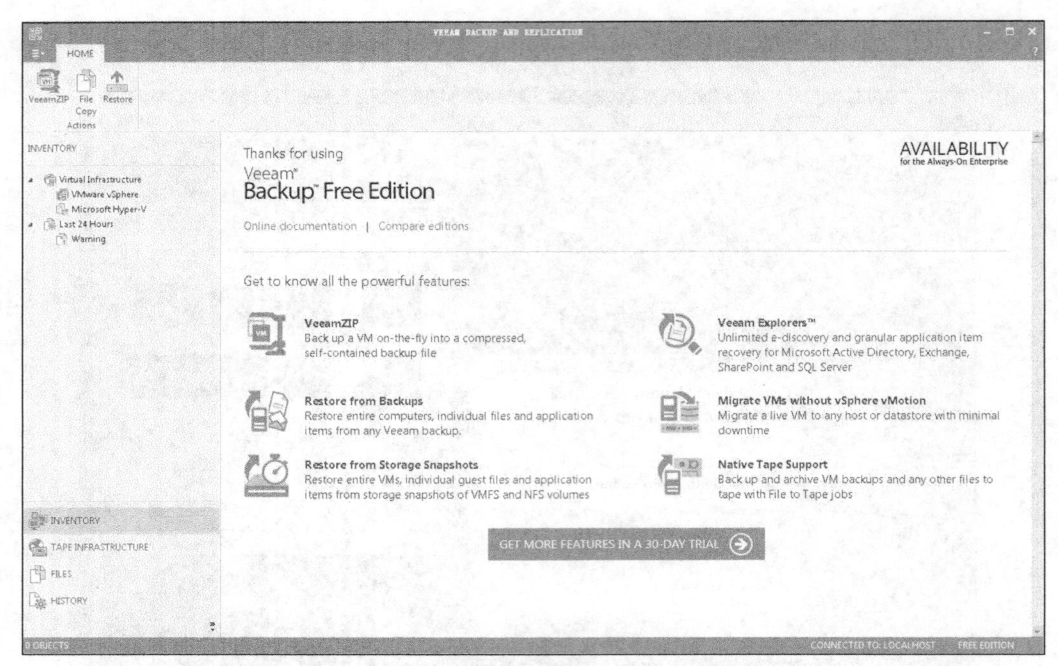

图 8-1-12　安装 Veeam Backup 之十二

第 13 步，添加 vCenter Server 的 IP 地址，如图 8-1-13 所示。

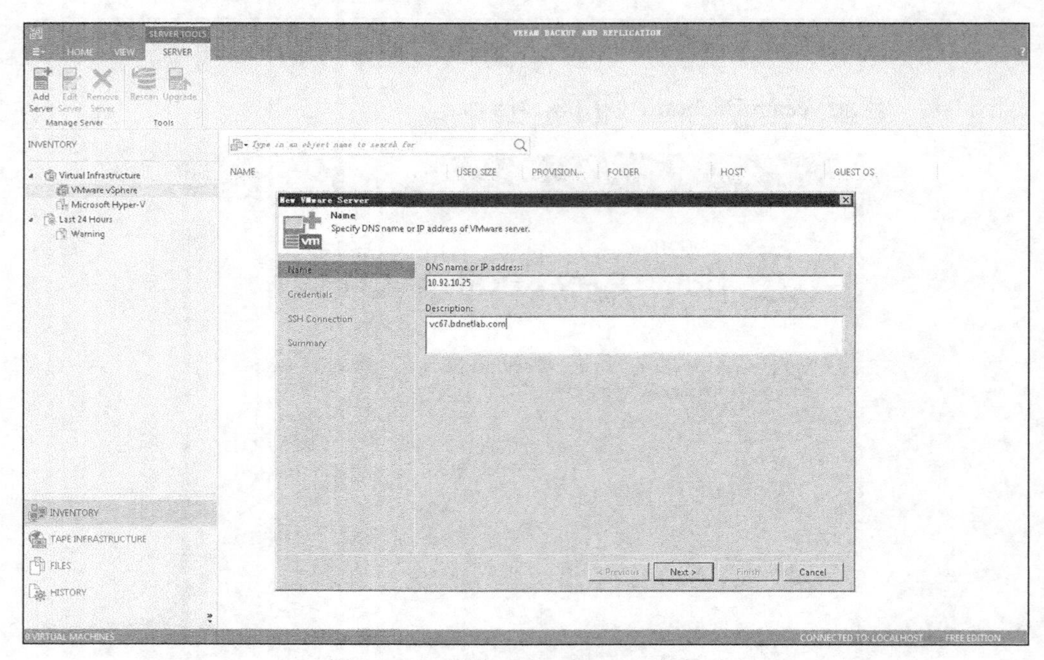

图 8-1-13　安装 Veeam Backup 之十三

第 14 步，选择连接 vCenter Server 的账户，如图 8-1-14 所示，选项为空。

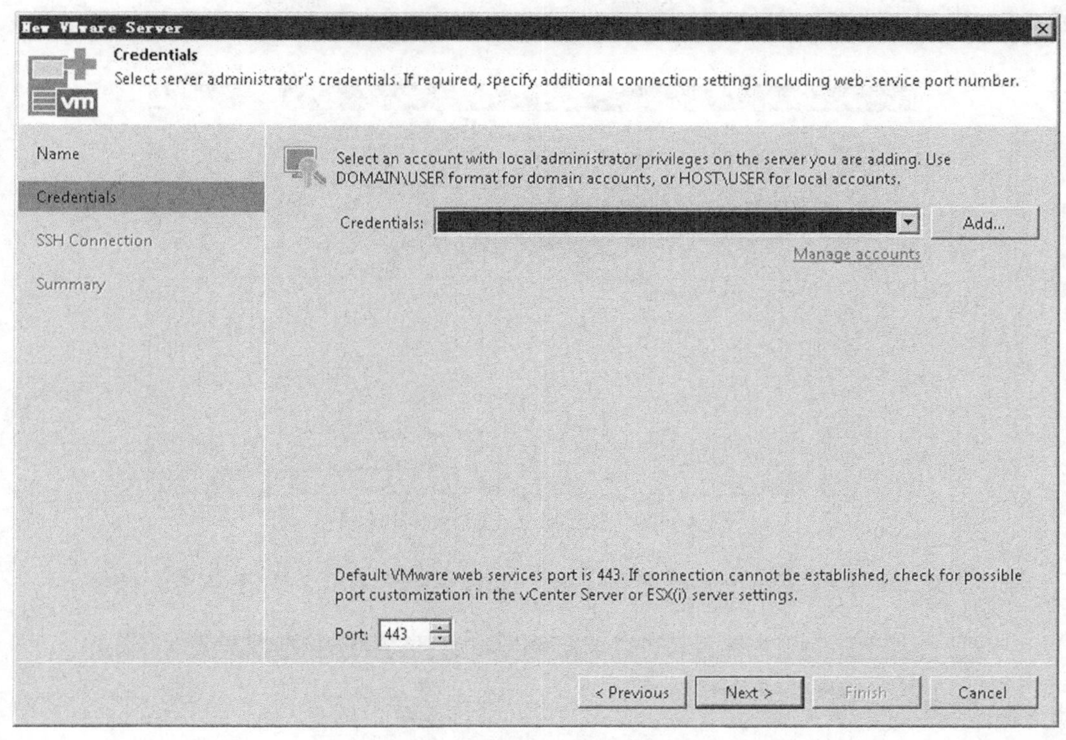

图 8-1-14 安装 Veeam Backup 之十四

第 15 步，添加 vCenter Server 账号，如图 8-1-15 所示，单击“Add”按钮。

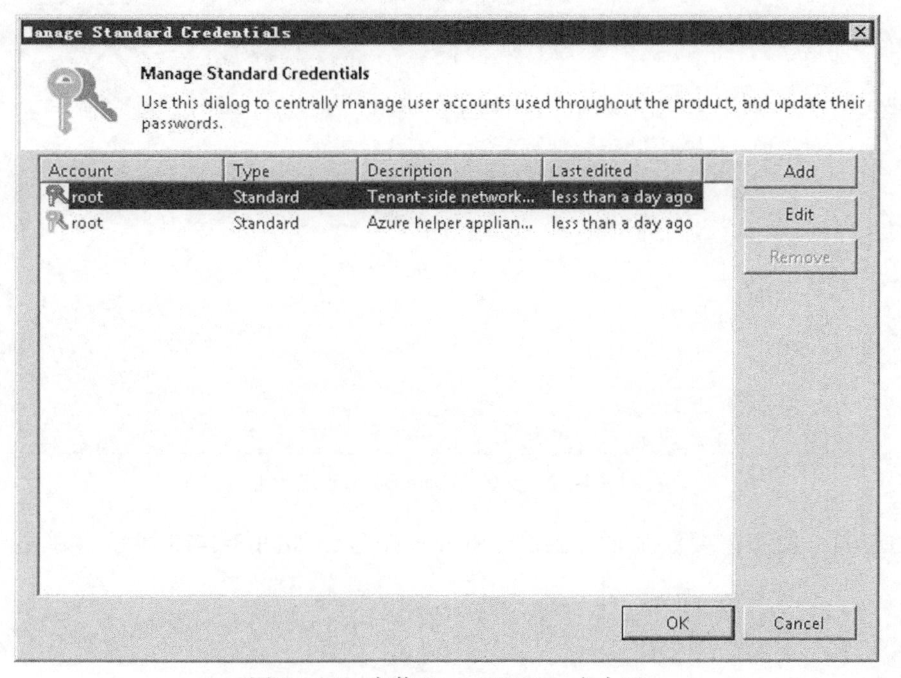

图 8-1-15 安装 Veeam Backup 之十五

第 16 步，输入 vCenter Server 账号，如图 8-1-16 所示，单击“OK”按钮。

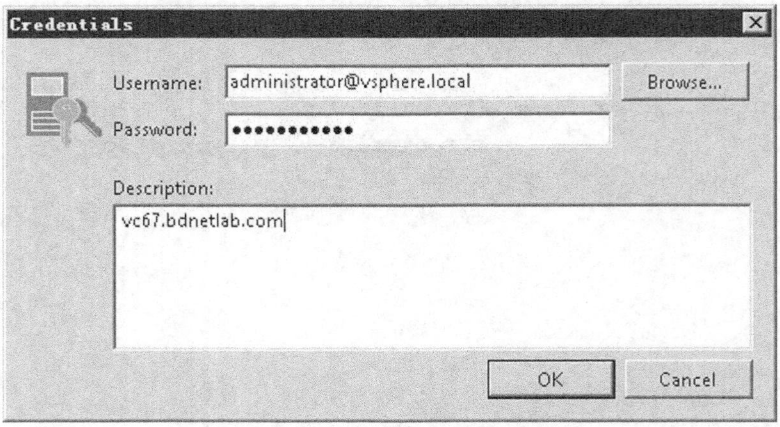

Credentials
Username: administrator@vsphere.local　Browse...
Password: ●●●●●●●●●●●●
Description:
vc67.bdnetlab.com
OK　Cancel

图 8-1-16　安装 Veeam Backup 之十六

第 17 步，添加 vCenter Server 账号完成，如图 8-1-17 所示，单击“OK”按钮。

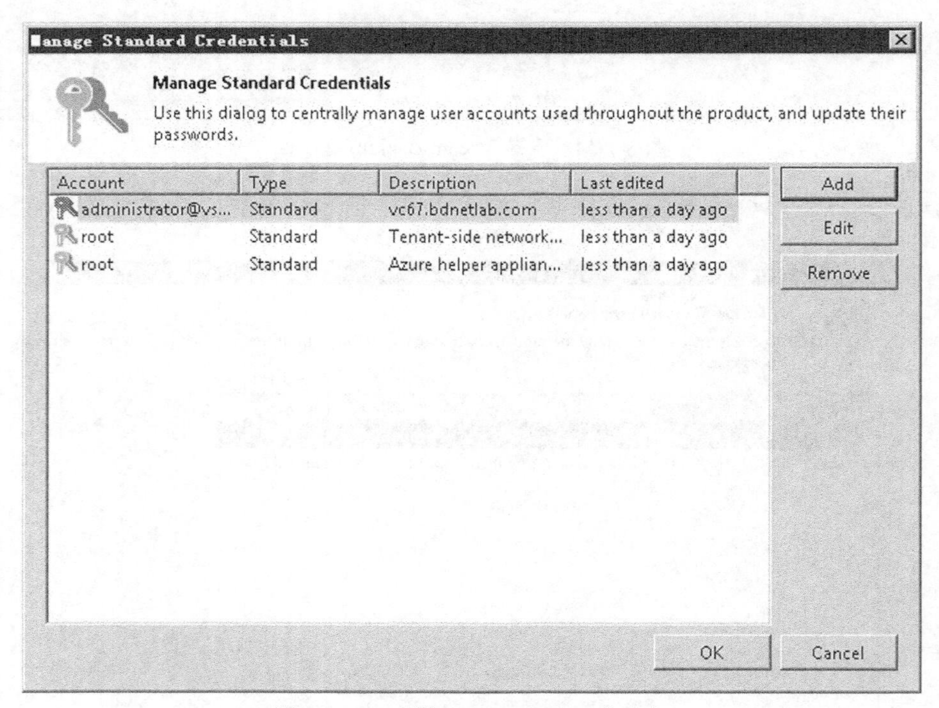

图 8-1-17　安装 Veeam Backup 之十七

第 18 步，选择需要添加的 vCenter Server 账号，如图 8-1-18 所示，单击“Next”按钮。

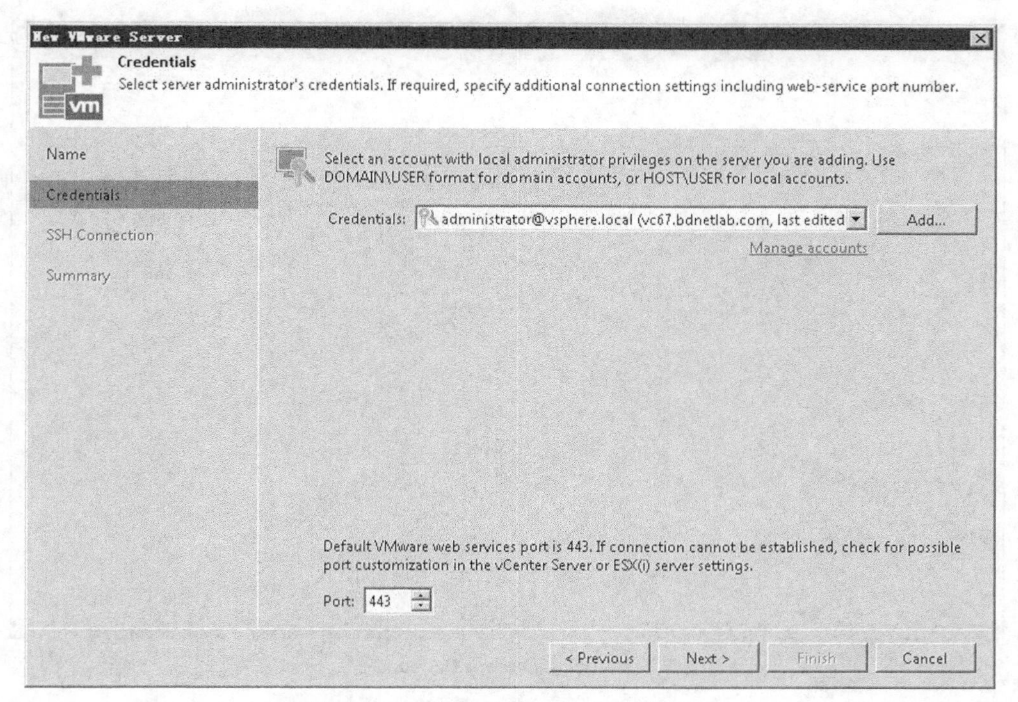

图 8-1-18 安装 Veeam Backup 之十八

第 19 步，Veeam Backup 连接 vCenter Server 成功，如图 8-1-19 所示。

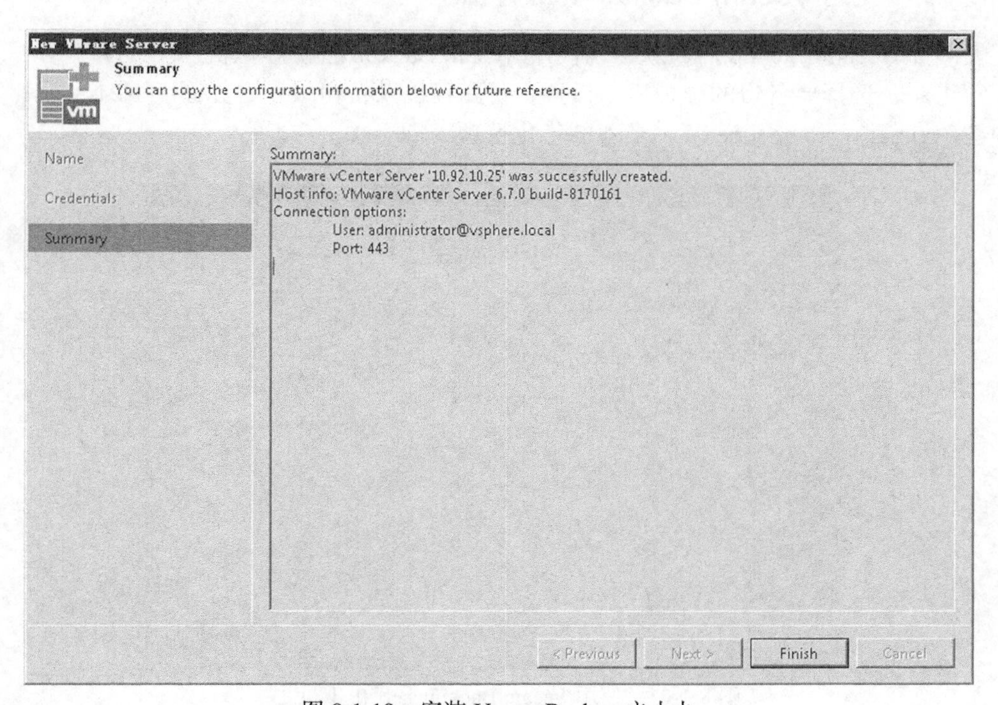

图 8-1-19 安装 Veeam Backup 之十九

第 20 步，Veeam Backup 获取到 vCenter Server 虚拟机信息，如图 8-1-20 所示。

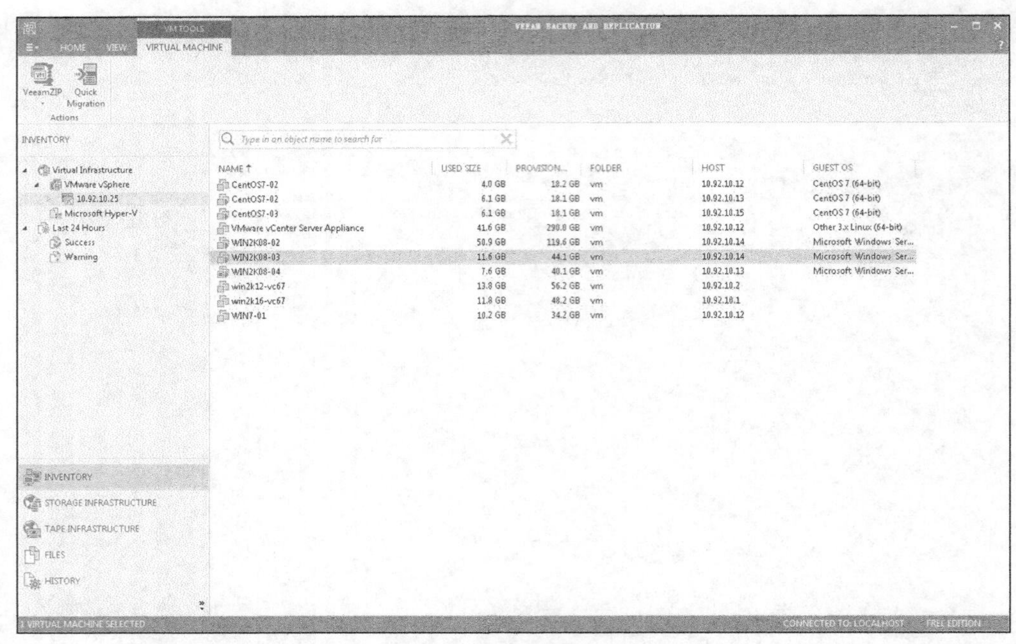

图 8-1-20　安装 Veeam Backup 之二十

至此，Veeam Backup 软件安装完成。整体来说，Veeam Backup 安装难度不大。

8.1.2　使用 Veeam Backup 备份虚拟机

安装完 Veeam Backup 后，就可以使用 Veeam Backup 备份虚拟机。

第 1 步，选择要备份的虚拟机，设置备份路径以及备份级别，如图 8-1-21 所示，一般选中“Optimal(recommended)”（推荐的优化选项）即可。

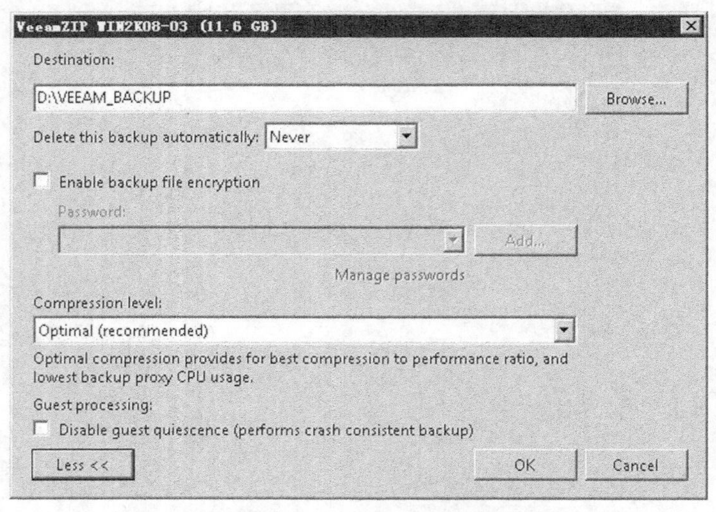

图 8-1-21　使用 Veeam Backup 备份虚拟机之一

第 2 步，开始备份虚拟机，如图 8-1-22 所示。

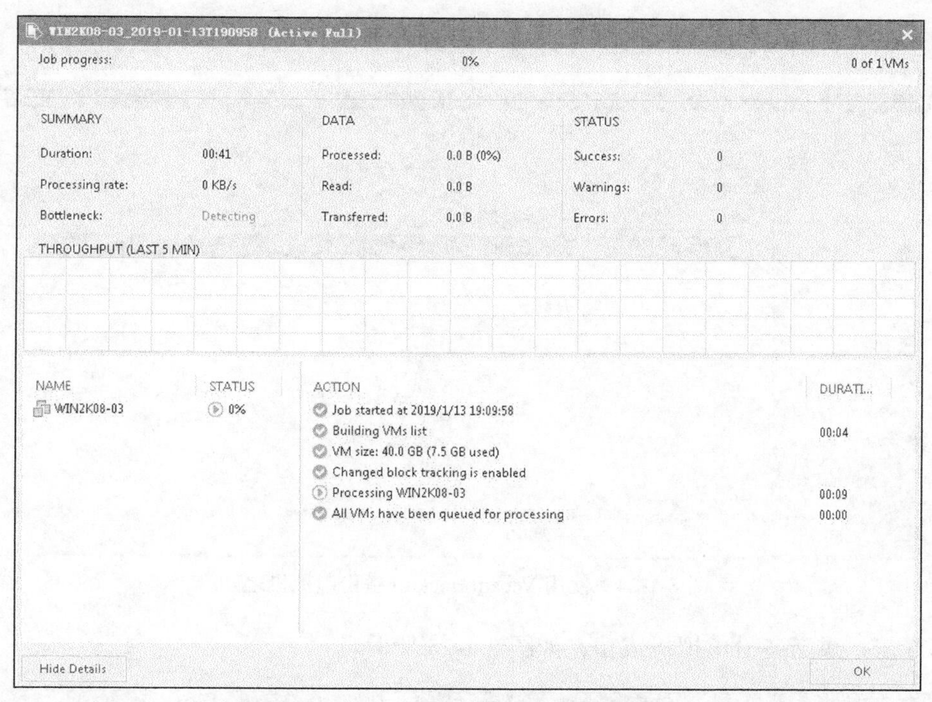

图 8-1-22 使用 Veeam Backup 备份虚拟机之二

第 3 步，备份虚拟机出现错误提示，如图 8-1-23 所示，其原因是使用的 Veeam Backup 版本不支持 vSphere 6.7。

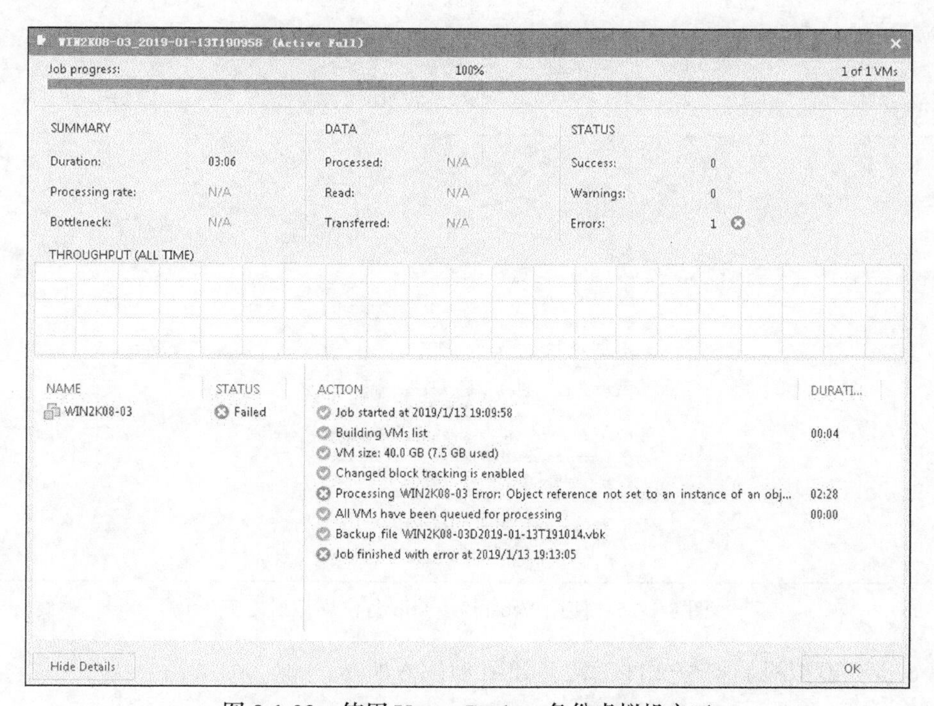

图 8-1-23 使用 Veeam Backup 备份虚拟机之三

第4步，下载最新的 Veeam Backup 安装程序重新进行安装，如图 8-1-24 所示。

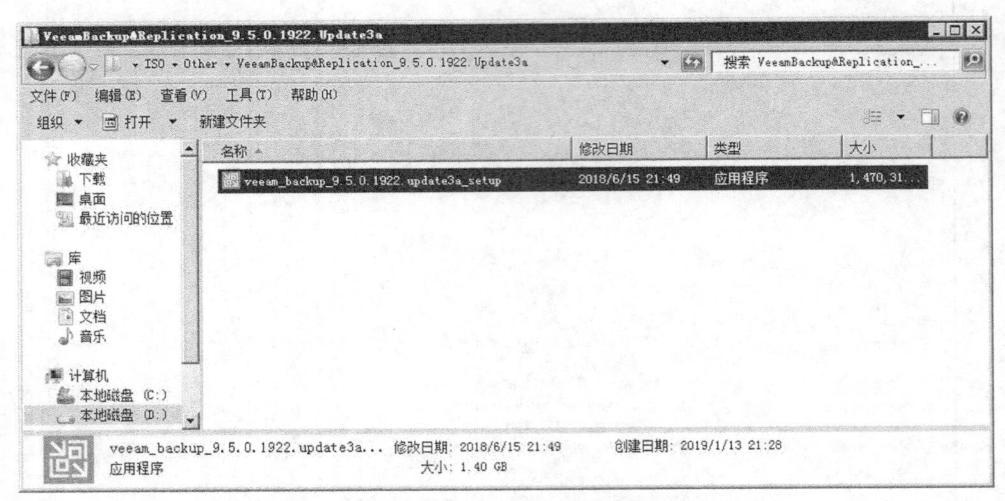

图 8-1-24 使用 Veeam Backup 备份虚拟机之四

第5步，重新备份虚拟机成功，如图 8-1-25 所示。

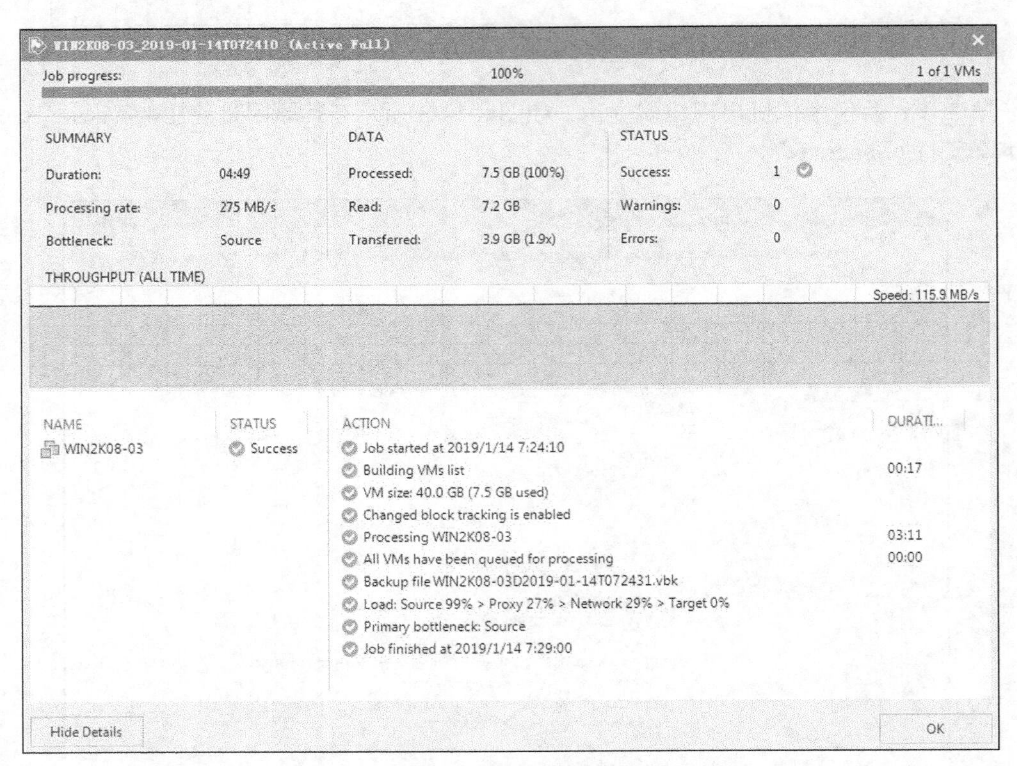

图 8-1-25 使用 Veeam Backup 备份虚拟机之五

第6步，虚拟机的备份文件正常，如图 8-1-26 所示。

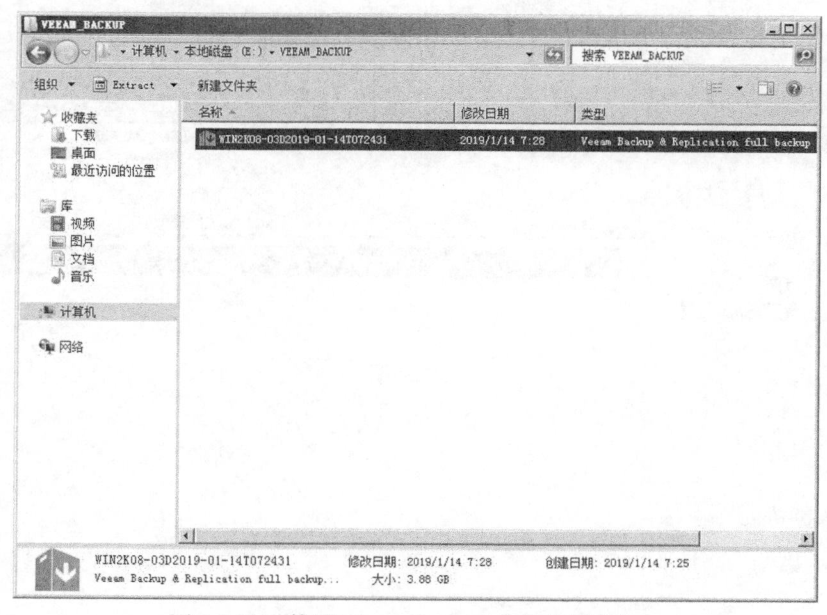

图 8-1-26　使用 Veeam Backup 备份虚拟机之六

至此，使用 Veeam Backup 备份虚拟机完成。在生产环境中使用它时一定要注意其版本是否兼容 vSphere 版本，同时建议备份操作在虚拟机非访问高峰时操作，以降低备份对性能造成的影响。另外也需要注意备份不成功时出现的错误提示，根据提示找出原因并解决后再对虚拟机进行备份。

8.2　使用 Veeam Backup 恢复虚拟机

备份虚拟机介绍完成后就该介绍虚拟机的恢复问题。用户在发现虚拟机出现问题时可以及时恢复虚拟机，当然，这与备份策略有很大的关系。本节介绍如何恢复虚拟机。

8.2.1　开机状态下直接恢复虚拟机

“开机状态下直接恢复虚拟机”的意思是虚拟机正在运行，但发现虚拟机可能有问题，于是直接进行恢复操作。恢复过程中会提示虚拟机已存在，同时恢复过程中虚拟机提供的服务会中断。

第 1 步，登录 Veeam Backup，选择 Backup file 文件，选择“Restore”，如图 8-2-1 所示。

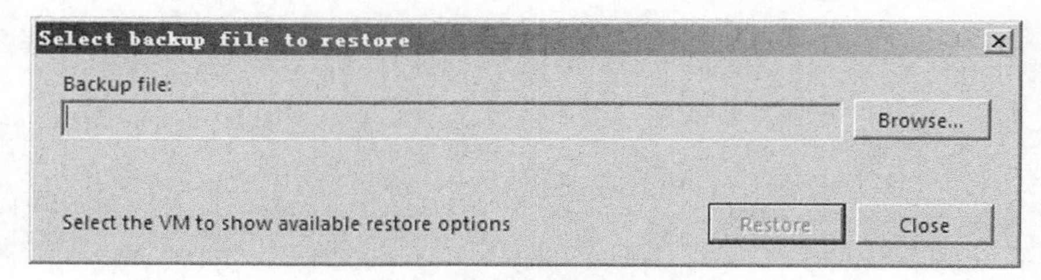

图 8-2-1　开机状态下恢复虚拟机之一

第 2 步，选择备份好的虚拟机文件，如图 8-2-2 所示。

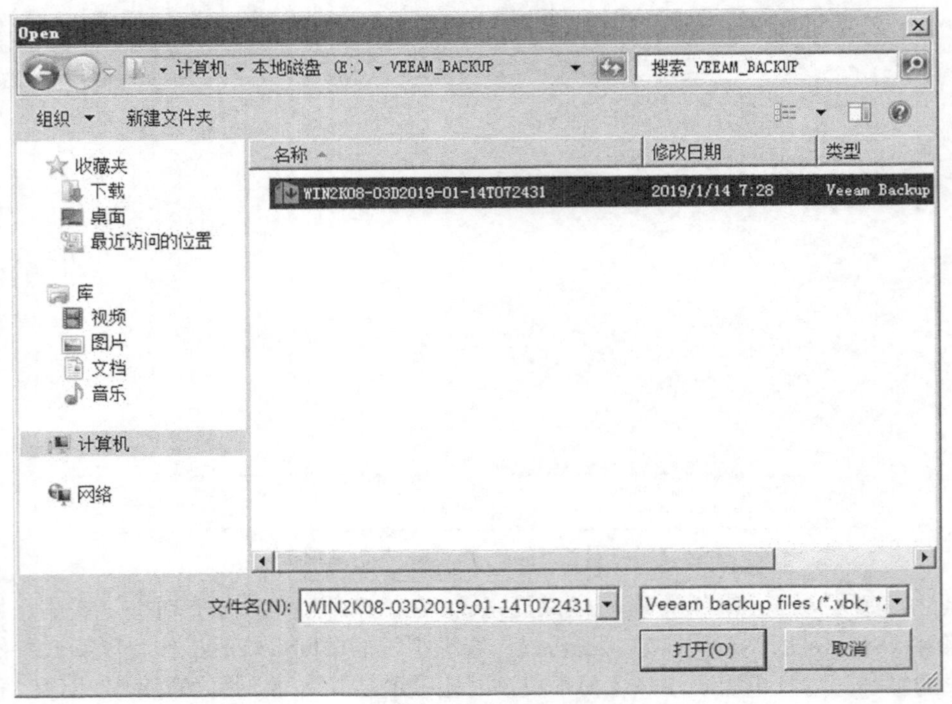

图 8-2-2　开机状态下恢复虚拟机之二

第 3 步，Veeam Backup 会对备份文件进行基本的校验，校验完成后会显示备份文件的相关信息，如图 8-2-3 所示。

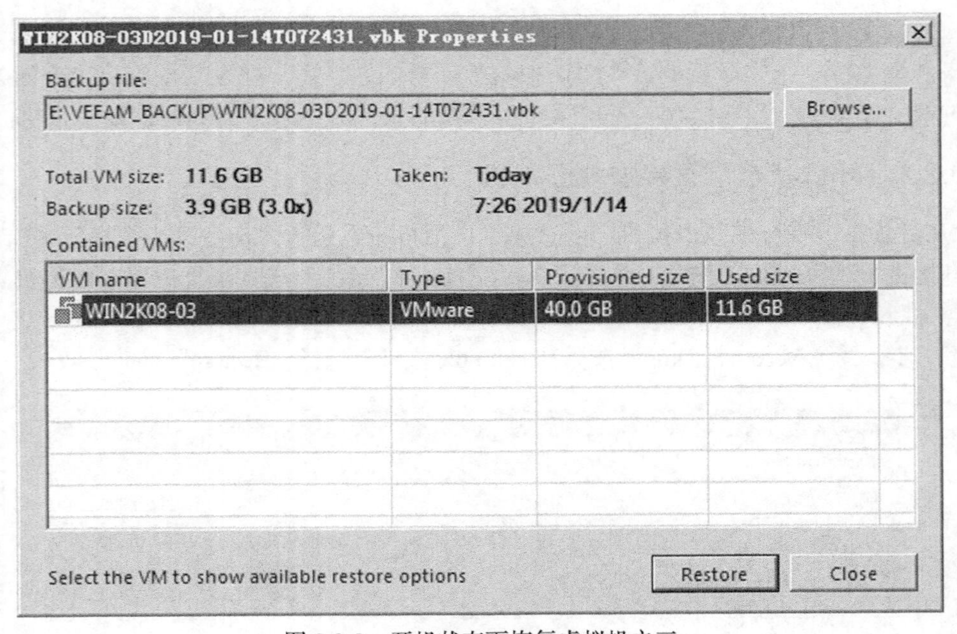

图 8-2-3　开机状态下恢复虚拟机之三

第 4 步，选中“Entire VM(including registration)”选项，对整个虚拟机进行恢复，如图 8-2-4 所示。

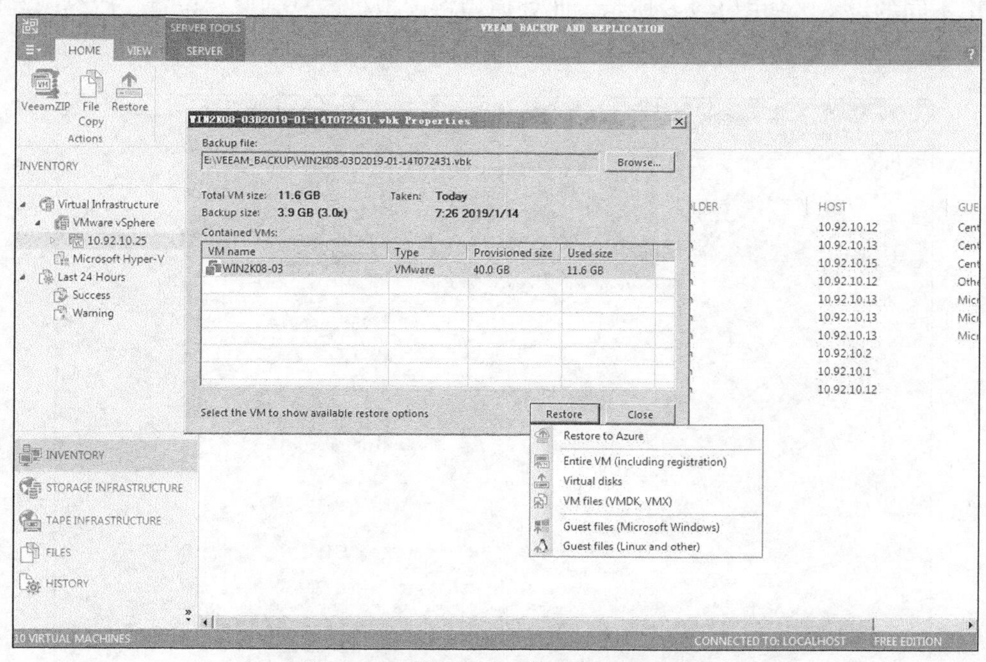

图 8-2-4 开机状态下恢复虚拟机之四

第 5 步，出现虚拟机恢复向导，如图 8-2-5 所示。

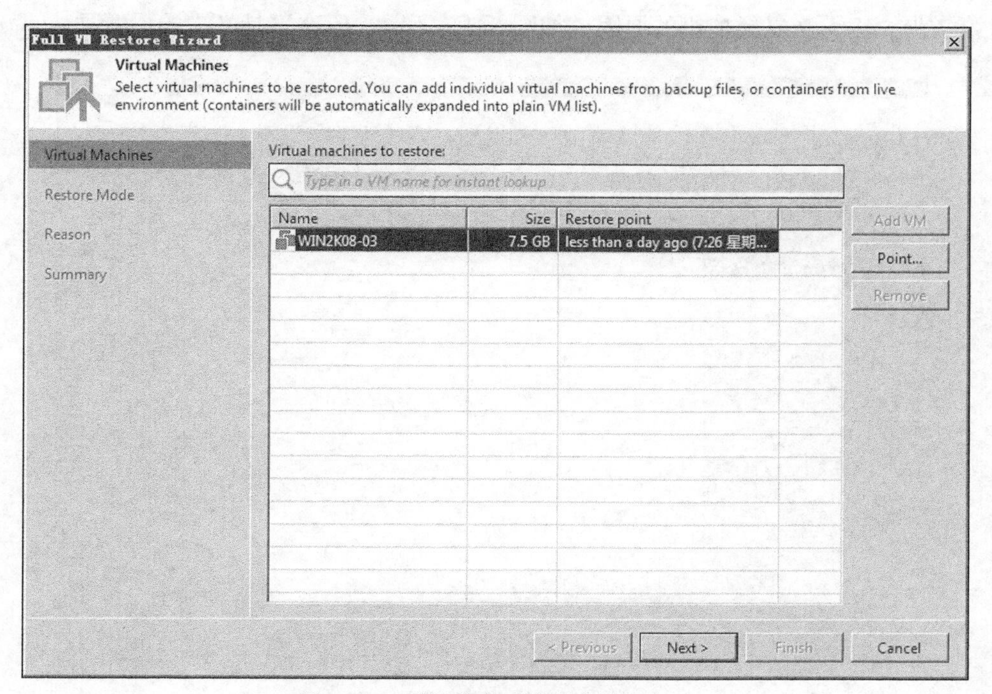

图 8-2-5 开机状态下恢复虚拟机之五

第6步，选择恢复模式。选项“Restore to the original location”是将虚拟机恢复到原始位置，选项“Restore to a new location,or with different settings”是将虚拟机恢复到新的位置并使用不同的设置，如图8-2-6所示。此处使用将虚拟机恢复到原始位置，后续恢复实验再使用其他选项。

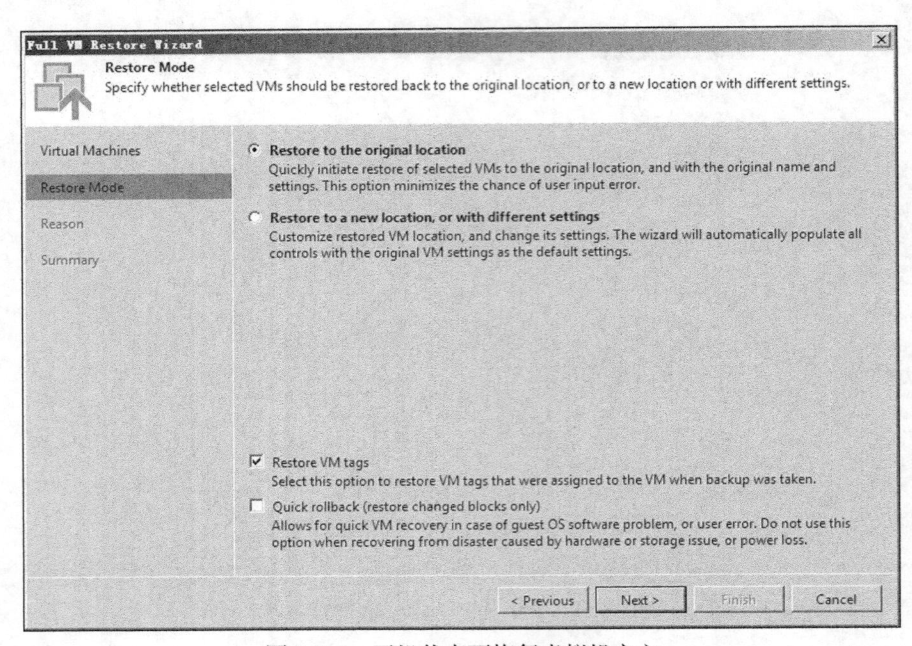

图8-2-6　开机状态下恢复虚拟机之六

第7步，输入恢复虚拟机的原因，如图8-2-7所示，但这不是必需的设置项。

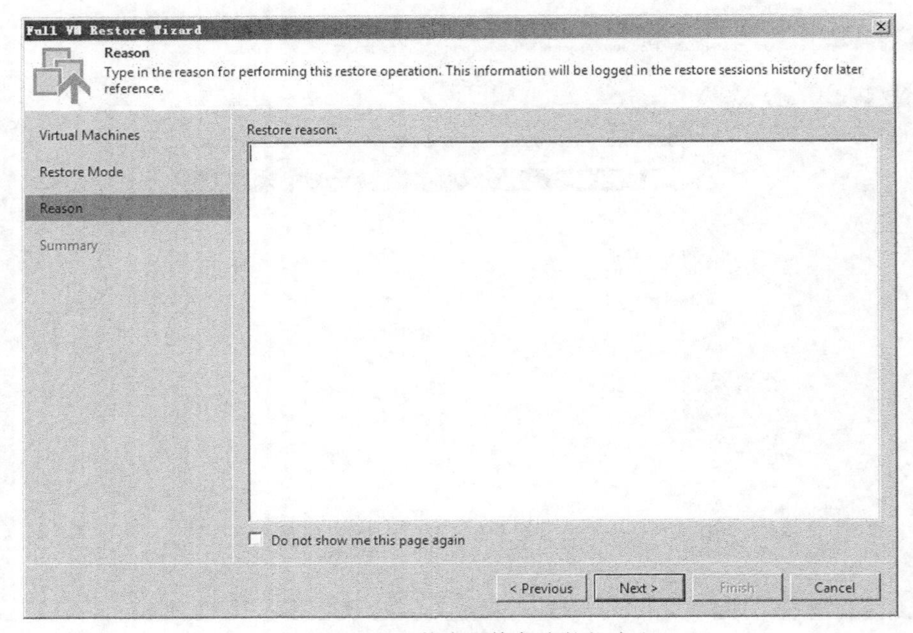

图8-2-7　开机状态下恢复虚拟机之七

第 8 步，系统检测到源虚拟机正在运行，如果要进行恢复操作，需要关闭源虚拟机电源，如图 8-2-8 所示。

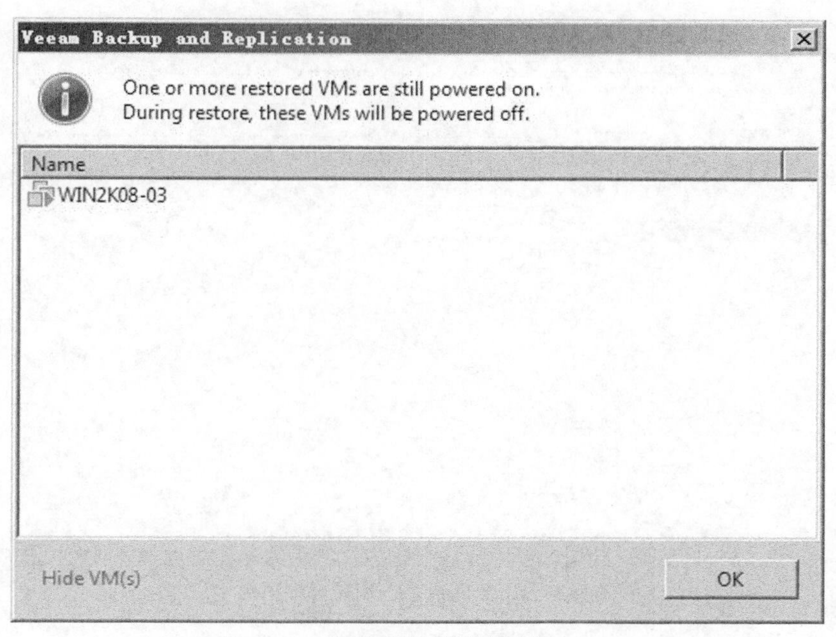

图 8-2-8 开机状态下恢复虚拟机之八

第 9 步，系统提示虚拟机将被从架构中删除，如图 8-2-9 所示。

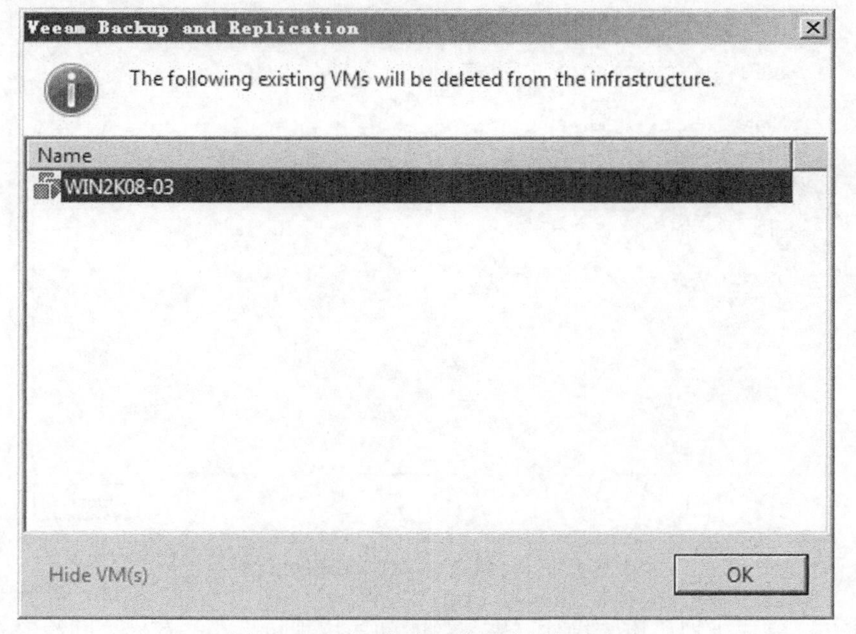

图 8-2-9 开机状态下恢复虚拟机之九

第 10 步，确认恢复虚拟机的参数正确后，用户可以根据生产环境的实际情况决定是否选中恢复虚拟机后打开电源（Power on target VM after restoring），如图 8-2-10 所示，单击“Finish”按钮。

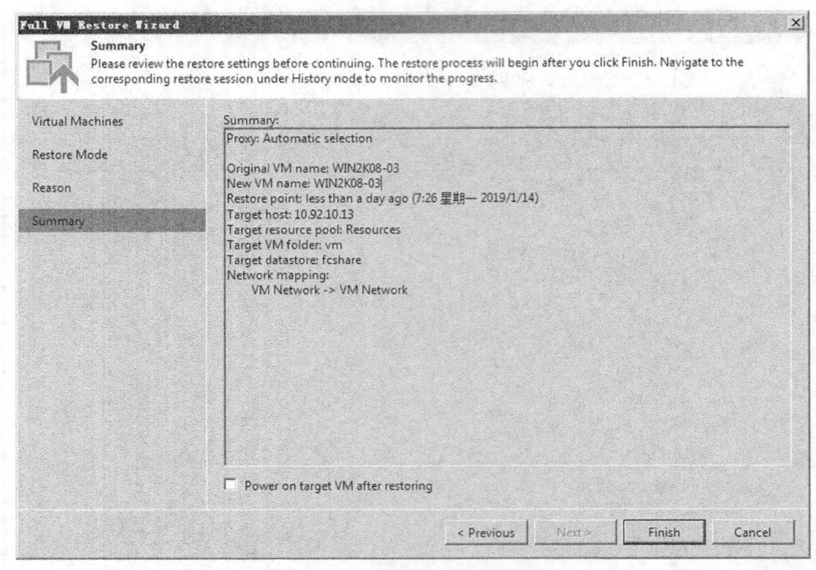

图 8-2-10　开机状态下恢复虚拟机之十

第 11 步，开始恢复虚拟机，如图 8-2-11 所示。

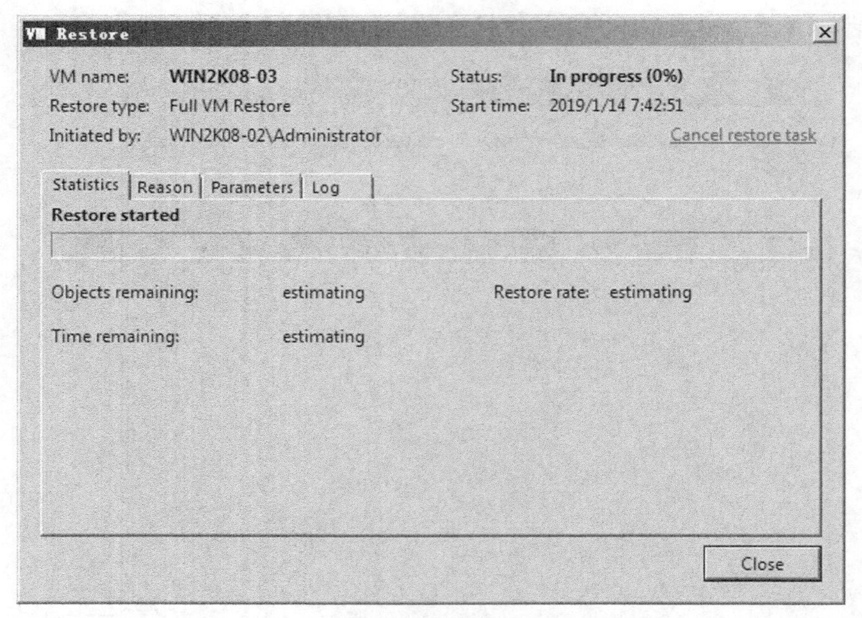

图 8-2-11　开机状态下恢复虚拟机之十一

第 12 步，完成虚拟机恢复操作，恢复的时间与虚拟机大小、存储、网络等有关，恢复状态一定要是“Success”才能说明虚拟机恢复成功，如图 8-2-12 所示。

第 13 步，打开虚拟机控制台查看恢复的虚拟机的情况，如图 8-2-13 所示。

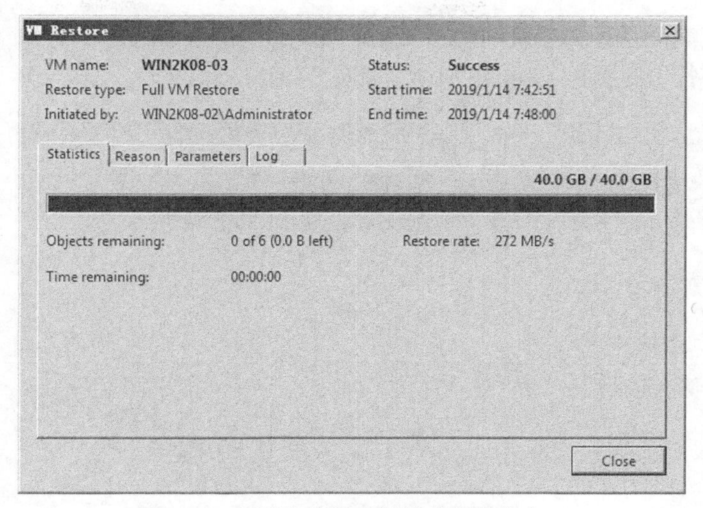

图 8-2-12 开机状态下恢复虚拟机之十二

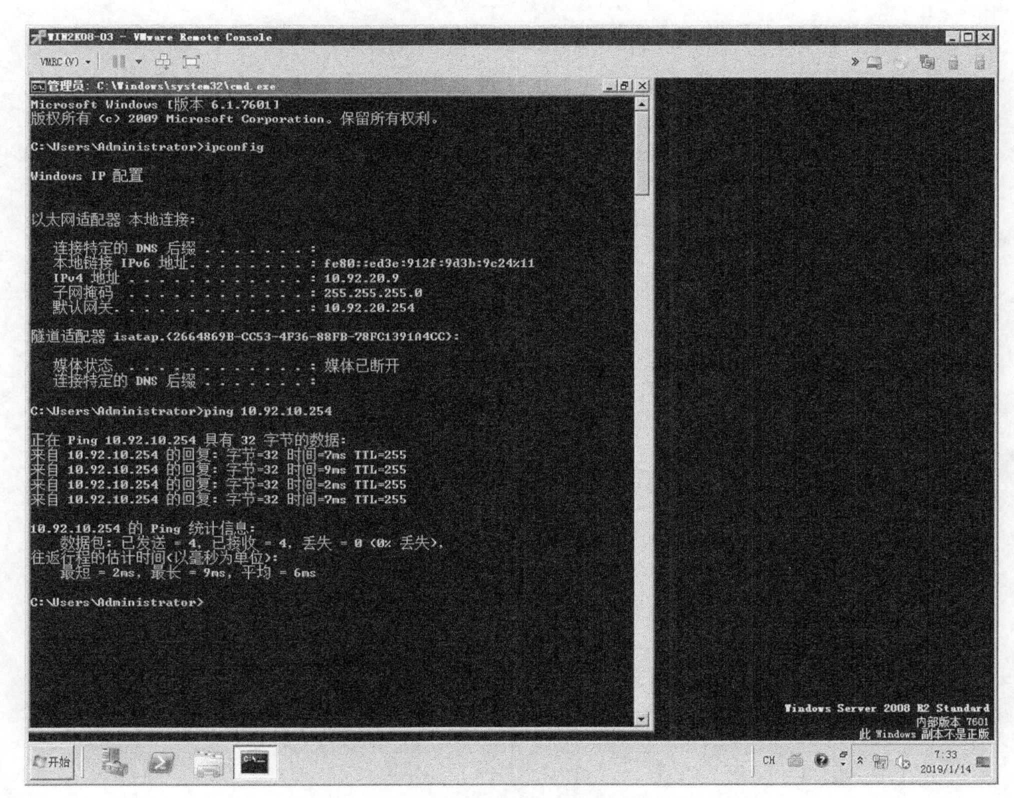

图 8-2-13 开机状态下恢复虚拟机之十三

至此，在开机状态下恢复虚拟机完成。因为恢复的虚拟机是原始状态，不涉及参数调整，所以整体恢复难度不大。下面的章节将介绍调整参数的虚拟机恢复。

8.2.2 删除虚拟机后恢复虚拟机

本小节讲解先删除虚拟机再恢复虚拟机的操作。使用选项“Restore to a new location,or with

different settings”即将虚拟机恢复到新的位置并使用不同的设置。

第1步，先备份虚拟机CentOS7-03，如图8-2-14所示。

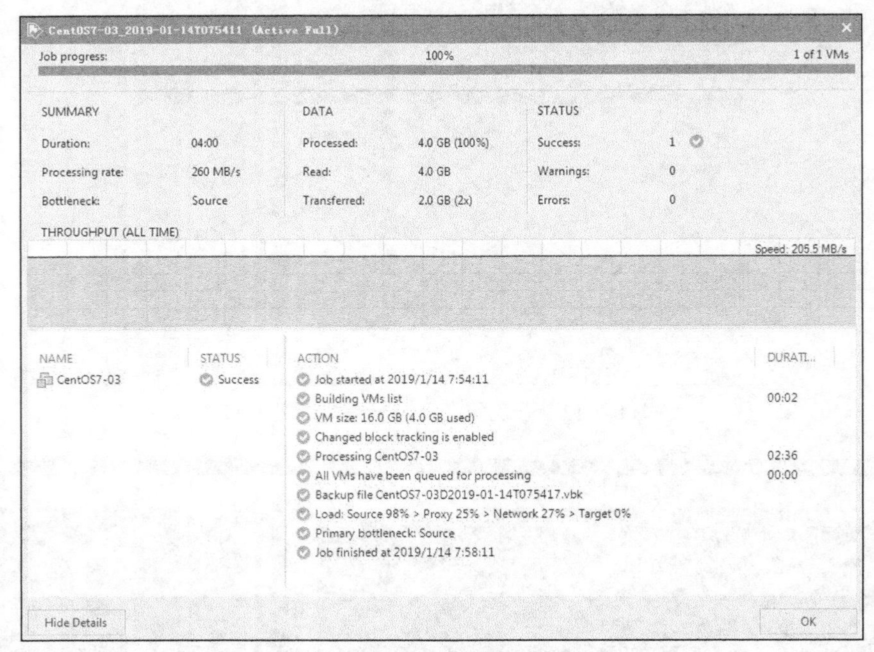

图8-2-14　删除虚拟机恢复虚拟机之一

第2步，查看虚拟机备份文件，如图8-2-15所示。

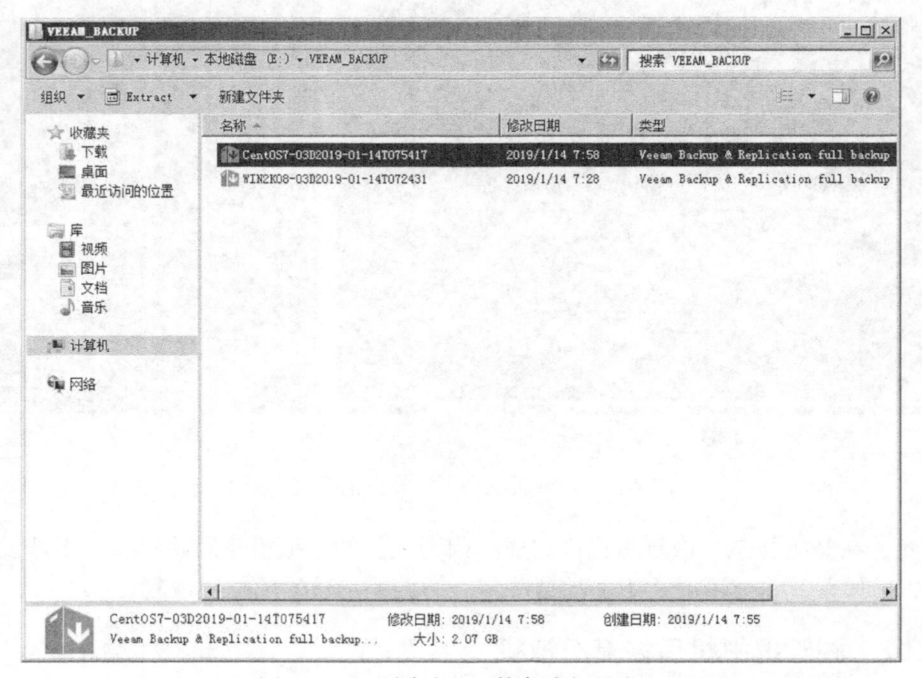

图8-2-15　删除虚拟机恢复虚拟机之二

第 3 步，将虚拟机 CentOS7-03 删除后，状态如图 8-2-16 所示。

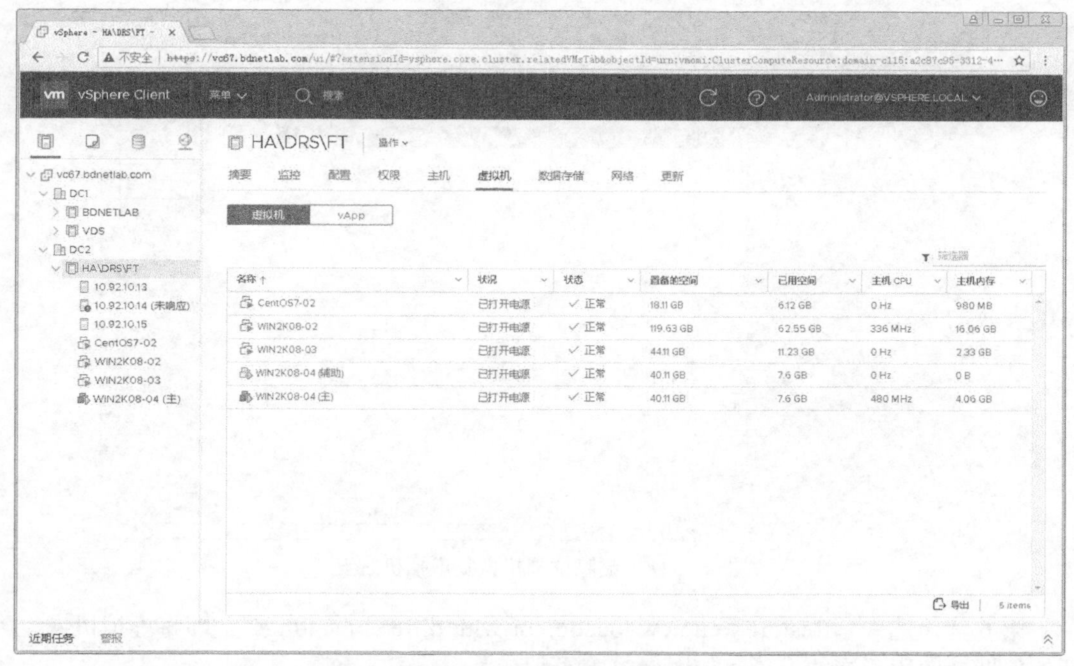

图 8-2-16　删除虚拟机恢复虚拟机之三

第 4 步，选择备份文件恢复虚拟机，如图 8-2-17 所示。

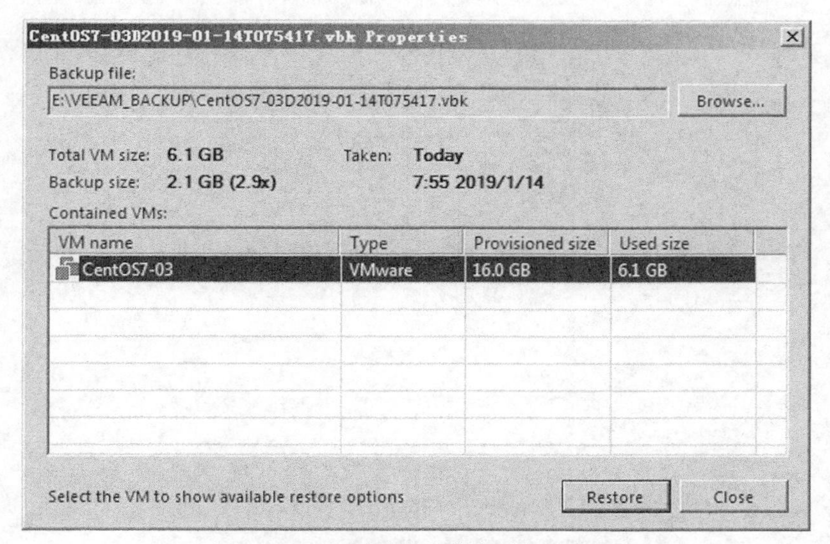

图 8-2-17　删除虚拟机恢复虚拟机之四

第 5 步，出现虚拟机恢复向导，如图 8-2-18 所示。

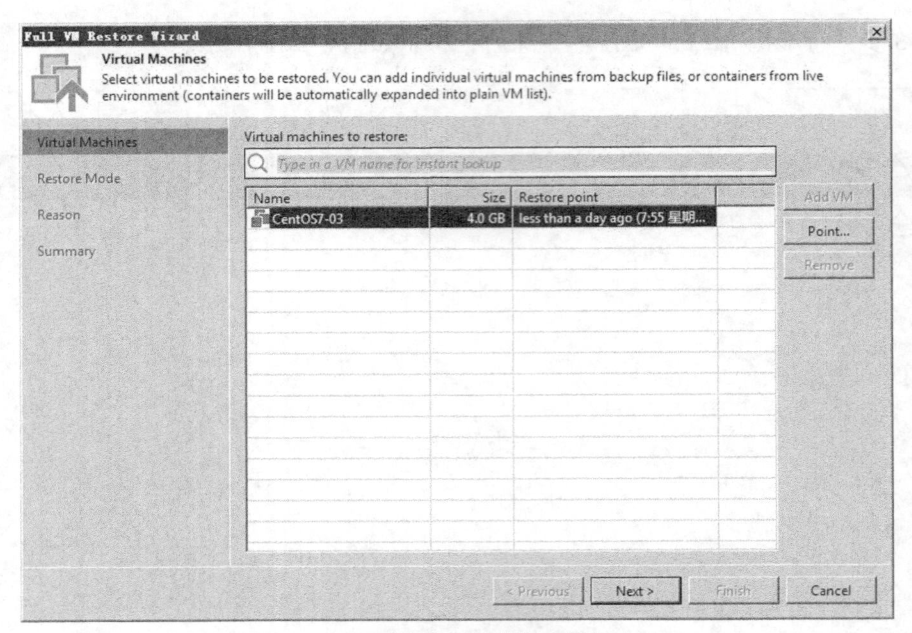

图 8-2-18 删除虚拟机恢复虚拟机之五

第 6 步，选中"Restore to a new location,or with different settings"，即将虚拟机恢复到新的位置并使用不同的设置，如图 8-2-19 所示。

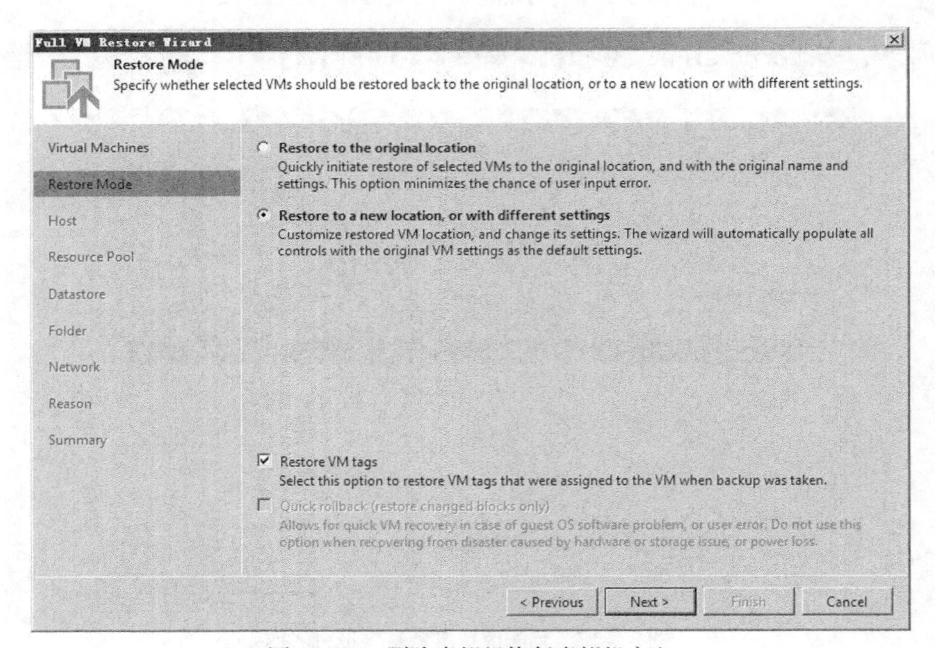

图 8-2-19 删除虚拟机恢复虚拟机之六

第 7 步，选择虚拟机运行的主机。原始状态下虚拟机使用 IP 地址为 10.92.10.15 的主机，如图 8-2-20 所示。

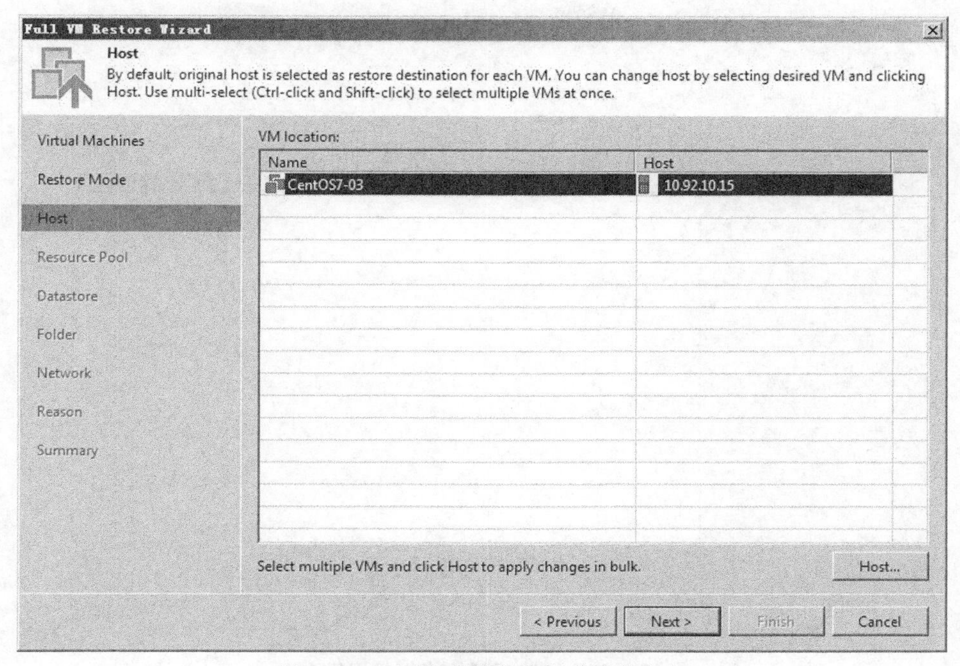

图 8-2-20 删除虚拟机恢复虚拟机之七

第 8 步，选择 IP 地址为 10.92.10.13 的主机作为虚拟机运行的主机，如图 8-2-21 所示。

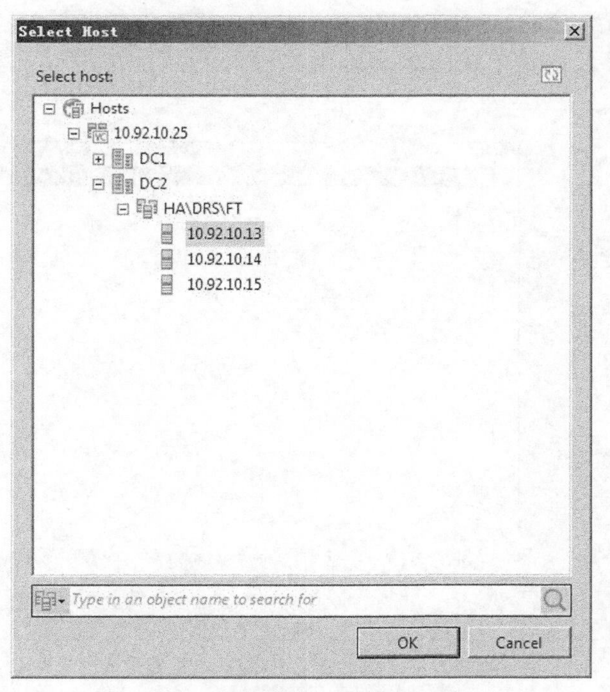

图 8-2-21 删除虚拟机恢复虚拟机之八

第 9 步，确定虚拟机运行的主机，如图 8-2-22 所示。

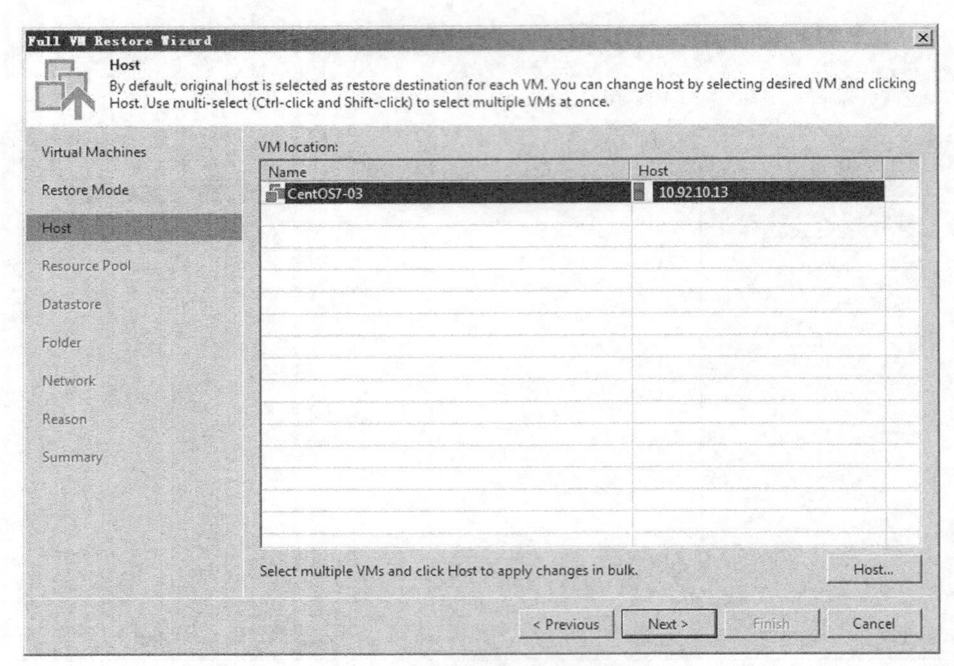

图 8-2-22　删除虚拟机恢复虚拟机之九

第 10 步，选择虚拟机运行的资源池，如图 8-2-23 所示。

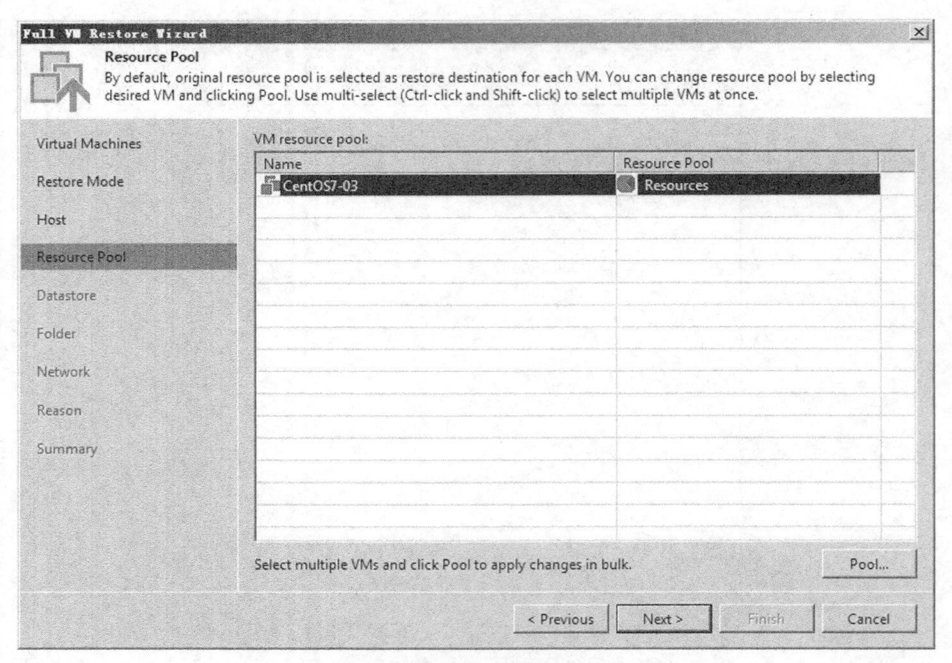

图 8-2-23　删除虚拟机恢复虚拟机之十

第 11 步，可以重新选择虚拟机运行的资源池。本操作未使用资源池，因此为空，如图 8-2-24 所示。

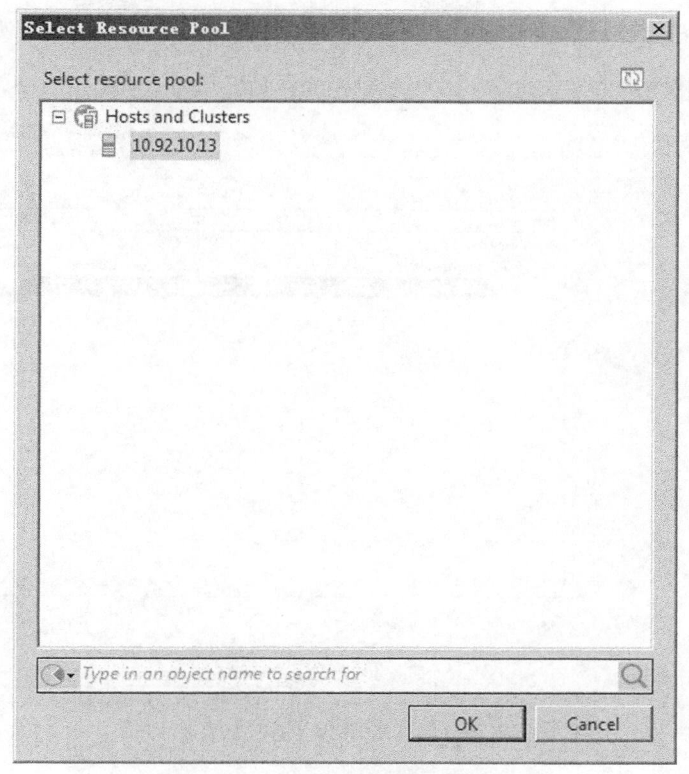

图 8-2-24 删除虚拟机恢复虚拟机之十一

第 12 步，确定虚拟机运行的资源池，如图 8-2-25 所示。

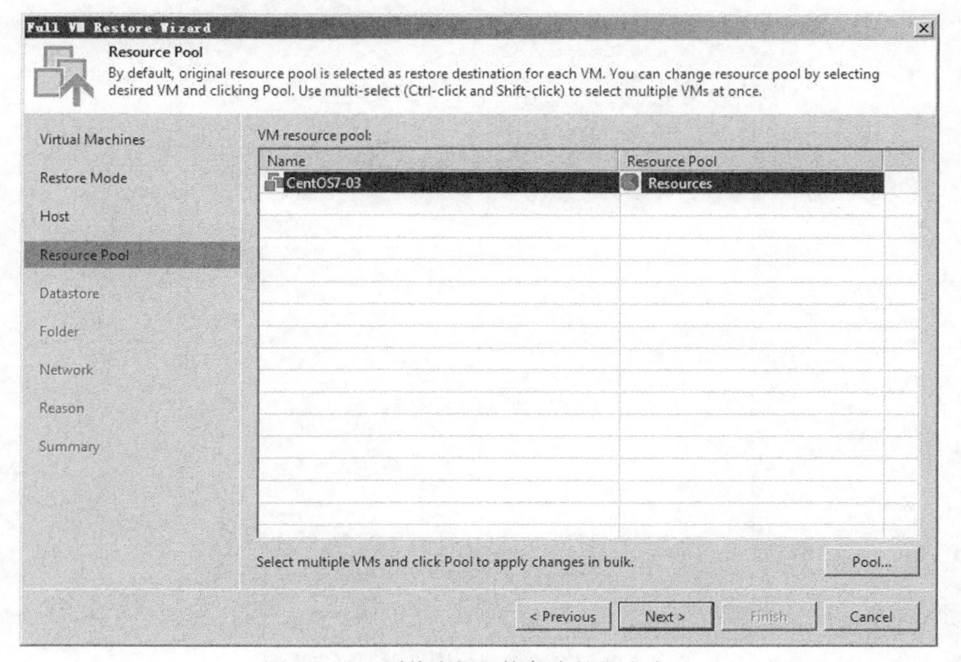

图 8-2-25 删除虚拟机恢复虚拟机之十二

第13步，选择虚拟机使用的存储。原始状态使用的是存储fcshare，如图8-2-26所示。

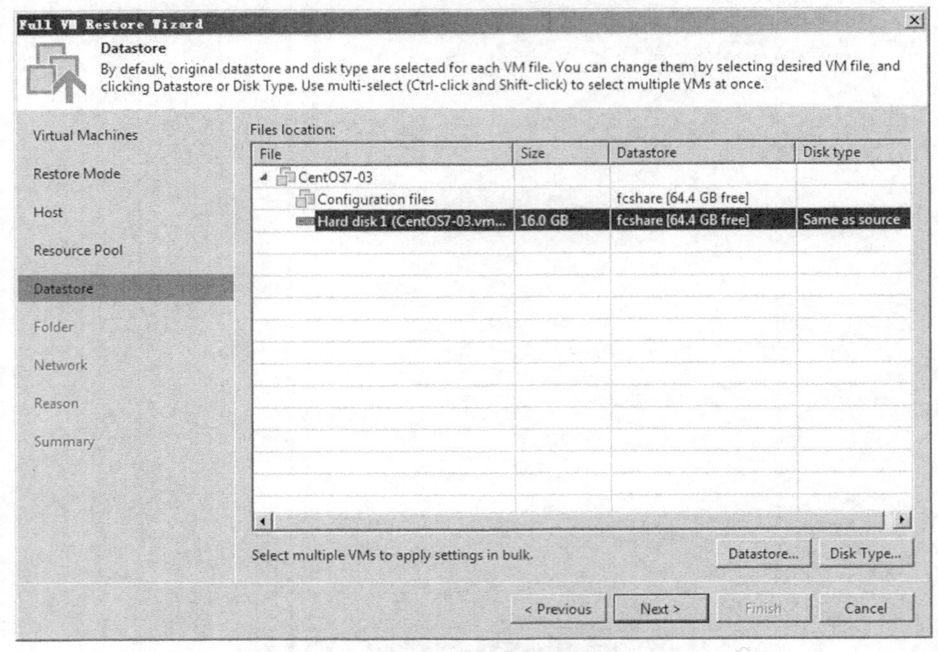

图8-2-26　删除虚拟机恢复虚拟机之十三

第14步，重新选择虚拟机使用存储opene-iscsi，如图8-2-27所示。

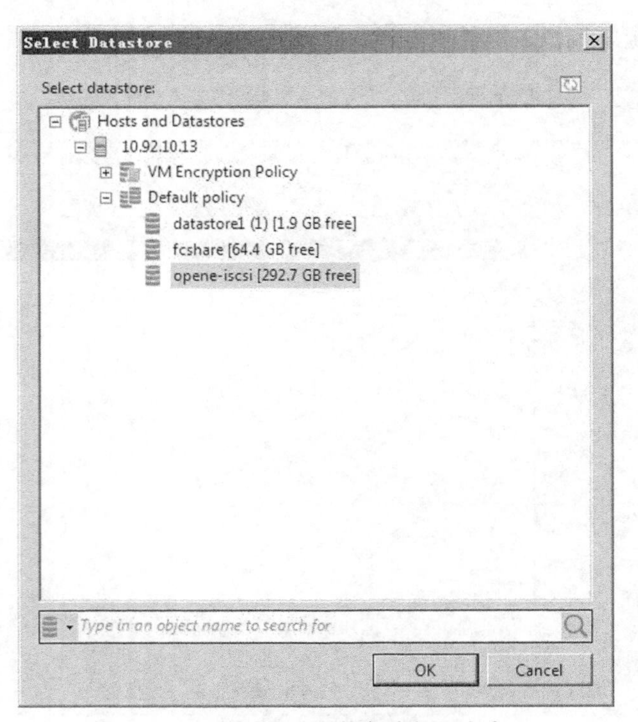

图8-2-27　删除虚拟机恢复虚拟机之十四

第 15 步，确认虚拟机使用的存储，如图 8-2-28 所示。

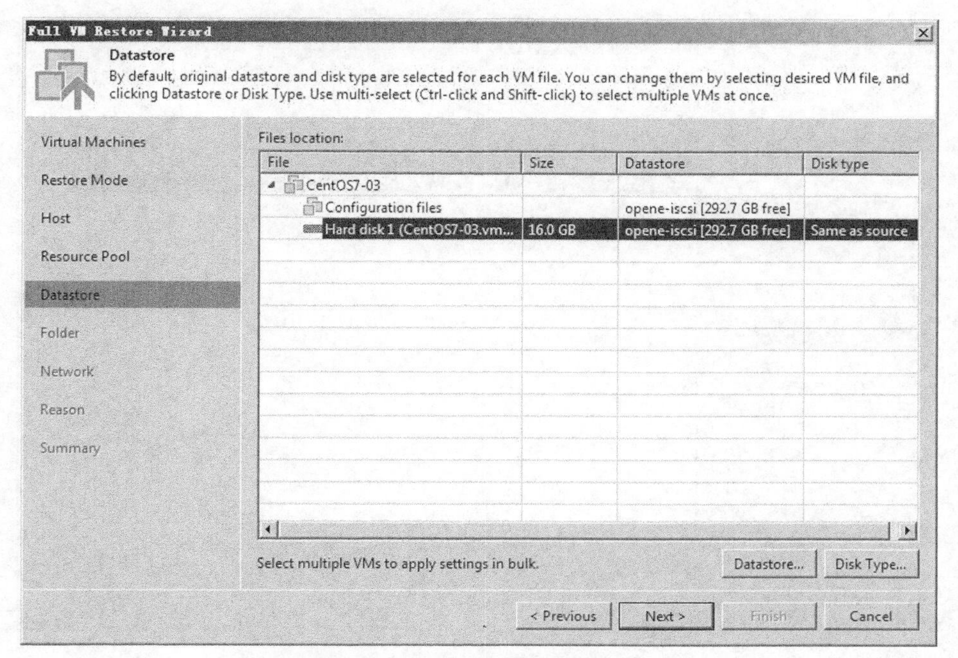

图 8-2-28 删除虚拟机恢复虚拟机之十五

第 16 步，选择恢复虚拟机使用的名称以及目录。原虚拟机名为 CentOS7-03，如图 8-2-29 所示。

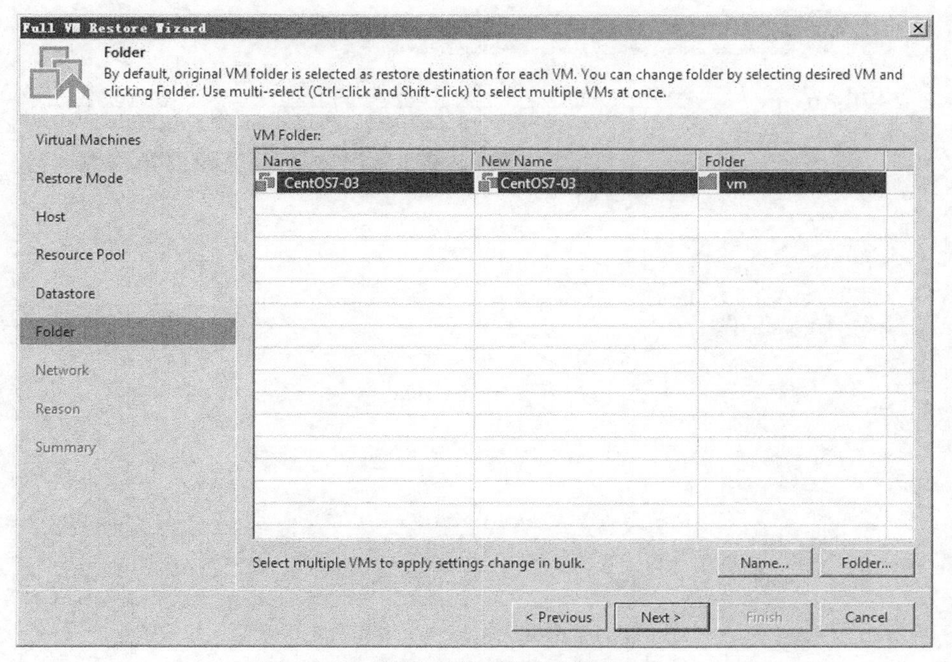

图 8-2-29 删除虚拟机恢复虚拟机之十六

第 17 步，调整后虚拟机名为 CentOS7-Restore，如图 8-2-30 所示。

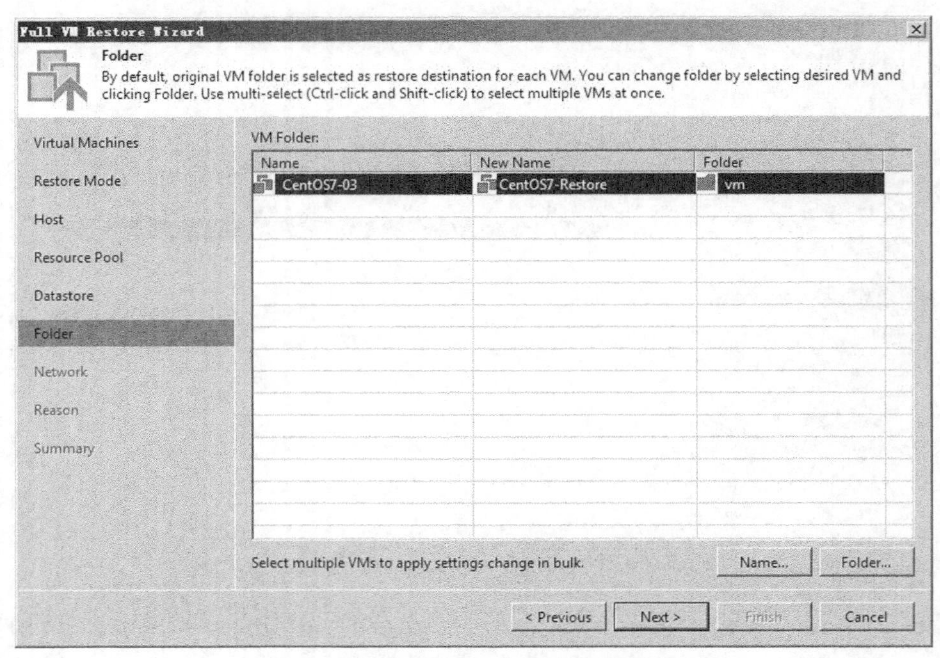

图 8-2-30 删除虚拟机恢复虚拟机之十七

第 18 步，选择虚拟机使用的网络，原始状态下网络为 VM Network，如图 8-2-31 所示。

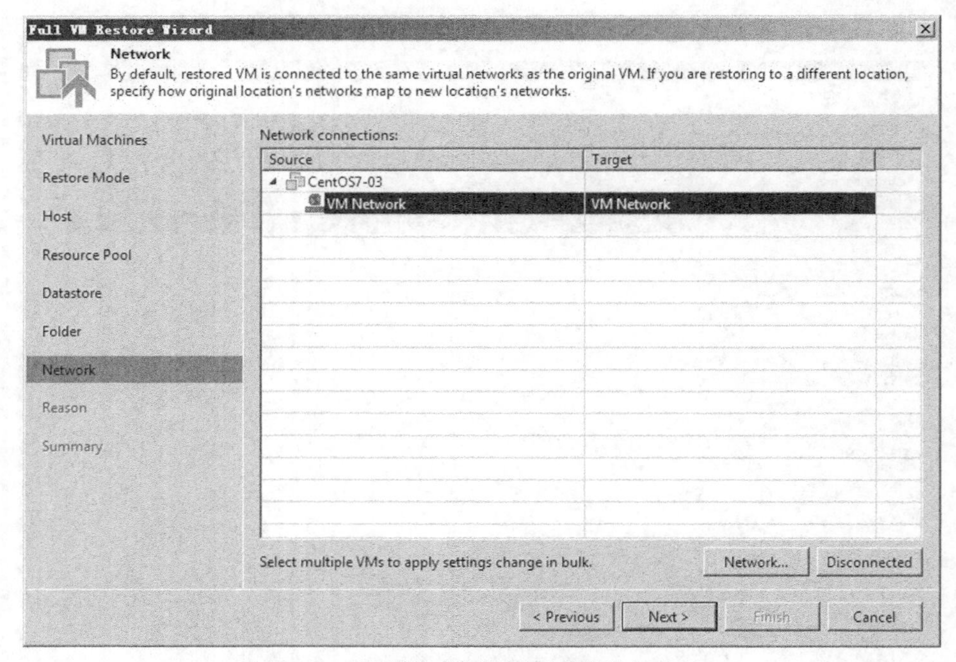

图 8-2-31 删除虚拟机恢复虚拟机之十八

第 19 步，输入恢复虚拟机的原因，如图 8-2-32 所示。

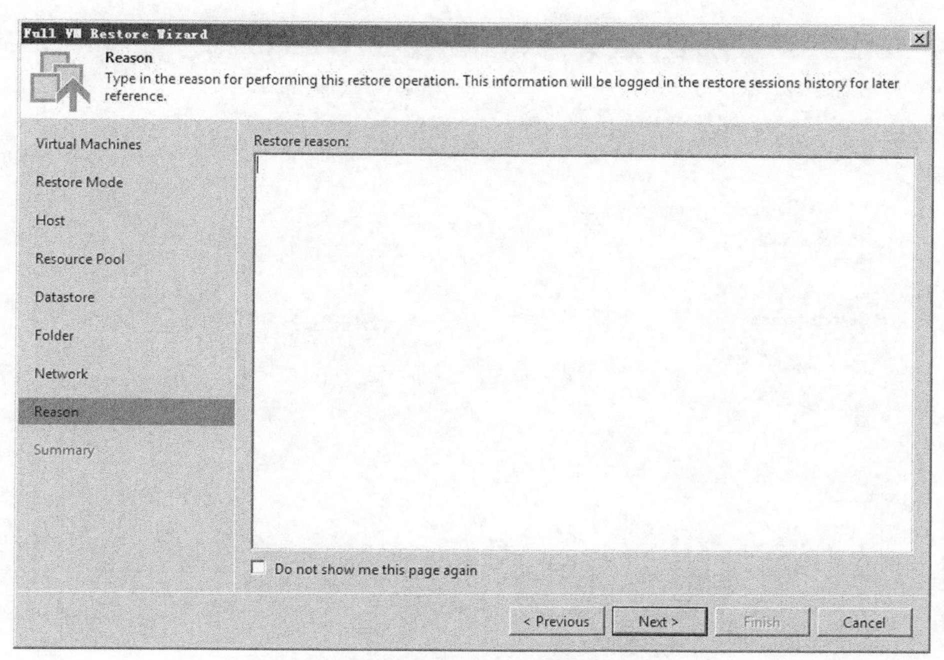

图 8-2-32 删除虚拟机恢复虚拟机之十九

第 20 步，确认恢复虚拟机参数正确后，如图 8-2-33 所示，单击“Finish”按钮。

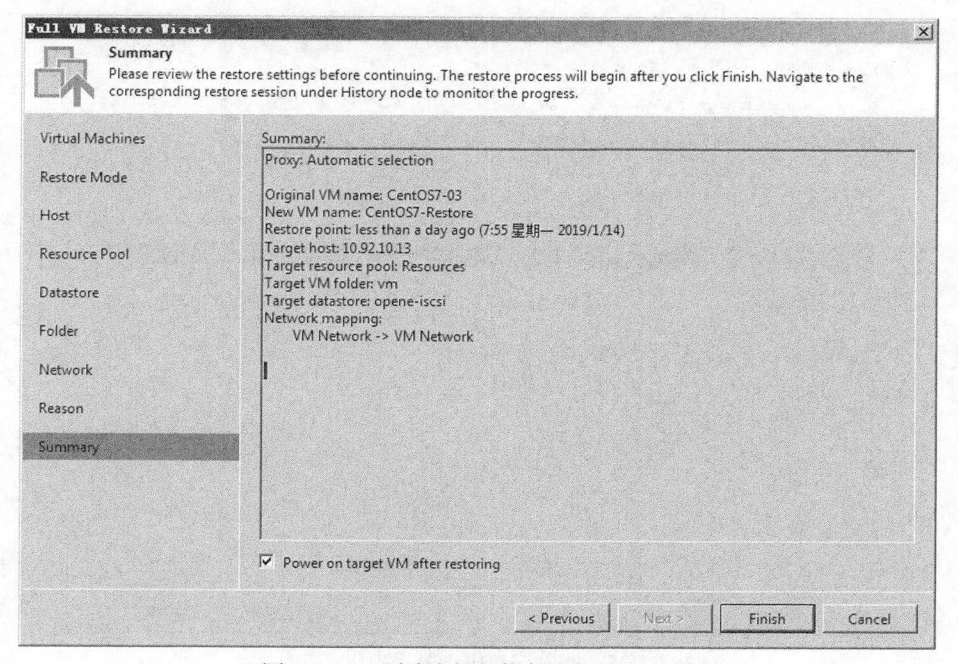

图 8-2-33 删除虚拟机恢复虚拟机之二十

第 21 步，开始恢复虚拟机，如图 8-2-34 所示。

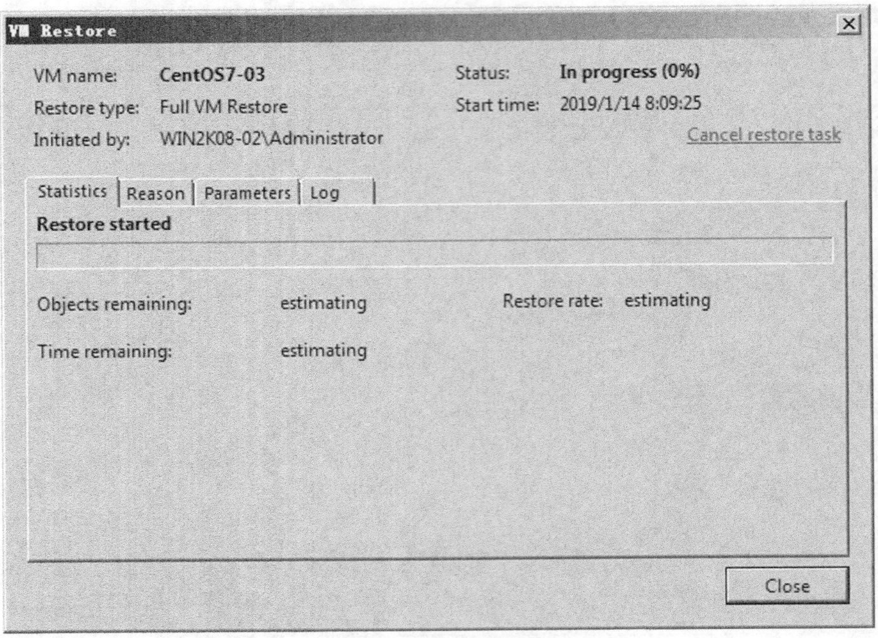

图 8-2-34　删除虚拟机恢复虚拟机之二十一

第 22 步，恢复虚拟机操作完成，如图 8-2-35 所示。

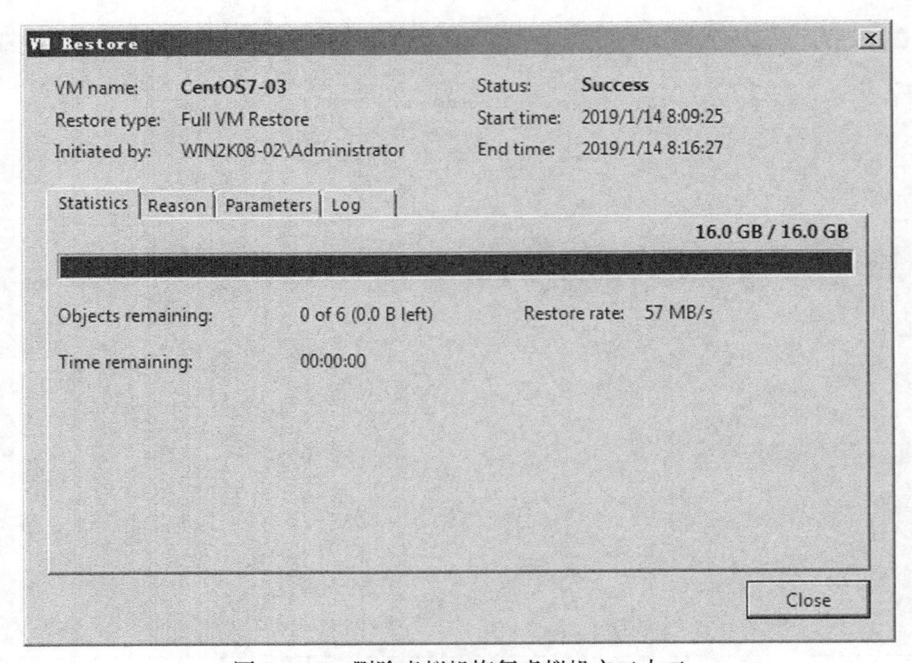

图 8-2-35　删除虚拟机恢复虚拟机之二十二

第 23 步，虚拟机 CentOS7-Restore 出现在清单目录中，如图 8-2-36 所示。

第 24 步，使用控制台打开虚拟机 CentOS7-Restore，虚拟机状况正常，如图 8-2-37 所示。

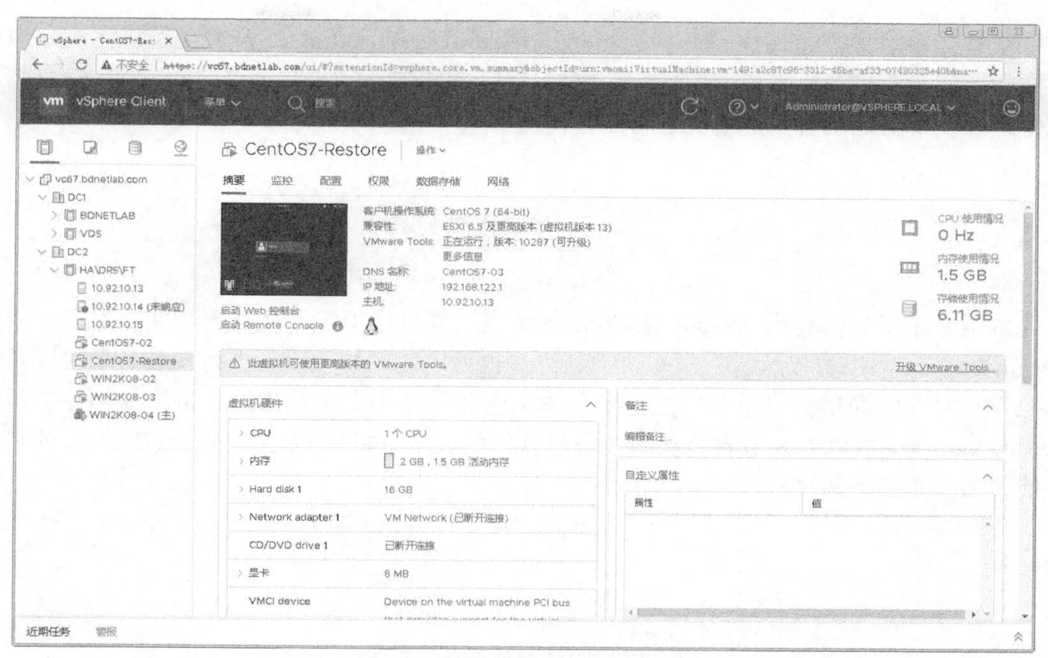

图 8-2-36 删除虚拟机恢复虚拟机之二十三

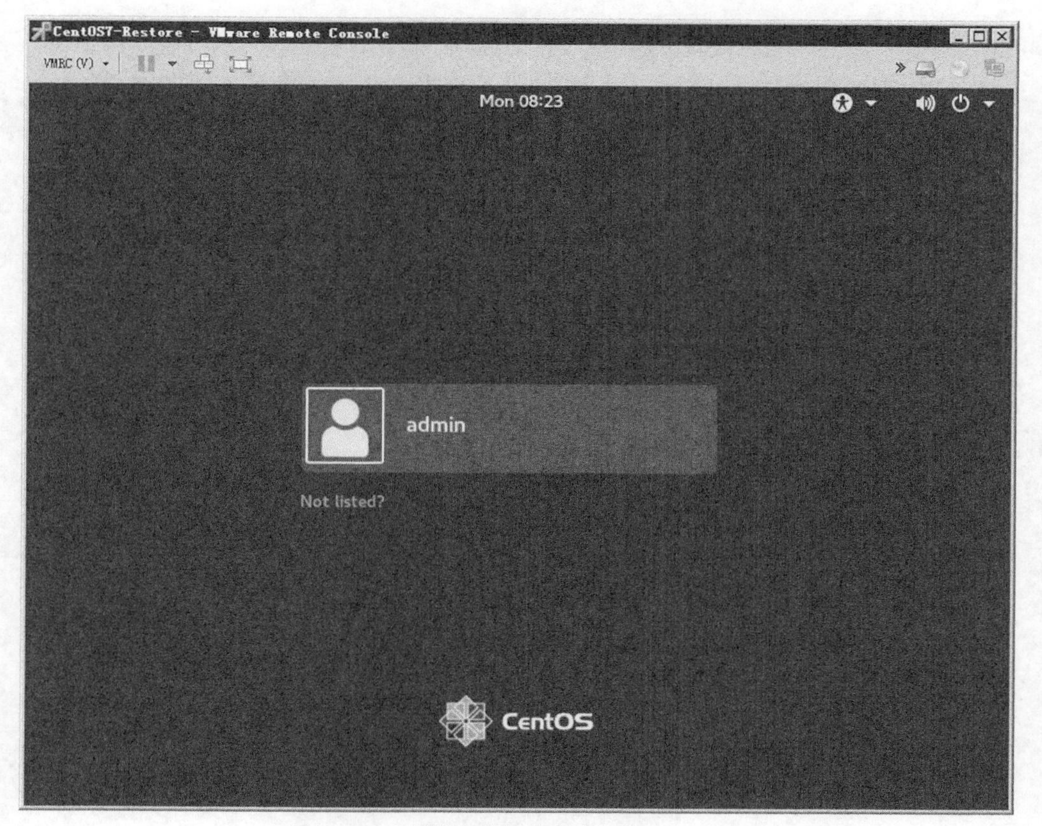

图 8-2-37 删除虚拟机恢复虚拟机之二十四

至此，使用“Restore to a new location,or with different settings”恢复虚拟机完成，使用这样的模式对于虚拟机来说，恢复操作更加灵活，可以调整主机、存储、网络等多种参数。在生产环境中可以结合实际情况进行选择使用。

8.3　本章小结

本章介绍了如何使用 Veeam Backup 备份以及恢复虚拟机，从部署和使用过程上看，Veeam Backup 可以直接运行在虚拟机上，当然也可以使用物理设备进行安装，备份以及恢复操作相对非常简单。更重要的是，对于中小企业以及小微企业来说，可以使用免费版的 Veeam Backup，可以大大节省企业购买备份软件的成本。如果想使用 Veeam Backup 的高级功能，需要单独购买授权。

第 9 章　配置性能监控

构建完 VMware vSphere 虚拟化架构后，对于运维人员来说，监控是日常的工作，VMware vSphere 内置了大量的监控工具。如果内置的监控工具不能满足需要，运维人员可以考虑使用专业的 vRealize Operations Manager 进行监控。本章介绍如何使用内置监控工具监控 VMware vSphere 虚拟化架构以及如何部署使用 vRealize Operations Manager。

本章要点

- 使用内置监控工具
- 部署使用 vRealize Operations Manager

9.1　使用内置监控工具

VMware vSphere 虚拟化架构提供了内置的监控工具。运维人员可以通过登录 vCenter Server 查看基于数据中心、群集、ESXi 主机以及虚拟机的监控信息，当内置监控规则被触发后，系统会给出相应的提示，这时需要运维人员根据提示进行处理。

9.1.1　使用基本监控工具

使用 VMware vSphere 提供的基本监控工具可以很直观地看到整个 VMware vSphere 虚拟化架构负载情况。

第 1 步，使用浏览器登录 vCenter Server，单击 vCenter Server 中的“主机和群集”，可以看到该 vCenter Server 管理的所有设备，单击“主机”按钮，可以看到该 vCenter Server 所有的 ESXi 主机资源使用信息以及正常运行时间，如图 9-1-1 所示。

第 2 步，单击“群集”按钮，可以看到该 vCenter Server 所有群集资源使用的信息，如图 9-1-2 所示。

第 3 步，单击 vCenter Server 中的“虚拟机”，可以看到该 vCenter Server 管理的所有虚拟机信息，如图 9-1-3 所示。

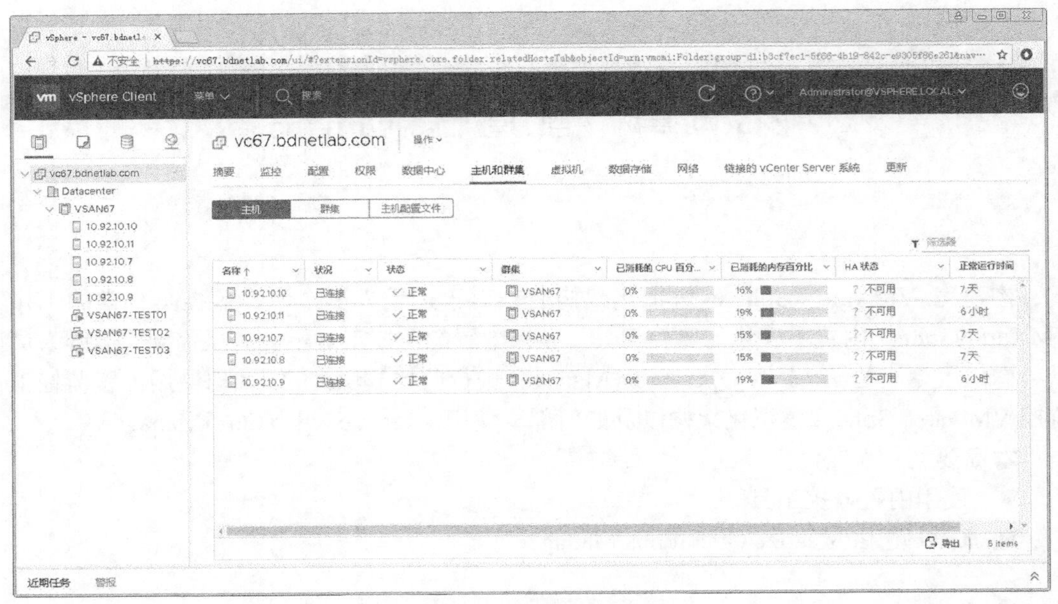

图 9-1-1　使用基本监控工具之一

图 9-1-2　使用基本监控工具之二

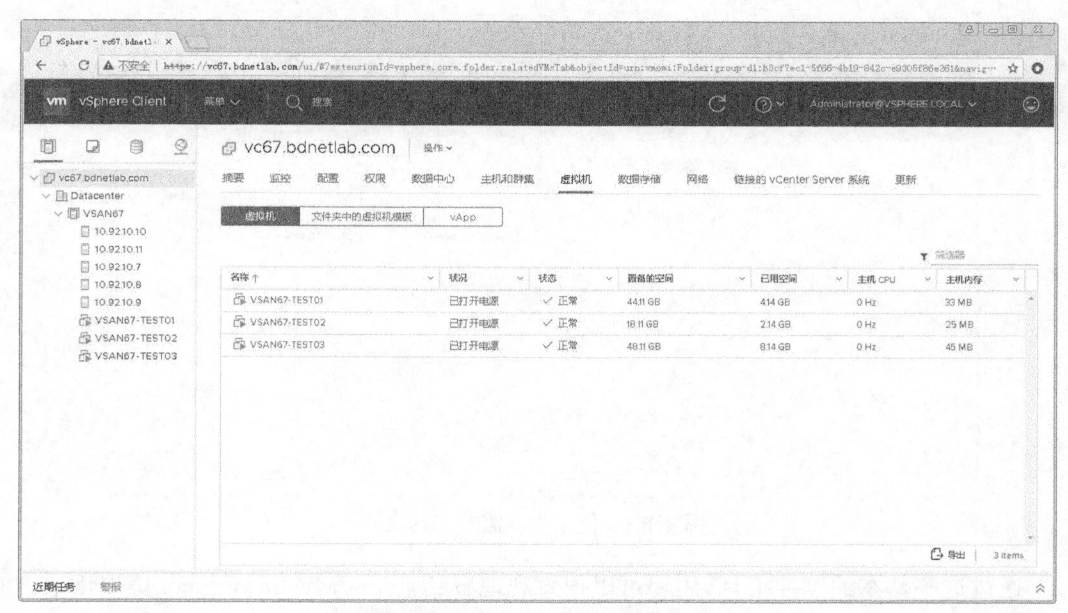

图 9-1-3 使用基本监控工具之三

第 4 步，单击 vCenter Server 中“数据存储”，可以看到该 vCenter Server 管理的所有存储信息，如图 9-1-4 所示。

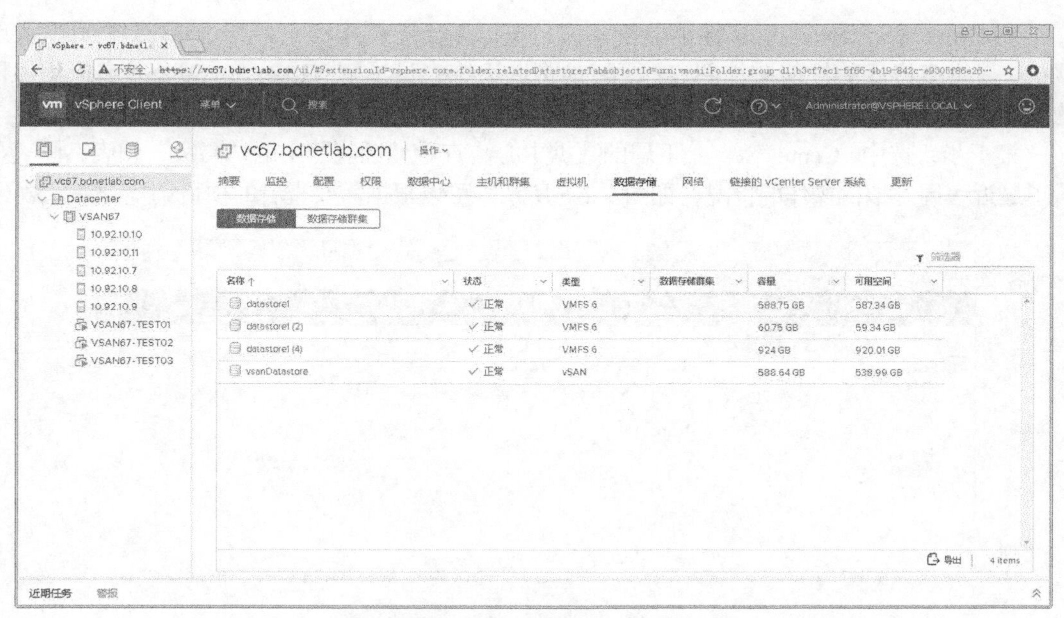

图 9-1-4 使用基本监控工具之四

第 5 步，单击 vCenter Server 中的“网络”，可以看到该 vCenter Server 管理的所有网络信息，如图 9-1-5 所示。

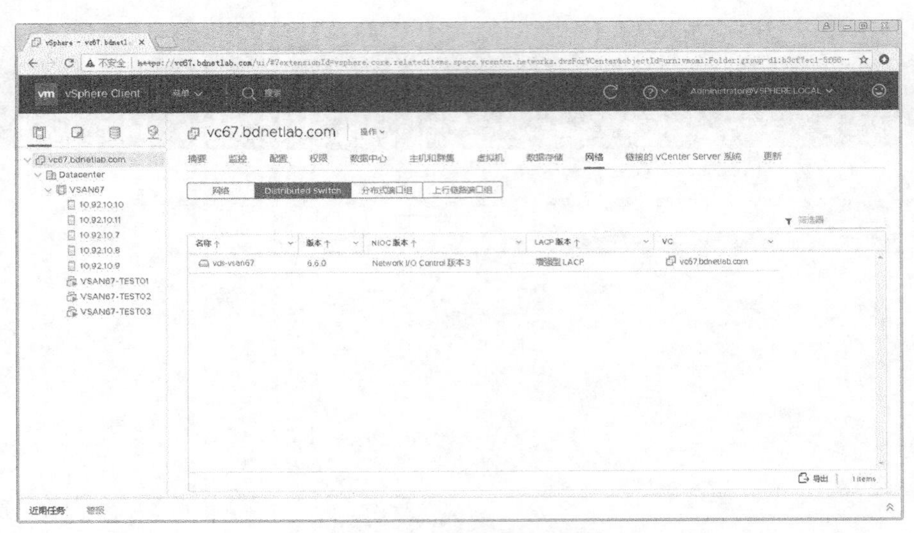

图 9-1-5　使用基本监控工具之五

通过这些基本的监控工具，用户可以很直观地看到整个 VMware vSphere 虚拟化架构的资源使用情况以及负载情况。显然，使用基本的监控工具无法满足日常运维的需求，下面继续学习其他监控工具的使用。

9.1.2　使用性能监控工具

VMware vSphere 内置了性能监控工具，可以基于数据中心、群集、ESXi 主机以及虚拟机，提供多维度的性能监控图表，更好地帮助运维人员了解 VMware vSphere 虚拟化架构的整体情况。

第 1 步，选中 vCenter Server 下属的数据中心，查看“性能”中的“高级”图表，图表显示了最近一周虚拟机操作的情况，如图 9-1-6 所示，可以根据需要查看的项目调整查询参数。

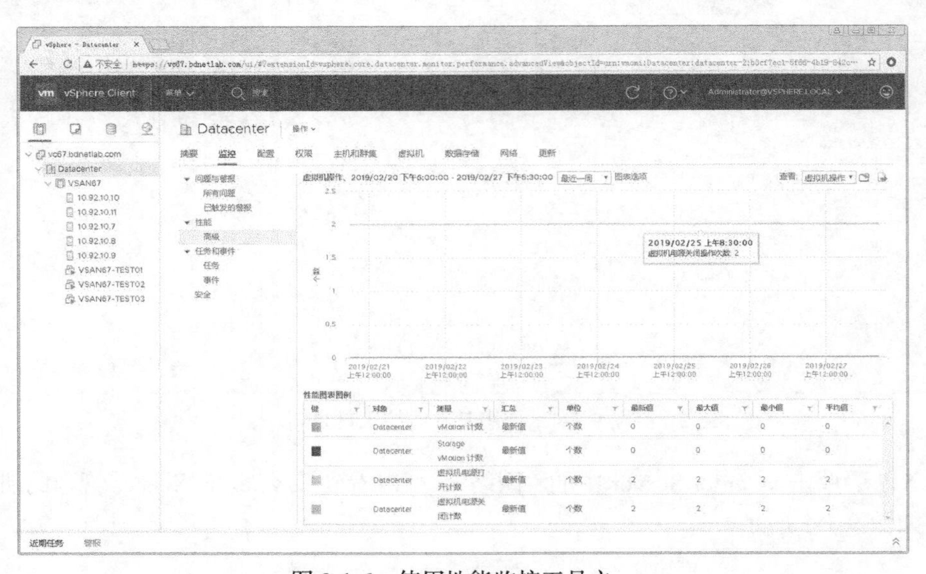

图 9-1-6　使用性能监控工具之一

第 2 步，选中 vCenter Server 下属的群集，查看“性能”中的“概览”图表，性能概览图表显示最近一天 CPU、内存等的使用情况，如图 9-1-7 所示。用户可以根据需要查看的项目调整查询参数。

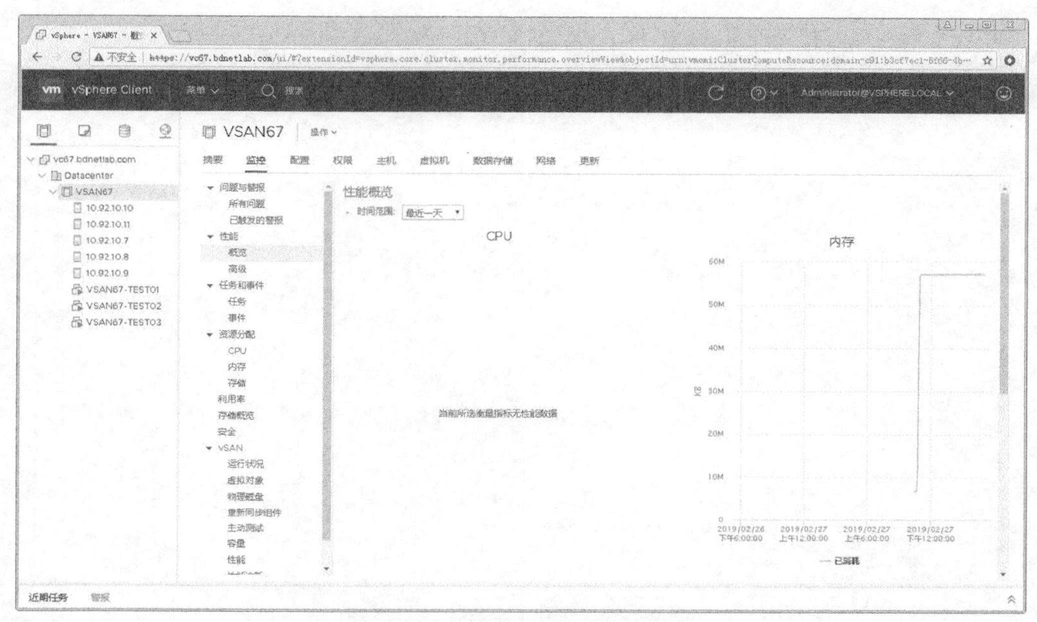

图 9-1-7 使用性能监控工具之二

第 3 步，选中 vCenter Server 下属的群集，查看“性能”中的“高级”图表，高级图表显示最近一天内存等的使用情况，如图 9-1-8 所示。用户可以根据需要查看的项目调整查询参数。

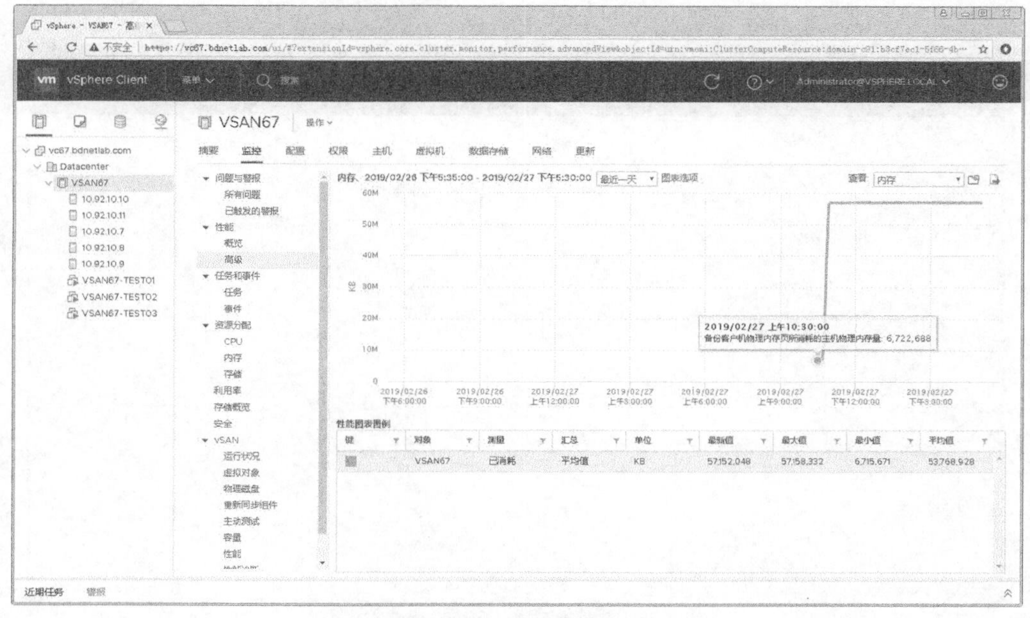

图 9-1-8 使用性能监控工具之三

第4步，选中vCenter Server下属的ESXi主机，查看“性能”中的“概览”图表，性能概览图表显示最近一天CPU、内存等的使用情况，如图9-1-9所示。用户可以根据需要查看的项目调整查询参数。

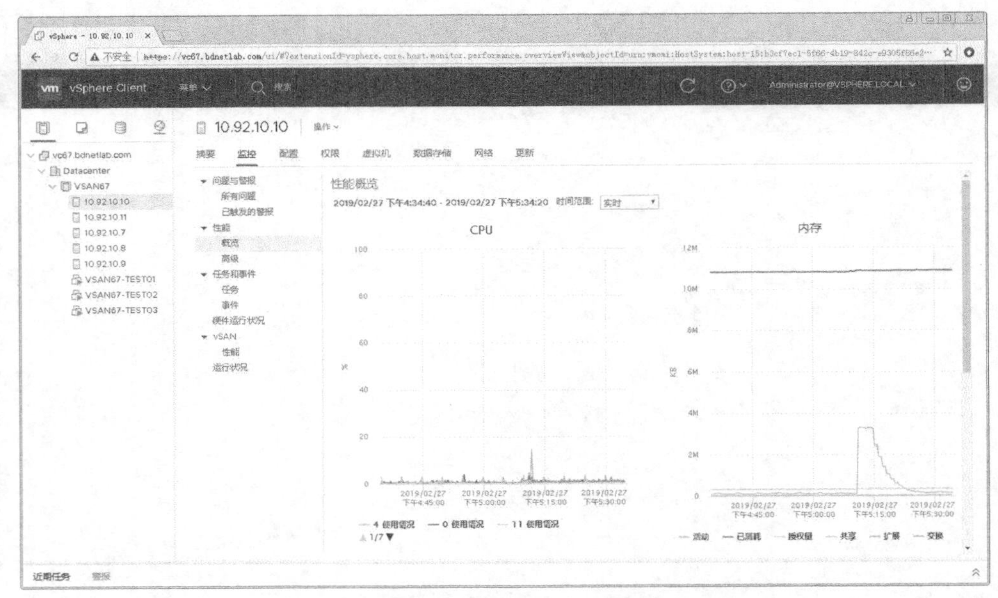

图9-1-9　使用性能监控工具之四

第5步，选中vCenter Server下属的ESXi主机，查看“性能”中的“高级”图表，高级图表显示最近一天电源的使用情况，如图9-1-10所示。用户可以根据需要查看的项目调整查询参数。

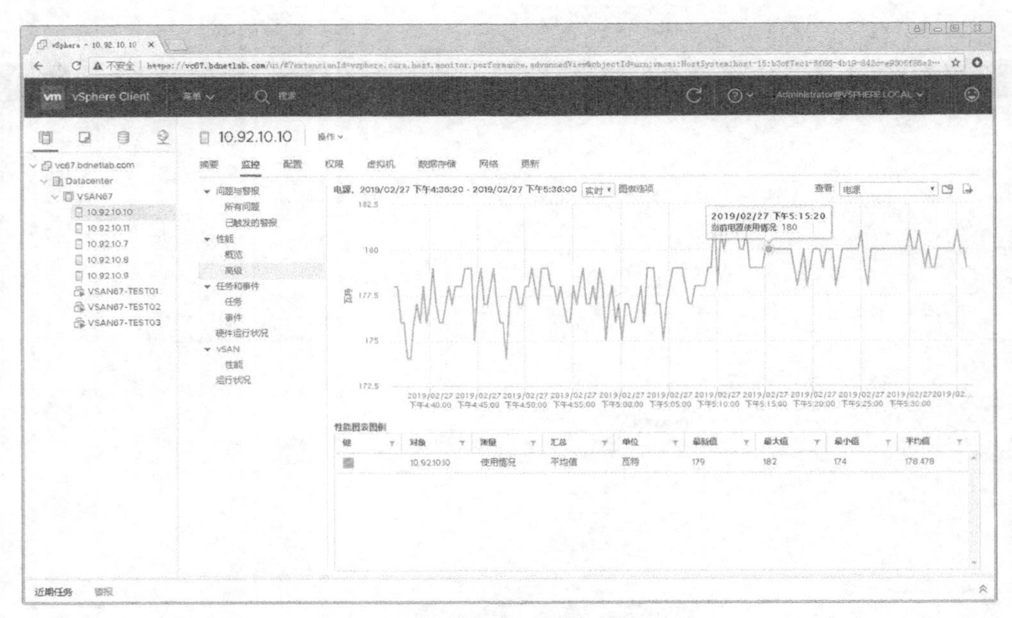

图9-1-10　使用性能监控工具之五

第 6 步，选中 vCenter Server 下属的虚拟机，查看“性能”中的“概览”图表，性能概览图表显示最近一天磁盘、网络等的使用情况，如图 9-1-11 所示。用户可以根据需要查看的项目调整查询参数。

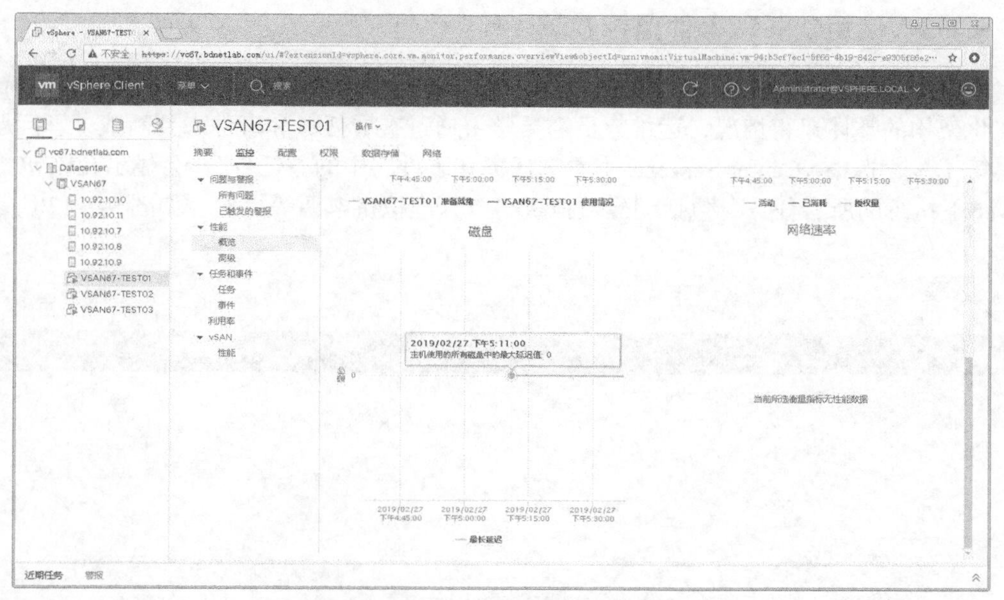

图 9-1-11 使用性能监控工具之六

第 7 步，选中 vCenter Server 下属的虚拟机，查看“性能”中的“高级”图表，高级图表显示最近一天虚拟磁盘的使用情况，如图 9-1-12 所示。用户可以根据需要查看的项目调整查询参数。

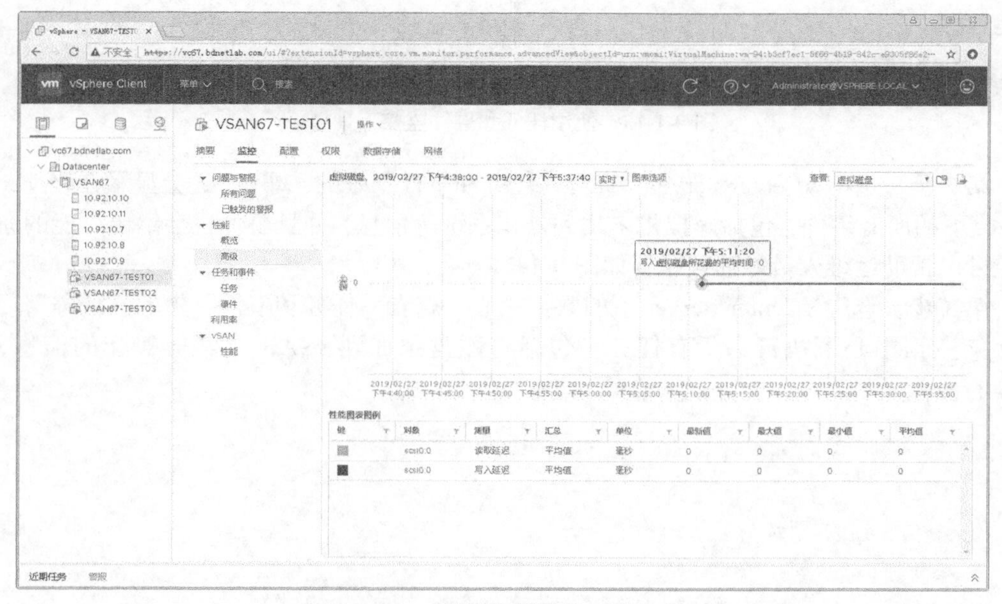

图 9-1-12 使用性能监控工具之七

性能监控工具可以提供多维度的性能监控图表，运维人员可以根据生产环境中的实际情况，调整使用不同的参数监控 VMware vSphere 虚拟化环境，这样可以更好地了解整体的性能。

9.1.3　使用任务和事件监控工具

掌握任务和事件监控工具的使用也非常重要，任务和事件监控工具记录了 VMware vSphere 虚拟化架构的整体运行情况，运维人员需要学习通过查看任务和事件来判断或处理问题。

第 1 步，选中 vCenter Server，查看“任务和事件”中的“任务”，会显示在该 vCenter Server 下执行的所有任务，包括创建虚拟机、打开虚拟机电源等操作，如图 9-1-13 所示。

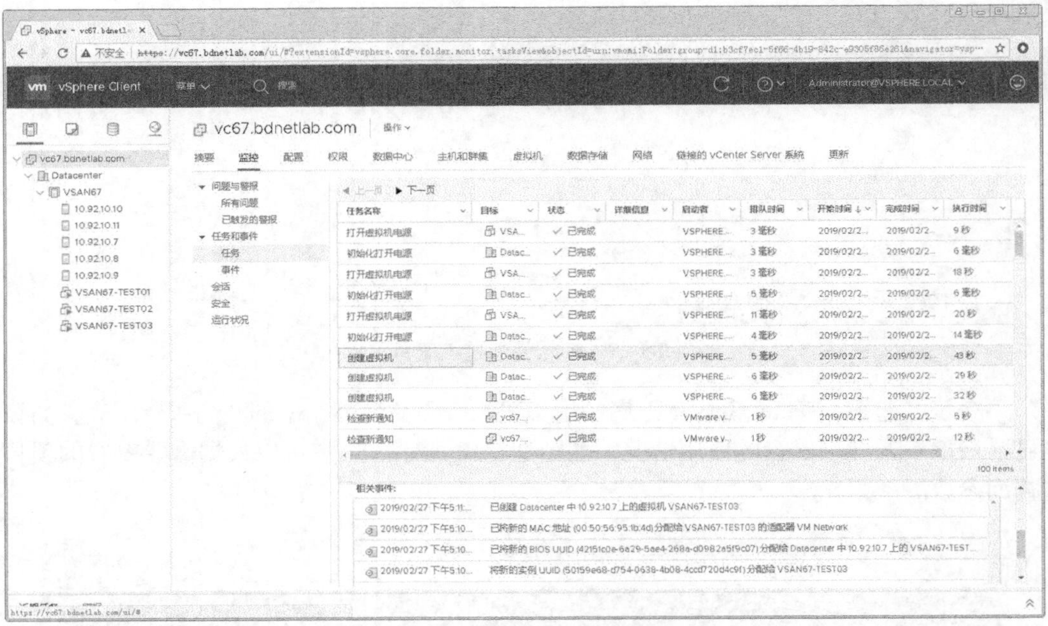

图 9-1-13　使用任务和事件监控工具之一

第 2 步，选中 vCenter Server，查看“任务和事件”中的“事件”，会显示在该 vCenter Server 下的所有事件，包括虚拟机未找到操作系统等信息，并且事件栏会给出可能的原因。这样可以帮助运维人员处理问题，如图 9-1-14 所示。

第 3 步，选中 vCenter Server 下的数据中心，查看“任务和事件”中的“任务”，会显示在该数据中心下执行的所有任务，包括将磁盘添加到 vSAN 群集等操作的信息，如图 9-1-15 所示。

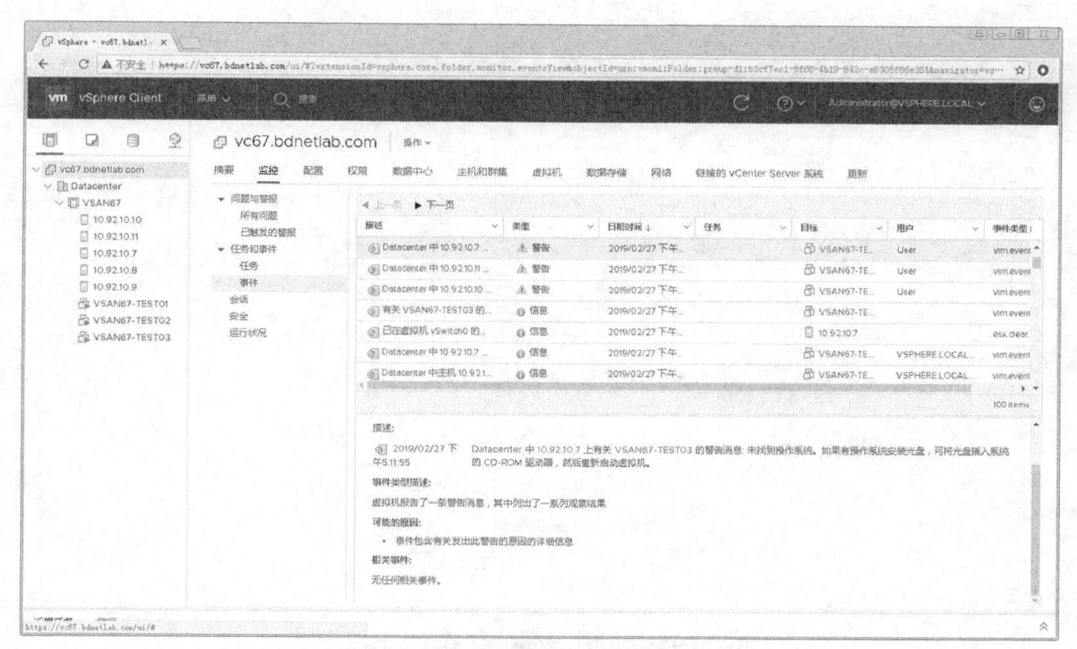

图 9-1-14 使用任务和事件监控工具之二

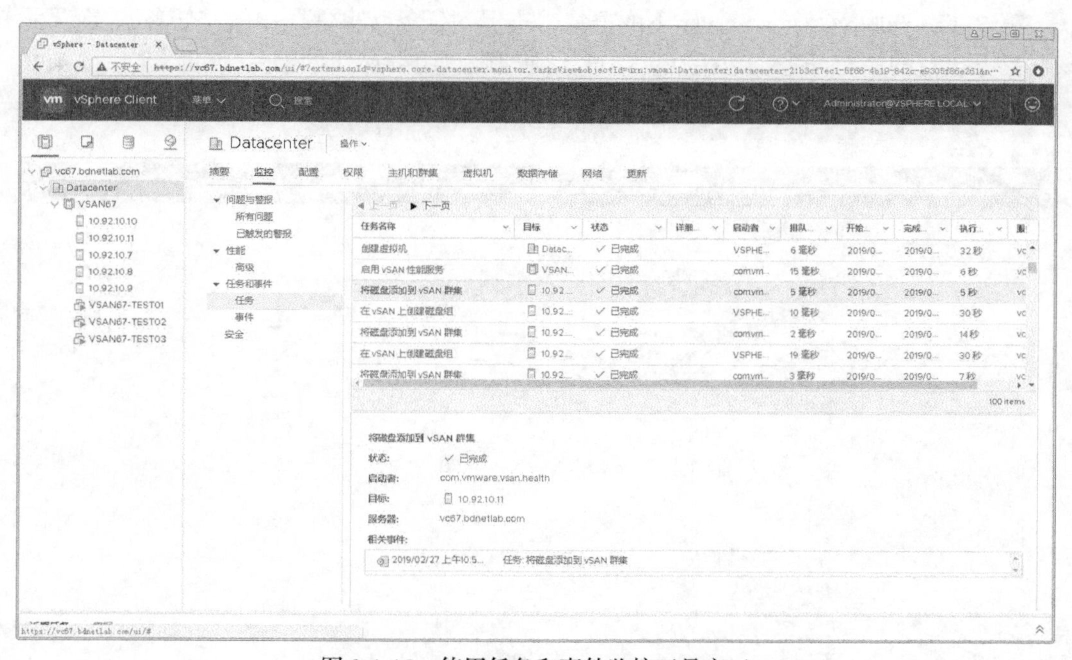

图 9-1-15 使用任务和事件监控工具之三

第 4 步，选中 vCenter Server 下的数据中心，查看“任务和事件”中的“事件”，会显示在该数据中心下执行的所有事件，包括虚拟机未找到操作系统等信息，并且事件栏会给出可能的原因，如图 9-1-16 所示。

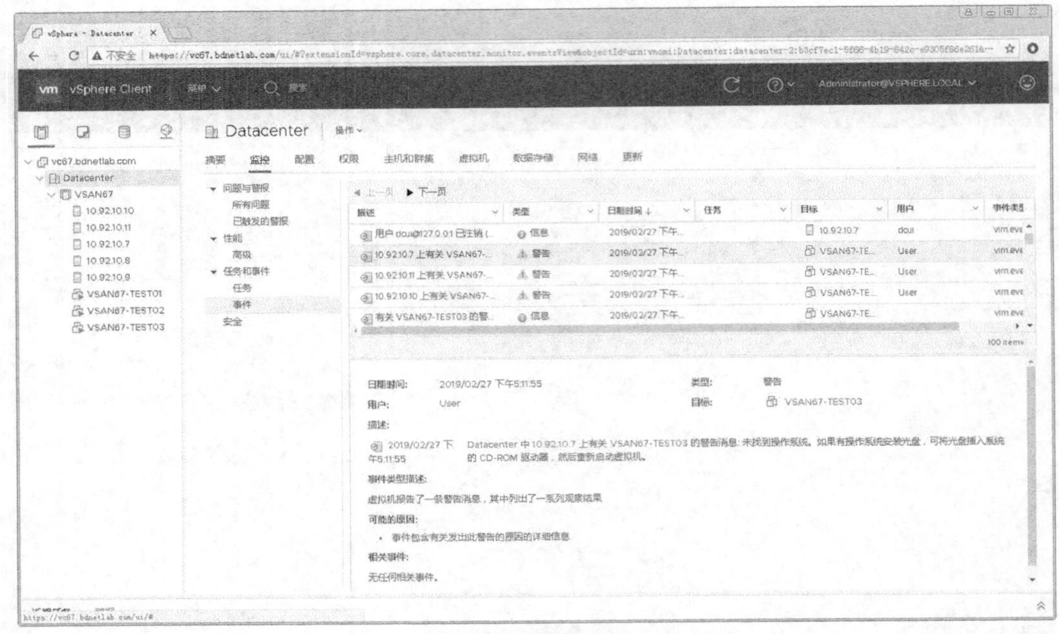

图 9-1-16　使用任务和事件监控工具之四

第 5 步，选中 vCenter Server 下的群集，查看“任务和事件”中的“任务”，会显示在该群集下执行的所有任务，包括在 vSAN 上创建磁盘组等操作的信息，如图 9-1-17 所示。

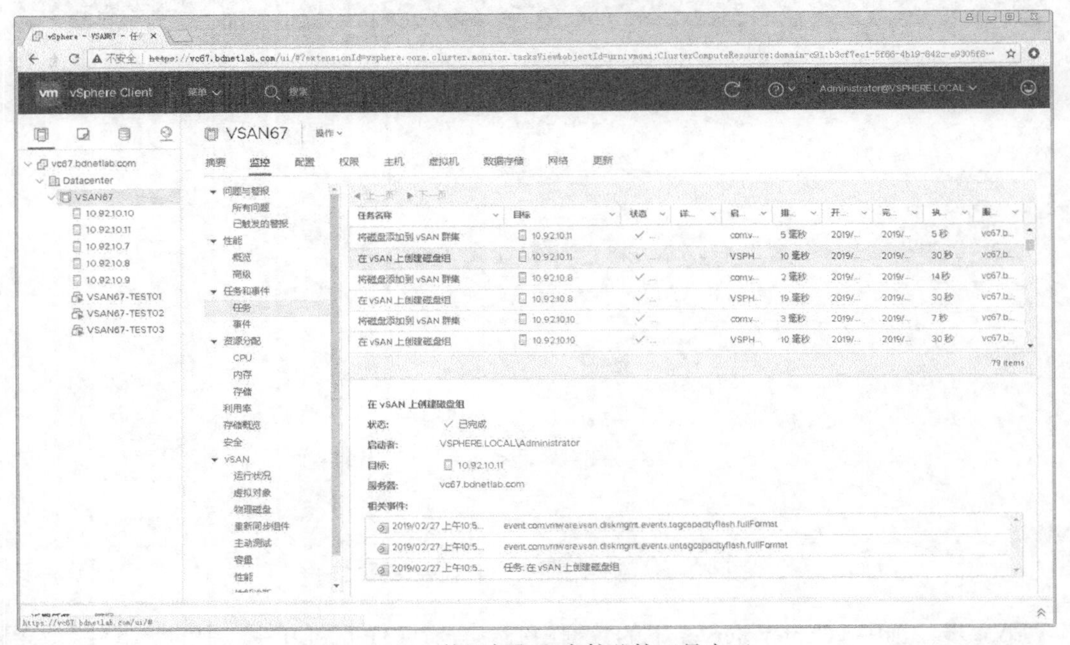

图 9-1-17　使用任务和事件监控工具之五

第 6 步，选中 vCenter Server 下的群集，查看“任务和事件”中的“任务”，会显示在该群集下执行的所有任务，包括启用 vSAN 性能服务等操作的信息，如图 9-1-18 所示。

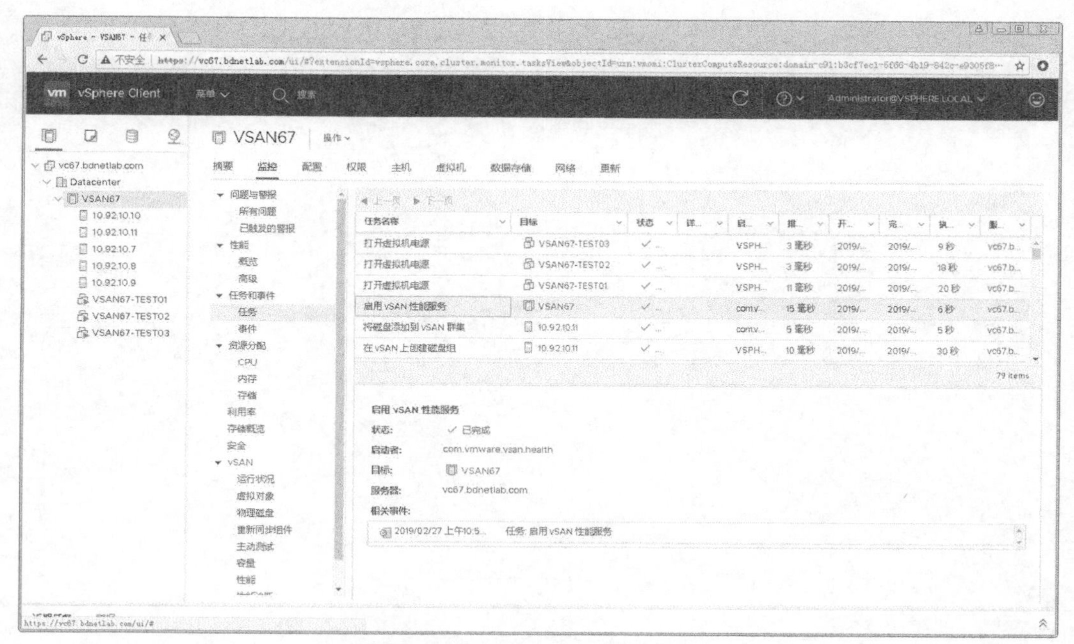

图 9-1-18　使用任务和事件监控工具之六

第 7 步，选中 vCenter Server 下的群集，查看“任务和事件”中的“事件”，会显示在该群集下执行的所有事件，包括在虚拟机还原网络连接等事件，如图 9-1-19 所示。

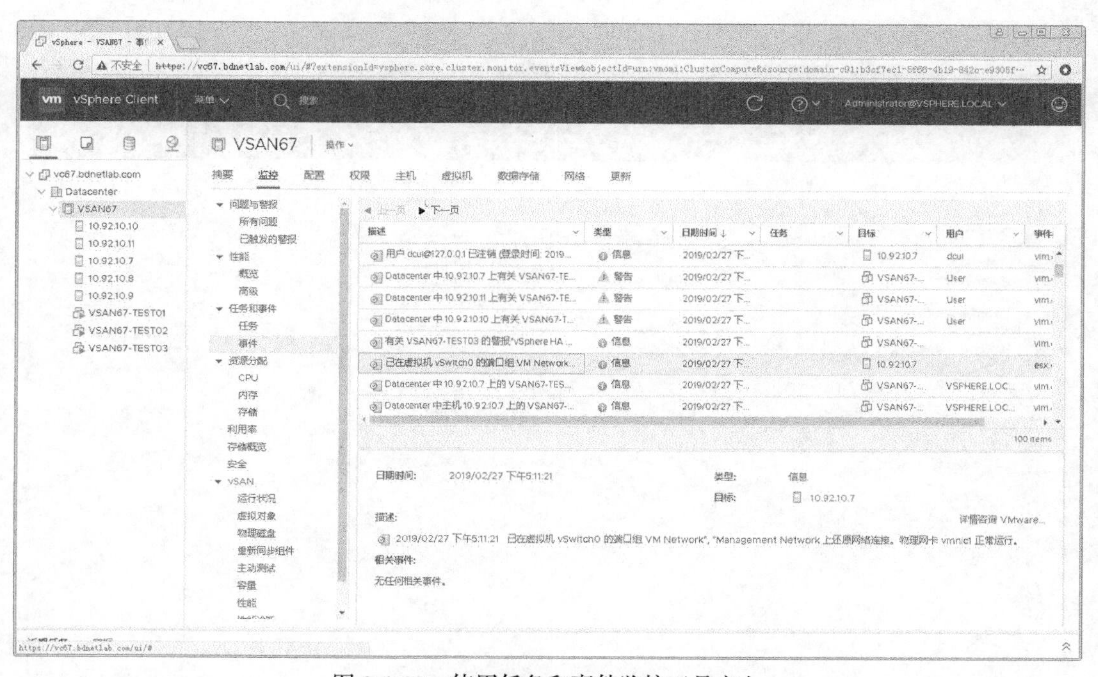

图 9-1-19　使用任务和事件监控工具之七

第 8 步，选中 vCenter Server 下的 ESXi 主机，查看“任务和事件”中的“任务”，会显示在该 ESXi 主机下执行的所有任务，包括启动主机重新引导等操作的信息，如图 9-1-20 所示。

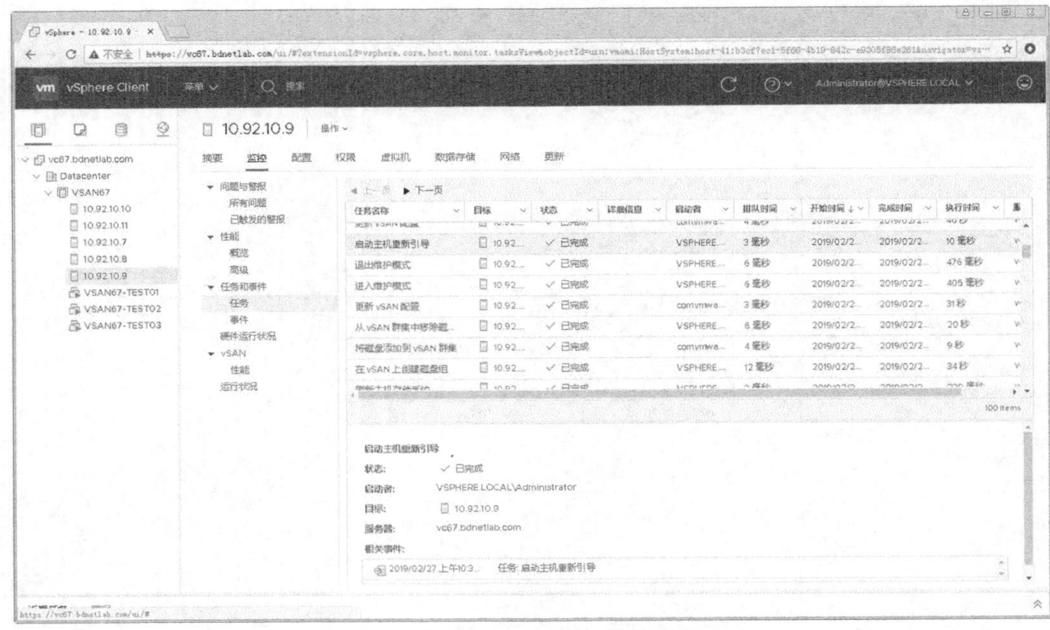

图 9-1-20　使用任务和事件监控工具之八

第 9 步，选中 vCenter Server 下的 ESXi 主机，查看“任务和事件”中的“事件”，会显示在该 ESXi 主机下执行的所有事件，包括更新 vSAN 配置等事件，如图 9-1-21 所示。

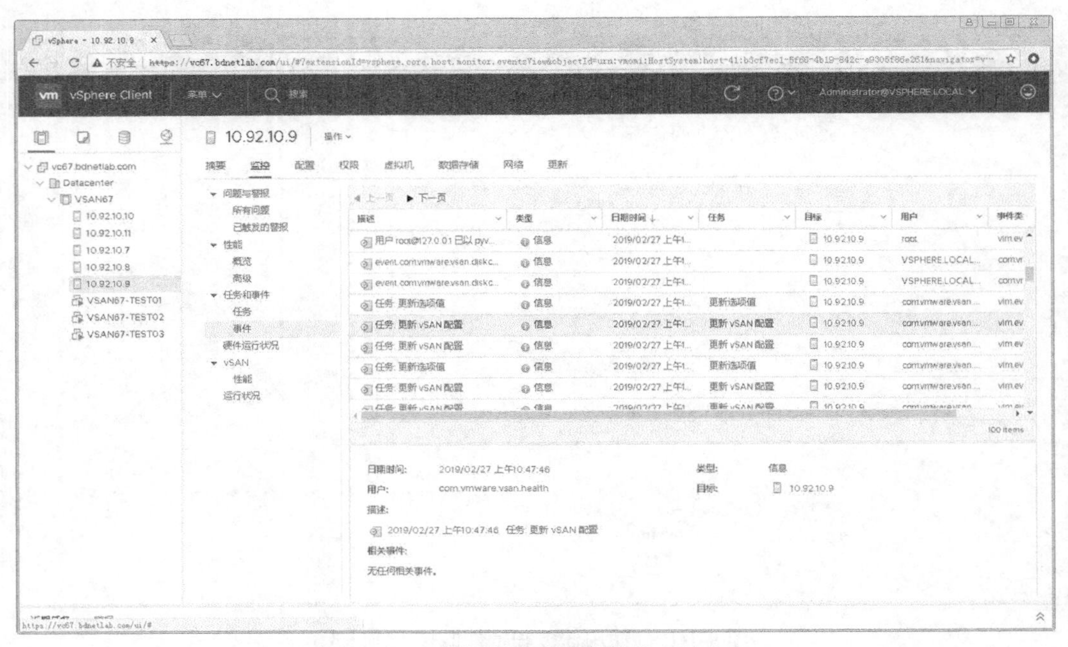

图 9-1-21　使用任务和事件监控工具之九

第 10 步，对于 ESXi 主机来说，“任务和事件”中增加了硬件运行状况的菜单，可以显示 ESXi 主机硬件运行信息，如图 9-1-22 所示，显示了从物理服务器的传感器收集的各种硬件状况。

硬件运行状况

BIOS 制造商: HP, BIOS 版本: P64

型号: ProLiant DL360 G6, 序列号: , 标记: 00000000-0000-0000-0000-000000000000, 其他标识信息: Asset Tag:

没有来自 43 个传感器的警示或警告。

Id	传感器	状态	读取	类别	上次更新
0.9.1.1	Processor Module 1 VRM 1	? 未知	0	Power	2019/02/27 上午4:...
0.9.2.2	Processor Module 2 VRM 2	? 未知	0	Power	2019/02/27 上午4:...
0.23.1.3	System Chassis 1 UID Light	? 未知	0	Other	2019/02/27 上午4:...
0.23.2.4	System Chassis 2 Int. Health LED	? 未知	0	Other	2019/02/27 上午4:...
0.23.3.5	System Chassis 3 Ext. Health LED	? 未知	0	Other	2019/02/27 上午4:...
0.15.1.40	Drive Backplane 1 Temp 27	✓ 正常	32 摄氏度	Temperature	2019/02/27 上午4:...
0.39.1.14	External Environment 1 Temp 1	✓ 正常	25 摄氏度	Temperature	2019/02/27 上午4:...
0.8.1.17	Memory Module 1 Temp 4	✓ 正常	33 摄氏度	Temperature	2019/02/27 上午4:...
0.8.10...	Memory Module 10 Temp 17	✓ 正常	33 摄氏度	Temperature	2019/02/27 上午4:...
0.8.2.18	Memory Module 2 Temp 5	✓ 正常	33 摄氏度	Temperature	2019/02/27 上午4:...
0.8.3.19	Memory Module 3 Temp 6	✓ 正常	33 摄氏度	Temperature	2019/02/27 上午4:...
0.8.4.20	Memory Module 4 Temp 7	✓ 正常	31 摄氏度	Temperature	2019/02/27 上午4:...

图 9-1-22　使用任务和事件监控工具之十

第 11 步，“任务和事件”中“硬件运行状况”下会显示 ESXi 主机硬件警示和警告信息，如图 9-1-23 所示。

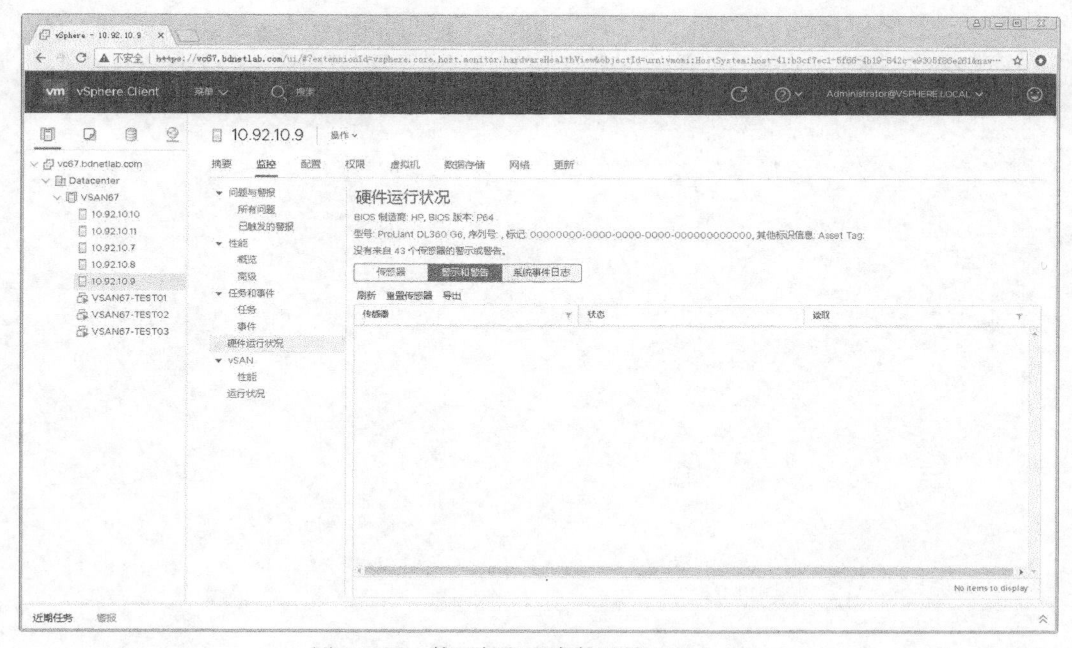

图 9-1-23　使用任务和事件监控工具之十一

第 12 步，“任务和事件”中“硬件运行状况”会以列表显示 ESXi 主机的系统事件日志信息，如图 9-1-24 所示。

图 9-1-24　使用任务和事件监控工具之十二

第 13 步，选中 vCenter Server 下的虚拟机，查看“任务和事件”中的“任务”，会显示在该虚拟机下执行的所有任务，包括打开虚拟机电源等任务，如图 9-1-25 所示。

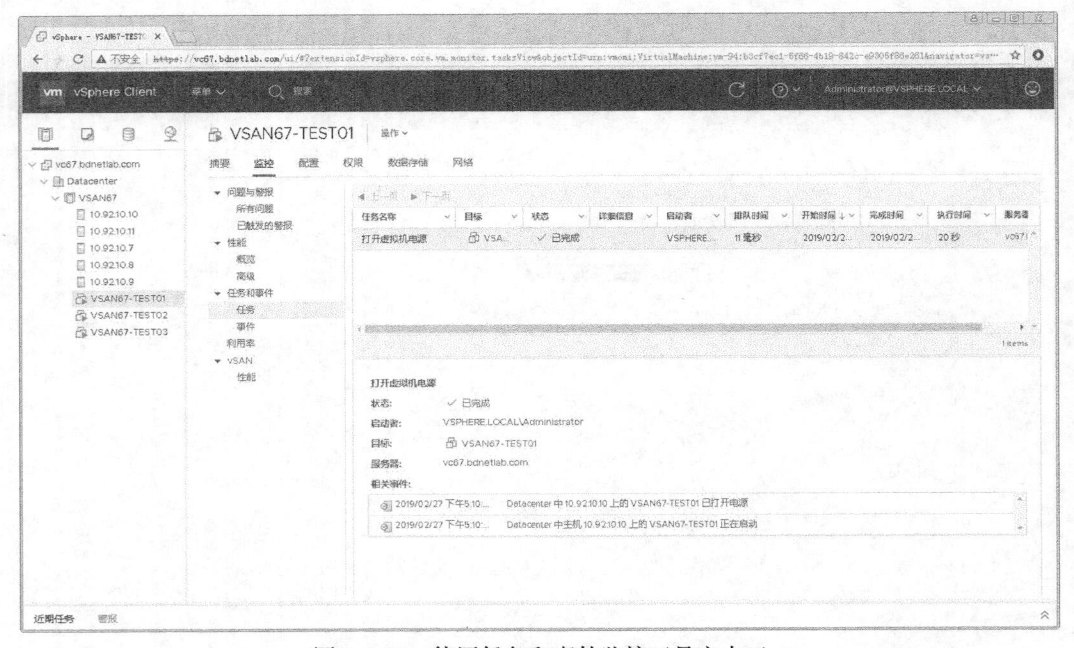

图 9-1-25　使用任务和事件监控工具之十三

第 14 步，选中 vCenter Server 下的虚拟机，查看“任务和事件”中的“事件”，会显示在该虚拟机下执行的所有事件，包括虚拟机故障切换等事件，如图 9-1-26 所示。

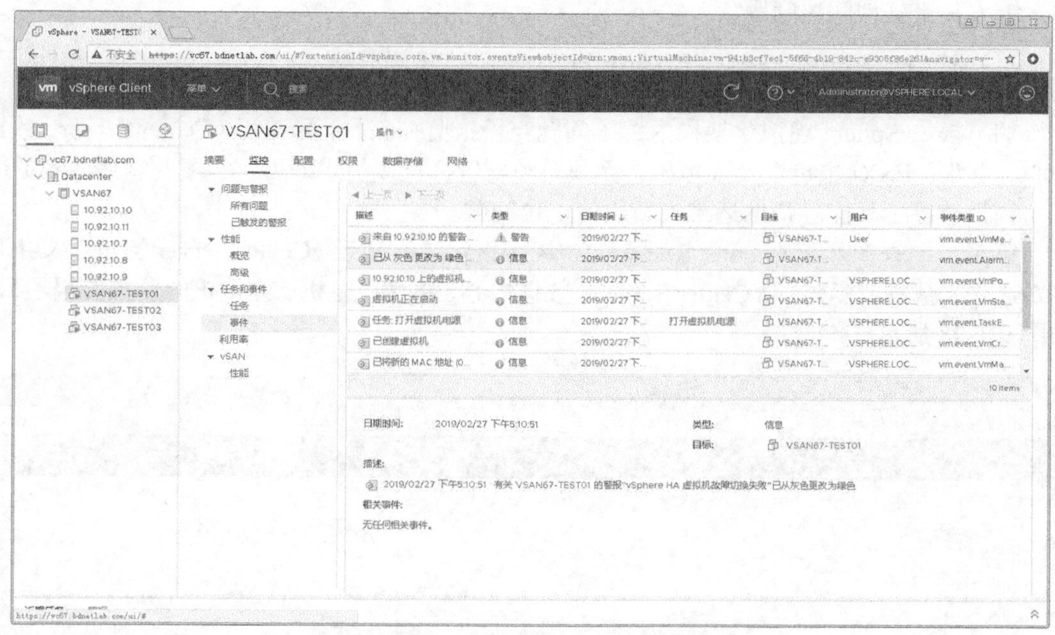

图 9-1-26 使用任务和事件监控工具之十四

第 15 步，虚拟机的“任务和事件”中增加了“利用率”，可以显示虚拟机硬件资源使用信息，如图 9-1-27 所示。

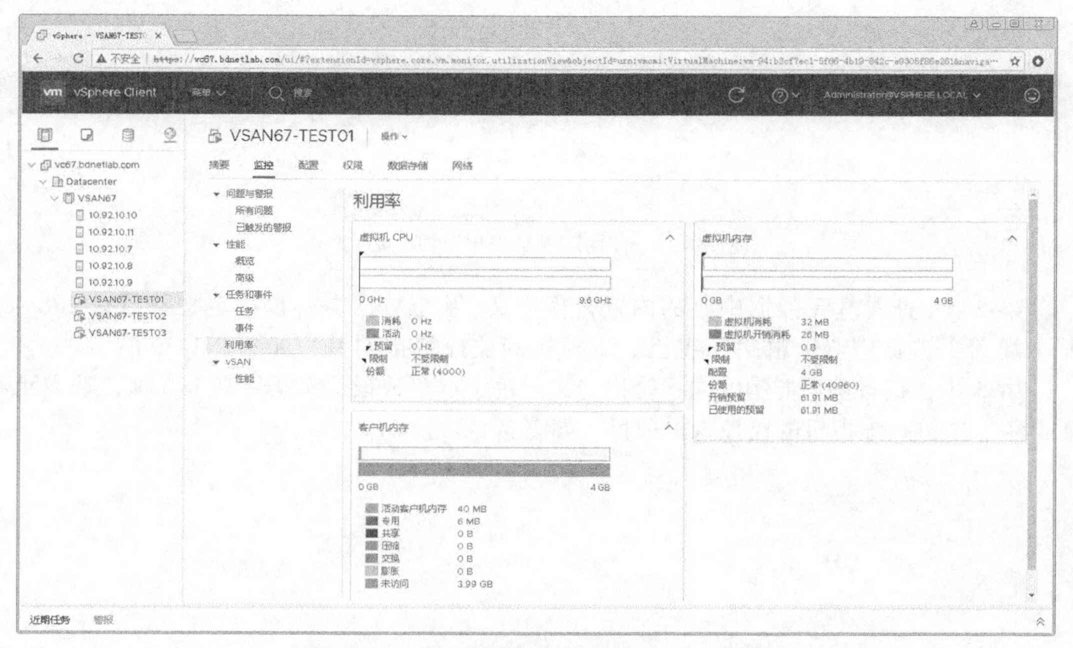

图 9-1-27 使用任务和事件监控工具之十五

通过使用“任务和事件”监控工具，用户可以更加细致地掌握 VMware vSphere 虚拟化构架整体的运行状况，包括各种任务和事件。学习并掌握“任务和事件”监控工具能够帮助运维人员更好地解决问题。

9.1.4 使用问题与警报监控工具

VMware vSphere 虚拟化架构内置了问题与警报监控工具，涵盖了 vCenter Server、数据中心、群集、ESXi 主机以及虚拟机，无须单独配置，直接使用即可。学习并掌握内置的问题与警报监控工具能够帮助运维人员快速定位问题。

第 1 步，查看基于 vCenter Server 的内置警报定义。基于 vCenter Server 警报定义条目有 262 项，基本上涵盖了 vCenter Server、数据中心、群集、主机、虚拟机的监控警报项目，如图 9-1-28 所示。

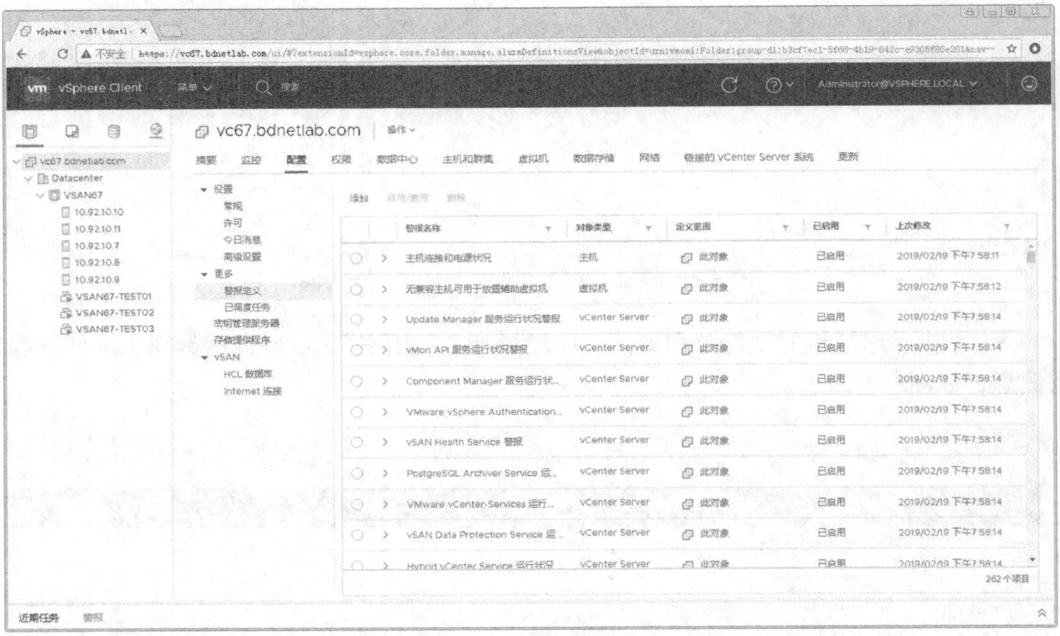

图 9-1-28 使用问题与警报监控工具之一

第 2 步，查看基于数据中心的内置警报定义。基于数据中心警报定义条目有 208 项，基本涵盖了数据中心、群集、主机、虚拟机的监控警报项目，如图 9-1-29 所示。

第 3 步，查看基于群集的内置警报定义。基于群集警报定义条目有 190 项，基本涵盖了群集、主机、虚拟机的监控警报项目，如图 9-1-30 所示。

图 9-1-29 使用问题与警报监控工具之二

图 9-1-30 使用问题与警报监控工具之三

第 4 步，查看基于 ESXi 主机的内置警报定义。基于 ESXi 主机警报定义条目有 42 项，基本涵盖了主机的监控警报项目，如图 9-1-31 所示。

警报名称	对象类型	定义范围	已启用	上次修改
主机连接和电源状况	主机	vc67.bdnetlab.com	已启用	2019/02/19 下午7:58:11
主机 TPM 证明警报	主机	vc67.bdnetlab.com	已启用	2019/02/19 下午7:58:14
主机错误	主机	vc67.bdnetlab.com	已启用	2019/02/19 下午7:58:12
主机要求启用加密模式警报	主机	vc67.bdnetlab.com	已启用	2019/02/19 下午7:58:15
主机处理器状态	主机	vc67.bdnetlab.com	已启用	2019/02/19 下午7:58:15
主机内存状态	主机	vc67.bdnetlab.com	已启用	2019/02/19 下午7:58:15
主机硬件风扇状态	主机	vc67.bdnetlab.com	已启用	2019/02/19 下午7:58:15
主机硬件电压	主机	vc67.bdnetlab.com	已启用	2019/02/19 下午7:58:15
主机硬件温度状态	主机	vc67.bdnetlab.com	已启用	2019/02/19 下午7:58:15
主机硬件电源状态	主机	vc67.bdnetlab.com	已启用	2019/02/19 下午7:58:15
主机硬件系统主板状态	主机	vc67.bdnetlab.com	已启用	2019/02/19 下午7:58:15

图 9-1-31　使用问题与警报监控工具之四

第 5 步，查看基于虚拟机的内置警报定义。基于虚拟机警报定义条目有 16 项，基本涵盖了虚拟机的监控警报项目，如图 9-1-32 所示。

警报名称	对象类型	定义范围	已启用	上次修改
无兼容主机可用于放置辅助虚拟机	虚拟机	vc67.bdnetlab.com	已启用	2019/02/19 下午7:58:12
虚拟机锁定警报	虚拟机	vc67.bdnetlab.com	已启用	2019/02/19 下午7:58:15
虚拟机错误	虚拟机	vc67.bdnetlab.com	已启用	2019/02/19 下午7:58:12
迁移错误	虚拟机	vc67.bdnetlab.com	已启用	2019/02/19 下午7:58:12
虚拟机 Fault Tolerance 状况已更改	虚拟机	vc67.bdnetlab.com	已启用	2019/02/19 下午7:58:12
虚拟机 Fault Tolerance vLockSte...	虚拟机	vc67.bdnetlab.com	已启用	2019/02/19 下午7:58:11
vSphere HA 虚拟机故障切换失败	虚拟机	vc67.bdnetlab.com	已启用	2019/02/19 下午7:58:12
vSphere HA 虚拟机监控操作	虚拟机	vc67.bdnetlab.com	已启用	2019/02/19 下午7:58:12
vSphere HA 虚拟机监控错误	虚拟机	vc67.bdnetlab.com	已启用	2019/02/19 下午7:58:12
"虚拟机需要整合"状态	虚拟机	vc67.bdnetlab.com	已启用	2019/02/19 下午7:58:13
虚拟机 CPU 使用情况	虚拟机	vc67.bdnetlab.com	已启用	2019/02/19 下午7:58:11

图 9-1-32　使用问题与警报监控工具之五

第 6 步，了解警报定义后可以在监控中查看“所有问题”。如果出现异常，问题或警报会在“所有问题”中显示，图 9-1-33 显示了基于 vCenter Server 的“所有问题”，目前为空白状态。

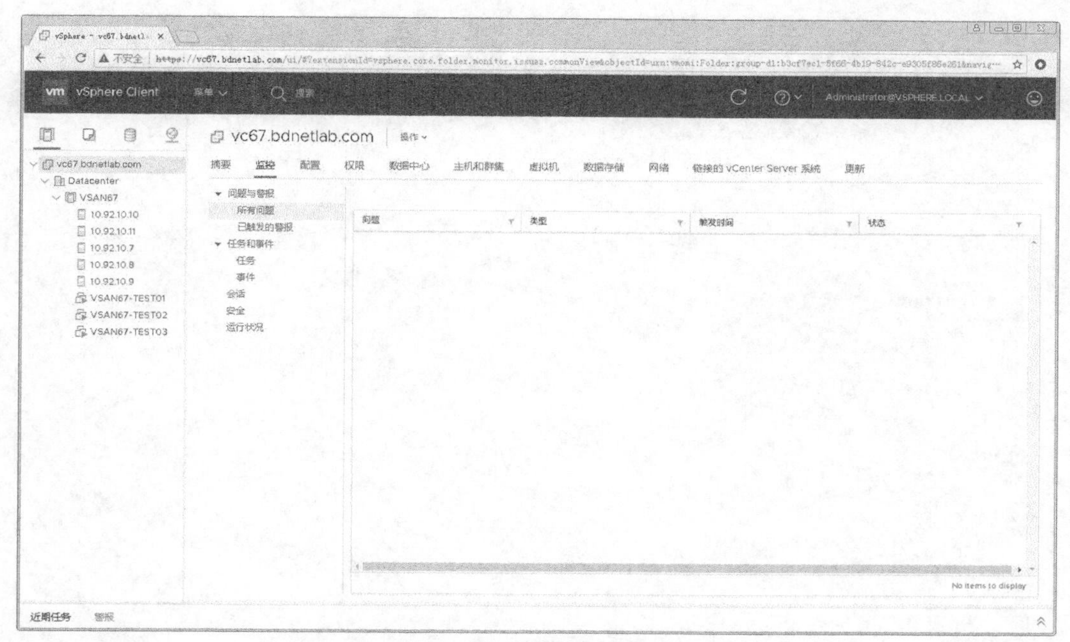

图 9-1-33 使用问题与警报监控工具之六

第 7 步，查看基于 vCenter Server 的“已触发的警报”，如图 9-1-34 所示，目前为空白状态。

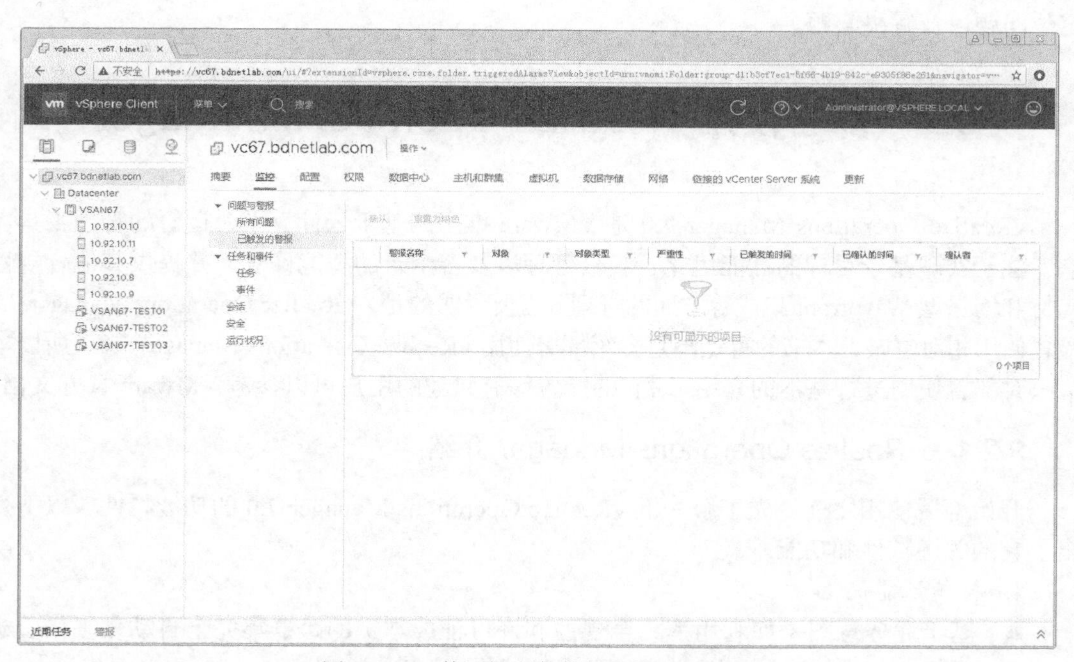

图 9-1-34 使用问题与警报监控工具之七

第 8 步，查看虚拟机“已触发的警报”，如图 9-1-35 所示，目前的问题是虚拟机未安装 VMware Tools。

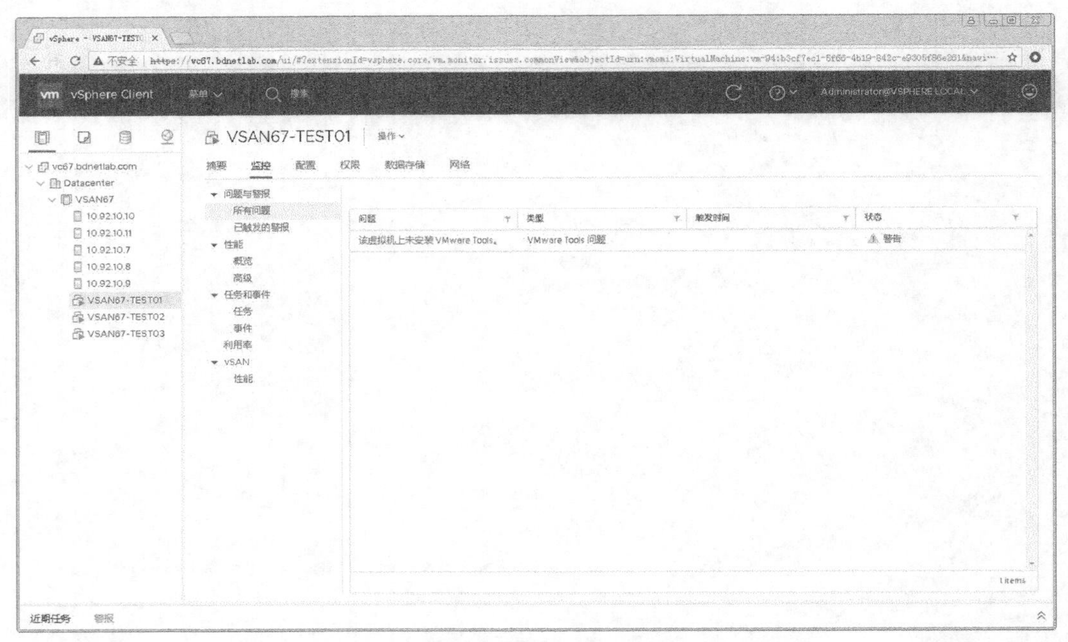

图 9-1-35　使用问题与警报监控工具之八

至此，使用各种内置工具监控 VMware vSphere 虚拟化架构的介绍基本完成。对于运维人员来说，必须学习并掌握这些内置工具。不同的监控工具可以帮助运维人员判断问题、定位问题以及解决问题。

9.2　部署使用 vRealize Operations Manager

vRealize Operations Manager 7.0 是 VMware 推出的基于云计算平台运管的管理工具，它专注于实现基于目标的性能优化、容量管理以及多个云的智能修复，并提供其他合规性支持和增强型 Wavefront 集成等方面的管理。需要说明的是，vRealize Operations Manager 7.0 配置使用相对复杂，本书的重点不是介绍部署使用 vRealize Operations Manager 7.0，所以本节只对部署使用进行基本的介绍。对它的配置等有兴趣的用户可以参考 VMware 官方文档。

9.2.1　vRealize Operations Manager 介绍

开始部署使用之前，先了解一下 vRealize Operations Manager 7.0 的功能特性。以下列出了它的关键特性和功能。

1. 持续性能优化

- 基于业务意图（如利用率、合规性和许可证成本）的跨群集完全自动化工作负载平衡。
- 与 vRealize Automation 集成，可实现初始和持续的工作负载安置。
- 基于主机安置，以根据群集内的业务意图和工作负载安置来自动执行 DRS。
- 能够检测和修复业务目标中定义的违规放置标记。

- 记录工作负载的优化历史。

2. 选项完全自动化

- 用于适当调整容量不足或容量过剩的工作负载的新工作流，提高性能和效率，确保高效的容量管理。
- 支持日历感知的容量分析增强功能。
- 更智能的数据权重功能，可在不损失周期性的情况下为最近的容量变化提供更多的权重。
- 增强的容量回收工作流，可轻松访问历史容量利用率。
- 增强的假设方案，可使用标记、自定义组、文件夹等功能添加新的工作负载。
- 适用于硬件采购规划和云迁移规划的新假设方案。

3. 智能修复

- 支持多种云服务，如 SDDC、AWS 及 VMware Cloud on AWS。
- 支持 PCI、HIPAA、DISA、CIS、FISMA 及 ISO Security。
- 对象级别的“工作负载”选项卡，用于简单地细分资源，提高利用率。
- 增强的 Wavefront 集成，用于应用程序监控和故障排除。
- 能够在 vRealize Automation 中查看 vRealize Operations Manager 警示和衡量指标。可为部署中的每项工作负载显示 KPI。

4. 仪表板和报告增强功能

- 利用直观画布和多个即时可用小组件以及视图简化仪表板来创建流程。
- 能够使用统一的小组件编辑器创建四列仪表板，并能够设置仪表板间交互以及仪表板内的交互。
- 能够使用 URL 共享仪表板，无须登录。共享选项包括复制、电子邮件或在其他网站中嵌入的 URL，以及使用 vRealize Operations Manager 生成的嵌入式代码。
- 能够使用管理仪表板功能跟踪 URL 使用情况并撤销 URL 访问。
- 能够将仪表板所有权转移给其他用户。
- 提供支持使用新的“孤立内容”页面管理已删除用户的仪表板和报告调度等内容的选项。
- 增强的入门仪表板，可访问社区管理的仪表板存储库。

5. 平台增强功能

- 支持跨 vCenter vMotion。能够在 vCenter 之间移动虚拟机。如果两个 vCenter 由同一实例管理，则 vRealize Operations Manager 将保留虚拟机的历史记录。
- 提供新的搜索选项，支持搜索和启动内容（如仪表板、视图、超级衡量指标、警示等）。
- 支持超级衡量指标，包含新函数和运算符。
- 为在管理员界面中的 vRealize Operations Manager 节点上启用 SSH 的选项提供支持。
- 提供管理员界面中新的管理员恢复密码选项。
- 能够在管理员界面中设置 NTP。
- 增强了与 VMware Identity Manager 的集成，提供导入用户组的选项。

- 能够使用新的“操作”选项在“警示”页面执行操作。
- 能够在“警示”页面删除已取消的警示，以清除警示数据库。
- 提供用于定义虚拟机中应用程序成本核算的选项。
- 能够导出 vRealize Business 成本配置信息并将其导入 vRealize Operations Manager。

6. 小组件和视图增强功能

- 视图工具栏中新的范围选项，用于选择“列表”“摘要”“趋势”“分布”等所有视图的范围。
- 增强的饼图和条形图分布视图，提供分布数据。
- 为设置在“列表”视图中显示的行数限制的选项提供支持，旨在改进报告。
- 为用新的表达式转换在视图中创建计算的选项提供支持。
- 能够在趋势视图和衡量指标图表小组件中设置阈值。
- 为在“记分板”小组件列中添加超链接以实现跨仪表板或网页导航的选项提供支持。
- 增强的“警示列表”小组件，能够筛选警示与操作，并且能够在小组件上运行操作。

9.2.2　部署 vRealize Operations Manager

vRealize Operations Manager 7.0 部署采用 OVA 导入的方式，使用户可以访问 VMware 官网并下载 OVA 文件导入 vCenter Server。本小节介绍如何部署 vRealize Operations Manager 7.0。

第 1 步，使用浏览器登录 vCenter Server，在群集上右击并选中“部署 OVF 模板”，如图 9-2-1 所示。

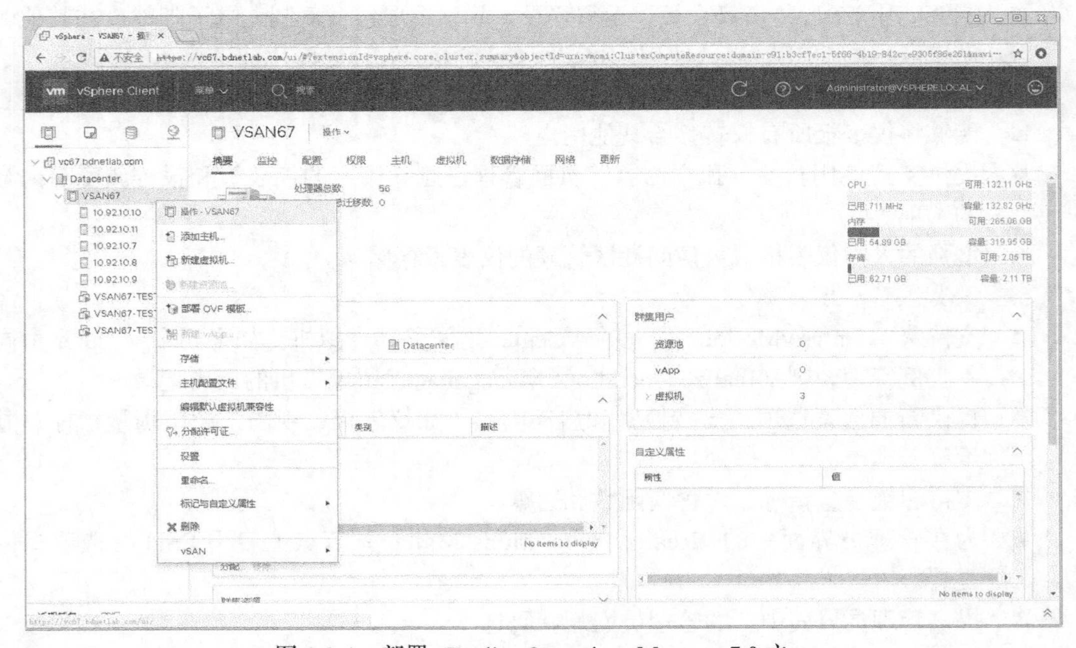

图 9-2-1　部署 vRealize Operations Manager 7.0 之一

第 2 步，选择从本地文件部署 vRealize Operations Manager，如图 9-2-2 所示，单击

“NEXT”按钮。

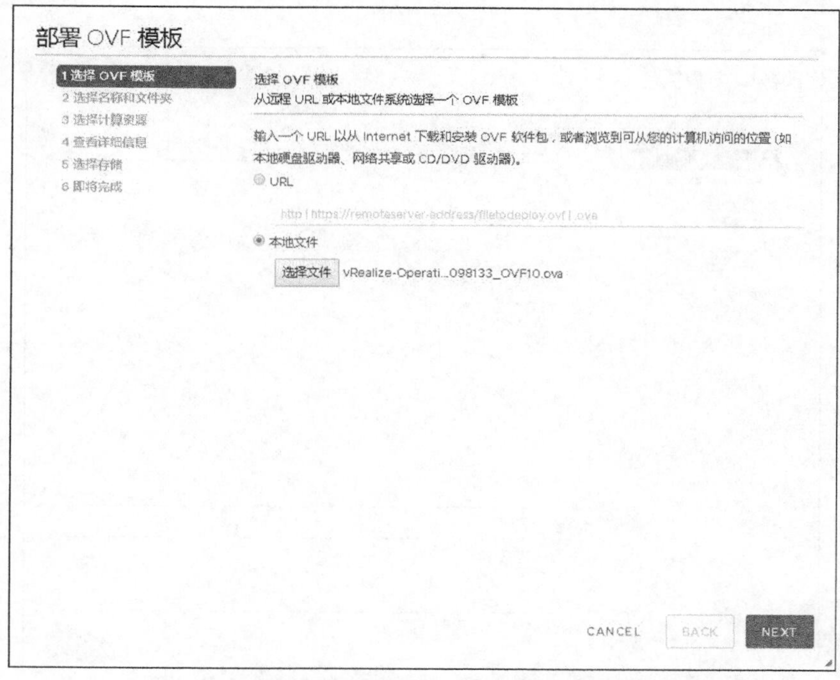

图 9-2-2 部署 vRealize Operations Manager 7.0 之二

第 3 步，设置虚拟机名称以及其目标位置，如图 9-2-3 所示，单击“NEXT”按钮。

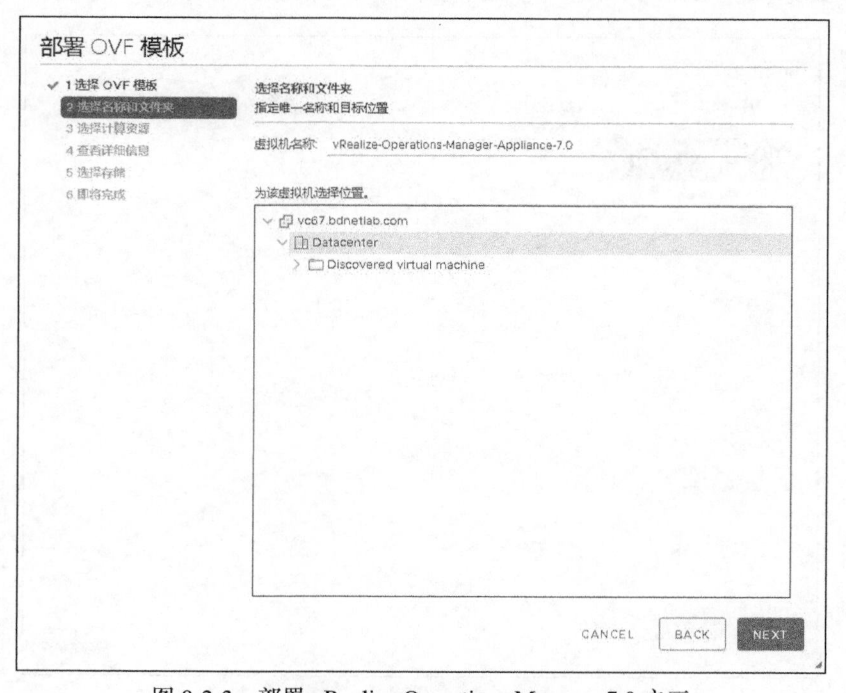

图 9-2-3 部署 vRealize Operations Manager 7.0 之三

第 4 步，选择 vRealize Operations Manager 虚拟机使用的计算资源，如图 9-2-4 所示，单击“NEXT”按钮。

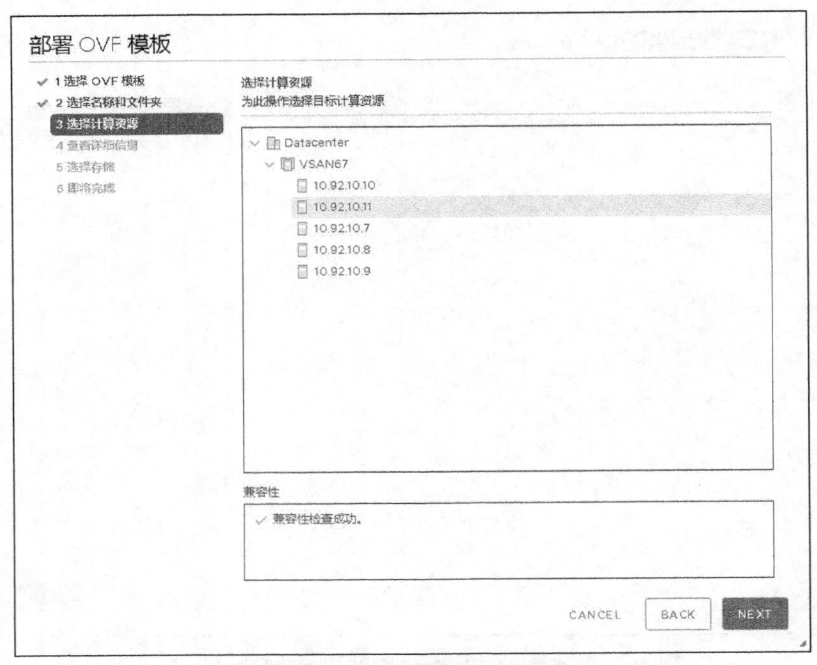

图 9-2-4 部署 vRealize Operations Manager 7.0 之四

第 5 步，系统对 OVA 文件进行验证，如图 9-2-5 所示，单击“NEXT”按钮。

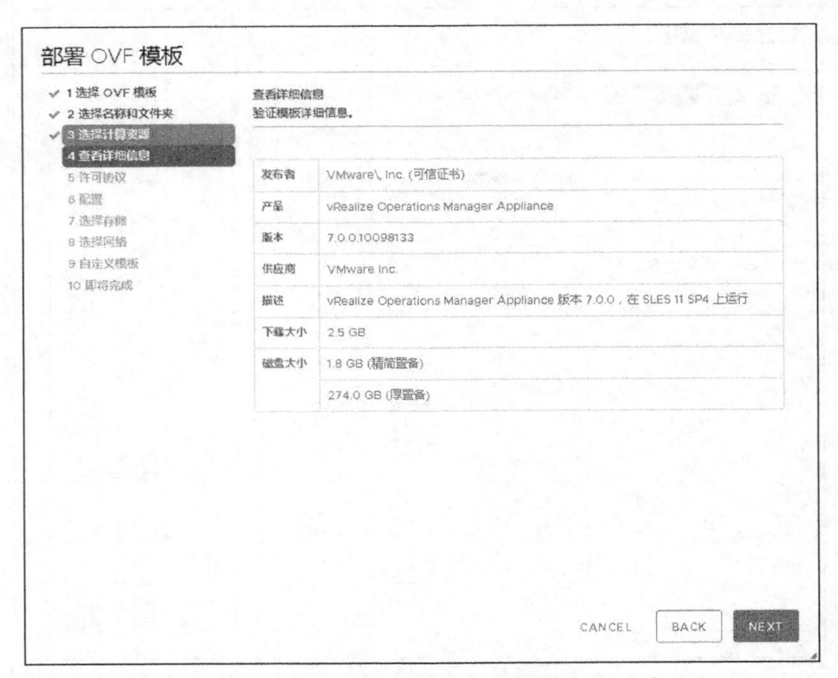

图 9-2-5 部署 vRealize Operations Manager 7.0 之五

第 6 步，选中“我接受所有许可协议”，如图 9-2-6 所示，单击“NEXT”按钮。

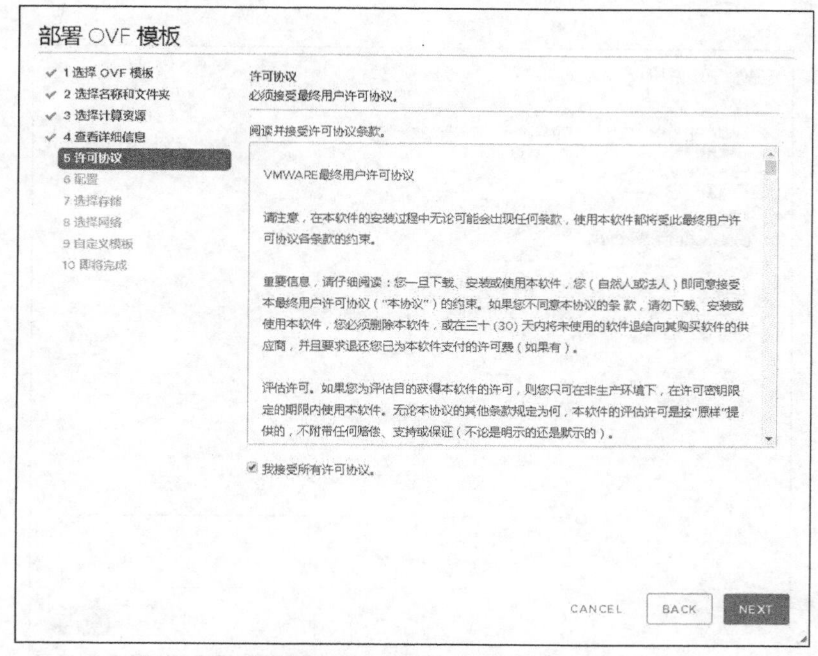

图 9-2-6 部署 vRealize Operations Manager 7.0 之六

第 7 步，设置 vRealize Operations Manager 运行的环境，如图 9-2-7 所示，不同的环境使用的硬件资源不同，在生产环境中，用户应根据实际情况进行选择，单击“NEXT”按钮。

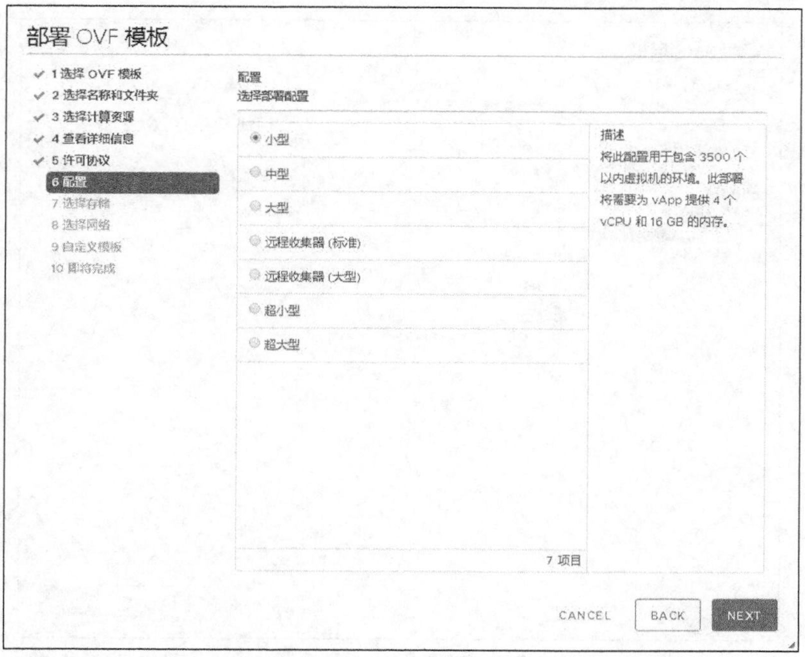

图 9-2-7 部署 vRealize Operations Manager 7.0 之七

第 8 步，选择 vRealize Operations Manager 虚拟机使用的存储，如图 9-2-8 所示，单击“NEXT”按钮。

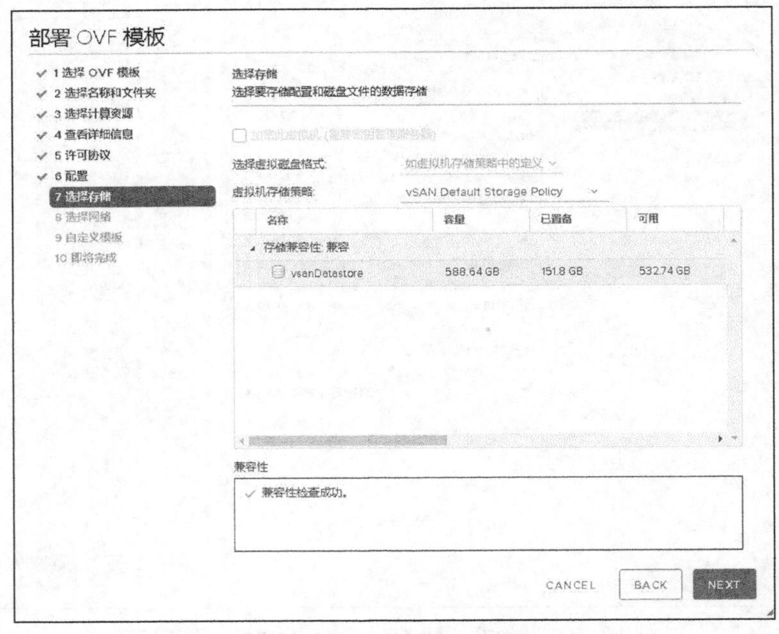

图 9-2-8　部署 vRealize Operations Manager 7.0 之八

第 9 步，选择 vRealize Operations Manager 虚拟机使用的网络，如图 9-2-9 所示，单击“NEXT”按钮。

图 9-2-9　部署 vRealize Operations Manager 7.0 之九

第 10 步，设置 vRealize Operations Manager 虚拟机网络具体参数，如图 9-2-10 所示，单击"NEXT"按钮。

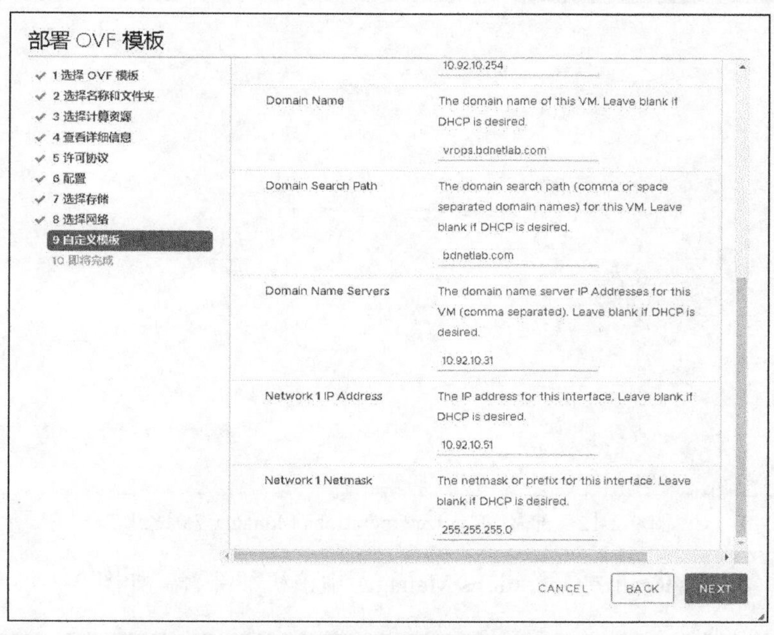

图 9-2-10　部署 vRealize Operations Manager 7.0 之十

第 11 步，确认参数正确后，如图 9-2-11 所示，单击"FINISH"按钮。

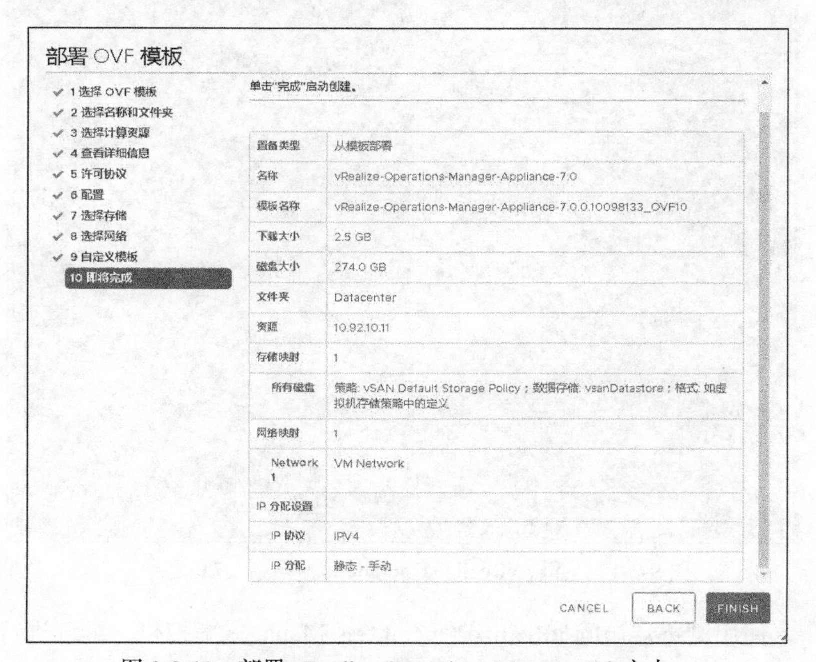

图 9-2-11　部署 vRealize Operations Manager 7.0 之十一

第 12 步，系统开始部署 vRealize Operations Manager 虚拟机，如图 9-2-12 所示。

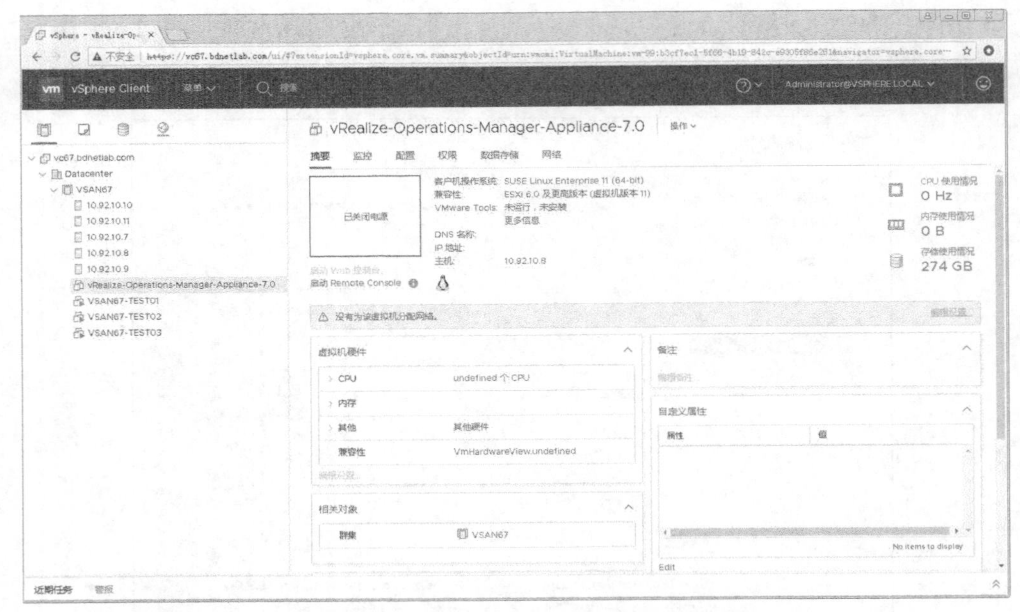

图 9-2-12　部署 vRealize Operations Manager 7.0 之十二

第 13 步，完成 vRealize Operations Manager 虚拟机的部署，如图 9-2-13 所示。

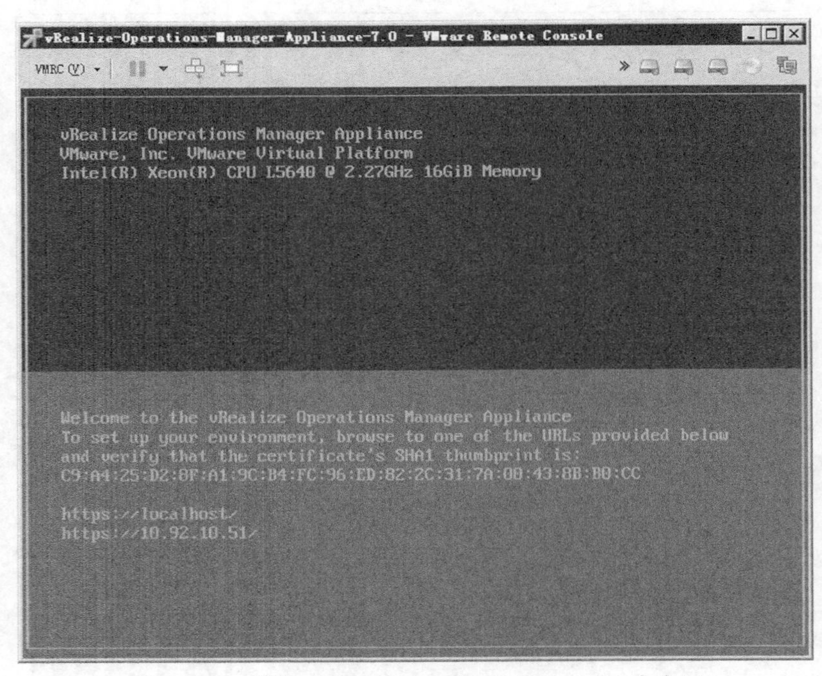

图 9-2-13　部署 vRealize Operations Manager 7.0 之十三

第 14 步，使用浏览器访问 vRealize Operations Manager 虚拟机，继续进行配置，如图 9-2-14 所示，单击“快速安装”。

图 9-2-14 部署 vRealize Operations Manager 7.0 之十四

第 15 步，进入配置向导，如图 9-2-15 所示，单击“下一步”按钮。

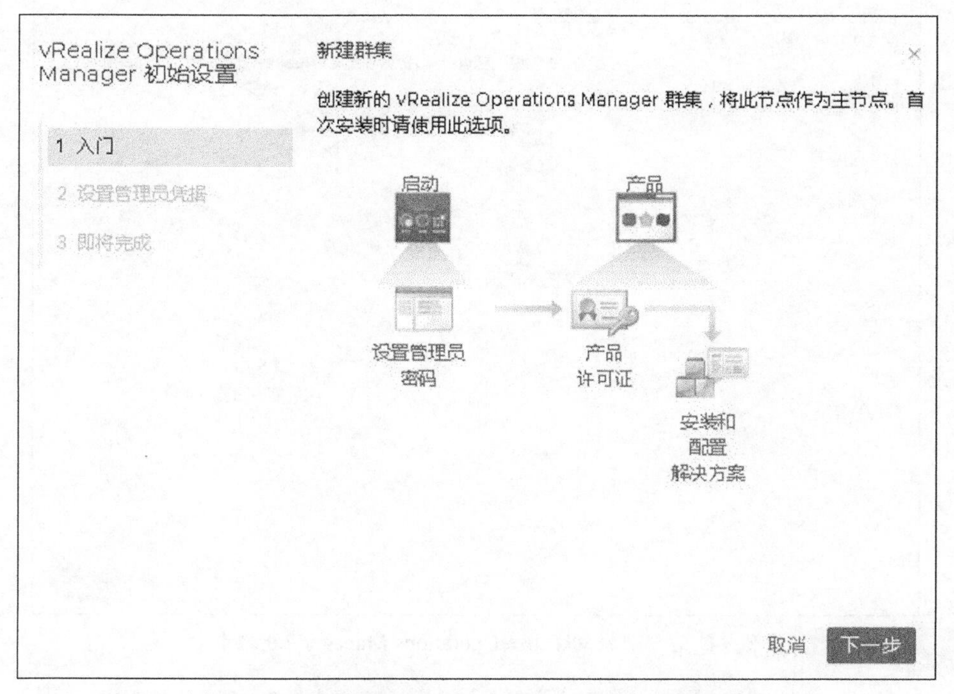

图 9-2-15 部署 vRealize Operations Manager 7.0 之十五

第 16 步，设置管理员密码，如图 9-2-16 所示，单击“下一步”按钮。

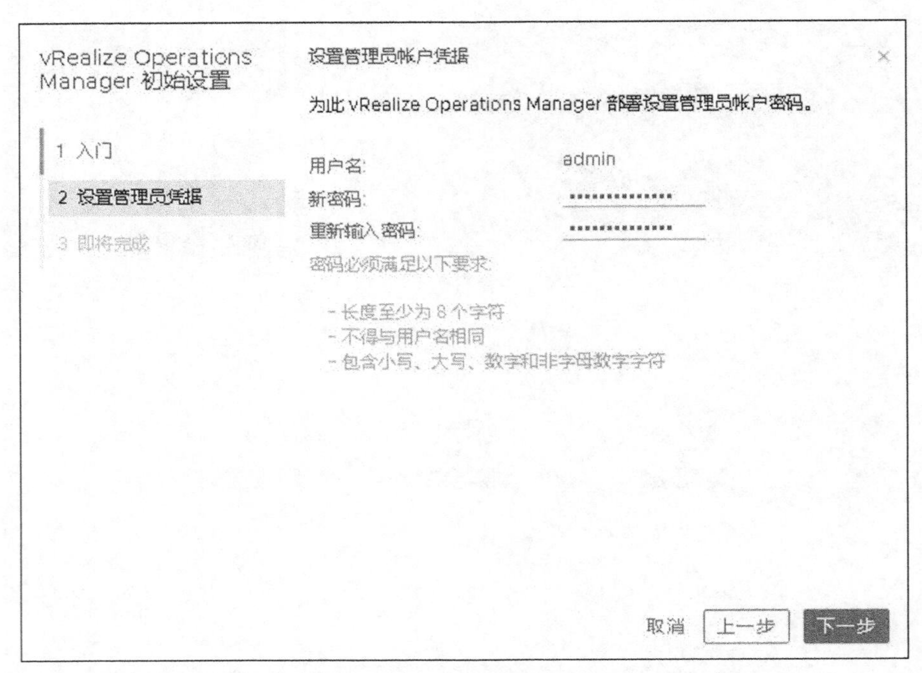

图 9-2-16　部署 vRealize Operations Manager 7.0 之十六

第 17 步，确认参数配置正确后，如图 9-2-17 所示，单击“完成”按钮。

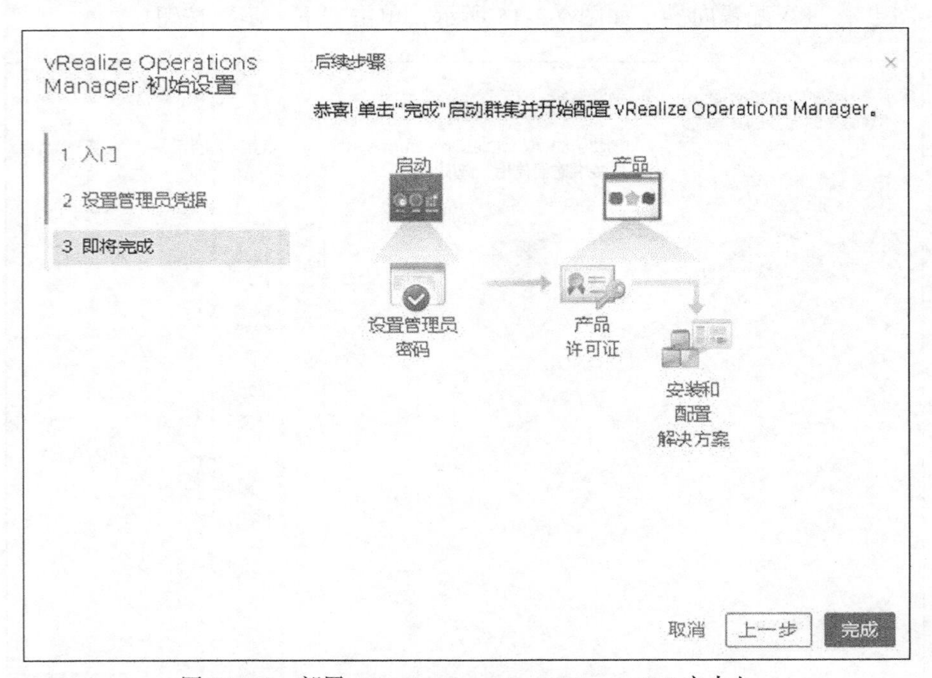

图 9-2-17　部署 vRealize Operations Manager 7.0 之十七

第 18 步，系统开始配置 vRealize Operations Manager，如图 9-2-18 所示。

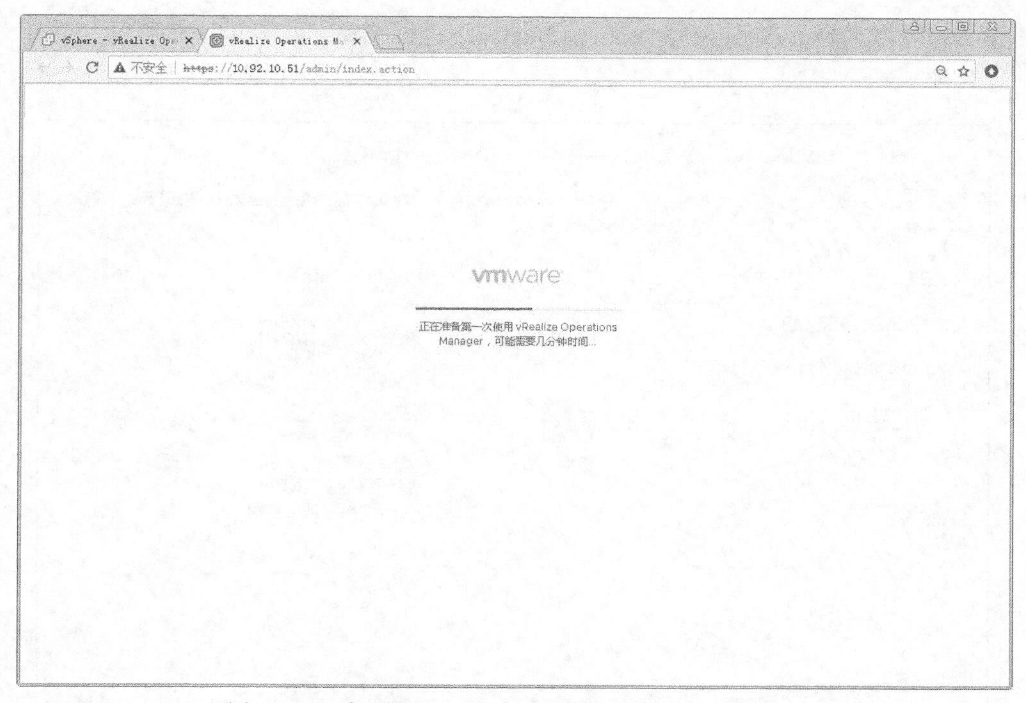

图 9-2-18 部署 vRealize Operations Manager 7.0 之十八

第 19 步，完成 vRealize Operations Manager 的基本配置，使用本地用户账号登录，如图 9-2-19 所示。

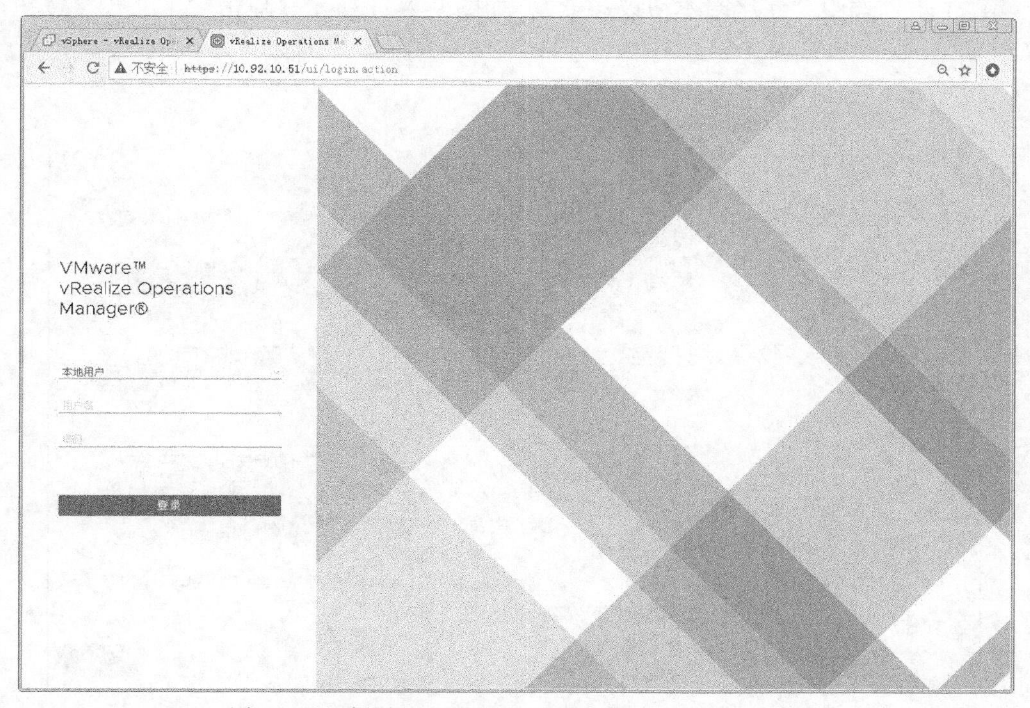

图 9-2-19 部署 vRealize Operations Manager 7.0 之十九

第 20 步，继续对 vRealize Operations Manager 进行配置，如图 9-2-20 所示，单击“下一步”按钮。

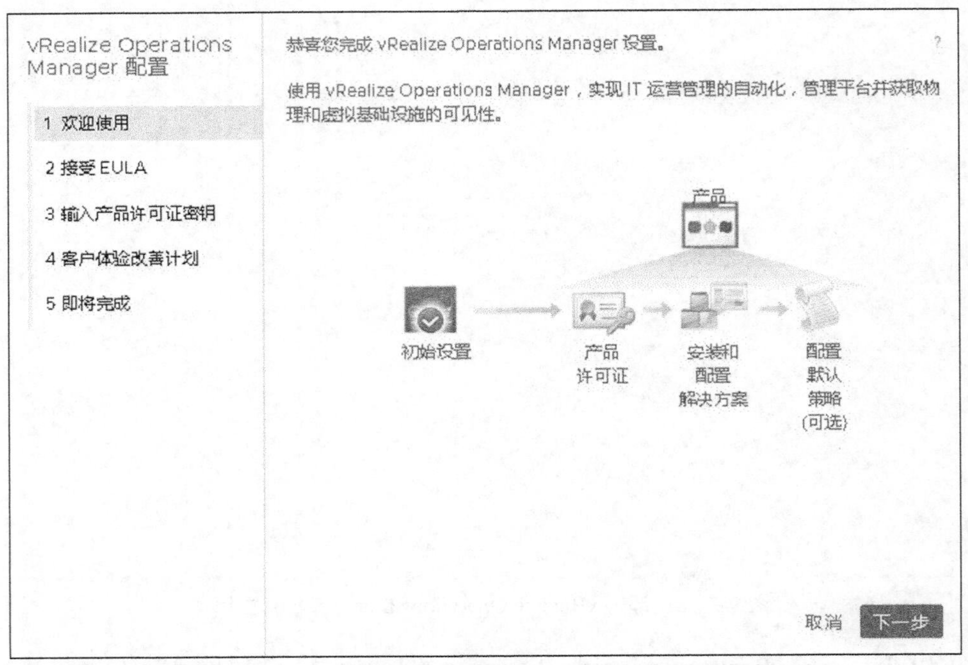

图 9-2-20　部署 vRealize Operations Manager 7.0 之二十

第 21 步，选中“我接受本协议条款”，如图 9-2-21 所示，单击“下一步”按钮。

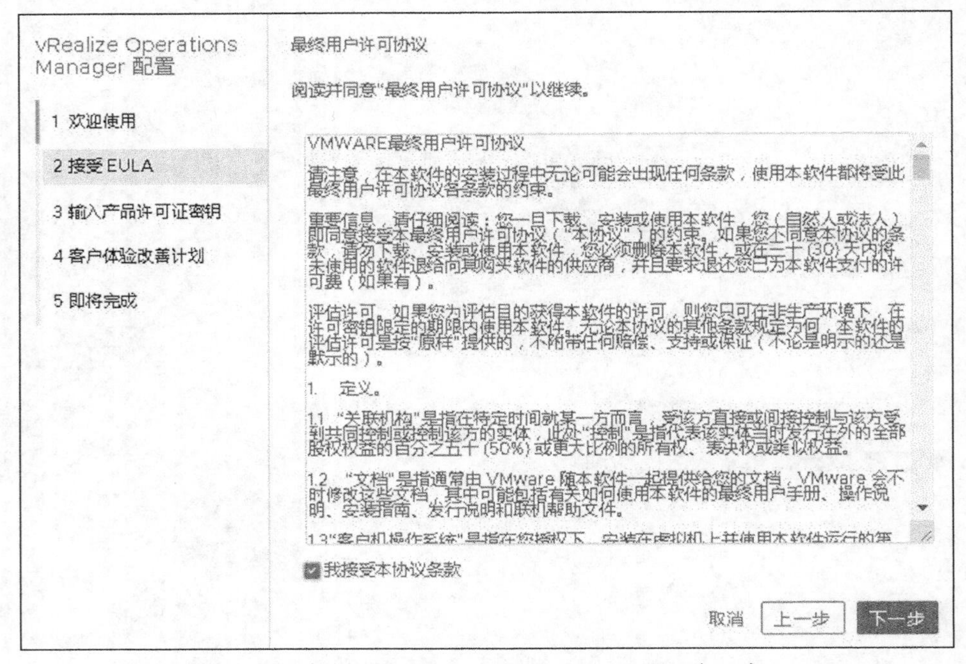

图 9-2-21　部署 vRealize Operations Manager 7.0 之二十一

第 22 步，选中“产品评估（不需要任何密钥）”，如图 9-2-22 所示，单击“下一步”按钮。

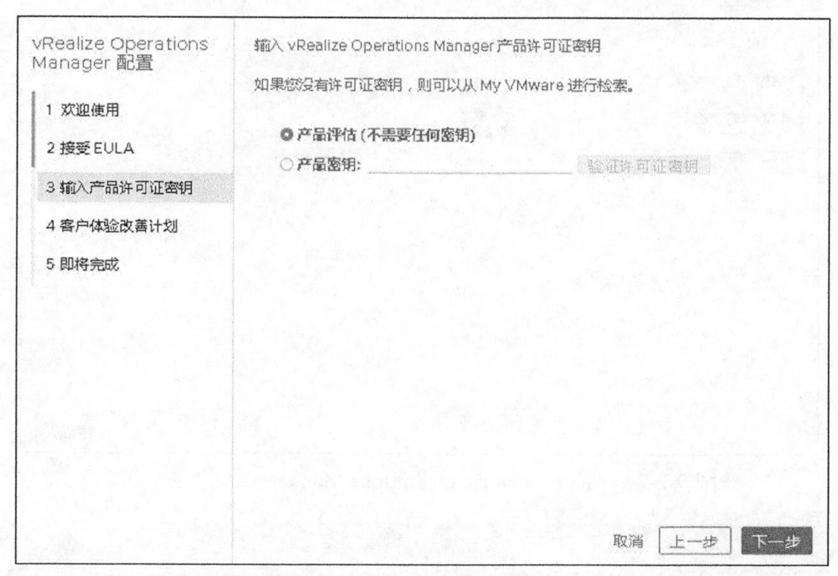

图 9-2-22 部署 vRealize Operations Manager 7.0 之二十二

第 23 步，用户可根据实际情况选择是否加入 VMware 客户体验改善计划，如图 9-2-23 所示，单击“下一步”按钮。

图 9-2-23 部署 vRealize Operations Manager 7.0 之二十三

第 24 步，确认参数配置正确后，如图 9-2-24 所示，单击“完成”按钮。

第 25 步，完成 vRealize Operations Manager 的配置，如图 9-2-25 所示。

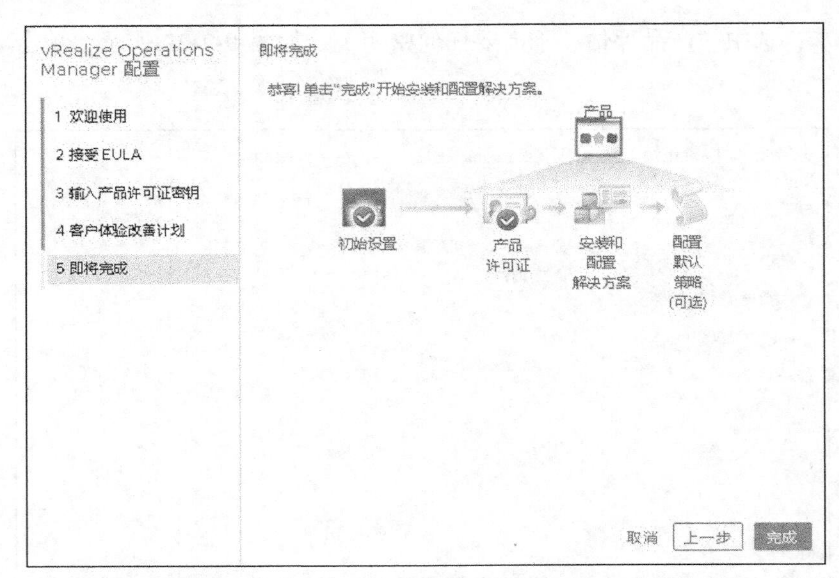

图 9-2-24　部署 vRealize Operations Manager 7.0 之二十四

图 9-2-25　部署 vRealize Operations Manager 7.0 之二十五

至此，vRealize Operations Manager 部署完成。目前 vRealize Operations Manager 没有关联 vCenter Server，因此无法对环境进行监控。

9.2.3　使用 vRealize Operations Manager

用户在完成 vRealize Operations Manager 部署后，一般需要将 vRealize Operations Manager 和监控对象进行关联，这样才能监控对象。

第 1 步，登录 vRealize Operations Manager 控制台，在系统管理中单击“解决方案”，可见“VMware vSphere”解决方案未配置，如图 9-2-26 所示，单击“配置”。

图 9-2-26 使用 vRealize Operations Manager 7.0 之一

第 2 步，需要提供 vCenter Server 监控相关的凭据信息，如图 9-2-27 所示。

管理解决方案 - VMware vSphere

适配器类型	描述	实例	版本	提供者	重置默认内容
vCenter 适配器	提供监控 vCenter Server ...	0	7.0.1009...	VMware ...	

实例名称 ↑
实例设置
显示名称
描述
基本设置
vCenter Server
凭据
vCenter 操作
启用操作 启用 禁用
备用操作凭据（可选）
测试连接
高级设置
定义监控目标 保存设置
关闭

图 9-2-27 使用 vRealize Operations Manager 7.0 之二

第 3 步，输入 vCenter Server 相关凭据信息，如图 9-2-28 所示，保存设置后单击“关闭”按钮。

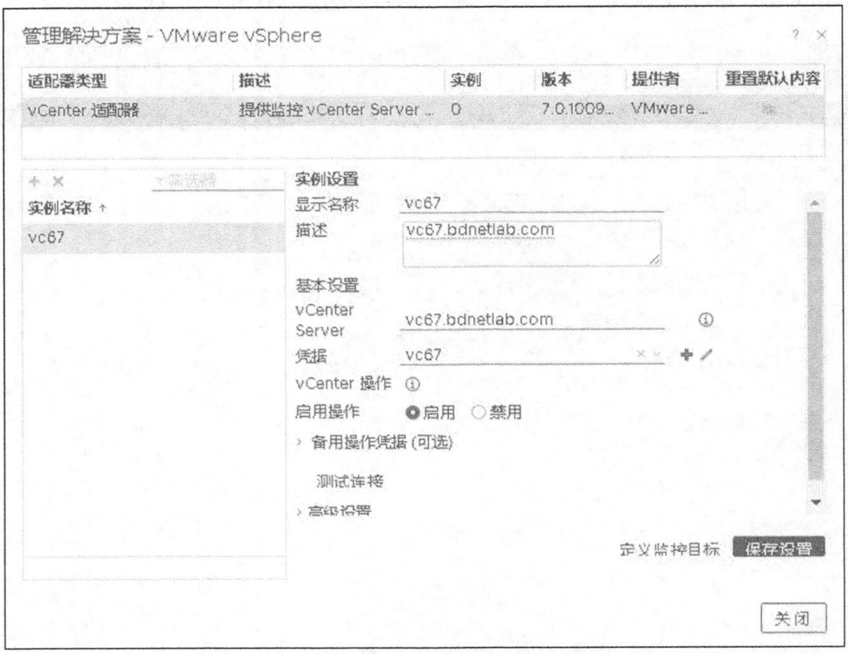

图 9-2-28　使用 vRealize Operations Manager 7.0 之三

第 4 步，“VMware vSphere”解决方案配置完成后，收集器开始收集相关数据，如图 9-2-29 所示。

图 9-2-29　使用 vRealize Operations Manager 7.0 之四

第 5 步，配置“VMware vSAN”解决方案，如图 9-2-30 所示，单击“配置”。

图 9-2-30 使用 vRealize Operations Manager 7.0 之五

第 6 步，需要提供 vSAN 监控相关的凭据信息，如图 9-2-31 所示。

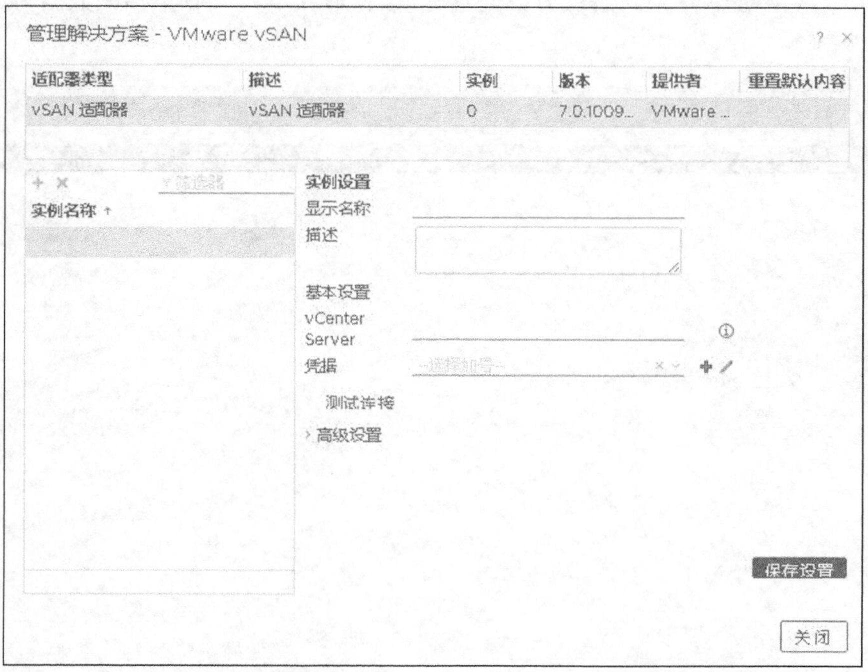

管理解决方案 - VMware vSAN

适配器类型	描述	实例	版本	提供者	重置默认内容
vSAN 适配器	vSAN 适配器	0	7.0.1009...	VMware ...	

实例名称 ↑

实例设置

显示名称

描述

基本设置

vCenter Server

凭据

测试连接

高级设置

保存设置

关闭

图 9-2-31 使用 vRealize Operations Manager 7.0 之六

第 7 步，输入 vCenter Server 相关凭据信息，如图 9-2-32 所示，保存设置后单击“关闭”按钮。

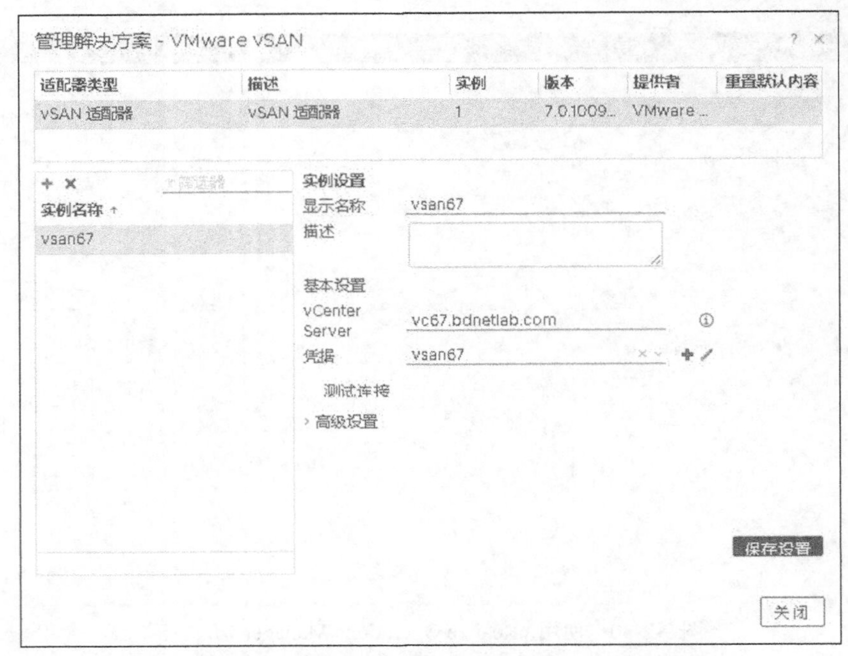

图 9-2-32　使用 vRealize Operations Manager 7.0 之七

第 8 步，“VMware vSAN”解决方案配置完成后，收集器开始收集相关数据，如图 9-2-33 所示。

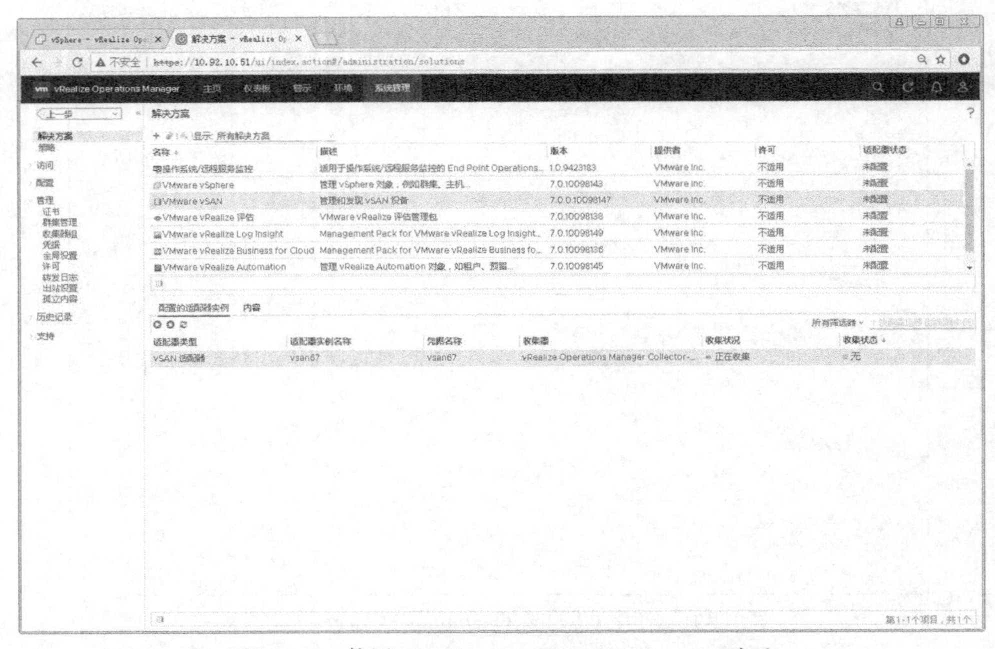

图 9-2-33　使用 vRealize Operations Manager 7.0 之八

第 9 步，收集器开始收集数据，等待一段时间再查看主页菜单，单击“运维概览”，可以看到整个 VMware vSphere 虚拟化环境的信息，如图 9-2-34 所示。

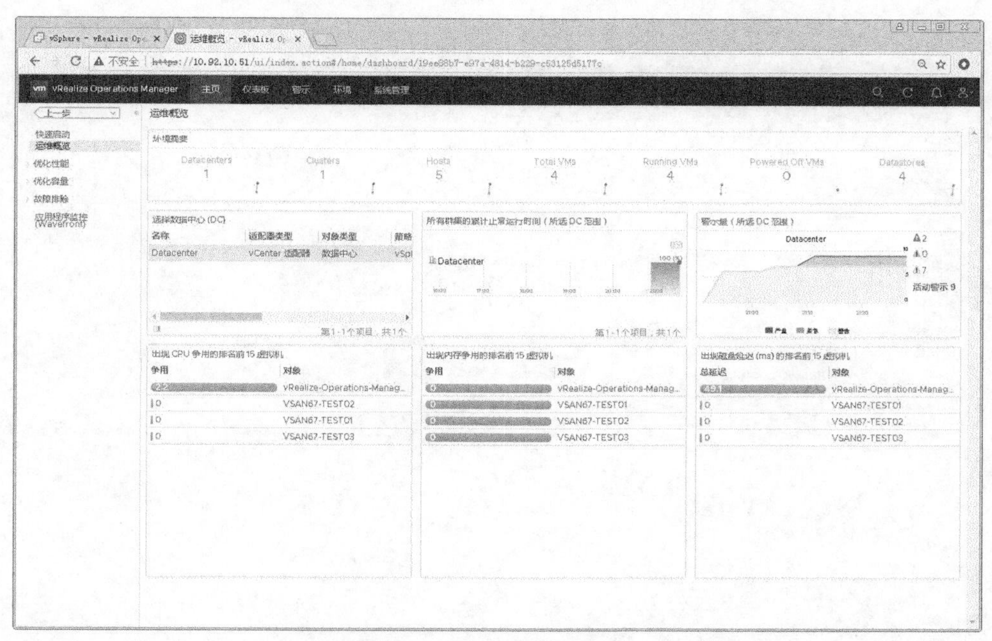

图 9-2-34　使用 vRealize Operations Manager 7.0 之九

第 10 步，查看主页菜单，单击“优化性能”中的“工作负载优化”，可以看到数据中心的优化情况，如图 9-2-35 所示。

图 9-2-35　使用 vRealize Operations Manager 7.0 之十

第 11 步，查看主页菜单，单击“优化性能”中的“规模优化”，可以看到容量过剩虚拟机的相关信息，如图 9-2-36 所示，运维人员可以根据提示减少虚拟机 CPU 以及内存资源。

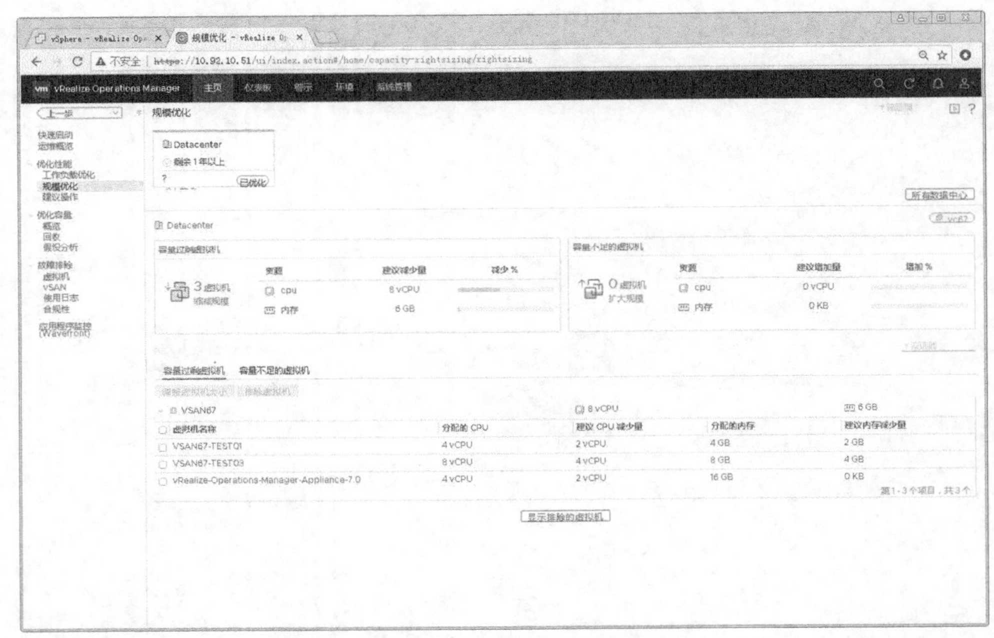

图 9-2-36　使用 vRealize Operations Manager 7.0 之十一

第 12 步，查看主页菜单，单击“优化容量”中的“概览”，可以看到群集利用率相关信息，如图 9-2-37 所示。

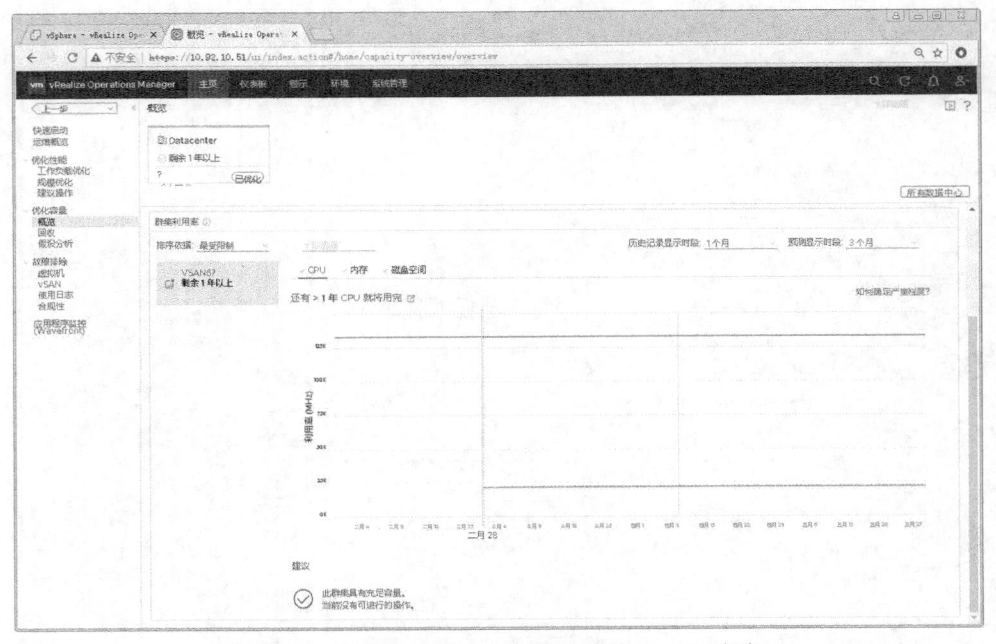

图 9-2-37　使用 vRealize Operations Manager 7.0 之十二

第 13 步，查看主页菜单，单击“优化性能”中的“回收”，可以看到可回收的虚拟机的相关信息，如图 9-2-38 所示。

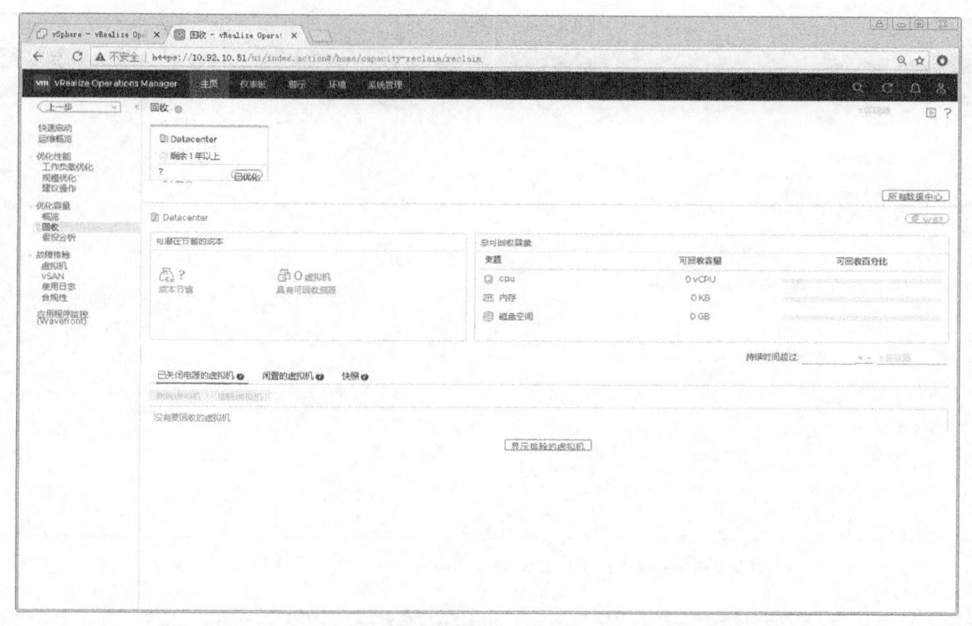

图 9-2-38 使用 vRealize Operations Manager 7.0 之十三

第 14 步，查看主页菜单，单击“故障排除”中的“虚拟机”，可以看到虚拟机故障的相关信息，如图 9-2-39 所示，对于运维人员来说，可以通过它发现虚拟机潜在的问题，快速定位虚拟机相关故障，及时进行处理。

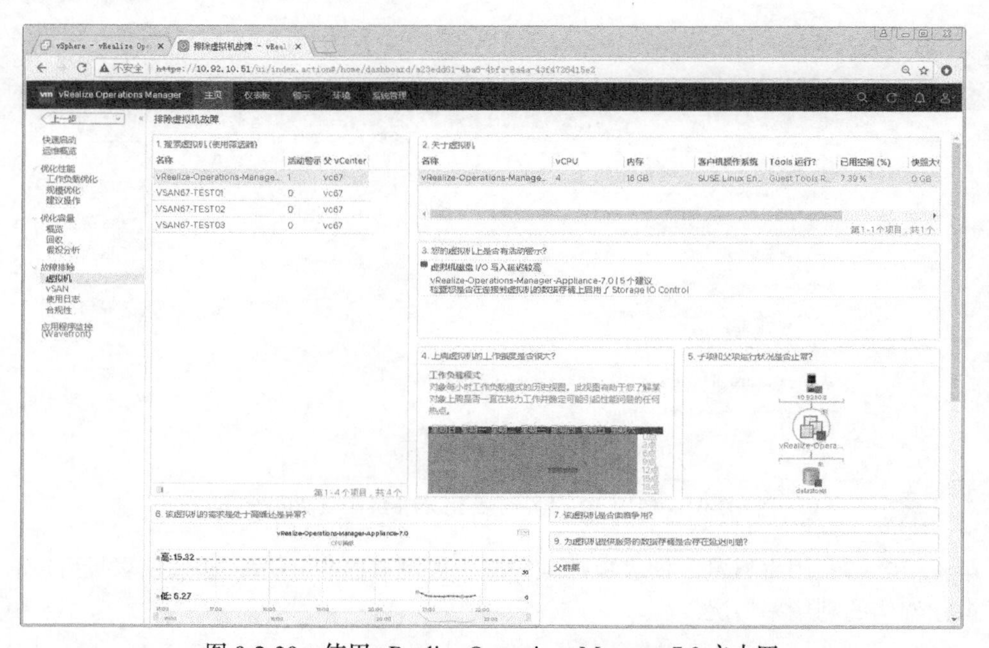

图 9-2-39 使用 vRealize Operations Manager 7.0 之十四

第 15 步，查看主页菜单，单击“故障排除”中的“vSAN”，可以看到 vSAN 故障相关信息，如图 9-2-40 所示。

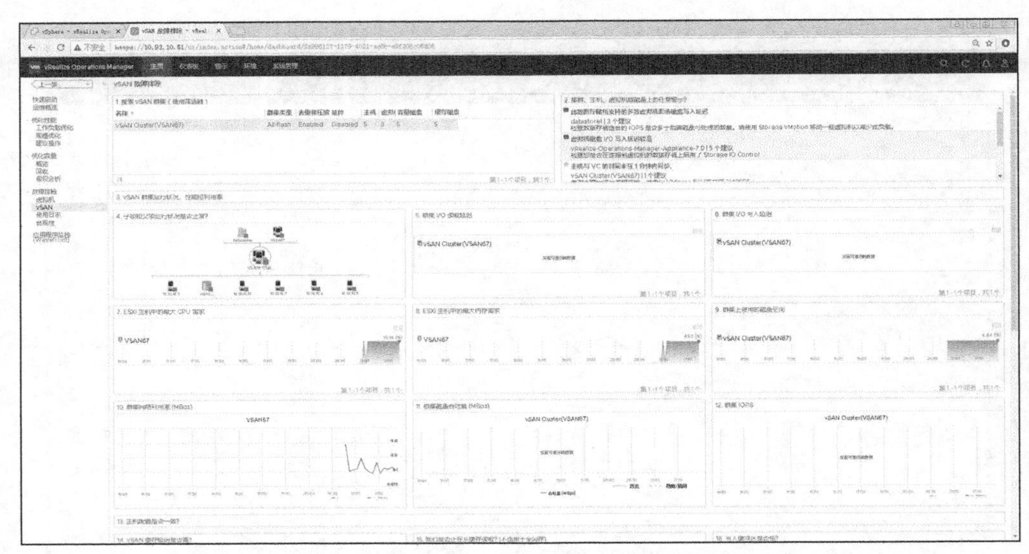

图 9-2-40　使用 vRealize Operations Manager 7.0 之十五

第 16 步，查看仪表板菜单，默认没有加载仪表板，如图 9-2-41 所示，单击“利用率概览”按钮可加载仪表板。

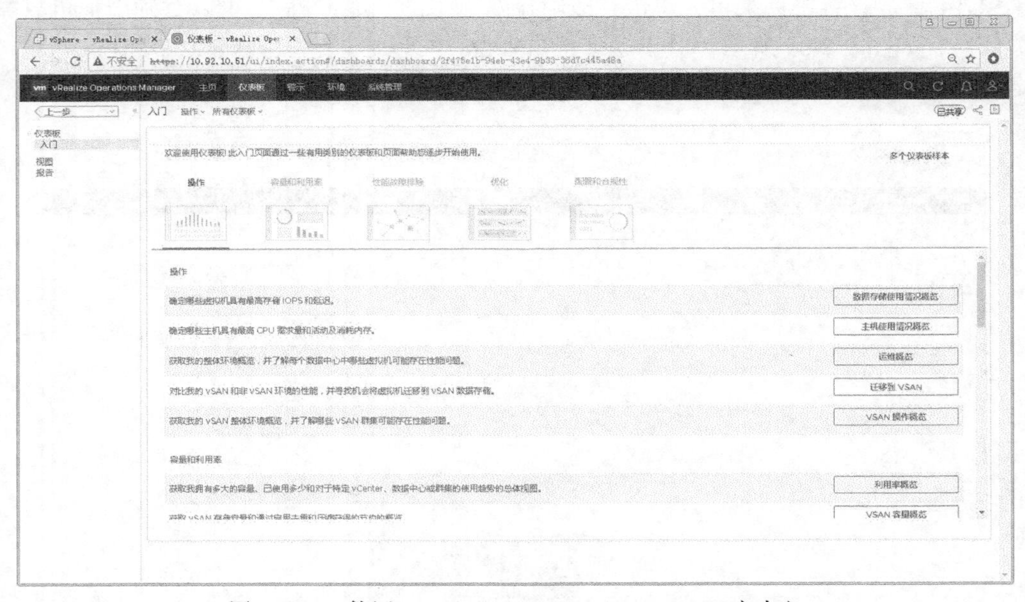

图 9-2-41　使用 vRealize Operations Manager 7.0 之十六

第 17 步，“利用率概览”仪表板加载完成，如图 9-2-42 所示，通过仪表板可以直观看到虚拟化架构的利用率情况。

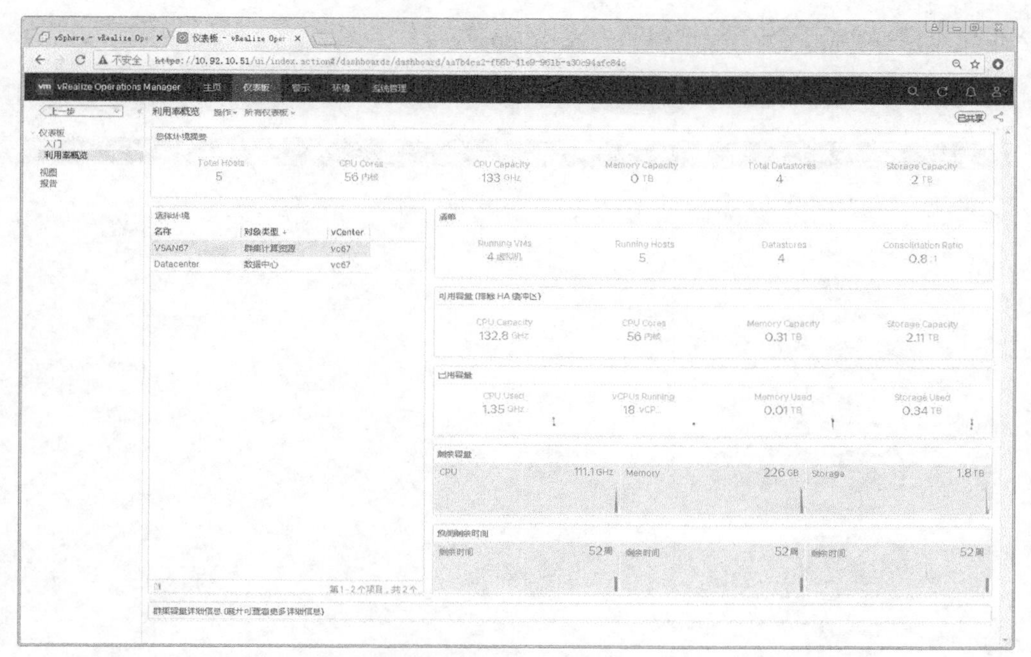

图 9-2-42　使用 vRealize Operations Manager 7.0 之十七

第 18 步，查看仪表板菜单，单击“视图”，内置有 220 种视图，如图 9-2-43 所示，运维人员可以根据实际情况进行选择。

vSphere - vRealize Op　视图 - vRealize Opera
https://10.92.10.51/ui/index.action#/dashboards/views
vRealize Operations Manager　主页　仪表板　警示　环境　系统管理
上一步　视图
仪表板　入门　利用率概览　视图　报告
所有筛选器

名称	类型	描述	主题	所有者
BIOS 版本	分布		主机系统	admin
CPU 争用	趋势	用于仪表板: 群集性能。此视图显示群集...	群集计算资源	admin
CPU 需求量最高的虚拟机	列表		虚拟机	admin
DRS 和非 DRS 迁移	趋势		vSphere World	admin
ESXi 主机 CPU 利用率 (%) 的 vSAN 趋势	趋势	ESXi 主机 CPU 利用率 (%) 的 vSAN 趋势	主机系统	admin
ESXi 配置视图	列表	用于仪表板: 群集配置。此视图有助于报...	主机系统	admin
MP 统计信息	列表		vRealize Operations Management Pack	admin
vCenter 主机增长趋势视图	趋势	vCenter 主机增长趋势视图	vCenter Server	admin
vCenter 清单	列表	环境中所有 vCenter Server 的列表。	vCenter Server	admin
vCenter 虚拟机增长趋势视图	趋势	vCenter 虚拟机增长趋势视图	vCenter Server	admin
VMware Tools 摘要	列表	VMware Tools 摘要。	虚拟机	admin
VMware Tools 版本分布	分布	VMware Tools 版本分布	虚拟机	admin
VMware Tools 状况	分布		虚拟机	admin
VMware Tools 状态分布	分布	VMware Tools 状态分布	虚拟机	admin
VMware vSphere 安全配置指南 - 非合规...	列表	此视图显示所选资源及其后代根据《VM...	症状	admin
vROps 节点磁盘分区利用率	列表	用于仪表板: 自我性能统计信息	vRealize Operations 节点	admin
vSAN 使用率平均值和最大 IOPS 趋势	趋势	vSAN 使用率平均值和最大 IOPS 趋势	虚拟机	admin
vSAN 数据存储 (选择一个)	列表	用于: 迁移到 vSAN 仪表板。此视图显示...	数据存储	admin
vSAN 磁盘组写入缓冲区性能趋势	趋势	vSAN 磁盘组写入缓冲区性能趋势	vSAN 磁盘组	admin
vSAN 磁盘组的使用率平均值和最大 IOP...	趋势	vSAN 磁盘组的使用率平均值和最大 IOP...	vSAN 磁盘组	admin
vSAN 磁盘组读取缓存性能趋势	趋势	vSAN 磁盘组读取缓存性能趋势	vSAN 磁盘组	admin
vSAN 群集上的已关闭电源虚拟机	列表	用于: vSAN 容量概览仪表板	虚拟机	admin
vSAN 群集上的闲置虚拟机	列表	用于: vSAN 容量概览仪表板	虚拟机	admin
vSAN 群集利用率	趋势	用于: vSAN 容量概览仪表板	vSAN 群集	admin
vSAN 虚拟机磁盘 IOPS 和延迟趋势	趋势	vSAN 虚拟机磁盘 IOPS 和延迟趋势	虚拟机	admin
vSphere HA 和 DRS 配置建议	文本	用于: 配置报告 - vSphere 群集。		admin
vSphere World 虚拟机增长趋势视图	趋势	vSphere World 虚拟机增长趋势视图	vSphere World	admin
vSphere 主机 NTP 服务状态	分布	vSphere 主机 NTP 服务状态	主机系统	admin
vSphere 主机 SSH 已启用	分布	vSphere 主机 SSH 已启用	主机系统	admin

第 1-50 个项目，共 220 个　‹ 1 2 3 4 5 ›

图 9-2-43　使用 vRealize Operations Manager 7.0 之十八

第 19 步，查看仪表板菜单，单击“报告”。内置有 51 种报告，如图 9-2-44 所示，运维人员可以根据实际情况进行选择以生成相关的报告。

vSphere - vRealize Op　vRealize Operations M
不安全 | https://10.92.10.51/ui/index.action#/dashboards/reports/templates
vRealize Operations Manager　主页　仪表板　警示　环境　系统管理
上一步
仪表板
入门
利用率概览
视图
报告
报告
报告模板　已生成的报告
所有筛选器

名称 ↑	主题	修改时间	上次运行	所有者
[VOA] 优化容量 已生成的报告 (0) | 调度 (0)		-	-	admin
[VOA] 优化性能 已生成的报告 (0) | 调度 (0)		-	-	admin
[VOA] 优化配置 已生成的报告 (0) | 调度 (0)		-	-	admin
[VOA] 分析事件 已生成的报告 (0) | 调度 (0)		-	-	admin
[VOA] 摘要报告 已生成的报告 (0) | 调度 (0)		-	-	admin
优化报告 - VMware Tools 状态摘要 已生成的报告 (0) | 调度 (0)	虚拟机	-	-	admin
优化报告 - 容量不足的虚拟机 已生成的报告 (0) | 调度 (0)	虚拟机	-	-	admin
优化报告 - 容量过剩的虚拟机 已生成的报告 (0) | 调度 (0)	虚拟机	-	-	admin
优化报告 - 已关闭电源的虚拟机 已生成的报告 (0) | 调度 (0)	虚拟机	-	-	admin
优化报告 - 数据存储废弃报告 已生成的报告 (0) | 调度 (0)	数据存储	-	-	admin
优化报告 - 有快照的虚拟机 已生成的报告 (0) | 调度 (0)	虚拟机	-	-	admin
优化报告 - 闲置虚拟机 已生成的报告 (0) | 调度 (0)	虚拟机	-	-	admin
利用率报告 - vSphere 主机 已生成的报告 (0) | 调度 (0)	主机系统	-	-	admin
利用率报告 - vSphere 群集 已生成的报告 (0) | 调度 (0)	群集计算资源	-	-	admin
利用率报告 - 分布式端口组 已生成的报告 (0) | 调度 (0)	vSphere 分布式端口组	-	-	admin
利用率报告 - 数据存储 已生成的报告 (0) | 调度 (0)	数据存储	-	-	admin

第 1 - 50 个项目，共 51 个　‹ 1 2 ›

图 9-2-44　使用 vRealize Operations Manager 7.0 之十九

第 20 步，查看警示菜单，单击“所有警示”，可以看到目标的所有警示信息，如图 9-2-45 所示，运维人员可以根据警示信息进行判断处理。

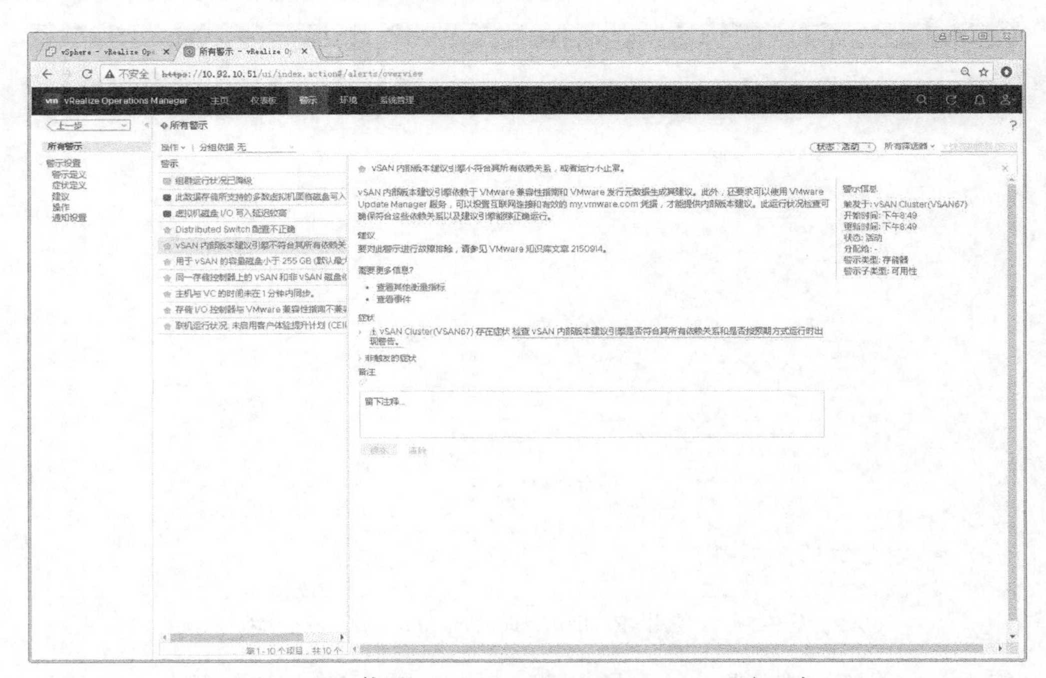

图 9-2-45　使用 vRealize Operations Manager 7.0 之二十

第 21 步，“警示设置”内置有 336 种警示定义，如图 9-2-46 所示，运维人员可以根据实际情况进行编辑调整。

图 9-2-46 使用 vRealize Operations Manager 7.0 之二十一

第 22 步，“警示设置”内置有 380 种症状定义，如图 9-2-47 所示，运维人员可以根据实际情况进行编辑调整。

vSphere - vRealize Op | 症状定义 - vRealize Op

不安全 https://10.92.10.51/ui/index.action#/alertx/symptoms

vRealize Operations Manager 主页 仪表板 警示 环境 系统管理

上一步 | 所有警示 | 警示设置 | 警示定义 | 症状定义 | 建议 | 操作 | 通知设置

症状定义

衡量指标/属性 消息事件 故障 衡量指标事件

所有筛选器

名称	严重程度	对象类型	衡量指标名称	运算符	值	定义方
CPU 需求大于配置的限制		虚拟机	CPU|需求 (MHz)	大于	CPU|CPU 限制	vCenter 适配器
DB 文件系统可用空间较小		vRealize Operations 节点	可用磁盘/存储/数据库百分比 (%)	小于	20	vRealize Operations 适配器
DB 文件系统可用空间非常小		vRealize Operations 节点	可用磁盘/存储/数据库百分比 (%)	小于	15	vRealize Operations 适配器
DCUI 服务启动策略不合规 (5.5 强化指南)		主机系统	配置|安全|服务:Direct Console UI|策略	不等于	off	vCenter 适配器
DCUI 服务正在运行 (5.5 强化指南)		主机系统	配置|安全|服务:Direct Console UI|正在运行	等于	true	vCenter 适配器
Distributed Switch 配置与 vCenter 不同步		vSphere Distributed Switch	主机配置不同步	等于	1	vCenter 适配器
DRS 迁移阈值不为零		群集计算资源	群集配置|DRS 配置|DRS vMotion 比率	不等于	0	vCenter 适配器
ESXi Shell 服务启动策略不合规 (5.5 强化指南)		主机系统	配置|安全|服务:ESXi Shell|策略	不等于	off	vCenter 适配器
ESXi Shell 服务正在运行		主机系统	配置|安全|服务:ESXi Shell|正在运行	等于	true	vCenter 适配器
ESXi.set-shell-interactive-timeout - 为空闲 ESXi Shell 和 SSH 会话配置的超时大于可接受程度 (5.5/6.0 强化指南)		主机系统	配置|安全|Shell 交互式超时 (UserVars.ESXiShellInteractiveTimeOut)	大于	900	vCenter 适配器
HTTP Check Availability		HTTP Check	AVAILABILITY|Resource Availability	不等于	100	EP Ops 适配器
ICMP Check Availability		ICMP Check	AVAILABILITY|Resource Availability	不等于	100	EP Ops 适配器
RP 1 - ESXi.verify-acceptance-level-certified - 映像配置文件和 VIB 接受级别不是“VMware 已认证”		主机系统	配置|安全|主机映像配置|映像接受级别|风险配置文件 1	不等于	true	vCenter 适配器
RP 1 - VM.disable-console-gui-options - 已启用复制/粘贴操作		虚拟机	配置|安全|启用控制台 GUI 操作 (isolation.tools.setGUIOptions.enable)	等于	true	vCenter 适配器
RP 1 - VM.disable-hgfs - 已启用 HGFS 文件传输		虚拟机	配置|安全|禁用 HGFS 文件传输 (isolation.tools.hgfsServerSet.disable)	等于	false	vCenter 适配器
RP 1 - VM.disable-unexposed-features-autologon - 已启用 Autologon 功能		虚拟机	配置|安全|禁用未公开的功能 - autologon (isolation.tools.ghi.autologon.disable)	等于	false	vCenter 适配器
RP 1 - VM.disable-unexposed-features-biosbbs - 已启用 Bios 引导规范功能 (5.5/6.0 强化指南)		虚拟机	配置|安全|禁用未公开的功能 - biosbbs (isolation.bios.bbs.disable)	等于	false	vCenter 适配器
RP 1 - VM.disable-unexposed-features-getcreds - 已启用 GetCreds 功能 (5.5/6.0 强化指南)		虚拟机	配置|安全|禁用未公开的功能 - getcreds (isolation.tools.getCreds.disable)	等于	false	vCenter 适配器
RP 1 - VM.disable-unexposed-features-launchmenu - 已启用 launchmenu 功能		虚拟机	配置|安全|禁用未公开的功能 - launchmenu (isolation.tools.ghi.launchmenu.change)	等于	false	vCenter 适配器
RP 1 - VM.disable-unexposed-features-protocolhandler - 已启用 Protocolhandler 功能		虚拟机	配置|安全|禁用未公开的功能 - protocolhandlerr	等于	false	vCenter 适配器

第 1-50 个项目，共 380 个 1 2 3 4 5 … 8

图 9-2-47 使用 vRealize Operations Manager 7.0 之二十二

第 23 步，“警示设置”针对警示以及症状内置有 307 种建议，如图 9-2-48 所示，运维人员可以根据实际情况进行编辑调整或使用。

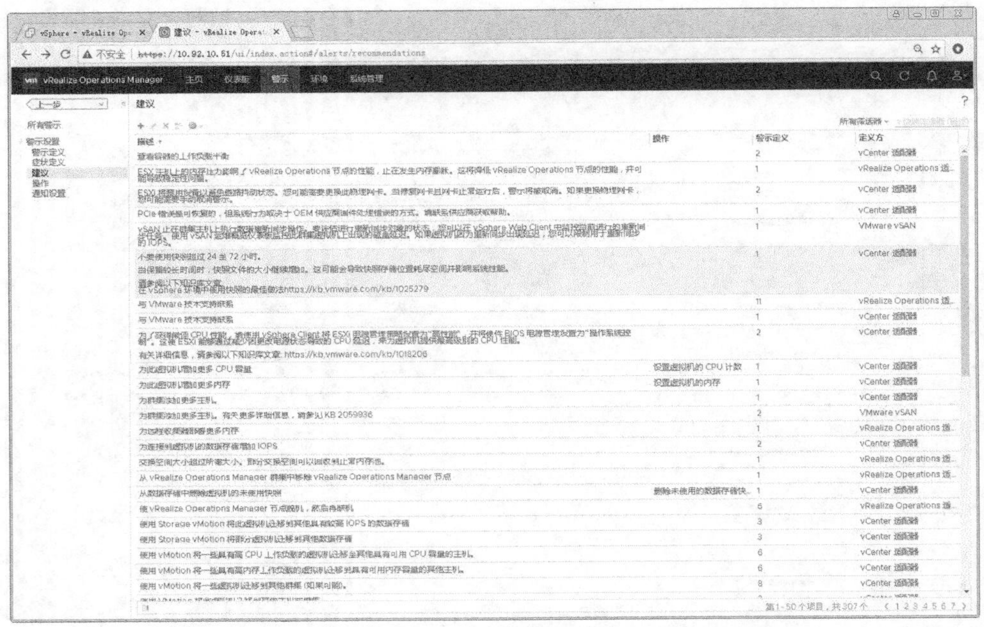

图 9-2-48　使用 vRealize Operations Manager 7.0 之二十三

第 24 步，查看环境菜单，单击“环境概览”，可以看到整体的监控情况，如图 9-2-49 所示。

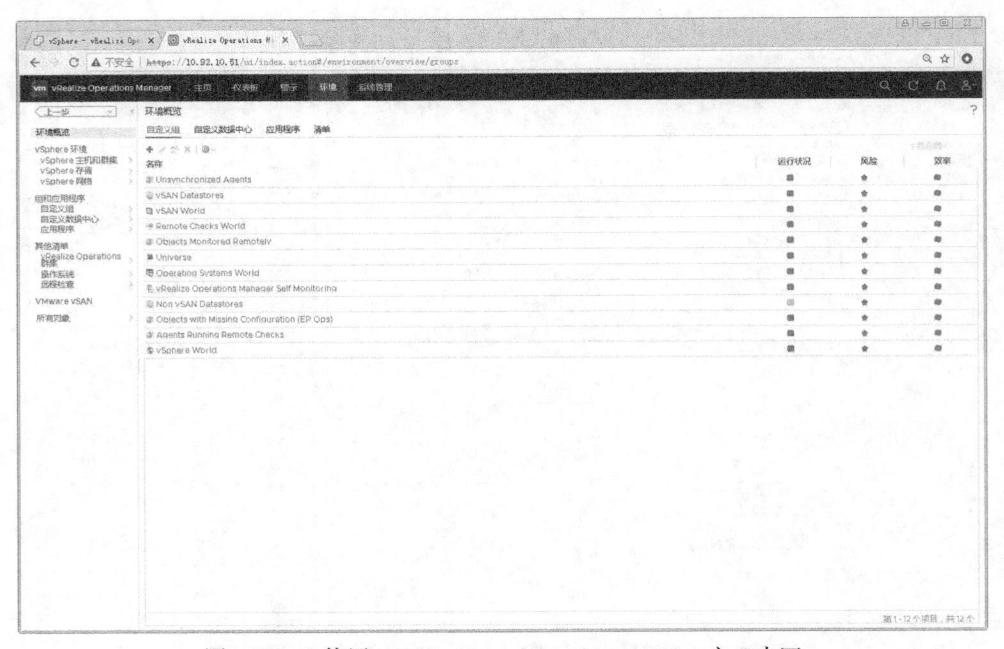

图 9-2-49　使用 vRealize Operations Manager 7.0 之二十四

第 25 步，查看环境菜单，单击“vSphere 主机和群集”，可以看到 vSphere 主机和群集监控信息，如图 9-2-50 所示，运维人员可以通过查看监控信息判断、处理问题。

图 9-2-50 使用 vRealize Operations Manager 7.0 之二十五

第 26 步，查看环境菜单，单击“vSAN 和存储设备”，可以看到 vSAN 和存储设备监控信息，如图 9-2-51 所示，运维人员可以通过查看监控信息判断、处理问题。

vSphere - vRealize Op
vSAN Cluster(VSAN67)
不安全 https://10.92.10.51/ui/index.action#/inventory/vSAN%20and%20Storage%20Devices-VirtualAndPhysicalSANAdapter-VirtualSANDCCluster/6e8daa43-3f36-404c-bdc1-7707…
vRealize Operations Manager 主页 仪表板 警示 环境 系统管理
上一步
vSAN 和存储设备
vc67
vSAN Cluster(VSAN67)
vsanDatastore
VSAN67-TEST01
VSAN67-TEST02
VSAN67-TEST03
10.92.10.10
Disk group (020002000060050
10.92.10.11
Disk group (020002000060050
10.92.10.7
Disk group (010000000035303
10.92.10.8
Disk group (010000000035303
10.92.10.9
Disk group (020003000060050
vSAN Cluster(VSAN67)
vSphere 解决方案的默认策略 (2019-2-28 12:40:31)
摘要 警示 所有衡量指标 容量 合规性 事件 更多...
警示 症状
显示来源 分组依据 无
状态：活动 所有筛选器

严重程度	警示	创建于	状态	警示类型	警示子类型
	vSAN 内部版本建议引擎不符合其所有依赖关系，或者运行不正常。	下午8:49		存储器	可用性
	用于 vSAN 的容量磁盘小于 255 GB (默认最大组件大小)。	下午8:49		存储器	性能
	同一存储控制器上的 vSAN 和非 vSAN 磁盘使用情况出现问题。	下午8:49		存储器	性能
	主机与 VC 的时间未在 1 分钟内同步。	下午8:49		存储器	配置
	存储 I/O 控制器与 VMware 兼容性指南不兼容。	下午8:49		存储器	配置
	联机运行状况: 未启用客户体验提升计划 (CEIP) 的当前状态。	下午8:49		存储器	可用性

第 1 - 6 个项目，共 6 个

图 9-2-51 使用 vRealize Operations Manager 7.0 之二十六

第 27 步，查看系统管理菜单，单击“解决方案”，可以看到已配置的解决方案的运行情况，如图 9-2-52 所示。

图 9-2-52　使用 vRealize Operations Manager 7.0 之二十七

至此，vRealize Operations Manager 7.0 基本菜单介绍完成，运维人员可以使用菜单对 VMware vSphere 虚拟化等环境进行监控，然后根据各种提示判断、处理问题。再次提示，本书的重点不是介绍 vRealize Operations Manager 7.0 的部署使用，对它有兴趣的用户可以参考英文版 vRealize Operations Manager 文档。

9.3　本章小结

本章介绍了使用内置工具监控 VMware vSphere 虚拟化架构的各种参数。对于小规模环境，推荐合理配置使用警报以及性能图表；对于大中型环境，推荐使用 vRealize Operations Manager 实现自动化的监控管理。同时 vRealize Operations Manager 也是 VMware 基于云计算平台的组成部分之一，它将相关管理人员从手动操作中解放出来，并提供性能管理、根源分析、IT 服务成本分摊、报告分析等功能。